Mathematische Leitfäden

Herausgegeben von
em. o. Prof. Dr. phil. Dr. h.c. mult. G. Köthe, Universität Frankfurt/M.,
und o. Prof. Dr. rer. nat. G. Trautmann, Universität Kaiserslautern

Partielle Differentialgleichungen

Sobolevräume und Randwertaufgaben

Von Dr. rer. nat. Joseph Wloka
o. Professor an der Universität Kiel

Mit 24 Figuren, 99 Aufgaben und zahlreichen Beispielen

B. G. Teubner Stuttgart 1982

Prof. Dr. rer. nat. Joseph Wloka

Geboren 1929 in Gleiwitz-Sosnitza. Von 1949 bis 1954 Studium der Mathematik und Physik in Polen an den Universitäten Breslau und Warschau, 1954 Diplom. 1958 Promotion und 1962 Habilitation an der Universität Heidelberg. Seit 1968 o. Professor an der Universität Kiel.

CIP-Kurztitelaufnahme der Deutschen Bibliothek

Wloka, Joseph:
Partielle Differentialgleichungen : Sobolev=
räume u. Randwertaufgaben / von Joseph Wloka.
– Stuttgart : Teubner, 1982.
  (Mathematische Leitfäden)
  ISBN 978-3-519-02225-1   ISBN 978-3-322-96662-9 (eBook)
  DOI 10.1007/978-3-322-96662-9

Das Werk ist urheberrechtlich geschützt. Die dadurch begründeten Rechte, besonders die der Übersetzung, des Nachdrucks, der Bildentnahme, der Funksendung, der Wiedergabe auf photomechanischem oder ähnlichem Wege, der Speicherung und Auswertung in Datenverarbeitungsanlagen, bleiben, auch bei Verwertung von Teilen des Werkes, dem Verlag vorbehalten.

Bei gewerblichen Zwecken dienender Vervielfältigung ist an den Verlag gemäß § 54 UrhG eine Vergütung zu zahlen, deren Höhe mit dem Verlag zu vereinbaren ist.

© B. G. Teubner, Stuttgart 1982

Softcover reprint of the hardcover 1st edition 1982

Satz: Schmitt u. Köhler, Würzburg

Umschlaggestaltung: W. Koch, Sindelfingen

Für Brigitte

Vorwort

Gegenstand dieses Buches sind Randwertaufgaben. Für elliptische Differentialoperatoren werden durch die Bedingung von Lopatinskij-Šapiro (= covering condition) alle Randwertbedingungen angegeben, die zur normalen Lösbarkeit eines Randwertproblems führen. Auch wird die Variationsmethode ausführlich dargelegt und Fragen nach ihrem Verhältnis zur allgemeinen elliptischen Theorie behandelt. Bei parabolischen und hyperbolischen Differentialoperatoren werden solche betrachtet, deren rechte Seite (Ableitungen nach x) ein elliptischer Differentialoperator ist, und die Kenntnisse über elliptische Operatoren werden benutzt, um Einsichten in die Lösbarkeit und die Regularitätseigenschaften der Lösung beim gemischten Problem zu gewinnen.

Für die Bedingung von Lopatinskij-Šapiro habe ich eine Form gewählt, die es erlaubt, sofort zu testen, ob gegebene Randwertbedingungen sie erfüllen oder nicht. Es zeigt sich, daß alle klassischen Randwertaufgaben ihr genügen, die Beispiele sind im Einzelnen nachgerechnet.

Um den Umfang des Buches nicht zu sehr anschwellen zu lassen und den einführenden Charakter zu wahren, habe ich Pseudodifferentialoperatoren nicht behandelt; doch habe ich den Hauptsatz für elliptische Randwertprobleme durch Pseudodifferentialoperatoren bewiesen – ohne sie so zu benennen.

Den Differentialgleichungen habe ich ein ausführliches Kapitel über Distributionen und Sobolevräume vorangestellt; ich bin hier elementar vorgegangen, habe mit der Fouriertransformation gearbeitet und habe keine Interpolationssätze benutzt. Dies ist – solange man innerhalb der L^2-Theorie bleibt – ohne weiteres möglich. Die L^p-Theorie habe ich nicht behandelt, sie bekommt ihr volles Gewicht erst für nichtlineare Gleichungen, siehe z.B. Lions [3], während sie für lineare nicht viele grundlegend neue Erkenntnisse bringt.

Die Differenzierbarkeitseigenschaften des Randes $\partial\Omega$ habe ich recht genau verfolgt, schließlich will man ja die Dirichletaufgabe auf dem Quadrat ebenso wie auf dem Kreis lösen, und die Beweise vereinfachen sich für die C^∞-Theorie nur unwesentlich.

Unter den vielen Verfahren zur praktisch rechnerischen Lösung einer partiellen Differentialgleichung habe ich das Differenzenverfahren ausgewählt – es besticht durch seine Einfachheit: Ableitungen werden durch Differenzenquotienten ersetzt und schon gewinnt man ein lineares Gleichungssystem, das man meistens mit den üblichen Methoden lösen kann. Durch dieses Kapitel wollte ich weniger in die modernen Methoden einführen, als dem Leser das Gefühl vermitteln, daß es tatsächlich möglich ist, partielle Differentialgleichungen numerisch zu lösen.

Dem Leser sollte die Sprache der Funktionalanalysis vertraut sein, etwa im Umfang des Buches von Heuser [1], oder Wloka [1]. Die für die Analysis relevanten Grundtheoreme der Funktionalanalysis, wie die Sätze von Hahn-Banach, Banach-Steinhaus, Riesz, das open mapping theorem = Homomorphiesatz u.a., findet der Leser auf den Seiten 13 bis 27 bei L. H. Loomis, An Introduction to Abstract Harmonic Analysis, New York 1953, zusammengestellt und bewiesen. Weniger Bekanntes, wie z.B. die Theorie der Fredholmoperatoren, Gelfandsche Dreier, abstrakte Greensche Lösungsoperatoren, den Fixpunktsatz von Schauder, das Bochnerintegral habe ich ausführlich in gesonderten Paragraphen behandelt. Ich hoffe dadurch dem Leser zeitraubendes Nachschlagen zu ersparen. Ein anderer Zweck, den ich mit diesen funktionalanalytischen Paragraphen verbunden habe, ist, ich habe überall dort, wo es möglich war, hard analysis durch soft analysis ersetzt und so die schwierige Abschätzungsmaschinerie auf ein unumgängliches Minimum beschränkt. Auch glaube ich dadurch dem Leser eine bessere Sicht auf die Zusammenhänge und möglichen Verallgemeinerungen gegeben zu haben.

Den Herren R. Mennicken, G. Bauer und B. Sagraloff aus Regensburg, meinen Studenten J. Benner, R. Janßen, R. Rath und dem Fräulein Inga Haecks bin ich zu größtem Dank verpflichtet, sie haben das gesamte Manuskript sorgfältig und kritisch durchgelesen, von ihnen stammen viele wichtige Bemerkungen und Verbesserungsvorschläge. Herrn M. König gilt mein besonderer Dank für die Unterstützung beim mühevollen Lesen der Korrekturen.

Herrn Professor Dr. G. Köthe danke ich für die Anregung zu diesem Buch, dem Verlag für seine Mitarbeit in der Manuskriptgestaltung und für die gute Zusammenarbeit bei der Herstellung.

Kiel, im Sommer 1980   J. Wloka

Inhalt

I Sobolevräume

§1 Bezeichnungen, Grundbegriffe, Distributionen 11

  1.1 Bezeichnungen 11
  1.2 Die Partition der Eins 14
  1.3 Die Regularisierung von Funktionen. 18
  1.4 Distributionen 20
  1.5 Der Support einer Distribution 22
  1.6 Differentiation und Multiplikation. 24
  1.7 Distributionen mit einem kompakten Träger. 28
  1.8 Die Convolution 30
  1.9 Die Fouriertransformation 35

§2 Geometrische Voraussetzungen an die Gebiete Ω 44

  2.1 Segment- und Kegeleigenschaften 44
  2.2 Die $N^{k,\varkappa}$-Eigenschaft von Ω 46
  2.3 $(k,\varkappa)$-Diffeomorphismen und $(k,\varkappa)$-glatte Ω's 53
  2.4 Normale Transformationen 59
  2.5 Differenzierbare Mannigfaltigkeiten 64

§3 Definitionen und Dichteeigenschaften der Sobolev-Slobodeckijschen
Räume $W_2^l(\Omega)$. 67

  3.1 Definitionen der Sobolev-Slobodeckijschen Räume $W_2^l(\Omega)$. . . . 68
  3.2 Dichteeigenschaften 70

§4 Der Transformationssatz und Sobolevräume auf differenzierbaren
Mannigfaltigkeiten 80

  4.1 Der Transformationssatz. 80
  4.2 Sobolevräume auf differenzierbaren Mannigfaltigkeiten 92

§5 Die Definition der Sobolevschen Räume durch die Fouriertransformation und Fortsetzungssätze 95

  5.1 Sobolevräume und die Fouriertransformation 95
  5.2 Fortsetzungssätze. 100

§6   Stetige Einbettungen und das Lemma von Sobolev. 110

§7   Kompakte Einbettungen 116

§8   Der Spuroperator. 124

§9   Die schwache Folgenkompaktheit und die Approximation der Ableitungen durch Differenzenquotienten 136

II   Elliptische Differentialoperatoren

§10   Lineare Differentialoperatoren 142

§11   Die Bedingung von Lopatinskij-Šapiro und Beispiele 150

    11.1   Die Bedingung von Lopatinskij-Šapiro 151
    11.2   Beispiele. 160

§12   Fredholmoperatoren 167

    12.1   Der Spektralsatz von Riesz-Schauder (kompakte Operatoren) . 167
    12.2   Fredholmoperatoren 170
    12.3   A-priori-Abschätzungen, Weylsches Lemma und glättbare
        Operatoren. 181

§13   Der Hauptsatz und einige Sätze über den Index von elliptischen Randwertproblemen 187

    13.1   Der Hauptsatz für elliptische Randwertprobleme. 187
    13.2   Index und Spektrum von elliptischen Randwertaufgaben. . . . 208

§14   Die Greenschen Formeln. 213

    14.1   Normale Randwertoperatoren und Dirichletsysteme 214
    14.2   Die erste Greensche Formel. 218
    14.3   Adjungierte Randwertoperatoren und Randwerträume 221
    14.4   Die zweite Greensche Formel. 229
    14.5   Der antiduale Operator L' und die adjungierte Randwert-
        aufgabe. 232

§15   Die adjungierte Randwertaufgabe und der Zusammenhang mit dem
Bildraum des ursprünglichen Operators 235

§16   Beispiele 245

III   Stark elliptische Differentialoperatoren und die Variationsmethode

§17   Gelfandsche Dreier, der Satz von Lax-Milgram, V-elliptische und
V-koerzive Operatoren 253

17.1 Gelfandsche Dreier 253
17.2 Darstellungen für Funktionale auf Soboleväumen 260
17.3 Der Satz von Lax-Milgram 263
17.4 V-elliptische und V-koerzive Formen, Lösungssätze 265
17.5 Der Greensche Operator 267
17.6 Die Begriffe V-elliptisch und V-koerziv für Differential-
      operatoren 270

§18 Die Bedingung von Agmon. 271

§19 Der Satz von Agmon: Bedingungen für die V-Koerzivität von stark
     elliptischen Differentialoperatoren 281
     19.1 Die Sätze von Gårding und Agmon. 281
     19.2 Beispiele, u.a. das Dirichletproblem für stark elliptische Diffe-
           rentialoperatoren 293

§20 Die Regularität der Lösungen von stark elliptischen Gleichungen . . 298

§21 Der Lösungssatz für stark elliptische Gleichungen und Beispiele. . . 325

§22 Der Schaudersche Fixpunktsatz und eine nichtlineare Aufgabe . . . 349

§23 Elliptische Randwertaufgaben für unbeschränkte Gebiete 358

IV Parabolische Differentialoperatoren

§24 Das Bochner-Integral. 364
     24.1 Der Satz von Pettis. 364
     24.2 Das Bochner-Integral 372

§25 Distributionen mit Werten in Hilberträumen H und der Raum
     $W(0, T)$. 378

§26 Die Existenz und Eindeutigkeit der Lösung einer parabolischen Diffe-
     rentialgleichung. 383

§27 Die Regularität der Lösungen der parabolischen Differentialgleichung 391
     27.1 Ein abstrakter Regularitätssatz 391
     27.2 Differenzierbarkeit nach t. 398
     27.3 Differenzierbarkeit nach x 401

§28 Beispiele 409

V Hyperbolische Differentialoperatoren

§29 Die Existenz und Eindeutigkeit der Lösung 419

§30 Die Regularität der Lösungen der hyperbolischen Differentialgleichung 427

30.1 Ein abstrakter Regularitätssatz   427
30.2 Differenzierbarkeit nach t.   429
30.3 Differenzierbarkeit nach x   431

§31 Beispiele   436

VI Differenzenverfahren zur Berechnung der Lösung einer partiellen Differentialgleichung

§32 Der funktionalanalytische Rahmen für Differenzenverfahren.   446

§33 Differenzenverfahren für elliptische Differentialgleichungen und für die Wellengleichung.   464

33.1 Einige wichtige Ungleichungen   464
33.2 Konstruktion eines Differenzenverfahrens für das Dirichletproblem.   467
33.3 Ein Differenzenverfahren für die Wellengleichung in mehreren Raumvariablen   471

§34 Evolutionsgleichungen   478

34.1 Der zeitunabhängige Fall   480
34.2 Der zeitabhängige Fall   484
34.3 Das Verhalten der Stabilität bei Störungen des Verfahrens. . .   486
34.4 Mehrschrittverfahren   489

Literaturverzeichnis   492

Funktions- und Distributionsräume   496

Sachverzeichnis   497

I Sobolevräume

§ 1 Bezeichnungen, Grundbegriffe, Distributionen

Um die Theorie der Sobolevräume einfach aufbauen zu können, brauchen wir einen verallgemeinerten Ableitungsbegriff, wir finden diesen in der L. Schwartzschen Distributionstheorie. Überhaupt zeigt es sich, daß zur Grundlegung der Sobolevräume die Distributionstheorie hervorragend geeignet ist. Wir bringen deshalb hier eine kurzgefaßte Einführung in die Theorie der L. Schwartzschen Distributionen – soweit wir sie für die Sobolevräume verwenden können. Um dem Leser das Nachschlagen zu ersparen, haben wir uns bemüht alle Beweise auszuführen. Unsere Darstellung konzentriert sich auf folgende Punkte: Partition der Eins, sie ist ein Hilfsmittel, das wir in diesem Buch an vielen Stellen benutzen werden; der verallgemeinerte Ableitungsbegriff, dabei geben wir auch Sätze an, die den Zusammenhang mit der klassischen Ableitung erhellen; die Regularisierung (Convolution) von Funktionen und Distributionen, sie spielt für Approximations- und Dichtheitsprobleme eine große Rolle; die Fouriertransformation, wir studieren sie in den Räumen $\mathscr{S}$, $\mathscr{S}'$ und $L_2(\mathbf{R}^r)$ und gewinnen so ein wichtiges analytisches Werkzeug, das uns bei vielen Fragen gute Dienste leisten wird.

Für ähnliche Einführungen verweisen wir auf die Bücher von Hörmander [1] und Rudin [3], für eine breite Einleitung in die Distributionstheorie ist immer noch das originale Buch von L. Schwartz [1] zu empfehlen.

1.1 Bezeichnungen

Sei $\mathbf{R}$ die Menge der reellen Zahlen, $\mathbf{C}$ die der komplexen, wir bezeichnen den r-dimensionalen reellen Raum mit $\mathbf{R}^r$, den entsprechenden komplexen mit $\mathbf{C}^r$ und versehen ihn mit der euklidischen Norm

$$|x| = [|x_1|^2 + \ldots + |x_r|^2]^{1/2}, \qquad x = (x_1, \ldots, x_r) \in \mathbf{R}^r \ (\text{bzw. } \mathbf{C}^r).$$

Wir benutzen die L. Schwartzsche Schreibweise für Ableitungen, Produkte, Fakultäten usw. Sei $s = (s_1, \ldots, s_r)$ ein Multiindex, $s_i \in \mathbf{N} = \{0,1,\ldots\}$, $i = 1,2,\ldots,r$, wir schreiben

$$D^s = \frac{\partial^{s_1 + \ldots + s_r}}{\partial x_1^{s_1} \ldots \partial x_r^{s_r}}, \qquad |s| = s_1 + \ldots + s_r, \qquad \triangle = \sum_{j=1}^{r} \frac{\partial^2}{\partial x_j^2},$$

$$x^s = x_1^{s_1} \cdot x_2^{s_2} \ldots x_r^{s_r}, \qquad 0^0 = 0,$$

$$s! = s_1! \ldots s_r!, \qquad \binom{m}{s} = \binom{m_1}{s_1} \ldots \binom{m_r}{s_r}.$$

Sei Ω eine offene Menge in $\mathbf{R}^r$. Die Elemente von $C^l(\Omega)$ sind alle (komplexwertigen) Funktionen $\varphi(x)$, $x \in \Omega$, die auf Ω stetige und beschränkte Ableitungen $D^s \varphi(x)$, $|s| \leqslant l$ (bis zur Ordnung l) besitzen. Die Norm $\|\varphi\|_{C^l}$ in C^l erklären wir durch

$$\|\varphi\|_{C^l} = \sup_{\substack{|s| \leqslant l \\ x \in \Omega}} |D^s \varphi(x)|.$$

Die Konvergenz im Raum $C^l(\Omega)$ bedeutet die gleichmäßige Konvergenz auf Ω, sowohl der Funktionenfolge selbst, als auch der Folge ihrer s-ten partiellen Ableitungen ($|s| \leqslant l$). Unter $C^l(\bar{\Omega})$ verstehen wir den (echten) Unterraum von $C^l(\Omega)$, der aus allen Funktionen $\varphi \in C^l(\Omega)$ besteht, die mit ihren Ableitungen bis zur Ordnung l, stetig bis auf den Rand von Ω sind (oder stetig auf $\bar{\Omega}$). Falls Ω zusätzlich beschränkt ist, können wir normieren

$$\|\varphi\|_{C^l(\bar{\Omega})} = \max_{\substack{|s| \leqslant l \\ x \in \bar{\Omega}}} |D^s \varphi(x)|.$$

Mit $\mathscr{E}^l(\Omega)$ bezeichnen wir die Menge aller Funktionen, die mit ihren Ableitungen bis zur Ordnung l stetig auf Ω sind. (Hier wird keine Beschränktheit gefordert). Für $\mathscr{E}^\infty(\Omega)$ schreiben wir auch $\mathscr{E}(\Omega)$ oder $C^\infty(\Omega)$, eine F-Raum Topologie werden wir auf $\mathscr{E}(\Omega)$ später einführen.

Wir sagen, daß eine Funktion φ λ-hölder-stetig auf Ω ist, falls gilt

$$\frac{|\varphi(x) - \varphi(y)|}{|x - y|^\lambda} \leqslant C < \infty,$$

für alle $x, y \in \Omega$; hier ist $0 < \lambda \leqslant 1$ und $x \neq y$. (λ-hölderstetige Funktionen auf Ω sind für $\lambda > 1$ konstant). Falls $\lambda = 1$ ist, sprechen wir auch von lipschitzstetigen Funktionen. Wir definieren den Raum $C^{l,\lambda}(\Omega)$ als die Gesamtheit aller auf Ω l-mal stetig differenzierbaren, beschränkten Funktionen φ (auch alle Ableitungen $D^s \varphi$, $|s| \leqslant l$ seien beschränkt auf Ω), deren l-te Ableitungen λ-hölderstetig sind. Als Norm in $C^{l,\lambda}(\Omega)$ nehmen wir den Ausdruck

$$\|\varphi\|_{l,\lambda} = \sup_{\substack{|s| \leqslant l \\ x \in \Omega}} |D^s \varphi(x)| + \sup_{\substack{|s| = l \\ y, x \in \Omega \\ x \neq y}} \frac{|D^s \varphi(x) - D^s \varphi(y)|}{|x - y|^\lambda}.$$

Alle bis jetzt eingeführten Räume sind vollständig, also Banachräume bzw. Frécheträume; der einfache Beweis sei dem Leser überlassen, siehe auch Wloka [1], S. 21 und S. 55.

Der Vollständigkeit halber definieren wir

$$C^{0,0}(\Omega) := C(\Omega), \qquad C^{l,0}(\Omega) := C^l(\Omega).$$

Wir wollen die $L_p(\Omega)$-Räume definieren. Sei zuerst $1 \leqslant p < \infty$. Der Raum $L_p(\Omega)$ besteht aus allen auf $\Omega \subset \mathbf{R}^r$ definierten lebesguemeßbaren Funktionen φ, deren p-te Potenz integrierbar nach dem Lebesgue Maß $dx = dx_1 \ldots dx_r = d\mu$ ist, d.h. für die gilt

$$\int\limits_{\Omega} |\varphi(x)|^p \, dx < \infty.$$

Als Norm in $L_p(\Omega)$ nehmen wir den Ausdruck

$$\|\varphi\|_p = \left[\int\limits_{\Omega} |\varphi(x)|^p \, dx \right]^{1/p}.$$

Dabei haben wir es in $L_p(\Omega)$ – streng genommen – nicht mit einzelnen Funktionen φ zu tun, sondern die Elemente aus $L_p(\Omega)$ sind Klassen von Funktionen, die sich nur auf einer Menge vom Maße Null voneinander unterscheiden. Aus $\|\varphi\|_p = 0$ folgt nämlich, daß $\varphi(x) = 0$ fast überall auf Ω ist und nicht, daß $\varphi(x)$ identisch gleich Null ist. Nun zur Definition des Raumes $L_\infty(\Omega)$, $p = \infty$. Der Raum $L_\infty(\Omega)$ besteht aus allen auf Ω lebesguemeßbaren und fast überall beschränkten Funktionen φ (φ heißt fast überall beschränkt, falls gilt $|\varphi(x)| \leqslant M < \infty$ bis auf eine Menge $\{x \mid x \in A\}$ vom Maße Null). Durch die Vorschrift

$$\|\varphi\|_\infty = \operatorname*{supess}_{x \in \Omega} |\varphi(x)| =: \inf_{\substack{A \subset \Omega \\ \mu(A) = 0}} \sup_{x \in \Omega \setminus A} |\varphi(x)|,$$

führen wir auf $L_\infty(\Omega)$ eine Norm ein. Wir können zeigen, daß die $L_p(\Omega)$-Räume $1 \leqslant p \leqslant \infty$ vollständig sind, siehe z.B. Wloka [1], S. 52.

Die Menge $L_1^{\mathrm{loc}}(\Omega)$ besteht aus allen auf Ω lebesguemeßbaren Funktionen φ, die auf jedem Kompaktum $K \subset\subset \Omega$ integrierbar sind, d.h.

$$\int\limits_{K} |\varphi(x)| \, dx < \infty \quad \text{für jedes } K \subset\subset \Omega.$$

Es ist leicht zu zeigen, daß alle hier eingeführten C-Räume und L_p-Räume in $L_1^{\mathrm{loc}}(\Omega)$ enthalten sind.

Besonders wichtig fürs Folgende ist der Raum $L_2(\Omega)$, er ist ein separabler Hilbertraum mit dem Skalarprodukt

$$(\varphi, \psi) = \int\limits_{\Omega} \varphi(x) \cdot \overline{\psi(x)} \, dx; \qquad \varphi, \psi \in L_2(\Omega).$$

Für Einbettungstheoreme benötigen wir ein Kompaktheitskriterium für L_p-Räume; es geht auf Kolmogoroff zurück; für den Beweis siehe z.B. Wloka [1], S. 201.

Kolmogoroffsches Kompaktheitskriterium *Sei M eine Untermenge des Raumes $L_p(\Omega)$, $1 \leqslant p < \infty$. M ist genau dann relativ kompakt, wenn die folgenden drei Bedingungen erfüllt sind:*

1. M ist beschränkt in $L_p(\Omega)$, d.h. $\displaystyle\sup_{\varphi \in M} \| \varphi \|_p = \sup_{\varphi \in M} \left[\int_\Omega | \varphi(x) |^p \, dx \right]^{1/p} < \infty$.

2. $\displaystyle\lim_{h \to 0} \int_\Omega | \varphi(x+h) - \varphi(x) |^p \, dx = 0$ *gilt gleichmäßig für $\varphi \in M$.*

3. $\displaystyle\lim_{\alpha \uparrow \infty} \int_{\{|x| > \alpha\} \cap \Omega} | \varphi(x) |^p = 0$ *gilt gleichmäßig für $\varphi \in M$.*

Ist Ω zusätzlich beschränkt, so ist die Bedingung 3 überflüssig.

1.2 Die Partition der Eins

Als wichtiges Hilfsmittel hat sich die Partition der Eins erwiesen, auch wir werden es in der Folge des öfteren benutzen. Zur Herleitung benötigen wir einige Definitionen. Wir sagen $\{\Omega_i, i \in I\}$ – der Indexbereich I beliebig – ist eine offene Überdeckung von $\mathbf{R}^r$, falls die Mengen Ω_i offen sind und es gilt

$$(1) \qquad \bigcup_{i \in I} \Omega_i = \mathbf{R}^r.$$

Wir nennen eine Überdeckung $\{U_j, j \in J\}$ Verfeinerung von $[\Omega_i, i \in I\}$, falls wir für jedes j ein $i(j)$ finden können mit

$$(2) \qquad U_j \subset \Omega_{i(j)}.$$

Wir bezeichnen eine Überdeckung $\{\Omega_i, i \in I\}$ als lokalfinit, wenn wir für jeden Punkt $x \in \mathbf{R}^r$ eine Kugel $B(x, \varrho)$ finden können, für die $\Omega_i \cap B(x, \varrho) \neq \emptyset$ höchstens endlich oft gilt. Wir wollen beweisen, daß $\mathbf{R}^r$ parakompakt ist, das bedeutet: zu jeder offenen Überdeckung $\{\Omega_i, i \in I\}$ können wir eine lokalfinite Verfeinerung $\{U_j, j \in J\}$ finden. Wir beweisen aber weit mehr

Satz 1.1 *Sei $\{\Omega_i, i \in I\}$ eine offene Überdeckung des $\mathbf{R}^r$, dann gibt es eine lokalfinite, offene Verfeinerung $\{U_j, j \in \mathbf{N}\}$ mit abzählbarem Indexbereich $J = \mathbf{N}$ und mit $\bar{U}_j$ kompakt, $j \in \mathbf{N}$.*

Beweis. Seien B_n die Kugeln $B(0, n)$, $n = 1, 2, \ldots$, wir überdecken $\mathbf{R}^r$ durch die kompakten Ringe

$$\bar{B}_1, \bar{B}_2 \setminus B_1, \ldots, \bar{B}_{n+1} \setminus B_n, \ldots.$$

Sei $x \in \bar{B}_1$, wegen (1) liegt x in einem Ω_{i_x}, wir wählen $U_x = B(x, \varrho)$ derart, daß gilt

$$(3) \qquad \bar{U}_x \subset \Omega_{i_x} \quad \text{und} \quad \varrho < \frac{1}{2}.$$

Die U_x bilden eine offene Überdeckung der kompakten Menge $\bar{B}_1$, somit überdecken schon endlich viele $U_1, \ldots, U_m$ die Kugel $\bar{B}_1$. Damit haben wir die Verfeinerung $U = \{U_j\}$ für $j = 1, \ldots, m$ definiert. Wir betrachten als nächstes den Ring $\bar{B}_2 \setminus B_1$ und gehen wie eben vor:

Wir wählen V_x mit

$$(3) \qquad \bar{V}_x \subset \Omega_{i_x}, \qquad V_x = B(x, \varrho), \quad \varrho < \frac{1}{2}, \quad x \in \bar{B}_2 \setminus B_1 .$$

Da $\bar{B}_2 \setminus B_1$ kompakt ist, können wir aus der Überdeckung $\{V_x\}$ von $\bar{B}_2 \setminus B_1$ eine endliche $\{V_1, \ldots, V_l\}$ auswählen. Diejenigen V's, die schon unter den $U_1, \ldots, U_m$ vorkommen, lassen wir fort und nennen die übriggebliebenen $U_{m+1}, \ldots, U_k$. $\{U_1, \ldots, U_k\}$ überdeckt $\bar{B}_2$. So fortfahrend finden wir die offene, abzählbare Überdeckung $\{U_j, j \in \mathbf{N}\}$ des $\mathbf{R}^r$. $\{U_j\}$ ist wegen (3) eine Verfeinerung von $\{\Omega_i\}$ und wegen $\varrho < 1/2$ sind die $\bar{U}_j$ kompakt. Wir zeigen, daß $\{U_j\}$ lokalfinit ist. Sei $x \in \bar{B}_n \setminus B_{n-1}$, wir nehmen die Kugel $B(x, 1/4)$, wegen $\varrho < 1/2$ können nur die Überdeckungen U_j von $\bar{B}_n \setminus B_{n-1}$ und der benachbarten Ringe $\bar{B}_{n+1} \setminus B_n$, $\bar{B}_{n-1} \setminus B_{n-2}$ die Kugel $B(x, 1/4)$ evtl. treffen und das sind – nach Konstruktion – nur endlich viele U_j's. ∎

Bemerkung 1.1 Satz 1.1 gilt auch für jede lokalkompakte Mannigfaltigkeit M, die das zweite Abzählbarkeitsaxiom erfüllt (d.h. $M = \bigcup\limits_{n=1}^{\infty} K_n$, K_n kompakt).

Wir bringen hier der Vollständigkeit halber den einfachen Beweis nach Warner [1], S. 9:

Beweis. Wir nehmen die K_n im zweiten Abzählbarkeitsaxiom mit K_n kompakt, $K_n \subset K_{n+1}$, $\bigcup\limits_{n=1}^{\infty} K_n = M$, und zeigen zuerst die Existenz einer Folge von offenen Mengen G_n mit $\bar{G}_n$ kompakt, $\bar{G}_n \subset G_{n+1}$, $\bigcup\limits_{n=1}^{\infty} G_n = M$.

Sei $x \in K_1$, wegen der Lokalkompaktheit können wir eine Umgebung U_x wählen mit $\bar{U}_x$ kompakt und haben $K_1 \subset \bigcup\limits_{x \in K_1} U_x$, also da K_1 kompakt ist

$$K_1 \subset \bigcup_{i=1}^{m} U_{x_i} .$$

Wir setzen $G_1 := \bigcup\limits_{i=1}^{m} U_{x_i}$ und definieren die anderen G_n, $n \geq 2$, induktiv: Sei G_{n-1} schon definiert, wir betrachten die kompakte Menge

$$K_n \cup \bar{G}_{n-1}$$

und finden wie vorhin lokalkompakte Umgebungen $U_{x_i}^n$ mit

$$K_n \cup \bar{G}_{n-1} \subset \bigcup_{i=1}^{m_n} U_{x_i}^n .$$

Wir setzen $G_n := \bigcup\limits_{i=1}^{m_n} U_{x_i}^n$, und können die gewünschten Eigenschaften von G_n leicht nachprüfen.

Nun zu den Aussagen von Satz 1.1. Sei $\{\Omega_i, \, i \in I\}$ eine beliebige offene Überdeckung von M. Für $n \geq 3$ ist die Menge $\bar{G}_n \backslash G_{n-1}$ kompakt und in der offenen Menge $G_{n+1} \backslash \bar{G}_{n-2}$ enthalten. Wir betrachten die offene Überdeckung

$$\{\Omega_i \cap (G_{n+1} \backslash \bar{G}_{n-2}), \quad i \in I\} \text{ von } \bar{G}_n \backslash G_{n-1}$$

und wählen aus ihr die endliche Überdeckung

$$\bar{G}_n \backslash G_{n-1} \subset \bigcup_{j=1}^{m_n} U_j^n; \quad U_j^n = \Omega_j \cap (G_{n+1} \backslash \bar{G}_{n-2}).$$

Ebenso wählen wir aus der offenen Überdeckung $\{\Omega_i \cap G_3, \, i \in I\}$ von $\bar{G}_2$ die endliche Überdeckung

$$\bar{G}_2 \subset \bigcup_{j=1}^{m} U_j, \quad U_j = \Omega_j \cap G_3.$$

Man überzeugt sich leicht, daß die U's die in Satz 1.1 gewünschten Eigenschaften haben, so z.B. die Lokalfinitheit: Sei $x \in M$, dann gibt es ein $n \geq 3$ mit $x \in G_n \backslash G_{n-1}$ (oder $n = 2$ und $x \in G_2$), also auch $x \in \bar{G}_n \backslash G_{n-1}$. Da

$$x \in \bar{G}_n \backslash G_{n-1} \subset G_{n+1} \backslash \bar{G}_{n-2}$$

gilt und $G_{n+1} \backslash \bar{G}_{n-2}$ offen ist, können wir eine Umgebung U_x finden mit

$$x \in U_x \subset G_{n+1} \backslash \bar{G}_{n-2}.$$

Dieses U_x kann nur diejenigen U's schneiden, die entweder in $G_{n+1} \backslash \bar{G}_{n-2}$ liegen, oder in den benachbarten, das ist in $G_{n+2} \backslash \bar{G}_{n-1}$, bzw. $G_n \backslash \bar{G}_{n-3}$; ($G_0 = \emptyset$ gesetzt) das sind aber nach Konstruktion endlich viele, womit wir die Lokalfinitheit gezeigt haben (der Beweis für $n = 2$ verläuft ebenso). ∎

Folgerung 1.1 *Sei $\Omega \subset \mathbf{R}^r$ offen und sei $\{\Omega_i, \, i \in I\}$ eine offene Überdeckung von Ω. Dann gilt die Aussage von* Satz 1.1.

Es genügt der Überdeckung $\{\Omega_i\}$ eine weitere Menge hinzuzufügen z.B. $\Omega_0 = \mathbf{R}^r$ um eine Überdeckung des $\mathbf{R}^r$ zu erhalten und Satz 1.1 anwenden zu können. Auch können wir für die Verfeinerung $\{U_j\}$ Kugeln $B(x_j, a_j)$ nehmen.

Eine auf $\mathbf{R}^r$ erklärte stetige Funktion $\varphi(x)$, $x \in \mathbf{R}^r$ heißt f i n i t, wenn sie außerhalb einer beschränkten Menge verschwindet. Der T r ä g e r von φ, supp φ, (Support) ist die abgeschlossene Hülle aller Punkte x mit $\varphi(x) \neq 0$, in Formeln

$$\operatorname{supp} \varphi := \overline{\{x \mid \varphi(x) \neq 0\}}.$$

Die Menge aller finiten, unendlich oft differenzierbaren Funktionen mit Träger in Ω (Ω offen), bezeichnet man nach L. Schwartz mit dem Symbol $\mathscr{D}(\Omega)$ (oder $C_0^\infty(\Omega)$) und die Elemente von $\mathscr{D}(\Omega)$ als G r u n d f u n k t i o n e n, für $\mathscr{D}(\mathbf{R}^r)$ schreiben wir einfach $\mathscr{D}$.

Beispiel Wir bezeichnen mit $g(t)$, $t \in \mathbf{R}^1$ die Funktion

$$g(t) = \begin{cases} 0 & \text{für } t \leqslant 0, \\ \exp\left(-\dfrac{1}{t}\right) & \text{für } t > 0, \end{cases}$$

sie ist aus C^∞ aber nicht aus $\mathscr{D}$. Mit Hilfe von $g(t)$ kann man leicht eine Grundfunktion $h \in \mathscr{D}$ konstruieren:

$$h(x) = g(1 - |x|^2) = \begin{cases} 0 & \text{für } |x| \geqslant 1, \\ \exp\left(-\dfrac{1}{1 - |x|^2}\right) & \text{für } |x| < 1, \end{cases}$$

hier ist $|x|^2 = x_1^2 + \ldots + x_r^2$. Wir haben

$$\operatorname{supp} h = \overline{B(0,1)}.$$

Setzen wir für $a > 0$, $x_0 \in \mathbf{R}^r$

$$(4) \qquad \varphi_{x_0, a}(x) = h\left(\frac{x - x_0}{a}\right) \in \mathscr{D}(\mathbf{R}^r),$$

so haben wir

$$(5) \qquad \operatorname{supp} \varphi_{x_0, a} = \overline{B(x_0, a)}, \quad \text{und} \quad \varphi_{x_0, a}(x) > 0 \quad \text{für } x \in B(x_0, a).$$

Unter einer Partition der Eins $\{\alpha_j, j \in J\}$ auf Ω verstehen wir eine Klasse von Funktionen $\alpha_j \in \mathscr{D}(\Omega)$ mit folgenden Eigenschaften:

a) die Kollektion der Träger $\{\operatorname{supp} \varphi_j : j \in J\}$ ist lokalfinit,

b) $0 \leqslant \alpha_j(x) \leqslant 1$, und $\sum\limits_{j \in J} \alpha_j(x) \equiv 1$ für $x \in \Omega$.

Dabei hat wegen der Lokalfinitheit der Träger, die in b) auftretende Reihe für jedes $x \in \Omega$ nur endlich viele von Null verschiedene Glieder. Wir sagen, die Partition der Eins $\{\alpha_j, j \in J\}$ ist der Überdeckung $\{\Omega_i, i \in I\}$ untergeordnet, falls zu jedem $j \in J$ ein $i(j) \in I$ existiert mit

$$\operatorname{supp} \alpha_j \subset \Omega_{i(j)}.$$

Satz 1.2 (Partition der Eins) *Sei $\{\Omega_i, i \in I\}$ eine offene Überdeckung der offenen Menge $\Omega \subset \mathbf{R}^r$. Es existiert eine, der Überdeckung $\{\Omega_i, i \in I\}$ untergeordnete Partition der Eins $\{\alpha_j, j \in \mathbf{N}\}$ mit abzählbarem Indexbereich $J = \mathbf{N}$.*

Beweis. Nach Satz 1.1, Folgerung 1.1 gibt es eine abzählbare lokalfinite Verfeinerung $\{U_j, j \in \mathbf{N}\}$ mit $U_j = B(x_j, a_j)$ und $\bar{U}_j \subset \Omega_{i(j)}$.
Wir nehmen die Funktionen (4) $\varphi_{x_j, a_j} \in \mathscr{D}(\Omega)$, und haben nach (5) $\operatorname{supp} \varphi_{x_j, a_j} = \bar{U}_j$. In der Reihe $\psi(x) = \sum\limits_j \varphi_{x_j, a_j}(x)$ sind wegen der Lokalfinitheit nur endlich viele

Glieder von Null verschieden auf $B(x, \varrho)$, somit gilt $\psi \in C^\infty(\Omega)$ und die Überdeckungs-eigenschaft gibt in Verbindung mit (5) $\psi(x) > 0$ für alle $x \in \Omega$. Wir definieren

$$\alpha_j(x) = \frac{\varphi_{x_j, a_j}(x)}{\psi(x)}$$

und sehen, daß a) und b) erfüllt sind.

Zusatz. *Auch können wir immer erreichen, daß* $\sum_j \beta_j^2(x) = 1, \beta_j \in \mathscr{D}(\Omega)$. Man setze einfach

$$\beta_j(x) = \frac{\varphi_{x_j, a_j}(x)}{\left[\sum_j (\varphi_{x_j, a_j}(x))^2 \right]^{1/2}}.$$

Folgerung 1.2 *Sei A abgeschlossen in $\mathbf{R}^r$ und G offen mit $A \subset G$. Es gibt eine unendlich oft differenzierbare Funktion α mit den Eigenschaften*

a) $0 \leqslant \alpha(x) \leqslant 1$ *für alle* $x \in \mathbf{R}^r$,

b) $\alpha(x) = 1$ *für* $x \in A$,

c) supp $\alpha \subset G$, *das ist insbesonders* $\alpha(x) = 0$ *für* $\in \complement G$.

Beweis. Wir betrachten die Überdeckung von $\mathbf{R}^r$, $\{G, \complement A\}$, sei $\alpha_j, j \in \mathbf{N}$ eine untergeordnete Partition der Eins (Satz 1.2), d.h. die supp α_j liegen entweder in G oder in $\complement A$. Wir definieren α als Summe aller derjenigen α_j, deren Träger in G liegt. Kurz

$$M := \{j \in \mathbf{N} \mid \operatorname{supp} \alpha_j \subset G\}, \qquad \alpha(x) = \sum_{j \in M} \alpha_j(x),$$

a) ist dann offensichtlich. c) folgt aus

$$(6) \qquad \operatorname{supp} \alpha = \overline{\bigcup_{j \in M} \operatorname{supp} \alpha_j} = \bigcup_{j \in M} \operatorname{supp} \alpha_j \subset G,$$

wobei die Gleichung in der Mitte von (6) für lokalfinite Familien gilt. Nun zu b). Wir ordnen

$$(7) \qquad 1 = \sum_j \alpha_j(x) = \sum_{j \in M} \alpha_j(x) + \sum{}' \alpha_j(x) = \alpha(x) + \sum{}' \alpha_j(x),$$

dabei ist $\sum' \alpha_j(x)$ die Summe derjenigen α_j, deren Träger zwar in $\complement A$ nicht aber in G liegt. Für $x \in A$ haben wir $\sum' \alpha_j(x) = 0$, womit wir wegen (7) b) bewiesen haben. ∎

1.3 Die Regularisierung von Funktionen

Wir kehren nochmals zur Funktion $h \in \mathscr{D}(\mathbf{R}^r)$ zurück – siehe (4). Wir haben

$$\int_{\mathbf{R}^r} h(x)\, \mathrm{d}x = C > 0,$$

und setzen wir $\tilde{h}(x) = \dfrac{1}{C} h(x)$, so erhalten wir

$$\int\limits_{\mathbf{R}^r} \tilde{h}(x)\,\mathrm{d}x = \int\limits_{|x|\leqslant 1} \tilde{h}(x)\,\mathrm{d}x = 1 \,.$$

Auch die Funktion $h_\varepsilon(x) = \dfrac{1}{\varepsilon^r}\, \tilde{h}\!\left(\dfrac{x}{\varepsilon}\right)$ hat die Eigenschaft

$$\int\limits_{\mathbf{R}^r} h_\varepsilon(x)\,\mathrm{d}x = 1 \,,$$

und sie ist eine Grundfunktion, welche gleich Null ist für $|x| \geqslant \varepsilon$. Die Funktion $h_\varepsilon(x)$ spielt eine wichtige Rolle beim sog. Regularisieren. Wir bezeichnen als Regularisierte von φ das Convolutionsintegral

$$(8) \qquad \varphi_\varepsilon(x) = (\varphi * h_\varepsilon)(x) = \int\limits_{\mathbf{R}^r} \varphi(y)\cdot h_\varepsilon(x-y)\,\mathrm{d}y = \int\limits_{\mathbf{R}^r} h_\varepsilon(y)\,\varphi(x-y)\,\mathrm{d}y \,.$$

Satz 1.3 *Sei φ integrierbar (d.h. $\varphi \in L_1$) und gleich 0 außerhalb einer kompakten Untermenge K von Ω. Wir haben folgende Aussagen:*

1. *Der Träger von $\varphi_\varepsilon = \varphi * h_\varepsilon$ liegt in $K_\varepsilon = \{x \mid d(x,K) \leqslant \varepsilon\}$, ist also wieder kompakt.*
2. *Für $\varepsilon < d(K, \complement\,\Omega)$ gilt $\varphi_\varepsilon \in \mathscr{D}(\Omega)$.*
3. *Falls $\varphi \in L_p(\Omega)$, $1 \leqslant p < \infty$, dann gilt $\lim\limits_{\varepsilon \to 0} \|\varphi_\varepsilon - \varphi\|_p = 0$*
4. *Falls φ stetig ist, dann gilt gleichmäßig $\varphi_\varepsilon \to \varphi$ für $\varepsilon \to 0$.*

Beweis. Formel (8) geschrieben als

$$\varphi_\varepsilon(x) = \int\limits_{K} \varphi(y)\, h_\varepsilon(x-y)\,\mathrm{d}y$$

zeigt, daß wegen der Voraussetzung $\varphi \in L_1(K)$ die Lebesgue'schen Vertauschungssätze von Integral und Limesbildung anwendbar sind und wir erhalten

$$(9) \qquad \varphi_\varepsilon(x) \in C^\infty \,.$$

Sei $\varphi_\varepsilon(x) \neq 0$, nach Formel (8) muß dann sein $x - y \in K$ und $|y| \leqslant \varepsilon$. Bezeichnen wir mit $K_\varepsilon := \{x \mid d(x,K) \leqslant \varepsilon\}$, so erhalten wir daß x zu K_ε gehören muß, d.h. der Träger von φ_ε ist eine abgeschlossene Untermenge von K_ε, womit wir 1 bewiesen haben. 2 folgt sofort aus 1 und (9). Sei nun $\varphi \in L_p(\Omega)$, $1 < p < \infty$, die Höldersche Ungleichung (Schwarzsche Ungleichung im Falle $p = 2$) auf (8) angewendet ergibt $(1 = 1/p + 1/q)$

$$\|\varphi_\varepsilon\|_p^p \leqslant \int\limits_{\Omega} \left[\int\limits_{\mathbf{R}^r} |\varphi(y)|\, h_\varepsilon^{1/p+1/q}(x-y)\,\mathrm{d}y\right]^p \mathrm{d}x$$

$$(10) \qquad \leqslant \int\limits_{\Omega} \left[\int\limits_{\mathbf{R}^r} |\varphi(y)|^p\, h_\varepsilon^{p/p}(x-y)\,\mathrm{d}y\right]^{p/p} \cdot \left[\int\limits_{\mathbf{R}^r} h_\varepsilon^{q/q}(x-y)\,\mathrm{d}y\right]^{p/q} \mathrm{d}x$$

$$= \int\limits_{\mathbf{R}^r} |\varphi(y)|^p \left(\int\limits_{\Omega} h_\varepsilon(x-y)\,\mathrm{d}x\right)\mathrm{d}y = \|\varphi\|_p^p \quad \text{für } \varepsilon < d(K, \complement\,\Omega),$$

d.h. φ_ε gehört zu $L_p(\Omega)$. Die Höldersche Ungleichung auf dieselbe Weise wie in (10) angewandt ergibt

$$\|\varphi_\varepsilon - \varphi\|_p^p = \int\limits_\Omega |h_\varepsilon * \varphi(x) - \varphi(x)|^p \, dx \leqslant \int\limits_\Omega \left[\int\limits_{\mathbf{R}^r} h_\varepsilon(x-y)\,|\varphi(y)-\varphi(x)|\, dy \right]^p dx$$

$$\leqslant \int\limits_\Omega \int\limits_{|y|<\varepsilon} h_\varepsilon(y)\,|\varphi(x-y)-\varphi(x)|^p \, dy\, dx \leqslant \sup_{|y|<\varepsilon} \int\limits_\Omega |\varphi(x-y)-\varphi(x)|^p \, dx.$$

Bedingung 2 (Stetigkeit im Mittel) des Kolmogoroffschen Kompaktheitskriterium (ein einzelnes Element $\{\varphi\}$ ist kompakt!) beendet den Beweis von 3.

Die entsprechenden Abänderungen des Beweises für den Fall $p = 1$ führe der Leser selbst durch.

Zu 4. Sei φ zusätzlich stetig. Wegen $\int h_\varepsilon(y)\,dy = 1$ können wir schreiben:

$$\varphi_\varepsilon(x) - \varphi(x) = \int\limits_{|y|<\varepsilon} (\varphi(x-y)-\varphi(x))\, h_\varepsilon(y)\, dy$$

und die gleichmäßige Stetigkeit von φ zieht die gleichmäßige Konvergenz $\varphi_\varepsilon \to \varphi$ für $\varepsilon \to 0$ nach sich. ∎

1.4 Distributionen

Wir wollen nun die L. Schwartzschen Distributionen über Ω definieren. Als Grund- oder Testraum nehmen wir $\mathscr{D}(\Omega)$. Man überzeugt sich leicht, daß $\mathscr{D}(\Omega)$ ein linearer Raum ist und wir können lineare Funktionale auf $\mathscr{D}(\Omega)$ betrachten, das heißt lineare Abbildungen $T: \mathscr{D}(\Omega) \to \mathbf{C}$. Wir definieren:

Definition 1.1 *Wir nennen ein lineares Funktional $T: \mathscr{D}(\Omega) \to \mathbf{C}$ Distribution, falls wir für jede kompakte Menge $K \subset\subset \Omega$ Konstanten C und k finden können, so daß die Abschätzung gilt*

$$(11) \qquad |T(\varphi)| \leqslant C \sum_{|s|\leqslant k} \sup_K |\mathrm{D}^s \varphi|, \quad \textit{für alle } \varphi \in \mathscr{D}(K).$$

Dabei heißt $K \subset\subset \Omega$, daß K kompakt ist und $K \subset \Omega$. $\mathscr{D}(K)$ besteht aus allen $\varphi \in \mathscr{D}(\Omega)$ mit supp $\varphi \subseteq K$. Den Raum aller Distributionen bezeichnen wir mit $\mathscr{D}'(\Omega)$. Falls wir die Konstante k unabhängig von K wählen können, dann sagen wir, daß die Distribution T von endlicher Ordnung ist, das kleinste dieser k's nennen wir Ordnung von T, und den Raum aller Distributionen von endlicher Ordnung bezeichnen wir mit $\mathscr{D}'_F(\Omega)$.

Beispiel 1.1 Sei $f \in L_1^{\mathrm{loc}}(\Omega)$. Dann ist

$$(12) \qquad T_f(\varphi) := \int f(x)\,\varphi(x)\, dx, \qquad \varphi \in \mathscr{D}(\Omega),$$

eine Distribution von der Ordnung 0.

Beispiel 1.2 Sei m ein Radonmaß, d.h. $m \in (C_0^0(\Omega))'$ (siehe Bourbaki [2]). Dann ist

$$(13) \qquad T_m(\varphi) := \int \varphi(x)\, \mathrm{d}m, \qquad \varphi \in \mathscr{D}(\Omega),$$

wieder eine Distribution von der Ordnung 0.

Zur Erläuterung *Der Raum $C_0^0(\Omega)$ ist der Raum aller auf Ω stetigen Funktionen φ mit einem kompakten Träger* $\operatorname{supp} \varphi \subset\subset \Omega$, *versehen mit der Topologie des induktiven Limes* $\underset{K \subset\subset \Omega}{\operatorname{ind}} C_0(K)$, *wobei $C_0(K)$, der durch die Maximumsnorm normierte Raum ist:*

$$C_0(K) = \left\{ \underset{\operatorname{supp} \varphi \subset K}{\varphi \text{ stetig}} \; \middle| \; \max_{x \in K} |\varphi(x)| < \infty \right\}. \; \textit{Die linearen stetigen Funktionale } m \textit{ auf}$$

$C_0^0(\Omega)$, *d.h. $m \in (C_0^0(\Omega))'$, bezeichnen wir als Radonmaße auf Ω.*

Beispiel 1.3 Die Diracsche Deltadistribution definieren wir durch

$$\delta^{(s)}(\varphi) := (-1)^{|s|} \, \mathrm{D}^s \varphi(0), \qquad \varphi \in \mathscr{D}(\Omega).$$

$\delta^{(s)}$ hat die Ordnung $|s|$.

Für alle drei Beispiele ist die Definitionsbedingung (11) leicht einzusehen.

Wir wollen in Zukunft die Distribution T_f (12) mit der Funktion f und T_m (13) mit dem Maß m identifizieren. Dabei brauchen wir beim Identifizieren, daß die Abbildung $f \to T_f$ bzw. $m \to T_m$ injektiv ist: Nach Satz 1.3.4 liegt $\mathscr{D}(\Omega)$ dicht in $C_0^0(\Omega)$ und aus (siehe (13)) $T_m(\varphi) = \int \varphi(x)\, \mathrm{d}m = 0$ für $\varphi \in \mathscr{D}(\Omega)$ folgt $m = 0$; d.h. $m \to T_m$ ist injektiv. Um einzusehen, daß $f \to T_f$ für $f \in L_1^{\mathrm{loc}}(\Omega)$ injektiv ist, ordnen wir der Funktion f das absolut-stetige (Radon-)Maß $m = f \cdot \mathrm{d}x$ zu, und die Injektivität folgt aus dem eben bewiesenen.

Wir führen die Folgenkonvergenz auf $\mathscr{D}(\Omega)$ ein. Man kann auch auf $\mathscr{D}(\Omega)$ eine lokalkonvexe Topologie einführen, die (11) als Stetigkeitsbedingung ergibt, und zwar entweder als induktive Limestopologie, siehe z.B. L. Schwartz [1], oder durch die direkte Angabe von Halbnormen, siehe z.B. Hörmander [1]. Wir wollen dies nicht tun, weil wir die lokalkonvexe Topologie nirgends benötigen.

Definition 1.2 *Wir sagen, daß die Folge $\varphi_n \in \mathscr{D}(\Omega)$ gegen φ_0 in $\mathscr{D}(\Omega)$ konvergiert, falls die beiden folgenden Bedingungen erfüllt sind:*

1. *Es konvergiert $\mathrm{D}^s \varphi_n \to \mathrm{D}^s \varphi_0$ gleichmäßig für jeden Multiindex s.*
2. *Es gibt ein Kompaktum $K \subset\subset \Omega$ mit $\operatorname{supp} \varphi_n \subset K$ für $n = 0,1,\ldots$.*

Satz 1.4 *Ein lineares Funktional T auf $\mathscr{D}(\Omega)$ ist genau dann eine Distribution, wenn T folgenstetig ist.*

Beweis. Falls (11) erfüllt ist, ist T folgenstetig im Sinne obiger Konvergenzdefinition. Sei (11) nicht erfüllt, dann gibt es ein $K_0 \subset\subset \Omega$, so daß wir für jedes $C = k = n$ ein $\varphi_n \in \mathscr{D}(K_0)$ finden können mit $T(\varphi_n) = 1$ und $\sup_{K_0} |\mathrm{D}^s \varphi_n| \leqslant 1/n$ für $|s| \leqslant n$, ((11) ist homogen!). Diese Folge φ_n hat die Eigenschaften:

$$\varphi_n \to 0 \quad \text{in } \mathcal{D}(\Omega) \quad \text{und} \quad T(\varphi_n) \to 1 \neq 0;$$

ein Widerspruch, T kann also nicht folgenstetig auf $\mathcal{D}(\Omega)$ sein.

Offensichtlich ist $\mathcal{D}'(\Omega)$ wieder ein linearer Raum: wir definieren $(\alpha_1 T_1 + \alpha_2 T_2)(\varphi)$ $:= \alpha_1 T_1(\varphi) + \alpha_2 T_2(\varphi)$ für $\alpha_1, \alpha_2 \in \mathbf{C}$. $\mathcal{D}'(\Omega)$ wollen wir mit der schwachen Topologie versehen, d.h. als Halbnormen nehmen wir

$$p_\varphi(T) := |T(\varphi)|,$$

wobei φ fest in $\mathcal{D}(\Omega)$ gewählt wurde. Eine Folge von Distributionen T_n konvergiert also gegen die Distribution T, kurz $T_n \to T$ in $\mathcal{D}'(\Omega)$, falls für jedes $\varphi \in \mathcal{D}(\Omega)$ gilt

$$T_n(\varphi) \to T(\varphi) \quad \text{(im Zahlensinne)}.$$

Mit dieser Konvergenzdefinition, haben wir: Die Einbettung

$$L_2(\Omega) \subset\!\!\!\!\subset \mathcal{D}'(\Omega)$$

ist stetig, denn aus $f_n \to f$ in $L_2(\Omega)$ folgt die schwache Konvergenz $f_n \rightharpoonup f$ in $L_2(\Omega)$, das ist u.a.

$$\int\limits_\Omega f_n \cdot \varphi \, dx \to \int\limits_\Omega f \varphi \, dx \quad \text{für } \varphi \in \mathcal{D}(\Omega),$$

was nach (12) bedeutet

$$T_{f_n} \to T_f \quad \text{in } \mathcal{D}'(\Omega).$$

Auch die anderen Distributionsräume $\mathcal{E}'(\Omega)$, $\mathcal{S}'(\Omega)$ – siehe später – werden wir mit der schwachen Topologie versehen.

Sei Ω_0 offen $\subset \Omega$. Wir definieren die Restriktion der Distribution $T \in \mathcal{D}'(\Omega)$ durch die Einschränkung von T auf den Definitionsbereich $\mathcal{D}(\Omega_0)$. Für die Restriktion $T|_{\mathcal{D}(\Omega_0)}$ wird kurz $T|_{\Omega_0}$ geschrieben. Zwei Distributionen T_1 und T_2 heißen lokal gleich in $x \in \Omega$, falls in einer Umgebung U von x die Restriktionen auf U gleich sind, d.h.

$$T_1|_U = T_2|_U,$$

oder ausgeschrieben, falls

$$T_1(\varphi) = T_2(\varphi) \quad \text{für alle } \varphi \in \mathcal{D}(U) \text{ gilt}.$$

1.5 Der Support einer Distribution

Das lokale Verhalten einer Distribution bestimmt schon ihr globales, das ist der Inhalt des L. Schwartzschen "Principe du recollement des morceaux" [1].

Satz 1.5 *Sei $\{\Omega_i, i \in I\}$ eine offene Überdeckung von Ω und T_i, $i \in I$ seien Distributionen aus $\mathcal{D}'(\Omega_i)$; die auf $\Omega_i \cap \Omega_j$ übereinstimmen, d.h.*

$$(14) \qquad T_i|_{\Omega_i \cap \Omega_j} = T_j|_{\Omega_i \cap \Omega_j}.$$

Es gibt dann genau eine Distribution $T \in \mathscr{D}'(\Omega)$, die auf Ω_i mit T_i übereinstimmt, d.h.

$$(15) \qquad T(\varphi) = T_i(\varphi) \quad \text{für } \varphi \in \mathscr{D}(\Omega_i), i \in I.$$

Beweis. Sei $\{\alpha_k\}$ eine der Überdeckung $\{\Omega_i\}$ untergeordnete Zerlegung der Eins, siehe Satz 1.2, wobei $\operatorname{supp}\alpha_k \subset \Omega_{i(k)}$. Wir haben

$$\varphi = \sum_k \alpha_k \cdot \varphi, \quad \text{für } \varphi \in \mathscr{D}(\Omega),$$

wir setzen

$$(16) \qquad T(\varphi) := \sum_k T_{i(k)}(\alpha_k \varphi),$$

und müssen gemäß Satz 1.4 die Folgenstetigkeit von T nachweisen. Sei $\varphi_n \to 0$ in $\mathscr{D}(\Omega)$, dann gibt ein Kompaktum $K \subset\subset \Omega$ mit

$$\operatorname{supp}\varphi_n \subset K, \quad \text{für } n = 1,2 \dots .$$

K wird wegen der lokalen Finitheit von $\{\alpha_k\}$ von höchstens endlich vielen $\operatorname{supp}\alpha_k$ getroffen (K ist kompakt!) und (16) nimmt die Form an

$$(17) \qquad T(\varphi_n) = \sum_k^{\text{endlich}} T_{i(k)}(\alpha_k \varphi_n), \qquad \operatorname{supp}\varphi_n \subset K.$$

Man sieht leicht ein: aus $\varphi_n \to 0$ in $\mathscr{D}(\Omega)$ folgt $\alpha_k \cdot \varphi_n \to 0$ in $\mathscr{D}(\Omega_{i(k)})$, woraus die Folgenstetigkeit in (17) sofort ersichtlich ist. Wir zeigen (15). Sei $\varphi \in \mathscr{D}(\Omega_i)$, dann liegt $\operatorname{supp}(\alpha_k \varphi) \subset \Omega_{i(k)} \cap \Omega_i$ und wir haben wegen (14)

$$T_i(\varphi) = T_i\left(\sum_k \alpha_k \varphi\right) = \sum_k T_i(\alpha_k \varphi) = \sum_k T_{i(k)}(\alpha_k \varphi) = T(\varphi),$$

das ist (15).

Durch (15) ist aber die globale Distribution T schon eindeutig bestimmt. Sei T' eine andere Distribution die (15) erfüllt, und sei

$$(18) \qquad T'(\varphi_0) \neq T(\varphi_0) \quad \text{für ein } \varphi_0 \in \mathscr{D}(\Omega).$$

Sei $\operatorname{supp}\varphi_0 = K_0$, K_0 wird von höchstens endlich vielen $\operatorname{supp}\alpha_k$ getroffen und wir haben wegen $\operatorname{supp}(\alpha_k \varphi_0) \subset \Omega_{i(k)}$

$$T'(\varphi_0) = T'\left(\sum_k \alpha_k \varphi_0\right) = \sum_k T'(\alpha_k \varphi_0) = \sum_k T_{i(k)}(\alpha_k \varphi_0) = T(\varphi_0)$$

im Widerspruch zu (18). ∎

Satz 1.5 ergibt als Folgerung, daß eine Distribution, die lokal gleich Null ist, auch global gleich Null ist.

Mit Satz 1.5 können wir den Support (oder Träger) einer Distribution $T \in \mathscr{D}'(\Omega)$ definieren.

Definition 1.3 *Der Support von T, supp T, ist das Komplement aller derjenigen Punkte von Ω, in denen T lokal gleich 0 ist.*

Die Menge supp T ist relativ abgeschlossen in Ω, denn nach Definition ist das Komplement offen. Auch haben wir

$$(19) \qquad T(\varphi) = 0 \quad \text{für } \varphi \in \mathscr{D}(\Omega) \text{ mit supp } T \cap \text{supp } \varphi = \emptyset,$$

und nach Satz 1.5 ist $\complement$ supp T die größte offene Menge von Ω, wo $T = 0$ ist. Damit stimmt die jetzige Definition mit der für stetige Funktionen üblichen Definition überein.

1.6 Differentiation und Multiplikation

Definition 1.4 *Sei s ein Multiindex und $T \in \mathscr{D}'(\Omega)$ eine Distribution. Wir definieren die Differentiation $D^s T$ durch*

$$(D^s T)(\varphi) := (-1)^{|s|} T(D^s \varphi).$$

$D^s T$ ist wieder eine Distribution, denn aus (11) ergibt sich die Abschätzung

$$|D^s T(\varphi)| \leqslant C \sum_{|\alpha| \leqslant k + |s|} \sup_K |D^\alpha \varphi|, \quad \text{für } \varphi \in \mathscr{D}(K).$$

Die Differentiation ist stetig im Bereich der Distributionen.

Satz 1.6 1. *Aus $T_n \to T$ in $\mathscr{D}'(\Omega)$ folgt $D^s T_n \to D^s T$ in $\mathscr{D}'(\Omega)$.*
2. *Sei τ_h der Translationsoperator – siehe gleich –, dann haben wir für $(0, \ldots, 0, h_j, 0, \ldots, 0) \to 0, j = 1, \ldots, r,$*

$$\frac{1}{h_j}[\tau_{h_j} T - T] \to \frac{\partial T}{\partial x_j} \quad \text{in } \mathscr{D}'.$$

Beweis. Der Beweis von 1 ist offensichtlich.
Zu 2. Wir definieren $\tau_h T(\varphi) := T(\varphi(x - h))$ und sehen, daß $\tau_h T$ wieder eine Distribution aus $\mathscr{D}'$ ist. Wir haben

$$\frac{1}{h_j}[\tau_{h_j} T(\varphi) - T(\varphi)] = T\left(\frac{\varphi(x - h_j) - \varphi(x)}{h_j}\right),$$

und wie man sich leicht überzeugt (Definition 1.2), konvergiert der Differenzenquotient $(\varphi(x - h_j) - \varphi(x))/h_j$ für $h_j \to 0$ in $\mathscr{D}$ gegen $- \partial\varphi/\partial x_j$, also

$$T\left(\frac{\varphi(x - h_j) - \varphi(x)}{h_j}\right) \to T\left(-\frac{\partial\varphi}{\partial x_j}\right) = \frac{\partial T}{\partial x_j}(\varphi),$$

womit wir 2 bewiesen haben.

Im Bereich der Distributionen sind die Differentiationen vertauschbar:

$$(20) \qquad D^\alpha D^\beta T = D^\beta D^\alpha T$$

Beweis. $(D^\alpha D^\beta T)(\varphi) = (-1)^{|\alpha|} D^\beta T(D^\alpha \varphi) = (-1)^{|\alpha|+|\beta|} T(D^\beta D^\alpha \varphi)$

$$= (-1)^{|\alpha|+|\beta|} T(D^\alpha D^\beta \varphi) = \ldots = (D^\beta D^\alpha T)(\varphi).$$

Beispiel 1.4 Sei δ die Diracsche Deltadistribution, wir haben

$$D^s \delta = \delta^{(s)}, \quad \text{(s. Beispiel 1.3)}.$$

Beispiel 1.5 Sei $H(x)$, $x \in \mathbf{R}^1$, die Heavisidefunktion

$$H(x) = \begin{cases} 0 & \text{für } x \leqslant 0, \\ 1 & \text{für } x > 0. \end{cases}$$

Wir haben

$$H' = \delta.$$

Definition 1.5 *Sei $T \in \mathscr{D}'(\Omega)$ und $a \in C^\infty(\Omega)$. Wir definieren das Produkt $a \cdot T$ durch*

$$(aT)(\varphi) := T(a\varphi).$$

aT ist wieder eine Distribution, denn aus (11) ergibt sich durch Anwendung der Leibnizschen Produktregel

$$|(aT)(\varphi)| = |T(a\varphi)| \leqslant C \sum_{|s| \leqslant k} \sup_K |D^s(a\varphi)| \leqslant C' \sum_{|s| \leqslant k} \sup_K |D^s \varphi|, \text{für } \varphi \in \mathscr{D}(K).$$

Es gilt $\text{supp}(a \cdot T) \subset \text{supp}\, a \cap \text{supp}\, T$ und aus $T_n \to T$ in $\mathscr{D}'(\Omega)$ folgt

$$aT_n \to aT.$$

Achtung! *Das Produkt zweier Distributionen $T_1, T_2 \in \mathscr{D}(\Omega)$ läßt sich nur in Sonderfällen zufriedenstellend definieren.*
Man sieht, daß für Funktionen und Maße die neue Definition 1.5 mit der üblichen, punktweisen Multiplikation übereinstimmt.
Es gilt die Leibnizsche Produktregel

$$(21) \qquad D^\alpha(aT) = \sum_{\beta \leqslant \alpha} \binom{\alpha}{\beta} D^\beta a \cdot D^{\alpha-\beta} T \quad \text{für } a \in C^\infty, T \in \mathscr{D}'.$$

Beweis. Wir haben

$$-T\left(a \frac{\partial}{\partial x_i} \varphi\right) = T\left(\left(\frac{\partial a}{\partial x_i}\right)\varphi\right) - T\left(\frac{\partial}{\partial x_i}(a\varphi)\right)$$

das ist

$$\frac{\partial}{\partial x_i}(aT) = \frac{\partial a}{\partial x_i} \cdot T + a \cdot \frac{\partial T}{\partial x_i},$$

und (21) folgt durch Induktion.

Für später wollen wir die Leibnizsche Produktregel (21) in der Form von Hörmander schreiben. Sei $P(\mathrm{D}) = \sum\limits_{|s| \leqslant m} b_s \mathrm{D}^s$ ein linearer Differentialoperator mit konstanten Koeffizienten b_s, dann gilt

$$(21')\qquad P(\mathrm{D})(a \cdot T) = \sum_\alpha \frac{1}{\alpha!}(\mathrm{D}^\alpha a)(P^{(\alpha)}(\mathrm{D})T), \quad \text{für } a \in C^\infty,\ T \in \mathscr{D}',$$

wobei $P^{(\alpha)}(x) = \mathrm{D}_x^\alpha P(x) = \dfrac{\partial^{|\alpha|}}{\partial x_1^{\alpha_1} \dots \partial x_r^{\alpha_r}} \sum\limits_{|s| \leqslant m} b_s x_1^{s_1} \dots x_r^{s_r}$.

Wir wollen nun Fälle angeben, in denen die klassische Ableitung – wir bezeichnen sie mit Klammern [ ] – mit der Distributionsableitung zusammenfällt.

Satz 1.7 1. *Sei $f \in \mathscr{E}^1(\Omega)$. Dann stimmen die klassischen partiellen Ableitungen mit den Distributionsableitungen überein, d.h. wir haben*

$$(22)\qquad T_{[\partial f/\partial x_i]} = \frac{\partial}{\partial x_i} T_f \quad \text{für } i = 1, \dots, r.$$

2. *Seien f und g stetig auf Ω, $f, g \in \mathscr{E}^0(\Omega)$, und sei im Distributionssinne $\partial g/\partial x_i = f$, für ein gewisses $i = 1, \dots, r$, (genau geschrieben: $\partial T_g/\partial x_i = T_f$); dann existiert auch die klassische Ableitung $[\partial g/\partial x_i]$ und wir haben*

$$\left[\frac{\partial g}{\partial x_i}\right](x) = f(x) \quad \text{für alle } x \in \Omega.$$

Beweis. 1. Unter den Voraussetzungen von 1. gilt die Formel fürs partielle Integrieren

$$(23)\qquad \int\limits_\Omega \frac{\partial f}{\partial x_i} \varphi \, \mathrm{d}x = - \int\limits_\Omega f \frac{\partial \varphi}{\partial x_i} \, \mathrm{d}x, \quad \text{für } \varphi \in \mathscr{D}(\Omega).$$

(23) ist aber (22) anders hingeschrieben.

2. Sei $\chi \in \mathscr{D}(\Omega)$, dann sind die Funktionen χg und $\dfrac{\partial}{\partial x_i}(\chi g) = \dfrac{\partial \chi}{\partial x_i} g + \chi \dfrac{\partial g}{\partial x_i}$ stetig und haben einen kompakten Support. Es genügt also den Satz für stetige Funktionen mit einem kompakten Support in Ω zu beweisen. Wir haben mit den Bezeichnungen von Satz 1.3, $g_\varepsilon, f_\varepsilon \in C_0^\infty$ und $[\partial g_\varepsilon/\partial x_i] = f_\varepsilon$, denn

$$\left[\frac{\partial g_\varepsilon}{\partial x_i}\right] = \int g(y)\left[\frac{\partial}{\partial x_i} h_\varepsilon(x-y)\right]dy = -\int g(y)\left[\frac{\partial}{\partial y_i} h_\varepsilon(x-y)\right]dy$$

$$= -T_g\left(\frac{\partial}{\partial y_i} h_\varepsilon(x-y)\right)_y = \left(\frac{\partial}{\partial y_i} T_g\right)(h_\varepsilon(x-y))_y$$

$$= T_f(h_\varepsilon(x-y))_y = \int f(y)\, h_\varepsilon(x-y)\, dy = f_\varepsilon.$$

Nach Satz 1.3 konvergieren gleichmäßig für $\varepsilon \to 0$

$$g_\varepsilon \to g, \qquad \left[\frac{\partial g_\varepsilon}{\partial x_i}\right] \to f.$$

Nach Sätzen der klassischen Analysis (Rudin [1]) existiert dann $[\partial g/\partial x_i]$, und es muß sein $[\partial g/\partial x_i] = f$. ∎

Satz 1.8 *Sei $f \in C^{0,1}(\Omega)$. Dann existieren die partiellen, klassischen Ableitungen $[\partial f/\partial x_i]$, $i = 1, \ldots, r$, fast überall auf Ω, sie sind meßbar und beschränkt,*

$$(24) \qquad \left[\frac{\partial f}{\partial x_i}\right] \in L_\infty(\Omega),$$

und sie stimmen mit den Distributionsableitungen überein

$$\left[\frac{\partial f}{\partial x_i}\right] = \frac{\partial f}{\partial x_i}, \qquad i = 1, \ldots, r.$$

Durch Induktion erhalten wir sofort: *Sei $f \in C^{l,1}(\Omega)$, dann existieren fast überall $[D^s f]$, für $|s| \leq l + 1$, und es gelten*

$$[D^s f] = D^s f, \quad \text{für } |s| \leq l + 1.$$

B e w e i s .   Da $f \in C^{0,1}(\Omega)$ gehört, haben wir

$$(25) \qquad |f(x) - f(y)| \leq C|x - y|$$

und $f(x) = f(x_1, \ldots, x_r)$ ist absolut stetig in jeder Variablen x_i, wenn die anderen Variablen $x_1, \ldots, x_{i-1}, x_{i+1}, \ldots, x_r$ fixiert sind. Wir wenden den Satz von Lebesgue an (siehe Natanson [1], S. 274), erhalten, daß die partiellen Ableitungen $[\partial f/\partial x_i]$ fast überall existieren, und es gilt

$$(26) \qquad \int\limits_a^{x_i} \left[\frac{\partial f}{\partial x_i}\right] dx_i = f(x_1, \ldots, x_i, \ldots, x_r) - f(x_1, \ldots, a, \ldots, x_r).$$

Hier bedeutet fast überall: bezüglich x_i, während die anderen Variablen fixiert sind. Nach Definition der klassischen Ableitung gilt

$$\lim_{h_i \to 0} \frac{f(x+h_i) - f(x)}{h_i} = \left[\frac{\partial f}{\partial x_i}\right](x),$$

im Sinne der punktweisen Konvergenz fast überall; nach Sätzen aus der Maßtheorie – siehe z.B. Natanson [1] – ist mit $f(x)$ auch $[\partial f/\partial x_i]$ meßbar. Die Beschränktheit der Ableitungen ergibt sich aus (25). Wegen $f \in C^{0,1}(\Omega)$ und (24) haben wir

$$f, \left[\frac{\partial f}{\partial x_i}\right] \in L_1^{\mathrm{loc}}(\Omega), \qquad i = 1, \ldots, r,$$

und wir können bei den untenstehenden Integralen den Satz von Fubini anwenden. Wir haben für $\varphi \in \mathscr{D}(\Omega)$

$$\frac{\partial f}{\partial x_i}(\varphi) = -T_f\left(\frac{\partial \varphi}{\partial x_i}\right) = -\int_\Omega f(x)\frac{\partial \varphi(x)}{\partial x_i}\,\mathrm{d}x$$

$$(27) \qquad = -\int_{\mathbf{R}^{r-1}}\left(\int_\mathbf{R} f(x)\frac{\partial \varphi}{\partial x_i}\,\mathrm{d}x_i\right)\mathrm{d}x_1\ldots\mathrm{d}x_{i-1}\,\mathrm{d}x_{i+1}\ldots\mathrm{d}x_r,$$

$$= \int_{\mathbf{R}^{r-1}}\left(\int_\mathbf{R}\left[\frac{\partial f}{\partial x_i}\right]\varphi(x)\,\mathrm{d}x_i\right)\mathrm{d}x_1\ldots\mathrm{d}x_{i-1}\,\mathrm{d}x_{i+1}\ldots\mathrm{d}x_r,$$

$$= \int_\Omega\left[\frac{\partial f}{\partial x_i}\right]\varphi(x)\,\mathrm{d}x,$$

das ist die gesuchte Übereinstimmung zwischen klassischer- und Distributionsableitung. Dabei ist die partielle Integration in der Mitte von (27) wegen (26) durchführbar. ∎

1.7 Distributionen mit einem kompakten Träger

Wir kommen nun zu Distributionen mit einem kompakten Träger. Wir machen $C^\infty(\Omega) = \mathscr{E}(\Omega)$ zu einem (F)-*Raum*, indem wir als System von Halbnormen auf $\mathscr{E}(\Omega)$ die Ausdrücke

$$p_{k,K}(\varphi) = \sum_{|s|\leqslant k}\sup_K |D^s\varphi|, \qquad \varphi \in \mathscr{E}(\Omega),$$

nehmen. Hier ist $k = 0,1,\ldots$, und K kompakt in Ω. Da abzählbar viele K_n schon Ω ausschöpfen, d.h.

$$(28) \qquad \Omega = \bigcup_{n=1}^\infty K_n, \qquad K_n \subset K_{n+1} \text{ kompakt,}$$

ist $\{\mathscr{E}(\Omega), p_{k,K}\}$ metrisierbar, und man überzeugt sich leicht von der Vollständigkeit; also ist $\mathscr{E}(\Omega)$ ein (F)-Raum. Wir erinnern, eine Folge $\varphi_n \in \mathscr{E}(\Omega)$ konvergiert in $\mathscr{E}(\Omega)$ gegen φ, kurz $\varphi_n \to \varphi$ in $\mathscr{E}(\Omega)$, wenn für jedes k, K gilt

$$p_{k,K}(\varphi_n - \varphi) = \sum_{|s|\leqslant k}\sup_K |D^s\varphi_n - D^s\varphi| \to 0.$$

Satz 1.9 *Der Testraum $\mathscr{D}(\Omega)$ liegt dicht in $\mathscr{E}(\Omega)$.*

Beweis. Sei $\varphi \in \mathscr{E}(\Omega)$, nach Folgerung 1.2 gibt es $\chi_n \in \mathscr{D}(\Omega)$ mit $\chi_n(x) = 1$ für $x \in K_n$ und wir haben

$$p_{k,K_n}(\varphi - \chi_m \cdot \varphi) = 0 \quad \text{für } m \geqslant n.$$

Da $\chi_n \varphi \in \mathscr{D}(\Omega)$, haben wir die Dichteaussage bewiesen. ∎

Ein lineares Funktional $l(\varphi)$ ist auf $\mathscr{E}(\Omega)$ genau dann stetig, wenn wir k, K und eine Konstante $C < \infty$ finden können, mit

$$(29) \qquad |l(\varphi)| \leqslant C p_{k,K}(\varphi) = C \sum_{|s| \leqslant k} \sup_K |D^s \varphi|, \qquad \varphi \in \mathscr{E}(\Omega).$$

Den Raum aller linearen, stetigen Funktionale l auf $\mathscr{E}(\Omega)$ bezeichnen wir als Dualraum $\mathscr{E}'(\Omega)$, wir versehen $\mathscr{E}'(\Omega)$ mit der schwachen Topologie, d.h. als Halbnormen nehmen wir

$$p_\varphi(l) = |l(\varphi)|, \quad \varphi \text{ fest gewählt in } \mathscr{E}(\Omega).$$

Satz 1.10 *Sei $T \in \mathscr{D}(\Omega)$ eine Distribution mit kompaktem Träger supp $T \subset\subset \Omega$. Dann hat T eine endliche Ordnung und $T(\varphi)$ läßt sich eindeutig zu einem linearen, stetigen Funktional auf $\mathscr{E}(\Omega)$ erweitern. Umgekehrt, jedes lineare, stetige Funktional auf $\mathscr{E}(\Omega)$ läßt sich als Distribution mit einem kompakten Träger auffassen, und die Einbettung*

$$\mathscr{E}'(\Omega) \subset\subset \mathscr{D}'(\Omega)$$

ist stetig und injektiv.

Beweis. Sei supp T kompakt, dann läßt sich nach Folgerung 1.2 ein $\chi \in \mathscr{D}(\Omega)$ finden mit $\chi = 1$ auf supp T. Sei $K_0 = \text{supp } \chi$. Wir haben nach (19) (supp $T \cap$ supp $(1 - \chi) = \emptyset$)

$$(30) \qquad T(\varphi) = T(\chi\varphi) + T((1 - \chi)\varphi) = T(\chi\varphi) \quad \text{für } \varphi \in \mathscr{D}(\Omega),$$

und (11) in Verbindung mit (30) ergibt

$$(31) \qquad |T(\varphi)| = |T(\chi\varphi)| \leqslant C \sum_{|s| \leqslant k_0} \sup_{K_0} |D^s(\chi\varphi)| \leqslant C_0 \sum_{|s| \leqslant k_0} \sup_{K_0} |D^s(\varphi)|,$$

für alle $\varphi \in \mathscr{D}(\Omega)$; hier haben wir die Leibnizsche Regel benutzt und die Tatsache, daß für alle $\varphi \in \mathscr{D}(\Omega)$ supp $(\chi\varphi)$ in K_0 liegt. (31) zeigt, daß T von endlicher Ordnung $\leqslant k_0$ ist.

Wir definieren die Fortsetzung von T auf $\mathscr{E}(\Omega)$ durch (30)

$$\tilde{T}(\varphi) := T(\chi\varphi), \qquad \varphi \in \mathscr{E}(\Omega).$$

Die Abschätzung (31) ist auch für alle $\varphi \in \mathscr{E}(\Omega)$ gültig, denn supp $(\chi\varphi) \subset K_0$ ist richtig für alle $\varphi \in \mathscr{E}(\Omega)$.

(31) ist aber (29), d.h. $\tilde{T}(\varphi)$ ist ein lineares, stetiges Funktional auf $\mathscr{E}(\Omega)$.

Die Eindeutigkeit der Fortsetzung $\tilde{T}(\varphi)$ folgt aus der Dichtheit von $\mathscr{D}(\Omega)$ in $\mathscr{E}(\Omega)$. Sei nun umgekehrt T ein lineares stetiges Funktional auf $\mathscr{E}(\Omega)$. Dann gibt es nach (29) ein Kompaktum K (und Zahlen C, k) mit

$$(32) \qquad |T(\varphi)| \leqslant C \sum_{|s| \leqslant k} \sup_K |D^s \varphi|, \quad \text{für alle } \varphi \in \mathscr{E}(\Omega).$$

T eingeschränkt auf $\mathscr{D}(\Omega)$ ist wegen (32) = (11) eine Distribution aus $\mathscr{D}'(\Omega)$; aus (32) folgt aber auch, daß falls $K \cap \operatorname{supp} \varphi = \emptyset$, dann $T(\varphi) = 0$, was bedeutet $\operatorname{supp} T \subset K$. Wir haben damit $\mathscr{E}'(\Omega)$ als Unterraum von $\mathscr{D}'(\Omega)$ charakterisiert, die Injektivität von $\mathscr{E}' \subset \mathscr{D}'$ folgt aus Satz 1.9, während die Stetigkeit leicht einzusehen ist. ∎

1.8 Die Convolution

Wir führen einige Bezeichnungen ein: den **Translationsoperator** τ_x,

$$(\tau_x u)(y) := u(y - x) \quad \text{und} \quad \check{u}(y) := u(-y),$$

hier ist beide Male u eine Funktion auf $\mathbf{R}^r$.

Seien A und B zwei Mengen $\subset \mathbf{R}^r$, wir bezeichnen mit

$$A + B := \{x + y \mid x \in A, \, y \in B\}.$$

Falls A abgeschlossen und B kompakt ist, dann ist $A + B$ abgeschlossen, falls beide Mengen A und B kompakt sind, dann ist auch $A + B$ kompakt. Der Kürze wegen, wollen wir einfach $\mathscr{D}$ und $\mathscr{D}'$ statt $\mathscr{D}(\mathbf{R}^r)$ und $\mathscr{D}'(\mathbf{R}^r)$ schreiben, ebenso $\mathscr{E}$ und $\mathscr{E}'$. Für zwei stetige Funktionen f und g, von denen eine einen kompakten Träger hat, definiert man die **Convolution** durch

$$(f * g)(x) = \int f(x - y)\, g(y)\, \mathrm{d}y = \int f(y)\, g(x - y)\, \mathrm{d}y = (g * f)(x),$$

was man auch schreiben kann als

$$(f * g)(x) = \int_{\mathbf{R}^r} f(y)\, (\tau_x \check{g})(y)\, \mathrm{d}y.$$

Dies legt folgende Definition nahe

Definition 1.6 *Sei $T \in \mathscr{D}'$ und $\varphi \subset \mathscr{D}$. Wir definieren*

$$(33) \qquad (T * \varphi)(x) := T_y(\varphi(x - y)) := T(\tau_x \check{\varphi}).$$

Hier bedeutet also der Index y bei T_y, daß T als Linearform auf Funktionen der Veränderlichen y wirkt, während x fest ist. Man beachte, daß $(T * \varphi)(0) = T(\check{\varphi})$ gilt, d.h. wenn $T_1 * \varphi = T_2 * \varphi$ für alle $\varphi \in \mathscr{D}$ ist, dann sein muß

$$T_1 = T_2.$$

Satz 1.11 *Sei $T \in \mathscr{D}'$ und $\varphi \in \mathscr{D}$. Dann ist $T * \varphi \in C^\infty = \mathscr{E}$ und $\operatorname{supp}(T * \varphi) \subset \operatorname{supp} T + \operatorname{supp} \varphi$. Die Ableitungen der Convolution sind durch*

$$(34) \qquad D^s(T * \varphi) = (D^s T) * \varphi = T * (D^s \varphi)$$

gegeben.

Beweis. Für $\varphi \in \mathscr{D}$ ist $\tau_x: \begin{matrix} \mathbf{R}^r & \to & \mathscr{D} \\ x & \rightsquigarrow & \tau_x \varphi \end{matrix}$ (folgen-)stetig (siehe Definition 1.2), $\check{\ }$ ist stetig $\mathscr{D} \to \mathscr{D}$ und T ist stetig $\mathscr{D} \to \mathbf{C}$ (Satz 1.4). Damit ist nach (33) $(T * \varphi)(x)$ eine stetige Funktion von x. Nach (19) ist $(T * \varphi)(x) = 0$, außer der Träger supp T trifft den Träger $\mathrm{supp}_y \varphi(x - y)$, d.h. außer es gibt ein $y \in \mathrm{supp}\, T$ mit $x - y \in \mathrm{supp}\, \varphi$. In diesem Falle ist aber $x \in \mathrm{supp}\, \varphi + \mathrm{supp}\, T$, womit wir die Trägereigenschaft bewiesen haben.

Sei h_i der Vektor $(0, \ldots, 0, h_i, 0 \ldots 0) \in \mathbf{R}^r$, wir bilden den Differenzenquotienten

$$\frac{1}{h_i}[(T * \varphi)(x + h_i) - (T * \varphi)(x)] = T_y\left(\frac{1}{h_i}[\varphi(x + h_i - y) - \varphi(x - y)]\right).$$

Wie man sich leicht überzeugt (Definition 1.2) konvergiert der Differenzenquotient $1/h_i[\varphi(x + h_i - y) - \varphi(x - y)]$ für $h_i \longrightarrow 0$ in $\mathscr{D}$ gegen $\partial\varphi/\partial x_i(x - y)$ (hier fassen wir $\partial\varphi/\partial x_i(x - y)$ als Funktion von y bei festem x auf). Da T stetig auf $\mathscr{D}$ ist (Satz 1.4) haben wir $[\partial/\partial x_i(T * \varphi)](x) = (T * [\partial\varphi/\partial x_i])(x)$ bewiesen, und $D^s(T * \varphi) = T * (D^s \varphi)$ folgt durch Induktion. Gleichzeitig haben wir auch gezeigt, daß $T * \varphi \in C^\infty$. Der Rest von (34) folgt aus der Formel

$$\tau_x((D^s \varphi)^{\check{\ }}) = (-1)^{|s|} D^s(\tau_x \check{\varphi}). \qquad \blacksquare$$

Satz 1.12 *Sei* $T \in \mathscr{D}'$ *und* $\varphi, \psi \in \mathscr{D}$. *Dann gilt das Assoziativgesetz*

$$(T * \varphi) * \psi = T * (\varphi * \psi).$$

Beweis. Wir bilden die Riemannsche Summe fürs Integral

$$\varphi * \psi = \int \varphi(x - y)\, \psi(y)\, \mathrm{d}y, \quad \varepsilon > 0,$$

$$f_\varepsilon(x) = \varepsilon^r \sum_g \varphi(x - g \cdot \varepsilon)\, \psi(g \cdot \varepsilon),$$

wobei g alle ganzzahligen Gitterpunkte des $\mathbf{R}^r$ durchläuft. Wir haben

$$(35) \qquad \mathrm{supp}\, f_\varepsilon \subset \mathrm{supp}\, \varphi + \mathrm{supp}\, \psi \subset\subset \mathbf{R}^r,$$

und für jedes s konvergiert

$$D^s f_\varepsilon(x) = \varepsilon^r \sum_g D^s \varphi(x - g\varepsilon)\, \psi(g\varepsilon) \to ((D^s \varphi) * \psi)(x) = D^s(\varphi * \psi)(x),$$

gleichmäßig für $\varepsilon \to 0$. Zusammen mit (35) (supp f_ε ist kompakt!) bedeutet dies, daß die Konvergenz $f_\varepsilon \to \varphi * \psi$ in $\mathscr{D}$ stattfindet. Somit haben wir

$$T * (\varphi * \psi)(x) = \lim_{\varepsilon \to 0} T * f_\varepsilon(x) = \lim_{\varepsilon \to 0} \varepsilon^r \sum_g (T * \varphi)(x - g\varepsilon)\, \psi(g\varepsilon) = ((T * \varphi) * \psi)(x). \qquad \blacksquare$$

Der Regularisierungssatz 1.3 läßt sich auf Distributionen ausdehnen.

Satz 1.13 *Sei* $T \in \mathscr{D}'$. *Dann gilt* $T * h_\varepsilon \in C^\infty$, $\mathrm{supp}(T * h_\varepsilon) \subset \mathrm{supp}\, T + \overline{B(0, \varepsilon)} = (\mathrm{supp}\, T)_\varepsilon$ *und* $T * h_\varepsilon \to T$ *in* $\mathscr{D}'$ *für* $\varepsilon \to 0$.

Beweis. Wegen Satz 1.11 brauchen wir nur die letzte Aussage zu beweisen. Wir haben $T(\psi) = (T * \check{\psi})(0)$ und müssen nur

$$(36) \qquad ((T * h_\varepsilon) * \check{\psi})(0) \to (T * \check{\psi})(0) \quad \text{für } \varepsilon \to 0$$

beweisen. Nach Satz 1.12 haben wir

$$((T * h_\varepsilon) * \check{\psi})(0) = (T * (h_\varepsilon * \check{\psi}))(0),$$

und Satz 1.3 in Verbindung mit (34) zeigt, daß die Konvergenz $h_\varepsilon * \check{\psi} \to \check{\psi}$ in $\mathscr{D}$ stattfindet, woraus (36) folgt.

Satz 1.14 *Sei* $T \in \mathscr{D}'$. *Die Convolution* $T* : \mathscr{D} \to \mathscr{E}$ *ist stetig (hier folgenstetig) und vertauschbar mit dem Translationsoperator* τ_h

$$(37) \qquad T * (\tau_h \varphi) = \tau_h (T * \varphi), \quad \varphi \in \mathscr{D}.$$

Beweis. Die Stetigkeit liest man aus der Definition (33) ab, man muß nur (34) benutzen. Auch (37) liest man von (33) ab.

Es gilt auch der umgekehrte Satz.

Satz 1.15 *Sei* U *eine lineare, folgenstetige Abbildung* $\mathscr{D} \to \mathscr{E}$, *die vertauschbar mit dem Translationsoperator* τ_h *ist*:

$$(38) \qquad \tau_h (U \varphi) = U(\tau_h \varphi).$$

Dann gibt es genau eine Distribution $T \in \mathscr{D}'$ *mit*

$$U\varphi = T * \varphi, \quad \varphi \in \mathscr{D}.$$

Beweis. Nach Voraussetzung (Folgenstetigkeit!) ist das lineare Funktional $(U\varphi)(0)$ eine Distribution, sei $T(\varphi) := (U\check{\varphi})(0)$, dann ist

$$(U\varphi)(0) = T(\check{\varphi}) = (T * \varphi)(0).$$

Wir ersetzen φ durch $\tau_{-h}\varphi$, benutzen (37), (38) und erhalten

$$(U\varphi)(h) = \tau_{-h}(U\varphi(0)) = U(\tau_{-h}\varphi)(0) = (T * \tau_{-h}\varphi)(0) = \tau_{-h}(T * \varphi)(0) = (T * \varphi)(h).$$

Die Eindeutigkeit: Aus $T * \varphi = 0$ für alle $\varphi \in \mathscr{D}$ folgt $T(\check{\varphi}) = (T * \varphi)(0) = 0$ für alle $\varphi \in \mathscr{D}$, d.h. $T = 0$. ∎

Sei T eine Distribution mit einem kompakten Support, nach Satz 1.10 läßt sich T als lineares, stetiges Funktional auf $\mathscr{E}$ auffassen und die Convolution $T * \varphi$, $\varphi \in \mathscr{E}$ kann man durch dieselbe Formel (33) – wie vorher – definieren

$$(T * \varphi)(x) := T(\tau_x \check{\varphi}).$$

Satz 1.16 *Sei* T *eine Distribution mit einem kompakten Support,* $T \in \mathscr{E}'$, *und* $\varphi \in \mathscr{E}$. *Dann gilt*:

a) $\tau_x(T * \varphi) = T * (\tau_x \varphi)$.

b) $T * \varphi \in \mathscr{E}$ und $D^s(T * \varphi) = (D^s T) * \varphi = T * (D^s \varphi)$.

c) *Die Abbildung* $T* : \mathscr{E} \to \mathscr{E}$ *ist stetig.*

d) $\operatorname{supp}(T*\varphi) \subset \operatorname{supp} T + \operatorname{supp} \varphi.$

Falls zusätzlich $\psi \in \mathscr{D}$, *dann gilt*

e) $T*\psi \in \mathscr{D}.$

f) $T*(\varphi*\psi) = (T*\varphi)*\psi = (T*\psi)*\varphi.$

g) $T*h_\varepsilon \to T$ *in* $\mathscr{E}'$ *für* $\varepsilon \to 0.$

Der Beweis ist den Beweisen der vorher bewiesenen Sätze analog und sei dem Leser überlassen.

Definition 1.7 *Seien* $S, T \in \mathscr{D}'$, *und wenigstens eine dieser Distributionen habe einen kompakten Support. Wir definieren die Abbildung* $U : \mathscr{D} \to \mathscr{E}$ *durch*

$$U\varphi = S*(T*\varphi), \qquad \varphi \in \mathscr{D}.$$

Die Abbildung U ist wohl definiert und ihre Werte $U\varphi$ liegen in $\mathscr{E}$: 1. Es habe T einen kompakten Support, dann ist nach Satz 1.16 e) $T*\varphi \in \mathscr{D}$ und $S*(T*\varphi) \in \mathscr{E}$. 2. Sei der Support von S kompakt, dann liegt $T*\varphi \in \mathscr{E}$ und nach Satz 1.16 b) ist $S*(T*\varphi) \in \mathscr{E}$. Nach Satz 1.16 a) bzw. Satz 1.14 ist U vertauschbar mit dem Translationsoperator τ_x:

$$\tau_x(U\varphi) = \tau_x(S*(T*\varphi)) = S*(T*\tau_x\varphi) = U(\tau_x\varphi),$$

und die Sätze 1.14 und 1.16 c) zeigen, daß $U : \mathscr{D} \to \mathscr{E}$ stetig ist. Damit sind die Voraussetzungen für den Satz 1.15 erfüllt und es gibt eine Distribution V mit

$$(39) \qquad V*\varphi = U\varphi = S*(T*\varphi).$$

Wir sagen, daß diese Distribution V die Convolution $S*T$ darstellt

$$(40) \qquad V =: S*T,$$

und haben gemäß (39)

$$(41) \qquad (S*T)*\varphi = S*(T*\varphi)$$

d.h. das Assoziativgesetz ist per definitionem erfüllt.

Man sieht sofort, daß falls T eine Funktion aus $\mathscr{D}$ bzw. $\mathscr{E}$ ist, die neue Definition (39) (40) der Convolution mit den vorherigen übereinstimmt.

Beispiel 1.6 $T*\delta = T$, $T \in \mathscr{D}'.$

Satz 1.17 *Seien* $S, T \in \mathscr{D}'$ *und wenigstens eine dieser Distributionen habe einen kompakten Support. Wir haben*

a) $T*S = S*T$ (Kommutativgesetz).

b) $\operatorname{supp} T*S \subset \operatorname{supp} T + \operatorname{supp} S.$

c) $\mathrm{D}^s T = \mathrm{D}^s \delta * T$ *und* $\mathrm{D}^s(T*S) = (\mathrm{D}^s T)*S = T*(\mathrm{D}^s S).$

d) $S*(T*V) = (S*T)*V$ (Assoziativgesetz),

hier setzen wir voraus, $S, T, V \in \mathscr{D}'$ *und wenigstens zwei dieser Distributionen haben einen kompakten Support.*

Beweis. a) Wir bemerken, daß zwei Distributionen $T_1, T_2 \in \mathscr{D}'$ genau dann gleich sind, wenn für alle $\varphi, \psi \in \mathscr{D}$ gilt $T_1 * (\varphi * \psi) = T_2 * (\varphi * \psi)$. Nach Satz 1.12 haben wir nämlich $(T_1 * \varphi) * \psi = (T_2 * \varphi) * \psi$ für alle $\psi \in \mathscr{D}$, woraus folgt $T_1 * \varphi = T_2 * \varphi$ für alle $\varphi \in \mathscr{D}$, das ist $T_1 = T_2$.

Wir benutzen Satz 1.12 bzw. Satz 1.16 f), sowie die Tatsache, daß die Convolution zweier Funktionen kommutativ ist, und haben

$$(T * S) * (\varphi * \psi) = T * (S * (\varphi * \psi)) = T * ((S * \varphi) * \psi) = T * (\psi * (S * \varphi)) = (T * \psi) * (S * \varphi).$$

Ebenso

$$(S * T) * (\varphi * \psi) = (S * T) * (\psi * \varphi) = (S * \varphi) * (T * \psi) = (T * \psi) * (S * \varphi).$$

Damit ist $(T * S) * (\varphi * \psi) = (S * T) * (\varphi * \psi)$ für alle $\varphi, \psi \in \mathscr{D}$ und die Vorbemerkung beendet den Beweis von a).

b) Wir regularisieren und haben nach Definitionseigenschaft (41)

$$(T * S) * h_\varepsilon = T * (S * h_\varepsilon).$$

Nach Satz 1.11 bzw. Satz 1.16 d) ist der Support von $(T * S) * h_\varepsilon$ in
$\operatorname{supp} T + (\operatorname{supp}(S * h_\varepsilon)) \subset \operatorname{supp} T + \operatorname{supp} S + \overline{B(0, \varepsilon)}$ enthalten.
Der Grenzübergang $\varepsilon \to 0$ ergibt

$$\operatorname{supp}(T * S) \subset \operatorname{supp} T + \operatorname{supp} S.$$

c) Aus b) folgt, daß die Convolutionen $S * (T * V)$ und $(S * T) * V$ unter der Voraussetzung definiert sind, daß wenigstens zwei der vorkommenden Distributionen einen kompakten Träger haben. Sei $\varphi \in \mathscr{D}$, die Definitionseigenschaft (41) ergibt

$$(S * (T * V)) * \varphi = S * ((T * V) * \varphi) = S * (T * (V * \varphi)).$$

Falls $\operatorname{supp} V$ kompakt ist, gilt

$$((S * T) * V) * \varphi = (S * T) * (V * \varphi) = S * (T * (V * \varphi)),$$

da dann nach Satz 1.16 e) $V * \varphi \in \mathscr{D}$, und wir haben d) bewiesen. Falls $\operatorname{supp} V$ nicht kompakt ist, muß $\operatorname{supp} S$ kompakt sein und der schon bewiesene Teil des Assoziativgesetzes gibt mit a)

$$S * (T * V) = S * (V * T) = (V * T) * S = V * (T * S) = V * (S * T) = (S * T) * V.$$

d) (34) zweimal benutzt ergibt

$$(\mathrm{D}^s T) * \varphi = T * \mathrm{D}^s \varphi = T * \mathrm{D}^s \varphi * \delta = T * \mathrm{D}^s \delta * \varphi \quad \text{für alle } \varphi \in \mathscr{D},$$

woraus folgt $\mathrm{D}^s T = \mathrm{D}^s \delta * T$.
Wenden wir letztere Formel an, sowie a) und d), so haben wir

$$\mathrm{D}^s(T * S) = \mathrm{D}^s \delta * (T * S) = (\mathrm{D}^s \delta * T) * S = (\mathrm{D}^s T) * S = \mathrm{D}^s(S * T) = (\mathrm{D}^s S) * T = T * \mathrm{D}^s S.$$

1.9 Die Fouriertransformation

Die Fouriertransformation ist für eine Funktion $f \in L_1(\mathbf{R}^r)$ durch

$$(42) \qquad \hat{f}(\xi) := \int_{\mathbf{R}^r} e^{-i(x,\xi)} \cdot f(x)\, dx =: \mathscr{F} f(\xi)$$

definiert, hier ist $(x,\xi) = x_1\xi_1 + \ldots + x_r\xi_r$. Falls $\hat{f}$ auch integrierbar ist, können wir mit Hilfe der Fourierschen Inversionsformel f durch $\hat{f}$ ausdrücken

$$(43) \qquad f(x) = \frac{1}{(2\pi)^r} \int_{\mathbf{R}^r} e^{i(x,\xi)} \hat{f}(\xi)\, d\xi = \mathscr{F}^{-1} \hat{f}(x).$$

Unser Ziel ist es, die Fouriertransformation auf Distributionsräume auszudehnen.

Definition 1.8 *Mit $\mathscr{S} = \mathscr{S}(\mathbf{R}^r)$ bezeichnen wir den Raum aller $\varphi \in C^\infty(\mathbf{R}^r)$ mit der Eigenschaft, daß*

$$(44) \qquad \sup_{|s| \leq k} \sup_x |(1+|x|^2)^m D^s \varphi(x)| < \infty$$

für alle k, m gilt. Wir machen $\mathscr{S}$ zu einem (F)-Raum, indem wir als Halbnormen die Ausdrücke

$$(44') \qquad p_{k,m}(\varphi) = \sup_{|s| \leq k} \sup_x |(1+|x|^2)^m D^s \varphi(x)|, \qquad \varphi \in \mathscr{S},$$

nehmen.

Beispiel 1.7 $\mathscr{D} \subset \mathscr{S}$, $e^{-|x|^2}$ liegt in $\mathscr{S}$ aber nicht in $\mathscr{D}$.

Wir betrachten den Dualraum $\mathscr{S}'$ von $\mathscr{S}$. Die Elemente S von $\mathscr{S}'$ (die linearen, stetigen Funktionale auf $\mathscr{S}$) nennt man temperierte Distributionen. S ist genau dann eine temperierte Distribution, wenn man C, k, m finden kann mit

$$|S(\varphi)| \leq C p_{k,m}(\varphi) = C \sup_{\substack{x \\ |s| \leq k}} |(1+|x|^2)^m D^s \varphi(x))|, \quad \text{für } \varphi \in \mathscr{S}.$$

Beispiel 1.8 Sei f meßbar und $|f(x)|/(1+|x|^2)^n \leq C < \infty$, für ein gewisses n; f ist dann eine temperierte Distribution. Wir haben nämlich

$$S_f(\varphi) := \int f(x) \cdot \varphi(x)\, dx = \int \frac{f(x)(1+|x|^2)^{n+r}}{(1+|x|^2)^{n+r}} \varphi(x)\, dx,$$

und können abschätzen.

$$|S_f(\varphi)| \leq \int \frac{dx}{(1+|x|^2)^r} \cdot \sup_x \frac{|f(x)|}{(1+|x|^2)^n} \cdot \sup_x |(1+|x|^2)^{n+r} \varphi(x)|$$

$$= C' p_{0,n+r}(\varphi), \quad \text{für alle } \varphi \in \mathscr{S}.$$

Satz 1.18 a) *$\mathscr{D}$ liegt dicht in $\mathscr{S}$.*

b) *Jede temperierte Distribution $S \in \mathscr{S}'$ läßt sich als Distribution aus $\mathscr{D}'$ auffassen und die so gewonnene Einbettung $\mathscr{S}' \subset \mathscr{D}'$ ist injektiv.*

Beweis. b) Falls wir ein Kompaktum K fixieren, ist – wie man den Halbnormen (44) ansieht – die auf $\mathcal{D}(K)$ durch $\mathcal{S}$ induzierte Folgenkonvergenz mit der üblichen, durch Definition 1.2 gegebenen, identisch, denn jedes $(1 + |x|^2)^m$ ist beschränkt auf K. Sei $S \in \mathcal{S}'$; die Restriktion von S auf $\mathcal{D}$ ist somit stetig: $\mathcal{D} \to \mathbf{C}$, und stellt eine Distribution aus $\mathcal{D}'$ dar. Nach a) ist $\mathcal{D}$ dicht in $\mathcal{S}$, das bedeutet, daß $\mathcal{S}' \subset \mathcal{D}'$ injektiv ist.

a) Wir nehmen ein $\psi \in \mathcal{D}$, so daß $\psi = 1$ auf der Einheitskugel von $\mathbf{R}^r$ gilt (Folgerung 1.2). Sei $\varphi \in \mathcal{S}$, wir setzen

$$\varphi_\varepsilon(x) = \varphi(x) \cdot \psi(\varepsilon x), \qquad \varepsilon > 0,$$

und haben $\varphi_\varepsilon \in \mathcal{D}$. Wir behaupten, daß für $\varepsilon \to 0$

(45) $\varphi_\varepsilon \to \varphi$ in $\mathcal{S}$ konvergiert.

Wir haben

(46) $\mathrm{D}^s(\varphi - \varphi_\varepsilon) = \sum_{\beta < s} \binom{s}{\beta} \mathrm{D}^\beta \varphi(x) \cdot \varepsilon^{|s-\beta|} \mathrm{D}^{s-\beta}(1 - \psi(\varepsilon x)).$

Wir bilden $\sup_{\substack{x \\ |s| < k}} |(1 + |x|^2)^m \mathrm{D}^s(\varphi - \varphi_\varepsilon)|$ und wenden (46) an.

Die Terme $(1 + |x|^2)^m \mathrm{D}^s \varphi(x)$ sind wegen $\varphi \in \mathcal{S}$ nicht nur alle beschränkt, sondern gehen für $|x| \to \infty$ gegen 0. Dies, die ε's in (46), und $1 - \psi(\varepsilon x) = 0$ für $|x| \leqslant 1/\varepsilon$ bewirken die Konvergenz (45).

Satz 1.19 a) *$\mathcal{S}$ liegt dicht in $\mathcal{E}$.*

b) *Jede Distribution T mit kompaktem Träger, $T \in \mathcal{E}'$ läßt sich als temperierte Distribution auffassen, und die so gewonnene Einbettung $\mathcal{E}' \subset \mathcal{S}'$ ist injektiv.*

c) *Die Einbettungen $\mathcal{E}' \subset \mathcal{S}' \subset \mathcal{D}'$ sind stetig (im Sinne der schwachen Konvergenz).*

Beweis. a) Wir haben $\mathcal{D} \subset \mathcal{S} \subset \mathcal{E}$ und nach Satz 1.9 liegt $\mathcal{D}$ dicht in $\mathcal{E}$.

b) Sei $T \in \mathcal{E}'$, wir restringieren T auf $\mathcal{S}$. Da aus $\varphi_i \to \varphi$ in $\mathcal{S}$ folgt $\varphi_i \to \varphi$ in $\mathcal{E}$ $((1 + |x|^2)^m$ ist auf jedem Kompaktum K beschränkt!), ist $T|_{\mathcal{S}}$ auch stetig auf $\mathcal{S}$, d.h. $T|_{\mathcal{S}} \in \mathcal{S}'$. Wegen a) ist die so gewonnene Einbettung $\mathcal{E}' \subset \mathcal{S}'$ injektiv.

c) Ist trivial.

Zum nächsten Satz einige Vorbemerkungen. Die den Raum $\mathcal{S}$ definierenden Halbnormen (44) bewirken, daß mit $\varphi \in \mathcal{S}$ auch jedes $P(x)\varphi$ und $Q(\mathrm{D})\varphi$ zu $\mathcal{S}$ gehören, wobei P und Q beliebige Polynome mit konstanten Koeffizienten sind. Auch haben wir

$$\mathcal{S} \subset L_1(\mathbf{R}^r),$$

denn aus $\sup_x [(1 + |x|^2)^r \varphi(x)] \leqslant C < \infty$, $(\varphi \in \mathcal{S})$ folgt

$$|\varphi(x)| \leqslant \frac{C}{(1 + |x|^2)^r},$$

oder $\|\varphi\|_{L_1} = \int |\varphi(x)|\, \mathrm{d}x \leqslant C \int \frac{\mathrm{d}x}{(1 + |x|^2)^r} = c' < \infty.$

Wir kommen zur Fouriertransformation

Satz 1.20 *Die Fouriertransformation* (42) *wirkt stetig* $\mathscr{F}: \mathscr{S} \to \mathscr{S}$ *und es gelten die Formeln*

$$(47) \qquad \mathscr{F}\left(\frac{\partial\varphi}{\partial x_j}\right) = i\,\xi_j\,\mathscr{F}(\varphi) \quad \text{und} \quad \mathscr{F}(x_j\varphi) = i\frac{\partial}{\partial\xi_j}(\mathscr{F}\varphi), \qquad j=1,\ldots,r.$$

Beweis. Sei $\varphi \in \mathscr{S}$, nach der Vorbemerkung gehören φ und $\partial\varphi/\partial x_j$ zu L_1 und partielles Integrieren ergibt die erste Formel von (47). Die zweite Formel: wir vertauschen $i\dfrac{\partial}{\partial\xi_j}$ mit dem Integralzeichen, dies ist statthaft, da wegen $x_j \cdot \varphi \in L_1$ das neue Integral $\int e^{-i(x,\xi)} x_j \cdot \varphi(x)\,dx = \mathscr{F}(x_j \cdot \varphi)(\xi)$ gleichmäßig konvergiert. Nun die Stetigkeit. Die Definition (42) zeigt, daß für $\varphi \in L_1$ die Funktion $\mathscr{F}\varphi$ beschränkt ist. Sei $\varphi \in \mathscr{S}$, dann gilt $(1 - \triangle)^m (x^\alpha \varphi(x)) \in \mathscr{S} \subset L_1$, hier ist $\triangle = (\partial/\partial x_1)^2 + \ldots + (\partial/\partial x_r)^2$ der Laplaceoperator; wenden wir (47) an, dann sehen wir, daß $(1 + |\xi|^2)^m \cdot i^{|\alpha|} D^\alpha \mathscr{F}\varphi$ beschränkt ist, womit wir gezeigt haben, daß $\mathscr{F}\varphi \in \mathscr{S}$. Weiter, es gilt die Abschätzung (für jedes m und α)

$$\sup_\xi |(1 + |\xi|^2)^m \cdot D^\alpha \mathscr{F}\varphi(\xi)| = \sup_\xi \left| \int e^{-i(\xi,x)}(1 - \triangle)^m (x^\alpha \cdot \varphi(x))\,dx \right|$$

$$\leqslant \int \frac{(1 + |x|^2)^r |(1 - \triangle)^m (x^\alpha \varphi(x))|}{(1 + |x|^2)^r}\,dx$$

$$\leqslant \int \frac{dx}{(1 + |x|^2)^r} \cdot C \cdot p_{2m,\,r+|\alpha|}(\varphi)$$

$$= C' \cdot p_{2m,\,r+|\alpha|}(\varphi),$$

womit wir die Stetigkeit bewiesen haben. ∎

Satz 1.21 *Die Fouriersche Inversionsformel* (43) *ist gültig in* $\mathscr{S}$.

Beweis. Wir benötigen zum Beweis die Funktion $\psi(x) = e^{-|x|^2/2} \in \mathscr{S}$, für welche gilt

$$\hat\psi(y) = (\mathscr{F}\psi)(y) = (2\pi)^{r/2} e^{-|y|^2/2} \quad \text{und} \quad \int \hat\psi(y)\,dy = (2\pi)^r.$$

Auch gilt für jedes $\varphi \in \mathscr{S}$ die Formel

$$(48) \qquad \widehat{\varphi(\varepsilon x)}(y) = \frac{1}{\varepsilon^r}\,\hat\varphi\left(\frac{y}{\varepsilon}\right).$$

Sei $\varphi \in \mathscr{S}$, wir müssen das iterierte Integral

$$(49) \qquad \int e^{i(x,\xi)} \int \varphi(y) e^{-i(y,\xi)}\,dy \cdot d\xi$$

ausrechnen. Da die Funktion unter dem Integralzeichen nicht zu $L_1(\mathbf{R}_y^r) \times L_1(\mathbf{R}_\xi^r)$ gehört, können wir den Satz von Fubini nicht anwenden. Wir helfen uns, indem wir ins Integral (49) als zusätzlichen Faktor die Funktion $\psi(\xi)$ einführen. Wegen

$\psi(\xi) \in \mathscr{S} \subset L_1$ ist jetzt die Funktion unter den Integralzeichen absolut integrierbar

$$|e^{i(x,\xi)} \varphi(y) \psi(\xi) e^{-i(y,\xi)}| = |\varphi(y) \psi(\xi)| \in L_1 \times L_1,$$

und wir können die Integrale beliebig vertauschen:

$$(50) \qquad \int \hat{\varphi}(\xi) \psi(\xi) e^{i(x,\xi)} \, d\xi = \int \hat{\psi}(y - x) \varphi(y) \, dy = \int \hat{\psi}(y) \varphi(x + y) \, dy.$$

Wir ersetzen in (50) $\psi(\xi)$ durch $\psi(\varepsilon\xi)$ und benutzen die Formel (48):

$$\int \hat{\psi}(\xi) \psi(\varepsilon\xi) e^{i(x,\xi)} \, d\xi = \int \hat{\psi}(y) \varphi(x + \varepsilon y) \, dy;$$

$\hat{\varphi}$ und $\hat{\psi}$ sind in $\mathscr{S} \subset L_1$, φ und ψ sind beschränkt und stetig, wir können damit unter den Integralzeichen zum Limes $\varepsilon \to 0$ übergehen und erhalten

$$\psi(0) \int \hat{\varphi} \, e^{i(x,\xi)} \, d\xi = \varphi(x) \int \hat{\psi} \, dy,$$

das ist

$$\int \hat{\varphi} \, e^{i(x,\xi)} \, d\xi = (2\pi)^r \varphi(x),$$

die Inversionsformel. ∎

Folgerung 1.3 *Die Fouriertransformation ist ein linearer, topologischer surjektiver Isomorphismus*

$$\mathscr{F} : \mathscr{S} \leftrightarrow \mathscr{S}.$$

Wir wollen weitere grundlegende Eigenschaften der Fouriertransformation in einem Satz zusammenstellen:

Satz 1.22 *Seien* $\varphi, \psi \in \mathscr{S}$, *dann gelten*:

$$(51) \qquad \int \hat{\varphi} \psi \, dx = \int \varphi \cdot \hat{\psi} \, dx,$$

$$(52) \qquad \int \varphi \bar{\psi} \, dx = \frac{1}{(2\pi)^r} \int \hat{\varphi} \cdot \bar{\hat{\psi}} \cdot dx \quad (\text{Parsevalsche Gleichung}),$$

$$(53) \qquad \widehat{\varphi * \psi} = \hat{\varphi} \cdot \hat{\psi},$$

$$(54) \qquad \widehat{\varphi \cdot \psi} = \frac{1}{(2\pi)^r} \hat{\varphi} * \hat{\psi}.$$

Beweis. Die Gleichung (50) gilt selbstverständlich für jedes φ und ψ aus $\mathscr{S}$. Setzen wir dort $x = 0$, so erhalten wir (51). Um (52) zu beweisen, setzen wir $\chi = \frac{1}{(2\pi)^r} \bar{\psi}$, die Fouriersche Inversionsformel (Satz 1.21) ergibt

$$\bar{\hat{\chi}}(\xi) = \frac{1}{(2\pi)^r} \int \hat{\psi}(x) \, e^{i(x,\xi)} \, dx = \psi(\xi),$$

und wir erhalten (52) durch Einsetzen von χ an Stelle von ψ in (51).

Der Beweis von (53):

$$\widehat{\varphi * \psi} = \int e^{-i(x,\xi)} \left(\int \varphi(y)\,\psi(x-y)\,dy\right) dx.$$

Da die Funktion unter dem Integral zu $L_1 \times L_1$ gehört, können wir den Satz von Fubini anwenden und die Integralzeichen beliebig vertauschen, wir erhalten weiter

$$= \int \varphi(y) \left(\int e^{-i(x,\xi)}\,\psi(x-y)\,dx\right) dy = \int \varphi(y) \left(\int e^{-i(t+y,\xi)}\,\psi(t)\,dt\right) dy$$
$$= \int \varphi(y)\,e^{-i(y,\xi)} \left(\int e^{-i(t,\xi)} \cdot \psi(t)\,dt\right) dy = \hat\varphi \cdot \hat\psi.$$

(54) ergibt sich aus (53) durch die Fouriersche Inversionsformel (Satz 1.21).   ∎

Wir wollen die Fouriertransformation mittels der Dualität auf $\mathcal{S}'$ übertragen. Im Grunde genommen haben wir bisher alle auf Distributionen definierten Operationen durch die Dualität gewonnen.

Definition 1.9 *Sei $T \in \mathcal{S}'$, wir definieren die Fouriertransformierte $\hat{T}$ durch*

$$\hat{T}(\varphi) := T(\hat\varphi), \qquad \varphi \in \mathcal{S}.$$

Satz 1.20 zeigt, daß $\hat{T} \in \mathcal{S}'$, und Formel (51), daß für $T \in L_1$ die neue Definition mit der üblichen Definition der Fouriertransformation übereinstimmt. Die Fouriersche Inversionsformel – Satz 1.21 – können wir auch schreiben $\hat{\hat\varphi} = (2\pi)^r \cdot \check\varphi$, wobei, wie schon bekannt, $\check\varphi = \varphi(-x)$ gesetzt wurde.

Setzen wir $\check{T}(\varphi) := T(\check\varphi)$, so können wir formulieren

Satz 1.23 *Die Fouriersche Inversionsformel gilt für jedes $T \in \mathcal{S}'$, d.h.*

$$\hat{\hat{T}} = (2\pi)^r\,\check{T}.$$

Die Fouriertransformation ist ein surjektiver Isomorphismus

$$\mathscr{F} : \mathcal{S}' \leftrightarrow \mathcal{S}',$$

der – falls man auf $\mathcal{S}'$ die schwache Topologie nimmt – stetig in beiden Richtungen ist. Auch die Formeln (47) lassen sich sofort auf $T \in \mathcal{S}'$ übertragen.

Beweis. Wir haben $\hat{\hat{T}}(\varphi) = T(\hat{\hat\varphi}) = (2\pi)^r\,T(\check\varphi) = (2\pi)^r\,\check{T}(\varphi)$, die weiteren Aussagen des Satzes sind offensichtlich.

Wir kommen nun zum wichtigen Satz von Parseval, nämlich, daß die Fouriertransformation auf $L_2(\mathbf{R}^r)$ betrachtet, einen metrischen Isomorphismus darstellt. Wir zeigen zuerst, daß L_2 sich in $\mathcal{S}'$ einbetten läßt. Sei $f \in L_2(\mathbf{R}^r)$, wir erhalten durch Anwendung der Schwarz'schen Ungleichung

$$|T_f(\varphi)| = \left|\int f\varphi\,dx\right| \leqslant \left[\int |f|^2\,dx\right]^{1/2} \left[\int |\varphi|^2\,dx\right]^{1/2}$$
$$\leqslant c\left[\int \frac{|\varphi|^2(1+|x|^2)^{2r}}{(1+|x|^2)^{2r}}\right]^{1/2}$$
$$\leqslant c\left[\int \frac{dx}{(1+|x|^2)^{2r}}\right]^{1/2} \sup|\varphi(x)(1+|x|^2)^r| = c'\,p_{0,r}(\varphi),$$

d.h. $T_f \in \mathscr{S}'$. Dies besagt, daß jedes $f \in L_2$ ein Element in $\mathscr{S}'$ darstellt. Da $\mathscr{S}$ dicht in L_2 liegt, ist $L_2 \subset \mathscr{S}'$ auch injektiv. Auch haben wir, ist $T \in \mathscr{S}'$ mit $|T(\varphi)| \leqslant c \, \| \varphi \|_{L^2}$, so ist $T = T_f$ für ein $f \in L_2$. ∎

Satz 1.24 *Sei $f \in L_2(\mathbf{R}^r)$, dann ist $\hat{f} \in L_2(\mathbf{R}^r)$ und wir haben*

$$(55) \qquad \int |\hat{f}|^2 \, dx = (2\pi)^r \int |f|^2 \, dx \quad (\text{Parsevalsche Gleichung}).$$

Durch Anwendung der Parallelogrammgleichung auf (55) erhalten wir die volle Parsevalsche Gleichung

$$(55') \qquad \int \hat{f} \cdot \bar{\hat{g}} \, dx = (2\pi)^r \int f \cdot \bar{g} \, dx, \qquad f, g \in L_2(\mathbf{R}^r).$$

Beweis. Die Definition 1.9 und die Formel (52) ergeben

$$|\hat{f}(\varphi)| = |f(\hat{\varphi})| \leqslant \|f\|_2 \, \|\hat{\varphi}\|_2 = (2\pi)^{r/2} \|f\|_2 \cdot \|\varphi\|_2, \qquad \varphi \in \mathscr{D}.$$

Da $\mathscr{D}$ dicht in $L_2(\mathbf{R}^r)$ ist (folgt aus Satz 1.3, oder s. Satz 3.4), können wir letzte Abschätzung auf L_2 fortsetzen

$$|\hat{f}(\varphi)| \leqslant (2\pi)^{r/2} \|f\|_2 \, \|\varphi\|_2, \qquad \varphi \in L_2,$$

und den Satz von Riesz anwenden, hier bezeichnen wir das Riesz'sche Element wieder mit $\hat{f}$:

$$\hat{f}(\varphi) = \int \hat{f} \varphi \, dx, \quad \text{wobei } \|\hat{f}\|_2 \leqslant (2\pi)^{r/2} \cdot \|f\|_2,$$

siehe obere Ungleichung. Letztere Ungleichung zweimal iteriert ergibt

$$(2\pi)^r \|f\|_2 = \|\hat{\hat{f}}\|_2 \leqslant (2\pi)^{r/2} \|\hat{f}\|_2 \leqslant (2\pi)^r \|f\|_2,$$

das ist (55). ∎

Satz 1.25 *Sei T eine Distribution mit kompaktem Träger, $T \in \mathscr{E}'$. Dann ist die Fouriertransformierte von T die Funktion*

$$(56) \qquad \hat{T}(\xi) = T_x(e^{-i(x,\xi)}).$$

Die rechte Seite von (56) ist auch für komplexe $\xi \in \mathbf{C}^r$ definiert und stellt in ξ eine ganze, analytische Funktion dar, die sogenannte Laplace-Fourier-Transformierte von T.

Beweis. Der Beweis ist trivial für Funktionen mit einem kompakten Träger.

Um den allgemeinen Fall zu beweisen, regularisieren wir. Nach Satz 1.16 g) haben wir für $\varepsilon \to 0$, $T * h_\varepsilon \to T$ in der schwachen Topologie von $\mathscr{E}'$, also auch in $\mathscr{S}'$. Nach Satz 1.23 konvergiert für $\varepsilon \to 0$

$$\widehat{T * h_\varepsilon} \to \hat{T} \text{ in } \mathscr{S}'.$$

Andererseits haben wir

$$\widehat{T * h_\varepsilon} = (T * h_\varepsilon)(e^{-i(x,\xi)}) = T(\check{h}_\varepsilon * e^{-i(x,\xi)}) = \hat{h}(\varepsilon\xi) \, T(e^{-i(x,\xi)}),$$

und $(T * h_\varepsilon)(\mathrm{e}^{-\mathrm{i}(x,\xi)})$ ist eine ganze, analytische Funktion in $\xi \in \mathbf{C}^r$. Falls nun $\varepsilon \to 0$, konvergiert $\hat{\tilde{h}}(\varepsilon\xi) \to \hat{\tilde{h}}(0) = \int \tilde{h}(x)\,\mathrm{d}x = 1$, und wir erhalten mit dem Vorangegangenen

$$T(\mathrm{e}^{-\mathrm{i}(x,\xi)}) = \hat{T} \quad \text{für } \xi \in \mathbf{R}^r.$$

Falls $\xi \in \mathbf{C}^r$, dann streben die ganzen, analytischen Funktionen $(T * h_\varepsilon)\,(\mathrm{e}^{-\mathrm{i}(x,\xi)})$ für $\varepsilon \to 0$ auf jedem Kompaktum von $\mathbf{C}^r$ gleichmäßig gegen $T(\mathrm{e}^{-\mathrm{i}(x,\xi)})$. Nach dem Satz von Weierstrass ist $T(\mathrm{e}^{-\mathrm{i}(x,\xi)})$ wieder eine ganze, analytische Funktion in $\xi \in \mathbf{C}^r$. ∎

Satz 1.26 *Sei $T_1 \in \mathscr{E}'$ und $T_2 \in \mathscr{S}'$. Dann gehört $T_1 * T_2$ zu $\mathscr{S}'$, und die Fouriertransformierte von $T_1 * T_2$ ist gleich $\hat{T}_1 \cdot \hat{T}_2$:*

$$(57) \qquad \widehat{T_1 * T_2} = \hat{T}_1 \cdot \hat{T}_2.$$

Nach Satz 1.25 ist $\hat{T}_1 \in C^\infty$ und das Produkt in (57) ist wohl definiert.

Beweis. Sei $\varphi \in \mathscr{D}$, nach Definition der Convolution haben wir

$$(T_1 * T_2)(\varphi) = T_1 * (T_2 * \check{\varphi})(0) = \check{T}_1(T_2 * \check{\varphi}).$$

Da $T_1 \in \mathscr{E}'$, gibt es ein Kompaktum $K \subset \mathbf{R}^r$ und Konstanten C, k mit

$$|(T_1 * T_2)(\varphi)| = |\check{T}_1(T_2 * \check{\varphi})| \leqslant C \sum_{|s| \leqslant k} \sup_K |\mathrm{D}^s(T_2 * \check{\varphi})|$$

$$= C \sum_{|s| \leqslant k} \sup_K |(\mathrm{D}^s T_2) * \check{\varphi}| = C \sum_{|s| \leqslant k} \sup_{x \in K} |\mathrm{D}^s T_2(\varphi(x-y))_y|.$$

Da alle $\mathrm{D}^s T_2$ (endlich viele!) in $\mathscr{S}'$ sind, können wir weiter abschätzen

$$\leqslant C' \sup_{x \in K} p_{k',m'}(\varphi(x-y))_y \leqslant C'' p_{k',m'}(\varphi),$$

wobei $p_{k',m'}$ eine Halbnorm (44) auf $\mathscr{S}$ ist. Nach Satz 1.18a) liegt $\mathscr{D}$ dicht in $\mathscr{S}$, und wir haben nach einem Dichteschluß

$$|(T_1 * T_2)(\varphi)| \leqslant C'' p_{k',m'}(\varphi), \qquad \varphi \in \mathscr{S},$$

d.h. $T_1 * T_2 \in \mathscr{S}'$.

Um (57) zu beweisen, machen wir vorerst die Annahme $T_1 \in \mathscr{D}$. Sei $\psi \in \mathscr{S}$ und $\hat{\psi} \in \mathscr{D}$, wir haben dann

$$(T_1 * T_2)(\hat{\psi}) = T_2(\check{T}_1 * \hat{\psi}) = \hat{T}_2(\hat{T}_1 \psi) = \hat{T}_1 \cdot \hat{T}_2(\psi).$$

Hier haben wir (54) und Satz 1.21 benutzt:

$$\widehat{\hat{T}_1 \cdot \psi} = \check{T}_1 * \hat{\psi}.$$

Da $\mathscr{D}$ dicht in $\mathscr{S}$ liegt, können wir die Voraussetzung $\hat{\psi} \in \mathscr{D}$ fallen lassen und haben $(T_1 * T_2)(\hat{\psi}) = \hat{T}_1 \cdot \hat{T}_2(\psi)$ für alle $\psi \in \mathscr{S}$, d.h. wir haben (57) für den Spezialfall $T_1 \in \mathscr{D}$, $T_2 \in \mathscr{S}'$ bewiesen.

Sei nun allgemein $T_1 \in \mathcal{E}'$ und $T_2 \in \mathcal{S}'$, sei $\varphi \in \mathcal{D}$, wir haben $(\varphi * T_1) * T_2 = \varphi * (T_1 * T_2)$. Die Fouriertransformation auf diese Gleichung angewandt ergibt

$$\widehat{(\varphi * T_1)} \cdot \hat{T}_2 = \hat{\varphi} \cdot \widehat{(T_1 * T_2)}, \quad \text{da } \varphi \in \mathcal{D} \text{ und } \varphi * T_1 \in \mathcal{D}.$$

Ebenso haben wir $\widehat{\varphi * T_1} = \hat{\varphi} \cdot \hat{T}_1$ was zusammen ergibt

$$(58) \qquad \hat{\varphi} \cdot \hat{T}_1 \cdot \hat{T}_2 = \hat{\varphi} \cdot \widehat{(T_1 * T_2)}.$$

Nun kann man $\varphi \in \mathcal{D}$ immer so wählen, daß gilt $\hat{\varphi}(\xi_0) \neq 0$, $\xi_0 \in \mathbf{R}^r$ beliebig vorgegeben, aus (58) folgt damit

$$\widehat{T_1 * T_2} = \hat{T}_1 \cdot \hat{T}_2 . \qquad\qquad\blacksquare$$

Aufgaben

1.1 Sei T eine Distribution mit supp $T \subset \{0\}$. Zeige die Darstellung $T = \sum\limits_{|\alpha| \leqslant m} d_\alpha \, \mathrm{D}^\alpha \delta$, wobei m endlich ist und d_α Konstanten.

1.2 Sei E eine beliebige abgeschlossene Menge von $\mathbf{R}^r$, zeige, es gibt eine Funktion $f \in \mathcal{E}(\mathbf{R}^r)$ mit $f(x) = 0$ für $x \in E$ und $f(x) > 0$ sonst.

1.3 Sei $\Omega = (0, \infty)$, definiere die Distribution T durch

$$T(\varphi) := \sum_{m=1}^{\infty} \mathrm{D}^m \varphi\left(\frac{1}{m}\right), \quad \varphi \in \mathcal{D}((0, \infty)).$$

Zeige, daß die Ordnung von T unendlich ist, und daß T nicht fortsetzbar zu einer Distribution aus $\mathcal{D}'(\mathbf{R})$ ist.

1.4 Für welche Funktionen $f \in C^\infty$ gilt $f \cdot \delta' = 0$? Dieselbe Frage für $f \cdot \delta'' = 0$?

1.5 Zeige, daß die Folgen

$$\frac{n}{2}\exp(-n|x|), \qquad \frac{2}{\pi}\frac{n}{\mathrm{e}^{nx} + \mathrm{e}^{-nx}}, \qquad \frac{n}{\pi(1 + n^2 x^2)}$$

in $\mathcal{D}'(\mathbf{R})$ gegen δ konvergieren.

1.6 Seien $\varphi, \psi \in \mathcal{S}$, so ist auch $\varphi * \psi \in \mathcal{S}$.

1.7 Ist $T \in \mathcal{D}'(\mathbf{R})$ und P ein Polynom k-ten Grades in x, so ist $T * P$ ein Polynom vom Grade höchstens k.

1.8 Sind $S, T \in \mathcal{E}'(\mathbf{R})$ und $k \in \mathbf{N}$, so gilt $x^k(S * T) = \sum\limits_{v=0}^{k} \binom{k}{v}(x^v S * x^{k-v} T)$.

1.9 Es sind die Fouriertransformationen der folgenden Funktionen zu berechnen

$$x^k \mathrm{e}^{-ax} H(x), \quad a > 0, k \in \mathbf{N}; \qquad \exp(-ax^2), \quad a > 0; \qquad (a^2 + x^2)^{-1}, \quad a \neq 0.$$

1.10 Sei $f \in L_1(\mathbf{R}^r)$, dann gilt für die Fouriertransformierte $\hat{f}(x) \to 0$, wenn $|x| \to \infty$.

1.11 Sei $f \in L_1(\mathbf{R}^r)$, dann ist die Fouriertransformierte $\hat{f}$ eine stetige Funktion.

1.12 Zeige $\mathrm{e}^x \notin \mathcal{S}'$, $\mathrm{e}^x \cos(\mathrm{e}^x) \in \mathcal{S}'$.

1.13 Periodische Distributionen. Sei T^r ein r-dimensionaler Torus, die auf T^r erklärten Funktionen können wir als periodisch auffassen. Auch können wir jeder Funktion φ auf T^r eine, in jeder Variablen 2π-periodischen Funktion $\tilde{\varphi}$ zuordnen, durch

$$\tilde{\varphi}(x_1, \ldots, x_r) = \varphi(e^{ix_1}, \ldots, e^{ix_r}).$$

Sei $\mathscr{D}(T^r) = \mathscr{E}(T^r)$ die Menge aller C^∞-Funktionen auf T^r versehen mit der $\mathscr{E}$-Topologie (s. Abschn. 1.7), $\mathscr{D}(T^r)$ ist ein F-Raum. Wir definieren die Fourierkoeffizienten c_k von $\varphi \in \mathscr{D}(T^r)$ durch

$$c_k = \int\limits_{T^r} \varphi(x)\, e^{-i(x,k)}\, dx, \qquad k = (k_1, \ldots, k_r) \in \mathbf{Z}^r,$$

wobei dx das Haarsche Maß auf T^r ist. Wir haben

$$\varphi(x) = \sum_k c_k\, e^{i(x,k)} \qquad (\text{Konvergenz in } \mathscr{D}(T^r))$$

und die durch die Halbnormen

$$P_N(\varphi) = \left[\sum_k (1 + |k|^2)^N |c_k|^2 \right]^{1/2}$$

bestimmte Topologie ist äquivalent zur $\mathscr{E}$-Topologie auf $\mathscr{D}(T^r)$. Sei $\mathscr{D}'(T^r)$ der Dualraum (periodische Distributionen). Für $T \in \mathscr{D}'(T^r)$ können wir wieder Fourierkoeffizienten ausrechnen durch

$$c_k := T(e^{i(k,x)}), \qquad k \in \mathbf{Z}^r$$

und haben

$$T = \sum_k c_k\, e^{i(x,k)} \qquad (\text{schwache Konvergenz in } \mathscr{D}'(T^r)).$$

Auch gilt $T \in \mathscr{D}'(T^r)$ genau dann, wenn man N und C finden kann mit

$$|c_k| \leqslant C(1 + |k|)^N, \qquad \forall\, k \in \mathbf{Z}^r.$$

Die Faltung $T * S$ zweier periodischer Distributionen definiert man am einfachsten durch die Fourierkoeffizienten: $c_k(T) \cdot c_k(S)$, (d.h. $(T * S)(e^{i(k,x)}) := c_k(T) \cdot c_k(S)$) und die Faltungssätze in § 1.8 bleiben richtig mit bedeutend einfacheren Beweisen.

1.14 Zeige, die Distribution $1/|x|^{r-2}$ ist Elementarlösung für den Laplaceoperator $- \triangle$, das ist

$$- \triangle \frac{1}{|x|^{r-2}} = \frac{(r-2)\, 2\pi^{r/2}}{(r/2)}\, \delta(x) = N \cdot \delta(x), \qquad r \geqslant 3,$$

bzw.

$$- \triangle_x \frac{1}{|x-y|^{r-2}} = N\delta(x-y), \qquad r \geqslant 3;$$

und ebenso für $r = 2$

$$- \triangle \ln \frac{1}{|x|} = 2\pi \cdot \delta(x).$$

1.15 Für den biharmonischen Operator $\triangle^2$ und $r = 2$ haben wir

$$\triangle^2 \frac{1}{8\pi} |x|^2 \ln|x| = \delta.$$

Weitere Elementarlösungen sind bei L. Schwartz [1] angegeben.

§2 Geometrische Voraussetzungen an die Gebiete Ω

Für die Einbettungstheoreme der Theorie der Sobolevräume brauchen wir verschiedene geometrische Voraussetzungen an die Gebiete Ω. Wir beginnen mit Segment- und Kegeleigenschaften und behandeln zwei Regularitätsbegriffe des Randes $\partial\Omega$ von Ω, die $N^{k,\varkappa}$- und die $C^{k,\varkappa}$-Regularität; wir zeigen verschiedene Abhängigkeiten zwischen den eingeführten Begriffen. Bei Integrationsfragen ist es wichtig zu wissen, wann der Rand $\partial\Omega$ das Maß 0 hat, $\mu(\partial\Omega) = 0$; die Sätze 2.7, 2.8 und 2.9 geben hinreichende Bedingungen für $\mu(\partial\Omega) = 0$ an. Normale und zulässige Koordinatentransformationen brauchen wir für Greensche Formeln und elliptische Differentialoperatoren, wir haben diese Transformationen durch die Definitionen 2.8 und 2.9 eingeführt und deren Existenz durch die Sätze 2.11 und 2.12 sichergestellt. Der Rest dieses Paragraphen ist differenzierbaren Mannigfaltigkeiten und Untermannigfaltigkeiten gewidmet.

2.1 Segment- und Kegeleigenschaften

Für die meisten Sätze brauchen wir nur die Voraussetzung, daß Ω eine offene Menge im $\mathbf{R}^r$ ist, beschränkt oder unbeschränkt; Für manche Sätze benötigen wir die Voraussetzung, daß Ω ein Gebiet im $\mathbf{R}^r$ ist, d.h. eine offene und zusammenhängende Menge. Wir bezeichnen mit $\partial\Omega = \bar\Omega \cap \complement\,\Omega$ den Rand von Ω.

Definition 2.1 *Wir sagen, daß Ω die Segmenteigenschaft hat, falls man zu jedem $x \in \partial\Omega$ eine Umgebung U_x und einen Vektor $y_x \neq 0$ finden kann mit*

$$z \in \bar\Omega \cap U_x \ \text{zieht nach sich} \ z + ty_x \in \Omega \quad \text{für alle } 0 < t < 1 \ (\text{siehe Fig. 2.1}).$$

Sei $B(x, \varrho) = \{y \mid |y - x| < \varrho\}$ eine offene Kugel mit x als Mittelpunkt. Unter einem (Kreis)Kegel $C(x, \varrho, \Sigma)$ mit der Spitze in x verstehen wir die Menge

$$C(x, \varrho, \Sigma) := B(x, \varrho) \cap \{x + \lambda(y - x) \mid y \in \Sigma, \lambda > 0\},$$

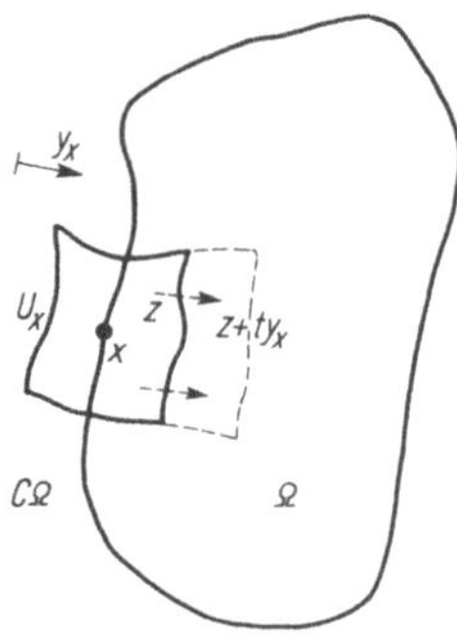

Fig. 2.1

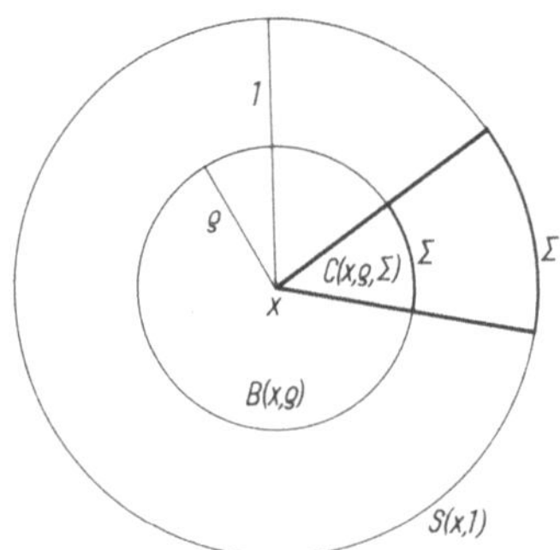

Fig. 2.2

wobei Σ ein offener Kreis auf der Sphäre $S(x, \varrho) = \{y \mid |y - x| = \varrho\}$ von $B(x, \varrho)$ ist. Kegel sind offene Mengen, die auch nicht die Spitze x enthalten. Wir können auch – ohne die Definition zu verändern – Σ auf der Einheitssphäre $S(x, 1)$ wählen (siehe Fig. 2.2).

Definition 2.2 *Wir sagen, daß Ω die Kegeleigenschaft hat, falls man zu jedem $x \in \bar{\Omega}$ einen Kegel $C(x, \varrho, \Sigma)$ in Ω (mit der Spitze in x) finden kann:*

$$C(x, \varrho, \Sigma) \subset \Omega,$$

der kongruent zu einem festen, gegebenen Kegel C_0 ist. C_0 nennen wir den Standardkegel. Dabei bedeutet kongruent, es sind Translationen und Drehungen zugelassen (siehe Fig. 2.3).

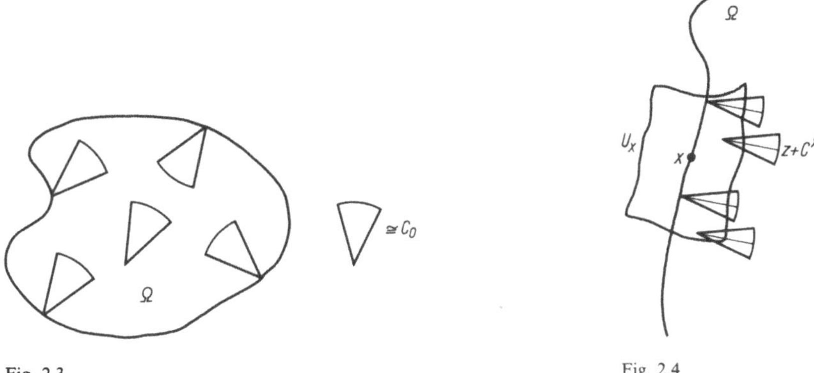

Fig. 2.3   Fig. 2.4

Bemerkung 2.1 Die in Definition 2.2 definierte Kegeleigenschaft können wir abgeschlossene ($x \in \bar{\Omega}$) nennen, im Gegensatz zur offenen, wo wir nur fordern, daß aus $x \in \Omega$ folgt, es gibt einen Kegel $C(x, \varrho, \Sigma) \subset \Omega$, wobei $C(x, \varrho, \Sigma)$ kongruent zu einem festen Kegel C_0 ist. Nach Lemma 2.2 sind aber abgeschlossene und offene Kegeleigenschaft gleichwertig, und wir brauchen nicht zwischen ihnen zu unterscheiden.

Definition 2.3 *Wir sagen, daß Ω die gleichmäßige Kegeleigenschaft hat, falls man zu jedem $x \in \bar{\Omega}$ eine Umgebung U_x und einen Kegel $C^x = C(0, \varrho_x, \Sigma_x)$ (mit der Spitze in 0) finden kann, C^x kongruent zu einem festen gegebenen Kegel C_0, mit*

$$(1) \qquad z \in \bar{\Omega} \cap U_x \text{ zieht nach sich } z + C^x \subset \Omega.$$

Die gleichmäßige Kegeleigenschaft bedeutet also, daß jede Translation z, für $z \in U_x \cap \bar{\Omega}$, den Kegel C^x in Ω beläßt (siehe Fig. 2.4).

Bemerkung 2.2 Auch hier könnten wir unterscheiden zwischen abgeschlossener, gleichmäßiger Kegeleigenschaft und offener, d.h. (1) gilt in der abgeschwächten Form:

$$(2) \qquad z \in \Omega \cap U_x \text{ zieht nach sich } z + C^x \subset \Omega.$$

Ein einfacher Stetigkeitsschluß liefert die Gleichwertigkeit: Sei $z \in \partial\Omega \cap U_x$ und der Kegel $z + C^x$ besitze als inneren Punkt einen Punkt x_0 aus $\complement\,\Omega$. Dann gibt es eine kleine Umgebung V von z, $V \subset U_x$, mit der Eigenschaft, daß alle Kegel $y + C^x$, $y \in V$, auch den Punkt $x_0 \in \complement\,\Omega$ als inneren Punkt haben. Da aber z Randpunkt war, gibt es in V immer Punkte y aus Ω und wir kommen zu einem Widerspruch mit (2).

Man sieht sofort, daß die gleichmäßige Kegeleigenschaft, die Kegeleigenschaft nach sich zieht.

Auch folgt aus der gleichmäßigen Kegeleigenschaft die Segmenteigenschaft; um dies einzusehen genügt es für y_x in Definition 2.1 einen beliebigen von der Spitze von C^x ausgehenden Vektor $0 \neq y_x \in C_x$ zu nehmen.

2.2 Die $N^{k,\varkappa}$-Eigenschaft von Ω

Wir wollen nun die $N^{k,\varkappa}$-Eigenschaft formulieren, wobei $k = 0, 1, \ldots$ und $\varkappa \in [0,1]$. Wir definieren wieder lokal:

Definition 2.4 (siehe Fig. 2.5) *Wir sagen, daß Ω die $N^{k,\varkappa}$-Eigenschaft hat, falls wir zu jedem $x \in \partial\Omega$ eine Umgebung U_x, eine orthogonale Koordinatentransformation $A_x : \mathbf{R}^r \to \mathbf{R}^r$, zwei Zahlen $\alpha_x, \beta_x > 0$ und eine Funktion $a_x : \mathbf{R}^{r-1} \to \mathbf{R}$ finden können, mit den folgenden Eigenschaften:*

Seien $y_1, \ldots, y_r$ die neuen durch die Transformation A_x gegebenen (kartesischen $=$ orthogonalen) Koordinaten, sei $W^{r-1}(\alpha_x)$ der Würfel

$$\{(y_1, \ldots, y_{r-1}) \mid |y_i| < \alpha_x, \; i = 1, \ldots, r-1\} \quad \text{in } \mathbf{R}^{r-1}.$$

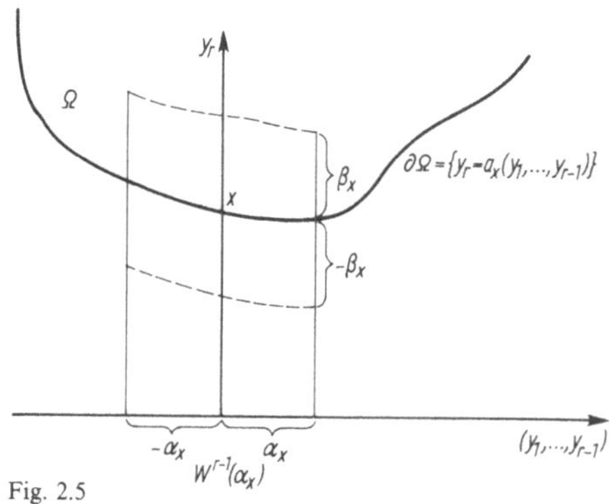

Fig. 2.5

Wir fordern:

1. $a_x \in C^{k,\varkappa}(W^{r-1}(\alpha_x))$.

2. *Das Randstück $U_x \cap \partial\Omega$ lasse sich in den neuen Koordinaten durch die Funktion $y_r = a_x(y_1, \ldots, y_{r-1})$ beschreiben, oder*

$$U_x \cap \partial\Omega = \{(y_1, \ldots, y_r) \mid (y_1, \ldots, y_{r-1}) \in W^{r-1}(\alpha_x); \; y_r = a_x(y_1, \ldots, y_{r-1})\}.$$

3. *Wenn wir das Randstück $U_x \cap \partial\Omega$ um β_x verschieben, dann bleiben wir in Ω, oder*

$$U_x \cap \Omega = \{(y_1, \ldots, y_r) \mid |y_i| < \alpha_x, i = 1, \ldots, r-1,$$
$$a_x(y_1, \ldots, y_{r-1}) < y_r < a_x(y_1, \ldots, y_{r-1}) + \beta_x\} = V_x^+$$

4. *Wenn wir das Randstück $U_x \cap \partial\Omega$ in der umgekehrten Richtung um $-\beta_x$ verschieben, dann sind wir sofort aus Ω draußen:*

$$U_x \cap \complement \bar{\Omega} = \{(y_1, \ldots, y_r) \mid |y_i| < \alpha_x, i = 1, \ldots, r-1,$$
$$a_x(y_1, \ldots, y_{r-1}) - \beta_x < y_r < a_x(y_1, \ldots, y_{r-1})\} = V_x^- .$$

Die Forderungen 3 und 4 bedeuten, daß lokal Ω auf einer Seite des Randes $\partial\Omega$ liegt.

Festsetzung *Falls $k = 0$ ist, dann betrachten wir nur die Klassen $N^{0,1}$ und $N^{0,0}$, oder in anderen Worten: für $k = 0$ sei nur die Wahl $\varkappa = 1$ oder $\varkappa = 0$ zugelassen.*

Beispiele Würfel im $\mathbf{R}^r$ und allgemein Polyederbereiche gehören zu $N^{0,1}$.

Satz 2.1 *Der Bereich Ω sei beschränkt und habe die Eigenschaft $N^{0,1}$. Dann besitzt Ω auch die gleichmäßige Kegeleigenschaft.*

Da nach unserer Festsetzung $N^{k,\varkappa} \subset N^{0,1}$ für alle $(k, \varkappa) \neq 0$ gilt, haben auch alle beschränkten $N^{k,\varkappa}$-Bereiche für $(k, \varkappa) \neq 0$ die gleichmäßige Kegeleigenschaft.

Beweis. Wir betrachten zuerst den Rand $\partial\Omega$ von Ω. Sei $x \in \partial\Omega$; wir wählen $U_x, \alpha_x > 0$, $\beta_x > 0$ usw., gemäß Definition 2.4 und lassen – der Einfachheit halber – den Index x vorerst fort. Wir betrachten $U \cap \Omega$, das die Eigenschaft 3 hat, wir verkleinern α um die Hälfte und nennen den so erhaltenen Bereich $U' \cap \Omega$. Sei δ der Abstand der unteren Randfläche von der oberen Randfläche von $U' \cap \Omega$ (siehe Definition 2.4.3):

$$\delta := \operatorname{dist}(a(y_1, \ldots, y_{r-1}), a(y_1, \ldots, y_{r-1}) + \beta) \leqslant \beta$$

Der Abstand δ muß positiv sein, denn ein gemeinsamer Punkt der beiden Randflächen, müßte die gemeinsame Ordinate $(y_1, \ldots, y_{r-1})$ haben, über $(y_1, \ldots, y_{r-1})$ liegen aber die beiden Flächen schon um β auseinander. Sei $y_0 \in \partial\Omega \cap \overline{U' \cap \Omega}$. Nach 2 (Definition 2.4) hat y_0 die Koordinaten $(y_1^0, \ldots, y_{r-1}^0, a(y_1^0, \ldots, y_{r-1}^0))$. Wir wollen einen Kegel mit der Spitze in y_0 und parallel zur Achse y_r konstruieren, der in $U \cap \Omega$ liegt (siehe Fig. 2.6). Wir konstruieren zuerst einen Kegel K, der senkrecht auf einer

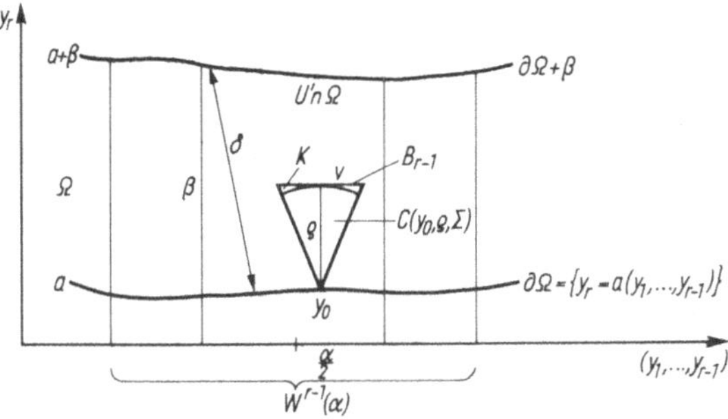

Fig. 2.6

Hyperebene steht, mit den Bestimmungsstücken (v, ϱ); den gesuchten Kegel $C(y_0, \varrho, \Sigma)$ erhalten wir als Durchschnitt des Kegels $K(v, \varrho)$ mit der Kugel $B(y_0, \varrho)$

$$(3) \qquad C(y_0, \varrho, \Sigma) := K(v, \varrho) \cap B(y_0, \varrho).$$

Als Hauptachse von K nehmen wir die zur Achse y_r parallele Gerade $(y_1^0, \ldots, y_{r-1}^0)$, die durch die Spitze y_0 von K geht. Im Abstand ϱ von y_0 auf der Geraden $(y_1^0, \ldots, y_{r-1}^0)$ legen wir senkrecht eine $(r-1)$-Hyperebene und zeichnen auf ihr eine $(r-1)$-Kugel B_{r-1}, mit dem Radius v und dem Mittelpunkt im Schnittpunkt der Geraden $(y_1^0, \ldots, y_{r-1}^0)$ mit der Hyperebene. Den Kegel $K(v, \varrho)$ erhalten wir, indem wir die Punkte von B_{r-1} mit y_0 verbinden. Wir unterwerfen die Bestimmungsstücke (v, ϱ) des Kegels $K(v, \varrho)$ den Bedingungen

$$(4) \qquad 0 < \varrho < \delta, \qquad 0 < v < \frac{\alpha}{2}, \qquad \frac{\varrho}{v} > k,$$

wobei k die Lipschitzkonstante der Funktion $a(y') = a(y_1, \ldots, y_{r-1})$ ist. Nach 1 (Definition 2.4) haben wir $a \in C^{0,1}(W^{r-1}(\alpha))$, das bedeutet, es gibt ein $0 < k < \infty$ derart, daß für alle $y_1', y_2' \in W^{r-1}(\alpha)$ gilt

$$(5) \qquad |a(y_1') - a(y_2')| \leqslant k |y_1' - y_2'|_{r-1}.$$

Die Bedingungen (4) gewährleisten, daß der durch (3) gegebene Kegel $C(y_0, \varrho, \Sigma)$ in $U \cap \Omega$ liegt. Wir prüfen dies nach. Die Bedingung $\varrho < \delta$ bewirkt in Verbindung mit $y_0 \in a$, daß der Kegel $C(y_0, \varrho, \Sigma)$ die obere Randfläche $a + \beta$ nicht treffen kann, $v < \alpha/2$ hat zur Folge, daß $C(y_0, \varrho, \Sigma)$ über dem $(r-1)$-Würfel $W(\alpha)$ liegt, und $\varrho/v > k$ zieht wegen (5) nach sich, daß der einzige Schnittpunkt von $C(y_0, \varrho, \Sigma)$ mit der unteren Randfläche a der Punkt y_0 ist; was alles zusammen ergibt, daß

$$C(y_0, \varrho, \Sigma) \subset U \cap \Omega.$$

Die Bedingungen (4) sind immer erfüllbar, dies folgt trivial aus $\delta > 0$, $\alpha > 0$ und $0 < k < \infty$. Da die Bedingungen (4) nicht von y_0 abhängen, sind alle Kegel $C(y_0, \varrho, \Sigma)$, $y_0 \in \partial \Omega \cap \overline{U'}$, parallel- oder translationsgleich; wir können also schreiben $C(y_0, \varrho, \Sigma) = y_0 + C(0, \varrho, \Sigma)$, wobei der Kegel $C(0, \varrho, \Sigma)$ nicht von y_0 abhängt. Sei U'' die Umgebung aus Definition 2.4, die den Zahlen $\alpha/2$, $\beta/2$ entspricht.

Falls wir noch zusätzlich fordern $\varrho < \beta/2$, liegen für $z \in U'' \cap \bar{\Omega}$ die Kegel $z + C(0, \varrho, \Sigma)$ alle in Ω, womit wir gezeigt haben, daß Ω in der Nähe des Randes die gleichmäßige Kegelbedingung erfüllt.

Wir beenden den Beweis durch einen Kompaktheitsschluß. Wir überdecken $\bar{\Omega}$ (= kompakt) mit endlich vielen $U_1, \ldots, U_m$ mit den Eigenschaften:

a) Sei $U_i = U''$ eine Randüberdeckung $(U_i \cap \partial \Omega \neq \emptyset)$ wie oben, dann liegen die translationsgleichen Kegel $z + C(0, \varrho_i, \Sigma_i) = z + C^i$, $z \in \bar{\Omega} \cap U_i$, alle in Ω

b) Sei U_i eine „innere" Überdeckung, d.h. $U_i \subset \Omega$.

In b) können wir setzen $U_i = B(a_i, r_i/2)$, wobei $B(a_i, r_i) \subset \Omega$; als Kegel C^i können wir irgendeinen Teilkegel von $B(0, r_i/2)$ nehmen; die Eigenschaft

$$z + C^i \subset \Omega \quad \text{für } z \in U_i$$

ist wegen $B(a_i, r_i) \subset \Omega$ gewährleistet.

Als Standardkegel C_0, der in der Definition 2.3 die gleichmäßige Kegeleigenschaft bestimmt, nehmen wir den kleinsten der Kegel $C^i, i = 1, \ldots, m$ (Kongruenzen sind zugelassen!). ∎

Satz 2.2 *Aus $\Omega \in N^{0,0}$ folgt die Segmenteigenschaft.*

Dies ist sofort aus der Eigenschaft 3 von Definition 2.4 ersichtlich.

Im Grunde genommen kommen wir bei den wichtigsten Sätzen über die Sobolevräume $W_2^l(\Omega)$ mit der Kegeleigenschaft als Voraussetzung über Ω aus. Das zeigen die folgenden Sätze, die teilweise auf Gagliardo [1] zurückgehen. Wir bringen die Sätze 2.3 (Gagliardo) und 2.4 der Vollständigkeit halber, wir benötigen sie eigentlich nicht im Folgenden.

Lemma 2.1 *Sei Ω offen in $\mathbf{R}^r$, und Ω habe die offene Kegeleigenschaft. Dann gibt es endlich viele Kegel $C_j(0, \varrho, \Sigma_j)$, $j = 1, \ldots, m$, die kongruent zu einem festen Kegel $C(0, \varrho, \Sigma)$ sind, und wir haben*

$$(6) \qquad \Omega = \bigcup_{j=1}^{m} \Omega_j, \qquad \Omega_j = \bigcup_{x \in A_j} (x + C_j), \qquad A_j \subset \Omega.$$

Beweis. Sei C_0 der Standardkegel der Definition 2.2. Durch ein Überdeckungsargument der Sphäre von $B(0, \varrho)$ können wir endlich viele Kegel $C_j = C_j(0, \varrho, \Sigma_j)$ $j = 1, \ldots, m$, finden mit der Eigenschaft, daß jeder zu C_0 kongruente Kegel C, mit der Spitze im Nullpunkt, wenigstens einen der Kegel C_j enthält, genau, wir fordern $\bar{C}_j \backslash \{0\} \subset C$. Zu jedem $x \in \Omega$ können wir also ein j, $1 \leqslant j \leqslant m$, finden mit

$$(7) \qquad x + C_j \subset C(x, \ldots) \subset \Omega \quad \text{und} \quad \overline{x + C_j} \subset \Omega.$$

Da Ω offen ist und $\overline{x + C_j}$ kompakt, folgt daß auch $y + C_j \subset \Omega$ ist für alle y hinreichend nahe an x. Dies bedeutet, zu jedem $x \in \Omega$ können wir ein j und ein $y \in \Omega$ finden mit

$$(8) \qquad x \in y + C_j \subset \Omega.$$

Falls wir A_j definieren als $A_j = \{x \in \Omega \mid x + C_j \subset \Omega\}$, haben wir wegen (8) die Zerlegung (6) bewiesen. ∎

Lemma 2.2 *Sei Ω offen in $\mathbf{R}^r$ und habe die offene Kegeleigenschaft. Dann hat Ω auch die abgeschlossene Kegeleigenschaft (siehe Definition 2.2).*

Beweis. Sei $z \in \partial\Omega$, seien C_j, $j = 1, \ldots, m$, die Kegel von Lemma 2.1. Es genügt zu zeigen, daß für wenigstens einen C_j gilt $z + C_j \subset \Omega$. Wir nehmen das Gegenteil an, dann besitzt jeder der Kegel $z + C_j, j = 1, \ldots, m$, wenigstens einen Punkt aus $\complement \Omega$ als inneren Punkt. Wie in Bemerkung 2.2 können wir eine kleine Umgebung V von z konstruieren mit der Eigenschaft, daß alle Kegel $y + C_j, j = 1, \ldots, m, y \in V$, Punkte mit $\complement \Omega$ gemeinsam haben. Da aber $V \cap \Omega \neq \emptyset$, und wir nach (7) zu jedem $y \in \Omega$ ein j finden können mit $y + C_j \subset \Omega$, bekommen wir einen Widerspruch. ∎

Satz 2.3 *Sei Ω offen und beschränkt in $\mathbf{R}^r$ und habe die Kegeleigenschaft. Dann gibt es endlich viele Parallelepipede $P_j, j = 1, \ldots, m$, die für jedes $\varrho > 0$, die folgende Zerlegung bewirken*

$$(9) \qquad \Omega = \bigcup_{i=1}^{n} \Omega_i, \qquad \Omega_i = \bigcup_{x \in A_i} (x + P_i), \qquad A_i \subset \Omega,$$

wobei die Durchmesser von $A_i \leqslant \varrho$ sind, und die P_i's zu den schon gefundenen Parallelepipeden $P_j, j = 1, \ldots, m$, gehören. Ist ϱ hinreichend kein, dann haben wir zusätzlich

$$(10) \qquad \Omega_i \in N^{0,1}, \quad \text{für } i = 1, \ldots, n.$$

Beweis (siehe Fig. 2.7). Da wir in jedem Kegel C_j (Spitze in 0) ein Parallelepiped P_j (eine Ecke in 0 und alle P_j kongruent), unterbringen können, können wir den Beweis von Lemma 2.1 wiederholen (nur überall P_j statt C_j gesetzt) und erhalten (siehe (6))

$$\Omega = \bigcup_{j=1}^{m} \Omega_j, \qquad \Omega_j = \bigcup_{x \in A_j} (x + P_j), \quad A_j \subset \Omega, j = 1, \ldots, m.$$

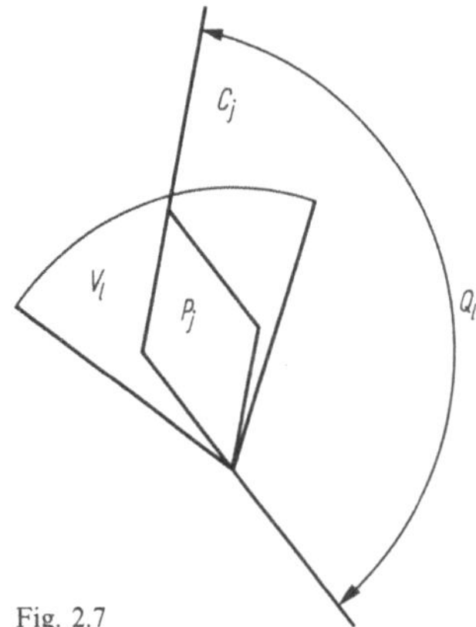

Fig. 2.7

Falls die Durchmesser $d(A_j) \leqslant \varrho, j = 1, \ldots, m$, sind, sind wir fertig, andernfalls zerlegen wir (endlich)

$$(11) \qquad A_j = \bigcup_{k=1}^{N} A_{jk}, \text{ wobei } d(A_{jk}) \leqslant \varrho.$$

Eine solche endliche Zerlegung ist wegen $A_j \subset \Omega$ und Ω beschränkt, immer möglich.

Setzen wir $\Omega_{jk} = \bigcup_{x \in A_{jk}} (x + P_j)$ und ändern wir die Numerierung, so erhalten wir (9).

Nun zur Lipschitzeigenschaft (10). Sei P kongruent zu den $P_j, j = 1, \ldots, m$, wir setzen

$$(12) \qquad \delta := \text{dist (Mittelpunkt von } P, \partial P), \ \sigma := \delta/2, \text{ und nehmen } 0 < \varrho < \delta.$$

Wir betrachten $\Omega_i = \bigcup_{x \in A_i} (x + P_i), d(A_i) \leqslant \varrho$, und lassen der Einfachheit halber den

Index i weg, also

$$\Omega = \bigcup_{x \in A} (x + P), \qquad d(A) \leqslant \varrho.$$

Sei v_l eine Ecke von P, sei

$$Q_l = \{y = v_l + \lambda(x - v_l) \mid x \in P, \lambda > 0\},$$

die durch P erzeugte Pyramide mit der Spitze in v_l. Wir haben $P = \bigcap Q_l$, wobei der Durchschnitt über alle 2^r Ecken von P genommen wurde. Sei

$$\Omega_{(l)} := \bigcup_{x \in A} (x + Q_l),$$

und sei B eine beliebige Kugel mit dem Radius $\sigma = \delta/2$. Sei $x \in A$ fest, wegen (12) kann die Kugel B nicht zwei gegenüberliegende Seitenflächen von $x + P$ schneiden, es existiert also eine Ecke v_l von P mit der Eigenschaft, daß $x + v_l$ an allen Seitenflächen von $x + P$ liegt, die B treffen – falls solche überhaupt existieren. Somit gilt $B \cap (x + P)$ $= B \cap (x + Q_l)$. Sei nun $x, y \in A$, und nehmen wir an, daß B zwei relativ gegenüberliegende Seitenflächen von $x + P$ und $y + P$ schneidet, d.h. es gibt Punkte a und b auf gegenüberliegenden Seitenflächen von P mit

$$x + a \in B \quad \text{und} \quad y + b \in B.$$

Dann bekämen wir

$$\varrho \geqslant \operatorname{dist}(x, y) = \operatorname{dist}(x + b, y + b) \geqslant \operatorname{dist}(x + b, x + a) - \operatorname{dist}(x + a, y + b) \geqslant 2\delta - 2\sigma = \delta$$

im Widerspruch zu (12). Für $\varrho < \delta$ kann B nicht relativ gegenüberliegende Seitenflächen von $x + P$ und $y + P$ treffen, hier $x, y \in A$ beliebig. Damit gilt

$$B \cap (x + P) = B \cap (x + Q_l),$$

wobei l unabhängig von $x \in A$ ist, woraus folgt

(13) $\qquad B \cap \Omega = B \cap \Omega_{(l)}.$

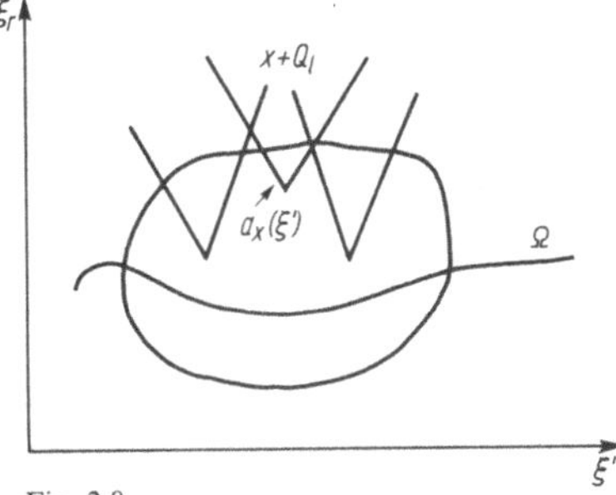

Fig. 2.8

Wir wählen kartesische Koordinaten $(\xi', \xi_r) = (\xi_1, \ldots, \xi_{r-1}, \xi_r)$ in der Kugel B so, daß die ξ_r-Achse parallel zum Vektor vom Mittelpunkt von P zum Eckpunkt v_l verläuft. Den Bereich $(x + Q_l) \cap B$ kann man in B durch eine Ungleichung $\xi_r > a_x(\xi')$ charakterisieren, wobei die Funktion $a_x(\xi')$ eine Lipschitzbedingung mit einer von x unabhängigen Konstanten k erfüllt (siehe Fig. 2.8). Damit kann man $B \cap \Omega_{(l)}$ und wegen (13) auch $B \cap \Omega$ durch die Ungleichung $\xi_r > a(\xi')$ charakterisieren, wobei die

Funktion $a(\xi') = \inf\limits_{x \in A} a_x(\xi')$ wieder Lipschitzstetig ist (siehe weiter unten). Da B eine Umgebung eines beliebigen Punktes z von $\partial\Omega$ sein kann, sehen wir, daß wir die Bedingungen von Definition 2.4 erfüllen können, womit wir (10) bewiesen haben.

Nun noch der Beweis der Lipschitzstetigkeit von $a(\xi')$. *Sei $\varepsilon > 0$ beliebig vorgegeben,* wir haben gemäß der Definition des Infimums

$$
\begin{aligned}
|a(\xi_1') - a(\xi_2')| &= \left| \inf_{x \in A} a_x(\xi_1') - \inf_{x \in A} a_x(\xi_2') \right| \\
&= |a_{x_1}(\xi_1') - \delta_1 - (a_{x_2}(\xi_2') - \delta_2)| \\
&\leqslant |a_{x_1}(\xi_1') - a_{x_2}(\xi_2')| + \delta_1 + \delta_2 \ ,
\end{aligned}
$$

wobei $0 \leqslant \delta_1 + \delta_2 < \varepsilon$. Wir legen durch die Punkte ξ_1' und ξ_2' in der ξ_r-Richtung eine zweidimensionale Ebene und führen unsere Betrachtungen in dieser Ebene durch. Da a_{x_1} und a_{x_2} die Begrenzungsflächen von translationsgleichen Pyramiden sind, müssen sie sich über wenigstens einem Punkt ξ_0' schneiden, also $a_{x_1}(\xi_0') = a_{x_2}(\xi_0')$; dabei betrachten wir zuerst die Möglichkeit, daß ξ_0' zwischen ξ_1' und ξ_2' liegt. Wir haben dann (a_{x_1} und a_{x_2} haben die gleiche Lipschitzkonstante k)

$$
\begin{aligned}
&\leqslant |a_{x_1}(\xi_1') - a_{x_1}(\xi_0')| + |a_{x_2}(\xi_0') - a_{x_2}(\xi_2')| + \varepsilon \\
&\leqslant k|\xi_1' - \xi_0'|_{r-1} + k|\xi_0' - \xi_2'|_{r-1} + \varepsilon = k|\xi_1' - \xi_2'|_{r-1} + \varepsilon \ ,
\end{aligned}
$$

oder da ε beliebig war

$$
|a(\xi_1') - a(\xi_2')| \leqslant k|\xi_1' - \xi_2'|_{r-1} \ .
$$

Falls ξ_0' vor ξ_1' liegt (ebenso die Möglichkeit, daß ξ_0' hinter ξ_2' liegt), dann muß $a_{x_2}(\xi_1')$ unter $a_{x_1}(\xi_1')$ liegen – siehe Fig. 2.9 – und wir nehmen dann $a(\xi_1') = a_{x_2}(\xi_1') - \delta_1'$, da $a(\xi_1') = \inf\limits_{x \in A} a_x(\xi_1')$, muß sein $0 \leqslant \delta_1' \leqslant \delta_1$ und wir haben

$$
\begin{aligned}
|a(\xi_1') - a(\xi_2')| &= |a_{x_2}(\xi_1') - \delta_1' - (a_{x_2}(\xi_2') - \delta_2)| \\
&\leqslant |a_{x_2}(\xi_1') - a_{x_2}(\xi_2')| + \delta_1' + \delta_2 \leqslant k|\xi_1' - \xi_2'|_{r-1} + \varepsilon \ ,
\end{aligned}
$$

womit wir, $\varepsilon > 0$ war beliebig, die Lipschitzstetigkeit von $a(\xi')$ bewiesen haben. ∎

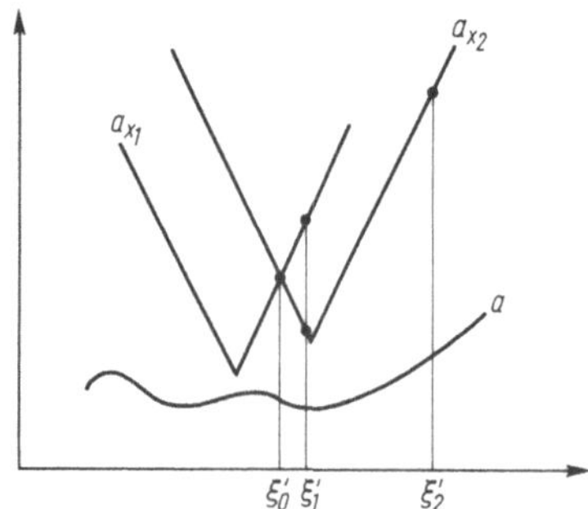

Fig. 2.9

Satz 2.3 läßt sich mit unwesentlichen Änderungen auf unbeschränkte Gebiete Ω übertragen.

Satz 2.4 *Sei Ω eine beliebige, offene Menge in $\mathbf{R}^r$ (auch unbeschränkt) mit der Kegeleigenschaft. Dann gibt es endlich viele Parallelepipede P_j, $j = 1, \ldots, m$, die für jedes $\varrho > 0$ die folgende Zerlegung bewirken*

$$\Omega = \bigcup_{i=1}^{\infty} \Omega_i, \qquad \Omega_i = \bigcup_{x \in A_i} (x + P_i), \qquad A_i \subset \Omega, \ d(A_i) \leqslant \varrho,$$

wobei die Familien $\{\Omega_i\}$ und $\{A_i\}$ lokalfinit sind und die P_i's unter den schon gefundenen Parallelepipeden P_j, $j = 1, \ldots, m$, sind. Ist ϱ hinreichend klein, dann haben wir zusätzlich

$$\Omega_i \in N^{0,1}, \quad \text{für alle } i = 1, 2, \ldots.$$

Wir wollen nur diejenigen Punkte des Beweises von Satz 2.3 hervorheben, die zu ändern sind, um einen Beweis von Satz 2.4 zu erlangen. 1. Die P_j's und ihre Anzahl m hängen nur vom Standardkegel C_0 und nicht von der Größe des Gebietes Ω ab. Die A_j's zerlegen wir (siehe (11)) $A_j = \bigcup_{k=1}^{\infty} A_{jk}$ disjunkt, mit $d(A_{j,k}) \leqslant \varrho$, wobei die Familien $\{A_{jk}\}_{k=1}^{\infty}$ lokalfinit sind, dies ist immer möglich. Damit sind auch die Familien

$$\Omega_{jk} = \bigcup_{x \in A_{jk}} (x + P_j), \qquad k = 1, 2, \ldots$$

lokalfinit. Endlich viele lokalfinite Familien, $j = 1, \ldots, m$, ergeben zusammen wieder eine lokalfinite Familie: (Numerierung ändern!)

$$\{A_i\} = \{A_{j,k}\}, \qquad \{\Omega_i\} = \{\Omega_{j,k}\}.$$

2. Zum Beweis von $\Omega_{j,k} = \Omega_i \in N^{0,1}$ benötigen wir die Konstanten (12). Da diese nur von P_j, $j = 1, \ldots, m$, d.h. von C_0 abhängen, können wir diesen Teil des Beweises ohne Änderung übernehmen und erhalten

$$\Omega_i \in N^{0,1}.$$

2.3 $(k, \varkappa)$-Diffeomorphismen und $(k, \varkappa)$-glatte Ω's

Wir wollen nun den Begriff eines k-Diffeomorphismus erklären, und allgemeiner den eines $(k, \varkappa)$-Diffeomorphismus.

Definition 2.5 *Sei Φ eine ein-eindeutige Transformation des Gebietes $\Omega \subset \mathbf{R}^r$ auf das Gebiet $\Omega' \subset \mathbf{R}^r$. Wir sagen, daß Φ einen $(k, \varkappa)$-Diffeomorphismus darstellt, falls sowohl*
1. *die Abbildungsfunktionen von Φ:*

$$y_1 = \varphi_1(x_1, \ldots, x_r)$$
$$\vdots$$
$$y_r = \varphi_r(x_1, \ldots, x_r)$$

zur Klasse $C^{k,\varkappa}(\bar{\Omega})$, als auch

2. *die Funktionen der Umkehrabbildung Φ^{-1}*

$$x_1 = \psi_1(y_1, \ldots, y_r)$$
$$\vdots$$
$$x_r = \psi_r(y_1, \ldots, y_r)$$

zur Klasse $C^{k,\varkappa}(\bar{\Omega}')$ gehören.

3. *Falls $k \geqslant 1$ ist, dann fordern wir für die Jacobideterminante von Φ*

$$0 < c \leqslant \left| \det \frac{\partial \Phi}{\partial x}(x) \right| \leqslant C, \quad \text{für alle } x \in \bar{\Omega},$$

*wobei c, C von x unabhängige Konstanten sind. Für: „Φ ist ein $(k, \varkappa)$-Diffeomorphismus"
schreiben wir kurz $\Phi \in C^{k,\varkappa}$.*

Bemerkung 2.3 Falls das Gebiet Ω beschränkt ist ($\bar{\Omega}$ kompakt, $k \geqslant 1$), dann folgt 3
schon aus 1 und 2, denn wegen

$$\det \frac{\partial \Phi}{\partial x} \cdot \det \frac{\partial \Phi^{-1}}{\partial y} = 1,$$

kann $\det \partial \Phi / \partial x$ nicht 0 sein.

Bemerkung 2.4 Für $k \geqslant 1$ folgt Aussage 2 aus den Aussagen 1 und 3:
Sei $k = 1$, nach dem Satz über die Umkehrabbildung haben wir $\Phi^{-1} \in C^1$ und für die
Jacobische Matrix gilt

$$(14) \qquad \frac{\partial \Phi}{\partial x} \circ \frac{\partial \Phi^{-1}}{\partial y} = I,$$

d.h. die Ableitungen der Umkehrabbildung Φ^{-1} lassen sich linear durch die
Ableitungen von Φ, dividiert durch $\det \partial \Phi / \partial x$ ausdrücken. Da $0 < c \leqslant |\det \partial \Phi / \partial x|$,
folgt aus $\partial \Phi / \partial x \in C^{0,\varkappa}$, daß auch $\partial \Phi^{-1} / \partial y \in C^{0,\varkappa}$, (man siehe den Beweis von Satz 2.6,
wo dieser Schluß genau durchgerechnet wird), das ist $\Phi^{-1} \in C^{1,\varkappa}$. Für $k > 1$ folgt
unsere Behauptung durch Differenzieren von (14) und Induktion.

Definition 2.6 *Wir nennen einen $(k, 0)$-Diffeomorphismus, $k \geqslant 1$, auch k-Diffeomorphismus.*

Definition 2.7 (siehe Fig. 2.10) *Wir sagen, daß der Bereich Ω $(k, \varkappa)$-glatt ist, falls wir
für jedes $x \in \partial \Omega$ eine Umgebung U_x finden können, mit den folgenden Eigenschaften:*
1. *U_x ist $(k, \varkappa)$-diffeomorph zum Einheitswürfel $W^r = \{x \mid -1 < x_i < 1, \, i = 1, \ldots, r\}$.
Sei Φ_x die 1-1-Transformation $U_x \leftrightarrow W^r$, wir fordern weiter:*
2. *$U_x \cap \partial \Omega$ wird eineindeutig auf die Mittelebene $x_r = 0$ des Würfels W^r abgebildet:
$U_x \cap \partial \Omega \leftrightarrow W^{r-1}(x_r = 0)$.*
3. *$U_x \cap \Omega \leftrightarrow W_+^r = \{0 < x_r < 1\} \cap W^r$.*
4. *$U_x \cap \complement \bar{\Omega} \leftrightarrow W_-^r = \{-1 < x_r < 0\} \cap W^r$.*

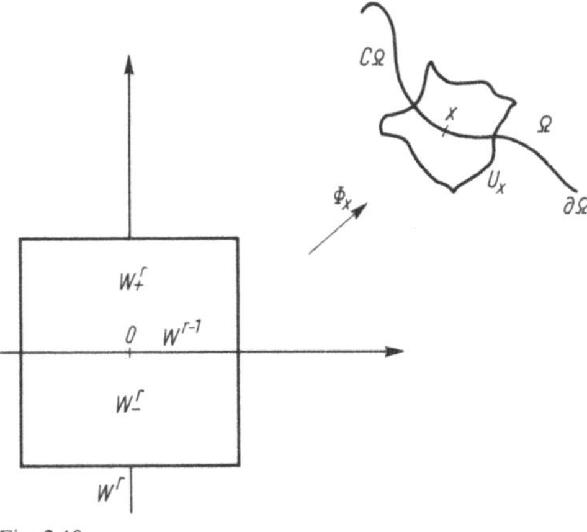

Fig. 2.10

Bemerkungen *Wir haben als Standardabbildungsbereiche Würfel genommen, in vielen anderen Büchern ist es üblich Kugeln zu nehmen, da aber die Betrachtungen lokal sind, spielt der Unterschied keine Rolle.*

Für Ω beschränkt und $(k, \varkappa)$-glatt sagt man auch $(k, \varkappa)$-regulär, und $\partial\Omega$ (kompakt!) kann man in diesem Fall durch endlich viele U_x mit den in Definition 2.7 genannten Eigenschaften überdecken. Für „Ω ist $(k, \varkappa)$-glatt" schreiben wir kurz $\Omega \in C^{k,\varkappa}$, oder $\partial\Omega \in C^{k,\varkappa}$.

Satz 2.5 *Gebiete Ω, die die $N^{k,\varkappa}$-Eigenschaft von Definition 2.4 haben, sind $(k, \varkappa)$-glatt.*

Beweis. Mit den Bezeichnungen von Definition 2.4 können wir schreiben

$$W_x = W^{r-1}(\alpha_x) \times (-\beta_x, \beta_x), \qquad \Phi_x : U_x \to W_x,$$

wobei

$$(15) \qquad \Phi_x = \begin{cases} z_1 = y_1 \\ z_2 = y_2 \\ \cdot \\ \cdots \\ \cdot \\ z_{r-1} = y_{r-1} \\ z_r = y_r - a(y_1, \ldots, y_{r-1}) \end{cases}, \qquad \Phi_x^{-1} = \begin{cases} y_1 = z_1 \\ y_2 = z_2 \\ \cdot \\ \cdots \\ \cdot \\ y_{r-1} = z_{r-1} \\ y_r = z_r + a(z_1, \ldots, z_{r-1}), \end{cases}$$

und wir können leicht durch eine Achsenstreckung den Würfel W_x in den Einheitswürfel überführen. (Achsenstreckungen und orthogonale Transformationen ändern nichts an der $(k, \varkappa)$-Glattheit). Die Jacobimatrizen haben hier die Form

$$\frac{\partial z}{\partial y} = \begin{bmatrix} 1 & \cdots & & 0 \\ 0 & 1 \cdots & & 0 \\ & \cdots & & \\ 0 & \cdots & 1 & 0 \\ -\dfrac{\partial a}{\partial y_1}, & \cdots, & -\dfrac{\partial a}{\partial y_{r-1}}, & 1 \end{bmatrix}, \qquad \frac{\partial y}{\partial z} = \begin{bmatrix} 1 & \cdots & & 0 \\ 0 & 1 \cdots & & 0 \\ & \cdots & & \\ 0 & \cdots & 1 & 0 \\ \dfrac{\partial a}{\partial z_1}, & \cdots & \dfrac{\partial a}{\partial z_{r-1}}, & 1 \end{bmatrix},$$

und $\det \dfrac{\partial z}{\partial y} = 1$.

Aus der speziellen Form der Abbildungen (15) liest man sofort ab, daß $(k, \varkappa)$-Glattheit genau dann vorliegt, wenn die Funktion $a(y_1, \ldots, y_{r-1})$ zu $C^{k,\varkappa}(W^{r-1}(\alpha_x))$ gehört. ∎

Satz 2.6 *Sei $k \geq 1$. Die $(k, \varkappa)$-Glattheit ist der $N^{k,\varkappa}$-Eigenschaft äquivalent.*

Beweis. Daß Bereiche Ω, die die $N^{k,\varkappa}$-Eigenschaft haben, $(k, \varkappa)$-glatt sind, haben wir eben gesehen. Wir wollen nun die Umkehrung beweisen. Sei $x_0 \in \partial\Omega$ und U eine Umgebung von x_0 mit den in Definition 2.7 genannten Eigenschaften, sei $\Phi: \begin{matrix} W \to U \\ y \mapsto x \end{matrix}$ die $(k, \varkappa)$-Transformation. Wir müssen die „Fläche" $\partial\Omega$ *lokal durch eine Funktion a* (siehe Definition 2.4) in kartesischen Koordinaten darstellen. Nach Definition 2.7.2 ist $\partial\Omega$ in den W-Koordinaten y (lokal) durch die Gleichung

(16) $\quad y_r = 0 \quad$ oder $\quad y_r(x_1, \ldots, x_r) = 0$

charakterisiert, dabei brauchen die W-Koordinaten y keine kartesischen zu sein, die x-Koordinaten sind es. Da nach Definition 2.5.3 die Jacobische Determinante $\det \partial y/\partial x \neq 0$, muß wenigstens eine der Ableitungen

$$\frac{\partial y_r}{\partial x_1}, \ldots, \frac{\partial y_r}{\partial x_r}$$

verschieden von Null sein (Determinantenentwicklungssatz), sei

(17) $\quad \dfrac{\partial y_r}{\partial x_r} \neq 0 \quad$ auf U (evtl. muß U verkleinert werden).

Nach dem Satz über implizite Funktionen kann man die Gleichung (16) nach x_r auflösen.

(18) $\quad x_r = a(x_1, \ldots, x_{r-1}), \quad$ in U,

wobei die x's die kartesischen Koordinaten von U sind. Dabei kann als Variationsbereich für die $x_1, \ldots, x_{r-1}$ ein $(r-1)$-dimensionaler Würfel $W^{r-1}(\alpha)$ gewählt werden. Sei $V_{-\varepsilon} = \{x \in U \mid d(x, \complement U) > \varepsilon\}$, wobei $\varepsilon > 0$ so klein gewählt würde, daß der Ausgangspunkt $x_0 \in V_{-\varepsilon}$ gehört. Wir schränken (18) auf $V_{-\varepsilon}$ ein und nennen die so erhaltene Fläche $\partial\Omega_{-\varepsilon}$. Wir verschieben $\partial\Omega_{-\varepsilon}$ in Richtung der x_r-Achse nach oben um

$+ \varepsilon/2$, und nach unten um $- \varepsilon/2$; wegen der Wahl von ε bleiben wir in U. Setzen wir $\beta = \varepsilon/2$, so haben wir mit

$$\tilde{V} := \{x \mid (x_1, \ldots, x_{r-1}) \in W^{r-1}(\alpha),\ a(x_1, \ldots, x_{r-1}) - \beta < x_r < a(x_1, \ldots, x_{r-1}) + \beta\}$$

eine Umgebung von $x_0 \in \partial\Omega$ mit den in Definition 2.4 geforderten Eigenschaften erhalten: Wir zeigen Definition 2.4.1. Die übrigen Eigenschaften sind offensichtlich, da $\tilde{V} \subset U$ liegt.

Sei $k = 1$. Wegen (16) haben wir

$$(19) \quad \frac{\partial a}{\partial x_i}(x_1, \ldots, x_{r-1}) = - \frac{\dfrac{\partial y_r}{\partial x_i}(x_1, \ldots, x_{r-1}, a(x_1, \ldots, x_{r-1}))}{\dfrac{\partial y_r}{\partial x_r}(x_1, \ldots, x_{r-1}, a(x_1, \ldots, x_{r-1}))}, \quad i = 1, \ldots, r-1.$$

Da nach Voraussetzung die Funktion $y_r \in C^{1,\varkappa}$ und (17) in der Form $|\partial y_r/\partial x_r| \geqslant c > 0$ gilt, können wir abschätzen, $i = 1, \ldots, r-1$,

$$\left| \frac{\partial a}{\partial x_i}(x) - \frac{\partial a}{\partial x_i}(z) \right| = \left| \frac{\partial y_r}{\partial x_i}(x) \cdot \left(\frac{\partial y_r}{\partial x_r}(x) \right)^{-1} - \frac{\partial y_r}{\partial x_i}(z) \cdot \left(\frac{\partial y_r}{\partial x_r}(x) \right)^{-1} \right.$$

$$\left. + \frac{\partial y_r}{\partial x_i}(z) \left(\frac{\partial y_r}{\partial x_r}(x) \right)^{-1} - \frac{\partial y_r}{\partial x_i}(z) \cdot \left(\frac{\partial y_r}{\partial x_r}(z) \right)^{-1} \right|$$

$$\leqslant \left| \frac{\partial y_r}{\partial x_r} \right|^{-1} \cdot \left| \frac{\partial y_r}{\partial x_i}(x) - \frac{\partial y_r}{\partial x_i}(z) \right| + \left| \frac{\partial y_r}{\partial x_r}(x) \right|^{-1} \cdot \left| \frac{\partial y_r}{\partial x_r}(z) \right|^{-1} \cdot \left| \frac{\partial y_r}{\partial x_i}(z) \right| \cdot \left| \frac{\partial y_r}{\partial x_r}(x) - \frac{\partial y_r}{\partial x_r}(z) \right|$$

$$\leqslant \frac{k}{c} |x - z|^\varkappa + \frac{k}{c^2} |x - z|^\varkappa = \left(\frac{k}{c} + \frac{k}{c^2} \right) |z - z|^\varkappa$$

d.h. $\partial a/\partial x_i \in C^{0,\varkappa}$ für $i = 1, \ldots, r-1$, das ist $a \in C^{1,\varkappa}$.

Der Beweis für $k > 1$ ergibt sich durch Differenzieren der Formel (19) und Induktion. ∎

Abbildungen Φ aus $C^{0,1}$ haben eine wichtige Eigenschaft, die stetige Abbildungen im Allgemeinen nicht haben.

Lemma 2.3 *Sei $\Phi: \Omega \to \Omega'$ aus $C^{0,1}$ und sei $A \subset \Omega$ mit $\mu_r(A) = 0$ (μ_r bedeutet das Lebesguesche Maß in $\mathbf{R}^r$). Dann gilt auch*

$$\mu_r(\Phi(A)) = 0.$$

Beweis. Aus

$$|\Phi(x) - \Phi(x')| \leqslant K |x - x'|, \qquad x, x' \in \Omega,$$

wobei $K < \infty$ die Lipschitzkonstante ist, folgt, daß das Bild einer Kugel vom Radius ϱ in einer Kugel vom Radius $K\varrho$ enthalten ist. $\mu_r(A) = 0$ bedeutet, daß wir für jedes $\varepsilon > 0$

eine Überdeckung von A durch abzählbar viele Kugeln $B(a_n, \varrho_n)$ finden können mit

$$A \subset \bigcup_{n=1}^{\infty} B(a_n, \varrho_n) \quad \text{und} \quad \sum_{n=1}^{\infty} \mu_r(B(a_n, \varrho_n)) < \varepsilon.$$

Die Lipschitzeigenschaft bewirkt, daß $\Phi(A)$ durch die Kugeln $B(\Phi(a_n), K\varrho_n)$ überdeckt wird, wobei $\mu_r B(\Phi(a_n), K\varrho_n) = K^r \mu_r B(a_n, \varrho_n)$, und wir haben

$$\Phi(\mathrm{A}) \subset \bigcup_{n=1}^{\infty} B(\Phi(a_n), K\varrho_n),$$

$$\sum_{n=1}^{\infty} \mu_r B(\Phi(a_n), K\varrho_n) = K^r \sum_{n=1}^{\infty} \mu_r B(a_n, \varrho_n) < K^r \varepsilon,$$

d.h. $\Phi(A)$ hat wieder das Maß 0. ∎

Satz 2.7 *Sei Ω $(k, \varkappa)$-glatt mit $k + \varkappa \geqslant 1$. Dann hat der Rand das Lebesguesche Maß* 0:

$$\mu_r(\partial\Omega) = 0.$$

Beweis. Wir überdecken $\partial\Omega$ mit Umgebungen U_i mit den in der Definition 2.7 genannten Eigenschaften. Nach Satz 1.1 kann die offene Überdeckung $\{U_i\}$ von $\partial\Omega$ schon abzählbar gewählt werden, also $i = 1, 2, \ldots$. Da $\mu_r(W^{r-1}) = 0$, haben wir nach Lemma 2.3 $\mu_r(\partial\Omega \cap U_i) = 0$, für $i = 1, 2, \ldots$, woraus wegen

$$\partial\Omega = \bigcup_{i=1}^{\infty} (\partial\Omega \cap U_i)$$

unser Satz folgt. ∎

Satz 2.8 *Sei $\Omega \in N^{k,\varkappa}$ mit $k + \varkappa \geqslant 0$. Dann hat der Rand $\partial\Omega$ das Lebesguesche Maß* 0

$$\mu_r(\partial\Omega) = 0.$$

Für $\varkappa + k \geqslant 1$ folgt dies sofort aus den Sätzen 2.5 und 2.7. Ein anderer einfacher Beweis folgt für $k + \varkappa \geqslant 0$ direkt aus der Definition 2.4.2: stetige Funktionen $a(x_1, \ldots, x_{r-1})$ sind bekanntlich Riemannintegrierbar, das Randstück $U_x \cap \partial\Omega$ läßt sich also beliebig genau zwischen eine Ober- und eine Untersumme einschließen, was bedeutet, daß $\mu_r(U_x \cap \partial\Omega) = 0$. Die Wahl einer abzählbaren Überdeckung U_j nach Satz 1.1 beendet den Beweis.

Satz 2.9 *Es besitze die offene Menge Ω die Kegeleigenschaft (siehe* Definition 2.2). *Dann gilt*

$$\mu_r(\partial\Omega) = 0.$$

Beweis. Sei U_j eine offene, abzählbare Überdeckung von $\partial\Omega$ durch beschränkte Mengen U_j, $j = 1, 2, \ldots$. Nach Satz 2.4 haben wir

$$\partial\Omega \cap U_j \subset \bigcup_{i=1}^{n} \partial\Omega_{i,j}, \quad \text{mit } \Omega_{i,j} \in N^{0,1},$$

woraus wegen Satz 2.8 unsere Behauptung folgt. ∎

Sei Ω aus $C^{k,\varkappa}$, dann können wir die lokalen Transformationen $y = \Phi$ (siehe Definition 2.7) als lokale Koordinaten y in der Nähe von $\partial\Omega$ auffassen, und sagen, daß die lokalen Koordinaten y zu $C^{k,\varkappa}$ gehören.

2.4 Normale Transformationen

Für später brauchen wir spezielle Koordinatentransformationen, die die Normalenrichtung ungeändert lassen. Sei $\Omega \in N^{k,\varkappa}$. $k + \varkappa \geq 1$, dann können wir für fast alle $x_0 \in \partial\Omega$ mit Hilfe von Satz 1.8 die Normale $\vec{n}$ zu $\partial\Omega$ durch x_0 definieren (Ω liegt in $\mathbf{R}^r$!), z.B. durch

$$\vec{n} := \frac{1}{K}\left(\frac{\partial a}{\partial x_1}(x_0'), \ldots, \frac{\partial a}{\partial x_{r-1}}(x_0'), 1 \right), \quad \text{wobei} \quad x_0 = (x_0', a(x_0')) \in \partial\Omega,$$

$$K := \left[1 + \sum_{i=1}^{r-1} \left(\frac{\partial a}{\partial x_i} \right)^2 \right]^{1/2},$$

wobei $x_r = a(x_1, \ldots, x_{r-1})$ die (lokale) Gleichung von $\partial\Omega$ in den kartesischen Koordinaten $(x_1, \ldots, x_r)$ ist (siehe Fig. 2.11). Für $k \geq 1$, nach Satz 2.6 also auch für $\Omega \in C^{k,\varkappa}$, ist die Normale $\vec{n}$ überall definiert.

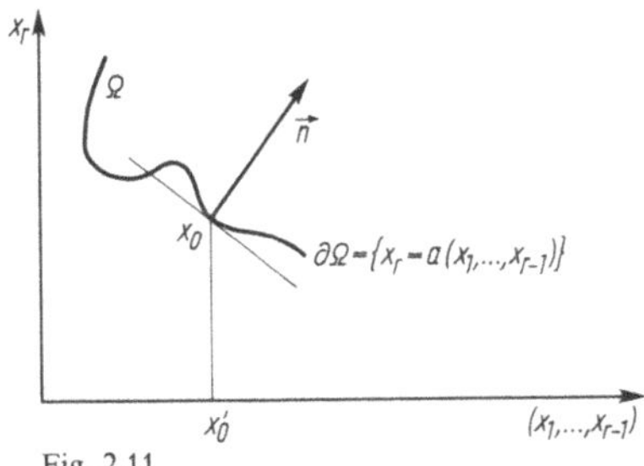

Fig. 2.11

Wir definieren zuerst normale Transformationen (bzw. normale Koordinaten).

Sei $\Phi : \begin{array}{c} U \to U' \\ x \mapsto y \end{array}$ eine $C^{k,\varkappa}$-Transformation, $k \geq 1$, wir fixieren den Punkt x (und $y = \Phi(x)$) und betrachten in x den Vektorraum T_x aller Richtungsableitungen (kurz: Richtungen), T_x wird aufgespannt durch $\partial/\partial x_1, \ldots, \partial/\partial x_r$. Die Transformation Φ induziert einen linearen Isomorphismus zwischen den Vektorräumen T_x und T_y gegeben durch die inverse Jacobische Matrix

$$\frac{\partial \Phi^{-1}}{\partial y} : T_x \to T_y,$$

in Formeln

$$(20) \qquad \frac{\partial}{\partial y_j} = \sum_{i=1}^{r} \frac{\partial x_i}{\partial y_j} \frac{\partial}{\partial x_i}, \qquad j = 1, \ldots, r$$

(siehe Fig. 2.12). Für die Komponenten $(a_1, \ldots, a_r)$ eines Vektors $a \in T_y$ (bzw. $(b_1, \ldots, b_r) = b \in T_x)$ bekommen wir

$$(21) \qquad a_i = \sum_{j=1}^{r} \frac{\partial y_i}{\partial x_j} b_j, \qquad i = 1, \ldots, r,$$

siehe z. B. Warner [1], S. 16 u. w., oder Holmann, Rummler [1], § 9. Falls $x \in \partial\Omega$ und $\partial\Omega$ unter Φ übergeht in $\partial\Omega'$, also $y \in \partial\Omega'$ und $\partial\Omega \in C^{k,\varkappa}$, dann können wir in T_x den Normalenvektor $\vec{n} \in T_x$ auszeichnen ($\vec{n}$ normal zu $\partial\Omega$ in x) und ebenso $\vec{n}' \in T_y$ ($\vec{n}'$ normal zu $\partial\Omega'$ in y).

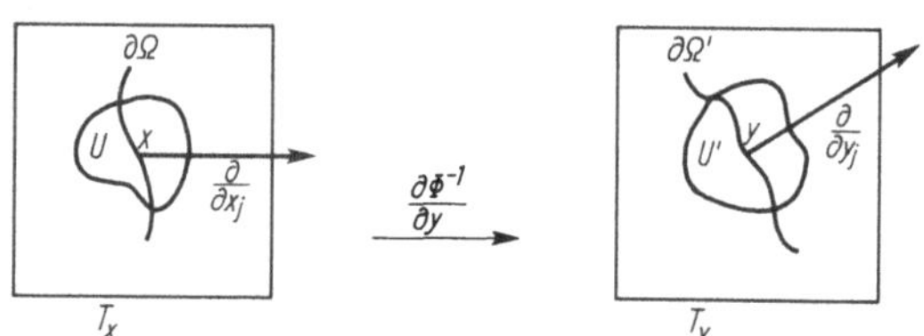

Fig. 2.12

Wir definieren:

Definition 2.8 *Wir sagen, daß die Transformation Φ normal im Punkte $x_0 \in \partial\Omega$ ist, falls $\vec{n}_0$ unter $\partial\Phi^{-1}/\partial y : T_{x_0} \to T_{y_0}$ in $\vec{n}_0'$ übergeht; kurz die Normalenrichtung in x_0 bleibt unter der Transformation Φ invariant (Achtung: es soll die Normalenrichtung invariant bleiben, nicht aber die Länge des Vektors $\vec{n}$). Falls Φ normal für alle Punkte $x \in \partial\Omega \cap U$ ist, sprechen wir von einer normalen Transformation (ohne besondere Angabe der Punkte).*

Falls die Koordinatentransformation $y = \Phi : \begin{matrix} W^r \to U \\ W^{r-1} \to \partial\Omega \cap U \end{matrix}$ (siehe Definition 2.7)

normal ist, sagen wir, daß die Koordinaten y normal sind, bildlich bedeutet dies, daß durch jedes $x \in \partial\Omega \cap U$ die Koordinatenlinie y_r in Richtung der Normalen zu $\partial\Omega$ verläuft. Damit die Richtung von $\vec{n}$ ein für alle Mal festgelegt ist, wollen wir die Normale immer ins Innere von Ω orientieren.

Wir haben ein einfaches Kriterium für normale Transformationen in einem Punkt $x_0 \in \partial\Omega$.

Satz 2.10 *Sei $\Phi : \begin{matrix} U \to U' \\ x \mapsto y \end{matrix}$ eine Koordinatentransformation aus $C^{k,\varkappa}$, $k \geqslant 1$, die die Richtung der inneren Normalen im Punkt $x_0 \in \partial\Omega \cap U$ ungeändert läßt, $\Omega \in C^{k,\varkappa}$, $k \geqslant 1$. Wir orientieren die Koordinatenachse x_r in Richtung der inneren Normalen $\vec{n}$ durch $x_0 \in \partial\Omega$ und y_r in Richtung der inneren Normalen durch $y_0 \in \partial\Omega'$. Damit Φ normal in $x_0 \in \partial\Omega$ ist, ist notwendig und hinreichend, daß die Jacobische Matrix von Φ in x_0 die Form hat*

$$(22) \qquad \frac{\partial y}{\partial x}(x_0) = \begin{bmatrix} \dfrac{\partial y_1}{\partial x_1}, & \cdots, & \dfrac{\partial y_1}{\partial x_{r-1}}, & 0 \\[2mm] \cdots & & \cdots & 0 \\[2mm] \dfrac{\partial y_{r-1}}{\partial x_1}, & \cdots, & \dfrac{\partial y_{r-1}}{\partial x_{r-1}}, & 0 \\[2mm] \dfrac{\partial y_r}{\partial x_1}, & \cdots, & \dfrac{\partial y_r}{\partial x_{r-1}}, & \dfrac{\partial y_r}{\partial x_r} \end{bmatrix}, \quad \text{mit } \frac{\partial y_r}{\partial x_r}(x_0) > 0.$$

Beweis. Die Orientierung der Achsen x_r und y_r bewirkt, daß $\vec{n} = (0, \ldots, 0, 1)$ und $\vec{n}' = (0, \ldots, 0, 1)$ wird. Sei Φ normal in x_0, wir setzen $b = \vec{n} = (0, \ldots, 0, 1)$ in (21) ein und müssen $a = \sigma \cdot \vec{n}' = (0, \ldots, 0, \sigma)$, $\sigma > 0$ erhalten, was nur möglich ist, wenn $\partial y_i / \partial x_r = 0$ für $i = 1, \ldots, r - 1$ und $\partial y_r / \partial x_r (x_0) = \sigma > 0$ ist, womit wir die Notwendigkeit von (22) bewiesen haben.

Sei umgekehrt (22) erfüllt, wir setzen $b = \vec{n} = (0, \ldots, 0, 1)$ in (21) ein und erhalten $a_i = 0$ für $i = 1, \ldots, r - 1$ und $a_r = \partial y_r / \partial x_r (x_0) > 0$, das ist $a = \partial y_r / \partial x_r \cdot \vec{n}'$, womit wir die Normalität von Φ in $x_0 \in \partial\Omega$ gezeigt haben. ∎

Definition 2.9 *Wir nennen eine Koordinatentransformation $\Phi \in C^{k,\varkappa}, k \geqslant 1$, zulässig im Punkte $x_0 \in \partial\Omega$, falls die Jacobische Matrix in x_0 die Form hat*

$$(23) \qquad \frac{\partial y}{\partial x}(x_0) = \begin{bmatrix} \dfrac{\partial y_1}{\partial x_1} & \cdots & \dfrac{\partial y_1}{\partial x_{r-1}}, & 0 \\[2mm] \cdots & & \cdots & \\[2mm] \dfrac{\partial y_{r-1}}{\partial x_1} & \cdots & \dfrac{\partial y_{r-1}}{\partial x_{r-1}}, & 0 \\[2mm] 0 & \cdots & 0, & \dfrac{\partial y_r}{\partial x_r} \end{bmatrix}, \quad \text{mit } \frac{\partial y_r}{\partial x_r} = \sigma > 0.$$

Dabei haben wir wieder die Koordinatenachsen x_r, y_r in Richtung der entsprechenden Normalen orientiert. Zulässige Transformationen können wir auch geometrisch charakterisieren. Sei $T_{\partial\Omega}$ die Tangentialhyperebene zu $\partial\Omega$ im Punkte x_0, entsprechend $T_{\partial\Omega'}$, wir zerlegen: $T_{x_0} = T_{\partial\Omega} \oplus \vec{n}_{x_0}$, $T_{y_0} = T_{\partial\Omega'} \oplus \vec{n}'_{y_0}$, dann ist eine zulässige Transformation dadurch charakterisiert, daß sie $\vec{n}_{x_0}$ in n'_{y_0} und $T_{\partial\Omega}$ in $T_{\partial\Omega'}$ überführt. Während die erste Charakterisationseigenschaft aus Satz 2.10 folgt, benutzen wir zur Herleitung der zweiten wieder die Formeln (21). $a \in T_{\partial\Omega'}$, bzw. $b \in T_{\partial\Omega}$ bedeutet $a_r = 0$ bzw. $b_r = 0$. Aus $b \in T_{\partial\Omega}$ folgt $a \in T_{\partial\Omega'}$ genau dann, wenn

$$0 = a_r = \sum_{j=1}^{r-1} \frac{\partial y_r}{\partial x_j} b_j$$

ist. Lassen wir b in $T_{\partial\Omega}$ variieren, so erhalten wir $\partial y_r / \partial x_1 = 0, \ldots, \partial y_r / \partial x_{r-1} = 0$, als charakteristische Bedingungen für die Invarianz von $T_{\partial\Omega}$ unter $\partial\Phi^{-1}/\partial y$.

Wir können in jedem Punkt $x_0 \in \partial\Omega$ zulässige Koordinaten einführen, das ist die Aussage des nächsten Satzes.

Satz 2.11 *Sei Ω $(k, \varkappa)$-glatt und $k \geqslant 1$. Dann besitzt jeder Punkt $x_0 \in \partial\Omega$ eine Umgebung U_{x_0} und eine (Koordinaten-) Transformation $\Phi_{x_0} : U_{x_0} \to W^r$ mit den Eigenschaften:*
1. *$\Phi_{x_0} \in C^{k,\varkappa}$,*
2. *Φ_{x_0} ist zulässig in $x_0 \in \partial\Omega$.*
3. *Es gehen bei der Transformation über* (s. Definition 2.7)

$$U_{x_0} \leftrightarrow W^r, \qquad U_{x_0} \cap \Omega \leftrightarrow W^r_+, \qquad U_{x_0} \cap \complement \bar\Omega \leftrightarrow W^r_-, \qquad U_{x_0} \cap \partial\Omega \leftrightarrow W^{r-1}.$$

3. *bedeutet u.a., daß $(x_1, \ldots, x_{r-1})$ Koordinaten von $\partial\Omega$ sind.*

Beweis. Da $k \geqslant 1$ ist, hat nach Satz 2.6 Ω die $N^{k,\varkappa}$-Eigenschaft, und wir können ein U_{x_0} finden mit

$$\partial\Omega \cap U_{x_0} = \{x_r = a(x_1, \ldots, x_{r-1})\}, \qquad a \in C^{k,\varkappa},$$

wobei wir zusätzlich fordern können, daß x_r im Punkte x_0 in Richtung der inneren Normalen von $\partial\Omega$ verläuft. Als Transformation $\Phi_{x_0} : x \mapsto y$ nehmen wir

$$(24) \qquad \begin{aligned} y_1 &= x_1 \\ &\ \ \vdots \\ y_{r-1} &= x_{r-1} \\ y_r &= x_r - a(x_1, \ldots, x_{r-1}), \end{aligned}$$

und können die Eigenschaften 1 bis 3 unmittelbar von (24) ablesen, so haben wir z. B. für 2

$$(25) \qquad \frac{\partial y}{\partial x}(x_0) = \begin{bmatrix} 1 & \ldots & 0 & 0 \\ 0 & & 1 & 0 \\ -\dfrac{\partial a}{\partial x_1}, & \ldots & -\dfrac{\partial a}{\partial x_{r-1}}, & 1 \end{bmatrix} = \begin{bmatrix} 1 \ldots 0 \ 0 \\ 0 \ldots 1 \ 0 \\ 0 \ldots 0 \ 1 \end{bmatrix} ;$$

weil x_r in Richtung der Normalen von $\partial\Omega$ in x_0 verläuft und die Koordinaten $(x_1, \ldots, x_r)$ kartesisch sind (sie stehen senkrecht aufeinander!) haben wir

$$\frac{\partial a}{\partial x_1}(x_0') = 0, \quad \text{also} \quad \frac{\partial y_r}{\partial x_i}(x_0) = -\frac{\partial a}{\partial x_i}(x_0') = 0 \quad \text{für } i = 1, \ldots, r-1,$$
$$\text{wobei } x_0 = (x_0', a(x_0')),$$

womit wir die zweite Gleichung in (25) bewiesen haben. ∎

Satz 2.12 *Sei Ω $(k, \varkappa)$-glatt und $k \geq 2$. Dann besitzt jeder Punkt $x_0 \in \partial\Omega$ eine Umgebung U_{x_0} mit zulässigen Koordinaten $y = (y_1, \ldots, y_r)$, wobei $y \in C^{k-1,\varkappa}$, d.h. genau gesagt, es existiert eine zulässige Koordinatentransformation $y = \Phi_{x_0} : W^r \to U_{x_0}$, die überführt: $W^r_+ \to \Omega \cap U_{x_0}$, $W^{r-1} \to \partial\Omega \cap U_{x_0}$, und Φ_{x_0} ist ein $(k-1, \varkappa)$-Diffeomorphismus. Außerdem ist Φ_{x_0} in jedem Punkt $x \in \partial\Omega \cap U_{x_0}$ zulässig und $(y_1, \ldots, y_{r-1})$ sind die (lokalen) Koordinaten von $\partial\Omega$.*

Zusatz *Der Leser überzeugt sich leicht, daß man mit Hilfe von Satz 1.8 die Voraussetzung $k \geq 2$ zu $k + \varkappa \geq 2$ abschwächen kann.*

Beweis. Nach Satz 2.6 können wir für Ω die $N^{k,\varkappa}$-Eigenschaft voraussetzen, d.h. zu jedem $x_0 \in \partial\Omega$ können wir eine Umgebung U_{x_0} und kartesische Koordinaten z finden mit

$$\partial\Omega \cap U_{x_0} = \{z_r = a(z_1, \ldots, z_{r-1})\}, \qquad a \in C^{k,\varkappa}.$$

Die innere Normale $\vec{n}$ zu $\partial\Omega$ ist dann gegeben durch

$$(26) \qquad \vec{n} = (n_1, \ldots, n_r) = \frac{1}{K}\left(\frac{\partial a}{\partial z_1}, \ldots, \frac{\partial a}{z_{r-1}}, 1\right), \quad \text{wobei } K = \left[1 + \sum_{i=1}^{r-1}\left(\frac{\partial a}{\partial z_i}\right)^2\right]^{1/2}.$$

Wir nehmen andere Koordinaten (x', t) *und setzen*

$$(27) \qquad \begin{aligned} z_1 &= x_1 + tn_1(x'), \\ &\;\vdots \\ z_{r-1} &= x_{r-1} + tn_{r-1}(x'), \qquad (x', t) = (x_1, \ldots, x_{r-1}, t). \\ z_r &= a(x') + tn_r(x'), \end{aligned}$$

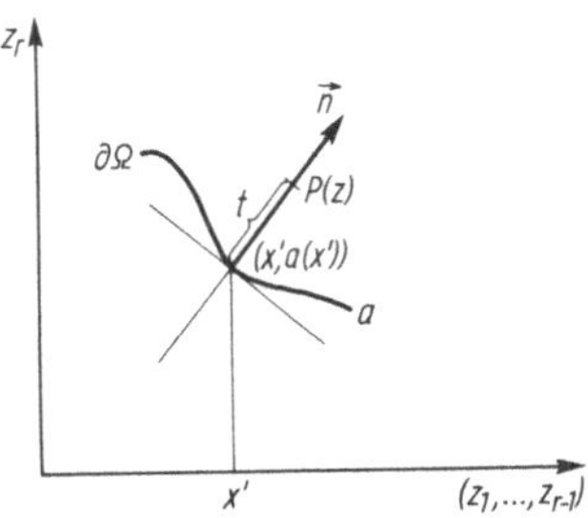

Fig. 2.13

Geometrisch bedeutet dies: Wir gehen auf der Normalen $\vec{n}$ vom Punkt $P(z)$ bis zum Schnittpunkt $(x', a(x'))$ mit $\partial\Omega$. Dabei legen wir t Schritte zurück. Als neue Koordinaten des Punktes $P(z)$ nehmen wir (x', t) (siehe Fig. 2.13).

Um zu zeigen, daß der Übergang von $z \to (x', t)$ eineindeutig ist, berechnen wir die Jacobische Determinante in x_0 ($t = 0$):

$$(28) \qquad \det \frac{\partial z}{\partial (x', t)}(x_0) = \begin{vmatrix} 1 & 0 & 0 & n_1 \\ 0 & 1 & & \\ 0 & & 1 & n_{r-1} \\ \frac{\partial a}{\partial x_1}, & \cdots, & \frac{\partial a}{\partial x_{r-1}} & n_r \end{vmatrix} = \frac{1}{K} \begin{vmatrix} 1 & 0 & 0 & \frac{\partial a}{\partial x_1} \\ 0 & 1 & & \\ 0 & & 1 & \frac{\partial a}{\partial x_{r-1}} \\ \frac{\partial a}{\partial x_1}, & \cdots, & \frac{\partial a}{\partial x_{r-1}} & 1 \end{vmatrix}$$

$$= \frac{1}{K}\left[1 + \sum_{i=1}^{r-1} \left(\frac{\partial a}{\partial x_i} \right)^2 \right] = K.$$

Da $K \neq 0$ ist, gibt es eine kleine Umgebung V_{x_0} von x_0 – wir nennen sie wieder U_{x_0} – wo die $\det \partial z / \partial (x', t) \neq 0$, und wir können den Satz über implizite Funktionen anwenden, der uns die Eineindeutigkeit von $(x', t) \leftrightarrow z$ sichert, wir bezeichnen mit Φ_{x_0} die Transformation $(x', t) \mapsto z$. Da die Normale durch Ableitungen (26) gegeben ist, gehört der Koordinatenübergang Φ_{x_0} (27) zur Klasse $C^{k-1,\varkappa}$. Um einzusehen, daß Φ_{x_0} für jedes $x \in \partial\Omega \cap U_{x_0}$ zulässig ist, müssen wir z_r in Richtung der Normalen durch x nehmen – t ist schon nach Konstruktion normal – (siehe Definition 2.9), dann ist aber (kartesische Koordinaten!) $(z_1, \ldots, z_{r-1})$ bzw. $(x_1, \ldots, x_{r-1})$ tangential zu $\partial\Omega$ und es gilt in $x \in \partial\Omega \cap U_{x_0}$

$$\frac{\partial a}{\partial x_i} = 0, \qquad i = 1, \ldots, r-1.$$

Letzteres eingesetzt in die zweite Matrix (28) ergibt die Zulässigkeit von Φ_{x_0} in $x \in \partial\Omega \cap U_{x_0}$. Man überzeuge sich, daß die Formel (28) nicht nur für x_0 sondern für alle $x \in \partial\Omega \cap U_{x_0}$ gilt, da $\partial\Omega \cap U_{x_0}$ durch $t = 0$ charakterisiert ist. Die anderen Eigenschaften von Φ_{x_0} sind trivial nachzuprüfen. ∎

2.5 Differenzierbare Mannigfaltigkeiten

Wir brauchen den Begriff einer differenzierbaren Mannigfaltigkeit. Sei M ein topologischer Raum, der das zweite Abzählbarkeitsaxiom erfüllt, d.h. $M = \bigcup_{n=1}^{\infty} K_n$, K_n kompakt. Sei U_i, $i \in I$ ein System von offenen Teilmengen von M. Zu jeder Menge U_i existiere eine bijektive Abbildung α_i auf ein Gebiet $\alpha_i(U_i)$ des $\mathbf{R}^r$. Wir nennen das Paar (U_i, α_i) Karte oder Koordinaten auf M. Die Gesamtheit der Karten $a = \{(U_i, \alpha_i), i \in I\}$ nennen wir $C^{k,\varkappa}$-Atlas oder Koordinatensystem, falls folgende Bedingungen erfüllt sind:

1. $\bigcup_{i \in I} U_i = M$.

2. Die Abbildungen $\alpha_i \circ \alpha_j^{-1} : \alpha_j(U_i \cap U_j) \to \alpha_i(U_i \cap U_j)$ (in $\mathbf{R}^r$) gehören zu $C^{k,\varkappa}$.

Zwei Koordinatensysteme a und b heißen äquivalent, wenn $a \cup b$ wieder ein Koordinatensystem ist, was damit gleichbedeutend ist, daß für beliebige Karten $(U_i, \alpha_i) \in a$ und $(V_j, \beta_j) \in b$ gilt

$$\alpha_i \circ \beta_j^{-1} : \beta_j(U_i \cap V_j) \to \alpha_i(U_i \cap V_j) \quad \text{und} \quad \beta_j \circ \alpha_i^{-1} : \alpha_i(U_i \cap V_j) \to \beta_j(U_i \cap V_j)$$

gehören wieder zu $C^{k,\varkappa}$. Da die Klasse $C^{k,\varkappa}$ invariant gegenüber der Komposition von Funktionen ist – dies folgt aus $\varkappa^2 \leqslant \varkappa$ für $0 \leqslant \varkappa \leqslant 1$ – haben wir es tatsächlich mit einer Äquivalenzrelation zu tun.

Definition 2.10 *Die Äquivalenzklassen dieser Relation nennen wir $C^{k,\varkappa}$-Strukturen auf der Mannigfaltigkeit M, oder kurz $C^{k,\varkappa}$-Mannigfaltigkeit. Eine $C^{k,\varkappa}$-Struktur ist schon durch ein Koordinatensystem a bestimmt.*

Definition 2.11 *Sei M eine $C^{k,\varkappa}$-Mannigfaltigkeit und $a = \{(U_i, \alpha_i),\ i \in I\}$ ein Atlas. Wir sagen, daß die Funktion $f : M \to \mathbf{C}$ zur Klasse $C^{l,\lambda}$ gehört, $l + \lambda \leqslant k + \varkappa$, wenn alle (jetzt auf $\mathbf{R}^r$ definierten) Funktionen*

$$f \circ \alpha_i^{-1} : \alpha_i(U_i) \to \mathbf{C}, \qquad i \in I,$$

zur Klasse $C^{l,\lambda}(\alpha_i(U_i))$ gehören.

Man sieht sofort, daß diese Definition unabhängig vom Koordinatensystem ist. Auf ähnliche Weise, definiert man, wann eine Abbildung $f : M \to N$ zwischen zwei $C^{k,\varkappa}$-Mannigfaltigkeiten zur Klasse $C^{l,\lambda}$, $l + \lambda \leqslant k + \varkappa$, gehört: $\beta_j \circ f \circ \alpha_i^{-1}$ muß zu $C^{l,\lambda}$ gehören, wobei $\{U_i, \alpha_i\}$, $\{V_j, \beta_j\}$ Koordinatensysteme auf M bzw. N sind.

Wie auf dem $\mathbf{R}^r$ hat man auf differenzierbaren Mannigfaltigkeiten M als wichtiges Hilfsmittel die Partition der Eins.

Satz 2.13 (Partition der Eins) *Sei $\{\Omega_i,\ i \in I\}$ eine offene Überdeckung der $C^{k,\varkappa}$-Mannigfaltigkeit M. Es existiert eine, der Überdeckung $\{\Omega_i,\ i \in I\}$ untergeordnete Partition der Eins $\{\varphi_j,\ j \in \mathbf{N}\}$ mit abzählbarem Indexbereich $J = \mathbf{N}$, und mit $\varphi_j \in C_0^{k,\varkappa}(M)$.*

Beweis. Wir nehmen die Koordinatenumgebungen U_x, $x \in M$, wählen $W_x \neq \emptyset$ offen mit $\overline{W}_x \subset\subset U_x$ und betrachten die verfeinerte Überdeckung $\{W_x \cap \Omega_i,\ i \in I,\ x \in M\}$. Nach Bemerkung 1.1 können wir eine lokalfinite Verfeinerung $\{V_j,\ j \in \mathbf{N}\}$ mit abzählbarem Indexbereich $J = \mathbf{N}$ finden, wobei gilt

$$\overline{V}_j \subset \overline{W}_{x_j} \cap \overline{\Omega}_{i_j} \subset \overline{W}_{x_j} \subset\subset U_{x_j}, \quad \text{d.h.} \quad \overline{V}_j \text{ kompakt} \subset\subset U_{x_j}, \qquad j \in \mathbf{N},$$

und $U_j := U_{x_j}$ eine Koordinatenumgebung von $x_j \in M$.

Sei α_j die zu U_j gehörige Koordinatenabbildung, wir haben

$$\alpha_j(\overline{V}_j) \text{ kompakt} \subset\subset \alpha_j(U_j) \quad \text{offen in } \mathbf{R}^r.$$

Nach Folgerung 1.2 existiert eine Funktion ψ_j, $0 \leqslant \psi_j \in \mathscr{D}(\alpha_j(U_j))$ (mit kompaktem Träger!) und mit der Eigenschaft

$$\psi_j = \begin{cases} 1 & \text{auf } \alpha_j(\bar{V}_j), \\ 0 & \text{auf } \complement\, \alpha_j(U_j), \\ \text{zwischen 0 und 1 sonst.} \end{cases}$$

Wir liften die Funktion ψ_j auf die Mannigfaltigkeit M, d. h. wir bilden $\psi_j \circ \alpha_j$ und haben

$$\psi_j \circ \alpha_j \in C_0^{k,\varkappa}(M).$$

Die gesuchte Zerlegung der Eins $\{\varphi_j, j \in \mathbf{N}\}$ erhalten wir durch

$$\varphi_j := \frac{\psi_j \circ \alpha_j}{\sum\limits_j \psi_j \circ \alpha_j}.$$

Wir wollen nun erklären, was wir unter einer Untermannigfaltigkeit N von M verstehen.

Definition 2.12 *Sei M eine Mannigfaltigkeit mit der $C^{k,\varkappa}$-Struktur a. Wir sagen $N \subset M$ ist eine Untermannigfaltigkeit von (M, a), falls wir zu jedem $p \in N$ eine Karte $(U, \alpha) \in a$, $p \in U$, $\alpha = (x_1, \ldots, x_r)$ finden können mit*

$$(29) \qquad N \cap U = \{z \in U \mid x_1(z) = 0, \ldots, x_m(z) = 0\},$$

hier ist $0 \leqslant m \leqslant r$; die Zahl $d = r - m$ nennen wir die Dimension der Untermannigfaltigkeit N.

Für andere gleichwertige Definitionen einer Untermannigfaltigkeit (besonders für $k \geqslant 1$) siehe die Bücher, Warner [1], Holman, Rummler [1].

Satz 2.14 *Die Untermannigfaltigkeit N trägt eine kanonische, durch (M, a) induzierte, $C^{k,\varkappa}$-Mannigfaltigkeitsstruktur, sie ist also wieder eine $C^{k,\varkappa}$-Mannigfaltigkeit.*

Beweis. Wir müssen einen Atlas a' auf N konstruieren. Wir nehmen aus dem Atlas a von M alle diejenigen Karten (U, α) mit

$$U \cap N \neq \emptyset \quad \text{und} \quad (29),$$

setzen $U' = U \cap N$, $\alpha' = (x_{m+1}, \ldots, x_r)$. Der gesuchte Atlas a' auf N ist die Gesamtheit aller so entstandenen Karten (U', α'), und man stellt leicht fest, daß wegen (29) α' eine Bijektion von $U \cap N$ auf ein offenes Gebiet in $\mathbf{R}^{r-m}$ darstellt. Wir wollen nachprüfen, daß die Bedingungen 1. und 2. der Atlasdefinition für a' erfüllt wird. Die Bedingung 1. ist trivial, für die Bedingung 2. stellen wir die genaue Form der Abbildung $\alpha_i' \circ \alpha_j'^{-1}$ fest. Sei

$$\alpha_i' = (x_{m+1}, \ldots, x_r), \qquad \alpha_j' = (y_{m+1}, \ldots, y_r),$$

dann haben wir

$$\alpha_i' \circ \alpha_j'^{-1} = (x_{m+1}(0, \ldots, 0, y_{m+1}, \ldots, y_r), \ldots, x_r(0, \ldots, 0, y_{m+1}, \ldots, y_r))$$

und diese Abbildung gehört – als Restriktion einer $C^{k,\varkappa}$-Abbildung – wieder zur Klasse $C^{k,\varkappa}$. $\blacksquare$

Satz 2.15 *Sei Ω $(k,\varkappa)$-glatt. Dann ist der Rand $\partial\Omega$ eine $C^{k,\varkappa}$-Mannigfaltigkeit, genau gesagt, $\partial\Omega$ ist eine $(r-1)$-dimensionale $C^{k,\varkappa}$-Untermannigfaltigkeit des $\mathbf{R}^r$.*

Beweis. Wir nehmen die Umgebungen U_x und die Transformationen Φ_x, $x\in\partial\Omega$ aus Definition 2.7.

$$(30) \qquad M := \bigcup_x U_x$$

ist offen in $\mathbf{R}^r$ trägt also die Struktur einer C^∞-Mannigfaltigkeit, und die identische Abbildung $I:M\to M$ ist C^∞. Die (U_x,Φ_x) bilden einen Atlas auf M: die Atlasbedingung 1 ist (30), und Bedingung 2

$$\Phi_x\circ\Phi_{x'}^{-1} = \Phi_x\circ I\circ\Phi_{x'}^{-1}:W^r\to W^r$$

ist nach Definition auch erfüllt.

Die Bedingung 2 aus Definition definiert $\partial\Omega$ als Untermannigfaltigkeit von M, wir können Satz 2.14 anwenden und haben den Beweis beendet. ∎

Aufgaben

Wir bringen zwei Definitionen. Das Gebiet $\Omega\in\mathbf{R}^r$ heißt sternförmig bezüglich eines Punktes x_0, wenn jeder von diesem Punkt ausgehende Strahl genau einen Schnittpunkt mit $\partial\Omega$ besitzt. Ein Gebiet Ω heißt sternförmig bezüglich einer in Ω enthaltenen Kugel, wenn es bezüglich jedes Punktes dieser Kugel sternförmig ist.

2.1 Konvexe Gebiete sind sternförmig.

2.2 Sei Ω beschränkt und es besitze der Rand $\partial\Omega$ eine explizite Darstellung der Gestalt $r = r(\omega)$ in Kugelkoordinaten (r,ω). Zeige, Ω ist genau dann sternförmig bezüglich einer Kugel mit dem Mittelpunkt im Koordinatenursprung, wenn die Funktion $r(\omega)$ lipschitzstetig ist, $r\in C^{0,1}$.

2.3 Sei Ω beschränkt und sternförmig bezüglich einer Kugel, dann gilt $\Omega\in N^{0,1}$.

2.4 Sei Ω beschränkt und erfülle die Kegelbedingung, dann ist Ω Vereinigung einer endlichen Anzahl von Gebieten, die sternförmig bezüglich einer Kugel sind.

2.5 Konvexe, beschränkte Gebiete erfüllen die Kegelbedingung.

2.6 Gibt es Gebiete Ω in $\mathbf{R}^2$, die zwar die Kegelbedingung nicht aber die gleichmäßige Kegelbedingung erfüllen?

§3 Definitionen und Dichteeigenschaften der Sobolev-Slobodeckijschen Räume $W_2^l(\Omega)$

Wir bringen hier die Definitionen der W_2^l-Räume, dabei haben wir uns für l nicht ganzzahlig an das Rezept von Slobodeckij [1] gehalten – wir vermeiden dadurch die Interpolationstheorie, siehe z.B. Triebel [2], und können die Theorie der W_2^l-Räume elementar aufbauen. Wir zeigen auch in diesem Paragraphen, daß verschiedene Klassen von C^∞-Funktionen in den W_2^l-Räumen dicht liegen; dies bedeutet für viele Abschätzungen und Identitäten, wie sie bei Differentialoperatoren vorkommen, eine große Arbeitsersparnis, wir brauchen sie nämlich nur für C^∞-Funktionen zu beweisen, die üblichen Dichteschlüsse zeigen dann die Gültigkeit der Abschätzungen, Identitäten usw., für alle Funktionen aus den entsprechenden W_2^l-Räumen.

3.1 Definitionen der Sobolev-Slobodeckijschen Räume $W_2^l(\Omega)$

Wir beschränken uns in diesem Buch auf die Hilberträume $W_2^l(\Omega)$, $l \in \mathbf{R}_+$, für den allgemeinen Fall der W_p^l-Räume, $1 \leq p \leq \infty$, verweisen wir auf die Bücher von Adams [1], Nečas [1], Triebel [2]. Die Räume $W_2^l(\Omega)$ wurden für ganzzahlige $l = 0, 1, 2, \ldots$, von Sobolev (siehe z.B. Sobolev [1]) eingeführt, für $l \in \mathbf{R}_+$ nicht ganzzahlig von Slobodeckij [1].

Definition 3.1 *Sei zuerst l ganzzahlig, d.h. $l = 0, 1, \ldots$. Wir definieren den Sobolevschen Raum $W_2^l(\Omega)$ als die Menge aller Funktionen $\varphi \in L_2(\Omega)$, für welche die Distributionsableitungen $\mathrm{D}^s\varphi$ für $|s| \leq l$ wieder Elemente aus $L_2(\Omega)$ sind:*

$$W_2^l(\Omega) := \{\varphi \in L_2(\Omega) \mid \mathrm{D}^s\varphi \in L_2(\Omega) \text{ für } |s| \leq l\},$$

und wir führen auf $W_2^l(\Omega)$ ein Skalarprodukt durch

$$(1) \qquad (\varphi, \psi)_l := \sum_{|s| \leq l} \int_\Omega \mathrm{D}^s\varphi(x)\, \overline{\mathrm{D}^s\psi(x)}\, \mathrm{d}x$$

ein, wobei – wie üblich – fast überall gleiche Funktionen identifiziert werden.

Sei jetzt l nicht ganzzahlig, also $l = [l] + \lambda$, $0 < \lambda < 1$; wir nehmen als Skalarprodukt

$$(1') \qquad (\varphi, \psi)_l := \sum_{|s| \leq [l]} \int_\Omega \mathrm{D}^s\varphi(x) \cdot \overline{\mathrm{D}^s\psi(x)}\, \mathrm{d}x$$
$$+ \sum_{|s| \leq [l]} \iint_{\Omega \times \Omega} \frac{(\mathrm{D}^s\varphi(x) - \mathrm{D}^s\varphi(y))\overline{(\mathrm{D}^s\psi(x) - \mathrm{D}^s\psi(y))}}{|x - y|^{r + 2\lambda}}\, \mathrm{d}y \cdot \mathrm{d}x.$$

Die durch (1) erklärte Norm wollen wir kurz schreiben

$$\|\varphi\|_l^2 := \|\varphi\|_{[l]}^2 + \sum_{|s| \leq [l]} I_\lambda(\mathrm{D}^s\varphi),$$

wobei wir gesetzt haben

$$I_\lambda(\varphi) := \iint_{\Omega \times \Omega} \frac{|\varphi(x) - \varphi(y)|^2}{|x - y|^{r + 2\lambda}}\, \mathrm{d}x\, \mathrm{d}y.$$

Wir definieren für $l = [l] + \lambda$ nicht ganzzahlig:

$$W_2^l(\Omega) = \{\varphi \in L_2(\Omega) \mid \mathrm{D}^s\varphi \in L_2(\Omega), \text{ für } |s| \leq [l], \text{ und } I_\lambda(\mathrm{D}^s\varphi) < \infty\}.$$

$W_2^l(\Omega)$ besteht also aus den Funktionen φ aus $W_2^{[l]}(\Omega)$ mit der zusätzlichen Eigenschaft $I_\lambda(\mathrm{D}^s\varphi) < \infty$, $|s| \leq [l]$.

Satz 3.1 *Der Sobolevraum $W_2^l(\Omega)$ ist ein separabler Hilbertraum, $W_2^l(\Omega)$ besitzt also eine abzählbare Basis.*

Beweis. Sei zuerst l ganzzahlig. Man sieht leicht, daß $W_2^l(\Omega)$ ein Prähilbertraum ist. Insbesondere folgt aus der in $L_2(\Omega)$ gültigen Schwarzschen Ungleichung, daß (1) für alle $\varphi, \psi \in W_2^l(\Omega)$ erklärt ist. Wir weisen die Vollständigkeit nach. Für eine Cauchyfolge φ_n aus $W_2^l(\Omega)$ sind die Folgen $D^s \varphi_n$ für jedes $|s| \leqslant l$ Cauchyfolgen in $L_2(\Omega)$, aufgrund der durch (1) in $W_2^l(\Omega)$ bestimmten Norm

$$(2) \qquad \| \varphi \|_l = \left(\sum_{|s| \leqslant l} \int_\Omega |D^s \varphi(x)|^2 \, dx \right)^{1/2}.$$

Wegen der Vollständigkeit des Raumes $L_2(\Omega)$ existieren für $|s| \leqslant l$ Funktionen φ^s mit

$$(3) \qquad D^s \varphi_n \to \varphi^s \quad \text{in } L_2(\Omega).$$

Es bleibt $D^s \varphi^0 = \varphi^s$ zu zeigen. Aus (3) folgt einerseits

$$(4) \qquad \int_\Omega D^s \varphi_n(x) \, \psi(x) \, dx \to \int_\Omega \varphi^s(x) \, \varphi(x) \, dx \quad \text{für } \psi \in \mathscr{D}(\Omega),$$

andererseits erhält man unter Benutzung der Distributionsableitung, siehe Satz 1.6,

$$(5) \qquad \int_\Omega D^s \varphi_n \cdot \psi \, dx = (-1)^{|s|} \int_\Omega \varphi_n \cdot D^s \psi \, dx \to (-1)^{|s|} \int_\Omega \varphi^0 \cdot D^s \psi \, dx$$

$$= \int_\Omega D^s \varphi^0 \cdot \psi \, dx, \quad \text{für } \psi \in \mathscr{D}(\Omega).$$

Aus (4) und (5) ergibt sich damit

$$\int_\Omega \varphi^s \cdot \psi \, dx = \int_\Omega D^s \varphi^0 \cdot \psi \, dx, \quad \text{für alle } \psi \in \mathscr{D}(\Omega),$$

oder $D^s \varphi^0 = \varphi^s$ im Distributionssinne.

Um die Vollständigkeit für l nicht ganzzahlig zu beweisen, müssen wir noch die Konvergenz der Integrale $I_\lambda(D^s \varphi_n - D^s \varphi^0) \to 0$ für $|s| \leqslant [l]$ zeigen. Wir haben eben bewiesen, daß $D^s \varphi_n \to D^s \varphi^0$ in $L^2(\Omega)$ konvergiert. Nach einem maßtheoretischen Satz von Riesz (siehe z. B. Natanson [1], S. 106, Rudin [2], S. 70) gibt es eine Unterfolge m_n derart, daß

$$D^s \varphi_{m_n}(x) \to D^s \varphi^0(x)$$

fast überall konvergiert. Daraus folgt, daß die Folge

$$\frac{|D^s \varphi_{m_n}(x) - D^s \varphi_{m_n}(y)|^2}{|x - y|^{r + 2\lambda}} \to \frac{|D^s \varphi^0(x) - D^s \varphi^0(y)|^2}{|x - y|^{r + 2\lambda}}$$

fast überall in $\Omega \times \Omega$ konvergiert. Das Fatousche Lemma (siehe Natanson [1], S. 155, Halmos [1]), ergibt

$$I_\lambda(D^s \varphi^0) \leqslant \sup_{m_n} I_\lambda(D^s \varphi_{m_n}) \leqslant M < \infty,$$

(letztere Ungleichung wegen der Cauchyeigenschaft $I_\lambda(\varphi_n - \varphi_m) \leqslant \varepsilon$), das heißt wir haben erhalten

$$\varphi^0 \in W_2^l(\Omega) = W_2^{[l] + \lambda}(\Omega).$$

Das Fatousche Lemma nochmals angewandt ergibt

$$I_\lambda(D^s \varphi_{m_n} - D^s \varphi^0) \to 0 \quad \text{für } n \to \infty,$$

und mit der Dreiecksungleichung

$$I_\lambda(D^s \varphi_n - D^s \varphi^0) \to 0 \quad \text{für } n \to \infty, \ |s| \leqslant [l],$$

was mit der schon bewiesenen Konvergenz

$$\| \varphi_n - \varphi^0 \|_{[l]} \to 0,$$

die Vollständigkeit von $W_2^l(\Omega)$ ergibt.

Durch die (isometrische) Abbildung

$$W_2^l(\Omega) \ni \varphi \mapsto \left\{ D^s\varphi, |s| \leqslant [l]; \frac{D^s\varphi(x) - D^s\varphi(y)}{|x-y|^{r/2+\lambda}}, |s| \leqslant [l] \right\} \in \mathop{\times}_{|s|<[l]} L_2(\Omega) \times \mathop{\times}_{|s|<[l]} L_2(\Omega \times \Omega),$$

können wir $W_2^l(\Omega)$ als abgeschlossenen Unterraum des kartesischen Produktes $\mathop{\times}_{|s|<[l]} L_2(\Omega) \times \mathop{\times}_{|s|<[l]} L_2(\Omega \times \Omega)$ auffassen. Da $\mathop{\times}_{|s|<[l]} L_2(\Omega) \times \mathop{\times}_{|s|<[l]} L_2(\Omega \times \Omega)$ separabel ist, ist auch $W_2^l(\Omega)$ separabel, dies folgt aus dem nachfolgenden Lemma.

Lemma 3.1 *Sei H ein separabler Hilbertraum und U ein Unterraum. Dann ist U wieder separabel.*

Beweis. Sei $\{h_n\}$ eine Folge dicht in H. Wir betrachten die abzählbar, vielen Kugeln $B(h_n, 1/m)$ und wählen aus jeder ein Element $u_{n,m} \in U$, falls überhaupt eins darinliegt. Auf diese Weise erhalten wir abzählbar viele $u_{n,m}$'s. $\{u_{n,m}\}$ liegt dicht in U. Sei u ein beliebiger Punkt aus U. Dann gibt es nach Voraussetzung eine Unterfolge h_n' von $\{h_n\}$ mit $h_n' \to u$. Wir wählen für jedes m den Index n_m so groß, daß gilt $u \in B(h_{n_m}', 1/m)$. Da dann $B(h_{n_m}', 1/m) \cap U$ nicht leer ist, existiert ein $u_{n_{m},m} \in U$ und wir haben

$$u_{n_{m,m}} \to u. \qquad \blacksquare$$

3.2 Dichteeigenschaften

Satz 3.2 *Die Funktionen aus $W_2^l(\Omega)$ mit einem beschränkten Träger liegen in $W_2^l(\Omega)$ dicht.*

Bemerkung Nach Definition des Trägers supp φ, siehe Definition 1.3, ist dieser relativ abgeschlossen bezüglich Ω, er kann sich aber durchaus bis zum Rande $\partial\Omega$ hin erstrecken und eine Funktion $\varphi \in W_2^l(\Omega)$, $l \geqslant 1$, kann auf dem Rande eine scharfe Bruchstelle haben und durch 0 unfortsetzbar sein. Grundverschieden ist die Situation, wenn der Träger supp φ strikt innerhalb von Ω liegt, dann ist die Funktion durch 0 fortsetzbar; siehe auch die Sätze 3.3 und 3.7.

Wir benötigen zum Beweis von Satz 3.2 ein Lemma

Lemma 3.2 *Sei $a \in C^{[l]+1}(\mathbf{R}^r)$, dann gilt für alle $\varphi \in W_2^l(\Omega)$*

$$a \cdot \varphi \in W_2^l(\Omega) \quad und \quad \| a\varphi \|_l \leqslant C \cdot \| a \|_{C^{[l]+1}} \| \varphi \|_l ,$$

wobei die Konstante C unabhängig von a und φ ist.

Beweis. Für ganzzahlige $l = 0, 1, \ldots$ folgt Lemma 3.2 aus der Leibnizschen Produktregel, und wir kommen auch mit der Voraussetzung $a \in C^l(\Omega)$ aus. Sei $l = [l] + \lambda, 0 < \lambda < 1$. Der Mittelwertssatz der Differentialrechnung ergibt für $|s| \leqslant [l]$

$$| D^s a(x) - D^s a(y) | \leqslant \max | D^{s+1} a | \cdot | x - y | \leqslant \| a \|_{C^{[l]+1}} \cdot | x - y | ,$$

woraus folgt (siehe Hilfssatz 4.2)

$$(*) \qquad | D^s a(x) - D^s a(y) | \leqslant 4 \| a \|_{C^{[l]+1}} \frac{| x - y |}{1 + | x - y |} , \qquad | s | \leqslant [l] .$$

Wir müssen noch die Integrale $I_\lambda (D^\alpha (a \cdot \varphi))$ für $| \alpha | \leqslant [l]$ abschätzen. Die Leibnizsche Produktregel reduziert dies auf die Abschätzung der Integrale $I_\lambda (D^s a \cdot D^t \varphi)$ wobei $| s + t | \leqslant [l]$ ist.

Wir haben nach Addition und Subtraktion von $D^s a(x) \cdot D^t \varphi(y)$

$$I_\lambda (D^s a \cdot D^t \varphi) = \iint\limits_{\Omega \times \Omega} \frac{| D^s a(x) \cdot D^t \varphi(x) - D^s a(y) \cdot D^t \varphi(y) |^2}{| x - y |^{r+2\lambda}} \, dx \, dy$$

$$\leqslant \iint\limits_{\Omega \times \Omega} | D^s a(x) |^2 \frac{| D^t \varphi(x) - D^t \varphi(y) |^2}{| x - y |^{r+2\lambda}} \, dx \, dy + \iint\limits_{\Omega \times \Omega} | D^t \varphi(y) |^2 \frac{| D^s a(x) - D^s a(y) |^2}{| x - y |^{r+2\lambda}} \, dx \, dy .$$

Das erste Integral können wir sofort abschätzen

$$I_1 \leqslant \| a \|_{C^{[l]}}^2 I_\lambda (D^t \varphi) \leqslant \| a \|_{C^{[l]+1}}^2 \| \varphi \|_l^2 ,$$

während wir fürs zweite nach Anwendung des Satzes von Fubini haben

$$I_2 = \int\limits_{\Omega} | D^t \varphi(y) |^2 \left(\int\limits_{\Omega} \frac{| D^s a(x) - D^s a(y) |^2}{| x - y |^{r+2\lambda}} \, dx \right) dy .$$

Aufs innere Integral wenden wir die Ungleichung $(*)$ an und schätzen ab

$$\int\limits_{\Omega} \frac{| D^s a(x) - D^s a(y) |^2}{| x - y |^{r+2\lambda}} \, dx \leqslant 4^2 \| a \|_{C^{[l+1]}}^2 \int\limits_{\Omega} \frac{dx}{(1 + | x - y |)^2 | x - y |^{r+2\lambda-2}}$$

$$\leqslant C \| a \|_{C^{[l]+1}}^2 ,$$

letzteres, da das Integral

$$\int\limits_{\mathbf{R}^r} \frac{dz}{(1+|z|)^2 \, |z|^{r+2\lambda-2}}$$

konvergent ist. Damit haben wir

$$I_2 \leqslant \|D^l\varphi\|_0^2 \cdot C \cdot \|a\|_{C^{[l]+1}}^2,$$

und zusammengefaßt

$$\|a\cdot\varphi\|_l^2 = \|a\varphi\|_{[l]}^2 + \sum_{|\alpha|\leqslant[l]} I_\lambda(D^\alpha(a\cdot\varphi)) = \sum_{|\alpha|\leqslant[l]} \|D^\alpha(a\cdot\varphi)\|_0^2 + \sum_{|\alpha|\leqslant[l]} I_\lambda(D^\alpha(a\cdot\varphi))$$

$$\leqslant C \sum_{|\alpha|\leqslant[l]} \sum_{s+t=\alpha} \binom{s}{\alpha}^2 (\|D^s a\, D^t\varphi\|_0^2 + I_\lambda(D^s a\, D^t\varphi)) \leqslant C \|a\|_{C^{[l]+1}}^2 \|\varphi\|_l^2. \quad\blacksquare$$

Nun zum Beweis von Satz 3.2.

Sei f eine fixierte Funktion aus $\mathscr{D}(\mathbf{R}^r)$ mit den Eigenschaften

1. $f(x) = 1$ für $|x| \leqslant 1$.

2. $f(x) = 0$ für $|x| \geqslant 2$.

3. $|D^s f(x)| \leqslant M$ für alle x und $|s| \leqslant [l]+1$ (f existiert nach Folgerung 1.2).

Wir setzen $f_\varepsilon(x) = f(\varepsilon x)$ für $\varepsilon > 0$, haben $f_\varepsilon(x) = 1$ für $|x| \leqslant 1/\varepsilon$ und $|D^s f_\varepsilon(x)| \leqslant M\varepsilon^{|s|} \leqslant M$ für $0 < \varepsilon \leqslant 1$, $|s| \leqslant [l]+1$. Nach Lemma 3.2 gehört für $\varphi\in W_2^l(\Omega)$ die Funktion $\varphi_\varepsilon = f_\varepsilon \cdot \varphi$ wieder zu $W_2^l(\Omega)$ und hat einen beschränkten Träger in Ω. Falls wir setzen $\Omega^\varepsilon = \{x\in\Omega \mid |x| > 1/\varepsilon\}$, haben wir laut Lemma 3.2 für $0 < \varepsilon \leqslant 1$

$$\|\varphi - \varphi_\varepsilon\|_{l,\Omega} = \|\varphi - \varphi_\varepsilon\|_{l,\Omega^\varepsilon} \leqslant \|\varphi\|_{l,\Omega^\varepsilon} + \|\varphi_\varepsilon\|_{l,\Omega^\varepsilon}$$

$$\leqslant \|\varphi\|_{l,\Omega^\varepsilon} + cM\|\varphi\|_{l,\Omega^\varepsilon} = (1+cM)\|\varphi\|_{l,\Omega^\varepsilon}.$$

Da die rechte Seite gegen 0 geht für $\varepsilon \to 0\,(\Omega^\varepsilon \to \emptyset)$, haben wir unseren Satz bewiesen. Wir wollen nun den Raum $\mathring{W}_2^l(\Omega)$ definieren.

Definition 3.2 *Wir bezeichnen die abgeschlossene Hülle von $\mathscr{D}(\Omega)$ in $W_2^l(\Omega)$ als Raum $\mathring{W}_2^l(\Omega)$, d.h.*

$$(6) \qquad \mathring{W}_2^l(\Omega) := \overline{\mathscr{D}(\Omega)}^{\,W_2^l}.$$

Nach Lemma 3.1 ist $\mathring{W}_2^l(\Omega)$ wieder ein separabler Hilbertraum.

Um weitere Dichteaussagen für die Räume $\mathring{W}_2^l(\Omega)$ und $W_2^l(\Omega)$ zu gewinnen, brauchen wir ein Lemma.

Lemma 3.3 *Sei $\varphi\in W_2^l(\Omega)$ und φ habe einen kompakten Träger in $\Omega'\subset\subset\Omega$. Dann gilt für die Regularisierung $\varphi_\varepsilon = h_\varepsilon * \varphi$ (siehe die* Definition *in* §1, (8))

    1. $\lim\limits_{\varepsilon\to 0} \varphi_\varepsilon = \varphi \quad$ *in* $W_2^l(\Omega)$.

    2. $\varphi_\varepsilon \in \mathscr{D}(\Omega) \quad$ *für ε hinreichend klein, d.h. genau formuliert*

$$\operatorname{supp}\varphi_\varepsilon \subset \Omega' + \varepsilon \subset\subset \Omega \quad \textit{für } \varepsilon \leqslant \varepsilon_0 = \operatorname{dist}(\Omega', \complement\,\Omega).$$

Beweis. Sei $l = 0, 1, 2, \ldots$. Für $l = 0$ ist dies die Aussage von Satz 1.3.3. Wegen Satz 1.11 haben wir

$$D^s \varphi_\varepsilon = h_\varepsilon * D^s \varphi = (D^s \varphi)_\varepsilon \quad \text{für } |s| \leqslant l,$$

und Satz 1.3.3 wieder angewandt ergibt

$$D^s \varphi_\varepsilon \to D^s \varphi \quad \text{in } L_2(\Omega), \ |s| \leqslant l.$$

Da die Norm in $W_2^l(\Omega)$, $l = 0, 1, \ldots$, durch $\|\varphi\|_l^2 = \sum\limits_{|s| \leqslant l} \|D^s \varphi\|_0^2$ definiert ist, haben wir unser Lemma für $l = 0, 1, \ldots$ bewiesen.

Sei nun l nicht ganzzahlig, also $l = [l] + \lambda$, $0 < \lambda < 1$. Wir müssen nur noch die Konvergenz der Integrale

$$I_\lambda(D^s \varphi_\varepsilon - D^s \varphi) \to 0, \qquad |s| \leqslant [l],$$

für $\varepsilon \to 0$ zeigen. Wir haben

$$\{(D^s \varphi_\varepsilon(x) - D^s \varphi(x)) - (D^s \varphi_\varepsilon(y) - D^s \varphi(y))\}$$
$$= \int\limits_{|z| \leqslant \varepsilon} h_\varepsilon(z) \cdot \{(D^s \varphi(x+z) - D^s \varphi(y+z)) - (D^s \varphi(x) - D^s \varphi(y))\} \, dz,$$

was nach Umformungen, wie sie beim Beweis von Satz 1.3 durchgeführt wurden, ergibt

$$I_\lambda(D^s \varphi_\varepsilon - D^s \varphi) = \iint\limits_{\Omega \times \Omega} \frac{|\{(D^s \varphi_\varepsilon(x) - D^s \varphi(x)) - (D^s \varphi_\varepsilon(y) - D^s \varphi(y))\}|^2}{|x - y|^{r+2\lambda}} \, dx \, dy$$

$$(7)$$

$$\leqslant \sup\limits_{|z| < \varepsilon} \iint\limits_{\Omega \times \Omega} \frac{|(D^s \varphi(x+z) - D^s \varphi(y+z)) - (D^s \varphi(x) - D^s \varphi(y))|^2}{|x - y|^{r+2\lambda}} \, dx \, dy.$$

Nach Voraussetzung gehört die Funktion $\dfrac{|D^s \varphi(x) - D^s \varphi(y)|}{|x - y|^{r/2+\lambda}}$ zu $L^2(\Omega \times \Omega)$, sie ist damit im Mittel stetig (§1.1, Kolmogoroffsches Kompaktheitskriterium!), dies bedeutet, daß wir das $\sup\limits_{|z| < \varepsilon} \iint\limits_{\Omega \times \Omega} \ldots$ in (7) so klein, wie gewünscht machen können, womit wir unser Lemma bewiesen haben. ∎

Satz 3.3 *Die Funktionen $\varphi \in W_2^l(\Omega)$, deren Träger kompakt sind und in Ω enthalten sind, liegen dicht in $\mathring{W}_2^l(\Omega)$, d.h.*

$$(8) \qquad \mathring{W}_2^l(\Omega) = \overline{\{\varphi \mid \varphi \in W_2^l(\Omega), \ \operatorname{supp} \varphi \subset\subset \Omega\}}^{\,W_2^l}.$$

Beweis. Es sei $\varphi \in W_2^l(\Omega)$, und φ habe einen kompakten Träger $\operatorname{supp} \varphi =: K \subset\subset \Omega$. Da nach Definition 3.2 $\mathscr{D}(\Omega)$ dicht in $\mathring{W}_2^l(\Omega)$ liegt, haben wir den Satz bewiesen, wenn wir φ durch Funktionen aus $\mathscr{D}(\Omega)$ approximieren können. Wir wenden das Lemma 3.3 an, nehmen dort $0 < \varepsilon < \varepsilon_0 = \mathrm{dist}\,(K, \complement\,\Omega)$, dann gilt $\varphi_\varepsilon \in \mathscr{D}(\Omega)$ und $\varphi_\varepsilon \to \varphi$ in $W_2^l(\Omega)$. $\blacksquare$

Satz 3.4 *Wir haben*

$$\mathring{W}_2^0(\Omega) = W_2^0(\Omega) = L_2(\Omega)\,,$$

oder $\mathscr{D}(\Omega)$ liegt dicht in $L_2(\Omega)$.

Beweis. Es sei $\varphi \in L_2(\Omega)$, und K_n sei eine Folge von offenen, beschränkten Mengen mit $\bar{K}_n \subset K_{n+1} \ldots \subset \Omega$ und $\bigcup_n K_n = \Omega$, derart, daß

$$(9) \qquad \int\limits_{K_n} |\varphi(x)|^2 \, \mathrm{d}x \to \int\limits_\Omega |\varphi(x)|^2 \, \mathrm{d}x \quad \text{für } n \to \infty\,.$$

Es sei χ_n die charakteristische Funktion von K_n. $\chi_n \cdot \varphi$ gehört zu $L_2(\Omega)$ und hat einen kompakten Träger $\mathrm{supp}\,\chi_n \cdot \varphi \subset \bar{K}_n \subset \Omega$. Nach Satz 3.3 gilt also $\chi_n \cdot \varphi \in \mathring{W}_2^0(\Omega)$; d.h. $\chi_n \cdot \varphi$ läßt sich in $L_2(\Omega)$ durch Funktionen aus $\mathscr{D}(\Omega)$ approximieren. Wenn wir noch zeigen, daß $\chi_n \cdot \varphi \to \varphi$ in $L_2(\Omega)$ strebt, haben wir alles bewiesen. Es ist aber wegen (9)

$$\| \varphi - \chi_n \cdot \varphi \|^2 = \int\limits_{\Omega \setminus K_n} |\varphi(x)|^2 \, \mathrm{d}x \to 0\,,$$

da $\int\limits_\Omega |\varphi(x)|^2 \, \mathrm{d}x < \infty$ ist. $\blacksquare$

Im Falle $\Omega = \mathbf{R}^r$ erhalten wir aus den Sätzen 3.2 und 3.3.

Folgerung 3.1 *Es gilt $W_2^l(\mathbf{R}^r) = \mathring{W}_2^l(\mathbf{R}^r)$ für alle l.*

Beweis. Im Falle $\Omega = \mathbf{R}^r$ bedeutet „$\mathrm{supp}\,\varphi$ beschränkt", daß der $\mathrm{supp}\,\varphi$ schon kompakt ist und strikt in $\mathbf{R}^r$ liegt. Wir sehen also, daß in $W_2^l(\mathbf{R}^r)$ und $\mathring{W}_2^l(\mathbf{R}^r)$ die gleiche Menge, nämlich $\{\varphi \mid \mathrm{supp}\,\varphi \text{ kompakt}\}$, dicht liegt, womit wir die Gleichheit bewiesen haben. $\blacksquare$

Der Satz 3.4 und die Folgerung 3.1 beschreiben – ungefähr alle – allgemeinen Situationen, in denen $\mathscr{D}(\Omega)$ dicht in $W_2^l(\Omega)$ liegt. Falls $\emptyset \neq \Omega$ offen und beschränkt ist, dann ist für $l \geq 1$, $\mathring{W}_2^l(\Omega)$ ein echter Unterraum von $W_2^l(\Omega)$, siehe Folgerung 7.1 später.

Es ist interessant, daß der nächste Satz allgemein – ohne jegliche Voraussetzungen an den Rand $\partial\Omega$ von Ω gilt. Wir bringen hier den Beweis nach Floret [1], siehe auch Meyers und Serrin [1].

Satz 3.5 $W_2^l(\Omega) \cap \mathscr{E}(\Omega)$ *liegt dicht in* $W_2^l(\Omega)$.

Beweis. Sei $\{\Omega_i, i \in \mathbf{N}\}$ eine abzählbare, lokalfinite Überdeckung von Ω durch beschränkte, offene Mengen mit $\bar{\Omega}_i \subset \Omega$, nach Satz 1.1 existiert eine solche immer. Sei $\{\alpha_i\}$ eine $\{\Omega_i\}$ untergeordnete Partition der Eins. Es sei $\varphi \in W_2^l(\Omega)$, dann ist

$$\varphi = \sum_i \varphi\,\alpha_i \text{ auf } \Omega \quad \text{und} \quad \varphi \cdot \alpha_i \in \mathring{W}_2^l(\Omega_i) \quad (\text{nach Satz 3.3})\,.$$

Wegen Definition 3.2 existieren Folgen $\varphi_i^{(n)}$, $n \in \mathbf{N}$, in $\mathscr{D}(\Omega_i)$ mit

$$\varphi_i^{(n)} \underset{n \to \infty}{\to} \varphi \cdot \alpha_i \quad \text{in } \mathring{W}_2^l(\Omega_i) \text{ oder } \mathring{W}_2^l(\Omega).$$

Ohne Beschränkung der Allgemeinheit können wir nehmen

$$\| \varphi_i^{(n)} - \varphi \cdot \alpha_i \|_l \leqslant \frac{1}{n \cdot 2^i}.$$

Da die Überdeckung $\{\Omega_i\}$ lokalfinit ist, haben wir

$$\varphi^{(n)} = \sum_{i=1}^{\infty} \varphi_i^{(n)} \in \mathscr{E}(\Omega).$$

Wir zeigen nun, daß die Folge $\varphi^{(n)} - \varphi$ eine Nullfolge in $W_2^l(\Omega)$ ist, (damit ist auch $\varphi^{(n)} = (\varphi^{(n)} - \varphi) + \varphi \in W_2^l(\Omega)$). Es ist

$$(\varphi^{(n)} - \varphi) = \left(\sum_i \varphi_i^{(n)} \right) - \left(\sum_i \varphi \cdot \alpha_i \right) = \sum_i (\varphi_i^{(n)} - \varphi \alpha_i).$$

Wegen

$$\left\| \sum_{i=N+1}^{N+p} (\varphi_i^{(n)} - \varphi \alpha_i) \right\|_l \leqslant \sum_{i=N+1}^{N+p} \| \varphi_i^{(n)} - \varphi \alpha_i \|_l \leqslant \sum_{i=N+1}^{N+p} \frac{1}{n 2^i} \leqslant \frac{1}{n \cdot 2^N},$$

konvergiert die Reihe $\sum_i (\varphi_i^{(n)} - \varphi \alpha_i)$ für jedes $n \in \mathbf{N}$ in $W_2^l(\Omega)$. Und mit $N = 0$ und $p = N$ gilt auch

$$\left\| \sum_{i=1}^{N} (\varphi_i^{(n)} - \varphi \alpha_i) \right\|_l \leqslant \sum_{i=1}^{N} \| \varphi_i^{(n)} - \varphi \alpha_i \|_l \leqslant \sum_{i=1}^{N} \frac{1}{n 2^i} \leqslant \frac{1}{n},$$

es folgt dann (aufgrund der Stetigkeit der Norm) für $N \to \infty$

$$\left\| \sum_{i=1}^{\infty} (\varphi_i^{(n)} - \varphi \alpha_i) \right\|_l = \| (\varphi^{(n)} - \varphi) \|_l \leqslant \frac{1}{n},$$

woraus für $n \to \infty$ folgt $\varphi^{(n)} \to \varphi$ in $W_2^l(\Omega)$. $\blacksquare$

Satz 3.5 bedeutet, daß die Menge der C^∞-Funktionen, die die Definitionsbedingungen von $W_2^l(\Omega)$ mit klassischen, stetigen Ableitungen erfüllen, in $W_2^l(\Omega)$ dicht liegen. Man hat damit einen neuen Zugang zu den $W_2^l(\Omega)$-Räumen erhalten, der den Begriff der schwachen Ableitung vermeidet.

Bisher hatten wir den Bereich Ω keinerlei Beschränkungen unterworfen, wir beginnen jetzt mit der Segmenteigenschaft (siehe Definition 2.1).

Satz 3.6 *Es habe Ω die Segmenteigenschaft. Dann liegen die Restriktionen auf Ω der Funktionen aus $\mathscr{D}(\mathbf{R}^r)$ dicht in $W_2^l(\Omega)$:*

$$\overline{\mathscr{D}(\mathbf{R}^r)}\big|_\Omega^{W_2^l} = W_2^l(\Omega).$$

Aus Satz 3.6 folgt sofort, daß auch alle Räume $C_0^k(\bar{\Omega})$, $k \geqslant l$, dicht in $W_2^l(\Omega)$ liegen.

Beweis. 1. Schritt, wir lokalisieren. Sei $\varphi \in W_2^l(\Omega)$, wegen Satz 3.2 dürfen wir voraussetzen, daß der $\operatorname{supp}_\Omega \varphi = K$ beschränkt ist. Die Menge $F = \bar{K} \setminus \left(\bigcup_{x \in \partial\Omega} U_x \right)$ ist kompakt und in Ω enthalten, hier wurde die Wahl der Umgebungen U_x gemäß Definition 2.1 (Segmenteigenschaft!) getroffen. Es gibt eine offene Menge U_0 mit

$$F \subset\subset U_0 \subset \bar{U}_0 \subset\subset \Omega, \qquad U_0 \text{ offen.}$$

Da $\bar{K}$ kompakt ist, kann man endlich viele U_x – wir nennen sie $U_1, \ldots, U_k$ – mit den Eigenschaften von Definition 2.1 finden, und derart, daß gilt $\bar{K} \subset U_0 \cup U_1 \cup \ldots \cup U_k$. Auch können wir die U_j so verkleinern, daß

$$\tilde{U}_j \subset\subset U_j, \qquad j = 1, \ldots, k, \qquad \tilde{U}_0 = U_0,$$

und daß $\bar{K} \subset \tilde{U}_0 \cup \tilde{U}_1 \cup \ldots \cup \tilde{U}_k$ immer noch gilt. Sei $\{\alpha_j\}$ eine der Überdeckung $\{\tilde{U}_j\}$ untergeordnete Partition der Eins. Wir setzen $u_j = \alpha_j \cdot \varphi$ und haben $\operatorname{supp} u_j \subset \tilde{U}_j \cap \Omega$. Falls wir für jedes j ein $\varphi_j \in \mathscr{D}(U_j)$ finden können mit

$$(10) \qquad \| u_j - \varphi_j \|_{l, U_j \cap \Omega} \leqslant \frac{\varepsilon}{k+1}, \qquad j = 0, \ldots, k,$$

dann hätten wir – $\psi := \sum_{j=0}^{k} \varphi_j$ gesetzt – alles bewiesen, denn $\psi \in \mathscr{D}(\mathbf{R}^r)$ und es gilt

$$\| \varphi - \psi \|_{l,\Omega} = \left\| \sum_{j=0}^{k} (\alpha_j \varphi - \varphi_j) \right\|_{l,\Omega} \leqslant \sum_{j=0}^{k} \| u_j - \varphi_j \|_{l,\Omega}$$

$$= \sum_{j=0}^{k} \| u_j - \varphi_j \|_{l, U_j \cap \Omega} \leqslant \frac{(k+1)\varepsilon}{k+1} = \varepsilon.$$

2. Schritt, wir approximieren. Wir zeigen (10) für die einzelnen j. Sei $j = 0$, da $\operatorname{supp} u_0 \subset\subset U_0 \subset \Omega$, können wir nach Lemma 3.3 immer ein $\varphi_0 \in \mathscr{D}(U_0)$ finden, das (10) für $j = 0$ erfüllt. Wir nehmen nun ein j mit $1 \leqslant j \leqslant k$.

Die Grundidee des nun folgenden Beweises ist diese: Die Funktion u_j kann eine Singularität nur am Rande $\partial\Omega$ haben. Durch die Segmenteigenschaft schieben wir die Singularität vom Rand weg nach Außen, sie liegt jetzt in Γ_t (s. Fig. 3.1). Nun können wir die Funktion u_j in der Nähe des Randes $\partial\Omega$ glätten und durch 0 zu einer Funktion aus $\mathscr{D}(\mathbf{R}^r)$ fortsetzen. Alle aufgezählten Schritte sind bis auf ein ε genau, das ist die Approximation, die wir beweisen wollen.

Nun zu den Einzelheiten. Wir setzen u_j, $1 \leqslant j \leqslant k$, durch 0 fort. Wir haben fürs fortsetzte $u_j \in W_2^l(U_j \setminus \Gamma)$, wobei $\Gamma := \tilde{U}_j \cap \partial\Omega$ (u_j kann singulär auf Γ sein!). Sei y_j der von Null verschiedene Vektor in der Definition 2.1, (zugehörig zur Umgebung U_j). Wir definieren $\Gamma_t = \Gamma - ty_j$, wobei wir t so wählen, daß gilt

$$0 < t < \min\left(1, \frac{\operatorname{dist}(\tilde{U}_j, \complement U_j)}{|y_j|} \right).$$

Dann ist $\Gamma_t \subset U_j$ und $\Gamma_t \cap \bar{\Omega} = \emptyset$; hätten nämlich Γ_t und $\bar{\Omega}$ einen Punkt z gemeinsam, so wäre $z + ty_j \in \Omega$ nach der Segmenteigenschaft, da aber

$$z + ty_j \in \Gamma_t + ty_j = \Gamma \subset \partial\Omega,$$

und $\partial\Omega$ nicht in Ω liegt, bekämen wir einen Widerspruch. Wir merken für später an

$$(11) \qquad \text{dist}\,(\Gamma_t, \bar{\Omega}) = \delta(t) > 0, \quad \text{da } \Gamma_t \text{ kompakt ist.}$$

Wir setzen $u_{j,t}(x) = u_j(x + ty_j)$ und haben

$$u_{j,t} \in W_2^l(U_j \setminus \Gamma_t),$$

(wieder: $u_{j,t}$ kann auf Γ_t singulär sein!). Die Translation ist stetig in W_2^l, dies folgt aus der Stetigkeit im Mittel für Funktionen aus $L_2(\Omega)$ bzw. $L_2(\Omega \times \Omega)$ (siehe Beweis von Lemma 3.3) und aus der Vertauschbarkeit des Differentialoperators D^s mit dem Translationsoperator. Anders ausgedrückt – nach Restriktion auf $U_j \cap \Omega$ haben wir

$$(12) \qquad \| u_{j,t} - u_j \|_{l, U_j \cap \Omega} \leqslant \frac{\varepsilon}{2(k+1)}, \quad \text{für } 0 < t < \eta.$$

Auch kann t so klein gewählt werden, daß der Trägerteil von $u_{j,t}$, welcher in Ω liegt, schon in $\tilde{U}_j \cap \Omega$ enthalten ist:

$$(13) \qquad \text{supp}\, u_{j,t} \cap \Omega \subset \tilde{U}_j \cap \Omega, \quad \text{für } 0 < t < \eta.$$

Sei $\tilde{U}_{j,t/2} = \{x \mid \text{dist}\,(\tilde{U}_j \cap \Omega, x) < \delta(t)/2\}$, $\delta(t)$ aus (11), hier sei t so klein, daß gilt

$$\tilde{U}_{j,t/2} \subset\subset U_j, \quad \text{für } 0 < t < \eta.$$

Wir wählen eine Funktion $\alpha_{j,t} \in C_0^\infty$ mit

$$\alpha_{j,t} = \begin{cases} 1 & \text{auf } \overline{\tilde{U}_j \cap \Omega}, \\ 0 & \text{auf } \complement\,\tilde{U}_{j,t/2}, \\ \text{zwischen 0 und 1} & \text{sonst}. \end{cases}$$

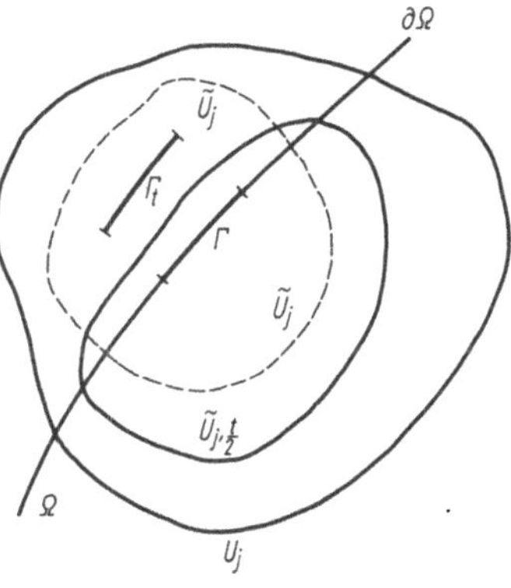

Fig. 3.1

Die Funktion $u_{j,t} \cdot \alpha_{j,t}$ hat einen kompakten Träger in U_j, der nach Konstruktion außerhalb der Singularität Γ_t liegt, also $u_{j,t} \cdot \alpha_{j,t} \in W_2^l(U_j)$, und wir können wieder Lemma 3.3 anwenden und eine Funktion $\varphi_j \in \mathscr{D}(U_j)$ gewinnen mit

$$(14) \qquad \| u_{j,t}\alpha_{j,t} - \varphi_j \|_{l, U_j} \leqslant \frac{\varepsilon}{2(k+1)}.$$

Die Trägereigenschaften von $u_{j,t}$ (siehe (13)) und $\alpha_{j,t}$ bewirken, daß auf $U_j \cap \Omega$ gilt

$$u_{j,t} \cdot \alpha_{j,t} = u_{j,t},$$

womit wir aus (12) und (14) erhalten

$$\| u_j - \varphi_j \|_{l, U_j \cap \Omega} \leqslant \frac{\varepsilon}{k+1},$$

das ist (10), wodurch der Beweis von Satz 3.6 beendet ist. ∎

Um eine weitere, nützliche Charakterisierung des Raumes $\mathring{W}_2^l(\Omega)$ anzugeben, brauchen wir einen einfachen Fortsetzungssatz.

Lemma 3.4 *Die Funktionen aus $\mathring{W}_2^l(\Omega)$ lassen sich durch 0 auf ganz $\mathbf{R}^r$ fortsetzen, wobei die Norm erhalten bleibt, d.h.*

$$(15) \qquad \| F\varphi \|_{l,\mathbf{R}^r} = \| \varphi \|_{l,\Omega}, \qquad \varphi \in \mathring{W}_2^l(\Omega),$$
$$\operatorname{supp} F\varphi \subset \bar{\Omega}.$$

Beweis. Sei $\varphi \in \mathring{W}_2^l(\Omega)$, dann gibt es nach Definition 3.2 eine Folge $\varphi_n \in \mathscr{D}(\Omega)$ mit $\varphi_n \to \varphi$ in $\mathring{W}_2^l(\Omega)$. Wir setzen die Funktionen φ_n durch 0 fort und erhalten

$$\varphi_n = F\varphi_n \in \mathscr{D}(\mathbf{R}^r),$$
$$(16) \qquad \| F\varphi_n \|_{l,\mathbf{R}^r} = \| \varphi_n \|_{l,\Omega}.$$

Die Funktionen $F\varphi_n$ bilden eine Cauchyfolge in $W_2^l(\mathbf{R}^r)$ ((16)!), ihr Grenzwert in $W_2^l(\mathbf{R}^r)$ sei $F\varphi$, dann haben wir $F\varphi|_\Omega = \varphi$ und (15), wie man sich leicht überzeugt, Wir zeigen noch die Supporteigenschaft. Da wir durch 0 fortgesetzt haben, haben wir

$$\int_{\complement\Omega} |\varphi_n|^2 \, \mathrm{d}x = 0,$$

also auch $\int_{\complement\Omega} |F\varphi|^2 \, \mathrm{d}x = 0$, das heißt

$$\operatorname{supp} F\varphi \subset \bar{\Omega}. \qquad \blacksquare$$

Satz 3.7 *Der Bereich Ω habe die Segmenteigenschaft* (Definition 2.1). *Der Raum $\mathring{W}_2^l(\Omega)$ besteht aus den Restriktionen auf Ω aller derjenigen Funktionen aus $W_2^l(\mathbf{R}^r)$, die ihren Träger in $\bar{\Omega}$ haben:*

$$(17) \qquad \mathring{W}_2^l(\Omega) = \{\varphi \in W_2^l(\mathbf{R}^r) \mid \operatorname{supp} \varphi \subset \bar{\Omega}\}.$$

Beweis. Sei $\mathring{\mathscr{W}}_2^l(\Omega)$ der zweite in (17) stehende Raum; daß $\mathring{W}_2^l(\Omega) \subset \mathring{\mathscr{W}}_2^l(\Omega)$ gilt, folgt sofort aus Lemma 3.4.

Um die umgekehrte Inklusion zu beweisen, verschieben wir die Funktionen mittels der Segmenteigenschaft nach innen (beim Beweis von Satz 3.6 haben wir sie nach außen geschoben). Wir führen den Beweis in zwei Schritten.

1. Schritt. Sei zusätzlich Ω beschränkt, und sei $\{U_0, U_1, \ldots, U_m\}$ eine Überdeckung von $\bar{\Omega}$, wobei $U_0 \subset\subset \Omega$ und die $U_1, \ldots, U_m$ die Verschiebeeigenschaft von Definition 2.1 haben. Sei $\{\alpha_i, i = 0, 1, \ldots, m\}$ eine der Überdeckung $\{U_0, U_1, \ldots, U_m\}$ untergeordnete Partition der Eins, sei $\varphi \in W_2^l(\mathbf{R}^r)$ mit $\operatorname{supp}\varphi \subset \bar{\Omega}$. Da $\operatorname{supp}(\alpha_0 \cdot \varphi) \subset\subset \Omega$, gibt es nach Lemma 3.3 eine Folge

$$\varphi_{n,0} \in \mathscr{D}(\Omega) \quad \text{mit } \varphi_{n,0} \to \alpha_0 \cdot \varphi \text{ in } \mathring{W}_2^l(\Omega).$$

Wir betrachten nun die Funktionen

$$\varphi_i := \alpha_i \cdot \varphi, \qquad \text{für } i = 1, \ldots, m.$$

Wegen der Segmenteigenschaft haben die verschobenen Funktionen

$$\varphi_{i,t}(x) := \varphi_i(x - ty_i), \qquad 0 < t < 1,\ i = 1, \ldots, m,$$

ihren Support in Ω, hier ist $y_i \neq 0$ der Vektor aus Definition 2.1. Da der Translationsoperator stetig ist, können wir ein t_n finden mit

$$\| \varphi_i - \varphi_{i,t_n} \|_{l,\Omega} \leqslant \frac{1}{n}, \qquad i = 1, \ldots, m,$$

und mit Lemma 3.3 (supp $\varphi_{i,t_n} \subset\subset \Omega$) gibt es ein $\varphi_{i,n} \in \mathscr{D}(\Omega)$ mit

$$\| \varphi_{i,t_n} - \varphi_{i,n} \|_{l,\Omega} \leqslant \frac{1}{n}, \qquad i = 1, \ldots, m.$$

Damit haben wir

$$\tilde{\varphi}_n := \sum_{i=0}^{m} \varphi_{i,n} \in \mathscr{D}(\Omega),$$

und

$$\tilde{\varphi}_n \to \varphi \quad \text{in } W_2^l(\Omega),$$

womit wir erhalten haben $\varphi \in \mathring{W}_2^l(\Omega)$.

2. Schritt. Sei Ω unbeschränkt. Sei $\varphi \in W_2^l(\mathbf{R}^r)$ mit supp $\varphi \subset \bar{\Omega}$. Wie im Beweis von Satz 3.2 können wir für jedes ε eine Funktion $\psi \in W_2^l(\mathbf{R}^r)$ finden mit

$$(18) \qquad \| \varphi - \psi \|_{l,\mathbf{R}^r} \leqslant \frac{\varepsilon}{2},$$

supp $\psi = K$ kompakt und $K \subset \bar{\Omega}$.

Wir gehen nun so vor, wie beim Beweis von Satz 3.6: wir überdecken $K \subset U_0 \cup U_1 \cup \ldots \cup U_k$, wobei $U_0 \subset\subset \Omega$ und die $U_1, \ldots, U_k$ relativ kompakt sind und die Verschiebeeigenschaft von Definition 2.1 haben. Sei $\{\alpha_j\}$ eine der Überdeckung $\{U_j\}, j = 0, 1, \ldots, k$, untergeordnete Partition der Eins. Wir betrachten die Funktionen $u_j = \alpha_j \cdot \psi,\ j = 0, \ldots, k$. Für $j = 0$ haben wir supp $u_0 \subset\subset U_0 \subset\subset \Omega$, können Lemma 3.3 anwenden und erhalten eine Funktion $\psi_0 \in \mathscr{D}(\Omega)$ mit

$$(19) \qquad \| u_0 - \psi_0 \|_{l,\Omega} \leqslant \frac{\varepsilon}{2(k+1)}.$$

Sei jetzt $1 \leqslant j \leqslant k$. Wir verschieben den supp u_j nach innen von $U_j \cap \Omega$, d.h. wir betrachten

$$u_{j,t}(x_0) := u_j(x - ty_j), \qquad 0 < t \text{ genügend klein,}$$

und haben wie beim ersten Schritt

$$(20) \qquad \| u_j - u_{j,t} \|_{l,U_j \cap \Omega} \leqslant \frac{\varepsilon}{4(k+1)}.$$

Lemma 3.3 wieder angewandt gibt ein $\psi_j \in \mathscr{D}(\Omega)$ mit

$$(21) \qquad \| u_{j,t} - \psi_j \|_{l, U_j \cap \Omega} \leqslant \frac{\varepsilon}{4(k+1)}.$$

(20) und (21) ergeben

$$(22) \qquad \| u_j - \psi_j \|_{l, U_j \cap \Omega} \leqslant \frac{\varepsilon}{2(k+1)}.$$

Wir setzen $\chi = \sum_{j=0}^{k} \psi_j$ und haben $\chi \in \mathscr{D}(\Omega)$ sowie – hier benutzen wir (19) und (22) –

$$\| \psi - \chi \|_{l, \Omega} = \left\| \sum_{j=0}^{k} (\alpha_j \psi - \psi_j) \right\|_{l, \Omega} \leqslant \sum_{j=0}^{k} \| u_j - \psi_j \|_{l, \Omega} \leqslant \sum_{j=0}^{k} \| u_j - \psi_j \|_{l, U_j \cap \Omega} \leqslant \frac{\varepsilon}{2}.$$

Zusammen mit (18) bedeutet dies, daß wir eine Funktion $\chi \in \mathscr{D}(\Omega)$ gefunden haben mit

$$\| \varphi - \chi \|_{l, \Omega} \leqslant \varepsilon, \quad \text{oder daß } \varphi \in \overset{\circ}{W}{}_2^l(\Omega). \qquad \blacksquare$$

Aufgaben

3.1 Ausgehend von Raum $L_p(\Omega)$, $1 \leqslant p \leqslant \infty$, definiere den Raum $W_p^l(\Omega)$. Welche Aussagen von §3 lassen sich auf die Räume $W_p^l(\Omega)$ übertragen?

3.2 Gebe Beispiele von Gebieten Ω in $\mathbf{R}^2$ an, für welche der Approximationssatz 3.6 nicht gültig ist.

§4 Der Transformationssatz und Sobolevräume auf differenzierbaren Mannigfaltigkeiten

Für Randwertaufgaben benötigen wir W_2^l-Räume auf differenzierbaren Mannigfaltigkeiten, z. B. auf $\partial\Omega$, wir wollen sie in diesem Paragraphen einführen. Wir müssen dazu das Verhalten der W_2^l-Räume unter Koordinatentransformationen kennen – die Sobolevräume auf Mannigfaltigkeiten sollen nämlich (bis auf Äquivalenz) unabhängig von den speziell gewählten Koordinaten sein. Wir beweisen den Satz 4.1, den Transformationssatz, mit diesem Satz zur Verfügung ist es leicht den Raum $W_2^l(M)$, M eine (kompakte) differenzierbare Mannigfaltigkeit, zu definieren, siehe Definition 4.4. Im Weiteren von §4 untersuchen wir die ersten einfachen Eigenschaften dieser Räume $W_2^l(M)$, wie gleichwertige Definitionen, Dichteeigenschaften usw.

4.1 Der Transformationssatz

Um die Invarianz der Sobolev-Slobodeckijschen Räume unter Koordinatentransformationen beweisen zu können, müssen wir Multiplikatoren der W-Räume kennen. Wir wollen diese im Folgenden studieren.

Wir benötigen einige, neue Funktionenräume für Hilfskonstruktionen.

Definition 4.1 *Sei $l \in \mathbf{N}$. Wir sagen, daß $\varphi \in A^l(\Omega)$, falls φ fast überall in Ω beschränkte und meßbare Ableitungen bis zur Ordnung l besitzt. Wir setzen*

$$\| \varphi \|_{A^l} = \max_{|\alpha| \leqslant l} \ \operatorname*{supess}_{x \in \Omega} |\mathrm{D}^\alpha \varphi(x)|.$$

Sei nun $l \in \mathbf{R}_+$, $l = [l] + \lambda$, wobei $0 < \lambda < 1$. Wir sagen, daß $\varphi \in A^l(\Omega)$, falls $\varphi \in A^{[l]}(\Omega)$ und falls die Funktionen

$$q_\lambda^2(\mathrm{D}^\alpha \varphi)(x) = \int\limits_\Omega \frac{|\mathrm{D}^\alpha \varphi(x) - \mathrm{D}^\alpha \varphi(y)|^2}{|x - y|^{r + 2\lambda}} \, \mathrm{d}y, \qquad |\alpha| \leqslant [l],$$

fast überall beschränkt in Ω sind. Wir setzen

$$\| \varphi \|_{A^l} = \max \left\{ \| \varphi \|_{A^{[l]}}, \ \max_{|\alpha| \leqslant [l]} \ \operatorname*{supess}_{x \in \Omega} q_\lambda(\mathrm{D}^\alpha \varphi)(x) \right\}.$$

Wir betrachten nun eine Abwandlung der Hölderräume; wir erhalten diese, indem wir den Mittelwertssatz der Differentialrechnung mit in der Definition verwenden.

Definition 4.2 *Sei $k \in \mathbf{N}$ und $0 \leqslant \varkappa \leqslant 1$. Wir sagen, daß die Funktion φ zu $\tilde{C}^{k,\varkappa}(\Omega)$ gehört, falls $\varphi \in C^k(\Omega)$ und falls die Zahlen*

(1)
$$\sup_{x \in \Omega} |\mathrm{D}^\alpha \varphi(x)|, \qquad |\alpha| \leqslant k;$$

$$\sup_{x, y \in \Omega} \frac{|\mathrm{D}^\alpha \varphi(x) - \mathrm{D}^\alpha \varphi(y)|}{|x - y|}, \quad |\alpha| \leqslant k - 1; \qquad \sup_{x, y} \frac{|\mathrm{D}^\beta \varphi(x) - \mathrm{D}^\beta \varphi(y)|}{|x - y|^\varkappa}, \quad |\beta| = k;$$

alle endlich sind. Als Norm in $\tilde{C}^{k,\varkappa}(\Omega)$ nehmen wir das Maximum der Zahlen aus (1) und bezeichnen diese mit $\| \varphi \|_{\widetilde{k,\varkappa}}$.

Man sieht sofort, daß die Räume $\tilde{C}^{k,\varkappa}(\Omega)$ eine Skala bilden, d.h. es gilt

$$\tilde{C}^{k_1, \varkappa_1}(\Omega) \subset \tilde{C}^{k_2, \varkappa_2}(\Omega) \quad \text{für } k_1 + \varkappa_1 \leqslant k_2 + \varkappa_2, \ k_1 \geqslant k_2.$$

Die Definition wurde so gefaßt, daß wir auch haben

$$\tilde{C}^{k+1, 0}(\Omega) \subset \tilde{C}^{k, 1}(\Omega),$$

was für Hölderräume nicht unbedingt der Fall sein muß.

Wir haben trivialerweise $\tilde{C}^{k,\varkappa}(\Omega) \subset C^{k,\varkappa}(\Omega)$, und wir wollen nun einen einfachen Satz angeben, der für einliegende Gebiete die umgekehrte Inklusion liefert.

Hilfssatz 4.1 *Die offene Menge Ω liege strikt in Ω', d.h. $\Omega \subset \Omega'$ und $\operatorname{dist}(\Omega, \complement \Omega') = d_0 > 0$. Dann gehört jede Funktion $\varphi \in C^{k,\varkappa}(\Omega')$ auch zu $\tilde{C}^{k,\varkappa}(\Omega)$, in Zeichen*

$$(2) \qquad C^{k,\varkappa}(\Omega')|_\Omega \subset \tilde{C}^{k,\varkappa}(\Omega).$$

Beweis. (siehe Fig. 4.1) Sei $d_0 > \varepsilon_0 > 0$, für $x, y \in \Omega$ mit $|x - y| < \varepsilon_0$ haben wir $[x, y] \subset \Omega'$ (Abstandsvoraussetzung), und der Mittelwertsatz der Differentialrechnung ergibt

$$|\mathrm{D}^\alpha \varphi(x) - \mathrm{D}^\alpha \varphi(y)| \leqslant |\mathrm{D}^{\alpha+1} \varphi| \, |x - y| \quad \text{für } |\alpha| \leqslant k - 1,$$

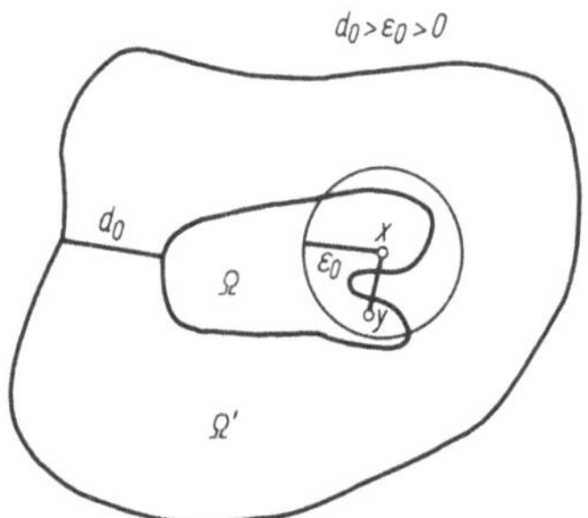

Fig. 4.1

während wir für $x, y \in \Omega$ mit $|x - y| \geqslant \varepsilon_0$ haben

$$|\mathrm{D}^\alpha \varphi(x) - \mathrm{D}^\alpha \varphi(y)| \leqslant 2 \, |\mathrm{D}^\alpha \varphi|$$

$$\leqslant 2 \, |\mathrm{D}^\alpha \varphi| \frac{|x - y|}{\varepsilon_0}, \qquad |\alpha| \leqslant k - 1,$$

was zusammen mit der $(k, \varkappa)$-Norm die Abschätzung ergibt

$$\|\varphi\|_{\widetilde{k,\varkappa};\Omega} \leqslant C \, \|\varphi\|_{k,\varkappa;\Omega'},$$

womit wir (2) bewiesen haben. ∎

Für konvexe Mengen Ω erhalten wir durch dasselbe Beweisverfahren

$$\widetilde{C}^{k,\varkappa}(\Omega) \simeq C^{k,\varkappa}(\Omega).$$

Auch für beschränkte, hinreichend reguläre Gebiete Ω kann man durch Kompaktheitsschlüsse (Ehrlingsches Lemma, siehe später Satz 7.3 und Wloka [1]) die Äquivalenz der Hölderräume $C^{k,\varkappa}(\Omega)$ und $\widetilde{C}^{k,\varkappa}(\Omega)$ einsehen. Ähnlich wie in Definition 2.5 können wir einen $\widetilde{C}^{k,\varkappa}$-Diffeomorphismus definieren.

Definition 4.3 *Sei* $\Phi: \Omega \to \Omega'$ *eine eineindeutige Transformation. Wir sagen, daß* $\Phi \in \widetilde{C}^{k,\varkappa}$, *falls gilt:*

1. $\Phi \in \widetilde{C}^{k,\varkappa}(\Omega)$,

2. $\Phi^{-1} \in \widetilde{C}^{k,\varkappa}(\Omega')$

(1 und 2 sind selbstverständlich komponentenweise zu verstehen).

3. *Falls* $k \geqslant 1$ *ist, dann fordern wir für die Jacobische Determinante von* Φ

$$0 < c \leqslant \left| \det \frac{\partial \Phi}{\partial x}(x) \right| \leqslant C < \infty, \qquad x \in \Omega,$$

wobei c und C von x unabhängige Konstanten sind.

Hilfssatz 4.2 *Für* $\varphi \in \widetilde{C}^{0,\varkappa}(\Omega)$, $0 \leqslant \varkappa \leqslant 1$, *gilt*

$$|\varphi(x) - \varphi(y)| \leqslant 4 \, \|\varphi\|_{\widetilde{C}^{0,\varkappa}} \cdot \frac{|x - y|^\varkappa}{1 + |x - y|^\varkappa}.$$

Beweis. Nach Definition von $\widetilde{C}^{0,\varkappa}$ haben wir

$$(3) \qquad |\varphi(x)| \leqslant \|\varphi\|_{\widetilde{C}^{0,\varkappa}} \quad \text{und}$$

$$(4) \qquad |\varphi(x) - \varphi(y)| \leqslant \|\varphi\|_{\widetilde{C}^{0,\varkappa}} |x - y|^\varkappa.$$

Sei $|x - y| \geqslant 1$, dann folgt aus (3)

$$|\varphi(x) - \varphi(x)| \leqslant 2\|\varphi\|_{\tilde{C}^{0,\varkappa}} = 2\|\varphi\|_{\tilde{C}^{0,\varkappa}} \cdot \frac{|x-y|^{\varkappa}}{1 + |x-y|^{\varkappa}}\left[1 + \frac{1}{|x-y|^{\varkappa}}\right]$$

$$\leqslant 4\|\varphi\|_{\tilde{C}^{0,\varkappa}} \cdot \frac{|x-y|^{\varkappa}}{1 + |x-y|^{\varkappa}}.$$

Sei nun $|x - y| < 1$, dann haben wir mit (4)

$$|\varphi(x) - \varphi(y)| \leqslant \|\varphi\|_{\tilde{C}^{0,\varkappa}} |x-y|^{\varkappa} \frac{1 + |x-y|^{\varkappa}}{1 + |x-y|^{\varkappa}} \leqslant 2\|\varphi\|_{\tilde{C}^{0,\varkappa}} \frac{|x-y|^{\varkappa}}{1 + |x-y|^{\varkappa}}. \qquad \blacksquare$$

Hilfssatz 4.3 *Wir haben die stetige Einbettung*

$$\tilde{C}^{k,\varkappa}(\Omega) \subset A^l(\Omega),$$

für $l \leqslant k + \varkappa$, falls l ganzzahlig ist, und für $l < k + \varkappa$ sonst.

Beweis. 1. Sei l ganzzahlig, $k = l$ und $\varkappa = 0$. Die Einbettung $\tilde{C}^{l,0}(\Omega) \subset A^l(\Omega)$ ergibt sich sofort aus den Definitionen der Normen. Für den Fall $k = l - 1$, $\varkappa = 1$, beachten wir, daß (1) die Ungleichung

$$|D^{\alpha}\varphi(x) - D^{\alpha}\varphi(y)| \leqslant \|\varphi\|_{\tilde{C}^{l-1,1}} \cdot |x - y| \quad \text{für } |\alpha| = l - 1$$

liefert. Die Funktionen $D^{\alpha}\varphi$, $|\alpha| = l - 1$, sind damit absolut stetig, die partiellen Ableitungen $D^{\alpha+1}\varphi$ existieren fast überall und sind fast überall durch $\|\varphi\|_{\tilde{C}^{l-1,1}}$ beschränkt. Damit haben wir die Einbettung $\tilde{C}^{l-1,1}(\Omega) \subset A^l(\Omega)$ bewiesen. Die allgemeine Einbettung für l ganzzahlig ergibt sich aus der Skaleneigenschaft der $\tilde{C}$-Räume

$$\tilde{C}^{k,\varkappa}(\Omega) \subset \tilde{C}^{l-1,1}(\Omega) \subset A^l(\Omega), \qquad l \leqslant k + \varkappa.$$

2. Sei nun l nicht ganzzahlig, also $l = [l] + \lambda$, $0 < \lambda < 1$. Wir zeigen zuerst

$$\tilde{C}^{0,\varkappa}(\Omega) \subset A^{\lambda}(\Omega)$$

für $0 < \lambda < \varkappa \leqslant 1$. Aus Hilfssatz 4.2 erhalten wir nach Integration

$$q_{\lambda}^2(\varphi)(x) = \int\limits_{\Omega} \frac{|\varphi(x) - \varphi(y)|^2}{|x-y|^{r+2\lambda}} \, dy$$

$$\leqslant 16\|\varphi\|_{\tilde{C}^{0,\varkappa}}^2 \cdot \int\limits_{\Omega} \frac{dy}{(1 + |x-y|^{\varkappa})^2 |x-y|^{r+2(\lambda-\varkappa)}}$$

$$\leqslant 16\|\varphi\|_{\tilde{C}^{0,\varkappa}}^2 \int\limits_{\mathbf{R}^r} \frac{dz}{(1 + |z|^{\varkappa})^2 |z|^{r+2(\lambda-\varkappa)}} \leqslant C^2\|\varphi\|_{\tilde{C}^{0,\varkappa}}^2,$$

da das Integral in der zweiten Zeile konvergiert. Die bewiesene Ungleichung ergibt

$$\|\varphi\|_{A^{\lambda}} \leqslant C\|\varphi\|_{\tilde{C}^{0,\varkappa}}.$$

Die stetige Einbettung $\tilde{C}^{[l],\varkappa}(\Omega) \subset A^{[l]+\lambda}(\Omega)$ ergibt sich aus dem schon bewiesenen:

$$\|\varphi\|_{A^{[l]}} \leqslant \|\varphi\|_{\tilde{C}^{[l],0}} \leqslant \|\varphi\|_{\tilde{C}^{[l],\varkappa}},$$

$$\|D^\alpha \varphi\|_{A^\lambda} \leqslant c \|D^\alpha \varphi\|_{\tilde{C}^{0,\varkappa}} \quad \text{für } |\alpha| = [l],$$

zusammen $\|\varphi\|_{A^{[l]+\lambda}} \leqslant c \|\varphi\|_{\tilde{C}^{[l],\varkappa}}$, während der allgemeine Fall $l < [l] + \lambda < k + \varkappa$, sich wieder aus der Skaleneigenschaft ergibt. ∎

Hilfssatz 4.4 *Falls die Funktionen φ, ψ zu $A^l(\Omega)$ gehören, dann gehört ihr Produkt $\varphi \cdot \psi$ auch zu $A^l(\Omega)$ und wir haben*

$$(5) \qquad \|\varphi \cdot \psi\|_{A^l} \leqslant K \|\varphi\|_{A^l} \cdot \|\psi\|_{A^l},$$

wobei die Konstante K nur von l abhängt.

Beweis. Für l ganzzahlig ist (5) offensichtlich. Sei also $l = [l] + \lambda$ mit $0 < \lambda < 1$. Aus $(\Phi(x)\Psi(x) - \Phi(y)\Psi(y)) = \Phi(x)(\Psi(x) - \Psi(y)) + \Psi(y) \cdot (\Phi(x) - \Phi(y))$, folgt

$$|\Phi(x)\Psi(x) - \Phi(y)\Psi(y)|^2 \leqslant 2|\Phi(x)|^2 |\Psi(x) - \Psi(y)|^2 + 2|\Psi(y)|^2 |\Phi(x) - \Phi(y)|^2,$$

und mit der Leibnizschen Produktregel erhalten wir

$$\begin{aligned}
&|D^\alpha(\varphi \cdot \psi)(x) - D^\alpha(\varphi \cdot \psi)(y)|^2 \\
(6) \quad &\leqslant K \sum_{|\beta| \leqslant |\alpha|} [|D^\beta \varphi(y)|^2 |D^{\alpha-\beta}\psi(x) - D^{\alpha-\beta}\psi(y)|^2 \\
&\qquad + |D^{\alpha-\beta}\psi(x)|^2 |D^\beta \varphi(x) - D^\beta \varphi(y)|^2].
\end{aligned}$$

Nach Integration ergibt sich daraus für $|\alpha| \leqslant [l]$

$$q_\lambda^2(D^\alpha(\varphi \cdot \psi))(x) = \int_\Omega \frac{|D^\alpha(\varphi \cdot \psi)(x) - D^\alpha(\varphi \cdot \psi)(y)|^2}{|x-y|^{r+2\lambda}}\, dy$$

$$\leqslant K \left\{ \|\varphi\|_{A^l}^2 \cdot \sum_{|\beta| \leqslant |\alpha|} \int_\Omega \frac{|D^\beta \psi(x) - D^\beta \psi(y)|^2}{|x-y|^{r+2\lambda}}\, dy \right.$$

$$\left. + \|\psi\|_{A^l}^2 \cdot \sum_{|\beta| \leqslant |\alpha|} \int_\Omega \frac{|D^\beta \varphi(x) - D^\beta \varphi(y)|^2}{|x-y|^{r+2\lambda}}\, dy \right\},$$

was mit (5) für $[l]$ den Beweis beendet. ∎

Nun die Multiplikatoreigenschaft von A^l.

Hifssatz 4.5 *Sei $\varphi \in W_2^l(\Omega)$ und $\psi \in A^l(\Omega)$. Dann haben wir $\varphi \cdot \psi \in W_2^l(\Omega)$ und es gilt*

$$(7) \qquad \|\varphi \cdot \psi\|_{W_2^l} \leqslant K \|\varphi\|_{W_2^l} \|\psi\|_{A^l},$$

wobei K nur von l abhängt.

Beweis. Wieder, falls l ganzzahlig ist, folgt (7) einfach aus der Leibnizschen Produktregel. Sei also $l = [l] + \lambda$ mit $0 < \lambda < 1$. Dann folgt aus (6) nach Integration

$$
\begin{aligned}
(8) \quad & \iint_{\Omega \times \Omega} \frac{|D^\alpha(\varphi \cdot \psi)(x) - D^\alpha(\varphi \cdot \psi)(y)|^2}{|x-y|^{r+2\lambda}} \, dx \, dy \\
& \leqslant K \sum_{|\beta| \leqslant |\alpha|} \left\{ \iint_{\Omega \times \Omega} \frac{|D^\beta \varphi(y)|^2 \, |D^{\alpha-\beta}\psi(x) - D^{\alpha-\beta}\psi(y)|^2}{|x-y|^{r+2\lambda}} \, dx \, dy \right. \\
& \qquad \left. + \iint_{\Omega \times \Omega} \frac{|D^{\alpha-\beta}\psi(x)|^2 \, |D^\beta \varphi(x) - D^\beta \varphi(y)|^2}{|x-y|^{r+2\lambda}} \, dx \, dy \right\}.
\end{aligned}
$$

Wir wenden den Satz von Fubini an und schätzen ab

$$
\begin{aligned}
(9) \quad & \iint_{\Omega \times \Omega} \frac{|D^\beta \varphi(y)|^2 \, |D^{\alpha-\beta}\psi(x) - D^{\alpha-\beta}\psi(y)|^2}{|x-y|^{r+2\lambda}} \, dx \, dy \\
& = \int_\Omega |D^\beta \varphi(y)|^2 \cdot \left(\int_\Omega \frac{|D^{\alpha-\beta}\psi(x) - D^{\alpha-\beta}\psi(y)|^2}{|x-y|^{r+2\lambda}} \, dx \right) dy \\
& \leqslant \|\psi\|_{A^l}^2 \cdot \int_\Omega |D^\beta \varphi(y)|^2 \, dy \leqslant \|\psi\|_{A^l}^2 \, \|\varphi\|_{W_2^l}^2 ,
\end{aligned}
$$

letzteres da $|\beta| \leqslant |\alpha| \leqslant [l]$.

Das zweite Integral in (8) ist noch einfacher abzuschätzen; da $|\alpha - \beta| \leqslant [l]$ ist, haben wir

$$
\begin{aligned}
(10) \quad & \iint_{\Omega \times \Omega} \frac{|D^{\alpha-\beta}\psi(x)|^2 \, |D^\beta \varphi(x) - D^\beta \varphi(y)|^2}{|x-y|^{r+2\lambda}} \, dx \, dy \\
& \leqslant \|\psi\|_{A^l}^2 \cdot \iint_{\Omega \times \Omega} \frac{|D^\beta \varphi(x) - D^\beta \varphi(y)|^2}{|x-y|^{r+2\lambda}} \, dx \, dy \leqslant \|\psi\|_{A^l}^2 \cdot \|\varphi\|_{W_2^l}^2 .
\end{aligned}
$$

Die Abschätzungen (9) und (10) in (8) eingesetzt, ergeben (7). ∎

Wir wollen Sobolevräume auf differenzierbaren Mannigfaltigkeiten definieren, z.B. auf $\partial \Omega$, sie sollen unabhängig von den speziell gewählten Koordinaten sein. Dazu müssen wir das Verhalten der Sobolevräume unter Koordinatentransformationen kennen. Es zeigt sich, daß ein weitreichender Äquivalenzsatz (Satz 4.1) gilt; wir werden diesen Satz immer wieder benutzen und bringen deshalb den vollen, recht langen Beweis für alle $l \in \mathbf{R}_+$. Teile des Beweises findet man in der Literatur, siehe Fichera [1], Adams [1], Slobodeckij [1], Nečas [1] u.a.

Satz 4.1 (Transformationssatz) *Seien Ω, Ω' zwei Gebiete im $\mathbf{R}^r$ und sei Φ ein $\tilde{C}^{k,\varkappa}$- Diffeomorphismus zwischen ihnen: $\Phi: \Omega \to \Omega'$, $\Phi^{-1}: \Omega' \to \Omega$, hierbei betrachten wir für $k = 0$ nur den Fall $\varkappa = 1$. Die Pullbackoperatoren* (12) (*siehe weiter unten*)

$$^*\Phi: W_2^l(\Omega') \to W_2^l(\Omega), \qquad ^*\Phi^{-1}: W_2^l(\Omega) \to W_2^l(\Omega')$$

$$^*\Phi: \mathring{W}_2^l(\Omega') \to \mathring{W}_2^l(\Omega), \qquad ^*\Phi^{-1}: \mathring{W}_2^l(\Omega) \to \mathring{W}_2^l(\Omega')$$

wirken stetig für $l \leqslant k + \varkappa$, falls $k + \varkappa$ ganzzahlig ist und für $l < k + \varkappa$ sonst. Damit sind die Sobolevräume

$$(11) \qquad W_2^l(\Omega) \simeq W_2^l(\Omega'), \qquad \mathring{W}_2^l(\Omega) \simeq \mathring{W}_2^l(\Omega'),$$

äquivalent.

Bemerkung 4.1 Durch etwas stärkere Voraussetzungen an den Diffeomorphismus Φ, z.B. durch die Forderungen $\Phi \in A^{k+\varkappa}(\Omega)$ und $\Phi^{-1} \in A^{k+\varkappa}(\Omega')$, kann man die Äquivalenzen (11) auch für $l = k + \varkappa$, $0 < \varkappa < 1$, erreichen, siehe dafür Slobodeckij [1].

Wir zerlegen den Beweis von Satz 4.1 in 8 einzelne Schritte:

1. $k \geqslant 1$, $\varkappa = 0$, $l \leqslant k$, l-ganzzahlig,
2. $k \geqslant 1$, $\varkappa = 0$, $l < k$, l-nicht ganzzahlig,
3. $k \geqslant 1$, $0 < \varkappa < 1$, $l \leqslant k + \varkappa$, l-ganzzahlig,
4. $k \geqslant 1$, $0 < \varkappa < 1$, $l < k + \varkappa$, l-nicht ganzzahlig,
5. $k = 0$, $\varkappa = 1$, $l < 1$,
6. $k = 0$, $\varkappa = 1$, $l = 1$,
7. $k \geqslant 1$, $\varkappa = 1$, $l \leqslant k + 1$, l ganzzahlig,
8. $k \geqslant 1$, $\varkappa = 1$, $l < k + 1$, l nicht ganzzahlig.

Wir benutzen bei allen Beweisschritten die Tatsache, daß die C^∞-Funktionen dicht in $W_2^l(\Omega)$ liegen, siehe Satz 3.5. Der Satz 4.1 betrifft die Stetigkeit der Pullbackoperatoren $^*\Phi$, $^*\Phi^{-1}$, sie sind definiert durch

$$(12) \qquad ^*\Phi\varphi := \varphi(\Phi(x)), \qquad \varphi \in W_2^l(\Omega'), \qquad ^*\Phi^{-1}\varphi := \varphi(\Phi^{-1}(y)), \qquad \varphi \in W_2^l(\Omega),$$

sie wirken

$$^*\Phi: W_2^l(\Omega') \to W_2^l(\Omega) \quad \text{linear}, \qquad ^*\Phi^{-1}: W_2^l(\Omega) \to W_2^l(\Omega') \quad \text{linear},$$

und wir haben $^*\Phi \circ {}^*\Phi^{-1} = \mathrm{id}_{W_2^l(\Omega)}$, $^*\Phi^{-1} \circ {}^*\Phi = \mathrm{id}_{W_2^l(\Omega')}$.

Der Beweis von Satz 4.1 besteht darin, erstens zu zeigen, daß die Bildbereiche von $^*\Phi$ und $^*\Phi^{-1}$ entsprechend in $W_2^l(\Omega)$ und in $W_2^l(\Omega')$ liegen, (daß sie sogar gleich $W_2^l(\Omega)$, bzw. $W_2^l(\Omega')$, sind folgt schon aus $^*\Phi \circ {}^*\Phi^{-1} = \mathrm{id}_{W_2^l(\Omega)}$, $^*\Phi^{-1} \circ {}^*\Phi = \mathrm{id}_{W_2^l(\Omega')}$) und zweitens ihre Stetigkeit aufzuweisen. Da $*\Phi$ und $*\Phi^{-1}$ beide die gleiche Rolle spielen, genügt es einen von ihnen z.B. $*\Phi$ zu behandeln. Es genügt die Abschätzung

$$(13) \qquad \| *\Phi\varphi \|_{l,\Omega} \leqslant c\, \| \varphi \|_{l,\Omega'}, \quad \text{für } \varphi \in C^\infty \cap W_2^l(\Omega')$$

herzuleiten, der übliche Dichteschluß (Satz 3.5) ergibt

$$\| *\Phi\varphi \|_{l,\Omega} \leqslant c\, \| \varphi \|_{l,\Omega'}, \quad \text{für alle } \varphi \in W_2^l(\Omega'),$$

woraus sich die Aussage über den Bildbereich von $*\Phi$ und die Stetigkeit ergeben.

Wir beweisen nun (13) für die 8 Einzelfälle, jedem Fall entspricht ein Lemma; dabei haben wir die Voraussetzungen bei den einzelnen Lemmata möglichst allgemein gewählt.

Lemma 4.1 *Sei* $\Phi : \Omega \to \Omega'$ *ein* $C^{k,0}$*-Diffeomorphismus, mit* $k \geqslant 1$, $\varkappa = 0$; *sei* l *ganzzahlig und* $l \leqslant k$. *Dann sind die Räume* $W_2^l(\Omega) \simeq W_2^l(\Omega')$ *äquivalent; bzw. wir zeigen wie angekündigt nur* $*\Phi : W_2^l(\Omega') \to W_2^l(\Omega)$ *ist stetig.*

Beweis. Wir müssen die Abschätzung (13) beweisen. Sei

$$\Phi : \begin{matrix} \Omega \to \Omega' \\ x \mapsto y, \end{matrix}$$

wir schreiben auch

$$\Phi(x) = y(x) = (y_1(x), \ldots, y_r(x)).$$

Sei $\varphi \in C^\infty \cap W_2^l(\Omega')$. Die Regel über das Differenzieren zusammengesetzter Funktionen ergibt für $j = 1, \ldots, r$

$$\frac{\partial *\Phi\varphi}{\partial x_j}(x) = \frac{\partial \varphi(\Phi(x))}{\partial x_j} = \frac{\partial \varphi(y(x))}{\partial x_j} = \sum_{i=1}^{r} \frac{\partial \varphi}{\partial y_i}(\Phi(x)) \frac{\partial y_i}{\partial x_j}(x),$$

oder allgemein

$$D_x^\alpha(*\Phi\varphi) = D_x^\alpha \varphi(y(x)) = \sum_{|\beta| \leqslant |\alpha|} M_{\alpha\beta}(x) \cdot *\Phi(D_y^\beta \varphi),$$

hier ist $M_{\alpha\beta}$ ein Polynom (vom Grade $\leqslant |\beta|$) in den Ableitungen (bis zur Ordnung $|\alpha|$) der Komponenten von $\Phi = (y_1(x), \ldots, y_r(x))$; $M_{00} \equiv 1$. Wir haben

$$\| *\Phi\varphi \|_{l,\Omega}^2 = \sum_{|\alpha| \leqslant l} \int_\Omega |D_x^\alpha(*\Phi\varphi)|^2 \, dx \leqslant \sum_{|\alpha| \leqslant l} \sum_{|\beta| \leqslant |\alpha|} c_1 \int_\Omega M_{\alpha\beta}^2(x)\, |*\Phi(D_y^\beta \varphi)|^2 \, dx.$$

Mit den Ableitungen von Φ (s. Definition 4.3) ist auch $M_{\alpha\beta}(x)$ beschränkt, und wir erhalten nach Variablentransformation

$$\leqslant c_2 \sum_{|\beta| \leqslant l} \int_\Omega |*\Phi(D_y^\beta \varphi)|^2 \, dx = c_2 \sum_{|\beta| \leqslant l} \int_{\Omega'} |D_y^\beta \varphi|^2 \cdot \left| \det \frac{\partial x}{\partial y} \right| dy$$

$$\leqslant c_3 \sum_{|\beta| \leqslant l} \int_{\Omega'} |D_y^\beta \varphi|^2 \, dy = c_3 \| \varphi \|_{l,\Omega'}^2. \qquad \blacksquare$$

Lemma 4.2 *Sei $\Phi: \Omega \to \Omega'$ ein $\tilde{C}^{k,0}$-Diffeomorphismus, $k \geqslant 1$, sei $l = [l] + \lambda$ mit $0 < \lambda < 1$ und $[l] \leqslant k - 1$. Dann ist die Abbildung $*\Phi: W_2^l(\Omega') \to W_2^l(\Omega)$ stetig, bzw. die Räume $W_2^l(\Omega) \simeq W_2^l(\Omega')$ sind äquivalent.*

Beweis. Wegen $l = [l] + \lambda$ trägt W_2^l die Slobodeckijnorm

$$\|\varphi\|_{[l]+\lambda}^2 = \|\varphi\|_{[l]}^2 + \sum_{|\alpha| \leqslant [l]} \iint_{\Omega \times \Omega} \frac{|D^\alpha \varphi(x) - D^\alpha \varphi(x')|^2}{|x - x'|^{r+2\lambda}} \, dx \, dx' = \|\varphi\|_{[l]}^2 + \sum_{|\alpha| \leqslant [l]} I_\lambda(D^\alpha \varphi).$$

Wir müssen wieder (13) beweisen. Dazu schätzen wir zuerst den Normteil $\|{*\Phi}\varphi\|_{[l]}^2$ durch die Methode von Lemma 4.1 ab.

Nun zu $I_\lambda(D_x^\alpha(*\Phi\varphi))$. Wir wenden wieder die Regel über das Differenzieren zusammengesetzter Funktionen an und haben

$$(14) \qquad I_\lambda(D_x^\alpha *\Phi\varphi) \leqslant c_1 \sum_{|\beta| \leqslant |\alpha|} I_\lambda(M_{\alpha\beta} \cdot *\Phi \, D_y^\beta \varphi).$$

$M_{\alpha\beta}$ ist, wie wir wissen, ein Polynom in den Ableitungen bis zur Ordnung $|\alpha| \leqslant [l] \leqslant k - 1$ der Komponenten von Φ, aus $\Phi \in \tilde{C}^{k,0}$ folgt also $M_{\alpha\beta} \in \tilde{C}^{1,0}$ und nach Hilfssatz 4.3 $M_{\alpha\beta} \in A^1$. I_λ ist Teil der Slobodeckijnorm von $W_2^{0+\lambda}$; nach Hilfssatz 4.5 sind die Elemente aus A^1 Multiplikatoren auf $W_2^{0+\lambda}$ und wir können (14) weiter abschätzen

$$(15) \qquad \leqslant c_2 \sum_{|\beta| \leqslant [l]} \|{*\Phi} \, D_y^\beta \varphi\|_\lambda^2 = c_2 \left\{ \sum_{|\beta| \leqslant [l]} \|{*\Phi} \, D_y^\beta \varphi\|_0^2 + \sum_{|\beta| \leqslant [l]} I_\lambda(*\Phi \, D^\beta \varphi) \right\}.$$

Auf die erste Summe brauchen wir nur – wie in Lemma 4.1 – die Variablentransformation Φ auszuführen, um sie durch

$$(16) \qquad c_3 \sum_{|\beta| \leqslant [l]} \|D_y^\beta \varphi\|_{0,\Omega'}^2 \leqslant c_3 \|\varphi\|_{[l],\Omega'}^2$$

abzuschätzen. Nun zur zweiten Summe von (15). Wir haben

$$(17) \qquad I_\lambda(*\Phi \, D_y^\beta \varphi) = \iint_{\Omega \times \Omega} \frac{|*\Phi \, D_y^\beta \varphi(x) - *\Phi \, D_y^\beta \varphi(x')|^2 \, dx \, dx'}{|x - x'|^{r+2\lambda}}.$$

Aus $\Phi = y(x) \in \tilde{C}^{k,0}$ folgt die Mittelwertungleichung, wir schreiben sie, $x(y) = \Phi^{-1}(y)$ gesetzt, in der Form

$$(18) \qquad |y - y'| \leqslant C |x(y) - x|y')|.$$

Nach Variablentransformation Φ und Berücksichtigung von (18) können wir das Integral (17) abschätzen

$$(19) \qquad \leqslant c' \iint_{\Omega' \times \Omega'} \frac{|D_y^\beta \varphi(y) - D_y^\beta \varphi(y')|^2}{|y - y'|^{r+2\lambda}} \left| \det \frac{\partial x}{\partial y} \right|^2 dy \, dy'$$

$$= c' I_\lambda(D_y^\beta \varphi)_{\Omega'} \leqslant c' \|\varphi\|_{[l]+\lambda,\Omega'}^2.$$

(19) und (16) führen die Abschätzung von (15) bzw. (14) zuende, und wir haben das Lemma 4.2 bewiesen.   ∎

Lemma 4.3 *Im* Falle 3 *muß* $l \leqslant k$ *sein und wir verfahren wie in* Lemma 4.1; *als Voraussetzung genügt* $\Phi \in C^{k,0}$.

Lemma 4.4 *Sei* $\Phi: \Omega \to \Omega'$ *ein* $\tilde{C}^{k,\varkappa}$-*Diffeomorphismus mit* $k \geqslant 1, 0 < \varkappa < 1$, *sei* l *nicht ganzzahlig und* $l < k + \varkappa$. *Die Abbildung* $^*\Phi: W_2^l(\Omega') \to W_2^l(\Omega)$ *ist stetig, bzw. die Räume* $W_2^l(\Omega) \simeq W_2^l(\Omega')$ *sind äquivalent.*

Beweis. Wir wählen eine Zahl $\varkappa_1$ mit

$$l \leqslant k + \varkappa_1 < k + \varkappa, \qquad 0 < \varkappa_1 < \varkappa < 1.$$

Nach Hilfssatz 4.3 folgt aus $\Phi \in \tilde{C}^{k,\varkappa}$

$$(20) \qquad \Phi \in A^{k+\varkappa_1}.$$

Wir müssen nur den Fall $l = k + \varkappa_1$ betrachten. (Die Fälle $l = k$ und $l < k$ sind schon durch die Lemmata 4.1 und 4.2 erledigt.) Wir haben

$$\| {}^*\Phi \varphi \|_{k+\varkappa_1}^2 = \| {}^*\Phi \varphi \|_k^2 + \sum_{|\alpha| \leqslant k} I_{\varkappa_1}(\mathrm{D}_x^\alpha \, {}^*\Phi \varphi).$$

Wieder: den Normteil $\| {}^*\Phi \varphi \|_k^2$ schätzen wir nach Lemma 4.1 ab. Beim zweiten Normteil verfahren wir wie in Lemma 4.2

$$I_{\varkappa_1}(\mathrm{D}_x^\alpha \, {}^*\Phi \varphi) \leqslant c \sum_{|\beta| \leqslant |\alpha|} I_{\varkappa_1}(M_{\alpha\beta} \cdot {}^*\Phi \, \mathrm{D}_y^\beta \varphi),$$

wobei wir diesmal wegen (20) und Hilfssatz 4.4 haben $M_{\alpha\beta} \in A^{\varkappa_1}$. Wir erinnern, daß die Elemente aus $A^{\varkappa_1}$ Multiplikatoren auf $W_2^{\varkappa_1}$ sind, deshalb verläuft der weitere Beweis, bis auf die Abänderung $M_{\alpha\beta} \in A^{\varkappa_1}$, wort-wörtlich wie in Lemma 4.2.   ∎

Wir kommen nun zum Fall 5: $\Phi \in \tilde{C}^{0,1}$ und $l < 1$. Die Schwierigkeit vor der wir stehen, ist, daß wir für die Integrale nicht mehr die Variablentransformationsformel zur Verfügung haben, $k = 0$!

Detaillierte Kenntnisse aus der Maß- und Differentiationstheorie helfen uns jedoch weiter. $\Phi \in \tilde{C}^{0,1}$ bedeutet, daß Φ und Φ^{-1} lipschitzstetig sind, das ist, es gelten die Ungleichungen

$$(21) \quad \begin{aligned} |\Phi(x) - \Phi(x')| &\leqslant K|x - x'|, & x, x' &\in \Omega, \\ |\Phi^{-1}(y) - \Phi^{-1}(y')| &\leqslant K'|y - y'|, & y, y' &\in \Omega'. \end{aligned}$$

Lipschitzstetige Funktionen sind absolut stetig und führen meßbare Mengen in meßbare über, siehe Natanson [1], S. 276, d.h. mit M meßbar, ist auch $\Phi(M)$ wieder meßbar. Aus (21) folgt weiter, daß das Bild einer Kugel vom Radius R, in einer Kugel vom Radius $K \cdot R$ enthalten ist. Damit erhalten wir

$$(22) \qquad \mu(\Phi(M)) \leqslant K_1 \mu(M), \quad \text{bzw.} \quad \mu(M) \leqslant K_2 \mu(\Phi(M)),$$

wobei μ das Lebesguesche Maß in $\mathbf{R}^r$ bedeutet. Die Ungleichungen (22) übernehmen jetzt die Rolle der Variablentransformationsformeln.

Lemma 4.5 *Sei $\Phi: \Omega \to \Omega'$ ein $C^{0,1}$-,,Diffeomorphismus" und sei $0 \leqslant l < 1$. Dann ist die Abbildung $*\Phi: W_2^l(\Omega') \to W_2^l(\Omega)$ stetig, bzw. die Räume $W_2^l(\Omega) \simeq W_2^l(\Omega')$ sind äquivalent.*

Beweis. Wir beweisen zuerst den Fall $l = 0$, d.h. $W_2^0 = L_2$. Wir nehmen in $\mathbf{R}^r$ ein Gitter, erzeugt durch achsenparallele Hyperebenen vom Abstand d. Seien W_i die Würfel dieses Gitters. Wir schöpfen Ω durch dieses Gitter aus:

$$\Omega = \lim_{\substack{d \to 0 \\ m \to \infty}} \bigcup_{i=1}^{m} W_i, \quad \text{wobei } W_i \subset \Omega,$$

und haben (Eigenschaften des Lebesgueintegral siehe Natanson [1])

$$(23) \qquad \|*\Phi\varphi\|_0^2 = \int_{\Omega} |\varphi(\Phi(x))|^2 \, dx = \lim_{\substack{d \to 0 \\ m \to \infty}} \sum_{i=1}^{m} d^r \inf_{x \in W_i} |\varphi(\Phi(x))|^2,$$

und wegen (22)

$$d^r = \mu(W_i) \leqslant K_2 \mu(\Phi(W_i)),$$

was uns erlaubt (23) weiter abzuschätzen

$$\leqslant K_2 \lim_{\substack{d \to 0 \\ m \to \infty}} \sum_{i=1}^{m} \mu(\Phi(W_i)) \inf_{x \in W_i} |\varphi(\Phi(x))|^2 \leqslant K_2 \int_{\Omega'} |\varphi(y)|^2 \, dy,$$

letztere Ungleichung, weil $\{\Phi(W_i)\}$ den Bereich $\Phi(\Omega) = \Omega'$ ausschöpft. Sei nun $0 < l = \lambda < 1$. Wir haben jetzt

$$(24) \qquad \|*\Phi\varphi\|_l^2 = \|*\Phi\varphi\|_0^2 + \iint_{\Omega \times \Omega} \frac{|\varphi(\Phi(x)) - \varphi(\Phi(x'))|^2}{|x - x'|^{r+2l}} \, dx \, dx',$$

wobei wir $\|*\Phi\varphi\|_{0,\Omega}^2$ schon durch $K_2 \|\varphi\|_{0,\Omega'}^2$ abschätzen können. Nun zu $I_l(*\Phi\varphi)$ in (24). Wir benutzen die erste Ungleichung (21) und erhalten

$$I_l(*\Phi\varphi) \leqslant K^{r+2l} \iint_{\Omega \times \Omega} \frac{|\varphi(\Phi(x)) - \varphi(\Phi(x'))|^2}{|\Phi(x) - \Phi(x')|^{r+2l}} \, dx \, dx',$$

wobei wir das so erhaltene Integral mit der Methode von (23) abschätzen können

$$\leqslant K^{r+2} \cdot K_2^2 \cdot I_l(\varphi). \qquad \blacksquare$$

Wir kommen nun zu Fall 6.

Lemma 4.6 *Sei $\Phi: \Omega \to \Omega'$ ein $C^{0,1}$-,,Diffeomorphismus" und sei $l = 1$. Dann ist die Abbildung $*\Phi: W_2^1(\Omega') \to W_2^1(\Omega)$ stetig, bzw. die Räume $W_2^1(\Omega) \simeq W_2^1(\Omega')$ sind äquivalent.*

Beweis. Wir haben

$$\|*\Phi\varphi\|_1^2 = \|*\Phi\varphi\|_0^2 + \sum_{i=1}^{r} \left\| \frac{\partial}{\partial x_i} \varphi(\Phi(x)) \right\|_0^2,$$

und $\|*\Phi\varphi\|_0^2$ können wir durch Lemma 4.5 abschätzen. Es bleibt $\left\| \dfrac{\partial}{\partial x_i} \varphi(\Phi(x)) \right\|_0^2$

abzuschätzen. Wir kehren zu (21) zurück. Die Komponenten von $\Phi(x) = (y_1(x), \ldots, y_r(x))$ sind absolut stetig, sie besitzen damit fast überall partielle Ableitungen, die meßbar und lokal integrierbar sind (siehe z.B. Natanson [1], S. 274, oder Saks [1]) und nach (21) sind diese Ableitungen durch K beschränkt. Für $\varphi \in C^\infty$ haben wir fast überall

$$(25) \qquad \frac{\partial \varphi(y(x))}{\partial x_i} = \sum_{j=1}^{r} \frac{\partial \varphi}{\partial y_j}(y(x)) \cdot \frac{\partial y_j}{\partial x_i}(x).$$

Nach Satz 1.8 gilt (25) auch im Distributionssinne, und der Ausdruck $\left\| \dfrac{\partial}{\partial x_i} \varphi(y(x)) \right\|_0^2$ ist sinnvoll, und wir können abschätzen

$$\left\| \frac{\partial}{\partial x_i} \varphi(y(x)) \right\|_0^2 \leqslant c \sum_{j=1}^{r} \left\| \frac{\partial \varphi}{\partial y_j}(y(x)) \frac{\partial y_j}{\partial x_i} \right\|_0^2$$

$$\leqslant c K^2 \sum_{j=1}^{r} \left\| \frac{\partial \varphi}{\partial y_j}(y(x)) \right\|_{0,\Omega}^2$$

$$\leqslant c K^2 K_2 \sum_{j=1}^{r} \left\| \frac{\partial \varphi}{\partial y_j} \right\|_{0,\Omega'}^2 ,$$

letztere Ungleichung nach Lemma 4.5. ∎

Zum Beweis der Fälle 7 und 8 benutzen wir die schon gewonnenen Kenntnisse.

Lemma 4.7 *Sei $\Phi: \Omega \to \Omega'$ ein $C^{k,1}$-Diffeomorphismus, sei l ganzzahlig und $l \leqslant k + 1$. Dann ist die Abbildung $^*\Phi: W_2^l(\Omega') \to W_2^l(\Omega)$ stetig, bzw. die Räume $W_2^l(\Omega) \simeq W_2^l(\Omega')$ sind äquivalent.*

Beweis. Der Fall $l < k + 1$ ist durch Lemma 4.1 bewiesen. Im Falle $l = k + 1$ schreiben wir

$$\| ^*\Phi\varphi \|_{k+1}^2 = \| ^*\Phi\varphi \|_k^2 + \sum_{|\alpha| = k+1} \| D_x^\alpha \, ^*\Phi\varphi \|_0^2 ,$$

wobei sich wieder $\| ^*\Phi\varphi \|_k$ durch Lemma 4.1 abschätzen läßt.
Für $D_x^\alpha \, ^*\Phi\varphi$ haben wir

$$D_x^\alpha \, ^*\Phi\varphi = \sum_{|\beta| \leqslant |\alpha|} M_{\alpha\beta}(x) \cdot \, ^*\Phi(D_y^\beta \varphi) ,$$

wobei die höchsten Ableitungen in $M_{\alpha\beta}(x)$, nämlich für $|\alpha| = k + 1$, wie in Lemma 4.6, nach maßtheoretischen Erwägungen existieren und beschränkt sind; die Methode von Lemma 4.6 beendet den Beweis. ∎

Lemma 4.8 *Sei $\Phi: \Omega \to \Omega'$ ein $\tilde{C}^{k,1}$-Diffeomorphismus und $l < k + 1$. Dann ist die Abbildung $^*\Phi: W_2^l(\Omega') \to W_2^l(\Omega)$ stetig, bzw. die Räume $W_2^l(\Omega) \simeq W_2^l(\Omega')$ sind äquivalent.*

Beweis. Wir wählen ein $\varkappa$ mit

$$(26) \qquad l < k + \varkappa < k + 1, \qquad 0 \leqslant \varkappa < 1 .$$

Ein $\tilde{C}^{k,1}$-Diffeomorphismus ist auch ein $\tilde{C}^{k,\varkappa}$-Diffeomorphismus und wir können wegen (26) Lemma 4.4 anwenden.

Die Äquivalenz der $\mathring{W}$-Räume in (11) folgt aus der Bemerkung, daß stetige Abbildungen Φ kompakte Mengen ($=$ support φ) in kompakte überführen. ■

Wir haben damit den Transformationssatz vollständig bewiesen.

4.2 Sobolevräume auf differenzierbaren Mannigfaltigkeiten

Wir betrachten nun eine kompakte $C^{k,\varkappa}$-Mannigfaltigkeit M, siehe Definition 2.10. Dabei sei wieder – wie beim Transformationssatz – im Falle $k = 0$, $\varkappa = 1$ gesetzt. Sei (U_i, α_i) ein zulässiger $C^{k,\varkappa}$-Atlas von M, und β_i eine untergeordnete Partition der Eins, siehe Satz 2.13. Da M kompakt ist, können wir den Indexbereich $i \in I$ als endlich nehmen. Nach Voraussetzung sind die Abbildungen $\alpha_i \circ \alpha_j^{-1}$ $(k, \varkappa)$-Diffeomorphismen, durch eine eventuelle Verkleinerung der U_i können wir immer erreichen, daß sie $\tilde{C}^{k,\varkappa}$-Diffeomorphismen sind, siehe Hilfssatz 4.1. Wir wollen nun den Raum $W_2^l(M)$ definieren.

Definition 4.4 *Sei $l \leqslant k + \varkappa$, falls $k + \varkappa$ ganzzahlig ist, und $l < k + \varkappa$ sonst. Wir sagen, daß die Funktion $\varphi : M \to \mathbf{C}$ zu $W_2^l(M)$ gehört, falls alle Funktionen*

$$(27) \qquad (\varphi \cdot \beta_i) \circ \alpha_i^{-1} : \alpha_i(U_i) \to \mathbf{C}, \qquad i \in I,$$

zu $\mathring{W}_2^l(\alpha_i(U_i))$ bzw. $\mathring{W}_2^l(\mathbf{R}^r)$ (der Träger von (27) ist kompakt und liegt in $\alpha_i(U_i)$) gehören. Wir machen $W_2^l(M)$ zu einem Hilbertraum, indem wir das Innenprodukt durch

$$(28) \qquad (\varphi, \psi)_l = \sum_i \left((\varphi \cdot \beta_i) \circ \alpha_i^{-1}, (\psi \cdot \beta_i) \circ \alpha_i^{-1} \right)_{\mathring{W}_2^l(\mathbf{R}^r)}$$

erklären.

Wie man aus der Definition 4.4 ersieht, hängt der Raum $W_2^l(M)$ und das Skalarprodukt von der Wahl des Atlas $a = (U_i, \alpha_i)$ und der Partition der Eins $\{\beta_i\}$ ab. Wir zeigen nun, mit Hilfe des Transformationssatzes, daß diese Abhängigkeit nicht wesentlich ist.

Satz 4.2 *Sei M eine kompakte $C^{k,\varkappa}$-Mannigfaltigkeit, seien $a_1 = (U_i^1, \alpha_{i,1})$ und $a_2 = (U_j^2, \alpha_{j,2})$ zwei äquivalente Koordinatensysteme und $\{\beta_i^1\}$, $\{\beta_j^2\}$ zwei entsprechend zugeordnete Partitionen der Eins. Dann sind die Räume $W_2^{l,a_1}(M)$ und $W_2^{l,a_2}(M)$ äquivalent (hier ist wie in Definition 4.4, $l \leqslant k + \varkappa$, bzw. $l < k + \varkappa$).*

Beweis. Wir haben

$$\| \varphi \|_{l,a_1}^2 = \sum_i \| (\varphi \beta_i^1) \circ \alpha_{i,1}^{-1} \|_{W_2^l(\alpha_{i,1}(U_i^1))}^2 \leqslant c \sum_i \sum_j \| (\varphi \beta_i^1 \cdot \beta_j^2) \circ \alpha_{i,1}^{-1} \|_{W_2^l(\alpha_{i,1}(U_i^1 \cap U_j^2))}^2 .$$

Nun sind aber wegen der vorausgesetzten Äquivalenz von a_1 und a_2 die Abbildungen

$$\alpha_{j,2} \circ \alpha_{i,1}^{-1} : \alpha_{i,1}(U_i^1 \cap U_j^2) \to \alpha_{j,2}(U_i^1 \cap U_j^2)$$

$\tilde{C}^{k,\varkappa}$-Diffeomorphismen, wir können den Transformationssatz 4.1 anwenden und weiter abschätzen

$$\leqslant c_2 \sum_i \sum_j \| (\varphi \cdot \beta_i^1 \cdot \beta_j^2) \circ \alpha_{j,2}^{-1} \|^2_{\mathring{W}_2^l(\alpha_{j,2}(U_i^1 \cap U_j^2))} \cdot$$

Die Funktionen $\beta_i^1 \circ \alpha_{j,2}^{-1}$ gehören zu $\tilde{C}^{k,\varkappa}$, nach Hilfssatz 4.3 auch zu A^l und sind Multiplikatoren auf W_2^l, wir haben damit

$$\leqslant c_3 \sum_j \| (\varphi \beta_j^2) \circ \alpha_{j,2}^{-1} \|^2_{W_2^l(\alpha_{j,2}(U_i^1 \cap U_j^2))}$$

$$\leqslant c_3 \sum_j \| (\varphi \beta_j^2) \circ \alpha_{j,2}^{-1} \|^2_{W_2^l(\alpha_{j,2}(U_j^2))} = c_3 \| \varphi \|^2_{l, a_2} \cdot$$

Somit haben wir bewiesen, daß die Einbettung $W_2^{l,a}(M) \subset W_2^{l,a_1}(M)$ stetig ist. Vertauschen wir die Rollen von a_1 und a_2, so ergibt sich die gesuchte Äquivalenz. ∎

Der letzte Satz gestattet es, die schon benutzte, kurze Bezeichnung $W_2^l(M)$ anstelle von $W_2^{l,a}(M)$ zu verwenden.

Satz 4.3 *Die Funktionen aus* $C^{k,\varkappa}(M) = C_0^{k,\varkappa}(M)$ *liegen dicht in* $W_2^l(M)$ *(hier wieder, wie in* Definition 4.4, *sei* $l \leqslant k + \varkappa$ *bzw.* $l < k + \varkappa$*).*

Beweis. Dem Beweis schicken wir folgende Bemerkung voraus: Falls der Träger von $\varphi \in W_2^l(M)$ in einer Koordinatenumgebung (U_{i_0}, α_{i_0}) liegt, d.h. supp $\varphi \subset U_{i_0}$, dann gilt

$$(29) \qquad \| \varphi \|_{l,M} = \| \varphi \alpha_{i_0}^{-1} \|_{\mathring{W}_2^l(\alpha_{i_0}(U_{i_0}))} \cdot$$

Der Beweis der Bemerkung ergibt sich daraus, daß wir eine Partition der Eins wählen können mit $\beta_{i_0} \equiv 1$ auf supp φ, also $\varphi = \beta_{i_0} \cdot \varphi$, was in (28) eingesetzt (29) ergibt.

Sei $\varphi = \sum_i \varphi_i$, mit supp $\varphi_i \subset U_i$, (eine solche Zerlegung existiert immer, wir erhalten sie durch eine entsprechende Partition der Eins!). Nach (29) liegt $\varphi_i \circ \alpha_i^{-1}$ in $\mathring{W}_2^l(\alpha_i(U_i))$ und es existiert ein $\psi_{i,n} \in \mathscr{D}(\alpha_i(U_i))$ mit

$$(30) \qquad \| \varphi_i \circ \alpha_i^{-1} - \psi_{i,n} \|_l \leqslant \frac{1}{m \cdot n},$$

wobei $m = $ card I $(= $ Anzahl der Karten im Atlas $\{U_i, \alpha_i\})$ ist. Wir setzen $\psi_n = \sum_i \psi_{i,n} \circ \alpha_i$ und haben mit (30)

$$\| \varphi - \psi_n \|_{l,M} = \left\| \sum_i (\varphi_i - \psi_{i,n} \circ \alpha_i) \right\|_{l,M} \leqslant \sum_i \| \varphi_i \circ \alpha_i^{-1} - \psi_{i,n} \|_l \leqslant \frac{1}{n} \cdot$$

Da $\psi_n \in C^{k,\varkappa}(M)$ gehört, haben wir unseren Satz bewiesen.

Wir können jetzt den Raum $W_2^l(\partial\Omega)$ für Ω beschränkt und $(k,\varkappa)$-glatt, definieren. Dazu brauchen wir nur zu bemerken, daß nach Satz 2.15 $\partial\Omega$ eine kompakte $C^{k,\varkappa}$-Mannigfaltigkeit ist, der Sobolevraum $W_2^l(\partial\Omega)$ ist durch Definition 4.4 wohl definiert, und nach Satz 4.2 – bis auf Äquivalenzen – unabhängig von den gewählten Koordinaten. Falls Ω beschränkt ist und die $N^{k,\varkappa}$-Eigenschaft hat – siehe

Definition 2.4 – können wir die Norm von $W_2^l(\partial\Omega)$ durch ein koordinateninvariantes Oberflächenintegral angeben:

Sei $\varphi \in W_2^l(\partial\Omega)$, wir zerlegen wieder $\varphi = \sum_i \varphi_i$, $\operatorname{supp}\varphi_i \subset U_i$, wobei die Koordinaten Umgebungen U_i, die Eigenschaften von Definition 2.4 haben.

Wir definieren:

$$(31) \qquad \|\varphi_i\|_l^2 = \sum_{|\alpha| \leqslant [l]} \int_{\partial\Omega} |D^\alpha \varphi_i|^2 \, d\sigma + \sum_{|\alpha| \leqslant [l]} \iint_{\partial\Omega \times \partial\Omega} \frac{|D^\alpha \varphi_i(x) - D^\alpha \varphi_i(y)|}{|x-y|^{r-1+2\lambda}} \, d\sigma \, d\sigma,$$

und

$$\|\varphi\|_l^2 = \sum_i \|\varphi_i\|_l^2,$$

hier ist $l = [l] + \lambda$, $\partial\Omega \cap U_i$ ist durch die Gleichung $x_r = a_i(x_1, \ldots, x_{r-1})$ gegeben, und die Ableitungen D^α sind nach den Variablen $x_1, \ldots, x_{r-1}$ zu nehmen. Das Oberflächenelement $d\sigma$ läßt sich in den Koordinaten $x_1, \ldots, x_{r-1}$, schreiben als

$$d\sigma = \left[1 + \sum_{j=1}^{r-1} \left(\frac{\partial a_i}{\partial x_j}\right)^2\right]^{1/2} dx_1 \cdots dx_{r-1},$$

und wegen

$$1 \leqslant \left[1 + \sum_{j=1}^{r-1} \left(\frac{\partial a_i}{\partial x_j}\right)^2\right]^{1/2} \leqslant C < \infty,$$

($a_i(x_1, \ldots, x_{r-1})$ gehört mindestens zur Klasse $C^{0,1}$, d.h. die Ableitungen $\partial a_i/\partial x_i$ sind fast überall beschränkt) ist die Oberflächennorm (31) zur Mannigfaltigkeitsnorm (28) äquivalent.

Falls Ω beschränkt ist und $k \geqslant 1$ können wir auch für $(k, \varkappa)$-glatte $\partial\Omega$ durch (31) eine koordinateninvariante Oberflächennorm für $W_2^l(\partial\Omega)$ einführen. Nach Satz 2.6 ist nämlich für $k \geqslant 1$ $(k, \varkappa)$-Glattheit und $N^{k,\varkappa}$-Eigenschaft dasselbe.

Allgemein, falls die kompakte $C^{k,\varkappa}$-Mannigfaltigkeit M eine Riemannsche Struktur $\{g_{ij}\}$ trägt, können wir anstatt von (28) die Norm von $W_2^l(M)$ durch ein koordinateninvariantes Volumenintegral definieren, das Volumenelement ist $dv = \sqrt{\det g_{ij}} \, dx$, für $k \geqslant 1$ haben wir

$$0 < c \leqslant \det g_{ij} \leqslant C < \infty,$$

und die neue Norm ist wieder äquivalent zur früheren, durch (28), gegebenen.

Aufgaben

4.1 Zeige, $C^{0,1}(\Omega)$ besteht aus genau denjenigen stetigen, beschränkten Funktionen, deren Distributionsableitungen zu $L^\infty(\Omega)$ gehören (beschränkt sind).

4.2 Zeige, daß die Einbettung von $C^{0,1}(a,b)$ in $C^0(a,b)$ kompakt ist. Was kann man über die Einbettung

$$C^{k,\varkappa}(a,b) \subset C^{l,\lambda}(a,b)$$

für $k + \varkappa > l + \lambda$ aussagen?

4.3 Gilt $C^{0,1}(a,b) \neq C^{1,0}(a,b)$?

4.4 Sei T^r der r-dimensionale Torus, wir betrachten den Raum $W_2^l(T^r)$ (siehe auch Aufgabe 1.13), er besteht aus periodischen Funktionen. Zeige, daß durch

$$(1) \qquad \left[\sum_k (1 + |k|^2)^l |c_k|^2 \right]^{1/2}$$

eine äquivalente Norm auf $W_2^l(T^r)$ gegeben ist.

4.5 Beweise den Dichtesatz 4.3 auf dem Torus direkt unter Verwendung der Norm (1) und den Ergebnissen der Aufgabe 1.13.

§5 Die Definition der Sobolevschen Räume durch die Fouriertransformation und Fortsetzungssätze

Wir greifen auf die Fouriertransformation zurück, siehe §1.9, und wollen sie zu einem wichtigen Hilfsmittel für die Sobolevräume entwickeln. Wir bringen zuerst einen Isomorphiesatz 5.2, der das Verhalten von $W_2^l(\mathbf{R}^r)$ unter der Fouriertransformation charakterisiert, und zeigen anschließend, wie man die Sobolevräume mittels der Fouriertransformation definieren kann. Wir benutzen dann die Fouriertransformation, um für ganzzahlige l den Fortsetzungssatz von Calderon-Zygmund zu beweisen: Sei Ω beschränkt und erfülle die gleichmäßige Kegelbedingung, dann lassen sich die Funktionen aus $W_2^l(\Omega)$ zu Funktionen aus $W_2^l(\mathbf{R}^r)$ fortsetzen, wobei der Fortsetzungsoperator

$$F: W_2^l(\Omega) \to W_2^l(\mathbf{R}^r)$$

linear und stetig gewählt werden kann. Für nicht ganzzahlige l beweisen wir den Fortsetzungssatz von Hestenes (ohne Fouriertransformation); hier müssen wir aber Ω stärkeren Voraussetzungen unterwerfen, z.B. Ω $(k,\varkappa)$-glatt, wobei $l < k + \varkappa$.

Die Anwendungen der Fortsetzungssätze sind mannigfaltig, wir werden sie in den späteren Paragraphen kennenlernen.

5.1 Sobolevräume und die Fouriertransformation

Wir wollen nun die Fouriertransformation anwenden, siehe Definition 1.9, um die Sobolev-Slobodeckijschen Räume zu untersuchen. Es zeigt sich, daß man die Räume H^l für alle reellen $l \in \mathbf{R}$ definieren kann.

Definition 5.1 *Wir definieren den Raum H^l mittels der Fouriertransformation $\hat{\varphi} = \mathscr{F}\varphi$ durch*

$$(1) \qquad H^l = \left\{ \varphi \in \mathscr{S}' \mid \|\varphi\|_{H^l}^2 = \int\limits_{\mathbf{R}^r} |\hat{\varphi}|^2 (1 + |\xi|^2)^l \, d\xi < \infty \right\}.$$

und man sieht sofort, daß H^l ein Hilbertraum ist.

Satz 5.1 *$\mathscr{D}$ liegt dicht in jedem $H^l, l \in \mathbf{R}$.*

Beweis. Wir betrachten zuerst den gewichteten Hilbertraum L_2^l mit der Norm $\|\varphi\|_{L_2^l}^2 = \int\limits_{\mathbf{R}^r} |\varphi|^2 (1 + |\xi|^2)^l \, d\xi$, und zeigen, daß $\mathscr{S}$ und $\mathscr{D}$ dicht in L_2^l liegen, (wegen $\mathscr{D} \subset \mathscr{S}$ genügt es dies für $\mathscr{D}$ zu zeigen.) Sei $\psi \in L_2^l$, $\varepsilon > 0$, $\eta(\xi) := (1 + |\xi^2|)^{l/2}$, dann existiert nach Satz 3.4 ein $\varphi \in \mathscr{D}$ mit $\|\varphi - \eta \cdot \psi\|_{L_2} < \varepsilon$. Also gehört $\varphi/\eta \in \mathscr{D}$ und

$$
\begin{aligned}
(2) \qquad \|\varphi/\eta - \psi\|_{L_2^l}^2 &= \int\limits_{\mathbf{R}^r} \left| \frac{\varphi(\xi)}{(1 + |\xi|^2)^{l/2}} - \psi(\xi) \right|^2 (1 + |\xi|^2)^l \, d\xi \\
&= \int\limits_{\mathbf{R}^r} |\varphi(\xi) - (1 + |\xi|^2)^{l/2} \psi(\xi)|^2 \, d\xi \\
&= \|\varphi - \eta \cdot \psi\|_{L_2}^2 < \varepsilon^2 ;
\end{aligned}
$$

damit haben wir $\mathscr{D}$ dicht in L_2^l bewiesen.

Jetzt zum Beweis unseres Satzes. Wir haben $\varphi \in H^l$ genau dann, wenn $\hat{\varphi} \in L_2^l$, und wir müssen also zeigen, daß $\mathscr{Z} := \mathscr{F}\mathscr{D}$ dicht in L_2^l liegt. Nach Satz 1.18 liegt $\mathscr{D}$ dicht in $\mathscr{S}$, und nach Folgerung 1.3 ist die Fouriertransformation ein Isomorphismus $\mathscr{F}: \mathscr{S} \leftrightarrow \mathscr{S}$, also liegt $\mathscr{Z}$ dicht in $\mathscr{S}$. Die Konvergenz in $\mathscr{S}$ zieht die Konvergenz in L_2^l nach sich, dies folgt aus $(1 + |\xi|^2)^l \leqslant (1 + |\xi|^2)^m$, m eine natürliche Zahl $m \geqslant l$, und der Gestalt der Halbnormen von $\mathscr{S}$ (siehe §1, (44)). Damit haben wir

$$\mathscr{Z} \text{ dicht } (L_2^l) \text{ in } \mathscr{S},$$

$$\mathscr{S} \text{ dicht in } L_2^l \quad \text{(siehe oben)},$$

womit wir $\mathscr{D}$ dicht in H^l bewiesen haben. ∎

Wir zeigen, daß wir durch Definition 5.1 im Falle der Sobolev-Slobodeckijschen Räume, also für $l \geqslant 0$, keine neue Raumklasse erhalten haben.

Satz 5.2 *Für $l \geqslant 0$ ist die Fouriertransformation ein (linearer, topologischer) Isomorphismus zwischen den Räumen*

$$(3) \qquad \mathscr{F}: W_2^l(\mathbf{R}^r) \to L_2^l.$$

Daraus folgt (mit den Bezeichnungen von Definition 5.1), die Normen $\|\varphi\|_{H^l}$ und $\|\varphi\|_{W_2^l}$

sind äquivalent auf $W_2^l(\mathbf{R}^r)$, *d.h. es gibt Konstanten* $c, c' > 0$ *mit*

$$c \, \|\varphi\|_{H^l} \leqslant \|\varphi\|_{W_2^l} \leqslant c' \, \|\varphi\|_{H^l};$$

oder auch

$$W_2^l(\mathbf{R}^r) \simeq H^l.$$

$\|\varphi\|_{H^l}$ *nennen wir die Fouriernorm von* $\varphi \in W_2^l(\mathbf{R}^r)$, $l \geqslant 0$.

Beweis. Sei zuerst l ganzzahlig, $l \in \mathbf{N}$; die Parsevalsche Gleichung Satz 1.24 ergibt zusammen mit §1 (47)

$$\|\varphi\|_{W_2^l}^2 = \sum_{|s| \leqslant l} \int_{\mathbf{R}^r} |D^s \varphi|^2 \, dx = \frac{1}{(2\pi)^r} \int_{\mathbf{R}^r} \left(\sum_{|s| \leqslant l} |\xi^{2s}| \right) |\hat{\varphi}|^2 \, d\xi,$$

und die elementaren Ungleichungen

$$(4) \qquad \frac{1}{2^{2l}} (1 + |\xi|^2)^l \leqslant \sum_{|s| \leqslant l} |\xi^{2s}| \leqslant (1 + |\xi|^2)^l$$

beenden den ersten Teilbeweis.

Sei nun $l > 0$ nicht ganzzahlig, $l = [l] + \lambda$, $0 < \lambda < 1$. Wir zeigen die Gleichheit

$$(5) \qquad \iint_{\mathbf{R}^r \times \mathbf{R}^r} \frac{|\varphi(x+z) - \varphi(x)|^2}{|z|^{r+2\lambda}} \, dx \, dx = \frac{c_{r,\lambda}}{(2\pi)^r} \int_{\mathbf{R}^r} |\xi|^{2\lambda} |\hat{\varphi}(\xi)|^2 \, d\xi,$$

wobei die Konstante $c_{r,\lambda} > 0$ nicht von φ abhängt. Wir haben (siehe Satz 1.23)

$$\varphi(x+z) - \varphi(x) = \frac{1}{(2\pi)^r} \int e^{i(x,\xi)} (e^{i(z,\xi)} - 1) \, \hat{\varphi}(\xi) \, d\xi,$$

und nach der Parsevalschen Gleichung (Satz 1.24):

$$\int |\varphi(x+z) - \varphi(x)|^2 \, dx = \frac{1}{(2\pi)^r} \int |\hat{\varphi}(\xi)|^2 \, |e^{i(z,\xi)} - 1|^2 \, d\xi,$$

was ergibt

$$\iint_{\mathbf{R}^r \times \mathbf{R}^r} \frac{|\varphi(x+z) - \varphi(x)|^2}{|z|^{r+2\lambda}} \, dx \, dz = \frac{1}{(2\pi)^r} \int |\xi|^{2\lambda} |\hat{\varphi}(\xi)|^2 \left(\int \frac{|e^{i(z,\xi)} - 1|^2}{|\xi|^{2\lambda} |z|^{r+2\lambda}} \, dz \right) \cdot d\xi.$$

Wir bezeichnen das innere Integral mit $c(\xi)$, man sieht sofort, daß $c(\xi)$ sphärisch-symmetrisch ist, also $c(\xi) = c(|\xi|)$, und die Variablentransformation $z' = z \cdot |\xi|$ ergibt

$$0 < c(\xi) = c(1) = c_{r,\lambda},$$

womit wir (5) bewiesen haben.

Sei $l = [l] + \lambda$, wir haben nach (5)

$$\| \varphi \|^2_{W_2^l} = \sum_{|s| \leqslant [l]} (\| \mathrm{D}^s \varphi \|^2_0 + I_\lambda (\mathrm{D}^s \varphi))$$

$$= \frac{1}{(2\pi)^r} \sum_{|s| \leqslant [l]} \int (|\xi^{2s}| + c_{r,\lambda} |\xi^{2s}| \cdot |\xi|^{2\lambda}) |\hat{\varphi}|^2 \, \mathrm{d}\xi$$

$$= \frac{1}{(2\pi)^r} \int \left(\sum_{|s| \leqslant [l]} |\xi^{2s}| \right) (1 + c_{r,\lambda} |\xi|^{2\lambda}) |\hat{\varphi}|^2 \, \mathrm{d}\xi \, ,$$

und die Ungleichungen

$$c'(1 + |\xi|^2)^\lambda \leqslant (1 + c_{r,\lambda} |\xi|^{2\lambda}) \leqslant c(1 + |\xi|^2)^\lambda \, ,$$

in Verbindung mit (4) ergeben den Beweis von (3). ∎

Sei Ω offen in $\mathbf{R}^r$, wir können nun – wieder für alle reellen l – die Räume $H^l(\Omega)$ definieren. Für $l \geqslant 0$ zeigt sich aber, daß die Äquivalenz $H^l(\Omega) \simeq W_2^l(\Omega)$ nur unter speziellen Voraussetzungen an den Rand $\partial\Omega$ von Ω richtig ist, siehe später.

Definition 5.2 *Der Raum $H^l(\Omega)$ besteht aus den Restriktionen auf Ω aller Distributionen aus H^l; die Norm von $H^l(\Omega)$ ist durch*

$$(6) \qquad \| \varphi \|_{H^l(\Omega)} = \inf \| \varphi^c \|_{H^l} \, ,$$

erklärt, dabei wird das infimum über alle Distributionen $\varphi^c \in H^l$ erstreckt, deren Restriktion auf Ω das Element φ ergibt

$$R_\Omega \varphi^c = \varphi \in H^l(\Omega) \, .$$

Die Normeigenschaften von (6) sind leicht einzusehen.

Wir wollen die Vollständigkeit von $H^l(\Omega)$ beweisen. Dazu bemerken wir: sind φ, ψ zwei Elemente aus $H^l(\Omega)$ und ist die Fortsetzung φ^c vorgegeben, so gibt es nach (6) stets eine Fortsetzung ψ^c mit

$$(7) \qquad \| \varphi^c - \psi^c \|_{H^l} \leqslant 2 \| \varphi - \psi \|_{H^l(\Omega)} \, .$$

Sei zuerst φ_n eine Cauchyfolge in $H^l(\Omega)$ mit $\sum_{n=1}^{\infty} \| \varphi_n - \varphi_{n+1} \|_{H^l(\Omega)} < \infty$. Man wähle φ_1^c beliebig als Fortsetzung von φ_1, dann gibt es nach (7) ein φ_2^c (Fortsetzung von φ_2) mit

$$\| \varphi_1^c - \varphi_2^c \|_{H^l} \leqslant 2 \| \varphi_1 - \varphi_2 \|_{H^l(\Omega)} \, ,$$

allgemein ein φ_{n+1}^c (Fortsetzung von φ_{n+1}) mit

$$\| \varphi_n^c - \varphi_{n+1}^c \|_{H^l} \leqslant 2 \| \varphi_n - \varphi_{n+1} \|_{H^l(\Omega)} \, .$$

Aus $\sum_{n=1}^{\infty} \| \varphi_n^c - \varphi_{n+1}^c \|_{H^l} < \infty$ folgt aber, daß φ_n^c eine Cauchyfolge in H^l ist, sie hat dort den Limes φ_0^c. Wegen

$$R_\Omega \varphi_0^c =: \varphi_0 \quad \text{und} \quad \| \varphi_n - \varphi_0 \|_{H^l(\Omega)} \leqslant \| \varphi_n^c - \varphi_0^c \|_{H^l},$$

gilt auch $\varphi_n \to \varphi_0$ in $H^l(\Omega)$.

Ist φ_n eine beliebige Cauchyfolge in $H^l(\Omega)$, so besitzt sie eine Teilfolge φ_{n_k} mit $\sum\limits_{k=1}^{\infty} \| \varphi_{n_k} - \varphi_{n_{k+1}} \|_{H^l(\Omega)} < \infty$. Diese Teilfolge hat einen Limes φ_0, der auch der Limes der ganzen Folge ist.

Nach Satz 5.1 liegt $\mathscr{D}$ dicht in jedem H^l, daraus folgt

Lemma 5.1 *Die Restriktionen auf Ω der Funktionen aus $\mathscr{D}(\mathbf{R}^r)$ liegen dicht in $H^l(\Omega)$.*

Beweis. Sei $\varphi \in H^l(\Omega)$ und φ^c eine Fortsetzung aus H^l. Es gibt dann ein $\psi_\varepsilon \in \mathscr{D}$ mit $\| \varphi^c - \psi_\varepsilon \|_{H^l} \leqslant \varepsilon$ und wir haben

$$\| \varphi - R_\Omega \psi_\varepsilon \|_{H^l(\Omega)} \leqslant \| \varphi^c - \psi_\varepsilon \|_{H^l} \leqslant \varepsilon.$$

Auch kann man den Raum $\mathring{H}^l(\Omega)$ definieren, nämlich als abgeschlossene Hülle der Funktionen $\mathscr{D}(\Omega)$ in der Topologie von H^l. Da alle Funktionen aus $\mathscr{D}(\Omega)$ durch Null fortsetzbar sind, erhalten wir für $l \geqslant 0$ nichts neues, sondern es gilt

$$\mathring{H}^l(\Omega) \cong \mathring{W}_2^l(\Omega) \quad \text{für } l \geqslant 0.$$

mengenmäßig und topologisch. ∎

Anders ist es bei den Räumen $H^l(\Omega)$, $l \geqslant 0$, sie können echte Unterräume von $W_2^l(\Omega)$ sein, siehe Volewič, Panejach [1]. Wir werden aber beweisen (Satz 5.3), daß falls es einen stetigen Fortsetzungsoperator $F_\Omega: W_2^l(\Omega) \to W_2^l(\mathbf{R}^r)$ gibt, dann die Äquivalenz $H^l(\Omega) \cong W_2^l(\Omega)$, $l \geqslant 0$, gilt.

Wir wollen zuerst die Begriffe präzisieren. Die Elemente aus $W_2^l(\Omega)$ (bzw. $H^l(\Omega)$) sind Distributionen, also ist der Restriktionsoperator $R_{\Omega'}^\Omega$, auf eine kleinere Menge $\Omega' \subset \Omega$, immer definiert. Auch sieht man sofort die Stetigkeit ein

$$R_{\Omega'}^\Omega : \begin{array}{l} W_2^l(\Omega) \to W_2^l(\Omega'), \\ H^l(\Omega) \to H^l(\Omega'), \end{array}$$

einmal handelt es sich um Integrale in den Normen, und wir haben

$$\| R_{\Omega'}^\Omega \varphi \|_{W_2^l(\Omega')} \leqslant \| \varphi \|_{W_2^l(\Omega)},$$

ein andermal haben wir es mit Infimumsnormen zu tun, und es gilt wieder

$$\| R_{\Omega'}^\Omega \varphi \|_{H^l(\Omega')} \leqslant \| \varphi \|_{H^l(\Omega)} \quad \text{für } \Omega' \subset \Omega.$$

Definition 5.3 *Unter einem Fortsetzungsoperator $F_{\Omega'}^\Omega$ von einer kleineren, offenen Menge Ω' zu einer größeren Ω, $\Omega' \subset \Omega$, verstehen wir einen linearen, stetigen Operator*

$$(8) \qquad F_{\Omega'}^\Omega : W_2^l(\Omega') \to W_2^l(\Omega), \qquad l \geqslant 0,$$

mit der Eigenschaft

$$(9) \qquad R^{\Omega}_{\Omega'} \circ F^{\Omega}_{\Omega'} = I_{W^l_2(\Omega')}, \qquad \Omega' \subset \Omega,$$

Ebenso die Definitionen für die Raumklassen H^l und $\mathring{W}^l_2$. Falls $\Omega = \mathbf{R}^r$ ist, schreiben wir einfach $F^{\mathbf{R}^r}_{\Omega'} =: F_{\Omega'}$.

Die Räume $\mathring{W}^l_2(\Omega')$ besitzen immer einen stetigen Fortsetzungsoperator auf eine beliebige, größere offene Menge – wir haben dies in Lemma 3.4 bewiesen – man kann nämlich die Funktionen aus $\mathring{W}^l_2(\Omega')$ immer durch Null fortsetzen.

Satz 5.3 *Für $W^l_2(\Omega)$, $l \geq 0$, existiere ein stetiger Fortsetzungsoperator $F_\Omega : W^l_2(\Omega) \to W^l_2(\mathbf{R}^r)$ dann gilt*

$$(10) \qquad W^l_2(\Omega) \simeq H^l(\Omega)$$

mengenmäßig und topologisch.

Beweis. Definition 5.2 sagt u.a., daß $H^l(\Omega)$ aus denjenigen Funktionen $\varphi \in W^l_2(\Omega)$ besteht, die wenigstens eine Fortsetzung $\varphi^c \in W^l_2(\mathbf{R}^r)$ besitzen. Da wir nach Annahme $\varphi^c = F_\Omega \varphi$ setzen können, haben wir die mengenmäßige Gleichheit in (10) bewiesen. Aus (6) und der Stetigkeit von F_Ω folgt

$$\| \varphi \|_{H^l(\Omega)} \leq \| F_\Omega \varphi \|_{W^l_2(\mathbf{R}^r)} \leq c \| \varphi \|_{W^l_2(\Omega)},$$

während die Stetigkeit des Restriktionsoperators $R := R^{\mathbf{R}^r}_\Omega$ ergibt

$$\| \varphi \|_{W^l_2(\Omega)} = \| R \varphi^c \|_{W^l_2(\Omega)} \leq \| \varphi^c \|_{W^l_2(\mathbf{R}^r)},$$

oder nach Infimumsbildung

$$\| \varphi \|_{W^l_2(\Omega)} \leq \| \varphi \|_{H^l(\Omega)},$$

womit wir die Äquivalenz (10) bewiesen haben.

5.2 Fortsetzungssätze

Wir wollen nun konkrete Fortsetzungssätze für die Räume $W^l_2(\Omega)$, $l \geq 0$ angeben. Wir bringen zuerst den Fortsetzungssatz von Calderon-Zygmund [1], er gilt unter sehr allgemeinen Voraussetzungen an Ω, es genügt, daß Ω beschränkt ist und die gleichmäßige Kegelbedingung erfüllt; nach Satz 2.1 also auch für $\Omega \in N^{0,1}$.

Satz 5.4 (Calderon-Zygmund) *Es sei Ω beschränkt und erfülle die gleichmäßige Kegelbedingung (siehe Definition 2.3). Dann existiert für $l = 0,1,\ldots$, ein linearer, stetiger Fortsetzungsoperator*

$$F_\Omega : W^l_2(\Omega) \to W^l_2(\mathbf{R}^r).$$

Beweis. Der Fall $l = 0$ ist trivial, und wir nehmen deshalb $l = 1,2,\ldots$.

Aus der gleichmäßigen Kegelbedingung folgt die Segmenteigenschaft; nach Satz 3.6 liegen also die $C_0^\infty(\mathbf{R}^r)\,|_\Omega$-Funktionen dicht in $W_2^l(\Omega)$, und wir können bei den Elementen von $W_2^l(\Omega)$ genügende Glattheit voraussetzen. Wir fixieren nun einen Punkt x in Ω, sei U_x die „Kegelumgebung" aus Definition 2.3, d.h. aus $z \in \bar\Omega \cap U_x$ folge $z + C^{(x)} \subset \Omega$. U_x können wir als beschränkt voraussetzen. Der Kürze wegen wollen wir den Index x fortlassen und $U := U_x$, $K := \Omega \cap U$, $C := C^{(x)}$ schreiben. Sei $C = C(0, \varrho, \Sigma)$, dabei wählen wir das Bestimmungsstück Σ des Kegels C auf der Einheitssphäre $S(0, 1)$ – siehe Text nach Definition 2.1 und Bild 2.2.

Sei u eine Funktion aus $C^\infty(\bar K)$ mit ihrem Support in $\bar\Omega \cap U = K \cup (\partial\Omega \cap U)$. Sei $\sigma \in \Sigma$, dann haben wir für $x \in \bar K$:

$$(11) \qquad \int_0^\infty t^{l-1} \frac{\mathrm{d}^l}{\mathrm{d}t^l} \left[e^{-t} u(x + t\sigma) \right] \mathrm{d}t = (-1)^l (l-1)! \cdot u(x)$$

und

$$(12) \qquad \frac{\mathrm{d}^l}{\mathrm{d}t^l} \left[e^{-t} u(x + t\sigma) \right] = e^{-t} (-1)^l \sum_{|\alpha| \leqslant l} D^\alpha u(x + t\sigma) \sigma^\alpha \frac{|\alpha|!}{\alpha!} \binom{l}{|\alpha|} (-1)^{|\alpha|}.$$

Sei $v(\sigma)$ eine auf der Sphäre $S(0,1)$ definierte, unendlich oft differenzierbare Funktion, deren Support in Σ liegt, und die die Eigenschaften hat:

$$v(\sigma) \geqslant 0, \qquad \int_S v(\sigma)\,\mathrm{d}\sigma = 1.$$

Multiplizieren wir beide Seiten von (11) mit $v(\sigma)$ und integrieren über S, so ergeben (11) und (12)

$$u(x) = \frac{1}{(l-1)!} \int_S v(\sigma) \int_0^\infty t^{l-1} e^{-t} \sum_{|\alpha| \leqslant l} (-1)^{|\alpha|} \frac{|\alpha|!}{\alpha!} \binom{l}{|\alpha|} \sigma^\alpha \cdot D^\alpha u(x + \sigma t)\,\mathrm{d}t\,\mathrm{d}\sigma,$$

oder nach Substitution $y = x + t\sigma$, und $\mu(x) := v(-x)$ geschrieben:

$$(13)$$
$$u(x) = \frac{1}{(l-1)!} \int_{\mathbf{R}^r} \left[\sum_{|\alpha| \leqslant l} \frac{|\alpha|!}{\alpha!} \binom{l}{|\alpha|} \frac{(x-y)^\alpha}{|x-y|^{|\alpha|+r-l}} D^\alpha u(y) \right] \cdot e^{-|x-y|} \mu\left(\frac{x-y}{|x-y|} \right) \mathrm{d}y, \quad x \in \bar K.$$

Wir wollen diese Formel, die auf Sobolev [1] zurückgeht, zur Grundlage des Fortsetzungsoperators machen. Man beachte dabei, daß wegen der Supporteigenschaft von μ und der Kegelbedingung nur Punkte y aus $\bar\Omega \cap U$ einen Beitrag zum Integral liefern. Wir beweisen zuerst ein Lemma

Lemma 5.2 *Wir bezeichnen mit W die Funktionen u aus $W_2^l(\Omega) \cap C^\infty(\bar K)$, die ihren Träger in $K \cup (\partial\Omega \cap U) = \bar\Omega \cap U$ haben. Dann existiert ein stetiger Fortsetzungsoperator*

$$F : W \to W_2^l(\mathbf{R}^r) \ \textit{mit} \ R_K \circ Fu = u.$$

Beweis. Sei $u \in W$, wir setzen für $|\alpha| \leqslant l$

$$f_\alpha(x) = \begin{cases} D^\alpha u(x), & x \in K, \\ 0, & x \notin K, \end{cases}$$

und definieren für $x \in \mathbf{R}^r$

$$v(x) := Fu = \frac{1}{(l-1)!} \int\limits_{\mathbf{R}^r} \left[\sum_{|\alpha| \leqslant l} \frac{|\alpha|!}{\alpha!} \binom{l}{|\alpha|} \frac{(x-y)^\alpha}{|x-y|^{|\alpha|+r-l}} f_\alpha(y) \right] e^{-|x-y|} \mu\left(\frac{x-y}{|x-y|}\right) dy$$

$$(14)$$

$$= \sum_{|\alpha| \leqslant l} \int\limits_{\mathbf{R}^r} I_\alpha(x-y) f_\alpha(y)\, dy.$$

Für $x \in K$ haben wir wegen (13) sofort $v(x) = u(x)$ oder $R_K \circ Fu = u$, d.h. F ist ein Fortsetzungsoperator. Für später (siehe Zusatz 5.1) vermerken wir, daß $v(x) = u(x)$ auch für $x \in \partial\Omega \cap \bar{K}$ gilt: Nach Satz 2.9 hat nämlich $\partial\Omega$ das Lebesguesmaß 0, die Definition von f_α entsprechend abgeändert auf der Nullmenge $\partial\Omega \cap \bar{K}$ ändert das Integral (14) nicht und wir können (13) anwenden. Um die Stetigkeit von F einzusehen, benutzen wir die Fouriertransformation und Satz 5.2. Da offensichtlich $\int\limits_{\mathbf{R}^r} |I_\alpha(x)|\, dx < \infty$ für $|\alpha| \leqslant l$ ist, d.h. $I_\alpha \in L_1 \subset \mathscr{S}'$, und $f_\alpha \in \mathscr{E}'$, $|\alpha| \leqslant l$, können wir den Convolutionssatz Satz 1.26 anwenden und erhalten aus (14) nach Fouriertransformation

$$(15) \qquad \hat{v}(\xi) = \sum_{|\alpha| \leqslant l} \hat{I}_\alpha(\xi) \cdot \hat{f}_\alpha(\xi).$$

Falls wir für $|\alpha| \leqslant l$ beweisen können

$$(16) \qquad |\hat{I}_\alpha(\xi)| \leqslant c_1 (1 + |\xi|^2)^{-l/2},$$

haben wir alles bewiesen, denn (15) quadriert und multipliziert mit $(1 + |\xi|^2)^l$ gibt nach Berücksichtigung von (16) und Satz 5.2

$$\|v\|_{W_2^l(\mathbf{R}^r)} \leqslant C \|u\|_{W_2^l(K)},$$

das ist die Stetigkeit von F.

Nun zu (16). Wir betrachten das Integral

$$\hat{J}_\alpha(\xi) = \frac{\alpha!}{|\alpha|!} \binom{l}{|\alpha|}^{-1} \hat{I}_\alpha(\xi) = \frac{1}{(l-1)!} \int\limits_{\mathbf{R}^r} \frac{x^\alpha e^{-|x|}}{|x|^{|\alpha|+r-l}} \mu\left(\frac{x}{|x|}\right) e^{-i(x,\xi)}\, dx$$

und haben nach partieller Integration

$$= \frac{1}{(l-1)!} \int\limits_{S} \sigma^\alpha \mu(\sigma) \int\limits_0^\infty t^{l-1} e^{-t(1+i(\sigma,\xi))}\, dt\, d\sigma = \int\limits_{S} \frac{\sigma^\alpha \mu(\sigma)}{[1 + i(\sigma,\xi)]^l}\, d\sigma.$$

Wir haben offensichtlich für $|\xi| \leqslant 1$

$$(17) \qquad |\hat{J}_\alpha(\xi)| \leqslant c_2,$$

es genügt also den Fall $|\xi| > 1$ zu betrachten.

Sei $\eta = \xi/|\xi|$, ohne die Allgemeinheit einzuschränken können wir voraussetzen, daß der $\mathrm{supp}\,\mu$ so klein ist, daß aus $\mu(\sigma) \neq 0$ folgt $(\sigma, \sigma_0) > 1/2$, hier ist $\sigma_0 = (0,0, \ldots, -1)$; man kann dann ein $\varepsilon > 0$ mit den Eigenschaften:

1. aus $|\eta_r| \leqslant \varepsilon$ folgt $\eta \notin \mathrm{supp}\,\mu$,

und

2. aus $|\eta_r| > \varepsilon$ und $\sigma \in \mathrm{supp}\,\mu$, folgt, $|(\sigma, \eta)| \geqslant c_3$, finden, hier ist $\eta = (\eta_1, \ldots, \eta_r)$.

Wir betrachten zuerst den Fall 1: $|\eta_r| \leqslant \varepsilon$. Wir führen ein neues Koordinatensystem ein, dabei seien die Achsen durch die Vektoren $\sigma^1, \sigma^2, \ldots, \sigma^r$ bestimmt (siehe Fig. 5.1), wobei sei

$$- (\sigma^r, \sigma_0) = (1 - \eta_r^2)^{1/2}, \qquad \sigma^1 = \eta.$$

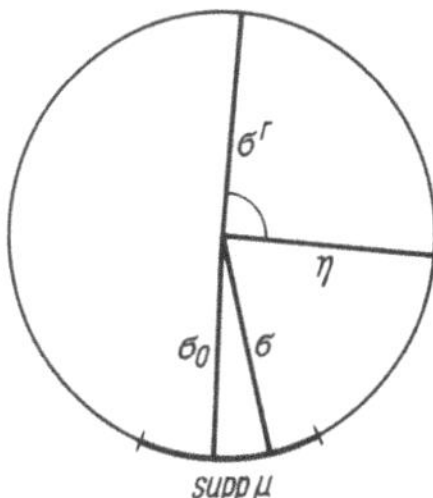

Fig. 5.1

Die Wahl des Koordinatensystems bewirkt, daß gilt $\sigma \in \mathrm{supp}\,\mu \curvearrowright (\sigma, \sigma^r) \neq 0$. Die neuen Koordinaten nennen wir $\tau_1, \ldots, \tau_r$ und setzen $\tau = (\tau', \tau_r)$. Nach dieser Koordinatentransformation geht $\hat{J}_\alpha(\xi)$ über in ($\tau_r = \sqrt{1 - \tau_1^2 - \cdots - \tau_{r-1}^2}$, $\tau_r \neq 0$)

$$\hat{J}_\alpha(\xi) = \int\limits_{|\tau|=1} \frac{\mu(\tau)\,\mathrm{d}\tau}{[1 + i\tau_1\,|\xi|]^l} = \int\limits_{|\tau'|<1} \frac{\lambda(\tau')\,\mathrm{d}\tau'}{(1 + i\tau_1\,|\xi|)^l},$$

wobei λ unendlich oft differenzierbar in $|\tau'| < 1$ ist, und $\mathrm{supp}\,\lambda \subset \{|\tau'| < 1\}$. Nach partieller Integration erhalten wir

$$(18) \qquad \int\limits_{|\tau'|<1} \frac{\lambda(\tau')\,\mathrm{d}\tau'}{(1 + i\tau_1\,|\xi|)^l} = \frac{1}{(l-1)!} \frac{1}{(i\,|\xi|)^{l-1}} \int\limits_{|\tau'|<1} \frac{\left(\dfrac{\partial^{l-1}\lambda}{\partial\tau_1^{l-1}}\right)\mathrm{d}\tau'}{1 + i\tau_1\,|\xi|}$$

$$\left(\text{wir setzen } \frac{\partial^{l-1}\lambda}{\partial\tau_1^{l-1}} = \delta\right)$$

$$= \frac{1}{(l-1)!} \frac{1}{(i\,|\xi|)^{l-1}} \int\limits_{|\tau'|<1} \frac{\delta \cdot (1 - i\tau_1\,|\xi|)}{1 + \tau_1^2\,|\xi|^2}\,\mathrm{d}\tau'.$$

Nun ist aber

(19)

$$\int\limits_{|\tau'|<1} \frac{\delta(\tau')\,|\xi|\,\tau_1\,d\tau'}{1+\tau_1^2\,|\xi|^2}$$

$$= \int\limits_{|\tau'|<1} \frac{\delta(0,\tau_2,\ldots,\tau_{r-1})\,|\xi|\,\tau_1}{1+\tau_1^2\,|\xi|^2}\,d\tau' + \int\limits_{|\tau'|<1} \frac{\delta(\tau')-\delta(0,\tau_2,\ldots,\tau_{r-1})}{1+\tau_1^2\,|\xi|^2}\,|\xi|\cdot\tau_1\cdot d\tau',$$

und das erste Integral auf der rechten Seite von (19) ist gleich Null, während wir fürs zweite – wegen $|\delta(\tau')-\delta(0,\tau_2,\ldots,\tau_{r-1})| \leqslant c_5\,|\tau_1|$ – die folgende Abschätzung haben

(20) $$\left| \int\limits_{|\tau'|<1} \frac{\delta(\tau')-\delta(0,\tau_2,\ldots,\tau_{r-1})}{1+\tau_1^2\,|\xi|^2}\,|\xi|\,\tau_1\,d\tau' \right| \leqslant \frac{c_6}{|\xi|}.$$

Weiter haben wir

(21) $$\left| \int\limits_{|\tau'|<1} \frac{\delta\cdot d\tau'}{1+\tau_1^2\,|\xi|^2} \right| \leqslant c_7 \int\limits_{-1}^{1} \frac{d\tau_1}{1+|\xi|^2\,\tau_1^2} \leqslant \frac{c_8}{|\xi|}.$$

(21) und (20) ergeben für (18) die Abschätzung (16). Im zweiten – noch übrig gebliebenen – Falle $|\eta_r| > \varepsilon$ ist $|(\sigma,\eta)| > c_3$ für $\sigma \in \mathrm{supp}\,\mu$, und man sieht die Abschätzung (16) unmittelbar ein. Damit haben wir das Lemma 5.2 bewiesen.

Der Beweis unseres Satzes 5.4 folgt nun durch eine Partition der Eins:

Wir überdecken $\bar{\Omega}$ mit „Kegelumgebungen" U_x, da $\bar{\Omega}$ kompakt ist, kommen wir mit endlich vielen aus:

$$\bar{\Omega} \subset \bigcup_{k=1}^{m} U_{x_k},$$

wir nehmen eine der Überdeckung $\{U_{x_k}\}$ untergeordnete Partition der Eins $\{\varphi_k\}$ und definieren

$$F\psi = \sum_{k=1}^{m} F_k(\varphi_k\psi), \qquad \psi \in W_2^l(\Omega),$$

wobei die F_k die im Lemma 5.2 konstruierten Fortsetzungsoperatoren sind. Die Stetigkeit (8) und die Eigenschaft (9) sind mühelos einzusehen. ∎

Zusatz 5.1 *Aus den Formeln* (11) *bis* (14) *ersieht man sofort, daß der Fortsetzungsoperator F_Ω die Eigenschaft*

$$F_\Omega\varphi\,|_{\partial\Omega} = \varphi\,|_{\partial\Omega},$$

für alle

$$\varphi \in C^{l-1,1}(\bar{\Omega})\ \text{hat.}$$

Beweis. Nach Satz 1.8 besitzt $\varphi \in C^{l-1,1}$ stetige Ableitungen bis zur Ordnung $l - 1$, und fast überall (beschränkte) Ableitungen der Ordnung l; weiter – die Distributionsableitungen stimmen mit den klassischen (fast überall) Ableitungen für $|s| \leqslant l$ überein – Nullmengen spielen aber keine Rolle bei den Integralformeln (11) bis (14) und man liest die Restriktionseigenschaft $F\varphi|_{\partial\Omega}$ direkt aus (13) und (14) ab. ∎

Folgerung 5.1 *Sei* Ω *beschränkt und erfülle die gleichmäßige Kegelbedingung. Wir bezeichnen mit* Ω_ε *die* ε-*Umgebung von* Ω

$$\Omega_\varepsilon = \{x \in \mathbf{R}^r \mid d(x, \Omega) < \varepsilon\}.$$

Es existiert ein linearer, stetiger Fortsetzungsoperator

(22) $\qquad F_\Omega^\varepsilon : W_2^l(\Omega) \to \overset{\circ}{W}_2^l(\Omega_\varepsilon).$

Beweis. Sei $\varphi_\varepsilon \in \mathscr{D}$ mit $\varphi_\varepsilon = 1$ auf Ω und $\varphi_\varepsilon = 0$ auf $\complement\,\Omega_\varepsilon$, sei F_Ω der Fortsetzungsoperator aus Satz 5.4, wir setzen

$$F_\Omega^\varepsilon \varphi := \varphi_\varepsilon \cdot (F_\Omega \varphi), \quad \text{für } \varphi \in W_2^l(\Omega),$$

und haben die Folgerung bewiesen. ∎

Wir wollen nun zwei Fortsetzungssätze beweisen, deren Beweismethode auf Hestenes [1] zurückgeht. Bei Satz 5.6 sind zwar die Voraussetzungen an Ω stärker als bei Satz 5.4, er gilt aber im Gegensatz zu Satz 5.4 für alle $l \in \mathbf{R}_+$.

Satz 5.5 *Sei* $\mathbf{R}_+^r = \{x \in \mathbf{R}^r \mid x_r > 0\}$. *Für jedes* $l \geqslant 0$ *existiert ein linearer, stetiger Fortsetzungsoperator*

$$F : W_2^l(\mathbf{R}_+^r) \to W_2^l(\mathbf{R}^r).$$

F hat die Eigenschaft, daß falls $\operatorname{supp}\varphi$ *beschränkt ist,* $\operatorname{supp} F\varphi$ *auch beschränkt ist. (Aus (24) ersieht man sofort, daß man den* $\operatorname{supp} F\varphi$ *durch Streckungen und durch Spiegelung an der Hyperebene* $x_r = 0$ *aus dem* $\operatorname{supp}\varphi$, $\varphi \in W_2^l(\mathbf{R}_+^r)$ *erhält.) Weiter: Es sei* $0 < L < \infty$ *vorgegeben. Dann kann für* $l \leqslant L$ *der Fortsetzungsoperator* $F_l : W_2^l(\mathbf{R}_+^r) \to W_2^l(\mathbf{R}^r)$ *von Satz 5.5 unabhängig von* l *gewählt werden.*

Beweis. Wir wollen den Zusatz gleich mitbeweisen und nehmen – ohne Beschränkung der Allgemeinheit – für L eine natürliche Zahl. Da $\mathbf{R}_+^r$ die Segmenteigenschaft (Definition 2.1) hat, können wir uns beim Beweis mit hinreichend glatten Funktionen mit beschränktem Träger begnügen (sie liegen nach Satz 3.6 dicht in $W_2^l(\mathbf{R}_+^r)$). Sei zuerst l ganzzahlig, also $l = 0,1,\dots$. Wir betrachten das Gleichungssystem

(23) $\qquad \displaystyle\sum_{m=0}^{L} \left(-\frac{1}{m+1}\right)^q \cdot \beta_m = 1, \qquad q = 0,\dots,L.$

Da die Determinante (Vandermond'sche!) dieses System verschieden von Null ist, ist es eindeutig lösbar nach β_m. Sei

$$\varphi \in C_0^l(\overline{\mathbf{R}_+^r}), \quad (\operatorname{supp}\varphi \text{ beschränkt}), \text{ und } \mathbf{R}_-^r = \{x \in \mathbf{R}^r \mid x_r < 0\};$$

wir setzen

$$(24) \qquad \tilde{\varphi}(x) := \sum_{m=0}^{L} \beta_m \, \varphi\left(x', -\frac{x_r}{m+1}\right) \quad \text{für } x = (x', x_r) \in \mathbf{R}^r_-,$$

und definieren den Fortsetzungsoperator durch

$$(25) \qquad (F\varphi)(x) := \begin{cases} \varphi(x), & x \in \overline{\mathbf{R}^r_+}, \\ \tilde{\varphi}(x), & x \in \mathbf{R}^r_-, \end{cases}$$

er ist unabhängig von l für $l \leqslant L$.

Wir zeigen zunächst, daß $F\varphi \in C_0^l(\mathbf{R}^r)$ falls $\varphi \in C_0^l(\overline{\mathbf{R}^r_+})$. Dazu müssen wir nur die Grenzwerte der Ableitungen von $\tilde{\varphi}$ auf der Hyperebene $x_r = 0$ betrachten. Seien p_1 ein Index und p_2 ein Multiindex mit $p_1 + |p_2| \leqslant l$, wir haben unter Benutzung von (23) und (24)

$$\lim_{x_r \to 0} \frac{\partial^{p_1}}{\partial x_r^{p_1}} D_{x'}^{p_2} \tilde{\varphi} = \lim_{x_r \to 0} \sum_{m=0}^{L} \beta_m \frac{\partial^{p_1}}{\partial x_r^{p_1}} D_{x'}^{p_2} \varphi\left(x', \frac{-x_r}{m+1}\right)$$

$$= \sum_{m=0}^{L} \beta_m \left(-\frac{1}{m+1}\right)^{p_1} \frac{\partial^{p_1}}{\partial x_r^{p_1}} D_{x'}^{p_2} \varphi \bigg|_{x_r=0} = \frac{\partial^{p_1}}{\partial x_r^{p_1}} D_{x'}^{p_2} \varphi \bigg|_{x_r=0},$$

womit wir $F\varphi \in C_0^l(\mathbf{R}^r)$ bewiesen haben. Die Hyperebene $x_r = 0$ hat das $\mathbf{R}^r$-Maß 0 und es gilt für $\varphi \in C_0^l(\overline{\mathbf{R}^r_+})$ wegen (24)

$$\| F\varphi \|_{W_2^l(\mathbf{R}^r)}^2 = \sum_{|s| \leqslant l} \| D^s(F\varphi) \|_0^2$$

$$= \sum_{|s| \leqslant l} \left(\int_{\mathbf{R}^r_+} |D^s\varphi|^2 \, dx + \int_{\mathbf{R}^r_-} |D^s\tilde{\varphi}| \, dx \right)$$

$$\leqslant C \sum_{|s| \leqslant l} \int_{\mathbf{R}^r_+} |D^s\varphi|^2 \, dx = C \| \varphi \|_{W_2^l(\mathbf{R}^r_+)}^2,$$

womit wir (nach dem üblichen Dichteschluß) die Stetigkeit von $F: W_2^l(\mathbf{R}^r_+) \to W_2^l(\mathbf{R}^r)$ bewiesen haben; die Eigenschaft (9) von Definition 5.3 liest man sofort aus der Definition (25) von $F\varphi$ ab.

Sei nun $l = [l] + \lambda$ mit $0 < \lambda < 1$. Wir brauchen nur noch die Abschätzung

$$(26) \qquad I_\lambda(D^s(F\varphi)) = \iint_{\mathbf{R}^r \times \mathbf{R}^r} \frac{|D^s(F\varphi)(x) - D^s(F\varphi)(y)|^2}{|x-y|^{r+2\lambda}} \, dx \, dy$$

$$\leqslant C \iint_{\mathbf{R}^r_+ \times \mathbf{R}^r_+} \frac{|D^s\varphi(x) - D^s\varphi(y)|^2}{|x-y|^{r+2\lambda}} \, dx \, dy = C I_\lambda(D^s\varphi),$$

für $|s| \leqslant [l]$, $\varphi \in C_0^{[l]}(\mathbf{R}^r_+)$, (supp φ beschränkt), $F\varphi$ durch (25) definiert, zu beweisen. Sei I_1 das erste Integral in (26); wir haben

$$I_1 = \int\limits_{\mathbf{R}^r_+ \times \mathbf{R}^r_+} \int \frac{|D^s F\varphi(x) - D^s F\varphi(y)|^2}{|x - y|^{r + 2\lambda}}\, dx\, dy + \int\limits_{\mathbf{R}^r_- \times \mathbf{R}^r_-} \int \frac{|D^s F\varphi(x) - D^s F\varphi(y)|^2}{|x - y|^{r + 2\lambda}}\, dx\, dy$$

$$(27)$$

$$+ 2 \int\limits_{\mathbf{R}^r_+ \times \mathbf{R}^r_-} \int \frac{|D^s F\varphi(x) - D^s F\varphi(y)|^2}{|x - y|^{r + 2\lambda}}\, dx\, dy = I_2 + I_3 + 2I_4,$$

da wir wegen $\varphi \in C_0^{[l]}(\overline{\mathbf{R}^r_+})$, $F\varphi \in C_0^{[l]}(\mathbf{R}^r)$, beim Integrieren Nullmengen fortlassen dürfen (klassische Ableitungen stimmen mit Distributionsableitungen nach Satz 1.7 überein).

Nach (24) haben wir

$$(28) \qquad D^s \tilde{\varphi}(x) = \sum_{m=0}^{L} \beta_m \left(\frac{-1}{m+1} \right)^{p_1} D_x^s \varphi \left(x', -\frac{x_r}{m+1} \right),$$

dies ins Integral I_3 eingesetzt, ergibt

$$(29) \qquad I_3 \leqslant c_2 \int\limits_{\mathbf{R}^r_+ \times \mathbf{R}^r_+} \int \frac{|D^s \varphi(x) - D^s \varphi(y)|^2}{|x - y|^{r + 2\lambda}}\, dx\, dy = c_1 I_2 = c_1 I_\lambda(D^s \varphi).$$

Wir wollen jetzt das Integral I_4 abschätzen. (23) und (28) ergibt nach Variablentransformation in x

$$I_4 = \int\limits_{\mathbf{R}^r_- \times \mathbf{R}^r_+} \int \left| \sum_{m=0}^{L} \beta_m \left(\frac{-1}{m+1} \right)^{p_1} \left[D_x^s \varphi \left(x', -\frac{x_r}{m+1} \right) - D_y^s \varphi(y) \right] \right|^2 \cdot \frac{dx\, dy}{|x - y|^{r + 2\lambda}}$$

$$(30)$$

$$\leqslant c_2 \int\limits_{\mathbf{R}^r_+ \times \mathbf{R}^r_+} \int \sum_{m=0}^{L} \frac{|D^s \varphi(x) - D^s \varphi(y)|^2}{|x^{(m)} - y|^{r + 2\lambda}}\, dx\, dy,$$

wobei wir gesetzt haben $x^{(m)} = (x', -(m+1)x_r)$.
Für $x, y \in \mathbf{R}^r_+$ gilt aber

$$|x^{(m)} - y| = [|x' - y'|^2 + |(m+1)x_r + y_r|^2]^{1/2}$$

$$= [|x' - y'|^2 + (m+1)^2 x_r^2 + 2(m+1)x_r y_r + y_r^2]^{1/2}$$

$$\geqslant [|x' - y'|^2 + x_r^2 - 2x_r y_r + y_r^2]^{1/2} = |x - y|,$$

und wir können in (30) weiter abschätzen

$$(31) \qquad\qquad \leqslant C_3 I_2 = C_3 I_\lambda(D^s \varphi).$$

(27), (29), (30) und (31) ergeben die gewünschte Abschätzung (26). ∎

Mit Hilfe des Transformationssatzes 4.1 erhalten wir aus Satz 5.5

Satz 5.6 *Sei Ω beschränkt und $(k, \varkappa)$-glatt. Dann existiert für $0 \leqslant l < k + \varkappa$ (falls $(k + \varkappa)$ ganzzahlig ist, kann man auch $l = k + \varkappa$ nehmen), ein linearer, stetiger Fortsetzungsoperator*

$$F_\Omega : W_2^l(\Omega) \to W_2^l(\mathbf{R}^r) ,$$

wobei F_Ω nicht von l für $l \leqslant k + \varkappa = L$ abhängt.

Beweis. Wir überdecken $\bar\Omega$ mit kleinen Umgebungen U_j, $j = 0, \ldots, m$, die die Eigenschaften der $(k, \varkappa)$-Glattheitsdefinition (Definition 2.7) haben und wählen eine der Überdeckung $\{U_j\}$ untergeordnete Partition der Eins $\{\alpha_j\}$. Sei $\Phi_j : U_j \to W^r$ die entsprechende $(k, \varkappa)$-Transformation*) und $^*\Phi_j : W_2^l(W^r) \to W_2^l(U_j)$ der zugeordnete Pullback-Operator, wir setzen

$$(32) \qquad F_\Omega \varphi := \sum_{j=0}^{m} {}^*\Phi_j \circ F \circ {}^*\Phi_j^{-1}(\alpha_j \cdot \varphi), \qquad \varphi \in W_2^l(\Omega),$$

die Supporteigenschaft von $\alpha_j \cdot \varphi$ hat zur Folge, daß

$$(33) \qquad \cdot \, \| {}^*\Phi_j^{-1}(\alpha_j \varphi) \|_{W_2^l(W_+^r)} = \| {}^*\Phi_j^{-1}(\alpha_j \varphi) \|_{W_2^l(\mathbf{R}_+^r)} .$$

Damit hat die Fortsetzung (nach Satz 5.5) $F \circ {}^*\Phi_j^{-1}(\alpha_j \varphi)$ den Support kompakt in W^r. Wir wenden nun Satz 4.1 mit (33) und Satz 5.5 an und erhalten die Stetigkeit von

$$\varphi \mapsto F \circ {}^*\Phi_j^{-1}(\alpha_j \varphi) : W_2^l(\Omega) \to \mathring{W}_2^l(W^r) .$$

Satz 4.1 nochmals angewandt ergibt

$${}^*\Phi_j \circ F \circ {}^*\Phi_j^{-1}(\alpha_j \varphi) : W_2^l(\Omega) \to \mathring{W}_2^l(U_j) \quad \text{stetig.}$$

Damit ist (32)

$$F_\Omega : W_2^l(\Omega) \to \mathring{W}_2^l \left(\bigcup_{j=0}^{m} U_j \right) \mathrel{\Subset} W_2^l(\mathbf{R}^r) \quad \text{stetig.}$$

Die Eigenschaft (9) prüft man an Hand der Definition (32) leicht nach. Die Unabhängigkeit von l liest man wegen Satz 5.5 aus (32) ab, F ist unabhängig von l! ∎

Wie bei Satz 5.4 beweist man wieder die Folgerung

Folgerung 5.2 *Sei Ω beschränkt und $(k, \varkappa)$-glatt. Dann existiert für $0 \leqslant l < k + \varkappa$ ein linearer, stetiger Fortsetzungsoperator (unabhängig von l)*

$$F_\Omega^\varepsilon : W_2^l(\Omega) \to \mathring{W}_2^l(\Omega_\varepsilon) .$$

Auch gilt das Analogon zum Zusatz 5.1:

Zusatz 5.2 *Der Fortsetzungsoperator aus den* Sätzen 5.5 *und* 5.4 *(oder aus Folgerung 5.2) hat die Eigenschaft*

$$(34) \qquad F_\Omega \varphi \,|_{\partial\Omega} = \varphi \,|_{\partial\Omega} ,$$

für alle $\varphi \in C^{[l]-1,1}(\bar\Omega)$ (bzw. $\varphi \in C^0(\bar\Omega)$, falls $[l] = 0$ ist).

---

*) Durch evtl. Verkleinerung der U_j (siehe Hilfssatz 4.1) können wir immer erreichen, daß die Φ_j $\tilde{C}^{k,\varkappa}$-Diffeomorphismen sind und Satz 4.1 anwendbar ist.

Zum Beweis müssen wir uns die Fortsetzungsdefinition (24) näher ansehen. Für $\varphi \in C^{[l]-1,1}(\overline{\mathbf{R}}^r_+)$ erhalten wir mittels (25) und offensichtlichen Abschätzungen, daß $F\varphi \in C^{[l]-1,1}(\mathbf{R}^r)$. Wir wenden wieder Satz 1.8 an und erhalten die Gleichheit der Distributionsableitungen $D^s(F\varphi)$ mit den klassischen (fast überall) Ableitungen für $|s| \leqslant [l]$. Dies zeigt, daß der gesamte Beweis von Satz 5.4 für $\varphi \in C^{[l]-1,1}(\overline{\mathbf{R}}^r_+)$ durchziehbar ist, und die Definition (24) zeigt direkt die Gültigkeit von (34). Um (34) für F_Ω oder F^ε_Ω zu beweisen, bemerken wir, daß der Transformationssatz 4.1 die Relation (34) invariant läßt; auch die Zugehörigkeit $\varphi \in C^{[l]-1,1}$ bleibt ungeändert.

Wir brauchen für später – § 13 – einen beinahe trivialen Fortsetzungssatz.

Satz 5.7 *Sei $f \in C^k(B(0, \varrho))$ und es gelte $|f(x) - c| \leqslant \varepsilon$ auf $B(0, \varrho)$, wobei c eine Konstante ist. Dann läßt sich f von $B(0, \varrho/2)$ auf $\mathbf{R}^r$ fortsetzen, wobei für die Fortsetzung $\tilde{f}$ gelten*

$$\tilde{f} \in C^k(\mathbf{R}^r), \text{ und } |\tilde{f}(x) - c| \leqslant \varepsilon \text{ für alle } x \in \mathbf{R}^r.$$

Bemerkungen Derselbe Fortsetzungssatz gilt auch für vektorwertige Funktionen $f(x)$, und dieselbe Beweismethode ergibt auch eine Fortsetzung $\tilde{f} \in C^k(\mathbf{R}^r_+)$ von $B_+(0, \varrho/2)$ nach $\mathbf{R}^r_+$, mit $|\tilde{f}(x) - c| \leqslant \varepsilon$ für $x \in \mathbf{R}^r_+$, vorausgesetzt es war $f \in C^k(B_+(0, \varrho))$ und $|f(x) - c| \leqslant \varepsilon$ für $x \in B_+(0, \varrho)$.

Beweis. Sei $\alpha \in \mathscr{D}(\mathbf{R}^r)$ mit $\alpha = 1$ auf $B(0, \varrho/2)$, $\alpha = 0$ auf $\complement B(0, \varrho)$ und $0 \leqslant \alpha \leqslant 1$ sonst, siehe Folgerung 1.2. Wir setzen (kurz geschrieben)

$$\tilde{f} = \alpha(f - c) + c$$

und haben

$$|\tilde{f} - c| = \alpha|f - c| \leqslant \alpha\varepsilon \leqslant \varepsilon.$$

Auch die anderen Eigenschaften von f prüft man leicht nach. ∎

Aufgaben

5.1 Sei T^r der r-dimensionale Torus, wir definieren $W_2^{-l}(T^r)$ als Dualraum zu $W_2^l(T^r)$, also $f(\cdot)$ ein stetiges, lineares Funktional auf $W_2^l(T^r)$; wir definieren die Fourierkoeffizienten von f durch

$$c_k := f(e^{-i(k,x)}), \qquad k \in \mathbf{Z}^r.$$

Wir haben $f \in W_2^{-l}(T^r)$ genau dann, wenn

$$\sum_k (1 + |k|^2)^{-l}|c_k|^2 < \infty, \quad \text{und} \quad p(f) = \left[\sum_k (1 + |k|^2)^{-l}|c_k|^2\right]^{1/2}$$

ist eine äquivalente Norm auf $W_2^{-l}(T^r)$.

5.2 $\mathscr{D}(T^r)$ liegt dicht in $W_2^{-l}(T^r)$.

5.3 Es gilt $f = \sum_k c_k e^{i(k,x)}$, die Konvergenz in $W_2^{-l}(T^r)$ verstanden.

§6 Stetige Einbettungen und das Lemma von Sobolev

Die Sobolevräume bilden eine Skala, d.h. wir haben die stetige Einbettung

$$W_2^{l_1}(\Omega) \subset W_2^{l_2}(\Omega) \quad \text{für } l_1 \geq l_2 \text{ (Satz 6.1)}.$$

Falls l genügend groß ist, dann besteht $W_2^l(\Omega)$ nur aus stetigen Funktionen, ja sogar aus stetigen, differenzierbaren Funktionen, sieht man von Nullmengen ab. So haben wir z.B. den Sobolevschen Einbettungssatz

$$W_2^l(\Omega) \subset C(\bar{\Omega}), \quad \text{für } l > \frac{r}{2}.$$

Wir bringen zwei Beweise für den Sobolevschen Einbettungssatz, den originalen für ganzzahlige l, unter sehr allgemeinen Voraussetzungen an das Gebiet Ω, und einen zweiten mittels der Fouriertransformation und der Fortsetzungssätze. Der zweite Beweis erfaßt auch nicht ganzzahlige l, allerdings unter stärkeren Voraussetzungen an das Gebiet Ω.

Wir beginnen mit der Skaleneigenschaft der W- und H-Räume

Satz 6.1 *Die folgenden Einbettungen $\subset$ sind stetig für $l_2 > l_1$:*

1. $H^{l_2} \subset H^{l_1}$ *(siehe §5), $l_1, l_2 \in \mathbf{R}$ beliebig.*

2. $H^{l_2}(\Omega) \subset H^{l_1}(\Omega)$, $l_1, l_2 \in \mathbf{R}$ *beliebig, Ω beliebig.*

3. $\overset{\circ}{H}{}^{l_2}(\Omega) \subset \overset{\circ}{H}{}^{l_1}(\Omega)$, $l_1, l_2 \in \mathbf{R}$ *beliebig, Ω beliebig.*

4. $\overset{\circ}{W}_2^{l_2}(\Omega) \subset \overset{\circ}{W}_2^{l_1}(\Omega)$, $l_1, l_2 \in \mathbf{R}_+$ *beliebig, Ω beliebig.*

5. $W_2^{l_2}(\Omega) \subset W_2^{l_1}(\Omega)$, $l_1, l_2 \in \mathbf{N}$, Ω *beliebig.*

6. $W_2^{l_2}(\Omega) \subset W_2^{l_1}(\Omega)$, $l_1, l_2 \in \mathbf{R}_+$ *beliebig, Ω habe die Fortsetzungseigenschaft, d.h. es existieren stetige Fortsetzungsoperatoren $F_\Omega^{l_i} : W_2^{l_i}(\Omega) \to W_2^{l_i}(\mathbf{R}^r)$, $i = 1,2$, (siehe §5).*

7. *Sei M eine kompakte $C^{k,\varkappa}$-Mannigfaltigkeit und $l_1 < l_2 \leq k + \varkappa$ (das letzte Gleichheitszeichen ist zugelassen für $k + \varkappa$ ganzzahlig, siehe §4). Dann gilt $W_2^{l_2}(M) \subset W_2^{l_1}(M)$, $l_1, l_2 \in \mathbf{R}_+$.*

Beweis. Wir haben $L_2^{l_2} \subset L_2^{l_1}$ – siehe §5 – woraus nach Fouriertransformation 1. folgt. Aus 1 erhalten wir durch Infinumsbildung bei der Norm (siehe Definition 5.2) 2. die Aussage 3 ergibt sich aus 2 durch Restriktion auf $\mathscr{D}(\Omega)$, und wegen $\overset{\circ}{W}_2^l(\Omega) \simeq \overset{\circ}{H}{}^l(\Omega)$, für $l \in \mathbf{R}_+$, haben wir auch 4 bewiesen. 5 ist trivial, man schreibe nur die Normen hin. 6: wegen der vorausgesetzten Fortsetzungseigenschaft haben wir nach Satz 5.3 $W_2^{l_i}(\Omega) = H^{l_i}(\Omega)$, $i = 1, 2$, woraus sich mit 2 die Aussage 6 ergibt. 7 ergibt sich aus 4, siehe die Definition 4.4 der Normen in $W_2^l(M)$. ∎

Wir wollen nun für die Räume $W_2^l(\Omega)$, $l \in \mathbf{R}_+$, das Sobolevsche Lemma herleiten, dazu müssen wir das Gebiet Ω geometrischen Bedingungen unterwerfen. Wir fordern hier, daß Ω die Segmenteigenschaft (Definition 2.1) hat und der Kegelbedingung (Definition 2.2) genügt. Beide Bedingungen folgen z.B. aus der gleichmäßigen

Kegelbedingung (Definition 2.3) oder falls Ω beschränkt ist aus $N^{0,1}$ (siehe Satz 2.1). Falls Ω beschränkt ist, genügt es, nur die Kegelbedingung vorauszusetzen, siehe den Satz von Gagliardo, Satz 2.3, und den Beweis des Sobolevschen Lemmas (Satz 6.2) leicht abzuändern (man operiert nicht mit einem Ω, sondern mit mehreren Ω_i).

Wir beweisen zuerst das Lemma von Sobolev für ganzzahlige $l \in \mathbf{N}$, also $l = 1, \ldots$. Wir kommen in diesem Fall – wie eben bemerkt – mit sehr schwachen Voraussetzungen an das Gebiet aus (siehe Satz 6.2 und die daran anschließenden Sätze).

Satz 6.2 (Lemma von Sobolev) *Das Gebiet Ω habe die Segmenteigenschaft, erfülle die Kegelbedingung, und es sei $l > r/2$, $l \in \mathbf{N}$. Dann sind die Elemente aus $W_2^l(\Omega)$ stetige und beschränkte Funktionen auf $\bar{\Omega}$, und die Einbettung*

$$(1) \qquad W_2^l(\Omega) \mathrel{\raise.1ex\hbox{$\subset$}} C(\bar{\Omega})$$

ist stetig.

Bemerkung Die Aussage, daß die Elemente aus $W_2^l(\Omega)$ stetige, beschränkte Funktionen sind, ist natürlich so zu verstehen: Jedes Element aus $W_2^l(\Omega)$ ist bekanntlich eine Äquivalenzklasse von bis auf Nullmengen übereinstimmender Funktionen, und wir behaupten, daß wir innerhalb einer jeden Klasse eine stetige, beschränkte Funktion finden können.

Beweis. Da Ω die Segmenteigenschaft hat, liegen nach Satz 3.6 die Funktionen φ aus $W_2^l(\Omega) \cap C^\infty(\bar{\Omega})$ dicht in $W_2^l(\Omega)$, und wir beweisen zuerst für diese Funktionen die Ungleichung

$$(2) \qquad \sup_{x \in \bar{\Omega}} |\varphi(x)| \leqslant C \|\varphi\|_l.$$

Sei $x \in \bar{\Omega}$ und $C_x \subset \Omega$ der Kegel aus der Kegelbedingung. Dieser Kegel C_x ist ein Teil der Kugel $B(x, R)$

$$(3) \qquad C_x \subset B(x, R),$$

und er schneidet aus der Oberfläche dieser Kugel das „Kreisstück" Σ mit dem Oberflächenmaß mes $\Sigma > 0$ aus, siehe die Bemerkungen zum Kegelbegriff vor Definition 2.2.

Sei $e_R(y) = f_{2/R}(y - x)$, wobei f_ε, $\varepsilon = 2/R$, die Funktion aus dem Beweis von Satz 3.2 ist. Wir haben

$$e_R(y) = \begin{cases} 1, & \text{für } |y - x| < \dfrac{R}{2}, \\[2mm] 0, & \text{für } |y - x| \geqslant R, \end{cases}$$

und

$$(4) \qquad |D^s e_R(y)| \leqslant \frac{M}{R^{|s|}}, \qquad |s| \leqslant l, \ l \text{ fest}.$$

Sei $\varphi \in W_2^l(\Omega) \cap C^\infty(\bar{\Omega})$, und $x \in \bar{\Omega}$. Wir betrachten, wie eben, die Kugeln $B(x, R)$ und

$B(x, R/2)$ um x, und integrieren auf dem Strahl $y = x + \vec{n}\varrho$ durch x ($\vec{n}$ ein Einheitsvektor). Wir haben (siehe Definition von $e_R(y)$)

$$\varphi(x) = -e_R(x + \vec{n}\varrho)\,\varphi(x + \vec{n}\varrho)\Big|_{\varrho=0}^{\varrho=R} = -\int_0^R \frac{\partial(e_R\varphi)}{\partial\varrho}\,d\varrho,$$

wobei wir im folgenden das Argument von $e_R \cdot \varphi$ fortlassen. Durch partielle Integrationen erhalten wir weiter

$$\varphi(x) = \ldots = \frac{(-1)^l}{(l-1)!}\int_0^R \varrho^{l-1}\,\frac{\partial^l(e_R\varphi)}{\partial\varrho^l}\,d\varrho.$$

Falls wir über Σ auf der Oberfläche der Kugel $\overline{B(x, R)}$ integrieren, erhalten wir nach Anwendung der Schwarzschen Ungleichung

$$|\operatorname{mes}\Sigma \cdot \varphi(x)| = \frac{1}{(l-1)!}\left|\int_{\overline{C_x}} \frac{\varrho^{l-r}\cdot\partial^l(e_R\varphi)}{\partial\varrho^l}\,dy\right|$$

$$(5)\qquad \leqslant \frac{1}{(l-1)!}\left[\int_{\overline{C_x}} \varrho^{2(l-r)}\,dy\right]^{1/2}\left[\int_{\overline{C_x}} \left|\frac{\partial^l(e_R\varphi)}{\partial\varrho^l}\right|^2\,dy\right]^{1/2}$$

$$\leqslant \frac{1}{(l-1)!}\left[\int_{\overline{C_x}} \varrho^{2(l-r)}\,dy\right]^{1/2}\cdot\|e_R\varphi\|_{l,\bar{\Omega}},$$

wobei letztere Ungleichung daraus folgt, daß nach der Kegelbedingung $\overline{C}_x \subset \overline{\Omega}$ gilt. Nach Satz 2.9 hat der Rand $\partial\Omega$ von Ω das Maß 0, wir können also in (5) $\|e_R\varphi\|_{l,\bar{\Omega}}$ durch $\|e_R\varphi\|_{l,\Omega}$ ersetzen. Da der Kegel $\overline{C}_x$ in der Kugel $\overline{B(x, R)}$ enthalten ist, (3), gilt weiter

$$(6)\qquad \int_{\overline{C_x}} \varrho^{2(l-r)}\,dy = \int_{\overline{C_x}} |y-x|^{2(l-r)}\,dy \leqslant \int_{\overline{B(x,R)}} |y-x|^{2(l-r)}\,dy$$

$$= \int_{\overline{B(0,R)}} |y|^{2(l-r)}\,dy = \frac{2\pi^{r/2}\,R^{2(l-r)+r}}{\Gamma\left(\dfrac{r}{2}\right)\cdot(2(l-r)+r)} =: BR^{2l-r}.$$

Wendet man auf $\|e_R\varphi\|_l$ in (5) die Leibnizsche Produktregel an und berücksichtigt (4), so erhält man

$$(7)\qquad \|e_R\varphi\|_{l,\Omega} \leqslant C\max_{|s|\leqslant l}\frac{1}{R^{|s|}}\cdot\|\varphi\|_{l,\Omega}.$$

Wir setzen (6) und (7) in (5) ein und haben

$$|\operatorname{mes}\Sigma \cdot \varphi(x)| \leqslant C' \cdot R^{l-(r/2)} \cdot \max_{|s|<l}\frac{1}{R^{|s|}}\|\varphi\|_l,$$

das ist (2). Da $W_2^l(\Omega) \cap C^\infty(\bar\Omega)$ dicht in $W_2^l(\Omega)$ ist, erhält man aus (2) durch stetige Fortsetzung

$$(8)\qquad \|\varphi\|_{C(\bar\Omega)} \leqslant c\|\varphi\|_{l,\Omega},$$

für alle $\varphi \in W_2^l(\Omega)$, das ist (1). ∎

Der stetige Fortsetzungsprozeß findet nach (8) in der Supremums-norm statt, damit sind die durch den Fortsetzungsprozeß gewonnenen Grenzfunktionen wieder stetige und beschränkte Funktionen.

Folgerung 6.1 *Das Gebiet Ω habe die Segmenteigenschaft, erfülle die Kegelbedingung, und es sei $l_1 - l_2 > r/2$. Dann sind die Elemente aus $W_2^{l_1}(\Omega)$, l_2-mal stetig differenzierbare Funktionen, und die Einbettung*

$$(9)\qquad W_2^{l_1}(\Omega) \subset C^{l_2}(\bar\Omega)$$

ist stetig.

Beweis. Ist $\varphi \in W_2^{l_1}(\Omega)$, dann ist $D^s\varphi \in W_2^{l_1-|s|}(\Omega)$ für $|s| \leqslant l_1$, und nach dem Lemma von Sobolev ist $D^s\varphi$ stetig auf $\bar\Omega$ für $|s| \leqslant l_2$. Weiter ist nach (8)

$$\sup_{x\in\bar\Omega}|D^s\varphi(x)| \leqslant C\|D^s\varphi\|_{l_1-|s|} \leqslant C \cdot \|\varphi\|_{l_1},$$

für alle $|s| \leqslant l_2$, d.h. die Einbettung (9) ist stetig. ∎

Für den Raum $\mathring{W}_2^l(\Omega)$ gilt das Sobolevsche Lemma ohne jegliche Einschränkungen an das Gebiet Ω.

Folgerung 6.2 *Sei $\Omega \subset \mathbf{R}^r$ irgendeine offene Menge, und sei $l_1 - l_2 > r/2$. Dann sind die Elemente aus $\mathring{W}_2^{l_1}(\Omega)$ l_2-mal stetig differenzierbare Funktionen, und die Einbettung*

$$\mathring{W}_2^{l_1}(\Omega) \subset \mathring{C}^{l_2}(\bar\Omega)$$

ist stetig.

Hier ist $\mathring{C}^{l_2}(\bar\Omega)$ der Raum aller stetigen Funktionen (mit stetigen, beschränkten Ableitungen bis zur Ordnung l_2), die mit ihren Ableitungen bis zur Ordnung l_2 Null auf dem Rand $\partial\Omega$ sind, d.h. $\mathring{C}^{l_2}(\bar\Omega) = \overline{\mathscr{D}(\Omega)}^{C^{l_2}}$.

Beweis. Die Menge $\Omega = \mathbf{R}^r$ erfüllt jede Kegelbedingung und wir haben nach Folgerung 6.1

$$(10)\qquad \|\varphi\|_{C^{l_2}(\mathbf{R}^r)} \leqslant c\|\varphi\|_{l_1} \quad \text{für } \varphi \in W_2^{l_1}(\mathbf{R}^r) = \mathring{W}_2^{l_1}(\mathbf{R}^r).$$

(10) gilt damit auch für alle Funktionen $\varphi \in \mathscr{D}(\Omega)$ und wir können (10) jetzt schreiben als

$$(11) \qquad \| \varphi \|_{\mathring{C}^{l_2}(\Omega)} \leqslant C \| \varphi \|_{l_1}, \qquad \varphi \in \mathscr{D}(\Omega).$$

Durch stetige Fortsetzung erhalten wir aus (11)

$$\| \varphi \|_{\mathring{C}^{l_2}(\Omega)} \leqslant C \| \varphi \|_{\mathring{W}_2^{l_1}(\Omega)}, \qquad \varphi \in \mathring{W}_2^{l_1}(\Omega).$$

Das ist die Behauptung unseres Satzes. ∎

Wir wollen nun das Lemma von Sobolev für alle $l \in \mathbf{R}_+$ beweisen.

Satz 6.3 *Sei $l > r/2$. Dann sind die Funktionen aus $W_2^l(\mathbf{R}^r)$ stetig – eventuell nach Abänderung auf einer Menge vom Maß 0 –, gehören zu $\mathring{C}(\mathbf{R}^r)$ und die Einbettung*

$$(12) \qquad W_2^l(\mathbf{R}^r) \subset \mathring{C}(\mathbf{R}^r)$$

ist stetig. Dabei haben wir gesetzt $\mathring{C}(\mathbf{R}^r) = \overline{\mathscr{D}(\mathbf{R}^r)}^{C(\mathbf{R}^r)}$ entsprechend auch die Räume $\mathring{C}^k(\mathbf{R}^r)$, $\mathring{C}^k(\bar{\Omega})$ usw.

Beweis. Wie bei den vorangegangenen Sätzen genügt es (12) für eine dichte Untermenge von W_2^l zu beweisen. Nach Satz 5.1 liegt $\mathscr{D}$ dicht in $W_2^l(\mathbf{R}^r) \cong H^l$, und wir müssen nur die Abschätzung

$$(13) \qquad \sup_x | \varphi(x) | \leqslant c \| \varphi \|_l \quad \text{für } \varphi \in \mathscr{D}(\mathbf{R}^r)$$

beweisen. Nach Satz 5.2 ist $W_2^l(\mathbf{R}^r) \simeq H^l$ für $l \in \mathbf{R}_+$, und wir können zum Beweis von (13) die Fouriertransformation benutzen. Nach Satz 1.21 gilt für $\varphi \in \mathscr{D}$, $x \in \mathbf{R}^r$,

$$\varphi(x) = \frac{1}{(2\pi)^r} \int \hat{\varphi}(\xi)\, e^{i(x,\xi)}\, d\xi,$$

und die Schwarzsche Ungleichung liefert

$$(14) \qquad
\begin{aligned}
| \varphi(x) | &\leqslant \frac{1}{(2\pi)^r} \int | \hat{\varphi}(\xi) | (1 + |\xi|^2)^{l/2} \cdot \frac{1}{(1 + |\xi|^2)^{l/2}}\, d\xi \\
&\leqslant \frac{1}{(2\pi)^r} \| \varphi \|_{H^l} \cdot \left[\int \frac{d\xi}{(1 + |\xi|^2)^l} \right]^{1/2} \leqslant c \| \varphi \|_{W_2^l},
\end{aligned}$$

da wegen $l > r/2$ das Integral $\displaystyle\int \frac{d\xi}{(1 + |\xi|^2)^l}$ in (14) konvergiert. Mit (14) haben wir (13) bewiesen, woraus (12) folgt. ∎

Ohne größeren Aufwand können wir die Umkehrung von Satz 6.3 beweisen: notwendig für die Gültigkeit von (12) ist die Bedingung $l > r/2$.

Aus (12) folgt nämlich (wir benutzen wieder Satz 5.2: $W_2^l \simeq H^l$)

$$| \varphi(0) | \leqslant c \| \varphi \|_{H^l},$$

d.h. das Funktional $\delta : \varphi \mapsto \varphi(0)$ ist stetig $\delta : H^l \to \mathbf{C}$, das ist $\delta \in (H^l)'$. Nun ist aber $(H^l)' = H^{-l} = \mathscr{F}(L_2^{-l})$, siehe Volevič, Panejach [1], und benutzen wir nochmals den im Beweis von Satz 5.1 eingeführten Raum L_2^l, so haben wir

$$\mathscr{F}\delta = 1 \in L_2^{-l} \quad \text{oder} \quad (1 + |\xi|^2)^{-l/2} \in L_2\,,$$

was genau dann der Fall ist, wenn $l > r/2$.

Durch Induktion erhalten wir (siehe Folgerung 6.1)

Folgerung 6.3 *Sei $k \in \mathbf{N}$, $l \in \mathbf{R}_+$ und $l - k > r/2$. Dann sind die Elemente aus $W_2^l(\mathbf{R}^r)$ k-mal stetig differenzierbare Funktionen und die Einbettung*

$$W_2^l(\mathbf{R}^r) \subset \overset{\circ}{C}{}^k(\mathbf{R}^r)$$

ist stetig.

Durch Restriktion auf eine beliebige offene Menge erhalten wir (wir benutzen hier wieder $\overset{\circ}{H}{}^l(\Omega) \simeq \overset{\circ}{W}{}_2^l(\Omega) = \overline{\mathscr{D}(\Omega)}$):

Folgerung 6.4 *Sei $k \in \mathbf{N}$, $l \in \mathbf{R}_+$ und $l - k > r/2$. Dann sind die Elemente aus $\overset{\circ}{W}{}_2^l(\mathbf{R}^r)$ k-mal stetig differenzierbare Funktionen und die Einbettung*

$$\overset{\circ}{W}{}_2^l(\Omega) \subset \overset{\circ}{C}{}^k(\bar{\Omega})$$

ist stetig.

Zum Abschluß beweisen wir mit Hilfe eines Fortsetzungssatzes das Sobolevsche Lemma für alle $l \in \mathbf{R}_+$.

Satz 6.4 *Sei $k \in \mathbf{N}$, $l \in \mathbf{R}_+$ und $l - k > r/2$. Sei Ω beschränkt und (m, μ)-glatt, wobei $m + \mu > l$. Dann sind die Elemente aus $W_2^l(\Omega)$ k-mal stetig differenzierbare Funktionen auf $\bar{\Omega}$ und die Einbettung*

$$W_2^l(\Omega) \subset C^k(\bar{\Omega})$$

ist stetig.

Den Beweis erhalten wir aus dem Diagramm

$$W_2^l(\Omega) \underset{F_\Omega^{\Omega_\varepsilon}}{\to} \overset{\circ}{W}{}_2^l(\Omega_\varepsilon) \subset \overset{\circ}{C}{}^k(\bar{\Omega}_\varepsilon) \underset{R_{\bar{\Omega}}^{\bar{\Omega}_\varepsilon}}{\to} C^k(\bar{\Omega})\,,$$

hier ist $F_\Omega^{\Omega_\varepsilon}$ der stetige Fortsetzungsoperator von Folgerung 5.2 und $R_{\bar{\Omega}}^{\bar{\Omega}_\varepsilon}$ der Restriktionsoperator von $\bar{\Omega}_\varepsilon$ auf $\bar{\Omega}\,(\bar{\Omega}_\varepsilon \supset \bar{\Omega})$.

Falls l ganzzahlig ist, können wir anstatt der Folgerung 5.2 die Folgerung 5.1 (Fortsetzungssatz von Calderon-Zygmund) benutzen und wir erhalten

Satz 6.2 *Seien $l, k \in \mathbf{N}$ und $l - k > r/2$. Sei Ω beschränkt und erfülle die gleichmäßige Kegelbedingung, dann gilt*

$$W_2^l(\Omega) \subset C^k(\bar{\Omega})\,.$$

Es ist möglich die Folgerung $k \in \mathbf{N}$ überall fallen zu lassen, man muß dazu nur die Folgerung 6.3 in der Form

$$W_2^l(\mathbf{R}^r) \subset \overset{\circ}{C}{}^{k,\varkappa}(\mathbf{R}^r)$$

für $l - k - \varkappa > r/2$ beweisen, was durch Slobodeckij [1] getan wurde.

Satz 6.4 läßt sich sofort auf kompakte $C^{m,\mu}$-Mannigfaltigkeiten übertragen.

Satz 6.5 *Sei $k \in \mathbf{N}$, $l \in \mathbf{R}_+$ und $l - k > r/2$; sei M eine kompakte $C^{m,\mu}$-Mannigfaltigkeit, wobei $m + \mu \geq l$ (Gleichheitszeichen für $l \in \mathbf{N}$). Dann sind die Funktionen aus $W_2^l(M)$ k-mal stetig differenzierbar, und die Einbettung*

$$(15) \qquad W_2^l(M) \subset C^k(M)$$

ist stetig.

Beweis. Sei $\{U_j\}$ ein (endlicher) Atlas mit den Eigenschaften von Definition 2.10, seien $j = 1, \ldots n$, $\Phi_j : U_j \to W^r$ die $C^{m,\mu}$-Transformationen, sei $\{\alpha_j\}$ eine zugeordnete Partition der Eins. Um die Einbettung I von (15) zu erhalten, schreiben wir

$$I\varphi = \sum_{j=1}^{n} I(\alpha_j \varphi), \qquad \varphi \in W_2^l(M),$$

und faktorisieren $j = 1, \ldots, n$

$$(16) \qquad I(\alpha_j \cdot) : W_2^l(M) \underset{\alpha_j}{\to} W_2^l(\dot{U}_j) \underset{*\Phi_j^{-1}}{\to} W_2^l(W^r) \subset \overset{\circ}{C}^k(\overline{W}^r) \underset{*\Phi_j}{\to} \overset{\circ}{C}^k(\overline{U}_j) \subset C^k(M).$$

Nach den Sätzen 4.1 und 6.4 sind alle Pfeile in (16) stetig, womit wir die Stetigkeit von (15) bewiesen haben. ∎

Aufgabe

6.1 Beweise die verschiedenen Fassungen des Sobolevschen Lemma für die Räume $W_2^l(T^r)$ unter Benutzung der Fourierreihennorm

$$p(f) = \left[\sum_k (1 + |k|^2)^l |c_k|^2 \right]^{1/2}.$$

§7 Kompakte Einbettungen

Wir wollen kompakte Einbettungen zwischen Sobolevräumen untersuchen und so vorgehen wie im §6, d.h. zuerst Einbettungssätze für $l \in \mathbf{N}$ unter möglichst allgemeinen Voraussetzungen an Ω beweisen und dann – im zweiten Teil – den allgemeinen Fall $l \in \mathbf{R}_+$ betrachten. Für die $\overset{\circ}{W}$-Räume kommen wir wieder ohne geometrische Voraussetzungen an den Rand von Ω aus – Ω muß nur beschränkt sein; die Beschränktheitsvoraussetzung können wir aber nicht wesentlich abschwächen.

Kompakte Einbettungen spielen für partielle Differentialgleichungen eine entscheidende Rolle, wir brauchen sie beim Beweis des Hauptsatzes §13; sie machen den Greenschen Lösungsoperator kompakt, siehe §17.

Satz 7.1 *Sei $\Omega \subset \mathbf{R}^r$ offen und beschränkt, und es sei $l_2 < l_1$; $l_1, l_2 \in \mathbf{N}$. Dann ist die Einbettung*

$$\mathring{W}_2^{l_1}(\Omega) \subset\!\subset \mathring{W}_2^{l_2}(\Omega).$$

kompakt.

Beweis. Wir müssen zeigen, daß die Einheitskugel von $\mathring{W}_2^{l_1}(\Omega)$ relativ kompakt in $\mathring{W}_2^{l_2}(\Omega)$ ist. Dazu benutzen wir das Kolmogorovsche Kompaktheitskriterium aus §1.1. Es sei $\varphi \in \mathscr{D}(\Omega)$ mit $\|\varphi\|_{l_1} \leqslant 1$ und $|s| \leqslant l_1 - 1$. Wir setzen die Funktionen φ durch Null auf ganz $\mathbf{R}^r$ fort. Wir haben dann für $[x, x+t]$

$$(1) \qquad D^s \varphi(x+t) - D^s \varphi(x) = \int\limits_0^1 \frac{\partial}{\partial \tau} D^s \varphi(x+\tau t)\, d\tau,$$

also

$$R := \int\limits_\Omega |D^s \varphi(x+t) - D^s \varphi(x)|^2\, dx = \int\limits_\Omega \left| \int\limits_0^1 t \cdot \operatorname{grad} D^s \varphi(x+\tau t)\, d\tau \right|^2 dx.$$

Wir schätzen mit der Schwarzschen Ungleichung ab und erhalten

$$R \leqslant \int\limits_\Omega \left[\int\limits_0^1 |t| \, |\operatorname{grad} D^s \varphi(x+\tau t)| \, d\tau \right]^2 \cdot dx$$

$$\leqslant |t|^2 \int\limits_0^1 \left(\int\limits_\Omega |\operatorname{grad} D^s \varphi(x+\tau t)|^2\, dx \right) d\tau$$

$$\leqslant |t|^2 \int\limits_0^1 \left(\int\limits_\Omega \sum_{|s|<l_1} |D^s \varphi(x+\tau t)|^2\, dx \right) d\tau$$

$$\leqslant |t|^2 \int\limits_0^1 \left[\sum_{|s|<l_1} \int\limits_\Omega |D^s \varphi(y)|^2\, dy \right] d\tau = |t|^2 \, \|\varphi\|_{l_1}^2 \leqslant |t|^2.$$

Weil nach Definition 3.2 $\mathscr{D}(\Omega)$ dicht in $\mathring{W}_2^{l_1}(\Omega)$ liegt, erhalten wir, daß die Abschätzung

$$(2) \qquad \int\limits_\Omega |D^s \varphi(x+t) - D^s \varphi(x)|^2\, dx \leqslant |t|^2,$$

für alle Elemente der Menge

$$M := \{ D^s \varphi \mid \varphi \in \mathring{W}_2^{l_1}(\Omega), \, \|\varphi\|_{l_1} \leqslant 1, \, |s| \leqslant l_1 - 1 \}$$

gilt. Wegen $\|D^s \varphi\|_0 \leqslant \|\varphi\|_{l_1} \leqslant 1$ ist die Menge M beschränkt in $L_2(\Omega)$, dies und (2) zeigen, daß die Bedingungen des Satzes von Kolmogorov §1 erfüllt sind: M ist relativ kompakt in $L_2(\Omega)$.

Ein Unterfolgenauswahlschluß beendet den Beweis: Sei $\{\varphi_n\}$ eine Folge in $\mathring{W}_2^{l_1}(\Omega)$ mit $\|\varphi_n\|_{l_1} \leqslant 1$. Da jedes Element der Folgen $\{D^s \varphi_n\}$, $0 \leqslant |s| \leqslant l_2$ zum relativ kompakten

M gehört, gelingt es eine Unterfolge $\{\varphi_{n_k}\}$ derart zu finden, daß jede der Folgen $\{D^s \varphi_{n_k}\}$, $0 \leqslant |s| \leqslant l_2$, in $L_2(\Omega)$ konvergiert, was mit der Konvergenz in $\mathring{W}_2^{l_2}(\Omega)$ gleichbedeutend ist. ∎

Die im Paragraphen 5 bewiesenen Fortsetzungssätze machen es möglich, kompakte Einbettungen auch für die Räume $W_2^l(\Omega)$ – ohne Null oben – zu gewinnen.

Satz 7.2 Ω *sei beschränkt und erfülle die gleichmäßige Kegelbedingung (oder* $\Omega \in N^{0,1}$*), und es sei* $l_2 \leqslant l_1$, $l_1, l_2 \in \mathbf{N}$. *Dann ist die Einbettung*

$$W_2^{l_1}(\Omega) \subset\subset W_2^{l_2}(\Omega)$$

kompakt.

Beweis. Wir betrachten das Diagramm

$$W_2^{l_1}(\Omega) \underset{F_\Omega^\varepsilon}{\to} \mathring{W}_2^{l_1}(\Omega_\varepsilon) \subset\subset \mathring{W}_2^{l_2}(\Omega_\varepsilon) \underset{R_\Omega^{\Omega_\varepsilon}}{\to} W_2^{l_2}(\Omega).$$

Nach Folgerung 5.1 ist der Fortsetzungsoperator F_Ω^ε stetig; Ω_ε ist beschränkt, nach Satz 7.1 ist $\subset\subset$ kompakt, und der Restriktionsoperator $R_\Omega^{\Omega_\varepsilon}(\Omega_\varepsilon \supset \Omega)$ ist trivial stetig. Die zusammengesetzte Abbildung, das ist $W_2^{l_1}(\Omega) \subset\subset W_2^{l_2}(\Omega)$, ist damit kompakt. ∎

Wir wollen nun das Ehrlingsche Lemma beweisen. Zuerst die abstrakte Fassung.

Satz 7.3 X_1, X_2 *und* X_3 *seien normierte Räume, sei* $A: X_1 \to X_2$ *kompakt,* $T: X_2 \to X_3$ *stetig und injektiv. Dann gibt es zu jedem* $\varepsilon > 0$ *eine Konstante* $c(\varepsilon)$ *mit*

$$(3) \qquad \|Ax\|_2 \leqslant \varepsilon \|x\|_1 + c(\varepsilon) \|TAx\|_3, \quad \text{für alle } x \in X_1.$$

Beweis. Wir nehmen an, daß (3) für ein $\varepsilon_0 > 0$ nicht richtig sei. Dann gibt es zu jedem $n \in \mathbf{N}$ ein $x_n \in X_1$ (o.B.d.A. sei $\|x_n\|_1 = 1$) mit

$$(4) \qquad \|Ax_n\|_2 > \varepsilon_0 + n \cdot \|TAx_n\|_3.$$

Da A stetig ist, gilt $\|Ax_n\|_2 \leqslant \|A\|$ für alle $n \in \mathbf{N}$. Damit haben wir

$$\|TAx_n\|_3 < \frac{\|A\|}{n} - \frac{\varepsilon_0}{n},$$

oder

$$(5) \qquad TAx_n \to 0 \quad \text{für } n \to \infty.$$

Andererseits ist nach Voraussetzung $\{Ax_n\}$ relativ kompakt. Also gibt es eine Teilfolge – wir bezeichnen sie wieder mit $\{Ax_n\}$ – die gegen ein Element y konvergiert. Wegen der Stetigkeit von T haben wir $TAx_n \to Ty$ für $n \to \infty$, was in Verbindung mit (5) ergibt $Ty = 0$. T war injektiv vorausgesetzt, also muß $y = 0$ sein. Wir haben also

$$(6) \qquad Ax_n \to 0,$$

und aus (4) erhalten wir $\|Ax_n\|_2 > \varepsilon_0$, im Widerspruch zu (6). ∎

Satz 7.4 (Ehrlingsches Lemma) *Ω sei beschränkt (und erfülle die gleichmäßige Kegelbedingung). Dann gibt es zu jedem $\varepsilon > 0$ eine Konstante $c(\varepsilon)$, so daß für alle $\varphi \in \mathring{W}_2^l(\Omega)$ (für alle $\varphi \in W_2^l(\Omega)$)*

$$\|\varphi\|_{l-k} \leqslant \varepsilon \|\varphi\|_l + c(\varepsilon) \|\varphi\|_0, \qquad l \geqslant k \geqslant 1,$$

gilt.

Der Beweis folgt aus den Sätzen 7.1, (7.2) und 7.3.

Man kann das Ehrlingsche Lemma dazu benutzen, um neue äquivalente Normen auf $\mathring{W}_2^l(\Omega)$ bzw. $W_2^l(\Omega)$ einzuführen. Wir wollen den entsprechenden Satz für $\mathring{W}_2^l(\Omega)$ formulieren, er gilt auch für $W_2^l(\Omega)$ unter der zusätzlichen Voraussetzung, daß Ω z. B. die gleichmäßige Kegelbedingung erfüllt, $l \in \mathbf{N}$.

Satz 7.5 *Sei Ω beschränkt und $l \in \mathbf{N}$. Die durch*

$$\|\varphi\|_l^2 = \sum_{|s| \leqslant l} \|D^s \varphi\|_0^2$$

und

$$\|\varphi\|_{l,1}^2 := \|\varphi\|_0^2 + \sum_{|s| = l} \|D^s \varphi\|_0^2$$

auf $\mathring{W}_2^l(\Omega)$ erklärten Normen sind äquivalent, $l = 1, 2, \ldots$.

Beweis. Es ist offensichtlich $\|\varphi\|_{l,1} \leqslant \|\varphi\|_l$ für alle $\varphi \in \mathring{W}_2^l(\Omega)$. Nach Satz 7.4 existiert zu $\varepsilon = 1/2$ ein $c = c(1/2)$ mit

$$\|\varphi\|_{l-1} \leqslant \frac{1}{2} \|\varphi\|_l + c \|\varphi\|_0,$$

bzw.

$$\|\varphi\|_{l-1}^2 \leqslant 2 \left(\frac{1}{4} \|\varphi\|_l^2 + c^2 \cdot \|\varphi\|_0^2 \right)$$
$$= \frac{1}{2} \|\varphi\|_{l-1}^2 + \frac{1}{2} \sum_{|s| = l} \|D^s \varphi\|_0^2 + 2 c^2 \|\varphi\|_0^2,$$

bzw.

$$\|\varphi\|_{l-1}^2 \leqslant 4 c^2 \|\varphi\|_0^2 + \sum_{|s| = l} \|D^s \varphi\|_0^2.$$

Damit erhalten wir

$$\|\varphi\|_l^2 = \|\varphi\|_{l-1}^2 + \sum_{|s| = l} \|D^s \varphi\|_0^2 \leqslant 4 c^2 \|\varphi\|_0^2 + 2 \sum_{|s| = l} \|D^s \varphi\|_0^2$$
$$\leqslant \max(2, 4 \cdot c^2) \|\varphi\|_{l,1}^2 \quad \text{für alle } \varphi \in \mathring{W}_2^l(\Omega), \qquad \blacksquare$$

Als Folgerung zu Satz 7.5 merken wir an, daß jede andere Norm $\| \quad \|_l'$ auf $\mathring{W}_2^l(\Omega)$ mit

$$c_1 \|\varphi\|_{l,1} \leqslant \|\varphi\|_l' \leqslant c_2 \|\varphi\|_l, \qquad \varphi \in \mathring{W}_2^l(\Omega),$$

auch äquivalent zur $\| \quad \|_l$ – Norm auf $\mathring{W}_2^l(\Omega)$ ist.

Satz 7.6 (1. Poincarésche Ungleichung) *Sei Ω beschränkt und $l = 1, 2, \ldots$. Dann existiert eine nur vom Durchmesser von Ω abhängige Konstante c, so daß für alle $\varphi \in \overset{\circ}{W}{}_2^l(\Omega)$ gilt*

$$(7) \qquad \|\varphi\|_l^2 \leqslant c \sum_{|s|=l} \int_\Omega |D^s \varphi(x)|^2 \, dx;$$

d.h. die Quadratwurzel der rechten Seite von (7) ist eine äquivalente Norm auf $\overset{\circ}{W}{}_2^l(\Omega)$.

Beweis. Wir beweisen (7) im Falle $l = 1$. Der allgemeine Fall ergibt sich dann durch die vollständige Induktion.

Durch partielles Integrieren erhalten wir für $\varphi \in \mathscr{D}(\Omega)$ die Abschätzung

$$\|\varphi\|_0^2 = \frac{1}{r} \sum_{i=1}^r \int_\Omega |\varphi(x)|^2 \cdot 1 \cdot dx = -\frac{1}{r} \sum_{i=1}^r \int_\Omega \frac{\partial(\varphi(x) \cdot \overline{\varphi(x)})}{\partial x_i} x_i \, dx$$

$$= -\frac{1}{r} \sum_{i=1}^r \int_\Omega \frac{\partial \varphi}{\partial x_i} \cdot \overline{\varphi(x)} \cdot x_i \cdot dx - \frac{1}{r} \sum_{i=1}^r \int_\Omega \varphi(x) \frac{\partial \bar\varphi}{\partial x_i} x_i \, dx.$$

Sei $\Omega \subset \{x \mid |x_i| \leqslant d, \; i = 1, \ldots, r\}$, wir wenden die Schwarzsche Ungleichung an:

$$\|\varphi\|_0^2 \leqslant \frac{2}{r} \sum_{i=1}^r \int_\Omega \left|\frac{\partial \varphi}{\partial x_i}\right| \cdot |\varphi| \cdot |x_i| \, dx \leqslant \frac{2d}{r} \|\varphi\|_0 \sum_{i=1}^r \left(\int_\Omega \left|\frac{\partial \varphi}{\partial x_i}\right|^2 dx\right)^{1/2}.$$

Umgeformt ergibt dies

$$\|\varphi\|_0 \leqslant \frac{2d}{\sqrt{r}} \left[\sum_{i=1}^r \int_\Omega \left|\frac{\partial \varphi}{\partial x_i}\right|^2 dx\right]^{1/2}.$$

Daraus folgt schließlich

$$\|\varphi\|_1^2 = \|\varphi\|_0^2 + \sum_{|s|=1} \|D^s \varphi\|_0^2 \leqslant \left(\frac{4d^2}{r} + 1\right) \sum_{|s|=1} \|D^s \varphi\|_0^2,$$

das ist (7) für $\varphi \in \mathscr{D}(\Omega)$. Der übliche Dichteschluß beendet den Beweis. ∎

Bemerkung Die 1. Poincarésche Ungleichung gilt auch für Gebiete, die nur in einer Richtung beschränkt sind, sei z.B. $|x_1| \leqslant d$, dann gilt

$$\|\varphi\|_0^2 = \int_\Omega |\varphi(x)|^2 \cdot 1 \cdot dx = -\int_\Omega \frac{\partial(\varphi \bar\varphi)}{\partial x_1} \cdot x_1 \cdot dx \leqslant 2d \cdot \|\varphi\|_0 \cdot \left[\int_\Omega \left|\frac{\partial \varphi}{\partial x_1}\right|^2 dx\right]^{1/2},$$

woraus sich der weitere Beweis, d.h. (7) ergibt.

Folgerung 7.1 *Für Ω beschränkt und $l = 1, 2 \ldots$ haben wir*

$$\overset{\circ}{W}{}_2^l(\Omega) \neq W_2^l(\Omega).$$

Beweis. Nach (7) kann die Funktion $\varphi \equiv 1$ nicht in $\overset{\circ}{W}{}_2^l(\Omega)$ liegen.

Satz 7.7 (2. Poincarésche Ungleichung). *Es sei Ω beschränkt und erfülle die gleichmäßige Kegelbedingung (oder $\Omega \in N^{0,1}$). Dann gilt für alle $\varphi \in W_2^l(\Omega)$, $l = 1, 2, \ldots$, die Ungleichung*

$$(8) \qquad \|\varphi\|_l^2 \leqslant c \left[\sum_{|s|=l} \int_\Omega |D^s \varphi|^2 \, dx + \sum_{|s|<l} \left| \int_\Omega D^s \varphi \, dx \right|^2 \right].$$

Beweis. Wir nehmen an, daß (8) nicht richtig ist, dann gibt es eine Folge $\varphi_n \in W_2^l(\Omega)$ mit

$$(9) \qquad \|\varphi_n\|^l = 1 ,$$

und $\qquad 1 = \|\varphi_n\|_l^2 > n \left[\sum_{|s|=l} \|D^s \varphi_n\|_0^2 + \sum_{|s|<l} \left| \int_\Omega D^s \varphi_n \, dx \right|^2 \right],$

woraus folgt, daß

$$(10) \qquad D^s \varphi_n \to 0 \quad \text{in } L^2(\Omega) \text{ für } |s| = l.$$

Nach Satz 7.2 ist $\{\varphi_n\}$ relativ kompakt in $W_2^{l-1}(\Omega)$, es gibt also eine Unterfolge – wir nennen sie der Einfachheit halber wieder $\{\varphi_n\}$ – mit

$$\varphi_n \to \varphi \quad \text{in } W_2^{l-1}(\Omega) ,$$

was zusammen mit (10) (Cauchyfolgenschluß benutzen!)

$$\varphi_n \to \varphi \quad \text{in } W_2^l(\Omega)$$

ergibt. Nach (10) ist $D^s \varphi \equiv 0$ für $|s| = l$, φ ist also ein Polynom vom Grade $\leqslant l - 1$, (9) nochmals angewandt, gibt

$$\lim_{n \to \infty} \int_\Omega D^s \varphi_n \, dx = \int_\Omega D^s \varphi \, dx = 0$$

für $|s| < l$, das Polynom φ muß also gleich Null sein, $\varphi \equiv 0$, im Widerspruch zu (9): $1 = \lim \|\varphi_n\|_l = \|\varphi\|_l$. ∎

Wir wollen nun kompakte Einbettungen für $l \in \mathbf{R}_+$ angeben, d.h. für die Slobodeckijschen Räume.

Satz 7.8 *Sei $\Omega \subset \mathbf{R}^r$ offen und beschränkt, und es sei $l_2 < l_1$; $l_1, l_2 \in \mathbf{R}_+$. Dann ist die Einbettung*

$$\overset{\circ}{W}{}_2^{l_1}(\Omega) \subset\subset \overset{\circ}{W}{}_2^{l_2}(\Omega)$$

kompakt.

Beweis. Wir brauchen ein Lemma.

Lemma 7.1 *Es gilt für alle $\xi, \eta \in \mathbf{R}^r$*

$$(11) \qquad (1 + |\xi|^2)^l \leqslant 2^l (1 + |\xi - \eta|^2)^l (1 + |\eta|^2)^l.$$

Wir haben nämlich für $x, y \in \mathbf{R}^r$

$$1 + |x+y|^2 \leqslant 1 + |x|^2 + 2|x||y| + |y|^2 \leqslant 2(1+|x|^2)(1+|y|^2).$$

Einsetzen $x = \xi - \eta$, $y = \eta$ ergibt

$$(1 + |\xi|^2) \leqslant 2(1 + |\xi - \eta|^2)(1 + |\eta|^2),$$

was nach Potenzieren zu (11) führt.

Wir benutzen zum Beweis von Satz 7.8 wieder die Fouriertransformation, wir haben nach Satz 5.2 für $l \in \mathbf{R}_+$

$$\mathring{W}_2^l(\Omega) \simeq \mathring{H}^l(\Omega).$$

Wir müssen zeigen, daß jede Folge $\varphi_n \in \mathring{W}_2^{l_1}(\Omega)$ mit $\|\varphi_n\|_{l_1} \leqslant 1$ eine konvergente Unterfolge – wieder mit φ_n bezeichnet – in $\mathring{W}_2^{l_2}(\Omega)$ besitzt. Sei $\alpha \in \mathscr{D}(\mathbf{R}^r)$ (mit kompaktem Träger!) so gewählt, daß $\alpha = 1$ auf $\overline{\Omega}$ gilt, wir haben wegen $\operatorname{supp} \varphi_n \subset \overline{\Omega}$

$$\varphi_n = \alpha \cdot \varphi_n,$$

was nach Fouriertransformation, Satz 1.22, ergibt

$$(12) \qquad \hat{\varphi}_n(\xi) = \frac{1}{(2\pi)^r} \int \hat{\alpha}(\xi - \eta) \cdot \hat{\varphi}_n(\eta)\, d\eta.$$

Wir multiplizieren mit $(1 + |\xi|^2)^{l_1/2}$ und erhalten

$$\hat{\varphi}_n(\xi)(1 + |\xi|^2)^{l_1/2} = \frac{1}{(2\pi)^r} \int \hat{\alpha}(\xi - \eta)\, \hat{\varphi}_n(\eta)(1 + |\xi|^2)^{l_1/2}\, d\eta.$$

Wir benutzen (11), schätzen durch die Schwarzsche Ungleichung ab und rechnen mit der Fouriernorm §5, (3)

$$|\hat{\varphi}_n(\xi)|(1 + |\xi|^2)^{l_1/2} \leqslant \frac{2^{l_1/2}}{(2\pi)^r} \int |\hat{\alpha}(\xi - \eta)|(1 + |\xi - \eta|^2)^{l_1/2} |\hat{\varphi}_n(\eta)|(1 + |\eta|^2)^{l_1/2}\, d\eta$$

$$\leqslant \frac{2^{l_1/2}}{(2\pi)^r} \|\alpha\|_{l_1} \cdot \|\varphi_n\|_{l_1} \leqslant \frac{2^{l_1/2}}{(2\pi)^r} \|\alpha\|_{l_1},$$

da nach Voraussetzung $\|\varphi_n\|_{l_1} \leqslant 1$. Nach Satz 1.23 sind die Funktionen $\hat{\varphi}_n$, $\hat{\alpha}$ gut differenzierbar, ja sogar ganz analytisch und wir erhalten aus (12) auf dieselbe Weise für beliebige s

$$(13) \qquad |D^s \hat{\varphi}_n(\xi)|(1 + |\xi|^2)^{l_1/2} \leqslant \frac{2^{l_1/2}}{(2\pi)^r} \|\mathscr{F}^{-1}(D^s \hat{\alpha})\|_{l_1}.$$

Sei K ein beliebiges Kompaktum in $\mathbf{R}^r_\xi$, dann folgt aus (13)

$$\sup_{\xi \in K} |D^s \hat{\varphi}_n(\xi)| \leqslant c \sup_{\xi \in K} (1 + |\xi|^2)^{-l_1/2},$$

d.h. die Folge $\hat{\varphi}_n(\xi)$ ist auf jedem Kompaktum K gleichbeschränkt und gleichstetig; wir können damit eine Unterfolge $\hat{\varphi}_{m_n}(\xi)$ finden, die auf K gleichmäßig konvergiert. Durch Ausschöpfung von $\mathbf{R}_\xi^r$ mit K_m kompakt $\left(\mathbf{R}_\xi^r = \bigcup\limits_{m=1}^{\infty} K_m,\ K_{m+1} \supset K_m\right)$ und durch ein Diagonalverfahren, gewinnen wir eine Unterfolge $\hat{\varphi}_{n_n}(\xi)$ die auf $\mathbf{R}_\xi^r$ konvergiert, dabei auf jedem K gleichmäßig. Der Kürze halber nennen wir diese Unterfolge wieder $\hat{\varphi}_n(\xi)$. Sei $\varepsilon > 0$ wir wählen K, derart, daß gilt

$$(14) \qquad \frac{(1+|\xi|^2)^{l_2}}{(1+|\xi|^2)^{l_1}} \leqslant \varepsilon^2, \quad \text{für } \xi \in \mathbf{R}^r \setminus K,$$

hier haben wir die Voraussetzung $l_1 > l_2$ benutzt. (14) führt zu der Abschätzung

$$\|\varphi_n - \varphi_m\|_{l_2}^2$$
$$= \int\limits_K |\hat{\varphi}_n - \hat{\varphi}_m|^2 (1+|\xi|^2)^{l_2}\, d\xi + \int\limits_{\mathbf{R}^r \setminus K} |\hat{\varphi}_n - \hat{\varphi}_m|^2 (1+|\xi|^2)^{l_2}\, d\xi$$
$$= \int\limits_K |\hat{\varphi}_n - \hat{\varphi}_m|^2 (1+|\xi|^2)^{l_2}\, d\xi + \int\limits_{\mathbf{R}^r \setminus K} |\hat{\varphi}_n - \hat{\varphi}_m|^2 (1+|\xi|^2)^{l_1} \cdot \frac{(1+|\xi|^2)^{l_2}}{(1+|\xi|^2)^{l_1}}\, d\xi$$
$$\leqslant \max_K |\hat{\varphi}_n - \hat{\varphi}_m|^2 \cdot M + \varepsilon^2 \|\varphi_n - \varphi_m\|_{l_1}^2 \leqslant M \cdot \max_K |\hat{\varphi}_n - \hat{\varphi}_m|^2 + 2^2 \cdot \varepsilon^2,$$

die wegen der gleichmäßigen Konvergenz von $\hat{\varphi}_n$ auf K zeigt, daß φ_n eine Cauchyfolge in $\overset{\circ}{W}{}_2^{l_2}(\Omega)$ ist. ∎

Satz 7.9 *Sei $\Omega \subset \mathbf{R}^r$ beschränkt und $(k,\varkappa)$-glatt. Sei $l_2 < l_1 < k + \varkappa;\ l_1, l_2 \in \mathbf{R}_+$, dann ist die Einbettung*

$$(15) \qquad W_2^{l_1}(\Omega) \overset{C}{\hookrightarrow} W_2^{l_2}(\Omega)$$

kompakt.

Beweis. Wir betrachten das Diagramm

$$(16) \qquad W_2^{l_1}(\Omega) \underset{F_\Omega^\varepsilon}{\to} \overset{\circ}{W}{}_2^{l_1}(\Omega_\varepsilon) \overset{C}{\hookrightarrow} \overset{\circ}{W}{}_2^{l_2}(\Omega_\varepsilon) \underset{R_\Omega^{\Omega_\varepsilon}}{\to} W_2^{l_1}(\Omega).$$

Nach Folgerung 5.2 ist F_Ω^ε stetig, nach Satz 7.8 ist $\overset{C}{\hookrightarrow}$ kompakt und der Restriktionsoperator $R_\Omega^{\Omega_\varepsilon}(\Omega_\varepsilon \supset \Omega)$ ist trivial stetig, damit ist die zusammengesetzte Abbildung in (16) – das ist (15) – kompakt. ∎

Zum Abschluß betrachten wir Sobolevräume auf Mannigfaltigkeiten.

Satz 7.10 *Sei M eine kompakte $C^{k,\varkappa}$-Mannigfaltigkeit und $l_2 < l_1 < k + \varkappa;\ l_1, l_2 \in \mathbf{R}_+$, (falls l_1 ganzzahlig ist auch $l_1 = k + \varkappa$ zugelassen). Die Einbettung*

$$(17) \qquad W_2^{l_1}(M) \overset{C}{\hookrightarrow} W_2^{l_2}(M)$$

ist kompakt.

Beweis. Sei $\{U_j\}$ ein (endlicher) Atlas mit den Eigenschaften von Definition 2.10, seien $\Phi_j: U_j \to W^r$ die $C^{k,\varkappa}$-Transformationen sei $\{\alpha_j\}$ eine untergeordnete Partition der Eins. Wir zerlegen die Einbettung I (17) in

$$I\varphi = \sum_{j=1}^m I(\alpha_j \varphi)$$

und faktorisieren

$$I(\alpha_j \cdot): \quad W_2^{l_1}(M) \to \overset{\circ}{W}_2^{l_1}(U_j) \ \to \ \overset{\circ}{W}_2^{l_1}(W^r) \quad \subset\subset \quad \overset{\circ}{W}_2^{l_2}(W^r) \to \overset{\circ}{W}_2^{l_2}(U_j) \subset \overset{\circ}{W}_2^{l_2}(M).$$
$$\alpha_j \cdot \qquad\quad *\Phi_j^{-1} \qquad\qquad \text{kompakt} \qquad\quad *\Phi_j$$

Mit $I(\alpha_j \cdot)$ kompakt ist auch I kompakt. ∎

Mit den Sätzen 7.8, 7.9 mit 7.10 können wir – wie oben – die Ehrlingschen Sätze beweisen und andere, gleichwertige Normen auf den W_2^l-Räumen angeben. Um später zitieren zu können, wollen wir den Ehrlingschen Satz formulieren.

Satz 7.11 *Sei Ω offen und beschränkt (bzw. M kompakt), sei $0 \leqslant l_2 < l_1$, $l_1, l_2 \in \mathbf{R}_+$. Dann gibt es zu jedem $\varepsilon > 0$ eine Konstante $c(\varepsilon)$, so daß für alle $\varphi \in \overset{\circ}{W}_2^{l_1}(\Omega)$ gilt (bzw. für alle $\varphi \in W_2^{l_1}(\Omega)$ unter den Voraussetzungen von Satz 7.9, oder für alle $\varphi \in W_2^{l_1}(M)$ unter den Voraussetzungen von Satz 7.10)*

$$\|\varphi\|_{l_2} \leqslant \varepsilon \|\varphi\|_{l_1} + c(\varepsilon) \|\varphi\|_0.$$

Aufgaben

7.1 Zeige, daß die Einbettung $W_2^1(\mathbf{R}) \subset L_2(\mathbf{R})$ nicht kompakt ist.

7.2 Beweise die einzelnen Sätze dieses Paragraphen für Fourierreihen, d.h. für die Räume $W_2^l(T^r)$, wobei T^r der Torus ist.

§8 Der Spuroperator

Sei V eine Untermannigfaltigkeit von $\bar{\Omega}$, V kann auch der Rand $\partial\Omega$ von Ω sein. Wir wollen einen Spuroperator T definieren; er soll einer auf Ω gegebenen Funktion, eine auf V gegebene Funktion zuordnen, und zwar derart, daß für „hinreichend glatte" Funktionen $\varphi \in C^m(\bar{\Omega})$, gilt

$$(1) \qquad T\varphi = \varphi|_V = \quad \text{„}\varphi \text{ restringiert auf } V\text{".}$$

Auch wollen wir die umgekehrte Aufgabe lösen (sogenannte inverse Theoreme): eine auf V gegebene Funktion zu einer auf Ω definierten Funktion zu erweitern.

Die Bedeutung des Spuroperators T und der inversen Theoreme für Randwertaufgaben ist offensichtlich.

Wir beginnen mit $\Omega = \mathbf{R}^r$, $V = \mathbf{R}^{r-1}$, (wir benötigen nur den Fall, daß dim $V = r - 1$ ist, d.h. V eine Hyperfläche) es sei $\mathbf{R}^{r-1}$ durch die Koordinaten $(x_1, \ldots, x_{r-1}, 0) = (x', 0)$ gegeben.

Wir betrachten den allgemeinen Fall $l \in \mathbf{R}_+$.

Satz 8.1 *Sei $l > 1/2$. Es existiert eine lineare, stetige Abbildung*

$$T_0 : W_2^l(\mathbf{R}^r) \to W_2^{l-1/2}(\mathbf{R}^{r-1}),$$

genannt Spuroperator, *mit der Eigenschaft* (1), *so daß für* $\varphi \in \mathscr{D}(\mathbf{R}^r)$ *gilt*

$$(2) \qquad T_0 \varphi(x') = \varphi(x', 0), \quad \textit{für } (x', 0) = (x_1, \ldots, x_{r-1}, 0) \in \mathbf{R}^{r-1}.$$

Beweis. Wir müssen die Ungleichung

$$(3) \qquad \| T_0 \varphi \|_{W_2^{l-1/2}(\mathbf{R}^{r-1})} \leqslant c \| \varphi \|_{W_2^l(\mathbf{R}^r)},$$

für $\varphi \in \mathscr{D}(\mathbf{R}^r)$ beweisen ($\mathscr{D}$ ist dicht in $W_2^l(\mathbf{R}^r)$). Wir benutzen die Fouriertransformation und die Fouriernorm von §5,(3). Wir definieren $T_0 \varphi$ für $\varphi \in \mathscr{D}(\mathbf{R}^r)$ durch (2)

$$T_0 \varphi := \varphi(x', 0) =: g(x'), \qquad x' \in \mathbf{R}^{r-1},$$

die allgemeine Definition des Spuroperators T_0 erhalten wir – wie üblich – durch stetiges Fortsetzen. Wir haben für $\varphi \in \mathscr{D}(\mathbf{R}^r)$

$$\varphi(x', 0) = \frac{1}{2\pi} \int\limits_{-\infty}^{+\infty} \hat{\varphi}^{\xi_r}(x', \xi_r) \, e^{i(\xi_r, 0)} \, d\xi_r,$$

woraus nach Fouriertransformation in $(x' \in) \mathbf{R}^{r-1}$ folgt

$$(4) \qquad \hat{g}(\xi') = \frac{1}{2\pi} \int\limits_{-\infty}^{+\infty} \hat{\varphi}(\xi) \, d\xi_r.$$

Wir schätzen ab, benutzen (4) und Satz 5.2

$$\| g \|_{l-1/2}^2 \leqslant c_1 \int\limits_{\mathbf{R}^{r-1}} |\hat{g}(\xi')|^2 (1 + |\xi'|^2)^{l-1/2} \, d\xi'$$

$$= \frac{c_1}{4\pi^2} \int\limits_{\mathbf{R}^{r-1}} \left| \int\limits_{-\infty}^{+\infty} \hat{\varphi}(\xi) \, d\xi_r \right|^2 (1 + |\xi'|^2)^{l-1/2} \, d\xi'$$

$$\leqslant c_2 \int\limits_{\mathbf{R}^{r-1}} \left[(1 + |\xi'|^2)^{l-1/2} \cdot \int\limits_{-\infty}^{\infty} |\hat{\varphi}(\xi)|^2 (1 + |\xi|^2)^l \, d\xi_r \cdot \int\limits_{-\infty}^{\infty} (1 + |\xi|^2)^{-l} \, d\xi_r \right] d\xi'.$$

Nun ist aber für $l > 1/2$

$$(5) \qquad \int\limits_{-\infty}^{\infty} (1 + |\xi|^2)^{-l} \, d\xi_r = \pi (1 + |\xi'|^2)^{-l+1/2},$$

und wir haben weiter

$$= c_2 \cdot \pi \int\limits_{\mathbf{R}^{r-1}} \int\limits_{-\infty}^{\infty} |\hat{\varphi}(\xi)|^2 (1 + |\xi|^2)^l \, d\xi_r \, d\xi' \leqslant c_3 \|\varphi\|_l^2,$$

womit wir (3) bewiesen haben. ■

Zusatz 8.1 *Die Spurformel* (2), *das ist*

$$(2) \qquad T_0 \varphi = \varphi(x', 0), \qquad (x', 0) \in \mathbf{R}^{r-1},$$

gilt auch für alle $\varphi \in C_0^l(\mathbf{R}^r)$, *falls* l *ganzzahlig ist, und für* $\varphi \in C_0^{[l]+1}(\mathbf{R}^r)$ *sonst.*

($C_0^{\cdots}$ bedeutet, daß die Funktionen einen kompakten Träger haben).

Beweis. Wir haben (Normen ansehen und Integrale abschätzen)

$$C_0^l(\Omega) \, \hookleftarrow \, W_2^l(\Omega), \qquad l = 0, 1, 2, \ldots$$

und

$$\tilde{C}_0^{[l], \lambda_1}(\Omega) \, \hookleftarrow \, W_2^{[l]+\lambda}(\Omega) \quad \text{für } \lambda_1 > \lambda.$$

Dabei bedeutet das Zeichen $\hookleftarrow$ die (Folgen-)Stetigkeit der Einbettungen, wenn man unter Konvergenz $\varphi_n \to \varphi$ in $C_0^l(\Omega)$ (bzw. $\tilde{C}_0^{[l], \lambda_1}(\Omega)$) versteht, daß alle φ_n, φ ihren Support in einem Kompaktum $K \subset\subset \Omega$ haben und $D^s \varphi_n \to D^s \varphi$, $|s| \leqslant l$, gleichmäßig auf K konvergieren, (bzw. in der Norm von $\tilde{C}^{[l], \lambda_1}(K)$). Für $\tilde{C}^{[l], \lambda_1}$ siehe die Definition 4.2.

Sei nun $\varphi \in C_0^{[l]+1}(\mathbf{R}^r)$, $\operatorname{supp} \varphi = K \subset\subset \mathbf{R}^r$. Wir regularisieren $\varphi_\varepsilon = \varphi * h_\varepsilon$; nach den Sätzen 1.3 und 1.11 haben wir für $0 < \varepsilon < 1$: $\operatorname{supp} \varphi_\varepsilon \subset K_\varepsilon \subset K_1 \subset\subset \mathbf{R}^r$, $\varphi_\varepsilon \in \mathscr{D}$ und

$$\varphi_\varepsilon \to \varphi \quad \text{für } \varepsilon \to 0 \text{ in } C_0^{[l]+1}(\mathbf{R}^r),$$

wegen

$$C_0^{[l]+1}(\mathbf{R}^r) \, \hookleftarrow \, \tilde{C}_0^{[l], \lambda_1}(\mathbf{R}^r) \, \hookleftarrow \, W_2^{[l]+\lambda=l}(\mathbf{R}^r),$$

konvergiert $\varphi_\varepsilon \to \varphi$ auch in $W_2^l(\mathbf{R}^r)$.

Andererseits können wir, da es sich um die gleichmäßige Konvergenz handelt, auf die Menge $\mathbf{R}^{r-1}$ restringieren, erhalten

$$\varphi_\varepsilon(x', 0) \to \varphi(x', 0) \quad \text{für } \varepsilon \to 0 \text{ in } C_0^{[l]+1}(\mathbf{R}^{r-1}),$$

und – wie oben – ergibt sich aus

$$C_0^{[l]+1}(\mathbf{R}^{r-1}) \, \hookleftarrow \ldots \hookleftarrow \, W_2^{l-1/2}(\mathbf{R}^{r-1}),$$

daß $\varphi_\varepsilon(x', 0) \to \varphi(x', 0)$ in $W_2^{l-1/2}(\mathbf{R}^{r-1})$ konvergiert. Die Stetigkeit des Spuroperators T_0 ergibt

$$T_0 \varphi_\varepsilon \to T_0 \varphi$$
$$\| \qquad\qquad \text{in } W_2^{l-1/2}(\mathbf{R}^{r-1}),$$
$$\varphi_\varepsilon(x',0) \to \varphi(x',0)$$

das ist $T_0 \varphi = \varphi(x',0)$ für $\varphi \in C_0^{[l]+1}(\mathbf{R}^r)$. ∎

Der Beweis für l ganzzahlig ist einfacher.

Zusatz 8.2 *Es habe* $\varphi \in W_2^l(\mathbf{R}^r)$ *einen kompakten Support, dann hat* $T_0 \varphi \in W_2^{l-1/2}(\mathbf{R}^{r-1})$ *auch einen kompakten Support, und es gilt*

$$\operatorname{supp}(T_0 \varphi) \subset \operatorname{supp}\varphi \cap \mathbf{R}^{r-1}.$$

Beweis. Wir brauchen ein einfaches Lemma über Distributionen.

Lemma 8.1 *Die Folge der Distributionen* $T_n \in \mathscr{D}'$ *konvergiere in* $\mathscr{D}'$ *gegen* $T \in \mathscr{D}', T_n \to T$ *in* $\mathscr{D}'$, *und es gelte* $\operatorname{supp} T_n \subset K$, K *abgeschlossen, für fast alle* T_n. *Dann gilt auch* $\operatorname{supp} T \subset K$.

Zum Beweis nehmen wir $\psi \in \mathscr{D}$ mit $\operatorname{supp}\psi \subset \complement K$ dann gilt $T_n(\psi) \begin{smallmatrix} \to 0 \\ \to T(\psi) \end{smallmatrix}$ für $n \to \infty$, also $T(\psi) = 0$, was $\operatorname{supp} T \subset K$ bedeutet.

Nun zum Beweis von Zusatz 8.2. Sei $\varphi \in W_2^l(\mathbf{R}^r)$ mit $\operatorname{supp}\varphi = K$ kompakt in $\mathbf{R}^r$. Wir regularisieren $\varphi_\varepsilon = \varphi * h_\varepsilon$ und haben nach Lemma 3.3 $\varphi_\varepsilon \to \varphi$ in $W_2^l(\mathbf{R}^r)$ und $\operatorname{supp}\varphi_\varepsilon \subset K_{\varepsilon'}$ für $\varepsilon < \varepsilon'$. Satz 8.1 und (2) ergeben $T_0 \varphi_\varepsilon \to T_0 \varphi$ in $W_2^{l-1/2}(\mathbf{R}^{r-1})$ und $\operatorname{supp}(T_0 \varphi_\varepsilon) \subset K_{\varepsilon'} \cap \mathbf{R}^{r-1}$ für $\varepsilon < \varepsilon'$, nach dem Lemma 8.1 also $\operatorname{supp}(T_0 \varphi) \subset K_{\varepsilon'} \cap \mathbf{R}^{r-1}$ für alle $\varepsilon' > 0$, und nach Durchschnittsbildung

$$\operatorname{supp}(T_0 \varphi) \subset \bigcap_{\varepsilon' > 0} K_{\varepsilon'} \cap \mathbf{R}^{r-1} = K \cap \mathbf{R}^{r-1}. \qquad ∎$$

Satz 8.1 und Zusatz 8.2 können wir zusammenfassen zu

Satz 8.2 *Es sei* $l > 1/2$, *sei* W^r *der Einheitswürfel in* $\mathbf{R}^r$. *Der Spuroperator* T_0 *wirkt*

$$T_0 : \mathring{W}_2^l(W^r) \to \mathring{W}_2^{l-1/2}(W^{r-1})$$

stetig und linear, und es gilt (2) *für alle* $\varphi \in C_0^l(W^r)$ *bzw. alle* $\varphi \in C_0^{[l]+1}(W^r)$.

Wir wollen die umgekehrte Aufgabe lösen.

Satz 8.3 *Es sei* $l > 1/2$. *Es existiert ein linearer, stetiger Fortsetzungsoperator*

$$Z_0 : W_2^{l-1/2}(\mathbf{R}^{r-1}) \to W_2^l(\mathbf{R}^r)$$

mit der Eigenschaft

$$(6) \qquad T_0 \circ Z_0 \varphi = \varphi \quad \text{für alle } \varphi \in W_2^{l-1/2}(\mathbf{R}^{r-1}).$$

Der Spuroperator T_0 *aus* Satz 8.1 *ist damit surjektiv.*

Beweis. Da nach Satz 5.1 $\mathscr{D}(\mathbf{R}^{r-1})$ dicht in $W_2^{l-1/2}(\mathbf{R}^{r-1})$ ist, brauchen wir $Z_0 \varphi$ nur für $\varphi \in \mathscr{D}(\mathbf{R}^{r-1})$ zu definieren und für diese φ's (6) und die Stetigkeit aufzuzeigen. Der übliche Dichteschluß beendet den Beweis.

Sei also $\varphi(x') \in \mathscr{D}(\mathbf{R}^{r-1})$, $x' \in \mathbf{R}^{r-1}$, wir setzen

$$(7) \qquad Z_0\varphi := u(x) := \frac{1}{\pi(2\pi)^{r-1}} \int_{\mathbf{R}^r} e^{i(x,\xi)}\, \frac{(1+|\xi'|^2)^{l-1/2}}{(1+|\xi|^2)^l}\, \hat{\varphi}(\xi')\, d\xi, \quad x \in \mathbf{R}^r.$$

Formel (5) und die Tatsache, daß $\hat{\varphi}(\xi')$ eine stark abnehmende Funktion ist, ergeben, daß das Integral auf der rechten Seite von (7) existiert, $u(x)$ also eine wohldefinierte Funktion ist. Für $x = (x', 0) \in \mathbf{R}^{r-1}$ haben wir wegen (5)

$$u(x', 0) = \frac{1}{(2\pi)^{r-1}\cdot\pi} \int_{\mathbf{R}^{r-1}} e^{i(x',\xi')} \cdot (1+|\xi'|^2)^{l-1/2}\, \hat{\varphi}(\xi') \int_{-\infty}^{\infty} \frac{d\xi_r}{(1+|\xi|^2)^l} \cdot d\xi'$$

$$= \frac{1}{(2\pi)^{r-1}} \int_{\mathbf{R}^{r-1}} e^{i(x',\xi')} \cdot \hat{\varphi}(\xi')\, d\xi' = \varphi(x'),$$

womit wir (6) nachgewiesen haben.

Nun die Stetigkeitsabschätzung (siehe (5), (7) und Satz 5.2)

$$(8) \qquad \|u\|_l^2 \leqslant c_1 \int_{\mathbf{R}^r} |\hat{u}(\xi)|^2 (1+|\xi|^2)^l\, d\xi$$

$$= c_2 \int_{\mathbf{R}^{r-1}} (1+|\xi'|^2)^{2l-1} |\hat{\varphi}(\xi')|^2 \cdot \int_{-\infty}^{\infty} \frac{d\xi_r}{(1+|\xi|^2)^l}\, d\xi'$$

$$= c_3 \int_{\mathbf{R}^{r-1}} (1+|\xi'|^2)^{l-1/2} |\hat{\varphi}(\xi')|^2\, d\xi' \leqslant c_4 \|\varphi\|_{l-1/2}^2. \qquad \blacksquare$$

Wir wollen wieder lokalisieren (siehe Satz 8.2). Sei $\varepsilon > 0$ und sei $\alpha_\varepsilon \in \mathscr{D}(W^r + B(0,\varepsilon))$ mit $\alpha_\varepsilon(x) = 1$ auf W^r. Wir setzen $W_\varepsilon^r = W^r + B(0,\varepsilon)$. Der Operator

$$\alpha_\varepsilon \cdot Z_0 : \mathring{W}_2^{l-1/2}(W^{r-1}) \subset W_2^{l-1/2}(\mathbf{R}^{r-1}) \xrightarrow{Z_0} W_2^l(\mathbf{R}^r) \xrightarrow{\alpha_\varepsilon \cdot} \mathring{W}_2^l(W_\varepsilon^r)$$

ist stetig, und es gilt, wie man sich leicht überzeugt:

Satz 8.4 *Es sei $l > 1/2$. Der Fortsetzungsoperator*

$$Z_0^\varepsilon = \alpha_\varepsilon \cdot Z_0 : \mathring{W}_2^{l-1/2}(W^{r-1}) \to \mathring{W}_2^l(W_\varepsilon^r) \quad \text{ist linear und stetig,}$$

und er hat die Eigenschaft

$$T_0 \circ Z_0^\varepsilon \varphi\, |_{W^{r-1}} = \varphi \quad \text{für alle } \varphi \in \mathring{W}_2^{l-1/2}(W^{r-1}).$$

(Hierbei benutzen wir auch die aus (2) folgende Tatsache, daß T_0 für $\alpha \in \mathscr{D}(\mathbf{R}^r)$ multiplikativ ist

$$T_0(\alpha\varphi) = \alpha\, |_{\mathbf{R}^{r-1}} \cdot T_0\varphi.$$

Wir wollen zum Spuroperator noch die Ableitungen in Normalenrichtung (hier $\partial/\partial x_r$) hinzunehmen.

Sei $\varphi \in W_2^l(\mathbf{R}^r)$, dann ist $\dfrac{\partial^k \varphi}{\partial x_r^k} \in W_2^{l-k}(\mathbf{R}^r)$ für $k = 0, 1, \ldots, m$; $l \geq m$. Wir definieren für $l - m > 1/2$, $m \in \mathbf{N}$,

$$(9) \qquad T_m \varphi = \left(T_0 \varphi, T_0 \frac{\partial \varphi}{\partial x_r}, \ldots, T_0 \frac{\partial^m \varphi}{\partial x_r^m} \right),$$

und haben für $\varphi \in \mathscr{D}(\mathbf{R}^r)$ (bzw. $\varphi \in C_0^{[l]+m+1}$)

$$T_m \varphi(x') = \left(\varphi(x', 0), \frac{\partial \varphi}{\partial x_r}(x', 0), \ldots, \frac{\partial^m \varphi}{\partial x_r^m}(x', 0) \right), \ x' \in \mathbf{R}^{r-1}.$$

Es gilt die einfache Folgerung aus Satz 8.1.

Satz 8.5 *Der durch* (9) *definierte Spuroperator* T_m *wirkt stetig und linear*

$$T_m : W_2^l(\mathbf{R}^r) \to \mathop{\mathsf{X}}_{k=0}^{m} W_2^{l-k-1/2}(\mathbf{R}^{r-1}),$$

hier ist $l - m > 1/2$, $m \in \mathbf{N}$.

Der durch (9) definierte Spuroperator T_m besitzt wieder ein stetiges Rechtsinverses Z_m.

Satz 8.6 *Es existiert eine lineare, stetige Abbildung*

$$(10) \qquad Z_m : \mathop{\mathsf{X}}_{k=0}^{m} W_2^{l-k-1/2}(\mathbf{R}^{r-1}) \to W_2^l(\mathbf{R}^r)$$

mit der Eigenschaft

$$(11) \qquad T_m \circ Z_m = I,$$

oder gesetzt $u = Z_m \varphi$, $\varphi = (\varphi_0, \varphi_1, \ldots, \varphi_m) \in \mathop{\mathsf{X}}_{k=0}^{m} \mathscr{D}(\mathbf{R}^{r-1})$

$$(11) \qquad \frac{\partial^k u}{\partial x_r^k}(x', 0) = \varphi_k(x'), \qquad x' \in \mathbf{R}^{r-1}, k = 0, 1, \ldots, m.$$

Hier ist wieder $l - m > 1/2$, $m \in \mathbf{N}$.

Beweis. Wir fügen der Definitionsformel (7) von Z_0 noch ein $x_r^k/k!$ hinzu und setzen statt l die Zahl $l - k$, also

$$v(x) := \tilde{Z}_k \varphi := \frac{x_r^k}{\pi \cdot k!\,(2\pi)^{r-1}} \int_{\mathbf{R}^r} e^{i(x,\xi)} \frac{(1 + |\xi'|^2)^{l-k-1/2}}{(1 + |\xi|^2)^{l-k}} \hat{\varphi}(\xi')\,d\xi,$$

wir bekommen dadurch eine stetige, lineare Abbildung

$$(12) \qquad \tilde{Z}_k : W_2^{l-k-1/2}(\mathbf{R}^{r-1}) \to W_2^l(\mathbf{R}^r),$$

(die Stetigkeit sieht man ähnlich wie (8) ein) mit der zusätzlichen Eigenschaft

$$(13) \qquad (\tilde{Z}_k \varphi)(x',0) = 0, \qquad \frac{\partial \tilde{Z}_k \varphi}{\partial x_r}(x',0) = 0, \ldots, \qquad \frac{\partial^k \tilde{Z}_k \varphi}{\partial x_r^k}(x',0) = \varphi(x'),$$

$$\text{für } \varphi \in W_2^{l-k-1/2}(\mathbf{R}^{r-1}), \quad k = 0, 1, \ldots, m.$$

Den Operator Z_m definieren wir durch

$$Z_m \varphi := \tilde{Z}_0 \varphi_0 + \tilde{Z}_1 \left(\varphi_1 - \frac{\partial}{\partial x_r} \tilde{Z}_0 \varphi_0 \right)$$

$$+ \frac{1}{2!} \tilde{Z}_2 \left(\varphi_2 - \frac{\partial^2}{\partial x_r^2} \tilde{Z}_0 \varphi_0 - \frac{\partial}{\partial x_r} \tilde{Z}_1 \left(\varphi_1 - \frac{\partial}{\partial x_r} \tilde{Z}_0 \varphi_0 \right) \right) + \ldots,$$

wobei $\varphi = (\varphi_0, \varphi_1, \ldots, \varphi_m)$. Die Stetigkeit von Z_m (10) folgt sofort aus der Stetigkeit von $\tilde{Z}_k$ (12), $k = 0, \ldots, m$, während die Eigenschaft (11) eine Konsequenz von (13) ist.

Bemerkung 8.1 Selbstverständlich können wir auch die Sätze 8.5 und 8.6 lokalisieren und den Sätzen 8.2 und 8.4 ähnliche aussprechen. Wir wollen nun den Spursatz für allgemeine beschränkte Gebiete Ω beweisen. Dabei kommen wir im ersten Teil des Satzes 8.7 – Existenz von T_0 – mit sehr allgemeinen Voraussetzungen an Ω aus; im zweiten Teil müssen wir beim Transformieren die Normalenrichtung invariant lassen, dies bedeutet Heraufsetzung der Glattheitsvoraussetzung um 1. Für die Glattheitsvoraussetzungen siehe den Transformationssatz 4.1.

Satz 8.7 (Spursatz) 1. *Sei Ω ein beschränktes $(k, \varkappa)$-glattes Gebiet, sei $1/2 < l \leqslant k + \varkappa$, (für ganzzahlige l ist $k = l - 1$, $\varkappa = 1$ zugelassen). Es existiert ein linearer, stetiger Spuroperator*

$$T_0 : W_2^l(\Omega) \to W_2^{l-1/2}(\partial\Omega),$$

mit der Eigenschaft

$$(14) \qquad T_0 \varphi = \varphi \,|_{\partial\Omega} \quad \textit{für } \varphi \in C^l(\bar{\Omega}),$$

(bzw. $\varphi \in C^{[l]+1}(\bar{\Omega})$ für l nicht ganzzahlig).

2. *Sei Ω wieder beschränkt und $(k, \varkappa)$-glatt, sei $l - m > 1/2$, $m \in \mathbf{N}$, $l + 1 \leqslant k + \varkappa$, (wieder, für ganzzahlige l ist $k = l$, $\varkappa = 1$, zugelassen). Dann existiert ein linearer, stetiger Spuroperator*

$$T_m : W_2^l(\Omega) \to \mathop{\mathsf{X}}_{i=0}^{m} W_2^{l-i-1/2}(\partial\Omega),$$

mit der Eigenschaft

$$(14) \qquad T_m \varphi = \left(\varphi \bigg|_{\partial\Omega}, \frac{\partial\varphi}{\partial n}\bigg|_{\partial\Omega}, \ldots, \frac{\partial^m \varphi}{\partial n^m}\bigg|_{\partial\Omega} \right), \quad \textit{für } \varphi \in C^{l+m}(\bar{\Omega})$$

(bzw. $\varphi \in C^{[l]+m+1}(\bar{\Omega})$, für l nicht ganzzahlig). Hier ist $\partial/\partial n$ die Ableitung in Richtung der inneren Normalen.

Bemerkung 8.2 Da nach Satz 3.6 die Funktionen aus $C^\infty(\bar{\Omega})$ dicht in $W_2^l(\Omega)$ liegen, ist durch (14) und die Forderung nach der Stetigkeit der Spuroperator schon eindeutig bestimmt.

Beweis von Satz 8.7, Teil 1. Wir überdecken $\partial\Omega$ mit Umgebungen U_j, wie sie in der Definition 2.7 der $(k,\varkappa)$-Glattheit vorkommen. Da $\partial\Omega$ kompakt ist, genügen endlich viele $U_j, j = 1, \ldots, n$. Sei $\{\alpha_j\}$ eine der Überdeckung $\{U_j\}$ untergeordnete Partition der Eins. Wir transformieren U_j auf den Würfel W^r durch eine $(k,\varkappa)$-Transformation Φ_j. Wir haben nach dem Transformationssatz 4.1 $^*\Phi_j(\alpha_j \cdot \varphi) \in W_2^l(W_+^r)$. Nach der Wahl der α_j kann der Support von $^*\Phi_j(\alpha_j \cdot \varphi)$ den Rand von W_+^r nur in W^{r-1} berühren, wir haben also

$$\| ^*\Phi_j(\alpha_j\varphi) \|_{l,W_+^r} = \| ^*\Phi_j(\alpha_j\varphi) \|_{l,\mathbf{R}_+^r},$$

und wir können nach Hestenes – siehe Satz 5.5 – fortsetzen: F_j sei der Fortsetzungsoperator.

Wir erhalten

$$F_j \circ {}^*\Phi_j(\alpha_j\varphi) \in \mathring{W}_2^l(W^r),$$

– siehe Bemerkung über den Support in Satz 5.5. Wir wenden den Spuroperator T_0 aus Satz 8.2 an; $T_0 \circ F_j \circ {}^*\Phi_j(\alpha_j\varphi)$ gehört jetzt zu $\mathring{W}_2^{l-1/2}(W^{r-1})$. Wir transformieren zurück, diesmal eingeschränkt auf W^{r-1} und erhalten

$${}^*\Phi_j^{-1} \circ T_0 \circ F_j \circ {}^*\Phi_j(\alpha_j\varphi) \in \mathring{W}_2^{l-1/2}(\partial\Omega \cap U_j).$$

Wir definieren

$$(15) \qquad T_0\,\varphi = \sum_{j=1}^{n} {}^*\Phi_j^{-1} \circ T_0 \circ F_j \circ {}^*\Phi_j(\alpha_j \cdot \varphi),$$

und schreiben die Definitionskette nochmals für die einzelnen Summanden mit Pfeilen hin

$$(16) \quad \begin{array}{l} W_2^l(\Omega) \xrightarrow{\alpha_j} W_2^l(U_j^+) \xrightarrow{{}^*\Phi_j} W_2^l(W_+^r) \xrightarrow{F_j} \mathring{W}_2^l(W^r) \\[2mm] \xrightarrow{T_0} \mathring{W}_2^{l-1/2}(W^{r-1}) \xrightarrow{{}^*\Phi_j^{-1}} \mathring{W}_2^{l-1/2}(\partial\Omega \cap U_j) \subset W_2^{l-1/2}(\partial\Omega). \end{array}$$

Nach den zitierten Sätzen sind alle Pfeile in (16) linear und stetig, T_0 definiert durch (15) stellt also einen linearen, stetigen Operator dar. Nun zur Eigenschaft (14). Dazu müssen wir nur das Verhalten der Funktionen aus $C^l(\bar{\Omega})$ auf $\partial\Omega$ unter den Transformationen von (16) nachprüfen; α_j multipliziert mit den Werten $\varphi|_{\partial\Omega}$ ergibt $(\alpha \cdot \varphi)|_{\partial\Omega}$; C^l-Funktionen gehen unter $^*\Phi_j$ in C^l-Funktionen über, die Werte $(\alpha_j \cdot \varphi)|_{\partial\Omega}$ und $^*\Phi_j(\alpha_j\varphi)|_{W^{r-1}}$ entsprechen einander, F_j läßt nach Zusatz 5.2 die Werte der $C^l = C^{l,0} \subset C^{l-1,1}$ Funktionen auf W^{r-1} ungeändert, T_0 läßt sie ungeändert

(Eigenschaft (2) Zusatz 8.1); $*\Phi_j^{-1}$ ordnet $*\Phi_j(\alpha_j\varphi)$ den entsprechenden Wert $*\Phi_j^{-1}\circ *\Phi_j(\alpha_j\varphi)\big|_{\partial\Omega} = (\alpha_j\varphi)\big|_{\partial\Omega}$ zu. Damit haben wir zusammengefaßt (15)

$$T_0\varphi\,\big|_{\partial\Omega} = \sum_{j=1}^{n} \alpha_j\varphi\,\big|_{\partial\Omega} = \varphi\,\big|_{\partial\Omega} \quad\text{für}\ \varphi\in C^l(\bar{\Omega}),$$

das ist (14), womit wir Teil 1 bewiesen haben. (14) für nicht ganzzahlige l, d.h. für $\varphi\in C^{[l]+1}(\bar{\Omega})$, ergibt sich ebenso.

Teil 2. Wieder sei $\{U_j\}\,j=1,\dots,n$ eine Überdeckung von $\partial\Omega$ und $\{\alpha_j\}\,j=1,\dots,n$ eine untergeordnete Partition der Eins. Da $m\geq 1$ ist und wir die Spur in der Normalenrichtung erklären wollen, müssen wir die Transformationen $\Phi_j\colon W^r\leftrightarrow U_j$ so wählen, daß sie die Normalenrichtung invariant lassen, dies ist nach Satz 2.12 möglich. Nach Satz 2.12 gehört dann Φ_j zu $C^{k-1,\varkappa}$, wenn $\Omega\ (k,\varkappa)$-glatt ist; unsere stärkere Voraussetzung ergibt

$$l > \frac{1}{2} + m \geq \frac{1}{2} + 1, \qquad l \leqslant (k-1) + \varkappa,$$

das ist

$$\frac{1}{2} + 1 < (k+1) + \varkappa \quad\text{oder}\quad k\geqslant 2,$$

womit die Voraussetzungen von Satz 2.12 erfüllbar sind. Auch die Voraussetzungen des Transformationssatzes 4.1 sind wegen $l \leqslant (k-1)+\varkappa$ für $\Phi_j\in C^{k-1,\varkappa}$, $k\geqslant 2$, erfüllbar. Der weitere Beweis von Teil 2 verläuft so, wie der erste Teil, nur T_m anstelle von T_0: wir definieren

$$T_m\varphi := \sum_{j=1}^{n} *\Phi_j^{-1}\circ T_m\circ F_j\circ *\Phi_j(\alpha_j\varphi)$$

durch das Schema (siehe (16))

$$W_2^l(\Omega) \underset{\alpha_j}{\to} W_2^l(U_j) \underset{*\Phi_j}{\to} W_2^l(W_+^r) \underset{F_j}{\to} \mathring{W}_2^l(W^r) \underset{T_m}{\to} \mathop{\times}\limits_{i=0}^{m} \mathring{W}_2^{l-i-1/2}(W^{r-1})$$

$$\underset{\substack{\times\\ i=0}}{\xrightarrow{}}_{\substack{m\\ *\Phi_j^{-1}}} \mathop{\times}\limits_{i=0}^{m} \mathring{W}_2^{l-i-1/2}(U_j\cap\partial\Omega) \subset \mathop{\times}\limits_{i=0}^{m} W_2^{l-i-1/2}(\partial\Omega),$$

dabei ist $\underset{T_m}{\to}$ die lokalisierte Abbildung (siehe Bemerkung 8.1, Satz 8.2) aus Satz 8.5. Auch der Beweis der Eigenschaft (14) verläuft wie in Teil 1, wir benutzen hier die Tatsache, daß Φ_j und Φ_j^{-1} die Normalenrichtung invariant lassen. ∎

Wir wollen nun zeigen, daß der Spuroperator T_m surjektiv ist. Weil wir wieder für $m=0$ die Voraussetzungen abschwächen können, unterscheiden wir die zwei Fälle $m=0$ und $m\geqslant 1$.

Satz 8.8 (Inverses Theorem) 1. *Sei Ω ein beschränktes $(k,\varkappa)$-glattes Gebiet, sei $1/2 < l \leqslant k + \varkappa$, (für ganzzahlige l ist $k = l - 1$, $\varkappa = 1$ zugelassen). Es existiert ein linearer, stetiger Fortsetzungsoperator*

$$Z_0 : W_2^{l-1/2}(\partial\Omega) \to W_2^l(\Omega),$$

mit der Eigenschaft

(17) $\qquad T_0 \circ Z_0 \varphi = \varphi \quad$ *für alle $\varphi \in W_2^{l-1/2}(\partial\Omega)$.*

2. Sei Ω wieder beschränkt und $(k,\varkappa)$-glatt, sei $l - m > 1/2$, $m \in \mathbf{N}$, $l + 1 \leqslant k + \varkappa$ (wieder für ganzzahlige l ist $k = l$, $\varkappa = 1$ zugelassen). Es existiert ein linearer, stetiger Fortsetzungsoperator

$$Z_m : \underset{i=0}{\overset{m}{\times}} W_2^{l-i-1/2}(\partial\Omega) \to W_2^l(\Omega),$$

mit der Eigenschaft

(17) $\qquad T_m \circ Z_m = I \quad$ *auf $\underset{i=0}{\overset{m}{\times}} W_2^{l-i-1/2}(\partial\Omega)$,*

hier ist T_m der Spuroperator aus Satz 8.7.

Beweis. Teil 1. Wir überdecken $\partial\Omega$ in $\mathbf{R}^r$ mit Umgebungen $U_j, j = 1, \ldots, n$, so daß die um $\varepsilon > 0$ vergrößerten Umgebungen $U_{j,\varepsilon}$ die Eigenschaften aus Definition 2.7 haben. Außerdem wählen wir U_0 offen mit $\bar\Omega \subset \bigcup_{j=0}^{n} U_j$. Sei $V_j = U_j \cap \partial\Omega$, die V_j bilden eine offene Überdeckung in $\partial\Omega$ der $(k,\varkappa)$-Untermannigfaltigkeit $\partial\Omega$ (Satz 2.15), sei $\{\beta_j\}$ eine der Überdeckung V_j untergeordnete Partition der Eins in $\partial\Omega$. Seien $\Phi_j : W_\varepsilon^r \leftrightarrow U_{j,\varepsilon}$ die $(k,\varkappa)$-Transformationen aus Definition 2.7, wobei sei $\Phi_j : W^r \leftrightarrow U_j$ und $\Phi_j : W^{r-1} \leftrightarrow V_j$. Wir haben das Diagramm

(18)
$$
\begin{aligned}
& W_2^{l-1/2}(\partial\Omega) \;\underset{\beta_j}{\to}\; \mathring{W}_2^{l-1/2}(V_j) \;\underset{{}^*\Phi_j}{\to}\; \mathring{W}_2^{l-1/2}(W^{r-1}) \\[2mm]
& \underset{Z_0^\varepsilon}{\to}\; \mathring{W}_2^l(W_\varepsilon^r) \;\underset{{}^*\Phi_j^{-1}}{\to}\; \mathring{W}_2^l(U_{j,\varepsilon}) \subset \mathring{W}_2^l\left(\bigcup_{j=1}^{n} U_{j,\varepsilon} \cup U_0 \right) \;\underset{R_\Omega}{\to}\; W_2^l(\Omega).
\end{aligned}
$$

Erläuterungen: ${}^*\Phi_j$ und ${}^*\Phi_j^{-1}$ sind stetig nach dem Transformationssatz 4.1, Z_0^ε ist die Abbildung aus Satz 8.4, sie ist stetig, R_Ω ist der Restriktionsoperator von $\bigcup_{j=1}^{n} U_{j,\varepsilon} \cup U_0$ auf Ω $\left(\text{wir haben } \bigcup_{j=1}^{n} U_{j,\varepsilon} \cup U_0 \supset \bigcup_{j=0}^{n} U_j \supset \bar\Omega \supset \Omega \right)$.

Wir definieren für $\varphi \in W_2^{l-1/2}(\partial\Omega)$

$$Z_0 \varphi := \sum_{j=1}^{n} R_\Omega \circ {}^*\Phi_j^{-1} \circ Z_0^\varepsilon \circ {}^*\Phi_j(\beta_j \cdot \varphi),$$

alle Pfeile in (18) sind linear und stetig, damit ist auch

$$Z_0 : W_2^{l-1/2}(\partial\Omega) \to W_2^l(\Omega)$$

linear und stetig. Um (17) nachzuprüfen (es genügt dies für $\varphi \in C^{k,\varkappa}(\partial\Omega)$, da $C^{k,\varkappa}(\partial\Omega)$ nach Satz 4.3 dicht in $W_2^{l-1/2}(\partial\Omega)$ ist), müssen wir wie im Beweis von Satz 8.7 die Funktionswerte durch das Diagramm (18) hindurch verfolgen und die Gleichheit $T_0 \circ Z_0^\varepsilon = I$ aus Satz 8.4 benutzen. Da dies gegenüber Satz 8.7 nichts neues erfordert, überlassen wir das Beweisende dem Leser.

Teil 2. Sei $m \geqslant 1$, da der Spuroperator T_m in Normalenrichtung erklärt ist, müssen wir Transformationen Φ_j nehmen, die die Normalenrichtung invariant lassen, dies ist nach Satz 2.12 möglich, und wir haben $\Phi_j \in C^{k-1,\varkappa}$. Sei Z_m^ε der lokalisierte Operator aus Satz 8.6 (siehe Bemerkung 8.1), wir definieren

$$Z_m \varphi := \sum_{j=1}^{n} R_\Omega \circ {}^*\Phi_j^{-1} \circ Z_m^\varepsilon \circ \mathop{\raise2pt\hbox{$\times$}}_{i=0}^{m} {}^*\Phi_j (\beta_j \cdot \varphi),$$

und lesen die Eigenschaften von Z_m aus dem Diagramm ab:

$$\mathop{\times}_{i=0}^{m} W_2^{l-i-1/2}(\partial\Omega) \underset{\beta_j}{\rightarrow} \mathop{\times}_{i=0}^{m} W_2^{l-i-1/2}(V_j) \rightarrow \mathop{\times}_{i=0}^{m} \mathring{W}_2^{l-i-1/2}(W^{r-1})$$
$$\mathop{\times}_{i=0}^{m} {}^*\Phi_j$$

$$\underset{Z_m^\varepsilon}{\rightarrow} \mathring{W}_2^l(W_\varepsilon^r) \underset{{}^*\Phi_j^{-1}}{\rightarrow} \mathring{W}_2^l(U_{j,\varepsilon}) \subset \mathring{W}_2^l\left(\bigcup_{j=1}^{n} U_{j,\varepsilon} \cup U_0\right) \underset{R_\Omega}{\rightarrow} W_2^l(\Omega).$$

Beim Beweis von (17) (wieder durch eine Diagrammjagd) brauchen wir die normalen Koordinaten Φ_j beim Übergang $W^r \rightarrow U_j$, damit nämlich die Ableitungen in Normalenrichtung in normalgerichtete Ableitungen übergehen und (11) aus Satz 8.6 in (17) übergeht. ∎

Mit Satz 8.8 haben wir den Bildbereich des Spuroperators T_m charakterisiert, wir wollen nun den Kern von T_m finden, dabei sei $l \in \mathbf{N}$ ganzzahlig und $m = l$. Wir haben

Satz 8.9 1. *Sei Ω ein beschränktes, $(0,1)$-glattes Gebiet, und sei $T_0 : W_2^1(\Omega) \rightarrow W_2^{1/2}(\partial\Omega)$ der Spuroperator. Es gilt*

$$ker\, T_0 = \mathring{W}_2^1(\Omega),$$

oder anders ausgedrückt

$$T_0 \varphi = 0 \text{ genau dann, wenn } \varphi \in \mathring{W}_2^1(\Omega).$$

2. *Sei Ω ein beschränktes, $(l+1,1)$-glattes Gebiet, $l \geqslant 1$, und sei*

$$T_l : W_2^{l+1}(\Omega) \rightarrow \mathop{\times}_{k=0}^{l} W_2^{l-k+1/2}(\partial\Omega),$$

der Spuroperator aus Satz 8.7. Es gilt

$$ker\, T_l = \mathring{W}_2^{l+1}(\Omega),$$

oder anders ausgedrückt

$$T_l \varphi = 0 \quad \textit{genau dann, wenn } \varphi \in \mathring{W}_2^{l+1}(\Omega).$$

Beweis. Wir schicken dem Beweis zwei Bemerkungen über den Spuroperator voraus.

1. Der Spuroperator ist multiplikativ, d.h. es gilt

$$(19) \qquad T_0(\alpha \varphi) = \alpha \big|_{\partial\Omega} \cdot T_0 \varphi, \qquad \alpha \in C^\infty(\bar{\Omega}),$$

$$T_l(\alpha \varphi) = \left(\alpha \big|_{\partial\Omega} \cdot T_0 \varphi, \; \alpha \big|_{\partial\Omega} \cdot T_0 \frac{\partial \varphi}{\partial n} + \frac{\partial \alpha}{\partial n} \Big|_{\partial\Omega} \cdot T_0 \varphi, \dots \right),$$

was sofort aus (14) folgt.

2. Sei $\Phi: \Omega \to \Omega'$ eine $(0,1)$-Transformation bzw. eine $(l,1)$-Normaltransformation; der Spuroperator T_l ist dann vertauschbar mit dem Pullbackoperator $^*\Phi$

$$(20) \qquad {}^*\Phi \circ T_l \varphi = T_l \circ {}^*\Phi \varphi.$$

Die Spurformel (14) gilt auch für alle $\varphi \in C^{l,1}(\bar{\Omega})$ (siehe Beweis von Zusatz 8.1, wir fangen dort mit $C^{l,1}(\bar{\Omega}) \subset W_2^{l+1}(\Omega)$ an, letzteres folgt aus Satz 1.8). Wir müssen (20) nur für $\varphi \in C^\infty(\bar{\Omega})$ beweisen, ($C^\infty(\bar{\Omega})$ liegt nach Satz 3.6 dicht in $W_2^{l+1}(\Omega)$), wir haben dann $^*\Phi \varphi \in C^{l,1}(\bar{\Omega}')$ und $^*\Phi$ angewandt auf (14) ergibt (20), selbstverständlich im zweiten Falle $l \geqslant 1$ unter der Voraussetzung, daß $^*\Phi$ eine Normaltransformation ist. (19) und (20) gelten auch für allgemeine Spuroperatoren T_m unter den Voraussetzungen von Satz 8.7.

Nun zum Beweis von Satz 8.9. Teil 1. Wir haben offensichtlich $\mathring{W}_2^1(\Omega) \subset \ker T_0$. Sei $\varphi \in W_2^1(\Omega)$ mit $T_0 \varphi = 0$. Wir überdecken (siehe Beweis von Satz 8.7) $\partial\Omega$ mit den U_j, wählen eine Partition der Eins α_j, transformieren mit Φ_j, und erhalten

$$v := {}^*\Phi_j(\alpha_j \varphi) \in W_2^1(W_+^r),$$

wobei wegen (19) und (20) gilt

$$(21) \qquad T_0 v = 0.$$

Wir setzen v durch 0 auf W^r fort und bezeichnen es durch $F_0 v$. Wir zeigen

$$(22) \qquad \frac{\partial(F_0 v)}{\partial x_i} = F_0 \frac{\partial v}{\partial x_i} \quad \text{für } i = 1, \dots, r.$$

Sei $\psi \in \mathcal{D}(W^r)$, wir haben für $i = 1, \dots, r-1$,

$$(23) \qquad \int\limits_{W^r} \frac{\partial \psi}{\partial x_i} \cdot F_0 v \, dx = \int\limits_{W_+^r} \frac{\partial \psi}{\partial x_i} v \, dx = -\int\limits_{W_+^r} \psi \frac{\partial v}{\partial x_i} dx = -\int\limits_{W^r} \psi \, F_0 \frac{\partial v}{\partial x_i} dx$$

und wegen (21)

$$\int\limits_{W^r} \frac{\partial \psi}{\partial x_r} F_0 v \, dx = \int\limits_{W_+^r} \frac{\partial \psi}{\partial x_r} \cdot v \, dx = \int\limits_{W^{r-1}} \psi \cdot T_0 v \, dx' - \int\limits_{W_+^r} \psi \frac{\partial v}{\partial x_r} dx = -\int\limits_{W^r} \psi \, F_0 \frac{\partial v}{\partial x_r} dx.$$

Damit haben wir (22) im Distributionssinne bewiesen. Aus (22) folgt $F_0 v \in \mathring{W}_2^1(W^r)$, während (21) und die Definition von F_0 ergibt supp $F_0 v \subset \overline{W_+^r}$. Wir transformieren rückwärts mit Φ_j^{-1} und erhalten

$$\tilde{\varphi} = \sum_{j=1}^{n} {}^*\Phi_j^{-1} \circ F_0 {}^*\Phi_j (\alpha_j \cdot \varphi) \in \mathring{W}_2^1(\mathbf{R}^r), \qquad \text{supp } \tilde{\varphi} \subset \bar{\Omega}, \ \tilde{\varphi}\,|_\Omega = \varphi,$$

woraus nach Satz 3.7 folgt, daß $\varphi \in \mathring{W}_2^1(\Omega)$.

Teil 2. Sei $l \geqslant 1$. Mit den Bezeichnungen von Teil 1 bedeutet

$$T_l v = 0, \text{ daß } v(x',0) = 0, \ \frac{\partial v(x',0)}{\partial x_r} = 0 \text{ usw.,}$$

woraus folgt, daß alle Ableitungen $\mathrm{D}^\alpha v(x',0)$ bis zur Ordnung $|\alpha| \leqslant l$ auf $W^{r-1} = \{x_r = 0\}$ gleich Null sind. Mehrfaches partielles Integrieren wie in (23) ergibt

$$\mathrm{D}^\alpha(F_0 v) = F_0 \mathrm{D}^\alpha v, \qquad |\alpha| \leqslant l+1$$

und der Rest des Beweises verläuft wie im ersten Teil. ∎

Aufgaben

8.1 Es gibt keine stetige lineare Abbildung $W_2^l(\mathbf{R}^r) \to W_2^l(\mathbf{R}^{r-1})$, die auf $\mathscr{D}(\mathbf{R}^r)$ mit der durch $\varphi \to \varphi(\cdot,0)$ definierten Einschränkung übereinstimmt.

8.2 Beweise den Spursatz und das inverse Theorem für Fourierreihen, d.h. zeige die Stetigkeit von

$$T_0 : W_2^l(T^r) \to W_2^{l-1/2}(T^{r-1}),$$
$$Z_0 : W_2^{l-1/2}(T^{r-1}) \to W_2^l(T^r),$$

wobei T_0 auf $\mathscr{D}(T^r)$ durch $T_0\varphi = \varphi(\cdot,0)$ definiert ist. Wie definiert man Z_0?

§9 Die schwache Folgenkompaktheit und die Approximation der Ableitungen durch Differenzenquotienten

Regularitätssätze für partielle Differentialgleichungen, siehe §20, beweist man am einfachsten durch Differenzenverfahren, d.h. man approximiert die Ableitungen durch Differenzenquotienten. Dazu müssen wir das Verhalten der Differenzenquotienten in Sobolevräumen kennen – diesem ist der §9 gewidmet.

In Hilberträumen sind die abgeschlossenen Kugeln schwach folgenkompakt, wir beginnen mit dem einfachen Beweis.

Satz 9.1 *Sei H ein Hilbertraum. Die Folge $h_n \in H$ sei beschränkt, $\| h_n \| \leqslant K, n \in \mathbf{N}$. Dann existiert eine Teilfolge $h_{n'}$, die schwach gegen ein Element $h \in H$ konvergiert, und es gilt*

$$\| h \| \leqslant K.$$

Beweis. Wir setzen $S = [h_n \mid n \in \mathbf{N}]$, die lineare Hülle von (h_n). Dann gilt der Satz von der orthogonalen Zerlegung:

$$H = \bar{S} \oplus \bar{S}^{\perp}.$$

Für $g \in \bar{S}^{\perp}$ konvergiert das Skalarprodukt $(g, h_n) = 0$ trivialerweise. Wir beweisen die Behauptung für $g \in \bar{S}$. Dazu wenden wir das Diagonalverfahren an. Es ist nach der Schwarzschen Ungleichung

$$|(h_n, h_1)| \leqslant K^2, \qquad n \in \mathbf{N},$$

also existiert eine Unterfolge h_{n_1} mit

$$(h_{n_1}, h_1) \text{ konvergiert und } |(h_{n_1}, h_1)| \leqslant K^2.$$

Wir bilden das Skalarprodukt (h_{n_1}, h_2) und erhalten auf dieselbe Weise eine Unterfolge h_{n_2} von h_{n_1} mit

$$(h_{n_2}, h_2) \text{ konvergiert und } |(h_{n_2}, h_2)| \leqslant K^2.$$

Allgemein erhalten wir eine Unterfolge $h_{n_{k+1}}$ von h_{n_k} mit

$$(h_{n_{k+1}}, h_{k+1}) \text{ konvergiert und } |(h_{n_{k+1}}, h_{k+1})| \leqslant K^2.$$

Wählen wir in der Anordnung

$$h_{n_1} = h_{1_1}, h_{2_1}, h_{3_1}, h_{4_1}, \ldots$$
$$h_{n_2} = h_{1_2}, h_{2_2}, h_{3_2}, h_{4_2}, \ldots$$
$$h_{n_3} = h_{1_3}, h_{2_3}, h_{3_3}, h_{4_3}, \ldots$$
$$h_{n_4} = h_{1_4}, h_{2_4}, h_{3_4}, h_{4_4}, \ldots$$

die Diagonalfolge h_{n_n} aus, so gilt mit

$$h_{n'} := h_{n_n}$$

$(h_{n'}, h_m)$ konvergiert für alle $m \in \mathbf{N}$.

Damit konvergiert $(h_{n'}, g)$ auch für alle $g \in S$. Sei nun $g \in \bar{S}$ und $\varepsilon > 0$ beliebig vorgegeben. Dann existiert ein $f \in S$ mit $\| f - g \| \leqslant \varepsilon / 4K$, und es existiert ein $N_0(\varepsilon) \in \mathbf{N}$ mit

$$|(h_{k'} - h_{m'}, f)| \leqslant \frac{\varepsilon}{2} \quad \text{für alle } k, m \geqslant N_0(\varepsilon).$$

Für $k, m \geqslant N_0(\varepsilon)$ folgt dann

$$|(h_{k'} - h_{m'}, g)| \leqslant |(h_{k'} - h_{m'}, f)| + |(h_{k'} - h_{m'}, g - f)|$$

$$\leqslant \frac{\varepsilon}{2} + \|h_{k'} - h_{m'}\| \cdot \|g - f\| \leqslant \frac{\varepsilon}{2} + 2K \frac{\varepsilon}{4K} = \varepsilon.$$

Damit existiert der Limes

$$F(g) = \lim_{k \to \infty} (h_{k'}, g) \quad \text{für alle } g \in H.$$

F ist linear, und es gilt die Abschätzung

$$|F(g)| \leqslant \lim_{k \to \infty} (h_{k'}, g)| \leqslant \lim_{k \to \infty} \|h_{k'}\| \, \|g\| \leqslant K \|g\|,$$

d.h. F ist stetig. Nach dem Darstellungssatz von Riesz existiert ein $h \in H$ mit

$$F(g) = (g, h) \text{ mit } \|h\| = \|F\| \leqslant K, \qquad \blacksquare$$

Als Abkürzung für den Differenzenquotienten einer Funktion führen wir folgende Schreibweise ein, $i = 1, \ldots, r$,

$$\Delta_h^i \varphi(x) = \frac{1}{h} [\varphi(x + h\, e_i) - \varphi(x)] = \frac{1}{h} [\varphi(x_1, \ldots, x_i + h, \ldots) - \varphi(x_1, \ldots, x_i, \ldots)]$$

wobei $e_i = (0, \ldots, 1, 0, \ldots, 0)$ und $h \in \mathbf{R}$.

Die folgenden Sätze gelten für Sobolevräume, d.h. für $l = 0, 1, 2, \ldots$.

Satz 9.2 *Sei* $\Omega \subset \mathbf{R}^r$ *offen und* $\varphi \in \mathring{W}_2^1(\Omega)$. *Dann gilt*

$$\|\Delta_h^i \varphi\|_0 \leqslant \|\varphi\|_1 \quad und \quad \left\| \Delta_h^i \varphi - \frac{\partial \varphi}{\partial x_i} \right\|_0 \to 0, \quad für\ h \to 0.$$

Dabei haben wir – um keine Schwierigkeiten mit der Definition von $\Delta_h^i \varphi$ zu haben – die Funktionen $\varphi \in \mathring{W}_2^1(\Omega)$ durch Null auf ganz $\mathbf{R}^r$ fortgesetzt (siehe Lemma 3.4). $\partial \varphi / \partial x_i$ ist die Distributionsableitung.

Beweis. Sei zunächst $\varphi \in \mathscr{D}(\Omega)$ und $\delta > 0$ fest gewählt – für die Wahl von δ siehe (3). Wir haben nach dem Mittelwertsatz für alle $|h| < \delta$

$$\Delta_h^i \varphi(x) - \frac{\partial}{\partial x_i} \varphi(x) = \int_0^1 \left[\frac{\partial}{\partial x_i} \varphi(x + h\, e_i\, t) - \frac{\partial}{\partial x_i} \varphi(x) \right] dt$$

bzw.

$$\Delta_h^i \varphi(x) = \int_0^1 \frac{\partial}{\partial x_i} \varphi(x + h\, e_i\, t)\, dt.$$

Mit der Schwarzschen Ungleichung erhalten wir

$$(1) \qquad \left\| \Delta_h^i \varphi - \frac{\partial}{\partial x_i} \varphi \right\|_0^2 = \int\limits_\Omega \left| \int\limits_0^1 \left[\frac{\partial}{\partial x_i} \varphi(x + h e_i t) - \frac{\partial}{\partial x_i} \varphi(x) \right] dt \right|^2 dx$$

$$\leqslant \int\limits_\Omega \left(\int\limits_0^1 \left| \frac{\partial}{\partial x_i} \varphi(x + h e_i t) - \frac{\partial}{\partial x_i} \varphi(x) \right|^2 dt \right) dx$$

$$= \int\limits_0^1 \int\limits_\Omega \left| \frac{\partial}{\partial x_i} \varphi(x + h e_i t) - \frac{\partial}{\partial x_i} \varphi(x) \right|^2 dx \cdot dt$$

bzw.

$$\| \Delta_h^i \varphi \|_0^2 = \int\limits_\Omega \left| \int\limits_0^1 \frac{\partial}{\partial x_i} \varphi(x + h e_i t) \, dt \right|^2 dx \leqslant \int\limits_0^1 \int\limits_\Omega \left| \frac{\partial}{\partial x_i} \varphi(x + h e_i t) \right|^2 dx \cdot dt.$$

Koordinatenverschiebung liefert

$$(2) \qquad \| \Delta_h^i \varphi \|_0^2 \leqslant \int\limits_0^1 \left\| \frac{\partial}{\partial x_i} \varphi \right\|_0^2 dt = \left\| \frac{\partial}{\partial x_i} \varphi \right\|_0^2 \leqslant \| \varphi \|_1^2 .$$

Eine einzelne Funktion bildet eine kompakte Menge in $L^2(\Omega)$, es gilt also mit dem Satz von Kolmogoroff, §1, (Stetigkeit im Mittel)

$$(3) \qquad \int\limits_\Omega \left| \frac{\partial}{\partial x_i} \varphi(x + h e_i t) - \frac{\partial}{\partial x_i} \varphi(x) \right|^2 dx \leqslant \varepsilon^2, \quad \text{für } |th| \leqslant |h| \leqslant \delta_\varepsilon .$$

Damit erhalten wir mit (1)

$$\left\| \Delta_h^i \varphi - \frac{\partial}{\partial x_i} \varphi \right\|_0 \leqslant \varepsilon \quad \text{für } |h| \leqslant \delta_\varepsilon .$$

Da $\mathscr{D}(\Omega)$ dicht in $\overset{\circ}{W}_2^1(\Omega)$ liegt, gilt letztere Ungleichung und auch (2) für alle $\varphi \in \overset{\circ}{W}_2^1(\Omega)$, womit wir unseren Satz bewiesen haben.

Induktion nach l und Anwendung von Satz 9.2 auf $D^s \varphi$, $|s| \leqslant l - 1$ liefert

Satz 9.3 *Sei $\varphi \in \overset{\circ}{W}_2^l(\Omega)$ und $l = 1, 2, \ldots$. Dann gilt*

$$\| \Delta_h^i \varphi \|_{l-1} \leqslant \| \varphi \|_l \quad \text{und} \quad \left\| \Delta_h^i \varphi - \frac{\partial \varphi}{\partial x_i} \right\|_{l-1} \to 0 \quad \text{für } h \to 0.$$

Wir wollen Satz 9.3 auf die Funktionen aus $W_2^l(\Omega)$ ausdehnen. Damit $\Delta_h^i \varphi$ ohne Einschränkung definiert ist, müssen wir die Funktionen aus $W_2^l(\Omega)$ fortsetzen können. Dies ist insbesondere dann der Fall, wenn für Ω ein Fortsetzungssatz von der Art, wie sie in §5 behandelt wurden, gilt; z.B. wenn also Ω beschränkt ist und die gleichmäßige Kegeleigenschaft hat.

Satz 9.4 *Ω erlaube einen stetigen Fortsetzungsoperator*

$$F_\Omega : W_2^l(\Omega) \to \mathring{W}_2^l(\mathbf{R}^r) = W_2^l(\mathbf{R}^r),$$

z.B. sei Ω beschränkt und mit gleichmäßiger Kegeleigenschaft. Für $\varphi \in W_2^l(\Omega)$, $l = 1, 2, \ldots,$ gilt dann

$$\|\Delta_h^i(F_\Omega\varphi)\|_{l-1} \leqslant c\,\|\varphi\|_l \quad und \quad \left\|\Delta_h^i(F_\Omega\varphi) - \frac{\partial}{\partial x_i}\varphi\right\|_{l-1} \to 0, \quad für \; h \to 0.$$

Beweis. Für $F_\Omega\varphi$ gelten in $\mathring{W}_2^l(\mathbf{R}^r) = W_2^l(\mathbf{R}^r)$ die Aussagen von Satz 9.3, wir erhalten nach Restriktion auf Ω

$$\|\Delta_h^i(F_\Omega\varphi)\|_{\Omega, l-1} \leqslant \|\Delta_h^i(F_\Omega\varphi)\|_{\mathbf{R}^r, l-1} \leqslant \|F_\Omega\varphi\|_{\mathbf{R}^r, l} \leqslant c\,\|\varphi\|_{\Omega, l}$$

und

$$\left\|\Delta_h^i(F_\Omega\varphi) - \frac{\partial}{\partial x_i}\varphi\right\|_{\Omega, l-1} \leqslant \left\|\Delta_h^i(F_\Omega\varphi) - \frac{\partial}{\partial x_i}(F_\Omega\varphi)\right\|_{\mathbf{R}^r, l-1} \to 0.$$

Wir wollen nun einen wichtigen Existenzsatz beweisen.

Satz 9.5 *Sei $\varphi \in L_2(\Omega)$ und $\delta > 0$. Für jedes $\Omega' \subset \Omega$ mit $\Omega'_\delta \subset \Omega$ gelte*

$$(4) \qquad \|\Delta_h^i\varphi\|_{0, \Omega'} \leqslant M \quad für \; |h| < \delta,$$

mit M unabhängig von δ, Ω' und h. Dann gehört die Distributionsableitung $\partial\varphi/\partial x_i$ zu $L_2(\Omega)$. Auch gilt

$$(5) \qquad \left\|\frac{\partial\varphi}{\partial x_i}\right\|_{0, \Omega} \leqslant M.$$

Bemerkung (4) ist z.B. dann erfüllt, wenn φ eine Fortsetzung $\tilde\varphi$ auf $\mathbf{R}^r$ besitzt mit

$$\|\Delta_h^i(\tilde\varphi)\|_{0, \Omega} \leqslant M.$$

Beweis. Aus $\varphi \in L_2(\Omega)$ folgt $\varphi \in \mathscr{D}'(\Omega)$, nach Satz 1.6 konvergiert $\Delta_h^i\varphi \to \partial\varphi/\partial x_i$ für $h \to 0$ im Distributionssinne, und wir müssen nur zeigen $\partial\varphi/\partial x_i \in L_2(\Omega)$. Wir benutzen die schwache Konvergenz in $L_2(\Omega)$. Nach Satz 9.1 folgt aus (4) für eine Unterfolge $h \to 0$

$$\varphi \to w \quad \text{schwach in } L_2(\Omega'),$$

und $\|w\|_{0, \Omega'} \leqslant M$. Da schwache Konvergenz in $L_2(\Omega')$ (trivialerweise) die (schwache) Distributionskonvergenz nach sich zieht, haben wir $w = \partial\varphi/\partial x_i$ in $L_2(\Omega')$ und

$$(6) \qquad \left\|\frac{\partial\varphi}{\partial x_i}\right\|_{0, \Omega'}^2 = \int_{\Omega'}\left|\frac{\partial\varphi}{\partial x_i}\right|^2 dx \leqslant M^2,$$

mit M unabhängig von $\Omega' \subset \Omega$. (6) sagt unter anderem, daß $\partial\varphi/\partial x_i \in L^2_{\text{loc}}(\Omega)$, woraus folgt, daß $\partial\varphi/\partial x_i$ meßbar auf Ω ist. Wir können also den Grenzübergang $\Omega' \to \Omega$ in (6) durchführen und erhalten

$$(5) \qquad \left\|\frac{\partial\varphi}{\partial x_i}\right\|^2_{0,\Omega} = \int\limits_{\Omega} \left|\frac{\partial\varphi}{\partial x_i}\right|^2 \, dx \leqslant M^2, \qquad \blacksquare$$

Wir können verallgemeinern:

Satz 9.6 *Sei* $\varphi \in W^{l-1}_2(\Omega)$, $l = 1, 2, \ldots$ *und* $\delta > 0$. *Für jedes* $\Omega' \subset \Omega$ *mit* $\Omega'_\delta \subset \Omega$ *gelte*

$$\|\Delta^i_h \varphi\|_{l-1,\Omega'} \leqslant M \quad \textit{für } |h| < \delta, \; i = 1, 2, \ldots, r,$$

mit M *unabhängig von* δ, Ω' *und* h. *Dann ist* $\varphi \in W^l_2(\Omega)$.

Beweis. Die Voraussetzungen bedeuten $D^s\varphi \in L^2(\Omega)$, für $|s| \leqslant l-1$, und $\|\Delta^i_h(D^s\varphi)\|_{0,\Omega'} \leqslant M$, für $|s| \leqslant l-1$, $|h| < \delta$, $i = 1, 2, \ldots, r$. Nach Satz 9.5 erhalten wir

$$\frac{\partial}{\partial x_i} D^s\varphi \in L^2(\Omega), \quad \text{für } |s| \leqslant l-1, \; i = 1, \ldots, r,$$

was äquivalent zu $\varphi \in W^l_2(\Omega)$ ist.

Fordern wir noch von Ω die Fortsetzungseigenschaft (siehe Satz 9.4), so erhalten wir mit Satz 9.4

Zusatz 9.1 *Wir haben – zusätzlich zu den Aussagen von* Satz 9.6 –

$$(7) \qquad \|\Delta^i_h(F_\Omega\varphi)\|_{l-1,\Omega} \leqslant c \cdot M, \quad c \text{ unabhängig von } \varphi,$$

und

$$(8) \qquad \left\|\Delta^i_h(F_\Omega\varphi) - \frac{\partial\varphi}{\partial x_i}\right\|_{l-1,\Omega} \to 0, \quad \textit{für } h \to 0, \; i = 1, \ldots, r.$$

Beweis. (7) folgt aus (5) und Satz 9.4, während (8) die zweite Aussage von Satz 9.4 darstellt. $\blacksquare$

Aufgaben

9.1 Beweise die Sätze dieses Paragraphen direkt für Fourierreihen, d.h. für die Räume $W^l_2(T^r)$, wobei T^r der Torus ist.

9.2 Versuche optimale Sätze für den Torus T^r anzugeben, z.B. nach Satz 9.3 wirkt für $\lambda \geqslant 1$ der Differenzenoperator Δ^i_h stetig

$$\Delta^i_h : W^l_2(T^r) \to W^{l-\lambda}_2(T^r).$$

Wie klein darf man λ machen?

II Elliptische Differentialoperatoren

§10 Lineare Differentialoperatoren

Wir behandeln in diesem Paragraphen einige einfache Eigenschaften von linearen Differentialoperatoren. Wir definieren, wann ein Differentialoperator elliptisch ist, wann stark elliptisch, und wann er proper elliptisch ist. Wir zeigen die Invarianz dieser Begriffe unter Koordinatentransformationen und beweisen einfache Sätze über den Grad von elliptischen und stark elliptischen Operatoren.

Sei Ω eine offene Menge in $\mathbf{R}^r$. Wir betrachten den durch

$$(1) \qquad A(x,\mathrm{D})\,\varphi := \sum_{|s| \leqslant n} a_s(x)\,\mathrm{D}^s\varphi, \qquad x \in \bar{\Omega},$$

definierten, linearen, partiellen Differentialoperator A. Die Zahl n heißt die **Ordnung** des Differentialoperators (1), falls es ein s gibt mit $|s| = n$ und $a_s(x) \neq 0$ auf $\bar{\Omega}$. Da $\mathrm{D}^s : W_2^{l+|s|}(\Omega) \to W_2^l(\Omega)$ stetig wirkt (Normen ansehen!) und die Multiplikation mit Funktionen $a : W_2^l(\Omega) \to W_2^l(\Omega)$ stetig ist (Lemma 3.2), wenn $a \in C^l(\bar{\Omega})$ (bzw. $a \in C^{[l]+1}(\bar{\Omega})$ für l nicht ganzzahlig; für genauere Multiplikatorenklassen A^l siehe §4), wirkt

$$(2) \qquad A : W_2^{l+n}(\Omega) \to W_2^l(\Omega) \quad \text{stetig},$$

wenn z. B. alle $a_s(x) \in C^l(\bar{\Omega})$, $|s| \leqslant n$, gehören (bzw. zu $C^{[l]+1}(\bar{\Omega})$, l nicht ganzzahlig). Es ist selbstverständlich möglich, die Voraussetzungen an die a_s, unter denen (2) stetig ist, weiter abzuschwächen.

Definition 10.1 *Wir nennen den Operator*

$$(3) \qquad A(x,D)^* \varphi = \sum_{|s| \leqslant n} (-1)^{|s|}\, \mathrm{D}^s\,(\overline{a_s(x)}\,\varphi)$$

(formal) adjungiert zu (1); *wir bekommen ihn durch Adjungieren im Sinne der Distributionstheorie, oder in* L^2. *Für* $\varphi, \psi \in \mathscr{D}(\Omega)$ *erhalten wir nämlich durch partielles Integrieren*

$$(A\varphi, \psi)_0 = \int_\Omega A\varphi(x)\,\overline{\psi(x)}\,\mathrm{d}x = \int_\Omega \varphi(x)\,\overline{A^*\varphi(x)}\,\mathrm{d}x = (\varphi, A^*\psi)_0.$$

Damit (3)

$$A^* : W_2^{l+n}(\Omega) \to W_2^l(\Omega) \text{ stetig}$$

ist, müssen wir z. B. fordern $a_s \in C^{n+l}(\bar{\Omega})$ (bzw. $a_s \in C^{n+[l]+1}(\bar{\Omega})$), für alle $|s| \leqslant n$. Auch genügt $a_s \in C^{|s|+l}(\bar{\Omega})$, $|s| \leqslant n$; bzw. $a_s \in C^{|s|+[l]+1}(\bar{\Omega})$.

Definition 10.2 *Wir definieren als Hauptteil A^H des Operators A den Differentialausdruck*

$$(4) \qquad A^H \varphi := \sum_{|s|=n} a_s(x)\, \mathrm{D}^s \varphi\,.$$

Mit der Leibnizschen Produktregel erhalten wir den Hauptteil $(A^*)^H$ des zu A adjungierten Operators A^*. Es ist

$$(A^*)^H \varphi = (-1)^n \sum_{|s|=n} \overline{a_s(x)}\, \mathrm{D}^s \varphi\,.$$

Definition 10.3 *Wir ordnen jetzt dem Hauptteil A^H des Differentialoperators A das Polynom*

$$A^H(x,\xi) := \sum_{|s|=n} a_s(x)\,\xi^s\,, \qquad \xi \in \mathbf{R}^r,\ x \in \bar{\Omega}\,,$$

genannt Hauptteilpolynom, mit von $x \in \bar{\Omega}$ abhängigen Koeffizienten zu. Hier bedeutet (siehe §1) $\xi^s = \xi_1^{s_1} \cdot \ldots \cdot \xi_r^{s_r}$.

Definition 10.4 *A heißt elliptisch im Punkt $x \in \bar{\Omega}$, wenn $A^H(x,\xi) \neq 0$ ist für alle $0 \neq \xi \in \mathbf{R}^r$. A heißt elliptisch in $\bar{\Omega}$, wenn A elliptisch in allen Punkten $x \in \bar{\Omega}$ ist.*

A heißt stark elliptisch im Punkt $x \in \bar{\Omega}$, wenn es eine komplexe Konstante γ gibt mit

$$\mathrm{Re}\,(\gamma \cdot A^H(x,\xi)) \neq 0 \quad \text{für alle } 0 \neq \xi \in \mathbf{R}^r\,.$$

A heißt stark elliptisch in $\bar{\Omega}$, wenn A stark elliptisch in allen Punkten $x \in \bar{\Omega}$ ist, die Konstante γ unabhängig von x.

Unmittelbar aus diesen Definitionen folgt der

Satz 10.1 a) *Ist A stark elliptisch in $x \in \bar{\Omega}$, so ist A elliptisch in $x \in \bar{\Omega}$.*

b) *Ist A elliptisch in $x \in \bar{\Omega}$, so ist A^* elliptisch in $x \in \bar{\Omega}$.*

c) *Ist A stark elliptisch in $x \in \bar{\Omega}$, so ist A^* stark elliptisch in $x \in \bar{\Omega}$.*

d) *Ist A elliptisch in $x \in \bar{\Omega}$, so ist $A \circ A^*$ stark elliptisch in $x \in \bar{\Omega}$. Auch gelten die Umkehrungen von* b), c) *und* d).

Zur Erläuterung der eingeführten Begriffe bringen wir einige Beispiele.

Beispiel 10.1 Ist $r = 1$, so ist der durch (1) erklärte Operator ein gewöhnlicher Differentialoperator. Es ist

$$A\varphi = \sum_{j=0}^{n} a_j(x)\,\varphi^{(j)}\,,$$

$$A^H \varphi = a_n(x) \cdot \varphi^{(n)} \quad \text{und} \quad A^H(x,\xi) = a_n(x) \cdot \xi_1^n \quad \text{mit } \xi_1 \in \mathbf{R}^1\,.$$

A ist genau dann elliptisch und stark elliptisch in einem Punkt x, wenn $a_n(x) \neq 0$ ist; A ist stark elliptisch für alle $x \in [a, b]$, wenn es Konstanten γ_1, $\gamma_2 \in \mathbf{R}$ gibt mit

$$\gamma_1 \operatorname{Re} a_n(x) - \gamma_2 \operatorname{Im} a_n(x) \neq 0.$$

Beispiel 10.2 Der durch

$$A\varphi = \frac{\partial \varphi}{\partial x_1} + i\frac{\partial \varphi}{\partial x_2},$$

definierte Cauchy-Riemann-Operator ist elliptisch in $\Omega = \mathbf{R}^2$, denn es ist $A^{\mathrm{H}}(x, \xi) = \xi_1 + i\xi_2 \neq 0$ für alle $\xi = (\xi_1, \xi_2) \neq 0$, $\xi \in \mathbf{R}^2$. A ist aber in keinem Punkt $x \in \mathbf{R}^2$ stark elliptisch, denn aus $\operatorname{Re}(\gamma A^{\mathrm{H}}(\xi)) = \xi_1 \cdot \gamma_1 - \xi_2 \cdot \gamma_2 = 0$ folgt nicht nur: $\xi_1 = \xi_2 = 0$.

Beispiel 10.3 Der durch

$$A\varphi = \sum_{j=1}^{r} a_j(x) \frac{\partial \varphi}{\partial x_j} + a_0(x)\varphi$$

erklärte Operator ist für $r = 1$ bereits in Beispiel 10.1 untersucht worden, einen Sonderfall für $r = 2$ bildet Beispiel 10.2. Für $r \geq 2$ ist A elliptisch in x, wenn

$$\sum_{j=1}^{r} \xi_j \operatorname{Re} a_j(x) \neq 0 \quad \text{oder} \quad \sum_{j=1}^{r} \xi_j \cdot \operatorname{Im} a_j(x) \neq 0,$$

für alle $0 \neq \xi \in \mathbf{R}^r$ ist. Das ist offensichtlich nur für $r = 2$ möglich. In diesem Fall ist A genau dann elliptisch in x, wenn

$$\operatorname{Re} a_1(x) \cdot \operatorname{Im} a_2(x) - \operatorname{Re} a_2(x) \cdot \operatorname{Im} a_1(x) \neq 0$$

gilt. Für $r = 2$ kann A nicht stark elliptisch sein, denn aus

$$\operatorname{Re}(\gamma A^{\mathrm{H}}(x, \xi)) = \sum_{j=1}^{2} (\operatorname{Re} a_j \cdot \gamma_1 - \operatorname{Im} a_j \cdot \gamma_2)\xi_j = 0,$$

folgt nicht nur $\xi_1 = \xi_2 = 0$; hier haben wir geschrieben $\gamma = \gamma_1 + \gamma_2 \cdot i$. Für $r > 2$ ist A nicht elliptisch, also auch nicht stark elliptisch.

Beispiel 10.4 Der durch

$$A\varphi = \frac{\partial \varphi}{\partial x} + i\frac{\partial \varphi}{\partial y} + (ix - y)\frac{\partial \varphi}{\partial t}$$

definierte Operator A ist nicht elliptisch im (x, y, t)-Raum, denn für $\xi = (y, -x, 1) \neq 0$ ist $A^{\mathrm{H}}(x, y, t; \xi) = \xi_1 + i\xi_2 + (ix - y)\xi_3 = 0$. Siehe auch Beispiel 10.3. H. Lewy [1] hat 1957 gezeigt, daß für diesen Operator Funktionen $f \in C^\infty$ derart existieren, daß die lineare Differentialgleichung $Au = f$ nicht lösbar ist, auch nicht lokal im Sinne der Distributionstheorie.

Beispiel 10.5 Im Falle ord $A = n = 2$, $r \geqslant 2$ ist

$$A \varphi = \sum_{j,k=1}^{r} a_{jk}(x) \frac{\partial^2 \varphi}{\partial x_j \partial x_k} + \sum_{j=1}^{r} a_j(x) \frac{\partial \varphi}{\partial x_j} + a_0(x) \varphi.$$

Es ist $A^H(x, \xi) = \sum_{j,k=1}^{r} a_{jk}(x) \xi_j \cdot \xi_k$ eine quadratische Form. Sind die Koeffizienten $a_{jk}(x)$ reell, so ist A stark elliptisch in x, wenn die quadratische Form $A^H(x, \xi)$ positiv oder negativ definit ist.

Insbesondere ist der Laplace-Operator $\triangle$

$$\triangle \varphi = \sum_{j=1}^{r} \frac{\partial^2 \varphi}{\partial x_j^2}, \qquad \triangle(\xi) = \xi_1^2 + \ldots + \xi_1^2 = |\xi|^2,$$

stark elliptisch und auch alle Potenzen $\triangle^n$.

Satz 10.2 *Es seien*

$$A_1 \varphi = \sum_{|s| \leqslant m} a_s(x) D^s \varphi, \qquad A_2 \varphi = \sum_{|t| \leqslant n} b_t(x) D^t \varphi,$$

und $A := A_1 \circ A_2$.

a) *Sind A_1 und A_2 elliptisch in x, so ist auch A elliptisch in x.*

b) *Sind A_1 und A_2 stark elliptisch in x, und sind die Koeffizienten $a_s(x)$ für $|s| = m$ oder $b_t(x)$ für $|t| = n$ reell, so ist A stark elliptisch in x.*

c) *Hat A_1 reelle Koeffizienten für $|s| = m$, so bedeuten Elliptizität und starke Elliptizität dasselbe.*

Beweis. Die Behauptungen folgen unmittelbar aus den Beziehungen

$$A^H(x, \xi) = A_1^H(x, \xi) \cdot A_2^H(x, \xi), \quad \text{bzw.} \quad \text{Re}(\gamma A^H(x, \xi)) = \text{Re} A_1^H(x, \xi) \cdot \text{Re}(\gamma A_2^H(x, \xi))$$

wobei in der letzten Gleichung die Voraussetzung zu b) benötigt wird. c) ist trivial. ∎

Satz 10.3 *Sei $A(x, D)$ ein durch (1) definierter linearer Differentialoperator auf $\bar{\Omega}$. Es sei $\Phi: \Omega \to \tilde{\Omega}$, $x \mapsto y(x)$ ein $C^{n,0}$-Diffeomorphismus. Dann gilt für den Hauptteil des durch Φ transformierten Differentialoperators $\tilde{A}$*

$$\tilde{A}(y, D_y) \varphi := \sum_{|s| \leqslant n} a_s(x(y)) D_x^s \varphi(x(y)),$$

die Beziehung

$$(5) \qquad \tilde{A}^H(y, \eta) = A^H\left(x(y), {}^T\left\{\frac{\partial y}{\partial x}\right\} \eta\right), \qquad \eta \in \mathbf{R}^r.$$

Dabei ist ${}^T\{\partial y / \partial x\}$ die transponierte Jacobimatrix $\{\partial y / \partial x\}$ von Φ. $\tilde{A}$ besitzt dieselbe Ordnung wie A.

Beweis. Wir schreiben $A(x, D_x)$ in der Form

$$A \varphi = \sum_{i_1, \ldots, i_n = 1}^{r} a_{i_1, \ldots, i_n}(x) \frac{\partial^n \varphi}{\partial x_{i_1} \ldots \partial x_{i_n}} + \sum_{|s| < n} a_s(x) D_x^s \varphi.$$

Um den Hauptteil des transformierten Operators $\tilde{A}$ zu berechnen, wenden wir die Kettenregel wiederholt an und berücksichtigen explizit nur die Glieder, die zur Bildung von $\tilde{A}^H$ beitragen. Wir setzen $v(y) := \varphi(x(y))$, $\Phi^{-1}: x(y) \mapsto y$, und haben

$$\frac{\partial^n \varphi}{\partial x_{i_1} \dots \partial x_{i_n}} = \sum_{j_1,\dots,j_n=1}^{r} \frac{\partial^n v}{\partial y_{j_1} \dots \partial y_{j_n}} \cdot \frac{\partial y_{j_1}}{\partial x_{i_1}} \dots \frac{\partial y_{j_n}}{\partial x_{i_n}} + \sum_{|s|<n} c_s(y)\, D_y^s v.$$

Damit ist $\tilde{A}^H(y,\eta)$

$$= \sum_{i_1,\dots,i_n=1}^{r} a_{i_1 \dots i_n}(x(y)) \sum_{j_1,\dots,j_n=1}^{r} \eta_{j_1} \frac{\partial y_{j_1}}{\partial x_{i_1}} \dots \eta_{j_n} \frac{\partial y_{j_n}}{\partial x_{i_n}}$$

$$= \sum_{i_1 \dots i_n=1}^{r} a_{i_1 \dots i_n}(x(y))\, \xi_{i_1} \dots \xi_{i_n} = A^H\left(x(y), {}^T\!\left\{\frac{\partial y}{\partial x}\right\}\eta\right),$$

wenn wir $\xi_i = \sum_{j=1}^{r} \frac{\partial y_j}{\partial x_i} \eta_j$, also $\xi = {}^T\!\left\{\frac{\partial y}{\partial x}\right\}\eta$, setzen.

Die Ordnung von A ändert sich nicht. Besitzen nämlich A die Ordnung n und $\tilde{A}$ die Ordnung $\tilde{n}$, so folgt unmittelbar $\tilde{n} \leqslant n$. Betrachten wir die Umkehrabbildung $\Phi^{-1}: \tilde{\Omega} \to \Omega$, so folgt analog $n \leqslant \tilde{n}$. ∎

Zusatz 10.1 *Satz* 10.3 *und die daraus fließenden Folgerungen gelten für* $\operatorname{ord} A = n \geqslant 2$ *auch unter der schwächeren Voraussetzung:* $\Phi \in C^{n-1,1}$, *siehe Satz* 1.8.

Folgerung 10.1 *Sei* A *(durch* (1) *gegeben) elliptisch (stark elliptisch), dann ist auch der transformierte Operator* $\tilde{A}$ *elliptisch (stark elliptisch).* Der Beweis fließt sofort aus (5), wenn man bemerkt, daß die durch die Matrix ${}^T\{\partial y/\partial x\}$ gegebene lineare Transformation nicht singulär ist, $(\det \{\partial y/\partial x\} \neq 0)$.

Definition 10.5 *Sei* $r \geqslant 2$. *Wir nennen den elliptischen Operator* $A(x,D)$ *proper (für* $x \in \bar{\Omega}$), *falls für jedes* $0 \neq \xi' \in \mathbf{R}^{r-1}$ *das Polynom* $P(z) = A^H(x,(\xi',z))$, $z \in \mathbf{C}$, *in der oberen Halbebene* $\operatorname{Im} z > 0$ *ebenso viele Wurzeln wie in der unteren Halbebene* $\operatorname{Im} z < 0$ *hat, (die Vielfachheiten mitgezählt). Wir sagen auch, daß dann* $P(z)$ *proper ist.* Da A elliptisch ist, kann $P(z)$ auf der reellen Achse keine Wurzeln haben, und wir erhalten $\operatorname{ord} A = \operatorname{grad} P(z) = 2m$, d.h. die Ordnung eines properen, elliptischen Differentialoperators ist gerade. Da man im $\mathbf{R}^r$ für $r \geqslant 2$ zwei beliebige, linear unabhängige Vektoren durch eine nichtsinguläre, lineare Transformation in zwei gegebene, linear unabhängige Vektoren überführen kann, hat man für elliptische Operatoren, die gleichwertigen Definitionen:

1. $P(z) = A^H(x;(\xi',z)) = A^H(x;(\xi',0) + z \cdot (0 \dots 0,1))$ ist proper.

2. Seien $\xi_1, \xi_2 \in \mathbf{R}^r$ linear unabhängig, das Polynom in der komplexen Variablen z $A^H(x;\xi_1 + z \cdot \xi_2)$ hat m Wurzeln in $\operatorname{Im} z < 0$ und m Wurzeln in $\operatorname{Im} z > 0$.

3. Das Polynom $A^H(x;(1,\dots,0) + (0,\dots,1)z)$ hat m Wurzeln in $\operatorname{Im} z < 0$ und m in $\operatorname{Im} z > 0$.

Bemerkung 10.1 Falls der Rand $\partial\Omega$ von Ω zusammenhängend ist, $A(x,D)$ elliptisch in $\bar{\Omega}$ und die Koeffizienten $a_s(x)$ stetig auf $\bar{\Omega}$ sind, dann genügt es, damit A proper elliptisch in $\bar{\Omega}$ ist, daß die Wurzelbedingung 2 aus Definition 10.5 für nur einen Punkt $x_0 \in \partial\Omega$ und nur ein Paar linear unabhängiger Vektoren ξ_1, $\xi_2 \in \mathbf{R}^r$ erfüllt ist.

Beispiel 10.6 (Lions, Magenes [1]) Der Operator in $\mathbf{R}^3$

$$A = \frac{\partial^4}{\partial x_1^4} + \frac{\partial^4}{\partial x_2^4} - \frac{\partial^4}{\partial x_3^4} + i\left(\frac{\partial^2}{\partial x_1^2} + \frac{\partial^2}{\partial x_2^2}\right)\frac{\partial^2}{\partial x_3^2}$$

ist proper elliptisch, aber nicht stark elliptisch.

Beispiel 10.7 Sei $A(x, \mathrm{D})$ ein elliptischer Differentialoperator ($r \geqslant 2$), dessen Koeffizienten $a_s(x)$ für $|s| = 2m = \mathrm{ord}\, A$ reellwertig sind. Dann ist A proper elliptisch. Das Polynom $P(z) = A^{\mathrm{H}}(x; (\xi', z))$ hat nämlich reelle Koeffizienten, auf der reellen Achse keine Wurzeln, und da dann die Wurzeln in komplex konjugierten Paaren auftreten ist $P(z)$ bzw. $A(x, \mathrm{D})$ proper elliptisch.

Folgerung 10.2 *Sei $A(x, \mathrm{D}_x)$ (durch (1) gegeben) proper elliptisch, sei $\Phi : \Omega \to \tilde{\Omega}$ ein $C^{n,0}$-Diffeomorphismus, dann ist der transformierte Operator $\tilde{A}(y, \mathrm{D}_y)$ auch proper elliptisch.*

Beweis. Wir wenden die Formel (5) auf die Definition 10.5.2 an:

$$\tilde{A}^{\mathrm{H}}(y; \eta_1 + z\eta_2) = A^{\mathrm{H}}\left(x(y); \,^{\mathrm{T}}\left\{\frac{\partial y}{\partial x}\right\} \cdot (\eta_1 + z\eta_2)\right)$$

$$= A^{\mathrm{H}}\left(x(y); \,^{\mathrm{T}}\left\{\frac{\partial y}{\partial x}\right\}\eta_1 + z \cdot \,^{\mathrm{T}}\left\{\frac{\partial y}{\partial x}\right\}\eta_2\right)$$

$$= A^{\mathrm{H}}(x(y); \eta_1' + z\eta_2')$$

und bemerken, daß wegen $\det\{\partial y/\partial x\} \neq 0$ mit η_1, η_2 linear unabhängig, auch die durch $^{\mathrm{T}}\{\partial y/\partial x\}$ transformierten Vektoren η_1', η_2' linear unabhängig sind. ∎

Satz 10.4 *Der durch (1) gegebene Differentialoperator $A(x, \mathrm{D})$ sei elliptisch in $x \in \Omega$, und es sei $r \geqslant 3$. Dann ist $A(x, \mathrm{D})$ proper elliptisch, insbesondere ist also die Ordnung von $A(x, \mathrm{D})$ eine gerade Zahl $n = 2m$.*

Beweis. Wir fixieren $0 \neq \xi' \in \mathbf{R}^{r-1}$. Wegen $r - 1 \geqslant 2$ existiert ein stetiger Weg $\eta(t):$ $[0,1] \to \mathbf{R}^{r-1}$,

$$\text{mit } \eta(0) = \xi', \ \eta(1) = -\xi' \text{ und } \eta(t) \neq 0 \quad \text{für alle } t \in [0,1].$$

Die Anzahl der Nullstellen z mit $\mathrm{Im}\, z > 0$ des Polynoms

$$(6) \qquad A^{\mathrm{H}}(x, (\eta(t), z)) = 0, \qquad t \in [0,1], \ x \text{ fixiert,}$$

ist unabhängig von t. Da nämlich die Nullstellen des Polynoms (6) stetig von den Koeffizienten des Polynoms und damit stetig von t abhängen, gäbe es sonst ein $t_0 \in (0,1)$ und ein z_0 reell, mit

$$A^{\mathrm{H}}(x; (\eta(t_0), z_0)) = 0, \qquad \eta(t_0) \neq 0,$$

im Widerspruch zur Elliptizität des Operators A.

Damit haben also die Gleichungen

$$A^H(x;(\xi',z)) = 0 \quad \text{und} \quad A^H(x;(-\xi',z)) = 0$$

jeweils gleichviele $= m$ Nullstellen in $\operatorname{Im} z > 0$. Da A^H homogen vom Grade n ist, gilt

$$A^H(x;(\xi',-z)) = (-1)^n A^H(x;(-\xi',z)),$$

d.h. die Gleichung $A^H(x,(\xi',z)) = 0$ besitzt genau m Nullstellen in $\operatorname{Im} z < 0$.   ∎

Satz 10.5 *Der durch* (1) *gegebene Differentialoperator* $A(x,\mathrm{D})$ *sei stark elliptisch in* $x \in \bar\Omega$, *und es sei* $r \geqslant 2$. *Dann ist* n, *die Ordnung des Operators* A, *eine gerade Zahl,* $n = 2m$.

Beweis. Es ist

$$(7) \qquad \operatorname{Re}(\gamma\, A^H(x,-\xi)) = (-1)^n \operatorname{Re}(\gamma\, A^H(x,\xi)),$$

für $\xi \in \mathbf{R}^r$, γ – eine Konstante, (siehe Definition 10.4), $x \in \bar\Omega$ fixiert. Wegen $r \geqslant 2$ gibt es zu $0 \neq \bar\xi \in \mathbf{R}^r$ einen stetigen Weg $\xi(t):[0,1] \to \mathbf{R}^r$

$$\text{mit} \qquad \xi(0) = \bar\xi, \qquad \xi(1) = -\bar\xi \quad \text{und} \quad \xi(t) \neq 0 \quad \text{für alle } t \in [0,1].$$

Da infolge der starken Elliptizität $\operatorname{Re}(\gamma\, A^H(x,\bar\xi)) \neq 0$ ist, z.B. $\operatorname{Re}(\gamma\, A^H(x;\bar\xi)) > 0$, so muß nach (7) – falls n ungerade wäre –

$$\operatorname{Re}(\gamma\, A^H(x;-\bar\xi)) < 0 \quad \text{sein}.$$

Es gäbe also ein $t_0 \in (0,1)$ mit

$$\operatorname{Re}(\gamma\, A^H(x;\xi(t_0)) = 0 \quad \text{und} \quad \xi(t_0) \neq 0$$

im Widerspruch zur starken Elliptizität von A. n muß also gerade sein, $n = 2m$.   ∎

Satz 10.6 *Der durch* (1) *gegebene Differentialoperator* A *sei elliptisch bzw. stark elliptisch in* $\bar\Omega$. *Dann gibt es zu jeder kompakten Teilmenge* $K \subset\subset \bar\Omega$ *eine Zahl* $c_0 > 0$, *so daß gilt*

$$|A^H(x;\xi)| \geqslant c_0 |\xi|^n,$$

bzw.

$$|\operatorname{Re}(\gamma\, A^H(x;\xi))| \geqslant c_0 |\xi|^n,$$

für alle $x \in K$ *und alle* $\xi \in \mathbf{R}^r$.

Beweis. Es sei $\Sigma := \{\xi \mid \xi \in \mathbf{R}^r, |\xi| = 1\}$. Ist A elliptisch in $\bar\Omega$, so nimmt die stetige positive Funktion $|A^H(x;\xi)|$ auf der kompakten Menge $K \times \Sigma \subset \mathbf{R}^{2r-1}$ ein positives Minimum $c_0 > 0$ an. Es ist also für beliebige $0 \neq \xi \in \mathbf{R}^r$

$$\left| A^H\left(x,\frac{\xi}{|\xi|}\right) \right| = \frac{1}{|\xi|^n} |A^H(x,\xi)| \geqslant c_0 > 0,$$

für alle $x \in K$. Ist A stark elliptisch, so betrachte man die stetige Funktion $|\operatorname{Re}(\gamma\, A^H(x,\xi))|$ und verfahre analog.   ∎

Zusatz 10.2 *Sei $r \geq 2$. Ist die kompakte Menge $K \subset \bar{\Omega}$ zusammenhängend, so ist auch $K \times \Sigma$ zusammenhängend. Also hat $\mathrm{Re}\,(\gamma \cdot A^H(x, \xi))$ein konstantes Vorzeichen auf $K \times \Sigma$, hier ist γ die Konstante, die in der Definition 10.4 der starken Elliptizität vorkommt. Es ist also entweder*

$$\mathrm{Re}\,(\gamma\, A^H(x; \xi)) \geq c_0 \,|\,\xi\,|^n,$$

oder $\qquad -\,\mathrm{Re}\,(\gamma\, A^H(x; \xi)) \geq c_0 \,|\,\xi\,|^n,$

für alle $x \in K$ und alle $\xi \in \mathbf{R}^r$.

Satz 10.6 legt folgende Definitionen nahe

Definition 10.6 *Wir nennen den durch (1) definierten linearen Differentialoperator $A(x, \mathrm{D})$ gleichmäßig elliptisch auf $\bar{\Omega}$, falls eine Konstante $c_0 > 0$ existiert mit*

$$|\,A^H(x; \xi)\,| \geq c_0 \,|\,\xi\,|^n,$$

für alle $x \in \bar{\Omega}$ und $\xi \in \mathbf{R}^r$. $A(x, \mathrm{D})$ heißt gleichmäßig stark elliptisch, falls Konstanten γ und $c_0 > 0$ existieren mit

$$(8) \qquad \mathrm{Re}\,(\gamma\, A^H(x; \xi)) \geq c_0 \,|\,\xi\,|^n,$$

für alle $x \in \bar{\Omega}$ und $\xi \in \mathbf{R}^r$.

Nach Satz 10.6 und Zusatz 10.2 bringt die Definition 10.6 nur für unbeschränkte Gebiete Ω etwas neues.

Definition 10.7 *Wir nennen den durch (1) definierten Differentialoperator A (formal) selbstadjungiert, falls $A = A^*$ gilt (vgl. (3)).*

Satz 10.7 *Der Differentialoperator A sei (formal) selbstadjungiert und elliptisch für $x \in \bar{\Omega}$. A ist dann auch stark elliptisch.*

Beweis. Für die Koeffizienten des Hauptteils A^H eines (formal) selbstadjungierten Operators gilt

$$(9) \qquad a_s(x) = (-1)^n \,\overline{a_s(x)}, \qquad |\,s\,| = n,$$

dies folgt aus (3) und (4). Wir unterscheiden zum Beweis, zwei Fälle:

1. $\mathrm{ord}\, A = 2m$, dann folgt aus (9), daß die Koeffizienten des Hauptteils A^H reell sind, und A ist stark elliptisch mit $\gamma = 1$.

2. $\mathrm{ord}\, A = 2m - 1$, dann folgt aus (9), daß die Koeffizienten des Hauptteils A^H rein imaginär sind, und A ist stark elliptisch mit $\gamma = -\mathrm{i}$. ∎

Achtung! Sei $r \geq 2$, wir wollen in Zukunft in der Ungleichung (8) die Konstante γ immer zu den Koeffizienten von $A(x, \mathrm{D})$ multiplizieren, also die (gleichmäßige) starke Elliptizität immer durch die Ungleichung

$$(10) \qquad \mathrm{Re}\, A^H(x; \xi) \geq c_0 \,|\,\xi\,|^n, \qquad x \in \bar{\Omega},\ \xi \in \mathbf{R}^r$$

charakterisieren.

Aufgaben

10.1 Schreibe den Laplaceoperator $\triangle = \dfrac{\partial^2}{\partial x^2} + \dfrac{\partial^2}{\partial y^2}$ in Polarkoordinaten (ϱ, θ) hin.

10.2 Sei Ω die Kreisscheibe $B = \{(x, y) \in \mathbf{R}^2 \mid x^2 + y^2 < 1\}$. Wir entwickeln die Funktionen u aus $W_2^l(B)$ in Fourierreihen (Polarkoordinaten)

$$(1) \qquad u(\varrho, \theta) = \sum_{k=-\infty}^{\infty} c_k(\varrho)\, e^{ik\theta}.$$

Benutze die Aufgabe 4.4, um notwendige und hinreichende Bedingungen an die Fourierkoeffizienten $c_k(\varrho)$ anzugeben, damit

$$u \in W_2^l(B).$$

10.3 Benutze die Ergebnisse von Aufgabe 10.2 um zu zeigen, daß

$$T_0 : W_2^l(B) \to W_2^{l-1/2}(T^1) \quad \text{stetig ist, } l \geqslant 1;$$

(T_0 der Spuroperator $B \to \partial B = T^1$)

$$T_0\left(\frac{\partial}{\partial \varrho}\right)^j : W_2^l(B) \to W_2^{l-j-1/2}(T^1) \quad \text{ist stetig, } l - j \geqslant 1.$$

10.4 Löse mit dem Ansatz (1) das (teilweise homogene) Dirichletproblem

$$(2) \qquad \begin{aligned} -\triangle u &= 0 \quad \text{auf } B \\ u\,|_{\partial B} &= T_0 u = g, \quad \text{auf } \partial B = T^1. \end{aligned}$$

Zeige für $g \in W_2^{l-1/2}(T^1)$, $l \geqslant 1$, gibt es eine eindeutige Lösung $u \in W_2^l(B)$ von (2) die linear und stetig von g abhängt.

10.5 Löse das Dirichletproblem

$$-\triangle u = f \quad \text{auf } B,$$
$$u\,|_{\partial B} = T_0 u = g \quad \text{auf } \partial B,$$

wobei $f \in W_2^{l-2}(B)$, $g \in W_2^{l-1/2}(T^1)$ und $u \in W_2^l(B)$.

§11 Die Bedingung von Lopatinskij-Šapiro und Beispiele

Wir behandeln in diesem Paragraphen die Bedingung von Lopatinskij-Šapiro (kurz: L.Š.) für Randwertprobleme eines elliptischen Differentialoperators. Dabei haben wir die Bedingung L.Š. als Anfangswertproblem für gewöhnliche Differentialgleichungen formuliert und nicht algebraisch als „covering condition". Es zeigt sich nämlich bei Beispielen (siehe §11.2), daß man die Bedingung L.Š. in der ersten Form sehr leicht verifizieren kann, während die algebraische Form schwerfällig zu handhaben ist.

Wir geben der Bedingung L.Š. drei äquivalente Fassungen, die dritte, ein Satz, der auf Hörmander [1] zurückgeht, findet zentrale Verwendung beim Beweis des Hauptsatzes 13.1 für elliptische Randwertprobleme. Eine Aussage des Hauptsatzes 13.1 ist, daß die Elliptizität des Differentialoperators und die Bedingung L.Š. äquivalent zu den Fredholm Eigenschaften eines Randwertproblems sind.

11.1 Die Bedingung von Lopatinskij-Šapiro

Sei Ω eine offene, beschränkte Menge im $\mathbf{R}^r$ mit einem hinreichend glatten Rand $\partial\Omega$ – die genauen Glattheitsbedingungen werden wir im §13 präzisieren. Unter einem Randwertoperator auf $\partial\Omega$ verstehen wir den Ausdruck

$$b(x, \mathrm{D})\,\varphi = \sum_{|s| \leqslant m} b_s(x)\, T_0\,(\mathrm{D}^s\varphi), \qquad x \in \partial\Omega, \qquad m = \mathrm{ord}\, b,$$

wobei T_0 der Spuroperator aus §8 ist. Damit $b(x, \mathrm{D})$ stetig ist, z.B.

$$b(x, \mathrm{D}) : W_2^{l+m+1/2}(\Omega) \to W_2^l(\partial\Omega) \quad \text{stetig},$$

genügt es für die Koeffizienten $b_s(x)$ zu fordern: $b_s(x) \in C^l(\partial\Omega)$, $|s| \leqslant m$, oder $b_s(x) \in C^{[l]+1}(\partial\Omega)$, falls l nicht ganzzahlig ist. Falls wir $b(x, \mathrm{D})$ auffassen als Abbildung

$$b(x, \mathrm{D}) : W_2^l(\Omega) \to W_2^{l-m-1/2}(\partial\Omega),$$

dann brauchen wir für die Stetigkeit z.B.

$$b_s(x) \in C^{[l-m-1/2]+1}(\partial\Omega).$$

Höhere Glattheitsforderungen benötigen wir für Umformungen, so fordern wir z.B. die Koeffizienten $b_s(x)$ lassen sich auf $\bar{\Omega}$ fortsetzen und gehören zu $C^{m+l+1}(\bar{\Omega})$; in diesem Falle haben wir wegen der Multiplikativität des Spuroperators T_0, siehe Beweis von Satz 8.9,

$$b(x, \mathrm{D})\,\varphi = \sum_{|s| \leqslant m} b_s(x)\, T_0\,(\mathrm{D}^s\varphi) = T_0\left(\sum_{|s| \leqslant m} b_s(x)\, \mathrm{D}^s\varphi \right).$$

Die genauen Bedingungen an die Koeffizienten $b_s(x)$ von $b(x, \mathrm{D})$ bringen wir später in §13; hier in diesem Paragraphen bewegen sich die Untersuchungen – im Grunde genommen – nur in einer Dimension und für Operatoren mit konstanten Koeffizienten.

Seien gegeben, ein auf $\bar{\Omega}$ elliptischer Differentialoperator $A(x, \mathrm{D})$ von der Ordnung $2m$, und m Randwertoperatoren auf $\partial\Omega$

$$b_j(x, \mathrm{D}), \qquad j = 1, \ldots, m,$$

mit den entsprechenden Ordnungen m_j, wobei sei

$$0 \leqslant m_j \leqslant 2m - 1, \qquad j = 1, \ldots, m.$$

Damit wir mit der Fouriertransformation einfacher operieren können, wollen wir von nun an die Grundableitungen

$$\frac{\partial}{\partial x_1}, \ldots, \frac{\partial}{\partial x_r} \quad \text{immer mit dem Faktor } \frac{1}{i} \text{ versehen.}$$

$\left(\dfrac{1}{i} \dfrac{\partial}{\partial x_1}, \ldots, \dfrac{1}{i} \dfrac{\partial}{\partial x_r} \right)$ geht dann durch $\mathscr{F}$ (die Fouriertransformation) in $(\xi_1, \ldots, \xi_r)$ über, siehe §1 (47).

Wir wollen die Bedingung von Lopatinskij-Šapiro in einem Randpunkt $x_0 \in \partial\Omega$ formulieren. Sei $A^H(x, D)$ der Hauptteil von $A(x, D)$, wir fixieren einen Punkt $x_0 \in \partial\Omega$, nehmen x_0 als Koordinatenanfang und wählen die Koordinatenachse x_r in Richtung der inneren Normalen, die anderen Koordinaten senkrecht zu x_r. Der Differentialoperator $A^H(x_0, D)$ hat jetzt konstante Koeffizienten, wir führen auf $\left(\dfrac{1}{i} \dfrac{\partial}{\partial x_1}, \ldots, \dfrac{1}{i} \dfrac{\partial}{\partial x_{r-1}} \right)$ die Fouriertransformation $\mathscr{F}_{r-1}$ (siehe §1) aus, $\left(\dfrac{1}{i} \dfrac{\partial}{\partial x_1}, \ldots, \dfrac{1}{i} \dfrac{\partial}{\partial x_{r-1}} \right)$ geht dabei über in $(\xi_1, \ldots, \xi_{r-1}) = \xi' \in T_{\partial\Omega}$ und wir erhalten, $x_r = t$ gesetzt,

$$\mathscr{F}_{r-1} A^H(x_0, D) = A^H\left(x_0; \xi', \frac{1}{i} \frac{\partial}{\partial x_r} \right) = A^H\left(x_0; \xi', \frac{1}{i} \frac{d}{dt} \right).$$

Wir fixieren $\xi' \neq 0$ und betrachten für $t \geqslant 0$ die gewöhnliche, lineare Differentialgleichung mit konstanten Koeffizienten,

$$(1) \qquad A^H\left(x_0; \xi', \frac{1}{i} \frac{d}{dt} \right) v(t) = 0, \qquad 0 \neq \xi' \in T_{\partial\Omega} \cong \mathbf{R}^{r-1},$$

wobei $T_{\partial\Omega}$ die Tangentialhyperebene zu $\partial\Omega$ im Punkte x_0 ist. Bekanntlich zerfällt der Lösungsraum $\mathscr{M}$ von (1) in die direkte Summe

$$\mathscr{M} = \mathscr{M}^+ \oplus \mathscr{M}^- \oplus \mathscr{M}^0,$$

hier ist $\mathscr{M}^+$ der Raum der Lösungen mit charakteristischen Wurzeln (das sind die Wurzeln von $P(z) = A^H(x_0; (\xi', z))$ in der oberen Halbebene $\mathrm{Im}\,\lambda > 0$. $\mathscr{M}^-$ ist der Lösungsraum mit charakteristischen Wurzeln in der unteren Halbebene $\mathrm{Im}\,\lambda < 0$. Auf der reellen Achse liegen – wegen der vorausgesetzten Elliptizität von A^H – keine charakteristischen Wurzeln, also $\mathscr{M}^0 = (0)$. Hier und im Folgenden schreiben wir die Exponentiallösungen mit einem $i = \sqrt{-1}$, also $e^{i\lambda t}$, λ die charakteristische Wurzel. Da $\mathscr{M}^0 = (0)$ ist, können wir den Lösungsraum $\mathscr{M}^+$ auch gleichwertig charakterisieren: als Raum der stabilen Lösungen v, d.h. $v(t) \to 0$ für $t \to +\infty$, oder, als Raum der beschränkten Lösungen, oder, als Raum der temperierten Lösungen v, d.h. $v(t) = 0(t^M)$, oder, als Raum der Lösungen in $W_2^{2m}(\mathbf{R}_+)$.

Wir bilden nun aus den Randwertoperatoren $b_j, j = 1, \ldots, m$, die Anfangswertbedingungen für $t = 0$

$$(2) \qquad b_1^{\mathrm{H}}\left(x_0; \xi', \frac{1}{\mathrm{i}} \frac{\mathrm{d}}{\mathrm{d}t}\right) v(0) = 0, \ldots, b_m^{\mathrm{H}}\left(x_0; \xi', \frac{1}{\mathrm{i}} \frac{\mathrm{d}}{\mathrm{d}t}\right) v(0) = 0,$$

dabei erhalten wir die Ausdrücke $b_j^{\mathrm{H}}\left(x_0; \xi', \frac{1}{\mathrm{i}} \frac{\mathrm{d}}{\mathrm{d}t}\right), j = 1, \ldots, m$, auf dieselbe Weise – d.h. Fixierung von $x_0 \in \partial\Omega$, Fouriertransformation $\mathscr{F}_{r-1}$, usw. – aus den b_j's wie $A^{\mathrm{H}}\left(x_0; \xi', \frac{1}{\mathrm{i}} \frac{\mathrm{d}}{\mathrm{d}t}\right)$ aus A. Die Bedingung von Lopatinskij-Šapiro lautet:

Bedingung 11.1 (Lopatinskij-Šapiro) *Die Anfangswertaufgabe* (1) (2) *läßt für alle* $0 \neq \xi' \in T_{\partial\Omega} \cong \mathbf{R}^{r-1}$ *in* $\mathscr{M}^+$ *nur die Nullösung zu; oder gleichwertig – siehe oben –* (1) (2) *läßt in* $W_2^{2\mathrm{m}}(\mathbf{R}_+)$ *nur die Nullösung zu.*

Bemerkung Um die Bedingung von Lopatinskij-Šapiro zu formulieren, brauchen wir selbstverständlich die Fouriertransformation nicht (wir brauchen sie erst später als Beweismittel). Was wir zu tun haben, ist folgendes: Sei $T_{x_0} = T_{\partial\Omega} \oplus \vec{n}_{x_0}$ (siehe §2, Definition 2.9), wir wählen die Koordinaten derart, daß gilt

$$T_{\partial\Omega} = \left\{ \frac{\partial}{\partial x_1}, \ldots, \frac{\partial}{\partial x_{r-1}} \right\}, \qquad \vec{n}_{x_0} = \left\{ \frac{\partial}{\partial x_r} \right\} = \left\{ \frac{\mathrm{d}}{\mathrm{d}t} \right\},$$

und ersetzen in den Differentialausdrücken

$$\frac{1}{\mathrm{i}} \frac{\partial}{\partial x_1}, \ldots, \frac{1}{\mathrm{i}} \frac{\partial}{\partial x_{r-1}} \quad \text{durch den tangentialen Vektor } \xi' \in T_{\partial\Omega} \cong \mathbf{R}^{r-1}.$$

Die Bedeutung der Bedingung von Lopatinskij-Šapiro wollen wir durch einen auf Hörmander [1] zurückgehenden Satz erhellen. Der Einfachheit halber nehmen wir homogene Differentialpolynome mit konstanten Koeffizienten und

$$\Omega = \mathbf{R}_+^r, \qquad \partial\Omega = \mathbf{R}^{r-1} = \{ x \mid x \in \mathbf{R}^r, x_r = 0 \}.$$

Satz 11.1 *Wir betrachten die Randwertaufgabe*

$$(3) \qquad A(\mathrm{D})u = 0 \quad \text{in } \mathbf{R}_+^r, \qquad b_j(\mathrm{D})u = 0 \quad \text{in } \mathbf{R}^{r-1}, \quad j = 1, \ldots, m.$$

Wir setzen folgende Regularität voraus: falls die Lösung u von (3) *zu einem $C^N(\bar{\mathbf{R}}_+^r)$ gehört, $N \in \mathbf{N}$, dann soll u schon zu $C^\infty(\bar{\mathbf{R}}_+^r)$ gehören. Die Operatoren A und b_j, $j = 1, \ldots, m$, müssen dann die Bedingung von Lopatinskij-Šapiro erfüllen.*

Beweis. Unter einer Exponentiallösung von (3) verstehen wir einen Ausdruck der Form

$$(4) \qquad u(x) = \mathrm{e}^{\mathrm{i}(x', \xi')} v(x_r) = \mathrm{e}^{\mathrm{i}(x', \xi')} v(t),$$

wobei

$$x' = (x_1, \ldots, x_{r-1}), \xi' = (\xi_1, \ldots, \xi_{r-1}), x_r = t \text{ und } (x', \xi') = x_1 \cdot \xi_1 + \ldots + x_{r-1} \cdot \xi_{r-1}.$$

Eine Lösung u heißt temperiert, wenn für $|x| \to \infty$ in $\overline{\mathbf{R}_+^r}$ gilt $u(x) = O(|x|^M)$, $M \in \mathbf{N}$.
Wir zeigen zuerst, daß (3) für $\xi' \neq 0$ keine von Null verschiedene temperierte Exponentiallösung u besitzen kann.

Wir versehen die Räume $C^N(\overline{\mathbf{R}_+^r})$ und $C^\infty(\overline{\mathbf{R}_+^r})$ mit einer (F)-Raum Topologie durch die Halbnormen $\sup\limits_{x \in K} \max\limits_{|s| \leqslant N} |D^s \varphi(x)|$ bzw. $\sup\limits_{x \in K} \max\limits_{|s| \leqslant n} |D^s \varphi(x)|$ wobei $K \subset\subset \overline{\mathbf{R}_+^r}$ und $n \in \mathbf{N}$ ist. Wir können voraussetzen (damit wir es mit klassischen Ableitungen in $A(D)$ und $b_j(D)$ zu tun haben), daß $N \geqslant \operatorname{ord} A$, $\operatorname{ord} b_j$, $j = 1, \ldots, m$. Sei L_N der Unterraum von $C^N(\overline{\mathbf{R}_+^r})$ der Lösungen von (3), L_∞ der entsprechende von $C^\infty(\overline{\mathbf{R}_+^r})$. Leicht überzeugt man sich, daß L_N bzw. L_∞ abgeschlossen sind, also wieder (F)-Räume sind. Nach Voraussetzung der Regularität ist die natürliche Abbildung

$$L_\infty \to L_N$$

surjektiv, und ist sie selbstverständlich stetig. Wir können das open mapping theorem anwenden und erhalten die Stetigkeit der umgekehrten Abbildung

$$L_N \to L_\infty.$$

Wir setzen $n = N + 1$, dann können wir zu jedem kompakten $K \subset\subset \overline{\mathbf{R}_+^r}$ eine Konstante C und ein anderes $K' \subset\subset \overline{\mathbf{R}_+^r}$ finden mit

$$(5) \qquad \sup\limits_{x \in K} \max\limits_{|s| \leqslant N+1} |D^s u(x)| \leqslant C \cdot \sup\limits_{x \in K'} \max\limits_{|s| \leqslant N} |D^s u(x)| \quad \text{für alle } u \in L_N.$$

Dabei können wir beide Kompakta K, K' als Umgebungen der 0 in $\overline{\mathbf{R}_+^r}$ wählen.

Sei $u(x) \neq 0$ (siehe 4) eine temperierte Exponentiallösung von (3) mit $\xi' \neq 0$. Dann muß ξ' reell sein, da sonst das Wachstum von u exponentiell wäre. Aus (3) und (4) folgt, daß die Funktion $v(t)$ der Differentialgleichung

$$(6) \qquad A\left(\xi'; \frac{1}{i} \cdot \frac{\mathrm{d}}{\mathrm{d}t}\right) v(t) = 0, \qquad t \geqslant 0,$$

mit den Anfangsbedingungen

$$(7) \qquad b_1\left(\xi'; \frac{1}{i} \frac{\mathrm{d}}{\mathrm{d}t}\right) v(0) = 0, \ldots, b_m\left(\xi'; \frac{1}{i} \frac{\mathrm{d}}{\mathrm{d}t}\right) v(0) = 0$$

genügt. Der Lösungsraum $\mathcal{M}$ von (6) hat die Form

$$\mathcal{M} = \mathcal{M}^+ \oplus \mathcal{M}^0 \oplus \mathcal{M}^-,$$

hier habe $\mathcal{M}^+$ und $\mathcal{M}^-$ dieselbe Bedeutung wie oben, und $\mathcal{M}^0$ enthält alle Exponentialpolynomlösungen mit charakteristischen Wurzeln auf der reellen Achse. Die temperierten Lösungen $v(t)$ von (6) liegen in

$$\mathcal{M}^+ \oplus \mathcal{M}^0.$$

Mit $u(x)$ ist auch $u_\lambda(x) = e^{i\lambda(x', \xi')} v(\lambda t)$ eine temperierte Lösung von (3), und die Abschätzung (5) angewandt auf $u_\lambda(x)$ ergibt, daß die rechte Seite von (5) wie $O(\lambda^{M+N})$

für $\lambda \to \infty$ wächst. Da $\xi' \neq 0$, muß wenigstens eine der tangentialen Ableitungen (d.h. eine der Ableitungen nach $(\partial/\partial x_1, \ldots \partial/\partial x_{r-1})$) auf der linken Seite von (5) mindestens von der Wachstumsordnung $O(\lambda^{M+N+1})$ sein, was einen Widerspruch ergibt. (3) kann also – außer der 0 – keine temperierte Lösung von der Form (4) besitzen, oder (6) mit den Anfangsbedingungen (7) läßt in $\mathcal{M}^+ \oplus \mathcal{M}^0$ nur die Nullösung zu, welcher Schluß auch bei Verkleinerung des Lösungsraumes auf $\mathcal{M}^+$ gilt, womit wir die Lopatinskij-Šapiro Bedingung hergeleitet haben.   ∎

Aus Satz 11.1 ersehen wir, daß falls wir Regularität fordern – im Sinne eines Weylschen Lemmas – dann muß die Randwertaufgabe die Bedingung von Lopatinskij-Šapiro erfüllen, dabei braucht der Differentialoperator noch nicht einmal elliptisch zu sein. Und, bei elliptischen Randwertaufgaben ist die Forderung nach einem Weylschen Lemma natürlich, erwarten wir doch bei elliptischen Aufgaben eine weitgehendste Regularität.

Wir kehren zum Fall eines elliptischen Differentialoperators $A(x, \mathrm{D})$ zurück.

Satz 11.2 *Sei $A(x, \mathrm{D})$ ein elliptischer Differentialoperator von der Ordnung $2m$ und $b_1(x, \mathrm{D}), \ldots, b_m(x, \mathrm{D})$ Randoperatoren. Sei in $x_0 \in \partial\Omega$ die Bedingung 11.1 von Lopatinskij-Šapiro erfüllt. Dann gilt für den Lösungsraum von* (1) $\mathcal{M} = \mathcal{M}^+ \oplus \mathcal{M}^-$

$$(8) \qquad \dim \mathcal{M}^+ = \dim \mathcal{M}^- = m,$$

d.h. der Operator $A(x, \mathrm{D})$ ist in $x_0 \in \partial\Omega$ proper elliptisch.

Beweis. Wir berücksichtigen die Abhängigkeit von $0 \neq \xi' \in \mathbf{R}^{r-1}$:

$$\mathcal{M}(\xi') = \mathcal{M}^+(\xi') \oplus \mathcal{M}^-(\xi'), \, {}^*)$$

$$\dim \mathcal{M}(\xi') = \dim \mathcal{M}^+(\xi') + \dim \mathcal{M}^-(\xi'),$$

$$(9) \quad \dim \mathcal{M}^+(\xi') = \text{Anzahl der Nullstellen in } \mathrm{Im}\, z > 0 \text{ von } P(z) = A^{\mathrm{H}}(\xi', z),$$

$$\dim \mathcal{M}^-(\xi') = \text{Anzahl der Nullstellen in } \mathrm{Im}\, z < 0 \text{ von } P(z) = A^{\mathrm{H}}(\xi', z).$$

Da A^{H} homogen ist $(A^{\mathrm{H}}(-\xi', -z) = A^{\mathrm{H}}(\xi', z))$, haben wir

$$(10) \qquad \mathcal{M}^+(-\xi') = \mathcal{M}^-(\xi'), \qquad \mathcal{M}^-(-\xi') = \mathcal{M}^+(\xi'),$$

Die Bedingung 11.1 von Lopatinskij-Šapiro ergibt

$$\dim \mathcal{M}^+(\xi') \leqslant m \quad \text{für alle } 0 \neq \xi' \in \mathbf{R}^{r-1}.$$

Setzen wir $-\xi'$ ein und berücksichtigen wir (9), so erhalten wir $\dim \mathcal{M}^-(\xi') = \dim \mathcal{M}^+(-\xi') \leqslant m$, und nach Addition

$$2m = \dim \mathcal{M}(\xi') = \dim \mathcal{M}^+(\xi') + \dim \mathcal{M}^-(\xi') \leqslant 2m,$$

was nur möglich ist, wenn überall das Gleichheitszeichen steht. Wir haben somit

$$\dim \mathcal{M}^+ = \dim \mathcal{M}^- = m,$$

${}^*)$ Wir betonen nochmals, die Elliptizität von A bedeutet, daß $\mathcal{M}^0(\xi') = (0)$ ist für alle $0 \neq \xi' \in \mathbf{R}^{r-1}$.

was wegen (9) bedeutet, daß der Operator $A(x, \mathrm{D})$ proper elliptisch in $x_0 \in \partial\Omega$ ist. ∎

Wir wollen der Bedingung von Lopatinskij-Šapiro verschiedene äquivalente Fassungen geben, dabei sei immer vorausgesetzt, daß der Operator $A(x, \mathrm{D})$ elliptisch ist.

Bedingung 11.2 (Lopatinskij-Šapiro) *Für alle $0 \neq \xi' \in \mathbf{R}^{r-1}$ sei die Anfangswertaufgabe*

$$(1) \qquad A^{\mathrm{H}}\left(x_0; \xi', \frac{1}{\mathrm{i}} \frac{\mathrm{d}}{\mathrm{d}t}\right) v(t) = 0 \qquad t \geq 0$$

$$(2') \qquad b_1^{\mathrm{H}}\left(x_0; \xi', \frac{1}{\mathrm{i}} \frac{\mathrm{d}}{\mathrm{d}t}\right) v(0) = h_1, \ldots, b_m^{\mathrm{H}}\left(x_0; \xi', \frac{1}{\mathrm{i}} \frac{\mathrm{d}}{\mathrm{d}t}\right) v(0) = h_m,$$

$$h = (h_1, \ldots, h_m) \text{ beliebig aus } \mathbf{R}^m \text{ bzw. } \mathbf{C}^m,$$

eindeutig lösbar in $\mathcal{M}^+$.

Die Äquivalenz mit Bedingung 11.1 L.Š. folgt sofort aus Satz 11.2(8).

Für die dritte äquivalente Fassung der Lopatinskij-Šapiro-Bedingung brauchen wir die Voraussetzung

$$(11) \qquad 0 \leq m_j = \operatorname{ord} b_j \leq 2m - 1.$$

Sei L^{H} der Anfangswertoperator

$$(12) \qquad L^{\mathrm{H}} = \left(A^{\mathrm{H}}\left(x_0; \xi', \frac{1}{\mathrm{i}} \cdot \frac{\mathrm{d}}{\mathrm{d}t}\right), b_1^{\mathrm{H}}\left(x_0; \xi', \frac{1}{\mathrm{i}} \frac{\mathrm{d}}{\mathrm{d}t}\right)\Big|_{t=0}, \ldots, b_m^{\mathrm{H}}\left(x_0; \xi', \frac{1}{\mathrm{i}} \frac{\mathrm{d}}{\mathrm{d}t}\right)\Big|_{t=0}\right),$$

er wirkt zwischen den Banachräumen

$$(13) \qquad L^{\mathrm{H}} : W_2^{2m+l}(\mathbf{R}_+) \to W_2^l(\mathbf{R}_+) \times \mathbf{C}^m.$$

Bedingung 11.3 (Lopatinskij-Šapiro) *Sei $l \geq 0$. Für alle $0 \neq \xi' \in \mathbf{R}^{r-1}$ ist der Operator L^{H} (siehe 12) ein topologischer und algebraischer Isomorphismus zwischen den Räumen $W_2^{2m+l}(\mathbf{R}_+)$ und $W_2^l(\mathbf{R}_+) \times \mathbf{C}^m$.*

Insbesondere haben wir die Abschätzung

$$(14) \qquad \|\varphi\|_{2m+l} \leq C_{\xi'}\left(\left\|A^{\mathrm{H}}\left(x_0; \xi', \frac{1}{\mathrm{i}} \cdot \frac{\mathrm{d}}{\mathrm{d}t}\right)\varphi(t)\right\|_l + \sum_{j=1}^m \left|b_j\left(x_0; \xi', \frac{1}{\mathrm{i}} \frac{\mathrm{d}}{\mathrm{d}t}\right)\varphi(0)\right|\right),$$
$$\text{für alle } \varphi \in W_2^{2m+l}(\mathbf{R}_+),$$

und die Konstante $C_{\xi'}$ hängt stetig von $\xi' \in \mathbf{R}^{r-1} \setminus \{0\}$ ab.

Beweis. Daß aus Bedingung 11.3 L.Š. die Bedingung 11.1 L.Š. folgt, ist sofort aus der Abschätzung (14) ersichtlich, da $\mathcal{M}^+ \subset W_2^{2m+l}(\mathbf{R}_+)$ ist.

Sei nun umgekehrt Bedingung 11.2 L.Š. erfüllt. Wir zeigen zuerst die Stetigkeit der Abbildung L^{H} (13). Für $0 \neq \xi'$ fest ist $A^{\mathrm{H}}\left(\ldots \frac{1}{\mathrm{i}} \cdot \frac{\mathrm{d}}{\mathrm{d}t}\right)$ ein Differentialoperator von der

Ordnung $2m$ mit konstanten Koeffizienten, er wirkt also stetig

$$A^{\mathrm{H}}: W_2^{2m+l}(\mathbf{R}_+) \to W_2^l(\mathbf{R}_+).$$

Nun zu den Randoperatoren b_j^{H}. Wir definieren als Sobolevräume, bzw. C-Räume über einem Punkt 0

$$W_2^l(0) := C^{k,\varkappa}(0) := \mathbf{C},$$

wobei wir $\mathbf{C}$ mit der üblichen Topologie versehen. Wir haben für b_j^{H} aus (12) nach Satz 8.1 (nach vorheriger Fortsetzung gemäß Satz 5.5):

$$(15) \qquad b_j^{\mathrm{H}}: W_2^{2m+l}(\mathbf{R}_+) \to W_2^{2m+l-(2m-1)-1/2}(0) = W_2^{l+1/2}(0) = \mathbf{C} \quad \text{stetig},$$

womit wir die Stetigkeit von (13) bewiesen haben. Wir bemerken nochmals, daß wir beim Beweis von (15) die Voraussetzung (11) benutzt haben.

Wir beweisen jetzt, daß (13) injektiv und surjektiv ist, das open mapping theorem gibt uns dann die Stetigkeit der inversen Abbildung

$$(L^{\mathrm{H}})^{-1}: W_2^l(\mathbf{R}_+) \times \mathbf{C}^m \to W_2^{2m+l}(\mathbf{R}_+),$$

sowie die Abschätzung (14).

L^{H} ist injektiv (auf $W_2^{2m+l}(\mathbf{R}_+)$): dies folgt sofort aus der Bedingung 11.1 L.Š., da $\mathscr{M} \cap W_2^{2m+l}(\mathbf{R}_+) = \mathscr{M}^+$.

L^{H} ist surjektiv: seien $(c_1, \ldots, c_m) \in \mathbf{C}^m$ und $f \in W_2^l(\mathbf{R}_+^1)$ vorgegeben. Nach Satz 5.5 können wir f auf die gesamte Achse $\mathbf{R}^1$ fortsetzen, wobei für die Fortsetzung $\tilde{f}$ gilt

$$\tilde{f} \in W_2^l(\mathbf{R}^1), \qquad \|\tilde{f}\|_{l,\mathbf{R}^1} \leqslant c \|f\|_{l,\mathbf{R}_+}$$

mit c unabhängig von f. Wir wenden die eindimensionale Fouriertransformation (auf die Variable t) an, benutzen den Raum $L_2^l(\mathbf{R})$ aus Satz 5.1 und haben

$$\mathscr{F}\tilde{f} =: \hat{\tilde{f}}(\tau) \in L_2^l(\mathbf{R}).$$

Wir bilden $\hat{\psi}(\tau) := \dfrac{\hat{\tilde{f}}(\tau)}{A^{\mathrm{H}}(\ldots, \tau)}$ und behaupten $\mathscr{F}^{-1}\hat{\psi} =: \psi(t)$ liegt in $W_2^{2m+l}(\mathbf{R})$.

Wegen der Elliptizität von A ist $(1 + |\tau|^2)^m / A^{\mathrm{H}}(\ldots, \tau)$ für $\tau \in \mathbf{R}$ beschränkt, woraus folgt $\hat{\psi}(\tau) \in L_2^{l+2m}(\mathbf{R})$, was zu $\psi(t) \in H^{2m+l}(\mathbf{R}) \cong W_2^{2m+l}(\mathbf{R})$ gleichwertig ist. Auch sieht man mittels der Fouriertransformation, daß $\psi(t)$ die Gleichung

$$A^{\mathrm{H}}\left(\ldots, \frac{1}{i}\frac{\mathrm{d}}{\mathrm{d}t}\right)\psi(t) = \tilde{f}(t), \quad \text{für alle } t \in \mathbf{R}^1,$$

erfüllt. Sei $\psi_1(t)$ die Restriktion von $\psi(t)$ auf $\mathbf{R}_+$, wir haben $\psi_1 \in W_2^{2m+l}(\mathbf{R}_+)$. Nach (15) wirken die Randwertoperatoren $b_j^{\mathrm{H}}: W_2^{2m+l}(\mathbf{R}_+) \to \mathbf{C}$ stetig, wir können also die Randwerte

$$b_j^{\mathrm{H}}\left(\ldots, \frac{1}{i}\frac{\mathrm{d}}{\mathrm{d}t}\right)\psi_1(t)|_{t=0} = \gamma_j, \qquad j = 1, \ldots, m,$$

ausrechnen. Nach Bedingung 11.2 können wir in $\mathcal{M}^+ \subset W_2^{2m+l}(\mathbf{R}_+)$ eine Lösung $\psi_2(t)$ von

$$A^{\mathrm{H}}\left(\ldots,\frac{1}{\mathrm{i}}\frac{\mathrm{d}}{\mathrm{d}t}\right)\psi_2(t) = 0, \qquad t \in \mathbf{R}_+$$

und $\qquad b_j^{\mathrm{H}}\left(\ldots,\frac{1}{\mathrm{i}}\frac{\mathrm{d}}{\mathrm{d}t}\right)\psi_2(0) = c_j - \gamma_j, \qquad j = 1,\ldots,m,$

finden. Man überzeugt sich leicht, daß $\varphi(t) := \psi_1(t) + \psi_2(t)$ das Anfangswertproblem

$$A^{\mathrm{H}}\left(\ldots,\frac{1}{\mathrm{i}}\cdot\frac{\mathrm{d}}{\mathrm{d}t}\right)\varphi(t) = f(t), \qquad t > 0$$

$$b_j\left(\ldots,\frac{1}{\mathrm{i}}\cdot\frac{\mathrm{d}}{\mathrm{d}t}\right)\varphi(0) = c_j, \qquad j = 1,\ldots,m,$$

löst, womit wir die Surjektivität von L^{H} (13) bewiesen haben. Zum Abschluß des Beweises zeigen wir, daß die Konstante $C_{\xi'}$ in (14) stetig von $\xi' \in \mathbf{R}^{r-1}\setminus\{0\}$ abhängt. Darunter verstehen wir, daß, wenn $\tilde{\xi}'$ nahe bei ξ' liegt, wir $C_{\tilde{\xi}'}$ auch nahe bei $C_{\xi'}$ wählen können, so daß

$$(16) \qquad \|\varphi\|_{2m+l} \leqslant C_{\xi'}\left(\left\|A^{\mathrm{H}}\left(x_0;\tilde{\xi}'\frac{1}{\mathrm{i}}\frac{\mathrm{d}}{\mathrm{d}t}\right)\varphi\right\|_l + \sum_{j=1}^m\left|b_j\left(x_0;\tilde{\xi}'\frac{1}{\mathrm{i}}\frac{\mathrm{d}}{\mathrm{d}t}\right)\varphi(0)\right|\right),$$

für alle $\varphi \in W_2^{2m+l}(\mathbf{R}_+)$ gilt.

Wir nehmen $\tilde{\xi}'$ so nahe bei ξ', daß gilt

$$(17) \qquad \left\|A^{\mathrm{H}}\left(x_0;\xi',\frac{1}{\mathrm{i}}\frac{\mathrm{d}}{\mathrm{d}t}\right)\varphi - A^{\mathrm{H}}\left(x_0;\tilde{\xi}',\frac{1}{\mathrm{i}}\frac{\mathrm{d}}{\mathrm{d}t}\right)\varphi\right\|_l \leqslant \varepsilon\|\varphi\|_{2m+l},$$

$$\sum_{j=1}^m\left|b_j^{\mathrm{H}}\left(x_0;\xi',\frac{1}{\mathrm{i}}\frac{\mathrm{d}}{\mathrm{d}t}\right)\varphi(0) - b_j^{\mathrm{H}}\left(x_0;\tilde{\xi}',\frac{1}{\mathrm{i}}\frac{\mathrm{d}}{\mathrm{d}t}\right)\varphi(0)\right| \leqslant \varepsilon\|\varphi\|_{2m+l},$$

was wegen der stetigen Abhängigkeit der Koeffizienten der Ausdrücke A^{H}, b_j^{H} von $\xi' \in \mathbf{R}^{r-1}\setminus\{0\}$ immer möglich ist; hier ist $\varepsilon > 0$ beliebig vorgegeben. (14) in Verbindung mit (17) ergibt (Dreiecksungleichung!)

$$\|\varphi\|_{2m+l} \leqslant C_{\xi'}\left(\left\|A^{\mathrm{H}}\left(x_0;\tilde{\xi}',\frac{1}{\mathrm{i}}\frac{\mathrm{d}}{\mathrm{d}t}\right)\varphi(t)\right\|_l + \sum_{j=1}^m\left|b_j\left(x_0;\tilde{\xi}',\frac{1}{\mathrm{i}}\frac{\mathrm{d}}{\mathrm{d}t}\right)\varphi(0)\right|\right) + 2\varepsilon C_{\xi'}\|\varphi\|_{2m+l}.$$

Unterwerfen wir $\varepsilon > 0$ der Einschränkung $1 - 2\varepsilon C_{\xi'} > 0$ und setzen wir $C_{\tilde{\xi}'} := \dfrac{C_{\xi'}}{1 - 2\cdot\varepsilon\cdot C_{\xi'}}$, so sehen wir, daß (16) gilt, wobei $C_{\tilde{\xi}'}$ beliebig nahe an $C_{\xi'}$ sein kann. $\blacksquare$

Zum Abschluß dieses Paragraphen wollen wir beweisen, daß die Lopatinskij-Šapiro-Bedingung nicht von der Wahl der Koordinaten in $x_0 \in \partial\Omega$ abhängt. Genau gesagt, wir wollen zeigen, daß die Lopatinskij-Šapiro-Bedingung invariant unter zulässigen Koordinatentransformationen ist, siehe Definition 2.9 (die Normalenrichtungen und die Tangentialhyperebenen in einem Punkt müssen einander entsprechen).

Satz 11.3 *Sei* $\Phi: x \to y$ *eine zulässige Koordinatentransformation in einer Umgebung von* $x_0 \in \partial\Omega$. *Falls die* Bedingung 11.1 L.Š. *für die x-Koordinaten erfüllt ist, dann muß sie auch für die y-Koordinaten gelten.*

Beweis. Wir schreiben (1) und (2) für die y-Koordinaten hin, wobei $y_0 = \Phi(x_0)$,

$$(18) \qquad \tilde{A}^{\mathrm{H}}\left(y_0; \eta', \frac{1}{\mathrm{i}}\frac{\mathrm{d}}{\mathrm{d}\tau}\right)\tilde{v}(\tau) = 0, \qquad \tau > 0$$

$$(19) \qquad \tilde{b}_j^{\mathrm{H}}\left(y_0; \eta', \frac{1}{\mathrm{i}}\frac{\mathrm{d}}{\mathrm{d}\tau}\right)\tilde{v}(0) = 0, \qquad j = 1, \ldots, m.$$

Nach Definition 2.9 zerfällt die Jacobimatrix $\partial y / \partial x$ einer zulässigen Transformation in

$$\frac{\partial y}{\partial x} = \begin{bmatrix} & & 0 \\ & J & \vdots \\ & & 0 \\ 0 \cdots 0, & \sigma \end{bmatrix}, \quad \text{wobei } \det J \neq 0 \text{ und } \sigma > 0 \text{ ist.}$$

Wegen Satz 10.3 haben wir ($\eta' \in T_{\partial\Omega'}$, ${}^{\mathrm{T}}J\eta' \in T_{\partial\Omega}$)

$$(20) \qquad \tilde{A}^{\mathrm{H}}\left(y_0; \eta', \frac{1}{\mathrm{i}}\frac{\mathrm{d}}{\mathrm{d}t}\right) = A^{\mathrm{H}}\left(x(y_0); {}^{\mathrm{T}}J\eta', \frac{\sigma}{\mathrm{i}}\frac{\mathrm{d}}{\mathrm{d}\tau}\right),$$

und

$$(21) \qquad \tilde{b}_j^{\mathrm{H}}\left(y_0; \eta', \frac{1}{\mathrm{i}}\frac{\mathrm{d}}{\mathrm{d}\tau}\right) = b_j^{\mathrm{H}}\left(x(y_0); {}^{\mathrm{T}}J\eta', \frac{\sigma}{\mathrm{i}}\frac{\mathrm{d}}{\mathrm{d}\tau}\right), \qquad j = 1, \ldots, m.$$

Aus (20) liest man sofort ab, daß der transformierte Operator $\tilde{A}(y, \mathrm{D}_y)$ proper elliptisch bleibt, und daß auch die Lösungsräume $\mathcal{M}^+$ und $\mathcal{M}^-$ invariant bleiben (die charakteristischen Wurzeln λ bleiben nach Multiplikation mit $\sigma > 0$ in den entsprechenden Halbebenen $\operatorname{Im}\lambda > 0$ bzw. $\operatorname{Im}\lambda < 0$).

Wenden wir die Formeln (20) und (21) auf die Anfangswertaufgabe (18) und (19) an, so sehen wir, daß die Funktion $\tilde{v}(\tau)$ der Anfangswertaufgabe

$$A^{\mathrm{H}}\left(x(y_0); {}^{\mathrm{T}}J\eta', \frac{\sigma}{\mathrm{i}}\frac{\mathrm{d}}{\mathrm{d}\tau}\right)\tilde{v}(\tau) = 0,$$

$$b_j^{\mathrm{H}}\left(x(y_0); {}^{\mathrm{T}}J\eta', \frac{\sigma}{\mathrm{i}}\frac{\mathrm{d}}{\mathrm{d}\tau}\right)\tilde{v}(0) = 0, \qquad j = 1, \ldots, m.$$

genügt, oder nach Variablenwechsel $\tau = \sigma t$

$$(22) \qquad A^{\mathrm{H}}\left(x(y_0); {}^{\mathrm{T}}J\eta', \frac{1}{\mathrm{i}}\frac{\mathrm{d}}{\mathrm{d}t}\right)u(t) = 0,$$

$$(23) \qquad b_j^{\mathrm{H}}\left(x(y_0);\, {}^{\mathrm{T}}J\eta',\, \frac{1}{\mathrm{i}}\frac{\mathrm{d}}{\mathrm{d}t}\right)u(0) = 0, \qquad j = 1, \ldots, m,$$

wobei wir gesetzt haben $u(t) = \tilde{v}(\sigma t) = \tilde{v}(\tau)$. Wegen $\sigma > 0$ liegt $u(t)$ wieder in $\mathcal{M}^+$, falls $\tilde{v}(\tau) \in \mathcal{M}^+$ war. Mit $\eta' \neq 0$ ist auch ${}^{\mathrm{T}}J\eta' \neq 0$ (det $J \neq 0$!) und Bedingung 11.1 auf (22) (23) angewandt ergibt $u = 0$, also auch $\tilde{v} = 0$, womit wir gezeigt haben, daß die Bedingung 11.1 auch für die y-Koordinaten erfüllt ist. ∎

11.2 Beispiele

Wir wollen die Lopatinskij-Šapiro-Bedingungen für verschiedene Differentialoperatoren durchrechnen. Wir beginnen mit dem Laplaceoperator

$$(24) \qquad -\triangle = -\sum_{j=1}^{r} \frac{\partial^2}{\partial x_j^2}, \qquad \mathrm{ord}\, \triangle = 2,\, m = 1.$$

Da $m = 1$ ist, dürfen wir eine Randbedingung b_1 auf $\partial\Omega$ stellen (ord $b_1 \leqslant 1$)

$$(25) \qquad b_1(x, \mathrm{D}) = b_0(x) + \sum_{j=1}^{r-1} b_j(x)\frac{\partial}{\partial x_j} + b_r(x)\frac{\partial}{\partial x_r}.$$

Der Einfachheit halber wählen wir die lokalen Koordinaten so, daß die $\partial/\partial x_1, \ldots, \partial/\partial x_{r-1}$ tangential zu $\partial\Omega$ gerichtet sind und $\partial/\partial x_r$ die Richtung der inneren Normalen hat. Der Operator aus (1) hat hier die Form

$$(26) \qquad A^{\mathrm{H}}\left(x;\, \xi',\, \frac{1}{\mathrm{i}}\frac{\mathrm{d}}{\mathrm{d}t}\right) = |\xi'|^2 + \left(\frac{1}{\mathrm{i}}\frac{\mathrm{d}}{\mathrm{d}t}\right)^2 = |\xi'|^2 - \frac{\mathrm{d}^2}{\mathrm{d}t^2}, \qquad \xi' \in \mathbf{R}^{r-1}.$$

Um $\mathcal{M}^+$ zu bestimmen, berechnen wir die charakteristischen Wurzeln λ von (26)

$$|\xi'|^2 + \lambda^2 = 0.$$

Wir haben $\lambda_{1,2} = \pm\,\mathrm{i}\,|\xi'|$, wir nehmen die Wurzel in der oberen Halbebene, also $\lambda_1 = \mathrm{i}\,|\xi'|$ und bekommen – gemäß unserer Schreibweise –

$$\mathcal{M}^+ = \{c_1\,\mathrm{e}^{\mathrm{i}\lambda_1 t} = c_1\,\mathrm{e}^{\mathrm{i}(\mathrm{i}|\xi'|)t} = c_1\,\mathrm{e}^{-|\xi'|t} \mid c_1 \in \mathbf{C}\}.$$

Für die Bedingung 11.1, (2) von Lopatinskij-Šapiro unterscheiden wir zwei Fälle

Fall 1. ord $b_1(x, \mathrm{D}) = 0$, also $b_1(x, \mathrm{D}) = b_0(x)$.

$b_1 v(0)$ für $v \in \mathcal{M}^+$ ergibt $= b_0(x)c_1$, und die Bedingung 11.1 L.Š. ist genau dann erfüllt, wenn für alle $0 \neq \xi' \in \mathbf{R}^{r-1}$ aus $b_0(x) \cdot c_1 = 0$ folgt $c_1 = 0$, was genau dann eintrifft, falls

$$(27) \qquad b_0(x) \neq 0.$$

Wir haben es im Fall 1 – bis auf eine Multiplikation mit $b_0(x) \neq 0$ – mit dem Dirichletproblem zu tun.

Fall 2. $\operatorname{ord} b_1(x, D) = 1$.

Jetzt ist

$$b_1^{\mathrm{H}}\left(x; \xi', \frac{1}{\mathrm{i}} \frac{\mathrm{d}}{\mathrm{d}t}\right) = \mathrm{i} \sum_{j=1}^{r-1} b_j(x)\, \xi_j' + \mathrm{i} b_r(x)\, \frac{1}{\mathrm{i}} \frac{\mathrm{d}}{\mathrm{d}t}$$

und wir haben für $v \in \mathcal{M}^+$

$$b_1^{\mathrm{H}}\left(x; \xi', \frac{1}{\mathrm{i}} \frac{\mathrm{d}}{\mathrm{d}t}\right) v(0) = \left(\mathrm{i} \sum_{j=1}^{r-1} b_j(x)\, \xi_j' - b_r(x)\, |\xi'|\right) c_1 \,.$$

Bedingung 11.1 ist in diesem Fall äquivalent zu

$$(28) \qquad \mathrm{i} \sum_{j=1}^{r-1} b_j(x)\, \xi_j' - b_r(x)\, |\xi'| \neq 0 \quad \text{für alle } 0 \neq \xi' \in \mathbf{R}^{r-1}.$$

Die folgenden klassischen Randwertaufgaben für den Laplaceoperator $-\triangle$ erfüllen die Bedingung 11.1 von Lopatinskij-Šapiro, und der Hauptsatz 13.1 ist deshalb auf sie anwendbar.

Beispiel 11.1 Dirichletsches Problem $u\,|_{\partial\Omega} = g_1$. Hier ist $b_0 = 1, b_1 = \ldots = b_r = 0$, nach (34) ist die Bedingung 11.1 erfüllt.

Beispiel 11.2 Neumannsches Problem $\partial u/\partial n\,|_{\partial\Omega} = g_1$. Hier haben wir $b_0 = 0, b_1 = \ldots = b_{r-1} = 0, b_r = 1$, nach (28) ist die Bedingung 11.1 erfüllt.

Beispiel 11.3 Sogenanntes drittes Randwertproblem

$$b_0\, u + b_r\, \frac{\partial u}{\partial n}\bigg|_{\partial\Omega} = g_1 \,,$$

da hier $\operatorname{ord} b_1(x, D) = 1$, können wir wieder (28) anwenden mit $b_1 = \ldots = b_{r-1} = 0$ und erhalten, daß Bedingung 11.1 äquivalent zu

$$b_r(x) \neq 0 \text{ ist.}$$

Beispiel 11.4 Randwertproblem mit schiefer Ableitung, wir können hier für $b_1(x, D)$ den vollen Ausdruck (25) nehmen, wobei die Koeffizienten von (25) reell seien. (28) zeigt, daß für $r > 2$ die Bedingung 11.1 äquivalent zu

$$b_r(x) \neq 0$$

ist, in diesem Fall liegt die Richtungsableitung $\dfrac{\partial}{\partial \mu} := \sum_{j=1}^{r} b_j(x)\, \dfrac{\partial}{\partial x_j}$ nicht in der

Tangentenebene zu $\partial\Omega$, deshalb der Name „schiefe Ableitung"!

Beispiel 11.5 Sei $r = 2$, in diesem Fall ist Bedingung 11.1 für $\operatorname{ord} b_1(x, 0) = 1$ äquivalent zu

$$\mathrm{i} b_1(x)\, \xi_1' - b_2(x)\, |\xi_1'| \neq 0 \,, \qquad 0 \neq \xi_1' \in \mathbf{R}^1 \,,$$

d.h. jedes auf der Kurve $\partial\Omega$ vorgegebene, von Null verschiedene Vektorfeld $\mu = (b_1, b_2) \neq 0$, b_1, b_2 – reell liefert eine elliptische Randwertaufgabe

$$-\triangle u = f \quad \text{auf } \Omega, \qquad \frac{\partial u}{\partial \mu} = g_1 \quad \text{auf } \partial\Omega,$$

dabei kann das Vektorfeld μ auch tangential verlaufen, also $\mu = (b_1, 0)$ sein, mit $b_1 \neq 0$.

Für $r > 2$ erfüllt der tangentiale Randwertoperator (wenigstens ein $b_j \neq 0$, $j = 1, \ldots, r - 1$ und $b_r = 0$)

$$b_0(x) + \sum_{j=1}^{r-1} b_j(x) \frac{\partial}{\partial x_j}$$

nicht die Bedingung 11.1, denn die Gleichung (siehe (28))

$$\sum_{j=1}^{r-1} b_j(x) \, \xi_j' = 0 \text{ ist für wenigstens ein } 0 \neq \xi' \in \mathbf{R}^{r-1}$$

erfüllbar; diese Randwertaufgabe ist also nicht elliptisch im Sinne von §13 und der Hauptsatz 13.1 ist nicht anwendbar.

Auch für einen allgemeinen, proper elliptischen Differentialoperator zweiter Ordnung

$$(29) \qquad A(x, \mathrm{D}) = - \sum_{j,k=1}^{r} a_{jk} \frac{\partial}{\partial x_j} \frac{\partial}{\partial x_k} + \sum_{j=1}^{r} a_j \frac{\partial}{\partial x_j} + a_0$$

können wir alle Randbedingungen angeben, die die Bedingung 11.1 erfüllen – der Leser führe die entsprechenden Diskussionen selber durch. Wir wollen hier die Neumannsche Aufgabe und die sogenannte dritte Randwertaufgabe behandeln.

Wir bestimmen $\mathscr{M}^+$ zu (29). Die zu $A^{\mathrm{H}}\!\left(x; \xi', \dfrac{1}{\mathrm{i}} \dfrac{\mathrm{d}}{\mathrm{d}t}\right)$ gehörige charakteristische Gleichung ergibt sich mit (29)

$$\sum_{k,j=1}^{r-1} a_{jk} \, \xi_j' \, \xi_k' + 2\lambda \sum_{j=1}^{r-1} a_{jr} \, \xi_j' + a_{rr} \lambda^2 = 0$$

und die charakteristischen Wurzeln

$$(30) \qquad \lambda_{1,2} = \frac{- \displaystyle\sum_{j=1}^{r-1} a_{jr} \, \xi_j' \pm \sqrt{\left(\displaystyle\sum_{j=1}^{r-1} a_{jr} \, \xi_j'\right)^2 - a_{rr} \left(\displaystyle\sum_{k,j=1}^{r-1} a_{jk} \, \xi_j' \, \xi_k'\right)}}{a_{rr}}$$

Der unter der Wurzel stehende Ausdruck muß verschieden von Null sein,

$$(31) \qquad \left(\sum_{j=1}^{r-1} a_{jr} \, \xi_j'\right)^2 - a_{rr} \left(\sum_{k,j=1}^{r-1} a_{jk} \, \xi_j' \, \xi_k'\right) \neq 0, \quad \text{für } 0 \neq \xi' \in \mathbf{R}^{r-1},$$

anderenfalls hätte die charakteristische Gleichung eine Doppelwurzel, eine proper elliptische Form (29) zweiter Ordnung hat aber – nach Definition – zwei verschiedene Wurzeln, eine in der oberen und eine in der unteren Halbebene.

Sei λ_1 die Wurzel in der oberen Halbebene $\operatorname{Im} \lambda > 0$, wir haben

$$\mathscr{M}^+ = \{c_1\, e^{i\lambda_1 t} \mid c_1 \in \mathbf{C}\}\,.$$

Um die Neumannsche Aufgabe zu (29) zu formulieren, führen wir die konormale Ableitung Nu von u ein

$$Nu := \sum_{j,k=1}^{r} a_{jk}(x)\, \frac{\partial u}{\partial x_j}\, \cos(\vec{n}, x_k), \qquad x \in \partial\Omega,$$

hier ist $\vec{n}$ der Einheitsvektor in Richtung der inneren Normalen zu $\partial\Omega$. Unter der Neumannschen Aufgabe zu (29) versteht man das Randwertproblem

Beispiel 11.6

$$(32) \qquad Au = f \quad \text{in } \Omega, \qquad Nu = g_1 \quad \text{auf } \partial\Omega,$$

und unter der dritten Randwertaufgabe

Beispiel 11.7

$$(33) \qquad Au = f \quad \text{in } \Omega \qquad b_0(x)\,u + Nu = g_1 \quad \text{auf } \partial\Omega\,.$$

Wir wollen zeigen, daß beide Randwertaufgaben die Bedingung 11.1 erfüllen. Wir haben beidesmal

$$b_1^{\mathrm{H}} = N\left(\xi', \frac{1}{i}\, \frac{d}{dt}\right);$$

wir nehmen wieder als lokale Koordinaten in $x \in \partial\Omega$ $(x_1, \ldots, x_{r-1})$-tangential und x_r in Richtung der inneren Normalen. N bekommt dann die einfache Form

$$N = \sum_{j=1}^{r-1} a_{jr}\, \frac{\partial}{\partial x_j} + a_{rr}\, \frac{\partial}{\partial x_r},$$

$(a_{rr} \neq 0$ wegen der Elliptizität von (29)) und

$$N\left(\xi', \frac{1}{i}\, \frac{d}{dt}\right) = i \sum_{j=1}^{r-1} a_{jr}\, \xi'_j + i \cdot a_{rr}\, \frac{1}{i}\, \frac{d}{dt}\,.$$

Sei $v \in \mathscr{M}^+$, wir berechnen

$$N\left(\xi', \frac{1}{i}\, \frac{d}{dt}\right) v(0) = \left(i \sum_{j=1}^{r-1} a_{jr}\, \xi'_j\right) c_1 + a_{rr} \cdot c_1 \cdot i\lambda_1 = i c_1 \left(\sum_{j=1}^{r-1} a_{jr}\, \xi'_j + a_{rr}\, \lambda_1\right),$$

setzen für λ_1 (30) ein und erhalten

$$= i c_1 \cdot \sqrt{-a_{rr}\left(\sum_{k,j=1}^{r-1} a_{jk}\, \xi'_j\, \xi'_k\right) + \left(\sum_{j=1}^{r-1} a_{jr}\, \xi'_j\right)^2}\,.$$

Wegen (31) ist der Wurzelausdruck verschieden von 0 für $0 \neq \xi' \in \mathbf{R}^{r-1}$ und $N\left(\xi', \dfrac{1}{i}\dfrac{d}{dt}\right) v(0) = 0$ ergibt $c_1 = 0$, d.h. beide Randwertaufgaben (32) und (33) erfüllen die Bedingung 11.1.

Beispiel 11.8 Sei $\triangle^2$ der biharmonische Operator, hier ist ord $\triangle^2 = 4$, $m = 2$ und wir dürfen zwei Randbedingungen $b_1(x, D)$, $b_2(x, D)$ auf $\partial\Omega$ mit $0 \leqslant \mathrm{ord}\, b_1, b_2 \leqslant 3$ stellen. Um alle Randbedingungen zu übersehen, die die Bedingung 11.1 erfüllen, müssen wir zehn Fälle unterscheiden (nach den Ordnungen von b_1 und b_2 betrachtet),

$$(\mathrm{ord}\, b_1, \mathrm{ord}\, b_2) = (0,0),\ (0,1),\ (1,1),\ (0,2),\ (1,2),\ (2,2),\ (0,3),\ (1,3),\ (2,3),\ (3,3).$$

Wir wollen hier die ersten sechs Fälle $(0,0) - (2,2)$ – Randwertoperatoren bis zur Ordnung 2 – diskutieren, und Beispiele für die weiteren Fälle angeben; der Leser rechne als Übung die vier übrigen Fälle – mit Randwertoperatoren der Ordnung 3 – selber durch.

Zuerst $\mathcal{M}^+$. Die charakteristische Gleichung zu $\triangle^2$ lautet

$$(|\xi'|^2 + \lambda^2)^2 = 0,$$

und $\lambda_1 = i\,|\xi'|$ ist die Doppelwurzel, die in $\mathrm{Im}\,\lambda > 0$ liegt. $\mathcal{M}^+$ besteht aus allen Funktionen der Form

$$\mathcal{M}^+ = \{c_1\, e^{-|\xi'|t} + c_2\, t\, e^{-|\xi'|t} \mid c_1, c_2 \in \mathbf{C}\}$$

(lineare, gewöhnliche Differentialgleichungen!).

Ein allgemeiner Randwertoperator $b(x, D)$ der Ordnung 2 hat die Form

$$b(x, D) = b_0 + \sum_{j=1}^{r} b_r \frac{\partial}{\partial x_j} + \sum_{j,k=1}^{r} b_{jk} \frac{\partial}{\partial x_j} \cdot \frac{\partial}{\partial x_k}$$

Wir nehmen wieder als lokale Koordinaten in $x \in \partial\Omega$ $(x_1, \ldots, x_{r-1})$-tangential, x_r-normal und bekommen für den Hauptteil

$$b^{\mathrm{H}}\left(x; \xi', \frac{1}{i}\frac{d}{dt}\right) = \begin{cases} b_0, & \text{falls ord}\, b = 0, \\[2ex] i\sum_{j=1}^{r-1} b_j \xi'_j + b_r \dfrac{d}{dt}, & \text{falls ord}\, b = 1, \\[2ex] -\sum_{j,k=1}^{r-1} b_{jk}\, \xi'_j \xi'_k + 2i\left(\sum_{j=1}^{r-1} b_{jr}\, \xi'_j\right)\dfrac{d}{dt} + b_{rr}\dfrac{d^2}{dt^2}, & \text{falls ord}\, b = 2. \end{cases}$$

Für $b^{\mathrm{H}}\left(x; \xi', \dfrac{1}{i}\dfrac{d}{dt}\right) v(0)$, $v \in \mathcal{M}^+$ erhalten wir

$$b^{\mathrm{H}}\left(x; \xi', \frac{1}{\mathrm{i}}\frac{\mathrm{d}}{\mathrm{d}t}\right)v(0) = \begin{cases} b_0\,c_1, & \text{falls ord}\,b = 0. \\[2ex] c_1\mathrm{i}\sum_{j=1}^{r-1} b_j\,\xi'_j - c_1 b_r|\xi'| + c_2 b_r, & \text{falls ord}\,b = 1, \\[2ex] -c_1\sum_{j,k}^{r-1} b_{jk}\,\xi'_j\,\xi'_k - 2\mathrm{i}c_1|\xi'|\left(\sum_{j=1}^{r-1} b_{jr}\,\xi'_j\right) + 2\mathrm{i}c_2\left(\sum_{j=1}^{r-1} b_{jr}\,\xi'_j\right) \\[2ex] + b_{rr}|\xi'|^2 c_1 - 2c_2 b_{rr}|\xi'|, & \text{falls ord}\,b = 2. \end{cases}$$

Nun können wir leicht Kriterien für die Gültigkeit der Bedingung 11.1 angeben.

Fall (0,0). Aus $b_0^{(1)} \cdot c_1 = 0$, $b_0^{(2)} \cdot c_1 = 0$, soll folgen $c_1 = c_2 = 0$, dies geht nicht, die Bedingung 11.1 ist **nicht** erfüllbar.

Fall (0,1). Aus

$$c_1 b_0^{(1)} = 0, \qquad c_1\left[\mathrm{i}\sum_{j=1}^{r-1} b_j^{(2)}\,\xi'_j - b_r^{(2)}|\xi'|\right] + c_2 b_r^{(2)} = 0,$$

folgt $c_1 = c_2 = 0$ genau dann, wenn die Determinante dieses Gleichungssystems verschieden von Null ist, das ist

(34) $b_0^{(1)} \cdot b_r^{(2)} \neq 0$ ist äquivalent zur Bedingung 11.1.

In diesem Fall ist auch die Dirichletaufgabe

$$u\,|_{\partial\Omega} = g_1, \qquad \left.\frac{\partial u}{\partial n}\right|_{\partial\Omega} = g_2 \quad \text{mit } b_0^{(1)} = 1,\ b_r^{(2)} = 1,$$

enthalten.

Fall (1,1). Hier haben wir, aus

$$c_1\left[\mathrm{i}\sum_{j=1}^{r-1} b_j^{(1)}\,\xi'_j - b_r^{(1)}|\xi'|\right] + c_2 b_r^{(1)} = 0,$$

$$c_1\left[\mathrm{i}\sum_{j=1}^{r-1} b_j^{(2)}\,\xi'_j - b_r^{(2)}|\xi'|\right] + c_2 b_r^{(2)} = 0,$$

folgt $c_1 = c_2 = 0$ genau dann, wenn

(35) $b_r^{(2)}\left[\mathrm{i}\sum_{j=1}^{r-1} b_j^{(1)}\,\xi'_j - b_r^{(1)}|\xi'|\right] - b_r^{(1)}\left[\mathrm{i}\sum_{j=1}^{r-1} b_j^{(2)}\,\xi'_j - b_r^{(2)}|\xi'|\right] \neq 0.$

(35) für $0 \neq \xi' \in \mathbf{R}^{r-1}$ ist äquivalent zur Bedingung 11.1.

Fall (0,2). Aus

$$c_1 b_0^{(1)} = 0,$$

$$c_1\left[-\sum_{j,k}^{r-1} b_{jk}^{(2)}\,\xi_j'\,\xi_k' - 2\mathrm{i}\,|\xi'|\sum_{j=1}^{r-1} b_{jr}^{(2)}\,\xi_j' + b_{rr}^{(2)}\,|\xi'|^2\right]$$

$$+\;c_2\left[2\mathrm{i}\sum_{j=1}^{r-1} b_{jr}^{(2)}\,\xi_j' - 2b_{rr}^{(2)}\,|\xi'|\right] = 0,$$

folgt $c_1 = c_2 = 0$ genau dann, wenn

$$(36)\qquad b_0^{(1)}\cdot\left[2\mathrm{i}\sum_{j=1}^{r-1} b_{jr}^{(2)}\,\xi_j' - 2b_{rr}^{(2)}\,|\xi'|\right] \neq 0,$$

(36) für $0\neq\xi'\in\mathbf{R}^{r-1}$ ist äquivalent zur Bedingung 11.1.

Fall (1,2). Die Bedingung 11.1 ist genau dann erfüllt, wenn für alle $0\neq\xi'\in\mathbf{R}^{r-1}$ gilt

$$\left[\mathrm{i}\sum_{j=1}^{r-1} b_j^{(1)}\,\xi_j' - b_r^{(1)}\,|\xi'|\right]\left[2\mathrm{i}\sum_{j=1}^{r-1} b_{jr}^{(2)}\,\xi_j' - 2b_{rr}^{(2)}\,|\xi'|\right]$$

$$-\;b_r^{(1)}\left[-\sum_{j,k}^{r-1} b_{jk}^{(2)}\,\xi_j'\,\xi_k' - 2\mathrm{i}\,|\xi'|\sum_{j=1}^{r-1} b_{jr}^{(2)}\,\xi_j' + b_{rr}^{(2)}\,|\xi'|^2\right] \neq 0.$$

Fall (2,2). Die Bedingung 11.1 ist genau dann erfüllt, wenn für alle $0\neq\xi'\in\mathbf{R}^{r-1}$ gilt

$$\left[-\sum_{j,k}^{r-1} b_{jk}^{(1)}\,\xi_j'\,\xi_k' - 2\mathrm{i}\,|\xi'|\sum_{j=1}^{r-1} b_{jr}^{(1)}\,\xi_j' + b_{rr}^{(1)}\,|\xi'|^2\right]\left[2\mathrm{i}\sum_{j=1}^{r-1} b_{jr}^{(2)}\,\xi_j' - 2b_{rr}^{(2)}\,|\xi'|\right]$$

$$-\left[-\sum_{j,k}^{r-1} b_{jk}^{(2)}\,\xi_j'\,\xi_k' - 2\mathrm{i}\,|\xi'|\sum_{j=1}^{r-1} b_{jr}^{(2)}\,\xi_j' + b_{rr}^{(2)}\,|\xi'|^2\right]\cdot\left[2\mathrm{i}\sum_{j=1}^{r-1} b_{jr}^{(1)}\,\xi_j' - 2b_{rr}^{(1)}\,|\xi'|\right] \neq 0.$$

Beispiel 11.9 Wir betrachten für den biharmonischen Operator $\triangle^2$ die folgenden Randwertoperatoren

$$(37)\qquad b_1 = I,\qquad b_2 = \frac{\partial}{\partial n},\qquad b_3 = \triangle =: M,\qquad b_4 = -\frac{\partial\triangle}{\partial n} =: T.$$

Wir haben

$$\mathcal{M}^+ = \{c_1\,\mathrm{e}^{-|\xi'|t} + c_2\,t\,\mathrm{e}^{-|\xi'|t}\mid c_1, c_2\in\mathbf{C}\}$$

und für $v\in\mathcal{M}^+$

$$b_1^{\mathrm{H}}\left(x;\xi',\frac{1}{\mathrm{i}}\frac{\mathrm{d}}{\mathrm{d}t}\right)v(0) = I\,v(0) = c_1,$$

$$b_2^{\mathrm{H}}\left(x;\xi',\frac{1}{\mathrm{i}}\frac{\mathrm{d}}{\mathrm{d}t}\right)v(0) = \frac{\mathrm{d}}{\mathrm{d}t}v(0) = -|\xi'|c_1 + c_2,$$

$$(38)$$

$$b_3^{\mathrm{H}}\left(x;\xi',\frac{1}{\mathrm{i}}\frac{\mathrm{d}}{\mathrm{d}t}\right)v(0) = \left(|\xi'|^2 - \left(\frac{\mathrm{d}}{\mathrm{d}t}\right)^2\right)v(0) = 2|\xi'|\cdot c_2,$$

$$b_4^{\mathrm{H}}\left(x;\xi',\frac{1}{\mathrm{i}}\frac{\mathrm{d}}{\mathrm{d}t}\right)v(0) = -\left(|\xi'|^2\frac{\mathrm{d}}{\mathrm{d}t} - \frac{\mathrm{d}^3}{\mathrm{d}t^3}\right)v(0) = 2|\xi'|^2\cdot c_2.$$

Mit den Operatoren (37) können wir die folgenden Randwertaufgaben bilden

$$(39) \quad \left(\triangle^2; I, \frac{\partial}{\partial n}\right), \quad (\triangle^2; I, \triangle), \quad \left(\triangle^2; \frac{\partial}{\partial n}, \triangle\right),$$

$$\left(\triangle^2; I, -\frac{\partial \triangle}{\partial n}\right), \quad \left(\triangle^2; \frac{\partial}{\partial n}, -\frac{\partial \triangle}{\partial n}\right), \quad \left(\triangle^2; \triangle, -\frac{\partial \triangle}{\partial n}\right).$$

Aus (38) folgt sofort, daß alle Randwertaufgaben (39) – außer der letzten – die Bedingung 11.1 von Lopatinskij-Šapiro erfüllen.

Aufgabe

11.1 Finde für einen proper elliptischen Operator zweiter Ordnung alle Randbedingungen die der Bedingung von Lopatinskij-Šapiro genügen.

§12 Fredholmoperatoren

Dieser Paragraph ist den funktionalanalytischen Grundlagen der Fredholmoperatoren gewidmet. Im Gegensatz zu den Darstellungen bei Schechter [1] oder Heuser [1] wollen wir nicht den allgemeinsten Fall betrachten, sondern voraussetzen, daß alle betrachteten Operatoren linear und stetig zwischen Banachräumen wirken. Für unsere Zwecke, das sind elliptische Differentialoperatoren, ist dies ausreichend. Wir bringen in diesem Paragraphen auch den funktionalanalytischen Zusammenhang zwischen Fredholmoperatoren in einem Schauderschema und a priori Abschätzungen, sowie die Theorie der sog. glättbaren Operatoren, sie erlauben es u.a., dem Weylschen Lemma eine abstrakte Fassung zu geben.

12.1 Der Spektralsatz von Riesz-Schauder (kompakte Operatoren)

Sei X ein Banachraum. Seinen Dualraum bezeichnen wir mit X'. Für unsere Zwecke (Differentialoperatoren in Hilberträumen) ist es sinnvoller mit dem Antidualraum X^* zu arbeiten, der Antidualraum X^* besteht aus allen antilinearen, stetigen Funktionalen

$$f : X \to \mathbf{C}.$$

Wir schreiben $f \in X^*$, $f(x) = \langle f, x \rangle$ und haben

$$\langle f, \alpha x + \beta y) = \bar{\alpha} \langle f, x \rangle + \bar{\beta} \langle f, y \rangle \quad \text{für } x, y \in X, \ \alpha, \beta \in \mathbf{C}.$$

Der Übergang von X' zu X^* ist nicht wesentlich – wir konjugieren nur komplex $^-$; er bringt aber für Hilberträume H eine Erleichterung, wir haben dann nach dem Satz von Riesz $H^* = H$ (isomorph) und antiduale Operatoren A^* fallen mit adjungierten A^* zusammen, siehe auch Formel §10,(3).

Seien X, Y Banachräume, sei $A: X \to Y$, eine stetige, lineare Abbildung, wir definieren die antiduale Abbildung

$$A^*: Y^* \to X^*$$

durch $\langle A^*y^*, x \rangle_X = \langle y^*, Ax \rangle_Y$,

wir haben

$$\| A^* \| = \| A \|,$$

also ist A^* eine lineare, stetige Abbildung.

Da wir in diesem Buch immer mit antidualen Räumen und antidualen Abbildungen arbeiten werden, wollen wir den Stern * für adjungierte Differentialoperatoren und adjungierte Randwertaufgaben reservieren, und sonst, d.h. für Antidualitäten, einfach einen Strich $'$ schreiben.

Zur Bequemlichkeit des Lesers wollen wir die Riesz-Schauderschen Spektralsätze für kompakte Operatoren möglichst vollständig formulieren, die Herleitung findet der Leser in Taylor [1] oder Wloka [1], S. 217. Wir werden des öfteren in diesem Buch auf die Riesz-Schauderschen Sätze zurückgreifen.

Sei X ein Banachraum. Wir sagen, daß die komplexe Zahl $\lambda \in \mathbf{C}$ ein regulärer Wert des stetigen Operators $A: X \to X$ ist, falls der Operator $A_\lambda = A - \lambda I$ (I die identische Abbildung $I: X \to X$) eine stetige Inverse

$$(A - \lambda I)^{-1}: X \to X$$

besitzt. Diejenigen komplexen Zahlen λ, die nicht regulär für A sind, bezeichnen wir als Spektralwerte von A, die Menge aller Spektralwerte nennen wir das Spektrum von A in Zeichen $\mathrm{Sp}(A)$. Hat die komplexe Zahl λ die Eigenschaft, daß der Kern $\ker(A - \lambda I)$ von $A - \lambda I$ verschieden von $\{0\}$ ist

$$\ker(A - \lambda I) \neq \{0\},$$

dann sagen wir, daß λ ein Eigenwert von A ist, selbstverständlich sind die Eigenwerte auch Spektralwerte von A. Die Vektoren $x \neq 0$, die zum $\ker(A - \lambda I)$ gehören, d.h. diejenigen $x \neq 0$ mit

$$Ax - \lambda x = 0$$

bezeichnen wir als Eigenvektoren von A, zugehörig zum Eigenwert λ. Die Eigenvektoren und 0 bilden den Eigenraum $E(\lambda)$:

$$E(\lambda) = E(\lambda, A) := \ker(A - \lambda I).$$

Bemerkung Wir können auf dieselbe Weise auch das Spektrum einer Abbildung $A: X \to Y$ definieren, falls eine zweite Abbildung, z.B. eine Einbettung $J: X \subset Y$ gegeben ist: Wir sagen, daß $\lambda \in \mathbf{C}$ regulär ist, falls die Inverse

$$(A - \lambda J)^{-1}: Y \to X$$

existiert und stetig ist. Anderfalls sagen wir, daß λ ein Spektralwert ist. Wir werden diese Definition für Differentialoperatoren benutzen.

Spektralsatz von Riesz-Schauder *Sei $A: X \to X$ ein linearer, kompakter Operator. Dann gilt*

1. *Das Spektrum SpA von A liegt im Kreis $\{\lambda \mid |\lambda| \leqslant \|A\|\} \subset \mathbf{C}$ und besteht entweder aus einer endlichen Menge oder aus einer gegen 0 konvergenten (abzählbaren) Folge λ_n und der 0; falls X unendlichdimensional ist, gehört die 0 immer zum Spektrum.*

2. *Jede Zahl $\lambda_n \neq 0$ aus dem Spektrum ist ein Eigenwert, und der Eigenraum $E(\lambda_n)$ ist endlich-dimensional.*

3. *$A': X' \to X'$ ist genau dann kompakt, wenn $A: X \to X$ es ist. Ist $\mathrm{Sp}A = \{\lambda_n, 0)$ das Spektrum von A, dann ist $\{\bar{\lambda}_n, 0\} = \mathrm{Sp}A'$ das Spektrum von A', also*

$$\mathrm{Sp}A' = \overline{\mathrm{Sp}A}\,.$$

und die Eigenräume $E(\lambda_n, A)$, $E(\bar{\lambda}_n, A')$ haben die gleiche (endliche) Dimension

$$\dim E(\lambda_n, A) = \dim E(\bar{\lambda}_n, A') < \infty\,.$$

4. (Fredholmsche Alternative). *Die Gleichung*

$$(A - \lambda I)\,x = y\,, \qquad \lambda \neq 0\,,$$

hat genau dann wenigstens eine Lösung x, wenn $y \in \ker(A' - \bar{\lambda} I)^{\perp}$ oder in anderen Worten, wenn $A'f' = \bar{\lambda} f'$ nach sich zieht $\langle y, f' \rangle = 0$.
Die Gleichung

$$(A' - \bar{\lambda} I)f = g\,, \qquad \lambda \neq 0\,,$$

hat genau dann eine Lösung f, wenn $g \in \ker(A - \lambda I)^{\perp}$; oder, wenn aus $Ax = \lambda x$ folgt $\langle x, g \rangle = 0$.
Für Hilberträume $H = X$ ($(x, y)_H$ das Skalarprodukt), und kompakte, selbstadjungierte Operatoren $A = A'$ (d.h. $(Ax, y)_H = (x, Ay)_H$, $x, y \in H$) können wir mehr aussagen:

5. *Das Spektrum SpA von A liegt auf der reellen Achse, sind λ, μ zwei verschiedene Eigenwerte von A, so stehen die Eigenräume $E(\lambda)$ und $E(\mu)$ aufeinander orthogonal.*

6. *Es gibt einen Eigenwert λ mit $\lambda = \|A\|$ oder $\lambda = -\|A\|$.*

7. *Wir haben für jedes $x \in H$ die Zerlegung*

$$Ax = \sum_n \lambda_n (x, x_n)\, x_n\,, \qquad x_n \in E(\lambda_n)\,,$$

d.h. es gilt

$$\overline{\mathrm{im}\,A} = \overline{A(H)} = \bigoplus_k E(\lambda_k)\,,$$

und auch

$$H = \ker A \oplus \overline{\mathrm{im}\,A} = E(0) \bigoplus_k E(\lambda_k)\,.$$

Als Folgerung aus 5, 6 und 7 erhalten wir:

8. *Falls $\overline{\mathrm{im}\,A} = H$ und H unendlichdimensional ist, dann gibt es unendlich viele verschiedene Eigenwerte λ_n und die Eigenvektoren $\{x_n\}$ (entsprechend normiert) bilden eine orthonormale Basis für H.*

Sei $T = A - \lambda I$, $\lambda \neq 0$, $A: X \to X$ ein kompakter Operator, dann ist nach 2

$$\alpha(T) := \dim \ker T = \dim E(\lambda) < \infty,$$

gleichgültig, ob $\lambda \neq 0$ ein Eigenwert ist, oder nicht, und nach 4 haben wir

$$\beta(T) := \dim \operatorname{coker} T := \dim(X/\operatorname{im} T) = \dim \ker T' = \alpha(T') < \infty,$$

während 3 liefert

$$\alpha(T') = \dim \ker T' = \dim \ker T = \alpha(T),$$

also zusammen

$$\beta(T) = \dim \operatorname{co} \ker T = \alpha(T) < \infty$$

und $\operatorname{ind} T := \alpha(T) - \beta(T) = 0$.

Die Defektzahlen $\alpha(T)$ und $\beta(T)$ legen folgende Definition nahe:

12.2 Fredholmoperatoren

Definition 12.1 *Seien X und Y zwei Banachräume, wir nennen einen linearen, stetigen Operator $T: X \to Y$, (kurz $T \in L(X, Y)$), Fredholmoperator (kurz $T \in F(X, Y)$), wenn T die beiden Eigenschaften*

(I) $\alpha(T) = \dim \ker T < \infty$,

(II) $\beta(T) = \dim \operatorname{coker} T = \dim(Y/\operatorname{im} T) < \infty$,

besitzt. Als Index von T bezeichnen wir die ganze Zahl

$$\operatorname{ind} T = \alpha(T) - \beta(T).$$

Unmittelbar aus der Definition eines Fredholmoperators folgt der

Satz 12.1 *X_1, X_2, Y_1 und Y_2 seien Banachräume, und es sei $T \in F(X_1, X_2)$ ein Fredholmoperator. Sind $U_1: Y_1 \to X_1$ und $U_2: X_2 \to Y_2$ toplineare Isomorphismen, so ist $\tilde{T} = U_2 \circ T \circ U_1$ wieder ein Fredholmoperator $\in F(Y_1, Y_2)$, und es ist*

$$\operatorname{ind} \tilde{T} = \operatorname{ind} T.$$

Der Index ist also eine topologische, lineare Invariante.

Beweis. Offenbar ist $\ker \tilde{T} = U_1^{-1}(\ker T)$ und $\operatorname{im} \tilde{T} = U_2(\operatorname{im} T)$. Die Isomorphismeneigenschaft macht die Defektzahlen $\alpha(\tilde{T}) = \alpha(T)$ *und* $\beta(\tilde{T}) = \beta(T)$ gleich, woraus die Aussagen unseres Satzes folgen. ∎

Satz 12.2 *X und Y seien Banachräume und $T \in L(X, Y)$. Ist $\beta(T) < \infty$, dann ist der Bildbereich im T abgeschlossen in Y.*

Beweis. Wir faktorisieren T auf folgende Weise

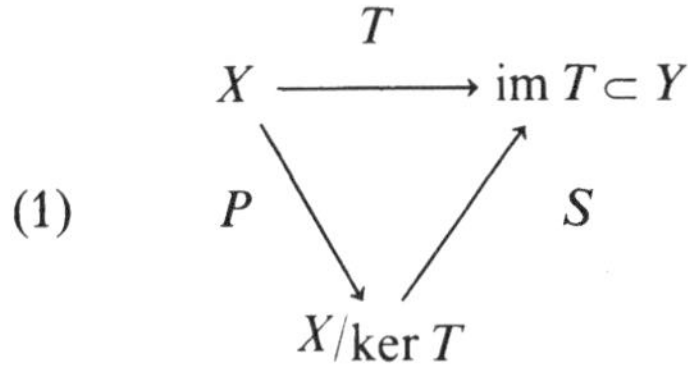

(1)

Dabei sei $P: X \to X/\ker T$ die kanonische Projektion, und $S: X/\ker T \to \operatorname{im} T$ sei die durch $S\hat{x} := Tx\,(x \in \hat{x})$ eindeutig definierte, lineare, bijektive, stetige Abbildung. Es sei nun W ein Komplementärraum vom $\operatorname{im} T$ in Y. Nach Voraussetzung ist W endlichdimensional, also ein Banachraum. Wir definieren die Abbildung

$$\bar{S}: X/\ker T \times W \to Y$$

durch $\quad \bar{S}(\hat{x}, w) := S\hat{x} + w$.

Das kartesische Produkt von zwei Banachräumen ist wieder ein Banachraum, damit ist $X/\ker T \times W$ ein Banachraum. Die Abbildung $\bar{S}$ ist linear, stetig und bijektiv, nach dem open mapping theorem ist $\bar{S}^{-1}$ stetig. Da $X/\ker T \times \{0\}$ in $X/\ker T \times W$ abgeschlossen ist, ist $\operatorname{im} T = \bar{S}(X/\ker T \times \{0\})$ abgeschlossen in Y. ∎

Wir können also in die Definition eines Fredholmoperators T die Eigenschaft

(III) $\operatorname{im} T$ ist abgeschlossen in Y

mit hineinnehmen, ohne die Klasse der Fredholmoperatoren zu verändern.

Um weitere Eigenschaften der Fredholmoperatoren herzuleiten, benötigen wir weitere funktionalanalytische Begriffe und Sätze – wir wollen sie ohne Herleitungen zitieren, für die Beweise verweisen wir auf Lehrbücher der Funktionalanalysis – es handelt sich meistens um wohlbekannte Tatsachen.

Sei K eine Menge in X, die Menge aller Elemente $x' \in X'$, die orthogonal zu K sind, d.h.

$$\langle x', x \rangle = 0 \quad \text{für alle } x \in K,$$

bezeichnen wir als Orthogonalraum $K^{\perp}$. (Ebenso dual $M \subset X'$, $M^{\perp}$ in X).

Wir haben die leicht einsehbaren Gleichheiten für $T \in L(X, Y)$:

(2) $\ker T = (\operatorname{im} T')^{\perp}, \qquad \ker T' = (\operatorname{im} T)^{\perp},$

und die Sätze:

Sei M ein Unterraum von X, dann ist normisomorph

(3) $X'/M^{\perp} \cong M'$.

Sei M ein abgeschlossener Unterraum von X, dann ist normisomorph

(4) $(X/M)' \cong M^{\perp},$

siehe z.B. Wloka [1], S. 99.

Der folgende Satz geht auf Banach zurück

Satz 12.3 (Closed range theorem) *Es seien X, Y Banachräume, und $T: X \to Y$ sei eine stetige, lineare Abbildung. Dann sind die folgenden Aussagen äquivalent*:

1. *im T ist abgeschlossen in Y,*

2. *im T' ist abgeschlossen in X',*

3. *im $T = (\ker T')^{\perp}$,*

4. *im $T' = (\ker T)^{\perp}$.*

Für den Beweis verweisen wir auf Wloka [1], S. 144, oder Yosida [1].

Satz 12.4 *Falls T ein Fredholmoperator ist, $T \in F(X, Y)$, dann ist auch T' ein Fredholmoperator, $T' \in F(Y', X')$, und umgekehrt. Für die Defektzahlen gilt*

$$(5) \qquad \alpha(T') = \beta(T) \quad und \quad \beta(T') = \alpha(T),$$

woraus folgt

$$\operatorname{ind} T' = - \operatorname{ind} T.$$

Beweis. Sei $T \in F(X, Y)$, wir setzen $M = \operatorname{im} T$ und haben nach (2) und (4)

$$\ker T' = (\operatorname{im} T)^{\perp} \cong (Y/\operatorname{im} T)' = (\operatorname{coker} T)',$$

das ist $\alpha(T') = \beta(T)$.

Wir beweisen jetzt die zweite Formel in (5). Da $T \in F(X, Y)$, ist im T abgeschlossen (Satz 12.2), und wir können Satz 12.3 anwenden, wonach

$$\operatorname{im} T' = (\ker T)^{\perp}$$

ist. In (3) $M = \ker T$ eingesetzt, ergibt

$$(\ker T)' \cong X'/(\ker T)^{\perp} = X'/\operatorname{im} T' = \operatorname{coker} T',$$

womit wir $\beta(T') = \alpha(T)$ bewiesen haben, und gleichzeitig $T' \in F(Y', X')$. Der Beweis der Umkehrung ist analog, da alle dualen Formeln gültig sind. ∎

Definition 12.2 *Es sei $T \in L(X, Y)$. Der Operator $R_l \in L(Y, X)$, bzw. der Operator $R_r \in L(Y, X)$ heißt Linksregularisator bzw. Rechtsregularisator zu T, falls die Operatoren*

$$k_1 := R_l T - I_X \quad bzw. \quad k_2 := T R_r - I_Y$$

kompakt sind; hier bedeutet I_X, bzw. I_Y, die identische Abbildung in X, bzw. Y.

Satz 12.5 *Es sei $T \in L(X, Y)$.*

a) *Wenn T einen Linksregularisator R_l besitzt, dann ist $\alpha(T) < \infty$, und im T ist abgeschlossen.*

b) *Wenn T einen Rechtsregularisator R_r besitzt, dann ist $\beta(T) < \infty$, und im T ist wieder abgeschlossen (Satz 12.2).*

c) *Wenn T einen Links- und Rechtsregularisator R_l und R_r besitzt, dann ist T ein Fredholmoperator und umgekehrt. Im letzten Falle kann man $R_l = R_r$ nehmen.*

Beweis. a) Aus $\ker T \subset \ker(R_l \circ T) = \ker(I_X + k_1)$, folgt $\alpha(T) < \infty$, denn $\ker(I_X + k_1)$ ist der zum Eigenwert $\lambda = -1$ (oder regulären Wert) gehörige Eigenraum des kompakten Operators k_1, er ist nach dem Riesz-Schauderschen Spektralsatz, Aussage 2, endlich dimensional. Um die Abgeschlossenheit von im T zu zeigen, faktorisieren wir T wie in (1). Wir haben $T = S \circ P$. Dabei ist $S : (X/\ker T) \to \operatorname{im} T$ linear, bijektiv und stetig. Es existiert also S^{-1}. Es genügt zu zeigen, daß S^{-1} stetig ist. Nehmen wir an, es existiere eine Folge $\hat{x}_n \in X/\ker T$ mit $\|\hat{x}_n\| = 1$ und

$$\|\hat{x}_n\| > n \cdot \|S\hat{x}_n\| \quad \text{für alle } n \in \mathbf{N}.$$

Dann gilt $\|S\hat{x}_n\| \to 0$ für $n \to \infty$.

Wir haben für $x_n \in \hat{x}_n$

$$(6) \qquad R_l \circ T x_n - x_n = R_l \circ S \hat{x}_n - x_n = k_1 x_n.$$

Ohne Beschränkung der Allgemeinheit sei $\|x_n\| \leqslant 2$, da k_1 kompakt ist, existiert eine Teilfolge x_{n_k}, so daß $k_1 x_{n_k}$ konvergent ist. Wegen $\|S\hat{x}_{n_k}\| \to 0$ folgt aus (6) $x_{n_k} \to x$, somit auch $\hat{x}_{n_k} \to \hat{x}$, und es ist $\|\hat{x}\| = 1$. Andererseits ist $\hat{x} = 0$, denn wäre $\hat{x} \neq 0$, so erhielte man wegen $S\hat{x}_{n_k} \to 0$ einen Widerspruch zur Eineindeutigkeit von S. Wir haben damit einen Widerspruch erhalten, und es existiert also eine Konstante $c < \infty$ mit

$$\|\hat{x}\| \leqslant c \|S\hat{x}\| \quad \text{für alle } \hat{x} \in X/\ker T,$$

was die Stetigkeit von S^{-1} bedeutet, womit wir die Abgeschlossenheit von im T gezeigt haben.

b) Wir haben nach (2)

$$(7) \qquad (\operatorname{im}(TR_r))^\perp = (\operatorname{im}(k_2 + I_Y))^\perp = \ker(k_2' + I_{Y'}).$$

Aus $\operatorname{im}(TR_r) \subset \operatorname{im} T$ folgt $(\operatorname{im} T)^\perp \subset (\operatorname{im} TR_r)^\perp$, was mit (4) und (7) ergibt

$$(8) \qquad (\operatorname{coker} T)' = (Y/\operatorname{im} T)' \cong (\operatorname{im} T)^\perp \subset (\operatorname{im} TR_r)^\perp = \ker(k_2' + I_{Y'}).$$

Nun ist mit k_2 auch der Operator k_2' kompakt, und $\ker(k_2' + I_{Y'})$ ist der zum Eigenwert $\lambda = -1$ gehörige Eigenraum des kompakten Operators k_2, und wir haben wieder nach dem Riesz-Schauderschen Spektralsatz, Aussage 2,

$$\beta(T) = \dim \operatorname{coker} T = \dim(\operatorname{coker} T)' \leqslant \dim \ker(k_2' + I_{Y'}) < \infty.$$

Hier haben wir bei (8) benutzt, daß im T abgeschlossen ist:
wir haben

$$(9) \qquad \operatorname{im}(k_2 + I_Y) = \operatorname{im}(TR_r) \subset \operatorname{im} T,$$

nach dem Riesz-Schauderschen Spektralsatz, Aussage 4, hat im $(k_2 + I_Y)$ eine endliche Codimension, nach einem funktionanalytischen Satz hat wegen (9) auch im T eine endliche Codimension und ist abgeschlossen.

c) Der erste Teil folgt unmittelbar aus a) und b). Es sei nun umgekehrt $T \in F(X, Y)$. Nach Satz 12.2 ist im T abgeschlossen, und wir haben

$$X = \ker T \oplus V, \qquad Y = \operatorname{im} T \oplus W,$$

wobei nach bekannten Sätzen (siehe Wloka [1], S. 60, oder Köthe [1], S. 159) alle direkten Summanden abgeschlossen sind (ein Summand ist endlichdimensional). Wir betrachten das kommutative Diagramm

$$
\begin{array}{ccc}
\ker T \oplus V = X & \xrightarrow{\ \ T\ \ } & Y = \operatorname{im} T \oplus W \\
\downarrow & & \downarrow{\scriptstyle P} \\
V & \xrightarrow[\ \ S\ \ ]{} & \operatorname{im} T,
\end{array}
$$

hier sind: $S = T\,|_V$ die Einschränkung von T auf V und P die Projektion von Y auf im T. V und im T sind wieder Banachräume (V abgeschlossen in X, im T abgeschlossen in Y), und S wirkt stetig bijektiv, nach dem open mapping theorem ist auch S^{-1} stetig. Wir setzen

$$R = S^{-1} \circ P,$$

und haben

$$R \circ T - I_X = -\operatorname{proj}_{\ker T}, \qquad T \circ R - I_Y = -\operatorname{proj}_W.$$

Setzen wir $k_1 = -\operatorname{proj}_{\ker T}$, $k_2 = -\operatorname{proj}_W$, so haben wir unseren Satz bewiesen, denn k_1 und k_2 sind als stetige Operatoren mit endlich-dimensionalem Bildbereich kompakt. ∎

Bemerkung 12.1 Aus dem Beweis ersieht man, daß Satz 12.5 auch dann richtig bleibt, wenn man an die Restoperatoren k_1, k_2 anstatt „kompakt" die stärkere Forderung „k_1 und k_2 haben einen endlichdimensionalen Bildbereich" stellt.

Satz 12.6 *Sind* $T_1 \in F(X, Y)$ *und* $T_2 \in F(Y, Z)$ *Fredholmoperatoren, dann ist der zusammengesetzte Operator* $T := T_2 \circ T_1 \in F(X, Z)$ *wieder ein Fredholmoperator, und es gilt*

$$\operatorname{ind}(T_2 \circ T_1) = \operatorname{ind} T_1 + \operatorname{ind} T_2.$$

Beweis. Nach Satz 12.5 c) existieren zwei lineare stetige Operatoren $R_1 \in L(Y, X)$ und $R_2 \in L(Z, Y)$ derart, daß die Operatoren

$$k_{11} := R_1 T_1 - I_X, \qquad k_{21} := T_1 R_1 - I_Y$$
$$k_{12} := R_2 T_2 - I_Y, \qquad k_{22} := T_2 R_2 - I_Z$$

kompakt sind. Wir setzen $R := R_1 \circ R_2$ und erhalten

$$R T - I_X = k_{11} + R_1 k_{12} T_1 =: k_1,$$
$$T R - I_Z = k_{22} + T_2 k_{21} R_2 =: k_2,$$

wobei k_1 und k_2 wieder kompakt sind. Also ist $T \in F(X, Z)$. Um die Indexformel zu beweisen, verfahren wir folgendermaßen. Es sei $\{\psi_1, \ldots, \psi_{\beta(T_1)}\}$ eine Basis von $\ker T_1'$ und $\{\varphi_1, \ldots, \varphi_{\alpha(T_2)}\}$ eine Basis von $\ker T_2$. Die Gleichung $T_2 \circ T_1 x = 0$ ist äquivalent mit $T_1 x = \sum\limits_{k=1}^{\alpha(T_2)} c_k \varphi_k$. Wegen $\operatorname{im} T_1 = (\ker T_1')^\perp$ (Satz 12.3.3) muß sein

$$\sum_{k=1}^{\alpha(T_2)} c_k \langle \psi_j, \varphi_k \rangle = 0 \text{ für } j = 1, \ldots, \beta(T_1).$$

Es sei $s = \operatorname{Rang}\{\langle \psi_j, \varphi_k \rangle\}$, dann hat $Tx = T_2 T_1 x = 0$ genau $\alpha(T) = \alpha(T_1) + (\alpha(T_2) - s)$ linear unabhängige Lösungen. Verfährt man analog mit der Gleichung $T'z = T_1' T_2' z = 0$, so erhält man für die Anzahl der Lösungen dieser Gleichung $a(T') = \alpha(T_2') + (\alpha(T_1') - s)$. Damit haben wir

$$\operatorname{ind} T = \alpha(T) - \beta(T) = \alpha(T) - \alpha(T')$$
$$= \alpha(T_1) + \alpha(T_2) - s - \alpha(T_2') - \alpha(T_1') + s = \operatorname{ind} T_1 + \operatorname{ind} T_2 \qquad \blacksquare$$

Satz 12.7 *Ist $T \in F(X, Y)$ ein Fredholmoperator und ist R Linksregularisator zu T, dann ist R wieder ein Fredholmoperator, $R \in F(Y, X)$, und es gilt*

$$(10) \qquad \operatorname{ind} R = -\operatorname{ind} T.$$

Beweis. a) Wir haben

$$\dim \ker R \circ T = \dim \ker (I_X + k) < \infty$$

und $\qquad \dim \ker R \leqslant \dim \ker R \circ T + \operatorname{codim} \operatorname{im} T$, (lineare Algebra!).

Weil nach Voraussetzung $\operatorname{codim} \operatorname{im} T = \dim \operatorname{coker} T < \infty$ ist, ist $\dim \ker R < \infty$, womit wir $\alpha(R) < \infty$ bewiesen haben.

b) Nach Voraussetzung ist T Rechtsregularisator von R, nach Satz 12.5 b) ist damit $\beta(R) < \infty$.

Nach a) und b) ist R fredholmsch.

Nun zum Beweis der Indexformel (10). Wir haben

$$R \circ T = I_X + k,$$

wenden Satz 12.6 an und erhalten

$$\operatorname{ind}(R \circ T) = \operatorname{ind} R + \operatorname{ind} T = \operatorname{ind}(I_X + k).$$

$I_X + k$ ist ein Riesz-Schauder Operator, also ist $\operatorname{ind}(I_X + k) = 0$ – siehe Text nach dem Spektralsatz –, womit wir (10) bewiesen haben. $\qquad \blacksquare$

Satz 12.8 *Ist $T \in F(X, Y)$ ein Fredholmoperator und ist $k \in K(X, Y)$ kompakt, dann ist $T + k \in F(X, Y)$ wieder ein Fredholmoperator und es gilt*

$$\operatorname{ind}(T + k) = \operatorname{ind} T.$$

Beweis. Wir zeigen, daß mit T auch $T + k$ links- und rechtsregularisierbar ist, und zwar mit denselben Regularisatoren. Mit

$$k_1 = R_1 \circ T - I_X \quad \text{und} \quad k_2 = T \circ R_r - I_Y$$

sind nämlich auch die Operatoren

$$k_1 + R_1 k = R_1(T + k) - I_X, \quad \text{und} \quad k_2 + k R_r = (T + k) R_r - I_Y$$

kompakt. Nach Satz 12.5 haben wir $T + k \in F(X, Y)$. Aufgrund von Satz 12.7 gilt schließlich

$$\operatorname{ind}(T + k) = -\operatorname{ind} R_1 = \operatorname{ind} T. \qquad \blacksquare$$

Wir wollen die Bedeutung der Regularisatoren noch auf eine andere Weise erhellen. Es zeigt sich, daß man durch sie die Gleichung $Tx = y$ auf eine Riesz-Schauder-Gleichung $Iu + Ku = v$, K-kompakt, ja sogar auf ein endlichdimensionales Gleichungssystem $Iu + Au = v$, dim im $A < \infty$, reduzieren kann.

Sei $T \in F(X, Y)$ ein Fredholmoperator und R ein Linksregularisator von T; wir sagen, daß R (links) reduziert, falls die Gleichung $Tx = y$ der Gleichung $RTx = Ry$ äquivalent ist (d.h. jede Lösung der ersten Gleichung ist Lösung der zweiten Gleichung und umgekehrt.) Man sieht sofort, damit R (links) reduziert ist notwendig und hinreichend, daß $\alpha(R) = 0$ ist. Nach Definition 12.2 (siehe auch Bemerkung 12.1) können wir die Gleichung $RTx = Ry$ auch schreiben als $Ix + Ax = Ry$, mit dim im $A < \infty$, wodurch die Reduktion ersichtlich ist. Es gilt folgender Satz, der auf Michlin [1] zurückgeht. Wir schreiben ihn ohne Nummer, da wir ihn später nirgends benutzen, ebenso den Satz von Vekua.

Satz *Sei* $T \in F(X, Y)$ *ein Fredholmoperator mit* $\operatorname{ind} T \geqslant 0$. *Dann existiert ein* (*links*) *reduzierender* (*Links-*)*Regularisator* R_0 *).

Beweis. Sei R ein Linksregularisator von T (existiert nach Satz 12.5), nach Satz 12.7 haben wir

$$\operatorname{ind} R = \alpha(R) - \beta(R) = -\operatorname{ind} T \leqslant 0, \quad \text{also} \quad \alpha(R) \leqslant \beta(R).$$

Sei $\{\varphi_1, \ldots, \varphi_{\alpha(R)}\}$ eine Basis von ker R, seien die Funktionale $\{f_1, \ldots, f_{\alpha(R)}\}$ biorthogonal zu dieser Basis (siehe Wloka [1], S. 93), d.h. $f_i(\varphi_j) = \delta_{i,j}, i, j = 1, \ldots, \alpha(R)$, sei $\{\psi_1, \ldots, \psi_{\beta(R)}\}$ eine Basis von coker R, $\{g_1, \ldots, g_{\beta(R)}\}$ biorthogonal zu den ψ's. Wir setzen

$$R_0 y = Ry + \sum_{i=1}^{\alpha(R)} f_i(y)\,\psi_i.$$

Da die Summe in der Definition von R_0 endlichdimensional ist, ist R_0 wieder ein Linksregularisator von T, und wir müssen nur zeigen, daß

$$\ker R_0 = (0) \text{ ist.}$$

Sei $R_0 y_0 = Ry_0 + \sum_{i=1}^{\alpha(R)} f_i(y_0) \cdot \psi_i = 0$, dann folgt wegen der direkten Zerlegung

---

*) Die Bedingung ind $T \geqslant 0$ ist auch notwendig für die Existenz eines reduzierenden Linksregularisators.

$X = \operatorname{im} R \oplus \operatorname{coker} R$, $R y_0 = 0$ und $\sum\limits_{i=1}^{\alpha(R)} f_i(y_0) \cdot \psi_i = 0$, das ist $y_0 \in \ker R$ und $f_i(y_0) = 0$ für $i = 1, \ldots, \alpha(R)$.

Da $y_0 \in \ker R$, können wir schreiben $y_0 = \sum\limits_{i=1}^{\alpha(R)} c_i \cdot \varphi_i$, was in f_j eingesetzt ergibt $0 = f_j(y_0) = \sum\limits_{i=1}^{\alpha(R)} c_i f_j(\varphi_i) = c_j$ oder $y_0 = 0$, das heißt $\ker R_0 = (0)$, womit wir unseren Satz bewiesen haben. ∎

Bemerkung Gleichungen $Tx = y$ mit $\operatorname{ind} T < 0$ können nicht linksreduziert werden: sei nämlich R ein beliebiger Linksregularisator, nach Satz 12.6 haben wir

$$\operatorname{ind} R = \alpha(R) - \beta(R) = -\operatorname{ind} T > 0, \quad \text{also} \quad \alpha(R) > \beta(R) \geqslant 0,$$

und wir können nie $\alpha(R) = 0$, das ist $\ker R = (0)$, erreichen.

Wir können aber in diesem Falle rechts reduzieren und wieder zu einer einfacheren Gleichung gelangen. Sei T ein Fredholmoperator und R_r ein Rechtsregularisator von T, wir sagen, daß R_r (rechts) reduziert, falls die Gleichung $R_r z = x$ für alle $x \in X$ lösbar ist, in anderen Worten: $\operatorname{im} R_r = X$, oder äquivalent: $\operatorname{coker} R_r = (0)$. In diesem Falle ist die Gleichung $Tx = y$ zu $TR_r z = Iz + A_r z = y$ in dem Sinne äquivalent, daß beide Gleichungen gleichzeitig lösbar oder unlösbar sind, dabei läßt sich jede Lösung x von $Tx = y$ durch $x = R_r z$ darstellen, wobei z eine Lösung der reduzierten Gleichung $Iz + A_r z = y$ ist, hier ist wieder $\dim \operatorname{im} A_r < \infty$. Wir können einen Satz beweisen, der auf Vekua [1] zurückgeht.

Satz *Sei* $T \in F(X, Y)$ *ein Fredholmoperator mit* $\operatorname{ind} T < 0$. *Dann existiert ein rechtsreduzierender Rechtsregularisator* R_r.

Beweis. Wir nehmen einen Rechtsregularisator R von T (er existiert nach Satz 12.5 und kann auch als Fredholmsch vorausgesetzt werden). Nach den Sätzen 12.6 und 12.8 haben wir

$$0 = \operatorname{ind}(T \circ R) = \operatorname{ind} T + \operatorname{ind} R, \quad \text{also} \quad \operatorname{ind} R = -\operatorname{ind} T > 0,$$

das ist $\alpha(R) > \beta(R)$. Mit den obigen Beziehungen setzen wir

$$R_r z = Rz + \sum\limits_{i=1}^{\beta(R)} f_i(z) \psi_i,$$

und erhalten wieder einen Rechtsregularisator.

Um zu zeigen, daß $\operatorname{im} R_r = X$ ist, können wir Satz 12.3 anwenden und zeigen, daß $\ker R_r' = (0)$ ist. Sei $x' \in X'$, rechnen mit Dualitätsklammern ergibt die Form des dualen Operators

$$R_r' x' = R' x' + \sum\limits_{i=1}^{\beta(R)} \langle x', \varphi_i \rangle f_i.$$

Sei $R_r' x_0' = 0$, wir bilden $\langle R_r' x_0', \varphi_j \rangle$ und haben

$$0 = \langle R_r' x_0', \varphi_j \rangle = \langle x_0', R\varphi_j \rangle + \sum\limits_{i=1}^{\beta(R)} \langle x_0', \psi_i \rangle \langle f_i, \varphi_j \rangle = \langle x_0', \psi_j \rangle, \, j = 1, \ldots, \beta(R).$$

Wir haben $R\varphi_j = 0$, da φ_j nach Definition zum ker R gehört. $\langle x'_0, \psi_j \rangle = 0$ in die Definition von $R'_r x'_0$ eingesetzt, ergibt $R' x'_0 = 0$, d.h.

$$x'_0 \in \ker R' = (\operatorname{coker} R)',$$

und wir können entwickeln $x'_0 = \sum_{i=1}^{\beta(R)} c_i g_i$. Dies eingesetzt in $\langle x'_0, \psi_j \rangle = 0$, $j = 1, \ldots, \beta(R)$, ergibt

$$0 = \langle x'_0, \psi_j \rangle = \sum_{i=1}^{\beta(R)} c_i \langle g_i, \psi_j \rangle = c_j,$$

das ist $x'_0 = 0$ oder $\ker R'_r = (0)$. ■

Nach Satz 12.8 ist der Index eines Fredholmoperators invariant bei kompakten „Störungen". Bevor wir stetige Störungen von Fredholmoperatoren untersuchen, benötigen wir einige Hilfsmittel

Definition 12.3 *Einen toplinearen Isomorphismus T aus $L(X,X)$ wollen wir kurz Automorphismus nennen. Die Automorphismen $T \in L(X, X)$ bilden eine Gruppe G, die sogenannte Automorphismengruppe von X.*

Lemma 12.1 *Es sei X ein Banachraum und $T \in L(X, X)$. Dann gilt*

a)

(11) $\|T^n\| \leqslant \|T\|^n$ *für $n = 0,1,\ldots$*

b) *Ist $\|T\| < 1$, dann existiert $(I - T)^{-1}$, und es ist*

(12) $(I - T)^{-1} = \sum_{k=0}^{\infty} T^k \in L(X, X)$.

c) *Die Gruppe G der Automorphismen $T \in L(X, X)$ ist eine offene Menge in $L(X, X)$. Ist $X = H$ ein Hilbertraum, dann ist G darüber hinaus eine zusammenhängende Menge. Für Banachräume ist G im allgemeinen nicht zusammenhängend, siehe z.B. Douady [1].*

Beweis. a) Für $n = 0$ ist (11) richtig, denn es ist $\|T^0\| = \|I\| = 1$. Wegen

$$\|T^n x\| = \|T(T^{n-1}x)\| \leqslant \|T\| \, \|T^{n-1}x\| \leqslant \|T\|^n \|x\|$$

gilt (11) für alle $n \in \mathbf{N}$.

b) Wir setzen $T_n = \sum_{k=0}^{n} T^k$ und erhalten

(13) $T_n(I - T) = (I - T)T_n = I - T^{n+1}$.

Wegen $\|T\| < 1$ und (11) haben wir

$$\lim_{n \to \infty} \|T^n\| = 0 \quad \text{und demnach} \quad \lim_{n \to \infty} (I - T^{n+1}) = I.$$

Andererseits ist (T_n) konvergent, denn die Folge (T_n) ist wegen

$$\|T_{n+p} - T_n\| = \left\| \sum_{k=n+1}^{n+p} T^k \right\| \leqslant \sum_{k=n+1}^{n+p} \|T^k\| \leqslant \sum_{k=n+1}^{n+p} \|T\|^k$$

eine Cauchyfolge im vollständigen Raum $L(X, X)$. Aus (13) folgt (12) für $n \to \infty$.

c) Ist $T_0 \in G$ und ist $\|T - T_0\| < 1/\|T_0^{-1}\|$, so ist

$$\|I - T_0^{-1} T\| \leqslant \|T_0^{-1}\| \, \|T_0 - T\| < 1$$

Nach b) existiert der Operator $(I - (I - T_0^{-1} T))^{-1} = (T_0^{-1} T)^{-1} =: S$. Daraus folgt, daß der Operator T^{-1} existiert und gleich $= S T_0^{-1}$ ist, d.h. $T \in G$, womit wir die Offenheit von G in $L(X, X)$ gezeigt haben.

Sei nun $X = H$ ein Hilbertraum. Für $T \in G$ ist $T' \circ T$ ein strikt positiver Operator ($(T'Tx, x) = (Tx, Tx) > 0$, für $x \neq 0$) und $T'T$ besitzt eine strikt positive Quadratwurzel A. Wir setzen $U = TA^{-1}$ und haben $U'U = A^{-1} T'T A^{-1} = A^{-1} A^2 A^{-1} = I$, d.h. U ist unitär. Die Menge der strikt positiven Operatoren ist konvex in G und wir können A mit I durch eine Strecke

$$[A, I] = [\lambda A + (1 - \lambda) I \,|\, 0 \leqslant \lambda \leqslant 1] \subset G$$

verbinden. Durch Multiplikation mit U sehen wir, daß wir auch $T = UA$ mit U durch eine in G verlaufende Strecke verbinden können. Wir zeigen nun, daß wir U mit I durch einen stetigen Weg in G verbinden können. Sei $U = \int_{|\lambda| = 1} e^{i\lambda} \, dE_\lambda$ die Spektraldarstellung von U. Die Abbildung $W : [0,1] \to L(H, H)$ definiert durch

$$W(t) = \int_{|\lambda| = 1} e^{i\lambda t} \, dE_\lambda$$

ist ein stetiger Weg in G (alle $W(t)$'s sind sogar unitäre Operatoren!) mit $W(0) = I$ und $W(1) = U$, da das Integral in der Operatorennorm konvergiert. Seien $T_1, T_2 \in G$. Nach obigen können wir durch stetige Wege in G verbinden

$$T_1 - U_1 - I - U_2 - T_2$$

d.h. G ist bogenzusammenhängend, also auch zusammenhängend. ∎

Wir untersuchen nun „stetige Störungen" von Fredholmoperatoren.

Satz 12.9 *Ist $T \in F(X, Y)$ ein Fredholmoperator mit einem Regularisator R und ist $A \in L(X, Y)$ mit $\|A\| \cdot \|R\| < 1$, dann ist $T + A \in F(X, Y)$ wieder ein Fredholmoperator, und es gilt*

$$\mathrm{ind}\,(T + A) = \mathrm{ind}\,T.$$

Bemerkung 12.2 Nach Satz 12.5 c) gibt es für $T \in F(X, Y)$ immer Regularisatoren R, die gleichzeitig Rechts- und Linksregularisatoren sind, wir nehmen einen solchen für unseren Beweis.

Beweis. Die Voraussetzung $\|A\| \, \|R\| < 1$ liefert nach Lemma 12.1 b die Existenz und Stetigkeit der Operatoren $(I_X + RA)^{-1}$ und $(I_Y + AR)^{-1}$. Man zeigt leicht, daß

$$R_1 = (I_X + RA)^{-1} R \quad \text{ein Linksregularisator}$$

und $\quad R_r = R(I_Y + AR)^{-1} \quad$ ein Rechtsregularisator

zu $T + A$ ist, so daß $T + A \in F(X, Y)$ gilt.

Da die Gleichungen $R_1 y = 0$ und $Ry = 0$ äquivalent sind, ist

$$(14) \qquad \alpha(R_1) = \alpha(R).$$

Weiter gilt wegen $\|A'\| \, \|R'\| = \|A\| \, \|R\| < 1$ die Beziehung

$$R_1' = R'(I_X + A'R')^{-1} = R'(I_X - A'R' + \ldots)$$
$$= (I_X - R'A' + \ldots) R' = (I_X + R'A')^{-1} R'$$

mit deren Hilfe man die Äquivalenz der Gleichungen $R_1' x = 0$ und $R' x = 0$ einsieht. Es ist also

$$(15) \qquad \alpha(R_1') = \alpha(R')$$

Wir wenden Satz 12.7 an, und erhalten mit (5), (14) und (15)

$$\operatorname{ind}(T + A) = -\operatorname{ind} R_1 = \beta(R_1) - \alpha(R_1) =$$
$$= \alpha(R_1') - \alpha(R_1) = \alpha(R') - \alpha(R) = -\operatorname{ind}(R) = \operatorname{ind} T. \qquad \blacksquare$$

Satz 12.10 *$F(X, Y)$ ist eine in $L(X, Y)$ offene Menge, und der Index ist auf jeder Zusammenhangskomponente von $F(X, Y)$ konstant.*

Beweis. Der erste Teil folgt unmittelbar aus Satz 12.9. Gehören die Operatoren T_1 und T_2 derselben Zusammenhangskomponente $M \subset F(X, Y)$ an, so gibt es einen stetigen Weg in M, der T_1 und T_2 verbindet. Da der Weg als stetiges Bild des kompakten Intervalls $[0,1]$ kompakt ist, läßt sich Satz 12.9 endlich oft anwenden, und es folgt $\operatorname{ind} T_1 = \operatorname{ind} T_2$. $\qquad \blacksquare$

In Hilberträumen gilt die Umkehrung von Satz 12.10. Um sie zu beweisen, bringen wir ein vorbereitendes Lemma.

Lemma 12.2 *Es seien $X = H_1$, $Y = H_2$ zwei Hilberträume, es sei $T \in F(H_1, H_2)$ ein Fredholmoperator mit $\operatorname{ind} T \geq 0$, weiter sei G_1 ein Unterraum von H_1 mit $\dim G_1 = \operatorname{ind} T$. Dann gibt es in derjenigen Komponente von $F(H_1, H_2)$ der T angehört, einen Fredholmoperator T_1 mit $\ker T_1 = G_1$ und $\operatorname{im} T_1 = H_2$.*

Beweis. Nach Voraussetzung ist $\dim \ker T - \dim(\operatorname{im} T)^\perp = \operatorname{ind} T \geq 0$, also $\dim \ker T \geq \dim(\operatorname{im} T)^\perp$. Wir können also einen Unterraum G von $\ker T$ und einen topologischen Isomorphismus $\hat{U} : G \to (\operatorname{im} T)^\perp$ angeben. Durch

$$U := \hat{U} \circ \operatorname{proj}_G$$

ist somit ein Operator $U \in L(H_1, H_2)$ definiert. Die Operatoren tU, $0 \leq t \leq 1$, haben einen endlichdimensionalen Bildbereich und sind deshalb kompakt. Nach Satz 12.8 sind die Operatoren $S_t = T + tU$ aus $F(H_1, H_2)$. Da die Menge $\{S_t \mid 0 \leq t \leq 1\}$ als stetiges Bild des Intervalls $[0,1]$ zusammenhängend ist, liegt der Operator S_1 in derselben Komponente wie $S_0 = T$. $S_1 = T + U$ ist surjektiv: $\operatorname{im} U = (\operatorname{im} T)^\perp$, $H_2 = \operatorname{im} T \oplus (\operatorname{im} T)^\perp$. Wir haben damit nach Satz 12.10 $\dim \ker S_1 = \operatorname{ind} S_1 = \operatorname{ind} S_0 = \operatorname{ind} T = \dim G_1$, wobei die letzte Gleichheit die Voraussetzung ist. Es existiert dann eine reguläre Abbildung A von H_1 auf sich selbst mit $A(G_1) = \ker S_1$: sei $\dim G_1 = n$, wir haben $H_1 = G_1 \oplus G_1^\perp = \ker S_1 \oplus \ker S_1^\perp$, wählen einmal als ONB in H_1, $\{\varphi_1, \ldots, \varphi_n, \varphi_{n+1}, \ldots\}$ wobei $L[\varphi_1, \ldots, \varphi_n] = G_1$, ein zweites Mal als ONB $\{\psi_1, \ldots, \psi_n, \psi_{n+1}, \ldots\}$ mit $L[\psi_1, \ldots, \psi_n] = \ker S_1$, ordnen zu: $A\varphi_i = \psi_i$, $i = 1, \ldots$, und setzen linear und stetig fort. Wir setzen $T_1 := S_1 \circ A$. Es ist dann $\ker T_1 = G_1$ und $\operatorname{im} T_1 = H_2$. Da die Gruppe G der Automorphismen nach Lemma 12.1 c) offen und zusammenhängend ist, existiert in dieser Automorphismengruppe G ein stetiger Weg $A(t)$, $0 \leqslant t \leqslant 1$, der I_{H_1} mit A verbindet. Die Operatoren $A(t)$ sind als Automorphismen Fredholmoperatoren. Nach Satz 12.6 ist $S_1 \circ A(t)$ wieder ein Fredholmoperator, und damit ein stetiger Weg in $F(H_1, H_2)$ der S_1 mit T_1 verbindet. Insgesamt haben wir durch einen stetigen Weg verbunden:

$T - S_1 - T_1$, und T_1 liegt in derselben Komponente von $F(H_1, H_2)$ wie T. ∎

Satz 12.11 *Es seien $S, T \in F(H_1, H_2)$ Fredholmoperatoren, H_1, H_2 Hilберträume, und es gelte* $\operatorname{ind} S = \operatorname{ind} T$. *Dann gehören S und T derselben Zusammenhangskomponente von $F(H_1, H_2)$ an.*

Beweis. Da durch $T \to T'$ ein topologischer Isomorphismus von $F(H_1, H_2)$ auf $F(H_2', H_1')$ bestimmt ist (Satz 12.4) mit $\operatorname{ind} T' = -\operatorname{ind} T$, genügt es, den Fall $\operatorname{ind} S = \operatorname{ind} T \geqslant 0$ zu betrachten. Wir wählen nach Lemma 12.2 in den jeweiligen Komponenten, denen S bzw. T angehören, Fredholmoperatoren S_1 und T_1 mit $\ker S_1 = \ker T_1 = G_1$ (G_1 ist ein Unterraum von H_1 mit $\dim G_1 = \operatorname{ind} S = \operatorname{ind} T$) und $\operatorname{im} S_1 = \operatorname{im} T_1 = H_2$. Nach dem open mapping theorem bilden S_1 und T_1 den Raum $G_1^\perp$ topologisch isomorph auf H_2 ab. Damit ist $A := T_1^{-1} \circ S_1$ ein Automorphismus von $G_1^\perp$. Sei $A(t)$, $0 \leqslant t \leqslant 1$, ein stetiger Weg in der Automorphismengruppe von $G_1^\perp$, der A mit $I_{G_1^\perp}$ verbindet (Lemma 12.1 c)). Wegen $A(t) \in F(G_1^\perp, G_1^\perp)$ und $P := \operatorname{proj}_{G_1^\perp} \in F(H_1, G_1^\perp)$ folgt nach Satz 12.6, daß $T_1 \circ A(t) \circ P$ ein stetiger Weg in $F(H_1, H_2)$ ist, der $T_1 A P = S_1$ mit $T_1 \circ I_{G_1^\perp} \circ P = T_1 P = T_1$ verbindet. Also gehören S_1 und T_1 und damit auch S und T derselben Zusammenhangskomponente an. ∎

12.3 A-priori-Abschätzungen, Weylsches Lemma und glättbare Operatoren

Satz 12.12 (A-priori-Abschätzung). *Seien X, Y, Z drei Banachräume. Es sei $X \subset Y$ und die Einbettung $X \subset Y$ sei kompakt, weiter sei $T: X \to Z$ eine lineare, stetige Abbildung. Dann sind die folgenden Bedingungen äquivalent:*

I. $\alpha(T) < \infty$ *und* $\operatorname{im} T$ *ist abgeschlossen in Z.*

II. *Es gibt eine Konstante $c > 0$, so daß für alle $x \in X$ gilt*

$$(16) \qquad \|x\|_X \leqslant c(\|x\|_Y + \|Tx\|_Z).$$

Bemerkungen 12.3 1. Das in der Voraussetzung vorliegende Diagramm

$$
\begin{array}{c}
Y \\
\text{kompakt} \ \cup \\
X \xrightarrow{\ T\ } Z
\end{array}
$$

wollen wir Schauderschema nennen.

2. (16) heißt a-priori-Abschätzung, oder wird nach Schauder oder Friedrichs benannt.

3. Für den Schluß $I \curvearrowright II$ kommt man ohne der Kompaktheit der Einbettung $X \Subset Y$ aus.

Beweis. Es seien $\alpha(T) < \infty$ und $\operatorname{im} T$ abgeschlossen in Z. Da $\ker T = X_0$ endlichdimensional ist, können wir direkt zerlegen $X = X_0 \oplus X_1$, wobei X_1 abgeschlossen ist. Die Einschränkung vom T auf X_1 ist stetig, bijektiv

$$
T : X_1 \to \operatorname{im} T.
$$

Nach dem open mapping theorem ist auch die Inverse $T|_{X_1}^{-1}$ stetig und wir haben die Abschätzung

$$
(17) \qquad \| x_1 \|_X \leqslant c_1 \| T x_1 \|_Z \quad \text{für alle } x_1 \in X_1.
$$

Wegen $X \Subset Y$ können wir $\ker T = X_0$ auch als Unterraum von Y betrachten, da $\ker T$ endlichdimensional ist, sind alle Normen auf $\ker T$ äquivalent und $\ker T$ ist auch wieder abgeschlossen in Y und wir können schreiben $Y = \ker T \oplus Y_1$, wobei die Projektion $P^Y : Y \to \ker T \to \ker T$ stetig ist, d.h. wir haben
$$
\qquad\qquad\quad \text{in } Y \qquad \text{in } X
$$

$$
\| x_0 \|_X = \| P^Y y \|_X \leqslant c_2 \| y \|_Y \quad \text{für alle } y \in Y \text{ und } P^Y y = x_0,
$$

oder eingeschränkt auf X

$$
(18) \qquad \| x_0 \|_X = \| P^Y x \|_X \leqslant c_2 \| x \|_Y \quad \text{für alle } x \in X.
$$

Aus (17) und (18) ergibt sich mit $x = x_0 + x_1$, $x_0 \in X_0, x_1 \in X_1$, $T x_1 = T x$,

$$
\| x \|_X \leqslant \| x_0 \|_X + \| x_1 \|_X \leqslant c_2 \| x \|_Y + c_1 \| T x_1 \|_Z
$$
$$
\leqslant c (\| x \|_Y + \| T x \|_Z), \quad \text{für alle } x \in X,
$$

das ist die a-priori-Abschätzung (16).

Gilt umgekehrt die Abschätzung (16), so ist einerseits $\| x \|_X \leqslant c \| x \|_Y$ für alle $x \in \ker T$; andererseits liefert die Stetigkeit der Einbettung $X \Subset Y$ die Existenz einer Zahl $c_4 > 0$ mit $\| x \|_Y \leqslant c_4 \| x \|_X$ für alle $x \in X$. Die Normen $\| \cdot \|_X$ und $\| \cdot \|_Y$ sind also auf $\ker T$ äquivalent. Da die Einheitskugel in $\ker T$ wegen der Kompaktheit der Einbettung $X \Subset Y$ kompakt ist, ist $\dim \ker T = \alpha(Z) < \infty$, womit wir den ersten Teil von I bewiesen haben. Nun zur zweiten Aussage.

Wir faktorisieren wieder $X = X_0 \oplus X_1$, $X_0 = \ker T$ und betrachten die Einschränkung von T auf X_1 $S := T|_{X_1}$. $S : X_1 \to \operatorname{im} T$ ist injektiv und wir haben

(19) $\|x_1\|_X \leqslant c \|Sx_1\|_Z$ für alle $x_1 \in X_1$.

Das Gegenteil angenommen, gibt es eine Folge

$$x_n \in X_1 \text{ mit } \|x_n\|_X = 1 \quad \text{und} \quad 1 = \|x_n\|_X > n \|Sx_n\|_Z.$$

Da die Einbettung $X \subset Y$ kompakt ist, können wir eine Unterfolge x_{k_n} finden mit $x_{k_n} \to x$ in Y, wegen (16) und $Sx_n \to 0$ in Z, ist x_{k_n} eine Cauchyfolge in X und wir haben auch $x_{k_n} \to \tilde{x}$ in X, bzw. X_1, da X_1 abgeschlossen ist. Die Stetigkeit von S liefert

$$Sx_{k_n} \to S\tilde{x} = 0, \quad \text{oder} \quad \tilde{x} = 0 \quad \text{im Widerspruch zu } \|x_n\| = 1.$$

Damit haben wir (19) bewiesen, (19) bedeutet die Stetigkeit von $S^{-1} : \operatorname{im} T \to X_1$. Bezüglich der stetigen Abbildung S^{-1} ist $\operatorname{im} T$ als Urbild der abgeschlossenen Menge X_1 abgeschlossen. ∎

Aus Satz 12.12 folgt, daß Fredholmoperatoren in einem Schauderschema einer a-priori-Abschätzung genügen; und umgekehrt, falls T und T' a-priori-Abschätzungen genügen, dann ist T ein Fredholmoperator (siehe Satz 12.4).

Für Anwendungen bei elliptischen Differentialoperatoren brauchen wir einen teilweise stärkeren Regularisierbarkeitsbegriff als wir ihn in Definition 12.2 behandelt haben.

Definition 12.4 *Seien X_1, X_2, Y_1, Y_2 vier Banachräume, sei $X_2 \subset X_1$, $Y_2 \subset Y_1$ und sei $T : X_1 \to Y_1$ linear und stetig.*

$$
(20) \qquad
\begin{array}{ccc}
X_1 & \xrightarrow{\;\;T\;\;} & Y_1 \\
\cup & & \cup \\
X_2 & & Y_2
\end{array}
$$

Wir sagen, daß T glättbar ist, falls Operatoren $R_1, R_r \in L(Y_1, X_1)$ mit

$$g_X := R_1 \circ T - I_{X_1} \in L(X_1, X_2)$$
$$g_Y := T \circ R_r - I_{Y_1} \in L(Y_1, Y_2)$$

und der Eigenschaft

$$R_1|_{Y_2}, \; R_r|_{Y_2} \in L(Y_2, X_2)$$

existieren. Die Operatoren g_X, g_Y wollen wir als Glättungsoperatoren bezeichnen und den Operator R_1 bzw. R_r als glättenden Links- bzw. Rechtsregularisator.

Für glättbare Operatoren gilt das Weylsche Lemma

Lemma 12.3 *Sei T glättbar, dann folgt aus $Tx = y, x \in X_1, y \in Y_2$, daß x schon in X_2 liegt.*

Beweis. Wir haben $g_X x = R_1 \circ Tx - I_{X_1}$ oder $x = R_1 - g_X x \in X_2$ nach den Definitionseigenschaften. ∎

Aus Lemma 12.3 folgt, daß ker T schon in X_2 liegt.

Bemerkung 12.4 Wie man aus dem Beweis ersieht, gilt das Weylsche Lemma unter weit allgemeineren Voraussetzungen, wir brauchen nur die Darstellungsformel

$$g_X x = R_1 \circ Tx - I_{X_1} x \quad \text{und} \quad R_1|_{Y_2} \in L(Y_2, X_2).$$

Satz 12.13 *Es liege das Schema* (20) *vor, und T sei glättbar. Falls die Einbettungen* $X_2 \subset X_1$ *und* $Y_2 \subset Y_1$ *kompakt sind, dann ist T ein Fredholmoperator,* $T \in F(X_1, Y_1)$.

Beweis. Wir verlängern die Glättungsoperatoren

$$g_X : X_1 \to X_2 \subset X_1 ; \qquad g_Y : Y_1 \to Y_2 \subset Y_1 ,$$

erhalten kompakte Operatoren und wenden Satz 12.5 c) an. ∎

Bei elliptischen Operatoren wirken die Fredholmoperatoren in Skalen. Wichtig ist, daß die Defektzahlen α, β und der Index nicht von der Plazierung in der Skala abhängen. Diesen Sachverhalt kann man abstrakt beweisen, er ist eine Folgerung aus dem sogenannten Lemma von Gochberg und Kreĭn [1].

Lemma 12.4 *Sei N ein endlichdimensionaler Unterraum des Banachraumes X mit der direkten Zerlegung*

$$X = N \oplus R.$$

Ist D ein dichter Teilraum in X, dann gilt:
a) *Der Teilraum* $D \cap R$ *ist dicht in R.*
b) *Es existiert ein Unterraum* $\tilde{N}$ *mit* $\dim \tilde{N} = \dim N$, $\tilde{N} \subset D$ *und der direkten Zerlegung*

$$X = \tilde{N} \oplus R.$$

Beweis. Es sei $\{e_1, \ldots, e_n\}$ eine Basis von N, seien $\{f_1, \ldots, f_n\}$ stetige, lineare Funktionale aus X' mit

$$\langle f_j, e_k \rangle = \delta_{j,k}, k = 1, \ldots, n \quad \text{und} \quad \langle f_j, x \rangle = 0 \quad \text{für } x \in R, j = 1, \ldots, n$$

(siehe z.B. Wloka [1], S. 93). Wir wählen Elemente $\tilde{e}_k \in D$, $k = 1, \ldots, n$, „nahe" bei e_k, so daß gilt

$$(21) \qquad \det \{ \langle f_j, \tilde{e}_k \rangle \} \neq 0 .$$

Das ist stets möglich, denn D ist dicht in X, und die f_j's wie auch die Determinante sind stetig. Es sei $y \in R$ beliebig. Es existiert eine Folge $z_m \in D$ mit $z_m \to y$ für $m \to \infty$. Wir bilden die Folge $\tilde{z}_m$

$$(22) \qquad \tilde{z}_m = z_m + \sum_{k=1}^{n} \alpha_{m,k} \, \tilde{e}_k ,$$

mit noch zu bestimmenden Koeffizienten $\alpha_{m,k}$. Es ist $\tilde{z}_m \in D$. Wir wählen die Koeffizienten $\alpha_{m,k}$ derart, daß $\tilde{z}_m \in D \cap R$ gilt. Das ist genau dann der Fall, wenn

$$\langle f_j, \tilde{z}_m \rangle = 0 \quad \text{für } j = 1, \ldots, n; \; m = 1, 2, \ldots$$

bzw.

$$(23) \qquad \sum_{k=1}^{n} \alpha_{m,k} \langle f_j, \tilde{e}_k \rangle = -\langle f_j, z_m \rangle, \quad \text{für } j = 1, \ldots, n, \; m = 1, 2, \ldots,$$

gilt.

Wegen (21) ist (23) für jedes m eindeutig lösbar, und die so gefundenen $\alpha_{m,k}$ sind als Linearkombinationen der Ausdrücke $\langle f_j, z_m \rangle$ mit von m unabhängigen Koeffizienten darstellbar. Wegen

$$\lim_{m \to \infty} \langle f_j, z_m \rangle = \langle f_j, y \rangle = 0, \qquad j = 1, \ldots, n,$$

haben wir

$$\lim_{m \to \infty} \alpha_{m,k} = 0 \quad \text{für } k = 1, \ldots, n.$$

Damit folgt aus (22)

$$\lim_{m \to \infty} \tilde{z}_m = \lim_{m \to \infty} z_m = y,$$

womit wir (a) bewiesen haben.

Die Elemente $\tilde{e}_k$, $k = 1, \ldots, n$, sind linear unabhängig. Aus

$$\sum_{k=1}^{n} c_k \tilde{e}_k = 0$$

folgt nämlich

$$\sum_{k=1}^{n} c_k \langle f_j, \tilde{e}_k \rangle = 0, \qquad j = 1, \ldots, n,$$

und daraus unter Berücksichtigung von (21) $c_1 = \ldots = c_n = 0$. Es sei

$$\tilde{N} = L[\tilde{e}_1, \ldots, \tilde{e}_n].$$

Dann ist $\dim \tilde{N} = n = \dim N$, und nach Konstruktion ist $\tilde{N} \subset D$. Es sei $x \in \tilde{N} \cap R$. Dann ist einerseits $x = \sum_{k=1}^{n} \gamma_k \tilde{e}_k$, andererseits ist $\langle f_j, x \rangle = 0$ für $j = 1, \ldots, n$. Es folgt

$$\sum_{k=1}^{n} \gamma_k \langle f_j, \tilde{e}_k \rangle = 0, \qquad j = 1, \ldots, n,$$

woraus wegen (21) $\gamma_1 = \ldots = \gamma_n = 0$, also $x = 0$, folgt. Die Summe $\tilde{N} \oplus R$ ist damit direkt und aus Dimensionsgründen muß sein $X = \tilde{N} \oplus R$. $\blacksquare$

Satz 12.14 *Es liege das Schema*

$$(20) \qquad \begin{array}{ccc} & T & \\ X_1 & \longrightarrow & Y_1 \\ \cup & & \cup \\ X_2 & & Y_2 \end{array}$$

vor, und es seien folgende Bedingungen zusätzlich erfüllt

1. $T|_{X_2} \in L(X_2, Y_2)$,

2. *T sei linksglättbar, d.h. es gibt ein* $R_1 \in L(Y_1, X_1)$ *mit* $gx = R_1 \circ Tx - I_{X_1} x \in X_2$ *für* $x \in X_1$ *und* $R_1|_{Y_2} \in L(Y_2, X_2)$ (*siehe* Bemerkung 12.4),

3. *Der Operator* $T: X_1 \to Y_1$ *sei fredholmsch,*

4. Y_2 *sei dicht in* Y_1.

Dann sind die Defektzahlen der Operatoren $T|_{X_1}$ *und* $T|_{X_2}$ *gleich, d.h. wir haben*

$$\alpha(T|_{X_1}) = \alpha(T|_{X_2}), \ \beta(T|_{X_1}) = \beta(T|_{X_2}),$$

woraus folgt, daß $T|_{X_2}$ *wieder fredholmsch ist und*

$$\operatorname{ind}(T|_{X_1}) = \operatorname{ind}(T|_{X_2}).$$

Beweis. Die Gleichheit für α folgt wie beim Weylschen Lemma 12.3 – siehe Bemerkung 12.4 – aus $x = R_1 \circ Tx - gx$. Nun zu β. Nach Definition haben wir

$$Y_1 = T(X_1) \oplus Q; \qquad \dim Q = \beta(T|_{X_1}),$$

da Y_2 dicht in Y_1 liegt, können wir Lemma 12.4 anwenden und $Q \subset Y_2$ nehmen. Wir haben dann

$$(24) \qquad Y_2 = Y_1 \cap Y_2 = Y_2 \cap T(X_1) \oplus Q.$$

Wir zeigen $Y_2 \cap T(X_1) = T(X_2)$, sei $y \in Y_2 \cap T(X_1)$, dann ist $y = Tx, y \in Y_2$ und $x = R_1 y - gx$ zeigt, daß $x \in X_2$, womit wir die eine Inklusion gezeigt haben, die andere folgt sofort aus 1. Damit können wir (24) schreiben als

$$Y_2 = T(X_2) \oplus Q$$

und wir haben $\beta(T|_{X_2}) = \dim Q = \beta(T|_{X_1})$. ∎

Aufgaben

12.1 Sei $T \in F(X, X)$ ein Fredholmoperator und $K \in K(X, X)$ kompakt. Untersuche das Spektrum von $T + \lambda K$, $\lambda \in \mathbf{C}$.

12.2 Sei $T \in F(X, Y)$ ein Fredholmoperator mit $\operatorname{ind} T = 0$. Zeige die Darstellung $T = U + K$, wobei U ein Isomorphismus und K ein kompakter Operator ist.

12.3 Sei l^2 der Raum der Folgen $x = (x_1, x_2, \ldots,)$ komplexer Zahlen mit $\sum_{n=1}^{\infty} |x_n|^2 < \infty$. Zeige, daß die Shiftoperatoren

$$T^+ : x \mapsto (0, x_1, x_2, \ldots), \qquad T^- : x \mapsto (x_2, x_3, \ldots)$$

Fredholmoperatoren sind und berechne die Indizes.

12.4 Betrachte für zwei Fredholmoperatoren $T_1 : X_1 \to X_1$, $T_2 : X_2 \to X_2$ die direkte Summe

$$T_1 \oplus T_2 : X_1 \oplus X_2 \to X_1 \oplus X_2.$$

Zeige, daß $T_1 \oplus T_2$ ein Fredholmoperator ist mit

$$\operatorname{ind}(T_1 \oplus T_2) = \operatorname{ind} T_1 + \operatorname{ind} T_2.$$

12.5 Es sei $T \in F(X, X)$ ein Fredholmoperator, dann gibt es ein $\varrho > 0$ derart, daß $\alpha(T + \lambda I)$ und $\beta(A + \lambda I)$ konstant sind für $0 < |\lambda| < \varrho$.

12.6 Ein kompakter Operator $K \in K(X, Y)$ ist genau dann ein Fredholmoperator, wenn X und Y endlichdimensional sind.

12.7 Sei $K \in L(X, X)$, und es gebe eine natürliche Zahl $m > 1$ derart, daß K^m kompakt ist. Dann gelten für K alle Aussagen des Spektralsatzes aus §12.1. Hinweis: Man benutze die Identität

$$\lambda^m I - K^m = (\lambda I - K)(\lambda^{m-1} I + \lambda^{m-2} K + \ldots + \lambda K^{m-2} + K^{m-1}).$$

§13 Der Hauptsatz und einige Sätze über den Index von elliptischen Randwertproblemen

Wir beweisen hier den Hauptsatz, d.h. wir stellen die Äquivalenz fest zwischen der Elliptizität einer Randwertaufgabe, der a priori Abschätzung, der Fredholmeigenschaft und der Glättbarkeit; dabei haben wir im Begriff der Glättbarkeit das Weylsche Lemma mitverwandt. Anschließend zeigen wir, daß der Index nur von den Hauptteilen $A^{\mathrm{H}}, b_1^{\mathrm{H}}, \ldots, b_m^{\mathrm{H}}$ abhängt und berechnen den Index des Dirichletproblems, er ist gleich Null. Weitere Indizes werden in §16 ausgerechnet. Auch betrachten wir die Spektralwertaufgabe

$$Au - \lambda u = f, \qquad b_1 u = g_1, \ldots, b_m u = g_m, \qquad \lambda \in \mathbf{C},$$

und beweisen Satz 13.4: Falls $L = (A, b_1, \ldots, b_m)$ elliptisch ist mit ind $L = 0$, und wenigstens ein $\lambda_0 \in \mathbf{C}$ existiert, das kein Eigenwert von L ist, dann befindet sich unsere Spektralwertaufgabe im Bereich der Riesz-Schauder Theorie.

13.1 Der Hauptsatz für elliptische Randwertprobleme

Wir formulieren die Differenzierbarkeitsvoraussetzungen für diesen Paragraphen. Sei $r \geqslant 2$; der Fall $r = 1$ ist wohlbekannt, siehe z.B. Naĭmark [1], und wir wollen ihn deshalb nicht behandeln.

1. Das Gebiet $\Omega \subset \mathbf{R}^r$ sei beschränkt und gehöre zur Klasse $C^{2m+k;\varkappa}$, $k + \varkappa \geqslant 1$, $m \geqslant 1$ (siehe Definition 2.7).

2. $A(x, \mathrm{D})$ sei ein linearer Differentialoperator der Ordnung $2m$ mit von x abhängigen Koeffizienten, die zu $C^{k+1}(\bar{\Omega})$ gehören.

3. Seien gegeben m Randwertoperatoren $b_j(x, \mathrm{D})$, $j = 1, \ldots, m$; dabei seien die b_j's lineare Differentialoperatoren der Ordnung m_j, $0 \leqslant \mathrm{m}_j \leqslant 2m - 1$, mit von $x \in \partial\Omega$ abhängigen Koeffizienten, die sich zu $C^{2m-m_j+k+1}(\bar{\Omega})$ fortsetzen lassen. Wir interpretieren die Randoperatoren $b_j(x, \mathrm{D})$ mit Hilfe des Spuroperators T_0, siehe §11:

$$b_j(x, \mathrm{D})\,\varphi = \sum_{|s| \leqslant m_j} b_{j,s}(x)\, T_0(\mathrm{D}^s \varphi) = T_0\!\left(\sum_{|s| \leqslant m_j} b_{j,s}(x)\, \mathrm{D}^s \varphi \right).$$

Wir wiederholen die Definitionen:

Wir sagen, daß $A(x, \mathrm{D})$ elliptisch auf $\bar\Omega$ ist, wenn gilt

I. $A^{\mathrm{H}}(x, \xi) \neq 0$ für alle $0 \neq \xi \in \mathbf{R}^r$, $x \in \bar\Omega$, (siehe §10). Nach Satz 10.6 ist dann $A(x, \mathrm{D})$ gleichmäßig elliptisch auf $\bar\Omega$, d.h. es gilt

$$|A^{\mathrm{H}}(x, \xi)| \geqslant c_0 \, |\xi|^{2m} \quad \text{für alle } \xi \in \mathbf{R}^r,\ x \in \bar\Omega.$$

Wir betrachten die Randwertaufgabe

$$
(1) \qquad
\begin{aligned}
A(x, \mathrm{D})\, u(x) &= f(x) \quad \text{auf } \Omega, \\
b_1(x, \mathrm{D})\, u(x) &= g_1(x), \dots, b_m(x, \mathrm{D})\, u(x) = g_m(x) \quad \text{auf } \partial\Omega,
\end{aligned}
$$

und sagen, daß sie elliptisch ist, falls zusätzlich zu I. (Elliptizität von A) für jeden Randpunkt $x \in \partial\Omega$

II. die Bedingung 11.1 von Lopatinskij-Šapiro für die Hauptteile $A^{\mathrm{H}}(x, \mathrm{D})$, $b_1^{\mathrm{H}}(x, \mathrm{D}), \dots, b_m^{\mathrm{H}}(x, \mathrm{D})$ erfüllt ist.

Nach Satz 11.2 ist dann der Operator $A(x, \mathrm{D})$ für $x \in \partial\Omega$ auch proper elliptisch, d.h.:

III. Das Polynom $P(z) = A^{\mathrm{H}}(x, (\xi', z)) = 0$ hat für alle $0 \neq \xi' \in \mathbf{R}^{r-1}$ in der oberen Halbebene Im $z > 0$ genau m Nullstellen (Vielfachheiten mitgezählt).

Die Voraussetzungen 1, 2 und 3 bewirken, daß die Differentialoperatoren

$$A(x, \mathrm{D}) : W_2^{2m+l}(\Omega) \to W_2^l(\Omega)$$

$$b_j(x, \mathrm{D}) : W_2^{2m+l}(\Omega) \to W_2^{2m+l-m_j-1/2}(\partial\Omega), \qquad j = 1, \dots, m,$$

für $0 \leqslant l \leqslant k + \varkappa$ ($l = k + \varkappa$ ist zugelassen für l ganzzahlig) stetig sind (siehe §10 und §11); hier ist $m_j = \mathrm{ord}\, b_j(x, \mathrm{D})$. Selbstverständlich könnten wir durch Heranziehen der genauen Multiplikatorenklassen für die Räume W_2^l die Voraussetzungen an die Koeffizienten von $A(x, \mathrm{D})$ und $b_j(x, \mathrm{D})$ weiter vermindern, wir würden aber nicht viel gewinnen und an Durchsichtigkeit verlieren.

Wir schreiben kurz

$$H^l := H^l(\Omega, \partial\Omega) := W_2^l(\Omega) \underset{j=1}{\overset{m}{\times}} W_2^{2m+l-m_j-1/2}(\partial\Omega),$$

$$L := L(x, \mathrm{D}) := (A(x, \mathrm{D}),\, b_1(x, \mathrm{D}), \dots, b_m(x, \mathrm{D})),$$

und betrachten das stetige Diagramm

$$
(2) \qquad
\begin{array}{ccc}
W_2^{2m+l-1}(\Omega) & \overset{L}{\to} & H^{l-1}(\Omega, \partial\Omega) \\
\cup & & \cup \\
W_2^{2m+l}(\Omega) & \overset{L}{\longrightarrow} & H^l(\Omega, \partial\Omega)
\end{array}
$$

für $1 \leqslant l \leqslant k + \varkappa$. Eigentlich müßten wir L mit dem Index l versehen, da aber für die Restriktion $|_l$ gilt $L_{l-1}|_l = L_l$, können wir uns diesen Index ersparen.

Wir wollen den Hauptsatz für elliptische Randwertaufgaben formulieren.

Hauptsatz 13.1 *Es seien die Differenzierbarkeitsvoraussetzungen 1 bis 3 erfüllt. Dann sind für* $1 \leqslant l \leqslant k + \varkappa$ *die folgenden vier Aussagen äquivalent.*

1. Die Randwertaufgabe (1) ist elliptisch, d.h. A ist elliptisch für alle $x \in \bar{\Omega}$ *und* $(A, b_1, \ldots, b_m)$ *erfüllt die Bedingung 11.1 von Lopatinskij-Šapiro für alle* $x \in \partial\Omega$.

2. Der Operator L in (2) ist glättbar (siehe Definition 12.4).

3. Der Operator $L: W_2^{2m+l-1}(\Omega) \to H^{l-1}$ *ist fredholmsch.*

4. Für alle $\varphi \in W_2^{2m+l-1}(\Omega)$ *gilt die a priori Abschätzung*

$$\| \varphi \|_{2m+l-1} \leqslant c (\| L\varphi \|_{H^{l-1}} + \| \varphi \|_{2m+l-2}),$$

oder ausgeschrieben

$$\| \varphi \|_{2m+l-1} \leqslant c \left\{ \| A\varphi \|_{l-1} + \sum_{j=1}^{m} \| b_j\varphi \|_{2m+l-1-m_j-1/2, \partial\Omega} + \| \varphi \|_{2m+l-2} \right\}.$$

Bevor wir zum Beweis des Hauptsatzes schreiten, wollen wir einige Folgerungen ziehen. Sei also eine der äquivalenten Aussagen 1. bis 4. des Hauptsatzes 13.1 erfüllt.

Folgerung 13.1 *Es gilt das* (globale) Weylsche Lemma: *Sei* $Lu = F$, $u \in W_2^{2m+l-1}(\Omega)$, $F \in H^l$, *dann ist u schon in* $W_2^{2m+l}(\Omega)$, *d.h. falls* $F \in H^{k+\varkappa}$, *dann gehört u zu* $W_2^{2m+k+\varkappa}(\Omega)$.

Dies folgt sofort aus Lemma 12.3, wenn wir die Aussage 2 vom Hauptsatz benutzen. Die klassische Form des Weylschen Lemmas erhält man, indem man für l alle Werte zuläßt und das Lemma von Sobolev, Satz 6.4, anwendet:

Aus $Lu = F$ *und* $F \in C^\infty$ *folgt* $u \in C^\infty$.

Folgerung 13.2 *Die Defektzahlen und der Index des Operators L sind unabhängig von l.*

Wegen Aussage 2 folgt dies aus Satz 12.14, wenn H^l dicht in H^{l-1} liegt. Letzteres folgt aber aus den Sätzen 3.6 und 4.3.

Nun zum Beweis des Hauptsatzes. Zuerst die einfachen Implikationen $2. \curvearrowright 3. \curvearrowright 4. \curvearrowright 1$.

Nach Satz 12.13 haben wir die Implikation $2. \curvearrowright 3.$, wenn wir wissen, daß die vertikalen Inklusionen in (2) kompakt sind. Diese Kompaktheit ist aber durch die Sätze 7.9 und 7.10 sichergestellt.

Für die Inklusion $3. \curvearrowright 4.$ betrachten wir das Schauder-Schema

$$\begin{array}{c} W_2^{2m+l-2} \\ \cup \\ W_2^{2m+l-1} \xrightarrow{\ L\ } H^{l-1} \end{array}$$

und wenden Satz 12.12 an.

Nun der Beweis, daß aus der Abschätzung 4 die Aussage 1 folgt. Da wir hier mit punktweise zulässigen Transformationen (Satz 2.11) arbeiten und von der a priori Abschätzung 4 für $l-1=0$, d.h. $l=1$, ausgehen, kommen wir mit minimalen Voraussetzungen aus:

$$\Omega \in C^{2m-1,1}, \qquad a_s(x) \in C^0(\bar{\Omega}), \qquad b_{j,s}(x) \in C^{2m-m_j}(\bar{\Omega}).$$

Wir fixieren einen Punkt $x_0 \in \bar{\Omega}$, sei U eine hinreichend kleine Umgebung von x_0. Da Ω zur Klasse $C^{2m-1,1}$ gehört, können wir nach Satz 2.11 in U eine zulässige Transformation $\Phi \in C^{2m-1,1}$ finden, die $U \cap \Omega$ in den halben Würfel W^r_+ überführt und

$$U \cap \partial\Omega \text{ in } \{x_r = 0\} = W^{r-1}, \quad \begin{pmatrix} U \to W^r \\ x_0 \to 0 \end{pmatrix}.$$

Nach dem Transformationssatz 4.1 geht die a-priori-Abschätzung aus 4 über in

$$(3) \qquad \|\varphi\|_{2m,W^r_+} \leqslant c \left\{ \|\tilde{A}\varphi\|_{0,W^r_+} + \sum_{j=1}^m \|\tilde{b}_j\varphi\|_{2m-m_j-\frac{1}{2},W^{r-1}} + \|\varphi\|_{2m-1,W^r_+} \right\},$$

für alle $\varphi \in W_2^{2m}(W^r_+)$, deren Träger $\partial W^r_+ \setminus W^{r-1}$ nicht trifft, hier sind $\tilde{A}$, $\tilde{b}_j$ die transformierten Differentialoperatoren. Wir verkleinern den Einheitswürfel $W^r = W^r(1)$ auf den Würfel $W^r(\delta)$ mit der Kantenlänge $2 \cdot \delta$ und dem Mittelpunkt in 0, entsprechend die Bezeichnungen $W^r_+(\delta)$, $W^{r-1}(\delta)$. Die Ungleichung (3) gilt selbstverständlich auch für alle $(\delta \leqslant 1)$

$$\varphi \in W_2^{2m}(W^r_+(\delta)).$$

Die Größe von δ fixieren wir später, siehe den Text nach der Formel (7). Falls x_0 nicht am Rande sondern im Inneren von Ω liegt, brauchen wir überhaupt nicht zu transformieren. Wir zerlegen

$$\tilde{A}(x,\mathrm{D}) = \tilde{A}_0(\mathrm{D}) + A_1(x,\mathrm{D}) + A_2(x,\mathrm{D}),$$
$$\tilde{b}_j(x,\mathrm{D}) = \tilde{b}_{j,0}(\mathrm{D}) + b_{j,1}(x,\mathrm{D}) + b_{j,2}(x,\mathrm{D}), \qquad j=1,\ldots,m,$$

wobei

$$\tilde{A}_0(\mathrm{D}) = \tilde{A}^{\mathrm{H}}(0,\mathrm{D}), \quad A_1(x,\mathrm{D}) = \tilde{A}^{\mathrm{H}}(x,\mathrm{D}) - \tilde{A}^{\mathrm{H}}(0,\mathrm{D}), \quad A_2 = \tilde{A} - \tilde{A}_0 - A_1$$
$$\tilde{b}_{j,0}(\mathrm{D}) = \tilde{b}_j^{\mathrm{H}}(0,\mathrm{D}), \quad b_{j,1}(x,\mathrm{D}) = \tilde{b}_j^{\mathrm{H}}(x,\mathrm{D}) - \tilde{b}_j^{\mathrm{H}}(0,\mathrm{D}), \quad b_{j,2} = \tilde{b}_j - \tilde{b}_{j,0} - b_{j,1}.$$

Wir schätzen ab

$$(4) \qquad \|A_1\varphi\|_{0,W^r_+(\delta)} \leqslant c_1(\delta) \|\varphi\|_{2m,W^r_+(\delta)},$$

$$(5) \qquad \|b_{j,1}\varphi\|_{2m-m_j-\frac{1}{2},W^{r-1}(\delta)} = \|T_0(b_{j,1}\varphi\|_{2m-m_j-\frac{1}{2},W^{r-1}(\delta)} \leqslant c \|b_{j,1}\varphi\|_{2m-m_j,W^r_+(\delta)}$$
$$\leqslant c_2(\delta) \|\varphi\|_{2m,W^r_+(\delta)} + c_3 \|\varphi\|_{2m-1,W^r_+(\delta)},$$

hier sind

$$c_1(\delta) = \max_{|s|=2m} \max_{x\in W^r_+(\delta)} |\tilde{a}_s(x) - \tilde{a}_s(0)|, \qquad c_2(\delta) = \max_{|s|=m_j} \max_{x\in W^r_+(\delta)} |\tilde{b}_{j,s}(x) - \tilde{b}_{j,s}(0)|$$

und c_3 eine Konstante.

Bei der Herleitung von (5) haben wir den Spursatz 8.1 und die Leibnizsche Produktregel verwendet und haben deshalb die Differenzierbarkeitsvoraussetzungen an die Koeffizienten von $A(x, D)$ und $b_j(x, D)$ benutzt. Wir bemerken noch, daß gilt $c_1(\delta)$, $c_2(\delta) \to 0$ für $\delta \to 0$. Weiter haben wir

$$\|A_2 \varphi\|_0 \leqslant c_4 \|\varphi\|_{2m-1},$$

$$(6) \qquad \|b_{j,2} \varphi\|_{2m-m_j-\frac{1}{2}, W^{r-1}(\delta)} = \|T_0(b_{j,2} \varphi)\|_{2m-m_j-\frac{1}{2}, W^{r-1}(\delta)}$$

$$\leqslant c \|b_{j,2} \varphi\|_{2m-m_j, W'_+(\delta)} \leqslant c_5 \|\varphi\|_{2m-1},$$

da die Ordnung von A_2 kleiner als $2m$, und die Ordnung von $b_{j,2}$ kleiner als m_j ist. Setzen wir (4), (5) und (6) in (3) ein, so erhalten wir

$$\|\varphi\|_{2m, W'_+(\delta)} \leqslant c(\delta) \|\varphi\|_{2m, W'_+(\delta)}$$

$$(7) \qquad + c_6 \left\{ \|\tilde{A}_0(D) \varphi\|_{0, W'_+(\delta)} + \sum_{j=1}^m \|\tilde{b}_{j,0}(D) \varphi\|_{2m-m_j-\frac{1}{2}, W^{r-1}(\delta)} + \|\varphi\|_{0, W'_+(\delta)} \right\}, \, .$$

letzterer Norm $\|\varphi\|_0$ können wir den Index 0 geben, da $2m - 1 > 0$ ist. Wählen wir die Kantenlänge 2δ von $W'_+(\delta)$ so klein, daß gilt $c(\delta) < \frac{1}{2}$ und $\delta < 1$, dann geht (7) über in

$$(8)$$

$$\|\varphi\|_{2m, W'_+(\delta)} \leqslant c \left\{ \|\tilde{A}_0(D) \varphi\|_{0, W'_+(\delta)} + \sum_{j=1}^m \|\tilde{b}_{j,0}(D) \varphi\|_{2m-m_j-\frac{1}{2}, W^{r-1}(\delta)} + \|\varphi\|_{0, W'_+(\delta)} \right\}.$$

Wir zeigen nun, daß aus (8) die Elliptizität von $\tilde{A}_0(D)$ folgt. Wegen der Transformationsinvarianz – Folgerung 10.1 – hätten wir damit auch die Elliptizität von $A(x_0, D)$ in $x_0 \in \bar{\Omega}$ bewiesen.

Sei – das Gegenteil angenommen – $\tilde{A}_0(\xi) = 0$ für ein $0 \neq \xi \in \mathbf{R}^r$, sei $0 \leqslant \chi(x)$ aus $\mathscr{D}(W'_+(\delta))$. Wir setzen

$$u_\lambda(x) := \frac{e^{i\lambda(\xi, x)} \cdot \chi(x)}{\lambda^{2m}} = \chi(x) v_\lambda(x).$$

Wegen der Trägereigenschaft von $\chi(x)$ ist $\tilde{b}_{j,0}(D) u_\lambda(x) = 0$ für $j = 1, \ldots, m$ auf dem Rand W^{r-1}, und für große λ haben wir

$$(9) \qquad 0 \neq O(1) = \|u_\lambda\|_{2m}, \qquad \|u_\lambda\|_0 < O(\lambda^{-1}).$$

Um $\tilde{A}_0 u_\lambda$ abzuschätzen, wenden wir die Leibnizsche Produktregel in der Form

$$\tilde{A}_0(D) u_\lambda = \chi(x) \tilde{A}_0(D) \frac{e^{i\lambda(\xi, x)}}{\lambda^{2m}} + \sum_{|\alpha| > 0} D^\alpha \chi \cdot \tilde{A}_0^{(\alpha)}(D) v_\lambda$$

an. Da nach Voraussetzung $\chi(x) \tilde{A}_0(D) v_\lambda = \chi(x) \tilde{A}_0(\xi) \ldots = 0$ ist, haben wir

$$(10) \qquad \|\tilde{A}_0 u_\lambda\|_0 < O(\lambda^{-1}),$$

(9) und (10) in (8) eingesetzt ergeben einen Widerspruch.

Wir zeigen jetzt, daß aus (8) die Bedingung 11.1 von Lopatinskij-Šapiro für die Operatoren $\tilde{A}_0(D)$, $\tilde{b}_{j,0}(D)$, $j = 1, \ldots, m$, folgt. Sei $w(t) \not\equiv 0$ eine Lösung aus $\mathcal{M}^+$ von

$$(11) \quad \begin{aligned} &\tilde{A}_0\left(\xi', \frac{1}{i}\frac{d}{dt}\right) w(t) = 0, \quad t > 0, \\ &\tilde{b}_{1,0}\left(\xi', \frac{1}{i}\frac{d}{dt}\right) w(0) = 0, \ldots, \tilde{b}_{m,0}\left(\xi', \frac{1}{i}\frac{d}{dt}\right) w(0) = 0, \end{aligned}$$

für ein gewisses $0 \not= \xi' \in \mathbf{R}^{r-1}$. Aus Homogenitätsgründen genügt $w(\lambda t)$, $\lambda > 0$ den Gleichungen

$$(12) \quad \begin{aligned} &\tilde{A}_0\left(\lambda\xi', \frac{1}{i}\frac{d}{dt}\right) w(\lambda t) = 0, \quad t > 0, \\ &\tilde{b}_{j,0}\left(\lambda\xi', \frac{1}{i}\frac{d}{dt}\right) w(\lambda t)\big|_{t=0} = 0, \qquad j = 1, \ldots, m, \end{aligned}$$

Wir setzen

$$v_\lambda(x) := \frac{e^{i\lambda(x',\xi')} \cdot w(\lambda x_r)}{\lambda^{2m}}, \qquad x = (x', x_r), \qquad x_r = t,$$

und überzeugen uns, daß $v_\lambda(x)$ wegen (12) den Gleichungen

$$(13) \qquad \tilde{A}_0(D) v_\lambda(x) = 0, \qquad \tilde{b}_{j,0}(D) v_\lambda(x', 0) = 0, \qquad j = 1, \ldots, m,$$

genügt. $w(t)$ aus $\mathcal{M}^+$ ist eine Linearkombination von Ausdrücken der Form $t^\varkappa \cdot \exp\{i\lambda_l t\}$, wobei die charakteristischen Wurzeln λ_l in $\operatorname{Im}\lambda > 0$ liegen; $w(t)$, wie auch alle Ableitungen von $w(t)$ sind somit quadratintegrierbar auf $\mathbf{R}^1_+$. Wir nehmen wieder eine Funktion $0 \leqslant \psi(x) \in \mathcal{D}(W^r(\delta))$, die 1 in einer Umgebung $W^r(\varepsilon)$ des Nullpunktes $0 \in \mathbf{R}^r$ ist, und wir setzen

$$u_\lambda(x) := \psi(x) \cdot v_\lambda(x),$$

und haben $u_\lambda(x) \in W_2^{2m}(W_+^r(\delta))$, wobei $\operatorname{supp} u_\lambda \cap \partial W_+^r \setminus W^{r-1} = \emptyset$, womit die Abschätzung (8) gilt. Wir haben (wieder Leibnizregel und (13) angewandt)

$$(14) \qquad \|u_\lambda\|_0 \leqslant O(\lambda^{-2m}), \qquad \|\tilde{A}_0 u_\lambda\|_0 \leqslant O(\lambda^{-1}).$$

Auch gilt (Leibnizregel, Spursatz 8.1, und (13))

$$(15) \quad \begin{aligned} \|\tilde{b}_{j,0}(D) u_\lambda\|_{2m-m_j-1/2, W^{r-1}} &= \|T_0(\tilde{b}_{j,0}(D) u_\lambda)\|_{2m-m_j-1/2, W^{r-1}} \\[2mm] &\leqslant c\|\tilde{b}_{j,0}(D) u_\lambda\|_{2m-m_j, W_+^r} = \left\| \psi(x)\tilde{b}_{j,0}(D) v_\lambda(x) + \sum_{|\alpha|>0} D^\alpha\psi \cdot \tilde{b}_{j,0}^{(\alpha)}(D) v_\lambda \right\|_{2m-m_j, W_+^r} \\[2mm] &= \left\| \sum_{|\alpha|>0} D^\alpha\psi \cdot \tilde{b}_{j,0}^{(\alpha)}(D) v_\lambda \right\|_{2m-m_j, W_+^r} \\[2mm] &\leqslant c\|v_\lambda\|_{2m-m_j+m_j-1, W_+^r} = c\|v_\lambda\|_{2m-1, W_+^r} \leqslant O(\lambda^{-1}). \end{aligned}$$

Damit haben wir für die rechte Seite von (8) die Abschätzung $\leqslant O(\lambda^{-1})$.
Wir zeigen nun, daß für die linke Seite von (8) gilt

$$(16) \qquad \|u_\lambda\|_{2m} \cdot \lambda^{1/2} \geqslant c > 0 \quad \text{für große } \lambda,$$

wobei c unabhängig von λ ist. Wir benutzen die Definitionseigenschaft von $\psi(x)$, nämlich, daß $\psi(x) = 1$ auf $W^r(\varepsilon)$ ist, und nehmen in $\|u_\lambda\|_{2m}^2$ eine Ableitung von der Ordnung $2m$, z.B. $\partial^{2m}/\partial t^{2m}$, dann haben wir

$$\|u_\lambda\|_{2m}^2 \geqslant \int\limits_{W^r_+(\varepsilon)} \left| \frac{\partial^{2m}}{\partial t^{2m}} \left(\frac{\psi(x)\, e^{i\lambda(x',\xi')}\, w(\lambda t)}{\lambda^{2m}} \right) \right|^2 dx'\, dt$$

$$= \int\limits_{W^{r-1}(\varepsilon)} dx' \cdot \int\limits_0^\varepsilon |w^{(2m)}(\lambda t)|^2\, dt$$

$$= \int\limits_{\substack{W^{r-1}(\varepsilon) \\ \lambda\varepsilon}} dx' \cdot \int\limits_0^{\varepsilon\cdot\lambda} |w^{(2m)}(\tau)|^2\, \frac{d\tau}{\lambda}.$$

Da der Grenzwert von $\int\limits_0^{\lambda\varepsilon} |w^{(2m)}(\tau)|^2\, d\tau$ gleich $\int\limits_0^\infty |w^{(2m)}(\tau)|^2\, d\tau > 0$ und unabhängig von λ ist, haben wir (16) bewiesen. Die Abschätzung (16) steht aber im Widerspruch zu $\|u_\lambda\|_{2m} \leqslant O(\lambda^{-1})$, womit wir die Bedingung 11.1 von Lopatinskij-Šapiro für die Operatoren $\tilde{A}_0(D)$, $\tilde{b}_{j,0}(D)$, $j = 1,\ldots,m$, nachgewiesen haben. Nach Satz 11.3 ist die Bedingung 11.1 invariant unter zulässigen Koordinatentransformationen, damit gilt Bedingung 11.1 auch für die ursprünglichen Operatoren $A(x_0, D)$, $b_j(x_0, D)$, $j = 1,\ldots,m$ im Punkte $x_0 \in \partial\Omega$, und wir haben die Inklusion 4. $\curvearrowright$ 1. gezeigt. (Wir erinnern, daß nach Satz 11.2 die Bedingungen I und II die Bedingung III nach sich ziehen).

Wir kommen jetzt zum langen Teil des Beweises, nämlich zur Implikation 1. $\curvearrowright$ 2. Um den Beweis dieser Implikation übersichtlicher zu gestalten, schicken wir ihm einige Lemmata voraus. Zuerst Lemma 13.1, die a-priori-Abschätzung für homogene Differentialoperatoren im Halbraum $\mathbf{R}^r_+$.

Lemma 13.1 *Sei $\mathbf{R}^r_+$ der Halbraum $x_r > 0$, begrenzt durch die Hyperebene $\mathbf{R}^{r-1}$, $(x_r = 0)$. Seien $A(D)$, $b_j(D)\, j = 1,\ldots,m$ homogene Differentialoperatoren mit konstantem Koeffizienten der Ordnungen $\operatorname{ord} A = 2m$, $0 \leqslant \operatorname{ord} b_j = m_j \leqslant 2m - 1$, $j = 1,\ldots,m$. Sei $A(D)$ elliptisch und sei die Bedingung von Lopatinskij-Šapiro (Bedingung 11.3) erfüllt. Dann gilt für alle $\varphi \in W^{2m+l}(\mathbf{R}^r_+)$, $l \geqslant 0$, die Abschätzung.*

$$(17) \qquad \|\varphi\|_{2m+l,\mathbf{R}^r_+} \leqslant c\left\{ \|A\varphi\|_{l,\mathbf{R}^r_+} + \sum_{j=1}^m \|b_j\varphi\|_{2m+l-m_j-1/2,\mathbf{R}^{r-1}} \right\}.$$

Beweis. Sei $l = [l] + \lambda$. Wir benutzen die Abschätzung (14), §11 aus Bedingung 11.3 und schreiben sie explizit hin:

$$\sum_{i=0}^{2m+[l]} \left(\int_0^\infty \left| \frac{\mathrm{d}^i h(\tau)}{\mathrm{d}\tau^i} \right|^2 \mathrm{d}\tau + \int_0^\infty \int_0^\infty \frac{\left| \dfrac{\mathrm{d}^i h(\tau)}{\mathrm{d}\tau^i} - \dfrac{\mathrm{d}^i h(\tau')}{\mathrm{d}\tau'^i} \right|^2}{|\tau - \tau'|^{1+2\lambda}} \, \mathrm{d}\tau \cdot \mathrm{d}\tau' \right)$$

$$\leqslant C(\xi') \left[\sum_{i=0}^{[l]} \left(\int_0^\infty \left| \frac{\mathrm{d}^i}{\mathrm{d}\tau^i} A\left(\xi', \frac{1}{\mathrm{i}} \frac{\mathrm{d}}{\mathrm{d}\tau}\right) h(\tau) \right|^2 \mathrm{d}\tau \right. \right.$$

$$+ \int_0^\infty \int_0^\infty \frac{\left| \dfrac{\mathrm{d}^i}{\mathrm{d}\tau^i} A\left(\xi', \dfrac{1}{\mathrm{i}} \dfrac{\mathrm{d}}{\mathrm{d}\tau}\right) h(\tau) - \dfrac{\mathrm{d}^i}{\mathrm{d}\tau'^i} A\left(\xi', \dfrac{1}{\mathrm{i}} \dfrac{\mathrm{d}}{\mathrm{d}\tau'}\right) h(\tau') \right|^2}{|\tau - \tau'|^{1+2\lambda}} \, \mathrm{d}\tau \cdot \mathrm{d}\tau' \left. \right)$$

$$\left. + \sum_{j=1}^m \left| b_j\left(\xi', \frac{1}{\mathrm{i}} \frac{\mathrm{d}}{\mathrm{d}\tau}\right) h(0) \right|^2 \right], \qquad h \in W_2^{2m+l}(\mathbf{R}_+^1),$$

wobei $C(\xi')$ stetig von $0 \neq \xi' \in \mathbf{R}^{r-1}$ abhängt, aber unabhängig von h ist. Hier kann wegen Satz 3.6 h aus $C^\infty[0,\infty) \cap W^{2m+l}(\mathbf{R}_+^1)$ genommen werden, und h kann auch von einem Parameter, z. B. von ξ', abhängen: $h(\xi',\tau)$. Da die Einheitssphäre in $\mathbf{R}^{r-1}$ kompakt ist, und $C(\xi')$ stetig von ξ' abhängt, gilt die Ungleichung

$$\sum_{i=0}^{2m+[l]} \left(\int_0^\infty \left| \frac{\mathrm{d}^i h(\xi',\tau)}{\mathrm{d}\tau^i} \right|^2 \mathrm{d}\tau + \int_0^\infty \int_0^\infty \frac{\left| \dfrac{\mathrm{d}^i h(\xi',\tau)}{\mathrm{d}\tau^i} - \dfrac{\mathrm{d}^i h(\xi',\tau')}{\mathrm{d}\tau'^i} \right|^2}{|\tau - \tau'|^{1+2\lambda}} \, \mathrm{d}\tau \cdot \mathrm{d}\tau' \right)$$

$$\leqslant C \left[\sum_{i=0}^{[l]} \left(\int_0^\infty \left| \frac{\mathrm{d}^i}{\mathrm{d}\tau^i} A\left(\frac{\xi'}{|\xi'|}, \frac{1}{\mathrm{i}} \frac{\mathrm{d}}{\mathrm{d}\tau}\right) h(\xi',\tau) \right|^2 \mathrm{d}\tau \right. \right.$$

$$(18)$$

$$+ \int_0^\infty \int_0^\infty \frac{\left| \dfrac{\mathrm{d}^i}{\mathrm{d}\tau^i} A\left(\dfrac{\xi'}{|\xi'|}, \dfrac{1}{\mathrm{i}} \dfrac{\mathrm{d}}{\mathrm{d}\tau}\right) h(\xi',\tau) - \dfrac{\mathrm{d}^i}{\mathrm{d}\tau^i} A\left(\dfrac{\xi'}{|\xi'|}, \dfrac{1}{\mathrm{i}} \dfrac{\mathrm{d}}{\mathrm{d}\tau'}\right) h(\xi',\tau') \right|^2}{|\tau - \tau'|^{1+2\lambda}} \, \mathrm{d}\tau \, \mathrm{d}\tau' \left. \right)$$

$$\left. + \sum_{j=1}^m \left| b_j\left(\frac{\xi'}{|\xi'|}, \frac{1}{\mathrm{i}} \frac{\mathrm{d}}{\mathrm{d}\tau}\right) h(\xi',0) \right|^2 \right],$$

für alle $0 \neq \xi' \in \mathbf{R}^{r-1}$ und $h(\xi',\tau) \in C^\infty[0,\infty) \cap W^{2m+l}(\mathbf{R}_+^1)$, wobei jetzt $C = \max\limits_{|\xi'|=1} C(\xi')$ unabhängig von ξ' ist. Mit $v(\xi',\tau)$ gehört auch die Funktion $v(\xi',\tau/|\xi'|)$ zu $C^\infty[0,\infty) \cap W^{2m+l}(\mathbf{R}_+^1)$ (ξ' fest), und $h(\xi',\tau) = v(\xi',\tau/|\xi'|)$ in (18) eingesetzt ergibt

$$\sum_{i=0}^{2m+[l]} \left(\int_0^\infty \left| \frac{d^i v\left(\xi', \frac{\tau}{|\xi'|}\right)}{d\tau^i} \right|^2 d\tau + \int_0^\infty \int_0^\infty \frac{\left| \frac{d^i v\left(\xi', \frac{\tau}{|\xi'|}\right)}{d\tau^i} - \frac{d^i v\left(\xi', \frac{\tau'}{|\xi'|}\right)}{d\tau'^i} \right|^2}{|\tau - \tau'|^{1+2\lambda}} \, d\tau \, d\tau' \right)$$

$$\leqslant C \Bigg[\sum_{i=0}^{[l]} \left(\int_0^\infty \left| \frac{d^i}{d\tau^i} A\left(\frac{\xi'}{|\xi'|}, \frac{1}{i}\frac{d}{d\tau}\right) v\left(\xi', \frac{\tau}{|\xi'|}\right) \right|^2 d\tau \right.$$

$$+ \int_0^\infty \int_0^\infty \frac{\left| \frac{d^i}{d\tau^i} A\left(\frac{\xi'}{|\xi'|}, \frac{1}{i}\frac{d}{d\tau}\right) v\left(\xi', \frac{\tau}{|\xi'|}\right) - \frac{d^i}{d\tau'^i} A\left(\frac{\xi'}{|\xi'|}, \frac{1}{i}\frac{d}{d\tau'}\right) v\left(\xi', \frac{\tau}{|\xi'|}\right) \right|^2}{|\tau - \tau'|^{1+2\lambda}} \, d\tau \, d\tau' \right)$$

$$+ \sum_{j=1}^{m} \left| b_j\left(\frac{\xi'}{|\xi'|}, \frac{1}{i}\frac{d}{d\tau}\right) v(\xi', 0) \right|^2 \Bigg],$$

Die Substitution $t = \tau/|\xi'|$ ergibt, wegen der Homogenität der Ausdrücke A, b_j, $j = 1, \ldots, m$,

$$\sum_{i=0}^{2m+[l]} \left(|\xi'|^{2(2m-i)} \int_0^\infty \left| \frac{d^i v(\xi', t)}{dt^i} \right|^2 dt + |\xi'|^{2(2m-i-\lambda)} \int_0^\infty \int_0^\infty \frac{\left| \frac{d^i v(\xi', t)}{dt^i} - \frac{d^i v(\xi', t')}{dt'^i} \right|^2}{|t - t'|^{1+2\lambda}} \, dt \, dt' \right)$$

$$\leqslant C \Bigg[\sum_{i=0}^{[l]} \left(|\xi'|^{-2i} \int_0^\infty \left| \frac{d^i}{dt^i} A\left(\xi', \frac{1}{i}\frac{d}{dt}\right) v(\xi', t) \right|^2 dt \right.$$

$$(19)$$

$$+ |\xi'|^{2i-2\lambda} \int_0^\infty \int_0^\infty \frac{\left| \frac{d^i}{dt^i} A\left(\xi', \frac{1}{i}\frac{d}{dt}\right) v(\xi', t) - \frac{d^i}{dt'^i} A\left(\xi', \frac{1}{i}\frac{d}{dt'}\right) v(\xi', t') \right|^2}{|t - t'|^{1+2\lambda}} \, dt \, dt' \right)$$

$$+ \sum_{j=1}^{m} |\xi'|^{2(2m-m_j)-1} \left| b_j\left(\xi', \frac{1}{i}\frac{d}{dt}\right) v(\xi', 0) \right|^2 \Bigg].$$

Wir multiplizieren (19) mit $|\xi'|^{2l}$, setzen t von $\mathbf{R}^1_+$ nach $\mathbf{R}^1$ fort, fouriertransformieren nach t, wenden die inverse Fouriertransformation auf alle Variablen (ξ', t) an und restringieren t von $\mathbf{R}^1$ auf $\mathbf{R}^1_+$, dies ergibt die gesuchte Abschätzung (17). ∎

Für den Schritt III brauchen wir ein weiteres Lemma.

Lemma 13.2 *Sei B ein stetiger Operator von $W_2^l(\mathbf{R}^r) \to W_2^{l+N}(\mathbf{R}^r)$ (oder besser $H^l \to H^{l+N}$, siehe §5), für den eine Abschätzung vom Typus (40) (siehe später) gilt:*

$$\|B\varphi\|_{l+N} \leqslant K_1 \|\varphi\|_l + K_2 \|\varphi\|_{l-1}, \qquad l \text{ beliebig} \in \mathbf{R}^1.$$

Dann läßt sich B für jedes $\varepsilon > 0$ zerlegen in

$$B = B_\varepsilon' + B_\varepsilon'' \quad mit \quad B_\varepsilon' : W_2^l \to W_2^{l+N}, \quad B_\varepsilon'' : W_2^{l-1} \to W_2^{l+N},$$

und für die Normen gilt

$$\|B_\varepsilon'\varphi\|_{l+N} \leqslant (K_1 + \varepsilon)\|\varphi\|_l, \qquad \|B_\varepsilon''\varphi\|_{l+N} \leqslant K_3(\varepsilon)\|\varphi\|_{l-1}.$$

Wenn B nicht von l abhängt, dann können auch B_ε' und B_ε'' unabhängig von l gewählt werden, insbesondere haben wir

$$B_\varepsilon''(l-1)|_l = B_\varepsilon''(l) : W_2^l(\mathbf{R}^r) \to W_2^{l+1+N}(\mathbf{R}^r).$$

Beweis. Wir wenden die Fouriertransformation an und transponieren den Operator B in den H^l-Raum (siehe Satz 5.2)

$$
\begin{array}{ccc}
W_2^l & \xrightarrow{\quad B \quad} & W_2^{l+N} \\
\wr\wr & & \wr\wr \\
H^l & \xrightarrow{\mathscr{F}^{-1} \circ B \circ \mathscr{F}} & H^{l+N}.
\end{array}
$$

Sei $\psi_\varrho(t)$ eine Funktion aus $C^\infty(\mathbf{R}_+^1)$ mit

$$\psi_\varrho(t) = \begin{cases} 1 & \text{für } 0 \leqslant t \leqslant \varrho, \\ 0 & \text{für } t \geqslant \varrho + 1, \\ \text{zwischen 0 und 1} & \text{für } \varrho \leqslant t \leqslant \varrho + 1; \end{cases}$$

wobei das ϱ in Abhängigkeit von ε noch fixiert werden soll. Wir setzen

$$B_\varepsilon'' = B \circ \mathscr{F}^{-1} \psi_\varrho(|\xi|) \mathscr{F}, \qquad B_\varepsilon' = B - B_\varepsilon''.$$

Die Normeigenschaft von B_ε'' folgt sofort daraus, daß der Träger von $\psi_\varrho(|\xi|)$ kompakt ist:

$$\psi_\varrho(|\xi|)(1 + |\xi|^2)^{1/2} \leqslant C \quad \text{für } \xi \in \mathbf{R}^r.$$

Falls wir setzen $v = \mathscr{F}^{-1}(1 - \psi_\delta(|\xi|)) \mathscr{F}\varphi$ haben wir

$$(*) \qquad \|B_\varepsilon'\varphi\|_{l+N} = \|Bv\|_{l+N} \leqslant K_1\|v\|_l + K_2\|v\|_{l-1} \leqslant K_1\|\varphi\|_l + K_2(1 + \varrho^2)^{-1/2}\|\varphi\|_l,$$

hier haben wir die Ungleichung

$$[1 - \psi_\delta(|\xi|)](1 + |\xi|^2)^{(l-1)/2} \leqslant (1 + \varrho^2)^{-1/2}(1 + |\xi|^2)^{1/2}$$

benutzt. Wenn wir das ϱ in (*) so groß machen, daß $K_2(1 + \varrho^2)^{-1/2} \leqslant \varepsilon$ wird, dann haben wir alles bewiesen. ∎

Nun noch ein Lemma für den Schritt IV, diesmal für den Halbraum $\mathbf{R}_+^r$.

Lemma 13.3 *Sei B ein stetiger Operator von*

$$W_2^l(\mathbf{R}_+^r) \to W^{l+N}(\mathbf{R}_+^r), \quad wobei\ 1 \leqslant l \leqslant L < \infty,\ l + N \geqslant 0,$$

(N kann negativ sein), der der Abschätzung genügt

$$\|B\varphi\|_{l+N} \leqslant K_1 \cdot \|\varphi\|_l + K_2\|\varphi\|_{l-1}, \qquad \varphi \in W_2^l(\mathbf{R}_+^r).$$

Dann läßt sich B für jedes $\varepsilon > 0$ zerlegen in $B = B_\varepsilon' + B_\varepsilon''$ mit

$$B_\varepsilon': W_2^l \to W_2^{l+N}, \qquad B_\varepsilon'': W_2^{l-1} \to W_2^{l+N}$$

und für die Normen gilt

$$\|B_\varepsilon'\varphi\|_{l+N} \leqslant (K_1 + \varepsilon)\|\varphi\|_l, \qquad \|B_\varepsilon''\varphi\|_{l+N} \leqslant K_3(\varepsilon)\|\varphi\|_{l-1}.$$

Wenn B nicht von l abhängt, dann können auch B_ε' und B_ε'' unabhängig von l gewählt werden.

Der Beweis ergibt sich aus dem Diagramm

$$
\begin{array}{ccc}
W_2^l(\mathbf{R}_+^r) & \xrightarrow{\ B\ } & W_2^{l+N}(\mathbf{R}_+^r) \\[4pt]
M\uparrow\ \downarrow F & \quad M\uparrow\ \downarrow F \\[4pt]
W_2^l(\mathbf{R}^r) & \xrightarrow[\ \tilde{B}\ ]{} & W_2^{l+N}(\mathbf{R}^r),
\end{array}
$$

wobei F der Fortsetzungsoperator aus Satz 5.5 ist, er ist für $L < \infty$ fest gewählt, unabhängig von l; M ist der Restriktionsoperator. Wir haben $\tilde{B} = F \circ B \circ M = \tilde{B}_\varepsilon' + \tilde{B}_\varepsilon''$ und gewinnen die gesuchte Zerlegung durch

$$B_\varepsilon' = M \circ \tilde{B}_\varepsilon' \circ F, \qquad B_\varepsilon'' = M \circ \tilde{B}_\varepsilon'' \circ F,$$

dabei sind für $1 \leqslant l \leqslant L$ mit B auch die Operatoren B_ε' und B_ε'' unabhängig von l. ∎

Zum Beweis der Implikation $1 \frown 2$ müssen wir zeigen, daß der durch (2) gegebene Operator L glättbar ist – im Sinne der Definition 12.4. Dazu müssen wir die Regularisatoren R_r, R_l und die Glättungsoperatoren $g_X = T_1$, $g_Y = T_2$ konstruieren und ihre Stetigkeit aufzeigen. Wir tun dies schrittweise, wir beginnen mit dem einfachsten Fall: A (D)-homogen mit konstanten Koeffizienten und $\Omega = \mathbf{R}^r$, also keine Randbedingungen. Beim zweiten Schritt betrachten wir den Halbraum $\Omega = \mathbf{R}_+^r$ und nehmen A (D), b_j (D), $j = 1, \ldots, m$ homogen und mit konstanten Koeffizienten – hier steckt die Hauptarbeit des Beweises. Schritt III behandelt kleine Störungen auf $\Omega = \mathbf{R}^r$ – ohne Randbedingungen –, oder den Übergang zu variablen Koeffizienten A (x, D), wobei aber die variablen Koeffizienten sich nur wenig von den konstanten Koeffizienten unterscheiden, siehe (37). Schritt IV behandelt kleine Störungen auf dem Halbraum $\Omega = \mathbf{R}_+^r$, diesmal mit Randbedingungen. Schritt V, Beweisende: wir überdecken $\bar{\Omega}$ mit kleinen Umgebungen U, transformieren U auf $\mathbf{R}^r$, falls $U \subset \Omega$, und $U \cap \Omega$ auf $\mathbf{R}_+^r$, falls $U \cap \partial\Omega \neq \emptyset$, benutzen die Regularisatoren aus Schritt III bzw. IV und konstruieren mit Hilfe von Partionen der Eins die glättenden Regularisatoren für $\bar{\Omega}$,

$$A(x, \mathrm{D}), \qquad b_j(x, \mathrm{D}), \qquad j = 1, \ldots, m.$$

Schritt I Sei A(D) ein homogener, elliptischer Differentialoperator der Ordnung $2m$ mit konstanten Koeffizienten, wir betrachten die Aufgabe

$$A(\mathrm{D})u = f \quad \text{in } \mathbf{R}^r,$$

(ohne Randwerte). Wir konstruieren den Regularisator $R = R_{\mathrm{l}} = R_{\mathrm{r}}$ durch

$$(20) \qquad Rf = \mathscr{F}^{-1}(|\xi|^{2m}(1 + |\xi|^{2m})^{-1} A^{-1}(\xi)\,\mathscr{F}(f))$$

und betrachten das Schema (2), dort gesetzt

$$\Omega = \mathbf{R}^r, \qquad H^l = W_2^l(\mathbf{R}^r), \qquad L = A(\mathrm{D}).$$

Die Stetigkeit von

$$R: W_2^l(\mathbf{R}^r) \to W_2^{2m+l}(\mathbf{R}^r), \qquad l \geqslant 0$$

ist wegen $|A^{-1}(\xi)| \leqslant c\,|\xi|^{-2m}$ (Elliptizität!) sofort aus der Definition (20) (siehe Satz 5.2) einsichtig. Wir bemerken für später – siehe Schritt III – daß $R: H^l \to H^{l+2m}$ (siehe §5) auch für negative l definiert und stetig ist. Weiter, wir haben die Zerlegungen $A \circ Rf = If + Tf$, $R \circ Au = Iu + Tu$, wobei wegen (20)

$$(21) \qquad Tf := -\mathscr{F}^{-1}((1 + |\xi|^{2m})^{-1}\,\mathscr{F}f)$$

gilt und dasselbe für Tu. Der Operator T ist ein Glättungsoperator, (siehe Definition 12.4) denn er wirkt stetig

$$T: W_2^{2m+l}(\mathbf{R}^r) \to W_2^{2m+l+1}(\mathbf{R}^r),$$

bzw. $\quad T: W_2^l(\mathbf{R}^r) \to W_2^{l+1}(\mathbf{R}^r)$.

Wir haben nämlich wegen (21) (siehe auch Satz 5.2) und $2m > 1$

$$T: W_2^l(\mathbf{R}^r) \to W_2^{l+2m}(\mathbf{R}^r) \subset W_2^{l+1}(\mathbf{R}^r).$$

Damit haben wir bewiesen, daß der elliptische Operator A(D) glättbar auf $\mathbf{R}^r$ ist. Alle betrachteten Operatoren – jetzt und später – hängen – wie man leicht nachprüft – nicht vom Index l ab, diese Operatoren wirken aufs Argument und den Funktionswert, die W_2^l sind Funktionenräume, die Unabhängigkeit von l ist dadurch ersichtlich.

Schritt II Wir betrachten den Halbraum $\mathbf{R}^r_+$, und für die Operatoren A(D), b_j(D), $j = 1, \ldots, m$ mögen die Voraussetzungen von Lemma 13.1 gelten. Wir betrachten die elliptische Randwertaufgabe

$$(22) \qquad \begin{aligned} A(\mathrm{D})u &= f \quad \text{auf } \mathbf{R}^r_+\,(x_r > 0) \\ b_j(\mathrm{D})u &= g_j \quad \text{auf } \mathbf{R}^{r-1}(x_r = 0),\, j = 1, \ldots, m\,, \end{aligned}$$

und wollen zeigen, daß der Operator

$$L := (A(\mathrm{D}), b_1(\mathrm{D}), \ldots, b_m(\mathrm{D}))$$

glättbar ist (im Schema (2) setzen wir $\Omega = \mathbf{R}^r_+$, $\partial\Omega = \mathbf{R}^{r-1}$). Dazu konstruieren wir die Links- und Rechts-Regularisatoren und die Glättungsoperatoren.

Sei $F: W_2^l(\mathbf{R}_+^r) \to W_2^l$ der (stetige) Fortsetzungsoperator aus Satz 5.5,

$$M: W_2^l(\mathbf{R}^r) \to W_2^l(\mathbf{R}_+^r)$$

der (stetige) Restriktionsoperator und $\mathscr{T}_0: W_2^l(\mathbf{R}_+^r) \to W_2^{l-1/2}(\mathbf{R}^{r-1})$ der (stetige) Spuroperator (siehe Satz 8.1, wir setzen $\mathscr{T}_0 := T_0 \circ F$). Sei $\omega_j(\xi', t)$ die (Fundamental-)Lösung von

$$A\left(\xi', \frac{1}{\mathrm{i}}\frac{\mathrm{d}}{\mathrm{d}t}\right)\omega_j(\xi', t) = 0, \qquad b_\mu\left(\xi', \frac{1}{\mathrm{i}}\frac{\mathrm{d}}{\mathrm{d}t}\right)\omega_j(\xi', 0) = \delta_{j,\mu}, \qquad j, \mu = 1, \ldots, m,$$

in $\mathscr{M}^+$. Nach Bedingung 11.2 ist $\omega_j(\xi', t)$ eindeutig bestimmt und aus (19) folgt die Abschätzung (die Summe auf der linken Seite von (19) schätzt die einzelnen Summanden ab!):

$$|\xi'|^{2(2m-i)}\left\|\frac{\mathrm{d}^i\omega_j(\xi', \cdot)}{\mathrm{d}t^i}\right\|_0^2 \leqslant c\,|\xi'|^{2(2m-m_j)-1}\cdot 1$$

bzw. $\qquad |\xi'|^{2(2m-i-\lambda)} I_\lambda\left(\frac{\mathrm{d}^i\omega_j(\xi', \cdot)}{\mathrm{d}t^i}\right) \leqslant c\,|\xi'|^{2(2m-m_j)-1}\cdot 1, \qquad i = 0, \ldots, [l].$

Der Faktor $|\xi'|^{-2i}$ bzw. $|\xi'|^{-2(i+\lambda)}$ auf die rechte Seite gebracht und durch $(1 + |\xi'|^2)^l$ abgeschätzt, ergibt nach Summation $i = 0, \ldots, [l]$

$$\|\omega_j(\xi', t)\|_{l, t>0}^2 \leqslant c\,(1 + |\xi'|^2)^l\,|\xi'|^{-2m_j-1}, \quad l \geqslant 0.$$

Wir setzen die Funktion $\omega_j(\xi', t)$ nach Hestenes (Satz 5.5) von $t \in \mathbf{R}_+^1$ nach $\mathbf{R}^1$ fort, $F\omega_j(\xi', t)$, dabei bleiben selbstverständlich Parameterabhängigkeit von ξ' und Abschätzungen erhalten, nach der Fouriertransformation in t haben wir (siehe Satz 5.2)

$$(23) \qquad \int_{-\infty}^{\infty} |\bar\omega_j(\xi', \tau)|^2\,(1 + \tau^2)^l\,\mathrm{d}\tau \leqslant c\,(1 + |\xi'|^2)^l\,|\xi'|^{-2m_j-1}, \qquad l \geqslant 0,$$

hier haben wir gesetzt $\bar\omega_j(\xi', \tau) = \mathscr{F}_t \circ F\omega_j(\xi', t)$. Wir definieren die Regularisatoren – hier ist R der Regularisator aus Schritt I (20) –

$$(24) \qquad \begin{aligned} R_0 f &:= M \circ R \circ Ff = M \circ \mathscr{F}^{-1}(|\xi|^{2m}(1 + |\xi|^{2m})^{-1} A^{-1}(\xi)\,\mathscr{F} \circ Ff), \\ R_j g_j &= M\,\mathscr{F}^{-1}(|\xi'|^{m_j+1}(1 + |\xi'|^{m_j+1})^{-1}\,\bar\omega_j(\xi', \tau)\,\mathscr{F}'g_j), j = 1, \ldots, m, \end{aligned}$$

$\mathscr{F}'$ ist die Fouriertransformation bezüglich der Variablen $x' = (x_1, \ldots, x_{r-1})$, $\mathscr{F}$ bezüglich $x = (x_1, \ldots, x_r)$. Als (Rechts-) und (Links-) Regularisator für die Aufgabe (22) nehmen wir den Operator

$$(25) \qquad R(f, g_1, \ldots, g_m) := R_0 f + \sum_{j=1}^{m} R_j(g_j - \mathscr{T}_0 \circ b_j \circ R_0 f).$$

a) Wir zeigen die Stetigkeit. Wir haben

$$(26) \qquad R_0: W_2^l(\mathbf{R}_+^r) \to W_2^{2m+l}(\mathbf{R}_+^r) \text{ stetig,} \qquad l \geqslant 0$$

– siehe Schritt I.

Nun die Stetigkeit von

$$(27) \qquad R_j : W_2^{2m+l-m_j-1/2}(\mathbf{R}^{r-1}) \to W_1^{2m+l}(\mathbf{R}_+^r), \qquad l \geqslant 0.$$

Die Eigenschaften der Fouriertransformation (siehe die Sätze aus §5) und die Stetigkeit von M bewirken, daß

$$\| R_j g_j \|_{2m+l,\mathbf{R}_+^r}^2 \leqslant c_1 \int\limits_{\mathbf{R}^r} \left| \frac{|\xi'|^{m_j+1}}{(1+|\xi'|^{m_j+1})} \, \bar{\omega}_j(\xi',\tau) \, \mathscr{F}' g_j \right|^2 \cdot (1+|\xi|^2)^{2m+l} \mathrm{d}\xi.$$

Wegen $(1+|\xi|^2)^{2m+l} = (1+|\xi'|^2+\tau^2)^{2m+l} \leqslant c_2 [(1+|\xi'|^2)^{2m+l}+(1+\tau^2)^{2m+l}]$, dem Satz von Fubini und (23) (dort l einmal 0 und ein andermal $= 2m+l$ gesetzt) können wir weiter abschätzen

$$\| R_j g_j \|_{2m-l,\mathbf{R}_+^r}^2$$

$$\leqslant c_3 \int\limits_{\mathbf{R}^{r-1}} \mathrm{d}\xi' \int\limits_{-\infty}^{\infty} \mathrm{d}\tau \, \frac{|\xi'|^{2(m_j+1)}((1+|\xi'|^2)^{2m+l}+(1+\tau^2)^{2m+l})}{(1+|\xi'|^{m_j+1})^2} \, |\bar{\omega}_j(\xi',\tau)|^2 \cdot |\mathscr{F}' g_j|^2$$

$$= c_3 \int\limits_{\mathbf{R}^{r-1}} \mathrm{d}\xi' \, \frac{|\xi'|^{2(m_j+1)}|\mathscr{F}' g_j|^2}{(1+|\xi'|^{m_j+1})^2}$$

$$\left(\int\limits_{-\infty}^{\infty} |\bar{\omega}_j(\xi',\tau)|^2 \mathrm{d}\tau \cdot (1+|\xi'|^2)^{2m+l} + \int\limits_{-\infty}^{\infty} |\bar{\omega}_j(\xi',\tau)|^2 (1+\tau^2)^{2m+l} \mathrm{d}\tau \right)$$

$$\leqslant c_4 \int\limits_{\mathbf{R}^{r-1}} \frac{|\xi'|^{2(m_j+1)}}{(1+|\xi'|^{m_j+1})^2} \, |\mathscr{F}' g_j|^2 (1+|\xi'|^2)^{2m+l-m_j-1/2} \mathrm{d}\xi'$$

$$\leqslant c_5 \int\limits_{\mathbf{R}^{r-1}} |\mathscr{F}' g_j|^2 (1+|\xi'|^2)^{2m+l-m_j-1/2} \mathrm{d}\xi' \leqslant c_6 \| g_j \|_{2m+l-m_j-1/2,\mathbf{R}^{r-1}}^2$$

das ist (27). Die Stetigkeit von

$$R : W_2^l(\mathbf{R}_+^r) \underset{j=1}{\overset{m}{\times}} W_2^{2m+l-m_j-1/2}(\mathbf{R}^{r-1}) \to W_2^{2m+l}(\mathbf{R}_+^r), \qquad l \geqslant 0,$$

liest man wegen (26) und (27) unmittelbar aus der Definition (25) ab. Wir vermerken noch, daß $w_j(x) = R_j(g_j)$ eine Lösung der Randwertaufgabe

$$\begin{aligned}
&A(\mathrm{D}) w_j = 0, \qquad x_r > 0,\\
(28) \quad &b_k(\mathrm{D}) w_j = 0, \quad\ \ k \neq j = 1,\dots,m;\\
&b_j(\mathrm{D}) w_j(x',0) = \mathscr{F}'^{-1} (|\xi'|^{m_j+1}(1+|\xi'|^{m_j+1})^{-1}) \, \mathscr{F}'(g_j), \ \textit{ist.}
\end{aligned}$$

b) R ist Rechtsregularisator zu $L = (A(\mathrm{D}), b_1(\mathrm{D}), \dots, b_m(\mathrm{D}))$. Wegen (28) haben wir $A \circ R_j = 0$ für $j = 1, \dots, m$, woraus folgt

$$A \circ R\{f, g_1, \dots, g_m\} = A \circ R_0 f = f + V_0 f,$$

mit $\qquad V_0 f = -M \circ \mathscr{F}^{-1} (1+|\xi|^{2m})^{-1} \, \mathscr{F} F f,$

wobei

(29) $V_0 : W_2^l(\mathbf{R}_+^r) \to W_2^{l+2m}(\mathbf{R}_+^r) \subset W_2^{l+1}(\mathbf{R}_+^r)$ stetig,

ein Glättungsoperator ist. Weiter folgt aus (28)

$$b_j R_j g_j = g_j + V_j g_j \quad \text{mit } V_j g_j := -\mathscr{F}'^{-1}((1+|\xi'|^{m_j+1})^{-1}\mathscr{F}'g_j);$$

und

(30) $V_j : W_2^{2m+l-m_j-1/2}(\mathbf{R}^{r-1}) \to W_2^{2m+l+1/2}(\mathbf{R}^{r-1}) \subset W_2^{2m+l-m_j+1/2}(\mathbf{R}^{r-1})$

ist stetig – also glättend. Zusammen genommen haben wir

(31) $L \circ R\{f, g_1, \dots, g_m\} = \{f, g_1, \dots, g_m\} + T_2\{f, g_1, \dots, g_m\}$

mit $T_2\{f, g_1, \dots, g_m\} = \{V_0 f; V_j(g_j - \mathscr{T}_0 \circ b_j \circ R_0 f), j = 1, \dots, m\},$

wobei wegen (29) und (30) der Operator

(32) $T_2 : W_2^l(\mathbf{R}_+^r) \overset{m}{\underset{j=1}{\times}} W_2^{2m+l-m_j-1/2}(\mathbf{R}^{r-1}) \to W_2^{l+1}(\mathbf{R}_+^r) \overset{m}{\underset{j=1}{\times}} W_2^{2m+l-m_j+1/2}(\mathbf{R}^{r-1})$

kurz $T_2 : H^l(\mathbf{R}_+^r, \mathbf{R}^{r-1}) \to H^{l+1}(\mathbf{R}_+^r, \mathbf{R}^{r-1})$

glättend ist.

c) R ist Linksregularisator zu L. Wir zerlegen

$$R \circ Lu = u + T_1 u$$

und müssen zeigen, daß T_1 ein Glättungsoperator ist, bzw. daß für $l \geqslant 0$

(33) $T_1 : W_2^{2m+l}(\mathbf{R}_+^r) \to W^{2m+l+1}(\mathbf{R}_+^r)$

stetig ist. Dazu betrachten wir den Ausdruck $L \circ R \circ Lu$. Wegen (31) haben wir
$L \circ R \circ Lu = (I + T_2)Lu = L(I + T_1)u$, woraus folgt

$$T_2 \circ Lu = L \circ T_1 u,$$

und das Lemma 13.1 ergibt die Abschätzung

(34) $\| T_1 u \|_{2m+l+1, \mathbf{R}_+^r} \leqslant c_1 \| LT_1 u \|_{H^{l+1}(\mathbf{R}_+^r, \mathbf{R}^{r-1})}.$

Wir setzen für $LT_1 u$ den Ausdruck $T_2 Lu$ ein, verwenden (32) und können weiter abschätzen

(35) $\|LT_1 u\|_{H^{l+1}} = \|T_2 Lu\|_{H^{l+1}(\mathbf{R}_+^r, \mathbf{R}^{r-1})} \leqslant c_2 \|Lu\|_{H^l(\mathbf{R}^r, \mathbf{R}^{r-1})} \leqslant c_3 \|u\|_{W_2^{2m+l}(\mathbf{R}_+^r)}$

(34) und (35) ergeben (33).   ∎

Schritt III Sei $A(x, \mathrm{D})$ ein Differentialoperator auf $\mathbf{R}^r$ mit variablen Koeffizienten, die die Differenzierbarkeits- und Beschränktheitsvoraussetzungen zum Hauptsatz 13.1 erfüllen: $a_j(x) \in C^{k+1}(\mathbf{R}^r)$.
Wir zerlegen

(36) $A(x, \mathrm{D}) = A^H(0, \mathrm{D}) + A_1(x, \mathrm{D}) + A_2(x, \mathrm{D}),$

wobei $A_1(x, \mathrm{D}) = A^H(x, \mathrm{D}) - A^H(0, \mathrm{D})$ und $A_2(x, \mathrm{D}) = A(x, \mathrm{D}) - A^H(x, \mathrm{D})$ gesetzt wurde.

Die Ordnung von $A_2(x, \mathrm{D})$ ist kleiner als $2m$. Wir setzen voraus, daß $A(x, \mathrm{D})$ im Punkte $0 \in \mathbf{R}^r$ elliptisch ist, und daß für die Koeffizienten von $A_1(x, \mathrm{D})$

$$\Big(= \sum_{|s|=2m} (a_s(x) - a_s(0))\, D^s \Big) \text{ gilt}$$

$$(37) \qquad \sup_x \sum_{|s|=2m} |a_s(x) - a_s(0)| < \frac{1}{3\,\|R\|_l},$$

wobei $R: W_2^l(\mathbf{R}') \to W_2^{2m+l}(\mathbf{R}')$ der Regularisator aus Schritt I ist, $\|R\|_l$ ist die Norm, und $0 \leqslant l \leqslant k + \varkappa - 1$.

Wir wollen zeigen, daß unter diesen Voraussetzungen der Operator $A(x, D)$ glättbar ist.

Sei R der (links- und rechts-)Regularisator von $A^H(0, D)$ nach Schritt I. Wir haben wegen (36)

$$(38) \qquad \begin{aligned} A(x, D) \circ Rf &= f + A_1(x, D)\, Rf + A_2(x, D)\, Rf + Tf, \\ R \circ A(x, D)\, u &= u + R \circ A_1(x, D)\, u + R \circ A_2(x, D)\, u + Tu. \end{aligned}$$

Da $\operatorname{ord} A_2 \leqslant 2m - 1$ ist, haben wir (hier benutzen wir die Voraussetzung $a_s \in C^{k+1}(\mathbf{R}')$, während wir sonst mit $a_s \in C^k(\mathbf{R}')$ auskommen)

$$A_2 \circ R: W_2^l \to W_2^{l+2m} \to W_2^{l+1},$$
$$R \circ A_2: W_2^{2m+l} \to W_2^{l+1} \to W_2^{2m+l+1},$$

d.h. $A_2 \circ R$ und $R \circ A_2$ sind Glättungsoperatoren und (38) reduziert sich zu

$$(39) \qquad \begin{aligned} A(x, D) \circ Rf &= f + A_1(x, D)\, Rf + T_1 f, \\ R \circ A(x, D)\, u &= u + R \circ A_1(x, D)\, u + T_2 u. \end{aligned}$$

Wir schätzen unter zu Hilfenahme der Leibnizschen Produktregel ab und wenden (37) an

$$
\begin{aligned}
\|A_1(x, D)\, Rf\|_l &= \Big\| \sum_{|s|=2m} (a_s(x) - a_s(0))\, D^s Rf \Big\|_l \\[2mm]
&\leqslant \sup_x \sum_{|s|=2m} |a_s(x) - a_s(0)| \cdot \|Rf\|_{l+2m} + C_1 \|Rf\|_{l+2m-1} \\[2mm]
(40)\qquad &\leqslant \frac{1}{3\,\|R\|_l} \|Rf\|_{l+2m} + C_1 \|Rf\|_{l+2m-1} \\[2mm]
&\leqslant \frac{1}{3\,\|R\|_l} \|R\|_l \|f\|_l + C_1 \|R\|_{l-1} \|f\|_{l-1} \leqslant \frac{1}{3} \|f\|_l + c \|f\|_{l-1}.
\end{aligned}
$$

Hier darf $(l-1)$ auch negativ sein, da $R: H^l \to H^{l+2m}$ durch die Fouriertransformation auch für negative l definiert ist.

Wir wenden nun das Lemma 13.2 auf den Operator $A_1 \circ R = B$ an und setzen $N = 0$, $\varepsilon = 1/3$, wir erhalten dann wegen (40) $A_1 \circ R = B_1 + B_2$ mit $B_2 \in L(W_2^{l-1}, W_2^l)$ und auch $\in L(W_2^l, W_2^{l+1})$, (folgt aus Lemma 13.2, da $A_1 \circ R$ unabhängig von l ist), sowie $\|B_1\|_l \leqslant 2/3$. (39) nimmt die Form an

$$(41) \qquad A(x, D) \circ Rf = f + B_1 f + B_2 f + T_1 f,$$

und B_2 ist ein Glättungsoperator. Wegen $\|B_1\|_l \leqslant 2/3$ ist der Operator $I + B_1$ invertierbar (siehe Lemma 12.1) und man überzeugt sich leicht, daß

$$R_r = R \circ (I + B_1)^{-1}$$

ein Rechtsregularisator für A ist, denn aus (41) folgt

$$A(x, \mathrm{D}) \circ R \circ (I + B_1)^{-1} f = (I + B_1)(I + B_1)^{-1} f + B_2 (I + B_1)^{-1} f + T_1 (I + B_1)^{-1} f$$
$$= f + T_3 f$$

$T_3 : W_2^l \to W_2^{l+1}$.

Dieselbe Methode liefert – ausgehend von der zweiten Gleichung (39) – auch einen Linksregularisator für $A(x, \mathrm{D})$. ∎

Schritt IV Seien $A(x, \mathrm{D})$, $b_j(x, \mathrm{D})$, $j = 1, \ldots, m$, Differentialoperatoren auf dem Halbraum $\mathbf{R}^r_+$ mit variablen Koeffizienten, die die Differenzierbarkeits- und Beschränktheitsvoraussetzungen zum Hauptsatz 13.1 erfüllen.

$$a_s(x) \in C^{k+1}(\bar{\mathbf{R}}^r_+), \qquad b_{j,s}(x) \in C^{2m - m_j + k + 1}(\bar{\mathbf{R}}^r_+), \qquad j = 1, \ldots, m.$$

Wir betrachten im Halbraum $\mathbf{R}^r_+$ die elliptische Randwertaufgabe

$$A(x, \mathrm{D})\, u = f, \qquad x \in \mathbf{R}^r_+,$$
$$b_j(x, \mathrm{D})\, u = g_j, \qquad x \in \mathbf{R}^{r-1}, j = 1, \ldots, m.$$

Wir zerlegen

$$(42) \qquad \begin{aligned} A(x, \mathrm{D}) &= A^{\mathrm{H}}(0, \mathrm{D}) + A_1(x, \mathrm{D}) + A_2(x, \mathrm{D}), \\ b_j(x, \mathrm{D}) &= b_j^{\mathrm{H}}(0, \mathrm{D}) + b_{1,j}(x, \mathrm{D}) + b_{2,j}(x, \mathrm{D}), \qquad j = 1, \ldots, m, \end{aligned}$$

wobei wieder gesetzt wurde

$$\begin{aligned} A_1(x, \mathrm{D}) &= A^{\mathrm{H}}(x, \mathrm{D}) - A^{\mathrm{H}}(0, \mathrm{D}), \\ A_2(x, \mathrm{D}) &= A(x, \mathrm{D}) - A^{\mathrm{H}}(x, \mathrm{D}), \qquad \mathrm{ord}\, A_2 \leqslant 2m - 1, \\ b_{1,j}(x, \mathrm{D}) &= b_j^{\mathrm{H}}(x, \mathrm{D}) - b_j^{\mathrm{H}}(0, \mathrm{D}), \\ b_{2,j}(x, \mathrm{D}) &= b_j(x, \mathrm{D}) - b_j^{\mathrm{H}}(x, \mathrm{D}), \qquad \mathrm{ord}\, b_{2,j} \leqslant m_j - 1, j = 1, \ldots, m. \end{aligned}$$

Wir setzen voraus, daß die Randwertaufgabe im Punkte $0 \in \bar{\mathbf{R}}^r_+$ elliptisch ist, das heißt, daß $A^{\mathrm{H}}(0, \mathrm{D})$ elliptisch ist und daß die Bedingung von Lopatinskij-Šapiro für $A^{\mathrm{H}}(0, \mathrm{D})$, $b_j^{\mathrm{H}}(0, \mathrm{D})$, $j = 1, \ldots, m$ erfüllt ist. Sei $\mathscr{R} : H^l(\mathbf{R}^r_+, \mathbf{R}^{r-1}) \to W_2^{2m+l}(\mathbf{R}^r_+)$ der Regularisator zu $A^{\mathrm{H}}(0, \mathrm{D})$, $b_j^{\mathrm{H}}(0, \mathrm{D})$, $j = 1, \ldots, m$, aus Schritt II, sei jetzt $0 \leqslant l \leqslant k + \varkappa - 1$, wir setzen zusätzlich voraus

$$(43) \qquad \sup_{x \in \bar{\mathbf{R}}^r_+} \sum_{|s| = 2m} |a_s(x) - a_s(0)| < \frac{1}{3\, \|\mathscr{R}\|_l},$$

$$\sup_{x \in \bar{\mathbf{R}}^r_+} \sum_{|s| = m_j} |b_{j,s}(x) - b_{j,s}(0)| < \frac{1}{3\, \|\mathscr{R}\|_l\, \|\mathscr{T}_0\|_l}, \qquad j = 1, \ldots, m.$$

Wir schreiben die Zerlegung (42) kurz

$$(42')\qquad L(x,\mathrm{D}) = L^{\mathrm{H}}(0,\mathrm{D}) + L_1(x,\mathrm{D}) + L_2(x,\mathrm{D}).$$

Sei $\mathscr{R}$ der Regularisator aus Schritt II mit den Glättungsoperatoren T_1 und T_2. Aus $(42')$ erhalten wir, $g = (g_1, \ldots, g_m)$ gesetzt,

$$(44)\qquad \begin{aligned} L(x,\mathrm{D}) \circ \mathscr{R}\,\{f,g\} &= \{f,g\} + L_1(x,\mathrm{D})\,\mathscr{R}\,\{f,g\} + L_2(x,\mathrm{D})\,\mathscr{R}\,\{f,g\} + T_1\,\{f,g\} \\ \mathscr{R} \circ L(x,\mathrm{D})\,u &= u + \mathscr{R} \circ L_1(x,\mathrm{D})\,u + \mathscr{R} \circ L_2(x,\mathrm{D})\,u + T_2\,u. \end{aligned}$$

Die Operatoren $L_2 \circ \mathscr{R}$ und $\mathscr{R} \circ L_2$ sind wieder Glättungsoperatoren, da $\operatorname{ord} L_2 < (2m, m_1, \ldots, m_m)$. Wir konstruieren einen Linksregularisator $\mathscr{R}_l$ zu $L(x,\mathrm{D})$. Dazu schätzen wir ab ($\mathscr{T}_0$ der Spuroperator)

$$\begin{aligned} \|\mathscr{R} \circ L_1 u\|_{2m+l} &\leqslant \|\mathscr{R}\|_l\,\|L_1 u\|_l \\ &= \|\mathscr{R}\|_l \left\{ \|A_1(x,\mathrm{D})u\|_l + \sum_{j=1}^m \|\mathscr{T}_0 \circ b_{1,j}(x,\mathrm{D})u\|_{l+2m-m_j-1/2,\,\mathbf{R}^{r-1}} \right\} \\ &\leqslant \|\mathscr{R}\|_l \left\{ \|A_1(x,\mathrm{D})u\|_l + \sum_{j=1}^m \|\mathscr{T}_0\|_l\,\|b_{1,j}(x,\mathrm{D})u\|_{l+2m-m_j,\,\mathbf{R}^r_+} \right\}. \end{aligned}$$

Wir benutzen die Leibnizsche Produktregel und die Voraussetzungen (43) – ähnlich wie in (40) – und erhalten endgültig

$$\|\mathscr{R} \circ L_1 u\|_{2m+l} \leqslant \frac{1}{3}\,\|u\|_{2m+l} + c\,\|u\|_{2m+l-1} \quad \text{auf } \mathbf{R}^r_+.$$

Wir wenden auf diese Abschätzung das Lemma 13.3 an mit $B = \mathscr{R} \circ L_1$, $N = 0$, $\varepsilon = 1/3$, $L = k + \varkappa + 2m$, $l \to 2m + l$, und bekommen die Zerlegung

$$\mathscr{R} \circ L_1 = B_1 + B_2, \qquad \|B_1\|_{l+2m} < \frac{2}{3},$$

B_2 unabhängig von l und glättend:

$$W_2^{2m+l-1}(\mathbf{R}^r_+) \to W_2^{2m+l}(\mathbf{R}^r_+) \quad \text{bzw.} \quad W_2^{2m+l}(\mathbf{R}^r_+) \to W_2^{2m+l+1}(\mathbf{R}^r_+).$$

Wir nehmen als Linksregularisator zu $L(x,\mathrm{D})$

$$\mathscr{R}_l = (I + B_1)^{-1}\,\mathscr{R},$$

benutzen die zweite Gleichung von (44) und prüfen nach

$$\begin{aligned} R_1 \circ L(x,\mathrm{D})u &= (I+B_1)^{-1}u + (I+B_1)^{-1}\mathscr{R} \circ L_1 u + (I+B_1)^{-1}(\mathscr{R} \circ L_2 u + T_2 u) \\ &= (I+B_1)^{-1}u + (I+B_1)^{-1}(B_1 u + B_2 u) + (I+B_1)^{-1}(\mathscr{R} \circ L_2 u + T_2 u) \\ &= u + (I+B_1)^{-1}B_2 u + (I+B_1)^{-1}(\mathscr{R} \circ L_2 u + T_2 u) = u + T_3 u, \end{aligned}$$

hier ist $T_3 : W_2^{l+2m}(\mathbf{R}^r_+) \to W_2^{l+2m+1}(\mathbf{R}^r_+)$ ein Glättungsoperator.

Einen Rechtsregularisator R_r zu $L(x,\mathrm{D})$ zu konstruieren ist etwas komplizierter. Wir betrachten die Operatoren $A_1(x,\mathrm{D})$, $b_{1,j}(x,\mathrm{D})$, $j=1,\dots,m$, auf $\mathbf{R}^r_+$, wenden die Leibnizsche Produktregel an und schätzen mit Hilfe der Voraussetzungen (43) ab

$$\|A_1(x,\mathrm{D})v\|_l \leqslant \frac{1}{3\,\|R\|_l}\,\|v\|_{l+2m} + c\,\|v\|_{l+2m-1},$$

$$\|b_{1,j}(x,\mathrm{D})v\|_{l+2m-m_j} \leqslant \frac{1}{3\,\|R\|_l\,\|\mathscr{T}_0\|_l}\,\|v\|_{l+2m} + c\,\|v\|_{l+2m-1}, \quad j=1,\dots,m.$$

Wir wenden wieder das Lemma 13.3 an, einmal mit $B=A_1$, $N=-2m$, $\varepsilon=1/3\,\|\mathscr{R}\|_l$, $L=k+\varkappa+2m$, $l\to l+2m$, und ein anderes Mal mit $B=b_{1,j}$, $N=-m_j$, $\varepsilon=1/3\,\|\mathscr{R}\|_l\,\|\mathscr{T}_0\|_l$, $L=k+\varkappa+2m$, $l\to l+2m$ und erhalten die Zerlegungen (unabhängig von l),

$$A_1=B'+B'', \qquad b_{1,j}=B'_j+B''_j, \qquad j=1,\dots,m,$$

wobei $\quad \|B'\| < \dfrac{2}{3\,\|\mathscr{R}\|_l}, \qquad \|B'_j\| < \dfrac{2}{3\,\|\mathscr{R}\|_l\,\|\mathscr{T}_0\|_l},$

und B'', B''_j glättend sind

$$B'':W_2^{l+2m}(\mathbf{R}^r_+)\to W_2^{l+1}(\mathbf{R}^r_+), \qquad B''_j:W_2^{l+2m}(\mathbf{R}^r_+)\to W_2^{l+2m-m_j+1}(\mathbf{R}^r_+).$$

Wir setzen, $\mathscr{T}_0$ der Spuroperator $\mathbf{R}^r_+\to\mathbf{R}^{r-1}$,

$$\tilde{B}_1:=(B',\mathscr{T}_0\circ B'_1,\dots,\mathscr{T}_0\circ B'_m)\circ\mathscr{R}, \qquad \tilde{B}_2:=(B'',\mathscr{T}_0\circ B''_1,\dots,\mathscr{T}_0\circ B''_m)\circ\mathscr{R}$$

und haben $L_1\circ\mathscr{R}=\tilde{B}_1+\tilde{B}_2$ mit

$$\tilde{B}_1:H^l\to H^l \quad\text{und}\quad \tilde{B}_2:H^l\to H^{l+1} \quad\text{(glättend)},$$

wobei für die Norm von $\tilde{B}_1$ gilt

$$\|\tilde{B}_1\| \leqslant \max\left(\|B'\|,\|\mathscr{T}_0\|_l\|B'_1\|,\dots,\|\mathscr{T}_0\|_l\|B'_m\|\right)\cdot\|\mathscr{R}\|_l \leqslant \frac{2}{3}.$$

Der Operator $(I+\tilde{B}_1)^{-1}$ existiert wieder und wir nehmen als Rechtsregularisator zu $L(x,\mathrm{D})$

$$\mathbf{R}_r=\mathscr{R}\circ(I+\tilde{B}_1)^{-1}.$$

Wir benutzen die erste Gleichung von (44) und prüfen nach

$$L(x,\mathrm{D})\circ\mathbf{R}_r\{f,g\}=L(x,\mathrm{D})\mathscr{R}\circ(I+\tilde{B}_1)^{-1}\{f,g\}$$

$$=(I+\tilde{B}_1)^{-1}\{f,g\}+L_1(x,\mathrm{D})\mathscr{R}(I+\tilde{B}_1)^{-1}\{f,g\}+(L_2(x,\mathrm{D})\mathscr{R}+T_1)(I+\tilde{B}_1)^{-1}\{f,g\}$$

$$=(I+\tilde{B}_1)^{-1}\{f,g\}+(\tilde{B}_1+\tilde{B}_2)(I+\tilde{B}_1)^{-1}\{f,g\}+(L_2(x,\mathrm{D})\mathscr{R}+T_1)(I+\tilde{B}_1)^{-1}\{f,g\}$$

$$=\{f,g\}+\tilde{B}_2(I+\tilde{B}_1)^{-1}\{f,g\}+(L_2(x,\mathrm{D})\mathscr{R}+T_1)(I+\tilde{B}_1)^{-1}\{f,g\}$$

$$=\{f,g\}+T_4\{f,g\},$$

hier ist $T_4:H^l\to H^{l+1}$ ein Glättungsoperator. Wir haben damit die Randwertaufgabe im Halbraum $\mathbf{R}^r_+$ unter den Bedingungen (43) regularisiert. ∎

Schritt V Beweisende. Es seien die vor dem Hauptsatz 13.1 formulierten Voraussetzungen für Ω und $L(x,\mathrm{D}) = (A(x,\mathrm{D}), b_1(x,\mathrm{D}), \ldots, b_m(x,\mathrm{D}))$ erfüllt. Sei die Randwertaufgabe (1) elliptisch, wir zeigen, daß (2) $L(x,\mathrm{D})$ glättbar ist.

Zuerst ein Hilfsbegriff. Sei U_i offen und $U_i \subset \Omega$. Wir sagen, daß $L(x,\mathrm{D})$ auf $(U_i, \partial U_i \cap \partial\Omega)$ lokal glättbar ist, daß R_1^i, R_r^i lokale Regularisatoren und daß T_1^i, T_2^i lokale Glättungsoperatoren sind, falls gilt

$$(45) \qquad \varphi L \circ R_r^i \{f^i, g^i\} = \varphi \{f^i, g^i\} + T_1^i \{f^i, g^i\},$$
$$\varphi R_1^i \circ Lu^i = \varphi u^i + T_2^i u^i,$$

für $\{f^i, g^i\} \in H^i(U_i, \partial U_i \cap \partial\Omega)$, $u^i \in W_2^{l+1\,m}(U_i)$, mit

$$R_r^i, R_1^i : H^l(U_i, \partial U_i \cap \partial\Omega) \to W_2^{l+2\,m}(U_i) \quad \text{stetig},$$
$$T_1^i : H^l(U_i, \partial U_i \cap \partial\Omega) \to H^{l+1}(U_i, \partial U_i \cap \partial\Omega) \quad \text{stetig}$$

und $\qquad T_2^i : W_2^{l+2\,m}(U_i) \to W_2^{l+1+2\,m}(U_i) \quad \text{stetig},$

wobei φ eine Funktion aus $C^\infty(U_i)$ ist, die Restriktion auf $U_i = V_i \cap \Omega$ einer Funktion aus $\mathscr{D}(V_i)$ ist – V_i siehe weiter unten Lemma 13.4. Falls $\partial U_i \cap \partial\Omega = \emptyset$ ist, setzen wir in der ersten Gleichung von (45) $g^i = 0$, für die H^l-Räume nehmen wir dann $W_2^l(U_i)$.

Lemma 13.4 *Sei $\{V_i\}$ eine endliche Überdeckung von $\bar{\Omega}$, wir setzen $U_i = V_i \cap \Omega$. Falls $L(x,\mathrm{D})$ lokalglättbar auf jedem $(U_i, \partial U_i \cap \partial\Omega)$ ist, dann ist $L(x,\mathrm{D})$ „global" glättbar auf Ω.*

Beweis. Sei $\{\varphi_i\}$ eine der Überdeckung $\{V_i\}$ untergeordnete Zerlegung der Eins:

$$\varphi_i \in \mathscr{D}(V_i), \qquad \operatorname{supp}\varphi_i \subset V_i, \qquad \sum_i \varphi_i = 1.$$

Wir nehmen noch Funktionen $\psi_i \in \mathscr{D}(V_i)$ mit den Eigenschaften $\operatorname{supp}\varphi_i \subset \operatorname{supp}\psi_i \subset V_i$, $\psi_i = 1$ auf $\operatorname{supp}\varphi_i$, woraus folgt

$$(46) \qquad \varphi_i = \psi_i \cdot \varphi_i.$$

Wir definieren die „globalen" Regularisatoren durch

$$(47) \qquad R_r = \sum_i \varphi_i R_r^i \psi_i, \qquad R_1 = \sum_i \varphi_i R_1^i \psi_i,$$

und prüfen die Glättungseigenschaften nach. Wir setzen $\{f,g\} = \{f, g_1, \ldots, g_m\} = F$ und haben (die Leibnizsche Produktregel angewandt)

$$LR_r F = \sum_i L\varphi_i R_r^i \psi_i F = \sum_i \varphi_i L R_r^i \psi_i F + \sum_i \sum_{|\alpha|>0} \frac{1}{\alpha!}(\mathrm{D}^\alpha \varphi_i) L^{(\alpha)} R_r^i \psi_i F$$
$$(48) \qquad = \sum_i \varphi_i L R_r^i \psi_i F + T_1 F;$$

T_1 ist ein Glättungsoperator, denn die Ordnung von $L^{(\alpha)}$ ist kleiner als $(2m, m_1, \ldots, m_m)$. Wir benutzen jetzt die lokale Glättbarkeit (45) und haben weiter mit (46)

$$= \sum_i \varphi_i \cdot \psi_i F + \sum_i T_1^i \psi_i F + T_1 F = \sum_i \varphi_i F + TF = F + TF,$$

wobei T ein Glättungsoperator ist. Der Beweis für $R_1 : R_1 L u = u + \tilde{T} u$, verläuft ebenso. Nun zum Beweisende. Sei $x \in \bar{\Omega}$, wir betrachten zuerst den Fall, daß x im Inneren von Ω liegt, also

$$x_\iota \in \Omega.$$

Wir nehmen eine so kleine Kugel $B(x_\iota, 2\varepsilon_\iota) \subset \Omega$, daß auf dieser die Abschätzung (37) für $A(x, \mathrm{D})$ von Schritt III gilt

$$(37') \qquad \sup_x \sum_{|s|=2m} |a_s(x) - a_s(x_\iota)| < \frac{1}{3\,\|R(x_\iota)\|_\iota},$$

wobei $R(x_\iota)$ der nach Schritt I existierende Regularisator von $A^{\mathrm H}(x_\iota, \mathrm{D})$ ist, x_ι fixiert. Wir setzen die Koeffizienten von $A(x, \mathrm{D})$ mit Erhaltung der Bedingung (37) von $U_\iota = B(x_\iota, \varepsilon_\iota)$ auf $\mathbf{R}^r$ fort (siehe Satz 5.7), bekommen so den fortgesetzten Differentialoperator $A_\iota(x, \mathrm{D})$, der nach Schritt III glättbar ist:

$$R_1^\iota A_\iota u = u + T_1^\iota u, \qquad A_\iota R_\mathrm{r}^\iota f = f + T_2^\iota f,$$

woraus wir nach Multiplikation mit $\varphi \in \mathscr{D}(U_\iota)$ und Restriktion auf U_ι die lokale Glättbarkeit von $A(x, \mathrm{D})$ auf U_ι erhalten, das ist (45). Sei nun x ein Randpunkt, also

$$x_\alpha \in \partial\Omega.$$

Da der Rand $\partial\Omega$ – nach Voraussetzung – zur Klasse $C^{2m+k,\varkappa}, k + \varkappa \geqslant 1$, gehört, gibt es nach Satz 2.11 eine Umgebung V_α' von x_α und eine zulässige Transformation $\Phi_\alpha \in C^{2m+k,\varkappa}$, die überführt

$$V_\alpha' \leftrightarrow W^r, \qquad V_\alpha' \cap \Omega \leftrightarrow W_+^r, \qquad V_\alpha' \cap \partial\Omega \leftrightarrow W^{r-1}, \qquad x_\alpha \leftrightarrow 0,$$

dabei kann (auch Satz 2.11) die zulässige Transformation so gewählt werden, daß $(x_1, \ldots, x_{r-1}) = \Phi_\alpha^{r-1}$ die Koordinaten von $V_\alpha' \cap \partial\Omega$ sind. Nach der Folgerung 10.1 und dem Satz 11.3 bilden die transformierten Differentialoperatoren $\tilde{L} = (\tilde{A}, \tilde{b}_1, \ldots, \tilde{b}_m)$ wieder eine elliptische Randwertaufgabe für $0 \in \bar{W}_+^r, W^{r-1}$, d.h. $\tilde{A}(0, \mathrm{D})$ ist elliptisch und $(\tilde{A}(0, \mathrm{D}), \tilde{b}_1(0, \mathrm{D}), \ldots, \tilde{b}_m(0, \mathrm{D}))$ erfüllen die Bedingung 11.1 von Lopatinskij-Šapiro. Wir wählen nun die Halbkugel $\bar{B}_+(0, 2\varepsilon_\alpha) \subset W_+^r$ so klein, daß auf $\bar{B}_+(0, 2\varepsilon_\alpha)$ die Abschätzungen (43) von Schritt IV gelten

$$(49) \qquad \begin{aligned} &\sup_y \sum_{|s|=2m} |\tilde{a}_s(y) - \tilde{a}_s(0)| < \frac{1}{3\,\|\tilde{R}(0)\|_\iota}, \\[2ex] &\sup_y \sum_{|s|=m_j} |\tilde{b}_{j,s}(y) - \tilde{b}_{j,s}(0)| \leqslant \frac{1}{3\,\|\tilde{R}(0)\|_\iota\,\|\mathscr{T}_0\|_\iota}, \qquad j = 1, \ldots, m, \end{aligned}$$

wobei $\tilde{R}(0)$ der nach Schritt II existierende Regularisator von $\tilde{L}(0, \mathrm{D})$ ist. Wieder, wir setzen $\tilde{L}(y, \mathrm{D})$ von $\bar{B}_+(0, \varepsilon_\alpha)$ auf $\bar{\mathbf{R}}_+^r$ fort, wobei die Bedingungen (49) bestehen bleiben sollen, dies ist möglich nach Satz 5.7. Der so fortgesetzte Operator $\tilde{L}_\alpha(y, \mathrm{D})$ ist nach Schritt IV glättbar

$$R_1^\alpha \circ \tilde{L}_\alpha u = u + T_1^\alpha u, \qquad \tilde{L}_\alpha \circ R_\mathrm{r}^\alpha \{f, g\} = \{f, g\} + T_2^\alpha \{f, g\},$$

woraus wir nach Multiplikation mit $\varphi \in \mathscr{D}(B(0,\varepsilon_\alpha))$ und Restriktion auf $B_+(0,\varepsilon_\alpha)$ die lokale Glättbarkeit (45) von $\tilde{L}(y,D)$ auf $(B_+(0,\varepsilon_\alpha), W^{r-1} \cap \partial B_+(0,\varepsilon_\alpha))$ erhalten.

Die Eigenschaften „glättbar" und „lokalglättbar" sind invariant unter zulässigen Koordinatentransformationen $((x_1, \ldots, x_{r-1}) = \Phi_\alpha^{r-1}$ die Koordinaten von $\partial\Omega)$

$$\Phi_\alpha : \Omega \cap V_\alpha' \leftrightarrow W_+^r, \qquad \Phi_\alpha^{r-1} : V_\alpha' \cap \partial\Omega \leftrightarrow W^{r-1}.$$

[Die in Frage kommenden Operatoren ergeben sich durch links- und rechts-Multiplikationen mit den entsprechenden Pullbackoperatoren $^*\Phi_\alpha$, $^*\Phi_\alpha^{-1}$ und $^*\Phi_\alpha^{r-1}$, $^*(\Phi_\alpha^{r-1})^{-1}$ gemäß den Diagrammen (siehe auch Satz 4.1)

$$
\begin{array}{ccc}
W(V_\alpha \cap \Omega) & \xrightarrow{\;B\;} & W(V_\alpha \cap \partial\Omega) \\
{}^*\Phi_\alpha \uparrow \;\; \downarrow {}^*\Phi_\alpha^{-1} & \quad {}^*\Phi_\alpha^{r-1} \uparrow \;\; \downarrow {}^*(\Phi_\alpha^{r-1})^{-1} & \qquad \text{usw.} \\
W(W_+^r) & \xrightarrow{\;B\;} & W(W^{r-1})
\end{array}
$$

d.h. $B = {}^*(\Phi_\alpha^{r-1})^{-1} \circ B \circ {}^*\Phi_\alpha$ usw.]

Setzen wir $V_\alpha := \Phi_\alpha^{-1}(B(0,\varepsilon_\alpha))$ (das Bild von $B(0,\varepsilon_\alpha)$ unter der Rücktransformation Φ_α^{-1}), so sehen wir, daß $L(x,D)$ auf $(U_\alpha := V_\alpha \cap \Omega, \partial\Omega \cap \partial U_\alpha)$ lokalglättbar ist, wobei x_α beliebig gewählt war. Da $\bar\Omega$ kompakt ist, können wir $\bar\Omega$ mit endlich vielen U_l und V_α überdecken und das Lemma 13.4 anwenden, wonach (2) $L(x,D)$ glättbar auf $(\Omega, \partial\Omega)$ ist. ∎

13.2 Index und Spektrum von elliptischen Randwertaufgaben

Wir wollen nun einige Sätze über den Index von elliptischen Operatoren herleiten und werden bei den Beweisen – teilweise – auf die §15 und §17 vorgreifen.

Satz 13.2 (Lawruk [1]) *Der Index einer Randwertaufgabe (1) hängt nur von den Hauptteilen der Operatoren $A, b_1, \ldots, b_m$ ab, in anderen Worten, falls wir zum Operator A einen Operator A_1 von der Ordnung $\leqslant 2m-1$, und zu b_j ein $b_{1,j}$ von der Ordnung $\leqslant m_j - 1$ hinzufügen, (falls $\operatorname{ord} b_j = 0$ ist, setzen wir $b_{1,j} = 0$), dann bleibt der Index ungeändert.*

Beweis. Wir setzen $L_1 = (A_1, b_{1,1}, \ldots, b_{1,m})$ und haben in den Bezeichnungen von (2)

$$L_1 : W_2^{2m+l}(\Omega) \to H^{l+1}(\Omega, \partial\Omega) \overset{C}{\subset} H^l(\Omega, \partial\Omega),$$

wobei wegen der Beschränktheit von Ω die Einbettung $\overset{C}{\subset}$ kompakt ist. Wir können also L_1 als kompakte Störung auffassen, Satz 12.8 anwenden und erhalten das Ergebnis. ∎

Wir wollen die Spektralwertaufgabe (Eigenwertproblem) betrachten:

$$
\begin{aligned}
&A(x,D)u - \lambda u = f \quad \text{auf } \Omega,\ \lambda \in \mathbf{C}, \\
&b_1(x,D)u = g_1, \ldots, b_m(x,D)u = g_m \quad \text{auf } \partial\Omega.
\end{aligned}
\tag{50}
$$

Aus Satz 13.2 folgt sofort

Satz 13.3 *Für alle* $\lambda \in \mathbf{C}$ *hat die Aufgabe* (50) *den gleichen Index*:

$$\operatorname{ind} L = \operatorname{ind}(L - \lambda), \qquad \forall\, \lambda \in \mathbf{C}.$$

Beweis. Wir setzen in Satz 13.2

$$L_1 = (-\lambda \mathrm{D}^0, 0, \ldots, 0). \qquad\qquad \blacksquare$$

Aus Satz 13.3 erhalten wir sofort Aussagen über das Spektrum von (50): falls $\operatorname{ind} L \neq 0$ ist, dann besteht das Spektrum von (50) aus der gesamten komplexen Ebene $\mathbf{C}$:

$$\operatorname{Sp} L = \mathbf{C},$$

wäre nämlich $\lambda_0 \in \mathbf{C}$ regulär, so wäre $L - \lambda_0$ ein Isomorphismus $(\operatorname{ind}(L - \lambda_0) = 0)$, also $0 = \operatorname{ind}(L - \lambda_0) = \operatorname{ind} L \neq 0$, ein Widerspruch. Für $\operatorname{ind} L > 0$ sind alle $\lambda \in \mathbf{C}$ Eigenwerte von (50) mit endlichdimensionalen Eigenräumen $E(\lambda)$ (denn $\operatorname{ind}(L - \lambda)$ $= \operatorname{ind} L > 0$ bedeutet $\infty > \alpha(L - \lambda) = \dim E(\lambda) > \beta(L - \lambda) \geqslant 0$), während für $\operatorname{ind} L < 0$ außer den Eigenwerten auch residuale Spektralwerte λ im Spektrum von (50), $\operatorname{Sp} L = \mathbf{C}$, auftreten können.

Ein Spektralwert λ heißt residual, falls zwar die Abbildung $L - \lambda : W_2^{2m}(\Omega) \to$ $\operatorname{im}(L - \lambda)$ injektiv ist, aber $\overline{\operatorname{im}(L - \lambda)} \neq H^l$; ein Spektralwert λ heißt stetig, falls $\overline{\operatorname{im}(L - \lambda)} \neq H^l$ und $(L - \lambda)^{-1}$ unbeschränkt ist. Da nach Satz 13.3 $(L - \lambda)$ für jedes $\lambda \in \mathbf{C}$ ein Fredholmoperator ist, also $\operatorname{im}(L - \lambda)$ abgeschlossen ist, können im Spektrum von (50) keine stetigen Spektralwerte auftreten (open mapping theorem!), und wir haben

$$\operatorname{Sp} L = \operatorname{Sp}_p L \cup \operatorname{Sp}_r L,$$

wobei wir mit $\operatorname{Sp}_p L$ die Eigenwerte und mit $\operatorname{Sp}_r L$ die residualen Werte von (50) bezeichnen.

Interessantere Aussagen über das Spektrum von (50) können wir also nur für $\operatorname{ind} L = 0$ erwarten. In diesem Falle stehen wir vor zwei Möglichkeiten, entweder $\operatorname{Sp} L = \mathbf{C}$, das ist, jedes $\lambda \in \mathbf{C}$ ist Eigenwert von (50) (wegen $\operatorname{ind} L = 0$ haben wir $\operatorname{Sp}_r L = \emptyset$, also $\operatorname{Sp} L = \operatorname{Sp}_p L = \mathbf{C}$), oder aber es gibt wenigstens ein $\lambda_0 \in \mathbf{C}$, das kein Eigenwert von (50) ist. Für die erste Möglichkeit siehe das Beispiel 13.1, während wir für die zweite Möglichkeit folgenden Satz haben:

Satz 13.4 *Sei der Randwertoperator* L (2) *elliptisch, sei* $\operatorname{ind} L = 0$. *Wir betrachten die Aufgabe* (50) *und setzen voraus, daß wenigstens ein* $\lambda_0 \in \mathbf{C}$ *existiert, das kein Eigenwert von* (50) *ist, d.h. aus*

$$Au - \lambda_0 u = 0, \qquad b_1 u = 0, \ldots, b_m u = 0,$$

soll folgen $u = 0$.

Es gelten dann für (50) *die Aussagen des Riesz-Schauderschen Spektralsatzes* §12.1 (*das Spektrum dort transformiert durch* $1/\lambda$). *D.h. unter anderem: das Spektrum von* (50) *besteht nur aus höchstens abzählbar vielen Eigenwerten* λ_n *mit dem einzigen Häufungspunkt* $|\lambda_n| \to \infty$, *jeder Eigenraum* $E(\lambda_n)$ *ist endlich dimensional, und alle anderen* λ's, *sind regulär, d.h. die Aufgabe* (50) *ist für diese* λ's *eindeutig lösbar.*

Beweis. Ohne Beschränkung der Allgemeinheit können wir annehmen $\lambda_0 = 0$ (ansonsten betrachten wir den Operator $A - \lambda_0 J$ statt A). Die Voraussetzung über $\lambda_0 = 0$ bedeutet

$$\ker L = (0),$$

was in Verbindung mit $\operatorname{ind} L = 0$ zeigt

$$\operatorname{im} L = H^l.$$

Der Operator $L: W_2^{2m+l} \to H^l$ (siehe (2)) ist also stetig, injektiv und surjektiv, nach dem open mapping theorem damit ein Isomorphismus. Wir schreiben (50) als Operator $L - \lambda J$, wobei $J = (J, 0, \ldots, 0)$ (Identifizierung und Randwerte 0) wirkt

$$J: W_2^{2m+l} \to H^{2m+l} \subset\!\!\subset H^l.$$

Wegen $2m > 0$ und Ω beschränkt ist die Einbettung $\subset\!\!\subset$ kompakt, und damit ist auch J kompakt und wir können für (50) schreiben

$$L - \lambda J = L(I - \lambda L^{-1} \circ J),$$

mit $L^{-1} \circ J: W_2^{2m+l} \to H^l \to W_2^{2m+l}$ kompakt und $I: W_2^{2m+l} \to W_2^{2m+l}$ die Identität. $I - \lambda L^{-1} \circ J$ ist ein Riesz-Schauder-Operator auf den wir die Riesz-Schauder-Theorie anwenden können; die Aussagen unseres Satzes folgen aus dem Spektralsatz §12.1.

Dabei ist gegenüber dem Spektralsatz §12.1 zu beachten, daß λ bei $I - \lambda L^{-1} \circ J$ vor dem kompakten Operator steht, d. h. wir unterwerfen das Spektrum der Transformation $1/\lambda$. Dabei geht der kritische Spektralwert 0 in ∞ über, was für unsere Aufgabe (50) bedeutet, daß das Spektrum von (50) nur aus Eigenwerten λ_n besteht. ∎

Wir wollen jetzt an einem Beispiel zeigen, daß die Voraussetzung von wenigstens einem regulären λ_0 in (50) wesentlich ist. Das Beispiel stammt von Seeley (zitiert bei Morrey [1], S. 252).

Beispiel 13.1 Sei Ω der Ring $\pi < \varrho < 2\pi$ in Polarkoordinaten (ϱ, φ) von $\mathbf{R}^2$. Sei

$$A = e^{-2i\varphi} \left[\frac{\partial^2}{\partial\varphi^2} + \frac{\partial^2}{\partial\varrho^2} + I \right]$$

und wir nehmen als Randwertaufgabe das Dirichletproblem (nach Satz 13.5 ist also $\operatorname{ind} = 0$)

$$u\big|_{\partial\Omega} = 0,$$

wobei der Rand $\partial\Omega$ aus den beiden Kreisen $\varrho = \pi$ und $\varrho = 2\pi$ besteht. Sei

$$J_0(x) = \frac{1}{2\pi} \int_0^{2\pi} e^{ix\sin\theta}\, d\theta \quad \text{die 0-te Besselfunktion,}$$

wir setzen

$$u(\varrho, \varphi; \lambda) = J_0(\lambda^{1/2} \cdot e^{i\varphi}) \cdot \sin\varrho,$$

und haben

$$Au - \lambda u = 0, \qquad u|_{\partial\Omega} = 0, \ u \neq 0,$$

d.h. jedes $\lambda \in \mathbf{C}$ ist Eigenwert.

Sei *A ein Operator der Ordnung* $2m$, wir betrachten als Randwertaufgabe das **Dirichletproblem**

$$(51) \qquad u|_{\partial\Omega} = g_1, \ \frac{\partial u}{\partial n}\bigg|_{\partial\Omega} = g_2, \ldots, \frac{\partial^{m-1} u}{\partial n^{m-1}}\bigg|_{\partial\Omega} = g_m,$$

hier sind $\partial^j/\partial n^j$ die Ableitungen in Richtung der inneren Normalen $\vec{n}$ zu $\partial\Omega$. Falls A proper elliptisch ist, dann erfüllt $(A, I, \partial/\partial n, \ldots, \partial^{m-1}/\partial n^{m-1})$, kurz $= (A, \mathrm{D})$ geschrieben, immer die Bedingung von Lopatinskij-Šapiro, denn die Dirichletaufgabe (51) entspricht (siehe §11,(2)) der klassischen Anfangswertaufgabe für gewöhnliche (lineare) Differentialgleichungen

$$v(0) = 0, \qquad \frac{\mathrm{d}v(0)}{\mathrm{d}t} = 0, \ldots, \frac{\mathrm{d}^{m-1} v(0)}{\mathrm{d}t^{m-1}} = 0,$$

und die ist bekanntlich in $\mathscr{M}^+$ (Vandermonde'sche Determinante!) immer eindeutig lösbar. Wir haben den

Satz 13.5 *Sei A ein elliptischer Operator (für* $r = 2$ *müssen wir proper elliptisch voraussetzen). Dann hat das Dirichletproblem* (51) *immer den Index* 0, *das ist*

$$\mathrm{ind}\,(A, \mathrm{D}) = 0.$$

Wir schicken dem Beweis einige Formeln voraus. Sei $\bar{A}$ der Operator, den man aus A erhält, indem man alle Koeffizienten $a_s(x)$ durch die komplex-konjugierten $\overline{a_s(x)}$ ersetzt, ebenso $\bar{b}_1$ usw. Wir haben

$$(52) \qquad \mathrm{ind}\,(\bar{A}, \bar{b}_1, \ldots, \bar{b}_m) = \mathrm{ind}\,(A, b_1, \ldots, b_m)$$

denn aus

$$Au = f, \qquad b_1 u = g_1, \ldots, b_m u = g_m,$$

folgt

$$(53) \qquad \bar{A}\bar{u} = \bar{f}, \qquad \bar{b}_1 \bar{u} = \bar{g}_1, \ldots, \bar{b}_m \bar{u} = \bar{g}_m,$$

und umgekehrt. Weiter, sei A^* der durch §10,(3) erklärte (formal) adjungierte Operator. Die zu (A, D) adjungierte Randwertaufgabe (siehe Definition 14.6) ist nach Satz 14.9, (52) gleich (A^*, D) und nach Satz 15.7 haben wir

$$(54) \qquad \mathrm{ind}\,(A^*, \mathrm{D}) = -\,\mathrm{ind}\,(A, \mathrm{D}).$$

Aus der Formel §10,(3) ersieht man, daß

$$A^* u - \bar{A} u$$

ein Differentialoperator von der Ordnung $\leqslant 2m - 1$ ist, der Störungssatz 13.2 angewandt ergibt

$$(55) \qquad \mathrm{ind}\,(A^*, \mathrm{D}) = \mathrm{ind}\,(\bar{A}, \mathrm{D})\,.$$

Zum Beweis von Satz 13.5 benutzen wir alle hergeleiteten Indexformeln (52), (54), (55):

$$-\underset{(54)}{\mathrm{ind}\,(A, \mathrm{D})} \;=\; \underset{(55)}{\mathrm{ind}\,(A^*, \mathrm{D})} \;=\; \mathrm{ind}\,(\bar{A}, \mathrm{D}) = \underset{(52)}{\mathrm{ind}\,(\bar{A}, \bar{\mathrm{D}})} \;=\; \mathrm{ind}\,(A, \mathrm{D})$$

das ist $2 \cdot \mathrm{ind}\,(A, \mathrm{D}) = 0$, oder $\mathrm{ind}\,(A, \mathrm{D}) = 0$. $\blacksquare$

Aufgaben

13.1 Versuche die Eigenwerte und die Eigenfunktionen für den Laplaceoperator $-\triangle$ auf der Kreisscheibe $B = \{(x, y) \in \mathbf{R}^2 \mid x^2 + y^2 < 1\}$ zu finden. Achtung Besselfunktionen!

13.2 Sei

$$y'' + \frac{1}{x}\,y' + \left(1 - \frac{m^2}{x^2}\right) y = 0$$

die Besselsche Differentialgleichung. Zeige, daß die in $x = 0$ regulären Lösungen durch

$$y = c \cdot J_m(x)$$

gegeben sind, wobei J_m die m-te Besselfunktion ist

$$J_m(x) := \left(\frac{x}{2}\right)^m \sum_{p=0}^{\infty} \frac{(-1)^p}{\Gamma(p+1)\cdot\Gamma(m+p+1)} \left(\frac{x}{2}\right)^{2p}$$

Für negative m setzen wir

$$J_m(x) := (-1)^m\, J_{-m}(x)\,.$$

13.3 Beweise die Formel

$$e^{\mathrm{i}\cdot z \cdot \sin\theta} = \sum_{m=-\infty}^{+\infty} J_m(z)\, e^{\mathrm{i}m\theta},$$

woraus für reelle x folgt

$$|J_m(x)| \leqslant \frac{1}{\sqrt{2}}, \quad m \neq 0, \quad \text{und} \quad |J_0(x)| \leqslant 1\,.$$

13.4 Beweise $J_m(z) = \dfrac{1}{\pi} \displaystyle\int_0^{\pi} \cos\,(m\theta - z\sin\theta)\,\mathrm{d}\theta\,.$

§ 14 Die Greenschen Formeln

Wir bringen die wichtigen Begriffe eines normalen und eines Dirichlet-Randwert-systems und zeigen, daß normale Randbedingungen immer erfüllbar sind (Satz 14.1). Wir beweisen die beiden Greenschen Formeln (Satz 14.2 und Satz 14.8) und führen die adjungierte Randwertaufgabe $(A, b_1, \ldots, b_m)^*$ zu $(A, b_1, \ldots, b_m)$ ein. Mittels der ersten Greenschen Formel zeigt es sich, daß $(A, b_1, \ldots, b_m)^*$ durch Randwerte realisierbar ist, also

$$(A, b_1, \ldots, b_m)^* = (A^*, B_1', \ldots, B_m'),$$

und daß falls $(A, b_1, \ldots, b_m)$ die Bedingung von Lopatinskij-Šapiro erfüllt, auch die adjungierte Aufgabe dieser Bedingung genügt. Falls $b_1, \ldots, b_m$ ein Dirichletsystem der Ordnung m ist, haben wir für die adjungierte Aufgabe (Satz 14.9)

$$(A, b_1, \ldots, b_m)^* = (A^*, b_1, \ldots, b_m).$$

Mit Hilfe von Satz 14.9 können wir auch viele andere adjungierte Aufgaben explizit bestimmen – siehe die Beispiele in § 16.

Zum Abschluß dieses Paragraphen untersuchen wir den Zusammenhang zwischen dem antidualen Operator L' und der adjungierten Randwertaufgabe.

Wie schon gesagt wollen wir in diesem Paragraphen die beiden Greenschen Formeln für einen elliptischen Differentialoperator $A(x, D)$ von der Ordnung $2m$ beweisen. Für die beiden Formeln, wie auch für die anderen Sätze brauchen wir verschiedene Differenzierbarkeitsvoraussetzungen, die wir jeweils genau angeben wollen. Die C^∞-Theorie erspart zwar das Hinschreiben der Voraussetzungen, da aber die Beweise die gleichen bleiben, gewinnen wir keine wesentliche Vereinfachung. Wir schreiben die Mindestforderungen, die wir an Ω, $A(x, D)$ und die Randwertoperatoren $b_j(x, D)$, $j = 1, \ldots, n$ stellen müssen, hin.

Sei Ω ein beschränktes Gebiet in $\mathbf{R}^r$, das zur Klasse $C^{2m, 1}$ gehört (die 1 weil wir mit zulässigen Koordinaten arbeiten), sei $A(x, D)$ ein auf $\bar{\Omega}$ elliptischer Operator mit Koeffizienten $a_s \in C(\bar{\Omega})$, so daß

$$A(x, D): W_2^{2m}(\Omega) \to L_2(\Omega) \quad \text{stetig ist},$$

seien b_j, $j = 1, \ldots, n$ Randwertoperatoren auf $\partial\Omega$ (siehe § 11); wir interpretieren b_j als

$$b_j(x, D) := T_0\left(\sum_{|s| \leq m_j} b_{j,s}(x) D^s \right) = \sum_{|s| \leq m_j} b_{j,s}(x) T_0(D^s), \quad j = 1, \ldots, n,$$

wobei T_0 der Spuroperator $\Omega \to \partial\Omega$ aus § 8 ist. Über die Koeffizienten $b_{j,s}(x)$ von $b_j(x, D)$ setzen wir voraus, daß sie von $\partial\Omega$ nach $\bar{\Omega}$ fortsetzbar seien und zur Klasse

$$b_{j,s}(x) \in C^{2m - m_j}(\bar{\Omega}), \qquad |s| \leq m_j, j = 1, \ldots, n,$$

gehören. Unter diesen Voraussetzungen wirkt

$$b_j(x, D): W_2^{2m}(\Omega) \to W_2^{2m - m_j - 1/2}(\partial\Omega) \quad \text{stetig}, \qquad j = 1, \ldots, n,$$

hier sei – wie in den vorherigen Paragraphen 11 und 13

$$0 \leqslant \operatorname{ord} b_j = m_j \leqslant 2m - 1, \qquad j = 1, \ldots, n.$$

14.1 Normale Randwertoperatoren und Dirichletsysteme

Definition 14.1 *Sei Γ eine Untermenge von $\partial\Omega$. Wir sagen, daß die Randwertoperatoren $b_j(x, \mathrm{D})$, $j = 1, \ldots, n$, normal auf Γ sind, falls die folgenden Bedingungen erfüllt sind:*
a) $m_j \neq m_i$ für $j \neq i = 1, \ldots, n$.
b) $b_j^{\mathrm{H}}(x, \xi) \neq 0$ für alle $x \in \Gamma$ und alle $0 \neq \xi \in \mathbf{R}^r$, wobei ξ normal zu $\partial\Omega$ in x ist.

Die Bedingung b) bedeutet, daß die höchste reine Normalenableitung $\partial^{m_j}/\partial n^{m_j}$ in $b_j(x, \mathrm{D})$ vorkommt und einen von Null verschiedenen Koeffizienten hat.
Aus der Bedingung 11.1 von Lopatinskij-Šapiro folgt

$$(1) \qquad b_j^{\mathrm{H}}(x, (\xi', \xi_n)) \neq 0, \quad \text{für } \xi' \neq 0 \text{ tangential zu } \partial\Omega \text{ in } x$$
$$\text{und } \xi_n \neq 0 \text{ normal zu } \partial\Omega \text{ in } x.$$

und die Bedingung b) bildet die Ergänzung zu (1) für $\xi' = 0$, denn $b_j^{\mathrm{H}}(x, (0, \xi_n)) = b_j^{\mathrm{H}}(x, \xi_n)$, ξ_n normal.

Definition 14.2 *Wir sagen, die Randwertoperatoren $b_j(x, \mathrm{D})$, $j = 1, \ldots, n$ bilden ein Dirichletsystem auf Γ, falls zusätzlich zu a) und b) die Bedingung:*
c) die Ordnungen m_j, $j = 1, \ldots, n$ durchlaufen alle Zahlen $0, 1, \ldots, n - 1$, also ohne Beschränkung der Allgemeinheit $m_j = j - 1$, $j = 1, \ldots, n$,
erfüllt ist. Die Zahl n nennen wir die Ordnung des Dirichletsystems.

Es ist offensichtlich, daß die Eigenschaften „normal" und „Dirichletsystem" invariant unter zulässigen Transformationen sind (Definition 2.9), also insbesondere unter den Transformationen von Satz 2.12.
Wir betrachten den halben Würfel W_+^r, $\Gamma = W^{r-1}$, mit den Koordinaten $(x_1, \ldots, x_r)$, hier sind $(x_1, \ldots, x_{r-1}) = x'$ die Koordinaten auf W^{r-1}, und x_r ist normal zu W^{r-1}. Wir beweisen ein Lemma für (W_+^r, W^{r-1}).

Lemma 14.1 *Seien $\Omega = W_+^r$, $\Gamma = W^{r-1}$, seien $\{F_j(x, \mathrm{D})\}_{j=1}^n$ und $\{F_j'(x, \mathrm{D})\}^n$ zwei Dirichletsysteme der Ordnung n auf Γ, wobei die Koeffizienten von $F_j(x, \mathrm{D})$ und $F_j'(x, \mathrm{D})$, $j = 1, \ldots, n$ zur Klasse $C^{M-j}(\overline{W_+^r})$ gehören, $M \geqslant n$.*
Dann gelten die Zerlegungen

$$(2) \qquad F_j = \sum_{s=1}^i \Lambda_{js}' F_s', \qquad j = 1, \ldots, n,$$

$$(3) \qquad F_j' = \sum_{s=1}^j \Lambda_{j,s} F_s, \qquad j = 1, \ldots, n,$$

hier sind Λ_{jj}', Λ_{jj} auf Γ nicht verschwindende Funktionen aus der Klasse $C^{M-j}(\overline{W_+^r})$ und

Λ_{js}, Λ'_{js}, $j \neq s$ sind tangentiale Differentialoperatoren (d.h. sie bestehen aus Ableitungen bezüglich der Variablen $x_1, \ldots, x_{r-1}$) der Ordnung $j - s$ mit Koeffizienten, die wieder zur Klasse $C^{M-j}(W^r_+)$ gehören.

Beweis. Aus Symmetriegründen genügt es eine der beiden Formeln (2) oder (3) zu beweisen, wir zeigen (3). Falls wir (3) zeigen können für $F'_j = D^{j-1}_{x_r}$, dann haben wir schon alles bewiesen. Da nämlich F'_j ein Dirichletsystem der Ordnung n ist, können wir schreiben (wir benutzen die Bedingung b) der Definition 14.1)

$$(4) \qquad F'_j = \sum_{i=1}^{j} \Theta'_{ji} D^{i-1}_{x_r}, \qquad j = 1, \ldots, n,$$

wobei die Θ'_{jj} auf Γ nicht verschwindende Funktionen aus $C^{M-j}(\overline{W^r_+})$ sind und die Θ'_{ji}, $i \neq j$, tangentiale Operatoren der Ordnung $j - i$ mit Koeffizienten aus $C^{M-j}(\overline{W^r_+})$. Falls nun gilt

$$(5) \qquad D^{j-1}_{x_r} = \sum_{s=1}^{j} \Phi_{js} F_s, \qquad j = 1, \ldots, n$$

mit $0 \neq \Phi_{jj} \in C^{M-j}(\overline{W^r_+})$ und $\Phi_{j,s} \in C^{M-j}(\overline{W^r_+})$, dann erhalten wir nach Einsetzen von (5) in (4)

$$F'_j = \sum_{i=1}^{j} \Theta'_{ji} D^{i-1}_{x_r} = \sum_{i=1}^{j} \Theta'_{ji} \sum_{s=1}^{i} \Phi_{is} F_s = \sum_{s=1}^{j} \Lambda_{js} F_s,$$

das ist (3) mit

$$\Lambda_{jj} = \Theta'_{jj} \Phi_{jj} \quad \text{und} \quad \Lambda_{js} = \sum_{i=s}^{j} \Theta'_{ji} \circ \Phi_{is}, \qquad \text{ord}\,\Lambda_{js} \leqslant j - s,$$

wobei die Koeffizienten von Λ_{js} zur Klasse $C^{M-j}(\overline{W^r_+})$ gehören, da

$$\Theta'_{ji} \circ \Phi_{is} \in C^{M-i-(j-i)} = C^{M-j}.$$

Wir brauchen also nur (5) zu beweisen. (5) ist richtig für $j = 1$. Wir führen einen Induktionsbeweis; sei (5) richtig für $j < k$, wir zeigen, daß dann (5) auch richtig für $j = k$ ist. Da $\{F_j\}_{j=1}^{n}$ ein Dirichletsystem ist, können wir F_k zerlegen in

$$F_k = \sum_{i=1}^{k} \Theta_{ki} D^{i-1}_{x_r},$$

wobei die Θ_{ki} dieselben Eigenschaften wie die Θ'_{ki} haben. Damit gilt

$$\Theta_{kk} D^{k-1}_{x_r} = F_k - \sum_{i=1}^{k-1} \Theta_{ki} D^{i-1}_{x_r} = F_k - \sum_{i=1}^{k-1} \Theta_{ki} \sum_{s=1}^{i} \Phi_{is} F_s$$

$$= F_k - \sum_{s=1}^{k-1} \left(\sum_{i=s}^{k-1} \Theta_{ki} \circ \Phi_{is} \right) F_s,$$

woraus wir durch Division mit $\Theta_{kk} \neq 0$, (5) für $j = k$ erhalten. Wir prüfen noch die Klassenzugehörigkeit der Koeffizienten von Φ_{js} zu

$$C^{M-j}(\overline{W^r_+})$$

nach. Θ_{kk} gehört zu C^{M-k} und ist verschieden von Null in einer Umgebung U von W^{r-1} damit gilt $1/\Theta_{kk} \in C^{M-k}(\overline{W^r_+} \cap U)$, oder $\Phi_{kk} := 1/\Theta_{kk} \in C^{M-k}(\overline{W^r_+})$, da wir außerhalb von W^{r-1} beliebig fortsetzen können. Wir haben

$$\Phi_{ks} = -\frac{1}{\Theta_{kk}} \sum_{i=s}^{k-1} \Theta_{ki} \circ \Phi_{is}, \qquad 1 \leqslant s \leqslant k-1;$$

wegen $\Theta_{ki} \circ \Phi_{is} \in C^{M-i-(k-i)} = C^{M-k}$ und $1/\Theta_{kk} \in C^{M-k}$ folgt $\Phi_{ks} \in C^{M-k}$ sofort. ∎

Wir vermerken, daß die Aussage des Lemmas invariant bei zulässigen Koordinatentransformationen bleibt.

Wir wollen nun mit Hilfe des inversen Spurtheorems 8.8 einen wichtigen Satz beweisen, der ausdrückt, daß normale Randwertbedingungen immer erfüllbar sind.

Satz 14.1 *Sei Ω ein beschränktes Gebiet in $\mathbf{R}^r$, das zur Klasse $C^{M,1}$ gehört (die 1 weil wir zulässige Koordinaten brauchen). Seien $b_j(x, D)$, $j = 1, \ldots, n$ Randwertoperatoren auf $\partial\Omega$, mit Koeffizienten $b_{j,s}(x) \in C^{M+1-j}(\bar\Omega)$, $j = 1, \ldots, n$; die Randwertoperatoren mögen ein Dirichletsystem von der Ordnung n bilden, hier haben wir gleich der Einfachheit halber gesetzt $\operatorname{ord} b_j = j - 1$, $j = 1, \ldots, n$. Sei*

$$1 \leqslant n \leqslant M.$$

Sei $(\varphi_1, \ldots, \varphi_n)$ ein gegebenes n-Tupel von Funktionen auf $\partial\Omega$ mit $\varphi_j \in W_2^{M-j+1/2}(\partial\Omega)$, $j = 1, \ldots, n$. Dann gibt es eine Funktion $u \in W_2^M(\Omega)$ mit

$$(6) \qquad b_j(x, D)u = \varphi_j \quad \text{auf } \partial\Omega, \, j = 1, \ldots, n,$$

und derart, daß die Zuordnung

$$(\varphi_1, \ldots, \varphi_n) \mapsto u, \quad \text{von } \underset{j=1}{\overset{n}{\times}} W_2^{M-j+1/2}(\partial\Omega) \to W_2^M(\Omega)$$

linear und stetig ist.

Da man normale Randwertsysteme immer zu Dirichletsystemen erweitern kann (einfach, indem man die fehlenden Normalenableitungen $\partial^j/\partial n^j$ hinzufügt, siehe auch den Beweis von Satz 14.2), genügt es vorauszusetzen, daß das System $(b_1, \ldots, b_n)$ normal ist.

Zusatz *Falls die Supporte von φ_j, $j = 1, \ldots, n$, in $\Gamma \subset \partial\Omega$ liegen, dann kann man u so wählen, daß $\operatorname{supp} u \subset U_\varepsilon \cap \Omega$, wobei U_ε, $\varepsilon > 0$, eine ε-Umgebung von Γ ist.*

Beweis. Wir überdecken $\partial\Omega$ mit endlich vielen $\{U_i\}$ und führen auf U_i nach Satz 2.12 normale Koordinaten ein. Sei $\Phi_i : U_i \to W^r$ die Transformation aus $C^{M-1,1}$, die die Normalen und die Tangenten invariant läßt. Sei $\{\alpha_i\}$ eine der Überdeckung U_i untergeordnete Partion der Eins. Nach Lemma 14.1 haben wir auf U_i

$$(7) \qquad b_j(x, D) = \sum_{s=1}^{j} \Lambda_{js}^i \circ \frac{\partial^{s-1}}{\partial n^{s-1}}, \quad \frac{\partial^{j-1}}{\partial n^{j-1}} = \sum_{s=1}^{j} \Phi_{js}^i \circ b_j(x, D), \qquad j = 1, \ldots, n,$$

wobei ord $\Lambda^i_{js} = \text{ord}\, \Phi^i_{js} = j - s$, und die Koeffizienten von Λ^i_{js}, Φ^i_{js} zu C^{M+1-j} gehören, $\partial/\partial n$ ist die Ableitung in Richtung der inneren Normalen von $\partial\Omega$. Wir betrachten auf $U_i \cap \partial\Omega = \Gamma$ die Gleichungen

$$(8) \qquad \frac{\partial^{j-1}}{\partial n^{j-1}} v_i = \sum_{s=1}^{j} \Phi^i_{js}(\alpha_i \varphi_s), \qquad j = 1, \ldots, n.$$

Da $\Phi^i_{js}(\alpha_i \cdot \varphi_s) \in W_2^{M-j+1/2}(U_i \cap \partial\Omega)$, können wir nach Satz 8.8 bzw. Satz 8.6 (mit anschließender Lokalisation, siehe Bemerkung 8.1) eine Lösung $v_i \in W_2^M(\Omega)$ von (8) finden, ja wir haben sogar

$$(9) \qquad v_i = Z_n^i \left(\sum_{s=1}^{j} \Phi^i_{js}(\alpha_i \varphi_s), \qquad j = 1, \ldots, n \right)$$

wobei Z_n^i der stetige Fortsetzungsoperator

$$Z_n^i : \underset{j=1}{\overset{n}{\times}} W_2^{M-j+1/2}(U_i \cap \partial\Omega) \to W_2^M \left(\bigcup_i U_i \cap \Omega \right) = W_2^M(\Omega),$$

von Satz 8.8 ist. Wenden wir $b_j(x, \mathrm{D})$ auf v_i aus (9) an, so erhalten wir wegen

$$\sum_{s=1}^{j} \Lambda^i_{js} \circ \Phi^i_{sl} = \delta_{jl}, \qquad 1 \leqslant l \leqslant j \leqslant n,$$

— siehe (7) —

$$b_j(x, \mathrm{D}) v_i = \alpha_i \varphi_j, \qquad j = 1, \ldots, n,$$

d.h. $u = \sum_i v_i$ ist eine Lösung von (6):

$$b_j(x, \mathrm{D}) u = b_j(x, \mathrm{D}) \sum_i v_i = \sum_i b_j(x, \mathrm{D}) v_i = \sum_i \alpha_i \varphi_j = \varphi_j,$$

und wegen (9) wirkt die Zuordnung

$$(\varphi_1, \ldots, \varphi_n) \mapsto u = \sum_i Z_n^i \left(\sum_{s=1}^{j} \Phi^i_{js}(\alpha_i \varphi_s), j = 1, \ldots, n \right),$$

stetig und linear

$$\underset{j=1}{\overset{n}{\times}} W_2^{M-j+1/2}(\partial\Omega) \to \underset{j=1}{\overset{n}{\times}} W_2^{M-j+1/2}(U_i \cap \partial\Omega) \to W_2^M(\Omega). \qquad \blacksquare$$

Den Beweis des Zusatzes erhalten wir, indem wir nur Γ durch U_i's überdecken, $U_\varepsilon = \bigcup_i U_i$ setzen, und mit dieser Änderung den Beweis wiederholen (außerhalb von U_ε setzen wir v_i gleich 0).

14.2 Die erste Greensche Formel

Wir kommen zur ersten Greenschen Formel. Wir brauchen höhere Differenzierbarkeitsvoraussetzungen an das Gebiet Ω und an die Koeffizienten von $A(x, D)$, $b_j(x, D)$, $j = 1, \ldots, m$. Wir fordern

$$(10) \qquad a_\alpha(x) \in C^{|\alpha| + k}(\bar{\Omega}), \ |\alpha| \leqslant 2m, \quad \text{und} \quad b_{js}(x) \in C^{4m + k - 1 - m_j}(\bar{\Omega}), \quad j = 1, \ldots, m.$$

An das Gebiet Ω stellen wir die Forderung

$$(11) \qquad \Omega \in C^{4m + k - 1, 1}.$$

Satz 14.2 *Sei $A(x, D) = \sum\limits_{|s| \leqslant 2m} a_s(x) D^s$ ein auf $\bar{\Omega}$ elliptischer Differentialoperator, sei $b_j(x, D), j = 1, \ldots, m$, ein auf $\partial\Omega$ normales Randwertsystem, dessen Koeffizienten (10) erfüllen. Dann kann man auf $\partial\Omega$ ein anderes normales Randwertsystem $\{S_j\}_{j=1}^m$ finden, mit den Eigenschaften*

$$0 \leqslant \operatorname{ord} S_j =: \mu_j \leqslant 2m - 1, \qquad S_j \in C^{4m + k - 1 - \mu_j}(\bar{\Omega}), \ j = 1, \ldots, m,$$

und $\{b_1, \ldots, b_m, S_1, \ldots, S_m\}$ *ist ein Dirichletsystem der Ordnung $2m$ auf $\partial\Omega$.*

Die Wahl der S_j ist nicht eindeutig, es gibt selbstverständlich viele S_j's, die diese Eigenschaften haben.

Wir können nun $2m$ Randwertoperatoren $B'_j, T_j, j = 1, \ldots, m$, konstruieren mit den Eigenschaften:

a) $\operatorname{ord} B'_j = 2m - 1 - \mu_j$, $\operatorname{ord} T_j = 2m - 1 - m_j$, $j = 1, \ldots, m$.

b) $B'_j \in C^{2m + k - \operatorname{ord} B'_j}(\bar{\Omega})$, $T_j \in C^{2m + k - \operatorname{ord} T_j}(\bar{\Omega})$, $j = 1, \ldots, m$.

c) $\{B'_1, \ldots, B'_m, T_1, \ldots, T_m\}$ *ist ein Dirichletsystem der Ordnung $2m$ auf $\partial\Omega$.*

d) *Für alle $u, v \in W_2^{2m + k}(\Omega)$ bzw. aus $W_2^{2m}(\Omega)$ gilt die Greensche Formel*

$$(12) \qquad \int\limits_\Omega Au\,\bar{v}\,dx - \int\limits_\Omega u\,\overline{A^*v}\,dx = \sum_{j=1}^m \left[\int\limits_{\partial\Omega} S_j u \cdot \overline{B'_j v}\,d\sigma - \int\limits_{\partial\Omega} b_j u \cdot \overline{T_j v}\,d\sigma \right],$$

hier ist A^* der durch die Definition 10.1 *definierte formal adjungierte Operator zu A.*

Bemerkung 14.1 Die Differenzierbarkeitsvoraussetzungen sind hier deshalb so hoch, weil Satz 14.2 für alle Randwertsysteme gilt. Wie wir später – §16 – sehen werden, gibt es für spezielle Randwertsysteme Greensche Formeln unter weit geringeren Differenzierbarkeitsvoraussetzungen.

Beweis. Die Wahl der S_j, $j = 1, \ldots, m$, ist einfach zu treffen, wir nehmen $S_j = (\partial/\partial n)^{\mu_j}$ (Ableitungen in Richtung der inneren Normalen, wobei μ_j die noch fehlenden Zahlen in der Folge $0 \leqslant m_1 < \ldots < m_m \leqslant 2m - 1$ sind. Es genügt die Formel (12) für $u, v \in C^{2m + k}(\bar{\Omega})$ zu beweisen, die Funktionen aus $C^{2m + k}(\bar{\Omega})$ liegen nach Satz 3.6 dicht in $W_2^{2m + k}(\Omega)$ (und in $W_2^{2m}(\Omega)$) und die Operatoren $A, A^*, b_j, \ldots, T_j$ wirken wegen (10) und b) stetig nach $L^2(\Omega)$ bzw. $L^2(\partial\Omega)$. Wir überdecken $\bar{\Omega}$ mit endlich vielen U_i, führen auf U_i normale Koordinaten ein, gemäß

Satz 2.12 und transformieren $\Phi_i : U_i \to W^r$ $(U_i \cap \Omega \to W^r_+,\ U_i \cap \partial\Omega \to W^{r-1})$; nach Satz 2.12 ist Φ_i auch zulässig in jedem Punkt von $U_i \cap \partial\Omega$ und gehört zu $C^{4m+k-2,1}$ Sei $\{\varphi_i\}$ eine der Überdeckung $\{U_i\}$ untergeordnete Zerlegung der Eins. Da diejenigen $U_i's$ die vollständig in Ω liegen $(U_i \subset \Omega)$ keinen Beitrag zur Formel (12) liefern – wir haben nämlich

$$\int\limits_{U_i} Au \cdot \bar{v}\mathrm{d}x - \int\limits_{U_i} u \cdot \overline{A^*v}\mathrm{d}x = 0, \quad \text{für } u,v \in \mathscr{D}(U_i), \quad U_i \subset \Omega.$$

– können wir $U_i \cap \partial\Omega \neq \emptyset$ voraussetzen. Es genügt (12) für den Halbwürfel W^r_+ und für Funktion u,v deren Support $\partial W^r_+ \setminus W^{r-1}$ nicht schneidet zu beweisen, d.h.

$$(13) \quad \int\limits_{W^r_+} \mathscr{A}u \cdot \bar{v}\mathrm{d}x - \int\limits_{W^r_+} u \cdot \overline{\mathscr{A}^*v}\,\mathrm{d}x = \sum_{j=1}^{m}\left[\int\limits_{W^{r-1}} \mathscr{S}_j u \cdot \overline{\mathscr{B}'_j v}\,\mathrm{d}\sigma - \int\limits_{W^{r-1}} \mathscr{B}_j u \cdot \overline{\mathscr{T}_j v}\cdot\mathrm{d}\sigma\right],$$

hier sind $\mathscr{A}, \ldots, \mathscr{T}_j$ die durch Φ_i transformierten Operatoren. Die Rücktransformation Φ_i^{-1} und die Zerlegung der Eins $\{\varphi_i\}$ ergeben aus (13)

$$\int\limits_{\Omega \cap U_i \cap U_{i'}} A\,\varphi_i u\,\overline{\varphi_{i'}v}\,\mathrm{d}x - \int\limits_{\Omega \cap U_i \cap U_{i'}} \varphi_i u\,\overline{A^*\varphi_{i'}v}\,\mathrm{d}x$$

$$= \sum_{j=1}^{m}\left[\int\limits_{\partial\Omega \cap U_i \cap U_{i'}} S_j \varphi_i u\,\overline{B'^{i'}_j \varphi_{i'}v}\,\mathrm{d}\sigma - \int\limits_{\partial\Omega \cap U_i \cap U_{i'}} b_j \varphi_i u\,\overline{T^{i'}_j \varphi_{i'}v}\,\mathrm{d}\sigma\right],$$

und nach Summationen $\sum\limits_{i}$, $\sum\limits_{i'}$

$$\int\limits_{\Omega} Au\bar{v}\mathrm{d}x - \int\limits_{\Omega} u\overline{A^*v}\mathrm{d}x = \sum_{i}\sum_{i'}\int\limits_{\Omega}(A\varphi_i u\,\overline{\varphi_{i'}v} - \varphi_i u\,\overline{A^*\varphi_{i'}v})\,\mathrm{d}x$$

$$= \sum_{i}\sum_{i'}\sum_{j=1}^{m}\int\limits_{\partial\Omega}(S_j\varphi_i u\,\overline{B'^{i'}_j\varphi_{i'}v} - b_j\varphi_i u\,\overline{T^{i'}_j\varphi_{i'}v})\,\mathrm{d}\sigma$$

$$= \sum_{j=1}^{m}\left[\int\limits_{\partial\Omega} S_j u \cdot \overline{B'_j v}\,\mathrm{d}\sigma - \int\limits_{\partial\Omega} b_j u\,\overline{T_j v}\,\mathrm{d}\sigma\right],$$

das ist (12), wobei wir gesetzt haben

$$B'_j = \sum_i B'^i_j \varphi_i, \qquad T_j = \sum_i T^i_j \varphi_i.$$

Wir beweisen nun (13) auf (W^r_+, W^{r-1}), das heißt, wir müssen zu $(\mathscr{B}_1, \ldots, \mathscr{B}_m, \mathscr{S}_1, \ldots, \mathscr{S}_m)$ ein Dirichletsystem $(\mathscr{B}'_1, \ldots, \mathscr{B}'_m, \mathscr{T}_1, \ldots, \mathscr{T}_m)$ finden, das a), b), c) und (13) erfüllt. Um die Schreibweise nicht unnötig zu komplizieren, setzen wir $\mathscr{A} = \sum\limits_{|\alpha|\leq 2m} a_\alpha(x)\mathrm{D}^\alpha, x = (x', x_r), \alpha = (\alpha', \alpha_r)$.

Wir integrieren partiell zuerst nach x' und dann nach x_r und erhalten – die Funktionen u,v sind 0 in der Nähe von $\partial W^r_+ \setminus W^{r-1}$!

(14)

$$\int\limits_{W^r_+} \mathscr{A}u\bar{v}\mathrm{d}x'\mathrm{d}x_r = \int\limits_{W^r_+} u \cdot \overline{\mathscr{A}^*v}\mathrm{d}x'\mathrm{d}x_r + \sum_{j=1}^{2m}\int\limits_{W^{r-1}}[\mathrm{D}_x^{j-1}u(x',x_r)\overline{N_{2m-j}v(x',x')}]_{x_r=0}\mathrm{d}x',$$

wobei wir gesetzt haben

$$(15) \qquad N_{2m-j}v := \sum_{\substack{|\alpha| \leqslant 2m \\ \alpha_r \geqslant j}} (-1)^{|\alpha|-j} \, D_{x_r}^{\alpha_r - j} \, D_{x'}^{\alpha'} \left(\overline{a_\alpha(x', x_r)} \, v(x', x_r) \right).$$

Da $\mathscr{A}$ elliptisch ist, bilden die $\{N_{2m-j}\}_{j=1}^{2m}$ ein Dirichletsystem von der Ordnung $2m$, und die Koeffizienten von N_{2m-j} gehören zu $C^{j+k}(\overline{W_+^r})$. Da die Koordinatentransformation Φ_i, $U_i \cap \Omega \to W_+^r$ zulässig in jedem Punkt von $\partial\Omega \cap U_i \to W^{r-1}$ ist (siehe Satz 2.12) bilden die transformierten Randwertoperatoren $\{\mathscr{B}_1, \ldots, \mathscr{B}_m, \mathscr{S}_1, \ldots, \mathscr{S}_m\}$ wieder ein Dirichletsystem der Ordnung $2m$ auf W^{r-1}, – wir nennen es kurz $\{F_j\}_{j=1}^{2m}$ – und die Voraussetzungen (10) ergeben für die Koeffizienten von $F_j \in C^{4m+k-j}(\overline{W_+^r})$.

Nach Lemma 14.1, dort $M = 4m+k$ gesetzt können wir schreiben

$$(16) \qquad D_{x_r}^{j-1} = \sum_{s=1}^{j} \Phi_{js} F_s, \qquad j = 1, \ldots, 2m,$$

wobei Φ_{js} tangentiale Differentialoperatoren der Ordnung $(j-s)$ mit Koeffizienten aus $C^{4m+k-j}(\overline{W_+^r})$ sind. Wir bezeichnen mit Φ_{js}^* die formal adjungierten tangentialen Differentialoperatoren auf W^{r-1} d. h.

$$(17) \qquad \int\limits_{W^{r-1}} \Phi_{js}\varphi \cdot \bar{\psi} \, dx' = \int\limits_{W^{r-1}} \varphi \cdot \overline{\Phi_{js}^* \psi} \, dx', \qquad \varphi, \psi \in \mathscr{D}(W^{r-1}).$$

Für die Koeffizienten von Φ_{js}^* haben wir $\in C^{4m+k-j-(j-s)} \subset C^{s+k}$ da $4m+k-2j+s \geqslant s+k$. (16) *eingesetzt in* (15) *ergibt für* (14)

$$(18) \qquad \int\limits_{W_+^r} \mathscr{A}u\bar{v} \, dx - \int\limits_{W_+^r} u \cdot \overline{\mathscr{A}^* v} \, dx$$
$$= \int\limits_{W^{r-1}} \sum_{s=1}^{2m} [F_s u(x', x_r)]_{x_r=0} \cdot \sum_{j=s}^{2m} \overline{\Phi_{js}^* \circ [N_{2m-j} v(x', x_r)]_{x_r=0}} \, dx'.$$

Die Operatoren

$$(19) \qquad F_s' = \sum_{j=s}^{2m} \Phi_{js}^* \circ N_{2m-j} = \Phi_{ss}^* \circ N_{2m-s} + \sum_{j=s+1}^{2m} \Phi_{js}^* \circ N_{2m-j}, \qquad s = 1, \ldots, 2m,$$

bilden ein Dirichletsystem der Ordnung $2m$ auf W^{r-1} und für die Koeffizienten von F_s' gilt

$$(20) \qquad F_s' \in C^{s+k}(\overline{W_+^r}) = C^{2m+k-\operatorname{ord} F_s'}(\overline{W_+^r}).$$

Wir lesen von (19) ab: $\bar{\Phi}_{ss} \neq 0$, $\operatorname{ord} F_s' = \operatorname{ord} N_{2m-s} = 2m-s$, N_{2m-s} erreicht die höchste Ordnung in der normalen Ableitung $D_{x_r}^{2m-s}$ wobei der Koeffizient wegen der Normalität von N_{2m-s} verschieden von Null ist; damit haben wir die Dirichleteigenschaft von $\{F_s'\}_{s=1}^{2m}$ bewiesen. Auch (20) liest man von (19) ab: $N_{2m-j} \in C^{j+k}$, $\operatorname{ord} \Phi_{js}^* = j-s$, $\Phi_{js}^* \in C^{s+k}$, also

$$\Phi_{js}^* \circ N_{2m-j} \in C^{j-(j-s)+k} \cap C^{s+k} = C^{s+k},$$

woraus sofort (20) folgt.

Wir nennen nun $\mathscr{B}_j'$ dasjenige F_s', für welches gilt $F_s = \mathscr{S}_j$, und $-\mathscr{T}_j'$ dasjenige F_s', für welches gilt $F_s = \mathscr{B}_j$; mit dieser Benennung geht (18) über in (13), wobei für die Ordnungen a) gilt. b) ergibt sich durch die Umbenennung aus (20), und c) haben wir auch bewiesen, da $\{\mathscr{B}_1', \ldots, \mathscr{B}_m', \mathscr{T}_1, \ldots, \mathscr{T}_m\} = \{F_s'\}_{s=1}^{2m}$ ist. ∎

14.3 Adjungierte Randwertoperatoren und Randwerträume

Definition 14.3 *Sei V ein abgeschlossener Unterraum von $W_2^{2m}(\Omega)$. Wir sagen, daß die Randwerte $B = (b_1(x, \mathrm{D}), \ldots, b_m(x, \mathrm{D}))$ den Unterraum V bestimmen, falls gilt*

$$\varphi \in V \text{ ist gleichwertig zu } b_1(x, \mathrm{D})\,\varphi = 0, \ldots, b_m(x, \mathrm{D})\,\varphi = 0.$$

Definition 14.4 *Sei $\Omega \in C^{2m, 1}$, seien $b_j(x, \mathrm{D}), j = 1, \ldots, m$, Randwertoperatoren mit Koeffizienten*

$$b_{j,s} \in C^{2m - m_j}(\bar{\Omega}), \qquad j = 1, \ldots, m, \text{ wobei } 0 \leqslant \operatorname{ord} b_j = m_j \leqslant 2m - 1.$$

Wir bezeichnen den durch $b_j(x, \mathrm{D})\,\varphi = 0, j = 1, \ldots, m$, bestimmten Unterraum von $W_2^{2m}(\Omega)$ mit

$$W^{2m}(B) := W^{2m}(\{b_j\}_1^m).$$

Man sieht sofort, wegen $b_j : W_2^{2m}(\Omega) \to W_2^{2m - m_j - 1/2}(\partial\Omega)$ stetig, ist $W^{2m}(B)$ ein abgeschlossener Unterraum von $W_2^{2m}(\Omega)$.

Wir wollen nun den zu $W^{2m}(B)$ adjungierten Unterraum abstrakt definieren.

Definition 14.5 *Seien die Voraussetzungen zur Definition 14.4 erfüllt, sei $A(x, \mathrm{D})$ ein linearer Differentialoperator auf $\bar{\Omega}$ mit Koeffizienten*

$$a_\alpha(x) \in C^{|\alpha|}(\bar{\Omega}),$$

dann wirken stetig

$$(21) \qquad A, A^* : W_2^{2m}(\Omega) \to L_2(\Omega),$$

wobei A^* der adjungierte Operator ist, siehe Definition 10.1. *Wir sagen $v \in W^{2m}(B)^*$, falls für jedes $u \in W^{2m}(B)$ gilt:*

$$(22) \qquad \int_\Omega Au \cdot \bar{v}\,\mathrm{d}x = \int_\Omega u\overline{A^* v}\,\mathrm{d}x.$$

$W^{2m}(B)^*$ ist ein abgeschlossener Unterraum von $W_2^{2m}(\Omega)$, denn sei $v_n \in W^{2m}(B)^*$ und $v_n \to v$ in $W_2^{2m}(\Omega)$, dann haben wir wegen der Stetigkeit (21) und der Stetigkeit des Skalarproduktes in $L_2(\Omega)$

$$\int_\Omega Au \cdot \bar{v}_n\,\mathrm{d}x = \int_\Omega u \cdot \overline{A^* v_n}\,\mathrm{d}x$$
$$\downarrow \qquad\qquad \downarrow$$
$$\int_\Omega Au \cdot \bar{v}\,\mathrm{d}x = \int_\Omega u \cdot \overline{A^* v}\,\mathrm{d}x,$$

womit wir die Abgeschlossenheit von $W^{2m}(B)^*$ bewiesen haben.

$$(23) \qquad A^{**} = A \text{ ergibt } W^{2m}(B)^{**} \supset W^{2m}(B).$$

Definition 14.6 *Falls die Randwertoperatoren $(B'_1, \ldots, B'_m)$ den Raum $W^{2m}(B)^*$ bestimmen (im Sinne von* Definition 14.3*), also $W^{2m}(B)^* = W^{2m}(B')$, dann bezeichnen wir die Randwertaufgabe $(A^*, B'_1, \ldots, B'_m)$ als adjungiert zu $(A, b_1, \ldots, b_m)$, kurz:*

$$(A, b_1, \ldots, b_m)^* = (A^*, B'_1, \ldots, B'_m).$$

Falls gilt $W^{2m}(B)^* = W^{2m}(B)$ oder

$$(A, b_1, \ldots, b_m)^* = (A, b_1, \ldots, b_m),$$

dann sagen wir, daß die Randwertaufgabe selbstadjungiert ist.

Da sich die $B'_1, \ldots, B'_m$ meistens aus der Greenschen Formel (12) ergeben, sind sie nicht eindeutig durch $(A, b_1, \ldots, b_m)$ bestimmt.

Wir wollen die Eigenschaften der adjungierten Randwertaufgaben näher untersuchen, wir beginnen mit dem Zusammenhang mit der Greenschen Formel.

Satz 14.3 *Sei $\Omega \in C^{2m,\,1}$, seien gegeben $A(x, \mathrm{D})$, $b_j(x, \mathrm{D})$, $S_j(x, \mathrm{D})$, $j = 1, \ldots, m$, mit Koeffizienten*

$$a_\alpha(x) \in C^{|\alpha|}(\bar{\Omega}), \qquad b_j \in C^{2m - \operatorname{ord} b_j}(\bar{\Omega}), \qquad S_j \in C^{2m - \operatorname{ord} S_j}(\bar{\Omega}), \qquad j = 1, \ldots, m,$$

wobei $\operatorname{ord} b_j$, $\operatorname{ord} S_j \leqslant 2m - 1$. Wir setzen ferner voraus, daß $b_1, \ldots, b_m, S_1, \ldots, S_m$ ein Dirichletsystem der Ordnung $2m$ ist. Sei $B'_1, \ldots, B'_m, T_1, \ldots, T_m$ ein anderes Randwertsystem der Ordnung $2m$ (nicht notwendig normal) mit $\operatorname{ord} B'_j$, $\operatorname{ord} T_j \leqslant 2m - 1$ und

$$B'_j \in C^{2m - \operatorname{ord} B'_j}(\bar{\Omega}), \qquad T_j \in C^{2m - \operatorname{ord} T_j}(\bar{\Omega}), \qquad j = 1, \ldots, m,$$

für die entsprechenden Koeffizienten. Wir nehmen weiterhin an, daß für $A, A^*, \{b_1, \ldots, b_m, S_1, \ldots, S_m\}, \{B'_1, \ldots, B'_m, T_1, \ldots, T_m\}$ die Greensche Formel (12) gilt. Setzen wir $B = (b_1, \ldots, b_m)$ und $B' = (B'_1, \ldots, B'_m)$, dann gilt

$$(24\,\mathrm{a}) \qquad W^{2m}(B)^* = W^{2m}(B'),$$

d.h. die Randwerte $B' = (B'_1, \ldots, B'_m)$ bestimmen den, im Sinne von Definition 14.5 *adjungierten Raum $V = W^{2m}(B)^*$, kurz*

$$(A, b_1, \ldots, b_m)^* = (A^*, B'_1, \ldots, B'_m).$$

Falls wir $A, b_1, \ldots, b_m$ mit $A^*, B'_1, \ldots, B'_m$ vertauschen und zusätzlich voraussetzen, daß $\{B'_1, \ldots, B'_m, T_1, \ldots, T_m\}$ auch ein Dirichletsystem ist, erhalten wir

$$(24\,\mathrm{b}) \qquad W^{2m}(B')^* = W^{2m}(B),$$

was zusammen ergibt

$$(24\,\mathrm{c}) \qquad W^{2m}(B)^{**} = W^{2m}(B),$$

oder $(A, b_1, \ldots, b_m)^{**} = (A, b_1, \ldots, b_m)$.

Beweis. Sei $v \in W^{2m}(B')$, das ist $v \in W_2^{2m}(\Omega)$ und $B_1' v = 0, \ldots, B_m' v = 0$, nehmen wir $u \in W^{2m}(B)$, das heißt $u \in W_2^{2m}(\Omega)$ und $b_1 u = 0, \ldots, b_m u = 0$, und setzen wir alles in (12) ein, so erhalten wir

$$(22) \qquad \int\limits_{\Omega} A u \bar{v} \, dx = \int\limits_{\Omega} u \cdot \overline{A^* v} \, dx ,$$

womit wir nach Definition 14.5 bewiesen haben, daß $v \in W^{2m}(B)^*$ gehört. Sei umgekehrt $v \in W^{2m}(B)^*$, dann gilt nach Definition 14.5, (22) für alle $u \in W_2^{2m}(\Omega)$ mit $b_1 u = 0, \ldots, b_m u = 0$, was in (12) eingesetzt ergibt

$$(25) \qquad \sum_{j=1}^{m} \int\limits_{\partial\Omega} S_j u \, \overline{B_j' v} \, d\sigma = 0 \quad \text{für alle } u \in W^{2m}(B) .$$

Wir fixieren ein j_0 und lösen das Gleichungssystem

$$(26) \qquad b_1 u_0 = 0, \ldots, b_m u_0 = 0, \qquad S_1 u_0 = 0, \ldots, S_{j_0} u_0 = \varphi_{j_0}, \ldots, S_m u_0 = 0 ,$$

wobei $\varphi_{j_0} \in C^{2m+1}(\partial\Omega) \subset W_2^{2m - \operatorname{ord} S_{j_0} - 1/2}(\partial\Omega)$.

Nach Satz 14.1, – dort $M = 2m$ gesetzt – existiert eine Lösung $u_0 \in W_2^{2m}(\Omega)$ der obigen Gleichungen, die wegen $b_1 u_0 = 0, \ldots, b_m u_0 = 0$, zu $W^{2m}(B)$ gehört. Wir können damit (26) in (25) einsetzen und erhalten

$$(27) \qquad \int\limits_{\partial\Omega} \varphi_j \overline{B_j' v} \, d\sigma = 0 \quad \text{für alle } \varphi_j \in C^{2m+1}(\partial\Omega) .$$

Da $B_j' v \in W_2^{2m - \operatorname{ord} B_j' - 1/2}(\partial\Omega) \subset L_2(\partial\Omega)$ und weil $C^{2m+1}(\partial\Omega)$ dicht in $L_2(\partial\Omega)$ liegt (siehe Satz 4.3) folgt aus (27)

$$B_j' v = 0 \quad \text{für } j = 1, \ldots, m$$

das ist $v \in W^{2m}(B')$. ∎

Der zweite Teil von Satz 14.3 ist klar.

Wir kommen nun zu einer Existenzaussage

Satz 14.4 *Sei* $\Omega \in C^{4m-1,1}$, *sei* $A(x, \mathrm{D})$ *ein auf* $\bar{\Omega}$ *elliptischer Differentialoperator mit* $a_\alpha(x) \in C^{|\alpha|}(\Omega)$, *sei* $B = (b_j(x, \mathrm{D}), j = 1, \ldots, m)$ *ein auf* $\partial\Omega$ *normales Randwertsystem, wobei die Koeffizienten*

$$b_{j,s}(x) \in C^{4m-1-m_j}(\bar{\Omega}), \qquad j = 1, \ldots, m ,$$

erfüllen, $m_j \leqslant 2m - 1$. *Dann gibt es auf* $\partial\Omega$ *ein adjungiertes, normales Randwertsystem* $B' = (B_j'(x, \mathrm{D}), j = 1, \ldots, m)$ *mit* $\operatorname{ord} B_j' \leqslant 2m - 1, j = 1, \ldots, m$ *und*

$$B_{j,s}'(x) \in C^{2m - \operatorname{ord} B_j'}(\bar{\Omega}), j = 1, \ldots, m ,$$

für welches gilt

$$W^{2m}(B)^* = W^{2m}(B')$$

d.h. die Randwerte $B' = (B_1', \ldots, B_m')$ *bestimmen (im Sinne von Definition 14.3) den* adjungierten Raum $V = W^{2m}(B)^*$, *kurz*

$$(A, b_1, \ldots, b_m)^* = (A^*, B_1', \ldots, B_m')$$

Beweis. Wir wenden Satz 14.2 an, dort $k = 0$ gesetzt, erhalten die Existenz von

$$S_j \in C^{4m-1-\mathrm{ord}\,S_j}(\bar\Omega), \qquad B_j' \in C^{2m-\mathrm{ord}\,B_j}(\bar\Omega), \qquad T_j \in C^{2m-\mathrm{ord}\,T_j}(\bar\Omega), \qquad j = 1, \ldots, m.$$

wobei beide Systeme $\{b_1, \ldots, b_m, S_1, \ldots, S_m\}$, $\{B_1', \ldots, B_m', T_1, \ldots, T_m\}$ Dirichletsysteme der Ordnung $2m$ sind (speziell ist B' normal) und es gilt die Greensche Formel (12). Damit befinden wir uns im Bereich der Voraussetzungen von Satz 14.3 und wir haben (24). ∎

B' wollen wir das zu $B = (b_j)$ adjungierte Randwertsystem nennen.

Unsere nächsten Sätze befassen sich mit der Übertragbarkeit der Lopatinskij-Šapiro-Bedingung von B auf das adjungierte Randwertsystem B'.

Satz 14.5 *Sei Ω beschränkt und aus $C^{2m,1}$, seien gegeben $A(x, \mathrm{D})$ elliptisch auf $\bar\Omega$ und zwei Randwertsysteme $B = (b_1(x, \mathrm{D}), \ldots, b_m(x, \mathrm{D}))$, $B' = (B_1'(x, \mathrm{D}), \ldots, B_m'(x, \mathrm{D}))$ die durch eine Greensche Formel (12) miteinander gekoppelt seien. Über die Ordnungen und über die Koeffizienten setzen wir voraus: $\mathrm{ord}\,A = 2m$, $\mathrm{ord}\,b_j$, $\mathrm{ord}\,B_j'$, $\mathrm{ord}\,S_j$, $\mathrm{ord}\,T_j \leqslant 2m - 1$*

$$a_\alpha(x) \in C^{|\alpha|}(\bar\Omega), \qquad b_j \in C^{2m-\mathrm{ord}\,b_j}(\bar\Omega),$$

$$B_j' \in C^{2m-\mathrm{ord}\,B_j'}(\bar\Omega), \qquad S_j \in C^{2m-\mathrm{ord}\,S_j}(\bar\Omega), \qquad T_j \in C^{2m-\mathrm{ord}\,T_j}(\bar\Omega).$$

Falls $A(x, \mathrm{D})$, $b_1(x, \mathrm{D}), \ldots, b_m(x, \mathrm{D})$ in $x_0 \in \partial\Omega$ die Bedingung 11.1 von Lopatinskij-Šapiro erfüllt, dann erfüllt auch das adjungierte System $A^*(x, \mathrm{D})$, $B_1'(x, \mathrm{D}), \ldots, B_m'(x, \mathrm{D})$, in $x_0 \in \partial\Omega$ die Bedingung 11.1 *von Lopatinskij-Šapiro.*

Wir unterstreichen, dieser Satz ist richtig ohne der Voraussetzung der Normalität, auch braucht B' nicht den Raum $W^{2m}(B)^*$ zu bestimmen.

Beweis. Unsere erste Aufgabe ist es, die Greensche Formel (12) so umzuformen, daß sie der Bedingung von Lopatinskij-Šapiro zugänglich wird. Wir nehmen eine kleine Umgebung U von x_0 und transformieren U zulässig nach Satz 2.12 auf W^r. Nach dieser Transformation $\Phi\,(\in C^{2m-1,1})$ geht (12) über in (siehe Beweis von Satz 14.2).

$$(28) \qquad \int_{\mathbf{R}_+^r} \mathscr{A}u\bar v\,\mathrm{d}x'\,\mathrm{d}x_r - \int_{\mathbf{R}_+^r} u \cdot \overline{\mathscr{A}^* v}\,\mathrm{d}x'\,\mathrm{d}x_r$$

$$= \sum_{j=1}^m \left[\int_{\mathbf{R}^{r-1}} \mathscr{S}_j u\,\overline{\mathscr{B}_j' v}\,\mathrm{d}x' - \int_{\mathbf{R}^{r-1}} \mathscr{B}_j u\,\overline{\mathscr{T}_j v}\,\mathrm{d}x' \right],$$

wobei (28) für alle $u, v \in W_2^{2m}(\mathbf{R}_+^r)$ gilt, die ihren Träger in $W_+^r \cup W^{r-1}$ haben. Sei $\lambda > 1$, die Funktionen $u(\lambda x', \lambda x_r)$, $v(\lambda x', \lambda x_r)$ gehören wieder zu $W_2^{2m}(\mathbf{R}_+^r)$ und haben ihren Träger in $W_+^r \cup W^{r-1}$, wir können sie also in (28) einsetzen und erhalten nach Koordinatenwechsel und einfachen Umformungen

$$\int_{\mathbf{R}^r_+} \left(\mathscr{A}^H\left(\frac{x}{\lambda},\mathrm{D}\right)u(x)\right)\overline{v(x)}\,\mathrm{d}x - \int_{\mathbf{R}^r_+} u(x)\overline{\left(\mathscr{A}^{*H}\left(\frac{x}{\lambda},\mathrm{D}\right)v(x)\right)}\,\mathrm{d}x$$

$$= \sum_{j=1}^m \left[\int_{\mathbf{R}^{r-1}}\mathscr{S}_j^H\left(\frac{x'}{\lambda},\mathrm{D}\right)u(x',x_r)\,\overline{\mathscr{B}_j'^H\left(\frac{x'}{\lambda},\mathrm{D}\right)v(x',x_r)}\,\mathrm{d}x'\big|_{x_r=0}\right.$$

$$\left. - \int_{\mathbf{R}^{r-1}}\mathscr{B}_j^H\left(\frac{x'}{\lambda},\mathrm{D}\right)u(x',x_r)\,\overline{\mathscr{T}_j^H\left(\frac{x'}{\lambda},\mathrm{D}\right)v(x',x_r)}\,\mathrm{d}x'\big|_{x_r=0}\right] + O\left(\frac{1}{\lambda}\right).$$

Lassen wir $\lambda \to +\infty$ gehen, so erhalten wir

$$\int_{\mathbf{R}^r_+}(\mathscr{A}^H(0,\mathrm{D})\,u(x))\,\overline{v(x)}\,\mathrm{d}x - \int_{\mathbf{R}^r_+} u(x)\,\overline{(\mathscr{A}^{*H}(0,\mathrm{D})\,v(x))}\,\mathrm{d}x$$

$$(29)\qquad = \sum_{j=1}^m \left[\int_{\mathbf{R}^{r-1}}\mathscr{S}_j^H(0,\mathrm{D})\,u(x',x_r)\,\overline{\mathscr{B}_j'^H(0,\mathrm{D})\,v(x',x_r)}\,\mathrm{d}x'\big|_{x_r=0}\right.$$

$$\left. - \int_{\mathbf{R}^{r-1}}\mathscr{B}_j^H(0,\mathrm{D})\,u(x',x_r)\,\overline{\mathscr{T}_j^H(0,\mathrm{D})\,v(x',x_r)}\,\mathrm{d}x'\big|_{x_r=0}\right].$$

Hier sind die Differentialausdrücke

$$\mathscr{A}^H,\ \mathscr{A}^{*H},\ \mathscr{B}_j^H,\ \mathscr{B}_j'^H,\ \mathscr{S}_j^H,\ \mathscr{T}_j^H,\qquad j=1,\dots,m,$$

homogen und haben konstante Koeffizienten. Da (29) gegenüber Achsenstreckungen invariant ist und die Funktionen mit beschränktem Träger dicht in $W_2^{2m}(\mathbf{R}^r_+)$ liegen, siehe Satz 3.6, gilt (29) für alle $u,\ v \in W_2^{2m}(\mathbf{R}^r_+)$. Wir unterwerfen (29) einer weiteren Umformung. Seien $\varphi(x_r),\ \psi(x_r) \in W_2^{2m}(\mathbf{R}^1_+)$ und $\chi(x') \in W_2^{2m}(\mathbf{R}^{r-1})$, wir nehmen $\lambda > 0,\ 0 \neq \xi' \in \mathbf{R}^{r-1}$, und setzen

$$(30)\qquad u(x',x_r) = \mathrm{e}^{\mathrm{i}(\xi',x')}\cdot\chi(\lambda x')\,\varphi(x_r),\qquad v(x',x_r) = \mathrm{e}^{\mathrm{i}(\xi',x')}\cdot\chi(\lambda x')\,\psi(x_r).$$

Wir haben $u,\ v \in W_2^{2m}(\mathbf{R}^r_+)$ (Fubini!). Wir setzen (30) in (29) ein, wechseln die Koordinaten $t = x_r,\ y' = \lambda x'$, benutzen die Homogenität, führen einfache Umformungen durch, wir schreiben $\mathscr{A}^H(0,\mathrm{D}) = \mathscr{A}^H(0,\mathrm{D}_y,\mathrm{D}_t)$ usw. Dabei erinnern wir an die Konvention von §11, wonach die Ableitungen den Faktor $1/\mathrm{i}$ tragen. Wir erhalten

$$\left[\int_0^\infty\left(\mathscr{A}^H\left(0,\xi',\frac{1}{\mathrm{i}}\frac{\mathrm{d}}{\mathrm{d}t}\right)\varphi(t)\right)\overline{\psi(t)}\,\mathrm{d}t - \int_0^\infty\varphi(t)\cdot\overline{\mathscr{A}^{*H}\left(0,\xi',\frac{1}{\mathrm{i}}\frac{\mathrm{d}}{\mathrm{d}t}\right)\psi(t)}\,\mathrm{d}t\right]\cdot\int_{\mathbf{R}^{r-1}}|\chi(y')|^2\,\mathrm{d}y'$$

$$-\left[\sum_{j=1}^m\mathscr{S}_j^H\left(0,\xi',\frac{1}{\mathrm{i}}\frac{\mathrm{d}}{\mathrm{d}t}\right)\varphi(t)\big|_{t=0}\,\overline{\mathscr{B}_j'^H\left(0,\xi',\frac{1}{\mathrm{i}}\frac{\mathrm{d}}{\mathrm{d}t}\right)\psi(t)}\big|_{t=0}\right.$$

$$\left. -\,\mathscr{B}_j^H\left(0,\xi',\frac{1}{\mathrm{i}}\frac{\mathrm{d}}{\mathrm{d}t}\right)\varphi(t)\big|_{t=0}\cdot\overline{\mathscr{T}_j^H\left(0,\xi',\frac{1}{\mathrm{i}}\frac{\mathrm{d}}{\mathrm{d}t}\right)\psi(t)}\big|_{t=0}\right]\cdot\int_{\mathbf{R}^{r-1}}|\chi(y')|^2\,\mathrm{d}y' = O(\lambda).$$

Wir gehen mit $\lambda \to 0$ und bekommen

$$\int\limits_0^\infty \left(\mathscr{A}^{\mathrm{H}}\left(0,\xi',\frac{1}{\mathrm{i}}\frac{\mathrm{d}}{\mathrm{d}t}\right)\varphi(t) \right)\overline{\psi(t)}\,\mathrm{d}t - \int\limits_0^\infty \varphi(t)\,\overline{\mathscr{A}^{*\mathrm{H}}\left(0,\xi',\frac{1}{\mathrm{i}}\frac{\mathrm{d}}{\mathrm{d}t}\right)\psi(t)}\,\mathrm{d}t$$

$$(31) \qquad = \sum_{j=1}^m \left[\mathscr{S}_j^{\mathrm{H}}\left(0,\xi',\frac{1}{\mathrm{i}}\frac{\mathrm{d}}{\mathrm{d}t}\right)\varphi(t)\big|_{t=0}\,\overline{\mathscr{B}_j'^{\mathrm{H}}\left(0,\xi',\frac{1}{\mathrm{i}}\frac{\mathrm{d}}{\mathrm{d}t}\right)\psi(t)}\big|_{t=0} \right.$$

$$\left. - \mathscr{B}_j^{\mathrm{H}}\left(0,\xi',\frac{1}{\mathrm{i}}\frac{\mathrm{d}}{\mathrm{d}t}\right)\varphi(t)\big|_{t=0} \cdot \overline{\mathscr{T}_j^{\mathrm{H}}\left(0,\xi',\frac{1}{\mathrm{i}}\frac{\mathrm{d}}{\mathrm{d}t}\right)\psi(t)}\big|_{t=0} \right],$$

für $\varphi,\,\psi \in W_2^{2m}(\mathbf{R}_+^1)$. (31) ist die Form der Greenschen Formel, wie wir sie für die Lopatinskij-Šapiro Bedingung brauchen. Sei

$$(32) \qquad \begin{aligned} \mathscr{A}^{*\mathrm{H}}\left(0,\xi',\frac{1}{\mathrm{i}}\frac{\mathrm{d}}{\mathrm{d}t}\right)\psi(t) &= 0, \qquad t>0,\ 0 \neq \xi' \in \mathbf{R}^{r-1}, \\[2mm] \mathscr{B}_j'^{\mathrm{H}}\left(0,\xi',\frac{1}{\mathrm{i}}\frac{\mathrm{d}}{\mathrm{d}t}\right)\psi(t)\big|_{t=0} &= 0, \qquad j=1,\dots,m, \end{aligned}$$

für $\psi(t) \in W_2^{2m}(\mathbf{R}_+^1)$, wir müssen zeigen (Bedingung 11.1) daß dann $\psi \equiv 0$ ist. Da nach Annahme $\mathscr{A}^{\mathrm{H}},\, \mathscr{B}_1^{\mathrm{H}},\dots,\mathscr{B}_m^{\mathrm{H}}$ die Bedingung 11.1 erfüllt (hier haben wir Satz 11.3 benutzt), welche Bedingung zu 11.3 äquivalent ist, hat für jedes $f \in L_2(\mathbf{R}_+^1)$ das Anfangswertproblem

$$(33) \qquad \begin{aligned} \mathscr{A}^{\mathrm{H}}\left(0,\xi',\frac{1}{\mathrm{i}}\frac{\mathrm{d}}{\mathrm{d}t}\right)\varphi(t) &= f(t) \\[2mm] \mathscr{B}_j^{\mathrm{H}}\left(0,\xi',\frac{1}{\mathrm{i}}\frac{\mathrm{d}}{\mathrm{d}t}\right)\varphi(t)\big|_{t=0} &= 0, \qquad j=1,\dots,m, \end{aligned}$$

eine Lösung φ in $W_2^{2m}(\mathbf{R}_+^1)$. (32) und (33) in (31) eingesetzt ergeben

$$\int\limits_0^\infty f\bar{\psi}\,\mathrm{d}t = 0 \quad \text{für jedes } f \in L_2(\mathbf{R}_+^1),$$

woraus folgt $\psi = 0$, das ist die Bedingung 11.1 für $\mathscr{A}^*,\,\mathscr{B}_1',\dots,\mathscr{B}_m'$. Rücktransformation (zulässige Koordinaten, Satz 11.3) liefert die Bedingung 11.1 für $A^*,\,B_1',\dots,B_m'$, in $x_0 \in \partial\Omega$. $\blacksquare$

Wir wollen nun zeigen, daß die Lopatinskij-Šapiro Bedingung weniger eine Eigenschaft der speziellen Randwertbedingungen $b_1,\dots,b_m$, als eine Eigenschaft des Randwertraumes $W^{2m}(B)$ ist.

Satz 14.6 *Sei Ω beschränkt und aus $C^{2m,1}$ sei $A(x,\mathrm{D})$ ein auf $\bar{\Omega}$ elliptischer Differentialoperator mit Koeffizienten $a_\alpha(x) \in C^1(\bar{\Omega})$, und seien $b_1(x,\mathrm{D}),\dots,b_m(x,\mathrm{D})$ – kurz B – Randwertoperatoren der Ordnung $m_j \leqslant 2m-1$, $j=1,\dots,m$, deren Koeffizienten zu $C^{2m+1-m_j}(\bar{\Omega})$ gehören. Falls $A,b_1,\dots,b_m$, auf $\partial\Omega$ die Bedingung 11.1* *von Lopatinskij-Šapiro erfüllen, dann erfüllt jedes normale Randwertsystem $\tilde{B} = (\tilde{b}_1(x, D), \ldots, \tilde{b}_m(x, D))$, das $W^{2m}(B)$ bestimmt, auch die* Bedingung 11.1, *dabei genügt es über die Koeffizienten von $\tilde{B}$ vorauszusetzen*

$$(34) \qquad \tilde{b}_j \in C^{2m - \tilde{m}_j}(\bar{\Omega}), \qquad 0 \leqslant \tilde{m}_j \leqslant 2m - 1, \qquad j = 1, \ldots, m.$$

Zum Beweis benutzen wir den Hauptsatz 13.1. Nach den in Satz 14.6 gemachten Voraussetzungen ist der Schluß 1. $\curvearrowright$ 4. des Hauptsatzes statthaft und wir haben die a priori Abschätzung

$$(35) \qquad \|\varphi\|_{2m} \leqslant c \left\{ \|A\varphi\|_0 + \sum_{j=1}^m \|b_j \varphi\|_{2m - m_j - 1/2, \partial\Omega} + \|\varphi\|_{2m-1} \right\},$$

für alle $\varphi \in W_2^{2m}(\Omega)$.

Sei $w \in W^{2m}(B)$, d.h. $b_1 w = 0, \ldots, b_m w = 0$, dann geht (35) über in

$$(36) \qquad \|w\|_{2m} \leqslant c_1 \{ \|Aw\|_0 + \|w\|_{2m-1} \} \quad \text{für alle } w \in W^{2m}(B).$$

Sei wieder φ beliebig aus $W_2^{2m}(\Omega)$. Da das System $\tilde{B} = (\tilde{b}_1, \ldots, \tilde{b}_m)$ normal ist, können wir es zu einem Dirichletsystem der Ordnung $2m$ ergänzen und Satz 14.1 anwenden, d.h. ein $\varphi_0 \in W_2^{2m}(\Omega)$ finden, das stetig von $(\psi_1, \ldots, \psi_m)$ abhängt und das die Gleichungen erfüllt

$$(37) \qquad \tilde{b}_j(x, D)\varphi_0 = \tilde{b}_j(x, D)\varphi =: \psi_j \in W_2^{2m - \tilde{m}_j - 1/2}(\partial\Omega),$$

wobei wegen der Stetigkeit in Satz 14.1 gilt

$$(38) \qquad \|\varphi_0\|_{2m} \leqslant c_2 \sum_{j=1}^m \|\tilde{b}_j \varphi\|_{2m - \tilde{m}_j - 1/2, \partial\Omega}.$$

Da $\tilde{B}$ den Raum $W^{2m}(B)$ bestimmt, folgt aus (37)

$$w = \varphi - \varphi_0 \in W^{2m}(B).$$

Mit diesem w haben wir – (36) und (38) verwendet und die Abschätzungen $\|A\varphi_0\|_0 \leqslant c \|\varphi_0\|_{2m}$, $\|\varphi_0\|_{2m-1} \leqslant \|\varphi_0\|_{2m}$ –

$$\|\varphi\|_{2m} \leqslant \|w\|_{2m} + \|\varphi_0\|_{2m} \leqslant c_3(\|Aw\|_0 + \|w\|_{2m-1} + \|\varphi_0\|_{2m})$$

$$= c_3(\|A\varphi - A\varphi_0\|_0 + \|\varphi - \varphi_0\|_{2m-1} + \|\varphi_0\|_{2m})$$

$$\leqslant c_4(\|A\varphi\|_0 + \|\varphi_0\|_{2m} + \|\varphi\|_{2m-1} + \|\varphi_0\|_{2m} + \|\varphi_0\|_{2m})$$

$$\leqslant c_5 \left(\|A\varphi\|_0 + \sum_{j=1}^m \|\tilde{b}_j \varphi\|_{2m - \tilde{m}_j - 1/2, \partial\Omega} + \|\varphi\|_{2m-1} \right), \qquad \varphi \in W_2^{2m}(\Omega),$$

das heißt, das System $A, \tilde{b}_1, \ldots, \tilde{b}_m$ erfüllt die a priori Abschätzung 4. des Hauptsatzes 13.1. Wir können also den Schluß 4. $\curvearrowright$ 1. des Hauptsatzes 13.1 anwenden – hier genügen die Voraussetzung (34) – und bekommen, daß das System $A, \tilde{b}_1, \ldots, \tilde{b}_m$ auf $\partial\Omega$ die Bedingung 11.1 erfüllt. ∎

Wir fassen nun die Sätze 14.4, 14.5 und 14.6 zusammen, und haben

Satz 14.7 *Sei Ω beschränkt und aus $C^{4m,1}$, sei $A(x, \mathrm{D})$ ein auf $\bar{\Omega}$ elliptischer Differentialoperator mit Koeffizienten $a_\alpha(x) \in C^{1+|\alpha|}(\bar{\Omega})$, sei $B = (b_j(x, \mathrm{D}), j = 1, \ldots, m)$ ein auf $\partial\Omega$ normales Randwertsystem, wobei die Koeffizienten*

$$b_{j,s}(x) \in C^{4m-m_j}(\bar{\Omega}), \qquad |s| \leqslant m_j, j = 1, \ldots, m,$$

gehören, $m_j \leqslant 2m-1$, sei für $(A, b_1, \ldots, b_m)$ auf $\partial\Omega$ die Bedingung 11.1 erfüllt. Dann gibt es ein adjungiertes, normales Randwertsystem $B' = (B_j'(x, \mathrm{D}), j = 1, \ldots, m)$ mit folgenden Eigenschaften:

1. *Die Koeffizienten*

$$B_{j,s}'(x) \in C^{2m+1-\operatorname{ord} B_j'}(\bar{\Omega}), \qquad |s| \leqslant \operatorname{ord} B_j' \leqslant 2m-1, j = 1, \ldots, m.$$

2. *B' bestimmt den Raum $W^{2m}(B)^*$, das ist*

$$W^{2m}(B)^* = W^{2m}(B')$$

3. *$A^*, B_1', \ldots, B_m'$ erfüllt auf $\partial\Omega$ die Bedingung 11.1 von Lopatinskij-Šapiro.*

Auch erfüllt jedes andere normale Randwertsystem $\tilde{B}' = (\tilde{B}_1', \ldots, \tilde{B}_m')$ mit Koeffizienten

$$\tilde{B}_j' \in C^{2m-\operatorname{ord} \tilde{B}_j'}(\bar{\Omega}),$$

das den Raum $W^{2m}(B)^*$ bestimmt, die Bedingung 11.1.

Beweis. Nach Satz 14.4, dort die Differenzierbarkeitsvoraussetzungen um 1 erhöht, bekommen wir die Existenz eines B' mit 1 und 2, wobei B' mit B durch die Greensche Formel (12) gekoppelt ist, damit können wir Satz 14.5 anwenden und erhalten 3. Den letzten Teil unserer Aussage bekommen wir durch eine Anwendung von Satz 14.6 auf

$$A^*, B_1', \ldots, B_m' \quad \text{und} \quad A^*, \tilde{B}_1', \ldots, \tilde{B}_m'. \qquad ∎$$

Wegen $A^{**} = A$ und $W^{2m}(B)^{**} = W^{2m}(B)$ ist der Satz 14.7 im Grunde genommen ein Äquivalenzsatz:

1. B bestimmt $V \subset W_2^{2m}(\Omega)$		1. B' bestimmt V^*
2. B ist normal auf $\partial\Omega$	$\Leftrightarrow$	2. B' ist normal
3. B erfüllt die Bedingung 11.1 L.Š.		3. B' erfüllt die Bedingung 11.1 L.Š.

Wir überlassen die genaue Formulierung dieses Äquivalenzsatzes – es geht um die genauen Differenzierbarkeitsvoraussetzungen – dem Leser.

14.4 Die zweite Greensche Formel

Für später – V-elliptische Differentialgleichungen – brauchen wir die zweite Greensche Formel. Es ist hier zweckmäßig, den Operator $A(x, \mathrm{D})$ in der Form zu schreiben (dies ist immer auf mehrfache Weise möglich)

$$(39) \qquad A(x, \mathrm{D})u = \sum_{|p|, |q| \leqslant m} (-1)^q \mathrm{D}^q (a_{pq} \mathrm{D}^p u).$$

Wir ordnen dem Operator (39) eine sesquilineare Form zu

$$(40) \qquad a(u, v) = \int_\Omega \sum_{|p|, |q| \leqslant m} a_{pq} \mathrm{D}^p u \cdot \overline{\mathrm{D}^q v} \, dx.$$

Satz 14.8 *Sei Ω beschränkt und aus $C^{2m+k, 1}$, $k \geqslant 0$, sei $A(x, \mathrm{D})$ (39) ein auf $\bar\Omega$ elliptischer Differentialoperator mit Koeffizienten*

$$(41) \qquad a_{pq} \in C^{|q|+k}(\bar\Omega).$$

Sei $b_j(x, \mathrm{D})$, $j = 1, \ldots, m$ ein Dirichletrandwertsystem der Ordnung m auf $\partial\Omega$ – also $0 \leqslant m_j \leqslant (m-1)$ – für dessen Koeffizienten wir haben

$$(41') \qquad b_{j,s}(x) \in C^{2m+k-m_j}(\bar\Omega), \qquad |s| \leqslant m_j, . j = 1, \ldots, m,$$

oder eventuell umgeordnet $b_j \in C^{2m+1+k-j}(\bar\Omega)$.
Dann gibt es ein (auf $\partial\Omega$) normales Randwertsystem $C_1(x, \mathrm{D}), \ldots, C_m(x, \mathrm{D})$ mit Koeffizienten

$$C_{j,s}(x) \in C^{2m+k-\operatorname{ord} C_j}(\bar\Omega), \qquad |s| \leqslant \operatorname{ord} C_j, j = 1, \ldots, m,$$

derart, daß die zweite Greensche Formel richtig ist

$$(42) \qquad a(u, v) = \int_\Omega (Au)\bar v \, dx - \sum_{j=1}^m \int_{\partial\Omega} C_j u \cdot \overline{b_j v} \, d\sigma; \qquad u, v \in W_2^{2m}(\Omega),$$

wobei für die Ordnungen von C^j gilt

$$\operatorname{ord} C_j = 2m - 1 - \operatorname{ord} b_j, \qquad j = 1, \ldots, m.$$

Wir beginnen den Beweis so wie bei Satz 14.2: wir überdecken $\bar\Omega$, nehmen eine Zerlegung der Eins, transformieren zulässig auf den Würfel W^r (Satz 2.12) und müssen (42) in der Form

$$(42') \qquad a(u, v) = \int_{W_+^r} (\mathscr{A}u)\bar v \, dx - \sum_{j=1}^m \int_{W^{r-1}} \mathscr{C}_j u \cdot \overline{\mathscr{B}_j v} \, dx',$$

für Funktionen u, v aus $C^{2m}(\overline{W^r})$ oder $C^\infty(\overline{W^r})$, deren Support $\partial W_+^r \setminus W^{r-1}$ nicht schneidet, beweisen. Wir nennen wieder die Koeffizienten von $\mathscr{A}$ a_{pq}.
Wir setzen $x = (x', x_r)$, $q = (q', q_r)$, integrieren partiell nach x' und haben wegen der Supporteigenschaften von u und v

$$
a(u, v) = \int\limits_{W^r_+} \sum_{|p|, |q| \leq m} a_{pq} \, \mathrm{D}^p u \, \mathrm{D}^q \bar{v} \, \mathrm{d}x
$$

(43)

$$
= \int\limits_{W^r_+} \sum_{|p|, |q| \leq m} (-1)^{|q'|} \mathrm{D}^{q'} (a_{pq} \mathrm{D}^p u) \cdot \mathrm{D}^{q_r}_{x'} \bar{v} \, \mathrm{d}x .
$$

Nun integrieren wir partiell nach x_r und haben weiter

$$
= \int\limits_{W^r_+} \sum_{|p|, |q| \leq m} (-1)^{|q'| + q_r} \mathrm{D}^{q_r}_{x'} \mathrm{D}^{q'} (a_{pq} \mathrm{D}^p u) \, \bar{v} \, \mathrm{d}x
$$

(43)

$$
- \int\limits_{W^{r-1}} \sum_{|p|, |(q', q_r)| \leq m} \sum_{i=1}^{q_r} (-1)^{|q'| + i - 1} \mathrm{D}^{q_r - i}_{x'} \mathrm{D}^{q'} (a_{pq} \mathrm{D}^p u) \, \mathrm{D}^{i-1}_{x'} \bar{v} \, \mathrm{d}x'
$$

$$
= \int\limits_{W^r_+} (\mathscr{A} u) \cdot \bar{v} \, \mathrm{d}x - \sum_{j=1}^{m} \int\limits_{W^{r-1}} N_j(u) \cdot \mathrm{D}^{j-1}_{x'} \bar{v} \, \mathrm{d}x' ,
$$

wobei wir gesetzt haben

(44)
$$
N_j(u) := \sum_{\substack{|p|, |q| \leq m \\ q = (q', q_r)}} \sum_{q_r \geq j} (-1)^{|q'| + j - 1} \mathrm{D}^{q_r - j}_{x'} \mathrm{D}^{q'} (a_{pq} \mathrm{D}^p u) .
$$

Wir lesen von (44) ab: $\mathrm{ord}\, N_j = 2m - j$, die höchste Ordnung wird erreicht in $a_{(0,m)(0,m)} \mathrm{D}^{2m-j}_{x'} u$, dabei ist wegen der Elliptizität von $\mathscr{A}(x, \mathrm{D})$ $a_{(0,m)(0,m)} \neq 0$, (wir setzen in $\mathscr{A}^{\mathrm{H}}(x, \xi) \neq 0$, $\xi = (0, \xi_r) \neq 0$ ein und haben $\mathscr{A}^{\mathrm{H}}\big(x, (0, \xi_r)\big) = a_{(0,m)(0,m)} \cdot \xi_r^{2m} \neq 0$), für die Koeffizienten von $N_j(u)$ gilt, siehe (41)

(45)
$$
N_j \in C^{|q| + k - (|q| - j)}(\overline{W^r_+}) = C^{j + k}(\overline{W^r_+}) .
$$

Das System N_j, $j = 1, \ldots, m$, ist also normal auf W^{r-1}. Da $\mathscr{B}_1, \ldots, \mathscr{B}_m$ ein Dirichletsystem ist, haben wir nach Lemma 14.1

(46)
$$
\mathrm{D}^{j-1}_{x'} = \sum_{s=1}^{j} \Phi_{js} \circ \mathscr{B}_s, \qquad j = 1, \ldots, m,
$$

wobei wegen (41') für die Koeffizienten von Φ_{js} gilt

(47)
$$
\Phi_{js} \in C^{2m + 1 + k - j}(\overline{W^r_+}) ,
$$

$\mathrm{ord}\, \Phi_{js} = (j - s)$, ($\Phi_{js}$-tangential). Wir bezeichnen mit Φ_{js}^* die formal adjungierten tangentialen Differentialoperatoren auf W^{r-1}, d.h.

(48)
$$
\int\limits_{W^{r-1}} \Phi_{js} \varphi \cdot \bar{\psi} \, \mathrm{d}x' = \int\limits_{W^{r-1}} \varphi \cdot \overline{\Phi_{js}^* \psi} \, \mathrm{d}x', \qquad \varphi, \psi \in \mathscr{D}(W^{r-1}) .
$$

Für die Koeffizienten von Φ_{js}^* haben wir wegen (47)

(49)
$$
\Phi_{js}^* \in C^{2m + 1 + k - j - (j - s)}(\overline{W^r_+}) \subset C^{k + s}(\overline{W^r_+}) ,
$$

da $2m + 1 + k - j - (j - s) = 2m + 1 + k - 2j + s \geq k + 1 + s$, für $j = 1, \ldots, m$. Wir setzen (46) in (43) ein und haben wegen (48)

$$a\,(u,v) = \int\limits_{W_+^r} (\mathscr{A}u)\,\bar{v}\,\mathrm{d}x - \sum_{j=1}^{m} \int\limits_{W^{r-1}} N_j(u) \cdot \overline{\sum_{s=1}^{j} \Phi_{js}\,\mathscr{B}_s v}\,\mathrm{d}x'$$

$$= \int\limits_{W_+^r} (\mathscr{A}u)\,\bar{v}\,\mathrm{d}x - \sum_{j=1}^{m} \int\limits_{W^{r-1}} \left(\sum_{s=j}^{m} \Phi_{sj}^{*} \circ N_s(u) \right) \cdot \overline{\mathscr{B}_j v}\,\mathrm{d}x\,.$$

Wir haben die $\mathscr{C}$'s in (42′) gefunden:

$$(50) \qquad \mathscr{C}_j := \sum_{s=j}^{m} \Phi_{sj}^{*} \circ N_s\,.$$

Wir lesen wieder von (50) ab: wegen $\Phi_{jj}^{*} = \overline{\Phi_{jj}} \neq 0$ und $a_{(0,m)(0,m)} \neq 0$, ist ord $\mathscr{C}_j$ = ord N_j = ord $a_{(0,m)(0,m)} \cdot \mathrm{D}_x^{2m-j} = 2m - j$, und die $\mathscr{C}_j, j = 1, \ldots, m$, sind normal auf W^{r-1}. Für die Koeffizienten von $\mathscr{C}_j$ ergibt sich aus (45) und (49):

$$\mathscr{C}_j \in \mathrm{C}^{k+j}(\overline{W_+^r}) \cap \mathrm{C}^{k+s-(s-j)}(\overline{W_+^r}) = \mathrm{C}^{k+j}(\overline{W_+^r}) = \mathrm{C}^{2m+k-\mathrm{ord}\,\mathscr{C}_j}(\overline{W_+^r})\,.$$

Durch Rücktransformation erhalten wir die Behauptungen unseres Satzes. ■

Für Dirichletrandwertsysteme $b_1, \ldots, b_m$ können wir durch Satz 14.8 die Greensche Formel (12) zurückgewinnen und adjungierte Randwertaufgaben bestimmen

Satz 14.9 *Seien die Voraussetzungen zu* Satz 14.8 *erfüllt, sei insbesondere* $b_1, \ldots, b_m$ *ein Dirichletsystem von der Ordnung* m *auf* $\partial\Omega$, *dann gilt die erste Greensche Formel*

$$(51) \qquad \int\limits_{\Omega} Au\bar{v}\,\mathrm{d}x - \int\limits_{\Omega} u \cdot \overline{A^* v}\,\mathrm{d}x = \sum_{j=1}^{m} \int\limits_{\partial\Omega} [C_j u \cdot \overline{b_j v} - b_j u \cdot \overline{C_j' v}]\,\mathrm{d}\sigma$$

wobei C_j *bzw.* C_j' *durch* (A, b_j) *bzw.* (A^*, b_j) *im Sinne von Satz* 14.8 *bestimmt wurden.*

Aus (51) liest man ab (adjungierte Randwertaufgaben, siehe Definition 14.6 und Satz 14.3)

$$(52) \qquad (A, b_1, \ldots, b_m)^* = (A^*, b_1, \ldots, b_m), \qquad (A, C_1, \ldots, C_m)^* = (A^*, C_1', \ldots, C_m'),$$

also gilt insbesondere für das Dirichletproblem $\mathrm{D} = (\partial^0/\partial n^0, \ldots, \partial^{m-1}/\partial n^{m-1})$

$$(A, \mathrm{D})^* = (A^*, \mathrm{D})\,.$$

Auf $(A, b_1, \ldots, b_m)$ können wir wegen (52) das Beweisverfahren von Satz 13.5 anwenden und erhalten

$$\mathrm{ind}\,(A, b_1, \ldots, b_m) = 0\,.$$

Auch dürfen wir die B's und C's entsprechend mischen und können dadurch auch andere adjungierte Randwertaufgaben bestimmen. Falls A selbstadjungiert ist, $A = A^*$, können wir setzen $C_j' = C_j$ und die Formel (51) vereinfacht sich zu

$$\int\limits_{\Omega} Au\bar{v}\,\mathrm{d}x - \int\limits_{\Omega} u\,\overline{Av}\,\mathrm{d}x = \sum_{j=1}^{m} \int\limits_{\partial\Omega} [C_j u \cdot \overline{b_j v} - b_j u \cdot \overline{C_j v}]\,\mathrm{d}\sigma\,,$$

woraus für (52) folgt

$$(A, b_1, \ldots, b_m)^* = (A, b_1, \ldots, b_m), \qquad (A, C_1, \ldots, C_m)^* = (A, C_1, \ldots, C_m),$$

d.h. die obigen Randwertaufgaben sind selbstadjungiert, und haben beide nach Folgerung 15.8 den Index Null.

Beweis. Wir schreiben den Operator $A(x, \mathrm{D})$ in der Form (39), dann hat der adjungierte Operator A^* die Gestalt

$$A^*(x, \mathrm{D})\, u = \sum_{|p|,\,|q|\,\leqslant\, m} (-1)^q \mathrm{D}^q (\overline{a_{qp}}\, \mathrm{D}^p u)$$

und die ihm nach (40) zugeordnete sesquilineare Form ist gleich

$$(53) \qquad a^*(u,v) = \int_\Omega \sum_{|p|,\,|q|\,\leqslant\, m} \overline{a_{qp}}\, \mathrm{D}^p u \cdot \overline{\mathrm{D}^q v}\, \mathrm{d}x = \int_\Omega \sum_{|p|,\,|q|\,\leqslant\, m} \overline{a_{pq}\, \mathrm{D}^p v \cdot \overline{\mathrm{D}^q u}}\, \mathrm{d}x = \overline{a(v,u)}.$$

Wir wenden den Satz 14.8 einmal auf $A, b_1, \ldots, b_m$, ein ander Mal auf $A^*, b_1, \ldots, b_m$, an und erhalten

$$(54) \qquad a(u,v) = \int_\Omega A u \bar{v}\, \mathrm{d}x - \sum_{j=1}^m \int_{\partial\Omega} C_j u \cdot \overline{b_j v}\, \mathrm{d}\sigma,$$

$$a^*(v,u) = \int_\Omega A^* v \cdot \bar{u}\, \mathrm{d}x - \sum_{j=1}^m \int_{\partial\Omega} C_j' v \cdot \overline{b_j u}\, \mathrm{d}\sigma,$$

oder $\quad \overline{a^*(v,u)} = \int_\Omega u \cdot \overline{A^* v}\, \mathrm{d}x - \sum_{j=1}^m \int_{\partial\Omega} b_j u \cdot \overline{C_j' v}\, \mathrm{d}\sigma.$

Da nach (53) $a^*(v,u) = \overline{a(u,v)}$ ist, erhalten wir nach Gleichsetzen in (54) sofort die Formel (51).

Die anderen Aussagen nach Satz 14.9 sind Folgerungen aus schon bekannten Sätzen. ∎

14.5 Der antiduale Operator L' und die adjungierte Randwertaufgabe

Zum Abschluß wollen wir den Zusammenhang zwischen dem antidualen Operator L' und der adjungierten Randwertaufgabe angeben.

Satz 14.10 *Wir bezeichnen mit L_0 die Restriktion von L (siehe §13, (2)) auf $W^{2m}(B)$, also*

$$L_0 : W^{2m}(B) \to L_2(\Omega) \quad \textit{stetig},$$

und ebenso

$$L_0^* : W^{2m}(B^*) \to L_2(\Omega) \quad \textit{stetig}, \quad B^* = (B_1', \ldots, B_m'),$$

wobei $L^* = (A^*, B_1', \ldots, B_m')$ eine adjungierte Aufgabe zu $L = (A, b_1, \ldots, b_m)$ ist. Sei L_0' der zu L_0 antiduale Operator, also

$$L_0' : L_2 \to [W^{2m}(B)]'$$

wir haben

$$L_0' = L_0^* \ auf \ W^{2m}(B^*) \cap L_2(\Omega).$$

Wir setzen nun zusätzlich die Existenz der Inversen L_0^{-1}, L_0^{*-1} voraus und bezeichnen mit

(55) $G_{L_0} : L_2(\Omega) \xrightarrow[L_0^{-1}]{} W^{2m}(B) = \mathrm{im}\, G_{L_0} \subsetneq L_2(\Omega)$

und $G_{L_0^*} : L_2(\Omega) \xrightarrow[L_0^{*-1}]{} W^{2m}(B^*) = \mathrm{im}\, G_{L_0^*} \subsetneq L_2(\Omega)$

die Greenschen Lösungsoperatoren, sie sind wegen

$$W^{2m}(B) \underset{\text{stetig}}{\subsetneq} W_2^{2m}(\Omega) \underset{\text{kompakt}}{\subsetneq} L_2(\Omega)$$

kompakt. Wir haben

(56) $(G_{L_0})' = G_{L_0^*},$

dabei ist G' der im Sinne der Hilbertraumtheorie von $L_2(\Omega)$ antiduale ($=$adjungierte) Operator. Falls also die Randwertaufgabe $(A, b_1, \ldots, b_m)$ selbstadjungiert ist. $L = L^*$, dann ist der Greensche Lösungsoperator

$$G_{L^0}' = G_{L_0}$$

kompakt und selbstadjungiert im Sinne von $L_2(\Omega)$.

Beweis. Wir haben wegen (22) für

$$\varphi \in W^{2m}(B^*) = W^{2m}(B)^* \quad \text{und} \quad \psi \in W^{2m}(B),$$

$((L_0'\varphi, \psi)_0$ als Skalarprodukt auf dem Gelfandschen Dreier $W^{2m}(B) \subsetneq L_2(\Omega) \subsetneq [W^{2n}(B)]'$ interpretiert, siehe §17)

$$(L_0'\varphi, \psi)_0 = (\varphi, L_0\psi)_0 = \int_\Omega \varphi \cdot \overline{A\psi}\, \mathrm{d}x = \int_\Omega A^*\varphi\, \bar\psi\, \mathrm{d}x = (L_0^*\varphi, \psi)_0,$$

das ist $L_0' = L_0^*$ auf $W^{2m}(B^*)$. Da $\mathscr{D}(\Omega) \subset W^{2m}(B^*)$ dicht in $L_2(\Omega)$ liegt, ist durch L_0^* der duale Operator L_0' eindeutig bestimmt. Wir setzen nun in

$$(L_0^*\varphi, \psi)_0 = (\varphi, L_0\psi)_0$$

$\varphi = G_{L_0^*} f$, $\psi = G_{L_0} g$ ein und erhalten

$$(f, G_{L_0} g)_0 = (L_0^* \circ G_{L_0^*} f, G_{L_0} g)_0 = (G_{L_0^*} f, L_0 G_{L_0} g)_0 = (G_{L_0^*} f, g)_0$$

für alle $f, g \in L_2(\Omega)$, das ist $(G_{L_0})' = G_{L_0^*}$.   ■

Wir können auch die Frage nach der Existenz eines Greenschen Lösungsoperators G_{L_0} beantworten.

Satz 14.11 *Der Greensche Lösungsoperator G_{L_0} (55) existiert genau dann, wenn $\lambda = 0$ kein Eigenwert der Randwertaufgabe §13, (50) ist und $\mathrm{ind}\, L = 0$ ist. Nach Satz 13.4 befinden wir uns dann wieder im Bereich des Spektralsatzes von Riesz-Schauder, siehe §12.1. (Ebenso die Existenz von $G_{\lambda_0} = G_{(L_0 - \lambda_0)}$, $\lambda = \lambda_0$ kein Eigenwert).*

Beweis. Daß die Bedingung hinreichend für die Existenz von G_{L_0} sind, sieht man sofort ein, siehe den Beweis von Satz 13.4. Die Notwendigkeit: Falls G_{L_0} existiert, also

$$(57) \qquad L_0^{-1}: L_2(\Omega) \to W^{2m}(B)$$

einen Isomorphismus darstellt, dann hat die Randwertaufgabe

$$Au = 0, \qquad b_1 u = 0, \dots, b_m u = 0,$$

nur die Nullösung $u = 0$, also kann $\lambda = 0$ kein Eigenwert sein, woraus auch folgt $\alpha(L) = 0$. Falls wir zeigen können, daß die Randwertaufgabe §13,(1) für jedes $(f, g_1, \dots, g_m) \in H^0(\Omega, \partial\Omega)$ lösbar ist, dann ist $\beta(L) = 0$, also ind $L = \alpha(L) - \beta(L) = 0$, und wir sind fertig.

Seien zusätzlich die Randwertoperatoren $b_j(x, D)$ normal auf $\partial\Omega$, dann gibt es nach Satz 14.1 zu

$$(g_1, \dots, g_m) \in \underset{j=1}{\overset{m}{\times}} W_2^{2m - m_j - 1/2}(\partial\Omega)$$

ein $u_0 \in W_2^{2m}(\Omega)$ mit $b_1 u_0 = g_1, \dots, b_m u_0 = g_m$.

Wir setzen $\tilde{f} := f - Au_0 \in L_2(\Omega)$, haben $v := L_0^{-1}(\tilde{f}) \in W^{2m}(B)$ und sehen, daß $u := v + u_0$ eine Lösung von §13, (1) ist, denn

$$Au = Av + Au_0 = f - Au_0 + Au_0 = f,$$

und $\qquad b_j u = b_j v + b_j u_0 = 0 + b_j u_0 = g_j, \qquad j = 1, \dots, m.$ ∎

Da wir später auf den Greenschen Operator nochmals zurückkommen (§17), wollen wir die Definition eines Greenschen Lösungsoperators G (siehe Satz 14.10) etwas anders fassen:

Definition 14.7 *Wir sagen, daß $G: L_2(\Omega) \to L_2(\Omega)$ ein Greenscher Lösungsoperator zu $L = (A, b_1, \dots, b_m)$ ist, falls $u = Gf \in W_2^{2m}(\Omega)$ die einzige Lösung der Randwertaufgabe*

$$Au = f, \qquad b_1 u = 0, \dots, b_m u = 0,$$

ist.

Wir haben sofort im $G = W^{2m}(B)$ und $G: L_2(\Omega) \to$ im $G = W^{2m}(B)$ ist invers zu L_0 (siehe Satz 14.10). Nach dem open mapping theorem folgt aus der Stetigkeit von $L_0: W^{2m}(B) \to L_2(\Omega)$, die Stetigkeit von $L_0^{-1}: L_2(\Omega) \to W^{2m}(B)$, und auch die von $G: L_2(\Omega) \underset{L_0^{-1}}{\to} W^{2m}(B) \subset L_2(\Omega)$, wir ersehen so die Gleichwertigkeit mit der Definition von G (55) in Satz 14.10.

Wir haben in diesem Paragraphen drei verschiedene Definitionen einer selbstadjungierten Randwertaufgabe kennengelernt; die Existenz eines Greenschen Operators G vorausgesetzt, wollen wir zeigen, daß sie alle gleichwertig sind

Satz 14.12 *Sei die Randwertaufgabe $(A, b_1, \dots, b_m)$ selbstadjungiert, d.h. sei $W^{2m}(B)^* = W^{2m}(B)$, dann gilt für den antidualen Operator L_0' zu L_0*

$$(58) \qquad L_0' = L_0 \quad \text{auf } W^{2m}(B).$$

*Falls wir die Existenz eines Greenschen Operators G voraussetzen, haben wir: aus (58)
folgt*

$$(59) \qquad G' = G \quad auf \ L_2(\Omega),$$

*d.h. G ist stetig und selbstadjungiert als Hilbertraumoperator $L_2 \to L_2$; aus (59) folgt
wieder*

$$(60) \qquad W^{2m}(B)^* = W^{2m}(B),$$

*d.h. wir haben $(A, b_1, \ldots, b_m)^* = (A, b_1, \ldots, b_m)$. Hier müssen wir allerdings zusätzlich
voraussetzen, daß z.B. $(b_1, \ldots, b_m)$ normal ist.*

Beweis. Wir haben nach Satz 14.10 $L_0' = L_0^* = L_0$, also (58). Auch nach Satz 14.10
ist (56), also

$$G' = G_{L_0^*} = G_{L_0} = G,$$

womit wir (59) gezeigt haben. Nun der Schluß (59) $\curvearrowright$ (60). Nach Satz 14.4 (hier
brauchen wir, daß $(b_1, \ldots, b_m)$ normal ist) wird der adjungierte Raum $W^{2m}(B)^*$ durch
ein $(B_1', \ldots, B_m')$ realisiert, d.h. wir haben

$$(61) \qquad W^{2m}(B)^* = W^{2m}(B').$$

Wir setzen $L^* = (A^*, B_1', \ldots, B_m')$ und haben nach (56) und (55)

$$\operatorname{im} G' = \operatorname{im} G_{L_0^*} = W^{2m}(B'), \qquad \operatorname{im} G = \operatorname{im} G_{L_0} = W^{2m}(B),$$

also falls wir die Voraussetzung (59) und (61) benutzen

$$W^{2m}(B) = \operatorname{im} G = \operatorname{im} G' = W^{2m}(B') = W^{2m}(B)^*,$$

das ist (60). ∎

§ 15 Die adjungierte Randwertaufgabe und der Zusammenhang mit dem Bildraum des ursprünglichen Operators

Nach dem Hauptsatz 13.1 ist ein elliptischer Operator L fredholmsch, d.h. der Kern
von L ist endlichdimensional und der Bildraum im L ist abgeschlossen und hat eine
endliche Codimension. Das bedeutet, damit die Randwertaufgabe $Lu = F$, oder genau
hingeschrieben

$$A(x, D)u = f \quad auf \ \Omega, \qquad b_j(x, D)u = g_j \quad auf \ \partial\Omega, \qquad j = 1, \ldots, m,$$

lösbar ist, müssen die gegebenen Funktionen $(f, g_1, \ldots, g_m) =: F$ endlich vielen
Bedingungen genügen. Ziel dieses Paragraphen ist es, diese Bedingungen explizit
anzugeben. Wir bekommen als Ergebnis – was wir schon von Randwertaufgaben bei
gewöhnlichen Differentialoperatoren gewohnt sind: F muß 'orthogonal' zum Kern der
adjungierten Randwertaufgabe sein.

Wir erinnern daran, daß die allgemeine elliptische Randwerttheorie eigentlich eine C^∞-Theorie ist, d.h. wir brauchen für die einzelnen Sätze – falls sie in voller Allgemeinheit ausgesprochen werden, siehe weiter unten – hohe Differenzierbarkeits voraussetzungen an den Rand $\partial\Omega$ und an die Koeffizienten von $A(x, \mathrm{D})$, $b_j(x, \mathrm{D})$, $j = 1, \ldots, m$. Die Gründe für die Höhe der Differenzierbarkeitsvoraussetzungen liegen einmal in Satz 15.1 und ein anderesmal in der Greenschen Formel (Satz 14.2, bzw. Satz 14.4), die uns die adjungierten Randbedingungen B' liefert. In Einzelfällen, z.B. dem Dirichletproblem, oder dem Neumannproblem für den Laplaceoperator, kennen wir die adjungierte Randwertaufgabe und wir brauchen nicht den allgemeinen Weg zu gehen und kommen deshalb mit weit geringeren Differenzierbarkeitsaussagen aus, siehe auch §16.

Wir wollen zuerst diejenigen allgemeinen Voraussetzungen angeben, unter denen alle Sätze dieses Paragraphen gültig sind. Bei einzelnen Sätzen wollen wir auch die minimalen Voraussetzungen angeben, unter denen sie gültig sind. Dabei verstehen wir „minimal" im Rahmen der C-Räume; es ist selbstverständlich möglich, die Voraussetzungen weiter abzuschwächen, nur wird alles komplizierter, da wir mit anderen Raumklassen arbeiten müssen und andere Beweisverfahren anwenden müssen.

Wir setzen voraus:

$$(1) \qquad \Omega \text{ beschränkt und } \in C^{6m-2,1},$$

$A(x, \mathrm{D})$ sei ein auf $\bar\Omega$ elliptischer Differentialoperator der Ordnung $2m$ mit Koeffizienten

$$(2) \qquad a_\alpha(x) \in C^{2m+|\alpha|}(\bar\Omega).$$

$B = (b_j(x, \mathrm{D}), j = 1, \ldots, m)$ sei ein auf $\partial\Omega$ normales Randwertsystem, das mit A die Bedingung 11.1 von Lopatinskij-Šapiro erfüllt. Für die Koeffizienten von B gelte

$$(3) \qquad b_{j,s}(x) \in C^{6m-2-m_j}(\bar\Omega), \qquad |s| \leqslant m_j \leqslant 2m-1, \; j = 1, \ldots, m.$$

Nach Satz 14.7 gibt es dann ein adjungiertes Randwertsystem $B' = (B'_j(x, \mathrm{D}), j = 1, \ldots, m)$ mit den folgenden Eigenschaften:

1. Die Koeffizienten von B' erfüllen

$$(4) \qquad B'_{j,s}(x) \in C^{4m-1-\operatorname{ord} B'_j}(\bar\Omega), \qquad |s| \leqslant \operatorname{ord} B'_j \leqslant 2m-1, \qquad j = 1, \ldots, m.$$

2. B' ist normal und bestimmt den Raum $W^{2m}(B)^*$, siehe die Definitionen 14.3 und 14.5, also $W^{2m}(B)^* = W^{2m}(B')$.

3. $A^*, B'_1, \ldots, B'_m$ erfüllt auf $\partial\Omega$ die Bedingung 11.1 von Lopatinskij-Šapiro.

Wir fixieren für diesen Paragraphen die Randwertoperatoren

$$B'_1(x, \mathrm{D}), \ldots, B'_m(x, \mathrm{D})$$

und ebenso die Randwertoperatoren

$$S_1, \ldots, S_m, \; T_1, \ldots, T_m,$$

die wir durch die Sätze 14.2 und 14.7 miterhalten haben. Wir nennen

$$(5) \qquad A^* v = h \quad \text{auf } \Omega, \qquad B_1' v = \psi_1, \ldots, B_m' v = \psi_m, \quad \text{auf } \partial\Omega,$$

die adjungierte Randwertaufgabe; sie ist wegen: A^* elliptisch auf $\bar\Omega$ ($a_s^* \in C^{2m}(\bar\Omega)$), und wegen 3., der Bedingung von Lopatinskij-Šapiro, wieder elliptisch auf $(\Omega, \partial\Omega)$ und wir können auf (5) den Hauptsatz 13.1 (dort gesetzt $k = 2m - 2$, $\varkappa = 1$) anwenden, wonach wir die Thesen 2, 3 und 4 des Hauptsatzes 13.1 erhalten. Insbesondere ist also der Nullraum N^* von (5) endlichdimensional.

Wir betrachten den Operator

$$L^* = (A^*, B_1', \ldots, B_m'), \qquad m_j' = \operatorname{ord} B_j';$$

$$(6) \qquad L^* : W_2^{2m}(\Omega) \to L_2(\Omega) \mathop{\times}_{j=1}^{m} W_2^{2m - m_j' - 1/2}(\partial\Omega) \quad \text{ist stetig}$$

– siehe (2) und (4). Wir brauchen die folgenden Unterräume von $W_2^{2m}(\Omega)$:

$$N := \ker L = \{ u \in W_2^{2m}(\Omega) \mid Au = 0, b_1 u = 0, \ldots, b_m u = 0 \},$$

$$N^* := \ker L^* = \{ v \in W_2^{2m}(\Omega) \mid A^* v = 0, B_1' v = 0, \ldots, B_m' v = 0 \},$$

$$M := \left\{ v \in W_2^{2m}(\Omega) \;\middle|\; \int_\Omega v \bar u \, dx = 0, \forall u \in N \right\},$$

$$(7)$$

$$M^* := \left\{ w \in W_2^{2m}(\Omega) \;\middle|\; \int_\Omega w \bar v \, dx = 0, \forall v \in N^* \right\},$$

$$W^{2m}(B) := \{ u \in W_2^{2m}(\Omega) \mid b_1 u = 0, \ldots, b_m u = 0 \},$$

$$W^{2m}(B') = W^{2m}(B)^* = \{ v \in W_2^{2m}(\Omega) \mid B_1' v = 0, \ldots, B_m' v = 0 \}.$$

Alle diese Unterräume sind abgeschlossen, dies ist leicht einzusehen; N und N^* sind endlich-dimensional, dies folgt aus dem Hauptsatz 13.1, These 3: einmal auf $(A, b_1, \ldots, b_m)$ und ein andermal auf $(A^*, B_1', \ldots, B_m')$ angewandt.

Wegen $W^{2m}(\Omega) \subset L_2(\Omega)$ können wir N und N^* in $L_2(\Omega)$ einbetten; als endlichdimensionale Unterräume sind N und N^* auch abgeschlossen in $L_2(\Omega)$, und wir haben die orthogonalen Zerlegungen

$$(7a) \qquad L_2(\Omega) = N \oplus N^\perp, \qquad L_2(\Omega) = N^* \oplus N^{*\perp},$$

womit die Räume $N^\perp$ und $N^{*\perp}$ definiert sind. Wir haben

$$(7b) \qquad M = N^\perp \cap W_2^{2m}(\Omega), \qquad M^* = N^{*\perp} \cap W_2^{2m}(\Omega).$$

Wir betrachten die sesquilineare Form

$$(8) \qquad [u,v] := \int_\Omega A^* u \, \overline{A^* v} \, dx + \sum_{j=1}^m (B'_j u, B'_j v)_j,$$

wobei $(\, , \,)_j$ das Skalarprodukt auf $W_2^{2m-m_j-1/2}(\partial\Omega)$ ist. Man sieht sofort, daß $[u,v]$ stetig auf $W_2^{2m}(\Omega) \times W_2^{2m}(\Omega)$ ist. Da – wie schon gesagt – nach unseren Voraussetzungen $A^*, B'_1, \ldots, B'_m$ elliptisch ist, können wir den Hauptsatz 13.1 anwenden und haben die a-priori-Abschätzung 4. ($l = 1$ gesetzt), die sich mit Hilfe von (8) schreiben läßt

$$c_1 \|u\|_{2m}^2 \leqslant [u,u] + \|u\|_0^2, \qquad u \in W_2^{2m}(\Omega), \, c_1 > 0,$$

oder zusammen mit der Stetigkeit ($0 \leqslant [u,u] = \mathrm{Re}\,(u,u)$)

$$(9) \qquad c_1 \|u\|_{2m}^2 \leqslant \mathrm{Re}\,[u,u] + \|u\|_0^2 \leqslant c_2 \|u\|_{2m}^2, \qquad u \in W_2^{2m}(\Omega).$$

(9) bedeutet, daß $[u,v]$ V-koerziv für das Raumpaar $W_2^{2m}(\Omega) \subset L_2(\Omega)$ ist, siehe Definition 17.4.

Die Lösungen von V-koerziven Gleichungen haben Regularitätseigenschaften, wir haben

Satz 15.1 *Sei $u \in W_2^{2m}(\Omega)$ und $f \in L_2(\Omega)$, sei die Gleichung*

$$(10) \qquad [u,v] = \int_\Omega f \bar{v} \, dx = (f,v)_0 \quad \textit{erfüllt (für alle } v \in W_2^{2m}(\Omega)).$$

Dann liegt $u \in W_2^{4m}(\Omega)$.

Wir brauchen als Voraussetzungen für diesen Satz: $\Omega \in C^{4m,\,1}$ (die 1 wegen normaler Koordinaten, siehe Satz 2.12)

$$a_s^*(x) \in C^{2m}(\bar\Omega), \qquad B'_{j,s}(x) \in C^{4m-1-\mathrm{ord}\,B'_j}(\bar\Omega)$$

(es genügt $B'_j \in C^{2m}(\bar\Omega)$ vorauszusetzen). Um aber $B'_j \in C^{4m-m_j-1}(\bar\Omega)$ zu erhalten, müssen wir Satz 14.2 anwenden und dort setzen $k = 2m - 1$, d.h. $\Omega \in C^{6m-2,1}$, $b_s \in C^{6m-2-m_j}$. Den Beweis von Satz 15.1 bringen wir später in §20, wo wir die Regularität von V-koerziven Gleichungen behandeln, siehe Satz 20.5.

Falls wir u, v einschränken auf den Unterraum M^* von $W_2^{2m}(\Omega)$ (siehe Definition (7)) dann ist $[u,v]$ dort sogar V-elliptisch.

Satz 15.2 *Für alle $u \in M^*$ (7) gilt die Ungleichung*

$$(11) \qquad \|u\|_{2m}^2 \leqslant c\,[u,u],$$

d.h. $[u,v]$ ist V-elliptisch fürs Raumpaar $M^* \subset L_2(\Omega)$ (siehe Definition 17.3).

Beweis. Wir führen einen Widerspruchsbeweis. Sei (11) falsch, dann gibt es eine Konstante c_1 und eine Folge $u_n \in M^*$ mit

$$\|u_n\|_{2m} \to +\infty \quad \text{und} \quad [u_n, u_n] \leqslant c_1 \text{ für alle } n.$$

Wir setzen

$$w_n = \frac{u_n}{\|u_n\|_{2m}} \in M^*$$

und haben

(12) $[w_n, w_n] \to 0$ und $\|w_n\|_{2m} = 1$ für alle n.

Da nach Satz 7.2 der Raum $W_2^{2m}(\Omega)$ kompakt in $L_2(\Omega)$ eingebettet ist, gibt es eine Unterfolge von w_n – wir bezeichnen sie einfach wieder durch w_n – mit der Eigenschaft

(13) $\|w_n - w_k\|_0 \to 0$ für $n, k \to \infty$.

(12) und (13) in (9) eingesetzt, ergeben

$$\|w_k - w_n\|_{2m} \to 0 \quad \text{für } n, k \to \infty.$$

M^* als abgeschlossener Unterraum des vollständigen Raumes $W_2^{2m}(\Omega)$ ist wieder vollständig und es gibt ein $w \in M^*$ mit

(14) $\|w_n \to w\|_{2m} \to 0$ für $n \to \infty$.

Da $[u, v]$ stetig ist, folgt aus (14) mit (12)

$$[w, w] = 0,$$

was mit der Definition (8) ergibt

$$w \in N^*.$$

Andererseits ist $w \in M^*$, d.h. siehe (7)

$$\int_\Omega w \cdot \bar{w}\, \mathrm{d}x = 0,$$

das ist $w = 0$ im Widerspruch zu (12): $\|w\|_{2m} = 1$.   ∎

Satz 15.3 *Sei $f \in L_2(\Omega)$. Das Randwertproblem*

(15) $Au = f$ *(auf Ω)*, $b_1 u = 0, \ldots, b_m u = 0$ *(auf $\partial\Omega$)*

hat genau dann wenigstens eine Lösung $u \in W_2^{2m}(\Omega)$, wenn $f \in N^{*\perp}$ (siehe (7) und (7a)). Dabei verstehen wir die Gleichung $Au = f$ im Distributionssinn $\mathscr{D}'(\Omega)$.

Für diesen Satz brauchen wir erstens die Voraussetzungen von Satz 15.1

$$\Omega \in C^{4m,1}, \qquad a_s^*(x) \in C^{2m}(\bar{\Omega}), \qquad B_{j,s}'(x) \in C^{4m-1-\mathrm{ord}\,B_j'}(\bar{\Omega}),$$

und zweitens – da wir Satz 14.3 anwenden wollen – müssen wir über (15) voraussetzen

$$a_s(x) \in C^{|s|}(\bar{\Omega}), \qquad b_{j,s}(x) \in C^{2m-m_j}(\bar{\Omega}).$$

Alle diese Bedingungen sind selbstverständlich erfüllt, wenn die am Anfang des Paragraphen genannten Voraussetzungen erfüllt sind.

Beweis. Die Greensche Formel §14,(12) zeigt, daß die Bedingung $f \in N^{*\perp}$ notwendig ist. Wir zeigen die umgekehrte Richtung. Sei $f \in N^{*\perp}$, wir betrachten die schwache Gleichung

$$(16) \qquad [g, \varphi'] = (f, \varphi')_0, \qquad \forall \, \varphi' \in M^*.$$

Da $[u, v]$ nach Satz 15.2 M^*-elliptisch ist, hat nach Satz 17.11 die Gleichung (16) für jedes f eine Lösung g. Jedes $\varphi \in W_2^{2m}(\Omega)$ kann man zerlegen in $\varphi = \varphi' + \varphi''$, wobei $\varphi' \in M^*$ und $\varphi'' \in N^*$, denn wir haben (7a) $L_2(\Omega) = N^* \oplus N^{*\perp}$, da aber zusätzlich $\varphi' = \varphi - \varphi'' \in W_2^{2m}(\Omega)$, haben wir

$$\varphi' \in N^{*\perp} \cap W_2^{2m}(\Omega) = M^*, \quad \text{siehe (7b)}.$$

Nach Definition der Form $[u, v]$ – siehe (8) – ist für $\varphi'' \in N^*$ $[g, \varphi''] = 0$, und $f \in N^{*\perp}$ liefert $(f, \varphi'')_0 = 0$. Damit haben wir

$$(17) \qquad [g, \varphi] = [g, \varphi'] = (f, \varphi')_0 = (f, \varphi)_0 \quad \text{für alle } \varphi \in W_2^{2m}(\Omega),$$

und wir können Satz 15.1 anwenden, wonach $g \in W_2^{4m}(\Omega)$. Wir setzen $u := A^* g \in W_2^{2m}(\Omega)$ und zeigen, daß u eine Lösung von (15) ist. Partielle Integration und (17) ergeben für $\varphi \in \mathscr{D}(\Omega)$

$$\int_\Omega Au\, \bar{\varphi}\, dx = \int_\Omega u \overline{A^* \varphi}\, dx = \int_\Omega A^* g\, \overline{A^* \varphi}\, dx = [g, \varphi] = \int_\Omega f \bar{\varphi}\, dx,$$

das ist $Au = f$ im Distributionssinn $\mathscr{D}'(\Omega)$.

Wir müssen noch die Randbedingungen nachprüfen: wir haben wieder wegen (17) und $f = Au$ gesetzt

$$\int_\Omega u \overline{A^* \varphi}\, dx = \int_\Omega A^* g\, \overline{A^* \varphi}\, dx + 0 = [g, \varphi] = \int_\Omega f \bar{\varphi}\, dx = \int_\Omega Au\, \bar{\varphi}\, dx,$$

für alle $\varphi \in W^{2m}(B')$.

Nach Definition 14.5 bedeutet dies

$$(18) \qquad u \in W^{2m}(B')^* = W^{2m}(B),$$

letztere Gleichung wegen (24b) aus Satz 14.3; (18) bedeutet aber, daß die Randbedingungen

$$b_1 u = 0, \ldots, b_m u = 0, \quad \text{auf } \partial\Omega$$

erfüllt sind, womit wir (15) gezeigt haben. ∎

Wir können Satz 15.3 dualisieren, den einfachen Beweis – er ist völlig analog dem von Satz 15.3 – überlassen wir dem Leser.

Satz 15.4 *Sei $f \in L_2(\Omega)$. Das Randwertproblem*

$$(19) \qquad A^* v = f \ (auf\ \Omega), \qquad B_1' v = 0, \ldots, B_m' v = 0 \ (auf\ \partial\Omega),$$

hat genau dann wenigstens eine Lösung v in $W_2^{2m}(\Omega)$, wenn $f \in N^\perp$.

Der Operator

$$L: W_2^{2m}(\Omega) \to L_2(\Omega) \mathop{\times}\limits_{j=1}^{m} W_2^{2m-m_j-1/2}(\partial\Omega) \quad \text{(stetig)}$$

besitzt immer einen formalen, dualen Operator L'

$$(20) \qquad L': \left[L_2(\Omega) \mathop{\times}\limits_{j=1}^{m} W_2^{2m-m_j-1/2}(\partial\Omega) \right]' \to [W_2^{2m}(\Omega)]'.$$

Wir wollen den Zusammenhang zwischen L' und dem Operator L^* aus (6) untersuchen.

Satz 15.5 *Sei N' der Kern von* (20), *$N' = \ker L'$. Wir haben*

$$(21) \qquad N' = \{(v, T_1 v, \ldots, T_m v) \mid v \in N^*\},$$

wobei $T_1, \ldots, T_m$ die Randwertoperatoren aus der Greenschen Formel sind. Als Differenzierbarkeitsvoraussetzungen für diesen Satz können wir die Voraussetzungen von Satz 15.3 *oder einfach die globalen Voraussetzungen, nehmen:*

$$\Omega \in C^{6m-2,1}, \qquad a_\alpha \in C^{2m+|\alpha|}(\bar\Omega), \qquad b_j \in C^{6m-2-m_j}(\bar\Omega).$$

Beweis. Seien $\langle\,,\,\rangle$ die Dualitätsklammern zwischen den Räumen $W_2^{2m}(\Omega)$ und $(W_2^{2m}(\Omega))'$ (siehe § 17) und entsprechend zwischen

$$L_2(\Omega) \mathop{\times}\limits_{j=1}^{m} W_2^{2m-m_j-1/2}(\partial\Omega) \quad \text{und} \quad \left[L_2(\Omega) \mathop{\times}\limits_{j=1}^{m} W_2^{2m-m_j-1/2}(\partial\Omega) \right],$$

dann ist L' definiert durch

$$(22) \qquad \langle L'\Phi, \Psi \rangle = \langle \Phi, L\Psi \rangle.$$

Wir nehmen $\Phi = (v, T_1 v, \ldots, T_m v)$, $v \in N^*$ und wollen zeigen, daß $\langle \Phi, L\Psi \rangle = 0$ für alle $\Psi \in W_2^{2m}(\Omega)$ gilt. Damit hätten wir gezeigt, daß $\Phi \in N'$, womit wir die eine Inklusion von (21) bewiesen hätten. Wir haben

$$(23) \qquad \langle \Phi, L\Psi \rangle := \int\limits_{\Omega} v\,\overline{A\psi}\,dx + \sum_{j=1}^{m} \langle T_j v, b_j \psi \rangle_j.$$

Da die drei Räume $W_2^{2m-m_j-1/2}(\partial\Omega)$, $L_2(\partial\Omega)$ und $[W_2^{2m-m_j-1/2}(\partial\Omega)]'$ einen Gelfandschen Dreier auf $\partial\Omega$ bilden (siehe Satz 17.4), können wir die Dualitätsklammer $\langle\,,\,\rangle_j$ durch das Skalarprodukt von $L_2(\partial\Omega)$ ausdrücken und haben

$$(23) \qquad = \int\limits_{\Omega} v\,\overline{A\psi}\,dx + \sum_{j=1}^{m} \int\limits_{\partial\Omega} T_j v \cdot \overline{b_j \varphi}\,d\sigma.$$

Eine Anwendung der Greenschen Formel §14, (12) ergibt

$$(23) \qquad = \int\limits_{\Omega} A^* v \cdot \bar\psi\,dx + \sum_{j=1}^{m} \int\limits_{\partial\Omega} B_j' v\,\overline{S_j \psi}\,d\sigma = 0, \quad \text{da } v \in N^*,$$

womit wir $\langle \Phi, L\psi \rangle = 0$ gezeigt hätten.

Sei nun $\Phi = (v, \varphi_1, \ldots, \varphi_m) \in N'$. Dabei ist

$$v \in [L_2(\Omega)]' = L_2(\Omega) \quad \text{und} \quad \varphi_j \in [W_2^{2m - m_j - 1/2}(\partial\Omega)]'.$$

Wir zeigen zuerst, daß wir in $\mathscr{D}'(\Omega)$ haben

$$(24) \qquad A^* v = 0.$$

Nach Definition (22) haben wir

$$(25) \qquad 0 = \langle \Phi, L\psi \rangle = \int_\Omega v \, \overline{A\psi} + \sum_{j=1}^m \langle \varphi_j, b_j \psi \rangle_j \quad \text{für alle } \psi \in W_2^{2m}(\Omega),$$

oder

$$\int_\Omega v \, \overline{A\psi} \, dx = 0 \quad \text{für alle } \psi \in \mathscr{D}(\Omega) \; (b_j \psi = 0!),$$

das ist (24). Wir zerlegen v in $L_2(\Omega) = N^* \oplus N^{*\perp}$

$$(26) \qquad v = v_1 + v_2, \qquad v_1 \in N^*, \; v_2 \perp N^*.$$

Eine Anwendung der Greenschen Formel §14(12), auf die Funktionen $u \in W^{2m}(B)$ und $v_1 \in N^*$ ergibt

$$(27) \qquad \int_\Omega A u \bar{v}_1 \, dx = 0 \quad \text{für alle } u \in W^{2m}(B).$$

Aus (25) folgt

$$\int_\Omega A u \bar{v} \, dx = 0, \quad \text{für alle } u \in W^{2m}(B),$$

und mit (27)

$$(28) \qquad \int_\Omega A u \cdot \bar{v}_2 \, dx = 0, \quad \text{für alle } u \in W^{2m}(B).$$

Wir zeigen jetzt, daß $v_2 = 0$, womit wir

$$(29) \qquad v = v_1 \in N^* \subset W_2^{2m}(\Omega)$$

bewiesen hätten. Sei h beliebig aus $L_2(\Omega)$. Dann gibt es ein $h_1 \in N^*$ und ein $u_1 \in W^{2m}(B)$ mit

$$(30) \qquad h = A u_1 + h_1,$$

denn $h - h_1 \in N^{*\perp}$ und nach Satz 15.3 ist die Gleichung $A u_1 = h - h_1$ lösbar in $W^{2m}(B)$. Die Zerlegung (30) ergibt mit (28) und (26)

$$\int_\Omega h \bar{v}_2 = \int_\Omega A u_1 \, \bar{v}_2 \, dx + \int_\Omega h_1 \overline{v_2} \, dx = 0 \quad \text{für alle } h \in L_2(\Omega),$$

womit wir (29) gezeigt haben. Wir wenden nun die Greensche Formel §14(12) auf $\int_\Omega v \, \overline{A\psi}$ in (25) an, wobei wir (29) benutzen; wir erhalten

$$(31) \qquad \sum_{j=1}^m \langle b_j \psi, \varphi_j - T_j v \rangle_j + \sum_{j=1}^m \int_{\partial\Omega} S_j \psi \, \overline{B_j' v} \, d\sigma = 0, \quad \text{für alle } \psi \in W_2^{2m}(\Omega).$$

Wir interpretieren das Funktional φ_j im Sinne des Rieszschen Satzes, also $\varphi_j \in W_2^{2m-m_j-1/2}(\partial\Omega)$ und lösen nach Satz 14.1 das Gleichungssystem $((b_1, \ldots, b_m, S_1, \ldots, S_m)$ ist ein Dirichletsystem!)

$$b_1 \psi_0 = \varphi_1 - T_1 v, \ldots, b_m \psi_0 = \varphi_m - T_m v, \qquad S_1 \psi_0 = B_1' v, \ldots, S_m \psi_0 = B_m' v.$$

ψ_0 eingesetzt in (31) ergibt,

$$\varphi_1 = T_1 v, \ldots, \varphi_m = T_m v, \qquad v \in N^*,$$

womit wir unseren Satz vollständig bewiesen haben. ∎

Wir können nun den Bildbereich des Operators L explizit charakterisieren, d.h. genau sagen, wann das Randwertproblem

$$Lu = F = (f, g_1, \ldots, g_m)$$

lösbar ist.

Satz 15.6 *Seien die Voraussetzungen erfüllt*

$$\Omega \in C^{6m-2,1}, \qquad a_\alpha(x) \in C^{2m+|\alpha|}(\bar\Omega), \qquad b_{j,s}(x) \in C^{6m-2-m_j}(\bar\Omega).$$

Das Randwertproblem

$$Au = f \quad (auf\, \Omega), \qquad b_1 u = g_1, \ldots, b_m u = g_m \quad (auf\, \partial\Omega),$$

wobei $f \in L^2(\Omega)$, $g_j \in W_2^{2m-m_j-1/2}(\partial\Omega)$, $j = 1, \ldots, m$, *besitzt genau, dann wenigstens eine Lösung* $u \in W_2^{2m}(\Omega)$, *wenn gilt*

$$(32) \qquad \int\limits_\Omega f\bar{v}\,dx + \sum_{j=1}^m \int\limits_{\partial\Omega} g_j \overline{T_j v}\,d\sigma = 0 \quad \text{für alle } v \in N^*.$$

Hier ist N^* *der Nullraum* (7) *der adjungierten Randwertaufgabe* (5), *das ist*

$$A^* v = 0 \quad auf\, \Omega; \qquad B_1' v = 0, \ldots, B_m' v = 0 \quad auf\, \partial\Omega.$$

Falls $(v_1, \ldots, v_n)$ *eine Basis von* N^* *ist, dann kann man* (32) *durch die endlich vielen Bedingungen ersetzen*

$$\int\limits_\Omega f\bar{v}_k\,dx + \sum_{j=1}^m \int\limits_{\partial\Omega} g_j \overline{T_j v_k}\,d\sigma = 0, \qquad k = 1, \ldots, n.$$

Beweis. Nach funktionalanalytischen Sätzen (siehe §12, Satz 12.3) haben wir im L $= (\ker L')^\perp = N'^\perp$, oder $(f, g_1, \ldots, g_m) \in \text{im}\, L$ genau dann, wenn gilt

$$(33) \qquad \langle (f, g_1, \ldots, g_m), (v, \varphi_1, \ldots, \varphi_m) \rangle = 0 \quad \text{für alle } (v, \varphi_1, \ldots, \varphi_m) \in N',$$

hier ist $\langle \,,\, \rangle$ die Dualitätsklammer von (22). (33) ausgeschrieben ergibt

$$(f, v)_0 + \sum_{j=1}^m \langle g_j, \varphi_j \rangle_j = 0,$$

und Satz 15.5 angewandt, liefert

$$(f, v)_0 + \sum_{j=1}^m \langle g_j, T_j v \rangle_j = 0, \quad \text{für alle } v \in N^*.$$

Da – wie schon benutzt – wir es mit Gelfandschen Dreiern zu tun haben, können wir die Dualitätsklammern $\langle\ ,\ \rangle_j$ durch Skalarprodukte aus $L_2(\partial\Omega)$ ersetzen und haben

$$\int\limits_{\Omega} f\bar v\,\mathrm dx + \sum_{j=1}^{m} \int\limits_{\partial\Omega} g_j\overline{T_j v}\,\mathrm d\sigma = 0 \quad \text{für alle } v\in N^*,$$

das ist die Bedingung (32). ∎

Durch Satz 15.5 haben wir eigentlich folgendes mitbewiesen.

Satz 15.7 *Wir haben*

(34) $\dim\ker L' = \dim\ker L^*,$

(35) $\dim\operatorname{coker} L' = \dim\operatorname{coker} L^*,$

woraus folgt

(36) $\operatorname{ind} L^* = \operatorname{ind} L' = -\operatorname{ind} L.$

d.h. L^* realisiert vollständig den dualen Operator L' (siehe auch Satz 14.10).

Beweis. (34) wurde durch Satz 15.5 bewiesen, und wir müssen nur (35) zeigen – alles andere ist klar. Wir haben wegen $L^{**} = L$ (Greensche Formel §14, (24c)) und (34)

$$\dim\operatorname{coker} L' = \dim\ker L = \dim\ker (L^*)^* = \dim\ker (L^*)' = \dim\operatorname{coker} L^*. \quad \blacksquare$$

Folgerung 15.8 *Falls die Randwertaufgabe selbstadjungiert ist, $L^* = (A, b_1, \ldots, b_m)^*$ $= (A, b_1, \ldots, b_m) = L$, dann ist der Index gleich Null:*

$$\operatorname{ind} L = 0$$

Dies folgt sofort aus (36).

Satz 15.9 *Sei die Randwertaufgabe*

$$(A, b_1, \ldots, b_m) = L = L^*$$

selbstadjungiert, und es existiere wenigstens ein $\lambda_0 \in \mathbf C$ das **kein** *Eigenwert von L ist. Zusätzlich zu den Aussagen von* Satz 13.4 *gilt dann (ohne Beschränkung der Allgemeinheit sei $\lambda_0 = 0$): es existiert ein selbstadjungierter, kompakter, Greenscher Lösungsoperator $G: L_2(\Omega) \to L_2(\Omega)$, das Spektrum $\operatorname{Sp} L$ besteht aus abzählbar unendlich vielen, reellen Eigenwerten $\lambda_n, n\in\mathbf N$ mit $|\lambda_n| \to \infty$ und die Eigenfunktionen von L bilden eine Orthonormalbasis für $L_2(\Omega)$.*

Beweis. Nach Folgerung 15.8 ist $\operatorname{ind} L = 0$; zusammen mit $0 = \lambda_0 \notin \operatorname{Sp}_p L = \operatorname{Sp} L$, sind die Voraussetzungen für Satz 13.4 erfüllt, wonach L_0 und $L_0^*: W^{2m}(B) \to L_2(\Omega)$ Isomorphismen sind, nach Satz 14.11 existiert also ein kompakter Greenscher Lösungsoperator $G: L_2(\Omega) \to L_2(\Omega)$ mit

$$G' = G$$

und der Spektralsatz aus §12.1 ist anwendbar. Es ist leicht einzusehen, daß für $\lambda \neq 0$

die Gleichungen

$$(37) \qquad Au - \lambda u = 0, \qquad u \in W^{2m}(B),$$

$$(38) \qquad Gu - \frac{1}{\lambda}u = 0, \qquad u \in L_2(\Omega)$$

äquivalent sind ((38)$\curvearrowright$(37): nach der Definition 14.7 des Greenschen Operators G und §14, (55) ist im $G = W^{2m}(B)$ und Gleichung (38) besagt, $u \in$ im G; die Anwendung von A auf (38) ergibt (37); ebenso die Umkehrung (37)$\curvearrowright$(38)). Wir haben also Sp $L = \{\lambda_n\}$, wobei $\mu_n = 1/\lambda_n \neq 0$ die Eigenwerte von Sp G durchläuft, und die Eigenfunktionen u für beide Gleichungen (37) und (38) dieselben sind. Die Aussagen von Satz 15.9 ergeben sich jetzt unmittelbar aus dem Spektralsatz Punkt 8, §12.1 falls man noch bemerkt, daß wegen $\mathscr{D}(\Omega) \subset W^{2m}(B) =$ im G dicht in $L_2(\Omega)$, gilt

$$\overline{\text{im } G} = L_2(\Omega).$$

§16 Beispiele

Wir wollen zuerst das Dirichletproblem für den Laplaceoperator $-\triangle$ behandeln.

Beispiel 16.1 Seien für

$$(1) \qquad -\triangle u = f \quad \text{auf } \Omega, \qquad u = g_1 \quad \text{auf } \partial\Omega,$$

die Differenzierbarkeits-Voraussetzungen zum Hauptsatz 13.1 erfüllt, also insbesondere $k = 0$, $\varkappa = 1$

$$(2) \qquad \Omega \in C^{2,1}.$$

Nach Satz 13.5 ist (1) elliptisch und hat den Index 0. Wir zeigen, daß $\lambda = 0$ kein Eigenwert von (1) ist. Sei also

$$(3) \qquad -\triangle u = 0 \quad \text{auf } \Omega; \qquad u = 0 \quad \text{auf } \partial\Omega, \qquad u \in W_2^2(\Omega).$$

Nach Satz 8.9 bedeutet $u = 0$ auf $\partial\Omega$, daß

$$(4) \qquad u \in W_2^2(\Omega) \cap \overset{\circ}{W}_2^1(\Omega),$$

und wir können die erste Poincarésche Ungleichung (siehe Satz 7.6) anwenden

$$(5) \qquad \|u\|_1^2 \leqslant c \sum_{j=1}^{r} \int_{\Omega} \left| \frac{\partial u}{\partial x_j} \right|^2 \mathrm{d}x, \qquad u \in \overset{\circ}{W}_2^1(\Omega) \cap W_2^2(\Omega).$$

Wegen (4) dürfen wir in (5) partiell integrieren (zuerst für $u \in C^2$, dann Grenzübergang) und erhalten

$$\|u\|_1^2 \leqslant c \sum_{j=1}^{r} \int_{\Omega} \left| \frac{\partial u}{\partial x_j} \right|^2 \mathrm{d}x = c \int_{\Omega} (-\triangle u)\bar{u}\,\mathrm{d}x, \qquad \text{für } u \in \overset{\circ}{W}_2^1(\Omega) \cap W_2^2(\Omega),$$

und $-\triangle u = 0$ aus (3) eingesetzt ergibt

$$u = 0$$

als einzige Lösung von (3), d.h. $\lambda = 0$ ist kein Eigenwert von (1). Damit ist die Abbildung $Lu = (-\triangle u, u\vert_{\partial\Omega})$

$$L: W_2^2(\Omega) \to L_2(\Omega) \times W_2^{2-1/2}(\partial\Omega)$$

ein Isomorphismus, das heißt unter anderem, für jedes $f \in L_2(\Omega)$, $g_1 \in W_2^{3/2}(\partial\Omega)$ ist die Aufgabe (1) in $W_2^2(\Omega)$ eindeutig lösbar.

Da $\lambda = 0$ kein Eigenwert ist und ind $L = 0$ können wir auch Satz 13.4 anwenden, der besagt, daß für die Spektralaufgabe

$$-\triangle u - \lambda u = f \quad \text{auf } \Omega, \qquad u\vert_{\partial\Omega} = g_1 \quad \text{auf } \partial\Omega,$$

die Aussagen des Riesz-Schauderschen Spektralsatzes gültig sind.

Das zu (1) adjungierte Problem (siehe §14) liest man leicht aus der Greenschen Formel ab ($\triangle^* = \triangle$)

$$(6) \qquad \int\limits_{\Omega} v \cdot \overline{\triangle u}\, dx - \int\limits_{\Omega} \triangle v \cdot \bar{u}\, dx = \int\limits_{\partial\Omega} v \frac{\partial \bar{u}}{\partial n}\, d\sigma - \int\limits_{\partial\Omega} \frac{\partial v}{\partial n}\bar{u}\, d\sigma,$$

die zu $A = -\triangle$, $b_1 = I\vert_{\partial\Omega}$ adjungierte Randwertaufgabe ist wieder das Dirichletproblem

$$A^* = -\triangle, \qquad b_1' = I\vert_{\partial\Omega},$$

d.h. das Dirichletproblem ist für den Laplaceoperator selbstadjungiert, und da $\lambda = 0$ kein Eigenwert ist, gelten auch die Aussagen von Satz 15.9.

Noch einige Worte zum Gültigkeitsbereich von (6). (6) ist die ursprüngliche, sogenannte zweite Greensche Formel, wir brauchen hier selbstverständlich nicht die hohen Differenzierbarkeitsvoraussetzungen von §14, (2) ist mehr als hinreichend, man kommt sogar mit $\Omega \in N^{0,1}$ aus, siehe Nečas [1].

Wir wollen nun das Neumannsche Problem für den Laplaceoperator $-\triangle$ behandeln.

Beispiel 16.2 Sei

$$(7) \qquad -\triangle u = f \quad \text{in } \Omega, \qquad \frac{\partial u}{\partial n} = g_1 \quad \text{auf } \partial\Omega,$$

$$f \in L_2(\Omega), \qquad g_1 \in W_2^{1/2}(\partial\Omega), \qquad u \in W_2^2(\Omega).$$

Nach Beispiel 11.2 und (2) sind für (7) die Voraussetzungen zum Hauptsatz 13.1 erfüllt. Man sieht sofort, daß $\lambda = 0$ ein Eigenwert von (7) sein muß, denn $c \in \mathbf{C}$ erfüllt $-\triangle c = 0$, $\partial c/\partial n = 0$, trivialerweise.

Wir wollen zeigen, daß der Eigenraum $E(\lambda = 0) = \ker L$, $L = (-\triangle, \partial/\partial n\vert_{\partial\Omega})$, nur aus diesen Konstanten besteht, d.h.

$$E(\lambda = 0) = \mathbf{C}, \qquad \dim \ker L = 1.$$

Dazu zerlegen wir orthogonal

$$W_2^1(\Omega) = \mathbf{C} \oplus \mathbf{C}^\perp,$$

und nehmen als Projektor

$$\mathrm{proj}_{\mathbf{C}}\,\varphi = \frac{1}{\mathrm{mes}\,\Omega} \int\limits_{\Omega} \varphi(x)\,\mathrm{d}x, \qquad \varphi \in W_2^1(\Omega).$$

Damit sind die Funktionen φ aus $\mathbf{C}^{\perp}$ charakterisiert durch

$$(8) \qquad \int\limits_{\Omega} \varphi(x)\,\mathrm{d}x = 0.$$

Wir nehmen die zweite Poincarésche Ungleichung (Satz 7.7)

$$(9) \qquad \|\varphi\|_1^2 \leqslant c \left\{ \left| \int\limits_{\Omega} \varphi(x)\,\mathrm{d}x \right|^2 + \sum_{j=1}^{r} \int\limits_{\Omega} \left| \frac{\partial \varphi}{\partial x_j} \right|^2 \mathrm{d}x \right\}, \qquad \varphi \in W_2^1(\Omega) \cap W_2^2(\Omega),$$

die sich wegen (8) auf $\mathbf{C}^{\perp}$ reduziert zu

$$\|u\|_1^2 \leqslant c \sum_{j=1}^{r} \int\limits_{\Omega} \left| \frac{\partial u}{\partial x_j} \right|^2 \mathrm{d}x, \qquad u \in \mathbf{C}^{\perp} \cap W_2^2(\Omega).$$

Wegen (2) gilt die Greensche Formel

$$\sum_{j=1}^{r} \int\limits_{\Omega} \left| \frac{\partial u}{\partial x_j} \right|^2 \mathrm{d}x = \int\limits_{\Omega} (-\triangle u)\,\bar{u} + \int\limits_{\partial\Omega} \frac{\partial u}{\partial n}\,\bar{u} \cdot \mathrm{d}\sigma, \qquad u \in W_2^2(\Omega),$$

und wir bekommen für (9)

$$(10) \qquad \|u\|_1^2 \leqslant c \sum_{j=1}^{r} \int\limits_{\Omega} \left| \frac{\partial u}{\partial x_j} \right|^2 = c \left\{ \int\limits_{\Omega} (-\triangle u)\,\bar{u} + \int\limits_{\partial\Omega} \frac{\partial u}{\partial n}\,\bar{u}\,\mathrm{d}\sigma \right\}, \quad u \in \mathbf{C}^{\perp} \cap W_2^2(\Omega).$$

(10) zeigt, daß als einzige Lösung in $\mathbf{C}^{\perp} \cap W_2^2(\Omega)$ von

$$(11) \qquad -\triangle u = 0, \qquad \left.\frac{\partial u}{\partial n}\right|_{\partial\Omega} = 0,$$

nur die Nullösung $u = 0$ in Frage kommt, oder $u = \mathrm{const}$ sind alle Lösungen von (11) in $W_2^2(\Omega)$.

Aus (6) ersieht man, daß die Neumannsche Aufgabe selbstadjungiert ist, d.h. $(-\triangle, \partial/\partial n\,|_{\partial\Omega})^* = (-\triangle, \partial/\partial n\,|_{\partial\Omega}) = L$, womit wir haben

$$\mathrm{ind}\,L = 0,$$

($\dim\mathrm{coker}\,L = \dim\ker L^* = \dim\ker L = 1$).

Aus (6) ersieht man auch – in der Bezeichnungsweise von §15 –, daß wir haben

$$b_1 = \frac{\partial}{\partial n}, \qquad S_1 = I, \qquad B_1' = \frac{\partial}{\partial n}, \qquad T_1 = I, \qquad \ker L^* = \ker L = \mathbf{C},$$

und nach Satz 15.6 ist die Bedingung

$$\int\limits_{\Omega} f \cdot \bar{c} \cdot \mathrm{d}x + \int\limits_{\partial\Omega} g_1 \bar{c} \, \mathrm{d}\sigma = 0, \quad \text{für alle } c \in \mathbf{C},$$

bzw.

$$(12) \qquad \int\limits_{\Omega} f \, \mathrm{d}x + \int\limits_{\partial\Omega} g_1 \, \mathrm{d}\sigma = 0,$$

notwendig und hinreichend für die Lösbarkeit von (7); d.h., falls $f \in L_2(\Omega)$, $g_1 \in W_2^{1/2}(\partial\Omega)$ die Bedingung (12) erfüllt, dann gibt es wenigstens eine Lösung $u_0 \in W_2^2(\Omega)$ von (7), und alle Lösungen von (7) haben dann die Form

$$u = u_0 + c, \qquad c \text{ beliebig aus } \mathbf{C}.$$

Wir werden später zeigen, Beispiel 21.2, daß auch die Aussagen des Riesz-Schauderschen Spektralsatzes für (7) gültig sind, denn in der Halbebene $\operatorname{Re}\lambda < 0$ liegen keine Eigenwerte, und die Sätze 13.4 und 15.9 sind anwendbar.

Satz 16.1 *Falls die Koeffizienten des allgemeinen Randwertoperators $b(x, \mathrm{D})$ (siehe §11, (32)) reell sind, $r \geqslant 3$, dann haben* alle *elliptischen Randwertaufgaben für den Laplaceoperator* $- \triangle$ *den Index* 0.

Beweis. Wie in §11 unterscheiden wir zwei Fälle:

Fall 1. $\operatorname{ord} b(x, \mathrm{D}) = 0$, dann ist die Randwertaufgabe genau dann elliptisch ($=$ Bedingung 11.1 ist erfüllt), wenn (siehe §11, (34))

$$b_0(x) \neq 0 \quad \text{auf } \partial\Omega \text{ gilt}.$$

Multiplikation der Randwerte mit $1/b_0(x)$ zeigt, daß wir es mit dem Dirichletproblem zu tun haben, also Index $= 0$.

Fall 2. $\operatorname{ord} b(x, \mathrm{D}) = 1$. Wegen $r \geqslant 3$ ist $(- \triangle, b(x, \mathrm{D}))$ nach §11, (35) genau dann elliptisch, wenn

$$(13) \qquad b_r(x) \neq 0 \quad \text{auf } \partial\Omega \text{ gilt}.$$

Führen wir das Vektorfeld $\mu = (b_1(x), \ldots, b_r(x))$ auf $\partial\Omega$ ein, dann haben wir

$$b^{\mathrm{H}}(x, \mathrm{D}) = \frac{\partial}{\partial\mu} \quad \text{(Richtungsableitung)},$$

und (13) bedeutet, daß μ niemals tangential liegt. Wir können also immer innerhalb von Fredholmoperatoren (d.h. ohne tangential zu werden) $\partial/\partial\mu$ zu $\pm \partial/\partial n$ stetig deformieren und haben nach Satz 12.10 und Beispiel 16.2

$$\operatorname{ind}\left(- \triangle, \frac{\partial}{\partial\mu}\right) = \operatorname{ind}\left(- \triangle, \frac{\partial}{\partial n}\right) = 0.$$

Da nach Satz 13.2 der Index nur von den Hauptteilen der in Frage kommenden Operatoren abhängt, haben wir unseren Satz bewiesen. ∎

Anders gestalten sich die Verhältnisse auf der Ebene, d.h. für $r = 2$. Anstelle von (13) ist die Bedingung

$$\mu = (b_1(x), b_2(x)) \neq 0 \quad \text{auf der Randkurve } \partial\Omega$$

notwendig und hinreichend für die Elliptizität von $(-\triangle, \partial/\partial\mu)$, und wir bekommen – siehe Hörmander [1] oder Vekua [2] – für eine einfach geschlossene Kurve $\partial\Omega$

$$(14) \qquad \operatorname{ind} L = \operatorname{ind}\left(-\triangle, \frac{\partial}{\partial\mu}\right) = 2 - 2p,$$

wobei p die Drehung des Vektorfeldes μ auf der Kurve $\partial\Omega$ ist (siehe Krasnoselskij [1]). Formel (14) gibt einen kleinen Hinweis auf das großartige Indextheorem von Atiyah-Singer, siehe Palais [1], wonach u.a. der Index eine topologische Invariante ist.

Beispiel 16.3 Wir wollen nun adjungierte Randwertaufgaben für einen allgemeinen elliptischen Operator zweiter Ordnung ausrechnen:

$$(15) \qquad A(x, \mathrm{D}) = -\sum_{j,k} a_{jk} \frac{\partial}{\partial x_j} \frac{\partial}{\partial x_k} + \sum_{j=1}^{r} a_j \frac{\partial}{\partial x_j} + a_0.$$

Die allgemeine Randbedingung erster Ordnung können wir immer in der Form schreiben

$$(16) \qquad b(x, \mathrm{D})u = b_r \cdot N_A u + Tu + b_0 \cdot u,$$

wobei

$$N_A u = \sum_{j,k} a_{jk} \frac{\partial u}{\partial x_j} \cos(\vec{n}, x_k)$$

die konormale Ableitung ist, und Tu ein zu $\partial\Omega$ tangentialer Differentialoperator erster Ordnung ist. Falls wir die Koordinaten $(x_1, \ldots, x_{r-1})$ tangential zu $\partial\Omega$ und x_r normal nehmen, haben wir

$$N_A u = \sum_{j=1}^{r-1} a_{jr} \frac{\partial}{\partial x_j} + a_{rr} \frac{\partial}{\partial x_r},$$

wobei wegen der Elliptizität von A $a_{rr} \neq 0$ ist, d.h. N_A ist normal im Sinne von Definition 14.1.

Wir ersehen, der Randoperator $b(x, \mathrm{D})$ ist genau dann normal (siehe Definition 14.1), wenn

$$b_r(x) \neq 0 \quad \text{für } x \in \partial\Omega \text{ gilt}.$$

Um den zu (16) adjungierten Randwertoperator zu erhalten, beginnen wir mit der Gauß-Stokesschen Formel

$$(17) \qquad \int_\Omega u \frac{\partial v}{\partial x_j} \, \mathrm{d}x = -\int_\Omega v \frac{\partial u}{\partial x_j} \, \mathrm{d}x + \int_{\partial\Omega} uv \cdot \cos(\vec{n}, x_j) \, \mathrm{d}\sigma,$$

und wenden (17) auf die einzelnen Glieder des Ausdrucks $\int_\Omega Au \cdot \bar{v}\,dx$ an, wir erhalten

$$\int_\Omega Au \cdot \bar{v} \cdot dx = \int_\Omega \sum_{j,k} a_{jk} \frac{\partial u}{\partial x_j} \frac{\partial \bar{v}}{\partial x_k}\,dx + \int_\Omega \sum_{j=1}^{r} \left(a_j + \sum_{k=1}^{r} \frac{\partial a_{jk}}{\partial x_k} \right) \frac{\partial u}{\partial x_j}\,\bar{v}\,dx$$

$$+ \int_\Omega a_0 u \bar{v} - \int_{\partial\Omega} \sum_{j,k} a_{jk} \frac{\partial u}{\partial x_j} \cos(\vec{n}, x_k)\,\bar{v} \cdot d\sigma.$$

Dasselbe mit $\int_\Omega u \cdot \overline{A^* v}\,dx$ getan und beide Formeln von einander abgezogen ergeben

$$(18) \qquad \int_\Omega Au\bar{v}\,dx - \int_\Omega u\overline{A^* v}\,dx = \int_{\partial\Omega} u\overline{N_{\bar{A}} v}\,d\sigma - \int_{\partial\Omega} N_A u \bar{v}\,d\sigma$$

$$+ \int_{\partial\Omega} \sum_{j=1}^{r} \left(a_j + \sum_{k=1}^{r} \frac{\partial a_{jk}}{\partial x_k} \right) \cos(\vec{n}, x_j)\,u\bar{v}\,d\sigma,$$

wobei $\bar{A}$ der Operator mit komplex konjugierten Koeffizienten ist. Um (18) kürzer zu schreiben, setzen wir

$$\beta(x) := \sum_{j=1}^{r} \left(a_j + \sum_{k=1}^{r} \frac{\partial a_{jk}}{\partial x_k} \right) \cos(\vec{n}, x_j), \qquad x \in \partial\Omega.$$

Da $\partial\Omega$ keinen Rand hat, ergibt (17)

$$(19) \qquad \int_{\partial\Omega} Tu\bar{v}\,d\sigma = \int_{\partial\Omega} u \cdot \overline{T^+ v}\,d\sigma,$$

wobei T^+ der auf $\partial\Omega$ formal adjungierte tangentiale Differentialoperator zu T ist. (18) können wir mit (19) gemäß dem Randoperator (16) schreiben (zuerst in (16) $b_r = 1$ gesetzt)

$$(20) \qquad \int_\Omega Au\bar{v}\,dx - \int_\Omega u\overline{A^* v}\,dx$$

$$= \int_{\partial\Omega} u \cdot \overline{[N_{\bar{A}} v + T^+ v + \bar{\beta}(x)v + \bar{b}_0 \bar{v}]}\,d\sigma - \int_{\partial\Omega} [N_A u + Tu + b_0 u] \cdot \bar{v}\,d\sigma.$$

Der Vergleich mit der Greenschen Formel §14, (12) ergibt

$$b = N_A + T + b_0, \qquad S_1 = I, \qquad B' = N_{\bar{A}} + T^+ + \bar{b}_0 + \bar{\beta}, \qquad T_1 = I,$$

d.h. der zu (16) ($b_r = 1$) adjungierte Randoperator ist

$$B' = N_{\bar{A}} + T^+ + \bar{b}_0 + \bar{\beta}.$$

Schreiben wir (16) als

$$b(x, D) = b_r \cdot \left[N_A u + \frac{Tu}{b_r} + \frac{b_0}{b_r} u \right],$$

– hier haben wir die Normalität $b_r \neq 0$ benutzt – so ergibt leichtes Einsetzen in (20)

(21)
$$b = b_r \, N_A + T + b_0, \qquad S_1 = \frac{1}{b_r}.$$

$$B' = \bar{b}_r \cdot N_{\bar{A}} + b_r \left(\frac{T}{b_r}\right)^+ + \bar{b}_0 + \bar{b}_r \cdot \bar{\beta}, \qquad T_1 = \frac{1}{b_r}.$$

Damit haben wir alle adjungierten Randwertaufgaben zu $(A, b(x, \mathrm{D}))$ bestimmt.

Man überzeugt sich leicht, daß für die Herleitung von (20) bzw. (21) die Differenzierbarkeitsvoraussetzungen genügen:

$$\Omega \in C^{2,1}, \qquad a_{jk} \in C^2(\bar{\Omega}), \qquad a_j \in C^1(\bar{\Omega}), \qquad a_0 \in C(\bar{\Omega}), \qquad b(x, \mathrm{D}) \in C^2(\bar{\Omega}).$$

Dann ist nämlich

$$S_1 \in C^2(\bar{\Omega}), \qquad T_1 \in C^2(\bar{\Omega}), \qquad B' \in C^1(\bar{\Omega}),$$

und Satz 14.3 ist anwendbar (= Definition der adjungierten Aufgabe).

Derselbe Trick wie für die Berechnung des Index der Dirichletaufgabe – siehe Satz 13.5 –, erlaubt uns auch den Index des allgemeinen Neumannschen Problems anzugeben.

Sei A (15) proper elliptisch der Ordnung 2, wir betrachten das Neumannsche Problem

Beispiel 16.4

$$Au = f \quad \text{in } \Omega, \qquad N_A u = g_1 \quad \text{in } \partial\Omega,$$

Wir haben $\mathrm{ind}(A, N_A) = 0$, denn

$$-\mathrm{ind}(A, N_A) = \mathrm{ind}(A^*, N_A') = \mathrm{ind}(\bar{A}, N_{\bar{A}}) = \mathrm{ind}(\bar{A}, \bar{N}_A) = \mathrm{ind}(A, N_A).$$

Hier folgt die erste Gleichung aus Satz 15.7, die zweite aus Formel (21) und Satz 13.2 (A^* und $\bar{A}$ unterscheiden sich durch einen Differentialausdruck der Ordnung 1) die weiteren Gleichungen sind offensichtlich.

Satz 13.2 nochmals angewandt, ergibt auch den Index der dritten Randwertaufgabe

Beispiel 16.5

$$Au = f \quad \text{in } \Omega, \qquad N_A u + b_0(x) u = g_1 \quad \text{in } \partial\Omega,$$

$$\mathrm{ind}(A, N_A + b_0) = \mathrm{ind}(A, N_A) = 0.$$

Beispiel 16.6 Wir wollen nun Randwertaufgaben für den biharmonischen Operator $A = \triangle^2$ behandeln und dazu den Satz 14.9 verwenden. Wir gehen von der Greenschen Formel (6) aus, setzen dort für $v \to \triangle v$ ein und erhalten

$$(22) \qquad \int_\Omega \triangle u \cdot \triangle \bar{v} \, dx = \int_\Omega \triangle^2 u \cdot \bar{v} \, dx + \int_{\partial\Omega} \triangle u \cdot \frac{\partial \bar{v}}{\partial n} \, d\sigma - \int_{\partial\Omega} \frac{\partial \triangle u}{\partial n} \cdot \bar{v} \cdot d\sigma.$$

Vertauschen von u mit v und komplexes Konjugieren führt zu

$$\int\limits_{\Omega} \triangle u \cdot \triangle \bar{v}\, dx = \int\limits_{\Omega} u \cdot \triangle^2 \bar{v}\, dx + \int\limits_{\partial\Omega} \frac{\partial u}{\partial n} \cdot \triangle \bar{v}\, d\sigma - \int\limits_{\partial\Omega} u \cdot \frac{\partial \triangle \bar{v}}{\partial n}\, d\sigma,$$

beide Formeln zusammen ergeben

$$(23) \qquad \int\limits_{\Omega} \triangle^2 u \cdot \bar{v}\, dx - \int\limits_{\Omega} u \cdot \triangle^2 \bar{v}\, dx$$

$$= \int\limits_{\partial\Omega} u\, \frac{-\partial \triangle \bar{v}}{\partial n}\, d\sigma + \int\limits_{\partial\Omega} \frac{\partial u}{\partial n}\, \triangle \bar{v}\, d\sigma - \int\limits_{\partial\Omega} \frac{-\partial \triangle u}{\partial n}\, \bar{v}\, d\sigma - \int\limits_{\partial\Omega} \triangle u\, \frac{\partial \bar{v}}{\partial n}\, d\sigma.$$

Das ist die Formel (51) aus Satz 14.9. ($\triangle^2$ ist (formal) selbstadjungiert: $(\triangle^2)^* = \triangle^2$.) Man sieht sofort, die Randwertoperatoren

$$(24) \qquad I, \quad \frac{\partial}{\partial n}, \quad \triangle, \quad -\frac{\partial \triangle}{\partial n},$$

bilden ein Dirichletsystem der Ordnung 4, denn – nach evtl. Koordinatenwechsel – die höchste Ableitungsordnung wird in einer reinen Normalenableitung mit einem von Null verschiedenen Koeffizienten erreicht.

Damit können wir den Satz 14.3 anwenden und (23) mit der Greenschen Formel §14, (12) vergleichen, wobei wir die Randbedingungen (24) verschieden gruppieren können. Wir erhalten als adjungierte Randwertaufgaben 1–6:

$$\left(\triangle^2; I, \frac{\partial}{\partial n}\right)^* = \left(\triangle^2; I, \frac{\partial}{\partial n}\right), \qquad\qquad (\triangle^2; I, \triangle)^* = (\triangle^2; I, \triangle),$$

$$\left(\triangle^2; \frac{\partial}{\partial n}, \triangle\right)^* = \left(\triangle^2, I, -\frac{\partial \triangle}{\partial n}\right), \qquad \left(\triangle^2; I, -\frac{\partial \triangle}{\partial n}\right)^* = \left(\triangle^2; \frac{\partial}{\partial n}, \triangle\right),$$

$$\left(\triangle^2; \frac{\partial}{\partial n}, -\frac{\partial \triangle}{\partial n}\right)^* = \left(\triangle^2; \frac{\partial}{\partial n}, -\frac{\partial \triangle}{\partial n}\right), \qquad \left(\triangle^2; \triangle, -\frac{\partial \triangle}{\partial n}\right)^* = \left(\triangle^2; \triangle, -\frac{\partial \triangle}{\partial n}\right).$$

Die Randwertaufgaben 1, 2, 5, 6 sind selbstadjungiert und wir erhalten für den Index

$$\text{ind}\left(\triangle^2; I, \frac{\partial}{\partial n}\right) = 0, \qquad \text{ind}\,(\triangle^2; I, \triangle) = 0, \qquad \text{ind}\left(\triangle^2; \frac{\partial}{\partial n}, -\frac{\partial \triangle}{\partial n}\right) = 0.$$

Die Aufgabe 6 ($\triangle^2; \triangle, -\partial\triangle/\partial n$) ist zwar selbstadjungiert, sie besitzt aber keinen Index, da sie nicht elliptisch ist – nach Beispiel 11.8 erfüllt ($\triangle^2; \triangle, -\partial\triangle/\partial n$) nicht die Bedingung 11.1 von Lopatinskij-Šapiro.

Der Leser stelle die für die Gültigkeit der Herleitungen erforderlichen minimalen Differenzierbarkeitsbedingungen auf.

III Stark elliptische Differentialoperatoren und die Variationsmethode

§17 Gelfandsche Dreier, der Satz von Lax-Milgram, V-elliptische und V-koerzive Operatoren

In diesem Paragraphen bringen wir das funktional-analytische Rüstzeug zur Behandlung der stark elliptischen Differentialoperatoren und entwickeln (abstrakt) die sogenannte Variationsmethode (auch direkte Methode genannt). Wir beginnen mit Gelfandschen Dreiern, geben eine Reihe von Beispielen an, Satz 17.4, und untersuchen die Dualräume von Sobolevräumen. Als nächstes behandeln wir den wichtigen Satz von Lax-Milgram, definieren V-elliptische und V-koerzive Operatoren und benutzen den Satz von Lax-Milgram als Lösungssatz für V-elliptische Gleichungen (Variationsmethode). Die allgemeine Definition eines Greenschen Operators (Definition 17.5) erlaubt uns einen weitreichenden Spektralsatz für V-koerzive Operatoren zu beweisen (Satz 17.12) und die a-priori-Abschätzung aus der Gårdingschen Ungleichung zu gewinnen. Als letztes formulieren wir die V-Elliptizität und die V-Koerzivität so, wie es für Differentialoperatoren üblich ist.

17.1 Gelfandsche Dreier

Sei X ein Banachraum. Seinen Antidualraum bezeichnen wir mit X' (siehe §12), wir werden wieder – wie überall in diesem Buch – mit dem Antidualraum X' und mit antidualen Operatoren A' arbeiten.

Satz 17.1 *Seien X, Y Banachräume und A ein linearer, stetiger Operator von X in Y, $A: X \to Y$. Dann gilt die Aussage:*

> im A *dicht in* Y, *ist äquivalent zu* A' *ist injektiv.*

Beweis. „$\curvearrowright$". Sei $A'y' = 0$, das ist $\langle y', Ax \rangle = \langle A'y', x \rangle = 0$ für alle $x \in X$, daraus folgt $\langle y', y \rangle = 0$ für alle $y \in Y$; da im A dicht in Y ist, letztere Aussage bedeutet aber $y' = 0$, womit wir die Injektivität gezeigt hätten.
„$\curvearrowleft$" Sei im A nicht dicht in Y, dann gibt es nach dem Satz von Hahn-Banach ein $0 \neq y' \in Y'$ mit $\langle y', Ax \rangle = 0$ für alle $x \in X$. Wir hätten also $\langle A'y', x \rangle = \langle y', Ax \rangle = 0$ für alle $x \in X$, das heißt $A'y' = 0$ und $y' \neq 0$, A' könnte damit nicht injektiv sein. ∎

Im allgemeinen gilt

$$A'' \supset A;$$

für (anti-)reflexive Banachräume ($X = X''$) gilt aber

$$A'' = A.$$

und wir können Satz 17.1 dann in der Form aussprechen

$$A \text{ injektiv} \Leftrightarrow \text{im } A' \text{ dicht in } X'.$$

Wir erinnern: den Satz von Riesz schreiben wir in der Form $H = H'$, H ein Hilbertraum.

Jeder Hilbertraum H ist auch (anti-)reflexiv, denn

$$H = H' = H''.$$

Definition 17.1 *Sei V ein (anti)-reflexiver Banachraum und H ein Hilbertraum. Es gelte*

$$V \underset{i}{\subsetneq} H,$$

und die Einbettung i sei stetig, injektiv und im i sei dicht in H. Nach Satz 17.1 – *einmal auf i und ein ander Mal auf i' angewandt – ist $i': H \to V'$ stetig, injektiv und im i' liegt dicht in V'. Insgesamt haben wir*

$$(1) \qquad V \underset{i}{\subsetneq} H \underset{i'}{\subsetneq} V',$$

wobei beide Einbettungen i, i', stetig, injektiv sind und dicht liegen (im i dicht in H, im i' dicht in V').

Eine derartige Skala (1) heißt Gelfandscher Dreier. Falls die Gefahr einer Verwechslung nicht besteht, lassen wir die Zeichen i und i' einfach weg.

Wir haben auf Grund der Stetigkeit der Einbettung i

$$\|ix\|_H \leqslant c\,\|x\|_V, \quad \text{für alle } x \in V.$$

Durch Renormierung von V (durch eine äquivalente Norm) erreichen wir

$$\|ix\|_H \leqslant \|x\|_V \quad \text{für alle } x \in V,$$

d.h. $\|i\| \leqslant 1$. Dann ist auch $\|i'\| = \|i\| \leqslant 1$ und

$$\|i'h\|_{V'} \leqslant \|h\|_H \quad \text{für alle } h \in H,$$

insgesamt

$$(2) \qquad \|i'ix\|_{V'} \leqslant \|ix\|_H \leqslant \|x\|_V \quad \text{für alle } x \in V,$$

oder falls wir i und i' fortlassen

$$(2) \qquad \|x\|_{V'} \leqslant \|x\|_H \leqslant \|x\|_V \quad \text{für alle } x \in V.$$

Jedes $h \in H$ läßt sich nach Definition von i' vermöge $\langle i'h, x \rangle_V = (h, ix)_H$, $(\cdot, \cdot)_H$ das Skalarprodukt in H, und wegen

$$(3) \qquad |(h, ix)_H| = |\langle i'h, x \rangle_V| \leqslant \|i'h\|_{V'} \|x\|_V \leqslant \|h\|_H \|x\|_V,$$

als antilineares, stetiges Funktional auf V auffassen. $i'H = \operatorname{im} i'$ liegt dicht in V' (in der Funktionalnorm $\|\cdot\|_{V'}$), d.h. jedes Funktional $\langle x', \cdot \rangle_V$ auf V können wir gleichmäßig (auf der Einheitskugel von V) durch Skalarprodukte $(h, i \cdot)_H$ approximieren:

$$(4) \qquad \langle x', x \rangle_V = \lim_{i'h \to x'} (h, ix)_H,$$

d.h. wir können die stetige Fortsetzung von $(\cdot, \cdot)_H$ auf $V' \times V$ als neue Darstellungsformel für die Funktionale aus V' ansehen. Daß diese neue Darstellung (4) keineswegs trivial ist, wollen wir an einem Beispiel erläutern.

Beispiel 17.1 Wir betrachten den Gelfandschen Dreier

$$\overset{\circ}{W}{}_2^1(\Omega) \subset L_2(\Omega) \subset (\overset{\circ}{W}{}_2^1(\Omega))'.$$

Da nach Satz 3.4 und Definition 3.2 $\mathscr{D}(\Omega)$ dicht in $\overset{\circ}{W}{}_2^1$ und L_2 liegt, sind die Bedingungen von Definition 17.1 für einen Gelfandschen Dreier erfüllt. Nach dem Rieszschen Satz existiert ein Isomorphismus

$$R : (\overset{\circ}{W}{}_2^1(\Omega))' \to \overset{\circ}{W}{}_2^1(\Omega).$$

Sei $v = Rf$ für ein $f \in (\overset{\circ}{W}{}_2^1(\Omega))'$, dann gilt (wir bezeichnen mit spitzen Klammern Funktionale und mit runden Skalarprodukte)

$$\langle f, \varphi \rangle = (v, \varphi)_1 = \int_\Omega \left(\sum_{j=1}^r \frac{\partial v}{\partial x_j} \frac{\partial \bar\varphi}{\partial x_j} + v \cdot \bar\varphi \right) dx$$

$$= -\int_\Omega (-\triangle v + v) \, \bar\varphi \, dx = (-\triangle v + v, \varphi)_0, \qquad \varphi \in \overset{\circ}{W}{}_2^1(\Omega),$$

(die Integrale werden im Distributionssinne $\mathscr{D}'(\Omega)$ interpretiert) und durch Fortsetzung von $(\cdot, \varphi)_0$ auf $(\overset{\circ}{W}{}_2^1(\Omega))'$ erhalten wir

$$\langle f, \varphi \rangle = (f, \varphi)_0,$$

(formal, da f nicht zu L_2 zu gehören braucht) also ist

$$(-\triangle v + v, \varphi)_0 = (f, \varphi)_0$$

d.h. $\qquad f = -\triangle v + v = R^{-1}v.$

Satz 17.2 (*Zweite Definition des Gelfandschen Dreiers*) *Seien X_1, X_{-1} (anti)reflexive Banachräume, H ein Hilbertraum, und seien die Einbettungen*

$$(5) \qquad X_1 \underset{i_1}{\subset} H \underset{i_{-1}}{\subset} X_{-1}$$

stetig, injektiv und dicht. Außerdem gelte

$$(6) \qquad |(h, i_1 x)_H| \leqslant c_1 \|x\|_1 \cdot \|i_{-1} h\|_{-1} \quad \textit{für alle } x \in X_1 \textit{ und } h \in H,$$

wobei $(\cdot, \cdot)$ *das Skalarprodukt in* H *ist, und*

$$(7) \qquad \|i_{-1} h\|_{-1} \leqslant c_2 \sup_{0 \neq x \in X_1} \frac{|(h, i_1 x)|}{\|x\|_1} \quad \textit{für alle } h \in H.$$

In dieser Situation gelten

$$X_{-1} = (X_1)' \quad (\textit{bis auf äquivalente Normen})$$

und

$$i_{-1} = (i_1)'.$$

Bemerkung Daß ein Gelfandscher Dreier im Sinne von Definition 17.1 die Bedingungen von Satz 17.2 erfüllt, ist leicht einzusehen: wir setzen $X_1 = V$, $X_{-1} = V'$, $i_1 = i$, $i_{-1} = i'$, dann ist (5) erfüllt, und die erste Abschätzung von (3) zeigt die Gültigkeit von (6). (7) erhalten wir aus der Definition der V'-Norm unter Verwendung von (4)

$$\|i' h\|_{V'} := \sup_{0 \neq x \in V} \frac{|\langle i' h, x \rangle|}{\|x\|_V} = \sup_{0 \neq x \in V} \frac{|(h, ix)|}{\|x\|_V}.$$

Satz 17.2 behauptet nun, daß auch die Umkehrung richtig ist.

Beweis. Wir betten H in X_{-1} ein

$$i_{-1} H \subset X_{-1} \quad \text{dicht.}$$

Die Elemente aus $i_{-1} H = \operatorname{im} i_{-1}$ bilden dann Funktionale aus X_1' mittels der Definition

$$\langle i_{-1} h, x \rangle := (h, i_1 x)_H.$$

Diese Funktionale sind wegen Bedingung (6) stetig, und wir haben damit die gesuchte Zuordnung

$$(8) \qquad X_{-1} \to X_1'$$

auf der dichten Untermenge $i_{-1} H$ von X_{-1} definiert. Wir führen nun auf $i_{-1} H$ eine zweite Norm ein

$$\|i_{-1} h\|_* := \sup_{0 \neq x \in X_1} \frac{|\langle i_{-1} h, x \rangle|}{\|x\|_1} = \sup_{0 \neq x \in X_1} \frac{|(h, i_1 x)|}{\|x\|_1},$$

es ist dies die X_1'-Norm. Dann gilt mit (6)

$$(9) \qquad \|i_{-1} h\|_* \leqslant c_1 \|i_{-1} h\|_{-1}$$

und mit (7)

$$(10) \qquad \|i_{-1} h\|_{-1} \leqslant c_2 \sup_{0 \neq x \in X_1} \frac{|(h, i_1 x)|}{\|x\|_1} = c_2 \|i_{-1} h\|_*,$$

beide Normen $\|\ \|_{-1}$ und $\|\ \|_,$ sind also äquivalent auf $i_{-1}H$. Wir wollen nun die Zuordnung (8) für alle $y \in X_{-1}$ definieren. Sei $y \in X_{-1}$, dann existiert eine Folge $h_n \in H$, so daß gilt

$$i_{-1}h_n \to y \text{ in } (X_{-1}, \|\cdot\|_{-1}) \quad \text{für } n \to \infty .$$

Dann ist $i_{-1}h_n$ Cauchyfolge in $(X_{-1}, \|\cdot\|_{-1})$, also wegen (9) auch Cauchyfolge in $(X_1', \|\cdot\|_,)$. Es existiert dann ein $y' \in X_1'$ mit

$$i_{-1}h_n \to y' \quad \text{für } n \to \infty .$$

Wir ordnen das so gefundene $y' \in X_1'$ dem $y \in X_{-1}$ zu

$$(11) \qquad X_{-1} \ni y \mapsto y' \in X_1' ,$$

und aus (9) und (10) folgt nach Grenzübergang

$$(12) \qquad \|y'\|_, \leqslant c_1 \|y\|_{-1}, \qquad \|y\|_{-1} \leqslant c_2 \|y'\|_, , \quad \text{für alle } y \in X_{-1} .$$

Die Zuordnung (11) ist unabhängig von der Wahl der Approximationsfolge. Um dieses zu zeigen, nehmen wir an $i_{-1}\tilde{h}_n \in i_{-1}H$ sei eine weitere Folge mit

$$i_{-1}\tilde{h}_n \to y \quad \text{in } (X_{-1}, \|\cdot\|_{-1}) \text{ für } n \to \infty$$

und $\qquad i_{-1}\tilde{h}_n \to \bar{y}' \quad \text{in } (X_1', \|\cdot\|_,) \text{ für } n \to \infty .$

Dann gilt

$$i_{-1}(h_n - \tilde{h}_n) \to 0 \quad \text{in } (X_{-1}, \|\cdot\|_{-1}) \text{ für } n \to \infty ,$$
$$i_{-1}(h_n - \tilde{h}_n) \to y' - \bar{y}' \quad \text{in } (X_1', \|\cdot\|_,) \text{ für } n \to \infty ,$$

und mit (12) folgt

$$\|y' - \bar{y}'\|_, = 0, \quad \text{d.h.} \quad y' = \bar{y}' .$$

Die Einbettung $i_1' : H \hookrightarrow X_1'$ ist definiert durch

$$\langle i_1' h, x \rangle = (h, i_1 x), \qquad \forall x \in X_1, \forall h \in H .$$

Da auch nach Definition gilt

$$\langle i_{-1} h, x \rangle = (h, i_1 x), \qquad \forall x \in X_1, \forall h \in H ,$$

(siehe oben) stimmen i_{-1} und i_1' auf H überein

$$(13) \qquad i_{-1} = i_1' ,$$

und wir haben die zweite Aussage unseres Satzes bewiesen. Um die erste Aussage zu beweisen, müssen wir nur noch zeigen, daß die Zuordnung (11) surjektiv ist (Injektivität und Stetigkeit in beiden Richtungen folgen sofort aus (12)).

X_1 ist (anti-)reflexiv, und $i_1 : X_1 \to H$ ist injektiv, nach Satz 17.1 liegt $i_1' H = \operatorname{im} i_1'$ dicht in X_1', wegen (13) liegt damit auch

$$i_{-1}H \text{ dicht in } X_1' .$$

Die Konstruktion der Zuordnung Z (11) ergibt

$$i_{-1}H \subset ZX_{-1} \subset X_1',$$

womit wir gezeigt haben, daß

$$ZX_{-1} \text{ dicht in } X_1' \text{ liegt}.$$

Wir haben zwei Fälle zu unterscheiden:

a) ZX_{-1} abgeschlossen in X_1',

b) ZX_{-1} nicht abgeschlossen in X_1'.

Der Fall b) führt wie folgt zum Widerspruch: sei ZX_{-1} nicht abgeschlossen in X_1', dann ist ZX_{-1} nicht vollständig bzgl. $\|\cdot\|_{,}$, wegen (12) ist X_{-1} auch nicht vollständig bzgl. $\|\cdot\|_{-1}$ im Gegensatz zur Annahme. Im Fall (a) gilt wegen ZX_{-1} dicht in X_1'

$$ZX_{-1} = X_1',$$

womit wir die Surjektivität von Z (11) gezeigt haben. ∎

Satz 17.3 (*Dritte Definition des Gelfandschen Dreiers*) *Sei* X_1 *ein (anti)reflexiver Banachraum,* H *ein Hilbertraum, und die Einbettung* i_1

$$X_1 \underset{i_1}{\subset} H,$$

sei dicht, stetig und injektiv. Wir führen auf H *eine zweite Norm ein*

$$(14) \qquad \|h\|_{-1} := \sup_{0 \neq x \in X_1} \frac{|(h, i_1 x)|}{\|x\|_1},$$

und nennen X_{-1} *die Vervollständigung von* H *in der Norm* $\|\cdot\|_{-1}$. *Dann bildet*

$$X_1 \underset{i_1}{\subset} H \underset{i_{-1}}{\subset} X_{-1}$$

einen Gelfandschen Dreier, hier ist i_{-1} *die kanonische Einbettung von* H *in die vollständige Hülle, und wir haben insbesondere*

$$(15) \qquad X_{-1} = X_1' \quad und \quad i_{-1} = i_1'.$$

Falls zusätzlich X_1 *ein Hilbertraum ist, dann ist auch* X_{-1} *ein Hilbertraum.*

Beweis. Wir wollen Satz 17.2 anwenden und müssen deshalb die Bedingungen (5), (6) und (7) nachprüfen.

(5): i_{-1} ist als kanonische Einbettung in die vollständige Hülle dicht, stetig und injektiv.

(7): folgt sofort aus der Definition (14).

(6): folgt auch sofort aus (14), man lasse einfach das supremum Zeichen fort.

(15) ist dann die Thesis des Satzes 17.2.

Wir vermerken noch, daß wir hier in (15) – anders als in Satz 17.2 – tatsächliche Gleichheit und nicht nur Äquivalenz haben, da die entsprechenden Normen gleich sind.

Nun zur Hilbertraumeigenschaft von X_{-1}. Nach Definition von i_1' haben wir

$$(h, i_1 x)_H = \langle i_1' h, x \rangle_{X_1},$$

und (14) bekommt die Form

$$\|h\|_{-1} = \sup_{0 \neq x \in X_1} \frac{|\langle i_1' h, x \rangle_{X_1}|}{\|x\|_1} = \|h\|_{X_1'}.$$

Nach dem Satz von Riesz ist aber die Funktionalnorm $\| \cdot \|_{X_1'}$ eine Hilbertraumnorm, d.h. sie erfüllt die Parallelogrammgleichung, und $X_1' = X_{-1}$ ist somit ein Hilbertraum mit der Hilbertraumnorm $\| \cdot \|_{-1}$. $\blacksquare$

Achtung! Falls V ein Hilbertraum ist, haben wir zwar den Rieszschen Isomorphismus

$$\begin{array}{ccccc} V & \subset & H & \subset & V' \\ \uparrow & i & & i' & \uparrow \\ & & R & & \end{array}$$

aber bei Gelfandschen Dreiern stellen wir die Funktionale aus V' nicht durch das Skalarprodukt $(\cdot, \cdot)_V$ aus V dar, (Rieszscher Satz) sondern durch das Skalarprodukt $(\cdot, \cdot)_H$ aus H, siehe (4).

Die dritte Definition eines Gelfandschen Dreiers (Satz 17.3) können wir leicht zu einer längeren Skala verallgemeinern: Seien $X_1, \ldots, X_m$ (anti)-reflexive Banachräume, H ein Hilbertraum, und seien die Einbettungen

$$X_m \underset{i_m}{\subset} \ldots \underset{i_2}{\subset} X_1 \underset{i_1}{\subset} H$$

stetig, injektiv und dicht. Definieren wir die sog. Negativnormen auf H durch

$$\|h\|_{-n} = \sup_{0 \neq x \in X_n} \frac{|(h, i_1 \circ \ldots \circ i_n x)_H|}{\|x\|_n} \quad \text{für } 1 \leqslant n \leqslant m,$$

und vervollständigen wir H bezüglich dieser Negativnormen, so erhalten wir

$$X_m \underset{i_m}{\subset} \ldots \underset{i_2}{\subset} X_1 \underset{i_1}{\subset} H \underset{i_{-1}}{\subset} X_{-1} \underset{i_{-2}}{\subset} \ldots \underset{i_{-m}}{\subset} X_{-m},$$

wobei $i_{-n} = i_n'$ und $X_{-n} = X_n'$ für $1 \leqslant n \leqslant m$ ist.

Im nächsten Satz geben wir eine Reihe von konkreten Beispielen für Gelfandsche Dreier an.

Satz 17.4 *Die folgenden Einbettungen $\subset$ sind injektiv, stetig und dicht; sie lassen sich also im Sinne von Definition 17.1 zu Gelfandschen Dreiern ergänzen:*

1. $H^l \subset H^0$ *(siehe §5), $l \in \mathbf{R}_+$ beliebig.*
2. $H^l(\Omega) \subset H^0(\Omega)$, $l \in \mathbf{R}_+$ beliebig, Ω beliebig.
3. $\mathring{H}^l(\Omega) \subset H^0(\Omega)$, $l \in \mathbf{R}_+$ beliebig, Ω beliebig.
4. $\mathring{W}_2^l(\Omega) \subset L_2(\Omega)$, $l \in \mathbf{R}_+$ beliebig, Ω beliebig.
5. $W_2^l(\Omega) \subset L_2(\Omega)$, $l \in \mathbf{R}_+$ beliebig, Ω beliebig.

6. Sei M eine kompakte $C^{k,\varkappa}$-Mannigfaltigkeit und $l \leqslant k + \varkappa$ (das Gleichheitszeichen ist zugelassen für $k + \varkappa$ ganzzahlig, siehe §4).

$$W_2^l(M) \subset\subset L_2(M), \qquad l \in \mathbf{R}_+ .$$

Beweis. Nach Satz 6.1 sind alle sechs Einbettungen injektiv und stetig; wir müssen nur die Dichteeigenschaft nachprüfen. Nach Satz 5.1 liegt $\mathscr{D}$ dicht in jedem H^l, also ist die Einbettung 1 dicht. Da $L_2(\Omega) \cong H^0(\Omega)$ ist, und $\mathscr{D}(\Omega)$ nach Definition dicht in jedem $\mathring{H}^l(\Omega)$ liegt, haben wir die Dichte der Einbettungen 3 und 2.

Die Dichte der Einbettung 4 ergibt sich aus 3, da $\mathring{W}_2^l(\Omega) \cong H^l(\Omega)$. 5 ergibt sich aus 4, da $\mathscr{D}(\Omega)$ dicht in $L_2(\Omega)$ liegt, und $\mathscr{D}(\Omega) \subset W_2^l(\Omega)$. Nun zu 6: nach Satz 4.3 liegt $C^{k,\varkappa}(M)$ dicht in $W_2^l(M)$ und in $L_2(M)$, womit wir die Dichte der Einbettung 6 bewiesen haben. ∎

Beispiel 17.2 Wir haben die langen Skalen, hier gesetzt $W_2^{-1}(\Omega) = (\mathring{W}_2^l(\Omega))'$, siehe Satz 17.7,

$$\dots \subset\subset \mathring{W}_2^2(\Omega) \subset\subset \mathring{W}_2^1(\Omega) \subset\subset L_2(\Omega) \subset\subset W_2^{-1}(\Omega) \subset\subset W_2^{-2}(\Omega) \subset\subset \dots$$

und (Ω habe die Segmenteigenschaft, Definition 2.1)

$$\dots \subset\subset W_2^2(\Omega) \subset\subset W_2^1(\Omega) \subset\subset L_2(\Omega) \subset\subset W_2^1(\Omega)' \subset\subset W_2^2(\Omega)' \subset\subset \dots$$

Die Einbettungen sind dicht, einmal weil $\mathscr{D}(\Omega)$ dicht in allen Räumen liegt, und das zweite Mal nach Satz 3.6.

17.2 Darstellungen für Funktionale auf Sobolevräumen

Bei Gelfandschen Dreiern $V \subset H \subset V'$ spielen die Dualräume V' eine wesentliche Rolle; es ist deshalb wichtig diese entweder genau zu charakterisieren, oder wenigstens eine Darstellung der Funktionale $f \in V'$ anzugeben. In einigen Fällen können wir dies tun. Wir beginnen mit $V = W_2^l(\Omega)$, $l \in \mathbf{N}$.

In §3 haben wir den Raum $W_2^l(\Omega)$, $l \in \mathbf{N}$ als abgeschlossenen Unterraum in das kartesische Produkt $\underset{|s| \leqslant l}{\times} L_2(\Omega)$ eingebettet, dies geschah durch die Abbildung

$$(16) \qquad W_2^l(\Omega) \ni \varphi \mapsto \{D^s \varphi; \ |s| \leqslant l\} \in \underset{|s| \leqslant l}{\times} L_2(\Omega) .$$

Allgemein, sei $l = [l] + \lambda \in \mathbf{R}_+$, dann ist $W_2^l(\Omega)$ ein abgeschlossener Unterraum des kartesischen Produktes

$$\underset{|s| \leqslant [l]}{\times} L_2(\Omega) \times \underset{|s| \leqslant [l]}{\times} L_2(\Omega \times \Omega) ,$$

durch die Einbettung

$$(16) \qquad W_2^l(\Omega) \ni \varphi \mapsto \left\{ D^s \varphi(x), \ |s| \leqslant [l]; \ \frac{D^s \varphi(x) - D^s \varphi(y)}{|x - y|^{r/2 + \lambda}}, \ |s| \leqslant [l] \right\}$$

$$\in \underset{|s| \leqslant [l]}{\times} L_2(\Omega) \times \underset{|s| \leqslant [l]}{\times} L_2(\Omega \times \Omega) .$$

Die Einbettung (16) ergibt sofort eine Darstellung der Funktionale f aus $(W_2^l(\Omega))$.

Satz 17.5 *Sei* $f \in (W_2^l(\Omega))'$, *dann gibt es Funktionen* $f_s^1(x) \in L_2(\Omega)$, $f_s^2(x,y) \in$ $L_2(\Omega \times \Omega)$, $|s| \leqslant [l]$ *mit*

$$(17) \qquad f(\varphi) = \sum_{|s| \leqslant [l]} \left[\int_\Omega f_s^1(x) \, \mathrm{D}^s \bar{\varphi}(x) \, \mathrm{d}x + \int\int_{\Omega \times \Omega} f_s^2(x,y) \cdot \frac{\mathrm{D}^s \bar{\varphi}(x) - \mathrm{D}^s \bar{\varphi}(y)}{|x-y|^{r/2+\lambda}} \, \mathrm{d}x \, \mathrm{d}y \right]$$

und

$$(18) \qquad \|f\|_l' = \left[\sum_{|s| \leqslant [l]} \left(\int_\Omega |f_s^1(x)|^2 \, \mathrm{d}x + \int\int_{\Omega \times \Omega} |f_s^2(x,y)|^2 \, \mathrm{d}x \, \mathrm{d}y \right) \right]^{1/2} .$$

Wir wollen (17) und (18) auch kurz schreiben

$$(17) \qquad f(\varphi) = \sum_{|s| \leqslant [l]} \left[(f_s^1(x), \mathrm{D}^s \varphi(x))_{0,x} + \left(f_s^2(x,y), \frac{\mathrm{D}^s \varphi(x) - \mathrm{D}^s \varphi(y)}{|x-y|^{r/2+\lambda}} \right)_{0,x,y} \right]$$

$$(18) \qquad \|f\|_l' = \left[\sum_{|s| \leqslant [l]} (\|f_s^1\|_{0,x}^2 + \|f_s^2\|_{0,x,y}^2) \right]^{1/2} .$$

Der Beweis ergibt sich wegen (16) sofort aus dem Satz von Riesz und dem Satz von der orthogonalen Zerlegung, angewandt auf das kartesische Produkt

$$\underset{|s| \leqslant [l]}{\times} L_2(\Omega) \times \underset{|s| \leqslant [l]}{\times} L_2(\Omega \times \Omega). \qquad \blacksquare$$

Da $\mathscr{D}(\Omega) \subset W_2^l(\Omega)$, können wir jedes Funktional $f \in (W_2^l(\Omega))'$ als Distribution auffassen (wir restringieren $f(\varphi)$ auf $\mathscr{D}(\Omega)$), nur ist die Zuordnung $(W_2^l(\Omega))' \to \mathscr{D}'(\Omega)$ im allgemeinen nicht injektiv, da $\mathscr{D}(\Omega)$ meistens nicht dicht in $W_2^l(\Omega)$ liegt, aus demselben Grunde läßt eine Distribution von der Form (17) meist mehrere Fortsetzungen auf $W_2^l(\Omega)$ zu. Anders ist es im Falle von $\mathring{W}_2^l(\Omega)$, den wir für $l \in \mathbf{N}$ jetzt untersuchen wollen.

Satz 17.6 *Sei gegeben* $\mathring{W}_2^l(\Omega)$, $l \in \mathbf{R}_+$, *wir haben*

$$(\mathring{W}_2^l(\Omega))' \subset \mathscr{D}'(\Omega) \quad \text{injektiv und stetig.}$$

Sei nun $l \in \mathbf{N}$, *wir betrachten die Distribution*

$$(19) \qquad T = \sum_{|s| \leqslant l} (-1)^{|s|} \mathrm{D}^s f_s \in \mathscr{D}'(\Omega), \quad \text{wobei } f_s \in L_2(\Omega).$$

Die Distribution (19) $T(\varphi)$ *läßt genau eine stetige Fortsetzung* $\tilde{f}$ *auf* $\mathring{W}_2^l(\Omega)$ *zu und wir haben*

$$(20) \qquad \|\tilde{f}\|_l' \leqslant \left[\sum_{|s| \leqslant l} \|f_s\|_0^2 \right]^{1/2} .$$

Beweis. Sei $f \in (W_2^l(\Omega))'$, wegen $\mathscr{D}(\Omega) \subset \mathring{W}_2^l(\Omega)$ ist $f(\varphi)|_{\mathscr{D}(\Omega)}$ eine Distribution aus $\mathscr{D}'(\Omega)$ und wir haben die Einbettung

$$(21) \qquad (\mathring{W}_2^l(\Omega))' \subset \mathscr{D}'(\Omega)$$

definiert. Da $\mathcal{D}(\Omega)$ nach Definition 3.2 dicht in $\mathring{W}_2^l(\Omega)$ liegt, folgt aus $f(\varphi) = 0$ für $\varphi \in \mathcal{D}(\Omega)$, und $f \in (\mathring{W}_2^l(\Omega))'$ schon $f = 0$, womit wir gezeigt haben, daß die Einbettung (21) injektiv ist. Bekanntlich folgt aus $f_n \to f$ in $(\mathring{W}_2^l(\Omega))'$ die schwache Konvergenz $f_n(\varphi) \to f(\varphi)$, $\varphi \in \mathring{W}_2^l(\Omega)$; nehmen wir $\varphi \in \mathcal{D}(\Omega)$, so haben wir $f_n \to f$ in $\mathcal{D}'(\Omega)$, womit wir auch die Stetigkeit der Einbettung (21) bewiesen haben.

Sei T aus (19). Nach Definition 1.4 der Distributionsableitungen haben wir

$$T(\varphi) = \sum_{|s| \le l} (f_s, \mathrm{D}^s \varphi)_0, \qquad \varphi \in \mathcal{D}(\Omega)$$

und wir können abschätzen

$$(22) \qquad |T(\varphi)| \le \sum_{|s| \le l} \|f_s\|_0 \cdot \|\mathrm{D}^s \varphi\|_0 \le \left(\sum_{|s| \le l} \|f_s\|_0^2 \right)^{1/2} \cdot \|\varphi\|_{\mathring{W}_2^l(\Omega)},$$

womit wir gezeigt haben, daß $T(\varphi)$ stetig auf $\mathcal{D}(\Omega)$ in der Topologie von $\mathring{W}_2^l(\Omega)$ ist. Da $\mathcal{D}(\Omega)$ dicht in $\mathring{W}_2^l(\Omega)$ ist, besitzt nach dem (stetigen) Fortsetzungssatz T genau eine Fortsetzung $\tilde{f}$ auf $\mathring{W}_2^l(\Omega)$. Aus (22) folgt auch sofort die Abschätzung (20). ∎

Satz 17.6 legt die Definition von „negativen" Sobolevräumen $W_2^{-l}(\Omega)$, $l \in \mathbf{N}$ nahe:

Definition 17.2 *Wir definieren den Raum $W_2^{-l}(\Omega)$, $l \in \mathbf{N}$, als den Raum aller Distributionen $T \in \mathcal{D}'(\Omega)$, die eine Darstellung (19) zulassen, wobei $f_s \in L_2(\Omega)$. Als Norm $\| \cdot \|_{-l}$ nehmen wir*

$$(23) \qquad \|T\|_{-l} = \inf_{(19)} \left[\sum_{|s| \le l} \|f_s\|_0^2 \right]^{1/2},$$

dabei erstreckt sich das Infimum über alle möglichen Darstellungen (19). Wir setzen

$$W_2^{-l}(\Omega) := \left\{ T \in \mathcal{D}'(\Omega) \,\Big|\, T = \sum_{|s| \le l} (-1)^{|s|} \mathrm{D}^s f_s, \, f_s \in L_2(\Omega) \right\}.$$

Die Sätze 17.5 und 17.6 besagen:

Satz 17.7 *Es gilt $W_2^{-l}(\Omega) = (\mathring{W}_2^l(\Omega))'$, $l \in \mathbf{N}$.*

Beweis. Alles klar, da $\mathring{W}_2^l(\Omega)$ ein abgeschlossener Unterraum von $W_2^l(\Omega)$ ist. Die Normengleichheit

$$\|f\|_l' = \|T\|_{-l}$$

$(f(\varphi) = T(\varphi))$ erhalten wir nach dem Satz von Riesz, der u.a. besagt, daß das Infinum (23) über alle Darstellungen (19), auch angenommen wird. ∎

Die letzteren Sätze lassen sich ohne weiteres auf kompakte Mannigfaltigkeiten M übertragen. Da dort gilt $W_2^l(M) = \mathring{W}_2^l(M)$, haben wir für $l \in \mathbf{N}$ $(W_2^{-l}(M)$ entsprechend definiert)

$$(W_2^l(M))' \subset \mathcal{D}'(M), \qquad (W_2^l(M))' = W_2^{-l}(M),$$

und auch die Darstellung (17) können wir in lokalen Koordinaten erhalten.

Zieht man die Dualtheorie der H^l-Räume aus §5 heran, siehe Volevič, Panejach [1], so können wir beinahe alle Dualräume der Räume in Satz 17.4 charakterisieren 1. $(H^l)' = H^{-l}$,   2. $[H^l(\Omega)]' = \mathring{H}^{-l}(\Omega)$,   3. $[\mathring{H}^l(\Omega)]' = H^{-l}(\Omega)$,   4. $[\mathring{W}_2^l(\Omega)]' = H^{-l}(\Omega)$, $l \in \mathbf{R}_+$, und für $l \in \mathbf{N}$: $[\mathring{W}_2^l(\Omega)]' = W_2^{-l}(\Omega)$,   5. $[W_2^l(\Omega)]' = \mathring{H}^{-l}(\Omega)$, wobei Ω die Fortsetzungseigenschaft habe: 6. $[W_2^l(M)]' = W_2^{-l}(M)$, $l \in \mathbf{N}$, und M eine kompakte $C^{k,\varkappa}$ Mannigfaltigkeit, $l \leqslant k + \varkappa$.

17.3 Der Satz von Lax-Milgram

Um stark elliptische Gleichungen zu behandeln, werden wir mit bilinearen Formen, genauer gesagt mit sesquilinearen Formen arbeiten. Seien H_1, H_2 zwei Hilberträume, eine Abbildung $b: H_1 \times H_2 \to \mathbf{C}$ heißt sesquilineare Form, falls sie linear in der ersten und antilinear in der zweiten Variablen ist. Die Stetigkeit von b wollen wir durch die Abschätzung

$$(24) \qquad |b(x, y)| \leqslant c \, \|x\|_1 \, \|y\|_2 , \qquad x \in H_1, \, y \in H_2 ,$$

definieren, die Gleichwertigkeit mit anderen Stetigkeitsbegriffen sieht man leicht ein. Die Abschätzung (24) erlaubt es, die (funktionale) Norm von b zu definieren

$$(25) \qquad \|b\| = \inf \{c \mid c \text{ aus } (24)\} = \sup_{\substack{0 \neq x \in H_1 \\ 0 \neq y \in H_2}} \frac{|b(x, y)|}{\|x\|_1 \, \|y\|_2} .$$

Stetige sequilineare Formen über Hilberträumen lassen sich durch lineare Abbildungen darstellen.

Satz 17.8 *H_1 und H_2 seien Prähilberträume, und $b: H_1 \times H_2 \to \mathbf{C}$ sei eine stetige sequilineare Form. Dann gilt:*

a) *Ist H_1 vollständig, so läßt sich b durch*

$$b(x, y) = (x, Ay)_1 , \qquad x \in H_1, \, y \in H_2 ,$$

darstellen, wobei die lineare, stetige Abbildung $A: H_2 \to H_1$ eindeutig durch b bestimmt ist, und es gilt

$$\|b\| = \|A\| .$$

b) *Ist H_2 vollständig, so läßt sich b durch*

$$b(x, y) = (Bx, y)_2 , \qquad x \in H_1, \, y \in H_2$$

darstellen, wobei die lineare, stetige Abbildung $B: H_1 \to H_2$ wieder eindeutig durch b bestimmt ist, und es gilt

$$\|b\| = \|B\| .$$

Beweis. a) Für feste $y \in H_2$ ist durch $b_y(x) := b(x, y)$ ein Funktional $b_y \in H_1'$ definiert. Nach dem Satz von Riesz existiert ein durch b_y eindeutig bestimmtes Element

$z_y =: Ay \in H_1$, so daß

$$b(x, y) = b_y(x) = (x, z_y)_1 = (x, Ay)_1$$

ist. Der Operator A ist durch b eindeutig bestimmt. Wäre nämlich

$$b(x, y) = (x, A_1 y)_1 = (x, A_2 y)_1 \quad \text{für alle } x \in H_1, y \in H_2,$$

so wäre

$$(26) \qquad (x, A_1 y - A_2 y)_1 = 0 \quad \text{für alle } x \in H_1.$$

Setzt man in (26) insbesondere $x := A_1 y - A_2 y$, so folgt $A_1 y = A_2 y$ für alle $y \in H_2$, d.h. es ist $A_1 = A_2$. Auf dieselbe Weise zeigt man die Linearität von A. Benutzen wir die Schwarzsche Ungleichung, so haben wir nach (25)

$$\|b\| = \sup \frac{|b(x, y)|}{\|x\|_1 \|y\|_2} = \sup \frac{|(x, Ay)_1|}{\|x\|_1 \|y\|_2} \leqslant \sup \frac{\|Ay\|}{\|y\|_2} = \|A\|.$$

Andererseits ist

$$\|b\| = \sup \frac{|(x, Ay)_1|}{\|x\|_1 \|y\|_2} \geqslant \sup \frac{|(Ay, Ay)_1|}{\|Ay\|_1 \|y\|_2} = \sup \frac{\|Ay\|_1}{\|y\|_2} = \|A\|.$$

Daraus folgt die Stetigkeit von A und $\|b\| = \|A\|$.

b) Man setze $\beta(y, x) := \overline{b(x, y)}$ und vertausche die Rollen von H_1 und H_2.   ∎

Wichtig für die Existenz von Lösungen ist der Satz von Lax-Milgram:

Satz 17.9 *Sei H ein Hilbertraum, und $b: H \times H \to \mathbf{C}$ sei eine sesquilineare Abbildung, für die*

$$|b(x, y)| \leqslant \gamma \|x\| \|y\|, \qquad x, y \in H \qquad \text{(Stetigkeit)},$$

und

$$|b(x, x)| \geqslant \delta \|x\|^2, \qquad x \in H \qquad \text{(strikt positiv)},$$

gelte, wobei $\gamma, \delta > 0$ seien.

Dann existiert eine durch b eindeutig bestimmte, bijektive, in beiden Richtungen stetige, lineare Abbildung $B: H \to H$ mit

$$b(x, y) = (Bx, y), \qquad b(B^{-1} x, y) = (x, y), \qquad x, y \in H,$$

und für die Normen gilt

$$\|B\| \leqslant \gamma, \quad \|B^{-1}\| \leqslant \frac{1}{\delta}.$$

Beweis. Nach Satz 17.8 existiert (eindeutig) eine stetige, lineare Abbildung $B: H \to H$ mit $b(x, y) = (Bx, y)$ und $\|B\| \leqslant \gamma$. Wir zeigen, daß B injektiv ist. Sei $Bx = 0$, dann ist $b(x, y) = (Bx, y) = 0$ für alle $y \in H$, und aus $0 = |b(x, x)| \geqslant \delta \|x\|^2$ ergibt sich $x = 0$. Damit existiert $B^{-1}: \operatorname{im} B \to H$, wir zeigen die Stetigkeit von B^{-1}. Wir haben $\|x\|^2 \cdot \delta \leqslant |b(x, x)| = |(Bx, x)| \leqslant \|Bx\| \cdot \|x\|$, $x \in H$, also $\|x\| \delta \leqslant \|Bx\|$

oder $\|B^{-1}y\| \leqslant 1/\delta \|y\|$, $y \in \operatorname{im} H$, das ist $\|B^{-1}\| \leqslant 1/\delta$. Es bleibt zu zeigen, daß B surjektiv ist. Aus der Stetigkeit von B^{-1} folgt, daß im B abgeschlossen in H ist; wäre nun im $B \neq H$, so gäbe es nach dem orthogonalen Zerlegungssatz ein $y_0 \neq 0$ mit $(Bx, y_0) = 0$ für alle $x \in H$ und wir hätten

$$0 = |(By_0, y_0)| = |b(y_0, y_0)| \geqslant \delta \cdot \|y_0\|^2,$$

das ist $y_0 = 0$, einen Widerspruch.   ∎

17.4 V-elliptische und V-koerzive Formen, Lösungssätze

Wir kommen zur Definition der V-Elliptizität. Sei $V \subset H \subset V'$ ein Gelfandscher Dreier, wobei V und H Hilberträume seien (nach Satz 17.3 ist dann auch V' ein Hilbertraum), sei $a(x, y)$ eine Sesquilinearform auf V.

Definition 17.3 *Wir sagen, daß $a(x, y)$ V-elliptisch ist, falls folgende Bedingungen erfüllt sind*:

1. $|a(x, y)| \leqslant c_1 \|x\|_V \|y\|_V$, *für alle $x, y \in V$,*
2. $|a(x, x)| \geqslant c_2 \|x\|_V^2$, *für alle $x \in V$,*

hier seien $c_1, c_2 > 0$ und unabhängig von x, y.

Da a sesquilinear ist, also fortgesetzt werden kann, genügt es 1 und 2 für alle $x, y \in \mathscr{D}$, $\mathscr{D}$ ein dichter Unterraum von V, zu fordern.

Wir müßten eigentlich (V, H) – elliptisch sagen; da aber bei elliptischen Gleichungen immer $H = L_2(\Omega)$ ist und nur V variiert wird, genügt es, V-elliptisch zu sagen, ohne daß Irrtümer auftreten.

Sei $(x', x)_H$ die Darstellung (4) der Funktionale aus V' durch das Skalarprodukt $(\cdot, \cdot)_H$ im Gelfandschen Dreier. Nach dem Satz von Riesz haben wir

$$(27) \qquad (x', x)_H = (Rx', x)_V$$

wobei R der Rieszsche Isomorphismus

$$R : V' \to V$$

ist. (27) in Verbindung mit Satz 17.8 ergibt

$$a(x, y) = (Ax, y)_V = (R^{-1}Ax, y)_H, \qquad x, y \in V,$$

oder genau ausgesprochen: die Bedingung 1 aus Definition 17.3 ist gleichwertig zur Existenz und Stetigkeit eines Darstellungsoperators $L = R^{-1} \circ A$,

$$(28) \qquad L : V \to V', \qquad a(x, y) = (Lx, y)_H, \qquad x, y \in V,$$

und wir sagen, daß $L : V \to V'$ V-elliptisch ist, falls $a(x, y)$ es ist.

Wie wir weiter sehen werden, sind – wie im Operator L von §13 – auch im Operator $L : V \to V'$ Randbedingungen mit enthalten.

Es ist nützlich sog. schwache Gleichungen (bzw. schwache Lösbarkeit) zu betrachten. Wir interpretieren die schwache Gleichung

$$(29) \qquad Lx = f, \, f \in V', \quad \text{als} \quad a(x,y) = (f,y)_H, \qquad \forall y \in V.$$

Aus dem Satz 17.9 von Lax-Milgram ergibt sich sofort

Satz 17.10 (Lösungssatz) *Sei $a(x,y)$ V-elliptisch, dann ist $L:V \to V'$ ein linearer topologischer Isomorphismus zwischen den Räumen V und V', und für die Normen gilt*

$$\|L\| \leqslant c_1, \qquad \|L^{-1}\| \leqslant \frac{1}{c_2}.$$

Anders gesagt, die schwache Gleichung (29) $Lx = f$ besitzt für jedes $f \in V'$ eine eindeutige Lösung $x \in V$, und die Lösung x hängt stetig von f ab.

Beweis. Wir haben $L = R^{-1} \circ A$, nach dem Satz 17.9 ist $A:V \to V$ ein Isomorphismus, und nach dem Satz von Riesz ist $R:V' \to V$ ein Isomorphismus, also ist auch $L:V \to V'$ ein Isomorphismus. ∎

Definition 17.4 *Wir sagen, daß $a(x,y)$ V-koerziv ist, falls folgende Bedingungen erfüllt sind.*

1. $|a(x,y)| \leqslant c_1 \|x\|_V \|y\|_V$ *für* $x, y \in V$,

2. *Es gibt Konstanten $k \in \mathbf{C}$ und $c_2 > 0$ mit*

$$|a(x,x) + k\|x\|_H^2| \geqslant c_2 \|x\|_V^2, \quad \textit{für alle } x \in V.$$

V-koerziv bedeutet wegen $|(x,y)_H| \leqslant \|x\|_V \|y\|_V$, daß die Sesquilinearform $A(x,y) = a(x,y) + k(x,y)_H$ V-elliptisch ist, oder daß der Operator $(L+kJ)$ V-elliptisch ist, wobei J die Einbettung $V \to V'$ des Gelfandschen Dreiers $V \subset H \subset V'$ bezeichnet. Falls zusätzlich die Einbettung $V \subset H$ kompakt ist (sie war als stetig, dicht und injektiv vorausgesetzt), dann bekommen wir mit Hilfe der Theorie von Riesz-Schauder über kompakte Operatoren wieder einen Lösungssatz, sowie einen Spektralsatz.

Satz 17.11 *Sei $V \subset H \subset V'$ ein Gelfandscher Dreier, sei zusätzlich die Einbettung $V \subset H$ kompakt. Sei die sesquilineare Form $a(x,y)$ V-koerziv, dann ist der Operator*

$$L - \lambda J : V \to V' \quad \textit{für alle} \quad \lambda \notin \operatorname{Sp} L,$$

ein linearer, topologischer Isomorphismus zwischen den Räumen V und V', und für das Spektrum $\operatorname{Sp} L$ gilt:

a) *Das Spektrum $\operatorname{Sp} L$ besteht aus höchstens abzählbar vielen Eigenwerten λ_n, die sich im Endlichen nicht häufen; der adjungierte Operator $L':V'' \to V' = L':V \to V'$ hat das Spektrum $\operatorname{Sp} L' = \{\bar{\lambda}_n\}$; $-k \notin \operatorname{Sp} L$ (k die Koerzivitätskonstante).*

b) *Die Gleichung $Lx - \lambda_n x = 0$ und die adjungierte Gleichung $L'y - \bar{\lambda}_n y = 0$ haben die gleiche endliche Anzahl linear unabhängiger Lösungen.*

c) *Die Gleichung $Lx - \lambda_n x = f$ besitzt genau dann wenigstens eine Lösung x, wenn f orthogonal zum Kern von $L' - \bar{\lambda}_n$ ist, das ist $(f,v)_H = 0$ für $v \in \ker(L' - \bar{\lambda}_n)$.*

Beweis. Wir haben $L - \lambda J = (L + kJ) - \mu J$, nach der Vorbemerkung ist $L + kJ$ ein Isomorphismus, und nach Voraussetzung ist J kompakt, wenden wir auf $(L + kJ) - \mu J$ die Abbildung $(L + kJ)^{-1}$ an, so erhalten wir den Operator

$$I - \mu K := I - (L + kJ)^{-1} \circ \mu J : V \to V, \qquad \mu = k + \lambda,$$

wobei $K : V \to V$ ein kompakter Operator ist und $I : V \to V$ der identische Operator. $I - \mu K$ ist also ein Riesz-Schauder-Operator und die Aussagen unseres Satzes ergeben sich aus der Riesz-Schauder-Theorie §12.1 für den Operator $\mu(1/\mu\, I - K)$, wobei wir das Spektrum von §12.1 der Transformation $1/\mu$ zu unterwerfen haben. ■

17.5 Der Greensche Operator

Für spezielle Aufgaben – hier Randwertprobleme – ist es nützlich den Lösungssätzen verschiedene Fassungen zu geben. Als besonders wertvoll erweist sich der Begriff eines Greenschen Operators – siehe auch Definition 14.7. Wir definieren

Definition 17.5 *Wir sagen, daß der stetige Operator $G : H \to H$ Greenscher Lösungsoperator für die schwache Gleichung*

$$Lx = f, \quad f \in H \text{ vorgegeben}, \; x \in V$$

d.h. für

$$a(x, y) = (Lx, y)_H = (f, y)_H, \qquad y \in V,$$

ist, falls $Gf = x$ ($f \in H'$) die einzige Lösung (in V) der schwachen Gleichung $Lx = f$ ist.

Wir haben

Satz 17.12 1. *Sei $a(x, y)$ V-elliptisch, dann existiert für die schwache Gleichung $Lx = f$, $f \in H$, ein Greenscher Lösungsoperator G_L. Auch die duale Aufgabe $L'y = g$ besitzt einen Greenschen Lösungsoperator $G_{L'}$, und wir haben*

$$G_{L'} = (G_L)' : H \to H.$$

2. *Falls zusätzlich die Einbettung $V \subset H$ kompakt ist, dann ist $G : H \to H$ ein kompakter Operator, auf den wir direkt die Riesz-Schauder Theorie aus §12.1 anwenden können und für das Spektrum von L ergibt sich*

$$(30) \qquad \mathrm{Sp}\, L = \left\{ \lambda \in \mathbf{C} \,\middle|\, \lambda = \frac{1}{\Lambda}, \; 0 \neq \Lambda \in \mathrm{Sp}\, G \right\},$$

(es besteht nur aus Eigenwerten). Es gelten selbstverständlich wieder die Aussagen a), b) und c) von Satz 17.11, und wir sehen, daß G und L die gleichen Eigenfunktionen besitzen.

3. *Wir übersehen auch den selbstadjungierten Fall: Damit der Greensche Operator $G : H \to H$ selbstadjungiert ist, $G' = G$, ist die Antisymmetrie von $a(x, y)$ notwendig und hinreichend; das ist*

$$a(x, y) = \overline{a(y, x)}, \qquad \forall\, x, y \in V.$$

(auch $L' = L$ ist notwendig und hinreichend). Falls also G selbstadjungiert und kompakt ist, liegt das Spektrum von L (es besteht aus unendlich, abzählbar vielen Eigenwerten λ_n mit $|\lambda_n| \to \infty$) auf der reellen Achse und die Eigenfunktionen von L (entsprechend normiert) bilden eine orthonormale Basis für H.

Beweis. 1.   Sei $L^{-1}: V' \to V$ der Lösungsoperator von Satz 17.10, dann ist $G_L := i \circ L^{-1} \circ i' : H \subset V' \to V \subset H$ ein Greenscher Lösungsoperator mit den in Definition 17.5 gewünschten Eigenschaften. Nach Definition des antidualen Operators $L': V'' = V \to V'$ haben wir

$$(Lx, y)_H = (x, L'y)_H = \overline{(L'y, x)_H},$$

also ist $\tilde{a}(x, y) = \overline{a(y, x)}$ die zu L' gehörige sesquilineare Form, sie ist wieder elliptisch, womit wir die Existenz von $G_{L'}: H \to H$ bewiesen haben. $x = G_L f$ und $y = G_{L'} g$ in $(Lx, y)_H = (x, L'y)_H$ eingesetzt ergeben

$$(G_L f, g)_H = (f, G_{L'} g)_H, \qquad \forall f, g \in H,$$

das ist $G_{L'} = (G_L)'$.

2. Mit $i: V \subset H$ kompakt ist auch der zusammengesetzte Operator $i \circ L^{-1} \circ i' = G: H \to H$ kompakt. Für $\lambda \neq 0$ sind die Gleichungen

$$(31) \qquad Lx - \lambda x = 0 \quad \text{und} \quad Gx - \frac{1}{\lambda} x = 0$$

äquivalent, wie man durch Anwenden von G bzw. L leicht erkennt, L und G haben also für $\lambda \neq 0$ die gleichen Eigenfunktionen, d.h. für die Eigenräume gilt

$$(32) \qquad E(\lambda_n, L) = E\left(\frac{1}{\lambda_n}, G\right), \qquad \lambda_n \neq 0.$$

Nun zum Spektrum von L. Da $L: V \to V'$ ein Isomorphismus ist, Satz 17.10, und die Einbettung $J: V \subset V'$ kompakt ist, hat nach Satz 12.8 der Operator $L - \lambda = L - \lambda J$ für alle $\lambda \in \mathbf{C}$ den Index

$$\text{ind}\,(L - \lambda) = 0,$$

und das Spektrum von L kann nur aus Eigenwerten bestehen

$$\text{Sp}\,L = \text{Sp}_p L,$$

wobei $0 \notin \text{Sp}\,L$ (L ist ein Isomorphismus!). Die Äquivalenzen (31) liefern also fürs Spektrum die Formel (30). Wir können nun den Spektralsatz aus §12.1 auf $G: H \to H$ anwenden, (31) und (32) benutzen und erhalten so die Aussagen von 2. So können wir z.B. c) von Satz 17.11 nachprüfen: Sei $\lambda_n \neq 0$, dann ist die Gleichung $Lx - \lambda_n x = f$ äquivalent zu $x - \lambda_n G x = Gf$, letztere Gleichung ist genau dann lösbar (siehe §12.1), wenn $Gf \perp \ker(I - \bar{\lambda}_n G')$, oder ausgeschrieben, wenn gilt $(Gf, v)_H = 0$ für alle v mit $v - \bar{\lambda}_n G' v = 0$.

Wir formen um (wir benutzen hier die Gleichung $G'v = v/\bar{\lambda}_n$)

$$0 = (Gf, v)_H = (f, G'v)_H = \left(f, \frac{v}{\bar{\lambda}_n}\right)_H = \frac{1}{\lambda_n}(f, v)_H.$$

Da wegen $\lambda_n \neq 0$ die Gleichung $v - \bar{\lambda}_n G'v = 0$ zu $L'v - \bar{\lambda}_n v = 0$ äquivalent ist, ist also die Bedingung $f \perp \ker(L' - \bar{\lambda}_n)$ (in H) notwendig und hinreichend für die Lösbarkeit der ursprünglichen Gleichung $Lx - \lambda_n x = f$.

3. Wir haben $(Lx, y)_H = a(x, y) = \overline{a(y, x)} = (x, Ly)_H$, d.h. die Antisymmetrie von $a(x, y)$ ist notwendig und hinreichend für $L = L'$ woraus folgt

$$G = G_L = G_{L'} = G'.$$

Wir müssen noch beweisen, daß aus $G = G'$ folgt $L = L'$. Da H dicht in V' liegt, ist durch G der Lösungsoperator $L^{-1}: V' \to V$ (siehe Satz 17.10) vollständig bestimmt; aus $G = G'$ folgt also $L^{-1} = L^{-1'}$ und auch $L = L'$.

Die anderen Aussagen von 3 folgen aus dem Spektralsatz §12.1, wenn wir zeigen, daß im G dicht in H liegt. Wir haben dann nämlich (siehe §12.1 These 8 und die Formeln (30) (32))

$$H = \overline{\operatorname{im} G} = \bigoplus_n E(\Lambda_n, G) = \bigoplus_n E\left(\frac{1}{\lambda_n}, G\right) = \bigoplus_n E(\lambda_n, L),$$

wobei $0 \neq \Lambda_n = 1/\lambda_n$ die Eigenwerte von G und λ_n die Eigenwerte von L sind. Wegen $G: H \to \operatorname{im} G \subset V$, und V dicht in H genügt es zu zeigen, daß im G dicht in V liegt. Sei $v \in V$ dann gibt es ein $v' \in V'$ mit $L^{-1}v' = v$. Da H dicht in V' liegt, können wir v' durch $h_m \in H$ approximieren, d.h. $h_m \to v'$ in V'; und die Stetigkeit von L^{-1} liefert uns $L^{-1}h_m \to v$ in V. Auf H stimmt aber L^{-1} mit G überein, was zur Folge hat $L^{-1}h_m \in \operatorname{im} G$, womit wir alles bewiesen haben.

Den Satz 17.12 können wir auch für V-koerzive Formen $a(x, y)$ formulieren und beweisen. Wir müssen nur als Greenschen Operator G den Operator $i \circ (L + k)^{-1} \circ i'$ nehmen, d.h. das Spektrum um k verschieben.

Wir können den Greenschen Operator benutzen, um eine Friedrichsche Ungleichung (oder a priori Abschätzung – siehe §13) zu gewinnen.

Wir schreiben alle Voraussetzungen hin, die wir dazu benötigen. Seien gegeben,

1. ein Gelfandscher Dreier $V \subset H \subset V'$,

2. eine V-elliptische Form $a(x, y) = (Lx, y)_H$ ($L: V \to V'$ stetig),

3. ein weiterer Hilbertraum W ($\subset H$, die Einbettung $\subset$ braucht weder dicht noch stetig zu sein);

4. es sei stetig $L: W \to H$ ($L: V \to H$ ist meistens nicht definierbar).

Wir versehen $V \cap W$ mit der Norm $\|\cdot\|_V + \|\cdot\|_W$, man sieht sofort, daß

$$(33) \qquad L: V \cap W \to H \quad \text{stetig}$$

ist, denn $\|Lx\|_H \leq c\|x\|_W \leq c\{\|x\|_W + \|x\|_V\}$. Benutzen wir den Greenschen Operator $G: H \to V$ aus Satz 17.12 so sehen wir, daß gilt

$$(34) \qquad V \cap W \subset \operatorname{im} G.$$

Sei $x \in V \cap W$, nach (33) (hier braucht man die Stetigkeit von (33) nicht) ist $Lx =: f$ in H, also $x = Gf$ (einzige Lösung in V) in im G, womit wir (34) gezeigt haben. Wir setzen als nächstes ein ‚Weylsches Lemma' voraus

5. im $G \subset V \cap W$

und als letztes

6. $V \cap W$ sei vollständig in der $\| \cdot \|_V + \| \cdot \|_W$-Norm.   ∎

Wir haben den

Satz 17.13 *Unter den* Voraussetzungen 1 *bis* 6 *gilt die Friedrichsche Ungleichung*

$$(35) \qquad \|x\|_{V \cap W} \leqslant c \, \|Lx\|_H \quad \text{für alle } x \in V \cap W.$$

Beweis. (34) und 5. ergeben

$$\text{im } G = V \cap W,$$

und die Eigenschaften von G, Satz 17.12, zeigen, daß $L : V \cap W \to H$ bijektiv wirkt, das open mapping theorem auf (33) angewandt ($V \cap W = $ im G ist nach 6 vollständig!), ergibt die Stetigkeit von $L^{-1} : H \to V \cap W$, das ist (35).

Setzen wir statt 2 voraus, daß $a(x, y)$ V-koerziv ist, oder daß $(L + k)$ V-elliptisch ist, und führen wir die Gedankengänge die in (35) gipfelten, für den Operator $L + k$ durch, dann bekommen wir die Friedrichsche Ungleichung in der Form

$$(36) \qquad \|x\|_{V \cap W} \leqslant c \, \{\|Lx\|_H + \|x\|_H\} \quad \text{für alle } x \in V \cap W.$$

Man überzeugt sich leicht, daß $\lambda = 0$ genau dann kein Eigenwert von L ist, falls sich die Friedrichsche Ungleichung (36) in der vereinfachten Form (35) schreiben läßt.   ∎

17.6 Die Begriffe V-elliptisch und V-koerziv für Differentialoperatoren

Wir wollen für Differentialoperatoren die Definitionen von V-elliptisch bzw. V-koerziv enger fassen. Sei $H = L_2(\Omega)$ und sei V ein abgeschlossener Unterraum (mit der $\| \cdot \|_m$-Norm) zwischen $\overset{\circ}{W}{}_2^m(\Omega) \subset V \subset W_2^m(\Omega)$.

Wir definieren für Differentialoperatoren

Definition 17.6 *Wir sagen, daß $a(x, y)$ V-elliptisch ist, falls folgende Bedingungen erfüllt sind*

1. $|a(x, y)| \leqslant c_1 \|x\|_m \cdot \|y\|_m$ *für alle* $x, y \in W_2^m(\Omega)$
2. $\operatorname{Re} a(x, x) \geqslant c_2 \|x\|_m^2$ *für alle* $x \in V$.

Hier seien $c_1, c_2 > 0$ *und unabhängig von* x, y.

Definition 17.7 *Wir sagen, daß $a(x, y)$ V-koerziv ist, falls folgende Bedingungen erfüllt sind*

1. $|a(x, y)| \leqslant c_1 \|x\|_m \cdot \|y\|_m$ *für alle* $x, y \in W_2^m(\Omega)$,

2. *Es gibt Konstanten $k \geqslant 0$ und $c_2 > 0$ mit*

(37) $\qquad \operatorname{Re} a(x, x) + k(x, x)_{L^2} \geqslant c_2 \|x\|_m^2$ *für alle* $x \in V$ (*Gårdingsche Ungleichung*)

Selbstverständlich folgen aus den engeren Definitionen die weiteren Definitionen 17.3 und 17.4 und es gelten auch alle Sätze, die wir in diesem Paragraphen formuliert haben.

Die Definition 17.7 hat fürs Spektrum eine wichtige Konsequenz

Satz 17.14 *In der Halbebene*

(38) $\qquad \operatorname{Re} \lambda \leqslant -k$

liegen keine Werte des Spektrums $\operatorname{Sp} L$.

Man liest (38) von (37) ab.

§18 Die Bedingung von Agmon

Ziel dieses und des nächsten Paragraphen ist es, den Satz von Agmon [2] zu beweisen, das ist, Bedingungen für die V-Koerzivität anzugeben, wobei V ein durch Randwerte bestimmter (siehe Definition 14.3) Unterraum zwischen $W_2^m(\Omega)$ und $\mathring{W}_2^m(\Omega)$ ist, $\mathring{W}_2^m(\Omega) \subset V \subset W_2^m(\Omega)$.

Wir knüpfen an die Bezeichnungen von §11 an; so wollen wir z. B. die Grundableitungen $\partial/\partial x_1, \ldots, \partial/\partial x_r$ immer mit dem Faktor $1/i = -\sqrt{-1}$ versehen, damit bei der Fouriertransformation $\mathscr{F}$

$$\left(\frac{1}{i} \frac{\partial}{\partial x_1}, \ldots, \frac{1}{i} \frac{\partial}{\partial x_r} \right) \text{ übergeht in } (\xi_1, \ldots, \xi_r) = \xi .$$

Wir wollen nun die Bedingung von Agmon formulieren, sie spielt für den Satz von Agmon dieselbe Rolle wie die Bedingung von Lopatinskij-Šapiro für den Hauptsatz in §13.

Sei Ω eine offene Menge im $\mathbf{R}^r$ mit genügend glattem Rand – da in diesem Paragraphen die Untersuchungen eigentlich eindimensional sind, wollen wir die genauen Glattheitsbedingungen erst im nächsten Paragraphen angeben.

Sei $A(x, D)$ ein linearer Differentialoperator von der Ordnung $2m$; wie in §14 (Satz 14.8 und weiter) ist es zweckmäßig $A(x, D)$ in der Form zu schreiben

(1) $\qquad A(x, D)\varphi = \sum_{|\alpha|, |\beta| \leqslant m} (-1)^{|\alpha|} D^\alpha (a_{\alpha\beta}(x) D^\beta \varphi).$

Wir setzen voraus, daß A stark elliptisch auf $\overline{\Omega}$ ist, das ist

(2) $\qquad \operatorname{Re} A^{\mathrm{H}}(x, \xi) = \operatorname{Re} \sum_{|\alpha| = |\beta| = m} a_{\alpha\beta} \xi^{\alpha+\beta} > 0, \quad$ für alle $0 \neq \xi \in \mathbf{R}^r, x \in \overline{\Omega}.$

Es seien gegeben normale (Definition 14.1) Randwertoperatoren

$$b_j(x, \mathrm{D}), \qquad j = 1, \ldots, p,$$

von der Ordnung $0 \leqslant m_s = \mathrm{ord}\, b_s \leqslant m - 1$, sei $0 \leqslant p \leqslant m$, wobei der Fall $p = 0$ bedeute, daß keine Randwertbedingungen vorgegeben sind, also $V = W_2^m(\Omega)$ (auch diesen Fall betrachten wir). Wir fixieren einen Punkt $x_0 \in \partial\Omega$, nehmen x_0 als Koordinatenanfang und wählen die Koordinatenachse $x_r = t$ in Richtung der inneren Normalen und $(x_1, \ldots, x_{r-1})$ als lokale Koordinaten auf $\partial\Omega$. Wir führen auf $\left(\dfrac{1}{\mathrm{i}} \dfrac{\partial}{\partial x_1}, \ldots, \dfrac{1}{\mathrm{i}} \dfrac{\partial}{\partial x_{r-1}} \right)$ die Fouriertransformation $\mathscr{F}_{r-1}$ aus,

$\left(\dfrac{1}{\mathrm{i}} \dfrac{\partial}{\partial x_1}, \ldots, \dfrac{1}{\mathrm{i}} \dfrac{\partial}{\partial x_{r-1}} \right)$ geht dabei über in $(\xi_1, \ldots, \xi_{r-1}) = \xi' \in \mathbf{R}^{r-1}$,

und wir betrachten die lineare Differentialgleichung mit konstanten Koeffizienten

$$(3) \qquad \tilde{A}^{\mathrm{H}} \left(x_0; \xi', \frac{1}{\mathrm{i}} \frac{\mathrm{d}}{\mathrm{d}t} \right) v(t) = 0,$$

mit den Anfangsbedingungen

$$(4) \qquad b_j^{\mathrm{H}} \left(x_0; \xi', \frac{1}{\mathrm{i}} \frac{\mathrm{d}}{\mathrm{d}t} \right) v(t) \big|_{t=0} = 0, \qquad j = 1, \ldots, p,$$

hier unterscheide sich der Operator $\tilde{A}$ von A durch die Koeffizienten

$$(5) \qquad \tilde{a}_{\alpha\beta} = \frac{a_{\alpha\beta} + \overline{a_{\beta\alpha}}}{2}.$$

Wie in §11 bezeichnen wir mit $\mathscr{M}^+$ die Lösungen von (3), die in $W_2^m(\mathbf{R}_+^1)$ liegen (für gleichwertige Charakterisierungen siehe §11). Wir schreiben kurz

$$(6) \qquad \mathrm{D}_t = \frac{1}{\mathrm{i}} \frac{\mathrm{d}}{\mathrm{d}t}$$

und formulieren die Bedingung von Agmon für $x_0 \in \partial\Omega$.

Bedingung 18.1 *Für alle $0 \neq \xi' \in \mathbf{R}^{r-1}$ erfüllen die von Null verschiedenen Lösungen $v(t) \neq 0$ aus $W_2^m(\mathbf{R}_+^1)$ (oder $\in \mathscr{M}^+$) der Anfangswertaufgabe (3) und (4) die Ungleichung*

$$(7) \qquad \mathrm{Re} \int\limits_0^\infty \sum_{\substack{|\alpha'| + k = m \\ |\beta'| + l = m}} a_{(\alpha', k), (\beta', l)}(x_0) \cdot \xi'^{\alpha'} \cdot \xi'^{\beta'} \cdot \mathrm{D}_t^k v(t) \cdot \overline{\mathrm{D}_t^l v(t)} \cdot \mathrm{d}t > 0,$$

(daß das Integral in (7) konvergiert folgt aus $v \in \mathscr{M}^+$).

Bemerkungen Falls $p = 0$ ist, verlangen wir in Bedingung 18.1, daß alle Lösungen v von (3), mit $0 \not\equiv v \in \mathscr{M}^+$, die Ungleichung (7) erfüllen. Falls $p = m$ ist und aus (3) (4) folgt $0 \equiv v \in \mathscr{M}^+$, (entsprechend zur Bedingung von Lopatinskij-Šapiro) dann ist Bedingung 18.1 auch (leererweise) erfüllt.

Wir wollen nun der Bedingung von Agmon eine äquivalente Fassung geben, die der Fassung 3 (Bedingung 11.3) der Bedingung von Lopinskij-Šapiro entspricht, und die dann unmittelbar beim Beweis des Satzes von Agmon Verwendung findet. Wir brauchen drei Hilfssätze über gewöhnliche Differentialgleichungen mit konstanten Koeffizienten.

Wir betrachten den gewöhnlichen Differentialoperator auf $\mathbf{R}^1_+$

$$(8) \qquad L(\mathrm{D}_t) = \sum_{k,\,l=0}^{m} (-1)^l a_{kl}\, \mathrm{D}_t^{k+l}$$

der Ordnung $\leqslant 2m$, und die zugeordnete sesquilineare Form

$$(9) \qquad A[\varphi,\psi] = \int_0^\infty \sum_{k,\,l=0}^{m} a_{kl}\, \mathrm{D}_t^k\,\varphi(t) \cdot \overline{\mathrm{D}_t^l\,\psi(t)} \cdot \mathrm{d}t$$

für $\varphi,\psi \in W_2^m(\mathbf{R}^1_+)$. Wichtig für uns sind der hermitesche Teil

$$(10) \qquad \tilde{A}[\varphi,\psi] = \frac{1}{2}\left(A[\varphi,\psi] + \overline{A[\psi,\varphi]}\right),$$

sowie der Operator

$$(11) \qquad \tilde{L}(\mathrm{D}_t) = \sum_{k,\,l=0}^{m} (-1)^l \tilde{a}_{kl}\, \mathrm{D}_t^{k+l}, \qquad \tilde{a}_{kl} = \frac{a_{kl} + \overline{a_{lk}}}{2}.$$

Hier ist $\tilde{L}$ der der Form $\tilde{A}$ zugeordnete Operator (die Verknüpfung zwischen A und L bzw. $\tilde{A}$ und $\tilde{L}$ erfolgt durch die zweite Greensche Formel, siehe Satz 14.8).

Seien gegeben p lineare, normale (Definition 14.1) Randwertoperatoren mit konstanten Koeffizienten

$$(12) \qquad b_j(\mathrm{D}_t)\big|_{t=0}, \qquad j=1,\dots,p,$$

von der Ordnung $0 \leqslant m_j = \operatorname{ord} b_j \leqslant m-1$, sei $0 \leqslant p \leqslant m$. Sei V der durch die Randbedingungen $b_j, j=1,\dots,p$ bestimmte Unterraum von $W_2^m(\mathbf{R}^1_+)$, d.h.

$$(13) \qquad V = \{\varphi \in W_2^m(\mathbf{R}^1_+) \mid b_j\varphi = 0, j=1,\dots,p\}, \qquad V := W_2^m(\mathbf{R}^1_+) \text{ falls } p=0.$$

Da die Funktionen $\varphi \in \mathscr{D}(\mathbf{R}^1_+)$ immer die Randbedingungen $b_j\varphi = 0, j=1,\dots,p$, erfüllen, haben wir wegen der Stetigkeit $b_j : W_2^m(\mathbf{R}^1_+) \to \mathbf{C}$ der Randwertoperatoren

$$(14) \qquad \mathring{W}_2^m(\mathbf{R}^1_+) \subset V \subset W_2^m(\mathbf{R}^1_+).$$

Wir versehen V mit der durch W_2^m induzierten Topologie, V ist dann ein abgeschlossener Unterraum von $W_2^m(\mathbf{R}^1_+)$.

Wir sagen – gemäß der Definition 17.6 – daß $A[\varphi,\psi]$ V-elliptisch ist, falls gilt

$$(15) \qquad \operatorname{Re} A[\varphi,\varphi] \geqslant c\,\|\varphi\|_m^2 = c \cdot \int_0^\infty \sum_{k=0}^{m} |\mathrm{D}_t^k\varphi|^2\,\mathrm{d}t, \quad \text{für alle } \varphi \in V = W^m(\{b_j\}_1^p).$$

Wir beweisen zuerst das eindimensionale Ergebnis von Gårding.

Hilfssatz 18.1 *Notwendig und hinreichend für die $\mathring{W}_2^m(\mathbf{R}_+^1)$-Elliptizität von $A[\varphi, \varphi]$ sind die beiden Bedingungen (gemeinsam):*

1. $\operatorname{ord} \tilde{L}(\xi) = \operatorname{ord} \operatorname{Re} L(\xi) = 2m,$
2. $\tilde{L}(\xi) = \operatorname{Re} L(\xi) > 0$ *für alle* $0 \neq \xi \in \mathbf{R}^1.$

Beweis. $\curvearrowright$: Aus 1 und 2 folgt, daß es eine positive Konstante $c > 0$ gibt mit

$$(16) \qquad \tilde{L}(\xi) \geqslant c \sum_{k=0}^{m} \xi^{2k} \quad \text{für alle } \xi \in \mathbf{R}^1.$$

Sei $\varphi \in \mathring{W}_2^m(\mathbf{R}_+^1)$, nach Lemma 3.4 können wir φ durch Null zu einem $\tilde{\varphi} \in W_2^m(\mathbf{R}^1)$ fortsetzen, sei $\hat{\varphi}$ die Fouriertransformierte von $\tilde{\varphi}$, wir haben dann mittels der Parsevalschen Formel (siehe Satz 1.24)

$$\operatorname{Re} A[\varphi, \varphi] = \frac{1}{2\pi} \int_{-\infty}^{\infty} \tilde{L}(\xi) \cdot |\hat{\varphi}(\xi)|^2 \, d\xi,$$

und mit (16)

$$\operatorname{Re} A[\varphi, \varphi] \geqslant \frac{c}{2\pi} \sum_{k=0}^{m} \int_{-\infty}^{\infty} \xi^{2k} |\hat{\varphi}(\xi)|^2 \, d\xi \geqslant c_1 \|\varphi\|_m^2,$$

das ist (15) für $\varphi \in \mathring{W}_2^m(\mathbf{R}_+).$

$\curvearrowright$: Wir fixieren eine von Null verschiedene Funktion $\varphi(t)$ in $\mathring{W}_2^m(\mathbf{R}_+)$. Falls 1 oder 2 nicht erfüllt sind, dann gibt es entweder ein $0 \neq \xi_0 \in \mathbf{R}^1$ mit $\tilde{L}(\xi_0) = 0$ oder die Ordnung von $\tilde{L}(\xi)$ ist kleiner $< 2m.$

Wir setzen im ersten Fall für $\varepsilon > 0$

$$f_\varepsilon(t) := \varepsilon^{1/2} \cdot e^{i\xi_0 t} \cdot \varphi(\varepsilon t),$$

und im zweiten Fall

$$f_\varepsilon(t) := \varepsilon^{m-1/2} \cdot \varphi\left(\frac{x}{\varepsilon}\right).$$

Wir haben $f_\varepsilon \in \mathring{W}_2^m(\mathbf{R}_+^1)$ und können in beiden Fällen verifizieren

$$\lim_{\varepsilon \to 0} \|f_\varepsilon\|_m \quad \text{existiert und ist } > 0,$$

und

$$\lim_{\varepsilon \to 0} \operatorname{Re} A[f_\varepsilon, f_\varepsilon] = 0,$$

das heißt (15) kann nicht für f_ε gelten, womit wir die Notwendigkeit der beiden Bedingungen gezeigt haben. ∎

Hilfssatz 18.2 *Sei $V = \{\varphi \in W_2^m(\mathbf{R}_+^1) \mid b_j \varphi = 0, j = 1, \ldots, p\}$, bzw. $V = W_2^m(\mathbf{R}_+^1)$ falls $p = 0$. Notwendig und hinreichend für die V-Elliptizität von $A[\varphi, \psi]$ sind die drei Bedingungen (gemeinsam):*

1. ord $\tilde{L}(\xi) = 2m$,

2. $\tilde{L}(\xi) = \operatorname{Re} L(\xi) > 0$, *für alle* $0 \neq \xi \in \mathbf{R}^1$,

3. *Für alle Lösungen* $v(t) \not\equiv 0$ *der Differentialgleichung*

$$(17) \qquad \tilde{L}(D_t)\, v(t) = 0, \qquad t \in \mathbf{R}^1_+,$$

in V *(d.h.* $v \in V$*) gilt*

$$(18) \qquad \operatorname{Re} A\,[v, v] > 0$$

((18) ist die Agmonsche Bedingung (7).)

Beweis. Notwendigkeit. Wegen $V \supset \mathring{W}^m_2(\mathbf{R}^1_+)$ folgt die Notwendigkeit der Bedingungen 1 und 2 aus dem Hilfssatz 18.1, während 3 d.h. (18) sofort aus (15) folgt.

Dem Beweis der Hinlänglichkeit schicken wir eine Bemerkung voraus. Sei $\mathscr{M}^+(b)$ der Unterraum der Lösungen von (17) in V, $\mathscr{M}^+(b)$ ist endlich-dimensional, sei $v_1, \dots, v_N$ eine Basis, dann läßt sich jedes $0 \not\equiv v \in \mathscr{M}^+(b)$ darstellen durch

$$(19) \qquad v = \sum_{i=1}^{N} d_i v_i, \quad \text{mit } (d_1, \dots, d_N) \neq 0,$$

und die Bedingung 3 läßt sich schreiben als

$$(20) \qquad \operatorname{Re} A\,[v, v] = \tilde{A}\,[v, v] = \sum_{i,\,j=1}^{N} \tilde{A}\,[v_i, v_j]\, d_i \bar{d}_j > 0$$

(für $\tilde{A}$ siehe (10)), was bedeutet, daß die hermitesche, quadratische Form $\sum_{i,j} \tilde{A}\,[v_i, v_j]\, d_i \bar{d}_j$ in $(d_1, \dots, d_N)$ positiv definit ist. Bekanntlich folgt aus (20)

$$(21) \qquad \operatorname{Re} A\,[v, v] \geqslant c_1 \sum_{i=1}^{N} |d_i|^2 \geqslant c_2 \|v\|^2_m, \quad \text{für alle } v \in \mathscr{M}^+(b),$$

wobei $c_1, c_2 > 0$.

Wir wollen nun beweisen, daß die Bedingungen 1 bis 3 hinreichend sind.

Das charakteristische Polynom $\tilde{L}(\lambda)$ von $L(D_t)$ hat reelle Koeffizienten, den Grad $\tilde{L} = 2m$ (Bedingung 1), und keine Wurzeln auf der reellen Achse (Bedingung 2), es liegen also m charakteristische Wurzeln in der oberen Halbebene $\operatorname{Im} \lambda > 0$ und m in der unteren Halbebene, also ist $\dim \mathscr{M}^+ = m$. Da wir vorausgesetzt haben, daß die Randoperatoren $b_j, j = 1, \dots, p$ normal sind, sind sie linear unabhängig und wir bekommen für die Dimension von $\mathscr{M}^+(b)$

$$N = \dim \mathscr{M}^+(b) = m - p.$$

Wir ergänzen nun das normale Randoperatorensystem $b_j, j = 1, \dots, p$, zu einem Dirichletsystem $B_j, j = 1, \dots, m$, der Ordnung m, nach Lemma 14.1 ist das System $B_j, j = 1, \dots, m$ äquivalent zu $D_t^{j-1}, j = 1, \dots, m$, das bedeutet, daß wir haben (nach Satz 8.9)

$$(22) \qquad \{\varphi \in W^m_2(\mathbf{R}^1_+) \mid B_j \varphi = 0, \, j = 1, \dots, m\}$$
$$= \{\varphi \in W^m_2(\mathbf{R}^1_+) \mid D_t^{j-1} \varphi = 0, \, j = 1, \dots, m\} = \mathring{W}^m_2(\mathbf{R}^1_+).$$

Wir wollen zeigen, daß jede Funktion $\varphi \in V$ (13) die eindeutige Zerlegung besitzt

$$(23) \qquad \varphi = \varphi_0 + v,$$

wobei $v \in \mathcal{M}^+(b)$ und $\varphi_0 \in \mathring{W}_2^m(\mathbf{R}_+^1)$ gehören.

Wir bestimmen v aus (23)

$$v = \sum_{i=1}^{m-p} d_i v_i, \qquad N = m - p,$$

(siehe (19)) indem wir die Zahlen d_i durch das lineare Gleichungssystem

$$(24) \qquad \sum_{i=1}^{m-p} d_i [B_{p+j}(\mathrm{D}_t) v_i]_{t=0} = [B_{p+j}(\mathrm{D}_t)\varphi]_{t=0}, \qquad j = 1, \dots, m - p.$$

berechnen. Wir stellen fest, daß die Matrix

$$[B_{p+j}(\mathrm{D}_t) v_i]_{t=0}, \qquad i, j = 1, \dots, m - p,$$

nichtsingulär ist. Andernfalls würde das homogene Gleichungssystem (24) eine nichttriviale Lösung gestatten, woraus die Existenz einer Funktion $v \not\equiv 0$ folgen würde mit $v \in \mathcal{M}^+$ und $B_j v|_{t=0} = 0$ für $j = 1, \dots, m$, nach Lemma 14.1, also $\mathrm{D}_t^{j-1} v|_{t=0} = 0$, $j = 1, \dots, m$, was unmöglich ist.

Wir haben damit bewiesen, daß das Gleichungssystem (24) eindeutig lösbar nach (d_i) ist, und wir erhalten die gesuchte Zerlegung (23) durch

$$v := \sum_{i=1}^{m-p} d_i v_i, \qquad \varphi_0 := \varphi - v.$$

Wir wollen noch feststellen, daß $\varphi_0 \in \mathring{W}_2^m(\mathbf{R}_+^1)$. Wir haben $\varphi, v \in V$, *das ist*

$$b_j(\mathrm{D}_t)(\varphi - v)|_{t=0} = 0 \quad \text{für } j = 1, \dots, p.$$

Die Bedingungen

$$B_{p+j}(\mathrm{D}_t)(\varphi - v)|_{t=0} = 0, \quad \text{für } j = 1, \dots, m - p,$$

ergeben sich aus (24), und (22) liefert $\varphi_0 = \varphi - v \in \mathring{W}_2^m(\mathbf{R}_+^1)$. Die Zerlegung (23) besitzt die Orthogonalitätseigenschaft

$$(25) \qquad \tilde{A}[v, \varphi_0] = 0.$$

Wir schreiben die zweite Greensche Formel (siehe Satz 14.8) als

$$\tilde{A}[\varphi, \psi] = \int_0^\infty \tilde{L}\varphi \cdot \bar{\psi}\, dt - \sum_{j=1}^m \mathscr{C}_j \varphi \cdot \overline{\mathrm{D}_t^{j-1}\psi}\,\big|_{t=0},$$

setzen $\varphi = v$, und $\psi = \varphi_0$ ein, und erhalten

$$\tilde{A}[v, \varphi_0] = \int_0^\infty 0 \cdot \bar{\psi}\, dt - \sum_{j=1}^m \mathscr{C}_j v \cdot 0 = 0.$$

Nun das Beweisende. Sei $\varphi \in V$, wir zerlegen gemäß (23) und haben wegen (25)

$$\begin{aligned}
\operatorname{Re} A\,[\varphi,\varphi] = \tilde{A}\,[\varphi,\varphi] &= \tilde{A}\,[\varphi_0 + v, \varphi_0 + v]\\
\text{(26)} \qquad\qquad &= \tilde{A}\,[\varphi_0, \varphi_0] + 2\operatorname{Re}\tilde{A}\,[\varphi_0, v] + \tilde{A}\,[v,v]\\
&= \tilde{A}\,[\varphi_0, \varphi_0] + \tilde{A}\,[v,v]\,.
\end{aligned}$$

Da $\varphi_0 \in \mathring{W}_2^m(\mathbf{R}_+^1)$ können wir Hilfssatz 18.1 anwenden und haben

$$\tilde{A}\,[\varphi_0, \varphi_0] \geqslant c_1 \,\|\varphi_0\|_m^2\,,$$

und für $v \in \mathscr{M}^+(b)$ haben wir nach (21)

$$\tilde{A}\,[v,v] \geqslant c_2 \,\|v\|_m^2\,.$$

Letztere Ungleichungen in Verbindung mit (26) ergeben

$$\operatorname{Re} A\,[\varphi,\varphi] \geqslant c\,\{\|\varphi_0\|_m^2 + \|v\|_m^2\} \geqslant c\,\|\varphi_0 + v\|_m^2 = c\,\|\varphi\|_m^2\,, \qquad \text{für alle } \varphi \in V,$$

das ist (15). $\blacksquare$

Hilfssatz 18.3 *Sei wieder* $V = W_2^m(\{b_j\}_1^p) = \{\varphi \in W_2^m(\mathbf{R}_+) \mid b_j \varphi = 0, j = 1, \ldots, p\}$. *Die Abschätzung*

$$\text{(27)} \qquad \operatorname{Re} A\,[\varphi,\varphi] \geqslant c_1 \,\|\varphi\|_m^2 - c_2 \sum_{j=1}^p |[b_j(\mathrm{D}_t)\,\varphi]_{t=0}|^2\,, \qquad \forall\,\varphi \in W_2^m(\mathbf{R}_+^1)\,,$$

$c_1, c_2 > 0$, *ist notwendig und hinreichend für die V-Elliptizität von* $A\,[\varphi,\psi]$.

Beweis. Daß (27) hinreicht ist sofort einzusehen, denn für $\varphi \in V$ geht (27) über in (15). Die Notwendigkeit von (27). Da die Randwertoperatoren $b_j(\mathrm{D}_t), j = 1, \ldots, p$, normal sind, können wir sie zu einem Dirichletsystem (Definition 14.2) $B_j(\mathrm{D}_t), j = 1, \ldots, m$, vervollständigen und man sieht leicht ein, daß die Matrix $\{B_j(\mathrm{i}k)\}, j, k = 1, \ldots, m$, $\mathrm{i} = \sqrt{-1}$, nicht singulär ist. Sei $\varphi \in W_2^m(\mathbf{R}_+^1)$, das lineare Gleichungssystem

$$\sum_{k=1}^m d_k \, B_j(\mathrm{i}k) = [b_j(\mathrm{D}_t)\varphi]_{t=0}\,, \qquad j = 1, \ldots, p\,,$$

$$\text{(28)} \qquad \sum_{k=1}^m d_k \, B_j(\mathrm{i}k) = 0\,, \qquad j = p+1, \ldots, m\,,$$

besitzt eine eindeutig bestimmte Lösung

$$d_k = d_k(\varphi)\,, \qquad k = 1, \ldots, m\,,$$

und wir definieren die Abbildung P von $W_2^m(\mathbf{R}_+^1)$ auf den von den Funktionen e^{-kt}, $k = 1, \ldots, m$, aufgespannten Unterraum $E = [\mathrm{e}^{-kt}, k = 1, \ldots, m]$ von $W_2^m(\mathbf{R}_+^1)$ durch

$$\text{(29)} \qquad P\varphi = \sum_{k=1}^m d_k(\varphi)\,\mathrm{e}^{-kt}\,.$$

Auf E sind, wie man sich leicht überzeugt, die Normen $\|\psi\|_m$ und $\left(\sum\limits_{j=1}^m |\mathrm{D}_t^{j-1}\psi|_{t=0}^2\right)^{1/2}$

äquivalent, nach Lemma 14.1 ist das Dirichletsystem $\{B_j(D_t), j=1,\ldots,m\}$ zu $\{D_t^{j-1}, j=1,\ldots,m\}$ äquivalent, also folgt aus (29) und (28) die Abschätzung

$$(30) \quad \|P\varphi\|_m^2 \leqslant c_1 \sum_{j=1}^m |D_t^{j-1} P|_{t=0}^2 \leqslant c_2 \sum_{j=1}^m |B_j(D_t)P\varphi|_{t=0}^2$$

$$= \sum_{j=1}^m \left| \sum_{k=1}^m d_k B_j(ik) e^{-kt} \right|_{t=0}^2 = \sum_{j=1}^m \left| \sum_{k=1}^m d_k B_j(ik) \right|^2 = \sum_{j=1}^p |b_j(D_t)\varphi|_{t=0}^2.$$

Das Gleichungssystem (28) wurde so gewählt, daß wir haben, – siehe (29) –

$$\varphi - P\varphi \in V = W_2^m(\{b_j\}_1^p),$$

und die Annahme über die V-Elliptizität ergibt

$$(31) \quad \operatorname{Re} A\,[\varphi - P\varphi, \varphi - P\varphi] \geqslant c_4 \|\varphi - P\varphi\|_m^2.$$

Da $A\,[\varphi, \psi]$ der Stetigkeitsabschätzung

$$|A\,[\varphi, \psi]| \leqslant c_5 \|\varphi\|_m \|\psi\|_m$$

genügt, siehe die Definition (9), haben wir

$$(32) \quad \operatorname{Re} A\,[\varphi, \varphi] \geqslant \operatorname{Re} A\,[\varphi - P\varphi, \varphi - P\varphi] - 2c_6 \|\varphi\|_m \cdot \|P\varphi\|_m - c_6^2 \|P\varphi\|_m^2.$$

Benutzen wir die Ungleichung $2rs \leqslant \varepsilon r^2 + \dfrac{s^2}{\varepsilon}$, so erhalten wir aus (31) und (32)

$$(33) \quad \operatorname{Re} A\,[\varphi, \varphi] \geqslant c_4 \|\varphi - P\varphi\|_m^2 - \varepsilon \|\varphi\|_m^2 - c_6^2 \left(1 + \frac{1}{\varepsilon}\right) \|P\varphi\|_m^2.$$

Die Ungleichung $\|\varphi - P\varphi\|_m^2 \geqslant (1-\varepsilon)\|\varphi\|_m^2 - \dfrac{1}{\varepsilon}\|P\varphi\|_m^2$ in Verbindung mit (33) und (30) ergibt, falls wir setzen $\varepsilon := c_4/2(c_4+1)$

$$\operatorname{Re} A\,[\varphi, \varphi] \geqslant \frac{c_4}{2} \|\varphi\|_m^2 - c_7 \|P\varphi\|_m^2 \geqslant c_1 \|\varphi\|_m^2 - c_2 \sum_{j=1}^p |[b_j(D_t)\varphi]_{t=0}|^2$$

das ist (27). ∎

Wir sind jetzt in der Lage die Agmonsche Bedingung 18.1 umzuformulieren.

Sei $A(x, D)$ ein durch (1) gegebener Differentialoperator,

$$a(\varphi, \psi) = \int_\Omega \sum_{\substack{|\alpha| \leqslant m \\ |\beta| \leqslant m}} a_{\alpha\beta}(x)\, D^\beta \varphi\, \overline{D^\alpha \psi}\, dx,$$

die zugeordnete sequilineare Form, uns interessieren die Hauptteile

$$A^H(x, D)\varphi = \sum_{\substack{|\alpha| = m \\ |\beta| = m}} (-1)^{|\alpha|} D^\alpha(a_{\alpha\beta}(x)\, D^\beta \varphi)$$

$$a^H(\varphi, \psi) = \int_\Omega \sum_{\substack{|\alpha| = m \\ |\beta| = m}} a_{\alpha\beta}(x)\, D^\beta \varphi \cdot \overline{D^\alpha \psi}\, dx.$$

Seien gegeben p normale Randoperatoren

$$b_j(x, \mathrm{D}), \qquad j = 1, \ldots, p,$$

wobei $0 \leqslant p \leqslant m$ ($p = 0$ bedeutet es sind keine Randbedingungen vorgegeben).

Bedingung 18.2 *Sei $x_0 \in \partial\Omega$, sei der Operator $A(x_0, \mathrm{D})$ stark elliptisch von der Ordnung $2m$, sei $0 \neq \xi' \in \mathbf{R}^{r-1}$, wir betrachten die sequilineare Form $(t \in \mathbf{R}^1_+)$*

$$a^{\mathrm{H}}(x_0, \xi'; \varphi, \psi) = \int_0^\infty \sum_{\substack{|\alpha'| + k = m \\ |\beta'| + l = m}} a_{(\alpha', k)(\beta', l)}(x_0)\, \xi'^{\alpha'} \cdot \xi'^{\beta'} \cdot \mathrm{D}_t^k \varphi(t) \cdot \mathrm{D}_t^l \overline{\psi(t)}\, \mathrm{d}t.$$

Es gilt die Abschätzung

$$(34) \qquad \operatorname{Re} a^{\mathrm{H}}(x_0, \xi'; \varphi, \varphi) \geqslant c_1 \|\varphi\|_m^2 - c_2 \sum_{j=1}^p |\,[b_j^{\mathrm{H}}(x_0, \xi'; \mathrm{D}')\,\varphi]_{t=0}|^2,$$

für alle $\varphi \in W_2^m(\mathbf{R}^1_+)$ und die Konstanten $c_1, c_2 > 0$ können falls ξ' auf der Einheitssphäre von $\mathbf{R}^{r-1}$ variiert (d.h. $|\xi'|_{r-1} = 1$), unabhängig von ξ' gewählt werden.

Wir zeigen die Gleichwertigkeit der beiden Bedingungen 18.1 und 18.2.

Daß aus 18.2 die Bedingung 18.1 folgt ist leicht einzusehen; sei $v \not\equiv 0$ Lösung von (3) und (4) dann hat wegen (4) die Abschätzung (34) die Form

$$\operatorname{Re} a^{\mathrm{H}}(x_0, \xi'; v, v) \geqslant c_1 \|v\|_m^2 > 0,$$

womit wir (7) nachgewiesen haben.

Um die Umkehrung zu beweisen, setzen wir im Sinne von (8) und (9)

$$L_{\xi'}(\mathrm{D}_t) = A^{\mathrm{H}}(x_0, \xi'; \mathrm{D}_t), \qquad 0 \neq \xi' \in \mathbf{R}^{r-1},$$

$$A_{\xi'}[\varphi, \psi] = a^{\mathrm{H}}(x_0, \xi'; \varphi, \psi), \qquad 0 \neq \xi' \in \mathbf{R}^{r-1},$$

$$b_{j\xi'}(\mathrm{D}_t) = b_j^{\mathrm{H}}(x_0, \xi'; \mathrm{D}_t), \qquad j = 1, \ldots, p, 0 \neq \xi' \in \mathbf{R}^{r-1}.$$

Da $A(x_0, \mathrm{D})$ stark elliptisch ist, haben wir für alle $\eta \in \mathbf{R}^1$

$$\tilde{L}_{\xi'}(\eta) = \operatorname{Re} L_{\xi'}(\eta) = \operatorname{Re} A^{\mathrm{H}}(x_0, \xi', \eta) \neq 0,$$

denn wegen $\xi' \neq 0$ ist der Vektor $(\xi', \eta) \neq 0$ und gehört zu $\mathbf{R}^r$. Auch ist

$$\operatorname{ord} \tilde{L}_{\xi'}(\eta) = \operatorname{ord} \operatorname{Re} L_{\xi'}(\eta) = 2m, \qquad \forall \eta \in \mathbf{R}^1.$$

Damit sind die Bedingungen 1 und 2 von Hilfssatz 18.2 erfüllt. Wir prüfen die dritte Bedingung nach. Wir haben

$$\tilde{L}_{\xi'}(\mathrm{D}_t)\, v(t) = \tilde{A}(x_0, \xi'; \mathrm{D}_t)\, v(t) = 0,$$

das ist (3), und $v \in V$ bedeutet (4), wobei wir zu setzen haben

$$b_{j\xi'}(\mathrm{D}_t) := b_j^{\mathrm{H}}(x_0, \xi'; \mathrm{D}_t).$$

Die Bedingung 18.1 lautet $\operatorname{Re} A_{\xi'}[v, v] = \operatorname{Re} a^{\mathrm{H}}(x_0, \xi'; v, v) > 0$ das ist (18) und alle drei Bedingungen von Hilfssatz 18.2 sind damit erfüllt. Wir haben, daß die Form

$$A_{\xi'}[\varphi,\psi] = a^{\mathrm{H}}(x_0,\xi';\varphi,\psi)$$

V-elliptisch ist, und Hilfssatz 18.3 gibt uns die Abschätzung

$$\mathrm{Re}\,A_{\xi'}[\varphi,\varphi] \geqslant c_1(\xi')\,\|\varphi\|_m^2 - c_2(\xi')\sum_{j=1}^{p} |b_j^{\mathrm{H}}(x_0,\xi';\mathrm{D}_t)\,\varphi(0)|^2,$$

für alle $\varphi \in W_2^m(\mathbf{R}_+)$, womit wir wegen $A_{\xi'}[\varphi,\varphi] = a^{\mathrm{H}}(x_0,\xi';\varphi,\varphi)$ (34) nachgewiesen haben.

Wir müssen noch zeigen, daß die $c_1(\xi'),c_2(\xi')$ stetig von $\xi' \in \mathbf{R}^{r-1}\setminus\{0\}$ abhängen. Wir schreiben (34) in der (äquivalenten) Form $(c_1 \neq 0!)$

$$(35)\qquad \|\varphi\|_m^2 \leqslant c_1(\xi')\cdot\mathrm{Re}\,A_{\xi'}[\varphi,\varphi] + c_2(\xi')\sum_{j=1}^{p}|b_j^{\mathrm{H}}(x_0,\xi';\mathrm{D}_t)\,\varphi(0)|^2,$$

und verstehen unter der stetigen Abhängigkeit, daß wenn $\tilde{\xi}'$ nahe bei ξ' liegt, wir $c_i(\tilde{\xi}')$ auch nahe bei $c_i(\xi'), i = 1,2$, wählen können, so daß

$$(36)\qquad \|\varphi\|_m^2 \leqslant c_1(\tilde{\xi}')\cdot\mathrm{Re}\,A_{\xi'}[\varphi,\varphi] + c_2(\tilde{\xi}')\sum_{j=1}^{p}|b_j^{\mathrm{H}}(x_0,\tilde{\xi}';\mathrm{D}_t)\,\varphi(0)|^2,$$

für alle $\varphi \in W_2^m(\mathbf{R}_+)$ gilt. Wir nehmen $\tilde{\xi}'$ so nahe an ξ', daß gilt

$$(37)\qquad |\mathrm{Re}\,A_{\xi'}[\varphi,\varphi] - \mathrm{Re}\,A_{\tilde{\xi}'}[\varphi,\varphi]| \leqslant \varepsilon\,\|\varphi\|_m^2,$$

$$\left|\sum_{j=1}^{p}|b_j^{\mathrm{H}}(x_0,\xi';\mathrm{D}_t)\,\varphi(0)|^2 - \sum_{j=1}^{p}|b_j^{\mathrm{H}}(x_0,\tilde{\xi}';\mathrm{D}_t)\,\varphi(0)|^2\right| \leqslant \varepsilon\,\|\varphi\|_m^2,$$

was wegen der stetigen Abhängigkeit der Koeffizienten der Ausdrücke $A^{\mathrm{H}}(\dots\xi'\dots)$, $b_j^{\mathrm{H}}(\dots\xi'\dots)$ von $\xi' \in \mathbf{R}^{r-1}\setminus\{0\}$ immer möglich ist, hier ist $\varepsilon > 0$ (unabhängig von φ) beliebig vorgegeben. (35) in Verbindung mit (37) ergibt

$$\|\varphi\|_m^2 \leqslant c_1(\xi')\cdot\mathrm{Re}\,A_{\xi'}[\varphi,\varphi] + c_2(\xi')\sum_{j=1}^{p}|b_j^{\mathrm{H}}(x_0,\tilde{\xi}';\mathrm{D}_t)\,\varphi(0)|^2$$

$$+\,[\varepsilon c_1(\xi') + \varepsilon c_2(\xi')]\,\|\varphi\|_m^2$$

Unterwerfen wir $\varepsilon > 0$ der Einschränkung $1 - \varepsilon c_1(\xi') - \varepsilon c_2(\xi') > 0$ und setzen wir $c_i(\tilde{\xi}') := \dfrac{c_i(\xi')}{1 - \varepsilon c_1(\xi') - \varepsilon c_2(\xi')}$, $i = 1,2$, so sehen wir, daß (36) gilt, wobei $c_i(\tilde{\xi}')$ beliebig nahe an $c_i(\xi')$ sein kann, $i = 1,2$. Ein Kompaktheitsschluß beendet den Beweis, und wir bekommen die Abschätzung (34) mit Konstanten c_1, c_2, unabhängig von ξ' falls ξ' auf der Einheitsspäre von $\mathbf{R}^{r-1}$ variiert.

Satz 18.1 *Die Bedingung von Agmon ist invariant unter zulässigen Koordinatentransformationen.*

Wir benutzen zum Beweis die Bedingung 18.2. Sei $\Phi: x = (x',t) \mapsto (y',\tau) = y$ eine zulässige Koordinatentransformation, nach Definition 2.9 zerfällt ihre Jacobimatrix in

$$(38) \qquad \frac{\partial \Phi}{\partial x}(x_0) = \begin{bmatrix} & & 0 \\ & A & \\ 0 & & \sigma \end{bmatrix}, \quad \sigma > 0, x_0 \in \partial\Omega;$$

wir haben nach Satz 10.3

$$\tilde{a}^{\mathrm{H}}(y_0, \eta', \tilde{\varphi}, \tilde{\psi}) = c\, a^{\mathrm{H}}(x_0(y_0), {}^{\mathrm{T}}A\eta', \varphi, \psi), c > 0,$$

und

$$(39) \qquad \tilde{b}_j^{\mathrm{H}}(y_0, \eta', \mathrm{D}_\tau)\, \tilde{\varphi}(\tau)|_{\tau=0} = \sigma\, b_j^{\mathrm{H}}(x_0(y_0), {}^{\mathrm{T}}A\eta', \sigma\mathrm{D}_\tau)\, \varphi(\tau)|_{\tau=0},$$

und nach Satz 4.1 (Transformationssatz)

$$(40) \qquad \|\tilde{\varphi}\|_m \simeq \|\varphi\|_m.$$

Mit (39) und (40) geht (34) über in

$$\mathrm{Re}\, \tilde{a}^{\mathrm{H}}(y_0, \eta', \tilde{\varphi}, \tilde{\varphi}) \geq \tilde{c}_1 \|\tilde{\varphi}\|_m - \tilde{c}_2 \sum_{j=1}^{p} |\tilde{b}_j^{\mathrm{H}}(y_0, \eta', \mathrm{D}_\tau)\, \tilde{\varphi}|_{\tau=0}^2$$

wobei wegen (38) $\mathbf{R}^{r-1} \ni {}^{\mathrm{T}}A\eta' \neq 0$, wenn $\eta' \neq 0$ war. Damit haben wir die Invarianz der Bedingung 18.2 von Agmon unter zulässigen Transformationen bewiesen. ■

§19 Der Satz von Agmon: Bedingungen für die V-Koerzivität von stark elliptischen Differentialoperatoren

19.1 Die Sätze von Gårding und Agmon

Sei $A(x, \mathrm{D})$ ein linearer Differentialoperator der Form

$$(1) \qquad A(x, \mathrm{D})\varphi := \sum_{|\alpha|, |\beta| \leq m} (-1)^{|\alpha|} \mathrm{D}^\alpha (a_{\alpha\beta}(x)\, \mathrm{D}^\beta \varphi), \qquad \mathrm{ord}\, A = 2m,$$

sei $a(\varphi, \psi)$ die (durch den Greenschen Satz 14.8) zugeordnete sesquilineare Form

$$(2) \qquad a(\varphi, \psi) := \int_\Omega \sum_{\substack{|\alpha| \leq m \\ |\beta| \leq m}} a_{\alpha\beta}(x) \cdot \mathrm{D}^\beta \varphi \cdot \mathrm{D}^\alpha \bar{\psi}\, dx.$$

Falls die Koeffizienten $a_{\alpha\beta}(x)$ stetig und beschränkt auf Ω sind, d.h. $a_{\alpha\beta} \in C(\Omega)$, dann genügt $a(\varphi, \psi)$ der Abschätzung

$$(3) \qquad |a(\varphi, \psi)| \leq c \|\varphi\|_m \cdot \|\psi\|_m, \quad \text{für alle } \varphi, \psi \in W_2^m(\Omega).$$

Sei V ein abgeschlossener Unterraum von $W_2^m(\Omega)$

$$V \subset W_2^m(\Omega),$$

versehen mit der durch W_2^m induzierten Hilbertraumstruktur, wir nehmen $H = L_2(\Omega)$ und sagen – gemäß der Definition 17.7 –, daß $a(\varphi, \psi)$ V-koerziv ist, falls zusätzlich zu

(3) die Ungleichung

$$(4) \qquad \operatorname{Re} a(\varphi, \varphi) + k(\varphi, \varphi)_0 \geqslant c_1 \|\varphi\|_m^2 \quad \text{für alle } \varphi \in V,$$

gilt, wobei die Konstanten k, $c_1 > 0$ unabhängig von φ sind.

Wir beginnen mit allgemeinen Bemerkungen. Es ist klar, daß falls $a(\varphi, \psi)$ V-koerziv ist und $W \subset V$, dann $a(\varphi, \psi)$ auch W-koerziv ist.

Satz 19.1 *Sei $b(\varphi, \psi)$ eine zweite, stetige, sesquilineare Form, die für $\varphi = \psi$ der stärkeren – statt (3)-Abschätzung genügt*

$$(5) \qquad |b(\varphi, \varphi)| \leqslant c_2 \|\varphi\|_m \|\varphi\|_{\tilde{m}}, \qquad \varphi \in W_2^m(\Omega),$$

wobei $\tilde{m} < m$; seien V und Ω dergestalt, daß eine Ehrlingsche Ungleichung gilt

$$(6) \qquad \|\varphi\|_{\tilde{m}} \leqslant \varepsilon \|\varphi\|_m + c(\varepsilon) \|\varphi\|_0, \qquad \forall \varphi \in V, \ \varepsilon \text{ beliebig},$$

sei die Form $a(\varphi, \psi)$ V-koerziv, dann ist die sesquilineare Form

$$A(\varphi, \psi) = a(\varphi, \psi) + b(\varphi, \psi)$$

wieder V-koerziv.

Beweis. Daß $A(\varphi, \psi)$ wieder stetig ist, ist klar. Wir schätzen $|b(\varphi, \varphi)|$ mit Hilfe von (5) (6) und $2rs \leqslant \bar{\varepsilon} r^2 + \dfrac{1}{\bar{\varepsilon}} s^2$, $\bar{\varepsilon} > 0$ ab:

$$|b(\varphi, \varphi)| \leqslant c_2 \|\varphi\|_m \|\varphi\|_{\tilde{m}} \leqslant c_2 \varepsilon \|\varphi\|_m^2 + c_2 c(\varepsilon) \|\varphi\|_m \|\varphi\|_0$$

$$(7) \qquad \leqslant c_2 \cdot \varepsilon \|\varphi\|_m^2 + \frac{c_2 \cdot c(\varepsilon) \cdot \bar{\varepsilon}}{2} \|\varphi\|_m^2 + \frac{c_2 c(\varepsilon)}{2\bar{\varepsilon}} \|\varphi\|_0^2, \qquad \varphi \in V.$$

Wir wählen $\varepsilon > 0 : c_2 \varepsilon = \dfrac{c_1}{4}$, $0 < c_1$ die Konstante aus (4), und $\bar{\varepsilon} > 0 : \dfrac{c_2 \cdot c(\varepsilon) \bar{\varepsilon}}{2} = \dfrac{c_1}{4}$; die Ungleichung (7) nimmt dann die Form an

$$(8) \qquad |b(\varphi, \varphi)| \leqslant \frac{c_1}{2} \|\varphi\|_m^2 + c_3 \|\varphi\|_0^2, \qquad \varphi \in V,$$

und mit Hilfe von (8) können wir zeigen, daß $A(\varphi, \psi)$ V-koerziv ist:

$$\operatorname{Re} A(\varphi, \varphi) = \operatorname{Re} a(\varphi, \varphi) + \operatorname{Re} b(\varphi, \varphi) \geqslant \operatorname{Re} a(\varphi, \varphi) - |b(\varphi, \varphi)|$$

$$\geqslant c_1 \|\varphi\|_m^2 - k \|\varphi\|_0^2 - \frac{c_1}{2} \|\varphi\|_m^2 - c_3 \|\varphi\|_0^2$$

$$= \frac{c_1}{2} \|\varphi\|_m^2 - (k + c_3) \|\varphi\|_0^2, \qquad \forall \varphi \in V. \qquad \blacksquare$$

Wir beginnen mit dem kleinsten Unterraum, $V = \mathring{W}_2^m(\Omega)$, und beweisen den Satz von Gårding [1].

Satz 19.2 *Sei das Gebiet Ω beschränkt in $\mathbf{R}^r$, seien die Koeffizienten $a_{\alpha\beta}(x)$ von (2) stetig auf $\bar{\Omega}$, d.h.*

$$a_{\alpha\beta} \in C(\bar{\Omega}), \qquad |\alpha| \leqslant m, \ |\beta| \leqslant m.$$

Die starke Elliptizität von $A(x, \mathrm{D})$ (1) auf $\bar{\Omega}$ ist notwendig und hinreichend für die $\overset{\circ}{W}{}_2^m(\Omega)$-Koerzivität von $a(\varphi, \psi)$ (2).

Wir vermerken, daß der Satz von Gårding ohne Regularitätsanforderungen an den Rand $\partial\Omega$ von Ω gilt.

Beweis „$\curvearrowright$". Wegen der Sätze 19.1 und 7.4 brauchen wir nur die Hauptteile A^H und $a^H(\varphi, \psi)$ zu betrachten. Sei $A(x, \mathrm{D})$ stark elliptisch auf $\bar{\Omega}$. Nach Zusatz 10.2 haben wir

$$(9) \qquad \operatorname{Re} A^H(x, \xi) \geqslant c_0 |\xi|^{2m}, \quad \text{für alle } x \in \bar{\Omega} \text{ und } \xi \in \mathbf{R}^r,$$

hier haben wir der Einfachheit halber die Elliptizitätskonstante $\gamma = 1$ genommen.

a) Wir fixieren irgendeinen Punkt $x_0 \in \bar{\Omega}$, haben also konstante Koeffizienten und wenden die Fouriertransformation an. Sei $\varphi \in \mathscr{D}(\Omega)$, wir haben nach der Parsevalschen Gleichung 1.24 und wegen (9)

$$
\begin{aligned}
\operatorname{Re} a_{x^0}^H(\varphi, \varphi) &= \operatorname{Re} \int_{\Omega} \sum_{\substack{|\alpha|=m \\ |\beta|=m}} a_{\alpha\beta}(x_0)\, \mathrm{D}^\alpha \varphi\, \mathrm{D}^\beta \bar{\varphi}\, \mathrm{d}x \\
(10) \qquad &= \operatorname{Re} \frac{1}{(2\pi)^r} \int_{\mathbf{R}^r} \sum_{\substack{|\alpha|=m \\ |\beta|=m}} a_{\alpha\beta}(x_0)\, \xi^\alpha \xi^\beta\, |\hat\varphi|^2\, \mathrm{d}\xi \\
&= \operatorname{Re} \frac{1}{(2\pi)^r} \int_{\mathbf{R}^r} A^H(x_0, \xi)\, |\hat\varphi|^2\, \mathrm{d}\xi \geqslant \frac{c_0}{(2\pi)^r} \int_{\mathbf{R}^r} |\xi|^{2m}\, |\hat\varphi|^2\, \mathrm{d}\xi \geqslant c_1 \|\varphi\|_m^2.
\end{aligned}
$$

Um die letzte Ungleichung zu gewinnen, haben wir Satz 7.6 (1-ste Poincaresche Ungleichung) verwendet. Wegen (9) hängt c_1 nicht von x_0 ab, sondern nur von Ω (siehe Satz 7.6).

b) Sei weiterhin $x_0 \in \bar{\Omega}$ fixiert, wir nehmen eine kleine Umgebung ω von x_0, sodaß gilt

$$(11) \qquad \sum_{\substack{|\alpha|=m \\ |\beta|=m}} |a_{\alpha\beta}(x) - a_{\alpha\beta}(x_0)| \leqslant \frac{c_1}{2}, \qquad x \in \omega \cap \bar{\Omega},\ c_1 \text{ aus (10)}.$$

Wir haben für $\varphi \in \mathscr{D}(\omega \cap \Omega)$, wegen (10) und (11)

$$
\begin{aligned}
\operatorname{Re} a^H(\varphi, \varphi) &= \operatorname{Re} \int_{\Omega} \sum_{\substack{|\alpha|=m \\ |\beta|=m}} a_{\alpha\beta}(x)\, \mathrm{D}^\alpha \varphi(x)\, \mathrm{D}^\beta \overline{\varphi(x)}\, \mathrm{d}x \\
(12) \qquad &= \operatorname{Re} \int_{\Omega} \sum_{|\alpha|=|\beta|=m} a_{\alpha\beta}(x_0)\, \mathrm{D}^\alpha \varphi\, \mathrm{D}^\beta \bar{\varphi}\, \mathrm{d}x + \operatorname{Re} \int_{\Omega} \sum_{\substack{|\alpha|=m \\ |\beta|=m}} (a_{\alpha\beta}(x) - a_{\alpha\beta}(x_0))\, \mathrm{D}^\alpha \varphi\, \mathrm{D}^\beta \bar{\varphi}\, \mathrm{d}x \\
&\geqslant c_1 \|\varphi\|_m^2 - \int_{\Omega} \sum_{\substack{|\alpha|=m \\ |\beta|=m}} |a_{\alpha\beta}(x) - a_{\alpha\beta}(x_0)|\, \mathrm{D}^\alpha \varphi\, \mathrm{D}^\beta \bar{\varphi}\, \mathrm{d}x \\
&\geqslant c_1 \|\varphi\|_m^2 - \frac{c_1}{2} \|\varphi\|_m^2 = \frac{c_1}{2} \|\varphi\|_m^2.
\end{aligned}
$$

c) Wir überdecken $\bar{\Omega}$ (kompakt!) mit endlich-vielen kleinen Kugeln $\omega = B(x_0, \varepsilon)$, so daß auf $\omega \cap \bar{\Omega}$ die Abschätzung (11) gültig ist, sei $\{\omega_j\}, j = 1, \ldots, n,$ diese Überdeckung, wir wählen Funktionen $h_j \in \mathscr{D}(\omega_j)$ mit

$$(13) \qquad \sum_{j=1}^{n} h_j^2(x) = 1 \quad \text{auf } \bar{\Omega},$$

und haben nach Anwendung der Leibnizschen Produktregel und (13) für $\varphi \in \mathscr{D}(\Omega)$

$$\operatorname{Re} a^{\mathrm{H}}(\varphi, \varphi) = \operatorname{Re} \int\limits_{\Omega} \sum_{\substack{|\alpha| = m \\ |\beta| = m}} a_{\alpha\beta}(x)\, \mathrm{D}^{\alpha}\varphi\, \mathrm{D}^{\beta}\bar{\varphi}\, \mathrm{d}x$$

$$(14) \qquad = \operatorname{Re} \int\limits_{\Omega} \sum_{\substack{|\alpha| = m \\ |\beta| = m}} \sum_{j=1}^{n} h_j^2\, a_{\alpha\beta}(x)\, \mathrm{D}^{\alpha}\varphi\, \mathrm{D}^{\beta}\bar{\varphi}\, \mathrm{d}x$$

$$= \operatorname{Re} \sum_{j=1}^{n} \int\limits_{\Omega} \sum_{\substack{|\alpha| = m \\ |\beta| = m}} a_{\alpha\beta}(x)\, \mathrm{D}^{\alpha}(h_j\varphi)\, \overline{\mathrm{D}^{\beta}(h_j\varphi)}\, \mathrm{d}x + \operatorname{Re} \int\limits_{\Omega} \sum_{\substack{|\alpha|,|\beta| \leqslant m \\ |\alpha| + |\beta| < 2m}} b_{\alpha\beta}(x)\, \mathrm{D}^{\alpha}\varphi\, \mathrm{D}^{\beta}\bar{\varphi}\, \mathrm{d}x.$$

Wegen

$$\|\varphi\|_m^2 = \left\| \sum_{j=1}^{n} h_j^2\, \varphi \right\|_m^2 \leqslant \left[\sum_{j=1}^{n} \|h_j^2\, \varphi\|_m \right]^2 \leqslant n \sum_{j=1}^{n} \|h_j^2\, \varphi\|_m^2 \leqslant n \cdot c \cdot \sum_{j=1}^{n} \|h_j\varphi\|_m^2$$

folgt aus (12), $h_j\varphi \in \mathscr{D}(\omega_j \cap \Omega)$, daß die erste Form in der Zerlegung (14) koerziv ist:

$$\operatorname{Re} a_1(\varphi, \varphi) \geqslant \sum_{j=1}^{n} \frac{c_1}{2} \|h_j\varphi\|_m^2 \geqslant \frac{c_1}{2n \cdot c} \|\varphi\|_m^2,$$

während die zweite $b(\varphi, \varphi)$ die Voraussetzungen von Satz 19.1 erfüllt. Damit ist auch $a^{\mathrm{H}}(\varphi, \varphi)$ $\mathring{W}_2^m(\Omega)$-koerziv ($\mathscr{D}(\Omega)$ liegt dicht in $\mathring{W}_2^m(\Omega)$!).

„$\curvearrowleft$". Wir beweisen die Notwendigkeit der starken Elliptizität. Sei x_0 beliebig aus $\bar{\Omega}$, wir reduzieren zuerst die Ungleichung (4) auf den Hauptteil a^{H} und auf konstante Koeffizienten $a_{\alpha\beta}(x_0)$, also insgesamt auf $a_{x_0}^{\mathrm{H}}$, wobei wir gleichzeitig lokalisieren, d.h. $\varphi \in \mathscr{D}(\omega)$ nehmen. Wir haben

$$(15) \qquad \operatorname{Re} a_{x_0}^{\mathrm{H}}(\varphi, \varphi) = \operatorname{Re} a(\varphi, \varphi) + k(\varphi, \varphi)_0 + \operatorname{Re}\,[a_{x_0}^{\mathrm{H}}(\varphi, \varphi) - a^{\mathrm{H}}(\varphi, \varphi)] + \operatorname{Re} b(\varphi, \varphi),$$

wobei die Restform b die Ordnung kleiner als m hat, also

$$(16) \qquad |b(\varphi, \varphi)| \leqslant c_0 \|\varphi\|_m \cdot \|\varphi\|_{m-1}.$$

Wir wählen nun die Kugel $B(x_0, \varepsilon) =: \omega$, so daß auf ihr, erstens die Abschätzung (11) gilt, mit c_1 aus (4), woraus folgt

$$(17) \qquad |a_{x_0}^{\mathrm{H}}(\varphi, \varphi) - a^{\mathrm{H}}(\varphi, \varphi)| \leqslant \frac{c_1}{2} \|\varphi\|_m^2, \quad \text{für alle } \varphi \in \mathscr{D}(\omega),$$

und zweitens die Poincarésche Ungleichung (Satz 7.6)

(18) $\qquad \|\varphi\|_{m-1} \leqslant c(\varepsilon)\, \|\varphi\|_m, \qquad \varphi \in \mathscr{D}(\omega),$

mit

(19) $\qquad c(\varepsilon) \leqslant \dfrac{c_1}{c_0 \cdot 4}.$

(18) eingesetzt in (16) ergibt mit (19)

(20) $\qquad |b(\varphi, \varphi)| \leqslant \dfrac{c_1}{4} \|\varphi\|_m^2, \qquad \varphi \in \mathscr{D}(\omega).$

Die Abschätzungen (17) und (20) ergeben für (15) in Verbindung mit (4)

(21) $\qquad \operatorname{Re} a_{x^0}^{\mathrm{H}}(\varphi, \varphi) \geqslant c_1 \|\varphi\|_m^2 - \dfrac{c_1}{2}\|\varphi\|_m^2 - \dfrac{c_1}{4}\|\varphi\|_m^2 = \dfrac{c_1}{4}\|\varphi\|_m^2, \qquad \forall \varphi \in \mathscr{D}(\omega).$

(21) ist die gewünschte Lokalisierung von (4).

Wäre $A(x, \mathrm{D})$ nicht stark elliptisch in einem Punkt $x_0 \in \bar{\Omega}$, so gäbe es ein $0 \neq \xi_0 \in \mathbf{R}^r$ mit

(22) $\qquad \operatorname{Re} A^{\mathrm{H}}(x_0, \xi_0) = \operatorname{Re} \displaystyle\sum_{\substack{|\alpha|=m \\ |\beta|=m}} a_{\alpha\beta}(x_0)\, \xi_0^{\alpha+\beta} = 0.$

Wir wählen ein $u_0 \neq 0,\ u_0 \in \mathscr{D}(\omega)$ und setzen

$\qquad \varphi_0(x) = u_0(x)\, \mathrm{e}^{\mathrm{i}\lambda \xi_0 x}, \qquad \lambda \in \mathbf{R}^1.$

Dann ist $0 \neq \varphi_0 \in \mathscr{D}(\omega)$ und wir haben wegen (22)

(23)
$$\operatorname{Re} a_x^{\mathrm{H}}(\varphi_0, \varphi_0) = \operatorname{Re} \int\limits_{\omega} \sum_{\substack{|\alpha|=m \\ |\beta|=m}} a_{\alpha\beta}(x_0)\, \mathrm{D}^\alpha \varphi_0(x) \cdot \mathrm{D}^\beta \overline{\varphi_0(x)}\, \mathrm{d}x$$
$$= \lambda^{2m} \|u_0\|_0^2 \left(\operatorname{Re} \sum_{\substack{|\alpha|=m \\ |\beta|=m}} a_{\alpha\beta}(x_0)\, \xi_0^{\alpha+\beta} \right) + P_{2m-1}(\lambda) = P_{2m-1}(\lambda),$$

wobei $P_{2m-1}(\lambda)$ ein reelles Polynom in λ ist, dessen Grad höchstens $2m-1$ ist. Weiter ist

(24)
$$\|\varphi_0\|_m^2 = \sum_{|s| \leqslant m} \int\limits_{\omega} |\mathrm{D}^s(u_0(x)\, \mathrm{e}^{\mathrm{i}\lambda\xi_0 x})|^2\, \mathrm{d}x$$
$$= \lambda^{2m} \left(\|u_0\|_0^2 \left(\sum_{|s|=m} \xi_0^{2s} \right) \right) + \ldots = Q_{2m}(\lambda),$$

hierbei ist $Q_{2m}(\lambda)$ ein reelles Polynom in λ, dessen höchster Koeffizient $= \|u_0\|_0^2 \left(\sum_{|s|=m} \xi_0^{2s} \right) \neq 0$, also dessen Grad genau $2m$ ist. (23) und (24) in (21) eingesetzt ergeben

(25) $\qquad P_{2m-1}(\lambda) \geqslant \dfrac{c_1}{4} Q_{2m}(\lambda) \quad \text{für alle } \lambda \in \mathbf{R}^1,$

– ein Widerspruch! Also ist $A(x, \mathrm{D})$ stark elliptisch für jedes $x_0 \in \bar{\Omega}$. ■

Wir wollen die Differenzierbarkeitsvoraussetzungen für den Satz von Agmon angeben:

1. Das Gebiet $\Omega \subset \mathbf{R}^r$ sei beschränkt und gehöre zur Klasse $C^{m-1,1}$

2. $A(x, \mathrm{D})$ sei ein linearer Differentialoperator der Ordnung $2m$, geschrieben in der Form (1) mit von $x \in \bar{\Omega}$ abhängigen, stetigen Koeffizienten $a_{\alpha\beta}(x)$

$$(26) \qquad a_{\alpha\beta} \in C(\bar{\Omega}), \qquad |\alpha| \leqslant m, \; |\beta| \leqslant m.$$

3. Seien gegeben p lineare, normale Randwertoperatoren

$$b_j(x, \mathrm{D}), \qquad j = 1, \ldots, p,$$

wobei $0 \leqslant m_j = \operatorname{ord} b_j \leqslant m-1$ und $0 \leqslant p \leqslant m$ gelte ($p = 0$ bedeutet, daß keine Randwerte vorgegeben sind). Für die Koeffizienten $b_{s,j}(x)$ von $b_j(x, \mathrm{D})$ fordern wir

$$(27) \qquad b_{s,j}(x) \in C^{m-m_j}(\bar{\Omega}), \qquad |s| \leqslant m_j, \; j = 1, \ldots, p.$$

Wir setzen

$$V := W^m(\{b_j\}_1^p) = \{\varphi \in W_2^m(\Omega) \mid b_j(x, \mathrm{D})\,\varphi = 0 \text{ auf } \partial\Omega, \; j = 1, \ldots, p\}.$$

V ist ein abgeschlossener Unterraum von $W_2^m(\Omega)$, wir versehen ihn mit der W_2^m-Topologie. Falls $p = 0$ ist, setzen wir

$$V := W_2^m(\Omega).$$

Da $\mathscr{D}(\Omega)$ in V liegt, haben wir

$$\mathring{W}_2^m(\Omega) \subset V \subset W_2^m(\Omega).$$

Wir können nun Bedingungen für die V-Koerzivität von $a(\varphi, \psi)$ (2) für Unterräume V, die durch Randwerte bestimmt sind, angeben.

Satz 19.3 (Agmon [2]) *Seien die Differenzierbarkeitsvoraussetzung 1, 2 und 3 erfüllt. Sei der Operator $A(x, \mathrm{D})$ (1) stark elliptisch für alle $x \in \bar{\Omega}$ und sei für $A(x, \mathrm{D})$, $b_1(x, \mathrm{D})$, $\ldots$, $b_p(x, \mathrm{D})$, $\forall x \in \partial\Omega$, die Bedingung 18.1 von Agmon erfüllt. Dann ist die sesquilineare Form $a(\varphi, \psi)$ (2) V-koerziv, $V = W_2^m(\{b_j\}_1^p)$.*

Da $\mathring{W}_2^m(\Omega) \subset V$, ist die starke Elliptizität notwendig für die V-Koerzivität, siehe Satz 19.2; nach Agmon [2] ist auch die Bedingung 18.1 notwendig für die V-Koerzivität.

Bemerkung Der Satz von Agmon bedeutet u.a. – siehe die Sätze 17.11 und 17.14, es gibt ein k_0 (Koerzivitätskonstante), derart, daß für jedes $\lambda \in \mathbf{C}$ mit

$$\operatorname{Re}\lambda \leqslant -k_0,$$

die schwache Gleichung

$$a(u, \varphi) - \lambda(u, \varphi)_0 = (f, \varphi)_0, \qquad \varphi \in V,$$

für jedes $f \in V'$ eindeutig nach $u \in V$ lösbar ist. Auch den Spektralsatz 17.12 können wir vollständig auf die schwache Gleichung anwenden. Mit der Realisierung der schwachen Gleichung als Randwertproblem für Differentialgleichungen wollen wir uns in §21 befassen.

Wir schicken dem Beweis von Satz 19.3 zwei Hilfssätze voraus.

Hilfssatz 19.1 *Seien* $A(\mathrm{D})$, $b_1(\mathrm{D}), \ldots, b_p(\mathrm{D})$ *homogene Differentialoperatoren mit konstanten Koeffizienten. Sei* $A(\mathrm{D})$ *stark elliptisch und sei die Bedingung* 18.1 *von Agmon erfüllt (für* $x_0 = 0$*). Wir betrachten den Halbraum* $\Omega = \mathbf{R}^r_+$, $\partial\Omega = \mathbf{R}^{r-1}$. *Dann gilt für alle* $\varphi \in W_2^m(\mathbf{R}^r_+)$ *die Abschätzung*

$$(28) \qquad \operatorname{Re} a(\varphi, \varphi) \geqslant c_1 \|\varphi\|_m^2 - c_2 \sum_{j=1}^p \| b_j(\mathrm{D}_{x'}, \mathrm{D}_t) |_{t=0} \varphi \|_{m-m_j-1/2, \mathbf{R}^{r-1}}^2 ,$$

wobei $0 \leqslant m_j = \operatorname{ord} b_j \leqslant m - 1$, $x = (x', t) \in \mathbf{R}^r_+$, $0 \leqslant p \leqslant m$, $c_1, c_2 > 0$.
Falls $p = 0$ *ist, fällt der zweite Term auf der rechten Seite von* (28) *fort.*

Beweis. Wir wenden die Fouriertransformation $\mathscr{F}_{r-1}$ auf $x' \in \mathbf{R}^{r-1}$ an und haben für $\varphi \in C_0^\infty(\overline{\mathbf{R}^r_+})$

$$\operatorname{Re} a(\varphi, \varphi) = \operatorname{Re} \int_{\substack{\mathbf{R}^r_+ \\ |\alpha|=m \\ |\beta|=m}} \sum a_{\alpha\beta} \mathrm{D}^\alpha \varphi \, \mathrm{D}^\beta \bar{\varphi} \, dx$$

$$(29) \qquad = \operatorname{Re} \int_{\mathbf{R}^{r-1}} d\xi' \cdot \int_0^\infty dt \sum_{\substack{|\alpha'|+k=m \\ |\beta'|+l=m}} a_{(\alpha',k)(\beta',l)} \xi'^{\alpha'} \cdot \xi'^{\beta'} \mathrm{D}_t^k \hat{\varphi}(\xi', t) \cdot \overline{\mathrm{D}_t^l \hat{\varphi}(\xi', t)}$$

$$= \operatorname{Re} \int_{\mathbf{R}^{r-1}} d\xi' \, A_{\xi'}[\hat{\varphi}(\xi', t), \hat{\varphi}(\xi', t)] .$$

Wir führen im Integral $\int_0^\infty dt$ die Variablentransformation $t \to t/|\xi'|$ durch, erhalten

$$A_{\xi'}[f(t), f(t)] = |\xi'|^{2m-1} A_{\xi'/|\xi'|} \left[f\left(\frac{t}{|\xi'|}\right), f\left(\frac{t}{|\xi'|}\right) \right],$$

und können (29) umschreiben

$$(29') \qquad \operatorname{Re} a(\varphi, \varphi) = \operatorname{Re} \int_{\mathbf{R}^{r-1}} d\xi' |\xi'|^{2m-1} A_{\xi'/|\xi'|} \left[\hat{\varphi}\left(\xi', \frac{t}{|\xi'|}\right), \hat{\varphi}\left(\xi', \frac{t}{|\xi'|}\right) \right].$$

Da aus der Bedingung 18.1 die Bedingung 18.2 folgt, können wir auf (29') die Abschätzung §18, (34) anwenden (wir setzen $\varphi(t) = \hat{\varphi}\left(\xi', \dfrac{t}{|\xi'|}\right)$) und erhalten

$$\operatorname{Re} a(\varphi, \varphi) \geq c_1' \sum_{l=0}^{m} \int_{\mathbf{R}^{r-1}} |\xi'|^{2m-1} \int_0^\infty \left| \mathrm{D}_t^l \hat{\varphi}\left(\xi', \frac{t}{|\xi'|}\right) \right|^2 \mathrm{d}t \, \mathrm{d}\xi'$$

$$- c_2' \sum_{j=1}^{p} \int_{\mathbf{R}^{r-1}} |\xi'|^{2m-1} \left| b_j\left(\frac{\xi'}{|\xi'|}, \mathrm{D}_t\right) \hat{\varphi}\left(\xi', \frac{t}{|\xi'|}\right) \right|_{t=0}^2 \mathrm{d}\xi'$$

$$= c_1' \sum_{l=0}^{m} \int_{\mathbf{R}^{r-1}} \int_0^\infty |\xi'|^{2(m-l)} |\mathrm{D}_t^l \hat{\varphi}(\xi', t)|^2 \, \mathrm{d}t \, \mathrm{d}\xi'$$

$$- c_2' \sum_{j=1}^{p} \int_{\mathbf{R}^{r-1}} |\xi'|^{2(m-m_j)-1} |b_j(\xi', \mathrm{D}_t) \hat{\varphi}(\xi', t)|_{t=0}^2 \, \mathrm{d}\xi'$$

$$\geq c_1 \|\varphi\|_m^2 - c_2 \sum_{j=1}^{p} \| [b_j(\mathrm{D}_{x'}, \mathrm{D}_t]_{t=0} \varphi \|_{m-m_j-1/2, \mathbf{R}^{r-1}}^2 \, .$$

Hier haben wir für die letzte Ungleichung die inverse Fouriertransformation $\mathscr{F}_{r-1}^{-1}$ verwendet. Damit haben wir (28) für $\varphi \in C_0^\infty(\overline{\mathbf{R}_+^r})$ bewiesen und unser Hilfssatz 19.1 folgt aus Satz 3.6, wonach $C_0^\infty(\overline{\mathbf{R}_+^r})$ dicht in $W_2^m(\mathbf{R}_+^r)$ ist. ∎

Hilfssatz 19.2 *Seien* $A(x, \mathrm{D})$, $b_1(x, \mathrm{D}), \ldots, b_p(x, \mathrm{D})$ *auf dem halben Würfel* $\overline{W_+^r}$ *definierte Differentialoperatoren mit variablen Koeffizienten, die die Differenzierbarkeitsvoraussetzungen* (26) *und* (27) *erfüllen. Sei* $A(x, \mathrm{D})$ *stark elliptisch für* $x_0 = 0$, *und sei für* $x_0 = 0$ *die Bedingung* 18.1 *erfüllt. Dann gibt es einen kleinen Würfel* $W^r(\delta)$ (2δ *die Kantenlänge*) *um den Nullpunkt* $x_0 = 0$, *derart, daß für alle* $\varphi \in W_2^m(W_+^r(\delta))$ *die Abschätzung gilt*

$$(30) \qquad \operatorname{Re} a(\varphi, \varphi) \geq c_1 \|\varphi\|_m^2 - c_2 \|\varphi\|_0^2 - c_3 \sum_{j=1}^{p} \| b_j(x; \mathrm{D}_{x'}, \mathrm{D}_t)|_{t=0} \varphi \|_{m-m_j-\frac{1}{2}, W^{r-1}(\delta)}^2$$

Beweis. Wir zerlegen

$$(31) \qquad a(\varphi, \varphi) = \int_{W_+^r(\delta)} \sum_{|\alpha|=|\beta|=m} a_{\alpha\beta}(0) \mathrm{D}^\alpha \varphi \cdot \mathrm{D}^\beta \bar{\varphi} \, \mathrm{d}x$$

$$+ \int_{W_+^r(\delta)} \sum_{|\alpha|=|\beta|=m} [a_{\alpha\beta}(x) - a_{\alpha\beta}(0)] \mathrm{D}^\alpha \varphi \, \mathrm{D}^\beta \bar{\varphi} \, \mathrm{d}x + A'(\varphi, \varphi)$$

$$= a_0^{\mathrm{H}}(\varphi, \varphi) + a_1^{\mathrm{H}}(\varphi, \varphi) + A'(\varphi, \varphi)$$

wobei die Form A' höchstens vom Grade $(m, m-1)$ ist. Nach Hilfssatz 19.1 haben wir

$$(32) \qquad \operatorname{Re} a_0^{\mathrm{H}}(\varphi, \varphi) \geq c_1 \|\varphi\|_m^2 - c_2 \sum_{j=1}^{p} \| b_j^{\mathrm{H}}(0, \mathrm{D}_{x'}, \mathrm{D}_t) \varphi \|_{m-m_j-1/2}^2 \, .$$

Für die Formen a_1^{H} und A' haben wir die Abschätzungen

$$(33) \qquad |a_1^{\mathrm{H}}(\varphi, \varphi)| \leq c_1(\delta) \|\varphi\|_m^2, \qquad \varphi \in W_2^m(W_+^r(\delta)),$$
$$\text{mit } c(\delta) \to 0 \text{ für } \delta \to 0$$

($c(\delta)$ ist der Stetigkeitsmodul von $a_{\alpha\beta}(x) - a_{\alpha\beta}(0)$) und

$$(34) \qquad |A'(\varphi,\varphi)| \leqslant c \, \|\varphi\|_m \|\varphi\|_{m-1} \leqslant \frac{c\varepsilon}{2} \|\varphi\|_m^2 + \frac{c}{2\varepsilon} \|\varphi\|_{m-1}^2 \,.$$

Ebenso zerlegen wir die Randwertoperatoren

$$(35) \qquad b_j(x,\mathrm{D}) = b_j^{\mathrm{H}}(0,\mathrm{D}) + [b_j^{\mathrm{H}}(x,\mathrm{D}) - b_j^{\mathrm{H}}(0,\mathrm{D})] + b_j'(x,\mathrm{D}), \quad j = 1,\ldots,p,$$

wobei die Ordnung von b_j' höchstens $m_j - 1$ ist. Wir können wieder abschätzen, wobei wir die Leibnizsche Produktregel anwenden; T_0 ist der Spuroperator von §8

$$
\begin{aligned}
& \| [b_j^{\mathrm{H}}(x,\mathrm{D}) - b_j^{\mathrm{H}}(0,\mathrm{D})] \varphi \|_{m-m^j-1/2,\,W^{r-1}(\delta)}^2 \\
(36) \qquad & \leqslant \|T_0\|^2 \, \| [b_j^{\mathrm{H}}(x,\mathrm{D}) - b_j^{\mathrm{H}}(0,\mathrm{D})] \varphi \|_{m-m_j,\,W_+^r(\delta)}^2 \\
& \leqslant \|T_0\|^2 c_2(\delta) \|\varphi\|_m^2 + c_3 \|\varphi\|_{m-1}^2 \,.
\end{aligned}
$$

Hier ist $c_2(\delta)$ der Stetigkeitsmodul der Koeffizienten

$$b_{s,j}(x) - b_{s,j}(0), \ |s| = m_j, \quad \text{also } c_2(\delta) \to 0 \quad \text{für } \delta \to 0 \,.$$

Für b_j' haben wir

$$(37) \qquad \| b_j'(x,\mathrm{D}) \varphi \|_{m-m^j-1/2,\,W^{r-1}(\delta)}^2 \leqslant \|T_0\|^2 c \|\varphi\|_{m-1}^2 \,.$$

Wir schätzen (31) mit Hilfe von (32), (33) und (34) ab und erhalten

$$
\begin{aligned}
(38) \qquad \operatorname{Re} a(\varphi,\varphi) \geqslant{}& c_1 \|\varphi\|_m^2 - c_2 \sum_{j=1}^{p} \| b_j^{\mathrm{H}}(0,\mathrm{D}) \varphi \|_{m-m^j-1/2,\,W^{r-1}(\delta)}^2 \\
& - c_1(\delta) \|\varphi\|_m^2 - \frac{c\varepsilon}{2} \|\varphi\|_m^2 - \frac{c}{2\varepsilon} \|\varphi\|_{m-1}^2 \,.
\end{aligned}
$$

$b_j^{\mathrm{H}}(0,\mathrm{D}) \varphi$ aus (38) ersetzen wir durch (35) und verwenden die Abschätzungen (36) und (37), dadurch nimmt (38) die Form an

$$
\begin{aligned}
(39) \quad \operatorname{Re} a(\varphi,\varphi) \geqslant{}& \|\varphi\|_m^2 \left[c_1 - c_1(\delta) - \frac{c\varepsilon}{2} - p \cdot \|T_0\|^2 c_2(\delta) c_2 \right] \\
& - c_2 \sum_{j=1}^{p} \| b_j(x,\mathrm{D}) \varphi \|_{m-m^j-1/2,\,W^{r-1}(\delta)}^2 - \|\varphi\|_{m-1}^2 \left[\frac{c}{2\varepsilon} + p c_3 c_2 + c_2 p c \|T_0\|^2 \right].
\end{aligned}
$$

Wir wählen δ und ε so klein, daß gilt

$$\frac{c_1}{4} = c_1(\delta) + \frac{c\varepsilon}{2} + p \cdot \|T_0\|^2 c_2(\delta) c_2 \,,$$

und wenden auf den letzten Term von (39) die Ehrlingsche Ungleichung für $\varphi \in W_2^m(W_+^r(\delta))$ an (Satz 7.4), $\eta > 0$ beliebig

$$\|\varphi\|_{m-1}^2 \leqslant \eta \|\varphi\|_m^2 + c(\eta) \|\varphi\|_0^2 \,,$$

dabei wählen wir η so klein, daß gilt

$$\eta\left(\frac{c}{2\varepsilon}+p\,c_3\,c_2+c_2\,p\,c\,\|T_0\|^2\right)=\frac{c_1}{4}.$$

Wir erhalten aus (39) für $\varphi\in W_2^m(W_+^r(\delta))$

$$(40)\qquad \operatorname{Re}a(\varphi,\varphi)\geqslant\frac{c_1}{2}\,\|\varphi\|_m^2-c_2\sum_{j=1}^p\|b_j(x,\mathrm{D})\,\varphi\|^2_{m-m^j-1/2,\,W^{r-1}(\delta)}$$

$$-\,c(\eta)\left(\frac{c}{2\varepsilon}+p\,c_3\,c_2+c_2\,p\,c\,\|T_0\|^2\right)\|\varphi\|_0^2,$$

das ist (30).

Wir sind jetzt in der Lage durch eine Partition der Eins den Beweis von Satz 19.3 zu erbringen. Wir zeigen, daß für alle $\varphi\in W_2^m(\Omega)$ die Abschätzung gilt

$$(41)\qquad \operatorname{Re}a(\varphi,\varphi)\geqslant c_1\|\varphi\|_m^2-c_2\sum_{j=1}^p\|b_j(x,\mathrm{D})\,\varphi\|^2_{m-m^j-1/2,\,\partial\Omega}-c_3\|\varphi\|_0^2.$$

Wir fixieren einen Punkt $x_0\in\partial\Omega$, nehmen eine Umgebung $U\ni x_0$ und eine zulässige
Koordinatentransformation $\Phi:\;\begin{matrix}U&\to&W^r\\ \rotatebox{90}{$\in$}&&\rotatebox{90}{$\in$}\\ x_0&\to&0\end{matrix}$, sie existiert, da nach (25) $\partial\Omega$ zu $C^{m-1,1}$, gehört.

Starke Elliptizität und die Bedingung 18.1 von Agmon sind invariant unter Φ (siehe Satz 18.1), nach Hilfssatz 19.2 können wir ein kleines $\delta>0$ finden, so daß für $\tilde\varphi\in W_2^m(W_+^r(\delta))$ gilt

$$\operatorname{Re}\tilde a(\tilde\varphi,\tilde\varphi)\geqslant\tilde c_1\|\tilde\varphi\|_m^2-\tilde c_2\sum_{j=1}^p\|\tilde b_j(\tilde x,\mathrm{D})\,\tilde\varphi\|^2_{m-m_j-1/2}-\tilde c_3\|\tilde\varphi\|_0^2,$$

oder nach Rücktransformation $\Phi^{-1}:U(\delta)\leftarrow W^r(\delta)$

$$(42)\qquad \operatorname{Re}a(\varphi,\varphi)\geqslant c_1\|\varphi\|_m^2-c_2\sum_{j=1}^p\|b_j(x,\mathrm{D})\,\varphi\|^2_{m-m_j-1/2}-c_3\|\varphi\|_0^2,$$

für alle $\varphi\in W_2^m(U(\delta)\cap\Omega)$. Da der Rand $\partial\Omega$ kompakt ist, können wir ihn mit endlich vielen $U_j(\delta)$ mit der Eigenschaft (42) überdecken, $i=1,\ldots,M$, den übriggebliebenen Teil $\Omega\setminus\bigcup_{i=1}^M U_i(\delta)$ überdecken wir mit $U_0(\subset\Omega)$. Der Überdeckung $\{U_i\}_{i=0,\ldots,M}$ ordnen wir eine „Partition" der Eins h_i^2 – wie im Beweis von Satz 19.2 – zu: $h_i\in\mathscr{D}(U_i)$, $\sum_{i=0}^M h_i^2(x)=1$ auf $\bar\Omega$; und wir zerlegen – wie in (14) – für $\varphi\in W_2^m(\Omega)$

$$(43)\qquad \operatorname{Re}a(\varphi,\varphi)=\operatorname{Re}\sum_{i=0}^M a(h_i\varphi,h_i\varphi)+\operatorname{Re}b(\varphi,\varphi),$$

wobei für $b(\varphi,\varphi)$ die Abschätzung gilt

$$(44)\qquad |b(\varphi,\varphi)|\leqslant c_4\|\varphi\|_m\|\varphi\|_{m-1}\leqslant\frac{c_4\varepsilon}{2}\|\varphi\|_m^2+\frac{c_4}{\varepsilon\cdot2}\|\varphi\|_{m-1}^2.$$

Nach Konstruktion der h_i haben wir $h_0\,\varphi \in \mathring{W}_2^m(U_0)$ und $h_i\,\varphi \in W_2^m(U_i(\delta) \cap \Omega)$, $i = 1, \ldots, M$ und wir können den Satz 19.2 oder die Abschätzung (42) anwenden, was für (43) ergibt

$$(45) \qquad \operatorname{Re} a(\varphi, \varphi) \geq c_1 \sum_{i=0}^{M} \| h_i\,\varphi \|_m^2 - \frac{c_4\,\varepsilon}{2} \| \varphi \|_m^2$$

$$- c_2 \sum_{j=1}^{p} \sum_{i=1}^{M} \| b_j(x, \mathrm{D})\, h_i\,\varphi \|_{m-m_j-1/2}^2$$

$$- c_3 \sum_{i=0}^{M} \| h_i\,\varphi \|_0^2 - \frac{c_4}{2 \cdot \varepsilon} \| \varphi \|_{m-1}^2 \,.$$

Wir schätzen ab (siehe die Zeilen nach (14))

$$\sum_{i=0}^{M} \| h_i\,\varphi \|_m^2 \geq \frac{1}{(M+1)\, c_5} \| \varphi \|_m^2 \,,$$

$$\| b_j(x, \mathrm{D})\, h_i\,\varphi \|_{m-m_j-1/2} \leq c_6 \| b_j(x, \mathrm{D})\,\varphi \|_{m-m_j-1/2} + c_7 \| \varphi \|_{m-1} \,,$$

$$\| h_i\,\varphi \|_0^2 \leq c_8 \| \varphi \|_0^2 \,.$$

und bekommen für (45)

$$(46) \qquad \operatorname{Re} a(\varphi, \varphi) \geq \left[\frac{c_1}{(M+1)\, c_5} - \frac{c_4}{2}\,\varepsilon \right] \| \varphi \|_m^2 - \bar{c}_2 \sum_{j=1}^{p} \| b_j(x, \mathrm{D})\,\varphi \|_{m-m_j-1/2,\,\partial\Omega}^2$$

$$- c_3' \| \varphi \|_0^2 - \left[\frac{c_4}{2\varepsilon} + M c_7 \right] \| \varphi \|_{m-1}^2 \,.$$

Wir wählen ε, so daß gilt

$$- \frac{c_4}{2}\,\varepsilon + \frac{c_1}{2(M+1)\, c_5} =: \frac{\bar{c}_1}{2} > 0 \,,$$

und benutzen die Ehrlingsche Ungleichung (siehe Satz 7.4)

$$\| \varphi \|_{m-1}^2 \leq \eta \| \varphi \|_m^2 + c(\eta) \| \varphi \|_0^2$$

mit η so klein, daß

$$\eta \left(\frac{c_4}{2} + M c_7 \right) = \frac{\bar{c}_1}{4}$$

gilt, dann nimmt (46) die Gestalt an

$$\operatorname{Re} a(\varphi, \varphi) \geq \frac{\bar{c}_1}{4} \| \varphi \|_m^2 - \bar{c}_2 \sum_{j=1}^{p} \| b_j(x, \mathrm{D})\,\varphi \|_{m-m_j-1/2,\,\partial\Omega}^2 - c_3 \| \varphi \|_0^2 \,,$$

womit wir (41) bewiesen haben. Aus (41) folgt sofort, daß $a(\varphi, \varphi)$ V-koerziv ist, denn $\varphi \in V$ ist durch $b_j(x, \mathrm{D})\,\varphi = 0,\, j = 1, \ldots, p,$ charakterisiert. Damit haben wir den Satz von Agmon bewiesen. ∎

Als Folgerung aus dem Satz von Agmon wollen wir ein Ergebnis von Aronszajn [1] herleiten.

Satz 19.4 *Sei die quadratische Form (2) formal positiv, d.h.*

$$(47) \qquad a(\varphi,\varphi) = \int_\Omega \sum_{k=1}^n |A_k(x,\mathrm{D})\,\varphi|^2\,\mathrm{d}x, \qquad A(x,\mathrm{D})\,\varphi = \sum_{k=1}^n A_k^*(x,\mathrm{D}) \circ A_k(x,\mathrm{D})\,\varphi,$$

wobei ord $A_k \leqslant m$, *und für die Koeffizienten von* A_k (26) *gelte. Sei* Ω *beschränkt und* $\partial\Omega \in C^{m-1,1}$ (25). *Sei* $\tilde{A}_k(x,\mathrm{D})$ *die Summe der Terme von* $A_k(x,\mathrm{D})$, *die die Ordnung* m *haben. Wir setzen weiter voraus*

$$(48) \qquad \sum_{k=1}^n |\tilde{A}_k(x,\xi)|^2 > 0 \quad \textit{für alle } x \in \bar{\Omega} \textit{ und } 0 \neq \xi \in \mathbf{R}^r.$$

Wir schreiben wie bei der Agmonschen Bedingung

$$\tilde{A}_k(x;\mathrm{D}) = \tilde{A}_k(x;\mathrm{D}_{x'},\mathrm{D}_t),$$

wobei x' *die Koordinaten von* $\partial\Omega$ *sind und* t *in Richtung der inneren Normalen geht. Wir betrachten die Polynome in* z

$$(49) \qquad \tilde{A}_k(x_0;\xi',z) = 0, \qquad k = 1,\dots,n, \ x_0 \in \partial\Omega, \ 0 \neq \xi' \in \mathbf{R}^{r-1},$$

und fordern, daß sie keine gemeinsame Nullstelle mit einem positiven Imaginärteil besitzen. Dann ist die durch (47) gegebene Form $a(\varphi,\varphi)$ $W_2^m(\Omega)$-*koerziv; also auch koerziv für alle* $V \subset W_2^m(\Omega)$.

Beweis. Wir haben

$$\operatorname{Re} A^\mathrm{H}(x;\xi) = \sum_{k=1}^n |\tilde{A}_k(x,\xi)|^2 > 0,$$

damit ist $A(x,\mathrm{D})$ stark elliptisch und es bleibt die Bedingung 18.1 von Agmon nachzuprüfen. Wir betrachten die zum Operator $A(x,\mathrm{D})$ (47) gehörige, gewöhnliche Differentialgleichung (3) aus §18. Ihr charakteristisches Polynom ist

$$(50) \qquad A^\mathrm{H}(x_0,\xi',z) = \sum_{k=1}^n |\tilde{A}_k(x_0,\xi',z)|^2.$$

Die Forderung nach einer von Null verschiedenen Lösung v von (3) (§18) in $W_2^m(\mathbf{R}_+^1)$ ist gleichwertig mit der Existenz einer Wurzel z von (50) mit nicht-negativem Imaginärteil, durch (48) und (49) wird dies ausgeschlossen; die Bedingung 18.1 ist also (leererweise) erfüllt.

Der Satz 19.3 von Agmon beendet den Beweis. ∎

19.2 Beispiele, u.a. das Dirichletproblem für stark elliptische Differentialoperatoren

Wir wollen an Beispielen die Bedingung 18.1 von Agmon nachprüfen, d.h. die V-Koerzivität für verschiedene Räume V feststellen. Für Differentialoperatoren zweiter Ordnung braucht man den Satz von Agmon nicht, wir haben nämlich

Beispiel 19.1 Sei

$$(51) \qquad A(x, \mathrm{D}) = - \sum_{j,\,k=1}^{r} a_{jk} \frac{\partial}{\partial x_j} \frac{\partial}{\partial x_k} + \sum_{j=1}^{r} a_j \frac{\partial}{\partial x_j} + a_0$$

ein stark elliptischer Differentialoperator zweiter Ordnung, also

$$(52) \qquad \operatorname{Re} \sum_{j,\,k=1}^{r} a_{jk} \xi_j \xi_k \geqslant c_0 |\xi|^2 \quad \text{für } \xi \in \mathbf{R}^r.$$

Dann ist A $W_2^1(\Omega)$-koerziv, das ist V-koerziv für jedes V mit $\overset{\circ}{W}{}_2^1(\Omega) \subset V \subset W_2^1(\Omega)$.

Hier der einfache Beweis. Aus (52) folgt die Ungleichung

$$(53) \qquad \operatorname{Re} \sum_{j,\,k=1}^{r} a_{jk} z_j \bar{z}_k \geqslant c_0 |z|^2 \quad \text{für alle } z \in \mathbf{C}^r,$$

wir haben nämlich wegen der Symmetrie von $a_{jk} = a_{kj}$

$$\operatorname{Re} a_{jk} z_j \bar{z}_k + \operatorname{Re} a_{kj} z_k \bar{z}_j = \operatorname{Re} a_{jk} [z_j \bar{z}_k + \bar{z}_j z_k]$$
$$= \operatorname{Re} a_{jk} 2 [\operatorname{Re} z_j \cdot \operatorname{Re} z_k + \operatorname{Im} z_j \cdot \operatorname{Im} z_k],$$

das ist

$$\operatorname{Re} \sum_{j,\,k=1}^{r} a_{jk} z_j \bar{z}_k = 2 \operatorname{Re} \sum_{j,\,k=1}^{r} a_{jk} [\operatorname{Re} z_j \cdot \operatorname{Re} z_k + \operatorname{Im} z_j \cdot \operatorname{Im} z_k]$$
$$\geqslant c_0 (|\operatorname{Re} z|^2 + |\operatorname{Im} z|^2) = c_0 |z|^2.$$

Wir setzen $z_j = \dfrac{\partial \varphi}{\partial x_j}$ für $\varphi \in W_2^1(\Omega)$ in (55) ein, integrieren nach $\displaystyle\int_\Omega \mathrm{d}x$ und fügen $c_0 \|\varphi\|_0^2$ hinzu

$$\operatorname{Re} \int_\Omega \sum_{i,\,k=1}^{r} a_{jk} \frac{\partial \varphi}{\partial x_j} \cdot \frac{\partial \bar{\varphi}}{\partial x_k} \, \mathrm{d}x + c_0 \|\varphi\|_0^2 \geqslant c_0 \int_\Omega \sum_{j=1}^{r} \left| \frac{\partial \varphi}{\partial x_j} \right|^2 \mathrm{d}x + c_0 \|\varphi\|_0^2$$
$$= c_0 \|\varphi\|_1^2.$$

Damit ist der Hauptteil von (51) W_2^1-koerziv und der Satz 19.1 beendet den Beweis. ∎

Wir wollen nun für den biharmonischen Operator $\triangle^2$ alle*) Randwerträume V angeben, die die Bedingung 18.1 von Agmon erfüllen, das ist, für welche $\triangle^2$ V-koerziv ist.

---

*) d.h. bei fest gewählter sesquilinearer Form $a(\varphi, \psi) = \displaystyle\int_\Omega \triangle \varphi \cdot \overline{\triangle \psi} \, \mathrm{d}x$.

Beispiel 19.2 Sei $A = \triangle^2$, da ord $\triangle^2 = 4$, also $m = 2$ ist, kann $p = 0,1$ oder 2 sein. Wir nehmen für die sesquilineare Form

$$a(\varphi,\psi) = \int_\Omega \triangle\varphi \cdot \overline{\triangle\psi}\,dx, \qquad \varphi,\psi \in W_2^2(\Omega),$$

und haben für die quadratische Form (7) in Bedingung 18.1.

$$(54) \qquad \operatorname{Re}\tilde{a}^{\mathrm{H}}(v) = \int_0^\infty \left|\left(|\xi'|^2 - \frac{d^2}{dt^2}\right)v(t)\right|^2 dt, \qquad v \in \mathscr{M}^+, \xi' \in \mathbf{R}^{r-1},$$

wobei nach Beispiel 11.8

$$(55) \qquad \mathscr{M}^+ = \{c_1 e^{-|\xi'|t} + c_2 t e^{-|\xi'|t} \mid c_1, c_2 \in \mathbf{C}\}.$$

1. Fall $p = 0$, hier ist $V = W_2^2(\Omega)$ und v durchläuft den gesamten Raum $\mathscr{M}^+$. Nehmen wir $0 \not\equiv v = c_1 e^{-|\xi'|t}$, $c_1 \neq 0$, so ist wegen $\left(|\xi'|^2 - \dfrac{d^2}{dt^2}\right)v(t) \equiv 0$ die Form (54) $\operatorname{Re}\tilde{a}^{\mathrm{H}}(v) = 0$ für alle $0 \neq \xi' \in \mathbf{R}^{r-1}$, d.h. die Bedingung 18.1 ist nicht erfüllt, und $\triangle^2$ ist nicht $W_2^2(\Omega)$-koerziv.

2. Fall $p = 1$. Sei zuerst ord $b_1(x,\mathrm{D}) = 0$, die Randbedingung b_1 hat dann die Form $b_1(x,\mathrm{D}) = b_0(x)$, wobei wegen der Normalität $b_0(x) \neq 0$ sein muß. Für §18, (4) erhalten wir

$$b_1\left(x,\xi',\frac{1}{i}\frac{d}{dt}\right)v(0) = b_0(x)c_1 = 0, \qquad v \in \mathscr{M}^+, \text{ also } c_1 = 0,$$

und um Bedingung 18.1 nachzuprüfen, müssen wir zeigen, daß in (54) $\operatorname{Re}\tilde{a}^{\mathrm{H}}(v) > 0$ ist für alle $v \in \mathscr{M}^+$ der Form

$$0 \not\equiv v(t) = c_2 t e^{-|\xi'|t}, \qquad c_2 \neq 0.$$

Da wie man leicht nachrechnet

$$\left(|\xi'|^2 - \frac{d^2}{dt^2}\right)t e^{-|\xi'|t} \neq 0, \qquad \forall 0 \neq \xi' \in \mathbf{R}^{r-1},$$

haben wir

$$\operatorname{Re}\tilde{a}^{\mathrm{H}}(v) = |c_2|^2 \int_0^\infty \left|\left(|\xi'|^2 - \frac{d^2}{dt^2}\right)t e^{-|\xi'|t}\right|^2 dt > 0, \qquad 0 \neq \xi' \in \mathbf{R}^{r-1},$$

das ist, $\triangle^2$ ist V_1-koerziv, wobei

$$(56) \qquad V_1 = W_2^2(\{b_0\}) = \{\varphi \in W_2^2(\Omega) \mid \varphi|_{\partial\Omega} = 0\}.$$

Sei jetzt ord $b_1(x,\mathrm{D}) = 1$, das ist

$$b_1^{\mathrm{H}}(x,\mathrm{D}) = \sum_{j=1}^{r-1} b_j(x)\frac{\partial}{\partial x_j} + b_r \frac{\partial}{\partial x_r}, \qquad b_r \neq 0,$$

$$b_1^{\mathrm{H}}\left(x;\xi',\frac{1}{\mathrm{i}}\frac{\mathrm{d}}{\mathrm{d}t}\right) = \mathrm{i}\sum_{j=1}^{r-1} b_j(x)\,\xi_j' + b_r\frac{\mathrm{d}}{\mathrm{d}t},$$

wobei wieder die Koordinaten $x_1,\ldots,x_{r-1}$ tangential und x_r normal gerichtet seien. Für §18,(4) ergibt sich

$$b_1^{\mathrm{H}}\,v(0) = c_1\,\mathrm{i}\sum_{j=1}^{r-1} b_j(x)\,\xi_j' - b_r|\xi'|\,c_1 + b_r c_2 = 0, \qquad v\in\mathscr{M}^+,$$

und wir müssen §18,(7) für alle $v\in\mathscr{M}^+$ nachprüfen, die sich in der Form schreiben lassen

$$(57)\qquad v(t) = c\left[b_r + b_r t\,|\xi'| - \mathrm{i}\,t\sum_{j=1}^{r-1} b_j(x)\,\xi_j'\right]\cdot \mathrm{e}^{-t|\xi'|}.$$

Seien die Koeffizienten von $b_1(x,\mathrm{D})$ reell, da $b_r \neq 0$ (Normalität), ist

$$\left[b_r(1 + t\,|\xi'|) - \mathrm{i}\,t\sum_{j=1}^{r-1} b_j\,\xi_j'\right] \neq 0,$$

und $v(t)\not\equiv 0$ bedeutet $c \neq 0$. (57) in (54) eingesetzt, ergibt für alle $0 \neq \xi'\in\mathbf{R}^{r-1}$

$$\tilde{a}^{\mathrm{H}}(v) = |c|^2\cdot\left|b_r|\xi'| - \mathrm{i}\sum_{j=1}^{r-1} b_j\,\xi_j'\right|^2\cdot\int_0^\infty\left|\left(|\xi'|^2 - \frac{\mathrm{d}^2}{\mathrm{d}t^2}\right)t\,\mathrm{e}^{-t|\xi'|}\right|^2\mathrm{d}t > 0,$$

da wegen $b_r \neq 0$ der Ausdruck

$$b_r|\xi'| - \mathrm{i}\sum_{j=1}^{r-1} b_j\,\xi_j' \neq 0,\text{ falls } \xi' \neq 0.$$

Damit ist $\triangle^2$ V_2-koerziv, für alle Räume

$$(58)\qquad V_2 = W_2^2(\{b_1(x,\mathrm{D})\}) = \left\{\varphi\in W_2^2(\Omega)\,\bigg|\,b_0\varphi + \sum_{j=1}^{r} b_j\frac{\partial\varphi}{\partial x_j} = 0 \text{ auf } \partial\Omega\right\}.$$

3. **Fall** $p = 2$. Wir haben es hier mit zwei Randbedingungen $b_1(x,\mathrm{D})$, $b_2(x,\mathrm{D})$ zu tun, wegen der vorausgesetzten Normalität muß sein

$$(59)\qquad \mathrm{ord}\,b_1 = 0, \qquad \mathrm{ord}\,b_2 = 1 \quad\text{und}\quad b_0^{(1)}\cdot b_r^{(2)} \neq 0.$$

Der Vergleich mit Beispiel 11.8,(41) zeigt: (59) bedeutet, daß die Bedingung 11.1 von Lopatinskij-Šapiro erfüllt ist. Damit folgt aus

$$b_1^{\mathrm{H}}\left(x;\xi',\frac{1}{\mathrm{i}}\frac{\mathrm{d}}{\mathrm{d}t}\right)v(0) = 0$$

$$v\in\mathscr{M}^+,\text{ daß } v\equiv 0\text{ ist,}$$

$$b_2^{\mathrm{H}}\left(x,\xi',\frac{1}{\mathrm{i}}\frac{\mathrm{d}}{\mathrm{d}t}\right)v(0) = 0$$

d.h. die Bedingung 18.1 ist (leererweise) erfüllt. $\triangle^2$ ist also V_3-koerziv, für alle Räume

$$(60)\quad V_3 = W_2^2 \binom{b_1}{b_2} = \left\{ \varphi \in W_2^2(\Omega) \,\middle|\, b_0^{(1)}\varphi = 0 \text{ auf } \partial\Omega, \text{ und } b_0^{(2)}\varphi + \sum_{j=1}^{r} b_j^{(2)}\frac{\partial\varphi}{\partial x_j} = 0 \text{ auf } \partial\Omega \right\}.$$

Zum Abschluß dieses Paragraphen wollen wir zeigen, was wir durch den Satz von Gårding fürs Dirichletproblem erreicht haben. Die Bedeutung des Satzes von Agmon für Randwertprobleme wollen wir später in §21 diskutieren – um die Greenschen Formeln anwenden zu können, brauchen wir Regularitätseigenschaften der Lösungen, die wir in §20 behandeln wollen.

Satz 19.5 *Sei das Gebiet Ω offen und beschränkt in $\mathbf{R}^r$, sei $A(x, \mathrm{D})$ (1) stark elliptisch auf $\bar\Omega$. An die Koeffizienten von $A(x, \mathrm{D})$ stellen wir die stärkere Forderung (siehe Satz 19.2)*

$$(61)\qquad a_{\alpha\beta} \in C^m(\bar\Omega).$$

Nach Satz 19.2 ist A $\mathring{W}_2^m(\Omega)$-koerziv, sei k_0 die Koerzitätskonstante. Dann gelten die Aussagen der Sätze 17.11 und 17.12 und wir haben in der Bezeichnungsweise von Satz 17.11

$$L = A, \quad und \quad L' = A^* \quad (auf\ V = \mathring{W}_2^m(\Omega)).$$

Für das Eigenwertproblem

$$(62)\qquad Au - \lambda u = f, \qquad u \in \mathring{W}_2^m(\Omega)$$

gelten die Aussagen des Spektralsatzes von Riesz-Schauder (Satz 17.12) wobei in der Halbebene

$$\operatorname{Re}\lambda \leqslant -k_0,$$

keine Eigenwerte von (62) liegen (Satz 17.14). Dabei können wir die Gleichung (62) im Distributionssinne $\mathscr{D}'(\Omega)$ interpretieren. Weiter, falls $A = A^*$ formalselbstadjungiert ist, dann ist das Dirichletproblem selbstadjungiert und nach Satz 17.12 existiert ein selbstadjungierter, kompakter, Greenscher Lösungsoperator $G: L_2(\Omega) \to L_2(\Omega)$, das Spektrum von (62) besteht also aus unendlich vielen, reellen Eigenwerten $> -k_0$ und die Eigenfunktionen von (62) bilden eine Orthonormalbasis für $L_2(\Omega)$ – es gelten also alle Aussagen von Satz 17.12, dessen Voraussetzungen hier erfüllt sind.

Beweis. Wir müssen zuerst zeigen $L = A$ und daß $Au - \lambda u = f$ (im $\mathscr{D}'(\Omega)$ Sinne verstanden) zu $Lu - \lambda u = f$ äquivalent ist. Sei $\varphi, \psi \in \mathscr{D}(\Omega)$, dann erhalten wir durch partielles Integrieren (a aus (2))

$$(63)\qquad a(\varphi, \psi) = \int_\Omega A\varphi \cdot \bar\psi \, \mathrm{d}x.$$

Die Voraussetzungen (61) haben zur Folge, daß

$$(64)\qquad A: \mathring{W}_2^m(\Omega) \to W_2^{-m}(\Omega) = [\mathring{W}_2^m(\Omega)]',$$

stetig wirkt (siehe Satz 17.7) interpretieren wir $\int_\Omega \varphi\,\bar\psi\,\mathrm{d}x$ als Skalarprodukt auf dem

Gelfandschen Dreier $\mathring{W}_2^m(\Omega) \subset L_2(\Omega) \subset W_2^{-m}(\Omega)$ (Satz 17.4), so erreichen wir durch einen Dichteschluß, daß (63) auch für alle $\varphi, \psi \in \mathring{W}_2^m(\Omega)$ gültig ist, woraus folgt

$$L = A.$$

(63) als $a(\varphi, \psi) = \int_\Omega \varphi \cdot \overline{A^* \psi}\, dx$ geschrieben liefert auch $L' = A^*$ (auf $\mathring{W}_2^m(\Omega)$) und im Falle $A = A^*$: $a(\varphi, \psi) = \overline{a(\psi, \varphi)}$, oder $L = L'$, das ist das Kriterium 17.12,3 für die Selbstadjungiertheit.

Die Interpretation von (62) als Distributionsgleichung ergibt sich daraus, daß falls wir $\varphi \in \mathring{W}_2^m(\Omega)$ festhalten, durch $\int_\Omega A\varphi \cdot \psi\, dx : \mathscr{D}(\Omega) \to \mathbf{C}$ die Distribution $A\varphi$ definiert wird, hier wieder (64) benutzt. Alle anderen Aussagen folgen aus den schon zitierten Sätzen.

Um aus $u \in \mathring{W}_2^m(\Omega)$ Randwerte zu erhalten, müssen wir Regularitätsvoraussetzungen an den Rand $\partial\Omega$ von Ω stellen, z.B.

$$(65) \qquad \Omega \in C^{m,1} \quad \text{für } m \geqslant 2$$

bzw. $\qquad \Omega \in C^{0,1} \quad$ für $m = 1$.

Nach Satz 8.9 ist dann $u \in \mathring{W}_2^m(\Omega)$ äquivalent zu den Dirichletrandwerten

$$u\big|_{\partial\Omega} = 0, \ldots, \left.\frac{\partial^{m-1} u}{\partial n^{m-1}}\right|_{\partial\Omega} = 0,$$

und (62) wird äquivalent zum Rand-Eigenwertproblem

$$Au - \lambda u = f' \quad \text{in } \Omega, \ u \in W_2^m(\Omega)$$

$$\left.\frac{\partial^j u}{\partial n^j}\right|_{\partial\Omega} = 0, \qquad j = 0, \ldots, m-1.$$

Die Voraussetzungen (65) genügen auch für die Gültigkeit des Spursatzes 8.7 und des inversen Theorems 8.8. Damit können wir z.B. zeigen (k_0- die Koerzivitätskonstante): Seien $f \in W_2^{-m}(\Omega)$, $g_1 \in W_2^{m-1/2}(\partial\Omega)$, $\ldots$, $g_m \in W_2^{1/2}(\partial\Omega)$ vorgegeben, dann existiert eine eindeutige Lösung $u \in W_2^m(\Omega)$ des Dirichletproblems

$$(66) \qquad Au + k_0 u = f \quad \text{in } \Omega, \qquad \left.\frac{\partial^j u}{\partial n^j}\right|_{\partial\Omega} = g_{j+1}, \qquad j = 0, \ldots, m-1.$$

Nach Satz 8.8 gibt es nämlich ein $u_0 \in W_2^m(\Omega)$ mit

$$\left.\frac{\partial^j u_0}{\partial n^j}\right|_{\partial\Omega} = g_{j+1}, \qquad j = 0, \ldots, m-1.$$

Wir lösen nun die Gleichungen

$$(67) \qquad Aw + k_0 w = f - Au_0 - k_0 u_0, \qquad \left.\frac{\partial^j w}{\partial n^j}\right|_{\partial\Omega} = 0, \qquad j = 0, \ldots, m-1,$$

wobei $f - Au_0 - ku_0 \in W_2^{-m}(\Omega) = [\mathring{W}_2^m(\Omega)]'$ (Voraussetzungen!). Nach dem oben Gesagten sind die Gleichungen äquivalent zur schwachen Gleichung

$$a(w, \varphi) + k_0(w, \varphi)_0 = (f - Au_0 - k_0u_0, \varphi)_0, \qquad \varphi, w \in \mathring{W}_2^m(\Omega),$$

die nach dem Satz 19.2 von Gårding $\mathring{W}_2^m(\Omega)$-elliptisch ist, also eine eindeutige Lösung $w \in \mathring{W}_2^m(\Omega)$ besitzt, womit auch (67) eindeutig lösbar ist. Leicht prüft man nun mit Hilfe des Spursatzes 8.7 nach, daß

$$u := w + u_0$$

die eindeutige Lösung von (66) in $W_2^m(\Omega)$ ist. ∎

Der Satz 19.2 von Gårding erlaubt uns das Dirichletproblem in $\mathring{W}_2^m(\Omega)$ zu lösen, der Hauptsatz 13.1 betrifft die Lösbarkeit in $\mathring{W}_2^m(\Omega) \cap W_2^{2m}(\Omega)$, daß beide Lösungsmethoden übereinstimmen folgt aus dem Regularitätssatz 20.4.

Aufgabe

19.1 Wir betrachten den Operator $\triangle^n$. Gebe für $n = 3,4$, usw. alle Randbedingungen an, die die Bedingung von Agmon erfüllen.

§20 Die Regularität der Lösungen von stark elliptischen Gleichungen

Wie in §19 sei $A(x, D)$ ein stark elliptischer Differentialoperator von der Gestalt (1), §19, mit der sesquilinearen Form $a(\varphi, \psi)$ §19, (2), und wir setzen voraus, daß $a(\varphi, \psi)$ V-koerziv ist – siehe Definition 17.7. Wir betrachten die schwache Gleichung (siehe §17, (29))

$$(1) \qquad a(u, \varphi) = (f, \varphi)_0, \qquad \forall \varphi \in V,$$

und unser Ziel ist es, Regularitätssätze für die Lösung u zu beweisen – man benennt diese Sätze nach H. Weyl (Weylsches Lemma!).

Wir beginnen mit $V = \mathring{W}_2^m(\Omega)$, und wollen die Regularität im Innern von Ω beweisen (wie wir weiter sehen werden, ergeben sich auf dem Rand $\partial\Omega$ zusätzliche Schwierigkeiten.) Regularitätssätze sind lokal: dies bedeutet fürs Innere von Ω, daß sie auf kleinen $\omega \subset \bar{\omega} \subset\subset \Omega$ gelten, wir kommen also bei der Regularität im Inneren von Ω ohne jegliche Voraussetzungen an $\partial\Omega$ aus (auch die Beschränktheit von Ω ist überflüssig).

Satz 20.1 *Sei Ω offen in $\mathbf{R}^r$ und $a(\varphi, \psi)$ sei $\mathring{W}_2^m(\Omega)$-koerziv. Sei $k \geqslant 1$ vorgegeben, wir setzen über die Koeffizienten von a voraus*

$$(2) \qquad a_{\alpha\beta}(x) \in C^k(\bar{\Omega}).$$

Sei $f \in W_2^{-m}(\Omega)$ (siehe Definition 17.2) derart, daß $D^\alpha f \in W_2^{-m+1}(\Omega)$ für alle $|\alpha| \leqslant k - 1$

gilt, z. B. sei $f \in W_2^{k-m}(\Omega)$ (siehe auch Beispiel 17.2). Seien $\omega, \omega', \omega'', \omega'''$ beliebige offene, beschränkte Mengen mit

$$(3) \qquad \omega \subset\subset \omega' \subset \omega'_\delta \subset \omega'' \subset \omega''_\delta \subset \omega''' \subset\subset \Omega, \quad \text{wobei } \delta > 0,$$

sei $u \in W_2^m(\omega''')$ eine (schwache) Lösung von (1). Dann gehört u zu $W_2^{m+k}(\omega)$.

Da $\omega, \omega', \omega'', \omega'''$ beliebig waren, erhalten wir durch eine Partition der Eins

$$u \in W_2^{m+k}(\Omega') \quad \text{für jedes } \Omega' \subset\subset \Omega,$$

falls $u \in W_2^m(\Omega)$ vorausgesetzt war.

Dem Beweis schicken wir ein Lemma voraus.

Lemma 20.1 *Seien die Voraussetzungen zu Satz 20.1 erfüllt. Sei $\chi \in \mathscr{D}(\omega')$ mit $\chi \equiv 1$ auf ω, und sei $|h| < \delta$. Wir setzen*

$$\Delta_h^i \varphi := \frac{\varphi(\ldots, x_i + h, \ldots) - \varphi(\ldots, x_i, \ldots)}{h}, \qquad i = 1, \ldots, r,$$

dann gilt für alle $\varphi \in \mathscr{D}(\omega'')$

$$(4) \qquad a(\Delta_h^i(\chi u), \varphi) = -a(u, \chi \Delta_h^i \varphi) + I(u, \varphi), \qquad i = 1, \ldots, r,$$

wobei für $I(u, \varphi)$ die Abschätzung gültig ist

$$(5) \qquad |I(u, \varphi)| \leqslant c \|u\|_m \cdot \|\varphi\|_m, \qquad \text{mit } c \geqslant 0 \text{ unabhängig von } h.$$

Beweis. Wir haben $(h_i = (0, \ldots, \underset{i}{h}, \ldots 0))$

$$(6) \qquad \Delta_h^i(\varphi \cdot \psi) = (\Delta_h^i \varphi) \cdot \psi + \varphi(x + h_i) \cdot \Delta_h^i \psi$$

und

$$(7) \qquad \int\limits_\Omega \Delta_h^i \varphi \, dx = 0,$$

falls die Träger von φ und $\varphi(x + h_i)$ in Ω liegen. Aus diesen einfachen Regeln ergibt sich

$$a(\Delta_h^i(\chi u), \varphi) = \int\limits_\Omega \sum_{|\alpha|, |\beta| \leqslant m} a_{\alpha\beta}(x) D^\alpha(\Delta_h^i(\chi u)) \cdot D^\beta \bar\varphi \, dx$$

$$= -\int\limits_\Omega \sum_{\alpha, \beta} \Delta_h^i a_{\alpha\beta} \cdot D^\alpha(\chi u) \cdot D^\beta \overline{\varphi(x + h_i)} \, dx -$$

$$- \int\limits_\Omega \sum_{\alpha, \beta} a_{\alpha\beta}(x) D^\alpha(\chi u) D^\beta(\Delta_h^i \bar\varphi) \, dx,$$

wobei wegen der Voraussetzung (2) für $k = 1$, das erste Integral der Abschätzung (5) genügt. Hier und an anderen Stellen benutzen wir die Tatsache, daß der Translationsoperator $\tau_{h_i} \varphi := \varphi(x + h_i)$ in den W_2^m-Räumen gleichmäßig stetig ist, dies folgt aus dem Kolmogoroffschen Kompaktheitskriterium §1.1. Im zweiten

Integral wenden wir die Leibnizsche Produktregel an $(D^\alpha(\chi u) = \chi D^\alpha u + \ldots,$
$\chi D^\beta \Delta_h^i \bar\varphi = D^\beta(\chi \Delta_h^i \bar\varphi) - \ldots)$, und wir erhalten

$$\int_\Omega \sum_{\alpha,\beta} a_{\alpha\beta}(x) D^\alpha(\chi u) D^\beta(\Delta_h^i \bar\varphi)\, dx = \int_\Omega \sum_{\alpha,\beta} a_{\alpha\beta}(x) D^\alpha u\, D^\beta(\chi \Delta_h^i \bar\varphi)\, dx$$

$$+ \int_\Omega \sum_{\substack{|\alpha| \leqslant m \\ |\beta| \leqslant m-1}} b_{\alpha\beta}(x) D^\alpha u\, D^\beta(\Delta_i^h \bar\varphi)\, dx = a(u, \chi \Delta_h^i \varphi) + I_1(u, \Delta_h^i \varphi).$$

Für I_1 haben wir nach Satz 9.3 die Abschätzung

$$I_1(u, \Delta_h^i \varphi) \leqslant c' \|u\|_m \cdot \|\Delta_h^i \varphi\|_{m-1} \leqslant c \|\varphi\|_m \|u\|_m,$$

womit wir (4) bewiesen haben.

Nun zum Beweis von Satz 20.1. Sei $k = 1$. Wir haben für $\varphi \in \mathscr{D}(\omega'')$, siehe (4),

$$(8) \qquad a(\Delta_h^i(\chi u), \varphi) = -a(u, \chi \Delta_h^i \varphi) + I(u, \varphi) = -(f, \chi \cdot \Delta_h^i \varphi)_0 + I(u, \varphi).$$

Da nach Voraussetzung $f \in W_2^{-(m-1)}(\Omega)$, können wir abschätzen (wir interpretieren $(f, \varphi)_0$ als Skalarprodukt auf dem Gelfandschen Dreier $\mathring{W}_2^{m-1}(\Omega) \subset L_2(\Omega) \subset W_2^{-m+1}(\Omega)$ und benutzen die zweite Eigenschaft (3), §17 eines Gelfandschen Dreiers, sowie den Satz 9.3)

$$(9) \qquad |(f, \chi \Delta_h^i \varphi)_0| \leqslant c \|f\|_{-(m-1)} \|\chi \Delta_h^i \varphi\|_{m-1} \leqslant c \|\varphi\|_m \|f\|_{-m+1}.$$

Nach dem üblichen Dichteschluß gelten (5), (8) und (9) für alle $\varphi \in \mathring{W}_2^m(\omega'')$. Wir setzen $\varphi = \Delta_h^i(\chi u)$ in (8) ein, benutzen die $\mathring{W}_2^m$-Koerzivität von a und die Abschätzungen (5) und (9); wir erhalten

$$c_1 \|\Delta_h^i(\chi u)\|_m^2 - c_2' \|\Delta_h^i(\chi u)\|_0^2 \leqslant \operatorname{Re} a(\Delta_h^i(\chi u), \Delta_h^i(\chi u))$$

$$\leqslant c_3 \|\Delta_h^i(\chi u)\|_m \cdot \|f\|_{-m+1} + c_4 \|u\|_m \|\Delta_h^i(\chi u)\|_m,$$

und Satz 9.3 auf $\|\Delta_h^i(\chi u)\|_0^2 \leqslant c \|\Delta_h^i(\chi u)\|_{m-1}^2 \leqslant c \|u\|_m^2$ nochmals angewandt, ergibt

$$(10) \qquad c_1 \|\Delta_h^i(\chi u)\|_m^2 \leqslant c_2 \|u\|_m^2 + c_3 \|\Delta_h^i(\chi u)\|_m \|f\|_{-m+1} + c_4 \|u\|_m \|\Delta_h^i(\chi u)\|_m.$$

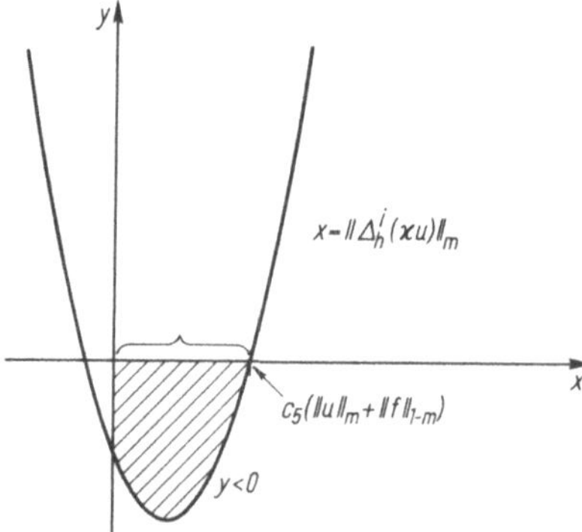

Fig. 20.1

Der Vergleich mit der Parabel (siehe Fig. 20.1)

$$y = c_1 x^2 - (c_3 \|f\|_{-m+1} + c_4 \|u\|_m) x - c_2 \|u\|_m^2 ,$$

liefert für $\|\Delta_h^i(\chi u)\|_m^2$ aus (10) eine Abschätzung

$$(11) \qquad \|\Delta_h^i(\chi u)\|_m \leqslant c_5 (\|u\|_m + \|f\|_{-m+1}).$$

(Wir suchen das x-Intervall, in dem die Parabel y negativ ist, siehe (10).) Da f und u fest gewählt waren, bedeutet nach Satz 9.6 die Abschätzung (11), daß χu zu $\mathring{W}_2^{m+1}(\omega')$ gehört, bzw., daß $u \in W_2^{m+1}(\omega)$ womit wir den Beweis für $k=1$ erbracht haben. Satz 9.6 liefert – wegen (11) – auch die Abschätzung

$$(12) \qquad \|u\|_{m+1,\omega} \leqslant c_5 (\|u\|_m + \|f\|_{-m+1})$$

Sei nun $k \geqslant 2$. Wir betrachten sukzessiv die Ausdrücke

$$a\left(\frac{\partial u}{\partial x_i}, \varphi\right), \qquad i = 1, \ldots, r, \qquad a(D^\gamma u, \varphi), \qquad 1 < |\gamma| \leqslant k-1; \qquad \varphi \in \mathcal{D}(\omega'').$$

Wir haben nach partieller Integration

$$a\left(\frac{\partial u}{\partial x_i}, \varphi\right) = -a\left(u, \frac{\partial \varphi}{\partial x_i}\right) - \int\limits_\Omega \sum_{\substack{|\alpha| \leqslant m \\ |\beta| \leqslant m}} \frac{\partial a_{\alpha\beta}}{\partial x_i} D^\alpha u \cdot D^\beta \bar\varphi \, dx$$

$$= -a\left(u, \frac{\partial \varphi}{\partial x_i}\right) + I_i(\varphi), \qquad i = 1, \ldots, r,$$

$$(13) \qquad a(D^\gamma u, \varphi) = (-1)^{|\gamma|} a(u, D^\gamma \varphi) + I_\gamma(\varphi), \qquad |\gamma| \leqslant k-1,$$

und mit (1)

$$a\left(\frac{\partial u}{\partial x_i}, \varphi\right) = -\left(f, \frac{\partial \varphi}{\partial x_i}\right)_0 + I_i(\varphi), \qquad i = 1, \ldots, r,$$

$$a(D^\gamma u, \varphi) = (-1)^{|\gamma|} (f, D^\gamma \varphi)_0 + I_\gamma(\varphi), \qquad |\gamma| \leqslant k-1.$$

Wir schreiben die Funktionale

$$(-1)^{|\gamma|} (f, D^\gamma \varphi)_0 + I_\gamma(\varphi) =: F_\gamma(\varphi), \qquad 1 \leqslant |\gamma| \leqslant k-1$$

und haben statt (1) die Gleichungen

$$(14) \qquad a(D^\gamma u, \varphi) = F_\gamma(\varphi), \qquad 1 \leqslant |\gamma| \leqslant k-1,$$

sukzessiv zu betrachten. Falls wir anstelle der ersten Abschätzung von (9) die Abschätzungen

$$(15) \qquad |F_\gamma(\varphi)| \leqslant c \|\varphi\|_{m-1}, \qquad 1 \leqslant |\gamma| \leqslant k-1,$$

beweisen können, dann sind wir fertig, denn der obige Beweis (der für $k=1$) sukzessiv auf die Gleichungen (14) angewandt, ergibt

$$\frac{\partial u}{\partial x_i} \in W_2^{m+1}(\omega), \qquad i = 1, \ldots, r, \qquad D^\gamma u \in W_2^{m+1}(\omega), \qquad 1 < |\gamma| \leqslant k-1,$$

das ist $u \in W_2^{m+k}(\omega)$. Auch ergibt sich mühelos eine (12) entsprechende Abschätzung

$$(16) \qquad \|u\|_{m+k,\omega} \leqslant c_5 \left[\|u\|_m + \sum_{|\alpha| \leqslant k-1} \|D^\alpha f\|_{-m+1} \right].$$

Wir prüfen (15) nach, wir haben für $\varphi \in \mathscr{D}(\omega'')$ (wir integrieren partiell und benutzen die Voraussetzung $D^\gamma f \in W_2^{1-m}$ für $|\gamma| \leqslant k-1$)

$$(17) \qquad |(-1)^{|\gamma|}(f, D^\gamma \varphi)_0| = |D^\gamma f, \varphi)_0| \leqslant c' \|D^\gamma f\|_{-m+1} \cdot \|\varphi\|_{m-1} \leqslant c \|\varphi\|_{m-1}.$$

Nun zu den Funktionalen $I_\gamma(\varphi)$, wir müssen zeigen

$$(18) \qquad |I_\gamma(\varphi)| \leqslant c \|\varphi\|_{m-1}.$$

Wir haben

$$(19) \qquad I_\gamma(\varphi) = (-1)^{|\gamma|-1} \int\limits_{\Omega} \sum_{\substack{|\alpha| \leqslant m \\ |\beta| \leqslant m}} \sum_{|s| \leqslant |\gamma|-1} \binom{s}{\gamma} D^{\gamma-s} a_{\alpha\beta} \cdot D^\alpha u \cdot D^{\beta+s} \bar{\varphi}\, dx$$

mit

$$(20) \qquad u \in W^{m+|\gamma|}.$$

(der Grund, weswegen wir sukzessiv vorgehen müssen, ist (20)!). Wir schätzen die einzelnen Terme von (19) ab, wir unterscheiden zwei Fälle; erstens $|\beta+s| \leqslant m-1$, hier ergibt sich (18) unmittelbar, zweitens $|\beta+s| \geqslant m$; um (18) zu erlangen, integrieren wir

$(|\beta+s|-m+1)$-mal partiell (weg von φ).

Dadurch kann sich $D^\alpha u$ auf $D^{\alpha_1} u$ erhöhen, wobei

$$|\alpha_1| = |\alpha| + |\beta| + |s| - m + 1 \leqslant 2m + |\gamma| - 1 - m + 1 = m + |\gamma|,$$

was wegen (20) zulässig ist, $D^{\gamma-s} a_{\alpha\beta}$ kann sich auf $D^{\gamma_1} a_{\alpha\beta}$ erhöhen, wobei

$$|\gamma_1| = |\gamma| - |s| + |\beta| + |s| - m + 1 = |\gamma| + |\beta| - m + 1 \leqslant k - 1 + m - m + 1 = k,$$

auch dies ist wegen der Voraussetzung (2) zulässig. Wir sehen also, daß wir nach der partiellen Integration wieder die Abschätzung (18) haben; (18) und (17) ergeben (15). ∎

Bemerkung Vorsichtiges Hantieren mit (19) zeigt, daß man für $k > m$, die Voraussetzung (2) zu

$$a_{\alpha\beta} \in C^{\max(m, |\beta|+k-m)}(\bar{\Omega})$$

abschwächen kann, ein Ergebnis, das auf Nirenberg [1] zurückgeht.

Wir gehen nun daran, die Regularität einer Lösung $u \in V$ von (1) bis auf den Rand $\partial\Omega$ zu erweisen. Um durch den Regularitätssatz 20.4 den Satz 15.1 mitzuerfassen, müssen wir der sesquilinearen Form $a(\varphi, \psi)$ eine Randform $c(\varphi, \psi)$ hinzufügen. Wir betrachten

$$(21) \qquad c(\varphi, \psi) = \sum_{|\alpha|+|\beta| \leqslant 2m-1} \int\limits_{\partial\Omega} c_{\alpha\beta} D^\alpha \varphi \cdot D^\beta \bar{\psi} \cdot dx.$$

Definition 20.1 *Wir sagen, daß die Randform* (21) *$(m-1)$-transversal ist, falls die Ableitungen in Normalenrichtung, welche in D^α, wie auch D^β vorkommen, höchstens von der Ordnung $(m-1)$ sind.*

Satz 20.2 *Sei Ω beschränkt und $\in C^{2m,1}$, sei $c_{\alpha\beta} \in C^1(\bar\Omega)$ falls $|\alpha| \leqslant m-1$ und $|\beta| \leqslant m-1$, sei $c_{\alpha\beta} \in C^{|\alpha|-m+2}(\bar\Omega)$ für $|\alpha| > m-1$ und $c_{\alpha\beta} \in C^{|\beta|-m+2}(\bar\Omega)$ für $|\beta| > m-1$. Falls die Randform* (21) *$(m-1)$-transversal ist, dann ist sie stetig auf $W_2^m(\Omega) \times W_2^m(\Omega)$. Falls zusätzlich für die Randform* (21) *gilt*

$$(22) \qquad |\alpha| + |\beta| \leqslant 2m - 2 ,$$

dann erfüllt $c(\varphi, \psi)$ die Voraussetzungen von Satz 19.1:

$$(23) \qquad |c(\varphi, \varphi)| \leqslant c \, \|\varphi\|_m \cdot \|\varphi\|_{m-1} ,$$

woraus folgt, daß mit $a(\varphi, \psi)$ auch $a(\varphi, \psi) + c(\varphi, \psi)$ wieder V-koerziv ist.

Beweis. Wir wollen den Beweis elementar, ohne Spuroperatoren führen. Nach einer Partition der Eins und normalen Koordinatentransformationen brauchen wir nur den Fall $\partial\Omega = W^{r-1}$, $\Omega = W_+^r$ und $\varphi, \psi \in C^\infty(\overline{W_+^r})$ zu betrachten, wobei die Träger von φ, ψ den Rand von W_+^r höchstens in W^{r-1} schneiden. Zum Abschätzen betrachten wir die einzelnen Terme

$$(24) \qquad \int\limits_{W^{r-1}} c_{\alpha\beta} \, D^\alpha \varphi \cdot D^\beta \bar\psi \, dx_1 \ldots dx_{r-1} ,$$

von (21). Falls $|\alpha| \leqslant m-1$ und $|\beta| \leqslant m-1$ ist, ändern wir an (24) nichts und schreiben (24) in der Form

$$(25) \qquad \int\limits_{W^{r-1}} c \cdot w \cdot \bar v \cdot dx_1 \ldots dx_{r-1} ,$$

wobei

$$(26) \qquad w := D^\alpha \varphi, \quad |\alpha| \leqslant m-1, \quad v := D^\beta \psi, \quad |\beta| \leqslant m-1, \quad c \in C^1(\overline{W^r}).$$

Sei $|\alpha| > m-1$, wegen der $(m-1)$-Transversalität müssen die $|\alpha| - m + 1$ überschüssigen Differentiationen in $D^\alpha \varphi$ tangential (d.h. $\partial/\partial x_1, \ldots, \partial/\partial x_{r-1}$) sein, und wir können sie – wegen der Trägereigenschaften von φ und ψ – durch partielle Integrationen (ohne Zusatzterme) auf $D^\beta \psi$ bringen, das Integral (24) nimmt dann die Form an

$$(27) \qquad \int\limits_{W^{r-1}} c \cdot w \cdot \frac{\overline{\partial v}}{\partial x_1} \cdot dx_1 \ldots dx_{r-1} ,$$

wobei wieder (26) gültig ist. Auch im Falle $|\beta| > m-1$ können wir das Integral (24) in die Form (27) bringen. Dies sind alle möglichen Fälle, denn $|\alpha| \geqslant m$ und $|\beta| \geqslant m$ sind wegen $|\alpha| + |\beta| \leqslant 2m - 1$ unmöglich.

Wir haben für (25) (Trägereigenschaften von φ und ψ!)

$$(28) \qquad \int_{W^{r-1}} c \cdot w \cdot \bar{v} \, dx = - \int_0^1 dt \int_{W^{r-1}} \frac{\partial}{\partial t} (c \cdot w \cdot \bar{v}) \, dx$$

$$= - \int_{W_+^r} \left[\frac{\partial c}{\partial t} w \bar{v} + c \frac{\partial w}{\partial t} \bar{v} + cw \cdot \frac{\partial \bar{v}}{\partial t} \right] dy,$$

woraus wegen (26) die Abschätzung folgt

$$(29) \qquad \left| \int_{W^{r-1}} c \cdot w \bar{v} \, dx \right| \leqslant c_1 [\|\varphi\|_{m-1} \|\psi\|_{m-1} + \|\varphi\|_m \|\psi\|_{m-1} + \|\varphi\|_{m-1} \|\psi\|_m]$$

$$\leqslant c_2 \|\varphi\|_m \|\psi\|_m.$$

Für (27) haben wir

$$\int_{W^{r-1}} c \cdot w \frac{\partial \bar{v}}{\partial x_1} \, dx = - \int_0^1 dt \int_{W^{r-1}} \frac{\partial}{\partial t} \left[cw \frac{\partial \bar{v}}{\partial x_1} \right] dx$$

$$= - \int_{W_+^r} \left[\frac{\partial c}{\partial t} w \frac{\partial \bar{v}}{\partial x_1} + c \frac{\partial w}{\partial t} \frac{\partial \bar{v}}{\partial x_1} + cw \frac{\partial^2 \bar{v}}{\partial t \, \partial x_1} \right] dy.$$

Wir integrieren im letzten Term partiell nach x_1 und erhalten

$$- \int_{W_+^r} c \cdot w \cdot \frac{\partial^2 \bar{v}}{\partial t \, \partial x_1} \, dy = \int_{W_+^r} \frac{\partial (cw)}{\partial x_1} \cdot \frac{\partial \bar{v}}{\partial t} \, dy = \int_{W_+^r} \left[\frac{\partial c}{\partial x_1} \cdot w \cdot \frac{\partial \bar{v}}{\partial t} + c \frac{\partial w}{\partial x_1} \cdot \frac{\partial \bar{v}}{\partial t} \right] dy,$$

wonach wir für $\displaystyle\int_{W^{r-1}} c \cdot w \cdot \frac{\partial \bar{v}}{\partial x_1} \, dx$ bekommen

$$\int_{W^{r-1}} cw \frac{\partial \bar{v}}{\partial x_1} \, dx = \int_{W_+^r} \left[\frac{\partial c}{\partial x_1} w \frac{\partial \bar{v}}{\partial t} - c \frac{\partial w}{\partial t} \frac{\partial \bar{v}}{\partial x_1} + c \frac{\partial w}{\partial x_1} \frac{\partial \bar{v}}{\partial t} - \frac{\partial c}{\partial t} w \frac{\partial \bar{v}}{\partial x_1} \right] dy,$$

woraus sich die Abschätzung ergibt

$$(30) \qquad \left| \int_{W^{r-1}} c \cdot w \frac{\partial \bar{v}}{\partial x_1} \, dx \right| \leqslant c_2 \|\varphi\|_m \cdot \|\psi\|_m.$$

(29) und (30) beweisen die Stetigkeit von (21) auf $W_2^m(\Omega) \times W_2^m(\Omega)$. Falls nun zusätzlich $|\alpha| + |\beta| \leqslant 2m - 2$ ist, können wir (24) immer in die Form (25) bringen und die erste Abschätzung von (29) ergibt für $\varphi = \psi$

$$\left| \int_{W^{r-1}} c \cdot w \cdot \bar{v} \, dx \right| \leqslant c_3 \|\varphi\|_m \|\varphi\|_{m-1},$$

das ist (23). ∎

Wir wollen nun die Voraussetzungen für den Regularitätssatz 20.4 angeben. Sei $k \geqslant 1$ (k kann auch gleich Null sein, wir erhalten dann aber nichts Neues).

1. Sei Ω beschränkt und gehöre zu $C^{m+k,1}$.

2. Für die Koeffizienten der sesquilinearen Form $a(\varphi, \psi)$ setzen wir voraus

$$(31) \qquad a_{\alpha\beta}(x) \in C^k(\bar{\Omega}).$$

3. Seien auf $\partial\Omega$ p normale Randwertoperatoren $b_j(x, \mathrm{D})$, $j = 1, \ldots, p$ gegeben mit $0 \leqslant m_j = \operatorname{ord} b_j \leqslant m - 1$. Sei

$$V := W^m(\{b_j\}_1^p);$$

falls keine Randwertoperatoren vorgegeben sind also $p = 0$, setzen wir

$$V := W_2^m(\Omega)..$$

Für die Koeffizienten von $b_j(x, \mathrm{D})$ setzen wir voraus

$$(32) \qquad b_{j,s}(x) \in C^{m+k-m_j}(\bar{\Omega}), \qquad |s| \leqslant m_j, j = 1, \ldots, p.$$

4. Sei eine $(m-1)$-transversale Randform $c(\varphi, \psi)$ vorgegeben. Da wir auf $\partial\Omega$ immer tangential partiell integrieren können, ohne daß zusätzlich Terme auftreten ($\partial\Omega$ hat keinen Rand, denn $\partial\partial\Omega = \emptyset$), können wir – wie wir im Beweis von Satz 20.2 gezeigt haben – $c(\varphi, \psi)$ umformen in

$$(33) \qquad c(\varphi, \varphi) = \sum_{\substack{|\alpha| \leqslant m-1 \\ |\beta| \leqslant m}} \int_{\partial\Omega} c_{\alpha\beta} \cdot \mathrm{D}^\alpha \varphi \cdot \mathrm{D}^\beta \bar{\psi} \, d\sigma,$$

und wir setzen für die Koeffizienten von $c(\varphi, \psi)$ in (33) voraus

$$(34) \qquad c_{\alpha\beta}(x) \in C^k(\bar{\Omega}), \qquad |\alpha| \leqslant m - 1, |\beta| \leqslant m.$$

5. Die sesquilineare Form

$$(35) \qquad \mathscr{A}(\varphi, \psi) = a(\varphi, \psi) + c(\varphi, \psi)$$

sei V-koerziv. Nach Satz 20.2 genügt es, falls für (33) $|\alpha| + |\beta| \leqslant 2m - 2, \forall \alpha, \beta$ gilt, zu fordern, daß $a(\varphi, \psi)$ V-koerziv ist.

6. Wir betrachten die (schwache) Gleichung

$$(36) \qquad a(u, \varphi) + c(u, \varphi) = (f, \varphi)_0, \qquad \varphi \in V,$$

wobei die Lösung u aus V sei und fürs vorgegebene Funktional f gelte

$$(37) \qquad f \in [W_2^{m-k}(\Omega)]' \quad \text{für } k < m, \qquad f \in W_2^{k-m}(\Omega) \quad \text{für } k \geqslant m.$$

Wir haben, siehe Beispiel 17.2, $[W_2^{m-k}]'$ bzw. $W_2^{k-m} \subset [W_2^{m-1}]' \subset [W_2^m]'$. Dabei interpretieren wir für $k < m$, $(f, \varphi)_0$ als Funktionaldarstellung auf dem Gelfandschen Dreier

$$W_2^{m-k}(\Omega) \subset\subset L_2(\Omega) \subset\subset [W_2^{m-k}(\Omega)]',$$

(siehe §17) mit der Abschätzung

$$(38) \qquad |(f, \varphi)_0| \leqslant \|f\|_{k-m} \|\varphi\|_{m-k} \leqslant \|f\|_{k-m} \|\varphi\|_m,$$

d.h. $(f, \varphi)_0$ kann auch als stetiges Funktional auf dem Gelfandschen Dreier

$$V \subsetneq L_2(\Omega) \subsetneq V'$$

interpretiert werden, wodurch die schwache Gleichung (36) sinnvoll wird. Für $k \geqslant m$ schreiben wir

$$(f, \varphi)_0 := \int\limits_{\Omega} f \cdot \bar{\varphi} \, dx$$

und haben die Abschätzung

$$(38') \qquad |(f, \varphi)_0| \leqslant \|f\| \cdot \|\varphi\|_0 \leqslant \|f\| \cdot \|\varphi\|_m,$$

wodurch $(f, \varphi)_0$ wieder zu einem stetigen Funktional auf dem Dreier

$$V \subsetneq L_2(\Omega) \subsetneq V'$$

wird.

Um die Regularität einer Lösung $u \in V$ von (36) bis auf den Rand $\partial\Omega$ hin zu erhalten, müssen wir folgende Schwierigkeiten überwinden:

a) Wir müssen lokal den Rand $\partial\Omega$ gerade biegen, dies geschieht durch eine zuläßige Koordinatentransformation, d.h. wir wenden Satz 2.12 an.

b) Im Beweis von Satz 20.1 haben wir mit sehr gut differenzierbaren Funktionen aus $\mathscr{D}$ gearbeitet, hier zeigen wir, daß $W_2^{m+k}(\Omega) \cap V$ dicht in V liegt (Satz 20.3). Dies ist unter der Voraussetzung (32) das bestmögliche. Wenn die Koeffizienten der Randoperatoren b_j, $j = 1, \ldots, p$, besser als (32) – differenzierbar sind, dann können wir bessere Aussagen machen:

$$W_2^{m+l}(\Omega) \cap V \text{ dicht in } V \quad \text{für } l > k.$$

c) Wir benutzen wieder zum Beweis die Differenzenoperatoren Δ_h, diesmal aber nur in tangentialer Richtung ($\Omega = W_+^r$, $\partial\Omega = W^{r-1}$, h tangential zu W^{r-1}). Dabei kann es passieren, daß $\Delta_h u$ nicht mehr zu V gehört, obwohl $u \in V$ war, (d.h. $b_j u = 0$, $j = 1, \ldots, p$, aber $b_{j_0} \Delta_h u \neq 0$). Wir können aber eine Korrektur Z_h derart anbringen, daß gilt $\Delta_h u - Z_h u \in V$ für $u \in V$ (Hilfssatz 20.1). Dasselbe betrifft auch die tangentialen Ableitungen $D_x u$, $x \in W^{r-1}$, siehe Hilfssatz 20.2.

d) Da die Verschiebung h in normaler Richtung weg vom Rande und den Randbedingungen führt, müssen wir die normalen Ableitungen gesondert behandeln, dies geschieht durch die Hilfssätze 20.3 und 20.4.

e) Regularitätssätze sind lokal, wir lokalisieren durch eine Multiplikation mit einer Funktion $\chi \in \mathscr{D}(\omega)$, wobei $\omega \cap \partial\Omega \neq \emptyset$, siehe auch Lemma 20.1. Auch hier kann es vorkommen, daß für $u \in V$ χu nicht mehr in V ist, aber es gibt wieder eine Korrektur R mit $\chi u - R u \in V$. Wir wollen der Kürze halber die Multiplikation mit χ gemeinsam mit dem Differenzenoperator Δ_h bzw. mit D_x^α behandeln (siehe die Hilfssätze 20.1 und 20.2).

Wir beginnen mit

Satz 20.3 *Es erfülle Ω die* Voraussetzung 1 *und die Randwertoperatoren $b_j, j = 1, \ldots, p$ die* Voraussetzung 3, *d.h.* (32). *Wir betrachten den durch die Randwerte b_j bestimmten Raum $V = W^m(\{b_j\}_{j=1}^p)$ (siehe auch* §14).
Es gilt:

$$V \cap W_2^{m+k}(\Omega) \text{ liegt dicht in } V.$$

Beweis. Sei $v \in V \subset W_2^m(\Omega)$, nach Satz 3.6 gibt es eine Folge $\varphi_n \in C^\infty(\bar{\Omega})$ mit

$$\varphi_n \to v \text{ in } W_2^m(\Omega) \text{ und } b_j \varphi_n \to b_j v = 0 \text{ in } W_2^{m-m_j-1/2}(\partial\Omega).$$

Da $b_j \varphi_n$ auch zu $W_2^{m+k-m_j-1/2}(\partial\Omega), j = 1, \ldots, p$, gehört, können wir die Gleichungen betrachten

$$(39) \qquad b_1 \psi_n = b_1 \varphi_n, \ldots, b_p \psi_n = b_p \varphi_n.$$

Nach Satz 14.1 – dort $M = k + m$ gesetzt – besitzen die Gleichungen (39) eine Lösung ψ_n in $W_2^{m+k}(\Omega)$, die stetig (in der W_2^m-Topologie) von $b_j \varphi_n$ abhängt, d.h. $\psi_n \to 0$ in $W_2^m(\Omega)$. Wir setzen $v_n := \varphi_n - \psi_n$ und haben nach (39) $b_j v_n = b_j \varphi_n - b_j \psi_n = 0$, das ist $v_n \in V \cap W_2^{m+k}(\Omega)$, sowie $v_n = (\varphi_n - \psi_n) \to (v - 0)$ in $W_2^m(\Omega)$, womit wir unseren Satz bewiesen haben. ∎

Wir kommen nun zu den Korrekturoperatoren.

Hilfssatz 20.1 *Wir betrachten den halben Würfel W_+^r, seien auf W^{r-1} die normalen Randwertoperatoren $b_j(x, D), j = 1, \ldots, p$ gegeben, wobei $0 \leqslant m_j \leqslant m - 1$ und* (32) *gelte, d.h.*

$$b_{j,s}(x) \in C^{m+k-m_j}(\overline{W_+^r}), \quad |s| \leqslant m_j, \qquad j = 1, \ldots, p.$$

Wir bezeichnen mit $\mathscr{V}$ den Raum aller Funktionen φ aus $W_2^m(W_+^r)$, die Null in der Nähe von $\partial W_+^r \setminus W^{r-1}$ sind und die auf W^{r-1} die Randbedingungen $b_j(x, D)\varphi = 0$, $j = 1, \ldots, p$, erfüllen. Wir schreiben kurz

$$(40) \qquad W_\varepsilon^m := W_2^m(W_+^r(1-\varepsilon)), \qquad V_\varepsilon := \mathscr{V} \cap W_\varepsilon^m,$$

wobei $(1-\varepsilon)$ die halbe Kantenlänge des Würfels $W^r(1-\varepsilon)$ ist. Sei $\chi \in \mathscr{D}(\mathbf{R}^r)$ gegeben mit $\operatorname{supp} \chi \cap W_+^r \neq \emptyset$, *sei $|h| \leqslant \varepsilon/2$, wir betrachten die tangentialen Differenzenoperatoren $\Delta_h^\tau, \tau = 1, \ldots, r - 1$. Es gibt dann Korrekturoperatoren $Z_h^\tau, \tilde{Z}_h^\tau, \tau = 1, \ldots, r - 1$, mit folgenden Eigenschaften:*

für $\qquad v \in V_{3\varepsilon}$ *gilt* $\Delta_h^\tau(\chi v) - Z_h^\tau v \in V_\varepsilon$, $\qquad \tau = 1, \ldots, r - 1$,

$$(41) \qquad\qquad \text{und } \chi(\Delta_h^\tau v) - \tilde{Z}_h^\tau v \in V_\varepsilon, \qquad \tau = 1, \ldots, r - 1,$$

Z_h^τ *und* $\tilde{Z}_h^\tau : V_{2\varepsilon} \to W_\varepsilon^m$ *sind linear, stetig und für die Normen gelten*

$$(42) \qquad \|Z_h^\tau\|_m, \|\tilde{Z}_h^\tau\|_m \leqslant c < \infty, \qquad \tau = 1, \ldots, r - 1,$$

wobei c unabhängig von h ist.

Beweis. Wir benutzen wieder Satz 14.1 bzw. den Fortsetzungsoperator Z aus §8. Sei $\varphi_j^h := b_j(\Delta_h^\tau(\chi v))$. Wir haben nach Anwendung der Formel (6) und der Leibnizschen Produktregel

$$\begin{aligned}
(43) \quad \varphi_j^h &= b_j(\Delta_h^\tau(\chi v)) = b_j[(\Delta_h^\tau\chi)v + \chi(x+h)\Delta_h^\tau v] \\
&= \Delta_h^\tau\chi \cdot b_j v + b_j'v + \chi(x+h) \cdot b_j(\Delta_h^\tau v) + b_j''(\Delta_h^\tau v),
\end{aligned}$$

wobei für die Ordnungen gilt

$$(44) \qquad \operatorname{ord} b_j', \ \operatorname{ord} b_j'' \leqslant m_j - 1.$$

Wegen der Randbedingungen $b_j v = 0$ und $b_j(x+h, \mathrm{D})\,v(x+h) = 0$ haben wir

$$(45) \qquad b_j(\Delta_h^\tau v) = \sum_{|s| \leqslant m_j} \Delta_h^\tau b_{j,s}(x)\,\mathrm{D}^s v(x+h)$$

und die Voraussetzung (32), d.h. $\partial b_{j,s}/\partial x_\tau \in C^{m+k-1-m_j}(\overline{W_+^r})$, $\tau = 1, \ldots, r-1$, gibt für (45) die Abschätzung

$$(46) \qquad \| b_j(\Delta_h^\tau v) \|_{m-m_j-1/2} \leqslant c\,\|v\|_m, \quad \text{wobei } c \text{ unabhängig von } h \text{ ist.}$$

Insgesamt erhalten wir – (44) und (46) berücksichtigt – für (43) die Abschätzung

$$(47) \qquad \| \varphi_j^h \|_{m-m_j-1/2} \leqslant c\,\|v\|_m,$$

wobei c unabhängig von h ist. Nach Satz 14.1 besitzen die Gleichungen

$$(48) \qquad b_j u^h = \varphi_j^h, \qquad j = 1, \ldots, p,$$

eine Lösung $u^h \in W_2^m$, die stetig von φ_j^h abhängt. Wir definieren $Z_h^\tau v := u^h$ und haben wegen (48) sofort (41), während die stetige Abhängigkeit zusammen mit (47) uns (42) liefert. Der Beweis für $\tilde{Z}_h^\tau$ verläuft ebenso, wir haben nur statt (43) als Ausgangsformel die folgende zu nehmen

$$\tilde{\varphi}_j^h := b_j(\chi(\Delta_h^\tau v)) = \chi \cdot b_j(\Delta_h^\tau v) + \tilde{b}_j \Delta_h^\tau v,$$

mit $\operatorname{ord} \tilde{b}_j \leqslant m_j - 1$ und $b_j(\Delta_h^\tau v)$ wie (45). Satz 9.4 gibt wieder für $\tilde{b}_j \Delta_h^\tau v$ die Abschätzung

$$\| \tilde{b}_j \Delta_h^\tau v \|_{m-m_j-1/2} = \| \tilde{b}_j \Delta_h^\tau v \|_{(m-1)-(m_j-1)-1/2} \leqslant \| \tilde{b}_j \| \, \| \Delta_h^\tau v \|_{m-1} \leqslant c\,\|v\|_m,$$

und der weitere Beweis verläuft wie oben. ∎

Die Abhängigkeit von ε (Support!) wird auch durch Satz 14.1 geliefert.

Achtung! Wir machen nochmals darauf aufmerksam, daß die Hilfssätze 1 und 2 nur in tangentialen Richtungen gelten.

Hilfssatz 20.2 *Wir benutzen die Voraussetzungen und Bezeichnungen von* Hilfssatz 20.1, *seien* D_x^s *tangentiale Ableitungen, wie immer schreiben wir*

$$y = (x, t) = (x_1, \ldots, x_{r-1}, t) \in W_+^r, \qquad x \in W^{r-1}, \ t \geqslant 0.$$

Wir betrachten $\Delta_h^\tau \mathrm{D}_x^s(\chi v)$ *und* $\chi\,[\mathrm{D}_x^s \Delta_h^\tau v]$ *für* $v \in V_{3\varepsilon} \cap W_2^{m+l}$, *wobei* $1 \leqslant l \leqslant k-1$ *und*

$|s| = l$ *ist. Es existieren Korrekturoperatoren* $Z_h^{s,\,\tau}$, $\tilde{Z}_h^{s,\,\tau}$ *mit folgenden Eigenschaften:*

1. *für* $v \in V_{3\varepsilon} \cap W_2^{m+l}$ *gilt*

$$(49) \qquad \begin{aligned} \Delta_h^\tau D_x^s(\chi v) - Z_h^{s,\,\tau} v &\in V_\varepsilon \\[2mm] \chi[D_x^s \Delta_h^\tau v] - \tilde{Z}_h^{s,\,\tau} v &\in V_\varepsilon \end{aligned} \qquad \tau = 1, \ldots, r-1,$$

2. *wir haben die Darstellungen*

$$(50) \qquad \begin{aligned} Z_h^{s,\,\tau} v &= \sum_{|\alpha| \leqslant |s|} D_x^\alpha Z_h^\alpha v \\[2mm] \tilde{Z}_h^{s,\,\tau} v &= \sum_{|\alpha| \leqslant |s|} D_x^\alpha \tilde{Z}_h^\alpha v, \end{aligned}$$

wobei die Operatoren Z_h^α, $\tilde{Z}_h^\alpha$ *linear und stetig wirken*

$$(51) \qquad Z_h^\alpha, \tilde{Z}_h^\alpha: \quad \left\{ \begin{aligned} W_2^m \cap V_{2\varepsilon} &\to W_2^m \\ &\;\;\vdots \\ W_2^{m+l} \cap V_{2\varepsilon} &\to W_2^{m+l}, \end{aligned} \right.$$

und für die entsprechenden Operatornormen gilt

$$(52) \qquad \|Z_h^\alpha\|_m, \|\tilde{Z}_h^\alpha\|_m, \ldots, \|Z_h^\alpha\|_{m+l}, \|\tilde{Z}_h^\alpha\|_{m+l} \leqslant c < \infty,$$

wobei c *unabhängig von* h *ist.*

Bemerkung Wir werden in diesem Beweis an mehreren Stellen mit Leibnizformeln arbeiten:

Multiplikatoren vor den Differentialen D können hinter das Differential D gebracht werden

$$\chi D v = D(\chi v) - D^0(D\chi)v, \qquad D^0 = I = \text{Identität},$$

und ebenso mit höheren Ableitungen.

Dies und die Leibnizsche Produktregel ergibt

$$D^\alpha(b(x, D)v) = b(x, D) D^\alpha v + \sum_{|\beta| \leqslant |\alpha|-1} D^\beta(\tilde{b}_\beta(x, D)v),$$

oder anders hingeschrieben

$$(53) \qquad b(x, D)(D^\alpha v) = D^\alpha(b(x, D)v) + \sum_{|\beta| \leqslant |\alpha|-1} D^\beta(b_\beta(x, D)v),$$

wobei für die Ordnungen gilt

$$\text{ord}\, b_\beta \leqslant \text{ord}\, b.$$

Die Koeffizienten von b_β entstehen aus den Koeffizienten von b durch Differentiationen und den arithmetischen Operationen (ohne Divisionen).

Beweis von Hilfssatz 20.2. Wir gehen von den Darstellungen aus

$$
(54) \qquad
\begin{aligned}
b_j\{\Delta_h^\tau D_x^s(\chi v)\} &= \sum_{|\alpha| \leq |s|} D_x^\alpha W_{h,j}^\alpha, \\
b_j\{\chi[D_x^j \Delta_h^\tau v]\} &= \sum_{|\alpha| \leq |s|} D_x^\alpha \tilde{W}_{j,h}^\alpha,
\end{aligned}
\qquad j = 1, \ldots, p
$$

mit den Abschätzungen

$$
(55) \qquad \| W_{j,h}^\alpha \|_{m+n-m_j-1/2} \leq c \, \| v \|_{m+n}, \qquad n = 0, 1, \ldots, l
$$

(ebenso für $\tilde{W}_{j,h}^\alpha$), wobei c unabhängig von h ist. (54) und (55) beweisen wir am Ende. Wir suchen die Korrekturen in der Form

$$
(56) \qquad Z_h^{s,\tau} v =: g_h^{s,\tau} = \sum_{|\alpha| \leq |s|} D_x^\alpha g_h^\alpha = \sum_{|\alpha| \leq |s|} D_x^\alpha Z_h^\alpha v
$$

und müssen g_h^α durch (54) bestimmen. Damit (49) erfüllt ist, muß sein

$$
(57) \qquad b_j\left(\sum_{|\alpha| \leq |s|} D_x^\alpha g_h^\alpha \right) = \sum_{|\alpha| \leq |s|} D_x^\alpha W_{h,j}^\alpha, \qquad j = 1, \ldots, p.
$$

Um (57) zu genügen und unseren Hilfssatz zu beweisen, bestimmen wir g_h^α sukzessiv. Dabei besteht die Schwierigkeit, daß $b_j(x, D)$ nicht mit D_x^α kommutiert.

Wir beginnen mit der höchsten Ordnung α, $|\alpha| = |s|$. Wir bestimmen g_h^α, $|\alpha| = |s|$, durch die Gleichungen

$$
(58) \qquad b_j g_h^\alpha = W_{h,j}^\alpha, \qquad j = 1, \ldots, p.
$$

Nach Satz 14.1 und wegen der Abschätzung (55) existiert eine Lösung $g_h^\alpha =: Z_h^\alpha v$ von (58) die (51) und (52) erfüllt. Wir setzen die für $|\alpha| = |s|$ gefundene Lösung g_h^α in (57) ein und wenden (53) an.

$$
b_j(D_x^\alpha g_h^\alpha) = D_x^\alpha(b_j g_h^\alpha) + \sum_{|\beta| \leq |\alpha|-1} D_x^\beta(b_{j,\beta} g_h^\alpha),
$$

wobei ord $b_{j,\beta} \leq m_j$.
(57) geht über in

$$
(59) \qquad b_j\left(\sum_{|\alpha| \leq |s|-1} D_x^\alpha g_h^\alpha \right) = \sum_{|\alpha| \leq |s|-1} D_x^\alpha W_{h,j}^\alpha - \sum_{\substack{|\alpha| \leq |s|-1 \\ |\alpha'| = |s|}} D_x^\alpha b_{j,\alpha} g_h^{\alpha'}.
$$

Wir bestimmen jetzt g_h^α mit $|\alpha| = |s| - 1$ durch

$$
(60) \qquad b_j(x, D) g_h^\alpha = W_{h,j}^\alpha - b_{j,\alpha}(x, D) g_h^{\alpha'}, \qquad j = 1, \ldots, p.
$$

Da ord $b_{j,\alpha} \leq m_j$ haben wir die Abschätzung

$$
(61) \qquad \| b_{j\alpha}(x, D) g_h^{\alpha'} \|_{m+n-m_j-1/2} \leq c \, \| g_h^{\alpha'} \|_{m+n} \leq c \, \| v \|_{m+n},
$$

wobei wegen (52) ($|\alpha'| = |s|$) c unabhängig von h ist. Die Abschätzungen (55) und (61) ergeben durch den Satz 14.1 für $g_h^\alpha := Z_h^\alpha v$, $|\alpha| = |s| - 1$ die Eigenschaften (51) und (52). Wenn wir auf diese Weise fortfahren, können wir alle g_h^α in (56) bestimmen, wobei

(57), d.h. (49) erfüllt wird und auch die Eigenschaften (51) und (52). Die Darstellung (50) ist (56) anders hingeschrieben. Auf demselben Weg ergeben sich auch die Eigenschaften der $\tilde{Z}$-Operatoren aus der zweiten Formel von (54) mit der (55) entsprechenden Abschätzung.

Nun zum Beweis von (54) mit der Abschätzung (55). Da die b_j normal sind, können wir ohne die Allgemeinheit einzuschränken voraussetzen, daß der Koeffizient bei $\partial^{m_j}/\partial t^{m_j}$ gleich 1 ist.

Wir haben wegen (6), der Leibnizschen Produktregel und (53)

$$(62) \quad \begin{aligned} b_j(\Delta_h^\tau D_x^s(\chi v)) &= b_j(D_x^s \Delta_h^\tau(\chi v)) = b_j(D_x^s[(\Delta_h^\tau \chi)v + \chi(x+h)\Delta_h^\tau v]) \\ &= \Delta_h^\tau \chi \cdot b_j(D_x^s v) + b_{j,h}'(D_x^s v) + \chi(x+h)b_j(D_x^s \Delta_h^\tau v) + b_j''(D_x^s \Delta_h^\tau v), \end{aligned}$$

wobei ord $b_{j,h}'$, ord $b_j'' \leqslant m_j - 1$ und die Koeffizienten von $b_{j,h}'$ beschränkt sind (die Schranke unabhängig von h), und die nach (32) die notwendigen Differenzierbarkeitsvoraussetzungen erfüllen. Mit Hilfe von (53) können wir schon in (62) darstellen und abschätzen

$$\Delta_h^\tau \chi \cdot b_j(x, D) D_x^s v = \sum_{|\alpha| \leqslant |s|} D_x^\alpha b_{j,h}^\alpha v, \qquad \text{ord } b_{j,h}^\alpha \leqslant m_j,$$

$$\|b_{j,h}^\alpha v\|_{m+n-m_j-1/2} \leqslant c\, \|v\|_{m+n},$$

$$b_{j,h}'(D_x^s v) = \sum_{|\alpha| \leqslant |s|} D_x^\alpha b_{j,h}'^\alpha v, \qquad \text{ord } b_{j,h}'^\alpha \leqslant m_j - 1,$$

$$\|b_{j,h}'^\alpha v\|_{m+n-m_j-1/2} \leqslant c\, \|v\|_{m+n},$$

$$b_j''(x, D)(D_x^s \Delta_h^\tau v) = \sum_{|\alpha| \leqslant |s|} D_x^\alpha b_j''^\alpha(\Delta_h^\tau v), \qquad \text{ord } b_j'' \leqslant m_j - 1,$$

$$\|b_j''^\alpha(\Delta_h^\tau v)\|_{m+n-1-(m_j-1)-1/2} \leqslant c\, \|\Delta_h^\tau v\|_{m+n-1} \leqslant c\, \|v\|_{m+n},$$

da gemäß der Voraussetzung (32) die Koeffizienten von $b_{j,h}^\alpha$, $b_{j,h}'^\alpha$, und $b_j''^\alpha$ Multiplikatoren in den entsprechenden W-Räumen sind. Es bleibt von (62) $\chi(x+h) \cdot b_j(D_x^s \Delta_h^\tau v)$ darzustellen und abzuschätzen. Wir haben wieder wegen (53)

$$(63) \quad \chi(x+h)b_j(x, D)(D_x^s \Delta_h^\tau v) = \chi(x+h)D_x^s b_j \Delta_h^\tau v + \sum_{|\alpha| \leqslant |s|-1} D_x^\alpha \tilde{b}_j^\alpha(\Delta_h^\tau v).$$

Da $v \in V_{3\varepsilon}$ die Randbedingungen erfüllt, hat $b_j(x, D)\Delta_h^\tau v$ die Form (45) und kann durch (46) abgeschätzt werden.

$$\|b_j(x, D)\Delta_h^\tau v\|_{m+n-m_j-1/2} \leqslant c\, \|v\|_{m+n}, \qquad n = 0, \ldots, l.$$

Mit der Voraussetzung „Koeffizient bei $\partial^{m_j}/\partial t^{m_j}$ gleich 1" hat entweder $\tilde{b}_j^\alpha(x, D)$ die Ordnung $(m_j - 1)$ oder aber es kommt wenigstens eine tangentiale Differentiation D_x vor, die wir nach vorne nehmen können. Wir können also in jedem Falle schreiben

$$\sum_{|\alpha| \leqslant |s|-1} D_x^\alpha \tilde{b}_j^\alpha \Delta_h^\tau v = \sum_{|\beta| \leqslant |s|} D_x^\beta \bar{b}_j^\beta(\Delta_h^\tau v), \qquad \text{ord } \bar{b}_j^\beta \leqslant m_j - 1,$$

und abschätzen

$$\| \bar{b}_j^\beta (\varDelta_h^\tau v) \|_{m+n-1-(m_j-1)-1/2} \leqslant c \, \| \varDelta_h^\tau v \|_{m+n-1} \leqslant c \, \| v \|_{m+n} \, .$$

Wie schon bei der Herleitung von (53) bemerkt wurde, spielt der Faktor $\chi(x+h)$ vorn bei (63) keine Rolle, und wir haben (62) durch (54) dargestellt, wobei die Abschätzungen (55) gelten. Der Beweis für die zweite Darstellung in (54) verläuft ebenso und sei dem Leser überlassen. ■

Wir kommen nun zu den Ableitungen $\partial/\partial t$ in Richtung der Normalen.

Hilfssatz 20.3 *Sei wieder W^r der Einheitswürfel und $W_+^r = \{(x,t) \in W^r \mid t > 0\}$. Sei $f \in L_2(W_+^r)$ mit $\partial f/\partial x_\tau \in L_2(W_+^r)$ für $\tau = 1, \ldots, r-1$. Wir betrachten das (anti-)lineare Funktional*

$$(64) \qquad f(\varphi) = \int\limits_{W_+^r} f \frac{\partial^m \bar{\varphi}}{\partial t^m} \, dy \quad auf \; \mathring{W}_2^{m-1}(W_+^r) \, .$$

Falls die Abschätzung

$$(65) \qquad |f(\varphi)| \leqslant c \, \| \varphi \|_{m-1} \quad für \; \varphi \in \mathscr{D}(W_+^r) \; bzw. \; \varphi \in \mathring{W}_2^{m-1}(W_+^r)$$

gilt, dann gehört auch $\partial f/\partial t \in L_2(W_+^r)$ und wir haben

$$(66) \qquad \left\| \frac{\partial f}{\partial t} \right\|_0 \leqslant c \left[\sum_{\alpha + |\beta| \leqslant m-1} \| w_{\alpha\beta} \|_0 + \sum_{\tau=1}^{r-1} \left\| \frac{\partial f}{\partial x_\tau} \right\|_0 \right] .$$

(für die $w_{\alpha\beta}$'s siehe den Beweis).

Beweis. Wegen der Abschätzung (65) gehört f zu $(\mathring{W}_2^{m-1})'$ und wir haben nach Satz 17.6 die Darstellung

$$(67) \qquad f(\varphi) = \int\limits_{W_+^r} f \frac{\partial^m \bar{\varphi}}{\partial t^m} \, dy = \int\limits_{W_+^r} \sum_{\alpha + |\beta| \leqslant m-1} w_{\alpha\beta} \frac{\partial^\alpha}{\partial t^\alpha} \mathrm{D}_x^\beta \bar{\varphi} \, dy \, ,$$

wobei wir $y = (x,t) = (x_1, \ldots, x_{r-1}, t)$ gesetzt haben.
Wir schreiben (67) in der Form

$$(68) \qquad E(\varphi) = \int\limits_{W_+^r} f \frac{\partial^m \bar{\varphi}}{\partial t^m} \, dy - \int\limits_{W_+^r} \sum_{\alpha + |\beta| \leqslant m-1} w_{\alpha\beta} \frac{\partial^\alpha}{\partial t^\alpha} \mathrm{D}_x^\beta \bar{\varphi} \, dy = 0$$

und setzen f und $w_{\alpha\beta}$ (nach Hestenes) auf W^r fort:

$$\tilde{f}(x,t) = \begin{cases} f(x,t) & \text{für } t > 0, \\[2mm] \sum\limits_{j=1}^{m+1} \lambda_j f(x, -jt) & \text{für } t < 0, \end{cases}$$

$$\tilde{w}_{\alpha\beta}(x,t) = \begin{cases} w_{\alpha\beta}(x,t) & \text{für } t > 0, \\[2mm] \sum\limits_{j=1}^{m+1} \lambda_j (-j)^{m-\alpha} w_{\alpha\beta}(x, -jt) & \text{für } t < 0. \end{cases}$$

Dabei haben wir die λ_j so gewählt, daß gilt

$$(69) \qquad \sum_{j=1}^{m+1} (-j)^{m-1-\alpha} \lambda_j = 1 \quad \text{für } \alpha = 0, \ldots, m.$$

Wir betrachten das fortgesetzte Funktional

$$\tilde{E}(\varphi) = \int_{W'} \tilde{f} \frac{\partial^m \bar{\varphi}}{\partial t^m}\, dy - \int_{W'} \sum_{\alpha + |\beta| \leqslant m-1} \tilde{w}_{\alpha\beta} \frac{\partial^\alpha}{\partial t^\alpha} D_x^\beta \bar{\varphi}\, dy,$$

und behaupten, daß für

$$(70) \qquad \varphi \in \mathscr{D}(W') \text{ gilt } \tilde{E}(\varphi) = 0.$$

Wir haben nämlich

$$(71)$$
$$\begin{aligned}
\tilde{E}(\varphi) &= E(\varphi) + \sum_{j=1}^{m+1} \lambda_j \int_{W_+'} f(x, jt) \frac{\partial^m}{\partial t^m} \overline{\varphi(x, -t)}\, dy \\
&\quad + \sum_{\alpha + |\beta| \leqslant m-1} \sum_{j=1}^{m+1} \lambda_j \cdot j^{-1} (-j)^{m-\alpha} \int_{W_+'} w_{\alpha\beta}(x,t) D_x^\beta \frac{\partial^\alpha}{\partial t^\alpha} \overline{\varphi\left(x, -\frac{t}{j}\right)}\, dy \\
&= E(\varphi) + \sum_{j=1}^{m+1} \lambda_j j^{-1} \int_{W_+'} f(x, t) \frac{\partial^m}{\partial t^m} \overline{\varphi\left(x, -\frac{t}{j}\right)}\, dy \\
&\quad + \sum_{\alpha + |\beta| \leqslant m-1} \sum_{j=1}^{m+1} \lambda_j j^{-1} (-j)^{m-\alpha} \int_{W_+'} w_{\alpha\beta}(x,t) D_x^\beta \frac{\partial^\alpha}{\partial t^\alpha} \overline{\varphi\left(x, -\frac{t}{j}\right)}\, dy.
\end{aligned}$$

Wir setzen

$$(72) \qquad \varphi_0(x, t) := - \sum_{j=1}^{m+1} \lambda_j (-j)^{m-1} \varphi\left(x, -\frac{t}{j}\right), \qquad v = \varphi + \varphi_0,$$

und haben $v = \varphi + \varphi_0 \in C_0^m(W_+') \subset \mathring{W}_2^{m-1}(W_+')$, d.h. alle Ableitungen bis zur Ordnung m sind Null auf W'^{-1} (folgt sofort aus (69)). Benutzen wir die Definition (72), so können wir (71) schreiben

$$\tilde{E}_{W'}(\varphi) = E_{W_+'}(\varphi) + E_{W_+'}(\varphi_0) = E_{W_+'}(\varphi + \varphi_0) = E_{W_+'}(v) = 0,$$

letzteres wegen (68). Wir haben damit (70) bewiesen.

Um (66) zu erhalten, können wir die Fouriertransformation benutzen, oder Fourierreihen – wir wollen zur Abwechslung einmal mit Fourierreihen arbeiten.

Wir nehmen $W'(1) = W'$ als „Fourierintervall" und um keine Schwierigkeiten mit den Fourierkoeffizienten zu haben (das ist bei (73)), nehmen wir an, daß $\operatorname{supp} f \subset W_+'(1 - \varepsilon)$, $0 < \varepsilon$ klein, – dies ist keine Beschränkung der Allgemeinheit.

Wir haben dann auch

$$\operatorname{supp} w_{\alpha\beta} \subset W_+^r (1-\varepsilon) \quad \text{und} \quad \operatorname{supp} \tilde{f} \subset W^r(1-\varepsilon), \qquad \operatorname{supp} \tilde{w}_{\alpha\beta} \subset W^r(1-\varepsilon).$$

Sei $\psi \in \mathscr{D}(W^r)$ mit $\psi \equiv 1$ auf $W^r(1-\varepsilon)$, wir nehmen

$$\varphi = i^m \pi^m \cdot \psi \cdot e^{-i\pi(k,x)}, \qquad 0 \neq k = (l_1, \dots, l_{r-1}, \tau) \in \mathbf{Z}^r,$$

setzen dies in (70) ein und erhalten

$$(73) \qquad \tau^m \int_{W^r} \tilde{f} \, e^{-i\pi(k,x)} \, \mathrm{d}x = \sum_{|s| \leqslant m-1} \int_{W^r} \tilde{w}_s(x) \, k^s \cdot e^{-i\pi(k,x)} \, \mathrm{d}x,$$

wobei die Funktionen $\tilde{f}$ und $\tilde{w}_s$ zu $L^2(W^r)$ gehören. Bezeichnen wir mit c_k und γ_{sk} die Fourierkoeffizienten von $\tilde{f}$ und $\tilde{w}_s$, so können wir (73) schreiben.

$$(74) \qquad \tau^m \cdot c_k = \sum_{|s| \leqslant m-1} k^s \cdot \gamma_{sk}, \qquad k \neq 0.$$

Wir haben die offensichtliche Abschätzung

$$|\tau c_k| \leqslant 2^m \frac{|\tau|^{2m+1}}{|k|^{2m}} |c_k| + 2^m \frac{|\tau| \, |l|^{2m}}{|k|^{2m}} |c_k|,$$

wobei $k = (l_1, \dots, l_{r-1}, \tau) = (l, \tau)$; (74) benutzt, ergibt weiter

$$\leqslant \frac{2^m}{|k|^{m-1}} \sum_{|s| < m-1} |k|^{m-1} |\gamma_{sk}| + 2^m |l| \, |c_k|,$$

oder endgültig

$$(75) \qquad |\tau c_k| \leqslant 2^m \left(\sum_{|s| < m-1} |\gamma_{sk}| + |l| \, |c_k| \right).$$

Wir benutzen die Voraussetzung $\partial f/\partial x_\tau \in L^2$, $\tau = 1, \dots, r-1$, die Hestenessche Fortsetzung ergibt $\partial \tilde{f}/\partial x_\tau \in L^2(W^r)$, d.h. die Fourierreihe $\sum_k |l|^2 |c_k|^2$ konvergiert, damit ergibt (75) (dort auch $\sum_k |\gamma_{sk}|^2 < \infty$)

$$\sum_k |\tau c_k|^2 < \infty,$$

was zu $\partial \tilde{f}/\partial t \in L^2(W^r)$ gleichwertig ist, woraus folgt $\partial f/\partial t \in L^2(W_+^r)$. Auch (66) ergibt sich sofort aus (75). ∎

Hilfssatz 20.4 *Seien die* Voraussetzungen 2 *bis* 6 *für* $\Omega = W_+^r$, $\partial\Omega = W^{r-1}$ *und* V_ε *erfüllt, sei u eine Lösung von* (36) *aus* $V_\varepsilon \subset W_\varepsilon^m$, *sei* $k \geqslant 1$.
Falls $u \in W_\varepsilon^m$ *und* $\mathrm{D}_x^s u \in W_\varepsilon^m$ *für alle tangentialen Ableitungen* $|s| \leqslant k$ *gelten, dann gilt auch*

$$(76) \qquad u \in W_\varepsilon^{m+k}.$$

Beweis. Die Voraussetzungen bedeuten, daß

$$(77) \qquad \frac{\partial^\alpha}{\partial t^\alpha} D_x^s u \in L_{2,\varepsilon} := L_2\left(W_+^r(1-\varepsilon)\right)$$

für alle $\alpha + |s| \leqslant k + m$ gilt, mit $\alpha \leqslant m$; und wir müssen beweisen

$$(78) \qquad \frac{\partial^\gamma}{\partial t^\gamma} D_x^s u \in L_{2,\varepsilon} \quad \text{für alle } \gamma + |s| \leqslant k + m,$$

diesmal ohne Einschränkung von γ, also $0 \leqslant \gamma \leqslant k + m$. Wir beweisen (78) durch Induktion nach γ. Für $\gamma \leqslant m$ ist wegen (77) alles richtig. Sei also für $\gamma \geqslant m$ (78) richtig, wir beweisen dann die Richtigkeit von (78) für $\gamma + 1$. Wir betrachten

$$(79) \qquad u' := \frac{\partial^\gamma}{\partial t^\gamma} D_x^s u = \frac{\partial^m}{\partial t^m}\left[\frac{\partial^{\gamma-m}}{\partial t^{\gamma-m}} D_x^s u\right], \quad \text{für } \gamma + |s| \leqslant m + k - 1,$$

schätzen das Integral

$$(80) \qquad \int\limits_{W_+^r} a_{(0,\dots,m)(0,\dots,m)}(y) \frac{\partial^m}{\partial t^m}\left[\frac{\partial^{\gamma-m}}{\partial t^{\gamma-m}} D_x^s u\right] \frac{\partial^m \bar\varphi}{\partial t^m} \, dy,$$

für $\varphi \in \mathscr{D}_\varepsilon = \mathscr{D}\left(W_+^r(1-\varepsilon)\right)$ ab und benutzen den Hilfssatz 20.3.

Achtung! $\varphi \in \mathscr{D}_\varepsilon$ bedeutet für den Beweis, daß alle partiellen Integrationen durchführbar sind, ohne daß Randterme auftreten.

Nun zur Abschätzung von (80); wir haben

$$(81) \qquad \begin{aligned} &\int\limits_{W_+^r} a_{(0,\dots,m)(0,\dots,m)}(y) \frac{\partial^m}{\partial t^m}\left[\frac{\partial^{\gamma-m}}{\partial t^{\gamma-m}} D_x^s u\right] \frac{\partial^m \bar\varphi}{\partial t^m} \, dy \\ &= a\left(\frac{\partial^{\gamma-m}}{\partial t^{\gamma-m}} D_x^s u, \varphi\right) - \sum_{\substack{|\alpha| \leqslant m \\ |\beta| \leqslant m}}{}' \int\limits_{W_+^r} a_{\alpha\beta}(y) D^\alpha\left[\frac{\partial^{\beta-m}}{\partial t^{\beta-m}} D_x^s u\right] D^\beta \bar\varphi \, dy, \end{aligned}$$

dabei zeigt $\sum'$ an, daß in der Summe $\sum\limits_{\alpha\beta}$ der Term mit $a_{(0,.m)(0,.m)}$ fehlt. Da $\varphi \in \mathscr{D}_\varepsilon$ ist, können wir die Umformung (13) anwenden

$$(82) \qquad a\left(\frac{\partial^{\gamma-m}}{\partial t^{\gamma-m}} D_x^s u, \varphi\right) = (-1)^{\gamma-m+|s|} a\left(u, \frac{\partial^{\gamma-m}}{\partial t^{\gamma-m}} D^s \varphi\right) + I_{\gamma,s}(\varphi),$$

wobei für $I_{\gamma,s}(\varphi)$ wegen der Induktionsvoraussetzung (78) gilt (siehe die Herleitung von (18))

$$(83) \qquad |I_{\gamma,s}(\varphi)| \leqslant c \, \|\varphi\|_{m-1}.$$

Nach Voraussetzung genügt u der Gleichung (36), da $\varphi \in \mathscr{D}_\varepsilon$ vereinfacht sich (36) zu

$$a(u, \varphi) = (f, \varphi)_0,$$

dies eingesetzt in (82) ergibt für (81)

(84)

$$\int\limits_{W'_+} a_{(0,m)(0,m)}(y)\, \frac{\partial^m}{\partial t^m}\left[\frac{\partial^{\gamma-m}}{\partial t^{\gamma-m}}\,D_x^s u\right]\frac{\partial^m \bar\varphi}{\partial t^m}\,dy =$$

$$(-1)^{\gamma-m+|s|}\cdot\left(f,\frac{\partial^{\gamma-m}}{\partial t^{\gamma-m}}\,D^s\varphi\right)_0 + I_{\gamma,s}(\varphi) - \sum\limits_{\substack{|\alpha|\leqslant m\\ |\beta|\leqslant m}}{}' \int\limits_{W'_+} a_{\alpha\beta}(y)\,D^\alpha\left[\frac{\partial^{\beta-m}}{\partial t^{\beta-m}}\,D_x^s u\right]D^\beta\bar\varphi\,dy,$$

und die Voraussetzung (37) ergibt nach partieller Integration die Abschätzung

$$(85)\qquad \left|\left(f,\frac{\partial^{\gamma-m}}{\partial t^{\gamma-m}}\,D_x^s\varphi\right)_0\right| \leqslant c\,\|f\|_{k-m}\cdot\|\varphi\|_{m-1},$$

für $\gamma - m + |s| \leqslant k - 1$ und $\varphi \in \mathcal{D}_\varepsilon$.

Es bleibt die Summe $\sum'$ in (84) abzuschätzen. Die Terme mit $|\beta| \leqslant m-1$ ergeben sofort die Abschätzung $\leqslant c\,\|\varphi\|_{m-1}$, wenn wir die Induktionsvoraussetzung (78) benutzen. Sei also $|\beta| = m$, falls sich in D^β eine tangentiale $\partial/\partial x$-Differentiation befindet, bringen wir sie durch partielle Integration auf $a_{\alpha\beta}\,D^\alpha\left[\dfrac{\partial^{\gamma-m}}{\partial t^{\gamma-m}}\,D_x^s u\right]$ – wobei $\gamma - m + |s| \leqslant k - 1$ war –, wir bekommen also nach dieser Umformung

$$|\alpha| + 1 + \gamma - m + |s| \leqslant m + 1 + k - 1 = m + k,$$

sind wieder im Bereich der Voraussetzung (78) und können durch $\leqslant c\,\|\varphi\|_{m-1}$ abschätzen. Falls $D^\beta = \partial^m/\partial t^m$ ist, dann muß sich in D^α wenigstens eine tangentiale $\partial/\partial x$-Differentiation befinden (der Term mit $a_{(0,m)(0,m)}$ fehlt in $\sum'$!) und einmal nach dt partiell integriert, ergibt nach (78)

$$(86)\qquad \frac{\partial}{\partial t}\,a_{\alpha\beta}\,D^\alpha\,\frac{\partial^{\gamma-m}}{\partial t^{\gamma-m}}\,D_x^s u \in L_{2,\varepsilon},$$

denn es ist

$$\frac{\partial}{\partial t}\,D^\alpha\,\frac{\partial^{\gamma-m}}{\partial t^{\gamma-m}}\,D_x^s u = D^{\alpha-1}\,\frac{\partial^{\gamma+1-m}}{\partial t^{\gamma+1-m}}\,D_x^{s+1}u,$$

mit $\quad |\alpha| - 1 + \gamma + 1 - m \leqslant m - 1 + \gamma + 1 - m = \gamma$

und $\quad |\alpha| - 1 + \gamma + 1 - m + |s| + 1 \leqslant m + \gamma - m + |s| + 1 \leqslant k - 1 + m + 1.$

(86) ergibt wieder eine Abschätzung durch $\leqslant c\,\|\varphi\|_{m-1}$, womit wir für die $\sum'$-Summe endgültig die Abschätzung erhalten

$$(87)\qquad \left|\sum\limits_{\substack{|\alpha|\leqslant m\\ |\beta|\leqslant m}}{}' \int\limits_{W'_+} a_{\alpha\beta}(y)\,D^\alpha\left[\frac{\partial^{\gamma-m}}{\partial t^{\gamma-m}}\,D_x^s u\right]\cdot D^\beta\bar\varphi\,dy\right| \leqslant c\,\|\varphi\|_{m-1},\qquad \varphi \in \mathcal{D}_\varepsilon.$$

(83), (85) und (87) ergeben für (84) die gesuchte Abschätzung (siehe (79))

$$\left| \int_{W_+^r} a_{(0,m)(0,m)}(y) \frac{\partial^{\gamma}}{\partial t^{\gamma}} D_x^s u \frac{\partial^m \bar{\varphi}}{\partial t^m} \, dy \right| \leqslant c \, \|\varphi\|_{m-1} \,,$$

für $\gamma + |s| \leqslant m + k - 1$, $\varphi \in \mathcal{D}_\varepsilon$.

Da nach der Induktionsvoraussetzung (78)

$$\frac{\partial}{\partial x_\tau} \frac{\partial^\gamma}{\partial t^\gamma} D_x^s u = \frac{\partial^\gamma}{\partial t^\gamma} D_x^{s+1} u \in L_{2,\varepsilon} \,, \qquad \tau = 1, \ldots, r-1 \,,$$

$(\gamma + |s| + 1 \leqslant m + (k-1) + 1 = m + k\,!)$ und auch (siehe (31))

$$\frac{\partial}{\partial x_\tau} \left[a_{(0,m)(0,m)} \frac{\partial^\gamma}{\partial t^\gamma} D_x^s u \right] \in L_{2,\varepsilon} \,, \qquad \tau = 1, \ldots, r-1 \,,$$

ergibt der Hilfssatz 20.3

$$(88) \qquad \frac{\partial}{\partial t} \left[a_{(0,m)(0,m)} \frac{\partial^\gamma}{\partial t^\gamma} D_x^s u \right] = \frac{\partial a}{\partial t} \frac{\partial^\gamma}{\partial t^\gamma} D_x^s u + a \frac{\partial^{\gamma+1}}{\partial t^{\gamma+1}} D_x^s u \in L_{2,\varepsilon} \,.$$

Nun folgt aber aus V-koerziv die $\mathring{W}_2^m$-Koerzivität von $a(\varphi, \psi) + c(\varphi, \psi) = a(\varphi, \psi)$ $+ 0$, ($c(\varphi, \psi)$ ist eine Randform, also $= 0$ auf $\mathring{W}_2^m(\Omega)$), nach Satz 19.2 ist $a(\varphi, \psi)$ stark elliptisch auf $\overline{W_+^r}$, was nach sich zieht $a_{(0,m)(0,m)} \neq 0$ auf $\overline{W_+^r}$, damit gehört $1/a_{(0,m)(0,m)}$ zu $C(\overline{W_+^r})$.
Den Voraussetzungen nach gehört $\dfrac{\partial a_{(0,m)(0,m)}}{\partial t} \dfrac{\partial^\gamma}{\partial t^\gamma} D_x^s u \in L_2$ und wir erhalten mit (88)

$$\frac{\partial^{\gamma+1}}{\partial t^{\gamma+1}} D_x^s u = \frac{1}{a_{(0,m)(0,m)}} \cdot a_{(0,m)(0,m)} \cdot \frac{\partial^{\gamma+1}}{\partial t^{\gamma+1}} D_x^s u \in L_{2,\varepsilon} \,,$$

das ist (78) für $\gamma + 1$. ∎

Der Hilfssatz 20.3 liefert auch die Abschätzung

$$(89) \qquad \|u\|_{m+k} \leqslant c \left[\|u\|_m + \sum_{|s| \leqslant k} \|D_x^s u\|_m + \sum_{n=0}^{k} \|f\|_{-m+n} \right] .$$

Satz 20.4 (Regularitätssatz) *Seien die* Voraussetzungen 1 *bis* 6 *erfüllt (siehe Seite* 305), *sei* u *eine Lösung von* (36) *in V. Dann liegt*

$$(90) \qquad u \in W_2^{m+k} \cap V \,.$$

Beweis. Da Ω beschränkt ist, können wir durch eine endliche Partition der Eins den Satz lokalisieren, d.h. wir müssen nur beweisen, daß $\chi \cdot u \in W_2^{m+k}(U)$, wobei U eine kleine Umgebung eines (beliebigen) Punktes $x \in \bar{\Omega}$ ist, supp $\chi \subset U$. Falls x im Inneren von Ω liegt, $x \in \Omega$, dann haben wir schon alles durch Satz 20.1 bewiesen, und es bleiben nur die Randpunkte $x \in \partial\Omega$ zu betrachten.

Wir fixieren einen Randpunkt $x_0 \in \partial\Omega$ und nehmen eine so kleine Umgebung U von x_0, daß sich in $U \cap \Omega$ zulässige Koordinaten einführen lassen. Nach Satz 2.12 und der Voraussetzung 1 existiert eine zulässige Transformation

$$\Phi : U \leftrightarrow W^r, \quad U \cap \Omega \leftrightarrow W_+^r, \quad U \cap \partial\Omega \leftrightarrow W^{r-1},$$

die zur Klasse C^{m+k} gehört. Wir nehmen nun $\chi \in \mathscr{D}(U)$ mit $\chi = 1$ auf U', wobei $x_0 \in U' \subset U$. Wir betrachten die sesquilineare Form (35)

$$\mathscr{A}(\varphi, \psi) = a(\varphi, \psi) + c(\varphi, \psi),$$

und nehmen nur solche φ (und ψ) $\in V$, $\operatorname{supp}\varphi \subset U$, daß nach der Transformation $^*\Phi\varphi \in \mathscr{V}$ gehört, d.h. $^*\Phi\varphi = 0$ auf $\partial W_+^r \setminus W^{r-1}$ (siehe Hilfssatz 1). Wir wenden die Transformation Φ auf $\mathscr{A}$ an und sehen leicht ein, Satz 4.1, daß $\mathscr{A}$ in eine $\mathscr{V}$-koerzive Form $\mathscr{A}_\Phi$ übergeht; a und c sind nämlich Integralformen, die sich unter der zulässigen Transformation Φ richtig verhalten, auch die Stetigkeitsabschätzung

$$(91) \qquad \| \mathscr{A}(\varphi, \psi) \| \leqslant c \, \| \varphi \|_m \, \| \psi \|_m$$

ist koordinateninvariant, wieder wegen Satz 4.1. Da $\Phi \in C^{m+k}$ bleiben die Voraussetzungen 2 bis 6 erhalten; kurz gesagt durch die Transformation Φ und die Einschränkung auf $\varphi, \psi \in \mathscr{V}$ haben wir das Regularitätsproblem von $(\Omega, \partial\Omega)$ auf (W_+^r, W^{r-1}) reduziert, wobei die transformierte Form $\mathscr{A}_\Phi$ – wir wollen sie einfach wieder mit $\mathscr{A}$ bezeichnen – die Voraussetzungen 2 bis 6 erfüllt. Die Randbedingungen $b_{j\Phi}, j = 1, \ldots, p$ sind jetzt nur noch auf W^{r-1} gegeben, während auf $\partial W_+^r \setminus W^{r-1}$ alle Funktionen Null sind.

Wir brauchen von nun an unsere Betrachtungen nur auf (W_+^r, W^{r-1}) weiterzuführen.

Sei $k = 1$, wir zeigen, daß unter den Voraussetzungen 2 bis 6, χu zu $W_2^{m+1}(W_+^r)$ gehört. Wir beginnen mit den tangentialen Ableitungen und es zeigt sich, daß wir analog zum Beweis von Satz 20.1 vorgehen können. Zur Approximation der tangentialen Ableitungen $\partial/\partial x_\tau$, $\tau = 1, \ldots, r-1$, benutzen wir wieder die Differenzenoperatoren Δ_h^τ, $\tau = 1, \ldots, r-1$, so daß wir die Sätze aus §9 anwenden können. Da wir bei einer tangentialen Verschiebung um $|h| \leqslant \varepsilon/2$ in W_+^r bzw. W^{r-1} bleiben – falls der Support von φ in $W_+^r(1-\varepsilon)$ war – gelten für $\varphi \in V_\varepsilon$ die Formeln (7)

$$\int\limits_{W_+^r} \Delta_h^\tau \varphi \, \mathrm{d}y = 0, \qquad \int\limits_{W^{r-1}} \Delta_h^\tau \varphi \, \mathrm{d}x = 0, \qquad \tau = 1, \ldots, r-1,$$

und derselbe Beweis, wie für das Lemma 20.1 liefert für $\tau = 1, \ldots, r-1$, $|h| \leqslant \varepsilon/2$, χu, $\varphi \in W_\varepsilon^m$,

$$(92) \qquad \mathscr{A}(\Delta_h^\tau(\chi u), \varphi) = -\mathscr{A}(u, \chi \cdot \Delta_h^\tau \varphi) + I(u, \varphi),$$

mit der Abschätzung

$$(93) \qquad |I(u, \varphi)| \leqslant c \, \|u\|_m \cdot \|\varphi\|_m, \qquad c \text{ unabhängig von } h \text{ und } \varphi.$$

Seien Z_h^τ und $\tilde{Z}_h^\tau$ die Korrekturoperatoren aus dem Hilfssatz 20.1, sei u eine Lösung von (36) sei $|h| \leqslant \varepsilon/2$ und damit alles gut geht, nehmen wir $\varphi \in V_{3\varepsilon}$ und $\chi u \in V_{5\varepsilon}$. Wir haben wegen (92), (41) und (36) für $\tau = 1, \ldots, r - 1$,

$$
\begin{aligned}
\mathscr{A}(\Delta_h^\tau(\chi u) - Z_h^\tau u, \varphi) &= \mathscr{A}(\Delta_h^\tau(\chi u), \varphi) - \mathscr{A}(Z_h^\tau u, \varphi) \\
&= -\mathscr{A}(u, \chi \Delta_h^\tau \varphi) + I(u, \varphi) - \mathscr{A}(Z_h^\tau u, \varphi) \\
&= -\mathscr{A}(u, \chi \Delta_h^\tau \varphi - \tilde{Z}_h^\tau \varphi) - \mathscr{A}(u, \tilde{Z}_h^\tau \varphi) + I(u, \varphi) - \mathscr{A}(Z_h^\tau u, \varphi) \\
&= -(f, (\chi \Delta_h^\tau \varphi - \tilde{Z}_h^\tau \varphi))_0 - \mathscr{A}(u, \tilde{Z}_h^\tau \varphi) + I(u, \varphi) - \mathscr{A}(Z_h^\tau u, \varphi).
\end{aligned}
$$

(94)

Wir können alle Terme auf der rechten Seite von (94) abschätzen: nach Voraussetzung (37) und Satz 9.4 haben wir

$$
(95) \qquad |(f, (\Delta_h^\tau \varphi))_0| \leqslant c \, \|f\|_{-m+1} \cdot \|\Delta_h^\tau \varphi\|_{m-1} \leqslant c \, \|\varphi\|_m,
$$

während (37) und (42) ergibt.

$$
(96) \qquad |(f, (\tilde{Z}_h^\tau \varphi))_0| \leqslant c \, \|f\|_{-m} \cdot \|\tilde{Z}_h^\tau \varphi\|_m \leqslant c \, \|\varphi\|_m.
$$

(42) ergibt nochmals

$$
(97) \qquad |\mathscr{A}(u, \tilde{Z}_h^\tau \varphi)| \leqslant c \, \|u\|_m \cdot \|\tilde{Z}_h^\tau \varphi\|_m \leqslant c \, \|\varphi\|_m,
$$

und

$$
(98) \qquad |\mathscr{A}(Z_h^\tau u, \varphi)| \leqslant c \, \|Z_h^\tau u\|_m \cdot \|\varphi\|_m \leqslant c \, \|\varphi\|_m,
$$

wobei alle Konstanten c unabhängig von h sind. Die Abschätzungen (93), (95), (96), (97) und (98) ergeben für $\mathscr{A}(\Delta_h^\tau \chi u - Z_h^\tau u, \varphi)$ insgesamt die Abschätzung

$$
(99) \qquad |\mathscr{A}(\Delta_h^\tau \chi u - Z_h^\tau u, \varphi)| \leqslant c \, \|\varphi\|_m, \qquad c \text{ unabhängig von } h.
$$

Dabei haben wir u und f als feste Elemente betrachtet.

Wir setzen nun $\varphi = \Delta_h^\tau(\chi u) - Z_h^\tau u$ ein (nach dem Hilfssatz 20.1 haben wir $\Delta_h^\tau \chi u - Z_h^\tau u \in V_{3\varepsilon}$) und benutzen die Voraussetzung 5 ($\mathscr{V}$-Koerzivität)

$$
c_1 \, \|\Delta_h^\tau(\chi u) - Z_h^\tau u\|_m^2 - c_2' \, \|\Delta_h^\tau \chi u - Z_h^\tau u\|_0^2 \leqslant \operatorname{Re} \mathscr{A}(\Delta_h^\tau \chi u - Z_h^\tau u, \Delta_h^\tau \chi u - Z_h^\tau u),
$$

was zusammen mit (99) ergibt

$$
(100) \qquad c_1 \, \|\Delta_h^\tau(\chi u) - Z_h^\tau u\|_m^2 \leqslant c_3 \, \|\Delta_h^\tau(\chi u) - Z_h^\tau u\|_m + c_2' \, \|\Delta_h^\tau \chi u - Z_h^\tau u\|_0^2.
$$

Eine Anwendung von Satz 9.4 und Hilfssatz 20.1, (42) ergibt

$$
\|\Delta_h^\tau(\chi u) - Z_h^\tau u\|_0 \leqslant \|\Delta_h^\tau(\chi u)\|_0 + \|Z_h^\tau u\|_0 \leqslant c' \, \|u\|_m + c \, \|u\|_m
$$

und die Abschätzung (100) bekommt die Form

$$
(101) \qquad c_1 \, \|\Delta_h^\tau(\chi u) - Z_h^\tau u\|_m^2 \leqslant c_3 \, \|\Delta_h^\tau(\chi u) - Z_h^\tau u\|_m + c_2 \, \|u\|_m^2.
$$

Aus (101) folgt sofort (u ist fest, siehe auch den Übergang von (10) zu (11))

$$
\|\Delta_h^\tau(\chi u) - Z_h^\tau u\|_m \leqslant K_1 < \infty,
$$

oder mit Hilfssatz 20.1, (42)

$$\| \Delta_h^\tau (\chi u) \|_m \leqslant K < \infty, \qquad K \text{ unabhängig von } h;$$

nach Satz 9.6 bedeutet dies, daß die Ableitungen $\partial(\chi u)/\partial x_\tau$, $\tau = 1, \ldots, r-1$, zusammen mit χu zu $W_2^m(W_+^r)$ gehören. Damit können wir den Hilfssatz 20.4 für $k = 1$ anwenden und erhalten $\partial(\chi u)/\partial t \in W_\varepsilon^m$, das ist

$$\chi u \in W_\varepsilon^{m+1},$$

womit wir unseren Regularitätssatz für $k = 1$ bewiesen haben.

Etwas mehr Sorgfalt beim Abschätzen, angefangen bei (99), ergibt wie (12)

$$\left\| \frac{\partial u}{\partial x_\tau} \right\|_m \leqslant c \{ \|u\|_m + \|f\|_{-m+1} \} \quad \text{für } \tau = 1, \ldots, r-1,$$

was zusammen mit (66) die Abschätzung

$$(102) \qquad \|u\|_{m+1} \leqslant c \{ \|u\|_m + \|f\|_{-m+1} + \|f\|_{-m} \}$$

liefert.

Sei nun $k \geqslant 2$. Wir führen den weiteren Beweis durch eine Induktion nach k. Sei also

$$(103) \qquad u \in W_2^{m+k-1} \cap V_\varepsilon =: W_\varepsilon^{m+k-1},$$

was nach dem eben bewiesenem – Induktionsanfang – für $k = 2$ richtig ist; wir müssen zeigen, daß dann gilt

$$u \in W_\varepsilon^{m+k} \quad \text{oder, da wir Lokalisieren dürfen,} \quad \chi u \in W_\varepsilon^{m+k}$$

Da wir den Hilfssatz 20.4 zur Verfügung haben, brauchen wir nur die tangentialen Ableitungen

$$\mathrm{D}_x^s(\chi u) \quad \text{für } |s| \leqslant k, k \geqslant 2,$$

zu berücksichtigen. Wir haben nach Voraussetzung (103)

$$(104) \qquad \mathrm{D}_x^s(\chi u) \in W_\varepsilon^m \quad \text{für } |s| \leqslant k-1,$$

und beweisen (104) für $|s| = k$.

Um diesen Beweis zu vereinfachen, wollen wir die Abhängigkeit der Supporte von ε nicht berücksichtigen, der Leser kann die fehlenden Details leicht ergänzen. Wir stützen uns auf den Hilfssatz 20.2 und zeigen zuerst die Abschätzung

$$(105) \qquad |\mathscr{A}(\Delta_h^\tau \mathrm{D}_x^s(\chi u) - Z_h^{s,\tau} u, \varphi)| \leqslant c \|\varphi\|_m, \text{ für } \varphi \in \mathscr{V}.$$

Da nach Satz 20.3 $\mathscr{V} \cap W_2^{m+k}$ dicht in $\mathscr{V}$ liegt, genügt es (105) für $\varphi \in \mathscr{V} \cap W^{m+k}$ zu beweisen. Wir haben wieder – wie (92) – (partielle Integrationen in tangentialer Richtung, die Formeln (6) und (7) berücksichtigt)

$$(106) \qquad \mathscr{A}(\Delta_h^\tau \mathrm{D}_x^s(\chi u), \varphi) = (-1)^{|s|+1} \mathscr{A}(u, \chi [\mathrm{D}_x^s \Delta_h^\tau \varphi]) + I(u, \varphi),$$

mit der Abschätzung

$$(107) \qquad |I(u, \varphi)| \leqslant c' \|u\|_{m+k-1} \|\varphi\|_m \leqslant c \|\varphi\|_m, \qquad c \text{ unabhängig von } h \text{ und } \varphi.$$

Der Vollständigkeit halber wollen wir die Umformung (106) für die Hauptform $a(u, \varphi)$ herleiten, die Randform $c(u, \varphi)$ wird ebenso behandelt.

Wir haben

$$\int_\Omega \sum_{\alpha, \beta} a_{\alpha\beta}(x) \, D^\alpha [\varDelta_h^\tau D_x^s (\chi u)] \cdot D^\beta \bar\varphi \, dx$$

$$= - \int_\Omega \sum_{\alpha, \beta} \varDelta_h^\tau a_{\alpha\beta} D^\alpha [D_x^s (\chi u)] D^\beta \overline{\varphi(x + h_\tau)} \, dx - \int_\Omega \sum_{\alpha, \beta} a_{\alpha\beta} D^\alpha [D_x^s (\chi u)] \cdot D^\beta (\varDelta_h^\tau \bar\varphi) \, dx$$

$$= I_1(u, \varphi) - \int_\Omega \sum_{\alpha, \beta} a_{\alpha\beta} D^\alpha [D_x^s (\chi u)] D^\beta (\varDelta_h^\tau \bar\varphi) \, dx,$$

wobei für I_1 die Abschätzung (107) sofort ersichtlich ist. Wir formen weiter um (partiell integriert nach D_x^s)

$$= I_1(u, \varphi) + (-1)^{|s|+1} \int_\Omega \sum_{\alpha, \beta} D^\alpha (\chi u) \cdot D_x^s [a_{\alpha\beta} D^\beta (\varDelta_h^\tau \bar\varphi)] \, dx$$

$$= I_1(u, \varphi) + (-1)^{|s|+1} \int_\Omega \sum_{\alpha, \beta} D^\alpha (\chi u) \sum_{|\gamma| \leqslant |s|-1} D_x^{s-\gamma} a_{\alpha\beta} \cdot D_x^\gamma D^\beta (\varDelta_h^\tau \varphi) \, dx$$

$$\qquad + (-1)^{|s|+1} \int_\Omega \sum_{\alpha, \beta} a_{\alpha\beta} D^\alpha (\chi u) D^\beta (D_x^s \varDelta_h^\tau \bar\varphi) \, dx.$$

Das Integral

$$I_2(u, \varphi) = (-1)^{|s|+1} \int_\Omega \sum_{\alpha, \beta} D^\alpha (\chi u) \sum_{|\gamma| \leqslant |s|-1} D^{s-\gamma} a_{\alpha\beta} \cdot D^\beta (D_x^\gamma \varDelta_h^\tau \bar\varphi) \, dx$$

kann durch partielle Integration nach D_x^γ (weg von $\bar\varphi$) und wegen (6) und (7) ($\varDelta_h^\tau$ weg von $\bar\varphi$) auf eine Form gebracht werden, die eine Abschätzung (107) zuläßt – dabei benutzen wir $|\gamma| \leqslant |s| - 1 \leqslant k - 2$ und Satz 9.4.

Somit haben wir erhalten

$$= I_1(u, \varphi) + I_2(u, \varphi) + (-1)^{|s|+1} \int_\Omega \sum_{\alpha, \beta} a_{\alpha\beta} D^\alpha (\chi u) D^\beta (D_x^s \varDelta_h^\tau \bar\varphi) \, dx$$

und die Leibnizsche Produktregel ergibt

$$= I_1(u, \varphi) + I_2(u, \varphi)$$

$$\qquad + (-1)^{|s|+1} \int_\Omega \sum_{\alpha, \beta} a_{\alpha\beta} \sum_{|\gamma| \leqslant |\alpha|-1} D^{\alpha-\gamma} \chi \cdot D^\gamma u \cdot D^\beta (D_x^s \varDelta_h^\tau \bar\varphi) \, dx$$

$$\qquad + (-1)^{|s|+1} \int_\Omega \sum_{\alpha, \beta} a_{\alpha, \beta} D^\alpha u \cdot \chi D^\beta (D_x^s \varDelta_h^\tau \bar\varphi) \, dx$$

$$= I_1(u, \varphi) + I_2(u, \varphi) + I_3(u, \varphi) + (-1)^{|s|+1} \int_\Omega \sum_{\alpha, \beta} a_{\alpha, \beta} D^\alpha u \cdot \chi D^\beta (D_x^s \varDelta_h^\tau \bar\varphi) \, dx.$$

I_3 kann wie I_2 umgeformt und abgeschätzt werden. Die Leibnizsche Produktregel auf $D^\beta (\chi \cdot D^s_x \Delta^\tau_h \bar\varphi) = \dots$ nochmals angewandt, ergibt

$$= I_1 (u, \varphi) + I_2 (u, \varphi) + I_3 (u, \varphi) + I_4 (u, \varphi)$$
$$+ (-1)^{|s|+1} \int_\Omega \sum_{\alpha, \beta} a_{\alpha\beta} D^\alpha u \cdot D^\beta [\chi D^s_x \Delta^\tau_h \bar\varphi]\, dx,$$

wobei I_4 wieder wie I_2 umgeformt und abgeschätzt werden kann. Damit haben wir (106) mit der Abschätzung (107) bewiesen. Die Umformung (106) ergibt für $\tau = 1, \dots, r - 1$

$$\mathscr{A}(\Delta^\tau_h D^s_x (\chi u) - Z^{s,\tau}_h u, \varphi) = \mathscr{A}(\Delta^\tau_h D^s_x (\chi u), \varphi) - \mathscr{A}(Z^{s,\tau}_h u, \varphi)$$

$$= (-1)^{|s|+1} \mathscr{A}(u, \chi [D^s_x \Delta^\tau_h \varphi]) + I(u, \varphi) - \mathscr{A}(Z^{s,\tau}_h u, \varphi)$$

$$(108) \quad = (-1)^{|s|+1} \{ \mathscr{A}(u, \chi [D^s_x \Delta^\tau_h \varphi] - \tilde{Z}^{s,\tau}_h \varphi) + \mathscr{A}(u, \tilde{Z}^{s,\tau}_h \varphi) + I(u, \varphi) - \mathscr{A}(Z^{s,\tau}_h u, \varphi)$$

$$= (-1)^{|s|+1} (f, (\chi [D^s_x \Delta^\tau_h \varphi] - \tilde{Z}^{s,\tau}_h \varphi))_0 + (-1)^{|s|+1} \mathscr{A}(u, \tilde{Z}^{s,\tau}_h \varphi)$$

$$+ I(u, \varphi) - \mathscr{A}(Z^{s,\tau}_h u, \varphi),$$

wobei $Z^{s,\tau}_h$ und $\tilde{Z}^{s,\tau}_h$ die Korrekturoperatoren aus Hilfssatz 20.2 sind, und wir (36) und (49) berücksichtigt haben. Die Voraussetzungen (37) und der Hilfssatz 20.2 erlauben es uns alle Terme auf der rechten Seite von (108) abzuschätzen. Wir beginnen mit $(f, (\chi [D^s_x \Delta^\tau_h \varphi]))_0$, wir haben wegen (37) die Abschätzung

$$|(f, (\chi [D^s_x \Delta^\tau_h \varphi]))_0| \leqslant \|\chi f\|_{k-m} \cdot \|\Delta^\tau_h \varphi\|_{m-1}.$$

Wir unterscheiden zum Beweis dieser Abschätzung zwei Fälle, einmal $k \leqslant m$, dann gilt für alle $|s| \leqslant m - 1$ (siehe Voraussetzung 6)

$$|(f, (D^s \varphi))_0| \leqslant \|f\|_{k-m} \|D^s \varphi\|_{m-k} \leqslant \|f\|_{k-m} \|\varphi\|_{m-k+|s|}$$

$$\leqslant \|f\|_{k-m} \|\varphi\|_{m-1}, \quad \text{da } m - k + |s| \leqslant m - 1;$$

und ein ander Mal $k > m$, dann ist $f \in W^{k-m}_2$ und $(f, (\chi D^s_x \varphi))_0 = \int \chi f \cdot \overline{D^s_x \varphi}\, dx$, (siehe Voraussetzung 6). Wir können dann wegen der Trägereigenschaften von χ in tangentialer Richtung x $(k - m)$-Mal partiell integrieren, ohne daß Randterme auftreten, also

$$(f, (\chi D^s_x \varphi))^0 = (-1)^{|\gamma|} \int D^\gamma_x (\chi f) D^{s-\gamma}_x \bar\varphi\, dx, \quad \text{mit } |\gamma| \leqslant k - m,$$

und wir erhalten die Abschätzung

$$|(f, (\chi D^s_x \varphi))_0| \leqslant \|D^\gamma_x (\chi f)\|_0 \|D^{s-\gamma}_x \varphi\|_0 \leqslant \|\chi f\|_{k-m} \|\varphi\|_{|s-\gamma|} \leqslant \|\chi f\|_{k-m} \cdot \|\varphi\|_{m-1},$$

da $|s - \gamma| \leqslant |s| - k + m \leqslant m - 1$. $\Delta^\tau_h \varphi$ statt φ eingesetzt ergibt wieder obige Abschätzung.

Mit Satz 9.4 können wir damit abschätzen

$$(109) \quad |(f, (\chi [D^s_x \Delta^\tau_h \varphi]))_0| \leqslant \|\chi f\|_{k-m} \cdot \|\Delta^\tau_h \varphi\|_{m-1} \leqslant c \|f\|_{-m+k} \|\varphi\|_m,$$

mit c unabhängig von h und φ. Für $(\tilde{Z}_h^{s,\tau}\varphi)$ benutzen wir die Darstellung (50) mit (52)

$$
\begin{aligned}
(110) \quad |(f,(\tilde{Z}_h^{s,\tau}\varphi))_0| &= \left| \left(f, \left(\sum_{|\alpha| \leqslant |s|} D_x^\alpha \tilde{Z}_h^\alpha \varphi \right) \right)_0 \right| \leqslant \sum_{|\alpha| \leqslant |s|} |(f,(D_x^\alpha \tilde{Z}_h^\alpha \varphi))_0| \\
&= \sum_{|\alpha| \leqslant |s|} |(D_x^\alpha f, \tilde{Z}_h^\alpha \varphi)_0| \leqslant c \, \|f\|_{-m+k} \cdot \|\varphi\|_m .
\end{aligned}
$$

Auch für $\mathscr{A}(u, \tilde{Z}_h^{s,\tau}\varphi)$ benutzen wir die Darstellung (50) und integrieren partiell jeweils nach D_x^α

$$
\begin{aligned}
(111) \quad \mathscr{A}(u, \tilde{Z}_h^{s,\tau}\varphi) &= \mathscr{A}\left(u, \sum_{|\alpha| \leqslant |s|} D_x^\alpha \tilde{Z}_h^\alpha \varphi \right) \\
&= \int_{W_+^r} \sum_\alpha \sum_{\beta,\gamma} a_{\beta\gamma} D^\beta u \cdot D^\gamma (D_x^\alpha \overline{\tilde{Z}_h^\alpha \varphi}) \, dy + \int_{W^{r-1}} \sum_\alpha \sum_{\beta,\gamma} c_{\beta\gamma} D^\beta u \, D^\gamma \overline{(D_x^\alpha \tilde{Z}_h^\alpha \varphi)} \, dx \\
&= \int_{W_+^r} \sum_\alpha \sum_{\beta,\gamma} (-1)^{|\alpha|} D_x^\alpha (a_{\beta\gamma} D^\beta u) \, D^\gamma \overline{\tilde{Z}_h^\alpha \varphi} \, dy \\
&\quad + \int_{W^{r-1}} \sum_\alpha \sum_{\beta,\gamma} (-1)^{|\alpha|} D_x^\alpha (c_{\beta\gamma} D^\beta u) \, D^\gamma \overline{\tilde{Z}_h^\alpha \varphi} \, dx \\
&= \sum_{|\alpha| \leqslant |s|} \mathscr{A}_\alpha (D_x^\alpha u, \tilde{Z}_h^\alpha \varphi)
\end{aligned}
$$

und können abschätzen

$$
|\mathscr{A}(u, \tilde{Z}_h^{s,\tau}\varphi)| \leqslant \sum_{|\alpha| \leqslant |s|} |\mathscr{A}_\alpha (D_x^\alpha u, \tilde{Z}_h^\alpha \varphi)| \leqslant c \, \|D_x^\alpha u\|_m \, \|\tilde{Z}_h^\alpha \varphi\|_m \leqslant c \, \|u\|_{m+k-1} \, \|\varphi\|_m ,
$$

letztere Abschätzung wegen (52) mit c unabhängig von h und φ. Für $\mathscr{A}(Z_h^{s,\tau}u, \varphi)$ benutzen wir die erste Darstellung von (50) und haben direkt wegen (52)

$$
\begin{aligned}
(112) \quad |\mathscr{A}(Z^{s,\tau}u, \varphi)| &= \left| \mathscr{A}\left(\sum_{|\alpha| \leqslant |s|} D_x^\alpha Z_h^\alpha u, \varphi \right) \right| \\
&\leqslant \sum_{|\alpha| \leqslant |s|} |\mathscr{A}(D_x^\alpha Z_h^\alpha u, \varphi)| \leqslant \sum_{|\alpha| \leqslant |s|} c \, \|D_x^\alpha Z_h^\alpha u\|_m \cdot \|\varphi\|_m \\
&\leqslant \sum_{|\alpha| \leqslant |s|} c \, \|Z_h^\alpha u\|_{m+k-1} \, \|\varphi\|_m \leqslant c \, \|u\|_{m+k-1} \, \|\varphi\|_m .
\end{aligned}
$$

Die Abschätzungen (107), (109), (110), (111) und (112) ergeben für (108) die gesuchte Abschätzung (105). Der weitere Beweis verläuft nun wie im Falle $k = 1$. Wir setzen $\varphi = \Delta_h^\tau D_x^s (\chi u) - Z_h^{s,\tau} u \in \mathscr{V}$ ein, benutzen die $\mathscr{V}$-Koerzivität (Voraussetzung 5) und erhalten mit (105)

$$
\begin{aligned}
&c_1 \|\Delta_h^\tau D_x^s (\chi u) - Z_h^{s,\tau} u\|_m^2 - c_2' \|\Delta_h^\tau D_x^s (\chi u) - Z_h^{s,\tau} u\|_0^2 \\
(113) \quad &\leqslant \operatorname{Re} \mathscr{A}(\Delta_h^\tau D_x^s (\chi u) - Z_h^{s,\tau} u, \Delta_h^\tau D_x^s (\chi u) - Z_h^{s,\tau} u) \leqslant \\
&\leqslant c_3 \|\Delta_h^\tau D_x^s (\chi u) - Z_h^{s,\tau} u\|_m .
\end{aligned}
$$

Eine Anwendung von Satz 9.4 und der Darstellung (50) bewirkt, daß

$$\|\Delta_h^{\tau} D_x^s (\chi u) - Z_h^{s,\tau} u\|_0 \leqslant \|\Delta_h^{\tau} D_x^s (\chi u)\|_0 + \|Z_h^{s,\tau} u\|_0$$

$$\leqslant c \|\Delta_h^{\tau} D_x^s (\chi u)\|_{m-1} + c \left\| \sum_{|\alpha| < |s|} D_x^{\alpha} Z_h^{\alpha} u \right\|_m$$

$$\leqslant c \|\chi D_x^s u\|_m + c \sum_{|\alpha| < |s|} \|Z_h^{\alpha} u\|_{m+k-1} \leqslant c \|u\|_{m+k-1} + c \|u\|_{m+k-1},$$

was auf (113) angewendet ergibt

$$c_1 \|\Delta_h^{\tau} D_x^s (\chi u) - Z_h^{s,\tau} u\|_m^2 \leqslant c_3 \|\Delta_h^{\tau} D_x^s (\chi u) - Z_h^{s,\tau} u\|_m + c_3 \|u\|_{m+k-1},$$

woraus folgt (siehe auch den Übergang von (10) zu (11))

$$\|\Delta_h^{\tau} D_x^s (\chi u) - Z_h^{s,\tau} u\|_m \leqslant K_1 < \infty,$$

und wieder mit (50) und (52)

$$(113) \qquad \|\Delta_h^{\tau} D_x^s (\chi u)\|_m \leqslant K < \infty,$$

wobei K unabhängig von h ist. Nach Satz 9.6 bedeutet (113), daß auch die tangentialen Ableitungen $D_x^s (\chi u)$ von der Ordnung $|s| = k$ zu W_2^m gehören, was nach Anwendung von Hilfssatz 20.4 ergibt, daß

$$\chi u \in W_2^{m+k}.$$

Mit (102) und (89) erhalten wir durch Induktion die Abschätzung

$$(114) \qquad \|u\|_{m+k} \leqslant c \left[\|u\|_m + \sum_{n=0}^{k} \|f\|_{-m+n} \right] \leqslant c \left[\|u\|_m + \|f\|_{k-m} \right].$$

Wir wollen nun den Satz 15.1 beweisen. Wir wiederholen die Voraussetzungen. Sei $(A^*, B_1', \ldots, B_m')$ elliptisch auf $(\Omega, \partial\Omega)$, wobei für die Koeffizienten gilt

$$(115) \qquad a_s^*(x) \in C^{2m}(\bar{\Omega}), \qquad |s| \leqslant 2m, \qquad B_{j,\alpha}'(x) \in C^{4m-1-\operatorname{ord} B_j'}(\bar{\Omega}), \ |\alpha| \leqslant 2m-1;$$

(es genügt $B_{j,\alpha}' \in C^{2m}(\Omega)$ – siehe (34)). An das Gebiet Ω stellen wir die Forderung

$$(116) \qquad \Omega \in C^{4m,1}.$$

Wir betrachten die sesquilineare Form

$$[u,v] := \int_{\Omega} A^* u \cdot \overline{A^* v} \, dx + \sum_{j=1}^{m} \int_{\partial\Omega} B_j' u \cdot \overline{B_j' v} \cdot d\sigma$$

$$= (A^* u, A^* v)_0 + \sum_{j=1}^{m} (B_j' u, B_j' v)_j, \qquad u, v \in W_2^{2m}(\Omega),$$

wobei $(\cdot, \cdot)_j$ das Skalarprodukt auf $W_2^{2m-m_j-1/2}(\partial\Omega)$ ist, siehe auch Satz 17.4. Wir haben

Satz 20.5 *Sei* $u \in W_2^{2m}(\Omega)$ *und* $f \in L_2(\Omega)$, *sei die Gleichung*

$$[u,v] = (f,v)_0, \quad \text{für alle } v \in W_2^{2m}(\Omega)$$

erfüllt. Dann liegt $u \in W_2^{4m}(\Omega)$.

Beweis. Wir prüfen die Voraussetzungen 1 bis 6 nach. Die sesquilineare Form $[u, v]$ hat den Grad $(2m, 2m)$, wir müssen also in den Voraussetzungen 1 bis 6 setzen

$$(117) \qquad m \mapsto 2m, \qquad k \mapsto 2m.$$

Wir sehen, daß Voraussetzung 1 wegen (116) erfüllt ist, (31) ist (115) = Voraussetzung 2. Zu 3: $V = W_2^{2m}(\Omega)$, also $p = 0$, womit 3 leererweise erfüllt ist. Zu 4: Wir haben

$$c(\varphi, \psi) = \sum_{j=1}^{m} \int_{\partial\Omega} B_j' \varphi \cdot \overline{B_j' \psi} \cdot d\sigma$$

und der Grad von c beträgt $(2m - 1, 2m - 1)$, womit Satz 20.2 anwendbar ist; die Koeffizienten von c erfüllen (34), wegen (115). Zu 5: Daß $[u, v]$ V-koerziv fürs Raumpaar $W_2^{2m}(\Omega)$, $L_2(\Omega)$ ist, dies haben wir in §15 – siehe Text nach Formel (8) – bewiesen. Zu 6: (37) hat wegen (117) die Form

$$f \in L_2(\Omega),$$

was die Voraussetzung zu Satz 20.5 ist. Da die Voraussetzungen 1 bis 6 erfüllt sind, können wir Satz 20.4 anwenden, der uns sofort Satz 20.5 liefert. ∎

§21 Der Lösungssatz für stark elliptische Gleichungen und Beispiele

Um Beispiele zu behandeln, müssen wir uns überlegen, welche Randwertprobleme wir durch die schwache Gleichung §20, (36) lösen können. Sei $A(x, D)$ ein stark elliptischer Differentialoperator §19, (1) mit der sesquilinearen Form $a(\varphi, \psi)$, §19, (2).

Wir setzen folgendes voraus (Bezeichnungen wie in §20).

1. Greensche Formel (Satz 14.8). Sei $\Omega \in C^{2m, 1}$, seien gegeben Randwertoperatoren

$$(1) \qquad b_1, \ldots, b_p, B'_{p+1}, \ldots, B'_m \in C^{2m-m_j}(\bar{\Omega}), \qquad m_1 = \operatorname{ord} b_1, \ldots, m_m = \operatorname{ord} B'_m,$$

die ein Dirichletsystem der Ordnung m bilden. Seien gegeben m weitere Randoperatoren (ord $\leqslant 2m - 1$)

$$(2) \qquad D_1, \ldots, D_p, B_{p+1}, \ldots, B_m \in C^{2m-\mu_j}(\bar{\Omega}), \qquad \mu_1 = \operatorname{ord} D_1, \ldots, \mu_m = \operatorname{ord} B_m,$$

so daß die Greensche Formel gültig ist

$$(4) \qquad a(u, \varphi) = \int_{\Omega} Au\,\bar{\varphi}\,dx + \sum_{j=1}^{p} \int_{\partial\Omega} D_j u \cdot \overline{b_j \varphi}\,d\sigma + \sum_{j=p+1}^{m} \int_{\partial\Omega} B_j u \,\overline{B_j' \varphi}\,d\sigma,$$

für alle $u \in W_2^{2m}(\Omega)$, $\varphi \in W_2^{m}(\Omega)$.

Bemerkung Da durch $(A, b_1, \ldots, b_p, B'_{p+1}, \ldots, B'_m)$ die Voraussetzungen von Satz 14.8 erfüllt sind, ist die Existenz von wenigstens einem System $(D_1, \ldots, D_p, B_{p+1}, \ldots, B_m)$ das (3) erfüllt sichergestellt. Da aber nur $(b_1, \ldots, b_p)$ fest vorgegeben ist und $(B'_{p+1}, \ldots, B'_m)$ weitgehendst variiert werden kann, ist das System $(D_1, \ldots, D_p, B_{p+1}, \ldots, B_m)$ keineswegs eindeutig bestimmt; wir haben deshalb in der Voraussetzung 1. beide Systeme $(b_1, \ldots, b_p, B'_{p+1}, \ldots, B'_m)$ und $(D_1, \ldots, D_p, B_{p+1}, \ldots, B_m)$ fixiert.

2. Regularitätssatz. Seien die Voraussetzungen 1 bis 6 in §20 für den Regularitätssatz 20.4 erfüllt, dort $k = m$. Dabei habe die Randform $c(\varphi, \psi)$ §20, (33) die Gestalt

$$(4) \qquad c(\varphi, \psi) = \sum_{j=p+1}^{m} \int_{\partial\Omega} C_j \varphi \cdot \overline{B'_j \psi} \, d\sigma,$$

mit $C_j(x, D) \in C^{2m - \operatorname{ord} C_j}(\bar\Omega)$ und $C_j(x, D)$ $(m-1)$-transversal auf $\partial\Omega$ (B'_j ist nach Voraussetzung $(m-1)$-transversal, denn (1) ist ein Dirichletsystem der Ordnung m). Für die Ordnungen gelte

$$\operatorname{ord} C_j + \operatorname{ord} B'_j \leqslant 2m - 1.$$

Für die Funktionale f §20, (37) nehmen wir

$$f \in L_2(\Omega).$$

Wir betrachten also die sesquilineare Form $\mathscr{A}(\varphi, \psi) := a(\varphi, \psi) + c(\varphi, \psi)$ und die schwache Gleichung $\mathscr{A}(u, \varphi) = (f, \varphi)_0$, $\forall \varphi \in V$.

3. Annahme der Randwerte. Wir nehmen $b_1, \ldots, b_p$ aus (1) und setzen für $j > p$

$$b_j = B_j + C_j, \quad \text{für } j = p + 1, \ldots, m,$$

wobei B_j aus (2) und C_j aus (4) ist. Wir verlangen, daß zu jedem Tupel $(g_1, \ldots, g_m)$ mit $g_j \in W_2^{2m - \operatorname{ord} b_j - 1/2}(\partial\Omega)$, $j = 1, \ldots, m$, wenigstens ein $u_0 \in W_2^{2m}(\Omega)$ existiert mit $b_1 u_0 = g_1, \ldots, b_m u_0 = g_m$ auf $\partial\Omega$. Dies ist nach Satz 14.1 z. B. dann der Fall, wenn das System $(b_1, \ldots, b_m)$ normal ist; falls z. B. $C_j = 0$ ist und (2) durch den Satz 14.8 konstruiert wurde, dann ist das System $(b_1, \ldots, b_p, B_{p+1}, \ldots, B_m)$ normal, denn jedes System $(b_1, \ldots, b_p)$ $(B_{p+1}, \ldots, B_m)$ einzelnen betrachtet, ist normal, wäre das Gesamtsystem $(b_1, \ldots, b_p, B_{p+1}, \ldots, B_m)$ nicht normal, dann müßte für wenigstens ein Paar (j_0, k_0)

$$\operatorname{ord} b_{j_0} = \operatorname{ord} B_{k_0} = 2m - 1 - \operatorname{ord} B'_{k_0}$$

sein (letztere Gleichung nach Satz 14.8) oder

$$\operatorname{ord} b_{j_0} + \operatorname{ord} B'_{k_0} = 2m - 1,$$

was unmöglich ist, da $(b_1, \ldots, b_p, B'_{p+1}, \ldots, B'_m)$ ein Dirichletsystem der Ordnung m ist, d.h.

$$\operatorname{ord} b_j + \operatorname{ord} B'_k \leqslant 2m - 2.$$

Wir setzen wieder

$$V = W^m(\{b_j\}_1^p), \qquad W^{2m}(B) = W^{2m}(\{b_j\}_1^m).$$

Bemerkung Falls wir nur Null-Randbedingungen betrachten, also $b_j u = 0$, $j = 1, \ldots, m$, ist die Voraussetzung 3 überflüssig.

Folgerung 21.1 *Sei $\mathscr{L}$ der Darstellungsoperator (§17, (28)) der sesquilinearen Form*

$$\mathscr{A}(\varphi, \psi) = a(\varphi, \psi) + c(\varphi, \psi), \qquad \varphi, \psi \in V.$$

Dann stimmt auf

$$W^{2m}(B) = W^{2m}(\{b_j\}_1^m) = V \cap W^{2m}(\{b_j\}_{p+1}^m)$$

$\mathscr{L}$ mit $A(x, D)$ und mit L überein, dabei ist (§13) $L := (A, b_1, \ldots, b_m)$, oder anders ausgedrückt, die schwache Gleichung

$$\mathscr{A}(u, \varphi) = (f, \varphi), \qquad \varphi \in V,$$

ist für $u \in W^{2m}(B)$, $f \in L_2(\Omega)$ äquivalent zu

$$Au = f, \qquad b_1 u = 0, \ldots, b_m u = 0.$$

Beweis. Wir haben nach (3) und (4)

$$(\mathscr{L}\varphi, \psi)_0 = a(\varphi, \psi) + c(\varphi, \psi)$$

$$= (A\varphi, \psi)_0 + \sum_{j=1}^{p} \int_{\partial\Omega} D_j\varphi \cdot \overline{b_j\psi} \cdot d\sigma + \sum_{j=p+1}^{m} \int_{\partial\Omega} (B_j + C_j)\varphi \cdot \overline{B_j'\psi}\, d\sigma.$$

Wegen $\psi \in V$ ist die $\sum\limits_{j=1}^{p}$ – Summe gleich Null, und wegen $\varphi \in W^{2m}(B)$ (das ist u.a. $b_j\varphi = (B_j + C_j)\varphi = 0$ für $j = p+1, \ldots, m$) ist auch die $\sum\limits_{j=p+1}^{m}$ – Summe gleich Null, wir haben also

$$(\mathscr{L}\varphi, \psi)_0 = (A\varphi, \psi)_0 \quad \text{für } \varphi \in W^{2m}(B),\ \psi \in V,$$

und da $\mathscr{D}(\Omega) \subset V \subset W_2^m(\Omega)$ dicht in $L_2(\Omega)$ ist

$$\mathscr{L}\varphi = A\varphi \quad \text{für alle } \varphi \in W^{2m}(B).$$

Sei umgekehrt $Au = f$, $b_1 u = 0, \ldots, b_m u = 0$, dann gilt wegen $u \in W^{2m}(B) \subset W_2^{2m}(\Omega)$, $\varphi \in V \subset W_2^m(\Omega)$ die Greensche Formel (3) und wir erhalten mit (4)

$$\mathscr{A}(u, \varphi) = a(u, \varphi) + c(u, \varphi)$$

$$= (Au, \varphi)_0 + \sum_{j=1}^{p} \int_{\partial\Omega} D_j u\, \overline{b_j\varphi}\, d\sigma + \sum_{j=p+1}^{m} \int_{\partial\Omega} (B_j + C_j)u\, \overline{B_j'\varphi}\, d\sigma$$

$$= (Au, \varphi)_0 + \sum_{j=1}^{p} \int_{\partial\Omega} D_j u\, \overline{b_j\varphi}\, d\sigma + \sum_{j=p+1}^{m} \int_{\partial\Omega} b_j u\, \overline{B_j'\varphi}\, d\sigma,$$

was nach Einsetzen ergibt

$$\mathscr{A}(u, \varphi) = (Au, \varphi)_0 + 0 = (f, \varphi)_0, \qquad \forall \varphi \in V. \qquad \blacksquare$$

Um Sätze über die Lösbarkeit der schwachen Gleichung auszusprechen, wollen wir statt §20,(36) die Gleichung

$$(5) \qquad a(u,\varphi) + k_0(u,\varphi)_0 + c(u,\varphi) = (f,\varphi)_0, \qquad \varphi \in V,$$

betrachten, wobei $k_0 \geqslant 0$ die Koerzivitätskonstante von $\mathscr{A}(u,\varphi) = a(u,\varphi) + c(u,\varphi)$ ist, d.h.

$$(6) \qquad \operatorname{Re} a(u,u) + \operatorname{Re} c(u,u) + k_0(u,u)_0 \geqslant c\|u\|_m^2, \qquad u \in V.$$

und $V = W_2^m(\{b_j\}_1^p)$.

Wir gewinnen dadurch den Vorteil, über die V-Elliptizität sprechen zu können.

Satz 21.1 (Lösungssatz) *Sei $A(x,\mathrm{D})$ ein stark elliptischer Differentialoperator von der Gestalt* (1), §19, *mit der sesquilinearen Form* $a(\varphi,\psi)$, §19,(2), *seien die Voraussetzungen* 1, 2 (6) *und* 3 *erfüllt, dann besitzt das Randwertproblem*

$$(7) \qquad (A + k_0)u = f \quad in \ \Omega,$$

$$b_1 u = g_1, \ldots, b_p u = g_p,$$

$$b_{p+1}u = (B_{p+1} + C_{p+1})u = g_{p+1}, \ldots, b_m u = (B_m + C_m)u = g_m \qquad auf \ \partial\Omega.$$

für jedes $(f,g_1,\ldots,g_m) \in H^0(\Omega,\partial\Omega)$ *(siehe* §13) *genau eine Lösung* $u \in W_2^{2m}(\Omega)$, *d.h. der Operator*

$$L + k_0 = (A + k_0, b_1, \ldots, b_m): W_2^{2m}(\Omega) \to H^0(\Omega,\partial\Omega)$$

ist ein (topologischer) Isomorphismus. Nach Satz 13.3 *ist also* $L = (A, b_1, \ldots, b_m)$ *ein Fredholmoperator mit dem Index* 0

$$\operatorname{ind}(A, b_1, \ldots, b_m) = 0.$$

Für die Spektralwertaufgabe

$$Au - \lambda u = f, \qquad b_1 u = g_1, \ldots, b_m u = g_m, \qquad \lambda \in \mathbf{C},$$

gelten alle Aussagen des Riesz-Schauderschen Spektralsatzes, wobei wegen (6) *in der Halbebene* $\operatorname{Re}\lambda \leqslant -k_0$ *keine Eigenwerte liegen können (siehe* Satz 17.14). *Falls zusätzlich das System* $b_1, \ldots, b_m$ *normal ist, dann kann der (anti-)duale Operator* L' *durch eine elliptische Randwertaufgabe* $(A^*, b_1', \ldots, b_m') = L^*$ *(die adjungierte) realisiert werden.*

Folgerungen 21.2 1. *Das System* $(A, b_1, \ldots, b_m)$ *aus* (7) *erfüllt die Bedingung* 11.1 *von Lopatinskij-Šapiro (folgt aus* Satz 13.1). 2. *Der Greensche Lösungs-Operator* G_{k_0} *zu* (5) *(siehe* Definition 17.5) *wirkt stetig und surjektiv*

$$G_{k_0}: L_2(\Omega) \to W_2^{2m}(\Omega) \cap V \cap W^{2m}(\{b_j\}_{p+1}^m) = W^{2m}(B).$$

Die Restriktion von $L + k_0$ *auf* $W_2^{2m}(\Omega) \cap V \cap W^{2m}(\{b_j\}_{p+1}^m) = W^{2m}(B)$ *ist wieder ein topologischer Isomorphismus, wirkt*

$$L + k_0: W_2^{2m}(\Omega) \cap V \cap W^{2m}(\{b_j\}_{p+1}^m) \to L_2(\Omega) \times 0 \ldots \times 0 \simeq L_2(\Omega),$$

und wir haben wegen Folgerung 21.1 $L + k_0 = \mathscr{L} + k_0 = A + k_0$, *also auch*

$$G_{k_0} = (L + k_0)^{-1} = (\mathscr{L} + k_0)^{-1} = (A + k_0)^{-1},$$

wobei $\mathscr{L}$ der Darstellungsoperator des sesquilinearer Form $\mathscr{A}(\varphi, \psi)$ ist.

Ziehen wir noch den Satz 20.4 heran und setzen dort $k = m + q$, so können wir auch die Stetigkeit von

$$G_{k_0} : W_2^p(\Omega) \to W_2^{p+2m}(\Omega) \cap W^{2m}(B)$$

und $\qquad L + k_0 : W_2^{q+2m}(\Omega) \cap W^{2m}(B) \to W_2^q(\Omega) \quad$ zeigen.

Beweis von Satz 21.1. Wir zeigen zuerst, daß die schwache Gleichung

$$(8) \qquad \mathscr{A}_\lambda(u, \varphi) := a(u, \varphi) + c(u, \varphi) - \lambda(u, \varphi)_0 = (f, \varphi)_0, \qquad \forall \varphi \in V$$

für $u \in V$, $f \in L_2(\Omega)$ und $\lambda \in \mathbf{C}$ zum elliptischen Randwertproblem

$$(9) \qquad A(x, \mathrm{D})u - \lambda u = f, \qquad b_1 u = 0, \dots, b_m u = 0, \qquad u \in W_2^{2m}(\Omega),$$

äquivalent ist.

Der Beweis: $(8) \rightsquigarrow (9)$. Sei $u \in V$, d.h.

$$(10) \qquad u \in W_2^m(\Omega) \quad \text{mit } b_1 u = 0, \dots, b_p u = 0.$$

Nach Voraussetzung 2 können wir den Regularitätssatz 20.4 mit $k = m$ anwenden und haben

$$u \in W_2^{2m}(\Omega) \cap V.$$

Wir wenden nun die Greensche Formel (3) (Voraussetzung 1) auf (8) an, wobei wir φ variieren lassen

$$\varphi \in W_2^{2m}(\Omega) \cap V$$

Für diese φ ist in (3) der Ausdruck $\displaystyle\sum_{j=1}^{p} \int_{\partial\Omega} \mathrm{D}_j u \cdot \overline{b_j \varphi}\, \mathrm{d}\sigma = 0$, und wir erhalten

$$a(u, \varphi) - \lambda(u, \varphi)_0 + c(u, \varphi)$$

$$= \int_\Omega (Au - \lambda u) \cdot \bar\varphi\, \mathrm{d}x + \sum_{j=p+1}^{m} \int_{\partial\Omega} B_j u \cdot \overline{B_j' \varphi}\, \mathrm{d}\sigma + \sum_{j=p+1}^{m} \int_{\partial\Omega} C_j u \cdot \overline{B_j' \varphi}\, \mathrm{d}\sigma = \int_{\partial\Omega} f \cdot \bar\varphi\, \mathrm{d}x,$$

das ist

$$(11) \qquad \int_\Omega (Au - \lambda u)\bar\varphi\, \mathrm{d}x + \sum_{j=p+1}^{m} \int_{\partial\Omega} (B_j + C_j)u \cdot \overline{B_j' \varphi}\, \mathrm{d}\sigma = \int_\Omega f \cdot \bar\varphi\, \mathrm{d}x.$$

Nach Satz 20.3 liegt $W_2^{2m}(\Omega) \cap V$ dicht in V und ein Dichteschluß zeigt, daß (11) für alle $\varphi \in V$ gilt. Wir nehmen $\varphi \in \mathscr{D}(\Omega) \subset V$, dann reduziert sich (11) zu

$$\int_\Omega (Au - \lambda u)\bar\varphi\, \mathrm{d}x = \int_\Omega f \bar\varphi\, \mathrm{d}x, \qquad \varphi \in \mathscr{D}(\Omega),$$

und wir haben die erste Gleichung $(A - \lambda)\,u = f$ von (9) erhalten. Von (11) bleibt also übrig

$$(12) \qquad \sum_{j=p+1}^{m} \int_{\partial\Omega} (B_j + C_j)\,u \cdot \overline{B_j'\,\varphi}\,d\sigma = 0, \qquad \forall \varphi \in V,$$

wobei $u \in W_2^{2m}(\Omega) \cap V$ war. Für die Ordnungen haben wir gemäß den Voraussetzungen

$$\operatorname{ord} B_j,\ \operatorname{ord} C_j \leqslant 2m - 1, \qquad \operatorname{ord} B_j' \leqslant m - 1.$$

Da nach Voraussetzung 1 das System $(b_1, \ldots, b_p, \ldots, B_{p+1}', \ldots, B_m')$ normal ist, können wir nach Satz 14.1 die Gleichungen mit $v \in W_2^m(\Omega)$ lösen

$$b_1 v = 0, \ldots, b_p v = 0, \qquad B_{p+1}' v = \varphi_{p+1}, \ldots, B_m' v = \varphi_m,$$

wobei wir setzen

$$\varphi_j = \delta_{jk}(B_k + C_k)\,u, \qquad j, k = p+1, \ldots, m,$$

oder

$$(13) \qquad B_{p+1}' v = \varphi_{p+1}, \ldots, B_m' v = \varphi_m \quad \text{in } V\,(v \in V).$$

(13) eingesetzt in (12) ergibt

$$(14) \qquad b_j u = (B_j + C_j)\,u = 0 \qquad \text{für } j = p+1, \ldots, m.$$

(14) ergibt mit (10) die Randbedingungen von (9).

Der umgekehrte Schluß (9) $\curvearrowright$ (8) erfolgt wie in Folgerung 2.1.

Die eindeutige Lösbarkeit von (7) für den Spezialfall $(f, g_1, \ldots, g_m) = (f, 0, \ldots, 0)$ ergibt sich sofort aus der Äquivalenz von (5) und (7) (in (8) und (9) $\lambda = -k_0$ gesetzt) und der V-Elliptizität von (5) (Satz 17.10). Die allgemeine Lösbarkeit von (7) zeigen wir durch den üblichen Homogenisierungstrick. Sei $(g_1, \ldots, g_m)$ vorgegeben, wir wählen gemäß Voraussetzung 3 u_0 derart, daß gilt

$$b_1 u_0 = g_1, \ldots, b_m u_0 = g_m,$$

und lösen das Randwertproblem

$$(A + k_0)\,w = f - (A + k_0)\,u_0 = \tilde{f}, \qquad b_1 w = 0, \ldots, b_m w = 0.$$

Falls wir setzen $u := w + u_0$, dann haben wir (7) erfüllt und auch die eindeutige Lösbarkeit bewiesen, denn die Eindeutigkeit haben wir eben gezeigt.

Nun zur Spektralaussage. Da (9) zu (8) äquivalent ist und wir auf (8) den Spektralsatz 17.12 anwenden können, haben wir auch die Spektralaussagen fürs teilweise homogene Eigenwertproblem (9). Um das inhomogene Problem

$$Au - \lambda u = f, \qquad b_1 u = g_1, \ldots, b_m u = g_m,$$

behandeln zu können (es bleiben nur die Lösbarkeitsbedingungen anzugeben) verwenden wir wieder das Homogenisierungsverfahren, nach welchem die Lösbarkeit des inhomogenen Problems äquivalent zur Lösbarkeit von

(15) $(A - \lambda)\,w = f - (A - \lambda)\,u_0\,,\qquad b_1\,w = 0,\ldots, b_m\,w = 0$

ist, wobei $w = u - u_0$ und u_0 eine Lösung (Voraussetzung 3!) von

$$b_1\,u_0 = g_1,\ldots, b_m\,u_0 = g_m$$

ist. Nach Satz 17.12 ist (15) genau dann lösbar, wenn gilt

$$(f - (A - \lambda)\,u_0, v)_0 = 0 \quad \text{für alle } v \in \ker\,(L' - \tilde{\lambda})\,.$$

Dieser Bedingung können wir, falls das System $b_1,\ldots, b_m$ normal ist, die gewohnte Form geben, in welcher die gegebenen Funktionen $g_1,\ldots, g_m$ vorkommen. Sei also $(b_1,\ldots, b_m)$ normal; da nach Folgerung 21.2 $(A, b_1,\ldots, b_m)$ die Bedingung von Lopatinskij-Šapiro erfüllt, können wir Satz 15.7 anwenden, der besagt, daß der antiduale Operator L' durch eine adjungierte elliptische Randwertaufgabe $L^* = (A^*, b_1',\ldots, b_m')$ realisiert wird, und es gilt auch die Greensche Formel §14, (12). Wir haben mit §14, (12) für alle $v \in \ker\,(L^* - \tilde{\lambda}) = \ker\,(L' - \tilde{\lambda})$

$$0 = (f - (A - \lambda)\,u_0, v)_0 = (f, v)_0 - ((A - \lambda)\,u_0, v)_0$$

$$= (f, v)_0 - (u_0, (A^* - \tilde{\lambda})\,v)_0 - \sum_{j=1}^{m} \int_{\partial\Omega} S_j u_0\, \overline{b_j' v}\, d\sigma + \sum_{j=1}^{m} \int_{\partial\Omega} b_j u_0\, \overline{T_j v}\, d\sigma$$

$$= \int_{\Omega} f\bar{v}\, dx + \sum_{j=1}^{m} \int_{\partial\Omega} g_j \cdot \overline{T_j v}\, d\sigma\,,$$

das ist die schon bekannte Lösbarkeitsbedingung §15, (32) fürs inhomogene Problem.   ∎

Bemerkung Aus der am Anfang des Beweises gezeigten Äquivalenz folgt, daß wir durch den Regularitätssatz 20.4 nur die halbhomogene Randwertaufgabe

$$Au = f,\qquad b_1\,u = 0,\ldots, b_m\,u = 0\,,$$

erfaßt haben. Um die Regularität einer Lösung u der inhomogenen Aufgabe

$$Au = f,\qquad b_1\,u = g_1,\ldots, b_m\,u = g_m$$

zu beweisen, können wir für $k \geq m$ auf den Hauptsatz 13.1 und Folgerung 13.1 zurückgreifen; nach Folgerung 21.2 ist nämlich die Bedingung von Lopatinskij-Šapiro erfüllt. Zu demselben Zweck können wir auch das Homogenisierungsverfahren und Satz 14.1 benutzen.

Bemerkung Die hier dargestellte Lösungsmethode von elliptischen Randwertproblemen durch schwache Gleichungen §20, (36) nennt man auch direkte Methode oder Variationsmethode, sie ist nach Satz 21.1 auf elliptische Randwertprobleme z.B. dann nicht anwendbar, wenn $\mathrm{ind}\,L \neq 0$, oder wenn alle $\lambda \in \mathbf{C}$ Eigenwerte sind, siehe Beispiel 13.1, oder wenn $\lim \mathrm{Re}\,\lambda_{n_k} = -\infty$ (die λ_n Eigenwerte).

Wir wollen nun den selbstadjungierten Fall näher betrachten. Nach Satz 17.12 ist die Antisymmetrie von $\mathscr{A}$ auf $V \times V$, d.h.

$$\mathscr{A}(\varphi, \psi) = \overline{\mathscr{A}(\psi, \varphi)}\,,\qquad \forall \varphi, \psi \in V,$$

notwendig und hinreichend, damit der Greensche Lösungsoperator $G_{k_0}: L_2(\Omega) \to L_2(\Omega)$ (siehe Folgerung 21.2) selbstadjungiert im Sinne von L_2 ist. Wir wollen hier zusätzliche (hinreichende) Bedingungen angeben, unter denen auch die Randwertaufgabe $(A, b_1, \ldots, b_m)$ selbstadjungiert im Sinne von Definition 14.6 ist.

Satz 21.2 *Sei die sesquilineare Form*

$$\mathscr{A}(u, v) := a(u, v) + c(u, v)$$

antisymmetrisch auf $W_2^{2m}(\Omega) \times W_2^{2m}(\Omega)$, *d.h.*

$$\mathscr{A}(u, v) = \overline{\mathscr{A}(v, u)}; \quad u, v \in W_2^{2m}(\Omega).$$

Dann ist, die nach Satz 21.1 *zu* $\mathscr{A}$ *gehörige Randwertaufgabe* $(A, b_1, \ldots, b_m)$ *selbstadjungiert im Sinne von* Definition 14.6

$$(A, b_1, \ldots, b_m)^* = (A, b_1, \ldots, b_m).$$

Beweis. Für $u, v \in \mathscr{D}(\Omega)$ ergibt die Antisymmetrie

$$(Au, v)_0 = \overline{(Av, u)_0} = (u, Av)_0,$$

das ist $A = A^*$, also ist der Differentialoperator A formal selbstadjungiert. Die Formeln (3) und (4) ergeben

$$\mathscr{A}(u, v) = (Au, v)_0 + \sum_{j=1}^{p} \int_{\partial\Omega} D_j u \,\overline{b_j v}\, d\sigma + \sum_{j=p+1}^{m} \int_{\partial\Omega} b_j u \cdot \overline{B_j' v}\, d\sigma,$$

$$\overline{\mathscr{A}(v, u)} = (u, Av)_0 + \sum_{j=1}^{p} \int_{\partial\Omega} b_j u \,\overline{D_j v}\, d\sigma + \sum_{j=p+1}^{m} \int_{\partial\Omega} \overline{B_j'} u \,\overline{b_j v}\, d\sigma.$$

Setzen wir $D_1 = -C_1, \ldots, D_p = -C_p$, $B_{p+1}' = C_{p+1}, \ldots, B_m' = C_m$, so ergeben die beiden obigen Formeln

$$\int_\Omega Au \cdot \bar{v} \cdot dx - \int_\Omega u \cdot \overline{Av}\, dx = \sum_{j=1}^{m} \int_{\partial\Omega} [C_j u \,\overline{b_j v} - b_j u \,\overline{C_j v}]\, d\sigma,$$

das ist die Greensche Formel (51) aus Satz 14.9. Damit ist Satz 14.3 anwendbar und wir haben

$$(A, b_1, \ldots, b_m)^* = (A, b_1, \ldots, b_m),$$

wie auch

$$(A, C_1, \ldots, C_m)^* = (A, C_1, \ldots, C_m). \qquad \blacksquare$$

Satz 21.3 *Seien die Randwertoperatoren* $b_1, \ldots, b_m$ *normal, sei die sesquilineare Form*

$$\mathscr{A}(\varphi, \psi) = a(\varphi, \psi) + c(\varphi, \psi)$$

antisymmetrisch auf $V \times V$. *Dann ist, die nach* Satz 21.1 *zu* $\mathscr{A}$ *gehörige Randwertaufgabe* $(A, b_1, \ldots, b_m)$ *selbstadjungiert im Sinne von* Definition 14.6.

Bemerkung Da nach Satz 20.3 $V \cap W_2^{2m}(\Omega)$ dicht in V liegt, ist zwar die Forderung nach der Antisymmetrie auf $V \times V$ schwächer, als die Antisymmetrie auf $W_2^{2m}(\Omega) \times W_2^{2m}(\Omega)$, wir mußten aber hier – gegenüber Satz 21.2 – die Normalität von $b_1, \ldots, b_m$ zusätzlich voraussetzen.

Beweis. Wegen $\mathscr{D}(\Omega) \subset V$ haben wir für den Differentialoperator A – wie in Satz 21.2 –

$$A = A^*.$$

Da das System $B = (b_1, \ldots, b_m)$ normal ist, existiert nach Satz 14.4 ein System $B' = (B_1', \ldots, B_m')$ mit $W^{2m}(B)^* = W^{2m}(B')$. Nach Satz 14.10 wirken

$$G_{k0} : L_2(\Omega) \to W^{2m}(B) = \operatorname{im} G_{k0},$$
$$G_{k0}' : L_2(\Omega) \to W^{2m}(B') = \operatorname{im} G_{k0}'.$$

Wegen Satz 17.12 haben wir $G_{k0}' = G_{k0}$, woraus folgt $\operatorname{im} G_{k0} = \operatorname{im} G_{k0}'$, das ist

$$W^{2m}(B) = W^{2m}(B') = W^{2m}(B)^*$$

die Selbstadjungiertheit von $(A, b_1, \ldots, b_m)$. ∎

Wir haben der Form $a(\varphi, \psi)$ noch eine Randform (4) $c(\varphi, \psi)$ hinzugefügt; dies ermöglicht uns mehr Randwertoperatoren (siehe Voraussetzung 3) zu betrachten, als nur durch die Greensche Formel (3) gegeben sind: nämlich $b_j = B_j + C_j$, $j = p + 1, \ldots, m$, statt $b_j = B_j$, $j = p + 1, \ldots, m$, siehe dazu Beispiel 21.3. Eine weitere Möglichkeit, die Randwertoperatoren $b_j, j = p + 1, \ldots, m$ zu verändern, gewinnen wir durch das Hinzufügen einer antisymmetrischen Form $\tilde{a}(\varphi, \psi)$ zu $a(\varphi, \psi)$, siehe Beispiel 21.4. $\tilde{a}(\varphi, \psi)$ heißt antisymmetrisch, falls die Koeffizienten des Hauptteils antisymmetrisch sind, also

$$\tilde{a}_{\alpha\beta} = - \tilde{a}_{\beta\alpha} \quad \text{für } |\alpha| = |\beta| = m.$$

Hier und überall haben wir schweigend vorausgesetzt, daß die Ausgangsform $a(\varphi, \psi)$ symmetrische Koeffizienten hat

$$a_{\alpha\beta} = a_{\beta\alpha},$$

denn fassen wir die Ableitungen D^α, D^β im Distributionssinne auf, dann haben wir die Vertauschbarkeit

$$D^\alpha D^\beta = D^\beta D^\alpha.$$

Das Hinzufügen von $\tilde{a}(\varphi, \psi)$ ändert nichts an der starken Elliptizität von a, denn wir haben wegen der Antisymmetrie

$$\sum_{|\alpha| = |\beta| = m} \tilde{a}_{\alpha\beta} \zeta^\alpha \zeta^\beta \equiv 0, \qquad \forall \zeta \in \mathbf{R}^r,$$

und wegen

$$\tilde{A}^{H}(x, \mathrm{D}) = \sum_{|\alpha| = |\beta| = m} (-1)^{m}\, \tilde{a}_{\alpha\beta}\, \mathrm{D}^{\alpha} \mathrm{D}^{\beta} \equiv 0 \,,$$

bleibt auch der Hauptteil von $A(x, \mathrm{D})$ ungeändert. Für Operatoren A der Ordnung 2 bedeutet dies schon, daß auch die V-Koerzivität ungeändert bleibt, nach Beispiel 19.1 sind stark elliptische Differentialoperatoren A zweiter Ordnung schon $W_2^1(\Omega)$-koerziv. Auf diese Weise können wir auch die Aufgabe mit der sogenannten schiefen Ableitung der Variationsmethode unterordnen; siehe Beispiel 21.4, und Fichera [1], wo der allgemeine Fall eines Operators A zweiter Ordnung durchgerechnet ist.

Wir haben in §16 gesehen, daß für den Laplaceoperator $-\triangle$, $r \geqslant 3$, alle elliptischen Randwertaufgaben den Index $= 0$ haben. Der Grund hierfür ist, daß sie sich alle durch die Variationsmethode behandeln lassen – der Satz 21.1 also anwendbar ist. Wir wollen dies an Beispielen zeigen.

Beispiel 21.1 Das Dirichletproblem für den Laplaceoperator $-\triangle$. Die zum Laplaceoperator $-\triangle$ zugehörige Form a hat die Gestalt

$$(16) \qquad a(\varphi, \psi) = \sum_{j=1}^{r} \int_{\Omega} \frac{\partial \varphi}{\partial x_j} \cdot \overline{\frac{\partial \psi}{\partial x_j}}\, \mathrm{d}x \,,$$

der zum Dirichletproblem zugehörige Randwertraum ist

$$V = \overset{\circ}{W}_2^1(\Omega)\,.$$

Wir haben: Sei Ω eine beliebige offene und beschränkte Menge (keine Voraussetzungen an den Rand $\partial\Omega$), dann ist (16) $\overset{\circ}{W}_2^1$-elliptisch, denn wir haben die Abschätzungen

$$|a(\varphi, \psi)| = \left| \sum_{j=1}^{r} \int_{\Omega} \frac{\partial \varphi}{\partial x_j} \cdot \overline{\frac{\partial \psi}{\partial x_j}}\, \mathrm{d}x \right| \leqslant \|\varphi\|_1 \cdot \|\psi\|_1 \,, \qquad \forall \varphi, \psi \in W_2^1 \,,$$

und $\qquad \mathrm{Re}\, a(\varphi, \psi) = \sum_{j=1}^{r} \int_{\Omega} \left| \frac{\partial \varphi}{\partial x_j} \right|^2 \mathrm{d}x \geqslant c \|\varphi\|_1^2 \,, \qquad \varphi \in \overset{\circ}{W}_2^1(\Omega) \,,$

letztere wegen der Poincaréschen Ungleichung (Satz 7.6). Nach Satz 17.10 besitzt die Gleichung

$$(17) \qquad a(u, \varphi) = (f, \varphi)_0 \,, \qquad \varphi \in \overset{\circ}{W}_2^1(\Omega) \,,$$

(verallgemeinertes Dirichletproblem genannt) für jedes $f \in W_2^{-1}(\Omega)$ eine eindeutige Lösung $u \in \overset{\circ}{W}_2^1(\Omega)$, und nach Satz 17.14 liegen in der Halbebene

$$\mathrm{Re}\,\lambda \leqslant 0 \,,$$

keine Eigenwerte des Dirichletproblems. Sei nun zusätzlich

$$(18) \qquad \Omega \in \mathrm{C}^{0,1} \,,$$

dann ist nach Satz 8.9 der Raum $\overset{\circ}{W}_2^1(\Omega)$ charakterisiert durch die Randbedingung

$$T_0 u =: u|_{\partial\Omega} = 0 \,.$$

(im Sinne des Spuroperators T_0). Für $u, \varphi \in \mathring{W}_2^1(\Omega)$ gilt die Greensche Formel

$$(19) \qquad a(u, \varphi) = \sum_{j=1}^{r} \int_{\Omega} \frac{\partial u}{\partial x_j} \cdot \frac{\partial \bar{\varphi}}{\partial x_j} \, \mathrm{d}x = \int_{\Omega} (-\triangle u) \, \bar{\varphi} \, \mathrm{d}x \, .$$

Wir beweisen sie, indem wir zuerst nehmen $u, \varphi \in \mathscr{D}(\Omega)$, $\int_{\Omega} (-\triangle u) \, \bar{\varphi} \, \mathrm{d}x = (-\triangle u, \varphi)_0$, als Skalarprodukt auf dem Gelfandschen Dreier

$$\mathring{W}_2^1(\Omega) \subset L_2(\Omega) \subset W_2^{-1}(\Omega),$$

(siehe die Definitionen 17.1 und 17.2) interpretieren und den üblichen Dichteschluß durchführen.

Sei nun $g \in W_2^{1/2}(\partial\Omega)$ vorgegeben, wegen (18) können wir den Satz 8.8 anwenden und erhalten ein $u_0 \in W_2^1(\Omega)$ mit

$$(20) \qquad u_0|_{\partial\Omega} := T_0 u_0 = g \quad \text{auf } \partial\Omega .$$

Wir betrachten die schwache Gleichung

$$(21) \qquad -\triangle w = f + \triangle u_0 , \qquad w \in \mathring{W}_2^1(\Omega) ,$$

das ist – wegen (19) und (17)

$$\int_{\Omega} (-\triangle w) \, \bar{\varphi} \, \mathrm{d}x = a(w, \varphi) = (f + \triangle u_0, \varphi)_0 = \int_{\Omega} (f + \triangle u_0) \, \bar{\varphi} \, \mathrm{d}x , \quad \forall \varphi \in \mathring{W}_2^1(\Omega).$$

Da $\operatorname{ord} \triangle = 2$, haben wir $\triangle u_0 \in W_2^{-1}(\Omega)$ und der Lösungssatz 17.10 ist wieder anwendbar, d.h. $w \in \mathring{W}_2^1(\Omega)$ ist durch (21) eindeutig bestimmt. Wir setzen

$$u := w + u_0$$

und haben wegen (21)

$$u \in W_2^1(\Omega), \qquad -\triangle u = -\triangle w - \triangle u_0 = f + \triangle u_0 - \triangle u_0 = f,$$

und der Spursatz 8.7 (hier wieder (18) benutzt) liefert wegen (20)

$$u|_{\partial\Omega} = T_0 u = T_0 w + T_0 u_0 = 0 + g .$$

Damit haben wir bewiesen: für jedes Paar

$$f \in W_2^{-1}(\Omega), \qquad g \in W_2^{1/2}(\partial\Omega)$$

besitzt $-\triangle u = f$ in Ω, $u|_{\partial\Omega} = g$ auf $\partial\Omega$,

eine eindeutig bestimmte Lösung $u \in W_2^1(\Omega)$ – dies ist weit mehr, als wir durch den Hauptsatz 13.1 erhalten können. Interessant ist es, daß wenn wir die Voraussetzung (18) nur ein klein wenig verstärken, z.B. entweder zu

$$\Omega \in N^{0,1} ,$$

oder zu (18) noch die gleichmäßige Kegeleigenschaft hinzunehmen, wir weitgehende

Regularitätsaussagen über die Lösung u machen können, z. B. sei $f \in C^\infty(\bar\Omega)$, g sei fortsetzbar auf $\bar\Omega$ und $\in C^\infty(\bar\Omega)$, dann gilt für die Lösung u von $-\triangle u = f$, $u|_{\partial\Omega} = g$

$$u \in C^\infty(\bar\Omega)$$

und dies, obwohl der Bereich $\Omega \in N^{0,1}$ Ecken haben kann. Der Leser führe den Beweis selber durch, er ist eine vereinfachte Version von Satz 20.4 – wir brauchen keine Korrekturoperatoren, aber mehrmals den Fortsetzungssatz 5.4 von Calderon-Zygmund und das Lemma von Sobolev (Satz 6.2), die beide unter minimalen Voraussetzungen an Ω gelten, z. B. unter $\Omega \in N^{0,1}$.

Da das Dirichletproblem selbstadjungiert ist, z. B. nach Satz 21.3, und die Halbebene $\operatorname{Re}\lambda \leqslant 0$ nicht zum Spektrum gehört, gelten fürs Dirichletproblem auch die Spektralaussagen der Sätze 15.9, 17.12 bzw. 21.1.

Beispiel 21.2 Das Neumannsche Problem für den Laplaceoperator $-\triangle$. Die Form $a(\varphi, \psi)$ hat hier wieder die Gestalt (16) und wir haben für $k > 0$ und $\varphi \in W_2^1(\Omega)$

$$\operatorname{Re} a(\varphi, \varphi) + k\|\varphi\|_0^2 = \sum_{j=1}^r \int_\Omega \left|\frac{\partial\varphi}{\partial x_j}\right|^2 dx + k \int_\Omega |\varphi|^2 dx \geqslant c_k \|\varphi\|_1^2,$$

womit wir gezeigt haben, daß $(-\triangle)$ $W_2^1(\Omega)$-koerziv ist, bzw. daß $(-\triangle + k)$ für jedes $k > 0$, $W_2^1(\Omega)$-elliptisch ist. Da wir $k > 0$ beliebig klein wählen können, liegen also in der Halbebene

$$\operatorname{Re}\lambda < 0,$$

keine Eigenwerte des Neumannschen Problems ($\lambda = 0$ ist Eigenwert, dies wissen wir nach Beispiel 16.2).

Wir wollen die Beweismethode von Satz 21.1 nochmals am Neumannschen Problem illustrieren. Nach Satz 17.10 besitzt die Gleichung

$$(22) \qquad a(u, \varphi) + k(u, \varphi)_0 = (f, \varphi)_0, \quad \varphi \in W_2^1(\Omega),$$

(verallgemeinertes Neumannsches Problem genannt) für jedes $f \in [W_2^1(\Omega)]'$ eine eindeutige Lösung $u \in W_2^1(\Omega)$, dabei verlangen wir von Ω nur, daß es offen und beschränkt sei.

Um die Neumannsche Randbedingung $\partial u/\partial n|_{\partial\Omega}$ überhaupt interpretieren zu können (z. B. im Sinne eines Spuroperators von §8), brauchen wir höhere Voraussetzungen an Ω, z. B.

$$(23) \qquad \Omega \in C^{2,1},$$

und an u, z. B. $u \in W_2^2(\Omega)$. Dies ist beim Neumannschen Problem anders als beim Dirichletschen Problem, wo wir mit (18) auskamen. Es gilt die Greensche Formel

$$(24) \qquad \sum_{j=1}^r \int_\Omega \frac{\partial u}{\partial x_j} \frac{\partial\bar\varphi}{\partial x_j} dx + k \int_\Omega u \cdot \bar\varphi\, dx = \int_\Omega (-\triangle + k)u \cdot \bar\varphi\, dx + \int_{\partial\Omega} \frac{\partial u}{\partial n} \cdot \bar\varphi\, d\sigma,$$

für $u \in W_2^2(\Omega)$ und $\varphi \in W_2^1(\Omega)$. Wir brauchen die Voraussetzung (23), damit das

Integral $\displaystyle\int_{\partial\Omega} \frac{\partial u}{\partial n}\,\bar\varphi\,d\sigma$ existiert: Wegen (23) können wir die Abbildung $\partial/\partial n\,|_{\partial\Omega} = T_0(\partial/\partial n)$

definieren, sie ist stetig – siehe Satz 8.7 – $\partial/\partial n\,|_{\partial\Omega} : W_2^2(\Omega) \to W_2^{1/2}(\partial\Omega) \subset L_2(\partial\Omega)$ und wir haben

$$\left|\int_{\partial\Omega} \frac{\partial u}{\partial n}\,\bar\varphi\,d\sigma\right| = \left|\int_{\partial\Omega} T_0\!\left(\frac{\partial u}{\partial n}\right)\cdot T_0\bar\varphi\,d\sigma\right| \leqslant \left\|T_0\frac{\partial u}{\partial n}\right\|_{0,\partial\Omega} \cdot \|T_0\bar\varphi\|_{0,\partial\Omega}$$

$$\leqslant c\left\|T_0\frac{\partial u}{\partial n}\right\|_{1/2,\partial\Omega} \cdot \|T_0\bar\varphi\|_{1/2,\partial\Omega} \leqslant c\,\|u\|_2 \cdot \|\varphi\|_1\,,$$

womit wir die Existenz des Oberflächenintegrals sichergestellt haben. Zum Beweis von (24) schlagen wir den üblichen Weg ein, wir beweisen (24) zuerst für $u, \varphi \in C^\infty(\bar\Omega)$ und führen dann einen Dichteschluß durch.

Sei nun $f \in L_2(\Omega)$, nach Satz 17.10 und dem Regularitätssatz 20.4, besitzt (22) eine eindeutig bestimmte Lösung $u \in W_2^2(\Omega)$. Falls wir (24) auf (22) anwenden, bekommen wir

$$(25)\qquad \int_\Omega (-\triangle + k)u\cdot\bar\varphi\,dx + \int_{\partial\Omega}\frac{\partial u}{\partial n}\bar\varphi\,d\sigma = \int_\Omega f\cdot\bar\varphi\,dx, \qquad \varphi \in W_2^1(\Omega)\,.$$

Schränken wir φ auf $\mathscr{D}(\Omega)$ ein, so erhalten wir $-\triangle u + ku = f$ auf Ω, dies in (25) eingesetzt ergibt – mit dem Spuroperator T_0 geschrieben –

$$(26)\qquad \int_{\partial\Omega}\frac{\partial u}{\partial n}\cdot T_0\bar\varphi\,d\sigma = 0, \quad \text{für alle } \varphi \in W_2^1(\Omega)\,.$$

Nach Satz 8.8 ist $T_0 : W_2^1(\Omega) \to W_2^{1/2}(\partial\Omega)$ surjektiv und nach Satz 4.3 liegt $W_2^{1/2}(\partial\Omega)$ dicht in $L_2(\partial\Omega)$, damit folgt aus (26)

$$\frac{\partial u}{\partial n}\bigg|_{\partial\Omega} = 0,$$

d.h. die schwache Gleichung (22) ist zu $u \in W_2^2(\Omega)$

$$-\triangle u + ku = f \quad \text{in } \Omega,$$
$$\frac{\partial u}{\partial n} = 0 \quad \text{auf } \partial\Omega,$$

äquivalent. Nun können wir auch das inhomogene Problem lösen: Seien $g \in W_2^{1/2}(\partial\Omega)$ und $f \in L_2(\Omega)$ vorgegeben, dann gibt es nach Satz 8.8 ein $u_0 \in W_2^2(\Omega)$ mit $\partial u_0/\partial n\,|_{\partial\Omega} = g$, wir lösen wieder

$$-\triangle w + kw = f + \triangle u_0 - ku_0, \quad \text{in } \Omega, \qquad \frac{\partial w}{\partial n} = 0 \quad \text{auf } \partial\Omega,$$

bzw.$\qquad a(w,\varphi) + k(w,\varphi)_0 = (f + \triangle u_0 - ku_0, \varphi)_0,$

und erhalten $u := w + u_0$ als Lösung des inhomogenen Problems

$$-\triangle u + ku = f \quad \text{in } \Omega, \qquad \frac{\partial u}{\partial n} = g \quad \text{auf } \partial\Omega.$$

Nach Beispiel 16.2 ist das Neumannsche Problem selbstadjungiert (siehe auch Satz 21.2), vorhin haben wir gezeigt, daß die Halbebene $\operatorname{Re}\lambda < 0$ nicht zum Spektrum damit sind die Sätze 15.9, 17.12 und 21.1 aufs Neumannsche Problem anwendbar und wir erhalten einen weitreichenden Spektralsatz.

Durch die Greensche Formel (24) erhalten wir als Darstellungsoperator $\mathscr{L}$ für die Neumannsche Aufgabe (siehe §17, (28))

$$(\mathscr{L}\varphi, \psi)_0 = a(\varphi, \psi) = \int\limits_{\Omega} (-\triangle\varphi)\,\bar\psi\,\mathrm{d}x + \int\limits_{\partial\Omega} \frac{\partial\varphi}{\partial n}\,\bar\psi\,\mathrm{d}\sigma,$$

also $\qquad \mathscr{L}\varphi = -\triangle\varphi + \dfrac{\partial\varphi}{\partial n}\cdot\delta_{\partial\Omega}$

dabei ist $\delta_{\partial\Omega}$ die auf den Rand $\partial\Omega$ konzentrierte δ-Distribution, siehe Gelfand, Silov [1].

Wir sehen, $\mathscr{L}$ stimmt mit $-\triangle$ nur auf $W^2(B) = \{\varphi \in W_2^2(\Omega)\,|\,\partial\varphi/\partial n = 0 \text{ auf } \partial\Omega\}$ überein. Für $\varphi \in W_2^2(\Omega)$, $\varphi \notin W^2(B)$ kann $\mathscr{L}\varphi$ durchaus eine Distribution sein und nicht zu $L_2(\Omega)$ gehören – vergleiche auch Folgerung 21.1.

Beispiel 21.3 Die dritte Randwertaufgabe für den Laplaceoperator $-\triangle$. Wir knüpfen an die Bezeichnungen und Voraussetzungen von Beispiel 21.2 an. Wir fügen der Form (16) die Randform

$$c(\varphi, \psi) = \int\limits_{\partial\Omega} b_0(x)\cdot\varphi(x)\cdot\overline{\psi(x)}\,\mathrm{d}\sigma,$$

hinzu. c ist im Sinne von Definition 20.1 $m - 1 = 0$ transversal und grad $c = 2m - 2 = 0$, wir können also Satz 20.2 anwenden, wonach $a(\varphi, \psi) + c(\varphi, \psi)$ wieder $W_2^1(\Omega)$-koerziv ist, sei k_0 die Koerzivitätskonstante. Nach Satz 17.10 besitzt dann die schwache Gleichung

$$(27) \qquad a(u, \varphi) + c(u, \varphi) + k_0(u, \varphi)_0 = (f, \varphi)_0, \qquad \varphi \in W_2^1(\Omega),$$

für jedes $f \in [W_2^1(\Omega)]'$ eine eindeutige Lösung $u \in W_2^1(\Omega)$ und in der Halbebene

$$\operatorname{Re}\lambda \leqslant -k_0,$$

liegen keine Eigenwerte des dritten Randwertproblems. Sei nun $f \in L_2(\Omega)$, dann ist nach Satz 20.4 $u \in W_2^2(\Omega)$ und wir können auf (27) die Greensche Formel (24) anwenden; wir erhalten

$$\int\limits_{\Omega} (-\triangle + k_0)u\cdot\bar\varphi\,\mathrm{d}x + \int\limits_{\partial\Omega}\left(b_0 u + \frac{\partial u}{\partial n}\right)\bar\varphi\,\mathrm{d}\sigma = \int\limits_{\Omega} f\bar\varphi\,\mathrm{d}x, \qquad \varphi \in W_2^1(\Omega),$$

woraus sich, wie beim Beispiel 21.2, ergibt

$$-\triangle u + k_0 u = f \quad \text{in } \Omega, \qquad b_0 u + \frac{\partial u}{\partial n} = 0 \quad \text{auf } \partial\Omega,$$

und wir können für $f \in L_2(\Omega)$, $g \in W_2^{1/2}(\partial\Omega)$ die dritte Randwertaufgabe

$$- \triangle u + k_0 u = f \quad \text{in } \Omega, \qquad b_0 \cdot u + \frac{\partial u}{\partial n} = g \quad \text{auf } \partial\Omega,$$

eindeutig in $W_2^2(\Omega)$ lösen. Auch hier können wir direkt den Lösungssatz 21.1, anwenden.

Falls $b_0(x)$ reellwertig ist, ist nach Beispiel 16.3 oder nach Satz 21.2 die dritte Randwertaufgabe für den Laplaceoperator selbstadjungiert, da die Halbebene $\operatorname{Re} \lambda \leqslant -k_0$ nicht zum Spektrum gehört, gelten wieder die Spektralaussagen der Sätze 15.9, 17.12 und 21.1.

Beispiel 21.4 Die Randwertaufgabe mit der schiefen Ableitung. Wir rechnen hier den Fall $r = 2$ durch. Wir fügen zuerst der Form (16) die schiefsymmetrische Form

$$s(\varphi, \psi) = \int\limits_{\Omega} \left[a \frac{\partial\varphi}{\partial x_1} \frac{\partial\bar\psi}{\partial x_2} - a \frac{\partial\varphi}{\partial x_2} \frac{\partial\bar\psi}{\partial x_1} \right] dx$$

hinzu. Dies ändert nicht die starke Elliptizität, stark elliptische Formen vom Grad 2 sind aber nach Beispiel 19.1 immer $W_2^1(\Omega)$-koerziv. Danach addieren wir die Form

$$b(\varphi, \psi) = - \int\limits_{\Omega} \left[\frac{\partial a}{\partial x_1} \cdot \frac{\partial\varphi}{\partial x_2} \bar\psi - \frac{\partial a}{\partial x_2} \frac{\partial\varphi}{\partial x_1} \bar\psi \right] dx,$$

da $\operatorname{grad} b = (1,0)$, bleibt nach Satz 19.1 wieder die $W_2^1(\Omega)$-Koerzivität erhalten und wir haben, die Form

$$\mathscr{A}(\varphi, \psi) = a(\varphi, \psi) + s(\varphi, \psi) + b(\varphi, \psi)$$

ist W_2^1-koerziv; sei $f \in L_2(\Omega)$, wir betrachten die schwache Gleichung

$$\mathscr{A}(u, \varphi) = (f, \varphi)_0, \qquad \varphi \in W_2^1(\Omega), \ u \in W_2^2(\Omega),$$

und wenden auf sie die Greensche Formel (24) und die Gaußsche (17) §16 an:

$$\int\limits_{\Omega} a \frac{\partial u}{\partial x_1} \frac{\partial\bar\varphi}{\partial x_2} dx = - \int\limits_{\Omega} a \frac{\partial^2 u}{\partial x_1 \cdot \partial x_2} \bar\varphi \, dx - \int\limits_{\Omega} \frac{\partial a}{\partial x_2} \frac{\partial u}{\partial x_1} \bar\varphi \, dx + \int\limits_{\partial\Omega} a \frac{\partial u}{\partial x_1} n_2 \bar\varphi \, d\sigma - \int\limits_{\Omega} a \frac{\partial u}{\partial x_2} \frac{\partial\bar\varphi}{\partial x_1} dx$$

$$= \int\limits_{\Omega} a \frac{\partial^2 u}{\partial x_1 \cdot \partial x_2} \bar\varphi \, dx + \int\limits_{\Omega} \frac{\partial a}{\partial x_1} \frac{\partial u}{\partial x_2} \bar\varphi \, dx - \int\limits_{\partial\Omega} a \frac{\partial u}{\partial x_2} n_1 \bar\varphi \, d\sigma,$$

($\vec{n} = (n_1, n_2)$) ist der Einheitsvektor in Richtung der inneren Normalen). Dies ergibt

$$\mathscr{A}(u, \varphi) = a(u, \varphi) + s(u, \varphi) + b(u, \varphi)$$

$$\doteq \int\limits_{\Omega} - \triangle u\, \bar\varphi\, \mathrm{d}x + \int\limits_{\partial\Omega} \left[\frac{\partial u}{\partial x_1} n_1 + \frac{\partial u}{\partial x_2} n_2 \right] \bar\varphi\, \mathrm{d}\sigma + \int\limits_{\partial\Omega} \left[a\frac{\partial u}{\partial x_1} n_2 - a\frac{\partial u}{\partial x_2} n_1 \right] \bar\varphi\, \mathrm{d}\sigma$$

$$+\, b(u, \varphi) - b(u, \varphi) = \int\limits_{\Omega} f \cdot \bar\varphi\, \mathrm{d}x.$$

Damit haben wir das Beispiel 21.4 der Variationsmethode (Satz 21.1) untergeordnet, wobei

$$- \triangle u = f \quad \text{in } \Omega \text{ ist,}$$

und wir als Randwert

$$(28) \qquad \frac{\partial u}{\partial x_1}(n_1 + an_2) + \frac{\partial u}{\partial x_2}(n_2 - an_1) = 0$$

auf $\partial\Omega$ erhalten.

Sei die „schiefe Ableitungsrichtung" $\mu = (\mu_1, \mu_2)$ vorgegeben, wobei „Schiefe" bedeutet

$$(29) \qquad \mu_1 \cdot n_1 + \mu_2 \cdot n_2 > 0,$$

dann können wir a immer so bestimmen, daß gilt

$$(30) \qquad n_1 + an_2 = \varrho \cdot \mu_1, \qquad n_2 - an_1 = \varrho\mu_2, \quad \text{wobei } \varrho > 0.$$

Wir können also (28) in der Form

$$\frac{\partial u}{\partial \mu} = \frac{\partial u}{\partial x_1}\mu_1 + \frac{\partial u}{\partial x_2} \cdot \mu_2 = 0 \quad \text{auf } \partial\Omega$$

schreiben, was dem Namen gerecht wird. Nun zur Lösbarkeit von (30), wir multiplizieren die erste Gleichung mit n_1, die zweite mit n_2 und erhalten (wegen (29)) nach Addition

$$\varrho = \frac{1}{\mu_1 n_1 + \mu_2 n_2} > 0.$$

Falls $n_2 \neq 0$ ist, erhalten wir a aus der ersten Gleichung (30)

$$a = \frac{\varrho\mu_1 - n_1}{n_2} = \frac{\mu_1 n_2 - \mu_2 n_1}{\mu_1 n_1 + \mu_2 n_2},$$

welches a auch die zweite Gleichung erfüllt. Falls $n_1 \neq 0$ bestimmen wir a aus der zweiten Gleichung (30), wir erhalten dasselbe Ergebnis.

Die Rechnungen für den allgemeinen Fall $r \geqslant 2$ verlaufen ebenso, siehe Fichera [1], wo die Randwertaufgabe mit der schiefen Ableitung für einen stark elliptischen Differentialoperator zweiter Ordnung durchgerechnet wird.

Die Randwertaufgabe mit der schiefen Ableitung braucht nicht selbstadjungiert zu sein.

Beispiel 21.5 Sei

$$(31) \qquad A(x, D) = - \sum_{j,k}^{r} a_{jk} \frac{\partial}{\partial x_j} \frac{\partial}{\partial x_k} + \sum_{j=1}^{r} a_j \frac{\partial}{\partial x_j} + a_0$$

ein stark elliptischer Differentialoperator zweiter Ordnung, sei

$$a(\varphi, \psi) = \int_{\Omega} \left[\sum_{j,k} a_{jk} \frac{\partial \varphi}{\partial x_j} \frac{\partial \bar\psi}{\partial x_k} + \sum_{j=1}^{r} \left(a_j + \sum_{k=1}^{r} \frac{\partial a_{jk}}{\partial x_k} \right) \frac{\partial \varphi}{\partial x_j} \bar\psi + a_0 \cdot \varphi \cdot \bar\psi \right] dx$$

die zugeordnete sesquilineare Form (Achtung: (31) ist nicht in der Form §19, (1) geschrieben!) Wir wollen zeigen, daß wir das Neumannsche Problem

$$Au = f, \quad \text{auf } \Omega, \qquad N_A u = g, \quad \text{auf } \partial\Omega,$$

der Variationsmethode unterordnen können, wobei (siehe §16)

$$N_A u = \sum_{j,k} a_{jk} \frac{\partial u}{\partial x_j} \cos(\vec{n}, x_k).$$

Wir brauchen dazu nur die Voraussetzungen 1, 2 und 3 zu Satz 21.1 nachzuprüfen. Zu Voraussetzung 1. Wir wenden die Gaußsche Formel §16, (17) auf die einzelnen Terme des Ausdrucks $\int_{\Omega} Au \cdot \bar\varphi \, dx$ an und erhalten

$$a(u, \varphi) = \int_{\Omega} Au \, \bar\varphi \, dx + \int_{\partial\Omega} N_A u \cdot \bar\varphi \, d\sigma,$$

(siehe die Formel nach (17) §16), das ist mit $p = 0$: $B_1 = N_A$, $B_1' = I$.

Zu Voraussetzung 2. Nach Beispiel 19.1 ist $a(\varphi, \psi)$ W_2^1-koerziv, also ist $p = 0$.

Zu Voraussetzung 3. Die Normalität von N_A haben wir in Beispiel 16.3 erkannt.

Beispiel 21.6 Wir betrachten für den biharmonischen Operator $\triangle^2$ die Randwertaufgaben

$$(32) \qquad (\triangle^2; I, \triangle) \quad \text{und} \quad \left(\triangle^2; \frac{\partial}{\partial n}, -\frac{\partial \triangle}{\partial n} \right),$$

und wollen zeigen, daß Satz 21.1 auf sie anwendbar ist, d.h. daß sie durch die Variationsmethode gelöst werden können. Wir haben $A = \triangle^2$, $a(\varphi, \psi) = \int_{\Omega} \triangle\varphi \cdot \triangle\bar\psi \, dx$, und nehmen für die Voraussetzung 1 die Greensche Formel §16, (22)

$$(33) \qquad a(u, \varphi) = \int_{\Omega} \triangle u \cdot \triangle\bar\varphi = \int_{\Omega} \triangle^2 u \cdot \bar\varphi + \int_{\partial\Omega} \triangle u \cdot \frac{\partial \bar\varphi}{\partial n} \, d\sigma + \int_{\partial\Omega} -\frac{\partial \triangle u}{\partial n} \cdot \bar\varphi \, d\sigma.$$

Die Voraussetzung 2 (V-koerziv!) ist nach Beispiel 19.2 erfüllt, einmal mit §19, (56)

$$V_1 = \{\varphi \in W_2^2(\Omega) \,|\, I\varphi\,|_{\partial\Omega} = 0\}\,,$$

das zweite Mal mit §19 (58)

$$V_2 = \left\{\varphi \in W_2^2(\Omega): \frac{\partial\varphi}{\partial n}\bigg|_{\partial\Omega} = 0\right\}.$$

Eine Randform c brauchen wir nicht, also $c = 0$.

Wegen der Normalität der beiden Randwertaufgaben ist auch die Voraussetzung 3 erfüllt.

Sei $(\triangle^2; I, \triangle)$, $\triangle^2$ ist V_1-koerziv, und wir lesen aus der Greenschen Formel (33) ab (in der Bezeichnungsweise von (3))

$$b_1 = I, \qquad B_2 = \triangle, \qquad \left(\mathrm{D}_1 = -\frac{\partial\triangle}{\partial n}, B_2' = \frac{\partial}{\partial n}\right).$$

Sei $\left(\triangle^2; \dfrac{\partial}{\partial n}, -\dfrac{\partial\triangle}{\partial n}\right)$, $\triangle^2$ ist V_2-koerziv.

Wir lesen wieder aus (33) ab

$$b_1 = \frac{\partial}{\partial n}, \qquad B_2 = -\frac{\partial\triangle}{\partial n}, \qquad (\mathrm{D}_1 = \triangle, B_2' = I).$$

Damit unterliegen die beiden Randwertprobleme

$$\triangle^2 u = f \text{ in } \Omega, \qquad u\,|_{\partial\Omega} = g_1, \qquad \triangle u\,|_{\partial\Omega} = g_2,$$

und $\quad \triangle^2 u = f \text{ in } \Omega, \qquad \dfrac{\partial u}{\partial n}\bigg|_{\partial\Omega} = g_1, \qquad -\dfrac{\partial\triangle u}{\partial n}\bigg|_{\partial\Omega} = g_2,$

der Variationsmethode und es gelten die Aussagen von Satz 21.1. Speziell gilt, die Halbebene $\operatorname{Re}\lambda \leqslant -k_0$ gehört nicht zum Spektrum, was zusammen mit der Selbstadjungiertheit der beiden Aufgaben (32) (siehe Beispiel 16.6 oder Satz 21.3) ergibt:

Für beide Aufgaben (32) gelten die Spektralaussagen der Sätze 15.9, 17.12 und 21.1.

Man kann auch mit der Variationsmethode Randwertaufgaben behandeln, die nicht unter das Schema von §13 fallen.

Beispiel 21.7 Das gemischte Problem für den Laplaceoperator $-\triangle$. Sei Ω offen, zusammenhängend und beschränkt, wir zerlegen den Rand in zwei Teile $\partial\Omega = \Gamma_1 \cup \Gamma_2$ und suchen eine Lösung $u(x)$ von

$$-\triangle u = f \quad \text{in } \Omega, \quad u = 0 \quad \text{auf } \Gamma_1 \quad \text{und} \quad \frac{\partial u}{\partial n} = 0 \quad \text{auf } \Gamma_2,$$

(bzw. $u = g_1$ auf Γ_1 und $\partial u/\partial n = g_2$ auf Γ_2).

Wir wollen zeigen, daß für $\Omega \in N^{0,1}$, $\mu_{r-1} \Gamma_1 \neq 0$ (μ_{r-1} ist das Oberflächenmaß auf $\partial\Omega$) das gemischte Problem (in der Variationsmethodenfassung) eindeutig lösbar ist. Wir setzen

$$a(\varphi, \psi) := \sum_{j=1}^{r} \int_{\Omega} \frac{\partial\varphi}{\partial x_j} \cdot \frac{\partial\bar{\psi}}{\partial x_j}\,dx, \qquad \varphi, \psi \in \tilde{V}$$

$$\tilde{V} := \{\varphi \in W_2^1(\Omega) \mid T_0 \varphi|_{\Gamma_1} = 0\}, \qquad H = L_2(\Omega),$$

$\tilde{V}$ ist wegen der Stetigkeit von T_0 (dazu brauchen wir $\Omega \in C^{0,1}$), ein abgeschlossener Unterraum von $W_2^1(\Omega)$ und es gilt

$$\mathring{W}_2^1(\Omega) \subset \tilde{V} \subset W_2^1(\Omega).$$

Wir haben die Abschätzung

$$(34) \qquad |a(\varphi, \psi)| \leqslant \|\varphi\|_1 \cdot \|\psi\|_1, \quad \text{für } \varphi, \psi \in \tilde{V},$$

und brauchen die Gårdingsche Abschätzung

$$(35) \qquad \operatorname{Re} a(\varphi, \varphi) \geqslant c \|\varphi\|_1^2 \quad \text{für } \varphi \in \tilde{V}.$$

Wir beweisen auf $W_2^1(\Omega)$ die Ungleichung

$$(36) \qquad \|\varphi\|_1^2 \leqslant c \left[\sum_{j=1}^{r} \left\| \frac{\partial\varphi}{\partial x_j} \right\|_0^2 + \| T_0 \varphi \|_{1/2, \Gamma_1}^2 \right].$$

Sei (36) nicht richtig, dann gibt es eine Folge $\varphi_n \in W_2^1(\Omega)$ mit $\|\varphi_n\|_1 = 1$ und

$$(37) \qquad 1 = \|\varphi_n\|_1^2 > n \left[\sum_{j=1}^{r} \left\| \frac{\partial\varphi_n}{\partial x_j} \right\|_0^2 + \| T_0 \varphi_n \|_{1/2, \Gamma_1}^2 \right],$$

woraus folgt, daß

$$(38) \qquad \frac{\partial\varphi_n}{\partial x_j} \to 0 \quad \text{in } L_2(\Omega) \text{ für } j = 1, \ldots, r.$$

Nach Satz 7.2 (hier brauchen wir $\Omega \in N^{0,1}$) ist $\{\varphi_n\}$ relativ kompakt in $L_2(\Omega)$, es gibt also eine Unterfolge – wir nennen sie der Einfachheit halber wieder φ_n – mit $\varphi_n \to \varphi$ in $L_2(\Omega)$, was zusammen mit (38)

$$(39) \qquad \varphi_n \to \varphi \text{ in } W_2^1(\Omega) \quad \text{und} \quad \frac{\partial\varphi}{\partial x_j} = 0, \qquad j = 1, 2, \ldots, r,$$

ergibt, φ ist also konstant auf Ω, $\varphi = \text{const}$. Aus (37) ergibt sich auch

$$T_0 \varphi_n \to 0$$

und aus (39)

$$T_0 \varphi_n \to T_0 \varphi = T_0 (\text{const}) = \text{const},$$

zusammen: const $= 0$ auf Γ_1 ($\mu_{r-1}\,\Gamma_1 \neq 0$), das ist $\varphi \equiv 0$ im Widerspruch zu $\|\varphi\|_1 = 1$ (siehe oben), (36) auf $\tilde{V}$ betrachtet ist (35).

(34) und (35) bedeuten nach Definition 17.5, daß $a(\varphi, \psi)$ $\tilde{V}$-elliptisch ist, d.h. u.a. die schwache Gleichung

$$(40) \qquad a(u, \varphi) = (f, \varphi)_0\,, \qquad \varphi \in \tilde{V}$$

ist für $f \in \tilde{V}'$ ($z.B.$ $f \in L_2(\Omega) \subset \tilde{V}'$) eindeutig in $\tilde{V}$, $u \in \tilde{V}$, lösbar.

Nach Satz 17.14 liegen in der Halbebene

$$\operatorname{Re} \lambda \leqslant 0$$

keine Werte des Spektrums von (40). Wegen $\mathscr{D}(\Omega) \subset \tilde{V}$ erhalten wir aus (40) sofort die Gleichung

$$- \triangle u = f \quad \text{in } \Omega,$$

und wenden wir auf (40) formal die Greensche Formel (24) an, so erhalten wir auch die Randbedingungen

$$u = 0 \quad \text{auf } \Gamma_1 \quad \text{und} \quad \frac{\partial u}{\partial n} = 0 \quad \text{auf } \Gamma_2\,.$$

Um die Greensche Formel tatsächlich anwenden zu können, brauchen wir fürs gemischte Problem globale Regularitätssätze (im Sinne von Satz 20.4), die aber nur sehr schwer zu erhalten sind; Schwierigkeiten machen die Punkte von $\Gamma_1 \cap \Gamma_2$, siehe auch Fichera [1].

Auch das inhomogene Problem

$$(41) \qquad - \triangle u = f, \qquad u|_{\Gamma_1} = g_1\,, \qquad \left.\frac{\partial u}{\partial n}\right|_{\Gamma_2} = g_2$$

ist für $\Omega \in C^{2,1}, f \in L_2(\Omega), g_1 \in W_2^{3/2}(\Gamma_1), g_2 \in W_2^{1/2}(\Gamma_2)$ eindeutig in $W_2^1(\Omega)$ lösbar: wir setzen g_1 und g_2 auf $\partial\Omega$ fort, erhalten

$$g_1 \in W_2^{3/2}(\partial\Omega)\,, \qquad g_2 \in W_2^{1/2}(\partial\Omega),$$

bestimmen nach Satz 14.1 (hier brauchen wir $\Omega \in C^{2,1}$) eine Funktion $g \in W_2^2(\Omega)$ mit

$$g|_{\Gamma_1} = g_1 \quad \text{und} \quad \left.\frac{\partial g}{\partial n}\right|_{\Gamma_2} = g_2\,,$$

lösen die Gleichung (nach $w \in \tilde{V}$)

$$a(w, \varphi) = (f - \triangle g, \varphi)_0\,, \qquad \varphi \in \tilde{V},$$

und setzen

$$u := w + g\,.$$

Man überzeugt sich leicht, u erfüllt (41). Da $a(\varphi, \psi)$ auf $\tilde{V}$ antisymmetrisch ist, ist nach Satz 17.12 der Greensche Lösungsoperator G fürs gemischte Problem L_2-selbstadjungiert, und es gelten alle Aussagen von Satz 17.12.

Beispiel 21.8 Das Transmissionsproblem für den Laplaceoperator $-\triangle$. Sei Ω offen und beschränkt, wir zerlegen Ω in zwei Teile $\Omega = \Omega_1 \cup \Omega_2$, sei $\Gamma_1 := \bar{\Omega}_1 \cap \partial\Omega$, $\Gamma_2 := \bar{\Omega}_2 \cap \partial\Omega$, $\Gamma := \bar{\Omega}_1 \cap \bar{\Omega}_2$ (siehe Fig. 21.1). Wir suchen Lösungen $u_i \in W_2^1(\Omega_i)$, $i = 1,2$ von

$$-a \triangle u_1 = f \ \text{ in } \Omega_1, \qquad -b \triangle u_2 = f \ \text{ in } \Omega_2$$

$$(42) \qquad u_1 = g \ \text{ auf } \Gamma_1, \qquad u_2 = g \ \text{ auf } \Gamma_2,$$

die die Transmissionsbedingungen erfüllen:

$$(43) \qquad u_1 = u_2, \qquad a\frac{\partial u_1}{\partial n} = b\frac{\partial u_2}{\partial n} \ \text{ auf } \Gamma,$$

wobei $a, b > 0$ positive Konstanten sind. Wir nehmen als $V = W$ den abgeschlossenen Unterraum von $W_2^1(\Omega_1) \times W_2^1(\Omega_2)$, definiert durch

$$W := \{(\varphi_1, \varphi_2) \mid \varphi_i \in W_2^1(\Omega_i), \qquad i = 1,2,$$

$$T_0 u_1 = 0 \ \text{ auf } \Gamma_1, \qquad T_0 u_2 = 0 \ \text{ auf } \Gamma_2, \qquad T_0 u_1 = T_0 u_2 \ \text{ auf } \Gamma\}$$

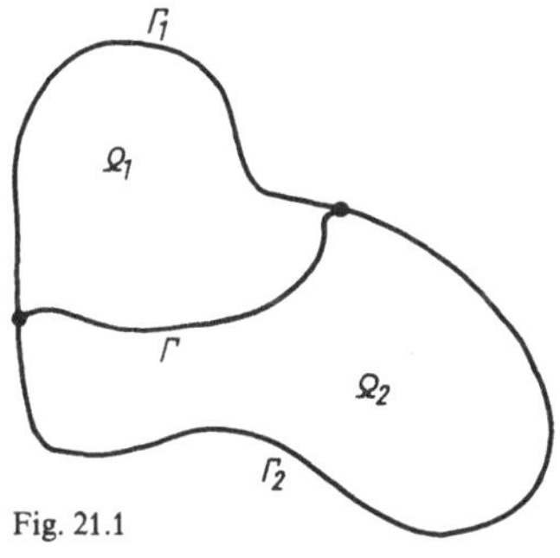

Fig. 21.1

Hier nehmen wir, damit der Spuroperator T_0 definiert und stetig ist: $\Omega_i \in N^{0,1} \subset C^{0,1}$, $i = 1,2$. Wir haben

$$\overset{\circ}{W}{}_2^1(\Omega_1) \times \overset{\circ}{W}{}_2^1(\Omega_2) \subset W \subset W_2^1(\Omega_1) \times W_2^1(\Omega_2).$$

Wir nehmen als sesquilineare Form

$$(44) \qquad a((\varphi_1,\varphi_2),(\psi_1,\psi_2)) = \sum_{j=1}^{r}\left[a \int_{\Omega_1} \frac{\partial\varphi_1}{\partial x_j} \cdot \frac{\partial\bar\psi_1}{\partial x_j}\,\mathrm{d}x + b \int_{\Omega_2} \frac{\partial\varphi_2}{\partial x_j} \cdot \frac{\partial\bar\psi_2}{\partial x_j}\,\mathrm{d}x \right]$$

und haben sofort die Abschätzung

$$(45) \qquad |a((\varphi_1,\varphi_2),(\psi_1,\psi_2))| \leqslant c_1 \|(\varphi_1,\varphi_2)\|_1 \cdot \|(\psi_1,\psi_2)\|_1, \ \text{ für } (\varphi_1,\varphi_2),(\psi_1,\psi_2) \in W,$$

hier haben wir $W_2^1(\Omega_1) \times W_2^1(\Omega_2)$ mit der Hilbertraumnorm versehen

$$\|(\varphi_1,\varphi_2)\|_1^2 = \|\varphi_1\|_1^2 + \|\varphi_2\|_1^2,$$

und W trägt die durch $W_2^1(\Omega_1) \times W_2^1(\Omega_2)$ induzierte Topologie. Um die Gårdingsche Ungleichung für (44) zu beweisen, gehen wir so wie in Beispiel 21.7 vor. Auf $W_2^1(\Omega)_1) \times W_2^1(\Omega_2)$ gilt die Abschätzung

$$(46) \qquad \|(\varphi_1, \varphi_2)\|_1^2 \leqslant c_2 \left\{ \sum_{j=1}^r \left(a \left\| \frac{\partial \varphi_1}{\partial x_j} \right\|_0^2 + b \left\| \frac{\partial \varphi_2}{\partial x_j} \right\|_0^2 \right) \right.$$
$$\left. + \|T_0(\varphi_1 - \varphi_2)\|_{1/2,\Gamma}^2 + \|T_0 \varphi_1\|_{1/2,\Gamma^1}^2 + \|T_0 \varphi_2\|_{1/2,\Gamma_2}^2 \right\},$$

den Beweis erhalten wir durch einen Kompaktheitsschluß, wie für (36) – hier brauchen wir die Voraussetzungen $\Omega_i \in N^{0,1}$, $i = 1,2$. Auf W nimmt (46) die Form an

$$\|(\varphi_1, \varphi_2)\|_1^2 \leqslant c_2 \sum_{j=1}^r \left(a \left\| \frac{\partial \varphi_1}{\partial x_j} \right\|_0^2 + b \left\| \frac{\partial \varphi_2}{\partial x_j} \right\|_0^2 \right),$$

womit wir für (44) die Gårdingsche Ungleichung bewiesen haben

$$(47) \qquad \operatorname{Re} a((\varphi_1, \varphi_2)(\varphi_1, \varphi_2)) \geqslant c_3 \|(\varphi_1, \varphi_2)\|_1^2, \qquad (\varphi_1, \varphi_2) \in W.$$

Sei $H = L_2(\Omega_1) \times L_2(\Omega_2) \cong L_2(\Omega_1 \cup \Omega_2) = L_2(\Omega)$, $V = W$, dann bedeuten (45) und (47), daß (44) im Sinne von Definition 17.5 (H, V)-elliptisch ist, d. h. u. a. die schwache Gleichung

$$(48) \qquad a((u_1, u_2), (\varphi_1, \varphi_2)) = (f, (\varphi_1, \varphi_2))_0, \qquad (\varphi_1, \varphi_2) \in W$$

ist für $f \in L_2(\Omega_1 \cup \Omega_2) = L_2(\Omega)$ eindeutig in W $((u_1, u_2) \in W)$ lösbar. Auch liegen nach Satz 17.14 in der Halbebene

$$\operatorname{Re} \lambda \leqslant 0$$

keine Werte des Spektrums von (48), und es gelten alle Aussagen des Spektralsatzes 17.12; der Greensche Lösungsoperator G des Transmissionsproblems ist L_2-selbstadjungiert, denn (44) ist auf W antisymmetrisch.

Wegen $\mathscr{D}(\Omega_1) \times \mathscr{D}(\Omega_2) \subset W$ erhalten wir aus (48) die Gleichungen

$$-a \triangle u_1 = f \ \text{ in } \Omega_1, \qquad -b \triangle u_2 = f \ \text{ in } \Omega_2.$$

Wenden wir auf (48) zweimal formal die Greensche Formel (24) an, so erhalten wir die Transmissionsbedingung (43), während die Randbedingungen $u_1 = 0$ auf Γ_1, $u_2 = 0$ auf Γ_2, $u_1 = u_2$ auf Γ in der Definition von W liegen.

Wir haben damit das homogene Transmissionsproblem $(g = 0)$ eindeutig gelöst. Wir bemerken, für die tatsächliche Anwendung der Greenschen Formel (24) auf (48) brauchen wir globale Regularitätssätze für die Lösung $(u_1, u_2) \in W$ – auch hier haben wir Schwierigkeiten mit den Punkten von $\Gamma_1 \cap \Gamma_2 \cap \Gamma$.

Um das inhomogene Transmissionsproblem zu lösen, nehmen wir $g \in W_2^{1/2}(\Gamma_1)$, $g \in W_2^{1/2}(\Gamma_2)$, bestimmen nach Satz 8.8

$$u_1^0 \in W_2^1(\Omega_1), \qquad u_2^0 \in W_2^1(\Omega_2)$$

mit $\qquad T_0 u_1^0 = g \ \text{ auf } \Gamma_1, \ \text{ und } \ T_0 u_2^0 = g \ \text{ auf } \Gamma_2,$

(hier kommen wir mit den Voraussetzungen $\Omega_i \in C^{0,1}$, $i = 1,2$, aus), lösen die schwache Gleichung $((w_1, w_2) \in W)$

$$a((w_1, w_2), (\varphi_1, \varphi_2)) = (f - \triangle u^0, (\varphi_1, \varphi_2))_0$$
$$:= (f - \triangle u_1^0, \varphi_1)_{0, \Omega_1} + (f - \triangle u_2^0, \varphi_2)_{0, \Omega_2}$$

und setzen $(u_1, u_2) := (w_1, w_2) + (u_1^0, u_2^0)$.

Man überzeugt sich leicht, (u_1, u_2) erfüllt formal (42) und (43).

Verallgemeinerungen auf beliebige stark elliptische Differentialoperatoren zweiter Ordnung liegen auf der Hand, der Leser führe die entsprechenden Überlegungen selber durch.

Aufgaben

21.1 Wir betrachten das Dirichletproblem für den Laplaceoperator

$$(1) \qquad -\triangle u = f \quad \text{auf } \Omega \quad \text{und} \quad u = g \quad \text{auf } \partial\Omega.$$

Unter einer Greenschen Funktion $G(x; y)$, $x \in \bar{\Omega}$, $y \in \Omega$, fürs Dirichletproblem verstehen wir folgende Funktion

1. $r \geq 3$:

$$G(x; y) = \frac{\Gamma(\frac{r}{2})}{(r - 2) 2 \pi^{r/2} |x - y|} + v(x; y),$$

wobei v für jedes $y \in \Omega$ die Randwertaufgabe erfüllt

$$\triangle_x v(x, y) = 0, x \in \Omega; \qquad v(x; y) = -\frac{\Gamma(\frac{r}{2})}{(r - 2) 2 \pi^{r/2} |x - y|} \quad \text{für } x \in \partial\Omega;$$

2. für $r = 2$ nehmen wir

$$G(x; y) = \frac{1}{2\pi} \ln \frac{1}{|x - y|} + v(x; y)$$

wobei v für jedes $y \in \Omega$ erfüllt

$$\triangle_x v(x; y) = 0, \qquad x \in \Omega; \qquad v(x; y) = -\frac{1}{2\pi} \ln \frac{1}{|x - y|}, \qquad x \in \partial\Omega.$$

Zeige, für die Lösung u von (1) haben wir die Darstellung

$$u(y) = \int_{\partial\Omega} g(x) \frac{\partial G(x; y)}{\partial n_x} d\sigma_x + \int_{\Omega} f(x) G(x; y) dx,$$

das heißt unter anderem, der Greensche Operator $G: L_2(\Omega) \to L_2(\Omega)$ (siehe Definition 14.7 oder Definition 17.5) ist ein Integraloperator von der Form

$$u(y) = Gf = \int_{\Omega} f(x) G(x; y) dx.$$

Anleitung: siehe Aufgabe 1.14 und wende die Greenschen Formeln an (siehe ältere Lehrbücher über partielle Differentialgleichungen).

21.2 Finde die Greensche Funktion für die Kugel $\Omega = B(0,a)$, $r = 3$.

Antwort: $G(x;y) = \dfrac{1}{4\pi}\left[\dfrac{1}{|x-y|} - \dfrac{a}{|x|}\cdot\dfrac{1}{\left|y - x\dfrac{a^2}{|x|^2}\right|}\right]$.

21.3 Finde die Greensche Funktion für den Kreis $\Omega = B(0,a)$, $r = 2$.

Antwort: $G(x;y) = \dfrac{1}{2\pi}\left[\ln\dfrac{1}{|x-y|} - \ln\left(\dfrac{a}{|x|}\cdot\dfrac{1}{\left|y - x\dfrac{a^2}{|x|^2}\right|}\right)\right]$.

21.4 Finde die Greensche Funktion für die Kugel $\Omega = B(0,a)$, $r > 3$.

21.5 Finde die Greensche Funktion für die Halbkugel $\Omega = B_+(0,a)$, $r = 3$.

Antwort: $G(x;y) = \dfrac{1}{4\pi}\left[\dfrac{1}{|x-y|} - \dfrac{a}{|y|}\dfrac{1}{|x-y^1|} - \dfrac{1}{|x-y^2|} + \dfrac{a}{|y|}\dfrac{1}{|x-y^3|}\right]$,

hier haben wir y^1 aus y durch Inversion an der Sphäre $S(0,a)$ erhalten $\left(y^1 = \dfrac{a^2}{|y|^2}\,y\right)$, y^2 aus y durch Spiegelung an der Ebene $x_3 = 0$ $(y^2 = (y_1, y_2, -y_3))$ und y^3 aus y^2 durch Inversion $\left(y^3 = \dfrac{a^2}{|y|^2}\,y^2\right)$.

21.6 Finde eine Greensche Funktion für den dreidimensionalen Quadranten $\Omega = \{x\,|\,x_1 \geqslant 0,\ x_2 \geqslant 0\}$.

Antwort: $G(x;y) = \dfrac{1}{4\pi}\left[\dfrac{1}{|x-y|} - \dfrac{1}{|x-y^2|} + \dfrac{1}{|x-y^3|} - \dfrac{1}{|x-y^4|}\right]$

wobei $y = (y_1, y_2, y_3)$, $y^2 = (-y_1, y_2, y_3)$, $y^3 = (-y_1, -y_2, y_3)$ und $y^4 = (y_1, -y_2, y_3)$.

21.7 Unter der Greenschen Funktion fürs Neumannsche Problem

$$(2) \qquad -\triangle u = f \quad \text{in } \Omega, \qquad \frac{\partial u}{\partial n} = g \quad \text{auf } \partial\Omega,\ r = 3,$$

verstehen wir die Funktion $G(x;y)$, $x \in \bar\Omega$, $y \in \Omega$ mit folgenden Eigenschaften

1. $G(x;y) = \dfrac{1}{4\pi|x-y|} + v(x;y)$, wobei v harmonisch ist, d.h. $\forall y$ gilt $\triangle_x v(x;y) = 0$;

2. $\partial G(x;y)/\partial n_x = 1/S_0$ für $x \in \partial\Omega$, $y \in \Omega$, $S_0 = \text{area}(\partial\Omega)$, ist der Flächeninhalt von $\partial\Omega$;

3. $\displaystyle\int_{\partial\Omega} G(x;y)\,d\sigma_x = 0$, $y \in \Omega$.

Zeige, durch die Forderungen 1, 2 und 3 ist G eindeutig bestimmt, und wir haben für die Lösungen u von (2) die Darstellung

$$u(y) = \int_\Omega f(x)\,G(x;y)\,dx - \int_{\partial\Omega} g(x)\,G(x;y)\,d\sigma_x + c$$

gesetzt, die Integrierbarkeitsbedingung für (2) ist erfüllt:

$$\int_\Omega f(x)\,dx + \int_{\partial\Omega} g(x)\,d\sigma_x = 0.$$

21.8 Finde die Greensche Funktion des Neumannschen Problems für die Kugel $\Omega = B(0,a)$ ($r = 3$).

$$\text{Antwort:}\quad G(x;y) = \frac{1}{4\pi}\left[\frac{1}{|x-y|} + \frac{a}{|y|\,|x-y^1|} + \frac{1}{a}\ln\frac{2}{1 - \frac{|x^1|}{|y^1|} + \frac{|x-y^1|}{|y^1|}}\right] - \frac{1}{2\pi a}$$

hier ist $y^1 = \dfrac{a^2}{|y|^2}\, y$, und x^1 ist der Fußpunkt der Senkrechten durch x auf die Gerade $[0,y]$.

21.9 Wir betrachten das Dirichletproblem für den biharmonischen Operator ($r = 2$)

$$(3)\qquad \triangle^2 u = f \ \text{ in } \Omega;\quad u|_{\partial\Omega} = 0,\quad \left.\frac{\partial u}{\partial n}\right|_{\partial\Omega} = 0 \ \text{ auf } \partial\Omega.$$

Zeige, der Greensche Operator $G: L_2(\Omega) \to L_2(\Omega)$ ist ein Integraloperator mit der Darstellung

$$u(y) = \int\limits_\Omega f(x)\, G(x;y)\, \mathrm{d}x,$$

wobei die „Greensche Funktion" $G(x;y)$ durch die Bedingungen (eindeutig) definiert ist:

1. $G(x;y) = \dfrac{1}{8\pi}|x-y|^2 \cdot \ln|x-y| + v(x;y)$, wobei $v(x;y)$ für jedes $y \in \Omega$ die Gleichung

erfüllt $\triangle_x^2 v(x;y) = 0$, (siehe auch Aufgabe 1.15);

2. $G(x;y)|_{\partial\Omega_x} = 0$, $\partial G(x;y)/\partial n_x|_{\partial\Omega_x} = 0$, $\forall y \in \Omega$.

Finde die Greensche Formel für die Lösung u von

$$\triangle^2 u = f,\qquad u|_{\partial\Omega} = g_1,\qquad \left.\frac{\partial u}{\partial n}\right|_{\partial\Omega} = g_1.$$

21.10 Finde die Greensche Funktion von (3) für den Kreis $\Omega = B(0,a)$, $r = 2$.

$$\text{Antwort:}\ G(x;y) = \frac{a^2}{16\pi}\left[\frac{|x-y|^2}{a^2}\cdot\ln\frac{a^2|x-y|^2}{|y|^2|x-y^1|^2} + \left(1 - \frac{|y|^2}{a^2}\right)\left(1 - \frac{|x|^2}{a^2}\right)\right],$$

hier ist wieder $y^1 = \dfrac{a^2}{|y|^2}\, y$.

§22 Der Schaudersche Fixpunktsatz und eine nichtlineare Aufgabe

Wir beginnen mit einem Spezialfall, dem Satz von Brouwer.

Satz 22.1 *Sei* $\bar{B}(0,1)$ *die abgeschlossene Einheitskugel in* $\mathbf{R}^r$ *und* $T: \bar{B} \to \bar{B}$ *eine* C^∞*-Abbildung, d.h.* $T(x) = (t_1(x), \dots, t_r(x))$ *mit* $t_i \in C^\infty(\bar{B})$, $i = 1, \dots, r$. *Dann besitzt* T *wenigstens einen Fixpunkt* $x_0 \in \bar{B}$, *d.h.* $T x_0 = x_0$.

Wir brauchen ein Lemma.

Lemma 22.1 *Sei f eine C^∞-Funktion von $(r+1)$-Variablen mit Werten in $\mathbf{R}^r$ $f = (f_1(x_0, x_1, \ldots, x_r), \ldots f_r(x_0, x_1, \ldots, x_r))$. Es seien $D_0, D_1, \ldots, D_r$ die Kofaktoren der ersten Zeile der Matrix*

$$
\begin{pmatrix}
e_0, & e_1, & \ldots & e_r \\
\dfrac{\partial f_1}{\partial x_0}, & \dfrac{\partial f_1}{\partial x_1}, & \ldots & \dfrac{\partial f_1}{\partial x_r} \\
\cdot & \cdot & & \cdot \\
\cdot & \cdot & & \cdot \\
\cdot & \cdot & & \cdot \\
\dfrac{\partial f_r}{\partial x_0}, & \dfrac{\partial f_r}{\partial x_1}, & \ldots & \dfrac{\partial f_r}{\partial x_r}
\end{pmatrix}
$$

d.h.

$$
D_0 = \det
\begin{pmatrix}
\dfrac{\partial f_1}{\partial x_1}, & \ldots & \dfrac{\partial f_1}{\partial x_r} \\
\cdot & & \cdot \\
\cdot & & \cdot \\
\cdot & & \cdot \\
\dfrac{\partial f_r}{\partial x_1}, & \ldots & \dfrac{\partial f_r}{\partial x_r}
\end{pmatrix},
\quad
D_1 = -\det
\begin{pmatrix}
\dfrac{\partial f_1}{\partial x_0}, & \dfrac{\partial f_1}{\partial x_2}, & \ldots \\
\cdot & \cdot & \\
\cdot & \cdot & \\
\cdot & \cdot & \\
\dfrac{\partial f_r}{\partial x_0}, & \dfrac{\partial f_r}{\partial x_2}, & \ldots
\end{pmatrix},
\quad usw.
$$

Es gilt die Identität

$$
(1) \qquad \frac{\partial D_0}{\partial x_0} + \frac{\partial D_1}{\partial x_1} + \ldots + \frac{\partial D_r}{\partial x_r} = 0.
$$

Beweis. Wir benutzen das Differentiationsgesetz für Determinanten (wir differenzieren spaltenweise) und sehen, daß für jeden Term

$$
\pm \frac{\partial f_1}{\partial x_i} \cdot \ldots \cdot \frac{\partial^2 f_j}{\partial x_k \partial x_l} \cdot \ldots \cdot \frac{\partial f_r}{\partial x_q}, \qquad i, j, \ldots, q = 0, 1, \ldots, r,
$$

in der Entwicklung von (1) genau ein anderer Term mit k und l vertauscht vorkommt, d.h. von der Form

$$
\mp \frac{\partial f_1}{\partial x_i} \cdot \ldots \cdot \frac{\partial^2 f_j}{\partial x_l \partial x_k} \cdot \ldots \cdot \frac{\partial f_r}{\partial x_q}; \qquad i, j, \ldots, q = 0, 1, \ldots, r, \text{ ist,}
$$

sie heben sich also auf und wir haben (1). Für den Satz von Brouwer führen wir einen Widerspruchsbeweis.

Sei $x \neq Tx$ überall auf $\bar{B}$. Sei y der Schnittpunkt der Geraden $[x, Tx]$ mit der Kugeloberfläche $\Gamma = \{x \mid |x| = 1\}$ (wir haben zwei Schnittpunkte, wir nehmen den, der näher zu x liegt). Wir haben

$$y = x + a(x)(x - T(x)), \qquad a(x) \geqslant 0.$$

Wir zeigen $a \in C^\infty(\bar{B})$. Dazu rechnen wir $a(x)$ aus. Wir haben $(y, y) = |y|^2 = y_1^2 + \ldots + y_r^2 = 1$ oder

$$|x|^2 + 2a(x)(x, x - Tx) + a(x)^2 \cdot |x - Tx|^2 = 1$$

oder

$$a(x) = \frac{-(x, x - Tx) + \sqrt{(x, x - Tx)^2 + |x - Tx|^2(1 - |x|)^2}}{|x - Tx|^2},$$

was wegen unserer Voraussetzung $|x - Tx| \neq 0$

$$a \in C^\infty(\bar{B})$$

ergibt. Auch sehen wir sofort, daß

(2) $x \in \Gamma$ mit $a(x) = 0$ gleichwertig ist.

Wir konstruieren nun eine Hilfsfunktion (mit Werten in $\mathbf{R}^r$)

(3) $f(t, x_1, \ldots, x_r) := x + t \cdot a(x) \cdot (x - T(x))$.

Wir haben

(4) $f(0, x) = x$, $\qquad f(1, x) = x + a(x)(x - T(x)) = y$ und $f \in C^\infty$.

Die Jacobi-Determinante $\partial f / \partial x$ ist D_0 aus Lemma 22.1 – x_0 gleich t gesetzt – und wir haben

(5) $D_0(0, x) = 1$ und $D_0(1, x) = 0$.

Wegen (4) ist nämlich

$$\left[\frac{\partial f_i}{\partial x_j}(0, x) \right] = E = \text{Einheitsmatrix},$$

während sich aus $f(1, x) = y \in \Gamma$

(6) $f_1^2(1, x) + \ldots + f_r^2(1, x) = 1$

ergibt. Differenzieren wir (6) nach x_j, so erhalten wir

$$f_1(1, x)\frac{\partial f_1(1, x)}{\partial x_j} + \ldots + f_r(1, x)\frac{\partial f_r(1, x)}{\partial x_j} = 0, \qquad j = 1, \ldots, r,$$

mit $f(1, x) \neq 0$ (siehe (6)), woraus $D_0(1, x) = 0$ folgt. Wir bilden das Integral

$$I(t) = \int_{\bar{B}} D_0(t, x)\, dx.$$

Wir haben nach (1) und dem Satz von Stokes

$$\frac{dI(t)}{dt} = \int\limits_{\bar B} \frac{\partial D_0(t,x)}{\partial t}\, dx = - \int\limits_{\bar B} \sum_{i=1}^{r} \frac{\partial D_i}{\partial x_i}\, dx = - \int\limits_{\Gamma} \sum_{i=1}^{r} D_i\, n_i\, d\sigma,$$

wobei $n = (n_1, \ldots, n_r)$ die Normale nach außen ist. $D_j(t,x)$ enthält die Spalte $\partial f_i/\partial t = a(x)(x - T(x))_i$ die wegen (2) auf Γ gleich 0 ist. Damit ist

$$(7) \qquad \frac{\partial I(t)}{\partial t} \equiv 0.$$

Andererseits ergibt sich aus (5)

$$I(0) = \int\limits_{\bar B} 1\, dx > 0 \quad \text{und} \quad I(1) = \int\limits_{\bar B} D_0(1,x)\, dx = 0,$$

im Widerspruch zu (7).   ∎

Die Voraussetzung $T \in C^\infty$ im Satz von Brouwer läßt sich in $T \in C(\bar B)$ abschwächen, wenn man T durch C^∞-Funktionen approximieren kann.

Satz 22.2 *Sei $T: \bar B \to \bar B$, $T \in C(\bar B)$ gleichmäßig approximiert durch $T_n: \bar B \to \bar B$, $T_n \in C^\infty(\bar B)$. Dann hat T auch die Fixpunkteigenschaft, d.h. es gibt ein $x_0 \in \bar B$ mit $Tx_0 = x_0$.*

Beweis. Sei $x_n \in \bar B$ ein Fixpunkt von T_n. Da $\bar B$ kompakt ist, gibt es eine Unterfolge von $\{x_n\}$ – wir bezeichnen sie einfach wieder durch $\{x_n\}$ – mit $x_n \to x_0 \in \bar B$. Wir zeigen, daß x_0 ein Fixpunkt von T ist. Wir haben für $\varepsilon > 0$

$$|Tx_0 - x_0| \leqslant |Tx_0 - Tx_n| + |Tx_n - T_n x_n| + |x_n - x_0| \leqslant \varepsilon + \varepsilon + \varepsilon$$

(die erste ε-Ungleichung wegen der Stetigkeit von T, die zweite wegen der gleichmäßigen Konvergenz $T_n \to T$ auf $\bar B$, die dritte wegen $x_n \to x_0$), das ist

$$|Tx_0 - x_0| \leqslant 3\varepsilon \quad \text{oder} \quad Tx_0 = x_0.$$ ∎

Für die Approximation einer stetigen Funktion durch C^∞-Funktionen – oder Polynome – bietet sich der Satz von Weierstrass an, nur müssen wir da ein klein wenig acht geben:

Aus $|T(x) - P_\varepsilon(x)| \leqslant \varepsilon$, $P_\varepsilon(x)$ ein Weierstrass-Polynom, folgt nämlich nur

$$|P_\varepsilon(x)| \leqslant |Tx| + \varepsilon \leqslant 1 + \varepsilon,$$

d.h. $P_\varepsilon: \bar B(0,1) \to \bar B(0, 1 + \varepsilon),$

wir brauchen aber Abbildungen $P_\varepsilon: \bar B(0,1) \to \bar B(0,1)$.

Satz 22.3 *Sei $T: \bar B \to \bar B$, $T \in C(\bar B)$. Zu jedem $\varepsilon > 0$ läßt sich eine Polynom-Abbildung $P_\varepsilon(x) = (P_{1,\varepsilon}(x), \ldots, P_{r,\varepsilon}(x))$ – die Komponenten $P_{i,\varepsilon}$ $i = 1, \ldots, r$ sind Polynome in $x_1, \ldots, x_r$ – finden mit folgenden Eigenschaften:*

$$(8) \qquad |T(x) - P_\varepsilon(x)| \leqslant \varepsilon, \qquad \forall x \in \bar B \quad \text{und} \quad P_\varepsilon: \bar B \to \bar B.$$

Beweis. 1. Schritt: wir ziehen die Abbildung T in die kleinere Kugel $\bar{B}0,1-\varepsilon)$ hinein, d.h. es sei $T_\varepsilon(x) := (1-\varepsilon)\,T(x)$. Wir überzeugen uns leicht, daß $T_\varepsilon(x)$ wieder stetig auf $\bar{B}$ ist, und daß gilt

$$(9) \qquad |T_\varepsilon(x)| \leqslant 1-\varepsilon, \quad \text{das ist} \quad T_\varepsilon \colon \bar{B}(0,1) \to \bar{B}(0,1-\varepsilon),$$

$$(10) \qquad |T_\varepsilon(x) - T(x)| \leqslant |T(x)|\,|1-\varepsilon-1| \leqslant \varepsilon, \quad \text{da } |T(x)| \leqslant 1\,.$$

Wir wenden nun auf $T_\varepsilon(x)$ den Satz von Weierstrass an und finden eine Polynom-Abbildung $P_\varepsilon(x)$ mit

$$(11) \qquad |T_\varepsilon(x) - P_\varepsilon(x)| \leqslant \varepsilon, \qquad \forall x \in \bar{B}\,.$$

Aus (10) und (11) folgt der erste Teil von (8). (11) gibt mit (9)

$$|P_\varepsilon(x)| \leqslant |T_\varepsilon(x)| + \varepsilon \leqslant 1-\varepsilon+\varepsilon = 1$$

oder $\quad P_\varepsilon \colon \bar{B}(0,1) \to \bar{B}(0,1)$ ■

Wir fassen nun unsere Kenntnisse zusammen und beweisen den Fixpunktsatz in $\mathbf{R}^r$.

Satz 22.4 *Sei $K \subset \mathbf{R}^r$ abgeschlossen, beschränkt und konvex und $T \colon K \to K$ stetig. Dann besitzt T wenigstens einen Fixpunkt x_0 in K, d.h. es existiert ein*

$$x_0 \in K \text{ mit } Tx_0 = x_0\,.$$

Beweis. Da K beschränkt ist können wir eine abgeschlossene Kugel $\bar{B}(0,R)$ finden mit

$$K \subset \bar{B}(0,\mathrm{R})\,.$$

Wir definieren eine Abbildung $N \colon \bar{B} \to K$ (auf), indem wir für $N(x)$ den zu x am nächsten liegenden Punkt in K nehmen. Wegen der Konvexität von K ist $N(x)$ eindeutig definiert. Hätten wir nämlich $y_1 \neq y_2$, $\mathrm{dist}\,(x,K) = |x-y_1| = |x-y_2|$, so bekämen wir wegen $(y_1+y_2)/2 \in K$ (Konvexität!):

$$\left| x - \frac{y_1+y_2}{2} \right| < |x-y_1| = \mathrm{dist}\,(x,K)$$

einen Widerspruch. Die Abbildung $N \colon \bar{B} \to K$ ist stetig: sei (das Gegenteil angenommen)

$$x_n \to x \quad \text{und} \quad N(x_n) \nrightarrow N(x)\,.$$

Wegen der Kompaktheit von K können wir dann eine Unterfolge von x_n wählen (wir schreiben für die Unterfolge wieder x_n) mit

$$(12) \qquad x_n \to x \quad \text{und} \quad N(x_n) \to y \neq N(x), \quad \text{wobei } y \in K\,.$$

Weil $N(x_n)$ der „nächste" Punkt zu x_n ist, haben wir

$$(13) \qquad |x_n - N(x_n)| \leqslant |x_n - N(x)|\,.$$

Gehen wir im Sinne von (12) auf beiden Seiten von (13) zur Grenze über, so erhalten wir

$$(14) \qquad |x-y| \leqslant |x - N(x)|\,.$$

Wieder, da $N(x)$ der „nächste" Punkt zu x in K ist, folgt aus (14) schon $y = N(x)$, in Widerspruch zu (12).

Wir betrachten nun die zusammengesetzte stetige Abbildung

$$T \circ N : \bar{B} \to K \to K \subset \bar{B}.$$

Wegen der Sätze 22.1, 22.2, 22.3, gilt der Fixpunktsatz für Kugeln $\bar{B}(0, R)$ (der Radius spielt keine Rolle) und wir finden ein x_0 mit

$$T(N(x_0)) = x_0.$$

Wegen $T \circ N : \bar{B} \to K \to K$ muß sein $x_0 \in K$. Für $x_0 \in K$ ist aber $x_0 = N(x_0)$ und wir haben

$$T(x_0) = x_0 \in K. \qquad \blacksquare$$

Wir wollen nun einen Fixpunktsatz in Banachräumen X beweisen, nämlich den Satz von Schauder. Zuerst eine

Definition 22.1 *Eine stetige Abbildung $f : X \to X$ heißt kompakt, wenn für jede abgeschlossene, beschränkte Menge $\Omega \subset X$, die Menge $\overline{f(\Omega)}$ kompakt ist.*

Satz 22.5 *Sei Ω eine abgeschlossene, beschränkte Untermenge von X. Die Abbildung*

$$f : \Omega \to X$$

ist genau dann kompakt, wenn f sich gleichmäßig auf Ω durch stetige, endlich-dimensionale Abbildungen approximieren läßt. Dabei heißt eine Abbildung $g : \Omega \to X$ endlich dimensional, wenn ihr Bild in einem endlich dimensionalen Teilraum von X liegt.

Beweis. Sei f kompakt, dann ist $f(\Omega)$ relativ kompakt, folglich existieren für jedes $n \in \mathbf{N}$ endlich viele $x_i \in f(\Omega)$, $i = 1, \ldots, m$, so daß gilt

$$(15) \qquad \min_i \|f(x) - x_i\| < \frac{1}{n} \quad \text{für alle } x \in \Omega.$$

Der Schauderoperator

$$f_n(x) = \frac{\sum\limits_i a_i(x)\, x_i}{\sum\limits_i a_i(x)} \quad \text{mit } a_i(x) = \max\left(0, \frac{1}{n} - \|f(x) - x_i\|\right)$$

besitzt die gewünschten Eigenschaften, denn die stetigen a_i sind wegen (15) für $x \in \Omega$ nicht alle gleichzeitig Null, f_n ist also stetig, und wir haben

$$\|f_n(x) - f(x)\| = \left\| \frac{\sum\limits_i a_i(x)\,(x_i - f(x))}{\sum\limits_i a_i(x)} \right\| \leqslant \frac{\sum\limits_i a_i(x)\,\frac{1}{n}}{\sum\limits_i a_i(x)} = \frac{1}{n}, \qquad \forall x \in \Omega.$$

Auch sind die f_n endlich dimensional, denn

$$\operatorname{im} f_n \subset \text{lin. Hülle } [x_1, \ldots, x_m].$$

„$\curvearrowright$" f ist als gleichmäßiger Grenzwert von stetigen Abbildungen f_n selbst stetig und wegen

$$(16) \qquad \|f_n(x) - f(x)\| < \frac{1}{n}, \qquad \forall x \in \Omega,$$

ist $f(\Omega)$ relativ kompakt, denn nach (16) besitzt $f(\Omega)$ für jedes $n \in N$ ein endliches $\frac{2}{n}$-Netz $(x_1, \ldots, x_m)$. ∎

Satz 22.6 (Schauder) *Sei Ω eine abgeschlossene, beschränkte und konvexe Untermenge des Banachraumes X und $f: \Omega \to \Omega$ sei stetig und kompakt. Dann besitzt f wenigstens einen Fixpunkt x_0 in Ω, d.h. es existiert ein $x_0 \in \Omega$ mit $f(x_0) = x_0$.*

Beweis. Sei $f_\varepsilon(x)$ eine ε-Approximation von f – wie oben – und sei N_ε der endlichdimensionale Unterraum von X aufgespannt durch die Vektoren $x_1, \ldots, x_{j(\varepsilon)} \in f(\Omega)$. Da Ω konvex ist, und – wie wir aus dem Beweis von Satz 22.5 ersehen – $f_\varepsilon(\Omega)$ in der konvexen Hülle von $f(\Omega) \subset \Omega$ enthalten ist, haben wir

$$f_\varepsilon: \Omega \to \Omega \cap N_\varepsilon,$$

oder eingeschränkt

$$f_\varepsilon: \Omega \cap N_\varepsilon \to \Omega \cap N_\varepsilon.$$

$\Omega \cap N_\varepsilon$ ist aber endlichdimensional, abgeschlossen, beschränkt und konvex und wir können den Satz 22.4 anwenden und haben, es existiert ein $x_\varepsilon \in \Omega$ mit $f_\varepsilon(x_\varepsilon) = x_\varepsilon$.
Sei nun $\varepsilon \to 0$. Aus $\overline{f(\Omega)}$ kompakt folgt $\overline{CH f(\Omega)}$ kompakt, wobei CH die konvexe Hülle bezeichnet (siehe Bourbaki [1] S. 81, X ist vollständig) also besitzt $f_\varepsilon(x_\varepsilon)$ eine gegen x_0 konvergente Unterfolge, die wir wieder mit $f_\varepsilon(x_\varepsilon)$ bezeichnen:

$$x_\varepsilon = f_\varepsilon(x_\varepsilon) \to x_0 \in \Omega.$$

Führen wir in

$$\|x_\varepsilon - f(x_\varepsilon)\| = \|f_\varepsilon(x_\varepsilon) - f(x_\varepsilon)\| < \varepsilon$$

den Grenzübergang $\varepsilon \to 0$ durch, so erhalten wir

$$\|x_0 - f(x_0)\| = 0 \quad \text{oder} \quad f(x_0) = x_0. \qquad ∎$$

Als Anwendung des Schauderschen Satzes wollen wir ein nichtlineares elliptisches Problem behandeln.
Wir machen die folgenden Voraussetzungen (siehe Satz 13.1): Sei $\Omega \subset \mathbf{R}^r$ beschränkt und $C^{3,0}$-regulär. Sei $L = \sum\limits_{|s| \leqslant 2} a_s(x) D^s$ elliptisch in $\bar{\Omega}$, $a_s \in C^1(\bar{\Omega})$. Sei 0 kein Eigenwert von L. Die Funktion (stetig in allen Variablen)

$$g\left(x, u, \frac{\partial u}{\partial x_s}, \ldots, \frac{\partial u}{\partial x_r}\right) = G(u),$$

erfülle die Abschätzungen ($u, u_1, u_2 \in \mathring{W}_2^1(\bar{\Omega})$)

$$(17) \qquad |G(u_1) - G(u_2)| \leqslant C_2 \; V \sqrt{\sum_{|s| < 1} |D^s (u_1 - u_2)|^2},$$

C_2 unabhängig von $x \in \bar{\Omega}$, u_1 und u_2;

$$(18) \qquad |G(u)|^2 \leqslant M \; V \sqrt{\sum_{|s| < 1} |D^s u|^2},$$

ebenso M unabhängig von u und $x \in \bar{\Omega}$.

Wir betrachten das nichtlineare Dirichletproblem

$$(19) \qquad Lu = g\left(x, u, \frac{\partial u}{\partial x_1}, \ldots, \frac{\partial u}{\partial x_r}\right) = G(u), \qquad u \in \overset{\circ}{W}{}_2^1(\Omega), \text{ (d.h. } u = 0 \text{ auf } \partial\Omega).$$

Wir haben

Satz 22.7 *Unter den obigen Voraussetzungen hat das Problem* (19) *wenigstens eine Lösung* $u_0 \in \overset{\circ}{W}{}_2^1(\Omega) \cap W_2^2(\Omega)$ *und es gilt die Abschätzung*

$$\|u_0\|_1 \leqslant (C_1 C_3)^2,$$

(*für die Konstanten siehe den nachfolgenden Beweis*).

Beweis. Nach Satz 8.9 ist der Raum $\{u = 0 \text{ auf } \partial\Omega,\ u \in W_2^2(\Omega)\}$ gleich $\overset{\circ}{W}{}_2^1 \cap W_2^2(\Omega)$ und wir versehen ihn mit der W_2^2-Norm; man überzeugt sich leicht, daß $\overset{\circ}{W}{}_2^1 \cap W_2^2(\Omega)$ ein abgeschlossener Unterraum von $W_2^2(\Omega)$ ist. Da das Dirichletproblem immer den Index $= 0$ hat (Satz 13.5) und $\lambda = 0$ – nach Voraussetzung – kein Eigenwert von L ist, können wir Satz 13.4 anwenden, wonach $L: \overset{\circ}{W}{}_2^1 \cap W_2^2(\Omega) \to L^2(\Omega)$ einen Isomorphismus darstellt, d.h.

$$\|u\|_2 \leqslant C_1 \|Lu\|_0, \qquad \forall u \in \overset{\circ}{W}{}_2^1 \cap W_2^2,$$

und

$$(20) \qquad \|L^{-1}f\|_2 \leqslant C_1 \|f\|_0, \qquad \forall f \in L^2(\Omega),$$

d.h. $L^{-1}: L^2(\Omega) \to \overset{\circ}{W}{}_2^1(\Omega) \cap W_2^2(\Omega)$ ist stetig.

(19) ist äquivalent zum Fixpunktproblem

$$(21) \qquad u = L^{-1}(G(u)) =: Fu, \qquad u \in \overset{\circ}{W}{}_2^1(\Omega).$$

Aus (17) folgt, daß

$$(22) \qquad G: \overset{\circ}{W}{}_2^1(\Omega) \to L^2(\Omega) \quad \text{stetig ist,}$$

denn

$$\int_{\Omega} |G(u_1) - G(u_2)|^2 \, dx \leqslant C_2^2 \int_{\Omega} \sum_{|s| < 1} |D^s u_1 - D^s u_2|^2 \, dx$$

oder

$$\|G(u_1) - G(u_2)\|_0 \leqslant C_2 \|u_1 - u_2\|_1.$$

Damit ist

$$F = L^{-1} \circ G: \overset{\circ}{W}{}_2^1 \to L^2 \to \overset{\circ}{W}{}_2^1(\Omega) \cap W_2^2(\Omega) \to \overset{\circ}{W}{}_2^1(\Omega)$$

stetig und kompakt (letztere Einbettung ist kompakt nach Satz 7.2 und $\overset{\circ}{W}{}_2^1 \cap W_2^2(\Omega)$
ist abgeschlossen in $W_2^2(\Omega)$).

Wir wollen nun eine (abgeschlossene) Kugel $\bar{B}(0, R)$ in $\overset{\circ}{W}{}_2^1(\Omega)$ finden, so daß gilt

(23) $F: \bar{B} \to \bar{B}$.

(18) ergibt mittels der Schwartzschen Ungleichung

$$\int\limits_\Omega |G(u)|^2\, dx \leqslant M \sqrt{\operatorname{mes} \Omega} \left(\int\limits_\Omega \sum_{|s| \leqslant 1} |D^s u|^2 \right)^{1/2}$$

oder

(24) $\|G(u)\|_0 \leqslant C_3 \|u\|_1^{1/2}$ mit $C_3^2 = M \cdot \sqrt{\operatorname{mes} \Omega}$.

Wir nehmen $R = (C_1 C_3)^2$, $\bar{B} = \bar{B}(0, R)$ und haben: aus $\|u\|_1 \leqslant R$ folgt

$$\|F(u)\|_1 \leqslant \|L^{-1} G(u)\|_2 \leqslant C_1 \|Gu\|_0 \leqslant C_1 C_3 \|u\|_1^{1/2}$$
$$\qquad\qquad\quad (20) \qquad\quad (24)$$
$$\leqslant C_1 C_3 R^{1/2} = (C_1 C_3)(C_1 C_3) = (C_1 C_3)^2 = R.$$

Damit haben wir tatsächlich (23), können Satz 22.6 anwenden und finden ein
$u_0 \in \overset{\circ}{W}{}_2^1(\Omega)$ mit $Fu_0 = u_0$ oder (19).

Daß u_0 schon zu $\overset{\circ}{W}{}_2^1(\Omega) \cap W_2^2(\Omega)$ gehört, ersieht man wieder aus dem Hauptsatz 13.1,
dort $f = g(x, u, \partial u/\partial x_1, \ldots)$ gesetzt ($u \in \overset{\circ}{W}{}_2^1$ führt wegen (17) zu $f \in L^2(\Omega)$).

Falls wir über den Rand $\partial\Omega$ und die Funktion g stärkere Regularitätsvoraussetzungen
machen, erhalten wir für (19) reguläre Lösungen:

Satz 22.8 *Seien die Voraussetzungen zu* Satz 22.7 *erfüllt und zusätzlich:* Ω $(k+3)$-
regulär, $a_s \in C^{k+1}(\bar{\Omega})$ *und* $g(x, u, \partial u/\partial x_1, \ldots, \partial u/\partial x_r) \in W_2^k(\Omega)$ *für* $u \in W_2^{k+1}(\Omega)$, $k \geqslant 0$.
Dann gehört jede Lösung u *von* (19) $[u \in \overset{\circ}{W}{}_2^1(\Omega)!]$ *schon zu* $W_2^{k+2}(\Omega) \cap \overset{\circ}{W}{}_2^1(\Omega)$.

Der Beweis ergibt sich durch Induktion nach k aus der Folgerung 13.1, dort $f = G(u)$
gesetzt. Um (19) klassisch zu lösen, wenden wir Satz 6.2 an:

Satz 22.9 *Es seien obige Voraussetzungen für* $k = [r/2] + 1$ *erfüllt, also u.a.*
$g \in W_2^{[r/2]+1}(\Omega) \subset C(\bar{\Omega})$ *für* $u \in W_2^{[r/2]+2}(\Omega)$. *Dann gilt für die Lösung* u *von* (19):

$$u \in C^2(\bar{\Omega}), \qquad Lu = g\left(x, u, \frac{\partial u}{\partial x_1}, \ldots, \frac{\partial u}{\partial x_r}\right) \textit{ klassisch und } \lim_{x \to \partial\Omega} u(x) = u(x)\big|_{\partial\Omega} = 0.$$

Verallgemeinerungen von (19) auf elliptische Differentialoperatoren L vom Grade
$= 2m$ liegen auf der Hand, der Leser formuliere diese und beweise sie selbst, ebenso
Verallgemeinerungen auf andere Randwertaufgaben, siehe die Bücher von Ladyženskaja, Uralceva [1], Lions [3], wo man auch viele Literaturhinweise findet.

§23 Elliptische Randwertaufgaben für unbeschränkte Gebiete

Wir wollen hier die sogenannte Außenraumaufgabe für den Laplaceoperator $\triangle$ behandeln, das ist die Dirichletaufgabe für ein unbeschränktes Gebiet Ω. Die Eigenschaften des Spektrums von $\triangle$ zeigen ($\lambda = 0$ gehört zum wesentlichen Spektrum, siehe Schechter [2] oder Kato [1]), daß man im Rahmen der L^2 – Theorie einen kompakten, Greenschen Lösungsoperator nicht mehr erwarten kann, auch gibt es für die Sobolevräume – falls Ω unbeschränkt ist (mes $(\Omega) = \infty$) – keine kompakten Einbettungstheoreme mehr. Es ist aber seit langem bekannt, daß man durch Wachstumsbeschränkungen in ∞ die eindeutige Lösbarkeit von $\triangle u = f$, $u\,|_{\partial\Omega} = 0$, retten kann. Bei uns treten die Wachstumsbeschränkungen darin auf, daß wir die Sobolevräume mit (polynomialen) Gewichten versehen. Wir schließen uns in diesem Paragraphen an die Darstellung von Mäulen [1] an. Für andere elliptische Randwertaufgaben auf unbeschränkten Gebieten siehe die Bücher von Nečas [1] und Triebel [1]; man findet dort auch ein breites Literaturverzeichnis.

Wir führen einige Bezeichnungen und Definitionen ein. Sei $p_\delta(x) := (1 + |x|^2)^{(1+\delta)/2}$ wobei $\delta > 0$ ist.

Definition 23.1 *Wir setzen* $(1 + \delta)/2 = l$ *und definieren im Einklang mit §5 den gewichteten Hilbertraum* $L_2^l(\Omega)$ *als*

$$L_2^l(\Omega) := \{\varphi \text{ meßbar auf } \Omega \,|\, p_\delta\,\varphi \in L_2(\Omega)\},$$

mit dem Skalarprodukt

$$(1)\qquad (\varphi, \psi) := \int\limits_\Omega \varphi \cdot \bar\psi \cdot p_\delta^2 \cdot \mathrm{d}x\,.$$

Daß $L_2^l(\Omega)$ ein Hilbertraum ist, ist einfach nachzuweisen, wir haben die Räume L_2^l schon in §5 benutzt.

Definition 23.2 *Wir definieren den gewichteten Sobolevraum* $W_2^{1,\delta}$ *als*

$$W_2^{1,\delta}(\Omega) := \left\{\varphi \in \mathscr{D}'(\Omega) \,|\, p_\delta^{-1}\,\varphi \in L_2(\Omega),\, \frac{\partial\varphi}{\partial x_i} \in L_2(\Omega),\, i = 1, \ldots, r\right\}$$

und versehen ihn mit dem Skalarprodukt

$$(2)\qquad (\varphi, \psi)_1 = (\varphi, \psi)_{W_2^{1,\delta}} = \int\limits_\Omega \varphi\,\bar\psi\,p_\delta^{-2} \cdot \mathrm{d}x + \sum_{i=1}^r \int\limits_\Omega \frac{\partial\varphi}{\partial x_i} \frac{\partial\bar\psi}{\partial x_i}\,\mathrm{d}x\,.$$

Satz 23.1 $W_2^{1,\delta}(\Omega)$ *ist ein Hilbertraum.*

Beweis. Wir müssen nur die Vollständigkeit nachweisen. Sei φ_n eine Cauchyfolge in $W_2^{1,\delta}(\Omega)$. Dann konvergiert wegen der Vollständigkeit von $L_2(\Omega)$ und $p_\delta(x) \neq 0$

$$(3)\qquad p_\delta^{-1}\,\varphi_n \to p_\delta^{-1}\,\varphi \quad \text{in } L_2(\Omega) \quad \text{und} \quad \frac{\partial\varphi_n}{\partial x_i} \to \psi_i \quad \text{in } L_2(\Omega),\, i = 1, \ldots, r\,.$$

Nach dem Text nach Satz 1.4 folgt aus (3)

$$(4) \qquad p_\delta^{-1}\,\varphi_n \to p_\delta^{-1}\,\varphi \quad \text{in } \mathscr{D}'(\Omega)$$

und $\qquad \dfrac{\partial \varphi_n}{\partial x_i} \to \psi_i \quad \text{in } \mathscr{D}'(\Omega),\, i = 1, \ldots, r.$

Laut Definition 1.5 dürfen wir in $\mathscr{D}'(\Omega)$ mit $p_\delta \in C^\infty$ multiplizieren; erhalten $\varphi_n \to \varphi$ in $\mathscr{D}'(\Omega)$, und nach Differentiation (Satz 1.6) $\partial\varphi_n/\partial x_i \to \partial\varphi/\partial x_i$ in $\mathscr{D}'(\Omega)$, was mit (4) ergibt

$$\frac{\partial \varphi}{\partial x_i} = \psi_i \qquad i = 1, \ldots, r,$$

womit wir die Vollständigkeit bewiesen haben.

Definition 23.3 *Wir definieren $\mathring{W}_2^{1,\delta}(\Omega)$ als die abgeschlossene Hülle von $\mathscr{D}(\Omega)$ in der $W_2^{1,\delta}$-Topologie*

$$\mathring{W}_2^{1,\delta}(\Omega) := \overline{\mathscr{D}(\Omega)}^{\,W_2^{1,\delta}}.$$

$\mathring{W}_2^{1,\delta}(\Omega)$ ist wieder ein Hilbertraum, und es zeigt sich, daß auf $\mathring{W}_2^{1,\delta}(\Omega)$ das 1. Poincarésche Lemma richtig ist (siehe Satz 7.6).

Satz 23.2 *Sei $r \geqslant 3$, auf $\mathring{W}_2^{1,\delta}(\Omega)$ ist der Ausdruck*

$$\left[\int_\Omega \sum_{i=1}^r \left|\frac{\partial\varphi}{\partial x_i}\right|^2 \mathrm{d}x\right]^{1/2} \quad \text{äquivalent zur Norm } \|\varphi\|_{W_2^{1,\delta}}.$$

Beweis. Wegen (2) haben wir trivialerweise

$$(5) \qquad \left[\int_\Omega \sum_{i=1}^r \left|\frac{\partial\varphi}{\partial x_i}\right|^2 \mathrm{d}x\right]^{1/2} \leqslant \|\varphi\|_{W_2^{1,\delta}} \quad \text{für } \varphi \in \mathring{W}_2^{1,\delta}(\Omega).$$

Wir zeigen für $\varphi \in \mathscr{D}(\mathbf{R}^r)$ die Ungleichung

$$(6) \qquad \int_{\mathbf{R}^r} |p_\delta^{-1}\,\varphi|^2\,\mathrm{d}x \leqslant \frac{1}{2\delta(r-2)} \int_{\mathbf{R}^r} \sum_{i=1}^r \left|\frac{\partial\varphi}{\partial x_i}\right|^2 \mathrm{d}x,$$

woraus nach einer Addition und Restriktion auf Ω folgt

$$\|\varphi\|_{W_2^{1,\delta}}^2 \leqslant \left[1 + \frac{1}{2\delta(r-2)}\right] \int_{\mathbf{R}^r} \sum_{i=1}^r \left|\frac{\partial\varphi}{\partial x_i}\right|^2 \mathrm{d}x \quad \text{für } \varphi \in \mathring{W}_2^{1,\delta}(\Omega),$$

womit wir mit (5) unseren Satz bewiesen hätten. Nun zum Beweis von (6). Wir führen auf $\mathbf{R}^r$ Polarkoordinaten ein

$$x_1 = \varrho \cos \vartheta_1,$$

$$x_2 = \varrho \sin \vartheta_1 \cdot \cos \vartheta_2,$$

$$(7) \qquad \vdots$$

$$x_{r-1} = \varrho \sin \vartheta_1 \cdot \sin \vartheta_2 \ldots \sin \vartheta_{r-2} \cos \vartheta_{r-1},$$

$$x_r = \varrho \sin \vartheta_1 \cdot \sin \vartheta_2 \ldots \sin \vartheta_{r-2} \sin \vartheta_{r-1},$$

wobei $0 \leqslant \varrho < \infty$, $0 \leqslant \vartheta_i \leqslant \pi$, $i = 1, \ldots, r-2$, $0 \leqslant \vartheta_{r-1} \leqslant 2\pi$. Wir haben in Polarkoordinaten für $\varphi \in \vartheta(\mathbf{R}^r)$

$$\varphi(\varrho, \vartheta_1, \ldots, \vartheta_{r-1}) = -\int_\varrho^\infty \frac{\partial}{\partial \tau} \varphi(\tau, \vartheta_1, \ldots, \vartheta_{r-1}) \, d\tau.$$

Die Schwarzsche Ungleichung liefert

$$|\varphi(\varrho, \vartheta_1, \ldots, \vartheta_{r-1})|^2 \leqslant \int_\varrho^\infty \frac{d\tau}{\tau^{r-1}} \cdot \int_\varrho^\infty \left| \frac{\partial}{\partial \tau} \varphi(\tau, \ldots) \right|^2 \tau^{r-1} \, d\tau$$

$$\leqslant \frac{1}{(r-2)\varrho^{r-2}} \int_0^\infty \left| \frac{\partial}{\partial \tau} \varphi(\tau, \vartheta_1, \ldots, \vartheta_{r-1}) \right|^2 \tau^{r-1} \, d\tau.$$

Wir multiplizieren mit $\prod_{j=1}^{r-1} (\sin \vartheta_j)^{r-j-1} \, (\geqslant 0)$, integrieren bezüglich der Winkelvariablen und erhalten

$$(8)$$

$$\int_0^\pi d\vartheta_1 \ldots \int_0^\pi d\vartheta_{r-2} \int_0^{2\pi} d\vartheta_{r-1} |\varphi(\varrho, \vartheta_1, \ldots, \vartheta_{r-1})|^2 \prod_{j=1}^{r-1} (\sin \vartheta_j)^{r-j-1} \leqslant \frac{1}{(r-2)\varrho^{r-2}} J(\varphi),$$

wobei wir gesetzt haben

$$(9)$$

$$J(\varphi) = \int_0^\pi d\vartheta_1 \ldots \int_0^\pi d\vartheta_{r-2} \int_0^{2\pi} d\vartheta_{r-1} \int_0^\infty d\tau \cdot \tau^{r-1} \left| \frac{\partial}{\partial \tau} \varphi(\tau, \vartheta_1, \ldots, \vartheta_{r-1}) \right|^2 \prod_{j=1}^{r-1} (\sin \vartheta_j)^{r-j-1}.$$

Wir multiplizieren (8) mit $\varrho^{r-1}/(1 + \varrho^2)^{1+\delta}$, integrieren nach ϱ, und kehren zu den ursprünglichen Koordinaten $x_1, \ldots, x_r$ zurück

$$(10) \qquad \int_0^\infty d\varrho \int_0^\pi d\vartheta_1 \ldots \int_0^\pi d\vartheta_{r-2} \int_0^{2\pi} d\vartheta_{r-1} \left| \frac{\varphi(\varrho, \vartheta_1, \ldots, \vartheta_{r-1})}{(1 + \varrho^2)^{(1+\delta)/2}} \right|^2 \varrho^{r-1} \prod_{j=1}^{r-1} (\sin \vartheta_j)^{r-j-1}$$

$$= \int\limits_{\mathbf{R}^r} \left| \frac{\varphi(x)}{(1+|x|^2)^{(1+\delta)/2}} \right|^2 dx = \int\limits_{\mathbf{R}^r} |p_\delta^{-1}\varphi|^2 \, dx$$

$$(10) \qquad \leqslant \frac{1}{(r-2)} \cdot \int\limits_0^\infty \frac{\varrho}{(1+\varrho^2)^{1+\delta}} \, d\varrho \cdot J(\varphi) = \frac{1}{(r-2)2\cdot\delta} \, J(\varphi).$$

Die Voraussetzungen $\delta > 0$ und $r \geqslant 3$ brauchen wir zur Konvergenz des Integrals $\int\limits_0^\infty \frac{\varrho\cdot d\varrho}{(1+\varrho^2)^{1+\delta}}$. Wir müssen noch das Integral $J(\varphi)$ in (10) abschätzen. Wir haben (siehe (9) – nach Rückkehr zu den Koordinaten $(x_1, \ldots, x_r)$)

$$J(\varphi) = \int\limits_{\mathbf{R}^r} \left| \frac{\partial\varphi}{\partial\varrho} \right|^2 dx,$$

wir benutzen die Kettenregel

$$\frac{\partial\varphi}{\partial\varrho} = \frac{\partial\varphi}{\partial x_1}\frac{\partial x_1}{\partial\varrho} + \ldots + \frac{\partial\varphi}{\partial x_r}\frac{\partial x_r}{\partial\varrho},$$

und erhalten

$$(11) \qquad J(\varphi) = \int\limits_{\mathbf{R}^r} \left| \sum_{i=1}^r \frac{\partial\varphi}{\partial x_i}\frac{\partial x_i}{\partial\varrho} \right|^2 dx \leqslant \int\limits_{\mathbf{R}^r} \left[\sum_{i=1}^r \left|\frac{\partial\varphi}{\partial x_i}\right|^2 \right]\left[\sum_{i=1}^r \left|\frac{\partial x_i}{\partial\varrho}\right|^2 \right] dx = \int\limits_{\mathbf{R}^r} \sum_{i=1}^r \left|\frac{\partial\varphi}{\partial x_i}\right|^2 dx,$$

da nach (7) $\sum\limits_{k=1}^r \left|\frac{\partial x_i}{\partial\varrho}\right|^2 = 1$. (11) eingesetzt in (10) ergibt (6).   ∎

Wir können nun mit Hilfe des Satzes 17.9 von Lax-Milgram die Außenraumaufgabe lösen. Wir betrachten die Gleichung $-\triangle u = f$, die Dirichletrandbedingung $u|_{\partial\Omega} = 0$ interpretieren wir dahingehend, daß $u \in \mathring{W}_2^{1,\delta}(\Omega)$.

Satz 23.3 *Sei* $f \in L_2^l(\Omega)$, $l = (1+\delta)/2$, $\delta > 0$ *und* $r \geqslant 3$. *Wir betrachten die schwache Gleichung*

$$(-\triangle u, \varphi)_0 = \int\limits_\Omega (-\triangle u)\,\bar\varphi \, dx = \int\limits_\Omega f\cdot\bar\varphi \, dx = (f, \varphi)_0,$$

$$(12) \qquad \forall\varphi \in \mathscr{D}(\Omega), \quad \text{oder} \quad \forall\varphi \in \mathring{W}_2^{1,\delta}(\Omega).$$

(12) besitzt genau eine Lösung u *in* $\mathring{W}_2^{1,\delta}(\Omega)$ *und* u *hängt stetig von* f *ab, in anderen Worten, falls wir setzen* $u = Gf$ *dann ist*

$$(13) \qquad G: L_2^l(\Omega) \to \mathring{W}_2^{1,\delta}(\Omega) \quad \textit{stetig, linear.}$$

Beweis. Wir setzen

$$(14) \qquad a(\varphi, \psi) := \int_{\Omega} (-\triangle \varphi)\, \bar\psi \, dx = \int_{\Omega} \sum_{i=1}^{r} \frac{\partial \varphi}{\partial x_i} \cdot \frac{\partial \bar\psi}{\partial x_i}\, dx,$$

$a(\varphi, \psi)$ ist eine stetige Sesquilinearform auf $\mathring{W}_2^{1,\delta} \times \mathring{W}_2^{1,\delta}$, denn die Schwarzsche Ungleichung und (2) liefern uns

$$|a(\varphi, \psi)| \leqslant \|\varphi\|_{W_2^{1,\delta}} \|\psi\|_{W_2^{1,\delta}}.$$

Auf $\mathring{W}_2^{1,\delta}(\Omega)$ erfüllt $a(\varphi, \varphi)$ eine Gårdingsche Ungleichung – siehe Satz 23.2 –

$$(15) \qquad \operatorname{Re} a(\varphi, \varphi) = \int_{\Omega} \sum_{i=1}^{r} \left| \frac{\partial \varphi}{\partial x_i} \right|^2 \geqslant c \, \|\varphi\|_{W_2^{1,\delta}}^2, \qquad \varphi \in \mathring{W}_2^{1,\delta},$$

wobei wir c ausrechnen können

$$c = \frac{2\delta(r-2)}{2\delta(r-2)+1}.$$

Damit sind die Voraussetzungen des Satzes 17.9 erfüllt und wir haben

$$A: \mathring{W}_2^{1,\delta}(\Omega) \leftrightarrow \mathring{W}_2^{1,\delta}(\Omega) \quad \text{isomorph,}$$

wobei

$$(16) \qquad (\varphi, \psi)_1 = a(A\varphi, \psi), \qquad \forall \varphi, \psi \in \mathring{W}_2^{1,\delta}(\Omega).$$

Wir betrachten nun $(f, \varphi)_0$, wir haben

$$|(f, \varphi)_0| = |(p_\delta f, p_\delta^{-1} \varphi)_0| \leqslant \|p_\delta f\|_0 \cdot \|p_\delta^{-1} \varphi\|_0 \leqslant \|f\|_{L_2^l} \cdot \|\varphi\|_{\mathring{W}_2^{1,\delta}}.$$

Damit ist $(f, \cdot)$ stetig auf $\mathring{W}_2^{1,\delta}$ und der Satz von Riesz liefert $F: L_2^l(\Omega) \to \mathring{W}_2^{1,\delta}$ stetig mit

$$(17) \qquad (f, \varphi)_0 = (Ff, \varphi)_1, \qquad \forall \varphi \in \mathring{W}_2^{1,\delta}(\Omega).$$

(17) in Verbindung mit (16) ergibt

$$(f, \varphi)_0 = (Ff, \varphi)_1 = a(A \circ Ff, \varphi),$$

womit wir die Existenz einer Lösung u von (12) gezeigt haben (siehe auch (14)): $u := Gf := A \circ Ff$.

Da A und F stetig sind, haben wir auch die Stetigkeit von (13) gezeigt. Die Eindeutigkeit der Lösung u in $\mathring{W}_2^{1,\delta}$ folgt sofort aus (15). ∎

Auch kann man für die Außenraumaufgabe Regularitätssätze beweisen, siehe u.a. Mäulen [1], und auf diese Weise die klassische Lösbarkeit zeigen.

Aufgaben

23.1 Beweise, daß man den Laplaceoperator $-\triangle$ als unbeschränkten, selbstadjungierten Operator in $L_2(\mathbf{R}^r)$ auffassen kann. Zeige, daß das Spektrum von $-\triangle$ gleich $\bar{\mathbf{R}}_+$ ist, aber daß keine Eigenwerte in $Sp(-\triangle) = \overline{\mathbf{R}_+}$ liegen ($-\triangle$ hat in $L_2(\mathbf{R}^r)$ keine Eigenfunktion).

23.2 Zeige, für jedes $\lambda \geqslant 0$ gibt es eine Funktion $0 \neq f \in L^\infty(\mathbf{R}^r) \cap \mathscr{E}(\mathbf{R}^r)$ mit

$$-\triangle f = \lambda f.$$

23.3 Sei $\lambda \geqslant 0$ beliebig, zeige, daß alle temperierten Distributionen u (d.h. $u \in \mathscr{S}'(\mathbf{R}^2)$), die die Gleichung erfüllen

$$(\triangle + \lambda)u = 0 \quad \text{in } \mathbf{R}^2,$$

durch die Reihen gegeben sind

$$u(z) = \sum_{m=-\infty}^{+\infty} c_m J_m(\sqrt{\lambda}\varrho)\, \mathrm{e}^{\mathrm{i}m\theta}, \qquad z = \varrho\, \mathrm{e}^{\mathrm{i}\theta},$$

mit c_m langsam wachsend, das ist

$$|c_m| \leqslant c(1+|m|)^c \qquad \forall m \in \mathbf{Z}.$$

Hier sind J_m die Besselfunktionen, siehe die Aufgaben §13.

23.4 Es sei $u(x) \in C^2$ (C^2 ist eigentlich überflüssig wegen Satz 20.1) mit $u(x) \not\equiv 0$ und $\triangle u = 0$ in $\mathbf{R}^r$. Zeige, es gilt dann

$$\int_{\mathbf{R}^r} |u(x)|^2 \, \mathrm{d}x = +\infty.$$

IV Parabolische Differentialoperatoren

§24 Das Bochner-Integral

Als weiteres funktionalanalytisches Hilfsmittel führen wir das Bochner-Integral in Hilberträumen ein. Wir bringen hier vollständige Definitionen und Beweise (bis auf die Maßtheorie, die wir nach Halmos [1] zitieren); die Darstellungen in Dunford-Schwartz [1] und Edwards [1] benutzen topologische Voraussetzungen, wir kommen ohne sie aus.

24.1 Der Satz von Pettis

Definition 24.1 *Sei $(S, \mathscr{B}, m)$ ein σ-finiter Maßraum, sei H ein Hilbertraum mit dem Skalarprodukt $(\cdot, \cdot)_H$ und der Norm $\| \cdot \|_H$. Die Abbildung*

$$x : S \to H$$

heißt

a) *schwach meßbar (bzgl. $\mathscr{B}$), falls*

$$(x(s), h)_H$$

eine meßbare Zahlenfunktion bzgl. $(S, \mathscr{B}, m)$ für alle $h \in H$ ist.

b) *abzählbarwertig, falls*

    (i) $\operatorname{im} x = \{ h_n \mid n \in \mathbf{N} \}$,   *das Bild besteht aus abzählbar vielen Werten,*

    (ii) $x^{-1}(h_i) = B_i \in \mathscr{B}$, $\forall i \in \mathbf{N}$,

c) *stark meßbar, falls eine Folge x_n von abzählbarwertigen Funktionen $x_n : S \to H$ existiert, mit*

$$x_n(s) \to x(s) \quad \text{stark in } H, \; m - \text{fast überall.}$$

Dabei verstehen wir – wie üblich – unter der starken Konvergenz in H die Konvergenz nach der Norm $\| \; \|_H$.

d) *separabelwertig, falls $\operatorname{im}(x)$ separabel ist.*

e) *fast separabelwertig, falls ein $B_0 \in \mathscr{B}$ existiert mit*

$$m(B_0) = 0 \quad \text{und} \quad \operatorname{im}(x(s)) \text{ separabel ist, wenn } s \in S \setminus B_0 \text{ variiert,}$$

f) *endlichwertig, falls* $x(s) = c_i \neq 0$ ($c_i = $ const) *für* $s \in B_i$ *und* $i = 1, \ldots, n$, *wobei*
$m(B_i) < \infty$, $B_i \cap B_j = \emptyset$ *für* $i \neq j$ *und* $x(s) = 0$ *auf* $S \setminus \bigcup\limits_{i=1}^{n} B_i$.

Satz 24.1 (Pettis) *Die Funktion* $x(s)$ *ist genau dann stark meßbar, wenn* $x(s)$ *schwach meßbar und fast separabelwertig ist.*

Beweis. „$\curvearrowright$": Sei $x(s)$ stark meßbar. Dann existiert nach Definition eine Folge $x_n(s)$ abzählbarwertiger Funktionen, die stark in H gegen $x(s)$ konvergiert

$$x_n(s) \to x(s) \quad \text{stark } m \, f.\ddot{u}., \text{ für } n \to \infty,$$

d.h. es existiert ein $B_0 \in \mathscr{B}$ mit $m(B_0) = 0$, und $x_n(s) \to x(s)$ stark für $n \to \infty$ auf $S \setminus B_0$.

Wir zeigen nun allgemein, ist $y(s)$ abzählbarwertig mit Werten in H, so ist $(y(s), h)_H$ meßbar für alle $h \in H$.

Sei dazu im $(y) = \{h_n \,|\, n \in \mathbf{N}\}$. Wir setzen

$$y_n(s) = \sum_{i=1}^{n} h_i \cdot \chi_{B_i}(s) \quad \text{mit } B_i = y^{-1}(h_i),$$

dann gilt

$$(y_n(s), h) = \sum_{i=1}^{n} (h_i, h) \chi_{B_i}(s) \quad \text{meßbar},$$

und $\quad (y_n(s), h) \to (y(s), h) \quad$ für $n \to \infty$;

$(y(s), h)$ ist nach der Maßtheorie meßbar. Zurück zum Beweis des Satzes. Sei x_n abzählbarwertig und

$$x_n(s) \to x(s) \quad \text{auf } S \setminus B_0 \text{ für } n \to \infty,$$

also auch

$$(x_n(s), h) \to (x(s), h), \qquad \forall h \in H, \forall s \in S \setminus B_0 \quad \text{für } n \to \infty.$$

Da $(x_n(s), h)$ meßbar nach unserer Zwischenbehauptung ist, folgt, daß $(x(s), h)$ meßbar ist, und damit ist $x(s)$ schwach meßbar. Außerdem gilt

$$\bigcup_{s \in S \setminus B_0} \{x(s)\} \subseteq \overline{\bigcup_{n=1}^{\infty} \text{im}(x_n)},$$

also ist $x(s)$ fast separabelwertig.

„$\curvearrowright$": Wir können o.B.d.A. annehmen, daß H separabel ist. Andernfalls gehen wir zu $\left[\overline{\underset{s \in S \setminus B_0}{\text{im}}(x(s))}\right]$ über.

Wir behaupten als erstes: $\|x(s)\|$ ist meßbar. Sei zum Beweis $a \in \mathbf{R}^1$ beliebig gewählt. Dann genügt es zu zeigen

$$A := \{s \in S \,|\, \|x(s)\| \leqslant a\} \quad \text{ist eine meßbare Menge}.$$

Sei dazu für $h \in H$

$$A_h := \{ s \in S \mid |(x(s), h)| \leqslant a \}.$$

Dann gilt mit der Schwarzschen Ungleichung

$$A \subseteq \bigcap_{\|h\| \leqslant 1} A_h.$$

Wir zeigen die andere Inklusion. Sei $s \in \bigcap_{\|h\| \leqslant 1} A_h$ fest gewählt.

Wir unterscheiden die zwei Möglichkeiten:

1. $x(s) = 0$, dann folgt sofort $s \in A$.

2. Sei $x(s) \neq 0$, dann folgt

$$\|x(s)\| = \left(x(s), \frac{x(s)}{\|x(s)\|} \right) \leqslant a, \quad \text{da } s \in A_{h_0} \text{ mit } h_0 = \frac{x(s)}{\|x(s)\|}, \ \|h_0\| = 1,$$

und damit ist $s \in A$. Wir haben somit

$$A = \bigcap_{\|h\| \leqslant 1} A_h.$$

H ist separabel, also existiert eine Folge $h_n \in H$ mit

$$\|h_n\| \leqslant 1 \text{ und } \overline{\{h_n \mid n \in \mathbf{N}\}} = \overline{B(0,1)}.$$

Somit ist

$$A = \bigcap_{\|h\| \leqslant 1} A_h = \bigcap_{n=1}^{\infty} A_{h_n}.$$

Nach Voraussetzung ist A_{h_n} meßbar für alle $n \in \mathbf{N}$, also auch A. Damit ist die erste Behauptung bewiesen. Sei nun $n \in \mathbf{N}$ fest gewählt. Da H separabel ist, existiert eine abzählbare Überdeckung aus Kugeln

$$S_{j,n} := \left\{ h \in H \mid \|x_{j,n} - h\| < \frac{1}{n} \right\}, \qquad H = \bigcup_{j=1}^{\infty} S_{j,n}.$$

Wie in der Zwischenbehauptung bewiesen, ist

$$\|x(s) - x_{j,n}\| \quad \text{meßbar}.$$

Also ist

$$B_{j,n} := \{ s \in S \mid x(s) \in S_{j,n} \} = \left\{ s \in S \mid \|x(s) - x_{j,n}\| < \frac{1}{n} \right\}$$

meßbar und

$$S = \bigcup_{j=1}^{\infty} B_{j,n}.$$

Wir setzen

$$B'_{i,n} = B_{i,n} \setminus \bigcup_{j=1}^{i-1} B_{j,n}, \qquad y_n(s) = x_{i,n} \quad \text{für } s \in B'_{i,n}.$$

Natürlich ist

$$B'_{i,n} \quad \text{meßbar} \quad \text{und} \quad S = \bigcup_{i=1}^{\infty} B'_{i,n},$$

und wir haben

$$\| x(s) - y_n(s) \| < \frac{1}{n}, \qquad \forall s \in S.$$

Damit ist $x(s)$ starker Limes einer Folge abzählwertiger Funktionen $y_n(s)$. ∎

Falls $m(S) < \infty$ ist, kann jede stark meßbare Funktion auch durch eine Folge endlicherwertiger Funktionen approximiert werden. Sei $\mathcal{M}_w$ die Menge der schwach meßbaren Funktionen $x : S \to H$, $\mathcal{M}_s$ die Menge der stark meßbaren Funktionen und $\mathcal{M}_E$ die Menge der durch Folgen endlichwertiger Funktionen im starken Sinne fast überall approximierbaren Funktionen.

Es ist

$$\mathcal{M}_E \subset \mathcal{M}_s \subset \mathcal{M}_w,$$

und wir zeigen, daß überall Gleichheit gilt, unter der Voraussetzung, daß H separabel und $m(S) < \infty$ ist. ($\mathcal{M}_s = \mathcal{M}_w$ wissen wir schon nach dem Satz von Pettis).

Zuerst einige Vorbegriffe. Wir sagen, daß $x_n(s)$ gegen $x(s)$ fast gleichmäßig konvergiert, falls wir zu jedem $\varepsilon > 0$ eine meßbare Menge F finden können mit $m(F) < \varepsilon$ und $x_n(s)$ konvergiert gleichmäßig gegen $x(s)$ auf $S \setminus F$.

Es gilt der Satz von Egoroff.

Satz 24.2 *Sei $(S, \mathcal{B}, m)$ ein Maßraum mit $m(S) < \infty$ und H ein separabler Hilbertraum. Seien gegeben schwach meßbare Funktionen $x_n, x : S \to H$, wobei*

$$x_n(s) \to x(s) \quad f.\ddot{u}. \text{ stark für } n \to \infty.$$

Dann konvergiert x_n gegen x auch fast gleichmäßig.

Beweis. Eine Nullmenge fortgelassen können wir annehmen, daß $x_n(s)$ gegen $x(s)$ überall auf S konvergiert. Sei

$$E_n^m = \bigcap_{i=n}^{\infty} \left\{ s \mid \| x_i(s) - x(s) \| < \frac{1}{m} \right\}$$

($\| x_i(s) - x(s) \|$ ist meßbar!). Wir haben

$$E_1^m \subset E_2^m \subset \ldots$$

und, da $x_n(s)$ gegen $x(s)$ überall auf S konvergiert,

$$\lim_n E_n^m = S, \quad \text{für } m = 1, 2, \ldots.$$

Also ist

$$\lim_n m(S \setminus E_n^m) = 0,$$

hier benutzten wir $m(S) < \infty$, und es existiert ein $N_0 = N_{(m)}$ mit

$$m(S \setminus E_{N_0}^m) < \frac{\varepsilon}{2^m} \quad (\varepsilon \text{ fixiert}).$$

Wir setzen

$$F = \bigcup_{m=1}^{\infty} (S \setminus E_{N_0}^m),$$

haben $F \in \mathcal{B}$ und außerdem

$$m(F) = m\left(\bigcup_{m=1}^{\infty} (S \setminus E_{N_0}^m)\right) \leqslant \sum_{m=1}^{\infty} m(S \setminus E_{N_0}^m) < \varepsilon.$$

Da

$$S \setminus F = S \cap \bigcap_{m=1}^{\infty} E_{N_0}^m,$$

haben wir für $n \geqslant N_0 : s \in S \setminus F \subset E_n^m$, oder

$$\| x_n(s) - x(s) \| < \frac{1}{m},$$

was die gleichmäßige Konvergenz auf $S \setminus F$ beweist. ∎

Eine andere wichtige Konvergenz ist die Maßkonvergenz.

Seien $x_n(s)$, $x(s)$ schwach meßbare Funktionen $S \to H$. Wir sagen $x_n(s)$ konvergiert gegen $x(s)$ dem Maße nach, falls für jedes $\varepsilon > 0$ gilt

(1) $\qquad \lim_n m\{s \mid \| x_n(s) - x(s) \| \geqslant \varepsilon\} = 0.$

(2) $\qquad$ Die fast gleichmäßige Konvergenz zieht die Maßkonvergenz nach sich (auch ohne der Voraussetzung $m(S) < \infty$): denn fast gleichmäßige Konvergenz bedeutet, daß wir zu zwei positiven Zahlen $\varepsilon, \delta > 0$ ein $F \in \mathcal{B}$ und $N_0 \in \mathbf{N}$ finden können mit $m(F) < \delta$ und $\| x_n(s) - x(s) \| < \varepsilon, s \in S \setminus F$. Daraus folgt aber schon (1).

(3) $\qquad$ Die Maßkonvergenz ist für $m(S) < \infty$ metrisierbar. Sei M der Raum aller schwach meßbaren Funktionen $S \to H$ mit der Metrik

(4) $\qquad d(x, y) := \int_S \min(1, \| x(s) - y(s) \|) \, dm(s).$

Daß d eine Metrik ist, ist leicht einzusehen ($d(x, y) < \infty$ immer wegen $m(S) < \infty$), wir zeigen noch die Äquivalenz der Maßkonvergenz mit der metrischen. Sei $x_n \to x$ dem Maße nach, dann ist wegen (1) $\| x_n - x \| \to 0$ dem Maße nach und auch $\min(1, \| x_n - x \|) \to 0$. Weil $\min(,) \leqslant 1$ und $m(S) < \infty$, können wir den Lebesgueschen Konvergenzsatz anwenden und erhalten

$$\lim_n d(x_n, x) = \lim_n \int_S \min(1, \| x_n(s) - x(s) \|) \, dm(s) = \int_S 0 \, dm(s) = 0.$$

Sei umgekehrt $d(x_n, x) \to 0$ in M, dann haben wir für $0 < \varepsilon < 1$, falls wir setzen $A_n = \{s \mid \|x_n(s) - x(s)\| \geq \varepsilon\}$,

$$d(x_n, x) \geq \int\limits_{A_n} \min(1, \|x_n(s) - x(s)\|)\, dm(s) \geq \int\limits_{A_n} \varepsilon\, dm(s) = m(A_n) \cdot \varepsilon,$$

woraus folgt $m(A_n) \to 0$ oder (1).

Auch das Theorem D von Halmos [1], S. 93, läßt sich auf Hilbertraum-wertige Funktionen übertragen.

Satz 24.3 *Seien $x_n, x: S \to H$ schwach meßbare Funktionen, und es gelte $x_n \to x$ dem Maße nach. Dann gibt es eine Unterfolge x_{n_k} mit $x_{n_k} \to x$ fast gleichmäßig.*

Beweis. Für jedes k können wir ein $\bar{n}(k)$ finden mit

$$(5) \qquad m\left\{s \mid \|x_n(s) - x(s)\| \geq \frac{1}{2^k}\right\} < \frac{1}{2^k} \quad \text{für } n \geq \bar{n}(k).$$

Wir setzen

$$n_1 = \bar{n}(1), \qquad n_2 = \max(n_1 + 1, \bar{n}(2)), \qquad n_3 = \max(n_2 + 1, \bar{n}(3)), \ldots$$

und haben $n_1 < n_2 < \ldots$, also ist x_{n_k} eine Unterfolge von x_n. Schreiben wir

$$E_k := \left\{s \mid \|x_{n_k}(s) - x(s)\| \geq \frac{1}{2^k}\right\},$$

so gilt wegen (5)

$$m(E_k) < \frac{1}{2^k},$$

und für $s \in S \setminus E_k = \complement E_k$

$$\|x_{n_k}(s) - x(s)\| < \frac{1}{2^k}.$$

Um den Beweis zu beenden, setzen wir $F_l := \bigcup\limits_{k=l}^{\infty} E_k$, haben $m(F_l) \leq \sum\limits_{k=l}^{\infty} m(E_k) < \sum\limits_{k=l}^{\infty} \frac{1}{2^k}$ $= \frac{1}{2^{l-1}}$, während für $s \in S \setminus F_l = \bigcap\limits_{k=l}^{\infty} \complement E_k$ gilt

$$\|x_{n_k}(s) - x(s)\| < \frac{1}{2^k} \leq \frac{1}{2^l} \quad \text{für alle } k \geq l,$$

womit die fast gleichmäßige Konvergenz nachgewiesen ist. ∎

Nach diesen Vorbereitungen können wir beweisen

Satz 24.4 *Sei H separabel und $m(S) < \infty$. Dann gilt*

$$\mathcal{M}_s = \mathcal{M}_E.$$

Beweis. Da H separabel ist, fallen die Begriffe der starken und schwachen Meßbarkeit zusammen. Sei nun $x \in \mathcal{M}_s$. Dann existiert eine Folge abzählbarwertiger Funktionen x_n mit

$$x_n(s) \to x(s) \quad \text{f.ü. stark für } n \to \infty.$$

Der Satz 24.2 von Egoroff liefert uns wegen $m(S) < \infty$

$$x_n(s) \to x(s) \quad \text{fast gleichmäßig}.$$

Dann konvergiert aber x_n wegen (2) schon dem Maße nach gegen x. Diese Maßkonvergenz ist, wie wir in (3) gesehen haben, eine metrische Konvergenz, und wir haben

$$d(x_n, x) \to 0 \quad \text{für } n \to \infty.$$

Wir zeigen jetzt, daß man jede abzählbarwertige Funktion fast gleichmäßig durch endliche Treppenfunktionen approximieren kann. Gegeben sei

$$y(s) = \sum_{k=1}^{\infty} y_k \chi_{B_k}(s) \quad \text{mit } B_k = y^{-1}(y_k), \quad \text{(abzählbarwertig)}.$$

Wir setzen

$$y_n(s) := \sum_{k=1}^{n} y_k \chi_{B_k}(s), \quad \text{(endliche Treppenfunktionen)}$$

und haben

$$y_n = y \quad \text{auf } S \setminus \bigcup_{k=n+1}^{\infty} B_k.$$

Aus $S = \bigcup_{k=1}^{\infty} B_k$ und $m(S) < \infty$ folgt abschließend: zu jedem $\varepsilon > 0$ gibt es ein $n_0(\varepsilon) \in \mathbf{N}$ derart, daß $n \geqslant n_0$ nach sich zieht

$$m\left(\bigcup_{k=n+1}^{\infty} B_k \right) = \sum_{k=n+1}^{\infty} m(B_k) < \varepsilon,$$

das ist die fast gleichmäßige Konvergenz von $y_n(s)$ gegen $y(s)$. Sei nun $n \in \mathbf{N}$ fest gewählt. Dann existiert eine Folge $(y_m^{(n)})$, $m \in \mathbf{N}$, von endlichen Treppenfunktionen mit

$$y_m^{(n)}(s) \underset{m \to \infty}{\to} x_n(s) \quad \text{fast gleichmäßig},$$

oder wegen (2) dem Maße nach. Wir haben also

$$d(x_n, x) \to 0 \quad (n \to \infty) \quad \text{und} \quad d(y_m^{(n)}, x_n) \to 0 \quad (m \to \infty),$$

d.h. zu jedem $k \in \mathbf{N}$ kann man Zahlen $n_k, m_k \in \mathbf{N}$ finden mit

$$d(x_{n_k}, x) < \frac{1}{2k}, \qquad d(y_{m_k}^{(n_k)}, x_{n_k}) < \frac{1}{2k}.$$

Daraus folgt (hier benutzen wir entscheidend die Dreiecksungleichung der Metrik)

$$d(y_{m_k}^{(n_k)}, x) \leqslant d(y_{m_k}^{(n_k)}, x_{n_k}) + d(x_{n_k}, x) < \frac{1}{k}.$$

Also $\quad d(y_{m_k}^{(n_k)}, x) \to 0 \quad$ für $k \to \infty$,

d.h. $\quad y_{m_k}^{(n_k)} \to x \quad$ im Maß für $k \to \infty$.

Nach Satz 24.3 existiert eine Teilfolge $(y_m') \subseteq (y_{m_k}^{(n_k)})$, so daß gilt

$$y_m' \to x \quad \text{fast gleichmäßig für } m \to \infty,$$

woraus folgt

$$y_m' \to x \quad \text{f.ü. für } m \to \infty.$$

(Sei $F_n \in \mathscr{B}$ mit $m(F_n) < 1/n$ und $y_m' \to x$ gleichmäßig auf $S \setminus F_n$. Setzen wir $F := \bigcap_{n=1}^{\infty} F_n$, so ist $m(F) \leqslant m(F_n) < 1/n$, also $m(F) = 0$ und $y_m'(s) \to x(s)$ überall auf $S \setminus F$). Dabei sind die y_m' endliche Treppenfunktionen, also $x \in \mathscr{M}_E$. ∎

Wir nehmen im folgenden stets an, daß H separable ist.

Folgerung 24.1 *Seien $x(s)$, $y(s)$ schwach meßbar. Dann ist die Zahlenfunktion*

$$(x(s), y(s))_H \quad \text{meßbar}.$$

Beweis. Wir kommen ohne der Voraussetzung $m(S) < \infty$ aus. Seien x_n, y_n Folgen abzählbarwertiger Funktionen mit

$$\begin{aligned} x_n &\to x \\ y_n &\to y \end{aligned} \quad \text{f.ü. für } n \to \infty$$

Dann ist $(x_n(s), y_n(s))$ abzählbarwertig, also auch meßbar.

Mit der Stetigkeit des Skalarproduktes folgt

$$(x_n(s), y_n(s)) \to (x(s), y(s)) \quad \text{f.ü.}$$

also $(x(s), y(s))$ meßbar. ∎

Folgerung 24.2 *Sei $x_n(s)$ schwach meßbar für alle $n \in \mathbf{N}$. Gilt $x_n(s) \rightharpoonup x(s)$ für $n \to \infty$ (schwache Konvergenz in H), so folgt:*

$$x(s) \quad \text{ist schwach meßbar}.$$

Beweis. Sei $(x_n(s), h) \to (x(s), h)$ für $h \in H$, dann ist $(x(s), h)$ meßbar, was gleichbedeutend ist mit: $x(s)$ ist schwach meßbar. ∎

In naheliegender Weise können wir für Funktionen mit Werten in einem Hilbertraum H

$$f : S \to H$$

L^p-Räume, $p \geqslant 1$, definieren.

Definition 24.2 *Sei $\mathscr{M}_w(S; H) := \{ f : S \to H \mid f \text{ schwach meßbar} \}$. Dann setzen wir für $p \geqslant 1$*

$$L^p(S; H) := \left\{ x \mid x \in \mathscr{M}_w(S; H); \int_S \| x(s) \|^p \, dm(s) < \infty \right\}.$$

Ganz analog dem üblichen Beweis (siehe z.B. Wloka [1]), S. 52) zeigt man den

Satz 24.5 *Sei $p \geq 1$. Dann ist $L^p(S; H)$ ein Banachraum. Insbesondere ist $L^2(S, H)$ ein Hilbertraum bzgl. des Skalarproduktes*

$$[x, y] := \int_S (x(s), y(s))_H \, dm(s).$$

24.2 Das Bochner-Integral

Wir kommen nun zur Definition des Lebesgue-Bochner-Integrals.

Definitionen und Satz 24.6 *Sei H ein separabler Hilbertraum.*

a) *Es bezeichne E die Menge der endlichwertigen Funktionen $x: S \to H$. E ist eine lineare Menge und $E \subset L^1(S; H)$. Für $x \in E$ definieren wir*

$$\int_S x(s) \, dm(s) := \sum_{i=1}^n x_i \, m(B_i),$$

wobei im $x = \{x_1, \ldots, x_n, 0\}$ und $B_i = x^{-1}(x_i)$ für $i = 1, \ldots, n$ ist. Das Integral ist linear, und es gilt

$$\left\| \int_S x(s) \, dm(s) \right\| \leq \int_S \|x(s)\| \, dm(s).$$

b) *Wir setzen $B^1(S; H) := \bar{E}^{L^1(S;H)} \subset L^1(S; H)$ und nennen $B^1(S, H)$ die Menge der Bochner-integrierbaren Funktionen. Für $x \in B^1(S, H)$ existiert dann eine Folge $x_n \in E$ mit*

$$x_n \to x \quad \text{in } L^1(S; H) \text{ für } n \to \infty.$$

Wir setzen

$$(6) \qquad \int_S x(s) \, dm(s) = \lim_{n \to \infty} \int_S x_n(s) \, dm(s).$$

Beweis. a) ist klar, siehe Definition 24.1 (f)

b) Wir haben zu zeigen, daß der Limes in (6) existiert und unabhängig von der Wahl der Folge $x_n \in E$ ist. $x_n \to x$ in $L^1(S; H)$ für $n \to \infty$ bedeutet, daß

$$\lim_{n \to \infty} \int_S \|x(s) - x_n(s)\| \, dm(s) = 0.$$

Es gilt mit a)

$$\left\| \int_S x_n(s) \, dm(s) - \int_S x_m(s) \, dm(s) \right\| = \left\| \int_S (x_n(s) - x_m(s)) \, dm(s) \right\| \leq \int_S \|x_n(s) - x_m(s)\| \, dm(s)$$

$$\leq \int_S \|x_n(s) - x(s)\| \, dm(s) + \int_S \|x_m(s) - x(s)\| \, dm(s),$$

also bildet $\int_S x_n(s) \, dm(s)$ eine Cauchyfolge in H und der Limes existiert.

Sei nun

$$x_n(s) \to x(s)$$
$$y_n(s) \to x(s) \quad \text{in } L^1(S;H) \text{ für } n \to \infty.$$

Wir definieren

$$z_n(s) = \begin{cases} x_m(s) & \text{falls } n = 2m - 1, \\ y_m(s) & \text{falls } n = 2m. \end{cases}$$

Offensichtlich gilt

$$z_n(s) \to x(s) \quad \text{in } L^1(S;H) \text{ für } n \to \infty.$$

Die gleiche Abschätzung wie oben zeigt, daß $\int_S z_n(s)\,dm(s)$ eine Cauchyfolge in H ist, also konvergiert. Damit konvergiert jede Teilfolge gegen denselben Limes

$$\lim_{n \to \infty} \int_S x_n(s)\,dm(s) = \lim_{n \to \infty} \int_S z_n(s)\,dm(s) = \lim_{n \to \infty} \int_S y_n(s)\,dm(s). \qquad \blacksquare$$

Satz 24.7 *Sei* $x \in B^1(S;H)$, *dann gilt*

$$\left\| \int_S x(s)\,dm(s) \right\| \leqslant \int_S \|x(s)\|\,dm(s).$$

Beweis. Sei $x_n \in E$ so gewählt, daß gilt $x_n(s) \to x(s)$ in $L^1(S;H)$ für $n \to \infty$; wir haben dann

$$\left| \int_S \|x_n\|\,dm(s) - \int_S \|x\|\,dm(s) \right| \leqslant \int_S \big| \|x_n\| - \|x\| \big|\,dm(s) \leqslant \int_S \|x_n - x\|\,dm(s) \underset{n \to \infty}{\to} 0.$$

Damit ist

$$\left\| \int_S x(s)\,dm(s) \right\| = \left\| \lim_{n \to \infty} \int_S x_n(s)\,dm(s) \right\| = \lim_{n \to \infty} \left\| \int_S x_n(s)\,dm(s) \right\|$$

$$\leqslant \lim_{n \to \infty} \int_S \|x_n(s)\|\,dm(s) = \int_S \|x(s)\|\,dm(s). \qquad \blacksquare$$

Aus dem letzten Satz folgt die absolute Stetigkeit des Bochnerintegrals.

Satz 24.8 *Wir haben*

$$B^1(S;H) = L^1(S;H)$$

d.h. die Funktion $x(s)$ *ist genau dann Bochner-integrierbar, wenn die Zahlenfunktion* $\|x(s)\|$ *(absolut) integrierbar ist.*

Beweis. Sei zunächst $m(S) < \infty$. Nach Satz 24.6 b) haben wir $B^1 \subset L^1$. Wir beweisen die umgekehrte Inklusion. Sei $x \in L^1(S;H)$, da $m(S) < \infty$ ist, existiert nach Satz 24.4 eine Folge x_n endlichwertiger Funktionen mit

$$x_n \to x \quad \text{f.ü. für } n \to \infty.$$

Wir setzen

$$y_n(s) := \begin{cases} x_n(s), & \text{falls } \|x_n(s)\| \leqslant \dfrac{3}{2}\|x(s)\|, \\[2mm] 0, & \text{falls } \|x_n(s)\| > \dfrac{3}{2}\|x(s)\|. \end{cases}$$

Dann folgt, die y_n sind wieder endlichwertig,

$$\|y_n(s)\| \leqslant \frac{3}{2}\|x(s)\| \leqslant 2\|x(s)\|,$$

und $\qquad \lim_{n\to\infty} \|y_n(s) - x(s)\| = 0 \quad \text{f.ü.},$

denn für $s \in S$ gibt es ein n_0 mit $y_{n_0}(s) = x_{n_0}(s)$. (Wir wählen n_0 so, daß gilt $\|x_{n_0}(s) - x(s)\| \leqslant 1/2\,\|x(s)\|$). Nach dem Satz von Lebesgue gilt

$$\lim_{n\to\infty} \int_S \|x(s) - y_n(s)\|\,dm(s) = \int_S \lim_{n\to\infty} \|x(s) - y_n(s)\|\,dm(s) = 0.$$

Da $y_n(s)$ endlichwertig ist, folgt daraus

$$x \in B^1(S;H),$$

womit wir die Gleichheit $B^1(S;H) = L^1(S;H)$ im Falle $m(S) < \infty$ bewiesen haben. Sei nun $(S, \mathscr{B}, m)$ ein σ-finiter Maßraum. Sei

$$S = \bigcup_{i=1}^{\infty} B_i \quad \text{mit } B_i \cap B_j = \emptyset \text{ für } i \neq j \text{ und } m(B_i) < \infty.$$

Für $x \in B^1(S;H)$ und $B \subset S$ meßbar, definieren wir

$$\int_B x(s)\,dm(s) := \int_S x(s)\,\chi_B(s)\,dm(s).$$

Sei $A_n = \bigcup_{i=1}^{n} B_i$, dann gilt für $x \in B^1(S;H)$

$$\int_{A_n} x(s)\,dm(s) = \int_S x(s)\,\chi_{A_n}(s)\,dm(s) = \int_S x(s) \sum_{i=1}^{n} \chi_{B_i}(s)\,dm(s)$$

$$= \sum_{i=1}^{n} \int_S x(s)\,\chi_{B_i}(s)\,dm(s) = \sum_{i=1}^{n} \int_{B_i} x(s)\,dm(s).$$

Sei $x \in L^1(S;H)$, dann ist $\chi_{B_i} \cdot x \in L^1(B_i;H)$, denn

$$\int_{B_i} \|\chi_{B_i} \cdot x\|\,dm(s) = \int_{B_i} \chi_{B_i}\|x\|\,dm(s) = \int_S \chi_{B_i} \cdot \|x\|\,dm(s) \leqslant \int_S \|x\|\,dm < \infty,$$

und nach dem ersten Teil unseres Beweises ist

$$\chi_{B_i} \cdot x \in B^1(B_i;H), \qquad \forall i \in \mathbf{N},$$

also auch

$$\chi_{A_n} \cdot x \in B^1(A_n;H) = B^1\left(\bigcup_{i=1}^{n} B_i; H\right), \qquad \forall n \in \mathbf{N}.$$

Für jedes $\varepsilon > 0$ existiert damit eine endlichwertige Funktion x_ε mit

$$(7) \qquad \int\limits_{A_n} \| \chi_{A_n} x - \chi_{A_n} x_\varepsilon \| \, dm(s) < \varepsilon \, .$$

Sei nun $\varepsilon > 0$ vorgegeben, wir wählen nun $n_\varepsilon =: n$ so groß, daß gilt

$$\int\limits_{\complement A_n} \| x \| \, dm < \varepsilon \, ,$$

dies ist wegen der absoluten Konvergenz der Reihe $\sum\limits_{i=1}^{\infty} \int\limits_{B_i} \| x \| \, dm = \int\limits_{S} \| x \| \, dm < \infty$

immer möglich. $\left(\int\limits_{\complement A_n} \| x \| \, dm = \sum\limits_{i=n+1}^{\infty} \int\limits_{B_i} \| x \| \, dm ! \right)$.

Jetzt wählen wir gemäß (7) eine endlichwertige Funktion $\chi_{A_n} \cdot x_\varepsilon$ und haben

$$(8) \qquad \int\limits_{S} \| x - \chi_{A_{n_\varepsilon}} \cdot x_\varepsilon \| \, dm = \int\limits_{A_{n_\varepsilon}} \| x - \chi_{A_n} x_\varepsilon \| \, dm + \int\limits_{\complement A_n} \| x - 0 \| \, dm \leqslant \varepsilon + \varepsilon \, ;$$

(8) bedeutet, daß x durch endlichwertige Funktionen in L^1 approximierbar ist, d.h. $x \in B^1(S; H)$. ∎

Satz 24.9 *Sei $x \in L^p(B, H)$ für $p > 1$ und $m(B) < \infty$. Dann gilt $x \in L^1(B; H)$ und auch* $\chi_B \cdot x \in L^1(S; H)$, *also*

$$\int\limits_{B} \| x(s) \| \, dm(s) < \infty \qquad \text{(lokale Integrierbarkeit)} \, .$$

Beweis. Mit der Hölderschen Ungleichung folgt aus den Voraussetzungen

$$\int\limits_{B} \| x(s) \| \, dm(s) \leqslant \left(\int\limits_{B} \| x(s) \|^p \, dm(s) \right)^{1/p} \left(\int\limits_{B} dm(s) \right)^{1/q} < \infty \, ,$$

wobei $\dfrac{1}{p} + \dfrac{1}{q} = 1$ ist. ∎

Zum Abschluß dieser Einführung in das Bochner Integral sei noch eine alternative Definition angedeutet.

Wir definieren $\mathscr{M}_E$ etwas anders (hier sei wieder vorausgesetzt, daß S σ-finit ist): $x \in \mathscr{M}_E$ genau dann, wenn auf jedem $B \in \mathscr{B}$ mit $m(B) < \infty$ gilt, es existiert eine Folge y_n^B von Treppenfunktionen auf B mit

$$y_n^B \to x \quad \text{f.ü. auf } B \text{ für } n \to \infty \, .$$

Dann gilt wieder

$$\tilde{\mathscr{M}}_E \subset \mathscr{M}_s \, ,$$

denn sei $S = \bigcup\limits_{i=1}^{\infty} B_i$ mit $m(B_i) < \infty$ und $B_i \cap B_j = \emptyset$ für $i \neq j$, dann ist

$$x_n(s) = \sum\limits_{i=1}^{\infty} y_n^{B_i}(s) \chi_{B_i}(s)$$

abzählbarwertig und

$$x_n(s) \to x(s) \quad \text{f.ü. für } n \to \infty \, .$$

Es gilt auch die umgekehrte Inklusion, denn sei $x \in \mathscr{M}_s$, $B \subset S$ mit $m(B) < \infty$. Dann existiert eine Folge x_n abzählbarwertiger Funktionen mit

$$x_n \to x \quad \text{f.ü. auf } S \text{ für } n \to \infty,$$

insbesondere

$$x_n \to x \quad \text{f.ü. auf } B \text{ für } n \to \infty.$$

Wir wenden in dieser Situation Satz 24.4 an und wissen, es existiert eine Folge y_n endlichwertiger Funktionen mit

$$y_n \to x \quad \text{f.ü. auf } B \text{ für } n \to \infty,$$

also $x \in \tilde{\mathscr{M}}_E$.

Insgesamt

$$\mathscr{M}_s = \tilde{\mathscr{M}}_E.$$

Für $x \in L^1(S; H)$ definieren wir das Bochner-Integral über B ($m(B) < \infty$) durch

$$\int\limits_B x(s)\, dm(s) = \lim_{n \to \infty} \int\limits_B x_n(s)\, dm(s),$$

wobei x_n endlichwertig und

$$x_n \to x \quad \text{in } L^1(B; H) \quad \textit{für } n \to \infty \text{ gilt}.$$

Dieses Integral existiert und ist unabhängig von der Wahl der Folge x_n. Das Integral für $x \in L^1(S; H)$ über S definieren wir nun naheliegenderweise durch

$$\int\limits_S x(s)\, dm(s) := \sum_{k=1}^{\infty} \int\limits_{B_k} x(s)\, dm(s),$$

wobei

$$S = \bigcup_{k=1}^{\infty} B_k, \qquad m(B_k) < \infty \quad \text{und} \quad B_i \cap B_j = \emptyset \quad \text{für } i \neq j \text{ ist}.$$

Wir zeigen, daß das Integral existiert. Es gilt

$$\left\| \int\limits_{B_k} x(s)\, dm(s) \right\| \leq \int\limits_{B_k} \| x(s) \|\, dm(s)$$

und damit

$$\sum_{k=1}^{\infty} \left\| \int\limits_{B_k} x(s)\, dm(s) \right\| \leq \sum_{k=1}^{\infty} \int\limits_{B_k} \| x(s) \|\, dm(s) = \int\limits_S \| x(s) \|\, dm(s) < \infty,$$

d.h. die Reihe ist absolut konvergent. Bleibt zu zeigen, daß das Integral unabhängig von der Wahl der Überdeckung $\{B_k\}$ ist.
Sei

$$S = \bigcup_{k=1}^{\infty} B_k = \bigcup_{n=1}^{\infty} A_n.$$

Wir setzen

$$C_{kn} = B_k \cap A_n.$$

Dann gilt auf Grund der absoluten Konvergenz der Reihe

$$\sum_{k \geq 1} \int_{B_k} x(s)\, dm(s) = \sum_{k \geq 1} \sum_{n \geq 1} \int_{C_{kn}} x(s)\, dm(s) = \sum_{n \geq 1} \sum_{k \geq 1} \int_{C_{kn}} x(s)\, dm(s) = \sum_{n \geq 1} \int_{A_n} x(s)\, dm(s).$$

Aufgaben

24.1 Sei X ein Banachraum und $f:[0,\mathrm{T}] \to X$ eine stetige Funktion. Definiere das Riemann-integral $\int_0^T f(t)\, dt$, zeige die Existenz und die Grundeigenschaften, z.B.

$$\left\| \int_0^T f(t)\, dt \right\| \leq \int_0^T \| f(t) \|\, dt.$$

Zeige, daß durch das lineare Funktional auf X'

$$x' \mapsto \int_0^T \langle x', f(t) \rangle\, dt$$

eindeutig ein Element $y \in X$ definiert ist, wobei gilt $\quad y = \int_0^T f(t)\, dt$.

24.2 Zeige, daß falls die Funktion $f:[0,1] \to X$ stetig ist, auch alle Zahlenfunktionen

$$\langle x', f(t) \rangle \text{ stetig sind (für alle } x' \in X'),$$

aber nicht umgekehrt. Gegenbeispiel: Sei H ein Hilbertraum (dim $H = +\infty$) mit der ON-Basis $e_1, \ldots, e_n, \ldots$, wir definieren die Funktion $g:[0,1] \to H$ folgendermaßen

$$g(0) = 0$$
$$g(t) = (1 - \tau)\, e_{n+1} + \tau\, e_n, \quad \text{für } t = \tau\,\frac{1}{n} + (1 - \tau)\,\frac{1}{n+1} \text{ wobei } 0 \leq \tau \leq 1.$$

Zeige, daß die Funktionen

$$\langle x', g(t) \rangle \qquad x' \in H' = H$$

alle stetig sind, die Funktion $g:[0,1] \to H$ aber nicht, sie ist unstetig für $t = 0$.

24.3 Seien X,Y Banachräume und $f:[0,1] \to L(X,Y)$ eine C^m-Funktion. Zeige, daß dann auch die Transponierte ${}^{\mathsf{T}}f:[0,1] \to L(Y',X')$ eine C^m-Funktion ist. ($C^m = m$-mal stetig differenzierbar).

24.4 Sei $f:[0,1] \to X$ gegeben $m \geq 1$ und sei $\langle x', f(t) \rangle$ eine C^m-Funktion für jedes $x' \in X'$, zeige $f:[0,1] \to X$ ist dann eine C^{m-1}-Funktion.

24.5 Seien H_1, H_2 Hilberträume, sei $(S, \mathscr{B}, m)$ ein Maßraum mit $m(S) < \infty$. Sei die Abbildung $A:S \to L(H_1,H_2)$ meßbar im folgenden Sinne: Für jedes $h_1 \in H_1$ und $h_2 \in H_2$ ist die Zahlenfunktion $\langle A(s)h_1, h_2 \rangle$ $(S, \mathscr{B}, m)$-meßbar. Sei die Funktion $f:S \to H_1$ meßbar, ist dann auch die Funktion $A(s)f(s)$ meßbar (in H_2)?

§25 Distributionen mit Werten in Hilberträumen H und der Raum $W(0,T)$

Für spätere Zwecke führen wir Distributionen mit Werten in einem Hilbertraum H ein und entsprechende Sobolevräume.

Definition 25.1 *Sei Ω offen in $\mathbf{R}^r$, sei H ein Hilbertraum. Wir nennen eine lineare Abbildung T*

$$T: \mathscr{D}(\Omega) \to H$$

eine Distribution aus $\mathscr{D}'(\Omega, H)$, falls gilt: zu jedem $K \subset\subset \Omega$ (K kompakt) gibt es Konstanten $p, c \geqslant 0$ mit

$$\|\langle T, \varphi\rangle\| \leqslant c \cdot \sup_{x \in K} \sum_{|s| \leqslant p} |D^s \varphi(x)|, \qquad \forall \varphi \in \mathscr{D}(\Omega) \text{ mit } \operatorname{supp}\varphi \subset K.$$

Wir definieren die Ableitung und Konvergenz von Distributionen in der bekannten Art:

Definition 25.2 a) *Die Ableitung $D^s T$, $s = (s_1, \ldots, s_r)$ mit $s_i \geqslant 0$, einer Distribution T ist definiert durch*

$$\langle D^s T, \varphi\rangle := (-1)^{|s|} \langle T, D^s \varphi\rangle$$

b) *Sei T_n eine Folge von Distributionen aus $\mathscr{D}'(\Omega; H)$ und $T \in \mathscr{D}'(\Omega; H)$. Wir definieren: $T_n \to T$ in $\mathscr{D}'(\Omega; H)$ für $n \to \infty$ bedeutet, daß für alle*

$$\varphi \in \mathscr{D}(\Omega) \text{ gilt } \langle T_n, \varphi\rangle \to \langle T, \varphi\rangle \quad \text{in } H \text{ für } n \to \infty.$$

Man beweist leicht den

Satz 25.1 a) *Aus $T \in \mathscr{D}'(\Omega; H)$ folgt $D^s T \in \mathscr{D}'(\Omega; H)$.*

b) *Falls gilt $T_n \to T$ in $\mathscr{D}'(\Omega; H)$ für $n \to \infty$, dann gilt auch*

$$D^s T_n \to D^s T \quad \text{in } \mathscr{D}'(\Omega; H) \text{ für } n \to \infty.$$

Sei von nun an H ein separabler Hilbertraum, Ω offen in $\mathbf{R}^r$, und $(\Omega, \mathscr{B}, m = \mathrm{d}x)$ der übliche Lebesgue'sche Maßraum.

Sei $f: \Omega \to H$ lokal integrierbar, d.h. für alle $K \subset\subset \Omega \subset \mathbf{R}^r$, K kompakt, sei $f \in L^1(K; H)$. Wir ordnen diesem f eine Distribution aus $\mathscr{D}'(\Omega; H)$ zu

$$f \mapsto T_f \qquad \text{durch} \qquad \langle T_f, \varphi\rangle := \int_\Omega f(x)\, \varphi(x)\, \mathrm{d}x, \qquad \varphi \in \mathscr{D}(\Omega).$$

(Dabei verstehen wir das Integral als Bochner-Integral). Wegen

$$\|\langle T_f, \varphi\rangle\| = \left\| \int_\Omega f(x)\, \varphi(x)\, \mathrm{d}x \right\| = \left\| \int_{\operatorname{supp}\varphi} f(x)\, \varphi(x)\, \mathrm{d}x \right\|$$

$$\leqslant \sup_\Omega |\varphi(x)| \cdot \int_{\operatorname{supp}\varphi} \|f(x)\|\, \mathrm{d}x = c \cdot \sup_\Omega |\varphi(x)|$$

ist $T_f \in \mathscr{D}'(\Omega; H)$.

Satz 25.2 *Es gilt*

$$L^2(\Omega;H) \subset \mathscr{D}'(\Omega;H),$$

und die Einbettung ist injektiv und stetig.

Beweis. Die Inklusion

$$L^2(\Omega;H) \subset \mathscr{D}'(\Omega;H)$$

ist nach Satz 24.9 und obiger Definition klar.

Stetigkeit der Einbettung:

Sei $f_n \to f$ in $L^2(\Omega;H)$ für $n \to \infty$ und $\varphi \in \mathscr{D}(\Omega)$ mit $\operatorname{supp}\varphi = K$. Dann gilt

$$\|\langle T_{f_n} - T_f, \varphi\rangle\| = \left\| \int_K (f_n(x) - f(x))\,\varphi(x)\,\mathrm{d}x \right\| \leqslant \int_K \|f_n(x) - f(x)\|\,|\varphi(x)|\,\mathrm{d}x$$

$$\leqslant \sup_{x \in K} |\varphi(x)| \left(\int_K \|f_n(x) - f(x)\|^2\,\mathrm{d}x \right)^{1/2} \cdot (\operatorname{mes} K)^{1/2}$$

$$\leqslant \sup_{x \in K} |\varphi(x)|\,(\operatorname{mes} K)^{1/2} \left(\int_\Omega \|f_n(x) - f(x)\|^2\,\mathrm{d}x \right)^{1/2},$$

also $\quad T_{f_n} \to T_f \quad$ in $\mathscr{D}'(\Omega;H)$ für $n \to \infty$.

Injektivität der Einbettung:

Sei $\{h_i \mid i \in \mathbf{N}\}$ eine Orthonormalbasis von H. Dann gilt

$$f(x) = \sum_{i=1}^{\infty} (f(x), h_i)\,h_i.$$

Sei nun

$$\int_\Omega f(x)\,\varphi(x)\,\mathrm{d}x = \int_\Omega \sum_{i=1}^{\infty} (f(x), h_i)\,h_i\,\varphi(x)\,\mathrm{d}x = 0, \qquad \forall \varphi \in \mathscr{D}(\Omega),$$

dann ist wegen der Vertauschbarkeit von $\sum$ und $\int$

$$\int_\Omega (f(x), h_i)\,\varphi(x)\,\mathrm{d}x = 0, \qquad \forall i \in \mathbf{N},\ \forall \varphi \in \mathscr{D}(\Omega).$$

Da $(f(x), h_i) \in L^2(\Omega)$ ist und $\mathscr{D}(\Omega)$ dicht in $L^2(\Omega)$ ist, *folgt*

$$(f(x), h_i) = 0 \qquad \forall i \in \mathbf{N},$$

also $f(x) = 0$.   ∎

Satz 25.3 *Seien H_1, H_2 Hilberträume, $H_1 \subset\subset H_2$, und die Einbettung sei stetig. Dann gilt*

$$\mathscr{D}'(\Omega;H_1) \subset\subset \mathscr{D}'(\Omega;H_2),$$

und die Einbettung ist stetig.

Beweis. Wir verlängern

$$T: \mathscr{D}(\Omega) \to H_1 \to H_2. \qquad \blacksquare$$

Als letztes und wichtiges Hilfsmittel für die Behandlung der parabolischen Differentialgleichung führen wir den Sobolev-Raum $W_2^1(0,T)$ ein.

Sei jetzt $\Omega = (0,T) \subset R^1$, $0 < T < \infty$ und V, H Hilberträume (beide separabel), so daß

$$V \subset H \subset V'$$

einen Gelfandschen Dreier bildet. V' ist dann auch wieder ein Hilbertraum, siehe Satz 17.3. Für $f \in L^2((0,T);V)$ gilt wegen der Sätze 25.3, 25.1

$$f \in \mathscr{D}'((0,T);V),$$

woraus folgt

$$\frac{df}{dt} \in \mathscr{D}'((0,T);V), \quad \text{und auch} \quad \frac{df}{dt} \in \mathscr{D}'((0,T);V').$$

Definition 25.3 *Wir definieren*

$$W_2^1(0,T) := \left\{ f \mid f \in L^2((0,T);V), \ \frac{df}{dt} \in L^2((0,T);V') \right\}$$

Das Skalarprodukt auf $W_2^1(0,T)$ sei definiert durch

$$(f,g)_W := \int_0^T (f(t), g(t))_V\, dt + \int_0^T \left(\frac{df(t)}{dt}, \frac{dg(t)}{dt} \right)_{V'} dt.$$

Wir wollen die Indizes bei $W_2^1(0,T)$ fortlassen und kurz schreiben $W(0,T)$.

Satz 25.4 *Wir haben:*

$W(0,T)$ *ist ein Hilbertraum.*

Beweis. Bleibt zu zeigen, $W(0,T)$ ist vollständig. Sei f_n eine Cauchyfolge in $W(0,T)$. Das ist nach Definition der Norm äquivalent zu

f_n ist eine Cauchyfolge in $L^2((0,T);V)$

und $\quad \dfrac{df_n}{dt}$ ist eine Cauchyfolge in $L^2((0,T);V')$.

Es folgt

(i) $f_n(t) \to f_0(t)$ in $L^2((0,T);V)$, und

(ii) $\dfrac{df_n(t)}{dt} \to f_1(t)$ in $L^2((0,T);V')$.

Wir wissen $\dfrac{df_0}{dt}$ existiert im Distributionssinne. Bleibt noch zu zeigen $\dfrac{df_0}{dt} = f_1$.

Aus $L^2((0,T);V) \subset \mathscr{D}'((0,T);V) \subset \mathscr{D}'((0,T);V')$ und $L^2((0,T);V') \subset \mathscr{D}'((0,T);V')$, folgt wegen (i)

$$f_n \underset{(n \to \infty)}{\to} f_0 \quad \text{in } \mathscr{D}'((0,T);V),$$

dann wegen der Sätze 25.3 und 25.1

$$\frac{\mathrm{d}f_n}{\mathrm{d}t} \underset{(n\to\infty)}{\to} \frac{\mathrm{d}f_0}{\mathrm{d}t} \quad \text{in } \mathscr{D}'((0,T);V')\,.$$

Wegen (ii) gilt aber auch

$$\frac{\mathrm{d}f_n}{\mathrm{d}t} \underset{(n\to\infty)}{\to} f_1 \quad \text{in } \mathscr{D}'((0,T);V')\,.$$

Aus der Eindeutigkeit des Limes in $\mathscr{D}'((0,T);V')$ folgt

$$\frac{\mathrm{d}f_0}{\mathrm{d}t} = f_1 \in L^2((0,T),V')\,. \qquad\blacksquare$$

Satz 25.5 *Alle Funktionen aus $W(0,T)$ sind stetig mit Werten in H; genauer gesagt: aus $f\in W(0,T)$ folgt*

$$f:[0,T]\to H \quad \text{ist stetig}\,.$$

Beweis. Sei $f\in W(0,T)$. Man rechnet leicht nach, daß im Distributionssinne gilt

$$(1)\qquad \frac{\mathrm{d}}{\mathrm{d}t}(f(t),f(t))_H = \left(\frac{\mathrm{d}f(t)}{\mathrm{d}t},f(t)\right)_H + \left(f(t),\frac{\mathrm{d}f(t)}{\mathrm{d}t}\right)_H = 2\mathrm{Re}\left(f(t),\frac{\mathrm{d}f(t)}{\mathrm{d}t}\right)_H,$$

denn natürlich gilt

$$\frac{g(t+h_n)-g(t)}{h_n} \to \frac{\mathrm{d}g(t)}{\mathrm{d}t} \quad \text{in } \mathscr{D}' \text{ für } h_n\to 0\,.$$

Wir haben $f(t)$ meßbar in V, und $\mathrm{d}f(t)/\mathrm{d}t$ meßbar in V', also nach Satz 24.4: $f\in\mathscr{M}_E(V)$, $\mathrm{d}f/\mathrm{d}t\in\mathscr{M}_E(V')$. Es gibt also Folgen von endlichwertigen Funktionen f_n, g_n mit

$$(2)\qquad f_n\to f \quad \text{f.ü. in } V \quad \text{und} \quad g_n\to \frac{\mathrm{d}f}{\mathrm{d}t} \quad \text{f.ü. in } V'\,.$$

Nach Satz 17.2 ist $(\,,)_H$ stetig auf $V\times V'$, und (2) zieht nach sich

$$(f_n(t),g_n(t))_H \to \left(f(t),\frac{\mathrm{d}f(t)}{\mathrm{d}t}\right)_H \quad \text{f.ü.,}$$

womit wir die Meßbarkeit von $(f(t),\mathrm{d}f(t)/\mathrm{d}t)_H$ bewiesen haben. Die Stetigkeit von $(\,,)_H$ auf $V\times V'$ nochmals benutzt, ergibt

$$\int_0^T \left|\left(f(t),\frac{\mathrm{d}f(t)}{\mathrm{d}t}\right)_H\right|\,\mathrm{d}t \leqslant \int_0^T \|f(t)\|_V \left\|\frac{\mathrm{d}f(t)}{\mathrm{d}t}\right\|_{V'}\,\mathrm{d}t$$

$$\leqslant \left(\int_0^T \|f(t)\|_V^2\,\mathrm{d}t\right)^{1/2} \left(\int_0^T \left\|\frac{\mathrm{d}f(t)}{\mathrm{d}t}\right\|_{V'}^2\,\mathrm{d}t\right)^{1/2} < \infty\,.$$

Also

$$
(3) \qquad \left(f(t), \frac{\mathrm{d}f(t)}{\mathrm{d}t} \right)_H \in L^1(0, T).
$$

Aus (1) und (3) folgt für ein beliebiges aber festes $t_0 \in (0, T)$

$$
\frac{\mathrm{d}}{\mathrm{d}t} \left(\| f(t) \|_H^2 - 2\,Re \int_{t_0}^{t} \left(f(\tau), \frac{\mathrm{d}f(\tau)}{\mathrm{d}\tau} \right)_H \mathrm{d}\tau \right) = 0
$$

im Distributionssinne, und wir haben

$$
(4) \qquad 2\mathrm{Re} \int_{t_0}^{t} \left(f(\tau), \frac{\mathrm{d}f(\tau)}{\mathrm{d}\tau} \right)_H \mathrm{d}\tau = \| f(t) \|_H^2 + c
$$
$$
= \| f(t) \|_H^2 - \| f(t_0) \|_H^2, \qquad \forall\, t \in (0, T).
$$

Wir führen die neue Funktion $\tilde{f}(t) = f(t) - f(t_0) \in W(0, T)$ ein. Dann gilt

$$
\frac{\mathrm{d}\tilde{f}(t)}{\mathrm{d}t} = \frac{\mathrm{d}f(t)}{\mathrm{d}t}, \qquad \tilde{f}(t_0) = 0,
$$

und wir können (4) schreiben als

$$
(5) \qquad 2\mathrm{Re} \int_{t_0}^{t} \left(f(\tau) - f(t_0), \frac{\mathrm{d}f(\tau)}{\mathrm{d}\tau} \right)_H \mathrm{d}\tau = 2\mathrm{Re} \int_{t_0}^{t} \left(\tilde{f}(\tau), \frac{\mathrm{d}\tilde{f}(\tau)}{\mathrm{d}\tau} \right)_H \mathrm{d}\tau
$$
$$
= \| \tilde{f}(t) \|_H^2 = \| f(t) - f(t_0) \|_H^2.
$$

Da T endlich ist, gehören die Konstanten $f(t_0)$ auch zu $L^2((0, T); V)$, und aus $f(t) - f(t_0) \in L^2((0, T); V)$, $\mathrm{d}f/\mathrm{d}\tau \in L^2((0, T); V')$, und (5) folgt die Abschätzung

$$
\| f(t) - f(t_0) \|_H^2 \leqslant 2 \int_{t_0}^{t} \left| \left((f(\tau) - f(t_0)), \frac{\mathrm{d}f(\tau)}{\mathrm{d}\tau} \right)_H \right| \mathrm{d}\tau
$$

$$
(6) \qquad\qquad \leqslant 2 \int_{t_0}^{t} \| f(\tau) - f(t_0) \|_V \cdot \left\| \frac{\mathrm{d}f}{\mathrm{d}\tau} \right\|_{V'} \mathrm{d}\tau
$$

$$
\leqslant \left[\int_{t_0}^{t} \| f(\tau) - f(t_0) \|_V^2 \, \mathrm{d}\tau \right]^{1/2} \cdot \left[\int_{t_0}^{t} \left\| \frac{\mathrm{d}f}{\mathrm{d}\tau} \right\|_{V'} \mathrm{d}\tau \right]^{1/2}.
$$

Die Integrale sind absolutstetig (siehe Natanson [1], S. 280); damit ist die rechte Seite von (6) gleichmäßig stetig auf dem endlichen Intervall $[0, T]$. Wir können also durch Cauchyfolgen (eindeutig) die Werte $f(0)$ und $f(T)$ definieren und (6) gibt dann – wegen der gleichmäßigen Stetigkeit der rechten Seite – die Stetigkeit von $f(t)$ auf dem abgeschlossenen Intervall $[0, T]$. ∎

§26 Die Existenz und Eindeutigkeit der Lösung
einer parabolischen Differentialgleichung

Wir bringen zuerst einen abstrakten Lösungssatz für parabolische Gleichungen; wir schließen an die Begriffsbildung von §17 an. Seien gegeben zwei Hilberträume V, H mit $V \subset H$ injektiv, stetig und dicht; seien H und V separabel. Nach §17 (siehe Definition 17.1) können wir zu einem Gelfandschen Dreier erweitern

$$V \subset H \subset V'.$$

Sei $\infty > T > 0$. Für $t \in [0, T]$ *und* $\varphi, \psi \in V$, sei die in φ, ψ sesquilineare Form

$$a(t; \varphi, \psi)$$

gegeben. Wir fordern:

a) $a(t; \varphi, \psi)$ sei meßbar auf $[0, T]$ (für $\varphi, \psi \in V$ fest).

b) Es existiere ein $c > 0$ (unabhängig von t) mit

$$|a(t; \varphi, \psi)| \leqslant c \, \|\varphi\|_V \cdot \|\psi\|_V, \quad \text{für alle } t \in [0, T], \ \varphi, \psi \in V.$$

c) Es existieren $\alpha > 0$, $k_0 \geqslant 0$ (wieder unabhängig von t) mit

$$\operatorname{Re} a(t; \varphi, \varphi) + k_0 \|\varphi\|_H^2 \geqslant \alpha \|\varphi\|_V^2, \quad \text{für alle } t \in [0, T], \ \varphi \in V.$$

b) ergibt nach Satz 17.9, (28) die Existenz eines Darstellungsoperators $L(t) : a(t; \varphi, \psi)$ $= (L(t) \varphi, \psi)_H$, wobei $L(t) : V \to V'$ linear und stetig ist (für feste t). Unter unseren Voraussetzungen gilt aber weit mehr.

Hilfssatz 26.1 *Es seien die Voraussetzungen* a) *und* b) *erfüllt. Dann wirkt der Darstellungsoperator $L(t)$ von $a(t; \varphi, \psi)$*

(1) $\qquad L : L^2((0, T); V) \to L^2((0, T); V')$ *linear und stetig,*

dabei ist für $f \in L^2((0, T); V)$, $L(f)$ die Funktion

$$t \mapsto L(t)\,(f(t)) \in V'.$$

Beweis. Wir zeigen zuerst, daß die Funktion $L(t)\,(f(t))$ meßbar ist. Da nach Voraussetzungen V separabel, $T < \infty$ und $f(t)\,(\in V)$ meßbar sind, existiert nach Satz 24.4 eine Folge $y_n(t)$ endlichwertiger Funktionen mit

$$y_n \to f \quad \text{f.ü. in } V \text{ für } n \to \infty.$$

Sei

$$y_n(t) = \sum_{k=1}^{m_n} y_k \chi_{B_k}(t), \quad \text{die } y_k \text{ Konstanten},$$

dann gilt für ein beliebiges $v \in V$

$$(L(t)\, y_n(t), v)_H = \sum_{k=1}^{m_n} (L(t)\, y_k, v)_H \, \chi_{B_k}(t).$$

Nach a) ist $(L(t)\,y_k, v)_H = a(t; y_k, v)$ meßbar und damit auch

$$(L(t)\,y_n(t), v)_H\,;$$

es gilt mit b)

$$|(L(t)\,(y_n(t) - f(t)), v)_H| \leqslant c\,\|\,y_n(t) - f(t)\,\|_V \cdot \|v\|_V,$$

d.h. $(L(t)\,y_n(t), v)_H \to (L(t)\,f(t), v)_H$ f.ü., womit $(L(t)\,f(t), v)_H$ meßbar ist und damit wieder nach Satz 24.4 auch $L(t)\,f(t)$. (Eine ähnliche Schlußweise ergibt auch die Meßbarkeit von $L(t) \in L(V, V')$.) Außerdem gilt für $L(t)\,f(t) \in V'$

$$\|L(t)\,f(t)\|_{V'} = \sup_{\substack{u \in V \\ \|u\|_V \leqslant 1}} |(L(t)\,f(t), u)_H| \leqslant c\,\|f(t)\|_V,$$

hier b) benutzt, also

$$\int\limits_0^T \|L(t)\,f(t)\|_{V'}^2\,\mathrm{d}t \leqslant c^2 \int\limits_0^T \|f(t)\|_V^2\,\mathrm{d}t,$$

d.h. $L(t)\colon L^2((0, T); V) \to L^2((0, T); V')$ ist linear und stetig. ∎

Wir betrachten nun das folgende Problem (parabolische Gleichung). Gegeben seien $f \in L^2((0, T), V')$ und $y_0 \in H$. Gesucht ist eine Funktion

$$y \in W(0, \mathrm{T})$$

mit

$$\text{(P)} \qquad L(t)\,y + \frac{\mathrm{d}y}{\mathrm{d}t} = f \quad in\,V', \quad \text{d.h.} \quad (L(t)\,y, v)_H + \left(\frac{\mathrm{d}y}{\mathrm{d}t}, v\right)_H = (f, v)_H, \qquad v \in V,$$

und $y(0) = y_0$.

Wir beweisen den abstrakten Lösungssatz

Satz 26.1 *Es seien die* Voraussetzungen a), b) *und* c) *erfüllt. Dann hat für $T < \infty$ das Problem (P) genau eine Lösung y, und diese hängt stetig von f und y_0 ab, d.h. die Abbildung*

$$(f, y_0) \mapsto y, \qquad y \text{ Lösung von (P)},$$

ist stetig von $L^2((0, T); V') \times H \to W(0, T)$.

Beweis. Wir bemerken zunächst, daß wir für $T < \infty$ in der Bedingung c) auch $k_0 = 0$ setzen können: Sei $y \in W(0, T)$ eine Lösung von (P), wir setzen

$$z(t) := y(t) \cdot \exp(-k_0 t) \in W(0, T)$$

und haben

$$\frac{\mathrm{d}z(t)}{\mathrm{d}t} = \frac{\mathrm{d}y(t)}{\mathrm{d}t} \cdot \exp(-k_0 t) - k_0 z(t), \quad \text{sowie} \quad (L(t) + k_0 E)\,z + \frac{\mathrm{d}z}{\mathrm{d}t} = \exp(-k_0 t)\,f.$$

Wir nehmen $L(t) + k_0 E$ statt $L(t)$ und haben

$$\operatorname{Re}\left((L(t) + k_0 E)\,\varphi, \varphi\right)_H \geqslant \alpha\,\|\varphi\|_V^2, \qquad \forall\,\varphi \in V,\ \forall\,t \in (0, T).$$

Wir zeigen zuerst die Eindeutigkeit der Lösung:

Sei y Lösung von (P) in $W(0, T)$ mit $f = 0$, $y_0 = 0$. Wir haben mit $y(t) \in V$

$$(L(t)\,y(t), y(t))_H + \left(\frac{\mathrm{d}y(t)}{\mathrm{d}t}, y(t)\right)_H = 0,$$

woraus folgt

$$\operatorname{Re}\int_0^T a(t; y(t), y(t))\,\mathrm{d}t + \operatorname{Re}\int_0^T \left(\frac{\mathrm{d}y(t)}{\mathrm{d}t}, y(t)\right)_H \mathrm{d}t = 0.$$

Da $\qquad \operatorname{Re}\displaystyle\int_0^T \left(\frac{\mathrm{d}y(t)}{\mathrm{d}t}, y(t)\right)_H \mathrm{d}t = \frac{1}{2}\left(\|y(T)\|_H^2 - \|y(0)\|_H^2\right),$

(siehe Beweis von Satz 25.5) und $y(0) = y_0 = 0$ ist, folgt

$$\int_0^T \operatorname{Re} a(t; y(t), y(t))\,\mathrm{d}t + \frac{1}{2}\|y(T)\|_H^2 = 0,$$

und c) angewandt ergibt

$$\int_0^T \alpha\,\|y(t)\|_V^2\,\mathrm{d}t + \frac{1}{2}\|y(T)\|_H^2 \leqslant 0,$$

woraus folgt

$$y(t) = 0 \quad \text{f.ü.},$$

das ist $y(t) \equiv 0$, da $y \in C^0[0, T]$ nach Satz 25.5.

Existenz der Lösung: Wir führen den Beweis in mehreren Schritten:

(i) Approximation der Lösung durch eine Folge $y_m(t)$.

(ii) Wir zeigen

$$\|y_m\|_{L^2((0, T); V)} \leqslant K.$$

Dann existiert nach Satz 9.1 ein Element $z \in L^2((0, T); V)$, so daß o.B.d.A. y_m gegen z schwach konvergiert.

(iii) Wir zeigen z ist Lösung von (P).

Als letztes zeigen wir, daß

(iv) y_m gegen z stark in $L^2((0, T); V)$ konvergiert.

Im Einzelnen: Schritt (i). Sei $\{w_m \mid m \in \mathbf{N}\}$ linear unabhängig und total in V, z.B. eine ON-Basis. Wir definieren

$$y_m(t) = \sum_{i=1}^{m} g_{im}(t)\, w_i,$$

wobei die $g_{im}(t)$ so gewählt werden, daß die gewöhnlichen Differentialgleichungen

$$(2) \qquad \left(\frac{\mathrm{d}}{\mathrm{d}t} y_m(t), w_j\right)_H + (L(t)\, y_m(t), w_j)_H = (f(t), w_j)_H,$$

für $1 \leqslant j \leqslant m$ erfüllt sind, und die Anfangsbedingung

$$y_m(0) = y_{0m} = \sum_{i=1}^{m} \xi_{im}\, w_i,$$

wobei $y_{0m} = \sum_{i=1}^{m} \xi_{im}\, w_i \to y_0$ in H für $m \to \infty$.

(2) ist ein System von m linearen gewöhnlichen Differentialgleichungen, das sich in der Form

$$\mathscr{V}_m \frac{\mathrm{d}G_m}{\mathrm{d}t} + \mathscr{A}_m(t)\, G_m = F_m, \qquad G_m(0) = (\xi_{1m}, \dots, \xi_{mm}),$$

schreiben läßt, wobei $\mathscr{V}_m = ((w_i, w_j)_H)$ die Gramsche Matrix, $1 \leqslant j, i \leqslant m$,

$$\mathscr{A}_m(t) = (a(t; w_i, w_j)) \qquad 1 \leqslant i, j \leqslant m$$

$$F_m(t) = ((f(t), w_j)_H) \qquad j = 1, \dots, m$$

und $\quad G_m(t) = (g_{im}(t)) \qquad i = 1, \dots, m$

ist. Da det $\mathscr{V}_m \neq 0$ ist, existiert genau eine Lösung G_m. Damit ist y_m eindeutig bestimmt.

Schritt (ii). Multiplizieren wir (2) mit $g_{jm}(t)$ und summieren über j für $1 \leqslant j \leqslant m$, so erhalten wir

$$\left(\frac{\mathrm{d}}{\mathrm{d}t} y_m(t), y_m(t)\right)_H + a(t; y_m(t), y_m(t)) = (f(t), y_m(t))_H$$

und durch Integration

$$\int_0^T \mathrm{Re}\left(\frac{\mathrm{d}}{\mathrm{d}t} y_m(t), y_m(t)\right)_H \mathrm{d}t + \int_0^T \mathrm{Re}\, a(t; y_m(t), y_m(t))\, \mathrm{d}t = \int_0^T \mathrm{Re}\, (f(t), y_m(t))_H \mathrm{d}t,$$

woraus folgt

$$\frac{1}{2}\left(\| y_m(T)\|_H^2 - \| y_m(0)\|_H^2\right) + \int_0^T \mathrm{Re}\, a(t; y_m(t), y_m(t))\, \mathrm{d}t = \int_0^T \mathrm{Re}\, (f(t), y_m(t))_H \mathrm{d}t,$$

und umgeformt

$$\| y_m(T)\|_H^2 + 2\int_0^T \mathrm{Re}\, a(t; y_m(t), y_m(t))\, \mathrm{d}t \leqslant \| y_m(0)\|_H^2 + 2\int_0^T |(f(t), y_m(t))_H|\, \mathrm{d}t.$$

Wir wenden nun (c) an und schätzen ab

$$(3) \qquad \|y_m(T)\|_H^2 + 2\alpha \int_0^T \|y_m(t)\|_V^2 \, dt \leqslant \|y_m(0)\|_H^2 + 2 \int_0^T |(f(t), y_m(t))_H| \, dt$$

$$\leqslant \|y_{0m}\|_H^2 + 2 \int_0^T \|f(t)\|_{V'} \|y_m(t)\|_V \, dt$$

$$\leqslant \|y_{0m}\|_H^2 + \alpha \int_0^T \|y_m(t)\|_V^2 \, dt + \frac{1}{\alpha} \int_0^T \|f(t)\|_{V'}^2 \, dt,$$

da $2\,|ab| \leqslant \alpha a^2 + \dfrac{1}{\alpha} b^2$.

Also ist

$$\int_0^T \|y_m(t)\|_V^2 \, dt \leqslant \frac{1}{\alpha} \|y_{0m}\|_H^2 + \frac{1}{\alpha^2} \int_0^T \|f(t)\|_{V'}^2 \, dt.$$

Wegen $y_{0m} \to y_0$ in H für $m \to \infty$ existiert ein $M > 0$ mit

$$(4) \qquad \|y_{0m}\|_H \leqslant \|y_0\|_H + M.$$

Damit ist

$$(5) \qquad \int_0^T \|y_m(t)\|_V^2 \, dt \leqslant \frac{1}{\alpha} (\|y_0\|_H + M)^2 + \frac{1}{\alpha^2} \int_0^T \|f(t)\|_{V'}^2 \, dt \leqslant K^2 < \infty.$$

Wir finden so

$$y_m(t) \in L^2((0, T); V),$$

und die Folge y_m ist beschränkt in $L^2((0, T); V)$.
Nach Satz 9.1 existiert eine schwach konvergente Teilfolge. Wir nehmen o. B. d. A. an

$$y_m \rightharpoonup z \text{ (schwach)} \quad \text{in } L^2((0, T); V) \text{ für } m \to \infty.$$

Schritt (iii). Sei $\varphi(t) \in C^1[0, T]$ mit $\varphi(T) = 0$. Wir multiplizieren (2) mit $\varphi(t)$, integrieren über $(0, T)$, setzen $\varphi_j(t) := \varphi(t) w_j$ und erhalten

$$\int_0^T \left[\left(\frac{d}{dt} y_m(t), \varphi_j(t) \right)_H + a(t; y_m(t), \varphi_j(t)) \right] dt = \int_0^T (f(t), \varphi_j(t))_H \, dt.$$

Damit erhalten wir – wegen $\varphi(T) = 0$ – durch partielle Integration

$$\int_0^T [-(y_m(t), \varphi_j'(t))_H + a(t; y_m(t), \varphi_j(t))] \, dt = \int_0^T (f(t), \varphi_j(t))_H \, dt + (y_m(0), \varphi_j(0))_H.$$

Für $m \to \infty$ ergibt sich wegen der schwachen Konvergenz von y_m gegen z (wir wenden hier die Rieszsche Darstellung $(y_m(t), v)_H = (y_m(t), Rv)_V$ an)

$$(6) \qquad \int_0^T [-(z(t), \varphi_j'(t))_H + a(t; z(t), \varphi_j(t))] \, \mathrm{d}t = \int_0^T (f(t), \varphi_j(t))_H \, \mathrm{d}t + (y_0, \varphi_j(0))_H.$$

Insbesondere gilt diese Gleichung für jedes $\varphi \in \mathscr{D}(0, T)$, d.h.

$$\frac{\mathrm{d}}{\mathrm{d}t}(z(t), w_j)_H + (L(t) z(t), w_j)_H = (f(t), w_j)_H.$$

Da j beliebig war, bedeutet letztere Gleichung

$$(7) \qquad \frac{\mathrm{d}z}{\mathrm{d}t} + L(t) z = f.$$

Aus $L(t) u \in L^2((0, T); V')$ für alle $u \in L^2(0, T); V)$ und $f \in L^2((0, T); V')$ folgt daher

$$\frac{\mathrm{d}z}{\mathrm{d}z} = f - L(t) z \in L^2((0, T); V'),$$

d.h. $z \in W(0, T)$.

Nun können wir in (6) partiell integrieren und erhalten mit (7) und $\varphi(T) = 0$, $\varphi(0) \neq 0$

$$(z(0), w_j)_H \, \varphi(0) = (y_0, w_j)_H \, \varphi(0), \qquad \forall j \in \mathbf{N},$$

was zur Folge hat

$$(z(0), w_j)_H = (y_0, w_j)_H, \qquad \forall j \in \mathbf{N},$$

und $\quad z(0) = y_0$.

Damit ist z Lösung von (P).

Schritt (iv). Aus $\alpha \| y_m(t) - z(t) \|_V^2 \leqslant \operatorname{Re} a(t; y_m(t) - z(t), y_m(t) - z(t))$ folgt

$$\alpha \int_0^T \| y_m(t) - z(t) \|_V^2 \, \mathrm{d}t$$

$$\leqslant \operatorname{Re} \int_0^T a(t; y_m(t) - z(t), y_m(t) - z(t)) \, \mathrm{d}t + \frac{1}{2} \| y_m(T) - z(T) \|_H^2$$

$$= \operatorname{Re} \left[\int_0^T a(t; y_m(t), y_m(t)) \, \mathrm{d}t - \int_0^T a(t; y_m(t), z(t)) \, \mathrm{d}t - \int_0^T a(t; z(t), y_m(t) - z(t)) \, \mathrm{d}t \right]$$

$$- \frac{1}{2}(z(T), y_m(T) - z(T))_H - \frac{1}{2}(y_m(T), z(T))_H + \frac{1}{2} \| y_m(T) \|_H^2.$$

Ersetzen wir

$$\int_0^T a(t; y_m(t), y_m(t))\, \mathrm{d}t = \int_0^T (f(t), y_m(t))_H\, \mathrm{d}t - \int_0^T \left(\frac{\mathrm{d}y_m(t)}{\mathrm{d}t}, y_m(t)\right)_H \mathrm{d}t$$

$$= \int_0^T (f(t), y_m(t))_H\, \mathrm{d}t - \frac{1}{2}\left(\|y_m(T)\|_H^2 - \|y_m(0)\|_H^2\right),$$

so erhalten wir

$$(8)\quad \alpha \int_0^T \|y_m(t) - z(t)\|_V^2\, \mathrm{d}t$$

$$\leqslant \mathrm{Re}\left[\int_0^T (f(t), y_m(t))_H\, \mathrm{d}t - \int_0^T a(t; y_m(t), z(t))\, \mathrm{d}t - \int_0^T a(t; z(t), y_m(t) - z(t))\, \mathrm{d}t\right]$$

$$-\frac{1}{2}(z(T), y_m(T) - z(T))_H - \frac{1}{2}(y_m(T), z(T))_H + \frac{1}{2}\|y_m(0)\|_H^2.$$

Für $m \to \infty$ konvergiert die rechte Seite der Ungleichung (8) gegen

$$(9)\quad \mathrm{Re}\left[\int_0^T (f(t), z(t))_H\, \mathrm{d}t - \int_0^T a(t; z(t), z(t))\, \mathrm{d}t\right] - \frac{1}{2}\left(\|z(T)\|_H^2 - \|y_0\|_H^2\right) = 0,$$

womit wir (iv) bewiesen hätten. Wir haben dabei beim Übergang von (8) zu (9) benutzt, daß $y_m(T)$ schwach in H gegen $z(T)$ konvergiert, wir bringen den Beweis hierfür. Wir zeigen, daß

1. $\|y_m(T)\|_H$ beschränkt ist,

dies folgt sofort aus (3), wenn man (4) und (5) berücksichtigt,

2. für die in H totale Menge $\{w_j\}$ gilt

$$(10)\quad (y_m(T), w_j)_H \to (z(T), w_j)_H, \qquad m \to \infty.$$

Um (10) herzuleiten, integrieren wir (2) und bekommen

$$(11)\quad (y_m(T), w_j)_H - (y_m(0), w_j)_H = \int_0^T (f(t), w_j)_H\, \mathrm{d}t - \int_0^T (L(t) y_m(t), w_j)_H\, \mathrm{d}t$$

$$= \int_0^T (f(t), w_j)_H\, \mathrm{d}t - \int_0^T (y_m(t), L^*(t) w_j)_H\, \mathrm{d}t.$$

Wir wissen, daß $y_m(0) \to z(0)$ in H und $y_m(t) \rightharpoonup z(t)$ schwach in $L^2((0, T); V)$, damit geht für $m \to \infty$ (11) über in

$$(12) \qquad \lim_{m \to \infty} (y_m(T), w_j)_H - (z(0), w_j)_H = \int_0^T (f(t), w_j)_H \, dt - \int_0^T (L(t) z(t), w_j)_H \, dt.$$

Falls wir (P) von 0 bis T integrieren, $v = w_j$ setzen und das Ergebnis mit (12) vergleichen, erhalten wir (10). 1. und 2. ergeben für $h \in H$, $v \in \mathrm{Lin}\,\{w_j\}$ (lineare Hülle)

$$(13) \qquad |(y_m(T) - z(T), h)_H| = |(y_m(T) - z(T), h - v)_H + (y_m(T) - z(T), v)_H|$$

$$\leqslant \frac{\varepsilon}{2} + M \|h - v\|_H \leqslant \varepsilon,$$

da $\mathrm{Lin}\,\{w_j\}$ dicht in H ist (total!). (13) ist die schwache Konvergenz $y_m(T) \rightharpoonup z(T)$ in H. Nach (i) ist $\{w_j\}$ total in V, die Eigenschaften „$V \subset H$" und „V dicht in H" eines Gelfandschen Dreiers machen, daß $\{w_j\}$ auch total in H ist, wovon wir in 2. ausgingen.

Stetige Abhängigkeit der Lösung: Für $y_0 \neq 0$ können wir statt (4) auch ein $c_1 > 0$ finden, mit

$$\|y_{0_m}\|_H \leqslant c_1 \|y_0\|_H,$$

und wir können (5) schreiben in der Form

$$\int_0^T \|y_m(t)\|_V^2 \, dt \leqslant c_2 \left(\|y_0\|_H^2 + \int_0^T \|f(t)\|_{V'}^2 \, dt \right),$$

woraus folgt

$$\int_0^T \|z(t)\|_V^2 \, dt \leqslant c_2 \left(\|y_0\|_H^2 + \int_0^T \|f(t)\|_{V'}^2 \, dt \right),$$

dies wegen $y_m \to z$ in $L^2((0,T); V)$ für $m \to \infty$. Damit folgt wegen $dz/dt = f - L(t)z$ die Abschätzung – siehe auch (1) –

$$\int_0^T \left\| \frac{dz(t)}{dt} \right\|_{V'}^2 \, dt \leqslant 2 \int_0^T (\|f(t)\|_{V'}^2 + \|L(t) z(t)\|_{V'}^2) \, dt$$

$$\leqslant 2 \int_0^T \|f(t)\|_{V'}^2 \, dt + 2 c^2 \int_0^T \|z(t)\|_V^2 \, dt$$

$$\leqslant c_3 \left(\|y_0\|_H^2 + \int_0^T \|f(t)\|_{V'}^2 \, dt \right).$$

Insgesamt

$$\|z\|_{W(0,T)}^2 = \int_0^T \|z(t)\|_V^2 \, dt + \int_0^T \left\| \frac{dz(t)}{dt} \right\|_{V'}^2 \, dt \leqslant c_4 \left(\|y_0\|_H^2 + \int_0^T \|f(t)\|_{V'}^2 \, dt \right)$$

Letztere Abschätzung benennt man auch nach H a d a m a r d. ∎

§27 Die Regularität der Lösungen der parabolischen Differentialgleichung

Wir wenden uns nun der Frage nach der Regularität der Lösung zu. Wir machen die gleichen Voraussetzungen wie zu Beginn des §26. Wir beweisen zuerst einen Regularitätssatz (Satz 27.2) für die abstrakte parabolische Gleichung und gehen dann zu partiellen Differentialoperatoren über. Da wir eine Aufgabe als gelöst betrachten, wenn wir sie im Distributionssinne, oder mehr, wenn wir sie im Rahmen der Sobolevräume W_2^l gelöst haben, spielt der Satz 27.6 eine besonders große Rolle: Er gibt uns die eindeutige Lösbarkeit des gemischten Randwertproblems für parabolische Differentialgleichungen in W_2^l-Räumen unter minimalen Voraussetzungen. Der Übergang von den W_2^l-Räumen zur klassischen Lösbarkeit bedeutet nur eine Anwendung des Sobolevschen Lemmas, Satz 6.2.

27.1 Ein abstrakter Regularitätssatz

Definition 27.1 *Unter dem Sobolev-Raum* $W_2^k((0, T; V)$, $k \in \mathbf{N}$, *verstehen wir die Gesamtheit der meßbaren Funktionen (oder Distributionen)*

$$y : (0, T) \to V,$$

mit $\quad \dfrac{d^n y}{dt^n} \in L^2((0, T); V) \quad \text{für } 0 \leqslant n \leqslant k,$

(Ableitung im Distributionssinn). Die Norm in $W_2^k((0, T); V)$ *sei gegeben durch*

$$\| y \|_k^2 = \sum_{n=0}^{k} \int_0^T \left\| \frac{d^n y(t)}{dt^n} \right\|_V^2 dt.$$

Es ist klar, daß $W_2^k((0, T); V)$ ein Hilbertraum ist, das Skalarprodukt entsprechend definiert.

Definition 27.2 *Seien* H_1 *und* H_2 *Hilberträume. Sei weiter für* $t \in [0, T]$

$$B(t) : H_1 \to H_2 \quad \text{eine lineare Abbildung}.$$

Wir nennen $B(t)$ *differenzierbar in* $[0, T]$, *wenn für jedes* $v \in H_1$ *der Limes*

$$\lim_{h \to 0} \frac{1}{h} (B(t+h)v - B(t)v) =: \frac{d}{dt} B(t)v$$

in H_2 *existiert. (Für* $t = 0$ *oder* $t = T$, *nehmen wir den rechts- bzw. linksseitigen Limes).* $d/dt\, B(t) : H_1 \to H_2$ ist wieder linear.

Es seien für $a(t; \varphi, \psi)$ die Voraussetzungen a), b) und c) von §26 erfüllt.

Wir stellen an $a(t; \varphi, \psi)$ die zusätzlichen Forderung:

d) für feste $\varphi, \psi \in V$ sei $a(t; \varphi, \psi)$ k-mal nach t in $[0, T]$ differenzierbar; wir haben $\mathrm{d}^j/\mathrm{d}t^j\, a(t; \varphi, \psi)$ ist stetig in $[0, T]$ für $j = 0, 1, \ldots, k - 1$, wir verlangen außerdem die Existenz und die Meßbarkeit von

$$\frac{\mathrm{d}^k}{\mathrm{d}t^k} a(t; \varphi, \psi) \quad \text{in } [0, T],$$

und $\qquad \left| \dfrac{\mathrm{d}^j}{\mathrm{d}t^j} a(t; \varphi, \psi) \right| \leqslant c \, \|\varphi\|_V \cdot \|\psi\|_V, \qquad j = 0, 1, \ldots, k,$

mit c unabhängig von t.

Leicht stellt man fest, daß im Sinne von Definition 27.2 gilt

$$\frac{\mathrm{d}^j}{\mathrm{d}t^j} a(t; \varphi, \psi) = \left(\frac{\mathrm{d}^j}{\mathrm{d}t^j} L(t)\, \varphi, \psi \right)_H, \qquad j = 0, 1, \ldots, k,$$

und wegen d) wirkt

$$\frac{\mathrm{d}^j}{\mathrm{d}t^j} L(t) : V \to V' \quad \text{linear und stetig}, \, j = 0, \ldots, k,$$

wobei $\left\| \dfrac{\mathrm{d}}{\mathrm{d}t^j} L(t) \right\| \leqslant c$, mit der von t unabhängigen Konstanten c aus d) gilt. Wir ordnen wieder zu

(1) $\qquad f(t) \mapsto L(t)\, f(t)$

dann haben wir die Verallgemeinerung von Hilfssatz 26.1.

Satz 27.1 *Unter den* Voraussetzungen a), b), d) *an* $L(t)$ *ist die Abbildung* (1):

$$L : W_2^k((0, T); V) \to W_2^k((0, T); V')$$

stetig.

Bemerkung 27.1 Ein entsprechender Satz gilt auch für $\mathrm{d}L/\mathrm{d}t$, $\mathrm{d}^2L/\mathrm{d}t^2$ usw.

Beweis. Wie im Hilfssatz 26.1 zeigt man die Meßbarkeit der Funktionen $\dfrac{\mathrm{d}^j}{\mathrm{d}t^j} L(t)\, f(t)$, $j = 0, 1, \ldots, k$, gesetzt die Funktion $f(t)$ ist meßbar. Auch gelten für $u \in W_2^k((0, T); V)$ die Leibnizformeln:

$$\frac{\mathrm{d}}{\mathrm{d}t} (L(t)\, u(t)) = \frac{\mathrm{d}L(t)}{\mathrm{d}t} u(t) + L(t) \frac{\mathrm{d}u(t)}{\mathrm{d}t},$$

$$\frac{\mathrm{d}^2}{\mathrm{d}t^2} (L(t)\, u(t)) = \frac{\mathrm{d}^2 L(t)}{\mathrm{d}^2 t} u(t) + \ldots.$$

Es gilt wegen (d)

$$\int_0^T \sum_{j=0}^k \left\| \frac{\mathrm{d}^j}{\mathrm{d}t^j}(L(t)\,u(t)) \right\|_{V'}^2 \mathrm{d}t = \int_0^T \sum_{j=0}^k \left\| \sum_{i=0}^j \binom{j}{i} \frac{\mathrm{d}^i}{\mathrm{d}t^i} L(t) \frac{\mathrm{d}^{j-i}}{\mathrm{d}t^{j-i}} u(t) \right\|_{V'}^2 \mathrm{d}t$$

$$\leqslant \int_0^T \sum_{j=0}^k \sum_{i=0}^j \binom{j}{i} \left\| \frac{\mathrm{d}^i}{\mathrm{d}t^i} L(t) \frac{\mathrm{d}^{j-i}}{\mathrm{d}t^{j-i}} u(t) \right\|_{V'}^2 \mathrm{d}t \leqslant k^2 c^2 \int_0^T \sum_{j=0}^k \sum_{i=0}^j \left\| \frac{\mathrm{d}^{j-i}}{\mathrm{d}t^{j-i}} u(t) \right\|_V^2 \mathrm{d}t$$

$$\leqslant c_1 \int_0^T \sum_{j=0}^k \left\| \frac{\mathrm{d}^j}{\mathrm{d}t^j} u(t) \right\|_V^2 \mathrm{d}t,$$

womit wir die Stetigkeit bewiesen haben. ∎

Wir können nun für parabolische Gleichungen einen weitgehenden abstrakten Regularitätssatz beweisen.

Satz 27.2 *Wir betrachten die parabolische Gleichung in V'*

$$(2) \qquad \frac{\mathrm{d}y(t)}{\mathrm{d}t} + L(t)\,y(t) = f(t), \qquad t \in (0, T),$$

mit der Anfangsbedingung

$$y(0) = y_0.$$

Wir setzen voraus: L erfülle die Voraussetzungen a), b), c) (§26) *und* d), *weiter sei*

$$(3) \qquad f \in W_2^k((0, T); V'),$$

und

$$(4) \qquad \frac{\mathrm{d}^j y}{\mathrm{d}t^j}(0) \in V, \qquad j = 0, \ldots, k-1, \frac{\mathrm{d}^k y}{\mathrm{d}t^k}(0) \in H.$$

Dann gilt für die Lösung y von (2):

$$y \in W_2^k((0, T), V) \quad \textit{und} \quad \frac{\mathrm{d}^{k+1}}{\mathrm{d}t^{k+1}}(t) \in L_2((0, T); V').$$

Bemerkungen 27.2 (4) ist die Kurzschreibweise für die Formeln

$$(5) \qquad \begin{aligned} &y(0) = y_0, \qquad y_t(0) = f(0) - L(0)y_0, \\ &y_{tt} = f_t(0) - L(0)\,y_t(0) - L_t(0)\,y(0) = f_t(0) - L(0)\,f(0) + L^2(0)\,y_0 - L_t(0)\,y_0, \end{aligned}$$

usw.

die wir durch Differenzieren und Einsetzen von $t = 0$ aus (2) erhalten. Man ersieht aus diesen Formeln, daß es sich bei (4) nicht um zusätzliche Anfangsbedingungen, sondern um sogenannte **Kompatibilitätsbedingungen** handelt: die Data y_0, $\frac{\mathrm{d}^j f}{\mathrm{d}t^j}(0), j = 0, \ldots, k-1$, müssen auf dem unteren Deckel $t = 0$ des Bereichs $\bar{\Omega} \times [0, T]$ zu der Lösung y und zu den Randbedingungen (gegeben durch V) „passen".

Eine Anwendung von Satz 25.5 zeigt sofort, daß die Bedingungen (4) auch notwendig für die hier formulierte Regularität sind.

Beweis. Induktion nach k. Für $k = 0$ haben wir wegen Satz 26.1: aus den Voraussetzungen $f \in L^2((0, T); V')$, $y_0 = y(0) \in H$ folgt $y \in L^2((0, T), V)$; $y_t \in L^2((0, T); V')$. Wir zeigen nun den Übergang zu $k = 1$; der Übergang von $k - 1$ zu k erfolgt ebenso, weswegen wir ihn nicht nochmals aufschreiben.

Wir differenzieren die Gleichung (2) formal (d.h. wir wissen vorläufig nicht, ob die entsprechenden Ableitungen existieren und im richtigen Raum liegen) und erhalten

$$y_{tt} + L(t) y_t = f_t - L_t(t) y,$$

mit $y_t(0) \in H$ wegen (4) und (5). Dies liegt nahe, das Anfangswertproblem

$$(6) \qquad v_t + L(t) v = f_t - L_t(t) y,$$

$$(7) \qquad v(0) = f(0) - L(0) y_0 = (y_t(0)) \in H,$$

zu betrachten. Hier haben wir den Wert $y_t(0)$ in Klammern geschrieben, weil wir noch nicht wissen, ob er überhaupt existiert. Wegen (3) gehört $f_t \in L^2((0, T); V')$ und nach Bemerkung 27.1 bildet L_t stetig ab $L^2((0, T); V') \to L^2((0, T); V')$, $f_t - L_t(t) y$ gehört also zu $L^2((0, T); V')$ und $v(0) = f(0) - L(0) y_0 = (y_t(0))$ wegen (4) zu H. Wir können damit Satz 26.1 wieder anwenden und erhalten $v \in L^2((0, T); V)$, $v_t \in L^2((0, T); V')$. Als nächstes wollen wir zeigen: $v = y_t$, womit wir Satz 27.2 für $k = 1$ bewiesen hätten. Wir bilden die Funktion: $w(t) = y(0) + \int\limits_0^t v(\tau)\, \mathrm{d}\tau$, die wegen $v \in L^2((0, T); V)$ absolut stetig ist, also

$$w \in C^0([0, T]; V),$$

und wir haben $w_t = v$. Auch gilt, wegen $y(0) \in V$ – siehe (4) –, $w \in W_2^1((0, T); V)$. Falls wir $w = y$ zeigen, haben wir auch $v = y_t$. Wir integrieren (6) von 0 bis t und haben

$$(8) \qquad w_t = v(t) = v(0) - \int\limits_0^t Lv + f(t) - f(0) - \int\limits_0^t L_t y.$$

Wir benutzen (7), dies ergibt

$$= - L(0) y(0) - \int\limits_0^t Lv + f(t) - \int\limits_0^t L_t y.$$

Durch partielle Integration

$$\int\limits_0^t Lv = \int\limits_0^t Lw_t = Lw - L(0) w(0) - \int\limits_0^t L_t w = Lw - L(0) y(0) - \int\limits_0^t L_t w,$$

erhalten wir aus (8)

$$(9) \qquad w_t = - Lw + f(t) - \int\limits_0^t L_t y + \int\limits_0^t L_t w.$$

Ziehen wir von (9) die Gleichung (2) ab, so haben wir

$$(10) \qquad (w - y)_t + L(w - y) = \int\limits_0^t L_t(w - y)\, \mathrm{d}\tau$$

und die Anfangsbedingung

(11) $(w - y)(0) = w(0) - y(0) = y(0) - y(0) = 0$.

Wegen $w \in W_2^1((0, T); V)$ ist – wie es sein soll –

$$w - y \in L^2((0, T); V), \qquad (w - y)_t \in L^2((0, T); V'),$$

und $\int\limits_0^t L_t(w - y) \in C([0, T]; V') \subset L^2((0, T; V'))$.

In der Hadamardschen Abschätzung von Satz 26.1 sind die Konstanten unabhänig von T, solange T endlich ist, dies ersieht man, wenn man den Beweis durchführt oder direkt (hierzugeschnitten auf unsere Sachlage): Sei

(12) $h_t + Lh = f_1$ und $h(0) = 0$,

dann gilt

(13) $\int\limits_0^{T_0} \|h(t)\|_V^2 \leqslant K^2 \int\limits_0^{T_0} \|f_1(t)\|_{V'}^2$.

Wir halten $T_0 < \infty$ fest und nehmen $0 \leqslant T' \leqslant T_0$; sei $\tilde{f} \in L^2((0, T'); V')$ und $\tilde{h}$ die Lösung von

(14) $\tilde{h}_t + L\tilde{h} = \tilde{f}$, $\tilde{h}(0) = 0$, $t \in [0, T']$.

Wir setzen $\tilde{f}$ durch 0 auf $(0, T_0)$ fort, nennen die Fortsetzung f_1 und erhalten

$$f_1 \in L^2((0, T); V')$$

mit

$$\int\limits_0^{T'} \|\tilde{f}\|_{V'}^2 \, dt = \int\limits_0^{T_0} \|f_1\|_{V'}^2 \cdot dt.$$

Wir lösen (12) mit diesem f_1, haben wieder (13), und die Eindeutigkeit ergibt $\tilde{h} = h$ auf $[0, T']$ (die Gleichungen (12) und (14) stimmen auf $[0, T']$ überein!), womit wir aus (13) erhalten

$$\int\limits_0^{T'} \|\tilde{h}\|_V^2 = \int\limits_0^{T'} \|h\|_V^2 \leqslant \int\limits_0^{T_0} \|h\|_V^2 \leqslant K^2 \int\limits_0^{T_0} \|f_1\|_{V'}^2 = K^2 \int\limits_0^{T'} \|\tilde{f}\|_{V'}^2,$$

d.h. für die Lösung $\tilde{h}$ der Gleichung (14) auf $[0, T']$ erhalten wir die Abschätzung

$$\int\limits_0^{T'} \|\tilde{h}(t)\|_V^2 \, dt \leqslant K^2 \int\limits_0^{T'} \|\tilde{f}(t)\|_{V'}^2 \, dt$$

mit K aus (13), womit wir die Unabhängigkeit von T' gezeigt haben.

Wir kehren nun zu (10) und (11) zurück. Wir setzen $w - y = h$ und

(15) $f_1 = \int\limits_0^t L_t h$.

Wir haben nach Satz 27.1 (Bemerkung 27.1)

$$(16) \qquad \| f_1(t) \|_{V'} \leqslant \int_0^t \| L_t h \|_V \leqslant \int_0^t K_1 \| h(\tau) \|_V \, d\tau;$$

wobei wieder K_1 unabhängig von T' ist. Sei nun T' die größte Zahl, $0 \leqslant T' \leqslant T \leqslant T_0$, mit $h = 0$ in $[0, T']$. (15) zeigt, daß

$$f_1 \equiv 0 \quad \text{in } [0, T'] \text{ ist,}$$

und (13) mit (16) ergeben

$$\int_0^T \| h(t) \|_V^2 = \int_{T'}^T \| h(t) \|_V^2 \leqslant K^2 K_1^2 \int_{T'}^T \left\{ \int_{T'}^t \| h(\tau) \|_V \, d\tau \right\}^2 dt$$

$$\leqslant K^2 K_1^2 \cdot \int_{T'}^T (t - T') \, dt \cdot \int_{T'}^T \| h(t) \|_V^2 = K^2 K_1^2 \cdot \frac{(T - T')^2}{2} \cdot \int_{T'}^T \| h(t) \|_V^2.$$

Wir nehmen $T' < T \leqslant T_0$ an, dann folgt aus obiger Ungleichung

$$1 \leqslant K^2 K_1^2 \frac{(T - T')^2}{2}.$$

Lassen wir $T \to T'$ streben, so hätten wir

$$1 \leqslant 0$$

einen Widerspruch. Wir haben somit bewiesen

$$y = w \quad \text{oder} \quad y_t = v;$$

damit existiert auch der Wert $v(0) = y_t(0)$, und er wird stetig angenommen für $t \to 0$. ∎

Wir wollen nun eine Möglichkeit angeben, die Bedingungen (4) zu erfüllen.
Sei $k = 1$, die Bedingungen (4) lauten dann – siehe (5) –

$$(4) \qquad y_0 \in V, \qquad f(0) - L(0) y_0 \in H,$$

(wegen $f \in W_2^1 ((0, T); V')$ ist nach Satz 25.5 f stetig in V' und $f(0)$ definiert). Damit (4) erfüllt ist, genügt es zu fordern

$$(17) \qquad y_0 \in V, \qquad f(0) \in H, \qquad L(0) y_0 \in H$$

Sei $k = 2$, wegen $f \in W_2^2 ((0, T); V')$ sind nach Satz 25.5 die Werte $f(0)$, $f_t(0)$ definiert (in V'), und die Bedingungen (4) lauten – siehe (5) –

$$y_0 \in V, \qquad f(0) - L(0) y_0 \in V, \qquad f_t(0) - L(0) f(0) + L^2(0) y_0 - L_t(0) y_0 \in H,$$

und sie sind dann erfüllt, wenn z. B.

$$(18) \qquad \begin{aligned} &y_0 \in V, \qquad L(0) y_0 \in V, \qquad L^2(0) y_0 \in H, \qquad L_t(0) y_0 \in H, \\ &f(0) \in V, \qquad L(0) f(0) \in H, \qquad f_t(0) \in H. \end{aligned}$$

So fortfahrend erhalten wir, daß die Bedingungen (4) zum Beispiel dann erfüllt sind, wenn gilt:

$$L^j(0)\,y_0 \in V, \qquad j = 0,\ldots,k-1, \qquad L^k(0)\,y_0 \in H,$$

$$L_t^j(0)\,y_0 \in V, \qquad j = 1,\ldots,k-2, \qquad L_t^{k-1}(0)\,y_0 \in H,$$

$$L_{tt}^j(0)\,y_0 \in V, \qquad j = 1,\ldots,k-3, \qquad L_{tt}^{k-2}(0)\,y_0 \in H, \quad \text{usw.}$$

$$(19) \qquad f(0)\in V, \qquad L^j(0)\,f(0)\in V, \qquad j=1,\ldots,k-2, \qquad L^{k-1}(0)\,f(0)\in H,$$

$$L_t^j(0)\,f(0)\in V, \qquad j=1,\ldots,k-3, \qquad L_t^{k-2}(0)\,f(0)\in H \quad \text{usw.}$$

$$f_t(0)\in V, \qquad L^j(0)\,f_t(0)\in V, \qquad j=1,\ldots,k-3, \qquad L^{k-2}(0)\,f_t(0)\in H,$$

$$L_t^j(0)\,f_t(0)\in V, \qquad j=1,\ldots,k-4, \qquad L_t^{k-3}(0)\,f_t(0)\in H \quad \text{usw.}$$

$$\vdots$$

$$\underbrace{f_{t\ldots t}}_{k-1}(0)\in H.$$

Wir wollen noch ein Beispiel angeben, wie man die Bedingungen (4) erfüllen kann. Sei

$$y_0 \in V, \quad \text{und}$$

$$f(0) - L(0)\,y_0 = 0,$$

$$(20) \qquad f_t(0) - L_t(0)\,y_0 = 0,$$

$$f_{tt}(0) - L_{tt}(0)\,y_0 = 0, \quad \text{usw.}$$

Wegen (5) folgt aus (20)

$$y_0 \in V, \qquad y'(0) = 0, \qquad y''(0) = 0,\ldots, y^{(k)}(0) = 0.$$

(in Kurzschrift – siehe Bemerkung 27.2), d.h. mit (20) sind auch die Bedingungen (4) erfüllt.

Bemerkung 27.3 Für parabolische Differentialoperatoren (d.h. $L(t) = \sum_s a_s(x,t)\,D_x^s$ – ein elliptischer Differentialoperator plus Randbedingungen) kann man mit anderen Methoden (und Räumen) Regularitätssätze unter anderen Kompatilitätsvoraussetzungen beweisen, siehe Lions, Magenes [1], siehe auch das dort angegebene reiche Literaturverzeichnis. Für parabolische Differentialgleichungen zweiter Ordnung und für spezielle Randwertprobleme haben schon Friedman [1] und Ladyženskaja, Solonnikov, Uralceva [2] und andere, Regularitätssätze bewiesen.

Wir wollen weiter auf dem durch die Bedingungen (4) vorgezeichneten Weg gehen, die analytische Einfachheit lohnt es.

Der Existenzsatz 26.1 und der Regularitätssatz 27.2 passen in den Rahmen von §17; um Sätze über Differentialoperatoren auszusprechen, knüpfen wir an die Bezeichnungen und Voraussetzungen von §20 an.

27.2 Differenzierbarkeit nach t

Sei $t \in [0, T]$, $x \in \Omega \subset \mathbf{R}^r$, Ω offen und $A(t)$ ein stark elliptischer Differentialoperator gegeben durch (siehe §19, (1))

$$(21) \qquad A(t)\,\varphi = \sum_{|\alpha|, |\beta| \leqslant m} (-1)^{|\alpha|}\, \mathrm{D}_x^\alpha \left(a_{\alpha\beta}(x, t)\, \mathrm{D}_x^\beta \varphi \right),$$

mit der sesquilinearen Form

$$(22) \qquad a(t; \varphi, \psi) = \int\limits_{\Omega} \sum_{\substack{|\alpha| \leqslant m \\ |\beta| \leqslant m}} a_{\alpha\beta}(x, t) \cdot \mathrm{D}_x^\beta \varphi \cdot \mathrm{D}_x^\alpha \overline{\psi}\, \mathrm{d}x.$$

Weiter sei gegeben die Randform (siehe §20 (33))

$$c(t; \varphi, \psi) = \int\limits_{\partial\Omega} \sum_{\substack{|\alpha| \leqslant m-1 \\ |\beta| \leqslant m}} c_{\alpha\beta}(x, t) \cdot \mathrm{D}_x^\alpha \varphi\, \mathrm{D}_x^\beta \overline{\psi}\, \mathrm{d}\sigma.$$

Sei $H = L_2(\Omega)$ und V ein abgeschlossener Unterraum von $W_2^m(\Omega)$ mit

$$\mathring{W}_2^m(\Omega) \subset V \subset W_2^m(\Omega).$$

V kann z.B. durch Randwertoperatoren bestimmt sein, $V = W_2^m(\{b_j\}_1^p)$, siehe §19. Wir betrachten die sesquilineare Form

$$(23) \qquad \mathscr{A}(t; \varphi, \psi) = a(t; \varphi, \psi) + c(t; \varphi, \psi),$$

und verlangen, daß die Voraussetzungen 1 bis 6 (vorerst für $k = 0$) von §20 erfüllt seien, wobei die vorkommenden Konstanten, z.B. die Koerzivitätskonstante k_0, unabhängig von t seien. Damit z.B. 5 erfüllt ist, genügt es, daß für $a(t; \varphi, \psi)$, V, der Satz 19.3 von Agmon gültig ist, und daß die Randform $c(t; \varphi, \psi)$ eine Gesamtordnung $|\alpha| + |\beta| \leqslant 2m - 2$ hat.

Wir fordern zusätzlich für die Koeffizienten von a und c, es existieren die partiellen Ableitungen nach t und

$$(24) \qquad \frac{\partial^j a_{\alpha\beta}(x, t)}{\partial t^j}, \frac{\partial^j c_{\alpha\beta}(x, t)}{\partial t^j} \in C(\bar{\Omega} \times [0, T]), \quad \text{für } j = 0, \ldots, k.$$

Man prüft leicht nach, daß damit die Voraussetzungen a), b) und c) von §26 erfüllt sind und auch die Bedingung d) vom Anfang dieses Paragraphen, dabei können wir (siehe Beweisanfang von Satz 26.1) ohne Beschränkung der Allgemeinheit in §26, Voraussetzung c, setzen $k_0 = 0$.

Wir betrachten die parabolische Differentialgleichung

$$(25) \qquad \frac{\partial y(x, t)}{\partial t} + \mathscr{L}(t)\, y(x, t) = f(x, t),$$

hier ist $\mathscr{L}(t) = \mathscr{A}(t)$ der Darstellungsoperator von (23) (siehe §17 (28)), oder als schwache Gleichung geschrieben

$$\frac{\mathrm{d}}{\mathrm{d}t}\,(y,\varphi)_0 + \mathscr{A}(t;y,\varphi) = (f,\varphi)_0, \qquad \varphi \in V.$$

Falls wir $\varphi \in \mathscr{D}(\Omega) \subset V$ nehmen, erhalten wir aus der schwachen Gleichung die parabolische Differentialgleichung (im Distributionssinne)

$$\frac{\partial y(x,t)}{\partial t} + \sum_{|\alpha|,\,|\beta|\,\leqslant\,m} (-1)^{|\alpha|}\, \mathrm{D}_x^\alpha\,(a_{\alpha\beta}(x,t)\,\mathrm{D}_x^\beta\,y(x,t)) = f(x,t), \quad \text{in } \Omega \times (0,T),$$

aber in der schwachen Gleichung, bzw. in (25), sind noch weitere Randbedingungen mit enthalten.

Wir können nun Regularitätssätze aussprechen. Wir beginnen mit der Differenzierbarkeit nach t.

Satz 27.3 *Wir betrachten die parabolische Gleichung* (25) *mit der Anfangsbedingung*

$$y(x,0) = y_0(x).$$

Seien die obigen Voraussetzungen erfüllt, weiter sei

$$f(x,t) \in W_2^k((0,T);V'), \qquad k \geqslant 0,$$

und

$$(26) \qquad \frac{\partial^j y(x,0)}{\partial t^j} \in V, \qquad j = 0,\dots,k-1, \qquad \frac{\partial^k y(x,0)}{\partial t^k} \in L_2(\Omega).$$

Dann gilt für die (eindeutige) Lösung $y(x,t)$ *von* (25)

$$y \in W_2^k((0,T);V) \quad und \quad \frac{\partial^{k+1} y(x,t)}{\partial t^{k+1}} \in L_2((0,T);V').$$

Speziell haben wir für $k \geqslant 1$

$$y(x,t) \in V \quad für \ alle \ t \in [0,T],$$

d.h. die Lösung $y(x,t)$ *erfüllt die durch* V *gegebenen (homogenen) Randbedingungen.*

Der Beweis folgt sofort aus Satz 27.2.

Um einen Regularitätssatz für inhomogene Randbedingungen formulieren zu können, müssen wir zuerst definieren, was wir unter der Annahme der Randbedingungen V verstehen.

Definition 27.3 *Sei gegeben eine Funktion* $g(x,t)$. *Wir sagen, daß* $y(x,t)$ *die durch* V *und* g *bestimmten Randwerte annimmt, falls gilt*

$$(27) \qquad y(\cdot,t) - g(\cdot,t) \in V \quad für \ jedes \ t \in [0,T].$$

Satz 27.4 *Es seien die* Voraussetzungen *zu* Satz 27.3 *erfüllt, (außer* (26)*), sei zusätzlich eine „Rand"-funktion* $g(x,t)$ *gegeben mit*

$$(28) \qquad g \in W_2^k((0,T), W_2^m(\Omega)) \quad und \quad \frac{\partial^{k+1} g(x,t)}{\partial t^{k+1}} \in L_2((0,T);V')$$

und den Kompatibilitätsbedingungen

$$(29) \quad \begin{aligned} \frac{\partial^j y(x,0)}{\partial t^j} - \frac{\partial^j g(x,0)}{\partial t^j} &\in V, \qquad j = 0, \ldots, k-1, \\[2mm] \frac{\partial^k y(x,0)}{\partial t^k} - \frac{\partial^k g(x,0)}{\partial t^k} &\in L_2(\Omega). \end{aligned}$$

Es gibt dann genau eine Lösung $y(x,t)$ von (25) mit $y(x,0) = y_0(x)$ und

$$y(\cdot,t) - g(\cdot,t) \in V \quad \textit{für alle } t \in [0,T],$$

(für $k = 0$ kann man (27) nur für fast alle t beweisen), die zu

$$y \in W_2^k((0,T); W_2^m(\Omega)) \quad \textit{und} \quad \frac{\partial^{k+1} y}{\partial t^{k+1}} \in L_2((0,T); V')$$

gehört.

Wir verstärken zu diesem Satz die Bedingung b). Es gelte die Abschätzung

b') $\qquad |\mathscr{A}(t;\varphi,\psi)| \leqslant c\,\|\varphi\|_m\,\|\psi\|_m \quad$ für alle $\varphi, \psi \in W_2^m(\Omega),$

wobei c unabhängig von t ist.

(b') ist für Differentialoperatoren meistens erfüllt, siehe Definition 17.7). b') hat zur Folge, daß der Darstellungsoperator $\mathscr{L}(t)$ von $\mathscr{A}(t;\varphi,\psi)$ nicht nur stetig $V \to V'$ ist, sondern auch

$$\mathscr{L}(t): W_2^m(\Omega) \to W_2^m(\Omega)' \quad \text{stetig}.$$

Beweis. Zuerst einige Vorbemerkungen. Wegen $V \subset W_2^m(\Omega)$ können wir jedes stetige Funktional $F \in W_2^m(\Omega)'$ auch auf V betrachten, d.h. wir haben $W_2^m(\Omega)' \subset V'$ (nicht notwendig injektiv) und wegen

$$\|F\|_{V'} = \sup_{\substack{\varphi \in V \\ \|\varphi\| \leqslant 1}} |F(\varphi)| \leqslant \sup_{\substack{\varphi \in W_2^m(\Omega) \\ \|\varphi\| \leqslant 1}} |F(\varphi)| = \|F\|_{W_2^m(\Omega)'}$$

haben wir

$$(30) \quad W_2^k((0,T); W_2^m(\Omega)') \subset W_2^k((0,T); V').$$

Weiter, die verstärkte Voraussetzung b') bewirkt, daß

$$(31) \quad \mathscr{L}(t): W_2^k((0,T); W_2^m(\Omega)) \to W_2^k((0,T); W_2^m(\Omega)') \quad \text{stetig ist},$$

$\mathscr{L}(t)g$ liegt also nach (30) in $W_2^k((0,T); V')$ falls $g \in W_2^k((0,T); W_2^m(\Omega))$. Nun zum Beweis. Wir wenden den altbekannten Homogenisierungstrick an, d.h. wir setzen

$$y := u + g,$$

wobei u die Gleichung erfüllt

$$(32) \quad \frac{du}{dt} + \mathscr{L}u = f - \mathscr{L}g - g_t =: \tilde{f}.$$

Sei zunächst $k = 0$. Wir prüfen die Voraussetzungen zur Lösbarkeit von (32) nach. Wegen (29) haben wir

(33) $u(0) = y_0 - g(0) \in L_2(\Omega)$.

(28), (30) und (31) bewirken, daß $\tilde f = f - \mathscr{L}g - g_t \in L_2((0, T); V')$, also gibt es nach Satz 26.1 ein eindeutig bestimmtes u, und auch y mit

$$y = u + g \in W_2^0((0, T); W_2^m(\Omega)), \quad y_t = u_t + g_t \in L_2((0, T); V'),$$

das ist die Thesis für $k = 0$. Die Randbedingung $y(\cdot, t) - g(\cdot, t) = u(\cdot, t) \in V$ für fast alle t, ergibt sich sofort aus $u \in L^2((0, T); V)$.

Sei nun $k \geq 1$. Wir suchen nun eine Lösung u von (33) und (32) mit

(34) $\dfrac{\partial^j u(0)}{\partial t^j} \in V, \quad j = 0, \dots, k-1, \quad \dfrac{\partial^k u(0)}{\partial t^k} \in L_2(\Omega),$

(34) sind aber die Bedingungen (29), und Satz 27.3 (auch $\tilde f$ erfüllt wegen (28), (31) und (30) die Voraussetzungen zu diesem Satz) gewährleistet eine Lösung u mit

$$u \in W_2^k((0, T); V) \quad \text{und} \quad \dfrac{\partial^{k+1} u}{\partial t^{k+1}} \in L_2((0, T); V'),$$

was in Verbindung mit (28) zur Thesis unseres Satzes

$$y = u + g \in W_2^k((0, T); W_2^m(\Omega)), \quad y^{(k+1)} \in L_2((0, T); V'),$$

wie auch zu $y(t) - g(t) \in V$, diesmal aber für alle $t \in [0, T]$, führt.   ∎

27.3 Differenzierbarkeit nach x

In den Sätzen 27.3 und 27.4 haben wir nur die Regularität bezüglich t behandelt, um die Regularität bezüglich x zu erhalten, müssen wir die Differenzierbarkeitsvoraussetzungen bezüglich x erhöhen: wir nehmen die Voraussetzungen 1 bis 6 von §20 für (23) dort mit $k = m + q, q \geq 0$, (die auftretenden Konstanten seien wieder unabhängig von t) und haben nun die Sätze 20.4 und 21.1 zur Verfügung. Da wir – wie schon oben bemerkt ohne Beschränkung der Allgemeinheit voraussetzen können, daß $\lambda = 0$ kein Eigenwert von $\mathscr{L}(t)$ ist, ist die Abbildung

$$\mathscr{L}(t): V \to V'$$

ein (topologischer) Isomorphismus. Wir betrachten die (stetige) inverse Abbildung

$$\mathscr{L}^{-1}(t): V' \to V,$$

und restringieren sie auf $W_2^q(\Omega), q \geq 0$; nach Folgerung 21.2 wirkt

(35) $G(t) = \mathscr{L}^{-1}(t): W_2^q(\Omega) \to W_2^{2m+q} \cap V \cap V_N,$

stetig und surjektiv (in den Topologien von W_2^q und W_2^{2m+q}!), und wir haben $G^{-1}(t)$ $= A(t)$ – wobei $A(t)$ der durch (21) gegebene Differentialoperator ist, siehe Folgerung 21.1 aus der Greenschen Formel.

Hier ist – wie überall in diesem Paragraphen – der Raum V durch die Randbedingungen (auf $\partial\Omega$)

$$b_1(x, \mathrm{D})\,\varphi = 0, \ldots, b_p(x, \mathrm{D})\,\varphi = 0, \qquad 0 \leqslant p \leqslant m,$$

bestimmt (die sogenannten stabilen Randbedingungen), während V_N durch die sogenannten natürlichen Randbedingungen bestimmt ist:

$$b_{p+1}(x, \mathrm{D})\,\varphi = 0, \ldots, b_m(x, \mathrm{D})\,\varphi = 0, \quad \text{auf } \partial\Omega,$$

wobei wir haben (siehe §21 Voraussetzung 3)

$$b_j = B_j + C_j, \qquad j = p+1, \ldots, m;$$

B_j stammt aus der Greenschen Formel §21, (3) und C_j aus der Randform $c(t; \varphi, \psi)$ (22), die wir wie in §21, (4) in der Gestalt schreiben

$$c(t; \varphi, \psi) = \sum_{j=p+1}^{m} \int_{\partial\Omega} C_j(x, t)\,\varphi \cdot \overline{B_j'\,\psi}\,\mathrm{d}\sigma.$$

Benutzen wir die Schreibweise von §14, so haben wir

$$V \cap V_N = W^{2m}(B) = W^{2m}(\{b_j\}_1^m),$$

und für (35)

(35′) $\qquad G(t): W_2^q(\Omega) \to W_2^{2m+q}(\Omega) \cap W^{2m}(\{b_j\}_1^m) \quad$ (topologisch) isomorph,

woraus folgt, es gilt die Friedrichsche Ungleichung

(36) $\qquad \|G(t)f\|_{2m+q} \leqslant c(t)\,\|f\|_q, \qquad f \in W_2^q(\Omega).$

Wir fordern noch zusätzlich die Bedingung
e): zu $q \in \mathbf{N}$ existiere ein c_q (unabhängig von t) mit

e) $\qquad \left\|\dfrac{\partial^n}{\partial t^n}\,G(t)f\right\|_{2m+q} \leqslant c_q\,\|f\|_q$

für alle $t \in [0, T]$, alle $f \in W_2^q(\Omega)$ und $0 \leqslant n \leqslant k-1$, wobei

$$\frac{\partial^n}{\partial t^n}\,G(t)f \in W_2^{2m+q}(\Omega) \cap W^{2m}(\{b_j\}_1^m) = W_2^{2m+q}(\Omega) \cap W^{2m}(B).$$

Nach Satz 27.1 wirkt $G(t)$ dann stetig

(37) $\qquad G(t): W_2^{k-1}((0, T), W_2^q(\Omega)) \to W_2^{k-1}((0, T), W_2^{2m+q} \cap W^{2m}(B)).$

e) ist z.B. dann erfüllt, wenn $\mathscr{A}$ unabhängig von t ist – siehe (36).

Satz 27.5 *Sei $\mathscr{L}(t)$ der Darstellungsoperator von (23) und für die sesquilineare Form* (23) *seien die* Voraussetzungen 1 bis 6 §20 *mit* $K = m+q$, $H = L_2(\Omega)$, $V = W^m(\{b_j\}_1^p)$. $V_N = W^{2m}(\{b_j\}_{p+1}^m)$, $V \cap V_N = W^{2m}(B) = W^{2m}(\{b_j\}_1^m)$ *erfüllt. Weiter sei* (24) *und die* Voraussetzung e) *erfüllt, seien y_0 und f so regulär (siehe Satz 27.3),* *daß für die Lösung y von (25) mit $y(0) = y_0$ gilt*

$$(38) \qquad y \in W_2^k((0, T); V), \qquad k \geqslant 1.$$

Sei zusätzlich

$$(39) \qquad f \in W_2^{k-1}((0, T); W_2^q(\Omega)),$$

dann gilt auch

$$(40) \qquad \begin{aligned} &y \in W_2^{k-1}((0, T); W_2^{2m+\min(q, m)}(\Omega) \cap W^{2m}(B)), \\ &y \in W_2^{k-2}((0, T); W_2^{2m+\min(q, m_1)}(\Omega), \cap W^{2m}(B)), \qquad m_1 = 2m + \min(m, q), \end{aligned}$$

usw.

Durch geeignet große Wahl von k und q können wir immer erreichen:

$$(41) \qquad y \in W_2^1((0, T); W_2^1(\Omega) \cap W^{2m}(B)).$$

Beweis. Es gilt $\mathscr{L}(t)\, y = f - \dfrac{\mathrm{d}y}{\mathrm{d}t}$, woraus folgt

$$y = G(t) \left(f - \frac{\mathrm{d}y}{\mathrm{d}t} \right).$$

Aus (38) folgt $\dfrac{\mathrm{d}y}{\mathrm{d}t} \in W_2^{k-1}((0, T); V)$, was mit (39) ergibt

$$f - \frac{\mathrm{d}y}{\mathrm{d}t} \in W_2^{k-1}((0, T); W_2^{\min(m, q)}(\Omega)).$$

Wir wenden darauf $G(t)$ an und haben nach (37)

$$y \in W_2^{k-1}((0, T); W_2^{2m+\min(m, q)}(\Omega) \cap W^{2m}(B)),$$

wir können fortfahren:

$$\frac{\mathrm{d}y}{\mathrm{d}t} \in W_2^{k-2}((0, T); W_2^{2m+\min(m, q)}(\Omega)),$$

$$f - \frac{\mathrm{d}y}{\mathrm{d}t} \in W_2^{k-2}((0, T); W_2^{\min(q, m_1)}(\Omega)), \qquad m_1 = 2m + \min(m, q),$$

$$y = G(t) \left(f - \frac{\mathrm{d}y}{\mathrm{d}t} \right) \in W_2^{k-2}((0, T); W_2^{2m+\min(q, m_1)}(\Omega) \cap W^{2m}(B)),$$

usw. ∎

Durch Satz 27.5 wissen wir auch schon, welches gemischte parabolische Problem wir gelöst haben.

Satz 27.6 *Sei in Satz 27.5 $k = 1$, $q = 0$, also*

$$f \in L_2((0, T); L_2(\Omega)) = L_2(\Omega \times (0, T)); \qquad \frac{\partial f(x, t)}{\partial t} \in L_2((0, T), V'),$$

und es sei

$$y_0(x) \in W^{2m}(B) \subset V.$$

Wir haben dann: Die Lösung $y(x, t)$ erfüllt in $\Omega \times (0, T)$ die (parabolische) Differentialgleichung

$$\frac{\partial y(x, t)}{\partial t} + \sum_{\substack{|\alpha| \leqslant m \\ |\beta| \leqslant m}} (-1)^{|\alpha|} D_x^\alpha (a_{\alpha\beta}(x, t) D_x^\beta y(x, t)) = f(x, t),$$

mit der Anfangsbedingung

$$y(x, 0) = y_0(x) \quad auf\ \Omega,$$

und den Randbedingungen $(x \in \partial\Omega)$

$$b_1(x, D_x) y(x, t) = 0, \dots, b_p(x, D_x) y(x, t) = 0,$$

(42) $\quad b_{p+1}(x, t, D_x) y(x, t) = [B_{p+1}(x, D_x) + C_{p+1}(x, t, D_x)] y(x, t) = 0, \dots,$

$$b_m(x, t, D_x) y(x, t) = [B_m(x, D_x) + C_m(x, t, D_x)] y(x, t) = 0.$$

Dabei sind die p ersten Randbedingungen für alle $t \in [0, T]$ erfüllt, die $(m - p)$ weiteren für fast alle t. Will man erreichen, daß auch die $(m - p)$ letzteren Randbedingungen für alle t erfüllt sind, so muß man $k = 2$ in den Sätzen 27.3 und 27.5 nehmen. Da nach Folgerung 21.1 $\mathscr{L}(t)$ auf $W^{2m}(B)$ mit $A(x, t, D_x)$ übereinstimmt, gilt auch die Umkehrung, d. h. unter den obigen Voraussetzungen ist das gemischte parabolische Problem

$$\frac{\partial y}{\partial t} + A(x, t, D_x) y = f, \qquad y(x, 0) = y_0(x), \qquad y \in W_2^{2m}(\Omega),$$

$$b_j(x, t, D_x) y = 0, \qquad j = 1, \dots, m,\ auf\ \partial\Omega \times [0, T],$$

zur schwachen Gleichung (in V')

$$\frac{dy}{dt} + \mathscr{L}(t) y = f, \qquad y(x, 0) = y_0(x),\ y \in V$$

äquivalent.

Beweis. Die Differentialgleichung erhalten wir sofort aus der schwachen Gleichung (25), wenn wir dort $\varphi \in \mathscr{D}(\Omega) \subset V$ nehmen. Die Anfangsbedingung ist in V oder $L_2(\Omega)$ erfüllt, also auf Ω (fast alle x).

Aus der Voraussetzung $y_0 \in W^{2m}(B) \subset V$ folgt wegen (35) $\mathscr{L}(0) y_0 = G^{-1}(0) y_0 \in L_2(\Omega)$, was zusammen mit $f(x, 0) \in L_2(\Omega)$ ergibt

$$y_0(x) \in V,\ f(x, 0) - \mathscr{L}(0) y_0(x) \in L_2(\Omega),$$

das sind die Kompatibilitätsbedingungen (26) in Satz 27.3 für $k = 1$, und wir erhalten für die p ersten Randbedingungen

$$y(x, t) \in V \quad \text{für alle } t \in [0, T].$$

Auch für den Satz 27.5 sind die Voraussetzungen erfüllt und wir haben (40), das ist für die $(m-p)$ weiteren Randbedingungen

$$y(x,t)\in L_2\left((0,T);W^{2m}(B)\right),$$

das heißt, für fast alle $t\in[0,T]$ gehört

$$y(x,t)\in W^{2m}(B),$$

was zu (42) gleichwertig ist. Falls $k=2$ ist, haben wir nach Satz 25.5

$$y(x,t)\in W_2^1\left((0,T);W^{2m}(B)\right)\subset C^0\left([0,T];W^{2m}(B)\right),$$

also $y(x,t)\in W^{2m}(B)$

diesmal für alle $t\in[0,T]$.

Der zweite Teil des Satzes, die Umkehrung ist klar.   ∎

Wir können auch einen Regularitätssatz (bezüglich x) für inhomogene Randwerte aussprechen. Wir nehmen wieder die Voraussetzungen zu Satz 27.5: für die sesquilineare Form (23) die Voraussetzungen 1 bis 6, §20, dort $K=m+q$ gesetzt, $H=L_2(\Omega)$, $V=W^m(\{b_j\}_1^p)$, $W^{2m}(B)=W^{2m}(\{b_j\}_1^m)$, außerdem sei (24) und e) erfüllt. Weiter sei (siehe Satz 27.3), $k\geq 1$

$$f\in W_2^{k-1}\left((0,T);W_2^q(\Omega)\right),\qquad \frac{\partial^k f}{\partial t^k}\in L_2\left((0,T);V'\right),$$

und es sei eine Randfunktion $g(x,t)$ gegeben mit

$$g\in W_2^k\left((0,T);W_2^{2m+\tilde{q}}(\Omega)\right),\qquad \frac{\partial^{k+1}g(x,t)}{\partial t^{k+1}}\in L_2\left((0,T);V'\right),$$

wobei $\tilde{q}$ das Maximum der in (40) vorkommenden Zahlen $\min(q,m)$, $\min(q,m_1)$, $\min(q,m_2)$, usw. ist, hier haben wir gesetzt $m_1=2m+\min(m,q)$, $m_2=2m+\min(m_1,q)$ usw.

Wir haben dann für $\tilde{f}=f-A(t)g-g_t$

$$(43)\qquad \tilde{f}\in W^{k-1}\left((0,T);W_2^q(\Omega)\right).$$

Achtung! $A(t)$ ist hier der Differentialoperator (21) und nicht der Darstellungsoperator $\mathscr{L}(t)$. Wir haben $A(t):W_2^{2m+\tilde{q}}(\Omega)\to W_2^q(\Omega)$ stetig, was für den Darstellungsoperator $\mathscr{L}(t)$ nicht richtig zu sein braucht (z.B. bei der Neumannschen Aufgabe, Beispiel 21.2, dort haben wir den Darstellungsoperator ausgerechnet.) Wir setzen $u_0(x):=y_0(x)-g(x,0)$ und verlangen für $\tilde{f},u_0$ die folgenden Kompatibilitätsbedingungen

$$(44)\qquad u_0(x)\in V,\qquad u_t(0):=\tilde{f}(0)-\mathscr{L}(0)u_0\in V,$$

$$u_{tt}(0):=\tilde{f}_t(0)-\mathscr{L}(0)\tilde{f}(0)+\mathscr{L}^2(0)u_0-\mathscr{L}_t(0)u_0\in V,$$

usw. bis $\dfrac{\mathrm{d}^k u}{\mathrm{d}t^k}(0):=\ldots\in H$.

(Man erhält (44) aus (5), indem man dort setzt $y \mapsto u$, $y_0 \mapsto u_0$, $f \mapsto \tilde{f}$, die Formeln (44) vereinfachen sich wesentlich, wenn man g so wählt, daß $g(x, 0) = y_0(x)$, also $u_0 = 0$).

Wir haben

Satz 27.7 *Es gibt eine eindeutige Lösung* $y(x, t)$ *der parabolischen Differentialgleichung*

$$\frac{\partial y(x, t)}{\partial t} + \sum_{\substack{|\alpha| \leqslant m \\ |\beta| \leqslant m}} (-1)^{|\alpha|} D_x^\alpha (a_{\alpha\beta}(x, t) D_x^\beta y(x, t)) = f(x, t) \quad in \ \Omega \times (0, T),$$

mit $y(x, 0) = y_0(x)$, *und die zu*

$$y \in W_2^k((0, T); W_2^m(\Omega)),$$
$$y \in W_2^{k-1}((0, T); W_2^{2m + \min(q, m)}(\Omega)),$$
$$y \in W_2^{k-2}((0, T); W_2^{2m + \min(q, m_1)}(\Omega)), \qquad m_1 = 2m + \min(m, q), \quad usw.$$

gehört. Diese Lösung y *erfüllt für alle* $t \in [0, T]$ *die zu* V *gehörigen Randbedingungen:*

$$y(\cdot, t) - g(\cdot, t) \in V, \qquad t \in [0, T],$$

und für $k > 1$ *auch die Randbedingungen*

$$y(\cdot, t) - g(\cdot, t) \in W^{2m}(B), \qquad t \in [0, T].$$

Falls $k = 1$ *ist, gelten letztere Randbedingungen nur für fast alle* $t \in [0, T]$.

Beweis. Wir setzen

$$y := u + g,$$

wobei u die (schwache) Gleichung erfüllt:

$$\frac{du}{dt} + \mathscr{L}u = \tilde{f} = f - Ag - g_t.$$

mit der Anfangsbedingung $u(0) = y_0 - g(\cdot, 0)$. (43) mit den anderen Voraussetzungen über f und g bewirken (siehe auch (30))

$$\tilde{f} \in W_2^{k-1}((0, T); W_2^q(\Omega)) \subset W_2^{k-1}((0, T); V'), \qquad \frac{\partial^k \tilde{f}}{\partial t^k} \in L_2((0, T); V'),$$

was zusammen mit (44) erlaubt, den Satz 27.3 anzuwenden, wonach $u \in W_2^k((0, T), V)$. Dies mit (43) ergibt nach Satz 27.5, (40) für $u = y - g$, woraus wir das Randverhalten ablesen (siehe Satz 27.6). (40) für $u = y - g$ mit den Voraussetzungen über g liefert

$$y \in W_2^{k-1}((0, T); W_2^{2m + \min(q, m)}(\Omega)),$$
$$y \in W_2^{k-2}((0, T); W_2^{2m + \min(q, m_1)}(\Omega)), \quad m_1 = 2m + \min(m, q),$$

usw. Wie in Satz 27.6 erhalten wir aus der schwachen Gleichung

$$\left(\frac{du}{dt}, \varphi\right)_0 + (\mathscr{L}u, \varphi)_0 = (\tilde{f}, \varphi)_0 = (f - Ag - g_t, \varphi)_0, \qquad \varphi \in V,$$

die partielle Differentialgleichung

$$\frac{\partial u(x,t)}{\partial t} + A(x,t,\mathrm{D}_x)\, u(x,t) = f(x,t) - A(x,t,\mathrm{D}_x)\, g - \frac{\partial g(x,t)}{\partial t},$$

mit $u(x,0) = y_0(x) - g(x,0)$, oder

$$\frac{\partial y(x,t)}{\partial t} + A(x,t,\mathrm{D}_x)\, y(x,t) = f(x,t),$$

mit $y(x,0) = y_0(x)$.

Die Eindeutigkeit der Lösung erhalten wir aus Satz 27.6, da nach Folgerung 21.1 $\mathscr{L}(t)$ mit $A(x,t,\mathrm{D}_x)$ auf $W^{2m}(B)$ übereinstimmt. ∎

Und wieder, durch geeignet große Wahl von k und q können wir immer erreichen

$$y \in W_2^l((0,T); W_2^l(\Omega)).$$

Unser nächster Satz sagt aus, wie die funktionalanalytischen Räume $W_2^l((0,T); W_2^l(\Omega))$ mit den bisher betrachteten Sobolevräumen $W_2^l(Q)$ zusammenhängen, $Q = \Omega \times (0,T)$. Es habe Ω die Segmenteigenschaft (siehe Definition 2.1), dann liegt nach Satz 3.6 $C^l(\bar{\Omega})$ dicht in $W_2^l(\Omega)$. Wir erinnern: alle Sobolevräume sind separabel – siehe Satz 3.1.

Satz 27.8 *Es habe Ω die Segmenteigenschaft. Dann gilt*

$$(45) \qquad W_2^l((0,T); W_2^l(\Omega)) \subset W_2^l((0,T) \times \Omega),$$

und die Einbettung ist stetig.

Beweis. Wir setzen zur Abkürzung

$$W = W_2^l(\Omega).$$

Sei $u \in W_2^l((0,T), W)$, und sei $\{e_n \mid n \in \mathbf{N}\}$ eine orthonormale Basis von W. Wir können o.B.d.A. verlangen, daß $e_n \in C^l(\bar{\Omega})$. ($W$ ist separabel, $C^l(\bar{\Omega})$ dicht in W, wir finden $\{C_n\}_{n \in \mathbf{N}}$ dicht in W, $C_n \in C^l(\bar{\Omega})$; wir nehmen $\{C_n'\}_{n \in \mathbf{N}}$ linear unabhängig und lin. Hülle von $\{C_n'\} = \{C_n\}$ und wenden auf $\{C_n'\}$ den Orthonormalisierungsprozeß von E. Schmidt an.)

Es gilt

$$(46) \qquad u(t) = \sum_{n=1}^{\infty} u_n(t)\, e_n \quad \text{mit } u_n(t) = (u(t), e_n)_W,$$

$u_n(t)$ ist meßbar, da $u(t)$ meßbar war. Auch gilt

$$|u_n(t)| \leqslant \|u(t)\|_W,$$

also $\quad \displaystyle\int_0^T |u_n(t)|^2 \, \mathrm{d}t \leqslant \int_0^T \|u(t)\|_W^2 \, \mathrm{d}t < \infty, \quad \text{für } n \in \mathbf{N},$

d.h. $\quad u_n(t) \in L^2(0,T)$.

Weiterhin ist für $K = 0, \ldots, l$

$$D_t^K u_n(t) = (D_t^K u(t), e_n)_W \in L^2(0, T),$$

also $u_n(t) \in W_2^l(0, T)$.

Die Besselsche Gleichung des Hilbertraumes $W_2^l((0, T); W)$ auf (46) angewandt, ergibt nach leichter Rechnung

$$(47) \qquad \sum_{n=1}^{\infty} \| u_n(t) \|_{W_2^l(0, T)}^2 = \| u(t) \|_{W_2^l((0, T); W)}^2 < \infty.$$

Da, wie man sich sehr leicht überzeugt, $(0, T)$ die Segmenteigenschaft hat, können wir die $u_n(t)$'s durch $C^l[0, T]$-Funktionen approximieren.

$$(48) \qquad \| u_n(t) - \tilde{u}_n^m(t) \|_{W_2^l} < \frac{1}{2^n \cdot m}, \qquad \tilde{u}_n^m \in C^l[0, T].$$

Wir setzen

$$(49) \qquad w_m(t) = \sum_{n=1}^{m} \tilde{u}_n^m(t)\, e_n.$$

Wir haben

$$(50) \qquad w_m(t) \to u(t) \quad \text{in } W_2^l((0, T); W):$$

Sei $\varepsilon > 0$ beliebig und m_0 so groß, daß gilt

$$(51) \qquad \frac{1}{m} < \frac{\varepsilon}{2} \quad \text{und} \quad \sum_{n=m+1}^{\infty} \| u_n(t) \|_{W_2^l(0, T)}^2 < \frac{\varepsilon}{2} \quad \text{für } m \geqslant m_0$$

(siehe (47)). Sir haben dann für $m \geqslant m_0$ – wegen (48) und (51) –

$$\| u(t) - w_m(t) \|_{W_2^l((0, T), W)}^2 = \sum_{n=1}^{m} \| u_n(t) - \tilde{u}_n^m(t) \|_{W_2^l(0, T)}^2 + \sum_{n=m+1}^{\infty} \| u_n(t) \|_{W_2^l(0, T)}^2$$

$$\leqslant \frac{1}{m} \sum_{n=1}^{m} \frac{1}{2^n} + \frac{\varepsilon}{2} < \frac{1}{m} \cdot 1 + \frac{\varepsilon}{2} < \frac{\varepsilon}{2} + \frac{\varepsilon}{2} = \varepsilon.$$

Durch unsere Wahl der Funktionen $e_n(x)$ und $\tilde{u}_n^m(t)$ haben wir erreicht, daß gilt

$$(52) \qquad w_m(t, x) = \sum_{n=1}^{m} \tilde{u}_n^m(t)\, e_n(x) \in C^l(\overline{(0, T) \times \Omega}),$$

und wir zeigen nun

$(w_m(t, x))$ ist Cauchyfolge in $W_2^l((0, T) \times \Omega)$.

Sei $Q = (0, T) \times \Omega$, dann gilt

$$(53) \qquad \| w_m - w_k \|_{W_2^l(Q)}^2 = \int_0^T \int_\Omega \sum_{|v| \leqslant l} \left| \sum_{n=m+1}^{k} D_{(t, x)}^v (\tilde{u}_n^m(t) - \tilde{u}_n^k(t))\, e_n(x) \right|^2 dx\, dt$$

$$\leqslant \int_0^T \int_\Omega \sum_{r=0}^{l} \sum_{|s| \leqslant l} \left| \sum_{n=m+1}^{k} D_t^r D_x^s (\tilde{u}_n^m(t) - \tilde{u}_n^k(t))\, e_n(x) \right|^2 dx\, dt = \| w_m - w_k \|_{W_2^l((0, T); W_2^l(\Omega))}^2,$$

(das Ungleichheitszeichen steht deshalb, weil auf der rechten Seite mehr Ableitungen vorkommen können). Eine Abschätzung wie (53) zeigt auch, daß $w_m \in W_2^l(Q)$ gehört. Wir ordnen nun zu

$$u \mapsto \tilde{u} = \lim_{m \to \infty} w_m(t, x) \in W_2^l(Q),$$

dann ist wegen der Vollständigkeit $\tilde{u} \in W_2^l(Q)$, und die Stetigkeit folgt aus (53). ∎

Wenn $l \in \mathbf{N}$ vorgegeben ist, so können wir durch entsprechende Regularitätsbedingungen an y_0 und f immer erreichen, daß für die Lösung y der parabolischen Differentialgleichung gilt, siehe (42)

$$y \in W_2^l((0, T); W_2^l(\Omega)),$$

und Satz 27.8 ergibt in Verbindung mit dem Lemma von Sobolev (dem Satz 6.2) für $l - l' > (r + 1)/2$

$$y \in W_2^l((0, T); W_2^l(\Omega)) \subset W_2^l((0, T) \times \Omega) \subset C^{l'}([0, T] \times \bar{\Omega}).$$

§28 Beispiele

Wir beginnen mit dem gemischten Anfangswert-Dirichlet-Problem.

Beispiel 28.1 Sei $A(x, D_x)$ ein linearer, stark elliptischer Differentialoperator der Form §19, (1) mit der sesquilinearen Form

$$a(\varphi, \psi) = \int_\Omega \sum_{\substack{|\alpha| \leqslant m \\ |\beta| \leqslant m}} a_{\alpha\beta}(x) D^\beta \varphi \cdot D^\alpha \bar{\psi} \, dx.$$

Sei Ω beschränkt, wir setzen $H = L_2(\Omega)$, $V = \mathring{W}_2^m(\Omega)$. Falls $a_{\alpha\beta} \in C(\bar{\Omega})$, haben wir die Abschätzungen

(1) $\qquad |a(\varphi, \psi)| \leqslant c \|\varphi\|_m \cdot \|\psi\|_m, \qquad \forall \varphi, \psi \in W_2^m(\Omega),$

und (die Gårdingsche Ungleichung, siehe Satz 19.2)

(2) $\qquad \operatorname{Re} a(\varphi, \varphi) + k_0(\varphi, \varphi)_0 \geqslant c \|\varphi\|_m^2, \qquad \forall \varphi \in \mathring{W}_2^m(\Omega).$

Für $f \in L_2((0, T); W_2^{-m}(\Omega))$, $T < \infty$, (siehe Definition 17.2) und die Anfangsfunktion

$$y_0(x) \in L_2(\Omega),$$

gibt es nach Satz 26.1 eine eindeutige Lösung $y(x, t)$ der parabolischen Gleichung

(3) $\qquad \dfrac{\partial y(x, t)}{\partial t} + A(x, D_x) y(x, t) = f(x, t) \quad \text{in } \Omega \times (0, T),$

die die Anfangsbedingung

(4) $\qquad y(x, 0) = y_0(x) \quad \text{auf } \Omega,$

und für fast alle $t \in [0, T]$ die Randbedingung

$$(5) \qquad y(\cdot, t) \in \mathring{W}_2^m(\Omega)$$

erfüllt. Dabei haben wir für die Lösung $y(x, t)$

$$y \in L_2((0, T); \mathring{W}_2^m(\Omega)), \qquad \frac{\partial y}{\partial t} \in L_2((0, T); W_2^{-m}(\Omega)).$$

Hier haben wir benutzt, daß für $V = \mathring{W}_2^m(\Omega)$ die schwache Gleichung §26,(P) zu (3) äquivalent ist.

Auch können wir das inhomogene Dirichletproblem lösen, sei zusätzlich eine Randfunktion $g(x, t)$ mit

$$g \in L_2((0, T); W_2^m(\Omega)), \qquad \frac{\partial g}{\partial t} \in L_2((0, T); W_2^m(\Omega)')$$

gegeben. Dann gibt es nach Satz 27.4 (die Bedingung §27,(29) $k = 0$ ist wegen der Voraussetzungen über g und y_0 und Satz 25.5 automatisch erfüllt, $W_2^m(\Omega) \subset L_2(\Omega) \subset W_2^m(\Omega)'$ bilden nämlich einen Gelfandschen Dreier, siehe Satz 17.4) eine eindeutige Lösung von (3) und (4), die die Randbedingungen

$$(6) \qquad y(\cdot, t) - g(\cdot, t) \in \mathring{W}_2^m(\Omega) \quad \text{für fast alle } t \in [0, T]$$

erfüllt. Für die Lösung gilt

$$y \in L_2((0, T); W_2^m(\Omega)), \qquad \frac{\partial y}{\partial t} \in L_2((0, T); W_2^{-m}(\Omega)).$$

Wir verstärken nun die Voraussetzungen, nehmen

$$(7) \qquad \Omega \in C^{m, 1}, \qquad a_{\alpha\beta} \in C^m(\bar{\Omega}),$$

$k = 1$ in Satz 27.3 und

$$f \in L_2((0, T), L_2(\Omega)) = L_2(\Omega \times (0, T)); \qquad \frac{\partial f}{\partial t} \in L_2((0, T); W_2^{-m}(\Omega)),$$

$$y_0 \in \mathring{W}_2^m(\Omega) \cap W_2^{2m}(\Omega) = W^{2m}(B), \qquad f(x, 0) \in L_2(\Omega),$$

woraus die Kompatibilitätsbedingungen §27,(26) für $k = 1$ folgen

$$y_0 \in V = \mathring{W}_2^m(\Omega), \qquad f(x, 0) - A y_0 \in L_2(\Omega),$$

und wir können den Satz 27.6 anwenden, wonach die eindeutige Lösung y von (3) und (4) die Randbedingungen (5) für alle $t \in [0, T]$ erfüllt; da wegen (7) nach Satz 8.7 der Spuroperator erklärt ist, haben wir also

$$y(x, t) = 0, \qquad \frac{\partial y(x, t)}{\partial n} = 0, \dots, \frac{\partial^{m-1} y(x, t)}{\partial n^{m-1}} = 0 \quad \text{auf } \partial\Omega \times [0, T],$$

wobei n in Richtung der inneren Normalen des Mantels $\partial\Omega \times [0, T]$ zeigt. Auch haben wir nach Satz 27.5

$$y \in W_2^1\left((0,T); \mathring{W}_2^m(\Omega)\right), \qquad \frac{\partial^2 y}{\partial t^2} \in L_2\left((0,T); W_2^{-m}(\Omega)\right), \qquad y \in L_2\left((0,T); W^{2m}(B)\right).$$

Anologes gilt (siehe Satz 27.7) fürs inhomogene Dirichletproblem.

Beispiel 28.2 Das gemischte Anfangswert-Neumann-Problem. Wir knüpfen an das Beispiel 21.5 an. Sei

$$A(x, D_x) = -\sum_{j,k}^{r} a_{jk} \frac{\partial}{\partial x_k} \frac{\partial}{\partial x_k} + \sum_{j=1}^{r} a_j \frac{\partial}{\partial x_j} + a_0$$

ein stark elliptischer Operator zweiter Ordnung mit der sesquilinearen Form

$$(8) \qquad a(\varphi, \psi) = \int_{\Omega} \left[\sum_{j,k}^{r} a_{jk} \frac{\partial \varphi}{\partial x_j} \frac{\partial \bar\psi}{\partial x_k} + \sum_{j=1}^{r} \left(a_j + \sum_{k=1}^{r} \frac{\partial a_{jk}}{\partial x_k} \right) \frac{\partial \varphi}{\partial x_j} \cdot \bar\psi + a_0 \cdot \varphi \cdot \bar\psi \right] dx.$$

Wir setzen voraus

$$\Omega \in C^{2,1}, \qquad a_{j,k} \in C^3(\bar\Omega), \qquad a_j, a_0 \in C^2(\bar\Omega),$$

(womit auch $N_A|_{\partial\Omega}$ im Sinne des Spuroperators von Satz 8.7 erklärt ist). Wir nehmen $H = L_2(\Omega)$, $V = W_2^1(\Omega)$. Es gelten die Abschätzungen (1) und (2), für letztere siehe das Beispiel 19.1. Damit sind die Voraussetzungen für den Satz 26.1 erfüllt. Um den Satz 27.6 anwenden zu können, nehmen wir $k = 1$,

$$W^2(B) = W^2(N_A) = \{\varphi \in W_2^2(\Omega) \mid N_A \varphi = 0 \text{ auf } \partial\Omega\},$$

$$f \in L_2(\Omega \times (0,T)), \qquad \frac{\partial f}{\partial t} \in L_2\left((0,T); W_2^1(\Omega)'\right),$$

$$y_0 \in W^2(N_A), \qquad f(x,0) \in L_2(\Omega),$$

dann ist

$$y_0 \in V = W_2^1(\Omega), \qquad f(x,0) - A y_0 \in L_2(\Omega) \quad \text{(Kompatibilität!)}$$

(auf $W^2(N_A)$ stimmt der Darstellungsoperator $\mathscr{L}$ mit $A(x, D_x)$ überein), und wir haben, es gibt eine eindeutige Lösung y von (3) und (4), die für fast alle $t \in [0,T]$ die Neumannsche Randbedingung erfüllt

$$(9) \qquad N_A y(x,t) = 0, \qquad x \in \partial\Omega.$$

Für diese Lösung y gilt

$$y \in W_2^1\left((0,T); W_2^1(\Omega)\right), \qquad \frac{\partial^2 y}{\partial t^2} \in L_2\left((0,T); W_2^1(\Omega)'\right), \qquad y \in L_2\left((0,T); W^2(N_A)\right).$$

Will man die Randbedingung (9) für alle $t \in [0,T]$ erfüllen, so muß man in Satz 27.5 $k = 2$ nehmen. Das inhomogene Neumannsche Problem läßt sich durch Satz 27.7 lösen.

Beispiel 28.3 Das dritte Randwertproblem für einen allgemeinen parabolischen Differentialoperator zweiter Ordnung. Sei $A(x, D_x)$ wie in Beispiel 28.2, wir fügen der sesquilinearen Form (8) die Randform

$$c(\varphi, \psi) = \int_{\partial\Omega} b_0(x) \, \varphi(x) \, \bar\psi(x) \, d\sigma, \qquad \varphi, \psi \in W_2^1(\Omega),$$

hinzu, da grad $c = 0 = 2m - 2$ ist, können wir den Satz 20.2 anwenden, wonach die Form

$$\mathscr{A}(\varphi, \psi) = a(\varphi, \psi) + c(\varphi, \psi)$$

wieder $W_2^1(\Omega)$-koerziv ist. Wir machen dieselben Voraussetzungen wie fürs Beispiel 28.2, nur $W^2(B)$ ist jetzt

$$W^2(B) = W^2(N_A + b_0) = \{\varphi \in W_2^2(\Omega) \mid N_A\varphi + b_0\varphi = 0 \text{ auf } \partial\Omega\},$$

und wir erhalten nach Satz 27.6:

Es gibt eine eindeutige Lösung y von (3) und (4), die für fast alle $t \in [0, T]$ die sogenannte dritte Randbedingung erfüllt

$$N_A y(x, t) + b_0(x) y(x, t) = 0, \qquad x \in \partial\Omega,$$

und für diese Lösung y gilt

$$y \in W_2^1((0, T); W_2^1(\Omega)), \qquad \frac{\partial^2 y}{\partial t^2} \in L_2((0, T); W_2^1(\Omega)'), \qquad y \in L_2((0, T); W^2(N_A + b_0)).$$

In allen drei Beispielen erhalten wir die Wärmeleitungsgleichung als Spezialfall

$$A(x, \mathrm{D}_x) = -\triangle_x.$$

Beispiel 28.4 Die Randwertaufgabe mit der schiefen Ableitung für die Wärmeleitungsgleichung. Wir knüpfen an das Beispiel 21.4 an und rechnen – wie dort – den Fall $r = 2$ durch. Wir nehmen als sesquilineare Form

$$\mathscr{A}(\varphi, \psi) = \int_\Omega \left[\frac{\partial\varphi}{\partial x_1}\frac{\partial\bar\psi}{\partial x_1} + \frac{\partial\varphi}{\partial x_2}\frac{\partial\bar\psi}{\partial x_2} + a\frac{\partial\varphi}{\partial x_1}\frac{\partial\bar\psi}{\partial x_2} - a\frac{\partial\varphi}{\partial x_2}\frac{\partial\bar\psi}{\partial x_1} - \frac{\partial a}{\partial x_1}\frac{\partial\varphi}{\partial x_2}\bar\psi + \frac{\partial a}{\partial x_2}\frac{\partial\varphi}{\partial x_1}\bar\psi \right] \mathrm{d}x,$$

und $H = L_2(\Omega)$, $V = W_2^1(\Omega)$. Nach Beispiel 21.4 ist $\mathscr{A}(\varphi, \psi)$ $W_2^1(\Omega)$-koerziv, und wir können die Sätze aus den §§26, 27 auf die schwache Gleichung

$$(10) \qquad \frac{\mathrm{d}}{\mathrm{d}t}(y, \varphi)_0 + \mathscr{A}(y, \varphi) = (f, \varphi)_0, \qquad \varphi \in W_2^1(\Omega)$$

anwenden. Für $\varphi \in \mathscr{D}(\Omega) \subset W_2^1(\Omega)$ ergibt sich aus (10)

$$(11) \qquad \frac{\partial y(x, t)}{\partial t} - \triangle_x y(x, t) = f(x, t) \quad \text{in } \Omega \times (0, T).$$

Um den Satz 27.6 anzuwenden, nehmen wir

$$W^2(B) = W^2\left(\frac{\partial}{\partial\mu}\right) = \left\{\varphi \in W_2^2(\Omega) \,\middle|\, \frac{\partial\varphi}{\partial\mu} = 0 \text{ auf } \partial\Omega\right\},$$

wobei wir unter $\partial/\partial\mu$ die Richtungsableitung verstehen, – siehe Beispiel 21.4 –

$$\frac{\partial}{\partial\mu} := \frac{\partial}{\partial x_1} \cdot (n_1 + a\,n_2) + \frac{\partial}{\partial x_2} \cdot (n_2 - a\,n_1),$$

$\vec{n} = (n_1, n_2)$ der Normalenvektor zu $\partial\Omega$. Sei $\Omega \in C^{2,1}$,

$$f \in L_2(\Omega \times (0, T)), \qquad \frac{\partial f}{\partial t} \in L_2((0, T); W_2^1(\Omega)'),$$

$$y_0 \in W^2\left(\frac{\partial}{\partial \mu}\right), \qquad f(x, 0) \in L_2(\Omega),$$

dann gilt für die eindeutige Lösung $y(x, t)$ von (11) und (4)

$$\frac{\partial y(x, t)}{\partial \mu} = 0 \quad \text{für } x \in \partial\Omega, \text{ fast alle } t \in [0, T],$$

sowie

$$y \in W_2^1((0, T); W_2^1(\Omega)), \qquad \frac{\partial^2 y}{\partial t^2} \in L_2((0, T); W_2^1(\Omega)'), \qquad y \in L_2\left((0, T); W^2\left(\frac{\partial}{\partial \mu}\right)\right).$$

Entsprechendes gilt für das inhomogene Randwertproblem.

Beispiel 28.5 Wir wollen Beispiele für gemischte Rand-Anfangswertaufgaben für die parabolische Gleichung mit dem biharmonischen Operator $\triangle_x^2$ angeben. Wir nehmen als Form

$$a(\varphi, \psi) = \int_\Omega \triangle\varphi \cdot \triangle\bar{\psi} \, \mathrm{d}x,$$

und haben für $\varphi, \psi \in W_2^2(\Omega)$ die Abschätzung (1). Wir nehmen als Randwerte auf $\partial\Omega : (I, \triangle)$, setzen $H = L_2(\Omega)$, $V = V_1 = \{\varphi \in W_2^2(\Omega) \mid I\varphi = 0 \text{ auf } \partial\Omega\}$ und haben nach Beispiel 21.6, a ist V_1-koerziv. Um Satz 27.6 anzuwenden, nehmen wir $\Omega \in C^{4,1}$,

$$W^4(B) = W^4(I, \triangle) = \{\varphi \in W_2^4(\Omega) \mid \varphi = 0, \ \triangle\varphi = 0 \text{ auf } \partial\Omega\},$$

$$f \in L_2(\Omega \times (0, T)), \qquad \frac{\partial f}{\partial t} \in L_2((0, T); V_1') \qquad y_0 \in W^4(I, \triangle), \qquad f(x, 0) \in L_2(\Omega),$$

dann gibt es eine (eindeutige) Lösung $y(x, t)$ von

$$(12) \qquad \frac{\partial y(x, t)}{\partial t} + \triangle_x^2 y(x, t) = f(x, t), \qquad y(x, 0) = y_0(x),$$

mit den Randbedingungen

$$y(x, t) = 0, \qquad x \in \partial\Omega, \forall t \in [0, T]; \qquad \triangle_x y(x, t) = 0, x \in \partial\Omega, \quad \text{fast alle } t \in [0, T],$$

für welche außerdem gilt

$$(13) \qquad y \in W_2^1((0, T); V_1)), \qquad \frac{\partial^2 y}{\partial t^2} \in L_2((0, T); V_1'), \qquad y \in L_2((0, T); W^4(I, \triangle)).$$

Für die Randwertaufgabe $(\partial/\partial n, \ \partial\triangle/\partial n)$ nehmen wir

$$H = L_2(\Omega), \qquad V = V_2 = \left\{\varphi \in W_2^2(\Omega) \, \middle| \, \frac{\partial\varphi}{\partial n} = 0 \text{ auf } \partial\Omega\right\}$$

– nach Beispiel 21.6 ist $a(\varphi,\psi)$ V_2-koerziv. Wir können wieder den Satz 27.6 anwenden, dazu sei

$$\Omega \in C^{4,1}, \qquad W^4(B) = W^4\left(\frac{\partial}{\partial n}, \frac{\partial \triangle}{\partial n}\right) = \left\{\varphi \in W_2^4(\Omega) \,\middle|\, \frac{\partial \varphi}{\partial n} = 0, \frac{\partial \triangle \varphi}{\partial n} = 0, \quad \text{auf } \partial\Omega\right\},$$

$$f \in L_2(\Omega \times (0,T)), \qquad \frac{\partial f}{\partial t} \in L_2((0,T); V_2'),$$

$$y_0 \in W^4\left(\frac{\partial}{\partial n}, \frac{\partial \triangle}{\partial n}\right), \qquad f(x,0) \in L_2(\Omega),$$

es gibt dann eine (eindeutige) Lösung y von (12) und den Randbedingungen (auf $\partial\Omega \times [0,T]$)

$$\frac{\partial y(x,t)}{\partial n} = 0, \quad x \in \partial\Omega, \forall\, t \in [0,T]; \qquad \frac{\partial \triangle_x y(x,t)}{\partial n} = 0, \quad x \in \partial\Omega, \text{ fast alle } t \in [0,T].$$

Auch gelten die (13) entsprechenden Aussagen.

Wir wollen nun zwei Beispiele behandeln, für die wir nicht den Regularitätssatz 27.5 zur Verfügung haben. Wir schließen an das Beispiel 21.7 an.

Beispiel 28.6 Wir zerlegen den Rand $\partial\Omega$ in $= \Gamma_1 \cup \Gamma_2$ wobei $\mu_{r-1} \Gamma_1 \neq 0$. Wir nehmen $H = L_2(\Omega)$, $V = \tilde{V} = \{\varphi \in W_2^1(\Omega) \mid \varphi = 0 \text{ auf } \Gamma_1\}$ und

$$a(\varphi,\psi) = \sum_{j=1}^r \int_\Omega \frac{\partial \varphi}{\partial x_j} \cdot \frac{\partial \psi}{\partial x_j} \, \mathrm{d}x.$$

Da $a(\varphi,\psi)$ koerziv für jedes V ist (Beispiel 19.1) sind die Voraussetzungen zu Satz 26.1 erfüllt, und wir haben, für

$$f \in L_2((0,T); \tilde{V}'), \qquad 0 < T < \infty,$$

und die Anfangsfunktion $y_0 \in L_2(\Omega)$, gibt es eine eindeutige Lösung y der schwachen Gleichung

$$(14) \qquad \frac{\mathrm{d}}{\mathrm{d}t}(y,\varphi)_0 + a(y,\varphi) = (f,\varphi)_0, \qquad \varphi \in \tilde{V}, \text{ mit } y(x,0) = y_0.$$

Für diese Lösung y gilt

$$(15) \qquad y \in L_2((0,T); \tilde{V}), \qquad \frac{\partial y}{\partial t} \in L_2((0,T); \tilde{V}').$$

Aus (14) erhalten wir wegen $\mathscr{D}(\Omega) \subset \tilde{V}$ die Wärmeleitungsgleichung (11) und aus (15) für fast alle $t \in [0,T]$ die Randbedingung

$$(16) \qquad y(x,t) = 0, \qquad x \in \Gamma_1.$$

Da wir aber fürs Beispiel 21.7 keine Regularitätssätze haben und damit den Satz 27.6

nicht anwenden können, können wir die Randbedingung

$$(17) \qquad \frac{\partial y(x,t)}{\partial n} = 0, \qquad x \in \Gamma_2, \ t \in [0,T],$$

nur als formal erfüllt ansehen, sie steckt in (14). Durch eine Anwendung von Satz 27.3, z.B. dort $k \geq 1$ genommen, können wir zwar die Aussagen (15) verbessern und auch erreichen, daß (16) für alle $t \in [0,T]$ erfüllt ist, wir gewinnen aber nichts für die Randbedingung (17).

Beispiel 28.7 Das Transmissionsproblem für die Wärmeleitungsgleichung. Sei $\Omega = \Omega_1 \cup \Omega_2$, $\Gamma_1 = \bar{\Omega}_1 \cap \partial\Omega$, $\Gamma_2 = \bar{\Omega}_2 \cap \partial\Omega$, $\Gamma = \bar{\Omega}_1 \cap \bar{\Omega}_2$, $a, b > 0$. In den Bezeichnungen von Beispiel 21.8 können wir wieder (eindeutig) lösen

$$\frac{\partial y_1(x,t)}{\partial t} - a \cdot \triangle_x y_1(x,t) = f(x,t) \quad \text{in } \Omega_1 \times (0,T), \qquad y_1(x,0) = y_0(x) \quad \text{in } \Omega_1,$$

$$\frac{\partial y_2(x,t)}{\partial t} - b \cdot \triangle_x y_2(x,t) = f(x,t) \quad \text{in } \Omega_2 \times (0,\mathrm{T}), \qquad y_2(x,0) = y_0(x) \quad \text{in } \Omega_2,$$

mit den Randbedingungen

$$y_1(x,t) = 0 \quad \text{auf } \Gamma_1 \times [0,T], \qquad y_2(x,t) = 0 \quad \text{auf } \Gamma_2 \times [0,\mathrm{T}],$$

$$y_1(x,t) = y_2(x,t) \quad \text{auf } \Gamma \times [0,T],$$

während wir die zweite Transmissionsbedingung

$$a\frac{\partial y_1(x,t)}{\partial n} = b\frac{\partial y_2(x,t)}{\partial n} \quad \text{auf } \Gamma \times [0,\mathrm{T}],$$

als nur formal erfüllt betrachten können, sie ist wieder in der entsprechenden schwachen Gleichung mit enthalten, siehe auch das Beispiel 28.6.

Beispiel 28.8 Das Cauchyproblem für die Wärmeleitungsgleichung. Sei $\Omega = \mathbf{R}^r$, wir betrachten die sesquilineare Form

$$(18) \qquad a(\varphi, \psi) = \int_{\mathbf{R}^r} \sum_{j=1}^r \frac{\partial \varphi}{\partial x_j} \cdot \frac{\partial \bar{\psi}}{\partial x_j} \, dx, \qquad \varphi, \psi \in W_2^1(\mathbf{R}^r).$$

Es gilt die Abschätzung (1) und

$$\mathrm{Re}\, a(\varphi, \varphi) + (\varphi, \varphi)_0 = \|\varphi\|_1^2, \qquad \varphi \in \overset{\circ}{W}_2^1(\mathbf{R}^r) = W_2^1(\mathbf{R}^r),$$

womit die Voraussetzungen für den Satz 26.1 erfüllt sind, $H = L_2(\mathbf{R}^r)$, $V = W_2^1(\mathbf{R}^r)$. Für $f \in L_2((0,T); W_2^{-1}(\mathbf{R}^r))$ und die Anfangsfunktion $y_0(x) \in L_2(\Omega)$, gibt es nach Satz 26.1 eine eindeutige Lösung $y(x,t)$ der Wärmeleitungsgleichung

$$\frac{\partial y(x,t)}{\partial t} - \triangle_x y(x,t) = f(x,t) \quad \text{in } \mathbf{R}^r \times (0,T),$$

mit $\qquad y(x,0) = y_0(x) \quad \text{in } \mathbf{R}^r,$

und wir haben

$$y \in L_2\left((0,T); W_2^1(\mathbf{R}^r)\right), \qquad \frac{\partial y}{\partial t} \in L_2\left((0,T); W_2^{-1}(\mathbf{R}^r)\right).$$

Wir wollen nun den Satz 27.3 benutzen um Regularitätsaussagen über die Lösung y des Cauchyproblems zu machen. Sei

$$f \in W_2^k\left((0,T); W_2^{-1}(\mathbf{R}^r)\right).$$

Die Kompatibilitätsbedingungen (26), §27 haben hier – wie man leicht nachrechnet, siehe auch (5), §27 – die Form

$$y_0 \in W_2^1, \qquad f(0) + \triangle y_0 \in W_2^1, \qquad f'(0) + \triangle f(0) + \triangle^2 y_0 \in W_2^1, \dots,$$

$$y^{(k)}(0) = f^{(k-1)}(0) + \triangle f^{(k-2)}(0) + \dots + \triangle^{k-1} f(0) + \triangle^k y_0 \in L_2.$$

Sie sind erfüllt, wenn man nimmt

$$(19) \qquad y_0 \in W_2^{2k}, \qquad f(0) \in W_2^{2(k-1)}, \qquad f'(0) \in W_2^{2(k-2)}, \dots, f^{(k-1)}(0) \in L_2,$$

siehe auch die Formeln (19), §27. Mit (18) und (19) sind die Voraussetzungen für den Satz 27.3 erfüllt und wir haben

$$(20) \qquad y \in W_2^k\left((0,T); W_2^1(\mathbf{R}^r)\right).$$

Wir bringen nun den Greenschen Operator ins Spiel. Wir betrachten die Gleichung, $(u \in W_2^s(\mathbf{R}^r))$

$$(- \triangle + 1)\, u(x) = g(x), \qquad g \in W_2^{s-2}(\mathbf{R}^r).$$

Nach Anwendung der Fouriertransformation $\mathscr{F}$ geht sie über in

$$(|\xi|^2 + 1)\,\hat{u} = \hat{g},$$

und wir sehen $(- \triangle + 1)$ ist ein Isomorphismus zwischen den Räumen $W_2^s(\mathbf{R}^r) \to W_2^{s-2}(\mathbf{R}^r)$, also wirkt der Greensche Operator stetig

$$G := (- \triangle + 1)^{-1} : W_2^{s-2}(\mathbf{R}^r) \to W_2^s(\mathbf{R}^r).$$

und nach Satz 27.1

$$(21) \qquad G : W_2^k\left((0,T); W_2^{s-2}(\mathbf{R}^r)\right) \to W_2^k\left((0,T); W_2^s(\mathbf{R}^r)\right) \quad \text{stetig}.$$

Wir stellen nun an f weitere Forderungen

$$f \in W_2^{k-1}\left((0,T); W_2^1(\mathbf{R}^r)\right),$$

$$(22) \qquad f \in W_2^{k-2}\left((0,T); W_2^3(\mathbf{R}^r)\right),$$

$$\vdots$$

$$f \in W_2^{k-l}\left((0,T); W_2^{2l-1}(\mathbf{R}^r)\right).$$

Wir schreiben die Wärmeleitungsgleichung in der Form

$$(23) \qquad (- \triangle_x + 1)\, y(x,t) = f(x,t) + y(x,t) - \frac{\partial y(x,t)}{\partial t} = \tilde{f},$$

dann gilt wegen (20) und (22; 1) für die rechte Seite von (23)

$$\tilde{f} \in W_2^{k-1}\left((0, T); W_2^1(\mathbf{R}^r)\right)$$

und der Greensche Operator (21) auf (23) angewandt, ergibt

$$(24) \qquad y \in W_2^{k-1}\left((0, T); W_2^3(\mathbf{R}^r)\right).$$

(24) ergibt mit (22; 2) auf dieselbe Weise

$$y \in W_2^{k-2}\left((0, T); W_2^5(\mathbf{R}^r)\right),$$

und die letzte Voraussetzung von (22) ergibt

$$(25) \qquad y \in W_2^{k-l}\left((0, T); W_2^{2l+1}(\mathbf{R}^r)\right).$$

Falls wir $k = 3l + 1$ nehmen, $l = 0, 1, \ldots$, erhalten wir aus (25) nach Satz 27.8

$$y \in W_2^{2l+1}\left((0, T); W_2^{2l+1}(\mathbf{R}^r)\right) \subset W_2^{2l+1}\left(\mathbf{R}^r \times (0, T)\right).$$

Aufgaben

28.1 Löse die Eigenwertaufgabe auf $[0,1]$

$$-y''(x) - \lambda y(x) = 0, \qquad y(0) = 0, \qquad y(1) = 0;$$

d.h. finde die Eigenwerte λ_k, $k = 1, 2, \ldots$ und die Eigenfunktionen y_k, $k = 1, 2, \ldots$. Orthonormiere die Eigenfunktionen und zeige, daß sie eine ON-Basis in $L_2(0,1)$ bilden.

28.2 Löse das gemischte Problem

$$(1) \qquad \frac{\partial y(x,t)}{\partial t} - \frac{\partial^2 y(x,t)}{\partial x^2} = f(x,t), \qquad 0 < x < 1,\ t > 0,$$

$$y(x,0) = y_0(x), \qquad y(0,t) = 0, \qquad y(1,t) = 0,$$

wobei

$$f(x,t) \in L_2\left((0,1) \times \mathbf{R}_+\right), \qquad y_0(x) \in L_2(0,1),$$

mit Hilfe der sogenannten Fouriermethode, d.h. wir entwickeln (λ_k und y_k aus 28.1)

$$f(x,t) = \sum_{k=1}^{\infty} f_k(t)\, y_k(x), \qquad y_0(x) = \sum_{k=1}^{\infty} c_k\, y_k(x),$$

und machen den Lösungsansatz

$$(2) \qquad y(x,t) = \sum_{k=1}^{\infty} e_k(t)\, y_k(x),$$

dabei erfülle $e_k(t)$ das Anfangswertproblem

$$e_k'(t) + \lambda_k e_k(t) = f_k(t), \qquad k = 1, 2, \ldots \qquad e_k(0) = c_k.$$

28.3 Zeige, daß die Lösung (2) von (1) in den Rahmen von §26 „paßt", das heißt, führe die nötigen Abschätzungen durch.

28.4 Gebe an Hand der Darstellung (2) Regularitätssätze für die Lösung $y(x,t)$ von (1) an.

28.5 Löse mit Hilfe der Fouriermethode das allgemeine gemischte Problem

$$\frac{\partial y(x,t)}{\partial t} - \frac{\partial^2 y(x,t)}{\partial x^2} = f(x,t), \qquad 0 < x < 1, \, t > 0,$$

$$y(x,0) = y_0(x), \qquad y(0,t) = g_0(t), \qquad y(1,t) = g_1(t),$$

dabei seien die Funktionen f, y_0, g_0 und g_1 vorgegeben. Stelle Regularitätssätze für die Lösung $y(x,t)$ in Abhängigkeit von den Differenzierbarkeitseigenschaften der Funktionen f, y_0, g_0 und g_1 auf.

28.6 Verallgemeinere: seien die Voraussetzungen zu §13 und §15 erfüllt, wir betrachten auf $\Omega \subset \mathbf{R}^r$ die elliptische, selbstadjungierte Randwertaufgabe $(A, b_1, \ldots, b_m) = L$, seien die Voraussetzungen zu Satz 15.9 erfüllt, seien λ_k die Eigenwerte und y_k die Eigenfunktionen von §13, (50). Nach Satz 15.9 bilden die y_k (entsprechend orthonormiert) eine ON-Basis für $L_2(\Omega)$. Wir betrachten das gemischte Problem

$$(3) \qquad \frac{\partial y(x,t)}{\partial t} + A(x, \mathrm{D}_x)\, y(x,t) = f(x,t), \qquad x \in \Omega, \, t > 0,$$

$$y(x,0) = y_0(x); \qquad b_1(x,\mathrm{D}_x)\, y(x,t) = 0, \ldots, b_m(x,\mathrm{D}_x) y(x,t) = 0, \quad \text{für } x \in \Omega \text{ und } t \geqslant 0,$$

wobei für die vorgegebenen Funktionen gelte

$$y_0(x) \in L_2(\Omega), \qquad f(x,t) \in L_2(\Omega \times \mathbf{R}_+).$$

Wir lösen das gemischte Problem, indem wir entwickeln

$$(4) \qquad y_0(x) = \sum_{k=1}^{\infty} c_k y_k(x), \qquad f(x,t) = \sum_{k=1}^{\infty} f_k(t)\, y_k(x),$$

und für die Lösung $y(x,t)$ setzen

$$(5) \qquad y(x,t) = \sum_{k=1}^{\infty} e_k(t)\, y_k(x),$$

wobei $e_k(t)$ das Anfangswertproblem erfüllt.

$$(6) \qquad e_k'(t) + \lambda_k e_k(t) = f_k(t), \qquad e_k(0) = c_k, \qquad k = 1,2,\ldots$$

Kann man den Existenz- und Eindeutigkeitssatz aus §26 auf (3) und (5) übertragen?

28.7 Benutze die Folgerung 13.1, schreibe die Lösung von (6) explicit hin, gebe Differenzierbarkeitsvoraussetzungen für $y_0(x)$ und $f(x,t)$ an und beweise auf diesem Weg Regularitätssätze für die Lösung (5).

28.8 Löse das Cauchyproblem durch Anwendung der Fouriertransformation $\mathscr{F}_x$:

$$\frac{\partial y(x,t)}{\partial t} - \frac{\partial^2 y(x,t)}{\partial x^2} = 0, \qquad y_0(x) = \begin{cases} c & \text{für } |x| < x_0, \\ 0 & \text{für } |x| \geqslant x_0. \end{cases}$$

28.9 Ebenso

$$\frac{\partial y(x,t)}{\partial t} - \frac{\partial^2 y(x,t)}{\partial x^2} = 0, \qquad y_0(x) = c \cdot \mathrm{e}^{-b^2 x^2}.$$

V Hyperbolische Differentialoperatoren

§29 Die Existenz und Eindeutigkeit der Lösung

Wie für parabolische Gleichungen bringen wir zuerst einen abstrakten Lösungssatz. Seien wieder V, H Hilberträume mit $V \subset H$ dicht, V separabel. Dann gilt in der bekannten Schreibweise

$$V \subset H \subset V'$$

als Gelfandscher Dreier. Für $t \in [0, T]$, $0 < T < \infty$, sei die sesquilineare Form $a(t; \varphi, \psi)$ stetig, das ist

$$(1) \qquad |a(t; \varphi, \psi)| \leqslant c \, \|\varphi\|_V \|\psi\|_V; \qquad \psi, \varphi \in V,$$

wobei c unabhängig von t sei. Nach Satz 17.9 gibt es dann einen Darstellungsoperator

$$(2) \qquad L(t): V \to V' \quad \text{linear und stetig (für jedes } t)$$

$$\text{mit} \qquad a(t; \varphi, \psi) = (L(t) \, \varphi, \psi)_H,$$

siehe auch §26.

Weiter nehmen wir an, daß für alle $\varphi, \psi \in V$ die Funktion $t \mapsto a(t; \varphi, \psi)$ (φ, ψ festgehalten) für $t \in [0, T]$ stetig differenzierbar sei, kurz

$$a(t; \varphi, \psi) \in C^1 [0, T], \qquad \forall \varphi, \psi \in V,$$

wobei gelte

$$(3) \qquad \left| \frac{\mathrm{d}}{\mathrm{d}t} a(t; \varphi, \psi) \right| \leqslant c \, \|\varphi\|_V \|\psi\|_V, \qquad \forall t \in [0, T],$$

c wieder unabhängig von t. Ferner sei (Antisymmetrie)

$$(4) \qquad a(t; \varphi, \psi) = \overline{a(t; \psi, \varphi)}, \qquad \forall \varphi, \psi \in V,$$

und wir setzen auch die V-Koerzivität voraus:
es existieren Konstanten $k_0 \geqslant 0$, $\alpha > 0$ mit

$$(5) \qquad a(t; \varphi, \varphi) + k_0 \|\varphi\|_H^2 \geqslant \alpha \|\varphi\|_V^2, \qquad \forall t \in [0, T], \ \forall \varphi \in V,$$

(beachte $a(t; \varphi, \varphi)$ ist wegen (4) reell).

(4) in Verbindung mit (1) und (5) bedeutet nach Satz 17.12, daß der Darstellungsoperator $L(t)$ und der Greensche Operator G_{k_0} selbstadjungiert sind.

Bemerkung (1) ist die Voraussetzung b) aus §26, (5) ist c), während (3) eine verstärkte Version von a) ist (Stetigkeit zieht bekanntlich Meßbarkeit nach sich). Neu ist hier gegenüber §26 die Voraussetzung (4), die Selbstadjungiertheit von $L(t)$, sie geht wesentlich in den Existenz- und Eindeutigkeitsbeweis für hyperbolische Gleichungen ein.

Nach diesen Voraussetzungen betrachten wir das Problem (H):
Gegeben seien $f \in L^2((0, T), H)$, $T < \infty$, und Anfangswerte

$$y_0 \in V, \qquad y_1 \in H.$$

Gesucht ist eine Funktion $y(t)$ mit

$$y \in L^2((0, T); V), \qquad \frac{dy}{dt} \in L^2((0, T); H),$$

so daß gilt (in V')

$$\text{(H)} \qquad \frac{d^2 y}{dt^2} + L(t)y = f \quad \text{für } t \in (0, T), \qquad y(0) = y_0, \qquad \frac{dy}{dt}(0) = y_1.$$

Dabei lesen wir die Gleichung in V' oder – gleichwertig – als schwache Gleichung im Gelfandschen Dreier $V \subset H \subset V'$, d.h. als

$$\left(\frac{d^2 y}{dt^2}, \varphi\right)_H + (L(t)y, \varphi)_H = (f, \varphi)_H, \qquad \forall \varphi \in V.$$

Bemerkung 29.1 Wegen (1) und (3) ($a(t; \varphi, \psi)$ ist meßbar in t!) können wir den Hilfssatz 26.1 anwenden, wonach wirkt $L: L^2((0, T); V) \to L^2((0, T); V')$ und unsere Voraussetzungen über f und y ergeben mit (H)

$$\frac{d^2 y}{dt^2} = f - L(t)y \in L^2((0, T); V')$$

für jede Lösung y. Mit Satz 25.5 erhalten wir

$$\frac{dy}{dt}: [0, T] \to V' \quad \text{stetig,} \quad \text{und} \quad y: [0, T] \to H \quad \text{stetig.}$$

Die Anfangsbedingungen werden also stetig in H bzw. V' angenommen. Aber es gilt sogar (s. Lions-Magenes [1] Bd. I, S. 275)

$$y: [0, T] \to V \quad \text{stetig,} \quad \text{und} \quad \frac{dy}{dt}: [0, T] \to H \quad \text{stetig.}$$

Damit sind die Anfangsbedingungen sogar sinnvoll in V bzw. H.

Wir brauchen einige Integralungleichungen.

Lemma 29.1 *Seien $g(t), v(t), w(t)$ stetige Funktionen $\in C[0, T]$, sei $0 \leqslant h(t) \in L_1(0, T)$, und es gelte in $[0, T]$*

$$(6) \qquad v(t) \leqslant g(t) + \int_0^t h(\tau)\, v(\tau)\, \mathrm{d}\tau, \qquad w(t) \geqslant g(t) + \int_0^t h(\tau)\, w(\tau)\, \mathrm{d}\tau,$$

wobei für jedes einzelne $t \in [0, T]$ das Gleichheitszeichen in den Ungleichungen (6) an höchstens einer Stelle steht. Dann ist

$$v(t) < w(t) \quad \text{für alle } t \in [0, T].$$

Beweis. Aus der Voraussetzung für $t = 0$ folgt $v(0) \leqslant g(0)$, $g(0) \leqslant w(0)$, wobei das Gleichheitszeichen nicht an beiden Stellen steht, also $v(0) < w(0)$. Wäre die Behauptung falsch, so gäbe es demnach eine erste Stelle $t_0 \in (0, T]$ derart, daß $v(t_0) = w(t_0)$ und $v < w$ für $0 \leqslant t < t_0$ ist. Letzteres ergibt mit $h(t) \geqslant 0$

$$h(\tau)\, v(\tau) \leqslant h(\tau)\, w(\tau) \quad \text{für } 0 \leqslant \tau < t_0,$$

woraus folgt (6)

$$v(t_0) \leqslant g(t_0) + \int_0^{t_0} h(\tau)\, v(\tau)\, \mathrm{d}\tau \leqslant g(t_0) + \int_0^{t_0} h(\tau)\, w(\tau)\, \mathrm{d}\tau \leqslant w(t_0),$$

wobei an mindestens einer Stelle ein $<$ Zeichen steht. Der damit erreichte Widerspruch beweist die Richtigkeit des Satzes. ∎

Lemma 29.2 (Gronwall) *Seien $g(t)$, $v(t)$ stetige Funktionen $\in C[0, T]$, sei $0 \leqslant h(t) \in L_1(0, T)$, und es gelte in $[0, T]$*

$$(7) \qquad v(t) \leqslant g(t) + \int_0^t h(\tau)\, v(\tau)\, \mathrm{d}\tau.$$

Dann ist in $[0, T]$

$$(8) \qquad v(t) \leqslant g(t) + \int_0^t g(\tau)\, h(\tau)\, \mathrm{e}^{H(t) - H(\tau)}\, \mathrm{d}\tau = \mathrm{e}^{H(t)} \left[g(0) + \int_0^t g'(\tau)\, \mathrm{e}^{-H(\tau)}\, \mathrm{d}\tau \right],$$

mit $H(t) = \int_0^t h(\tau)\, \mathrm{d}\tau$, (die zweite Form der Schranke in (8) gilt für differenzierbare Funktionen $g(t)$).

Der Beweis benutzt die Tatsache, daß die Funktion

$$w(t) := \bar{g}(t) + \int_0^t \bar{g}(\tau)\, h(\tau)\, \mathrm{e}^{H(t) - H(\tau)}\, \mathrm{d}\tau$$

eine Lösung der Integralgleichung

$$w(t) = \bar{g}(t) + \int_0^t h(\tau)\, w(\tau)\, \mathrm{d}\tau$$

ist (die Gleichheit der beiden Integrale ergibt sich durch Differentiation). Wird dabei $\bar{g} > g$ gewählt, so gilt neben (7) auch die Ungleichung

$$w(t) > g(t) + \int_0^t h(\tau)\, w(\tau)\, \mathrm{d}\tau,$$

wir haben damit (6) und die Voraussetzungen zu Lemma 29.1 sind erfüllt, also ist

$$v < w\,.$$

Der erste Teil von (8) ergibt sich daraus durch Grenzübergang $\bar{g} \to g$, während der zweite Teil lediglich eine Umformung durch partielle Integration darstellt.   ∎

Lemma 29.3 *Sei* $v(t) \in C\,[0, T]$ *stetig mit* $v(t) \geqslant 0$ *und*

$$v(t) \leqslant c \int\limits_0^t v(\tau)\, \mathrm{d}\tau\,, \quad \text{für } t \in [0, T]\,.$$

Dann gilt $v(t) \equiv 0$.

Der Beweis ergibt sich sofort aus Lemma 29.2, dort $g(t) := 0$, $h(t) := c$ gesetzt.

Nach diesen Vorbereitungen können wir den Existenz- und Eindeutigkeitssatz beweisen.

Satz 29.1 *Unter den* Voraussetzungen (1) *bis* (5) *hat das Problem* (H) *genau eine Lösung. Die Abbildung*

$$\{f, y_0, y_1\} \to \left\{ y, \frac{\mathrm{d}y}{\mathrm{d}t} \right\}$$

ist stetig und linear von

$$L^2((0, T); H) \times V \times H \to L^2((0, T); V) \times L^2((0, T); H)\,.$$

Beweis. Eindeutigkeit der Lösung: Sei y Lösung von (H) mit $y_0 = 0$, $y_1 = 0$, $f = 0$. Sei $s \in (0, T)$ beliebig fixiert. Wir setzen

$$\psi(t) := \begin{cases} -\int\limits_t^s y(\sigma)\, \mathrm{d}\sigma\,, & \text{für } t < s, \\[2mm] 0, & \text{für } t \geqslant s\,. \end{cases}$$

Dann gilt

$$\int\limits_0^T \left(\frac{\mathrm{d}^2 y(t)}{\mathrm{d}t^2} + L(t)\, y(t),\, \psi(t) \right)_H \mathrm{d}t = 0\,.$$

Mit $\quad \dfrac{\mathrm{d}}{\mathrm{d}t}\, (y'(t), \psi(t))_H = (y''(t), \psi(t))_H + (y'(t), \psi'(t))_H$

folgt durch partielle Integration

$$\int\limits_0^T [a(t; y(t), \psi(t)) - (y'(t), \psi'(t))_H]\, \mathrm{d}t = 0\,,$$

also $\quad \operatorname{Re} \int\limits_0^s [a(t; \psi'(t), \psi(t)) - (y'(t), y(t))_H]\, \mathrm{d}t = 0\,.$

Wir setzen

$$\frac{\mathrm{d}}{\mathrm{d}t}\, a(t; u, v) = a'(t; u, v), \qquad \forall u, v \in V,$$

und haben

$$\frac{\mathrm{d}}{\mathrm{d}t}\, a(t; \psi(t), \psi(t)) = a'(t; \psi(t), \psi(t)) + a(t; \psi'(t), \psi(t)) + a(t; \psi(t), \psi'(t))$$

$$= a'(t; \psi(t), \psi(t)) + 2\,\mathrm{Re}\, a(t; \psi'(t), \psi(t)),$$

dies wegen (4).

Damit folgt

$$\int_0^s \frac{\mathrm{d}}{\mathrm{d}t}\, [a(t; \psi(t), \psi(t)) - \|y(t)\|_H^2]\, \mathrm{d}t - \int_0^s a'(t; \psi(t), \psi(t))\, \mathrm{d}t$$

$$= 2\,\mathrm{Re} \int_0^s [a(t; \psi'(t), \psi(t)) - (y'(t), y(t))_H]\, \mathrm{d}t = 0,$$

also $\quad a(0; \psi(0), \psi(0)) + \|y(s)\|_H^2 = - \int_0^s a'(t; \psi(t), \psi(t))\, \mathrm{d}t,$

und mit (3) und (5)

$$\alpha \|\psi(0)\|_V^2 - k_0 \|\psi(0)\|_H^2 + \|y(s)\|_H^2 \leq a(0; \psi(0), \psi(0)) + \|y(s)\|_H^2$$

$$\leq \int_0^s |a'(t; \psi(t), \psi(t))|\, \mathrm{d}t$$

$$\leq c \int_0^s \|\psi(t)\|_V^2\, \mathrm{d}t.$$

Damit ist

$$\alpha \|\psi(0)\|_V^2 + \|y(s)\|_H^2 \leq c \int_0^s \|\psi(t)\|_V^2\, \mathrm{d}t + k_0 \|\psi(0)\|_H^2,$$

oder $\quad \|\psi(0)\|_V^2 + \|y(s)\|_H^2 \leq c_1 \left(\int_0^s \|\psi(t)\|_V^2\, \mathrm{d}t + \|\psi(0)\|_H^2 \right).$

Wenn wir

$$w(t) := \int_0^t y(\sigma)\, \mathrm{d}\sigma, \qquad \psi(t) := w(s) - w(t),$$

setzen, können wir die Ungleichung umschreiben zu

$$\|w(s)\|_V^2 + \|y(s)\|_H^2 \leq c_1 \left(\int_0^s \|w(t) - w(s)\|_V^2\, \mathrm{d}t + \|w(s)\|_H^2 \right),$$

woraus folgt

$$(1 - 2c_1 s) \|w(s)\|_V^2 + \|y(s)\|_H^2 \leq c_2 \int_0^s (\|w(t)\|_V^2 + \|y(t)\|_H^2)\, \mathrm{d}t.$$

Setzen wir $s_0 = \dfrac{1}{4c_1}$, so gilt

$$1 - 2c_1 s_0 = \frac{1}{2},$$

und es folgt für $0 \leqslant s \leqslant s_0$

$$\| w(s) \|_V^2 + \| y(s) \|_H^2 \leqslant c_3 \int\limits_0^s \left(\| w(t) \|_V^2 + \| y(t) \|_H^2 \right) \mathrm{d}t.$$

Mit dem Lemma 29.3 gilt also

$$y \equiv 0 \quad \text{in } [0, s_0].$$

Die Wahl von s_0 war aber unabhängig vom Ursprung. Der gleiche Schluß liefert uns mit s_0 an Stelle von 0

$$y = 0 \quad \text{in } [s_0, 2s_0] \text{ usw.,}$$

also $\quad y = 0 \quad$ in $[0, T]$.

Existenz der Lösung: Der Beweis läuft analog zum Beweis der parabolischen Differentialgleichung (Satz 26.1).

Sei wieder $[w_n \,|\, n \in \mathbf{N}\}$ linear unabhängig und total in V.

Sei

$$y_{0m} = \sum_{i=1}^m \xi_{im}^0 \, w_i,$$

$$y_{1m} = \sum_{i=1}^m \xi_{im}^1 \, w_i,$$

mit $y_{0m} \to y_0$ in V für $m \to \infty$ und $y_{1m} \to y_1$ in H für $m \to \infty$.

Wir suchen wieder eine Folge $y_m(t)$, die die Lösung approximiert,

$$y_m(t) = \sum_{i=1}^m g_{im}(t) \, w_i$$

mit $\quad \dfrac{\mathrm{d}^2}{\mathrm{d}t^2} (y_m(t), w_j)_H + a(t; y_m(t), w_j) = (f(t), w_j)_H, \qquad$ für $1 \leqslant j \leqslant m$,

$$(9) \qquad y_m(0) = y_{0m}, \qquad y'_m(0) = y_{1m}.$$

Dieses System von m linearen gewöhnlichen Differentialgleichungen hat genau eine Lösung.

Multiplizieren wir (9) mit $g'_{jm}(t)$ und summieren über j, so erhalten wir

$$(y''_m(t), y'_m(t))_H + a(t; y_m(t), y'_m(t)) = (f(t), y'_m(t))_H,$$

und daraus wegen (4)

$$\frac{\mathrm{d}}{\mathrm{d}t} \left[\| y'_m(t) \|_H^2 + a(t; y_m(t), y_m(t)) \right] - a'(t; y_m(t), y_m(t)) = 2\mathrm{Re}\,(f(t), y'_m(t))_H.$$

Durch Integration bekommen wir

$$\|y_m'(t)\|_H^2 + a(t; y_m(t), y_m(t))$$
$$= \|y_{1m}\|_H^2 + a(0; y_{0m}, y_{0m}) + \int_0^t a'(\sigma; y_m(\sigma), y_m(\sigma))\, d\sigma + 2\,\mathrm{Re}\int_0^t (f(\sigma), y_m'(\sigma))_H\, d\sigma,$$

woraus sich mit (3) und (5) die Abschätzung

$$\|y_m'(t)\|_H^2 + \alpha\|y_m(t)\|_V^2 \leqslant k_0\|y_m(t)\|_H^2 + \|y_{1m}\|_H^2 + c\|y_{0m}\|_V^2$$
$$+ c\int_0^t \|y_m(\sigma)\|_V^2\, d\sigma + 2\int_0^t \|f(\sigma)\|_H\|y_m'(\sigma)\|_H\, d\sigma,$$

d.h.
$$\|y_m'(t)\|_H^2 + \|y_m(t)\|_V^2 \leqslant c_1\left(\|y_{0m}\|_V^2 + \|y_{1m}\|_H^2 + \|y_m(t)\|_H^2\right)$$
$$+ c_1\int_0^t \left(\|y_m(\sigma)\|_V^2 + \|f(\sigma)\|_H\|y_m'(\sigma)\|_H\right) d\sigma$$

ergibt.

Aus
$$\|y_m(t)\|_H \leqslant \|y_{0m}\|_H + \int_0^t \|y_m'(\sigma)\|_H\, d\sigma$$

folgt
$$\|y_m(t)\|_H^2 \leqslant 2\|y_{0m}\|_H^2 + 2\left(\int_0^t \|y_m'(\sigma)\|_H\, d\sigma\right)^2 \leqslant 2\|y_{0m}\|_H^2 + 2T\int_0^t \|y_m'(\sigma)\|_H^2\, d\sigma.$$

Setzen wir
$$\omega_m(t) := \|y_m'(t)\|_H^2 + \|y_m(t)\|_V^2,$$

so folgt
$$\omega_m(t) \leqslant c_1\left(\|y_{0m}\|_V^2 + \|y_{1m}\|_H^2\right) + 2c_1\left(\|y_{0m}\|_H^2 + T\int_0^t \|y_m'(\sigma)\|_H^2\, d\sigma\right)$$
$$+ c_1\int_0^t \|y_m(\sigma)\|_V^2\, d\sigma + c_1\int_0^t \|f(\sigma)\|_H\|y_m'(\sigma)\|_H\, d\sigma$$

und
$$\omega_m(t) \leqslant c_2\left(\|y_{0m}\|_V^2 + \|y_{1m}\|_H^2 + \int_0^t \|f(\sigma)\|_H^2\, d\sigma\right) + c_2\int_0^t \omega_m(\sigma)\, d\sigma,$$

dies mit der Schwarzschen Ungleichung und

$$2|ab| \leqslant a^2 + b^2.$$

Wenden wir nun Gronwalls Lemma 29.2 an, so folgt wegen $T < \infty$

$$(10) \qquad \omega_m(t) \leqslant C, \qquad \text{mit } C = c_3\left(\|y_0\|_V^2 + \|y_1\|_H^2 + \varepsilon + \int_0^T \|f(\sigma)\|_H^2\, d\sigma\right).$$

Es ist also

$$(y_m) \text{ beschränkt in } L^2((0,T);V) \quad \text{und} \quad \left(\frac{dy_m}{dt}\right) \text{beschränkt in } L^2((0,T);H).$$

Wir finden eine Teilfolge $(y_\mu) \subset (y_m)$ und Elemente $z \in L^2((0,T);V)$, $\tilde{z} \in L^2((0,T);H)$

mit

$$y_\mu \rightharpoonup z \quad \text{in } L^2((0,T); V), \text{ für } \mu \to \infty,$$

und $\quad \dfrac{\mathrm{d}y_\mu}{\mathrm{d}t} \rightharpoonup \tilde{z} \quad \text{in } L^2((0,T); H), \text{ für } \mu \to \infty$

(siehe Satz 9.1). Natürlich ist

$$\tilde{z} = \frac{\mathrm{d}z}{\mathrm{d}t} \quad \text{und} \quad y_\mu(0) \rightharpoonup z(0) \quad \text{in } V \text{ für } \mu \to \infty.$$

Nach Voraussetzung ist aber

$$y_\mu(0) = y_{0\mu} \to y_0 \quad \text{in } V \text{ für } \mu \to \infty, \qquad \text{also} \qquad z(0) = y_0.$$

Sei nun $\varphi \in C^1[0,T]$ mit $\varphi(T) = 0$. Wir setzen $\varphi_j(t) := \varphi(t) w_j$ und multiplizieren (9) mit $\varphi(t)$, nehmen $m = \mu > j$ und integrieren partiell

$$\int_0^T \left[(-y'_\mu(t), \varphi'_j(t))_H + a(t; y_\mu(t), \varphi_j(t)) \right] \mathrm{d}t = \int_0^T (f(t), \varphi_j(t))_H \, \mathrm{d}t + (y_{1\mu}, \varphi_j(0))_H,$$

für $\mu \to \infty$ haben wir also

$$(11) \qquad \int_0^T \left[(-z'(t), \varphi'_j(t))_H + a(t; z(t), \varphi_j(t)) \right] \mathrm{d}t = \int_0^T (f(t), \varphi_j(t))_H \, \mathrm{d}t + (y_1, \varphi_j(0))_H.$$

Nehmen wir $\varphi \in \mathscr{D}(0, T)$, so gilt

$$\frac{\mathrm{d}^2}{\mathrm{d}t^2} (z(t), w_j)_H + a(t; z(t), w_j) = (f(t), w_j)_H,$$

und dieses für alle $j \in \mathbf{N}$, das ist

$$(12) \qquad \frac{\mathrm{d}^2 z}{\mathrm{d}t^2} + L(t) z = f.$$

Aus (11) und (12) erhalten wir nach partieller Integration

$$(z'(0), w_j)_H \, \varphi(0) = (y_1, w_j)_H \, \varphi(0), \qquad \forall w_j, \qquad \text{d.h.} \qquad z'(0) = y_1.$$

Damit ist z Lösung von (H).

Die stetige Abhängigkeit der Lösung: Aus (10) folgt durch Integration

$$\int_0^T \|y'_m(t)\|_H^2 \, \mathrm{d}t + \int_0^T \|y_m(t)\|_V^2 \, \mathrm{d}t \leqslant c_3 T \left(\|y_0\|_V^2 + \|y_1\|_H^2 + \varepsilon + \int_0^T \|f(t)\|_H^2 \, \mathrm{d}t \right)$$

und mit der Abschätzung aus Satz 9.1 (schwache Konvergenz!)

$$\int_0^T \|z'(t)\|_H^2 \, \mathrm{d}t + \int_0^T \|z(t)\|_V^2 \, \mathrm{d}t \leqslant c_3 T \left(\|y_0\|_V^2 + \|y_1\|_H^2 + \int_0^T \|f(t)\|_H^2 \, \mathrm{d}t \right),$$

da $\varepsilon > 0$ beliebig war.

§30 Die Regularität der Lösungen der hyperbolischen Differentialgleichung

Wie für parabolische Gleichungen §27 beweisen wir zunächst für hyperbolische Gleichungen einen abstrakten Regularitätssatz und gehen dann zu partiellen Differentialoperatoren über. Unsere Regularitätssätze zeigen, daß wir das gemischte Rand-Anfangswertproblem im Rahmen der Sobolevräume eindeutig lösen können; dabei sind im Minimalfall $k = 2$, $q = 0$, die Kompatibilitätsbedingungen nicht besonders einschränkend, siehe die Sätze 30.4 und 30.5.

30.1 Ein abstrakter Regularitätssatz

Zur Vereinfachung setzen wir voraus, daß der Darstellungsoperator L (bzw. die Form $a(\varphi, \psi)$) nicht von t abhängig sei.

Satz 30.1 *Wir betrachten die hyperbolische Gleichung*

$$(1) \qquad \frac{\mathrm{d}^2 y(t)}{\mathrm{d}t^2} + Ly(t) = f(t) \quad \text{in } (0, T),$$

mit den Anfangsbedingungen

$$(2) \qquad y(0) = y_0, \qquad y'(0) = y_1.$$

Außer den in §29 gemachten Annahmen setzen wir voraus:

$$(3) \qquad \begin{aligned} &f \in W_2^{k-1}((0,T); H), \qquad k \geqslant 1, \\ &\frac{\mathrm{d}^j y(0)}{\mathrm{d}t^j} \in V, \qquad j = 0, \ldots, k-1, \qquad \frac{\mathrm{d}^k y(0)}{\mathrm{d}t^k} \in H. \end{aligned}$$

Dann gilt für die Lösung y von (1) und (2).

$$(4) \qquad y \in W_2^{k-1}((0,T); V), \qquad \frac{\mathrm{d}^k y(t)}{\mathrm{d}t^k} \in L^2((0,T); H), \qquad \frac{\mathrm{d}^{k+1} y(t)}{\mathrm{d}t^{k+1}} \in L^2((0,T); V').$$

Achtung! Wie bei den parabolischen Gleichungen handelt es sich bei (3) (zweite Zeile) um die Kurzschreibweise für die Formeln

$$y(0) = y_0, \quad y'(0) = y_1, \quad y''(0) = f(0) - Ly_0, \quad y'''(0) = f'(0) - Ly_1,$$

$$y^{(4)}(0) = f''(0) - Lf(0) + L^2 y_0, \quad y^{(5)}(0) = f'''(0) - Lf'(0) + L^2 y_1,$$

und allgemein

$$y^{(2n-1)}(0) = f^{(2n-3)}(0) - Lf^{(2n-5)}(0) + \ldots + (-1)^{n-2} L^{n-2} f'(0) + (-1)^{n-1} L^{n-1} y_1,$$

$$y^{(2n)}(0) = f^{(2n-2)}(0) - f^{(2n-4)}(0) + \ldots + (-1)^{n-1} L^{n-1} f(0) + (-1)^n L^n y_0,$$

die wir durch Differenzieren und Einsetzen von $t = 0$ aus (1) erhalten. Die Existenz und

Stetigkeit der hingeschriebenen Ableitungen $y_{ttt}(0)$, $y_{tttt}(0)$, usw. ergibt sich erst aus dem Beweis. Man ersieht aus diesen Formeln, daß es sich um Kompatibilitätsbedingungen handelt; auf dem unteren Deckel $t = 0$ des Bereichs $\bar{\Omega} \times [0, T]$ müssen die Data $(y_0, y_1, \mathrm{d}^j f(0)/\mathrm{d}t^j)$ zu der Lösung y und zu den Randbedingungen V passen.

Eine Anwendung des in Bemerkung 29.1 zitierten Satzes von Lions zeigt, daß die Kompatibilitätsbedingungen auch notwendig für die hier formulierte Regularität sind.

Beweis. Induktion nach k. Für $k = 1$ folgt nach Satz 29.1 aus den Voraussetzungen

$$(5) \qquad y \in L^2((0, T); V), \qquad y_t \in L^2((0, T); H), \qquad y_{tt} \in L^2((0, T); V').$$

Wir zeigen nun den Übergang zu $k = 2$, der allgemeine Übergang von $k - 1$ zu k erfolgt auf gleiche Weise, wir schreiben ihn deswegen nicht nochmals auf. Wir differenzieren die Gleichung (1) formal (wir wissen wieder vorerst nicht, ob die entsprechenden Ableitungen existieren und im richtigen Raum liegen) und erhalten

$$(6) \qquad y_{ttt} + L y_t = f_t(t),$$

mit

$$(7) \qquad y_t(0) = y_1 \in V, \qquad y_{tt}(0) = f(0) - L y_0 \in H, \qquad f_t \in L^2((0, T); H),$$

wegen der Voraussetzungen (3), dort $k = 2$ gesetzt. Wir betrachten also das Anfangswertproblem

$$(8) \qquad v_{tt} + Lv = f_t, \qquad v(0) = y_1 \in V, \qquad v_t(0) = f(0) - L y_0 \in H,$$

und wollen zeigen, daß gilt $v = y_t$.
Wegen Satz 29.1 haben wir für die Lösung von (8)

$$(9) \qquad v \in L^2((0, T); V), \qquad v_t \in L^2((0, T); H), \qquad v_{tt} \in L^2((0, T); V').$$

Wir bilden die Hilfsfunktion

$$w(t) := y(0) + \int_0^t v(\tau) \, \mathrm{d}\tau.$$

Wir haben wegen (9):

$$(10) \qquad \begin{aligned} &w \in C([0, T]; V) \subset L^2((0, T); V), \qquad w_t = v \in L^2((0, T); V) \subset L^2((0, T); H), \\ &w_{tt} = v_t \in L^2((0, T); H) \subset L^2((0, T); V'), \end{aligned}$$

und (siehe (8))

$$(11) \qquad w(0) = y(0) = y_0, \qquad w_t(0) = v(0) = y_1.$$

Nun zurück zur Hilfsfunktion $w(t)$. Wir integrieren (8) und haben wegen der Anfangsbedingung in (8)

$$w_{tt} = v_t = v_t(0) - \int_0^t Lv + f(t) - f(0) = -Ly(0) - \int_0^t Lv + f(t).$$

Partielle Integration ergibt

$$\int\limits_0^t Lv = \int\limits_0^t Lw_t = Lw - Ly(0),$$

d.h.

$$(12) \qquad w_{tt} = v_t = -Lw + f(t).$$

Wir ziehen von (12) die Gleichung (1) ab und erhalten

$$(13) \qquad (w-y)_{tt} + L(w-y) = 0,$$

und aus (11) folgt

$$(w-y)(0) = 0, \qquad (w-y)_t(0) = 0.$$

Wegen (10) und (5) können wir den Eindeutigkeitssatz 29.1 auf (13) anwenden und haben

$$w = y \quad \text{in } [0, T], \quad \text{oder} \quad v = w_t = y_t,$$

womit wir mit (9) unseren Satz für $k = 2$ bewiesen haben.   ∎

Bemerkung Das in Satz 30.1 angegebene Beweisverfahren funktioniert auch für zeitabhängige Operatoren $L(t)$ mit

$$(14) \qquad \begin{aligned} &\frac{\mathrm{d}}{\mathrm{d}t} L(t) : V \to H \quad \text{stetig}, \\[2mm] &\frac{\mathrm{d}^{k-1}}{\mathrm{d}t^{k-1}} L(t) : V \to H \quad \text{stetig}, \end{aligned}$$

wobei die Beschränktheitskonstanten unabhängig von t seien. Wir kommen hier – anders als im parabolischen Fall – ohne die starken Voraussetzungen (14) nicht aus, da die Hadamardsche Abschätzung von Satz 29.1 nur für $f \in L^2((0, T); H)$ gilt und nicht – wie im parabolischen Fall – für $f \in L^2((0, T); V')$.

Bis hierher haben wir uns im Rahmen von §17 bewegt – um nun Sätze über Differentialoperatoren auszusprechen, knüpfen wir wieder an die Bezeichnungen und Voraussetzungen von §20 an, siehe auch §27.

30.2 Differenzierbarkeit nach t

Wir wollen die Darstellungen vereinfachen und nehmen die vorkommenden sesquilinearen Formen unabhängig von t – andernfalls müssen wir von den Voraussetzungen (14) ausgehen.

Sei $t \in [0, T]$, $T < \infty$, $x \in \Omega \subset \mathbf{R}'$, Ω offen und sei $A(x, \mathrm{D})$ ein stark elliptischer Differentialoperator gegeben durch (siehe §19, (1))

$$(15) \qquad A(x, \mathrm{D})\varphi = \sum_{|\alpha|, |\beta| \leqslant m} (-1)^{|\alpha|} \mathrm{D}_x^\alpha (a_{\alpha\beta}(x) \mathrm{D}_x^\beta \varphi),$$

mit der sesquilinearen Form

$$(16) \qquad a(\varphi, \psi) = \int\limits_{\Omega} \sum_{|\alpha|, |\beta| \leqslant m} a_{\alpha\beta}(x)\, D_x^\beta \varphi\, D_x^\alpha \bar{\psi}\, dx.$$

Weiter sei vorgegeben die Randform (siehe §20, (33))

$$(17) \qquad c(\varphi, \psi) = \int\limits_{\partial\Omega} \sum_{\substack{|\alpha| \leqslant m-1 \\ |\beta| \leqslant m}} c_{\alpha\beta}(x)\, D_x^\alpha \varphi\, D_x^\beta \bar{\psi}\, d\sigma,$$

auch geschrieben als

$$(17) \qquad c(\varphi, \psi) = \sum_{j=p+1}^{m} \int\limits_{\partial\Omega} C_j \varphi \cdot \overline{B_j' \psi}\, d\sigma,$$

siehe §21, (4).

Sei $H = L_2(\Omega)$ und V ein abgeschlossener Unterraum von $W_2^m(\Omega)$ mit

$$\mathring{W}_2^m(\Omega) \subset V \subset W_2^m(\Omega).$$

V kann z. B. durch Randwertoperatoren bestimmt sein, $V = W_2^m(\{b_j\}_1^p)$, siehe §19. Wir betrachten die sesquilineare Form

$$(18) \qquad \mathscr{A}(\varphi, \psi) = a(\varphi, \psi) + c(\varphi, \psi),$$

und verlangen, daß die Voraussetzungen 1 bis 6 vorerst für $K = 0$, von §20 erfüllt seien. Außerdem verlangen wir überall in diesem Paragraphen die Antisymmetrie $\mathscr{A}(\varphi, \psi) = \overline{\mathscr{A}(\psi, \varphi)}$, siehe auch die Sätze 21.2, 21.3 und 17.12.

Sei $\mathscr{L}_x: V \to V'$ der Darstellungsoperator von (18) (siehe §17, (28)). Wir haben (Regularität bezüglich t):

Satz 30.2 *Wir betrachten die hyperbolische Differentialgleichung*

$$(19) \qquad \frac{\partial^2 y(x, t)}{\partial t^2} + \mathscr{L}_x y(x, t) = f(x, t),$$

mit den Anfangsbedingungen

$$(20) \qquad y(x, 0) = y_0(x), \qquad \frac{\partial y(x, 0)}{\partial t} = y_1(x).$$

Seien die obigen Voraussetzungen erfüllt, weiter seien

$$(21) \qquad f(x, t) \in W_2^{k-1}((0, T); L_2(\Omega)), \qquad k \geqslant 1,$$

und die Kompatibilitätsbedingungen erfüllt

$$(22) \qquad \frac{\partial^j y(x, 0)}{\partial t^j} \in V, \qquad j = 0, \ldots, k-1, \qquad \frac{\partial^k y(x, 0)}{\partial t^k} \in L_2(\Omega).$$

Dann gilt für die Lösung y von (19) (20)

$$y(x, t) \in W_2^{k-1}((0, T); V), \qquad \frac{\partial^k y(x, t)}{\partial t^k} \in L^2((0, T); L^2(\Omega)), \qquad \frac{\partial^{k+1} y(x, t)}{\partial t^{k+1}} \in L^2((0, T); V').$$

Speziell haben wir für $k \geqslant 2$

$$y(x, t) \in V \quad \text{für alle } t \in [0, T],$$

d.h. die Lösung $y(x, t)$ erfüllt die durch V gegebenen (homogenen) Randbedingungen.

Der Beweis folgt sofort aus Satz 30.1.

30.3 Differenzierbarkeit nach x

Wir wollen nun die Regularität bezüglich x behandeln und nehmen dazu wieder die Sätze 20.4 und 21.1 für $\mathscr{A}(\varphi, \psi)$ zur Hilfe (siehe (18)), dort $K = m + q,\, q \geqslant 0$ gesetzt. Die Randbedingungen teilen wir abermals in zwei Gruppen ein

$$b_1, \ldots, b_p, \qquad 0 \leqslant p \leqslant m,$$

sind diejenigen Randbedingungen, die V bestimmen (falls $p = 0$ ist, haben wir $V = W_2^m(\Omega)$), und

$$b_{p+1} = B_{p+1} + C_{p+1}, \ldots, b_m = B_m + C_m,$$

sind die (natürlichen) Randbedingungen, die sich aus der Greenschen Formel § 21, (3) $-B_j-$ und aus der Randform (17) $- C_j -$ ergeben. Wir schreiben wieder – siehe § 27 –

$$V_N = W^{2m}(\{b_j\}_{p+1}^m), \qquad W^{2m}(B) = W^{2m}(\{b_j\}_1^m).$$

Sei λ_0 die Koerzivitätskonstante von $\mathscr{A}$ (wir können auch für λ_0 irgendeinen Nicht-Eigenwert nehmen), dann ist die Abbildung $\mathscr{L}_x + \lambda_0 : V \to V'$ nach Satz 17.11 ein (topologischer) Isomorphismus und die Restriktion $G_{\lambda_0} = (\mathscr{L}_x + \lambda_0)^{-1}|_{W_2^q}$ ist nach Folgerung 21.2 stetig

$$G_{\lambda_0} : W_2^q(\Omega) \to W_2^{2m+q}(\Omega) \cap W^{2m}(\{b_j\}_1^m),$$

d.h. es gilt die Friedrichsche Ungleichung

$$\| G_{\lambda_0} f \|_{2m+q} \leqslant c \| f \|_q, \qquad \forall f \in W_2^q(\Omega),$$

woraus nach Satz 27.1 folgt

$$(23) \qquad G_{\lambda_0} : W_2^k((0,T); W_2^q(\Omega)) \to W_2^k((0,T); W_2^{2m+q}(\Omega) \cap W^{2m}(B))$$

ist stetig.

Wir haben

Satz 30.3 *Seien die Voraussetzungen zu Satz 30.2 erfüllt, sei $k \geqslant 2$, wir haben also für die Lösung y von (19) (20)*

$$(24) \qquad y \in W_2^{k-1}((0,T); V), \qquad y \in W_2^k((0,T); L_2(\Omega)).$$

Sei zusätzlich

$$(25) \qquad f \in W_2^{k-2}((0,T); W_2^q(\Omega)).$$

Dann gilt auch

$$y \in W_2^{k-2}((0,T); W^{2m}(B)),$$
$$y \in W_2^{k-3}((0,T); W_2^{2m+q_1}(\Omega) \cap W^{2m}(B)), \quad q_1 = \min(m,q),$$
$$y \in W_2^{k-4}((0,T); W_2^{4m}(\Omega) \cap W^{2m}(B)),$$
$$y \in W_2^{k-5}((0,T); W_2^{2m+q_2}(\Omega) \cap W^{2m}(B)), \quad q_2 = \min(m_1,q), \; m_1 = 2m + q_1,$$

usw.

Durch geeignete, große Wahl von k und q können wir damit immer erreichen

$$y \in W_2^l((0,T); W_2^l(\Omega) \cap W^{2m}(B)).$$

Beweis. Wir haben (19)

$$\mathscr{L} y + \lambda_0 y = f + \lambda_0 y - \frac{\partial^2 y}{\partial t^2},$$

woraus folgt

$$y = G_{\lambda_0}\left(f + \lambda_0 y - \frac{\partial^2 y}{\partial t^2}\right).$$

Die Voraussetzungen (24) und (25) bewirken, daß

$$(26) \quad f + \lambda_0 y - \frac{\partial^2 y}{\partial t^2} \in W_2^{k-2}((0,T); L_2(\Omega)),$$

bzw.

$$f + \lambda_0 y - \frac{\partial^2 y}{\partial t^2} \in W_2^{k-3}((0,T); W_2^{q_1}(\Omega)), \qquad q_1 = \min(m,q),$$

(V ist ein abgeschlossener Unterraum von $W_2^m(\Omega)$).
(23) auf (26) angewandt ergibt einmal $y \in W_2^{k-2}((0,T); W^{2m}(B))$ und ein andermal,

$$(27) \qquad y \in W_2^{k-3}((0,T); W^{2m+q_1}(\Omega) \cap W^{2m}(B)).$$

Falls wir (27) anstatt von (24) nehmen und den Prozeß wiederholen, erhalten wir

$$y \in W_2^{k-4}((0,T); W_2^{4m}(\Omega) \cap W^{2m}(B))$$

und

$$y \in W_2^{k-5}((0,T); W_2^{2m+q_2}(\Omega) \cap W^{2m}(B)), \quad q_2 = \min(m_1,q), \; m_1 = 2m + q_1,$$

usw. ∎

Da nach Satz 27.8 gilt

$$W_2^l((0,T); W_2^l(\Omega)) \subset W_2^l(\Omega \times (0,T)),$$

haben wir für die Lösung der hyperbolischen Gleichung (19) mit (20) erreicht

$$y(x,t) \in W_2^l(\Omega \times (0,T)) \subset C^{l-(r+1)/2}(\bar{\Omega} \times [0,T]),$$

das ist weitreichende Regularität.

Satz 30.3 sagt uns auch schon, welches gemischte hyperbolische Problem wir gelöst haben.

Satz 30.4 *Sei in den* Sätzen 30.3 *und* 30.2, $k = 2$, $q = 0$, *das ist*

$$f \in W_2^1 ((0, T); L_2(\Omega)).$$

Um die Kompatibilitätsbedingungen (22) *zu erfüllen, nehmen wir als Voraussetzungen über* y_0 *und* y_1

$$y_0 \in W^{2m}(B), y_1 \in V.$$

Nach Folgerung 21.1 *stimmt auf* $W^{2m}(B)$ $\mathscr{L}$ *mit A überein, also ist*

$$A y_0 = \mathscr{L} y_0 \in L_2(\Omega),$$

und wir haben mit $f(x, 0) \in L_2(\Omega)$ *(dies folgt aus der obigen Voraussetzung über* f*)*

$$y_0 \in W^{2m}(B) \subset V, \qquad y_1 \in V, \qquad f(0) - \mathscr{L} y_0 \in L_2(\Omega),$$

das sind die Bedingungen (22); *nach* Satz 30.2 *gilt dann für die eindeutige Lösung von* (19), (20)

$$(28) \qquad y \in W_2^1 ((0, T); V), \qquad y \in W_2^2 ((0, T); L_2(\Omega)),$$

und nach Satz 30.3

$$(29) \qquad y(x, t) \in L_2 ((0, T); W^{2m}(B)),$$

d.h. $y(x, t)$ *ist in* $\Omega \times (0, T)$ *die einzige Lösung der hyperbolischen Differentialgleichung*

$$(30) \qquad \frac{\partial^2 y(x, t)}{\partial t^2} + \sum_{\substack{|\alpha| \leqslant m \\ |\beta| \leqslant m}} (-1)^\alpha D_x^\alpha (a_{\alpha\beta}(x) D_x^\beta y(x, t)) = f(x, t),$$

mit den Anfangsbedingungen ($t = 0$)

$$(31) \qquad y(x, 0) = y_0(x), \qquad \frac{\partial y(x, 0)}{\partial t} = y_1(0) \quad \text{auf } \Omega,$$

und den Randbedingungen ($x \in \partial\Omega$)

$$(32) \qquad b_1(x, D) y(x, t) = 0, \ldots, b_p(x, D) y(x, t) = 0, \quad \textit{für alle } t \in [0, T],$$

$$(33) \qquad b_{p+1}(x, D) y(x, t) = 0, \ldots, b_m(x, D) y(x, t) = 0, \quad \textit{für fast alle } t \in [0, T].$$

Beweis. Die Gleichung (30) (im Distributionssinne) erhält man wegen $\mathscr{D}(\Omega) \subset V$ sofort aus der schwachen Gleichung (19). (32) ergibt sich aus (28), und (33) aus (29). Will man die Randbedingungen (33) für alle t erfüllen, so muß man in Satz 30.3 $k = 3$ nehmen. Die Randbedingungen (32) (33) bedeuten $y \in W^{2m}(B)$; da nach Folgerung 21.1 $A(x, D)$ auf $W^{2m}(B)$ mit $\mathscr{L}$ übereinstimmt, ist (30), (31), (32), (33) äquivalent zu (19) (20) und wir haben auch die Eindeutigkeit von y (30) bis (33) bewiesen. ∎

Wie in §27 können wir auch das gemischte inhomogene Problem für hyperbolische Differentialgleichungen lösen. Wir schreiben der Vollständigkeit halber die Voraussetzungen hin. Für die sesquilineare Form $\mathscr{A}(\varphi, \psi)$ (bzw. $\mathscr{L}$) gelten die Voraussetzungen 1 bis 6 von §20, dort $K = m + q$, $q \geqslant 0$ gesetzt,

$$H = L_2(\Omega), \qquad V = W^m(\{b_j\}_1^p), \qquad W^{2m}(B) = W^{2m}(\{b_j\}_1^m).$$

Weiter sei $k \geqslant 2$

$$(34) \qquad f \in W_2^{k-2}((0,T); W_2^q(\Omega)), \qquad f \in W_2^{k-1}((0,T); L_2(\Omega)),$$

und es sei eine Randfunktion $g(x,t)$ gegeben mit

$$(35) \qquad g \in W_2^k((0,T); W_2^{2m+\tilde{q}}(\Omega)), \qquad g \in W_2^{k+1}((0,T); L_2(\Omega)),$$

wobei $\tilde{q}$ das Maximum der in Satz 30.3 vorkommenden Zahlen $\min(q,m)$, $\min(q,m_1)$, $\min(q,m_2)$, usw. ist, hier haben wir gesetzt

$$m_1 = 2m + \min(m,q), \qquad m_2 = 2m + \min(m_1,q) \quad \text{usw.}$$

Wir haben dann für

$$(36) \qquad \tilde{f} = f - Ag - g_{tt}:$$

$$(37) \qquad \tilde{f} \in W_2^{k-2}((0,T); W_2^q(\Omega)), \qquad \tilde{f} \in W_2^{k-1}((0,T); L_2(\Omega)),$$

wobei A der Differentialoperator (15) und nicht der Darstellungsoperator $\mathscr{L}$ ist. Wir setzen $u_0(x) := y_0(x) - g(x,0)$ und $u_1(x) = y_1(x) - g_t(x,0)$ und verlangen für $\tilde{f}$, u_0, u_1 die folgenden Kompatibilitätsbedingungen

$$(38) \qquad \begin{aligned} &u_0 \in V, \qquad u_1 \in V, \qquad \frac{\partial^2 u(x,0)}{\partial t^2} := \tilde{f}(x,0) - \mathscr{L}u_0 \in V, \\ &\frac{\partial^3 u(x,0)}{\partial t^3} := \frac{\partial \tilde{f}(x,0)}{\partial t} - \mathscr{L}u_1 \in V, \dots, \frac{\partial^k u(x,0)}{\partial t^k} := \dots \in L_2(\Omega). \end{aligned}$$

(Man erhält (38) aus (3) indem man dort setzt

$$y \mapsto u, \qquad y_0 \mapsto u_0, \qquad y_1 \mapsto u_1, \qquad f \mapsto \tilde{f}\,).$$

Wir haben

Satz 30.5 *Es gibt eine Lösung $y(x,t)$ der hyperbolischen Differentialgleichung*

$$(39) \qquad \frac{\partial^2 y(x,t)}{\partial t^2} + \sum_{\substack{|\alpha| \leqslant m \\ |\beta| \leqslant m}} (-1)^{|\alpha|} D_x^\alpha(a_{\alpha\beta}(x) D_x^\beta y(x,t)) = f(x,t) \quad \text{in } \Omega \times (0,T),$$

mit den Anfangsbedingungen

$$y(x,0) = y_0(x), \qquad \frac{\partial y(x,0)}{\partial t} = y_1(x) \quad \textit{auf } \Omega,$$

und die zu

$$y \in W_2^k((0,T); L_2(\Omega)), \qquad y \in W_2^{k-1}((0,T); W_2^m(\Omega)),$$

$$y \in W_2^{k-2}((0,T); W_2^{2m}(\Omega)), \qquad y \in W^{k-3}((0,T); W_2^{2m+q_1}(\Omega)),$$

$$y \in W_2^{k-4}((0,T); W_2^{4m}(\Omega)), \qquad y \in W^{k-5}((0,T); W_2^{2m+q_2}(\Omega)),$$

$$q_1 = \min(m,q), \quad q_2 = \min(m_1,q), \quad m_1 = 2m + q_1, \ldots,$$

gehört. Diese Lösung y erfüllt für alle $t \in [0,T]$ die zu V gehörigen Randbedingungen $b_1, \ldots, b_p$

$$(40) \qquad y(\cdot, t) - g(\cdot, t) \in V, \qquad t \in [0,T],$$

und für fast alle $t \in [0,T]$ die übrigen Randbedingungen $b_{p+1}, \ldots, b_m$

$$(41) \qquad y(\cdot, t) - g(\cdot, t) \in W^{2m}(B).$$

Falls $k \geqslant 3$ ist, werden die Randbedingungen (41) für alle t angenommen. $y(x,t)$ ist auch die einzige Lösung von (30), (31), (40), (41).

Beweis. Wir setzen

$$y := u + g,$$

wobei u die (schwache) Gleichung erfüllt:

$$(42) \qquad \frac{d^2 u}{dt^2} + \mathscr{L}u = \tilde{f} = f - Ag - g_{tt},$$

mit den Anfangsbedingungen

$$u(0) = u_0 = y_0 - g(\cdot, 0), \qquad \frac{du(0)}{dt} = u_1 = y_1 - g_t(\cdot, 0).$$

(37) und (38) bewirken, daß auf (42) der Satz 30.2 anwendbar ist, wonach

$$(43) \qquad u \in W_2^{k-1}((0,T); V), \qquad u \in W_2^k((0,T); L_2(\Omega)),$$

und nach Satz 30.3 haben wir

$$(44) \qquad u \in W_2^{k-2}((0,T); W^{2m}(B)), \qquad u \in W_2^{k-3}((0,T); W_2^{2m+q_1}(\Omega)),$$

usw. (35) mit (43) und (44) ergibt wegen $y = u + g$

$$y \in W_2^k((0,T); L^2(\Omega)), \qquad y \in W_2^{k-1}((0,T); W_2^m(\Omega)),$$

$$y \in W_2^{k-2}((0,T); W_2^{2m}(\Omega)), \qquad y \in W_2^{k-3}((0,T); W_2^{2m+q_1}(\Omega)),$$

usw. Die Randbedingungen (40) und (41) erhalten wir wegen $u = y - g$ aus Satz 30.4, den wir auf (42) anwenden. Auch die Einzigkeit der Lösung y von (30), (31), (40), (41) ergibt sich aus Satz 30.4 (Folgerung 21.1!). ∎

Wir bemerken noch, daß für $k = 2$, $q = 0$, die Kompatibilitätsbedingungen (38) nicht besonders einschränkend sind; es genügt zu fordern

$$(45) \qquad u_0 = y_0(x) - g(x,0) \in W^{2m}(B) \subset V, \qquad u_1 = y_1(x) - g_t(x,0) \in V,$$

dann ist $A(y_0(x) - g(x,0)) \in L_2(\Omega)$ und auch

$$(46) \qquad \tilde{f}(x,0) - \mathscr{L}(y_0 - g(x,0)) = f(x,0) - A(y_0(x) - g(x,0)) \in L_2(\Omega),$$

denn wegen (34), (35), also

$$(47) \qquad \begin{aligned} &f \in W_2^1((0,T); L_2(\Omega)), \\ &g \in W_2^2((0,T); W_2^{2m}(\Omega)), \qquad g \in W_2^3((0,T); L_2(\Omega)), \end{aligned}$$

ist $\qquad \tilde{f} = f - Ag - g_{tt} \in W_2^1((0,T); L_2(\Omega))$,

womit der Wert $\tilde{f}(x,0)$ stetig $(t \to 0)$ in $L_2(\Omega)$ angenommen wird. (45) und (46) sind aber (38) für $k = 2$; und Satz 30.5, $k = 2$ stellt unter den Bedingungen (45), (47) einen Existenz- und Eindeutigkeitssatz fürs inhomogene, gemischte, hyperbolische Problem (30), (31), (40), (41) dar.

§31 Beispiele

Wir beginnen mit dem gemischten Dirichletproblem.

Beispiel 31.1 Sei $A(x, D)$ ein linearer, stark elliptischer Differentialoperator der Form §19, (1) mit der sesquilinearen Form

$$(1) \qquad a(\varphi, \psi) = \int\limits_{\Omega} \sum_{\substack{|\alpha| \leqslant m \\ |\beta| \leqslant m}} a_{\alpha\beta}(x) \, D^\beta \varphi \cdot D^\alpha \bar{\psi} \, dx.$$

Sei Ω beschränkt, wir setzen $H = L_2(\Omega)$, $V = \mathring{W}_2^m(\Omega)$. Falls $a_{\alpha\beta} \in C(\bar{\Omega})$, haben wir die Abschätzungen

$$(2) \qquad |a(\varphi, \psi)| \leqslant c \, \|\varphi\|_m \|\psi\|_m, \qquad \forall \varphi, \psi \in W_2^m(\Omega),$$

und (die Gårdingsche Ungleichung, siehe Satz 19.2)

$$(3) \qquad \operatorname{Re} a(\varphi, \varphi) + k_0 (\varphi, \varphi)_0 \geqslant c \, \|\varphi\|_m^2, \qquad \forall \varphi \in \mathring{W}_2^m(\Omega).$$

Falls $a_{\alpha\beta}(x) = \overline{a_{\beta\alpha}(x)}$ gilt, ist (1) antisymmetrisch und wir können den Satz 29.1 anwenden:

Für $f \in L_2((0,T); L_2(\Omega)) \cong L_2(\Omega \times (0,T))$, $T < \infty$, und die Anfangsfunktionen

$$y_0(x) \in \mathring{W}_2^m(\Omega), \qquad y_1(x) \in L_2(\Omega),$$

gibt es eine eindeutige Lösung $y(x,t)$ der hyperbolischen Gleichung

$$(4) \qquad \frac{\partial^2 y(x,t)}{\partial t^2} + A(x, D_x) \, y(x,t) = f(x,t) \quad \text{in } \Omega \times (0, T),$$

die die Anfangsbedingungen

$$(5) \qquad y(x,0) = y_0(x), \qquad \frac{\partial y(x,0)}{\partial t} = y_1(0) \quad \text{auf } \Omega,$$

und für fast alle $t \in [0, T]$ die Randbedingungen

$$(6) \qquad y(\,\cdot\,, t) \in \mathring{W}_2^m(\Omega)$$

erfüllt. Dabei haben wir für die Lösung $y(x, t)$

$$y \in L_2((0, T), \mathring{W}_2^m(\Omega)), \qquad \frac{\partial y}{\partial t} \in L_2(\Omega \times (0, T)).$$

Wir haben hier benutzt, daß für $V = \mathring{W}_2^m(\Omega)$, die schwache Gleichung § 29, (H) zu (4) äquivalent ist.

Auch können wir durch eine leichte Modifikation von Satz 30.5 (für $V = \mathring{W}_2^m(\Omega)$ können wir dort auch $k = 1$ nehmen) das inhomogene Dirichletproblem lösen. Sei zusätzlich eine Randfunktion $g(x, t)$ mit

$$g(x, t) \in W_2^1((0, T); W_2^{2m}(\Omega)), \qquad g(x, t) \in W_2^2((0, T); L_2(\Omega))$$

gegeben. Dann gibt es eine eindeutige Lösung $y(x, t)$ von (4) mit (5), die die Randbedingungen

$$(7) \qquad y(\,\cdot\,, t) - g(\,\cdot\,, t) \in \mathring{W}_2^m(\Omega) \quad \text{für fast alle } t \in [0, T],$$

erfüllt. Für die Lösung gilt

$$y \in L_2((0, T); W_2^m(\Omega)), \qquad \frac{\partial y}{\partial t} \in L_2(\Omega \times (0, T)).$$

Will man die Randbedingungen (6) (bzw. (7)) für alle $t \in [0, T]$ erfüllen, so muß man stärkere Voraussetzungen machen und Satz 30.4 (bzw. 30.5) heranziehen: Sei

$$(8) \qquad \begin{aligned} &\Omega \in C^{m,\,1}, \qquad a_{\alpha\beta} \in C^m(\bar{\Omega}), \\ &f \in W_2^1((0, T); L_2(\Omega)), \qquad y_0(x) \in \mathring{W}_2^m(\Omega) \cap W_2^{2m}(\Omega), \qquad y_1(x) \in \mathring{W}_2^m(\Omega), \end{aligned}$$

dann sind die Randbedingungen (6) für alle $t \in [0, T]$ erfüllt, da wegen (8) nach Satz 8.7 der Spuroperator erklärt ist, haben wir

$$y(x, t) = 0, \qquad \frac{\partial y(x, t)}{\partial n} = 0, \ldots, \frac{\partial y^{m-1}(x, t)}{\partial n^{m-1}} = 0 \quad \text{auf } \partial\Omega \times [0, \mathrm{T}],$$

hier ist n in Richtung der inneren Normalen des Mantels $\partial\Omega \times [0, T]$ genommen. Analoges gilt für (7). Auch haben wir nach Satz 30.4

$$y \in W_2^1((0, T); \mathring{W}_2^m(\Omega)), \quad y \in W_2^2((0, T); L_2(\Omega)), \quad y \in L_2((0, T); W_2^{2m}(\Omega) \cap \mathring{W}_2^m(\Omega)).$$

Falls wir $A(x, \mathrm{D}) = -\triangle$ nehmen, haben wir das gemischte Dirichletproblem für die Wellengleichung gelöst.

Beispiel 31.2 Das gemischte Neumannproblem für die Wellengleichung. Wir nehmen $A(x, \mathrm{D}) = -\triangle$ und

$$a(\varphi, \psi) = \int_\Omega \sum_{j=1}^r \frac{\partial \varphi}{\partial x_j} \frac{\partial \bar{\psi}}{\partial x_j} \, \mathrm{d}x, \quad \text{für } \varphi, \psi \in W_2^1(\Omega).$$

Wir sehen, daß a antisymmetrisch ist und daß für $\varphi,\ \psi \in V = W_2^1(\Omega)$ die Abschätzungen (2) und (3) gelten (für letztere siehe das Beispiel 19.1).

Damit sind mit $H = L_2(\Omega)$, $V = W_2^1(\Omega)$ die Voraussetzungen für den Satz 29.1 erfüllt. Um den Satz 30.4 anwenden zu können, nehmen wir $\Omega \in C^{2,1}$, (wodurch auch $\partial/\partial n\,|_{\partial\Omega}$ durch Satz 8.7 erklärt ist),

$$y_0(x) \in W^2\left(\frac{\partial}{\partial n}\right) = \left\{\varphi \in W_2^2(\Omega)\ \Big|\ \frac{\partial\varphi}{\partial n} = 0 \text{ auf } \partial\Omega\right\},$$

$$y_1(x) \in W_2^1(\Omega), \qquad f \in W_2^1((0,T); L_2(\Omega)),$$

und erhalten laut Satz 30.4:

Es gibt eine eindeutige Lösung $y(x,t)$ der Wellengleichung

$$\frac{\partial^2 y(x,t)}{\partial t^2} - \triangle_x y(x,t) = f(x,t) \quad \text{in } \Omega \times (0,T),$$

die die Anfangsbedingungen

$$y(x,0) = y_0(x), \qquad \frac{\partial y(x,0)}{\partial t} = y_1(x) \quad \text{in } \Omega,$$

und für fast alle $t \in [0,T]$ die Neumannsche Randbedingung

$$(9) \qquad \frac{\partial y(x,t)}{\partial n} = 0, \qquad x \in \partial\Omega,$$

erfüllt. (n in Richtung der inneren Normalen zu $\partial\Omega$).

Für diese Lösung $y(x,t)$ gilt

$$y \in W_2^1((0,T); W_2^1(\Omega)), \qquad y \in W_2^2((0,T); L_2(\Omega)), \qquad y \in L_2\left((0,T); W^2\left(\frac{\partial}{\partial n}\right)\right).$$

Will man die Randbedingung (9) für alle $t \in [0,T]$ erfüllen, so muß man in Satz 30.3 $k = 3$ nehmen.

Das inhomogene Neumannsche Problem läßt sich durch Satz 30.5 lösen.

Beispiel 31.3 Die dritte Randwertaufgabe für die Wellengleichung. Wir nehmen wieder $A(x, D_x) = -\triangle$; aber für sesquilineare Form (siehe Beispiel 21.3)

$$\mathscr{A}(\varphi,\psi) = \int\limits_\Omega \sum_{j=1}^r \frac{\partial\varphi}{\partial x_j}\frac{\partial\bar\psi}{\partial x_j}\,dx + \int\limits_{\partial\Omega} b_0(x)\,\varphi(x)\,\overline{\psi(x)}\,d\sigma, \qquad \varphi,\psi \in W_2^1(\Omega),$$

wobei $b_0(x)$, $x \in \partial\Omega$, reellwertig sei.

$\mathscr{A}(\varphi,\psi)$ ist antisymmetrisch; mit $H = L_2(\Omega)$, $V = W_2^1(\Omega)$ ist nach Beispiel 21.3 $\mathscr{A}$ V-koerziv und damit sind die Voraussetzungen zu Satz 29.1 erfüllt.

Um Satz 30.4 anwenden zu können, nehmen wir $\Omega \in C^{2,1}$ (damit ist wieder $\partial/\partial n\,|_{\partial\Omega}$ durch Satz 8.7 erklärt),

$$y_0 \in W^2(B) = \left\{ \varphi \in W_2^2(\Omega) \mid b_0 \cdot \varphi + \frac{\partial \varphi}{\partial n} = 0 \text{ auf } \partial\Omega \right\},$$

$$y_1 \in W_2^1(\Omega), \qquad f \in W_2^1((0,T); L_2(\Omega)),$$

und erhalten laut Satz 30.4:

Es gibt eine eindeutige Lösung $y(x,t)$ der Wellengleichung

$$\frac{\partial^2 y(x,t)}{\partial t^2} - \triangle_x y(x,t) = f(x,t) \quad \text{in } \Omega \times (0,T),$$

die die Anfangsbedingungen

$$y(x,0) = y_0(x), \qquad \frac{\partial y(x,0)}{\partial t} = y_1(x) \quad \text{in } \Omega,$$

und für fast alle $t \in [0,T]$ die dritte Randbedingung

$$b_0(x)\, y(x,t) + \frac{\partial y(x,t)}{\partial n} = 0, \qquad x \in \partial\Omega,$$

erfüllt. Der Leser formuliere für die allgemeine hyperbolische Differentialgleichung zweiter Ordnung die Neumannsche Aufgabe und das dritte Randwertproblem und beweise die eindeutige Lösbarkeit.

Beispiel 31.4 Wir knüpfen an die Randwertaufgaben $(\triangle^2; I, \triangle)$ und $(\triangle^2; \partial/\partial n, -\partial\triangle/\partial n)$ des biharmonischen Operators $\triangle^2$ an und wollen die entsprechenden gemischten Probleme für die hyperbolische Gleichung lösen. Wir nehmen

$$a(\varphi,\psi) = \int_\Omega \triangle\varphi \cdot \triangle\bar\psi \cdot \mathrm{d}x$$

und haben für $\varphi, \psi \in W_2^2(\Omega)$ die Abschätzung (2). a ist antisymmetrisch und V_1-koerziv, wobei – siehe Beispiel 21.6 –

$$V_1 = \{ \varphi \in W_2^2(\Omega) \mid \varphi|_{\partial\Omega} = 0 \}$$

und im Falle der zweiten Randwertaufgabe V_2-koerziv, wobei

$$V_2 = \left\{ \varphi \in W_2^2(\Omega) \mid \left. \frac{\partial\varphi}{\partial n} \right|_{\partial\Omega} = 0 \right\} \text{ ist.}$$

Um Satz 30.4 anwenden zu können, nehmen wir

$$\Omega \in C^{4,1}, \qquad f \in W_2^1((0,T); L_2(\Omega)),$$

und für die erste Randwertaufgabe $(I, \triangle)$,

$$y_0 \in W^4(I, \triangle) = \{ \varphi \in W_2^4(\Omega) \mid \varphi = 0,\ \triangle\varphi = 0, \ \text{ auf } \partial\Omega \}, \qquad y_1 \in V_1,$$

während wir für die zweite Randwertaufgabe $(\partial/\partial n, \partial\triangle/\partial n)$ zu nehmen haben

$$y_0 \in W^4\left(\frac{\partial}{\partial n}, \frac{\partial\triangle}{\partial n} \right) = \left\{ \varphi \in W_2^4(\Omega) \, \middle| \, \frac{\partial\varphi}{\partial n} = 0,\ \frac{\partial\triangle\varphi}{\partial n} = 0 \ \text{ auf } \partial\Omega \right\}, \qquad y_1 \in V_2.$$

Wir erhalten je eine eindeutige Lösung $y(x, t)$ der hyperbolischen Gleichung

$$\frac{\partial^2 y(x,t)}{\partial t^2} + \triangle_x^2 \, y(x, t) = f(x, t),$$

die den Anfangsbedingungen genügt

$$y(x, 0) = y_0(x), \qquad \frac{\partial y(x, 0)}{\partial t} = y_1(0),$$

und einmal die Randbedingungen

$$y(x, t) = 0, \qquad x \in \partial\Omega, \forall t \in [0, T]; \qquad \triangle_x y(x, t) = 0, \qquad x \in \partial\Omega, \text{ fast alle } t \in [0, T],$$

und ein zweites Mal die Randbedingungen

$$\frac{\partial y(x,t)}{\partial n} = 0, \qquad x \in \partial\Omega, \forall t \in [0, T], \qquad \frac{\partial \triangle_x y(x,t)}{\partial n} = 0, \qquad x \in \partial\Omega, \text{ fast alle } t \in [0, T],$$

erfüllt.

Beispiel 31.5 Wir knüpfen an das Beispiel 21.7 an. Sei $\Omega \in N^{0,1}$, $\partial\Omega = \Gamma_1 \cup \Gamma_2$, wobei $\mu_{r-1}\Gamma_1 \neq 0$ ist.

Wir nehmen $H = L_2(\Omega)$, $V = \tilde{V} = \{\varphi \in W_2^1(\Omega) \,|\, \varphi|_{\Gamma_1} = 0\}$ und

$$a(\varphi, \psi) = \sum_{j=1}^{r} \int_{\Omega} \frac{\partial\varphi}{\partial x_j} \frac{\partial\bar{\psi}}{\partial x_j} \, dx.$$

Nach Beispiel 21.7 ist a $\tilde{V}$-elliptisch, auch ist die Abschätzung (2) erfüllt und a ist antisymmetrisch. Damit sind die Voraussetzungen zu Satz 29.1 erfüllt und wir haben: Für

$$f \in L_2((0, T); L_2(\Omega)) = L_2(\Omega \times (0, T)),$$

und die Anfangsfunktionen

$$y_0(x) \in \tilde{V}, \qquad y_1(x) \in L_2(\Omega),$$

gibt es eine eindeutige Lösung y der schwachen Gleichung

$$(10) \qquad \frac{\partial^2}{\partial t^2}(y, \varphi)_0 + a(y, \varphi) = (f, \varphi)_0, \qquad \varphi \in \tilde{V},$$

mit (5). Für diese Lösung y gilt

$$(11) \qquad y \in L_2((0, T); \tilde{V}), \qquad \frac{\partial y}{\partial t} \in L_2(\Omega \times (0, T)).$$

Aus (10) erhalten wir wegen $\mathscr{D}(\Omega) \subset \tilde{V}$ die Wellengleichung

$$\frac{\partial^2 y(x, t)}{\partial t^2} - \triangle_x y(x, t) = f(x, t) \quad \text{in } \Omega \times (0, T),$$

und aus (11) für fast alle $t \in [0, T]$ die Randbedingung

$$y(x, t) = 0, \qquad x \in \Gamma_1.$$

Da wir aber fürs Beispiel 21.7 keine Regularitätssätze haben und damit Satz 30.4 (Greensche Formel!) nicht anwenden können, können wir die Randbedingung

$$\frac{\partial y(x, t)}{\partial n} = 0, \qquad x \in \Gamma_2, \, t \in [0, T]$$

nur als formal erfüllt ansehen (sie steckt in (10)).

Beispiel 31.6 Das Transmissionsproblem für die Wellengleichung (siehe Beispiel 21.8). Sei

$$\Omega = \Omega_1 \cup \Omega_2, \qquad \Gamma_1 = \bar{\Omega}_1 \cap \partial\Omega, \qquad \Gamma_2 = \bar{\Omega}_2 \cap \partial\Omega, \qquad \Gamma = \bar{\Omega}_1 \cap \bar{\Omega}_2, \qquad a, b > 0.$$

In den Bezeichnungen von Beispiel 21.8 können wir wieder (eindeutig) lösen

$$\frac{\partial^2 y_1(x, t)}{\partial t^2} - a \triangle_x y_1(x, t) = f(x, t) \quad \text{in } \Omega_1 \times (0, T),$$

$$\frac{\partial^2 y_2(x, t)}{\partial t^2} - b \triangle_x y_2(x, t) = f(x, t) \quad \text{in } \Omega_2 \times (0, T),$$

$$y_1(x, 0) = y_0(x) \quad \text{in } \Omega_1, \qquad y_2(x, 0) = y_0(x) \quad \text{in } \Omega_2,$$

$$\frac{\partial y_1(x, 0)}{\partial t} = y_1(x) \quad \text{in } \Omega_1, \qquad \frac{\partial y_2(x, 0)}{\partial t} = y_1(x) \quad \text{in } \Omega_2,$$

$$y_1(x, t) = 0 \quad \text{auf } \Gamma_1 \times [0, T], \qquad y_2(x, t) = 0 \quad \text{auf } \Gamma_2 \times [0, T],$$

$$y_1(x, t) = y_2(x, t) \quad \text{auf } \Gamma \times [0, T],$$

(für fast alle $t \in [0, T]$), während wir die zweite Transmissionsbedingung

$$a \frac{\partial y_1(x, t)}{\partial n} = b \frac{\partial_2(x, t)}{\partial n} \quad \text{auf } \Gamma \times [0, T],$$

als nur formal erfüllt betrachten können, sie ist wieder in der entsprechenden schwachen Gleichung mit enthalten.

Beispiel 31.7 Das Cauchyproblem für die Wellengleichung. Sei $\Omega = \mathbf{R}^r$, wir betrachten die sesquilineare Form

$$a(\varphi, \psi) = \int_{\mathbf{R}^r} \sum_{j=1}^{r} \frac{\partial \varphi}{\partial x_j} \frac{\partial \bar{\psi}}{\partial x_j} \, dx, \qquad \varphi, \psi \in W_2^1(\mathbf{R}^r).$$

Es gilt die Abschätzung (2), die Antisymmetrie und

$$\operatorname{Re} a(\varphi, \varphi) + (\varphi, \varphi)_0 = \|\varphi\|_1^2, \qquad \varphi \in \mathring{W}_2^1(\mathbf{R}^r) = W_2^1(\mathbf{R}^r),$$

womit die Voraussetzungen für den Satz 29.1 erfüllt sind.

Für $f \in L_2(\mathbf{R}^r \times (0, T))$ und die Anfangsfunktionen

$$y_0(x) \in W_2^1(\mathbf{R}^r), \qquad y_1 \in L_2(\mathbf{R}^r),$$

gibt es eine eindeutige Lösung $y(x, t)$ der Wellengleichung

$$\frac{\partial^2 y(x, t)}{\partial t^2} - \triangle_x y(x, t) = f(x, t) \quad \text{in } \mathbf{R}^r \times (0, T),$$

mit $y(x, 0) = y_0(x)$, $\partial y(x, 0)/\partial t = y_1(x)$ in $\mathbf{R}^r$, und wir haben

$$y \in L_2((0, T); W_2^1(\mathbf{R}^r)), \qquad \frac{\partial y}{\partial t} \in L_2(\mathbf{R}^r \times (0, T)).$$

Den Satz 30.2 können wir dazu benutzen um Regularitätsaussagen fürs Cauchy-problem zu erhalten; wir verfahren wie in Beispiel 28.8. Wir beginnen mit der Voraussetzung

$$(12) \qquad f \in W_2^{k-1}((0, T); L_2(\mathbf{R}^r)), \qquad k \geqslant 2.$$

Um die Kompatibilitätsbedingungen (22) §30 zu erfüllen, nehmen wir

$$y_0 \in W_2^k(\mathbf{R}^r), \qquad y_1 \in W_2^{k-1}(\mathbf{R}^r), \qquad f^{(k-j)}(0) \in W_2^{j-2}(\mathbf{R}^r), \qquad j = 2, \ldots, k.$$

Nach Satz 30.2 ist dann

$$(13) \qquad y \in W_2^k((0, T); L_2(\mathbf{R}^r)), \qquad y \in W_2^{k-1}((0, T); W_2^1(\mathbf{R}^r)).$$

Wir schreiben nun die Wellengleichung in der Form

$$(14) \qquad (-\triangle_x + 1) y(x, t) = f(x, t) + y(x, t) - \frac{\partial^2 y(x, t)}{\partial t^2} = \tilde{f}.$$

Nach §28, (21) wirkt der Greensche Lösungsoperator $G := (-\triangle + 1)^{-1}$

$$(15) \qquad G : W_2^k((0, T); W_2^{s-2}(\mathbf{R}^r)) \to W_2^k((0, T); W_2^s(\mathbf{R}^r)) \quad \text{stetig.}$$

(15) auf (14) angewandt ergibt

$$(16) \qquad y \in W_2^{k-2}((0, T); W_2^2(\mathbf{R}^r)).$$

Wir stellen nun an f weitere Forderungen

$$f \in W_2^{k-3}((0, T); W_2^1(\mathbf{R}^r))$$
$$f \in W_2^{k-4}((0, T); W_2^2(\mathbf{R}^r))$$

$$(17) \qquad \begin{array}{c} \cdot \\ \cdot \\ \cdot \end{array}$$

$$f \in W_2^{k-l}((0, T); W_2^{l-2}(\mathbf{R}^r)).$$

(15) angewandt auf (14) ergibt mit den Voraussetzungen (17) sukzessiv:

$$y \in W_2^{k-3}((0,T); W_2^3(\mathbf{R}^r))$$

$$y \in W_2^{k-4}((0,T); W_2^4(\mathbf{R}^r))$$

(18)

.

.

.

$$y \in W_2^{k-l}((0,T); W_2^l((0,T); W^l(\mathbf{R}^r))).$$

Falls wir $k = 2l$, $l = 1,2,\ldots$, nehmen, erhalten wir aus (18) und nach Satz 27.8

$$y \in W_2^l((0,T); W_2^l(\mathbf{R}^r)) \subset W_2^l(\mathbf{R}^r \times (0,T)).$$

Aufgaben

31.1 Wir knüpfen wieder an die Aufgabe 28.1 an und lösen das gemischte Problem

(1)
$$\frac{\partial^2 y(x,t)}{\partial t^2} - \frac{\partial^2 y(x,t)}{\partial x^2} = f(x,t), \qquad 0 < x < 1,\, t > 0,$$

$$y(x,0) = y_0(x), \qquad \frac{\partial y(x,0)}{\partial t} = y_1(x), \qquad y(0,t) = 0, \qquad y(1,t) = 0,$$

durch die Fouriermethode. Wir entwickeln

$$f(x,t) = \sum_{k=1}^\infty f_k(t)\, y_k(x), \qquad y_0(x) = \sum_{k=1}^\infty c_k\, y_k(x), \qquad y_1(x) = \sum_{k=1}^\infty d_k\, y_k(x),$$

lösen das Anfangswertproblem

$$e_k''(t) + \lambda_k e_k(t) = f_k(t), \qquad e_k(0) = c_k, \qquad e_k'(0) = d_k, \qquad k = 1,2,\ldots,$$

und machen den Lösungsansatz

(2)
$$y(x,t) = \sum_{k=1}^\infty e_k(t)\, y_k(x).$$

Der Leser schreibe die Formeln für λ_k, y_k, e_k explizit hin.

31.2 Zeige, daß die Lösung (2) von (1) in den Rahmen von §29 „paßt", das heißt, führe die nötigen Abschätzungen durch.

31.3 Gebe an Hand der Darstellung (2) Regularitätssätze für die Lösung $y(x,t)$ von (1) an.

31.4 Löse mit Hilfe der Fouriermethode das allgemeine gemischte Problem

$$\frac{\partial^2 y(x,t)}{\partial t^2} - \frac{\partial^2 y(x,t)}{\partial x^2} = f(x,t), \qquad 0 < x < 1,\, t > 0,$$

$$y(x,0) = y_0(x), \qquad \frac{\partial y(x,0)}{\partial t} = y_1(x), \qquad y(0,t) = g_0(t), \qquad y(1,t) = g_1(t),$$

dabei seien die Funktionen f, y_0, g_0 und g_1 vorgegeben. Gebe Regularitätssätze für die Lösung $y(x,t)$ an.

31.5 Wir knüpfen an die Aufgabe 28.6 an und betrachten das gemischte (hyperbolische) Problem

$$\frac{\partial^2 y(x,t)}{\partial t^2} + A(x,\mathrm{D}_x)\,y(x,t) = f(x,t), \qquad x \in \Omega,\ t > 0,$$

(3)

$$y(x,0) = y_0(x), \qquad \frac{\partial y(x,0)}{\partial t} = y_1(x), \quad x \in \Omega,$$

$$b_1(x,\mathrm{D}_x)\,y(x,t) = 0, \dots, b_m(x,\mathrm{D}_x)\,y(x,t) = 0 \quad \text{für } x \in \partial\Omega,\ t \geqslant 0.$$

Wir lösen das gemischte Problem indem wir entwickeln

$$(4) \qquad y_0(x) = \sum_{k=1}^{\infty} c_k\,y_k(x), \qquad y_1(x) = \sum_{k=1}^{\infty} d_k\,y_k(x), \qquad f(x,t) = \sum_{k=1}^{\infty} f_k(t)\,y_k(x),$$

und für die Lösung $y(x,t)$ setzen

$$(5) \qquad y(x,t) = \sum_{k=1}^{\infty} e_k(t)\,y_k(x),$$

wobei $e_k(t)$ das Anfangswertproblem erfüllt.

$$(6) \qquad e_k''(t) + \lambda_k e_k(t) = f_k(t) \qquad e_k(0) = c_k, \qquad e_k'(0) = d_k, \qquad k = 1,2,\dots$$

Kann man den Existenz- und Eindeutigkeitssatz aus §29 auf (3) und (5) übertragen?

31.6 (Siehe Aufgabe 28.7) Beweise mittels der Darstellung (5) Regularitätssätze für die Lösung $y(x,t)$.

31.7 Man kann auch mittels der Fouriermethode das gemischte Problem für die Schrödingergleichung (und auch andere Gleichungen) lösen (für $A, b_1, \dots, b_m$ siehe Aufgabe 28.6)

$$\frac{\partial y(x,t)}{\partial t} + \mathrm{i} \cdot A(x,\mathrm{D}_x)\,y(x,t) = f(x,t), \qquad x \in \Omega,\ t > 0,$$

$$y(x,0) = y_0(x) \in L_2(\Omega), \qquad y_0(x) = \sum_{k=1}^{\infty} c_k\,y_k(x),$$

$$b_1(x,\mathrm{D}_x)\,y(x,t) = 0, \dots, b_m(x,\mathrm{D}_x)\,y(x,t) = 0, \quad \text{für } x \in \partial\Omega,\ t \geqslant 0.$$

Wir setzen für die Lösung $y(x,t)$ (siehe Aufgabe 31.5)

$$y(x,t) = \sum_{k=1}^{\infty} e_k(t)\,y_k(x),$$

wobei wir die $e_k(t)$ aus

$$e_k'(t) + \mathrm{i}\,\lambda_k e_k(t) = f_k(t), \qquad e_k(0) = c_k, \qquad k = 1,2,\dots$$

ausrechnen. Für Existenz- und Eindeutigkeitssätze siehe Lions-Magenes [1]. Beweise Regularitätssätze, beginne mit der einfachen Gleichung

$$\frac{\partial y(x,t)}{\partial t} - \mathrm{i}\,\frac{\partial^2 y(x,t)}{\partial x^2} = f(x,t), \qquad 0 < x < 1,\ t > 0.$$

31.8 Löse das Cauchyproblem für die Saitengleichung

$$\frac{\partial^2 y(x,t)}{\partial t^2} - \frac{\partial^2 y(x,t)}{\partial x^2} = f(x,t), \qquad y(x,0) = \varphi(x), \qquad \frac{\partial y(x,0)}{\partial t} = \psi(x).$$

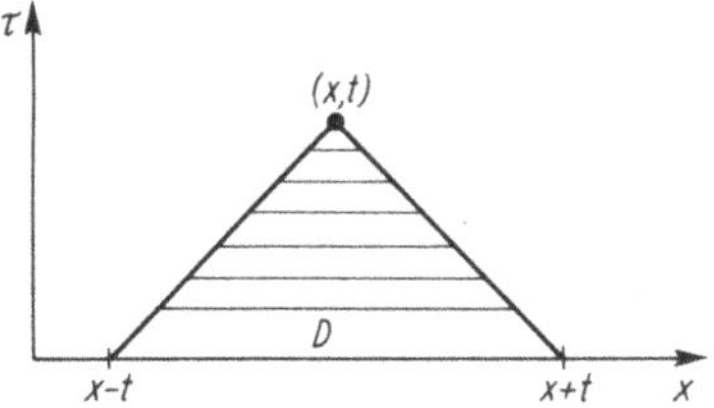

Fig. 31.1

Antwort: $y(x,t) = \dfrac{1}{2}\left[\varphi(x-t) + \varphi(x+t)\right] + \dfrac{1}{2}\displaystyle\int_{x-t}^{x+t} t(\xi)\,\mathrm{d}\xi + \dfrac{1}{2}\iint_{D} f(\xi,\tau)\,\mathrm{d}\xi \cdot \mathrm{d}\tau$, wobei D das in Fig. 31.1 schraffierte Gebiet ist.

VI Differenzenverfahren zur Berechnung der Lösung einer partiellen Differentialgleichung

§32 Der funktionalanalytische Rahmen für Differenzenverfahren

Wir wollen in diesem Paragraphen zunächst den funktionalanalytischen Rahmen für Differenzenverfahren abstecken, ehe wir später diese auf konkrete Randwertprobleme für partielle Differentialgleichungen anwenden.

Insbesondere wollen wir Begriffe wie Konsistenz, Stabilität, Diskretisierung u.a. möglichst allgemein fassen und ihre Beziehungen zueinander untersuchen. Die Klärung dieser logischen Abhängigkeiten vereinfacht die Konvergenzbeweise für Differenzenverfahren wesentlich. Wir halten uns dabei an die Vorlesungsausarbeitung Wloka [3], und an die Diplomarbeit von Janssen [1]. Für weitergehende Darstellungen siehe Kreĭn [1] und Richtmyer [1].

Es seien:

$$B_1, B_2, B_{1,n}, B_{2,n}, \text{ Banach-Räume } (n \in \mathbf{N}),$$

$A : B_1 \to B_2$ linear; A braucht weder stetig, noch auf ganz B_1 definiert zu sein.

$A_n : B_{1,n} \to B_{2,n}$ linear, A_n^{-1} existiere und sei stetig,

$$\left.\begin{array}{l} D_{1,n} : B_1 \to B_{1,n} \text{ linear,} \\ D_{2,n} : B_2 \to B_{2,n} \text{ linear.} \end{array}\right\} \text{Diskretisierungsoperatoren.}$$

Auch die Diskretisierungsoperatoren brauchen nicht überall definiert zu sein. Wir haben also folgendes Diagramm vorliegen:

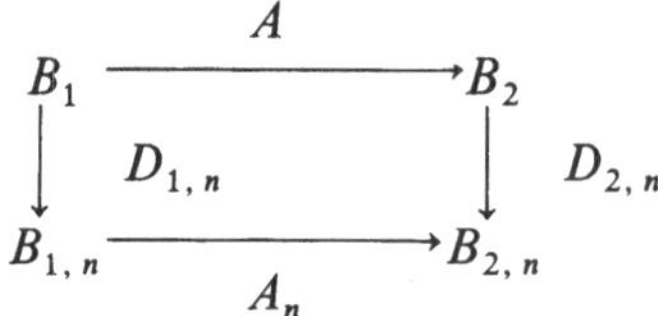

Diagramm 32.1

Man sollte dieses Diagramm etwa so lesen: A steht für die zu lösende Gleichung $Au = f$, die sogenannten Diskretisierungsoperatoren $D_{1,n}$ und $D_{2,n}$ übertragen das Problem auf, in der Regel, endlichdimensionale Räume und dort wird die angenäherte

Gleichung $A_n u_n = f_n$ gelöst, $u_n = A_n^{-1} f_n$ nennt man das Differenzenverfahren (oder Approximationsverfahren).

Da im folgenden klar ist, welche Normen gemeint sind, werden wir dies nicht noch durch eine zusätzliche Indizierung kennzeichnen.

Wir wollen nun Bedingungen angeben, unter denen ein Approximationsverfahren u_n gegen die Lösung u der Gleichung $Au = f$ konvergiert.

Konvergenzsatz 32.1 *Seien* $u \in B_1$, $u_n \in B_{1,n}$, $f \in B_2$, $f_n \in B_{2,n}$ *mit*:

$$Au = f, \quad A_n u_n = f_n \quad \text{(für alle } n \in \mathbf{N}\text{)},$$

$$\|D_{2,n} f - f_n\| \to 0, \qquad n \to \infty.$$

Weiter gelte:

$$\|D_{2,n} Au - A_n D_{1,n} u\| \to 0, \qquad \text{für } n \to \infty$$

und $\{A_n^{-1}\}$ *sei gleichmäßig beschränkt.*

Dann folgt:

$$\|D_{1,n} u - u_n\| \to 0 \quad \text{für } n \to \infty.$$

Beweis. Sei $\|A_n^{-1}\| \leqslant M < \infty$ für alle $n \in \mathbf{N}$, dann ist

$$\|D_{1,n} u - u_n\| = \|A_n^{-1} A_n (D_{1,n} u - u_n)\|$$

$$\leqslant M \|A_n (D_{1,n} u - u_n)\| = M \|A_n D_{1,n} u - f_n\|$$

$$\leqslant M (\|A_n D_{1,n} u - D_{2,n} Au\| + \|D_{2,n} f - f_n\|) \to 0. \qquad \blacksquare$$

Definitionen 32.1 1. *Gilt in dem obigen Schema* $\|D_{2,n} Au - A_n D_{1,n} u\| \to 0$, *so sagt man*: *A und* A_n *sind konsistent in u.*

2. *Ist* $\{A_n^{-1}\}$ *gleichmäßig beschränkt, heißt das Approximationsverfahren stabil.*

3. *Statt* $\|D_{1,n} u - u_n\| \to 0$ *sagt man auch*:
$(u_n)_{n \in \mathbf{N}}$ *konvergiert diskret gegen u (analog für* f_n, f*).*

4. *Ist* $f \in B_2$, $Au = f$ *und gilt für jede diskret gegen f konvergierende Folge* $(f_n)_{n \in \mathbf{N}}$, *daß* $u_n = A_n^{-1} f_n$ *diskret gegen u konvergiert, sagt man auch*: *Das Verfahren konvergiert für f.*

Bemerkungen 32.1 (i) Mit diesen Bezeichnungen kann man den Konvergenzsatz auch so formulieren: Aus Konsistenz und Stabilität folgt (diskrete) Konvergenz.

(ii) Sind A, A_n konsistent, so bedeutet dies, daß das obige Diagramm im Grenzwert kommutativ ist.

(iii) Es bieten sich noch zwei einfache Abänderungen des Konsistenz- und Stabilitätsbegriffe an:

1. Konsistenz k-ter Ordnung, d.h. es existiert ein $c > 0$ mit:

$$\|D_{2,n} Au - A_n D_{1,n} u\| \leqslant c \, n^{-k}.$$

2. α-Stabilität, d.h. es existiert ein $M > 0$ mit:

$$\| A_n^{-1} \| \leqslant M n^{\alpha} .$$

Man prüft leicht nach, daß sich mit diesen Begriffen der Satz auch so aussprechen läßt: Für $k > \alpha > 0$, $\beta = k - \alpha$ folgt aus Konsistenz k-ter Ordnung und α-Stabilität die Konvergenz der Ordnung β.

(iv) Für den Konvergenzsatz spielt die Wahl der Normen in B_1 und B_2 überhaupt keine Rolle!

Beispiel 32.1 Wir betrachten die Wärmeleitungsgleichung

$$(1) \qquad \frac{\partial u}{\partial t} - \frac{\partial^2 u}{\partial x^2} = f \quad \text{auf } (0, \pi) \times (0, \text{T}) ,$$

mit der Anfangsbedingung

$$(2) \qquad u(x, 0) = g(x) , \qquad x \in [0, \pi]$$

und den Randbedingungen

$$(3) \qquad u(0, t) = u(\pi, t) = 0 , \qquad t \in [0, T] .$$

Wir machen die Annahme, daß für die Lösung gilt $u \in C^4 ([0, \pi] \times [0, T])$, dies kann man nach §27 mit entsprechenden Voraussetzungen über f und g immer erreichen. Um ein Differenzenverfahren zur numerischen Berechnung von u anzugeben, überziehen wir zunächst das Rechteck $[0, \pi] \times [0, T]$ mit einem Gitter der Maschenweite k in t-Richtung und h in x-Richtung und bezeichnen mit

$$G := \{(mh, jk) \mid m = 0, \ldots, \pi/h, \, j = 0, \ldots, T/k\} \setminus ,$$

die Menge der Gitterpunkte des Rechtecks $[0, \pi] \times [0, T]$, die nicht auf den Kanten $\{0\} \times [0, T]$ und $\{\pi\} \times [0, T]$ liegen – dies wegen der Randbedingungen (3). Wir ersetzen nun die Ableitungen durch Differenzenquotienten

$$\frac{\partial u}{\partial t} \sim \frac{w(x, t + k) - w(x, t)}{k} ,$$

$$\frac{\partial^2 u}{\partial x^2} \sim \frac{w(x + h, t) - 2w(x, t) + w(x - h, t)}{h^2} ,$$

und erhalten dann gemäß (1) die Differenzengleichung

$$\frac{w(x, t + k) - w(x, t)}{k} = \frac{w(x + h, t) - 2w(x, t) + w(x - h, t)}{h^2} + f(x, t) ,$$

die wir auf den Gitterpunkten $(x, t) \in G$ betrachten. Wir lösen nach $w(x, t + k)$ auf und erhalten

$$(4) \qquad w(x, t + k) = (1 - 2\lambda) w(x, t) + \lambda w(x + h, t) + \lambda w(x - h, t) + k f(x, t) ,$$

wobei $\lambda := k/h^2$ ist.

Damit ergibt sich das Rechenverfahren (fortschreitend in der t-Richtung)

$$(5) \qquad w(x,0) = g(x),$$

$$w(x, 1 \cdot k) = (1 - 2\lambda)\, w(x,0) + \lambda w(x+h,0) + \lambda w(x-h,0) + k \cdot f(x,0), \text{ usw.}$$

wobei wir für Gitterpunkte (x,t), die auf die verbotenen Kanten $\{0\} \times [0,T]$ und $\{\pi\} \times [0,T]$ fallen, gemäß (3) setzen $w(x,t) = 0$.

Um den Konvergenzsatz 32.1 anwenden zu können, setzen wir

$$B_1 = C_0([0,\pi] \times [0,T]),$$

es sind alle auf $[0,\pi] \times [0,T]$ stetigen Funktionen, die (3) erfüllen, normiert mit der Maximumsnorm, ferner

$$B_2 = C([0,\pi] \times [0,T]) \times C[0,\pi],$$

$$B_{1,n} = \mathbf{R}^d, \qquad d = \operatorname{card} G = \text{Anzahl der Gitterpunkte in } G.$$

$$B_{2,n} = \mathbf{R}^d \times \mathbf{R}^{d_1}, \qquad d_1 = \left[\frac{\pi}{h}\right] + 1 = \text{Anzahl der Gitterpunkte auf } [0,\pi].$$

und wir versehen beide Räume $B_{1,n}$, $B_{2,n}$ mit der Maximumsnorm. Kartesische Produkte $B_1 \times B_2$ werden mit der $\|\cdot\|_1 + \|\cdot\|_2$-Norm versehen. Als Diskretisierungsoperatoren $D_{1,n}$, $D_{2,n}$ nehmen wir beidesmal die Restriktionen auf die Gitterpunkte. Nun zu den Operatoren A und A_n, wir haben

$$A = \left(\frac{\partial}{\partial t} - \frac{\partial^2}{\partial x^2},\, I\right),$$

wobei $Iz := u(x,0)$ der Anfangswertoperator ist.

Wir definieren für $w \in B_{1,n}$

$$L_{k,h} w := \frac{1}{k}\left[w(x,t+k) - \{(1-2\lambda)\,w(x,t) + \lambda w(x+h,t) + \lambda w(x-h,t)\}\right],$$

können (4) schreiben als

$$L_{k,h} w = f$$

und haben

$$A_n := (L_{k,h},\, I_h),$$

wobei $I_h w = w(x,0)$, $x = mh$, der Anfangswertoperator auf dem Gitter von $[0,\pi]$ ist. Durch (5) haben wir die Invertierbarkeit von A_n gezeigt, also existieren die Operatoren A_n^{-1}.

Wir zeigen nun – unter der Voraussetzung $1 - 2\lambda \geqslant 0$ – die Stabilität des Verfahrens (5), d.h. die gleichmäßige Beschränktheit von $\{A_n^{-1}\}$. Sei hierzu $\|w\|^t := \max_{G_t} |w(x,\tau)|$, wobei

$$G_t := \{(x,\tau) \in G \mid 0 \leqslant \tau \leqslant t\}.$$

Mit $\quad L_{k,h}(v)\,(x,t)=\dfrac{1}{k}\,(v(x,t+k)-[(1-2\lambda)\,v(x,t)+\lambda v(x+h,t)+\lambda v(x-h,t)])$,

wobei v eine beliebige auf dem Gitter definierte Funktion ist, haben wir

$$|v(x,t+k)|\leqslant(1-2\lambda)\,|v(x,t)|+\lambda\,|v(x+h,t)|+\lambda\,|v(x-h,t)|+k\,|L_{k,h}(v)\,(x,t)|$$
$$\leqslant(1-2\lambda)\,\|v\|^{t}+2\lambda\,\|v\|^{t}+k\,\|L_{k,h}(v)\|^{t},$$

und damit

$$\|v\|^{t+k}\leqslant\|v\|^{t}+k\,\|L_{k,h}(v)\|^{t}.$$

Hier haben wir $1-2\lambda\geqslant 0$ wesentlich benutzt.

Lemma 32.1 *Seien* g, f *beliebige Gitterfunktionen und es gelte für alle* $t=nk$, $n=0,1,\dots,T/k$

$$\|g\|^{t+k}\leqslant\|g\|^{t}+k\,\|f\|^{t}.$$

Dann folgt

$$\|g\|^{t}\leqslant\int_{0}^{t}\|f\|^{\tau}\mathrm{d}\tau+\|g\|^{0}.$$

Beweis. (Induktion nach n): $n=0$: klar!

Übergang von n zu $n+1$:

$$\int_{0}^{t+k}\|f\|^{\tau}\mathrm{d}\tau+\|g\|^{0}=\int_{0}^{t}\|f\|^{\tau}\mathrm{d}\tau+\int_{t}^{t+k}\|f\|^{\tau}\mathrm{d}\tau+\|g\|^{0}$$
$$\geqslant k\,\|f\|^{t}+\int_{0}^{t}\|f\|^{\tau}\mathrm{d}\tau+\|g\|^{0}$$
$$\geqslant k\,\|f\|^{t}+\|g\|^{t}\quad\text{(Induktionsvoraussetzung)}$$
$$\geqslant\|g\|^{t+k}.\qquad\blacksquare$$

Damit folgt für $A_{n}=(L_{k,h},I_{h})$ sofort

$$(6)\qquad\|w\|^{T}\leqslant T\|L_{k,h}(w)\|^{T}+\|w\|^{0}\leqslant\max(T,1)\,[\|L_{k,h}w\|^{T}+\|w\|^{0}]=M\|A_{n}w\|,$$

oder $\|A_{n}^{-1}\|\leqslant M$, das ist die gleichmäßige Beschränktheit von $\{A_{n}^{-1}\}$.

Als nächstes zeigen wir die Konsistenz des Verfahrens, d.h., falls u eine Lösung der Differentialgleichung ist, dann gilt auf dem Gitter G

$$\left|L_{k,h}(u)-\left(\frac{\partial u}{\partial t}-\frac{\partial^{2}u}{\partial x^{2}}\right)\right|\to 0\quad\text{für }k\to 0,\,h\to 0.$$

Dies folgt leicht durch Taylorentwicklung der Lösung u

$$\frac{u(x,t+k)-u(x,t)}{k}=\frac{\partial u}{\partial t}+\frac{k}{2}\frac{\partial^{2}\bar{u}}{\partial t^{2}},\quad\text{zuerst nach }t,$$

($\bar{u}$ steht als Abkürzung dafür, daß der Funktionswert an einer Zwischenstelle zu nehmen ist), dann nach x

$$u(x \pm h, t) = u(x, t) \pm h \frac{\partial u}{\partial x} + \frac{h^2}{2} \frac{\partial^2 u}{\partial x^2} \pm \frac{h^3}{6} \frac{\partial^3 u}{\partial x^3} + \frac{h^4}{24} \frac{\partial^4 \bar{u}}{\partial x^4},$$

woraus folgt

$$\frac{u(x+h, t) - 2u(x, t) + u(x-h, t)}{h^2} = \frac{\partial^2 u}{\partial x^2} + \frac{h^2}{12} \frac{\partial^4 \bar{u}}{\partial x^4}.$$

Dies ergibt zusammen

$$\left| L_{k,h}(u) - \left(\frac{\partial u}{\partial t} - \frac{\partial^2 u}{\partial x^2} \right) \right| = \left| \frac{k}{2} \frac{\partial^2 \bar{u}}{\partial t^2} - \frac{h^2}{12} \frac{\partial^4 \bar{u}}{\partial x^4} \right| \leqslant N(k + h^2), \quad \text{(Konsistenzabschätzung)},$$

wobei $N < \infty$ das Maximum der auftretenden Ableitungen von u auf $[0, \pi] \times [0, T]$ ist. Nun folgt leicht die Konvergenz des Verfahrens, entweder nach dem Konvergenzsatz – oder direkt:

$$\|u - w\|^T \leqslant T \| L_{k,h}(u - w) \|^T + \|u - w\|^0 \quad \text{(nach (6))}$$
$$= T \| L_{k,h}(u - w) \|^T,$$

wobei wir haben

$$L_{k,h}(u - w) = L_{k,h}(u) - L_{k,h}(w) = L_{k,h}(u) - f = L_{k,h}(u) - \left(\frac{\partial u}{\partial t} - \frac{\partial^2 u}{\partial x^2} \right),$$

also mit der Konsistenzabschätzung

$$\|u - w\|^T \leqslant T \cdot N(k + h^2) \to 0.$$

Beispiel 32.2 Wir betrachten die Wellengleichung

$$(7) \qquad \frac{\partial^2 u}{\partial t^2} - \frac{\partial^2 u}{\partial x^2} = f \quad \text{auf } (0, \pi) \times (0, T),$$

mit den Anfangsbedingungen

$$(8) \qquad u(x, 0) = g_0(x), \qquad \frac{\partial u(x, 0)}{\partial t} = g_1(x), \quad x \in [0, \pi],$$

und den Randbedingungen

$$(9) \qquad u(0, t) = u(\pi, t) = 0, \qquad t \in [0, T].$$

Zur Vereinfachung benutzen wir ein quadratisches Gitter $k = h$

$$G = \left\{ (mh, jh) \mid m = 0, \ldots, \frac{\pi}{h}, j = 0, \ldots, \frac{T}{h} \right\} \backslash \, ,$$

– wieder ohne den Kanten $\{0\} \times [0, T]$, $\{\pi\} \times [0, T]$.

Wir ersetzen die Ableitungen durch Differenzenquotienten

$$\frac{\partial^2 u}{\partial x^2} \sim \frac{v(x+h,t)+v(x-h,t)-2v(x,t)}{h^2},$$

$$\frac{\partial^2 u}{\partial t^2} \sim \frac{v(x,t+h)+v(x,t-h)-2v(x,t)}{h^2},$$

und bilden gemäß (7) das Differenzenverfahren

$$(10) \qquad \frac{v(x,t+h)+v(x,t-h)-2v(x,t)}{h^2} = \frac{v(x+h,t)+v(x-h,t)-2v(x,t)}{h^2}+f(x,t),$$

und damit

$$v(x,t+h) = v(x+h,t) + v(x-h,t) - v(x,t-h) + h^2 f(x,t).$$

Dies Verfahren berechnet die Werte auf einer Zeitschicht aus den Werten zweier vorhergehender Schichten. Wir benötigen also Startwerte auf den beiden Schichten $t = 0, h$. Hierzu ersetzen wir auch bei den Anfangsbedingungen die Ableitung durch den Differenzenquotienten

$$\frac{\partial u(x,0)}{\partial t} \sim \frac{v(x,h)-v(x,0)}{h}$$

und erhalten

$$(11) \qquad v(x,0) = g_0(x), \qquad v(x,h) = g_0(x) + h g_1(x).$$

Wir ergänzen das Rechenverfahren (10), (11), indem wir gemäß (9) setzen

$$v(0,t) = v(\pi,t) = 0.$$

Wie in Beispiel 32.1 führen wir wieder den Differenzenoperator ein

$$L_h(w)(x,t) := \frac{1}{h^2}\left(w(x,t+h) - w(x+h,t) - w(x-h,t) + w(x,t-h)\right),$$

wobei w eine auf dem Gitter definierte Funktion ist, die den Randbedingungen $w(0,t) = w(\pi,t) = 0$ für alle t genügt. Außerdem führen wir noch zwei Abkürzungen ein

$$w_{j,l} := w(jh, lh), \qquad L_h w_{j,l} := L_h(w)(jh, lh).$$

Mit diesen Bezeichnungen gilt:

$$(12) \qquad w_{j,l} = w_{j+1,l-1} - w_{j,l-2} + w_{j-1,l-1} + h^2 L_h w_{j,l-1}.$$

Diese Berechnung deuten wir durch folgendes Punkteschema an, siehe Fig. 32.1, Dabei steht ⊙ für den zu berechnenden Wert $w_{j,l}$, + bzw. − steht für $+w_{j+1,l-1}$, $+w_{j-1,l-1}$, $-w_{j,l-2}$ und ○ für $h^2 L_h w_{j,l-1}$. Berechnen wir nun $w_{j+1,l-1}$ und $w_{j-1,l-1}$ nach (12) und setzen dies in die Gleichung für $w_{j,l}$ ein, so können wir das in unserem Punkteschema dadurch skizzieren, daß wir die beiden Pluszeichen einsetzen. Wir erhalten dann das Schema; siehe Fig. 32.2.

Entscheidende Beobachtung ist, daß sich in der Mitte zwei + und ein − zu einem + wegheben. Ersetzen wir noch einmal die w-Werte des $(l-2)$-Niveaus nach der Formel (12), so erhalten wir das Schema; siehe Fig. 32.3.

Man sieht jetzt, wie sich das Schema nach unten fortpflanzt. Wir müssen nur noch kontrollieren, was geschieht, wenn wir in die Nähe des Randes kommen. Betrachten wir dazu das Schema Fig. 32.4.

Das + am Rande verschwindet, da aufgrund der Randbedingungen für alle l $w_{0,l} = 0$ ist. Beim nächsten Eleminationsschritt kommt also auf das am weitesten links stehende − nur ein +. Wir erhalten damit Fig. 32.5.

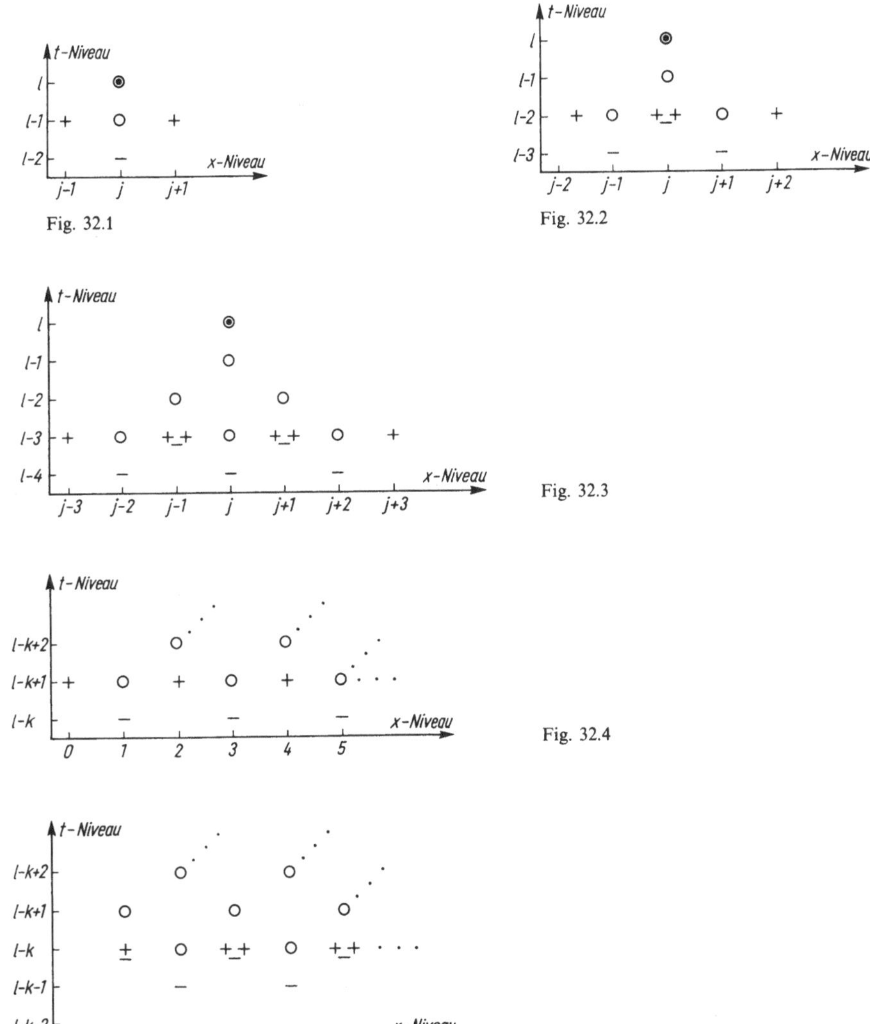

Fig. 32.1

Fig. 32.2

Fig. 32.3

Fig. 32.4

Fig. 32.5

Man macht sich nun leicht klar, wie sich dies weiter nach unten fortpflanzt. Wichtig ist für uns nur die Beobachtung, daß die Koeffizienten vor den zur Berechnung von $w_{j,l}$ benötigten Werten von w bzw. $L_h w$ immer gleich ± 1 sind. Es gilt also

$$(13) \qquad w_{j,l} = \sum_{k=0}^{\pi/h} \sigma_1(k)\, w_{k,0} + \sum_{k=0}^{\pi/h} \sigma_2(k)\, w_{k,1} + h^2 \sum_{i=0}^{T/h} \sum_{k=0}^{\pi/h} \sigma_3(i,k)\, L_h w_{i,k},$$

$$\underbrace{\qquad\qquad}_{\text{Summe I}} \qquad \underbrace{\qquad\qquad}_{\text{Summe II}} \qquad\qquad \underbrace{\qquad\qquad}_{\text{Summe III}}$$

wobei die $\sigma_i\,(i=1,2,3)$ nur die Werte $+1$, 0, -1 annehmen (Summe I bedeutet, wir summieren auf der Niveaulinie $t=0$, Summe II auf $t = 1 \cdot h$, Summe III auf G.) Mit den Bezeichnungen von Beispiel 32.1 haben wir

$$B_1 = C_0([0,\pi] \times [0,T]), \qquad B_2 = C([0,\pi] \times [0,T]) \times C[0,\pi] \times C[0,\pi],$$

$$B_{1,n} = \mathbf{R}^d, \qquad B_{2,n} = \mathbf{R}^d \times \mathbf{R}^{d_1} \times \mathbf{R}^{d_1},$$

$$A = \left(\frac{\partial^2}{\partial t^2} - \frac{\partial^2}{\partial x^2},\, I,\, I \circ \frac{\partial}{\partial t} \right), \qquad A_n = (L_h,\, I_h^{t=0},\, I_h^{t=h}),$$

wobei $I_h^{t=0}\, v = v(x,0)$, $I_h^{t=h}\, v = v(x,h)$, die Anfangswertoperatoren auf den Niveaulinien $t=0$ und $t=h$ sind. (10) und (11) zeigen, daß wir die Gleichungen

$$(14) \qquad L_h v = f, \qquad I_h^{t=0}\, v = g_0, \qquad I_h^{t=h} = g_0 + h g_1,$$

eindeutig lösen können, oder, daß A_n invertierbar ist.

Aus (13) folgt für die Lösung $v = A_n^{-1}(f, g_i, g_1)$ von (14)

$$\max_G |v(x,t)|$$

$$\leqslant 2\left(\frac{\pi}{h}+1\right) \max |g_0| + \left(\frac{\pi}{h}+1\right) h \max |g_1| + h^2 \left(\frac{\pi}{h}+1\right)\left(\frac{T}{h}+1\right) \max |f|$$

$$\leqslant \text{const} \cdot h^{-1},$$

d.h. hier liegt h^{-1}-Stabilität vor, das Glied $\dfrac{2\pi}{h} \max |g_0|$ stört.

Trotzdem konvergiert das Verfahren, denn wir haben die Anfangsbedingungen $v(x,0) = u(x,0) = g_0$ so gewählt, daß für $t = 0$ genaue Konsistenz $|v(x,0) - u(x,0)| = 0$ (also jeder Ordnung) vorliegt. Wir zeigen die Konvergenz des Verfahrens direkt (wir könnten auch so vorgehen, daß wir die Konsistenz zeigen und den modifizierten Konvergenzsatz anwenden, siehe Bemerkung 32.1 (iii)).

Sei $e(x,t) := u(x,t) - v(x,t)$, dann folgt mit der Formel (13) für den Differenzenoperator L_h

$$|e(x,t)| \leqslant \sum_I |e(x,0)| + \sum_{II} |e(x,h)| + h^2 \sum_{III} |L_h(e)(x,t)|.$$

Nun ist $e(x,0) = 0$ für $x = 0, h, \ldots$, und wegen

$$u(x, h) = u(x, 0) + h \cdot \frac{\partial u}{\partial t}(x, 0) + \frac{h^2}{2} \frac{\partial^2 \bar{u}}{\partial t^2},$$

folgt sofort für $t = h$

$$e(x, h) = \frac{h^2}{2} \frac{\partial^2 \bar{u}}{\partial t^2},$$

und also

$$|e(x, h)| \leqslant h^2 M,$$

wobei M wieder das Maximum aller auftretenden Ableitungen von u ist. Wie in Beispiel 32.1 folgt (wir setzen wieder voraus, daß die Lösung der Differentialgleichung viermal stetig differenzierbar ist)

$$\frac{1}{h^2} \left(u(x, t+h) + u(x, t-h) - 2u(x, t) \right) = \frac{\partial^2 u}{\partial t^2} + \frac{h^2}{12} \cdot \frac{\partial^4 \bar{u}}{\partial t^4},$$

$$\frac{1}{h^2} \left(u(x+h, t) + u(x-h, t) - 2u(x, t) \right) = \frac{\partial^2 u}{\partial x^2} + \frac{h^2}{12} \frac{\partial^4 \bar{u}}{\partial x^4},$$

und somit

$$L_h(e) = L_h(u) - L_h(v) = L_h(u) - f$$
$$= L_h(u) - \left(\frac{\partial^2 u}{\partial t^2} - \frac{\partial^2 u}{\partial x^2} \right) = \frac{h^2}{12} \left(\frac{\partial^4 \bar{u}}{\partial t^4} - \frac{\partial^4 \bar{u}}{\partial x^4} \right),$$

also $|L_h(e)| \leqslant h^2 M,$ Konsistenz 2-ter Ordnung.

Zusammengefaßt ergibt sich damit

$$\max |e(x, t)| \leqslant h^2 \cdot M \sum_{II} 1 + h^4 M \sum_{III} 1 = h^2 M \frac{\pi}{h} + h^4 M \frac{\pi}{h} \frac{T}{h} = hM\pi (1 + hT).$$

Das Verfahren konvergiert also gleichmäßig!

Wir kehren zu den allgemeinen Betrachtungen, die zum Konvergenzsatz 32.1 führten, zurück. Wir wollen nun die eingeführten Begriffe genauer untersuchen. Dabei interessieren wir uns insbesondere für die folgenden drei Fragen:

1. Sind die Voraussetzungen nicht nur hinreichend für die Konvergenz sondern auch notwendig?

2. Wir sind eigentlich gar nicht an einer Folge von diskret gegen die Lösung konvergierenden Elementen aus $B_{1,n}$ interessiert, sondern an einer in B_1 gegen die Lösung konvergierenden Folge. In der Regel können wir aber die Räume $B_{1,n}$ in B_1 einbetten. Welche Voraussetzungen müssen diese Einbettungen erfüllen, damit man aus der diskreten Konvergenz auf die Konvergenz der in B_1 eingebetteten Folge schließen kann?

3. Kann man aus der Existenz einer konsistenten, stabilen Approximation für den Operator A auf Eigenschaften dieses Operators schließen?

Wir beginnen mit der Notwendigkeit der Stabilität.

Satz 32.2 *Konvergiert das Verfahren diskret für* $f = 0$, *(siehe* Definition 32.1.4), *so folgt, daß* $\{A_n^{-1}\}$ *gleichmäßig beschränkt ist; das ist die Stabilität.*

Beweis. Angenommen $\{A_n^{-1}\}$ ist nicht gleichmäßig beschränkt. Dann existieren $\overline{f_n} \in B_{2,n}$ mit $\|\overline{f_n}\| = 1$ und

$$\|A_n^{-1}\overline{f_n}\| = a(n) \to \infty \quad \text{für } n \to \infty.$$

Wir setzen nun

$$f_n = \frac{1}{a(n)^{1/2}} \cdot \overline{f_n}, \qquad f = 0, \qquad u = 0, \qquad u_n = A_n^{-1} f_n.$$

Dann gilt

$$\|f_n - D_{2,n}f\| = \|f_n\| \to 0,$$

also konvergiert das Verfahren nach Voraussetzung diskret gegen u, d.h.

$$\|u_n - D_{1,n}u\| = \|u_n\| \to 0,$$

andererseits ist aber

$$\|u_n\| = a(n)^{1/2} \to \infty$$

und damit ist die Annahme zum Widerspruch geführt. ∎

Unter einer Zusatzbedingung, nämlich der gleichmäßigen Beschränktheit von $\{A_n\}$, folgt auch die Konsistenz aus der Konvergenz.

Satz 32.3 *Sei* $u \in B_1$ *und es gelte:* 1. $\{A_n\}$ *gleichmäßig beschränkt.* 2. *Das Verfahren konvergiert für* $f = Au$. *Dann sind* A *und* A_n *konsistent in* u.

Beweis. Sei $u_n = A_n^{-1}D_{2,n}f$, dann gilt nach Voraussetzung

$$\|D_{1,n}u - u_n\| \to 0.$$

Weiter sei $\|A_n\| \leqslant M < \infty$, dann gilt

$$\|A_n D_{1,n}u - D_{2,n}Au\| = \|A_n(D_{1,n}u - A_n^{-1}D_{2,n}Au)\| \leqslant M\|D_{1,n}u - u_n\| \to 0. \quad \blacksquare$$

Wir wenden uns nun der zweiten Frage zu, nämlich, wie erhält man die Konvergenz in B_1?

Satz 32.4 *Seien* $i_n : B_{1,n} \to B_1$ *linear, dann sind äquivalent:*
1. *Aus* $\|u_n - D_{1,n}u\| \to 0$ *folgt* $\|i_n u_n - u\|_{B_1} \to 0$.
2. $\{i_n\}$ *ist gleichmäßig beschränkt und für alle* $u \in B_1$ *gilt* $\|u - i_n D_{1,n}u\| \to 0$.

Beweis. 1. ⟿ 2. Angenommen $\{i_n\}$ ist nicht gleichmäßig beschränkt, dann existieren $u_n \in B_{1,n}$ mit:

$$\|i_n u_n\| = a(n) \to \infty, \qquad \|u_n\| = 1.$$

Wir setzen dann

$$v_n = \frac{1}{a(n)^{1/2}} \cdot u_n, \qquad u = 0,$$

und es folgt

$$\|v_n - D_{1,n} 0\| = \|v_n\| = \frac{1}{a(n)^{1/2}} \to 0$$

und also (nach Voraussetzung)

$$a(n)^{1/2} = \|i_n v_n\| \to 0.$$

Damit ist ein Widerspruch erreicht. Der Rest folgt sofort, indem man $u_n = D_{1,n} u$ setzt.

2. $\curvearrowright$ 1. Folgt leicht aus der Zerlegung

$$u - i_n u_n = u - i_n D_{1,n} u + i_n (D_{1,n} u - u_n). \qquad \blacksquare$$

Wir wollen nun Antworten auf die dritte Frage angeben.

Satz 32.5 *Sei das Verfahren stabil und es gelte die Bedingung*

(D_1') $\qquad$ *aus $\|D_{1,n} u\| \to 0$ folgt $u = 0$; $u \in B_1$.*

Dann gibt es für jedes $f \in B_2$ höchstens eine konsistente Lösung der Gleichung $Au = f$.

Bemerkung (D_1') ist z. B. dann erfüllt, wenn für alle $u \in B_1$ gilt

(D_1) $\qquad$ $\|D_{1,n} u\| \to \|u\|$.

Beweis. Sei $Au_1 = f = Au_2$ und A, A_n seien in u_1 und u_2 konsistent. Mit $u_n = A_n^{-1} D_{2,n} f$ folgt nach dem Konvergenzsatz

$$\|D_{1,n}(u_1 - u_2)\| = \|D_{1,n} u_1 - D_{1,n} u_2\| \leqslant \|D_{1,n} u_1 - u_n\| + \|D_{1,n} u_2 - u_n\| \to 0,$$

laut (D_1') also $u_1 - u_2 = 0$. $\qquad \blacksquare$

Fürs weitere benötigen wir den Satz von der gleichmäßigen Beschränktheit (in einer etwas abgeänderten Fassung) und den Satz von Banach-Steinhaus. Wir wollen diese Sätze hier formulieren, für die Beweise verweisen wir z. B. auf Achieser, Glasman [1] und Dunford, Schwartz [1].

Satz von der gleichmäßigen Beschränktheit *Sei X ein Banachraum und F eine Familie von stetigen Funktionalen $\Phi_\alpha : X \to \mathbf{R}_+$, $\alpha \in F$, mit den Eigenschaften:*
1. $\Phi_\alpha(x) \geqslant 0$, 2. $\Phi_\alpha(x + y) \leqslant \Phi_\alpha(x) + \Phi_\alpha(y)$,
3. $\Phi_\alpha(\lambda x) = |\lambda| \Phi_\alpha(x)$, $\lambda \in \mathbf{C}$ *(es genügt $\lambda \geqslant 0$).*
Dann folgt aus der punktweisen Beschränktheit von F, (d.h. aus $\Phi_\alpha(x) \leqslant k_1(x) < \infty$, $\alpha \in F$) die gleichmäßige Beschränktheit von F, d.h. es gibt eine Konstante $k \geqslant 0$ mit

$$\Phi_\alpha(x) \leqslant k \|x\| \quad \text{für alle } x \in X \text{ und } \alpha \in F.$$

Satz von Banach-Steinhaus *Seien X, Y Banachräume, $A_n: X \to Y$ linear, stetig. Dann sind äquivalent:*

1. *Die A_n konvergieren punktweise gegen eine lineare, stetige Abbildung $A: X \to Y$.*

2. *$\{A_n\}_{n\in\mathbb{N}}$ ist gleichmäßig beschränkt und es existiert eine dichte Teilmenge D in X mit: für $x' \in D$ ist $\{A_n x'\}_{n\in\mathbb{N}}$ eine Cauchyfolge.*

Wir kehren zum Diagramm 32.1 zurück und nehmen von nun an an, daß die Diskretisierungsoperatoren $D_{1,n}$ und $D_{2,n}$ stetig sind, wie auch die Approximationsoperatoren A_n.

Satz 32.6 *Sei für die Diskretisierungsoperatoren $D_{2,n}$ die Bedingung (D_2) erfüllt, d.h.*

$$(D_2) \qquad \lim_n \| D_{2,n} f \| = \| f \|, \quad \text{für alle } f \in B_2.$$

Dann gilt

$$(15) \qquad \| D_{2,n} f \| \leqslant k \| f \| \quad \text{für alle } f \in B_2,\ n \in \mathbb{N}.$$

Beweis. Wir benutzen den Satz von der gleichmäßigen Beschränktheit, setzen dort $\Phi_n(f) = \| D_{2,n} f \|$, dann erhalten wir aus (D_2) die punktweise Beschränktheit der Familie $F = \{ \| D_{2,n} \| \}$ und (15) ist die gleichmäßige Beschränktheit von F. ∎

Für den nächsten Satz greifen wir die Einbettungsoperatoren $i_n: B_{1,n} \to B_1$ von Satz 32.4 auf.

Satz 32.7 *Seien die Diskretisierungsoperatoren $D_{1,n}: B_1 \to B_{1,n}$ surjektiv, seien die Einbettungsoperatoren $i_n: B_{1,n} \to B_1$ rechtsinvers zu $D_{1,n}$ $(D_{1,n} \circ i_n = I)$ und gleichmäßig beschränkt. Dann folgt aus der punktweisen Beschränktheit von $A_n \circ D_{1,n} u$, d.h. aus*

$$(16) \qquad \| A_n D_{1,n} u \| \leqslant k_1(u) < \infty,$$

die gleichmäßige Beschränktheit von $\{A_n\}$, d.h.

$$(17) \qquad \| A_n \| \leqslant k < \infty, \qquad (n \in \mathbb{N}).$$

Beweis. Den Satz von der gleichmäßigen Beschränktheit auf $\| A_n D_{1,n} u \|$ angewandt, ergibt

$$(18) \qquad \| A_n D_{1,n} u \| \leqslant k_2 \| u \|.$$

Sei nun $\bar{u}$ ein beliebiges Element aus $B_{1,n}$. Wegen der Surjektivität von $D_{1,n}$ gibt es ein $u \in B_1$ mit

$$\bar{u} = D_{1,n} u,$$

und wir erhalten aus (18)

$$(19) \qquad \| A_n \bar{u} \| \leqslant k_2 \| u \|.$$

Wir bilden auf der rechten Seite von (19) das Infimum über die Klasse $\bar{u} \in B_1 / \ker D_{1,n} \simeq B_{1,n}$

$$\| A_n \bar{u} \| \leqslant k_2 \inf_{\bar{u} = D_{1,n} v} \| v \|.$$

In der Klasse $\bar{u}$ befindet sich auch das Element $v = i_n \bar{u}$, denn (rechtsinvers!)

$$D_{1,n} v = D_{1,n} i_n \bar{u} = \bar{u},$$

und die gleichmäßige Beschränktheit von $\{i_n\}$ führt zu

$$\|A_n \bar{u}\| \leqslant k_2 \inf_{\bar{u} = D_{1,n} v} \|v\| \leqslant k_2 \|i_n \bar{u}\| \leqslant k_2 c \|\bar{u}\|,$$

das ist (17) mit $k = c k_2$. ∎

Satz 32.8 *Sei zusätzlich zu den Voraussetzungen zu* Satz 32.7 *die Bedingung* (D_2) *(bzw.* (15), *siehe* Satz 32.6) *erfüllt. Dann folgt aus der diskreten Konvergenz von* A_n *die gleichmäßige Beschränktheit von* $\{A_n\}$.

Beweis. Diskrete Konvergenz bedeutet, siehe Definition 32.1, zu jedem $u \in B_1$ gibt es ein $f \in B_2$ mit

$$\|A_n D_{1,n} u - D_{2,n} f\| \to 0 \quad \text{für } n \to \infty,$$

und wir können mit (15) abschätzen

$$\|A_n D_{1,n} u\| \leqslant \|A_n D_{1,n} u - D_{2,n} f\| + \|D_{2,n} f\| \leqslant \|A_n D_{1,n} u - D_{2,n} f\| + k \|f\| < \infty,$$

das ist (16); Satz 32.7 ergibt also

$$\|A_n\| \leqslant k < \infty \quad (n \in \mathbf{N}). \qquad ∎$$

Bisher gingen wir immer davon aus, daß u eine Lösung der Gleichung $Au = f$ war. Wir können nun den Sachverhalt umkehren und zeigen, daß, falls das Differenzenverfahren u_n gegen ein u diskret konvergiert, dann u eine Lösung von $Au = f$ sein muß. Man kann also Differenzenverfahren dazu benutzen, um die Existenz von Lösungen bei partiellen Differentialgleichungen zu beweisen; siehe auch Ladyženskaja [1], [2], [3].

Satz 32.9 *Wir setzen über das Diagramm 32.1 voraus:*
1. $D_{1,n} : B_1 \to B_{1,n}$ *surjektiv,* $D_{2,n}$ *erfüllen die Bedingung* (D_2), *die Einbettungsoperatoren* $i_n : B_{1,n} \to B_1$ *seien gleichmäßig beschränkt und rechtsinvers zu* $D_{1,n}$.
2. A *sei erklärt auf dem gesamten Raum* B_1.
3. A *und* A_n *seien konsistent für alle* $u \in B_1$.
4. *Für* $f \in B_2$ *konvergiere das Verfahren* $u_n = A_n^{-1} D_{2,n} f$ *diskret gegen* u.

Dann ist u *eine Lösung der Gleichung* $Au = f$.

Beweis. Die Konsistenz $\|D_{2,n} Au - A_n D_{1,n} u\| \to 0$ bedeutet die diskrete Konvergenz von $A_n D_{1,n} u$ gegen Au, daraus folgt mit den Voraussetzungen 1 nach Satz 32.8 die gleichmäßige Beschränktheit von $\{A_n\}$, d.h. $\|A_n\| \leqslant k < \infty$, und wir können abschätzen

$$\|D_{2,n}(Au - f)\| \leqslant \|D_{2,n} Au - A_n D_{1,n} u\| + \|A_n D_{1,n} u - D_{2,n} f\|$$
$$= \|D_{2,n} Au - A_n D_{1,n} u\| + \|A_n D_{1,n} u - A_n A_n^{-1} D_{2,n} f\|$$
$$\leqslant \|D_{2,n} Au - A_n D_{1,n} u\| + k \|D_{1,n} u - u_n\|.$$

Dabei geht der erste Summand gegen Null wegen 3, und der zweite wegen 4. Die Bedingung (D_2) nochmals angewandt, haben wir also erhalten

$$\|Au - f\| = \lim_n \|D_{2,n}(Au - f)\| = 0, \quad \text{d.h.} \quad Au = f. \qquad \blacksquare$$

Wir können nun die Voraussetzungen verschieden miteinander kombinieren und mit Hilfe der schon bewiesenen Sätze viele andere Aussagen erhalten. Wir erwähnen hier noch eine, bei der wir den Satz 32.4 verwenden.

Satz 32.10 *Sei $D \subset B_2$ ein dichter, linearer Teilraum und es gelte:*

1. Für alle $f \in D$ existiert eine konsistente Lösung u der Gleichung $Au = f$.

2. Das Verfahren ist stabil.

3. $D_{2,n}$ ist gleichmäßig beschränkt, d.h. (15).

4. Es existieren lineare Abbildungen $i_n \colon B_{1,n} \to B_1$ mit: $\{i_n\}$ ist gleichmäßig beschränkt und es gilt

$$\|i_n D_{1,n} u - u\| \to 0 \quad \text{für alle } u \in B_1.$$

Dann existiert ein stetiger, linearer Lösungsoperator $L \colon B_2 \to B_1$, so daß für $f \in D$ gilt: $A \circ Lf = f$.

Beweis. Die Familie $\{i_n A_n^{-1} D_{2,n}\}$ ist gemäß den Voraussetzungen gleichmäßig beschränkt. Sei nun $f \in D$, dann existiert eine konsistente Lösung u und mit dem Konvergenzsatz 32.1 folgt

$$\|D_{1,n} u - A_n^{-1} D_{2,n} f\| \to 0.$$

Wegen der Voraussetzung 4 folgt nach Satz 32.4

$$(20) \qquad \|u - i_n A_n^{-1} D_{2,n} f\| \to 0, \quad \text{für } f \in D,$$

und wir können damit den Satz von Banach-Steinhaus anwenden und erhalten die Existenz einer stetigen, linearen Abbildung

$$L \colon B_2 \to B_1, \qquad \left(Lf = \lim_n i_n A_n^{-1} D_{2,n} f\right),$$

wobei wegen (20) für $f \in D$ gilt $u = Lf$, d.h. $A \circ Lf = f$. $\qquad \blacksquare$

Die Aussage von Satz 32.10 bedeutet, daß bei eindeutiger Lösbarkeit von $Au = f$, es nur für korrekt gestellte Aufgaben Zweck hat, nach konsistenten, stabilen Approximationsverfahren zu suchen.

Kehren wir nun noch einmal zum Konvergenzsatz zurück! Wir haben gesehen, daß die Lösungen des Rechenverfahrens $u_n = A_n^{-1} f_n$ bei einem konsistenten, stabilen Verfahren gegen die Lösung u der Gleichung $Au = f$ konvergieren, wenn nur die Werte f_n diskret gegen f konvergieren. Für die Rechenpraxis ist diese Art der Konvergenz sehr wichtig, da es oft nicht möglich ist, mit den exakt diskretisierten Werten $D_{2,n} f$ zu rechnen, sondern nur mit angenäherten Werten f_n (z. B. wenn f selbst nur angenähert aus Messungen bekannt ist). Dieses günstige Verhalten des Verfahrens bei „kleinen Störungen" bestätigt auch der nächste Satz.

Seien dazu:

$$Q_n : B_{1,n} \to B_{2,n} \quad \text{linear, stetig mit } \|Q_n\| \to 0,$$
$$A_n' := A_n + Q_n.$$

Setzt man nun A_n' anstelle von A_n, so erhält man ein neues Approximationsverfahren.

Satz 32.11 (Störungssatz) 1. *Sind A, A_n konsistent in u und gilt zusätzlich $Q_n D_{1,n} u \to 0$, so sind auch A, A_n' konsistent in u.*

2. *Ist die Familie $\{A_n^{-1}\}$ gleichmäßig beschränkt, so ist für ein $n_0 \in \mathbf{N}$ auch die Familie $\{A_n'^{-1} \mid n \geq n_0\}$ gleichmäßig beschränkt.*

Beweis. 1. Es gilt

$$\|D_{2,n} Au - A_n' D_{1,n} u\| \leq \|D_{2,n} Au - A_n D_{1,n} u\| + \|Q_n D_{1,n} u\| \to 0.$$

2. Sei $\|A_n^{-1}\| \leq M$; wir zeigen zunächst, daß $A_n + Q_n$ invertierbar für $n \geq n_1$ ist. Dazu betrachten wir den Operator

$$Id + A_n^{-1} \circ Q_n = A_n^{-1} A_n'.$$

Wegen $\|A_n^{-1} Q_n\| \leq M \|Q_n\|$ und $\|Q_n\| \to 0$ existiert ein $n_1 \in \mathbf{N}$ mit $\|A_n^{-1} Q_n\| < 1$ für $n \geq n_1$. Damit ist nach Lemma 12.1 für $n \geq n_1$ der Operator $Id + A_n^{-1} Q_n$ invertierbar; also ist für $n \geq n_1$ auch A_n' stetig invertierbar und insbesondere surjektiv. Weiter gilt

$$\|A_n' u_n\| = \|(A_n + Q_n) u_n\| \geq \|A_n u_n\| - \|Q_n u_n\| \geq \frac{1}{M} \|u_n\| - \|Q_n\| \, \|u_n\|$$
$$= \left(\frac{1}{M} - \|Q_n\| \right) \|u_n\| \geq \frac{1}{2M} \|u_n\|, \quad \text{für } n \geq n_2.$$

Für $n_0 = \max \{n_1, n_2\}$ folgt damit

$$\|A_n'^{-1}\| \leq 2M \quad \text{für } n \geq n_0,$$

das ist die Stabilität von $A_n'^{-1}$. ∎

Wir wollen jetzt zeigen, wie sich Differenzenverfahren für lineare partielle Differentialgleichungen dieser Theorie unterordnen.
Sei dazu:
$\Omega \subset \mathbf{R}^r$ ein Gebiet mit hinreichend regulärem Rand $\partial\Omega$, dabei können einzelne Randstücke $\Gamma_i \subset \partial\Omega$, $i = 1, \ldots, s$, ausgezeichnet sein, $\left(\text{evtl. } \Gamma_i = \Gamma_j \text{ oder } \bigcup_i \Gamma_i \neq \partial\Omega \right)$.

F_0^1, F_0^2 seien Banachräume von Funktionen $f : \Omega \to \mathbf{R}$,

F_i Banachräume von Funktionen $f_i : \Gamma_i \to \mathbf{R}$, $\quad i = 1, \ldots, s$.

$L : F_0^1 \to F_0^2$ sei ein linearer Differentialoperator,

$l_i : F_0^1 \to F_i$ seien lineare Randoperatoren, $\quad i = 1, \ldots, s$.

Das allgemeine Randwertproblem lautet dann:

$$(21) \quad \begin{aligned} &\text{gegeben seien } f \in F_0^2, \; f_i \in F_i, \qquad i = 1, \ldots, s, \\ &\text{gesucht wird ein } u \in F_0^1 \text{ mit } Lu = f \text{ und } l_i u = f_i, \qquad i = 1, \ldots, s. \end{aligned}$$

Wir versehen nun $\bar{\Omega}$ mit einem rechteckigen Gitter, dessen Kanten $K(h)$ alle von einer einzigen Variablen $h \in \mathbf{R}^+$ abhängen, sie können selbstverständlich verschieden lang sein. Die Menge der Gitterpunkte bezeichnen wir $\bar{\Omega}_h$. Weiter sei

$$S_h := \{ x \in \bar{\Omega}_h \mid d(x, \partial\Omega) < h \}, \quad \Gamma_{i,h} \subset S_h, \qquad i = 1, \ldots, s,$$
$$\Omega_h := \bar{\Omega}_h \backslash S_h.$$

Wir wollen jetzt das Problem (21) diskretisieren.

Seien dazu:

$$F_{0,h}^1, \; F_{0,h}^2 \text{ Banachräume von Funktionen } f : \bar{\Omega}_h \to R,$$
$$F_{i,h} \text{ Banachräume von Funktionen } f : \Gamma_{i,h} \to R, \qquad i = 1, \ldots, s,$$
$$D_{0,h}^i : F_0^i \to F_{0,h}^i \quad \text{linear}, \; i = 1, 2,$$
$$d_{i,h} : F_i \to F_{i,h} \quad \text{linear}, \; i = 1, \ldots, s.$$

Die genaue Definition der Diskretisierungoperatoren und der diskreten Funktionenräume hängt von der Art des Problems (21) ab. Ist z.B. F ein Raum stetiger Funktionen, versehen mit der sup-Norm, so kann man als Diskretisierung in der Regel die Restriktion auf das Gitter nehmen. Den Raum F_h versieht man mit der max-Norm und bettet ihn in F ein, indem man die Gitterfunktionen linear fortsetzt. Bei „krummen" Gebieten treten möglicherweise Schwierigkeiten am Rande auf $(S_h \not\subset \partial\Omega)$. Ist F ein Sobolev-Raum oder ein L_2-Raum, wird man anders vorgehen müssen. Beispiele werden im nächsten Paragraphen vorgestellt werden.

Wir diskretisieren nun auch die Operatoren L, l_i, indem wir die Ableitungen durch geeignete Differenzenoperatoren ersetzen und betrachten die Approximationsoperatoren:

$$L_h : F_{0,h}^1 \to F_{0,h}^2 \quad \text{linear},$$
$$l_{i,h} : F_{0,h}^1 \to F_{i,h} \quad \text{linear}, \; i = 1, \ldots, s.$$

Damit lautet dann das Differenzengleichungssystem: gesucht wird ein $u_h \in F_{0,h}^1$ mit

$$(22) \quad L_h u_h = D_{0,h}^2 f, \text{ und } l_{i,h} u_h = d_{i,h} f_i, \qquad i = 1, \ldots, s.$$

Wir wollen mit dem obigen Konvergenzsatz zeigen, wann die Lösungen des Problems (22) gegen die des Problems (21) konvergieren.

Wir setzen dazu:

$$B_1 := F_0^1, \qquad B_2 := F_0^2 \times \underset{1}{\overset{s}{\times}} F_i \quad \text{mit der Norm } \| \cdot \|_{F_0^2} + \sum_1^s \| \cdot \|_{F_i},$$
$$B_{1,n} := F_{0,h}^1, \qquad B_{2,n} := F_{0,h}^2 \times \underset{1}{\overset{s}{\times}} F_{i,h}, \qquad h = \frac{1}{n},$$

$$A : B_1 \to B_2 : \qquad u \mapsto (Lu, l_1 u, \ldots, l_s u),$$

$$A_n : B_{1,n} \to B_{2,n} : \qquad v \mapsto (L_h v, l_{1,h} v, \ldots, l_{s,h} v),$$

$$D_{1,n} : B_1 \to B_{1,n} : \qquad u \mapsto D_{0,h}^1 u,$$

$$D_{2,n} : B_2 \to B_{2,n} : \qquad u \mapsto (D_{0,h}^2 u, d_{1,h} u, \ldots, d_{s,h} u).$$

Wir können jetzt die obige Theorie übertragen. Die Voraussetzungen für die Konvergenz des Verfahrens lauten:

1. Konsistenz von A und A_n liegt vor, wenn gilt

$$\| D_{0,h}^2 (Lu) - L_h (D_{0,h}^1 u) \| \to 0,$$

und $\qquad \| d_{i,h} (l_i u) - l_{i,h} (D_{0,h}^1 u) \| \to 0, \quad$ für $i = 1, \ldots, s$.

2. Die A_n^{-1} sind gleichmäßig beschränkt, wenn es ein $c > 0$ gibt, so daß für alle h gilt

$$\| u_h \| \leqslant c \left(\| L_h u_h \| + \sum_1^s \| l_{i,h} u_h \| \right) = c \| A_n u_h \|,$$

oder auch, wenn es ein $c \geqslant 0$ gibt, so daß für alle h gilt

$$\| u_h \| \leqslant c \left(\| D_{0,h}^2 f \| + \sum_1^s \| d_{i,h} f_i \| \right),$$

für alle f, f_i, u_h, die den Gleichungen (22) genügen.

Sind diese Voraussetzungen erfüllt, so gilt nach Satz 32.1

$$\| D_{0,h}^1 u - u_h \| \to 0 \quad \text{für } h \to 0,$$

wenn u eine Lösung von (21) und u_h eine Lösung von (22) ist. Auch die anderen Sätze lassen sich sofort auf das Differenzenverfahren (22) für das Randwertproblem (21) übertragen.

Aufgaben

32.1 Verallgemeinere die Überlegungen von Beispiel 32.1 (Wärmeleitungsgleichung) auf mehrere Raumvariablen $x = (x_1, \ldots, x_r)$. Sei k die Maschenweite in der t-Richtung und h die in der x-Richtung, sei $\lambda := k/h^2$. Zeige, daß Stabilität für $1 - 2r\lambda \geqslant 0$ vorliegt.

32.2 Entwickele ein Differenzenverfahren fürs Anfangswertproblem $y' = y$, $y(0) = 1$ und zeige die Konvergenz des Verfahrens.

32.3 Löse das Anfangswertproblem $y' = cy$, $y(0) = a$, $(a, c$ reelle Konstanten) mit einem Differenzenverfahren, bei dem man y' durch $\frac{1}{h} [3y(x) - y(x+h) - 2y(x-h)]$ approximiert. Konvergiert das Verfahren?, ist das Verfahren konsistent?, und von welcher Ordnung?

32.4 Entwickele ein Differenzenverfahren fürs Anfangswertproblem

$$y'' + y' - 2y = 0, \qquad y(0) = a, \qquad y'(0) = b.$$

§33 Differenzenverfahren für elliptische Differentialgleichungen und für die Wellengleichung

Wir wollen in diesem Paragraphen eine Methode zur Konstruktion von Differenzenverfahren für partielle Differentialgleichungen vom elliptischen Typ entwickeln und das in Beispiel 32.2 betrachtete Verfahren für die Wellengleichung auf mehrere Raumkoordinaten verallgemeinern. Dafür benötigen wir einige Abschätzungen, die wir im nächsten Abschnitt bereitstellen.

33.1 Einige Ungleichungen

Die in diesem Abschnitt hergeleiteten Sätze entsprechen bekannten Sätzen aus der Theorie der partiellen Differentialgleichungen (wenn man das Summen- durch das Integralzeichen und den Differenzen- durch den Differentialoperator ersetzt).

Bezeichnungen $\Omega \subset \mathbf{R}^r$ sei offen, zusammenhängend und beschränkt, e_i sei der Einheitsvektor der i-ten Raumkoordinate. Für $u : \Omega \to \mathbf{R}$ sei, wie üblich

$$\Delta_h^i u(x) := \frac{u(x + he_i) - u(x)}{h}, \qquad i = 1, \ldots, r,$$

$$(\Delta^h u)^2 := \sum_1^r (\Delta_h^i u)^2 \,.$$

$\bar{\Omega}_h$ sei ein quadratisches Gitter auf $\bar{\Omega}$ mit der Maschenweite h.

$$S_h := \{ x \in \bar{\Omega}_h \mid d(x, \partial\Omega) < h \}, \qquad \Omega_h := \bar{\Omega}_h \backslash S_h \,.$$

Sind $x_1, \ldots, x_k \in \mathbf{R}^r$, so bezeichnet $L[x_1, \ldots, x_k]$ den von $x_1, \ldots, x_k$ aufgespannten Teilraum.

Wir leiten zunächst eine Formel für Δ_h^i her, die der Regel für die partielle Integration für $\partial/\partial x_i$ entspricht.

Satz 33.1 *Seien* $u, v : \bar{\Omega}_h \to \mathbf{R}$ *mit* $u|_{S_h} = 0 = v|_{S_h}$, *dann gilt:*

$$\sum_{\bar{\Omega}_h} u \cdot \Delta_h^i v = - \sum_{\bar{\Omega}_h} \Delta_{-h}^i u \cdot v \,.$$

Beweis. Da Ω beschränkt ist, können wir Ω in einen r-dimensionalen Würfel W einbetten. Wir setzen u, v durch Null auf ganz $\mathbf{R}^r$ fort. Es reicht dann, die Formel für $\bar{W}_h$ zu zeigen. Der Beweis wird durch Induktion nach r geführt.

$r = 1$: Dann ist Ω ein Intervall (oBdA $\Omega = (0,1)$) und $\bar{\Omega}_h$ ist die Menge der Punkte

$$x = jh, \qquad j = 0, 1, \ldots, n = 1/h \,.$$

Nach Voraussetzung gilt

$$v(0) = v(nh) = 0 = u(nh) = u(0),$$

und damit (natürlich ist hier $i = 1$)

$$\sum_{j=0}^{n-1} u\, \Delta_h^1 v = \frac{1}{h} \sum_{j=0}^{n-1} \left(u(jh)\, v(jh+h) - u(jh)\, v(jh) \right)$$

$$= \frac{1}{h} \sum_{j=0}^{n-1} \left(u(jh-h)\, v(jh) - u(jh)\, v(jh) \right) = - \sum_{j=0}^{n-1} \Delta_{-h}^1 uv\,.$$

$r > 1$: Wir können $\overline{W}_h$ als direkte Summe eines $(r-1)$-dimensionalen Würfels $\overline{W_h^1}$ und eines 1-dimensionalen Würfels $\overline{W_h^2}$ auffassen. Dazu setzen wir

$$\overline{W_h^1} := \text{Projektion von } \overline{W}_h \text{ auf } L[e_1, \ldots, e_{i-1}, e_{i+1}, \ldots, e_r]$$

$$\overline{W_h^2} := \text{Projektion von } \overline{W}_h \text{ auf } L[e_i]\,.$$

Dann folgt:

$$\sum_{\overline{W}_h} u\, \Delta_h^i v = \sum_{\overline{W_h^1}} \sum_{\overline{W_h^2}} u\, \Delta_h^i v = \sum_{\overline{W_h^1}} \left(- \sum_{\overline{W_h^2}} \Delta_{-h}^i uv \right) \qquad \text{(1-dim. Fall)}$$

$$= \sum_{\overline{W}} - \Delta_{-h}^i uv\,.$$

■

Lemma 33.1 *Sei* $u: \bar{\Omega}_h \to \mathbf{R}$, $u|_{s_h} = 0$. *Dann existiert ein* $c > 0$, *c nur von* Ω *abhängig, mit*:

$$h^r \sum_{\bar{\Omega}_h} u(x)^2 \leqslant c\, h^r \sum_{\bar{\Omega}_h} (\Delta^h u)^2 (x)\,.$$

Beweis. Wie eben nehmen wir o.B.d.A. an

$$\bar{\Omega}_h = \overline{W}_h = \{ x \mid x = (k_1 h, \ldots, k_r h),\ -n \leqslant k_i \leqslant n \}\,,$$

und führen den Beweis wieder durch Induktion nach r.

$r = 1$: Da $u(-nh) = 0$ ist, gilt

$$u(kh) = h \sum_{j=-n}^{k-1} \Delta_h^1 u(jh)$$

und somit

$$u(kh)^2 = h^2 \left(\sum_{-n}^{k-1} \Delta_h^1 u(jh) \right)^2 \leqslant h^2 \left(\sum_{-n}^{k-1} 1 \right) \left(\sum_{-n}^{k-1} (\Delta_h^1 u(jh))^2 \right)$$

$$\leqslant h^2\, 2n \sum_{-n}^{k-1} (\Delta_h^1 u(jh))^2 \leqslant (2nh)\, h \sum_{-n}^{n-1} (\Delta_h^1 u(jh))^2 = (2nh)\, h \sum_{\overline{W}_h} (\Delta_h^1 u(jh))^2\,.$$

Da im eindimensionalen Fall $(\Delta^h u)^2 = (\Delta_h^1 u)^2$ ist, folgt:

$$\sum_{\overline{W}_h} u(kh)^2 \leqslant \sum_{\overline{W}_h} \left(2nh \cdot h \sum_{\overline{W}_h} (\Delta^h u)^2 \right) = 2nh \left(\sum_{\overline{W}_h} h \right) \sum_{\overline{W}_h} (\Delta^h u)^2 = (2nh)^2 \sum_{\overline{W}_h} (\Delta^h u)^2\,.$$

Dabei ist $2nh$ nur von der Größe des Gebietes abhängig (Kantenlänge des Würfels $\overline{W}_h$).

$r > 1$: Seien $\bar{W}_h^1$, $\bar{W}_h^2$ definiert wie oben, dann gilt:

$$\sum_{\bar{W}_h} u^2 = \sum_{\bar{W}_h^1}\left(\sum_{\bar{W}_h^2} u^2\right) \leqslant \sum_{\bar{W}_h^1}\left((2nh)^2 \sum_{\bar{W}_h^2}(\varDelta_h^i u)^2\right) \leqslant \sum_{\bar{W}_h^1}(2nh)^2 \sum_{\bar{W}_h^2}(\varDelta^h u)^2 = (2nh)^2 \sum_{\bar{W}_h}(\varDelta^h u)^2. \qquad \blacksquare$$

Bemerkung Im kontinuierlichen Fall ist dies das Lemma von Poincaré.

Lemma 33.2 *Sei* $u\colon \bar{\Omega}_h \to \mathbf{R}$, $u|_{S_h} = 0$, *dann gilt*

$$\max_{\bar{\Omega}_h} |u| \leqslant c \left(h^r \sum_{\bar{\Omega}_h}(\varDelta_h^1 \ldots \varDelta_h^r u)^2\right)^{1/2},$$

wobei c *wieder nur von* Ω *abhängt**).

Beweis. Sei $\bar{W}_h$ wie oben, dann schließen wir analog

$$|u(k_1 h, \ldots, k_r h)|^2 \leqslant (2nh)\,h \sum_{j_1 = -n}^{n}(\varDelta_h^1 u(j_1 h, k_2 h, \ldots, k_r h))^2,$$

und weiter:

$$|\varDelta_h^1 u(j_1 h, k_2 h, \ldots, k_r h)|^2 \leqslant (2nh)\,h \sum_{j_2 = -n}^{n}(\varDelta_h^2 \varDelta_h^1 u(j_1 h, j_2 h, k_3 h, \ldots, k_r h))^2,$$

usw., insgesamt also

$$|u(k_1 h, \ldots, k_r h)|^2 \leqslant (2nh)^r h^r \sum_{j_1 = -n}^{n} \ldots \sum_{j_r = -n}^{n}(\varDelta_h^r \ldots \varDelta_h^1 u(j_1 h, \ldots, j_r h))^2$$

$$= (2nh)^r h^r \sum_{\bar{W}_h}(\varDelta_h^r \ldots \varDelta_h^1 u)^2,$$

und damit folgt das Lemma mit $c = (2nh)^{r/2}$.

Es folgt sofort der

Satz 33.2 *Sei* $u\colon \bar{\Omega}_h \to \mathbf{R}$, $u|_{S_h} = 0$, *dann gilt*

$$\max_{\bar{\Omega}_h} |u| \leqslant c \left(h^r \sum_{\bar{\Omega}_h}(u^2 + (\varDelta_h^1 u)^2 + \ldots + (\varDelta_h^r \ldots \varDelta_h^1 u)^2)\right)^{1/2},$$

wobei c *nur von* Ω *abhängt.*

Bemerkung Dieser Satz entspricht im kontinuierlichen Fall dem Lemma von Sobolev. Man mache sich klar, daß dieses Lemma hier eigentlich eine schärfere Aussage vermuten läßt: die Differenzierungsordnung beim Sobolevschen Lemma ist $r/2$, während hier die Differenzenordnung r ist.

---

*) Hier, wie überall, setzen wir $u = 0$ auf $\complement\,\bar{\Omega}_h$, damit die Differenzen $\varDelta$ überall definiert sind.

33.2 Konstruktion eines Differenzenverfahrens für das Dirichletproblem

Wir betrachten folgendes Problem:

Sei $\Omega \subset \mathbf{R}^r$ offen, beschränkt und zusammenhängend

$$\text{gegeben sei } f: \Omega \to \mathbf{R},$$

$$\text{gesucht: } u: \bar{\Omega} \to \mathbf{R} \quad \text{mit}$$

$$Lu := \sum_{i,\,j=1}^{r} \frac{\partial}{\partial x_i}\left(a_{ij}\frac{\partial u}{\partial x_j}\right) + \sum_{i=1}^{r}\left(\frac{\partial}{\partial x_i}(a_i u) + b_i\frac{\partial u}{\partial x_i}\right) + au = f \quad \text{und} \quad u\,|_{\partial\Omega} = 0.$$

Dabei seien die Koeffizientenfunktionen a_{ij}, a_i, b_i, $a \in C(\bar{\Omega})$ reellwertig und der Operator L erfülle die Ladyženskaja-Bedingung, d.h. es existiert ein $d > 0$ mit

$$(L) \qquad \sum_{i,\,j} a_{ij} y_i y_j + \sum_i (a_i - b_i)\, y_i y_0 - a y_0^2 \geqslant d\sum_i y_i^2,$$

für alle $y_0, y_1, \ldots, y_r \in \mathbf{R}$ und alle $x \in \bar{\Omega}$ (die Koeffizientenfunktionen können von x abhängig sein).

Wir können uns hier auf die homogene Randbedingung beschränken, denn aus

$$(1) \qquad Lu = f,\; u\,|_{\partial\Omega} = g,$$

folgt

$$L(u - g) = Lu - Lg = f - Lg =: \tilde{f}, \qquad u - g\,|_{\partial\Omega} = 0.$$

Wir lösen also

$$(1') \qquad Lv = \tilde{f}, \qquad v\,|_{\partial\Omega} = 0.$$

Ist v dann Lösung von $(1')$, so ist $u = v + g$ eine Lösung von (1). Voraussetzung ist natürlich, daß g von $\partial\Omega$ auf Ω fortsetzbar ist und daß Lg existiert, dies kann man durch die Spursätze von §8 gewährleisten.

Wir wollen nun heuristisch zeigen, wie man zum Approximationsoperator L_h kommt. Da wir nur schwache Lösungen für unser Problem ($Lu = f$, $u\,|_{\partial\Omega} = 0$) suchen – starke erhalten wir mittels des Weylschen Lemmas, Satz 20.4, durch entsprechende Regularitätsvoraussetzungen – haben wir für alle $v \in C_0^\infty(\Omega) = \mathscr{D}(\Omega)$

$$(2) \qquad \int_\Omega\left[\sum_{i,\,j} a_{ij}\frac{\partial u}{\partial x_j}\frac{\partial v}{\partial x_i} + \sum_i\left(a_i u\frac{\partial v}{\partial x_i} - b_i\frac{\partial u}{\partial x_i}v\right) - auv\right]\mathrm{d}x = -\int_\Omega fv\,\mathrm{d}x, \qquad u\,|_{\partial\Omega} = 0.$$

Wir gehen nun in (2) zur Differenzengleichung auf dem quadratischen Gitter $\bar{\Omega}_h$ über

$$\sum_{\bar{\Omega}_h} h^r\left[\sum_{i,\,j} a_{ij}\Delta_h^j u\,\Delta_h^i v + \sum_i (a_i u\,\Delta_h^i v - b_i\Delta_h^i uv) - auv\right] = -h^r\sum_{\bar{\Omega}_h} f\cdot v,$$

$$u\,|_{S_h} = 0 = v\,|_{S_h}.$$

Letztere Gleichung ist nach Satz 33.1 äquivalent zu:

$$h^r \sum_{\bar{\Omega}_h} \left[-\sum_{i,j} \Delta^i_{-h}(a_{ij}\Delta^j_h u)v - \sum_i (\Delta^i_{-h}(a_i u)v - b_i(\Delta^i_h u)v) - auv \right] = -h^r \sum_{\bar{\Omega}_h} fv.$$

Mit $\qquad L_h u := \sum_{i,j} \Delta^i_{-h}(a_{ij}\Delta^j_h u) + \sum_i (\Delta^i_{-h}(a_i u) + b_i \Delta^i_h u) + au$

– dies ist der Approximationsoperator – ergibt sich

$$(3) \qquad h^r \sum_{\bar{\Omega}_h} (L_h u)v = h^r \sum_{\bar{\Omega}_h} fv \quad \text{für alle } v \in C_0^\infty(\Omega), \qquad u|_{S_h} = 0.$$

Dies ist äquivalent zu

$$(4) \qquad L_h u(x) = f(x), \quad \text{für alle } x \in \Omega_h, \quad u|_{S_h} = 0.$$

Beweis. $(4) \curvearrowright (3)$: klar! $(3) \curvearrowright (4)$: Wähle $v_x \in C_0^\infty(\Omega)$ mit

$$v_x = \begin{cases} 1 & \text{in } x \\ 0 & \text{in allen anderen Punkten von } \bar{\Omega}_h \end{cases}$$

Dann folgt

$$\sum_{\bar{\Omega}_h} L_h u v_x = L_h u(x), \qquad \sum_{\bar{\Omega}_h} f v_x = f(x). \qquad\blacksquare$$

Eine Lösung von (4) nennen wir u_h. (4) ist ein lineares Gleichungssystem mit $|\Omega_h|$ Gleichungen und $|\Omega_h|$ Unbekannten. Die eindeutige Lösbarkeit beweist der folgende

Satz 33.3 *Aus $L_h u_h = 0$, $u_h|_{S_h} = 0$ folgt $u_h = 0$.*

Beweis. Wegen $L_h u_h = 0$ folgt aus der Ladyženskaja-Bedingung

$$(L) \qquad \begin{aligned} 0 &= -\sum_{\Omega_h} L_h u_h u_h \\ &= -\sum_{\Omega_h} \left(\sum_{i,j} \Delta^i_{-h}(a_{ij}\Delta^h u_h)u_h + \sum_i (\Delta^i_{-h}(a_i u_h)u_h + b_i \Delta^i_h u_h u_h) + au_h u_h \right) \\ &= \sum_{\Omega_h} \left(\sum_{i,j} a_{ij}\Delta^j_h u_h \Delta^i_h u_h + \sum_i (a_i - b_i)\Delta^i_h u_h u_h - au_h u_h \right) \\ &\geq \sum_{\Omega_h} d \sum_1^r (\Delta^i_h u_h)^2, \end{aligned}$$

also folgt $\Delta^i_h u_h = 0$ und somit $u_h = \text{const}$, da $\bar{\Omega}_h$ zusammenhängend ist. Wegen $u_h|_{S_h} = 0$ haben wir damit $u_h = 0$. $\qquad\blacksquare$

Wir wollen nun den Konvergenzsatz aus §32 anwenden. Da nach Bemerkung 32.1 (iv) die Normen auf B_1 und B_2 keine Rolle spielen, wählen wir einfach

$$B_2 := C(\bar{\Omega}), \qquad B_1 := \{u \in C(\bar{\Omega}) \mid u|_{\partial\Omega} = 0\} = C_0(\bar{\Omega}).$$

(Wir könnten auch die Sobolevräume $\overset{\circ}{W}{}^1_2(\Omega)$ und $L_2(\Omega)$ nehmen). Für $B_{2,h}$ nehmen wir alle Gitterfunktionen auf $\bar{\Omega}_h$ und für $B_{1,h}$ alle Gitterfunktionen u_h, die die

Randbedingung $u_h|_{S_h} = 0$ erfüllen. Dazu wählen wir folgende Normen

$$\|f\|_{2,h}^2 = \sum_{\bar\Omega_h} h^r f^2, \qquad f \in B_{2,h},$$

$$\|u_h\|_{1,h}^2 = \sum_{\bar\Omega_h} h^r (u_h^2 + (\Delta^h u_h)^2), \qquad u_h \in B_{1,h}.$$

Als Diskretisierungsoperatoren $D_{1,h}, D_{2,h}$ nehmen wir die Restriktionsoperatoren. Wir weisen jetzt die Stabilität und die Konsistenz des Verfahrens nach.

Wie im Falle $f = 0$ schließen wir (Ladyženskaja-Bedingung (L))

$$- h^r \sum_{\bar\Omega_h} f u_h = h^r \sum_{\Omega_h} \left[\sum_{i,j} a_{ij} \Delta_h^j u_h \cdot \Delta_h^i u_h + \sum_i (a_i u_h \Delta_h^i u_h - b_i \Delta_h^i u_h u_h) - a u_h u_h \right]$$

$$\geq d h^r \sum_{\Omega_h} \sum_1^r (\Delta_h^i u_h)^2 = d h^r \sum_{\Omega_h} (\Delta^h u_h)^2,$$

und damit

$$d h^r \sum_{\Omega_h} (\Delta^h u_h)^2 \leq h^r \sum_{\Omega_h} |f|\,|u_h|.$$

Für $e > 0$ folgt wegen

$$(e^{1/2} u_h \pm e^{-1/2} f)^2 \geq 0,$$

sofort

$$|f|\,|u_h| \leq \frac{1}{2} e u_h^2 + \frac{1}{2e} f^2,$$

also

$$d h^r \sum_{\Omega_h} (\Delta^h u_h)^2 \leq h^r \sum_{\Omega_h} \left(\frac{1}{2} e u_h^2 + \frac{1}{2e} f^2 \right)$$

$$\leq h^r \sum_{\Omega_h} \left(\frac{e}{2} c (\Delta^h u_h)^2 + \frac{1}{2e} f^2 \right) \quad \text{nach Lemma 33.1.}$$

Wir wählen nun e so, daß $ce = d$ ist, dann gilt

$$\frac{d}{2} h^r \sum (\Delta^h u_h)^2 \leq h^r \sum \frac{1}{2e} f^2$$

oder $\quad h^r \sum (\Delta^h u_h)^2 \leq \frac{1}{de} h^r \sum f^2,$

und damit, wieder mit Lemma 33.1 und letzterer Abschätzung,

$$\|u_h\|_{1,h}^2 = \sum h^r (u_h^2 + (\Delta^h u_h)^2) \leq (c+1) h^r \sum (\Delta^h u_h)^2 \leq \frac{c+1}{de} h^r \sum f^2$$

$$= \frac{c+1}{de} \|f\|_{2,h}^2.$$

Das ist die Stabilität in den gewählten Normen: $\| L_h^{-1} \| = \| A_n^{-1} \| \leqslant \sqrt{\dfrac{c+1}{de}}$.

Für den Konsistenzbeweis setzen wir voraus, daß die Lösung u der Differentialgleichung zu $C^3(\bar{\Omega})$ gehört und für die Koeffizienten a_{ij}, $a_i \in C^2(\bar{\Omega})$, b_i, $a \in C(\bar{\Omega})$ gilt. Wir wollen zeigen

$$\| L_h u - L u \|_{2,h} \leqslant h M_1 \,,$$

d.h. Konsistenz erster Ordnung.

Da Ω beschränkt ist, gilt für $g \in C(\bar{\Omega})$

$$\sum_{\bar{\Omega}_h} h^r g^2 \leqslant \max_{\bar{\Omega}_h} (g^2) \sum_{\bar{\Omega}_h} h^r \leqslant \max_{\bar{\Omega}_h} (g^2) \cdot \mathrm{vol}\,(\Omega),$$

also reicht es zu zeigen, daß

$$\max_{\bar{\Omega}_h} | L_h u - L u | \leqslant h M \,,$$

(setze dann $M_1 = M \cdot \mathrm{vol}\,(\Omega)$).

Es gilt (Taylorentwicklung)

$$\Delta_h^i u(x) = \frac{u(x + h e_i) - u(x)}{h} = \frac{\partial u}{\partial x_i} + \frac{h}{2} \frac{\partial^2 \bar{u}}{\partial x_i^2} \,,$$

$$\Delta_{-h}^i u(x) = \frac{u(x - h e_i) - u(x)}{-h} = \frac{\partial u}{\partial x_i} - \frac{h}{2} \frac{\partial^2 \bar{u}}{\partial x_i^2} \,,$$

$$\Delta_{-h}^i u(x) = \frac{\partial \bar{u}}{\partial x_i} \,,$$

dabei steht der Querstrich wieder als Abkürzung dafür, daß der Funktionswert an einer Stelle zwischen $x - h e_i$ und $x + h e_i$ zu nehmen ist. Damit folgt

$$L_h u = \sum_{i,j} \left[\Delta_{-h}^i \left(a_{ij} \left(\frac{\partial u}{\partial x_j} + \frac{h}{2} \frac{\partial^2 \bar{u}}{\partial x_j^2} \right) \right) \right] + \sum_i \Delta_{-h}^i (a_i u) + \sum_i b_i \left(\frac{\partial u}{\partial x_i} + \frac{h}{2} \frac{\partial^2 \bar{u}}{\partial x_i^2} \right) + a u$$

$$= \sum_{i,j} \left[\frac{\partial}{\partial x_i} \left(a_{ij} \frac{\partial u}{\partial x_j} \right) - \frac{h}{2} \frac{\partial^2}{\partial x_i^2} \overline{\left(a_{ij} \frac{\partial u}{\partial x_j} \right)} + \frac{h}{2} \frac{\partial}{\partial x_i} \overline{\left(a_{ij} \frac{\partial^2 u}{\partial x_j^2} \right)} \right]$$

$$+ \sum_i \left[\frac{\partial}{\partial x_i} (a_i u) - \frac{h}{2} \frac{\partial^2}{\partial x_i^2} \overline{(a_i u)} \right] + \sum_i \left[b_i \frac{\partial u}{\partial x_i} + \frac{h}{2} b_i \frac{\partial^2 \bar{u}}{\partial x_i^2} \right] + a u \,,$$

also $\max\limits_{\Omega_h} | L_h u - L u | \leqslant h M$, mit $M := \max$ über a_{ij}, a_i, b_i, u und deren Ableitungen.

Wir können nun den Konvergenzsatz aus §32 anwenden und erhalten für das Verfahren (4) Konvergenz erster Ordnung.

Aufgaben

33.1 Welche Bedingungen muß man zusätzlich voraussetzen, um aus der gleichmäßigen starken Elliptizität die Ladyženskaja-Bedingung (L) zu erhalten?

33.2 Sei Ω das Rechteck mit den Eckpunkten

$$A(-3,4), \qquad B(3,4), \qquad C(3,-4) \quad \text{und } D(-3,-4).$$

Stelle ein Differenzenverfahren zur Lösung des Dirichletproblems auf

$$
(D) \qquad
\begin{aligned}
\frac{\partial^2 u}{\partial x^2} + \frac{\partial^2 u}{\partial y^2} &= 0, \qquad (x,y) \in \Omega, \\
u(x,y) &= g, \qquad (x,y) \in \partial\Omega
\end{aligned}
$$

wobei wir für die Randfunktion g setzen

$$\text{a) } g = 1, \qquad \text{b) } g = y, \qquad \text{c) } g = x + y.$$

Vergleiche die approximativen Lösungen für $h = 1, 1/2$ (Maschenweite) mit den exakten Lösungen.

33.3 Sei Ω der Kreis $x^2 + y^2 < 16$. Stelle ein Differenzenverfahren zur Lösung des Dirichletproblems (D) auf, wobei wir für die Randfunktion g setzen.

$$\text{a) } g = 0, \qquad \text{b) } g = 1, \qquad \text{c) } g = x.$$

Vergleiche die approximativen Lösungen für $h = 1, 1/2$ mit den exakten Lösungen.

33.3 Ein Differenzenverfahren für die Wellengleichung in mehreren Raumvariablen

Wir haben in Beispiel 32.2 ein Differenzenverfahren für die Wellengleichung in einer Raumvariablen untersucht. Dieses Verfahren soll nun auf mehrere Raumvariablen verallgemeinert werden. Der Konvergenzbeweis wird dabei um einiges schwieriger und wir werden nur noch Konvergenz in diskreten Sobolev-Normen (wie bei dem Verfahren für elliptische Gleichungen in 33.2) erreichen können.

Sei also $\Omega \subset \mathbf{R}^r$ ein beschränktes Gebiet, $T \in \mathbf{R}^+$ und gegeben seien

$$f: \Omega \times [0,T] \to \mathbf{R}, \qquad g_0, g_1 : \Omega \to \mathbf{R},$$

gesucht ist eine Funktion $u: \bar{\Omega} \times [0,T] \to \mathbf{R}$ mit

$$
(1) \qquad
\begin{aligned}
\frac{\partial^2 u}{\partial t^2} &= \sum_1^r \frac{\partial^2 u}{\partial x_i^2} + f, \\
u(\cdot,0) = g_0, \quad \frac{\partial u(\cdot,0)}{\partial t} &= g_1, \qquad u|_{\partial\Omega \times [0,T]} = 0.
\end{aligned}
$$

Wir überziehen $\bar{\Omega}$ mit einem quadratischen Gitter der Maschenweite h und unterteilen das Intervall $[0,T]$ mit der Schrittweite τ (so daß o.B.d.A. $N := T/\tau \in \mathbf{N}$). $\bar{\Omega}_h$, Ω_h, S_h seien definiert wie in §33.1.

Um den Nachweis der Stabilität etwas übersichtlicher zu gestalten – wir haben es hier mit doppelten Differenzen $\Delta_h^i \Delta_h^j$ zu tun –, führen wir eine andere Schreibweise für die Differenzenoperatoren Δ_h^i ein. Für $u: \Omega \times [0, T] \to \mathbf{R}$ seien

$$u_{x_i}(x, t) := \frac{u(x + he_i, t) - u(x, t)}{h},$$

$$u_{\bar{x}_i}(x, t) := \frac{u(x, t) - u(x - he_i, t)}{h},$$

$$u_t(x, t) := \frac{u(x, t + \tau) - u(x, t)}{\tau},$$

$$u_{\bar{t}}(x, t) := \frac{u(x, t) - u(x, t - \tau)}{\tau},$$

$$T_i^h u(x, t) := u(x + he_i, t), \qquad T^\tau u(x, t) := u(x, t + \tau).$$

Weiter sei:

$$Q := \Omega_h \times \{0, \ldots, N\tau\}, \qquad F := S_h \times \{0, \ldots, N\tau\}, \quad \text{Zylindermantel}.$$

Wir stellen für spätere Zwecke noch einige triviale Identitäten zusammen:

a) $\qquad u_{x_i \bar{x}_i}(x, t) = u_{\bar{x}_i x_i} = \frac{1}{h^2} \left(u(x + he_i, t) - 2u(x, t) + u(x - he_i, t) \right),$

b) $\qquad (uv)_{x_i} = u_{x_i} v + (T_i^h u) v_{x_i},$

c) $\qquad (uv)_{\bar{x}_i} = u_{x_i} v + T_i^{-h}(uv_{x_i}),$

(a, b, c gelten analog für u_t, $u_{\bar{t}}$, T^τ),

d) $\qquad u_{t\bar{t}}(u_t + u_t) = (u_t)_{\bar{t}}^2,$

e) $\qquad u_{x_i \bar{x}_i}(u_t + u_{\bar{t}}) = (u_{x_i}(u_t + u_{\bar{t}}))_{\bar{x}_i} - T_i^{-h}(u_{x_i}(u_t + u_{\bar{t}})_{x_i}),$

(d, e folgen sofort aus b, c).

Wir betrachten nun folgendes Differenzenverfahren:

gesucht: $v: Q \cup F \to \mathbf{R}$ mit

(2) $\qquad L_{h,\tau} v := v_{t\bar{t}} - \sum_1^r v_{x_i \bar{x}_i} = f$ in $\Omega_h \times \{1\tau, \ldots, (N-1)\tau\},$

$v(x, 0) = g_0(x)$, für $x \in \Omega_h$, $\quad v(x, \tau) = g_0(x) + \tau g_1(x)$, für $x \in \Omega_h$, $\quad v(x, t) = 0$ in F.

Um den Konvergenzsatz 32.1 anwenden zu können, greifen wir die am Ende von §32 eingeführten Bezeichnungen auf. Wir zeichnen die Randstücke $\Gamma_1 = \Gamma_2$, Γ_3 von $\partial(\bar{\Omega} \times [0, T])$ aus:

$$\Gamma_1 := \Gamma_2 := \bar{\Omega} \times \{0\}, \qquad \Gamma_3 := \partial\Omega \times [0, T].$$

Wir nehmen wieder der Einfachheit halber (die Normen der Räume B_1, B_2, spielen beim Konvergenzsatz keine Rolle!)

$$F_0^1 := C(\bar{\Omega} \times [0, T]) =: F_0^2,$$

$$F_1 := F_2 := C(\bar{\Omega} \times \{0\}), \qquad F_3 := C(\partial\Omega \times [0, T]).$$

Für den Differential- und die Randwertoperatoren haben wir

$$L = \frac{\partial^2}{\partial t^2} - \sum_{i=1}^{r} \frac{\partial^2}{\partial x_1^2} : F_0^1 \to F_0^2,$$

$$l_1 = I|_{\bar{\Omega} \times \{0\}} : F_0^1 \to F_1,$$

$$l_2 = \frac{\partial}{\partial t}\bigg|_{\bar{\Omega} \times \{0\}} : F_0^1 \to F_2,$$

$$l_3 = I|_{\partial\Omega \times [0, T]} : F_0^1 \to F_3.$$

Wir diskretisieren nun und nehmen als Gitter, bzw. als Randgitter

$$\bar{Q}_{h,\tau} = \bar{\Omega}_h \times \{0, \ldots, N\tau\}, \quad \Gamma_{1,h} = \Gamma_{2,h} = \Omega_h \times \{0\}, \quad \tau = 0, \quad \Gamma_{3,h} = S_h \times \{0, \ldots, N\tau\}.$$

Als Raum $F_{0,h,\tau}^1$ nehmen wir alle Gitterfunktionen auf $\bar{Q}_{h,\tau}$ (außerhalb $\bar{Q}_{h,\tau}$ durch 0 fortgesetzt) und versehen ihn mit der Norm

$$\|v\|_1^2 := \sum_{s=1}^{N} \sum_{\bar{\Omega}_h} \tau h^r \left(v^2 + v_{\bar{t}}^2 + \sum_1^r v_{x_i}^2\right), \qquad v \in F_{0,h,\tau}^1.$$

$F_{0,h,\tau}^2(\bar{Q}_{h,\tau})$ versehen wir mit der Norm

$$\|f\|_2^2 := \sum_{s=1}^{N} \sum_{\bar{\Omega}_h} \tau h^r f^2, \qquad f \in F_{0,h,\tau}^2(\bar{Q}_{h,\tau}),$$

$F_{1,h}(\Gamma_{1,h})$ mit der Norm

$$\|g_0\|_3^2 := \sum_{\bar{\Omega}_h} h^r \left(g_0^2 + \sum_1^r (g_0)_{x_i}^2\right), \qquad g_0 \in F_{1,h}(\Gamma_{1,h}),$$

$F_{2,h}(\Gamma_{2,h})$ mit der Norm

$$\|g_1\|_4^2 := \sum_{\bar{\Omega}_h} h^r g_1^2, \qquad g_1 \in F_{2,h}(\Gamma_{2,h}),$$

$F_{3,h,\tau}(\Gamma_{3,h,\tau})$ mit der Norm

$$\|v\|_5^2 := \max_{\Gamma_{3,h,\tau}} |v|, \qquad v \in F_{3,h,\tau}.$$

Als Diskretisierungsoperatoren nehmen wir die entsprechenden Restriktionen, einer Erläuterung bedarf nur

$$d_{3,h,\tau} : F_3(\partial\Omega \times [0, T]) \to F_{3,h,\tau},$$

hier nehmen wir für $d_{3,h,\tau} u$ einen der am nächsten auf $\partial\Omega \times [0, T]$ liegenden Funktionswerte.

Nun zur Definition der Approximationsoperatoren, sie sind durch (2) definiert, d.h.

$$L_{h,\tau} v = v_{t\bar{t}} - \sum_{1}^{r} v_{x_i x_i} : F^1_{0,h,\tau} \to F^2_{0,h,\tau},$$

$$l^1_h = I|_{\Gamma_{1,h}} : F^1_{0,h,\tau} \to F_{1,h}(\Gamma_{1,h}),$$

$$l^2_h = \Delta_\tau|_{\Gamma_{2,h}} : F^1_{0,h,\tau} \to F_{2,h}(\Gamma_{2,h}),$$

$$l^3_{h,\tau} = I|_{\Gamma_{3,h,\tau}} : F^1_{0,h,\tau} \to F_{3,h,\tau}(\Gamma_{3,h,\tau}),$$

also $\quad A_n = (L_{h,\tau}, l^1_h, l^2_h, l^3_{h,\tau}).$

Man prüft leicht nach, daß das Gleichungssystem (2) eindeutig lösbar ist; v wird nämlich auf jeder Zeitschicht aus den Werten der beiden vorhergehenden Schichten berechnet und die Werte auf den Anfangsschichten $t = 0, 1\tau$ sind vorgegeben, d.h. A_n ist invertierbar.

Die Konsistenz des Verfahrens: Wir setzen voraus, daß die Lösung von (1) $u \in C^3(\bar{\Omega} \times [0,T])$ ist. Dies kann durch geeignete Forderungen an f, g_0, g_1 und $\partial\Omega$ sichergestellt werden (siehe §30). Wie beim Beispiel 32.2 gilt wieder

$$\left| L_{h,\tau} u - \left(\frac{\partial^2 u}{\partial t^2} - \sum_{1}^{r} \frac{\partial^2 u}{\partial x_i^2} \right) \right| = \left| \frac{\tau}{6} \frac{\partial^3 \bar{u}}{\partial t^3} - \frac{h}{6} \sum_{1}^{r} \frac{\partial^3 \bar{u}}{\partial x_i^3} \right| \leqslant \max(\tau, h) \cdot M \to 0, \quad \text{für } \tau, h \to 0.$$

d.h. wir haben Konsistenz in der Maximumsnorm, wegen

$$\sum_{s=1}^{N} \sum_{\Omega_h} h^r \tau \cdot f^2 \leqslant \max_{Q_{h,\tau}} (f^2) \cdot \text{vol}(\Omega \times [0,T]),$$

also auch Konsistenz in unserer Norm ($\Omega \times [0,T]$ ist beschränkt!). Weiter sieht man sofort, daß die Randbedingungen für $t = 0$ konsistent approximiert werden. Zur Konsistenz auf dem Zylindermantel $F := \Gamma_{3,h,\tau}$: Hier nützen wir aus, daß wir nicht mit den exakt restringierten Werten rechnen müssen, sondern daß es nach dem Konvergenzsatz 32.1 ausreicht, wenn die benutzten diskretisierten Werte gegen die restringierten Werte konvergieren und dies ist nach unserer Definition von $d_{3,h,\tau} u$ erfüllt, da u stetig und auf $\partial\Omega \times [0,T]$ gleich Null ist.

Um den Beweis für die Stabilität des Verfahrens zu vereinfachen, nehmen wir die dritte Randbedingung $u|_{\partial\Omega \times [0,T]} = 0$ mit in die Definition von F^1_0 hinein, also

$$F^1_0 := \{ u \in C(\bar{\Omega} \times [0,T]) \mid u|_{\partial\Omega \times [0,T]} = 0 \},$$

und ähnlich für den diskretisierten Raum

$$F^1_{0,h,\tau}(\bar{Q}_{h,\tau}) = \{ v \in R^{|Q|} \mid v|_{F = \Gamma_{3,h,\tau}} = 0 \}.$$

Den Diskretisierungsoperator $D^1_{0,h,\tau} : F^1_0 \to F^1_{0,h,\tau}$ definieren wir als Restriktion auf $Q_{h,\tau}$ und als gleich Null auf $\Gamma_{3,h,\tau}$.

Nach dem Störungssatz 32.11 ändert sich dadurch die Stabilität nicht, weil – wie schon erwähnt – u stetig und gleich Null auf $\partial\Omega \times [0,T]$ ist. Für die Stabilität bleibt damit nach §32 zu zeigen, es existiert ein $c > 0$, so daß für alle τ, h gilt

$$\|v\|_1 \leqslant c(\|f\|_2 + \|g_0\|_3 + \|g_1\|_4).$$

Wir fordern nun

(S) $\qquad \lambda := \tau/h < \dfrac{1}{r}, \ \lambda = \text{const} \quad$ (Stabilitätsbedingung),

dann ist $a := 1 - \lambda r > 0$ und $1 - \lambda \geqslant a$.

Für $(x, t) \in \Omega_h \times \{\tau, \ldots, (N-1)\tau\}$ gilt für die Lösung v von (2)

$$L_{h,\tau} v - f = 0.$$

Da außerdem für $(x, t) \in S_h \times \{\tau, \ldots, (N-1)\tau\}$ gilt

$$v_t + v_{\bar{t}} = \frac{1}{\tau}(v(x, t+\tau) - v(x, t-\tau)) = 0,$$

folgt also (wenn wir v außerhalb $Q \cup F$ durch Null fortsetzen)

$$(v_t + v_{\bar{t}})(L_{h,\tau} v - f) = 0 \quad \text{für } (x, t) \in \bar{\Omega}_h \times \{\tau, \ldots, (N-1)\tau\}.$$

Unter Ausnutzung der Identitäten d, e und Satz 33.1 erhält man damit

$$(v_{\bar{t}})_t^2 - \sum_1^r (v_{x_i}(v_t + v_{\bar{t}}))_{\bar{x}_i} + \sum_1^r T_i^{-h}(v_{x_i}(v_t + v_{\bar{t}})_{x_i}) - f(v_t + v_{\bar{t}}) = 0.$$

Wir summieren nun für ein $p \leqslant N$ über $\bar{\Omega}_h \times \{\tau, \ldots, (p-1)\tau\}$ auf. Dabei verschwindet der zweite Summand und wir erhalten

(3) $\qquad \tau \sum\limits_{s=1}^{p-1} h^r \sum\limits_{\bar{\Omega}_h} (v_{\bar{t}})_t^2 + \tau \sum\limits_{s=1}^{p-1} h^r \sum\limits_{\bar{\Omega}_h} \sum_1^r T_i^{-h}(v_{x_i}(v_t + v_{\bar{t}})_{x_i}) - \tau \sum\limits_{s=1}^{p-1} h^r \sum\limits_{\bar{\Omega}_h} f(v_t + v_{\bar{t}}) = 0.$

Nun gilt (erster Summand in (3))

(4) $\qquad \tau \sum\limits_{s=1}^{p-1} h^r \sum\limits_{\bar{\Omega}_h} (v_{\bar{t}})_t^2 = h^r \sum\limits_{\bar{\Omega}_h} (v_{\bar{t}})^2 \,|_\tau^{p\tau} = h^r \sum\limits_{\bar{\Omega}_h} (v_{\bar{t}})^2 \,|^{p\tau} + h^r \sum\limits_{\bar{\Omega}_h} (v_t)^2 \,|_\tau.$

(Dabei verwenden wir $|_\tau^{p\tau}$ für: Summe über $t = p\tau$ minus Summe über $t = \tau$; $|^{p\tau}$ und $|_\tau$ sind entsprechend definiert.) Wir haben weiter (zweiter Summand in (3))

(5) $\qquad \tau \sum\limits_{s=1}^{p-1} h^r \sum\limits_{\bar{\Omega}_h} \sum_1^r T_i^{-h}(v_{x_i}(v_t + v_{\bar{t}})_{x_i}) = \tau \sum\limits_{s=1}^{p-1} h^r \sum\limits_{\bar{\Omega}_h} \sum_1^r (v_{x_i}(v_t + v_{\bar{t}})_{x_i})$

$$= \sum\limits_{s=1}^{p-1} h^r \sum\limits_{\bar{\Omega}_h} \sum_1^r (v_{x_i}(T^\tau v - T^{-\tau}v)_{x_i}) = \sum\limits_{s=1}^{p-1} h^r \sum\limits_{\bar{\Omega}_h} \sum_1^r (v_{x_i}(T^\tau v_{x_i} - T^{-\tau}v_{x_i}))$$

$$= h^r \sum\limits_{\bar{\Omega}_h} \sum_1^r (v_{x_i} T^\tau v_{x_i})|^{(p-1)\tau} - h^r \sum\limits_{\bar{\Omega}_h} \sum_1^r (v_{x_i} T^{-\tau}v_{x_i})|^\tau$$

$$= h^r \sum\limits_{\bar{\Omega}_h} \sum_1^r (v_{x_i})^2 \,|_0^{p\tau} - h^r \sum\limits_{\bar{\Omega}_h} \tau \cdot \sum_1^r (v_{x_i} v_{x_i \bar{t}})|^{p\tau} - h^r \sum\limits_{\bar{\Omega}_h} \tau \cdot \sum_1^r (v_{x_i} v_{x_i \bar{t}})|^0$$

$$= h^r \sum\limits_{\bar{\Omega}_h} \sum_1^r (v_{x_i})^2 \,|_0^{p\sigma} - S_1 - S_2,$$

wobei wir die beiden letzten Summanden entsprechend durch S_1 bzw. S_2 abgekürzt haben, wir setzen dann (4), (5) in (3) ein und erhalten

$$(6)\qquad h^r \sum_{\bar\Omega_h}\left((v_{\bar t})^2 + \sum_1^r (v_{x_i})^2\right)\Bigg|^{p\tau} - h^r \sum_{\bar\Omega_h}\left((v_t)^2 + \sum_1^r (v_{x_i})^2\right)\Bigg|^0$$

$$- S_1 - S_2 - \tau \sum_{s=1}^{p-1} h^r \sum_{\bar\Omega_h} f(v_t + v_{\bar t}) = 0.$$

Wir schätzen nun zunächst S_1 und S_2 ab

$$|S_1| \leqslant h^r \sum_{\bar\Omega_h} \frac{\tau}{h} \sum_1^r \left(|v_{x_i}|\left(|T_i^h v_{\bar t}| + |v_{\bar t}|\right)\right)\Big|^{p\tau}$$

$$\leqslant \frac{\lambda}{2} h^r \sum_{\bar\Omega_h} \sum_1^r \left(2(v_{x_i})^2 + (T_i^h v_{\bar t})^2 + (v_{\bar t})^2\right)\Big|^{p\tau} = \lambda h^r \sum_{\bar\Omega_h}\left(\sum_1^r (v_{x_i})^2 + r(v_{\bar t})^2\right)\Bigg|^{p\tau},$$

$$|S_2| \leqslant h^r \sum_{\bar\Omega_h} \frac{\tau}{h} \sum_1^r \left(||v_{x_i}|\left(|T_i^h v_t| + |v_t|\right)\right)\Big|^0 \leqslant \lambda h^r \sum_{\bar\Omega_h}\left(\sum_1^r (v_{x_i})^2 + r(v_t)^2\right)\Bigg|^0.$$

Weiter gilt (dritter Summand in (3) bzw. letzter in (6))

$$\left|\tau \sum_{s=1}^{p-1} h^r \sum_{\bar\Omega_h} f(v_t + v_{\bar t})\right| \leqslant \tau \sum_{s=1}^{p-1} h^r \sum_{\bar\Omega_h}\left(f^2 + \frac{(v_t)^2 + (v_{\bar t})^2}{2}\right) \leqslant \tau \sum_{s=1}^{p} h^r \sum_{\bar\Omega_h}\left(f^2 + (v_{\bar t})^2\right).$$

(Bei den letzten Abschätzungen wurde mehrfach benutzt: $|ab| \leqslant \frac{1}{2}(a^2 + b^2)$ für $a, b \in \mathbf{R}$). Schreiben wir (6) als

$$h^r \sum_{\bar\Omega_h}\left((v_{\bar t})^2 + \sum_1^r (v_{x_i})^2\right)\Bigg|^{p\tau}$$

$$= h^r \sum_{\bar\Omega_h}\left((v_t)^2 + \sum_1^r (v_{x_i})^2\right)\Bigg|^0 + S_1 + S_2 + \tau \sum_{s=1}^{p-1} h^r \sum_{\bar\Omega_h} f(v_t + v_{\bar t}),$$

dann haben wir mit obigen Abschätzungen

$$h^r \sum_{\bar\Omega_h}\left((v_{\bar t})^2 + \sum_1^r (v_{x_i})^2\right)\Bigg|^{p\tau} \leqslant h^r \sum_{\bar\Omega_h}\left((v_t)^2 + \sum_1^r (v_{x_i})^2 + \lambda \sum_1^r (v_{x_i})^2 + r\lambda(v_t)^2\right)\Bigg|^0$$

$$+ \lambda h^r \sum_{\bar\Omega_h}\left(\sum_1^r (v_{x_i})^2 + \tau(v_{\bar t})^2\right)\Bigg|^{p\tau} + \tau \sum_{s=1}^{p} h^r \sum_{\bar\Omega_h}\left(f^2 + (v_{\bar t})^2\right)\Bigg)$$

und also

$$h^r \sum_{\bar\Omega_h}\left((1 - \lambda r)(v_{\bar t})^2 + (1 - \lambda)\sum_1^r (v_{x_i})^2\right)\Bigg|^{p\tau}$$

$$\leqslant h^r \sum_{\bar\Omega_h}\left((1 + \lambda r)(v_t)^2 + (1 + \lambda)\sum_1^r (v_{x_i})^2\right)\Bigg|^0 + \tau \cdot \sum_{s=1}^{p} h^r \sum_{\bar\Omega_h}\left(f^2 + (v_{\bar t})^2\right).$$

Wir schreiben die letzte Ungleichung um und erhalten

$$h^r \sum_{\bar{\Omega}_h} \left((v_{\bar{t}})^2 + \sum_1^r (v_{xi})^2 \right)\Bigg|^{p\tau}$$

$$(7) \qquad \leq h^r \sum_{\bar{\Omega}_h} \left(\frac{1+\lambda r}{a} (v_t)^2 + \frac{1+\lambda}{a} \sum_1^r (v_{xi})^2 \right)\Bigg|^0 + \frac{\tau}{a} \sum_{s=1}^p h^r \sum_{\bar{\Omega}_h} (f^2 + (v_{\bar{t}})^2)$$

$$\leq c_1 h^r \sum_{\bar{\Omega}_h} \left((v_t)^2 + \sum_1^r (v_{xi})^2 \right)\Bigg|^0 + c_2 \tau \sum_{s=1}^p h^r \sum_{\bar{\Omega}_h} \left((v_{\bar{t}})^2 + \sum_1^r (v_{xi})^2 \right) + \frac{\tau}{a} \sum_{s=1}^p h^r \sum_{\bar{\Omega}_h} f^2,$$

hier haben wir die Stabilitätsbedingung (S), $1 - \lambda r = a > 0$, benutzt. Setzen wir nun

$$y(p) = \tau \sum_{s=1}^p h^r \sum_{\bar{\Omega}_h} \left((v_{\bar{t}})^2 + \sum_1^r (v_{xi})^2 \right) = \|v\|_1^2,$$

$$F(p) = c_1 h^r \sum_{\bar{\Omega}_h} \left((v_t)^2 + \sum_1^r (v_{xi})^2 \right)\Bigg|^0 + \frac{\tau}{a} \sum_{s=1}^p h^r \sum_{\bar{\Omega}_h} f^2.$$

So geht (7) über in die Ungleichung

$$(8) \qquad \frac{y(p) - y(p-1)}{\tau} \leq c_2\, y(p) + F(p).$$

Lemma 33.3 *Sei* $1 - c_2 \tau \geq 1/2$, *dann gilt für eine Lösung des Ungleichungssystems* (8)

$$(9) \qquad y(p) \leq e^{2c_2 T} (y(1) + T F(p)).$$

Beweis. Wir schreiben (8) um und haben

$$y(p) \leq \frac{1}{1 - c_2 \tau}\, y(p-1) + \frac{\tau}{1 - c_2 \tau}\, F(p).$$

Wir setzen nun $E = 1/(1 - c_2 \tau)$ und erhalten induktiv

$$y(p) \leq E^{p-1} y(1) + E\tau \sum_{s=2}^p E^{p-s} F(s).$$

Nun ist aber $p\tau \leq T$ und damit

$$E^p = \left(1 + \frac{c_2 \tau}{1 - c_2 \tau} \right)^p \leq e^{2c_2 T},$$

also

$$y(p) \leq E^{p-1} y(1) + E^{p-1} \tau \sum_{s=2}^p F(s) \leq e^{2c_2 T} (y(1) + \tau p\, F(p)) \leq e^{2c_2 T} (y(1) + T F(p)).\ \blacksquare$$

Weiter gilt unter Berücksichtigung der Anfangsbedingungen

$$y(1) + TF(p) \leqslant \tau h^r \sum_{\overline{\Omega}_h} \left((v_{\bar{t}})^2 + \sum_1^r (v_{xi})^2 \right) \bigg|^{\tau} + c_3 \tau \sum_{s=1}^p h^r \sum_{\overline{\Omega}_h} f^2 + c_3 h^r \sum_{\overline{\Omega}_h} \left((v_t)^2 + \sum_1^r (v_{xi})^2 \right) \bigg|^0$$

$$\leqslant c_4 h^r \left(\sum_{\overline{\Omega}_h} (v_t)^2 |^0 + \sum_{\overline{\Omega}_h} \sum_1^r (v_{xi})^2 |^{\tau} + \sum_{\overline{\Omega}_h} \sum_1^r (v_{xi})^2 |^0 + \tau \sum_{s=1}^p \sum_{\overline{\Omega}_h} f^2 \right)$$

$$= c_4 h^r \left(\sum_{\overline{\Omega}_h} g_1^2 + \sum_{\overline{\Omega}_h} \sum_1^r ((g_0 + \tau g_1)_{xi})^2 + \sum_{\overline{\Omega}_h} \sum_1^r ((g_0)_{xi})^2 + \tau \sum_{s=1}^p \sum_{\overline{\Omega}_h} f^2 \right)$$

$$= c_4 h^r \left(\sum_{\overline{\Omega}_h} g_1^2 + \sum_{\overline{\Omega}_h} \sum_1^r ((g_0)_{xi} + \lambda(T_i^h g_1 - g_1))^2 + \sum_{\overline{\Omega}_h} \sum_1^r ((g_0)_{xi})^2 + \tau \sum_{s=1}^p \sum_{\overline{\Omega}_h} f^2 \right)$$

$$\leqslant c_4' h^r \left(\sum_{\overline{\Omega}_h} g_1^2 + \sum_{\overline{\Omega}_h} \sum_1^r (g_0)_{xi}^2 + \sum_{\overline{\Omega}_h} \sum_1^r (((g_0)_{xi})^2 + \lambda^2 ((T_i^h g_1)^2 + g_1^2)) + \tau \sum_{s=1}^p \sum_{\overline{\Omega}_h} f^2 \right)$$

$$\leqslant c_5 h^r \left(\sum_{\overline{\Omega}_h} g_1^2 + \sum_{\overline{\Omega}_h} \sum_1^r ((g_0)_{xi})^2 + \tau \sum_{s=1}^p \sum_{\overline{\Omega}_h} f^2 \right).$$

Für $p = N$ folgt damit aus (9)

$$\|v\|_1^2 = \tau \sum_{s=1}^N h^r \sum_{\overline{\Omega}_h} \left(v^2 + (v_{\bar{t}})^2 + \sum_1^r (v_{xi})^2 \right) \leqslant \mathrm{e}^{2c_2 T} c_5 \left(\|g_1\|_4^2 + \|f\|_2^2 + h^r \sum_{\overline{\Omega}_h} \sum_1^r ((g_0)_{xi})^2 \right).$$

Fügen wir noch auf der rechten Seite den Term $h^r \sum_{\Omega_h} g_0^2$ hinzu, so können wir diese letzte Ungleichung modifizieren zu

$$\|v\|_1 \leqslant c_6 (\|f\|_2 + \|g_0\|_3 + \|g_1\|_4).$$

und dies ist die Stabilität des Verfahrens in den gewählten Normen! Der Konvergenzsatz aus §32 ist also anwendbar und wir erhalten die Konvergenz des Verfahrens in der diskreten Sobolev-Norm.

§34 Evolutionsgleichungen

Wir betrachten in diesem Paragraphen folgendes Problem: Sei B ein (B)-Raum, $D \subset B$ ein linearer Teilraum,

$$L(D, B) := \{L : D \to B \mid L \text{ linear}\},$$

$$T \in \mathbf{R}, \quad 0 < T < \infty,$$

$$A : [0, T] \to L(D, B),$$

$$f : [0, T] \to B \quad \text{stetig}, \ g \in B,$$

gesucht wird ein $u : [0, T] \to B$ mit

$$(1) \qquad \frac{\mathrm{d}u}{\mathrm{d}t} - A(t) u = f, \qquad u(0) = g.$$

Dabei ist $\dfrac{du}{dt} := \lim\limits_{h \to 0} \dfrac{u(t+h) - u(t)}{h}$ in B.

Bevor wir ein Differenzenverfahren für das Problem (1) entwickeln, wollen wir zunächst zeigen, wie sich die Beispiele aus §32 hier einordnen lassen.

Beispiel 32.1 Dort haben wir die Wärmeleitungsgleichung

$$\frac{\partial u}{\partial t} - \sum_1^r \frac{\partial^2 u}{\partial x^2} = f,$$

mit den Randbedingungen

$$u(\cdot, 0) = g, \qquad u(x, t) = 0, \quad \text{für } x \in \partial\Omega,$$

behandelt. Wir setzen

$$B = C_0(\Omega) := \{u \in C(\Omega) \mid u(x) = 0 \quad \text{für } x \in \partial\Omega\},$$
$$D = C_0^2(\Omega) := \{u \in C_0(\Omega) \mid u \text{ zweimal stetig differenzierbar}\},$$
$$g = g(\cdot),$$
$$A = \sum_1^r \frac{\partial^2}{\partial x_i^2} \quad \text{(nicht von } t \text{ abhängig)},$$

und man sieht sofort, wie Problem (1) mit diesen Bezeichnungen die Wärmeleitungsgleichung darstellt.

Beispiel 32.2 Wir haben dort die Wellengleichung

$$\frac{\partial^2 u}{\partial t^2} - \frac{\partial^2 u}{\partial x^2} = f,$$

mit den Randbedingungen

$$u(\cdot, 0) = g_0, \qquad \frac{\partial u}{\partial t}(\cdot, 0) = g_1, \qquad u(x, t) = 0 \quad \text{für } x \in \partial\Omega,$$

behandelt. Wir setzen

$$B = C_0(\Omega) \times C_0(\Omega), \qquad D = C_0^2(\Omega) \times C_0(\Omega),$$

$$g = \begin{bmatrix} g_0 \\ g_1 \end{bmatrix}, \qquad f = \begin{bmatrix} 0 \\ f(\cdot, \cdot) \end{bmatrix}, \qquad A = \begin{bmatrix} 0 & 1 \\ \dfrac{\partial^2}{\partial x^2} & 0 \end{bmatrix},$$

(A wieder nicht von t abhängig).

Für eine Lösung von (1) gilt dann

$$u = \begin{bmatrix} u_1 \\ u_2 \end{bmatrix} \quad \text{mit} \quad \frac{du}{dt} - Au = f,$$

also
$$\frac{du_1}{dt} - u_2 = 0$$
$$\frac{du_2}{dt} - \frac{\partial^2 u_1}{\partial x^2} = f(\cdot,\cdot)$$
und
$$u_1(0) = g_0$$
$$u_2(0) = g_1.$$

Man rechnet leicht nach, daß u_1 dann eine Lösung der Wellengleichung zu den vorgegebenen Randbedingungen ist.

Kehren wir nun wieder zu unserem abstrakten Problem (1) zurück. Will man für Probleme dieser speziellen Gestalt ein Differenzenverfahren entwickeln, so bietet es sich an, den Übergang in zwei Schritte zu unterteilen. Zunächst ersetzt man die Ableitung nach t durch den Differenzenquotienten und dann den Operator A durch einen geeigneten Differenzenoperator. Dieses Vorgehen werden wir jetzt präzisieren.

34.1 Der zeitunabhängige Fall

Wir wollen zunächst zur Vereinfachung der Schreibweise annehmen, daß A nicht von t abhängt, d.h. $A \in L(D, B)$. Die Modifikationen für den zeitabhängigen Fall sind nicht sehr schwierig, sie werden weiter unten durchgeführt.

Wir unterteilen nun das Intervall $[0, T]$ mit der Schrittweite τ, wobei o.B.d.A. $N := T/\tau \in \mathbf{N}$ ist, und schreiben $t_n := n\tau$, für $n = 0, \ldots, N$.

Weiter sei $g_\tau \in B, f_n \in B$ für $n = 0, \ldots, N$ und $A_\tau : B \to B$ stetig, linear. Wir betrachten das Problem

gesucht: $u_\tau = (u_0, \ldots, u_N) \in B^{N+1}$ mit

(2) $$\frac{u_{n+1} - u_n}{\tau} = A_\tau u_n + f_n, \qquad n = 0, \ldots, N-1, \, u_0 = g_\tau.$$

Definition 34.1 *Das Verfahren* (2) *heißt konvergent, wenn für* g_τ, f_n *mit* $\max_n (\|g - g_\tau\|, \|f_n - f(t_n)\|) \to 0$ *folgt: Die Lösung* u_τ *von* (2) *konvergiert gegen die Lösung* u *von* (1), *d.h.* $\max_n (\|u_n - u(t_n)\|) \to 0$, *für* $\tau \to 0$.

Bemerkungen 34.1 (i) Man rechnet leicht nach, daß die lineare Fortsetzung einer konvergenten Lösung u_τ von (2) auf ganz $[0, T]$ dann in $C([0, T], B)$ gegen u konvergiert.

(ii) Der Übergang von A zu A_τ entspricht der Diskretisierung der Raumkoordinaten.

Satz 34.1 (2) *ist explizit lösbar.*

Beweis. Es gilt

$$u_n = (I + \tau A_\tau) u_{n-1} + \tau f_{n-1}, \qquad (I : B \to B \text{ die identische Abbildung}).$$

Wir setzen $C(\tau) := I + \tau A_\tau$ und haben

$$u_n = C^n(\tau) u_0 + \tau \sum_{j=0}^{n-1} C^{n-j}(\tau) f_j. \qquad \blacksquare$$

Wir übersetzen nun das Problem (1) und (2) in die Sprache der in §32 entwickelten Theorie.

Seien dazu B^{N+1}, $C([0, T], B)$ mit der max-Norm versehen und weiter

$$D_\tau : C([0, T], B) \to B^{N+1}: \qquad u \mapsto (u(t_0), \ldots, u(t_N)),$$

$$D'_\tau : B \times C([0, T], B) \to B^{N+1}: \qquad (b, u) \mapsto (b, u(t_0), \ldots, u(t_{N-1})),$$

$$L : C([0, T], B) \to B \times C([0, T], B): \qquad u \mapsto \left(u(0), \frac{du}{dt} - Au \right),$$

$$L_\tau : B^{N+1} \to B^{N+1}: \qquad (u_0, \ldots, u_N) \mapsto \left(u_0, \frac{u_1 - u_0}{\tau} - A_\tau u_0, \ldots, \frac{u_N - u_{N-1}}{\tau} - A_\tau u_{N-1} \right).$$

Wir erhalten damit das dem Diagramm 32.1 entsprechende Schema

$$
\begin{array}{ccc}
C([0, T], B) & \xrightarrow{\ L\ } & B \times C([0, T], B) \\
\Big\downarrow{\scriptstyle D_\tau} & & \Big\downarrow{\scriptstyle D'_\tau} \\
B^{N+1} & \xrightarrow{\ \ L_\tau\ \ } & B^{N+1}
\end{array}
$$

Diagramm 34.1

Das Problem (1) entspricht dann der Aufgabe

$$\text{gesucht: } u \in C([0, T], B) \quad \text{mit } Lu = (g, f),$$

die durch Diskretisieren mittels D_τ, D'_τ in die dem Problem (2) entsprechende Aufgabe

$$\text{gesucht: } u_\tau \in B^{N+1} \quad \text{mit } L_\tau u_\tau = D'_\tau (g, f)$$

übergeht.

Definition 34.2 *1. (2) heißt zu (1) in* $u \in C([0, T], B)$ *konsistent, wenn gilt*

$$\max_n \left\| \left(\frac{u(t_n) - u(t_{n-1})}{\tau} - A_\tau u(t_{n-1}) \right) - \left(\frac{du}{dt} - Au \right)(t_{n-1}) \right\| \to 0,$$

oder auch

$$\max_n \left\| \frac{1}{\tau} (u(t_n) - C(\tau) u(t_{n-1})) - \left(\frac{du}{dt} - Au \right)(t_{n-1}) \right\| \to 0 \quad (\textit{für } \tau \to 0).$$

2. (2) heißt stabil, wenn es ein $C \geqslant 0$ *gibt, so daß für alle* $g \in B$, $f \in C([0, T], B)$ *gilt*

$$\| u_\tau \| \leqslant C \left(\| g \| + \max_n \| f(t_n) \| \right),$$

wobei u_τ *eine Lösung von (2) zu* g, f *ist.*

Bemerkung 34.2 Man sieht sofort, daß die hier definierten Begriffe (Konvergenz des Verfahrens (2), Stabilität von (2), Konsistenz von (2) zu (1) in u) äquivalent zu den in

§32 für das obige Schema definierten Begriffen (diskrete Konvergenz, Stabilität des Verfahrens, Konsistenz von L_τ und L in u) sind.

Satz 34.2 *u sei eine Lösung von* (1) *zu g, f,* (2) *sei zu* (1) *in u konsistent und* (2) *sei stabil. Dann konvergiert das Verfahren* (2).

Der Beweis folgt sofort aus der Bemerkung 34.2 und dem Konvergenzsatz 32.1. ∎

Wir wollen diesen Satz noch etwas umformulieren, um eine praktisch besser zu handhabende Form zu erhalten.

Satz 34.3 (2) *ist genau dann stabil, wenn ein $M < \infty$ existiert, so daß für alle τ, n mit* $0 \leqslant n\tau \leqslant T$ *gilt*: $\| C^n(\tau) \| \leqslant M$.

Beweis. ∧: klar! (mit expliziter Darstellung der Lösung, siehe Satz 34.1).
∩: Setze $f = 0$, $u_0 \in B$ beliebig und sei $u_\tau = (u_0, \ldots, u_N)$ die Lösung von (2) zu f, u_0. Da (2) stabil ist, folgt:

$$\| u_n \| \leqslant C \| u_0 \| \quad \text{für } n = 0, \ldots, N,$$

wegen $u_n = C^n(\tau) u_0$ also:

$$\| C^n(\tau) u_0 \| \leqslant C \| u_0 \|$$

Da dies für alle $u_0 \in B$ gilt, ist die Familie $\{ C^n(\tau) \}$ gleichmäßig beschränkt. ∎

Definition 34.3 *Wir sagen fortan für das im obigen Satz hergeleitete Stabilitätskriterium abkürzend*:

$$\{ C^n(\tau) \} \text{ ist gleichmäßig beschränkt.}$$

Damit lautet der Konvergenzsatz für das Verfahren (2):

Satz 34.4 *u sei eine Lösung von* (1) *zu g, f;* (2) *sei zu* (1) *in u konsistent und $\{ C^n(\tau) \}$ sei gleichmäßig beschränkt. Dann konvergiert das Verfahren* (2).

Bevor wir nun den Satz 32.10 von der korrekten Problemstellung übertragen, wollen wir noch den Begriff der verallgemeinerten Lösung einführen. Sei dazu $D \subset B \times C([0, T], B)$ ein linearer Teilraum. Existiert für alle $(g, f) \in D$ eine eindeutig bestimmte Lösung u von (1), dann kann man auf D einen Lösungsoperator E mit $E(g, f) = u$ definieren. Liegt D dicht in $B \times C([0, T], B)$ und ist E stetig, dann kann man E auf den ganzen Raum zu $\tilde{E}$ fortsetzen. Wir nennen dann $\tilde{u} = \tilde{E}(g, f)$ eine verallgemeinerte Lösung und $\tilde{E}$ den verallgemeinerten Lösungsoperator.

Es gilt der

Satz 34.5 *Sei* (2) *stabil, $D \subset B \times C([0, T], B)$ dicht und für alle $(g, f) \in D$ existiere eine konsistente Lösung u von* (1) *zu (g, f); dann gilt: Das Verfahren konvergiert für alle $(g, f) \in B \times C([0, T], B)$ gegen eine verallgemeinerte Lösung und der verallgemeinerte Lösungsoperator ist linear und stetig.*

Beweis. Definiert man $i_\tau : B^{N+1} \to C([0, T], B)$ als die lineare Fortsetzung auf $[0, T]$, so sieht man sofort: $\| i_\tau \| = 1$ für alle τ und

$$\| i_\tau D_\tau u - u \| \to 0 \quad \text{für alle } u \in C([0, T], B),$$

außerdem gilt: $\| D'_\tau \| = 1$ für alle τ.

Damit folgt der Satz aus dem Satz 32.10 von der korrekten Problemstellung.   ∎

Bemerkungen 34.3 (i) Man kann den letzten Satz auch nur für die homogene Gleichung ($f = 0$) formulieren. Man betrachtet dazu das Schema

$$
\begin{array}{ccc}
C([0,T], B) & \overset{L}{\to} & B \times \{0\} \\
\Big\downarrow {\scriptstyle D_\tau} & & \Big\downarrow {\scriptstyle D'} \\
B^{N+1} & \xrightarrow{\quad L_\tau \quad} & B \times \{0\}^N \,.
\end{array}
$$

(Entscheidend ist, daß $B \times \{0\}$ wieder ein (B)-Raum ist. Für $f \neq 0$ kann man nicht einfach $B \times \{f\}$ nehmen, sondern muß zumindest $B \times \{cf \mid c \in \mathbf{R}\}$ betrachten). Wie eben kann man natürlich auch hier den Satz von der korrekten Problemstellung anwenden und erhält den

Satz 34.6 (Lax) *Sei $f = 0, (2)$ stabil, $D \subset B$ dicht und für alle $g \in D$ existiere eine konsistente Lösung u von (1) zu g. Dann konvergiert das Verfahren für alle $g \in B$ gegen eine verallgemeinerte Lösung und der verallgemeinerte Lösungsoperator ist stetig.*

(ii) Auch die anderen Sätze aus §32 lassen sich sofort auf die Probleme (1), (2) übertragen. Die Formulierung der Sätze bleibt dem Leser überlassen. Wir werden im §34.3 noch einmal auf den Störungssatz 32.11 zurückkommen.

Man kann sofort einige einfache hinreichende Kriterien für die Stabilität angeben:

1. Aus $\| C(\tau) \| \leqslant 1$ folgt die Stabilität, denn: $\| C^n(\tau) \| \leqslant \| C(\tau) \|^n \leqslant 1$.

2. Aus der Bedingung: es existiert $a \in \mathbf{R}^+$ mit $\| C(\tau) \| \leqslant 1 + \tau a$, folgt die Stabilität, denn

$$\| C^n(\tau) \| \leqslant \| C(\tau) \|^n \leqslant \left(1 + \frac{Ta}{N} \right)^N \leqslant e^{Ta}, \qquad \left(N = \frac{T}{\tau} \right).$$

3. Aus $\| A_\tau \| \leqslant a$, folgt die Stabilität, denn

$$\| C(\tau) \| = \| I + \tau A_\tau \| \leqslant 1 + \tau a .$$

Beispiel 34.1 Wir betrachten noch einmal die Gleichung $\partial u / \partial t = \partial^2 u / \partial x^2$ in $\Omega = (0,1)$ bei verschiedenen Randbedingungen.

a) Randbedingungen: $u(\cdot, 0) = g(\cdot)$, $u(1, t) = 0$ und $\dfrac{\partial u}{\partial x}(0, t) + au(0, t) = 0$.

Wir übernehmen das Differenzenverfahren aus Beispiel 32.1

$$v(x, t+k) = (1 - 2\lambda)\, v(x, t) + \lambda v(x+h, t) + \lambda v(x-h, t),$$

mit $\lambda = k/h^2 \leqslant 1/2$ und den Randwertdiskretisierungen

$$v(x,0) = g(x), \qquad v(1,t) = 0, \quad \text{und} \quad v(0,t) = \frac{v(h,t)}{1-ha}.$$

Damit folgt sofort

$$\|C(k)\| \leqslant \max\left\{1, \frac{1}{1-ha}\right\},$$

und also:

$$a \leqslant 0 \curvearrowright \|C(k)\| \leqslant 1 \curvearrowright \text{Stabilität};$$

$$a > 0 \curvearrowright \|C(k)\| \leqslant \frac{1}{1-ha} \leqslant 1 + b'h \leqslant 1 + bk^{1/2},$$

mit geeigneten Konstanten b, b'. Die hinreichenden Kriterien $1-3$ sind für $a > 0$ also nicht erfüllt.

b) Randbedingungen: $u(\cdot,0) = g(\cdot)$, $\dfrac{\partial u}{\partial x}(0,t) = 0$ und $\dfrac{\partial u}{\partial x}(1,t) = 0$.

Das Differenzenverfahren lautet

$$v(x,t+k) = (1-2\lambda)\,v(x,t) + \lambda v(x+h,\ t) + \lambda v(x-h,t),$$

$$v(x,0) = g(x), \qquad v(h,t) - v(0,t) = 0 \quad \text{und} \quad v(1-h,t) - v(1,t) = 0.$$

Für $\lambda = k/h^2 \leqslant 1/2$ folgt dann sofort

$$\|C(k)\| \leqslant 1,$$

also die Stabilität des Verfahrens.

34.2 Der zeitabhängige Fall

Ist der Operator A von t abhängig, muß dies natürlich auch bei der Aufstellung des Differenzenverfahrens für (1) berücksichtigt werden. Man erhält das gegenüber (2) leicht veränderte Differenzenverfahren

$$(2') \qquad \frac{u_{n+1} - u_n}{\tau} = A_\tau(t_n)\,u_n + f_n, \qquad n = 0, \ldots, N-1, \quad u_0 = g_\tau.$$

Man sieht auch hier sofort, daß das Gleichungssystem explizit lösbar ist. Es gilt nämlich

$$u_n = \left(\prod_{k=0}^{n-1} C(\tau, t_k)\right) u_0 + \tau\left(\sum_{k=0}^{n-1}\left(\prod_{j=k+1}^{n-1} C(\tau, t_j)\right) f_k\right),$$

wobei $C(\tau, t_k) = I + \tau A_\tau(t_k)$ ist.

Das Banachraum-Schema aus §34.1 (Diagramm 34.1) läßt sich sofort übertragen. Die einzigen Änderungen ergeben sich bei der Definition von L, L_τ. Es muß dort jeweils A bzw. A_τ durch $A(t)$ bzw. $A_\tau(t_{n-1})$ ersetzt werden. Die Definitionen der Konvergenz und der Stabilität bleiben dieselben, bei der Definition der Konsistenz ist nur $C(\tau)$ durch $C(\tau, t_{n-1})$ und A durch $A(t_{n-1})$ zu ersetzen. Allerdings läßt sich die Stabilität des Verfahrens nicht mehr so einfach charakterisieren. Aber es gilt zumindest noch der

Satz 34.7 *Hinreichend für die Stabilität von* (2') *ist die Bedingung*

$$\left\| \prod_{j=k}^{i} C(\tau, t_j) \right\| \leqslant M < \infty \quad \text{für alle } \tau,\, 0 \leqslant k \leqslant i \leqslant N - 1,$$

wobei M unabhängig von τ, k, i ist. Die Bedingung ist notwendig mit $k = 0$.

Beweis. Sei die obige Bedingung erfüllt, dann gilt:

Ist $u_\tau = (u_0, \ldots, u_N) \in B^{N+1}$ mit $L_\tau(u_0, \ldots, u_N) = (u_0, f_0, \ldots, f_{N-1})$, so folgt aus der obigen expliziten Darstellung der Lösung

$$\|u_n\| \leqslant M \|u_0\| + \tau M \sum_{k=0}^{n-1} \|f_k\| \leqslant M \|u_0\| + \tau M N \max_k (\|f_k\|)$$

$$\leqslant M(1 + \mathrm{T}) \|(u_0, f_0, \ldots, f_{N-1})\|$$

und somit ist $\{L_\tau^{-1}\}$ gleichmäßig beschränkt, d.h. (2') ist stabil. Sei nun (2') stabil, d.h. $\|L_\tau^{-1}\| \leqslant K$, dann gilt

$$\|L_\tau^{-1}(u_0, 0, \ldots, 0)\| \leqslant K \|u_0\| \quad \text{für alle } u_0 \in B.$$

Aus der expliziten Darstellung der Lösung sieht man, daß gilt

$$L_\tau^{-1}(u_0, 0, \ldots, 0) = \left(u_0,\, C(\tau, t_0) u_0,\, \ldots,\, \left(\prod_{j=0}^{N-1} C(\tau, t_j) \right) u_0 \right).$$

Also folgt:

$$\max_{i=1,\ldots,N} \left\| \left(\prod_{j=0}^{i-1} C(\tau, t_j) \right) u_0 \right\| \leqslant K \|u_0\| \quad \text{für alle } u_0 \in B,$$

und damit folgt die Bedingung mit $k = 0$. $\blacksquare$

Die Stabilitätsbedingung läßt sich dadurch verschärfen, daß man den Konvergenzbegriff auf den Bildräumen der Operatoren L_τ abschwächt. Definiert man für $(u_0, f_0, \ldots, f_{N-1}) \in \mathrm{Bild}\, L_\tau$ die Norm durch

$$\|(u_0, f_0, \ldots, f_{N-1})\|_1 = \|u_0\| + \sum_{k=0}^{N-1} \frac{\|f_k\|}{N},$$

so gilt der

Satz 34.8 $\{L_\tau^{-1}\}$ *ist genau dann gleichmäßig beschränkt, wenn*

$$\left\| \prod_{j=k}^{i} C(\tau, t_j) \right\| \leqslant M < \infty \quad \text{für alle } \tau,\, 0 \leqslant k \leqslant i \leqslant N - 1 \text{ gilt,}$$

wobei M unabhängig von τ, k, i ist.

Beweis. Sei die obige Bedingung erfüllt, dann gilt:

Ist $u_\tau = (u_0, \ldots, u_N) \in B^{N+1}$ mit $L_\tau(u_0, \ldots, u_N) = (u_0, f_0, \ldots, f_{N-1})$, so folgt aus der expliziten Darstellung der Lösung (siehe oben)

$$\|u_n\| \leqslant M\|u_0\| + \tau M \sum_{k=0}^{n-1} \|f_k\| \leqslant M\|u_0\| + \tau M \sum_{k=0}^{N-1} \|f_k\|$$

$$= M\|u_0\| + TM \sum_{k=0}^{N-1} \frac{\|f_k\|}{N} \leqslant M(1+T)\|(u_0, f_0, \ldots, f_{N-1})\|_1$$

und somit ist $\{L_\tau^{-1}\}$ gleichmäßig beschränkt.

Sei nun $\|L_\tau^{-1}\| \leqslant K$, dann gilt für alle $u_\tau = (u_0, f_0, \ldots, f_{N-1}) \in B^{N+1}$

$$\|L_\tau^{-1}(u_0, f_0, \ldots, f_{N-1})\| \leqslant K\|(u_0, f_0, \ldots, f_{N-1})\|_1.$$

Wie eben folgt dann die Bedingung für $k = 0$.

Setze nun $u_\tau = (0, \ldots, 0, f_l, 0, \ldots, 0)$, dann folgt aus der expliziten Darstellung der Lösung:

$$\max_{l+1 \leqslant i \leqslant N} \tau \left\| \left(\prod_{j=l+1}^{i-1} C(\tau, t_j) \right) f_l \right\| \leqslant K\|u_\tau\|_1 = K\frac{\|f_l\|}{N},$$

und damit

$$\left\| \left(\prod_{j=l+1}^{i} C(\tau, t_j) \right) f_l \right\| \leqslant \frac{K}{T}\|f_l\| \quad \text{für } l \leqslant i \leqslant N - 1.$$

Da $f_l \in B$ beliebig war, folgt die Behauptung.

Wie in 34.1 rechnet man sofort nach, daß

1. $\|C(\tau, t_j)\| \leqslant 1$,
2. $\|C(\tau, t_j)\| \leqslant 1 + \tau a$,
3. $\|A_\tau(t_j)\| \leqslant a$,

hinreichende Kriterien für die Stabilität des Verfahrens (2′) sind. Die anderen Sätze aus 34.1 und §32 lassen sich nun wieder leicht übertragen.

34.3 Das Verhalten der Stabilität bei Störungen des Verfahrens

Wir nehmen fortan wieder zur Vereinfachung der Schreibweise an, daß A nicht von t abhängt. Die entsprechenden Modifikationen für den zeitabhängigen Fall sollten dem Leser keine Schwierigkeiten bereiten.

Satz 34.9 *Sei $u_{n+1} = C(\tau)u_n$, $u_0 = g$ und $\|C^n(\tau)\| \leqslant M$ (d.h. das Verfahren ist stabil), weiter sei $Q(\tau)$ linear, stetig und $\|Q(\tau)\| \leqslant H < \infty$ für $0 < \tau \leqslant \tau_0$. Dann ist auch das Verfahren $u'_{n+1} = (C(\tau) + \tau Q(\tau))u'_n$, $u'_0 = g$, stabil.*

Beweis. Es ist $u'_n = (C(\tau) + \tau Q(\tau))^n u'_0$. Da $C(\tau)$, $Q(\tau)$ nicht notwendig kommutativ sind, müssen wir das Produkt ausführlich aufschreiben. Wir erhalten für jedes $j = 0, \ldots, n$ $\binom{n}{j}$-Summanden, die jeweils ein Produkt von j-mal $\tau Q(\tau)$ und $(n-j)$-mal $C(\tau)$ sind. Ein solcher Summand hat die Gestalt

$$S = C(\tau)\, C(\tau)\, \tau Q(\tau)\, C(\tau) \ldots \tau Q(\tau) \ldots C(\tau),$$

wobei es höchstens $j+1$ Gruppen von $C(\tau)$ geben kann, da nur j $\tau Q(\tau)$ vorhanden sind. Da nach Voraussetzung $\|C^n(\tau)\| \leqslant M$ für alle $n = 0, \ldots, N$ gilt, können wir die Norm jeder Gruppe von $C(\tau)$ gegen M abschätzen und erhalten also

$$\|S\| \leqslant M^{j+1}\, \tau^j H^j$$

und damit

$$\|(C(\tau) + \tau Q(\tau))^n\| \leqslant \sum_{j=0}^{n} \binom{n}{j} M^{j+1}\, \tau^j H^j$$
$$= M(1 + \tau M H)^n \leqslant M\left(1 + \frac{T}{N} M H\right)^N \leqslant M\, e^{MHT}. \qquad \blacksquare$$

Bemerkung Falls wir schon wissen, daß $\|C(\tau)\| \leqslant 1 + \tau K$, $K < \infty$ ist, ist der letzte Satz natürlich trivial, da dann

$$\|C(\tau) + \tau Q(\tau)\| \leqslant \|C(\tau)\| + \tau \|Q(\tau)\| \leqslant 1 + \tau(K + H).$$

Nach einem der in 34.1 hergeleiteten einfachen Stabilitätskriterien folgt also Stabilität auch für das gestörte Verfahren.

Satz 34.10 *Mit denselben Voraussetzungen und Bezeichnungen wie eben gilt*

$$\|u_n - u'_n\| \leqslant THM^2\, e^{HMT} \|u_0\|.$$

Beweis.

$$\|u_n - u'_n\| \leqslant \|C^n(\tau) - (C(\tau) + \tau Q(\tau))^n\|\, \|u_0\| \leqslant \sum_{j=1}^{n} \binom{n}{j} M^{j+1} H^j \tau^j \|u_0\|$$
$$= M \sum_{j=1}^{n} \binom{n}{j} M^j H^j \tau^j \|u_0\| \leqslant M(e^{HMT} - 1) \|u_0\|$$
$$\leqslant MHMTe^{a} \|u_0\|,\ 0 \leqslant a \leqslant HMT \quad \text{(Mittelwertsatz)}$$
$$\leqslant THM^2\, e^{HMT} \|u_0\|. \qquad \blacksquare$$

Bemerkung Die letzten beiden Sätze sind völlig verschieden von dem in §32 hergeleiteten Störungssatz! Dort haben wir uns mit kleinen Störungen befaßt, während die hier auftretenden Störungen sehr massiv sein können. Der Operator L_τ war nämlich in den einzelnen Komponenten definiert durch

$$\frac{1}{\tau}(u_n - C(\tau) u_{n-1}).$$

Ersetzt man nun $C(\tau)$ durch $C(\tau) + \tau Q(\tau)$, so erhält man

$$\frac{1}{\tau}(u_n - C(\tau)u_{n-1}) + Q(\tau)u_{n-1}.$$

Es liegt also eine beschränkte, lineare Störung von L_τ vor, die aber keineswegs gegen Null zu gehen braucht.

Beispiel 34.2 Wir betrachten die Differentialgleichung

$$\frac{\partial u}{\partial t} - a(x,t)\frac{\partial^2 u}{\partial x^2} - b(x,t)\frac{\partial u}{\partial x} - c(x,t)u = f(x,t),$$

mit den Randbedingungen

$$u(x,0) = g(x) \quad \text{und} \quad u(0,t) = 0 = u(1,t),$$

wobei $x \in \Omega = (0,1)$, $t \in [0,T]$ und $0 \leqslant a \leqslant a(x,t) \leqslant A$, $|b(x,t)| \leqslant B$, $|c(x,t)| \leqslant C$. Wir überziehen $\Omega \times [0,T]$ mit einem rechteckigen Gitter der Maschenweite k in x-Richtung und h in t-Richtung und setzen

$$u_j^n := u(jk, nh), \qquad N := 1/k.$$

Das Differenzenverfahren sei definiert durch

$$\frac{1}{h}(u_j^{n+1} - u_j^n) - \frac{a_j^n}{k^2}(u_{j+1}^n - 2u_j^n + u_{j-1}^n) - \frac{b_j^n}{2k}(u_{j+1}^n - u_{j-1}^n) - c_j^n u_j^n = f_j^n,$$

$$u_j^0 = g_j, \qquad u_0^j = 0 = u_N^j.$$

Die Konsistenz des Verfahrens rechnet man wie üblich durch die Taylor-Entwicklung der Lösung der Differentialgleichung nach. Wir weisen hier die Stabilität nach, unter den Voraussetzungen

$$Bk \leqslant 2a, \qquad 2Ah \leqslant k^2.$$

Es gilt

$$u_j^{n+1} = \left(1 - \frac{2h}{k^2}a_j^n\right)u_j^n + hc_j^n u_j^n + hf_j^n + \left(\frac{h}{k^2}a_j^n - \frac{h}{2k}b_j^n\right)u_{j+1}^n + \left(\frac{h}{k^2}a_j^n - \frac{h}{2k}b_j^n\right)u_{j-1}^n;$$

wegen $A \leqslant k^2/2h$ gilt

$$1 - \frac{2h}{k^2}a_j^n \geqslant 0,$$

und $\qquad \dfrac{h}{k^2}a_j^n \pm \dfrac{h}{2k}b_j^n \geqslant 0 \quad \text{wegen } B \leqslant \dfrac{2a}{k},$

damit folgt

$$|u_j^{n+1}| \leqslant \max_j |u_j^n|(1 + hC) + h|f_j^n|,$$

das ist die Stabilität des Verfahrens!

34.4 Mehrschrittverfahren

Für praktische Zwecke reicht die Konvergenz 1.-Ordnung oft nicht aus. Bei Differenzenverfahren bietet es sich nun an, die Konvergenzeigenschaften durch Erhöhung der Konsistenzordnung zu verbessern (s. Bemerkung 32.1 (iii) zum Konvergenzsatz). Dabei geht man von der einfach zu zeigenden Tatsache aus, daß man für C^{m+k}-Funktionen Differenzenquotienten angeben kann, die $f^{(m)}$ mit der Ordnung k approximieren. (Beispielsweise zeige man, daß $f'(x)$ durch

$$\frac{1}{12h}\left(8f(x+h) - 8f(x-h) + f(x-2h) - f(x+2h)\right)$$

mit der Ordnung 4 approximiert wird, falls $f \in C^5$ ist.) Ersetzt man bei Evolutionsgleichungen $du/dt - Au = f$ die Ableitung nach der Zeit durch einen solchen (besseren) Differenzenquotienten, so erhält man ein Verfahren der Gestalt:

$$(3) \qquad u_{n+q} = C_{q-1}(\tau)u_{n+q-1} + \ldots + C_0(\tau)u_n + \tau f_n, \qquad n = 0, \ldots, N-q,$$

wobei wir wieder annehmen, daß A nicht von t abhängt. (Die Modifikationen für den zeitabhängigen Fall verlaufen analog zum §34.2 und bleiben dem Leser überlassen.) Wir wollen auch diese Verfahren dem oben entwickelten Banachraumschema unterordnen, um die Sätze aus §32 anwenden zu können. Dabei ist zunächst festzuhalten, daß man bei einem solchen q-Schrittverfahren die Werte auf den ersten q Zeitschichten benötigt, um das Verfahren starten zu können. Wir nehmen der Einfachheit halber an, daß wir die Lösung auf den ersten q Schichten schon kennen. Diese Annahme bedeutet keine Beschränkung für die praktische Anwendbarkeit der betrachteten Verfahren, da es bei allen von uns diskutierten Verfahren (und bei allen Verfahren, die für die Praxis akzeptabel sind) erlaubt ist, mit angenäherten Werten zu rechnen, wenn diese nur gegen die exakt diskretisierten Werte konvergieren. Wir können also sogar auf allen q Schichten den Startwert u_0 nehmen, da die Lösung u insbesondere stetig ist und damit $u_i \to u_0$ für $\tau \to 0$, $i = 1, \ldots, q-1$ (beachte: q ist eine feste, von τ unabhängige Zahl!). In der Regel wird man diese Werte allerdings durch eines der üblichen Einschrittverfahren mit verfeinerter Schrittweite gewinnen, um den Effekt der erhöhten Konsistenz nicht durch schlecht diskretisierte Anfangswerte zunichtezumachen. Der Leser sehe sich hierzu noch einmal den Beweis des Konvergenzsatzes in §32 an: Der Fehler wurde gerade gegen die Summe von Konsistenz- und Diskretisierungsfehler abgeschätzt.

Das Banachraumschema für das q-Schrittverfahren (3) hat die Gestalt

$$
\begin{array}{ccc}
C([0,T],B) & \xrightarrow{L} & B \times C([0,T],B) \\
\downarrow{\scriptstyle D^\tau} & & \downarrow{\scriptstyle D'_\tau} \\
B^{N+1} & \xrightarrow{L_\tau} & B^{N+1}
\end{array}
$$

wobei L und D_τ wie in §34.1 definiert sind, während für D'_τ und L_τ einige

Modifikationen durchzuführen sind:

$$D'_\tau : B \times C([0, T], B) \to B^{N+1}$$

$$(u_0, f) \mapsto (u_0, u_1, \ldots, u_{q-1}, f_0, \ldots, f_{N-q}),$$

$$L_\tau : B^{N+1} \to B^{N+1}$$

$$(u_0, \ldots, u_N) \mapsto (u_0, \ldots, u_{q-1}, 1/\tau \, (u_q - C_{q-1} u_{q-1} - \ldots C_0 u_0)) \ldots$$

$$\ldots, 1/\tau \, (u_N - C_{q-1} u_{N-1} \ldots - C_0 u_{N-q}).$$

Wir werden nun mit einem kleinen Trick ein Stabilitätskriterium für die Operatoren L_τ herleiten, das im wesentlichen dieselbe Gestalt hat, wie das für Einschrittverfahren hergeleitete Kriterium. Wir überführen die Gleichung (3) durch Einführung zusätzlicher Variablen in ein Einschrittverfahren über B^q.

Sei dazu

$$C = \begin{bmatrix} C_{q-1} & \ldots & C_0 \\ I & & \\ & \cdot & & 0 \\ & & \cdot & \\ 0 & & \cdot & \\ & & & I & 0 \end{bmatrix}$$

$\bar{u}_n = (u_{n+q-1}, \ldots, u_n)^T$, $\bar{f}_n = (f_n, 0, \ldots, 0)^T$, ($T$ steht für: Transponieren des Vektors). Mit diesen Bezeichnungen geht die Gleichung (3) über in

$$(4) \qquad \bar{u}_{n+1} = C \bar{u}_n + \tau \bar{f}_n, \qquad n = 0, \ldots, N-q.$$

Wie in 5.1 erhält man nun die explizite Darstellung der Lösung

$$\bar{u}_n = C^n \bar{u}_0 + \tau \sum_{j=0}^{n-1} C^{n-j} \bar{f}_j.$$

Wir versehen B^q genau wie B^{N+1} mit der max-Norm und unterscheiden im folgenden Beweis zwischen

$$\| \cdot \| \text{-Norm auf } B, \qquad \| \cdot \|_q \text{-Norm auf } B^q, \quad \text{und} \quad \| \cdot \|_{N+1} \text{-Norm auf } B^{N+1}.$$

Satz 34.11 (3) *ist genau dann stabil, wenn ein $M < \infty$ existiert, so daß für alle τ, n mit* $0 \leqslant n\tau \leqslant T$ *gilt*

$$\| C^n(\tau) \|_q \leqslant M.$$

Beweis. $\curvearrowleft$: Aus der expliziten Darstellung der Lösung folgt

$$\| \bar{u}_n \|_q \leqslant M \left(\| \bar{u}_0 \|_q + \tau \sum_{j=0}^{n-1} \| \bar{f}_j \|_q \right)$$

$$\leqslant \left(\| \bar{u}_0 \|_q + \tau N \max_j \| \bar{f}_j \|_q \right) \leqslant M(1 + T) \left(\| \bar{u}_0 \|_q + \max_j \| \bar{f}_j \|_q \right),$$

und damit wegen $\|f_j\| = \|\tilde{f}_j\|_q$

$$\|u_n\| \leqslant M(1+T)\,\|(u_0, \ldots, u_{q-1}, f_0, \ldots, f_{N-q})\|_{N+1}\,.$$

Dies ist die gleichmäßige Beschränktheit der Operatoren $\{L_\tau^{-1}\}$, also die Stabilität von (3).

$\curvearrowright$: Sei $\|L_\tau^{-1}\| \leqslant K < \infty$, $u_0, \ldots, u_{q-1} \in B$ beliebig, dann folgt

$$\|L_\tau^{-1}(u_0, \ldots, u_{q-1}, 0, \ldots, 0)\|_{N+1} \leqslant K\,\|(u_0, \ldots, u_{q-1}, 0, \ldots, 0)\|_{N+1}$$
$$= K\,\|(u_0, \ldots, u_{q-1})\|_q$$

und damit

$$\|C^n(\tau)\,\bar{u}_0\|\,q \leqslant K\,\|\bar{u}_0\|\,q\,.$$

Da $u_0, \ldots, u_{q-1}$ und also $\bar{u}_0$ beliebig waren, folgt die Behauptung. $\blacksquare$

Damit ist das Problem, die Stabilität von Differenzenverfahren für Evolutionsgleichungen nachzuweisen, sowohl für Einschritt- als auch für Mehrschrittverfahren darauf zurückgeführt, die Potenzen von Operatoren zwischen Banachräumen abzuschätzen!

Literaturverzeichnis

In den Büchern von Lions-Magenes [1], Miranda [1] und Triebel [2] findet man ausführliche Literaturverzeichnisse.

Achieser, N.I.; Glasman, I.M. [1]: Theorie der linearen Operatoren im Hilbertraum. 5. Aufl. Berlin: Akademie Verlag 1968

Adams, R.A. [1]: Sobolev Spaces. New York: Academic Press 1975

Agmon, S. [1]: Lectures on elliptic boundary value problems. Princeton: Van Nostrand-Reinhold 1965

Agmon, S. [2]: The coerciveness problem for integro-differential forms. J. Anal. Math. **6** (1958) 182–223

Agmon, S.; Douglis, A.; Nirenberg, L. [1]: Estimates near the boundary for solutions of elliptic partial differential equations satisfying general boundary conditions. Comm. Pure Appl. Math. I: **12** (1959) 623–727; II: **17** (1964) 35–92

Agranovič, M.S. [1]: Elliptic singular integro-differential operators. Usp. Mat. Nauk **20** n. 5 (1965) 1–122

Aronszajn, N. [1]: On coercive integro-differential quadratic forms, University of Kansas 1954. Technical Report No 14, pp. 94–106

Aubin, J.P. [1]: Approximation of elliptic boundary value problems. New York: Wiley 1972

Berezanskij, J.M. [1]: Expansions in eigenfunctions of selfadjoint operators. Am. Math. Society 1962

Bers, L.; John, F.F.; Schechter, M. [1]: Partial differential equations. New York: Wiley 1964

Bourbaki, N. [1]: Espaces vectoriels topologiques. Paris: Herman 1955

Bourbaki, N. [2]: Intégration. Paris: Herman 1956

Carrol, R.W. [1]: Abstract methods in partial differential equations. New York: Harper & Row 1969

Calderon, A.P.; Zygmund, A. [1]: On the existence of certain singular integrals. Acta Math. **88** (1952) 85–134

Doudy, A. [1]: Un espaces de Banach dont le groupe linéaire n'est pas connexe. Indag. Math. XXVII (1965) 787–789

Douglis, A.; Nirenberg, L. [1]: Interior estimates for elliptic systems of partial differential equations. Comm. Pure App. Math. **8** (1955) 503–538

Dunford, N.; Schwartz, J.T. [1]: Linear operators I, II. New York: Wiley 1958, 1963

Edwards, R.E. [1]: Functional analysis, theory and applications. New York: Holt, Rinehart and Winston 1965

Fichera, G. [1]: Linear elliptic differential systems and eigenvalue problems. Berlin-Heidelberg-New York: Springer 1965. = Lecture Notes in Mathematics Vol. 8

Floret, K. [1]: *p*-integrale Abbildungen und ihre Anwendung auf Distributionsrüume. Diplomarbeit, Heidelberg 1967

Friedman, A. [1]: Partial differential equations of parabolic type. Englewood Cliffs: Prentice Hall 1964

Gagliardo, E. [1]: Properietà di alcune classi di funzioni in piu variabili. Ricerche Mat. 7 (1958) 102–137

Gårding, L. [1]: Dirichlet's problem for linear elliptic partial differential equations. Math. Scand 1 (1953) 55–72

Gelfand, I.M.; Šilov, G.E. [1]: Verallgemeinerte Funktionen I, II. Berlin: Akademie Verlag 1962

Gilbarg, D.; Trudinger, N.S. [1]: Elliptic partial differential equations of second order. Berlin-Heidelberg-New York: Springer 1977

Gochberg, I.C.; Kreĭn, M.G. [1]: Die Grundlagen für Defektzahlen, Wurzelzahlen und Indizes von linearen Operatoren. Usp. Mat. Nauk 12 n. 2 (1957) 43–118 (russ.)

Greub, W.H. [1]: Linear algebra, 3 ed. Berlin-Heidelberg-New York: Springer 1967

Halmos, P. [1]: Measure theory. New York: Van Nostrand 1950

Hellwig, G. [1]: Partielle Differentialgleichungen. Stuttgart: Teubner 1960

Hestenes, M.R. [1]: Extension of the range of a differentiable function. Duke Math. Journal 8 (1941) 183–192

Heuser, H. [1]: Funktionalanalysis. Stuttgart: Teubner 1975

Holmann, H.; Rummler, H. [1]: Alternierende Differentialformen. Mannheim: Bibliographisches Institut 1972

Hörmander, L. [1]: Linear partial differential operators. Berlin-Heidelberg-New York: Springer 1976

Janssen, R. [1]: Differenzenverfahren. Funktionalanalytische Beschreibung und Stabilitätsdefinitionen. Diplomarbeit Kiel 1979

Kato, T. [1]: Pertubation theory for linear operators. Corrected Printing of the Second Edition. Berlin-Heidelberg-New York: Springer 1980

Köthe, G. [1]: Topologische lineare Räume I. Berlin-Heidelberg-Göttingen: Springer 1960

Krasnoselskij, M.A.; Perov, A.J.; Povolockij, A.J.; Zabrejko, P.P. [1]: Vektorfelder in der Ebene. Berlin: Akademie Verlag 1966

Kreĭn, S.G. [1]: Linear differential equations in Banachspaces. AMS Translations, Vol. 29, 1971

Kreiss, H.O. [1]: Über die Stabilitätsbedingungen für Differenzengleichungen die partielle Differentialgleichungen approximieren. BIT 2 (1962) 153–181

Ladyženskaja, O.A.; Uralceva, N.N. [1]: Lineare und quasilineare Gleichungen vom elliptischen Typus, 2. Aufl. Moskau: Nauka 1973 (russ.)

Ladyženskaja, O.A.; Solonnikov, V.A.; Uralceva, N.N. [2]: Lineare und quasilineare Gleichungen vom parabolischen Typus. Moskau: Nauka 1967 (russ.)

Ladyženskaja, O.A. [3]: Die gemischte Aufgabe für hyperbolische Gleichungen. Moskau: GOS 1953 (russ.)

Lawruk, R. [1]: Über den Index eines Operators für die Randwertaufgabe eines Systems von elliptischen, linearen Differentialgleichungen zweiter Ordnung. Dokl. Akad. Nauk SSSR 111, 2 (1956) 287–290 (russ.)

Lawruk, B.R. [2]: Über die Abhängigkeit des Index eines Operators für die Randwertaufgabe eines Systems von elliptischen, linearen Differentialgleichungen zweiter Ordnung von den höchsten Koeffizienten. Dokl. Akad. Nauk SSSR **121**, 6 (1958) 970–972 (russ.)

Lawruk, B.R. [3]: On the unique solvability of a general boundary value problem for homogeneous linear systems of second order differential equations of elliptic type with constant coefficients in a half space, Ann. Polon. Math. **14** (1963) 85–95

Lewy, H. [1]: An example of a smooth linear partial differential equation without solution. Annals of Mathem. (2) **66** (1957) 155–158

Lions, J.L. [1]: Optimal control of systems governed by partial differential equations. Berlin-Heidelberg-New York: Springer 1971

Lions, J.L. [2]: Lectures on elliptic partial differential equations. Bombay: Tata 1957

Lions, J.L. [3]: Quelques méthodes de résolution des problèmes aux limites non linéaires. Paris: Dunod 1969

Lions, J.L.; Magenes, E. [1]: Non-homogeneous boundary value problems and applications, Vol. I–III. Berlin-Heidelberg-New York: Springer 1972

Lopatinskij, Ya.B. [1]: On a method of reducing boundary problems for a system of differential equations of elliptic type to regular integral equations. Ukraïn. Mat. Ž. **5** (1953) 123–151

Mäulen, J. [1]: Bemerkungen zur Theorie harmonischer Funktionen und Vektorfelder. Dissertation Stuttgart 1975

Meyers, N.; Serrin, J. [1]: H = W. Proc. Nat. Acad. Sci USA **51** (1964) 1055–1056

Michlin, S.G. [1]: Über eine Klasse singulärer Integralgleichungen. Dokl. A.N. **24** N. 4 (1939) 315–317 (russ.)

Miranda, C. [1]: Partial differential equations of elliptic type 2. ed. Berlin-Heidelberg-New York: Springer 1970

Morrey, C.B. [1]: Multiple integrals in the calculus of variations. Berlin-Heidelberg-New York: Springer 1966

Naïmark, M.A. [1]: Lineare Differentialoperatoren, 2. Auf. Moskau: Nauka 1969

Natanson, I.P. [1]: Theorie der reellen Funktionen einer reellen Veränderlichen. 4. Aufl. Berlin: Akademie Verlag 1975

Nečas, J. [1]: Les méthodes directes en théorie des équations elliptiques. Prag: Academia 1967

Nirenberg, L. [1]: Remarks on strongly elliptic partial differential equations. Comm. Pure Appl. Math. **8** (1955) 648–674

Palais, R.S. [1]: Seminar on the Atiyah-Singer index theorem. Princeton: University Press 1965

Richtmyer, R.D. [1]: Morton, Difference methods for initial value problems, 2. ed. New York: Wiley 1967

Rudin, W. [1]: Principles of mathematical analysis, 3. ed. New York: McGraw-Hill 1976

Rudin, W. [2]: Real and complex analysis. New York: Mc Graw-Hill 1966

Rudin, W. [3]: Functional analysis. New York: McGraw-Hill 1973

Saks, S. [1]: Theory of the integral, 2. ed. Warschau: Monografie Matematyczne 1937

Šapiro, Z.Ja. [1]: Über allgemeine Randwertaufgaben vom elliptischen Typus. Isv. A N, ser. Matem. **17** (1953) 539–562 (russ.)

Schechter, M. [1]: Principles of functional analysis. New York: Academic Press 1971

Schechter, M. [2]: Spectra of partial differential operators. Amsterdam: North-Holland 1971

Schechter, M. [3]: Modern Methods in Partial Differential Equations. New York: McGraw-Hill 1977

Schwartz, L. [1]: Théorie des distributions. Paris: Herman 1966

Slobodeckij, L.N. [1]: Verallgemeinerte Sobolev-Räume und Anwendungen auf Randwertaufgaben für Differentialgleichungen in partiellen Ableitungen. Uč. zap. Leningr. gos. ped. in-ta, A.I. Hercena **197** (1958) 54–112 (russ.)

Sobolev, S.L. [1]: Einige Anwendungen der Funktionalanalysis auf Gleichungen der mathematischen Physik. Berlin: Akademie Verlag 1964

Taylor, A.E. [1]: Introduction to functional analysis. New York: Wiley 1958

Triebel, H. [1]: Höhere Analysis. Berlin: Deutscher Verlag der Wissenschaften 1972

Triebel, H. [2]: Interpolation theory, function spaces, differential operators. Amsterdam: North-Holland 1978

Vekua, I.N. [1]: Zur Theorie der singulären Integralgleichungen, Soobšenija AN Gruz. SSR III **9** (1942) 869–876 (russ.)

Vekua, I.N. [2]: Systeme von Differentialgleichungen erster Ordnung vom elliptischen Typus und Randwertaufgaben. Berlin: Akademie Verlag 1956

Volevič, L.R. [1]: Die Lösbarkeit von Randwertaufgaben für allgemeine elliptische Systeme. Mat. Sbor. T. **68** (110) (1965) n. 3, 373–416 (russ.)

Volevič, L.R. [2]: Elliptische Operatoren auf kompakten Mannigfaltigkeiten und die Theorie der harmonischen Integrale. 2. let. mat. škola, Kaciveli 1964, 1, S. 147–198 (1965) (russ.)

Volevič, L.R.; Panejach, B.P. [1]: Einige Distributionsräume und Einbettungstheoreme. Usp. Mat. Nauk **20** (1965) 3–74

Warner, F.W. [1]: Foundations of differentiable manifolds and Lie groups. London: Scott, Foresman 1971

Weidmann, J. [1]: Lineare Operatoren im Hilbertraum. Stuttgart: Teubner 1976

Wloka, J. [1]: Funktionalanalysis und Anwendungen. Berlin-New York: de Gruyter 1971

Wloka, J. [2]: Partielle Differentialgleichungen. Vorlesungsausarbeitung von H.C. Zapp, Kiel 1975

Wloka, J. [3]: Differenzenverfahren zur Lösung partieller Differentialgleichungen. Vorlesungsausarbeitung von R. Janssen, Kiel 1979

Yosida, K. [1]: Functional analysis, 5. ed. Berlin-Heidelberg-New York: Springer 1978

Funktions- und Distributionsräume

$A^l(\Omega)$	81	$\mathscr{E}(\Omega)=\mathscr{E}^\infty(\Omega)=C^\infty(\Omega)$	12	$\mathring{W}_2^l(\Omega)$	72
$B^1(S,H)$	372	$\mathscr{E}^l(\Omega)$	12	$W_2^l(M)$	92
$C^l(\Omega)$	12	$\mathscr{E}'(\Omega)$	29	$W_2^l(\partial\Omega)$	93
$C^l(\bar\Omega)$	12	H^l	96	$W_2^l(0)=\mathbf{C}$	157
$C^{l,\lambda}(\Omega)$	12	$H^l(\Omega)$	98	$W_2^{-l}(\Omega)$	262
$C_0^0(\Omega)$	21	H^{-l}	263	$W^{2m}(B)=W^{2m}(\{b_j\}_1^m)$	221
$\tilde{C}^{k,\varkappa}(\Omega)$	81	$L_p(\Omega)$	13	$W^{2m}(B)^*$	221
$\mathring{C}^k(\bar\Omega)$	113	$L_1^{\mathrm{loc}}(\Omega)$	13	$W_2^{1,\delta}(\Omega)$	358
$\mathring{C}^k(R^r)$	114	L_2^l	96	$\mathring{W}_2^{1,\delta}(\Omega)$	359
$\mathscr{D}(\Omega)=C_0^\infty(\Omega)$	16	$L_p(S,H)$	371	$W_2^1(0,T)=W(0,T)$	380
$\mathscr{D}'(\Omega)$	20	$\mathscr{S}$	35	$W_2^k((0,T);V)$	391
$\mathscr{D}_F'(\Omega)$	20	$\mathscr{S}'$	35	$\mathscr{L}=\mathscr{F}\mathscr{D}$	96
$\mathscr{D}'(\Omega,H)$	378	$W_2^l(\Omega)$	68		

Sachverzeichnis

Abzählbarkeitsaxiom, zweites 64
adjungierter Differentialoperator, formal
    142
Annahme von Anfangsbedingungen
    420
antiduale Abbildung 168
Antidualraum 167
antisymmetrische Form 333
Approximationsverfahren 447
a-priori-Abschätzung 182
Atlas, $C^{k,\varkappa}$- 64
Außenraumaufgabe für Δ 361
Automorphismengruppe 178

Bedingung von Agmon 272
--- für Δ^2 293
-- Ladyženskaja 467
-- Lopatinskij-Šapiro 153
Bedingungen, Kompatibilitäts--,
    hyperbolische 428
-, --, parabolische 393
Besselfunktion 212
Besselsche Differentialgleichung 212
Bochnerintegral 372

Cauchy-Riemann-Operator 144
charakteristische Wurzeln 152
closed range theorem 172
Convolution 30
- von Distributionen 30
Convolutionsintegral 19
covering condition = Lopatinskij-
    Šapiro-Bedingung 150

Darstellung der Funktionale auf
    W_2^l 261

Darstellung der Funktionale auf
    $\mathring{W}_2^l$ 261
- sesquilinearer Formen 263
Defektzahlen 170, 267
Diffeomorphismus, $\tilde{C}^{k,\varkappa}$- 82
-, $(k,\varkappa)$- 53
Differentiation einer Distribution 24
Differenzenverfahren 447
- für allgemeine Randwertaufgaben
    461
-- Evolutionsgleichungen 480
differenzierbare Mannigfaltigkeit 65
Diracsche Deltadistribution 21
direkte Methode 331
Dirichletproblem 161
-, allgemein 211
- für stark elliptische Differentialopera-
    toren 296
Dirichletsystem 214
Diskretisierungsoperatoren 446
Distribution 20
- endlicher Ordnung 20
-, temperierte 35

Eigenraum 168
Eigenvektor 168
Eigenwert 168
- aufgabe für elliptische Operatoren
    208
Elementarlösungen 43
elliptisch 143
-, gleichmäßig 149
-, proper 146
-, stark 143
-, stark, gleichmäßig 149

endlichwertige Funktion   365

finite Funktion   16
folgenkompakt, schwach   137
Fortsetzungsoperator $F_{\Omega'}^{\Omega}$,   99
Fourier-Laplace-Transformierte   40
– methode (für hyperbolische Gleichungen)   443
–– (für parabolische Gleichungen)   417
– norm   97
– transformation einer Distribution   39
––– Funktion   35
(F)-Raum   28
Fredholmoperator   170
Friedrichsche Ungleichung   270

Gårdingsche Ungleichung, abstrakt   265
–– für Differentialoperatoren   284
Gauß-Stokessche Formel   249
Gelfandscher Dreier   254
gemischte Randwertaufgabe für den Laplaceoperator   342
gemischtes Anfangswert-Dirichlet-Problem   409
– Anfangswert-Neumann-Problem   411
glatt, $(k, \varkappa)$-   54
glättbar, lokal   206
glättbare Abbildung   183
glättender Regularisator   183
Glättungsoperator   183
–, lokaler   206
Greensche Formel, erste   218
––, zweite   229
– Funktion, klassische   347, 348, 349
Greenscher Lösungsoperator   233, 234
Grundfunktion   16

Hadamardsche Abschätzung   390
Hauptteil eines Differentialoperators   143
– polynom   143
hölderstetig, λ-   12

Index einer Abbildung   170
Integralungleichung von Gronwall   421
Integralungleichungen   420
Inversionsformel, Fouriersche   37

Kegel   44
– eigenschaft   45
––, gleichmäßige   45
– spitze   44
kompakte Abbildung   354
Kompaktheitskriterium, Kolmogoroffsches   14
Kompatibilitätsbedingungen, hyperbolische   428
–, parabolische   393
kongruent   45
Konsistenz   447
– k-ter Ordnung   447
Konvergenz, diskrete, eines Differenzenverfahrens   447
–, fast gleichmäßige   367
–, Folgen-– auf $\mathscr{D}(\Omega)$ 21
– nach dem Maß   368
Korrekturoperatoren $Z_h^{\tau}, \tilde{Z}_h^{\tau}$ 307
– $Z_h^{s,\tau}, \tilde{Z}_h^{s,\tau}$ 309

Leibnizsche Produktregel   25, 16
Lemma von Ehrling, abstrakt   118
––– für W-Räume   119
–– Gochberg und Kreĭn   184
–– Gronwall   421
–– Poincaré für $W_2^{1,\delta}$ 359
–– Sobolev   111
–– Weyl, abstrakt   183
––– für elliptische Differentialoperatoren   189
–––– stark elliptische Differentialoperatoren   314
Lewy, H., Operator   144
lipschitzstetig   12
lokal gleiche Distributionen   22
Lösbarkeit, schwache   266

Mannigfaltigkeit, $C^{k,\varkappa}$-   65

Mannigfaltigkeit,
   differenzierbare 65
Mehrschrittverfahren 484
meßbare Funktion, schwach 364
– –, stark 364
Multiplikation einer Distribution 25

$N^{k,\varkappa}$-Eigenschaft 46
Negativnorm 259
Neumannsches Problem 161, 163
normale Koordinaten 60
– Randwertoperatoren 214
– Transformation 60

Ordnung einer Distribution 20
– eines Differentialoperators 142
Orthogonalraum 171

parakompakt 14
Parallelepiped 50
Parsevalsche Gleichung 40
Partition der Eins 17
– – – auf Mannigfaltigkeiten 81
– – –, untergeordnete 17
periodische Distributionen 43
Poincarésche Ungleichung, erste 120
– –, zweite 121
Poincarésches Lemma für $W_2^{1,\delta}$ 353
Polarkoordinaten 359
Principe du recollement de morceaux
   22
Pullbackoperator 86
Pyramide 51

Radonmaß 20
Randwertaufgabe, adjungierte 222
–, allgemeine elliptische 188
–, dritte 161, 163
–, gemischte für den Laplaceoperator
   342
– mit schiefer Ableitung 161
–, selbstadjungierte 222
Randwertbedingungen, natürliche 402
–, stabile 402

reduzieren, links 176
–, rechts 177
regulär, $(k,\varkappa)$- 55
regulärer Wert, eines Operators 168
Regularisator, glättender 183
–, linker 172
–, lokaler 206
–, rechter 172
Regularisierte 19
Restriktion einer Distribution 22
Restriktionsoperator $R_{\Omega'}^{\Omega}$, 99

Saitengleichung 445
Satz, Fixpunkt-– von Schauder 355
–, Fortsetzungs-– für $\mathring{W}_2^1(\Omega)$ 78
–, – – von Calderon-Zygmund 100
–, – – – Hestenes 105
–, Haupt-– für elliptische Randwertauf-
   gaben 189
–, Konvergenz-– für Differenzenver-
   fahren 447
–, Lösungs-– für hyperbolische Differen-
   tialgleichungen 433
–, – – – Gleichungen, abstrakt 422
–, – – – parabolische Differential-
   gleichungen 403
–, – – – – Gleichungen, abstrakt 384
–, – – – stark elliptische Differential-
   gleichungen 328
–, Regularitäts-– für hyperbolische
   Differentialgleichungen 434
–, – – – – Gleichungen, abstrakt 427
–, – – – parabolische Differentialglei-
   chungen 406
–, – – – – Gleichungen, abstrakt 393
–, Spektral-– von Riesz-Schauder 169
–, Störung-, über massive Störungen
   486
–, Störungs- 461
–, Transformations- 86
– von Agmon 286
– – Aronszajn 292
– – Banach-Steinhaus 458
– – Brouwer 349

Satz von Egoroff   367
$--$ Gårding   282
$--$ Lax   483
$----$-Milgram   264
$--$ Pettis   365
Schauderoperator   354
Schauderschema   182
Schrittverfahren, q-   489
schwache Gleichung   266
$-$ Lösbarkeit   266
Segmenteigenschaft   44
selbstadjungierter Differentialoperator,
   formal   149
separabelwertige Funktion   364
sesquilineare Form   263
Skala   254
Skaleneigenschaft von W- und H-
   Räumen   110
spektraler Wert   168
Spektralwert, residuale   209
$-$ aufgabe für elliptische Differential-
   operatoren   208
Spektrum $\mathrm{Sp}(A)$ 168
Spuroperator   125
$-$, Bild   133
$-$, Kern   134
Spursatz   130
Spurtheorem, inverses   133
Stabilität, α-   448
$-$ eines Differenzenverfahrens   447
Standardkegel   45
sternförmig   67
Support   16

Support einer Distribution   24

Träger   16
Translationsoperator   30
Transmissionsbedingung   345
Transmissionsproblem   345
transversale Randform   303

Überdeckung, lokalfinite   14
$-$, offene   14
Untermannigfaltigkeit   66
Unterraum, adjungierter zu $W^{2m}(B)$
   221
$-$ $W^{2m}(B)$, durch Randwerte bestimmter
   221

Variationsmethode   331
V-elliptisch, abstrakt   265
V-elliptische Differentialoperatoren
   270
Verfeinerung einer Überdeckung   14
V-koerziv, abstrakt   266
V-koerzive Differentialoperatoren   270
Voraussetzungen für den Regularitätssatz 20.4 (stark elliptischer Fall)   305
Voraussetzungen für den Lösungssatz
   21.1 (stark elliptischer Fall)   328

Wärmeleitungsgleichung   412
Wellengleichung   437

zulässige Koordinaten   62
$-$ Transformation   61

Mathematische Leitfäden

Herausgegeben von
em. o. Prof. Dr. phil. Dr. h.c. mult. G. Köthe, Universität Frankfurt/M.,
und o. Prof. Dr. rer. nat. G. Trautmann, Universität Kaiserslautern

Real Variable and Integration
With Historical Notes
by J. J. BENEDETTO, Prof. at the University of Maryland
278 pages. Paper DM 48,—

Spectral Synthesis
by J. J. BENEDETTO, Prof. at the University of Maryland
278 pages. Paper DM 72,—

Partial Differential Equations
An Introduction
by Dr. rer. nat. G. HELLWIG, o. Prof. at the Technische Hochschule Aachen
2nd edition. xi, 259 pages with 35 figures. Paper DM 48,—

Einführung in die mathematische Logik
Klassische Prädikatenlogik
Von Dr. rer. nat. H. HERMES, o. Prof. an der Universität Freiburg i. Br.
4. Auflage. 206 Seiten. Kart. DM 36,—

Funktionalanalysis
Von Dr. rer. nat. H. HEUSER, o. Prof. an der Universität Karlsruhe
416 Seiten mit 6 Bildern, 462 Aufgaben und 50 Beispielen. Kart. DM 58,—

Lehrbuch der Analysis
Von Dr. rer. nat. H. HEUSER, o. Prof. an der Universität Karlsruhe
Teil 1: 644 Seiten mit 128 Bildern, 780 Aufgaben zum Teil mit Lösungen. Kart. DM 48,—
Teil 2: 736 Seiten mit 100 Bildern, 576 Aufgaben zum Teil mit Lösungen. Kart. DM 58,—

Locally Convex Spaces
by Dr. phil. H. JARCHOW, Prof. at the University of Zürich
548 pages. Hardcover. DM 98,—

Lineare Integraloperatoren
Von Prof. Dr. rer. nat. K. JÖRGENS
224 Seiten mit 6 Bildern, 222 Aufgaben und zahlreichen Beispielen. Kart. DM 48,—

Moduln und Ringe
Von Dr. rer. nat. F. KASCH, o. Prof. an der Universität München
328 Seiten mit 176 Übungen und zahlreichen Beispielen. Kart. DM 54,—

Gewöhnliche Differentialgleichungen
Von Dr. rer. nat. H.W. KNOBLOCH, o. Prof. an der Universität Würzburg und
Dr. phil. F. KAPPEL, o. Prof. an der Universität Graz
332 Seiten mit 29 Bildern und 98 Aufgaben. Kart. DM 48,—

 **B. G. Teubner Stuttgart**

Mathematische Leitfäden (Fortsetzung)

Garbentheorie
Von Dr. rer. nat. R. KULTZE, Prof. an der Universität Frankfurt/M.
179 Seiten mit 77 Aufgaben und zahlreichen Beispielen. Kart. DM 44,—

Differentialgeometrie
Von Dr. rer. nat. D. LAUGWITZ, Prof. an der Technischen Hochschule Darmstadt
3. Auflage. 183 Seiten mit 44 Bildern. Ln. DM 44,—

Kategorien und Funktoren
Von Dr. rer. nat. B. PAREIGIS, o. Prof. an der Universität München
192 Seiten mit 49 Aufgaben und zahlreichen Beispielen. Kart. DM 44,—

Lehrbuch der Algebra
Unter Einschluß der linearen Algebra
Von Dr. rer. nat. G. SCHEJA, o. Prof. an der Universität Tübingen und
Dr. rer. nat. U. STORCH, o. Prof. an der Universität Osnabrück
Teil 1: 408 Seiten mit 15 Bildern, 579 Aufgaben und 254 Beispielen. Kart. DM 48,—
Teil 3: 239 Seiten mit 21 Bildern, 258 Aufgaben und 38 Beispielen. Kart. DM 28,—

Einführung in die harmonische Analyse
Von Dr. rer. nat. W. SCHEMPP, ord. Prof. an der Universität Siegen (Gesamthochschule) und
Dr. sc. math. B. DRESELER, apl. Prof. an der Universität Siegen (Gesamthochschule)
298 Seiten mit 3 Bildern, 205 Aufgaben und 116 Beispielen. Kart. DM 54,—

Topologie
Eine Einführung
Von Dr. rer. nat. Dr. h.c. H. SCHUBERT, o. Prof. an der Universität Düsseldorf
4. Auflage. 328 Seiten mit 23 Bildern, 121 Aufgaben und zahlreichen Beispielen. Kart. DM 44,–

Lineare Operatoren in Hilberträumen
Von Dr. rer. nat. J. WEIDMANN, Prof. an der Universität Frankfurt/M.
368 Seiten mit 221 Aufgaben und 93 Beispielen. Kart. DM 58,—

Partielle Differentialgleichungen
Von Dr. rer. nat. J. WLOKA, o. Prof. an der Universität Kiel
500 Seiten mit 24 Bildern, 99 Aufgaben und zahlreichen Beispielen. Gebunden. DM 74,—

Preisänderungen vorbehalten

 B. G. Teubner Stuttgart